现代数学基础丛书 160

偏微分方程现代理论引论

崔尚斌 著

科学出版社
北京

内 容 简 介

本书讲述偏微分方程现代理论的最基础部分，内容共五章. 其中前两章系统介绍函数空间、广义函数和 Fourier 分析理论的最基础部分，是学习偏微分方程现代理论必须具备的最基本的分析学知识，第 3 和第 4 两章系统讲述了二阶线性椭圆型方程和二阶线性抛物型、双曲型和 Schrödinger 型三类发展型方程的最基础理论，这两章内容的学习能够基本满足希望专门研究椭圆型方程、抛物型方程或非线性发展方程以及相关学科领域读者的需要. 最后一章简要介绍线性偏微分方程一般理论和拟微分算子理论. 本书最突出的特点是把椭圆型方程和抛物型方程的 C^μ 理论与 L^p 理论都用 Fourier 分析理论做了统一的处理，并把这些理论都构建在 L^2 理论之上，从而使得这些以前需要与偏微分方程的 Fourier 分析方法独立地学习的不同理论体系很自然地融合在一起.

本书适合作数学类各专业研究生同名课程的教材或学习参考书，也可作为从事偏微分方程及相关学科领域研究工作的读者的工具书.

图书在版编目(CIP)数据

偏微分方程现代理论引论/崔尚斌著. —北京：科学出版社，2015. 11
(现代数学基础丛书；160)
ISBN 978-7-03-046291-6

Ⅰ. ①偏… Ⅱ. ①崔… Ⅲ. ①偏微分方程—研究 Ⅳ. ①O175.2

中国版本图书馆 CIP 数据核字 (2015) 第 267929 号

责任编辑：王丽平／责任校对：邹慧卿
责任印制：赵 博／封面设计：陈 敬

科 学 出 版 社 出版
北京东黄城根北街 16 号
邮政编码：100717
http://www.sciencep.com
北京凌奇印刷有限责任公司印刷
科学出版社发行 各地新华书店经销
*
2016 年 1 月第 一 版 开本: 720 × 1000 1/16
2024 年 4 月第五次印刷 印张: 36 1/4
字数: 700 000

定价：198.00 元

《现代数学基础丛书》序

对于数学研究与培养青年数学人才而言，书籍与期刊起着特殊重要的作用．许多成就卓越的数学家在青年时代都曾钻研或参考过一些优秀书籍，从中汲取营养，获得教益．

20世纪70年代后期，我国的数学研究与数学书刊的出版由于文化大革命的浩劫已经破坏与中断了 10 余年，而在这期间国际上数学研究却在迅猛地发展着．1978 年以后，我国青年学子重新获得了学习、钻研与深造的机会．当时他们的参考书籍大多还是50年代甚至更早期的著述．据此，科学出版社陆续推出了多套数学丛书，其中《纯粹数学与应用数学专著》丛书与《现代数学基础丛书》更为突出，前者出版约40卷，后者则逾80卷．它们质量甚高，影响颇大，对我国数学研究、交流与人才培养发挥了显著效用．

《现代数学基础丛书》的宗旨是面向大学数学专业的高年级学生、研究生以及青年学者，针对一些重要的数学领域与研究方向，作较系统的介绍．既注意该领域的基础知识，又反映其新发展，力求深入浅出，简明扼要，注重创新．

近年来，数学在各门科学、高新技术、经济、管理等方面取得了更加广泛与深入的应用，还形成了一些交叉学科．我们希望这套丛书的内容由基础数学拓展到应用数学、计算数学以及数学交叉学科的各个领域．

这套丛书得到了许多数学家长期的大力支持，编辑人员也为其付出了艰辛的劳动．它获得了广大读者的喜爱．我们诚挚地希望大家更加关心与支持它的发展，使它越办越好，为我国数学研究与教育水平的进一步提高做出贡献．

杨　乐

2003 年 8 月

前言

偏微分方程的现代理论，顾名思义，是和偏微分方程的经典理论相对应的偏微分方程理论. 偏微分方程的经典理论是指 19 世纪及其以前所发展的偏微分方程理论，内容主要包括求解各类偏微分方程定解问题的分离变量法、D'Alembert 公式、Poisson 公式、位势积分、Green 函数、一阶偏微分方程的 Monge 理论、Cauchy–Kowalevskaya 定理、Holmgren 定理、Frobenius 定理等. 这些理论在通常的数学物理方程教材如 [17, 45, 66, 81] 和一些经典的偏微分方程名著如 I. G. Petrovsky 的偏微分方程讲义[94]、F. John 的 Partial Differential Equations (4th edition)[67]、R. Courant 和 D. Hilbert 的数学物理方法 I, II[27] 以及 E. Kamke 的一阶偏微分方程手册[69] 等书籍中都有很好的阐述. 经典理论的特点是把偏微分方程的每个具体的解作为独立的研究对象进行处理. 与此不同，偏微分方程的现代理论则把偏微分方程看作函数空间之间的映照进而应用泛函分析的理论和方法来研究. 用泛函分析的观点研究偏微分方程问题，最早可追溯到 1900 年 D. Hilbert[56] 和 1907 年 H. Lebesgue[77] 关于椭圆边值问题的 Dirichlet 原理的研究工作. 但偏微分方程从经典的研究方法真正地开始逐步转换为现代的方法，则是以 J. Schauder 于 1934 年和 1935 年间所做关于椭圆边值问题的 C^μ 理论的工作[102,103] 和 S. L. Sobolev 关于函数的弱导数和 Sobolev 空间理论的奠基性工作[106,107] 为标志的. 自从进入 20 世纪 50 年代之后，偏微分方程的研究已基本上全面地被泛函分析的方法所支配了.

与其他数学分支的一个很大的不同是，偏微分方程是一个相当庞大的数学分支. 且不说复变函数理论从偏微分方程的角度来看是研究 Cauchy–Riemann 方程组解的性质的学科，单从它的应用背景 —— 物理学 —— 的来源来看就已经很能说明为什么它会这么庞大了：物理学的一些重要分支，如弹性力学、流体力学、电动力学、量子力学、广义相对论等，每一门都是专门研究一个偏微分方程或方程组的学科，如弹性力学研究的是弹性力学方程组，流体力学研究的是流体力学方程组，电动力学研究的是 Maxwell 方程组，量子力学研究的是 Schrödinger 方程，广义相对论研究的是 Einstein 方程等. 偏微分方程的这一特点决定了它很难像常微分方程那样建立起一个对所有偏微分方程都适用的一般理论. 人们为此不得不对偏微分方程进行分门别类的研究，甚至于不得不针对每个很具体的方程进行研究. 这种情况给偏微分方程的研究生教学工作造成了一定的不便，因为经常发生这样的情况：同是做偏微分方程研究的两个研究生，由于他们所研究的偏微分方程属于不同的类型而不得不学习不同的课程，虽然他们所学课程可能有相同的名称. 因此，编写一本能够既适用于从事各种不同类型偏微分方程研究的研究生共同学习, 又能把他们尽快地带入这一领域开展研究工作的偏微分方程现代理论的教材, 是很有必要的. 另外, 从事与偏微分方程相近或有紧密联系的其他数学分支如泛函分析、调和分析、数学物理、微分几何、常微分方程、偏微分方程数值解、随机分析等领域研究的研究生, 也需要学习一些偏微分方程的现代理论. 他们对这门课程的学习无疑需要的是能够对偏微分方程的现代理论有较好的全局性的了解, 而不是只学习某个局部性的专题.

基于以上考虑, 我们在总结二十多年偏微分方程研究生培养工作和偏微分方程现代理论研究生公共基础课程教学工作经验的基础上, 认真地研究了国内外尽可能多的偏微分方程现代理论的教材和专著, 汲取每一本教材和专著的精华, 学习它们的优点, 并根据我们的研究工作经验, 对这门课程的教学内容作了精心的选择, 编著成这本研究生教材. 下面对本书的一些写作思想给予说明:

一、与国内外大部分已有的偏微分方程现代理论的专著和教材一般都选择偏微分方程的某个专题 (如 L^2 理论或 C^μ 理论等) 或某类专门的偏微分方程 (如椭圆型方程或抛物型方程等) 不同, 本书对偏微分方程的各个不同方面作了综合性的处理, 以便使研究生通过学习, 对偏微分方程现代理论的最基础部分即有关线性偏微分方程的部分有全面性的概观的了解.

二、本书所选择讲述的各章节内容, 我们认为是从事现代偏微分方程研究的研究生都应掌握的最基本理论. 近三十年来偏微分方程研究领域的发展已与三十年前有很大的不同. 不仅 Hölder 空间和 Sobolev 空间理论是开展偏微分方程研究必不可少的工具, 而且 Fourier 分析理论和频谱分析方法也已成为对各类偏微分方程进行深入研究的非常有效的工具和方法. 本书的选材很好地适应了这样的发展现状和趋势. 有些内容, 比如本书的第五章, 看似只是从事线性偏微分方程一般理论和微局部分析研究的学者才需要掌握的, 其实不然. 例如应用偏微分方程研究领域著名的 Hele Shaw 问题和肿瘤生长模型的研究中就用到了拟微分算子: 设 Ω 是 $\mathbf{R}^n$ 中具有光滑边界的有界区域, 令 u 为 Ω 上 Dirichlet 边值问题 $\Delta u = 0$ (在 Ω 中) 和 $u = \varphi$ (在 $\partial\Omega$ 上) 的解, n 为 $\partial\Omega$ 的单位外法向量, 则 Dirichlet–Neumann 算子 $\varphi \mapsto \left.\dfrac{\partial u}{\partial n}\right|_{\partial\Omega}$ 是流形 $\partial\Omega$ 上的一阶椭圆型拟微分算子, 而这个算子在 Hele Shaw 问题和肿瘤生长模型的研究中都有重要的作用. 类似的例子还能举出许多. 这仅仅是从实用的角度考虑. 如果以素质教育的观点来看, 对偏微分方程一般理论和拟微分算子理论有所了解, 知道有无解的偏微分方程存在, 知道对高阶的偏微分方程该怎样处理, 理应成为对从事偏微分方程研究的研究生的基本要求.

三、本书不仅在内容选取上与国内外其他同类著作有一定的区别, 而且在对这些内容的编排和处理方法上也有很大的不同. 例如, 对二阶椭圆型方程的边值问题,国内外涉及这一课题的著作一般都把 C^μ 理论和 L^p 理论作为不同的理论体系对待, 建立 C^μ 估计和 L^p 估计的方法一般都有很大的不同, 推导过程因此都比较冗长, 本书则对这两种理论统一运用奇异积分算子作为工具进行处理. 类似地, 对抛物型方程的初边值问题, 本书也以各向异齐次的奇异积分算子为工具对 C^μ 理论和 L^p 理论作了统一的处理. 这样的处理方式在国内外其他著作中尚未见到, 但无疑有很大的优点, 即较大幅度地缩短了学习这些理论所需要的时间. 把椭圆型和抛物型方程的 C^μ 理论和 L^p 理论都用 Fourier 分析理论做统一的处理, 从而使得这一以前需要与偏微分方程的 Fourier 分析方法独立地学习的两种不同的理论体系很自然地融合在一起, 是本书最突出的特点.

本书的写作和出版得到了国家自然科学基金 (项目编号: 11171357) 的资助, 特此说明.

限于作者的水平, 本书中的不足在所难免, 恳望读者给予谅解, 并真诚地希望随时得到批评指正. 作者谨在这里致以诚挚的感谢.

最后，作者谨对本书编写和出版过程中给予过帮助的人们表示衷心的感谢.

崔尚斌

2015 年 1 月于中山大学

目　录

第1章　Hölder 空间和 Sobolev 空间

我们在前言部分已经指出, 现代偏微分方程理论与经典偏微分方程理论的区别主要体现在: 经典的偏微分方程理论基本是把偏微分方程的每个具体的解作为独立的研究对象进行处理, 而现代偏微分方程理论则把偏微分方程看作函数空间之间的映射进而应用泛函分析的理论和方法来研究. 不同类型偏微分方程的研究往往需要选择不同类型的函数空间. 因此, 在现代偏微分方程理论的研究中, 函数空间理论起着基石的作用. Hölder 空间和 Sobolev 空间是两类最基本的函数空间, 在现代偏微分方程理论的各个方面都有广泛并且重要的应用. 本章对这两类函数空间的基本理论作比较系统的讨论.

必须说明, 本章对 Hölder 空间和 Sobolev 空间理论的选材是最基本的, 远远不够深入. 需要对这两类函数空间以及其他相关函数空间理论作更深入学习的读者, 推荐阅读本书末所列参考文献中的 [1], [6], [47], [82], [83], [110], [119], [137] 等.

1.1　一些记号和初等公式

如通常, 用 $\mathbf{R}^n$表示由 n 元有序实数组的全体构成的 n 维欧几里得空间. $\mathbf{R}^n$中的元素 (称为点或向量) 用 x, y, x', y' 等符号表示. 对 $x=(x_1,x_2,\cdots,x_n)\in\mathbf{R}^n$ 和 $y=(y_1,y_2,\cdots,y_n)\in\mathbf{R}^n$, 记

$$x\pm y=(x_1\pm y_1,x_2\pm y_2,\cdots,x_n\pm y_n),$$

$$ax=(ax_1,ax_2,\cdots,ax_n),\quad a \text{ 为任意实数},$$

$$|x|=\text{向量 } x \text{ 的模或长度}=\left(\sum_{j=1}^n x_j^2\right)^{\frac{1}{2}},$$

$$xy=x\cdot y=\langle x,y\rangle=\text{向量 } x \text{ 与 } y \text{ 的内积}=\sum_{j=1}^n x_jy_j,$$

$$d(x,y)=\text{点 } x \text{ 与 } y \text{ 的距离}=|x-y|=\left(\sum_{j=1}^n |x_j-y_j|^2\right)^{\frac{1}{2}}.$$

对 $\mathbf{R}^n$ 中的非空点集 A 和 B, 记

$$A \pm B = \{x \pm y : x \in A,\ y \in B\},$$

$$A \backslash B = \{x : x \in A,\ x \notin B\},$$

$$aA = \{ax : x \in A\},\ a \text{ 为任意实数},$$

$$x + A = \{x + y : y \in A\}, \quad x \in \mathbf{R}^n,$$

$$d(x, A) = \text{点 } x \text{ 到 } A \text{ 的距离} = \inf\{d(x, y) : y \in A\}, \quad x \in \mathbf{R}^n,$$

$$d(A, B) = A \text{ 与 } B \text{ 的距离} = \inf\{d(x, y) : x \in A,\ y \in B\},$$

$$\bar{A} = A \text{ 的闭包},$$

$$\partial A = A \text{ 的边界},$$

$$A^c = A \text{ 的余集} = \mathbf{R}^n \backslash A,$$

$$\mathrm{diam} A = A \text{ 的直径} = \sup\{d(x, y) : x, y \in A\},$$

$$\mathrm{meas} A = |A| = A \text{ 的 Lebesgue 测度}, \quad \text{如果 } A \text{ 可测},$$

$$A_\varepsilon = A \text{ 的 } \varepsilon \text{ 邻域} = \{x : x \in \mathbf{R}^n,\ d(x, A) < \varepsilon\}, \quad \varepsilon > 0,$$

$$A^\varepsilon = A \text{ 的 } \varepsilon \text{ 内域} = \{x : x \in A,\ d(x, \partial A) > \varepsilon\}, \quad \varepsilon > 0,$$

$$A \subset\subset B \text{ 意指 } \bar{A} \text{ 为紧集即有界闭集}, \bar{A} \subset B \text{ 且 } d(\bar{A}, \partial B) > 0.$$

下面这些记号也是常用的:

$$\mathbf{R}^n_+ = \{(x_1, x_2, \cdots, x_n) \in \mathbf{R}^n :\ x_n > 0\}\ (\text{称为 } n \text{ 维上半空间}),$$

$$\mathbf{S}^{n-1} = \Big\{(x_1, x_2, \cdots, x_n) \in \mathbf{R}^n :\ x_1^2 + x_2^2 + \cdots + x_n^2 = 1\Big\},$$

$$B(x_0, r) = B_r(x_0) = \mathbf{R}^n \text{ 中以 } x_0 \in \mathbf{R}^n \text{ 为心、以 } r > 0 \text{ 为半径的开球},$$

$$\bar{B}(x_0, r) = \bar{B}_r(x_0) = \mathbf{R}^n \text{ 中以 } x_0 \in \mathbf{R}^n \text{ 为心、以 } r > 0 \text{ 为半径的闭球},$$

$$B^+(0, r) = B_r^+(0) = \Big\{(x_1, x_2, \cdots, x_n) \in \mathbf{R}^n :\ x_1^2 + x_2^2 + \cdots + x_n^2 < r^2,\ x_n > 0\Big\},$$

$$\mathbf{Z} = \{\text{全体整数}\}, \quad \mathbf{Z}_+ = \{\text{全体非负整数}\}, \quad \mathbf{N} = \{\text{全体正整数}\},$$

$$\mathbf{Z}^n_+ = \underbrace{\mathbf{Z}_+ \times \mathbf{Z}_+ \times \cdots \times \mathbf{Z}_+}_{n}\ (\mathbf{Z}_+ \text{ 的 } n \text{ 次笛卡儿积}).$$

$\mathbf{S}^{n-1}$ 叫做 $n-1$ **维单位球面**, 它所包围的区域就是 n 维单位球 $B(0,1)$, 亦即 $\mathbf{S}^{n-1}=\partial B(0,1)$. 下面两个符号也是通用的:

$$\omega_n = n \text{ 维单位球的体积} = \frac{2\pi^{n/2}}{n\Gamma(n/2)},$$

$$\sigma_n = n\omega_n = n-1 \text{ 维单位球面的表面积} = \frac{2\pi^{n/2}}{\Gamma(n/2)},$$

这里如通常 Γ 表示 Euler 伽马函数.

$\mathbf{Z}_+^n$ 中的元素叫做 n **重指标**, 其中的元素用小写希腊字母 α, β 以及加撇的希腊字母 α', β' 等表示. 对 $\alpha=(\alpha_1,\alpha_2,\cdots,\alpha_n)\in\mathbf{Z}_+^n$ 和 $\beta=(\beta_1,\beta_2,\cdots,\beta_n)\in\mathbf{Z}_+^n$, 记

$$\alpha\pm\beta=(\alpha_1\pm\beta_1,\alpha_2\pm\beta_2,\cdots,\alpha_n\pm\beta_n),$$

$$|\alpha|=\alpha_1+\alpha_2+\cdots+\alpha_n,$$

$$\alpha!=\alpha_1!\alpha_2!\cdots\alpha_n!,$$

$$\binom{\alpha}{\beta}=\frac{\alpha!}{\beta!(\alpha-\beta)!},$$

$$\alpha\leqslant\beta \text{ 意指 } \alpha_i\leqslant\beta_i,\quad i=1,2,\cdots,n.$$

$|\alpha|$ 称为 α 的**长度**. 对 $x\in\mathbf{R}^n$ 和 $\alpha\in\mathbf{Z}_+^n$, 记

$$x^\alpha=x_1^{\alpha_1}x_2^{\alpha_2}\cdots x_n^{\alpha_n}.$$

按照这些记号, n 变元 $x=(x_1,x_2,\cdots,x_n)$ 的次数不超过 m 的多项式可写成

$$P(x)=\sum_{|\alpha|\leqslant m}a_\alpha x^\alpha\quad(a_\alpha \text{ 均为常数}).$$

这里符号 $\sum\limits_{|\alpha|\leqslant m}$ 表示关于所有满足条件 $|\alpha|\leqslant m$ 的 n 重指标 α 求和.

对每个 $i=1,2,\cdots,n$, 把偏导数 $\dfrac{\partial}{\partial x_i}$ 简记为 ∂_i, 即

$$\partial_i u(x)=\frac{\partial u(x)}{\partial x_i},\quad i=1,2,\cdots,n.$$

再记 $\partial=(\partial_1,\partial_2,\cdots,\partial_n)$. 对 $\alpha=(\alpha_1,\alpha_2,\cdots,\alpha_n)\in\mathbf{Z}_+^n$, 用 ∂^α, $\left(\dfrac{\partial}{\partial x}\right)^\alpha$, $\dfrac{\partial^{|\alpha|}}{\partial x^\alpha}$ 等符号表示偏导数 $\dfrac{\partial^{\alpha_1+\alpha_2+\cdots+\alpha_n}}{\partial x_1^{\alpha_1}\partial x_2^{\alpha_2}\cdots\partial x_n^{\alpha_n}}$, 即

$$\partial^\alpha u(x)=\left(\frac{\partial}{\partial x}\right)^\alpha u(x)=\frac{\partial^{|\alpha|}u(x)}{\partial x^\alpha}=\frac{\partial^{\alpha_1+\alpha_2+\cdots+\alpha_n}u(x)}{\partial x_1^{\alpha_1}\partial x_2^{\alpha_2}\cdots\partial x_n^{\alpha_n}}.$$

按照这些记号, n 变元 $x=(x_1,x_2,\cdots,x_n)$ 的阶数不超过 m 的**线性偏微分算子**(linear partial differential operator)可写成

$$P(x,\partial)=\sum_{|\alpha|\leqslant m}a_\alpha(x)\partial^\alpha\quad(a_\alpha\text{均为给定的函数}).$$

与这个线性偏微分算子相对应的 n 变元 $\xi=(\xi_1,\xi_2,\cdots,\xi_n)$ 的多项式 (系数为变元 x 的函数)

$$P(x,\xi)=\sum_{|\alpha|\leqslant m}a_\alpha(x)\xi^\alpha$$

叫做它的**符征**(symbol). 偏微分算子 $P(x,\partial)$ 的意义在于: 当 u 是一个具有至少 m 阶偏导数的函数时, $P(x,\partial)u$ 表示函数 $\sum\limits_{|\alpha|\leqslant m}a_\alpha(x)\partial^\alpha u(x)$, 即

$$P(x,\partial)u(x)=\sum_{|\alpha|\leqslant m}a_\alpha(x)\partial^\alpha u(x).$$

如果所有系数 $a_\alpha(x)$ 都是常数, 简记

$$P(\partial)=\sum_{|\alpha|\leqslant m}a_\alpha\partial^\alpha.$$

它的符征就是多项式 $P(\xi)=\sum\limits_{|\alpha|\leqslant m}a_\alpha\xi^\alpha$.

运用上列关于多重指标的记号, 可以把一些涉及多变元的数学公式用很简单的形式表达出来. 下面列举几例.

多重Newton二项公式　*对任意 $\xi,\eta\in\mathbf{R}^n$ 和任意 $\alpha\in\mathbf{Z}_+^n$ 成立*

$$(\xi+\eta)^\alpha=\sum_{\beta\leqslant\alpha}\binom{\alpha}{\beta}\xi^\beta\eta^{\alpha-\beta}=\sum_{\beta+\gamma=\alpha}\frac{\alpha!}{\beta!\gamma!}\xi^\beta\eta^\gamma,\tag{1.1.1}$$

其中符号 $\sum\limits_{\beta\leqslant\alpha}$ 表示关于所有满足条件 $\beta\leqslant\alpha$ 的 n 重指标 β 求和, 符号 $\sum\limits_{\beta+\gamma=\alpha}$ 表示关于所有满足条件 $\beta+\gamma=\alpha$ 的 n 重指标 β 和 γ 求和. 约定 $0^0=1$.

这个公式可通过对所有 $(\xi_i+\eta_i)^{\alpha_i}$ $(i=1,2,\cdots,n)$ 应用 Newton 二项公式再全部相乘得到.

多元Taylor展开公式　*如果 n 元函数 u 在 $x_0\in\mathbf{R}^n$ 点附近具有直至 m 阶的偏导数, 则*

$$u(x)=\sum_{|\alpha|\leqslant m}\frac{1}{\alpha!}\partial^\alpha u(x_0)(x-x_0)^\alpha+o(|x-x_0|^m),\quad\text{当 }x\to x_0.\tag{1.1.2}$$

证 我们知道函数 u 必可表示成 $x-x_0$ 的阶数不超过 m 的多项式与余项 $o(|x-x_0|^m)$ 的和, 即存在一组常数 a_α ($|\alpha|\leqslant m$) 使成立

$$u(x)=\sum_{|\alpha|\leqslant m}a_\alpha(x-x_0)^\alpha+o(|x-x_0|^m),\quad 当\ x\to x_0.$$

问题只在于确定这些常数 a_α. 为此对任意满足条件 $|\beta|\leqslant m$ 的 n 重指标 β, 在上式两端求 β 阶偏导数, 注意到

$$\partial^\beta(x-x_0)^\alpha=\begin{cases}\dfrac{\alpha!}{(\alpha-\beta)!}(x-x_0)^{\alpha-\beta}, & \beta\leqslant\alpha,\\ 0, & 其他\ \beta,\end{cases}$$

就得到

$$\partial^\beta u(x)=\sum_{\substack{|\alpha|\leqslant m\\ \alpha\geqslant\beta}}\frac{\alpha!a_\alpha}{(\alpha-\beta)!}(x-x_0)^{\alpha-\beta}+o(|x-x_0|^{m-|\beta|}),\quad 当\ x\to x_0.$$

再令 $x\to x_0$ 取极限, 就得到 $\partial^\beta u(x_0)=\beta!a_\beta$, 所以 $a_\beta=\partial^\beta u(x_0)/\beta!$, $\forall|\beta|\leqslant m$. 这样就得到了 (1.1.2). □

多元Leibniz公式 如果在 $\mathbf{R}^n$ 的某个开集 Ω 上, 函数 u 和 v 都具有直至 m 阶的偏导数, 则对任意满足条件 $|\alpha|\leqslant m$ 的 n 重指标 α, 在 Ω 上成立

$$\partial^\alpha(uv)=\sum_{\beta\leqslant\alpha}\binom{\alpha}{\beta}\partial^\beta u\partial^{\alpha-\beta}v=\sum_{\beta+\gamma=\alpha}\frac{\alpha!}{\beta!\gamma!}\partial^\beta u\partial^\gamma v. \tag{1.1.3}$$

这个公式可通过对维数 n 作归纳得到. 也可借助多重 Newton 二项公式证明, 见本节习题 2.

多元逆Leibniz公式 在与前一公式相同的条件下, 成立

$$u\partial^\alpha v=\sum_{\beta\leqslant\alpha}(-1)^{|\beta|}\binom{\alpha}{\beta}\partial^{\alpha-\beta}(v\partial^\beta u)=\sum_{\beta+\gamma=\alpha}\frac{(-1)^{|\beta|}\alpha!}{\beta!\gamma!}\partial^\gamma(v\partial^\beta u). \tag{1.1.4}$$

证 我们有

$$\sum_{\beta\leqslant\alpha}\frac{(-1)^{|\beta|}\alpha!}{\beta!(\alpha-\beta)!}\partial^{\alpha-\beta}(v\partial^\beta u)=\sum_{\beta\leqslant\alpha}\frac{(-1)^{|\alpha-\beta|}\alpha!}{(\alpha-\beta)!\beta!}\partial^\beta(v\partial^{\alpha-\beta}u)$$

$$=\sum_{\beta\leqslant\alpha}\Big[\frac{(-1)^{|\alpha-\beta|}\alpha!}{(\alpha-\beta)!\beta!}\sum_{\gamma\leqslant\beta}\frac{\beta!}{\gamma!(\beta-\gamma)!}\partial^\gamma v\partial^{\beta-\gamma}(\partial^{\alpha-\beta}u)\Big]$$

$$=\sum_{\gamma\leqslant\alpha}\Big[\frac{\alpha!}{\gamma!}\partial^\gamma v\partial^{\alpha-\gamma}u\sum_{\gamma\leqslant\beta\leqslant\alpha}\frac{(-1)^{|\alpha-\beta|}}{(\alpha-\beta)!(\beta-\gamma)!}\Big].$$

在多重 Newton 二项公式中取 $\xi=(1,1,\cdots,1),\eta=(-1,-1,\cdots,-1)$, 可得

$$\sum_{\beta\leqslant\alpha}\frac{(-1)^{|\alpha-\beta|}\alpha!}{\beta!(\alpha-\beta)!}=\begin{cases}1, & \alpha=(0,0,\cdots,0),\\ 0, & \alpha\neq(0,0,\cdots,0).\end{cases}$$

因此

$$\sum_{\gamma\leqslant\beta\leqslant\alpha}\frac{(-1)^{|\alpha-\beta|}}{(\alpha-\beta)!(\beta-\gamma)!}=\sum_{\beta\leqslant\alpha-\gamma}\frac{(-1)^{|\alpha-\gamma-\beta|}}{\beta!(\alpha-\gamma-\beta)!}=\begin{cases}1, & \text{当 }\gamma=\alpha,\\ 0, & \text{当 }\gamma\lneqq\alpha.\end{cases}$$

代入前面得到的表达式, 便得到了 (1.1.4). □

多元逆 Leibniz 公式也可用分部积分的方法从多元 Leibniz 公式得到, 见习题 1.2 第 5 题.

习　题　1.1

1. 对 $\xi=(\xi_1,\xi_2,\cdots,\xi_n)\in\mathbf{R}^n$, 记 $\langle\xi\rangle=\xi_1+\xi_2+\cdots+\xi_n$. 证明:

$$\langle\xi\rangle^m=\sum_{|\alpha|=m}\frac{m!}{\alpha!}\xi^\alpha,\quad m \text{ 为任意非负整数}.$$

2. 本题给出多元 Leibniz 公式的另一证明: 从公式

$$\partial_i(uv)=\partial_i u\cdot v+u\cdot\partial_i v,\quad i=1,2,\cdots,n$$

可推断 $\partial^\alpha(uv)$ 必具有形式 $\sum\limits_{\beta\leqslant\alpha}a_{\alpha\beta}\partial^\beta u\partial^{\alpha-\beta}v$, $a_{\alpha\beta}$ 为常数. 试取 $u(x)=\mathrm{e}^{x\xi}$ 和 $v(x)=\mathrm{e}^{x\eta}$ (ξ,η 为 $\mathbf{R}^n$ 中任意向量) 以证明: $a_{\alpha\beta}=\begin{pmatrix}\alpha\\ \beta\end{pmatrix}$.

3. 证明多元 Leibniz 公式的下述推广: 对任意 m 阶偏微分算子 $P(\partial)$ 和任意有 m 阶偏导数的函数 u 和 v 成立

$$P(\partial)[u(x)v(x)]=\sum_{|\alpha|\leqslant m}\frac{1}{\alpha!}\partial^\alpha u(x)P^{(\alpha)}(\partial)v(x),$$

其中 $P^{(\alpha)}(\partial)$ 表示以 $P(\xi)$ 的 α 阶偏导数 $P^{(\alpha)}(\xi)=\partial^\alpha P(\xi)$ 为符征的偏微分算子.

4. 令 $\Delta=\sum\limits_{i=1}^n\partial_i^2$. 计算 $\Delta(uv)$ 和 $\Delta^2(uv)$.

1.2　光滑紧支函数及其应用

设 Ω 是 $\mathbf{R}^n$ 中的开集. 对定义在 Ω 上的函数 u, 把所有使 $u(x)\neq0$ 的点 $x\in\Omega$ 组成的集合在 Ω 中的闭包叫做 u 的**支集** (support), 记作 supp u, 即

$$\mathrm{supp}u=\overline{\{x\in\Omega:u(x)\neq0\}}\cap\Omega.\tag{1.2.1}$$

根据定义可知 $\Omega\backslash\mathrm{supp}u$ 是开集, 并且对点 $x_0\in\Omega$, $x_0\in\Omega\backslash\mathrm{supp}u$ 即 $x_0\notin\mathrm{supp}u$ 的充要条件是: 存在 x_0 的邻域 $\Omega_0\subseteq\Omega$ 使 u 在 Ω_0 上恒取零值. 如果 $\mathrm{supp}u$ 是 Ω 的紧子集, 就称 u 为**紧支函数** (compactly supported function).

无穷可微的紧支函数具有特殊的重要性. 在讨论这类函数之前, 先引进一些记号.

设 Ω 如上. 对任意非负整数 m, 用符号 $C^m(\Omega)$表示由 Ω 上所有具有连续的 m 阶偏导数的函数组成的集合, 用符号 $C_0^m(\Omega)$表示由 $C^m(\Omega)$ 中所有紧支函数组成的集合. 当 $m=0$ 时, $C^0(\Omega)$ 和 $C_0^0(\Omega)$ 分别简记为 $C(\Omega)$和 $C_0(\Omega)$, 它们分别由 Ω 上全体连续函数和全体具有紧子集的连续函数组成. 再用 $C^\infty(\Omega)$ 表示由 Ω 上所有无穷可微函数组成的集合, 用 $C_0^\infty(\Omega)$表示由 Ω 上所有具有紧子集的无穷可微函数组成的集合. 显然

$$C^\infty(\Omega)=\bigcap_{m=0}^{\infty}C^m(\Omega),\quad C_0^\infty(\Omega)=\bigcap_{m=0}^{\infty}C_0^m(\Omega).$$

当 $u\in C^m(\Omega)$ 时也称 u 为 Ω 上的C^m **函数**; 当 $u\in C^\infty(\Omega)$ 时也称 u 为 Ω 上的C^∞ **函数**.

如果 Ω_1 和 Ω_2 是 $\mathbf{R}^n$ 中的两个开集且 $\Omega_1\subseteq\Omega_2$, 那么把 $C_0^m(\Omega_1)$ 或 $C_0^\infty(\Omega_1)$ 中的函数在 $\Omega_2\backslash\Omega_1$ 上作零延拓 (即在 $\Omega_2\backslash\Omega_1$ 上令其值为零), 所得 Ω_2 上的函数属于 $C_0^m(\Omega_2)$ 或相应地 $C_0^\infty(\Omega_2)$. 以后总按这样的意义把 $C_0^m(\Omega_1)$ 或 $C_0^\infty(\Omega_1)$ 中的函数也看作 $C_0^m(\Omega_2)$ 或相应地 $C_0^\infty(\Omega_2)$ 中的函数.

用 ϕ 表示 $\mathbf{R}^n$ 上的下列紧支函数:

$$\phi(x)=\begin{cases}c^{-1}\mathrm{e}^{-\frac{1}{1-|x|^2}}, & |x|<1,\\ 0, & |x|\geqslant 1,\end{cases}\tag{1.2.2}$$

其中 $c=\displaystyle\int_{|x|<1}\mathrm{e}^{-\frac{1}{1-|x|^2}}\mathrm{d}x$. 易知 $\phi\in C^\infty(\mathbf{R}^n)$ 且具有以下性质:

(i) $\phi\geqslant 0$ 且是球对称函数;

(ii) $\mathrm{supp}\phi=\overline{B_1(0)}$;

(iii) $\displaystyle\int_{\mathbf{R}^n}\phi(x)\mathrm{d}x=\int_{|x|<1}\phi(x)\mathrm{d}x=1.$

利用这个无穷可微的紧支函数, 我们可根据需要构作出许许多多具有各种各样特殊用途的无穷可微的紧支函数, 下面就是这方面的一个例子.

定理 1.2.1 设 Ω 是 $\mathbf{R}^n$ 中的开集. 对任意给定的 $\varepsilon>0$, 存在函数 $\varphi_\varepsilon\in C^\infty(\mathbf{R}^n)$ 具有以下性质:

(1) $0\leqslant\varphi_\varepsilon(x)\leqslant 1$, $\forall x\in\mathbf{R}^n$;

(2) $\varphi_\varepsilon(x)=1, \forall x\in\overline{\Omega}$;

(3) $\mathrm{supp}\varphi_\varepsilon\subseteq\overline{\Omega}_\varepsilon$;

(4) 对任意 $\alpha\in\mathbf{Z}_+^n$, 存在与 ε 及 Ω 无关的常数 $C_\alpha>0$ 使成立

$$\sup_{x\in\mathbf{R}^n}|\partial^\alpha\varphi_\varepsilon(x)|\leqslant C_\alpha\varepsilon^{-|\alpha|},\quad \forall\varepsilon>0. \tag{1.2.3}$$

证　令

$$\varphi_\varepsilon(x)=\left(\frac{2}{\varepsilon}\right)^n\int_{\Omega_{\frac{\varepsilon}{2}}}\phi\left(\frac{2(x-y)}{\varepsilon}\right)\mathrm{d}y,\quad \forall x\in\mathbf{R}^n. \tag{1.2.4}$$

显然 $\varphi_\varepsilon\in C^\infty(\mathbf{R}^n)$ 且 $\varphi_\varepsilon\geqslant 0$. 对任意 $x\in\mathbf{R}^n$ 有

$$\varphi_\varepsilon(x)\leqslant\left(\frac{2}{\varepsilon}\right)^n\int_{\mathbf{R}^n}\phi\left(\frac{2(x-y)}{\varepsilon}\right)\mathrm{d}y=\int_{\mathbf{R}^n}\phi(y')\mathrm{d}y'=1.$$

所以 φ_ε 满足条件 (1). 注意到当 $\left|\frac{2(x-y)}{\varepsilon}\right|\geqslant 1$ 即 $d(x,y)\geqslant\varepsilon/2$ 时 $\phi\left(\frac{2(x-y)}{\varepsilon}\right)=0$, 所以当 $x\in\overline{\Omega}$ 时 $\phi\left(\frac{2(x-y)}{\varepsilon}\right)$ 作为 y 的函数在 $\Omega_{\frac{\varepsilon}{2}}$ 之外恒取零值, 因此当 $x\in\overline{\Omega}$ 时有

$$\varphi_\varepsilon(x)=\left(\frac{2}{\varepsilon}\right)^n\int_{\mathbf{R}^n}\phi\left(\frac{2(x-y)}{\varepsilon}\right)\mathrm{d}y=\int_{\mathbf{R}^n}\phi(y')\mathrm{d}y'=1.$$

这说明 φ_ε 满足条件 (2). 其次, 当 $x\in\mathbf{R}^n\backslash\Omega_\varepsilon$ 即 $d(x,\Omega)\geqslant\varepsilon$ 时, 对任意 $y\in\Omega_{\frac{\varepsilon}{2}}$ 都有 $|x-y|\geqslant\varepsilon/2$, 亦即 $\left|\frac{2(x-y)}{\varepsilon}\right|\geqslant 1$, 进而 $\phi\left(\frac{2(x-y)}{\varepsilon}\right)=0$, 所以当 $x\in\mathbf{R}^n\backslash\Omega_\varepsilon$ 时有

$$\varphi_\varepsilon(x)=\left(\frac{2}{\varepsilon}\right)^n\int_{\Omega_{\frac{\varepsilon}{2}}}\phi\left(\frac{2(x-y)}{\varepsilon}\right)\mathrm{d}y=0.$$

因此 φ_ε 也满足条件 (3). 最后, 有

$$\begin{aligned}|\partial^\alpha\varphi_\varepsilon(x)|&\leqslant\left(\frac{2}{\varepsilon}\right)^{n+|\alpha|}\int_{\Omega_{\frac{\varepsilon}{2}}}\left|(\partial^\alpha\phi)\left(\frac{2(x-y)}{\varepsilon}\right)\right|\mathrm{d}y\\&\leqslant\left(\frac{2}{\varepsilon}\right)^{|\alpha|}\left(\frac{2}{\varepsilon}\right)^n\int_{\mathbf{R}^n}\left|(\partial^\alpha\phi)\left(\frac{2(x-y)}{\varepsilon}\right)\right|\mathrm{d}y\\&=\left(\frac{2}{\varepsilon}\right)^{|\alpha|}\int_{\mathbf{R}^n}|\partial^\alpha\phi(y')|\mathrm{d}y'\\&=C_\alpha\varepsilon^{-|\alpha|},\quad\forall x\in\mathbf{R}^n,\forall\alpha\in\mathbf{Z}_+^n,\forall\varepsilon>0,\end{aligned}$$

其中 $C_\alpha=2^{|\alpha|}\int_{\mathbf{R}^n}|\partial^\alpha\phi(y)|\mathrm{d}y$. 这就证明了 φ_ε 也满足条件 (4). 证毕. □

推论 1.2.2 设 Ω_1 和 Ω_2 是 $\mathbf{R}^n$ 中的两个开集且 $\Omega_1 \subset\subset \Omega_2$, 则存在函数 $\varphi \in C_0^\infty(\mathbf{R}^n)$ 满足以下条件:

(1) $\mathrm{supp}\varphi \subseteq \Omega_2$, 即 $\varphi \in C_0^\infty(\Omega_2)$;

(2) $\varphi(x) = 1, \forall x \in \overline{\Omega}_1$;

(3) $0 \leqslant \varphi(x) \leqslant 1, \forall x \in \mathbf{R}^n$.

证 事实上, 只要把 Ω_1 看作定理 1.2.1 中的 Ω, 并取 $\varepsilon > 0$ 充分小使其小于 $d(\Omega_1, \partial\Omega_2)$, 再令 φ 为定理 1.2.1 中的 φ_ε, 就得到了本推论中的各个结论. 证毕. □

分析数学特别是偏微分方程理论中, 有许多问题的处理需要把一个给定的函数分解成一些紧支函数的和, 使得这些紧支函数一方面保持原来函数的光滑性, 另一方面其支集包含在一些预先设定的小范围之内. 这样的分解可通过应用以下定理来实现:

定理 1.2.3 (单位分解定理) 设 K 是 $\mathbf{R}^n$ 中的紧集, $\{\Omega_i\}_{i=1}^m$ 是该紧集的一个开覆盖, 则存在一组相应的非负函数 $\varphi_i \in C_0^\infty(\Omega_i)$ $(i = 1, 2, \cdots, m)$, 使成立

$$\sum_{i=1}^m \varphi_i(x) = 1, \quad \forall x \in K.$$

证 不难知道当 $\varepsilon > 0$ 充分小时, $\Omega_1^\varepsilon, \Omega_2^\varepsilon, \cdots, \Omega_m^\varepsilon$ 都非空且它们仍然覆盖 K. 取定一个这样的 $\varepsilon > 0$. 由于 K 是紧集, 可不妨假定每个 Ω_i^ε 都有界. 这时 $\Omega_i^\varepsilon \subset\subset \Omega_i$, $i = 1, 2, \cdots, m$. 对每个 $1 \leqslant i \leqslant m$, 应用推论 1.2.2 知存在函数 $\psi_i \in C_0^\infty(\mathbf{R}^m)$, 使得 $0 \leqslant \psi_i \leqslant 1$, $\mathrm{supp}\psi_i \subseteq \Omega_i$, 且当 $x \in \Omega_i^\varepsilon$ 时 $\psi_i(x) = 1$. 然后令

$$\varphi_1 = \psi_1, \quad \varphi_2 = \psi_2(1 - \psi_1), \quad \cdots, \quad \varphi_m = \psi_m(1 - \psi_1)(1 - \psi_2)\cdots(1 - \psi_{m-1}),$$

则易知函数组 $\{\varphi_i\}_{i=1}^m$ 满足本定理的各个条件. 证毕. □

通常把满足上述定理条件的函数组 $\{\varphi_i\}_{i=1}^m$ 叫做紧集 K 上从属于开覆盖 $\{\Omega_i\}_{i=1}^m$ 的**单位分解** (decomposition of unit).

无穷可微的紧支函数有两个重要用途, 其一是应用它们借助于积分来检验两个函数是否在 $\mathbf{R}^n$ 的某个子集上相等或成立某种不等关系, 由于这个原因无穷可微的紧支函数也经常被叫做**检验函数** (test function); 其二是用它们对不光滑的函数进行**磨光** (mollification). 这是现代分析数学特别是现代偏微分方程理论中经常使用的两个基本技巧. 下面对这两个基本技巧做简单的介绍.

对于定义在开集 $\Omega \subseteq \mathbf{R}^n$ 上的 Lebesgue 可测函数 u, 当对任意 $U \subset\subset \Omega$, u 在 U 上的限制都是 U 上的 Lebesgue 可积函数时, 就称 u 为 Ω 上的**局部可积函数**(locally integrable function). 这样的函数 u 显然与任意函数 $\varphi \in C_0^\infty(\Omega)$ 的乘积 $u\varphi$ 都是 Ω 上的 Lebesgue 可积函数. 用符号 $L^1_{\mathrm{loc}}(\Omega)$表示由 Ω 上的全体局部可积函数组成的集合.

定理 1.2.4 设 u, v 是开集 $\Omega \subseteq \mathbf{R}^n$ 上的两个局部可积函数, 则有下列结论:

(1) 如果对任意非负的 $\varphi \in C_0^\infty(\Omega)$ 都成立

$$\int_\Omega u(x)\varphi(x)\mathrm{d}x \geqslant \int_\Omega v(x)\varphi(x)\mathrm{d}x,$$

则 $u(x) \geqslant v(x)$, a.e.$x \in \Omega$;

(2) 如果对任意的 $\varphi \in C_0^\infty(\Omega)$ 都成立

$$\int_\Omega u(x)\varphi(x)\mathrm{d}x = \int_\Omega v(x)\varphi(x)\mathrm{d}x,$$

则 $u(x) = v(x)$, a.e.$x \in \Omega$.

证 只需证明结论 (1). 为此令 $w = u - v$, 则只需证明在结论 (1) 的条件下成立 $w(x) \geqslant 0$, a.e.$x \in \Omega$. 而这只需证明: 对任意开集 $U \subset\subset \Omega$ 都成立

$$\text{meas}\{x \in U : w(x) < 0\} = 0.$$

反证而设对某个开集 $U \subset\subset \Omega$ 有 $\text{meas}\{x \in U : w(x) < 0\} > 0$. 由测度的连续性, 这蕴涵着存在常数 $c > 0$ 使 $\text{meas}\{x \in U : w(x) \leqslant -c\} > 0$. 取定一个这样的常数 c, 并记

$$A = \{x \in U : w(x) \leqslant -c\}, \quad a = \text{meas}A.$$

取 $\varepsilon_0 > 0$ 充分小使 $U_{\varepsilon_0} \subset\subset \Omega$. 由于 w 在 U_{ε_0} 上可积, 所以存在常数 $\delta > 0$ 使对 U_{ε_0} 的任意测度小于 δ 的可测子集 E 都成立

$$\int_E |w(x)|\mathrm{d}x < ac. \tag{1.2.5}$$

取开集 $Q \subset U$ 使 $A \subset Q$ 且 $\text{meas}(Q \backslash A) < \delta/2$, 再取 $0 < \varepsilon < \varepsilon_0$ 使 Q 的 ε 邻域 Q_ε 具有下述性质: $\text{meas}(Q_\varepsilon \backslash Q) < \delta/2$. 应用定理 1.2.1 知存在函数 $\varphi_\varepsilon \in C_0^\infty(\Omega)$ 具有以下性质:

$$0 \leqslant \varphi_\varepsilon(x) \leqslant 1, \quad \forall x \in \Omega; \quad \varphi_\varepsilon(x) = 1, \quad \forall x \in Q; \quad \text{supp}\varphi_\varepsilon \subseteq \overline{Q}_\varepsilon.$$

因 $\varphi_\varepsilon \geqslant 0$, 应用结论 (1) 中的条件有

$$\int_\Omega w(x)\varphi_\varepsilon(x)\mathrm{d}x = \int_\Omega u(x)\varphi_\varepsilon(x)\mathrm{d}x - \int_\Omega v(x)\varphi_\varepsilon(x)\mathrm{d}x \geqslant 0.$$

另一方面, 由于

$$\text{meas}(Q_\varepsilon \backslash A) = \text{meas}(Q_\varepsilon \backslash Q) + \text{meas}(Q \backslash A) < \delta,$$

由 (1.2.5) 知应有 $\int_{Q_\varepsilon\setminus A}|w(x)|\mathrm{d}x < ac$, 所以

$$\begin{aligned}\int_\Omega w(x)\varphi_\varepsilon(x)\mathrm{d}x &= \int_{Q_\varepsilon} w(x)\varphi_\varepsilon(x)\mathrm{d}x = \int_{Q_\varepsilon\setminus A} w(x)\varphi_\varepsilon(x)\mathrm{d}x + \int_A w(x)\varphi_\varepsilon(x)\mathrm{d}x\\ &\leqslant \int_{Q_\varepsilon\setminus A}|w(x)|\mathrm{d}x + \int_A w(x)\mathrm{d}x < ac + (-c)\mathrm{meas}A = 0.\end{aligned}$$

这就得到了矛盾. 证毕. □

对于定义在开集 $\Omega\subseteq\mathbf{R}^n$ 上的 Lebesgue 可测函数 u, 当对每个有界开集 $U\subset\Omega$, u 在 U 上的限制都是 U 上的 Lebesgue 可积函数时, 就称 u 为 Ω 上的**有限可积函数**. 显然有限可积函数必是局部可积函数, 但反过来则不然. 但对 $\Omega=\mathbf{R}^n$ 来说, 这两个概念是一致的.

取定一个函数 $\varphi\in C_0^\infty(\mathbf{R}^n)$ 使满足下列条件:

$$\varphi(x)\geqslant 0,\quad \forall x\in\mathbf{R}^n;\quad \mathrm{supp}\varphi\subseteq\overline{B_1(0)};\quad \int_{\mathbf{R}^n}\varphi(x)\mathrm{d}x = 1.$$

对定义在开集 Ω 上的任意有限可积函数 u, 令 $\{u_\varepsilon\}_{\varepsilon>0}$ 为 Ω 上的下列一族函数: 对每个 $\varepsilon>0$,

$$u_\varepsilon(x) = \frac{1}{\varepsilon^n}\int_\Omega u(y)\varphi\left(\frac{x-y}{\varepsilon}\right)\mathrm{d}y,\quad \forall x\in\Omega. \tag{1.2.6}$$

由于对任意给定的 $\varepsilon>0$ 和每个固定的 $x\in\Omega$, 使 $\varphi\left(\dfrac{x-y}{\varepsilon}\right)\neq 0$ 的 $y\in\Omega$ 构成 Ω 的有界开子集, 所以上式右端的积分取有限值, 即 u_ε 的定义是合理的. 不难看出, u_ε 具有以下性质:

(a) $u_\varepsilon\in C^\infty(\Omega)$ 且可延拓成 $\mathbf{R}^n$ 上的 C^∞ 函数, 如可按以下方式进行延拓:

$$u_\varepsilon(x) = \frac{1}{\varepsilon^n}\int_\Omega u(y)\varphi\left(\frac{x-y}{\varepsilon}\right)\mathrm{d}y,\quad \forall x\in\mathbf{R}^n;$$

(b) $\mathrm{supp}u_\varepsilon\subseteq(\mathrm{supp}u)_\varepsilon\cap\Omega$.

称函数族 $\{u_\varepsilon\}_{\varepsilon>0}$ 中的每个函数 u_ε为 u 的**磨光函数**(mollifier); 映射 $u\mapsto\{u_\varepsilon\}_{\varepsilon>0}$ 叫做函数的**磨光** (mollification); 函数 φ 叫做**磨光核** (mollification kernel).

如果 u 仅仅是 Ω 上的局部可积函数而非有限可积函数, 则等式 (1.2.6) 右端的积分对靠近 $\partial\Omega$ 的 $x\in\Omega$ 而言可能不取有限值. 这时对任意给定的 $\varepsilon_0>0$, 定义 u 的磨光为定义在开集 Ω^{ε_0} 上的函数族 $\{u_\varepsilon\}_{0<\varepsilon<\varepsilon_0}$, 其中对每个 $0<\varepsilon<\varepsilon_0$ 和任意 $x\in\Omega^{\varepsilon_0}$, $u_\varepsilon(x)$ 仍按等式 (1.2.6) 右端的积分来定义.

磨光函数 u_ε 的意义在于: 一方面它是 C^∞ 函数, 另一方面当 $\varepsilon\to 0$ 时, 它按一定意义收敛于 u. 后一结论由以下定理保证:

定理 1.2.5　设 u 是开集 $\Omega \subseteq \mathbf{R}^n$ 上的有限可积函数. 则对 Ω 的任意有界开子集 U 成立

$$\lim_{\varepsilon\to 0}\int_U |u_\varepsilon(x)-u(x)|\mathrm{d}x=0. \tag{1.2.7}$$

证　先设 $\Omega=\mathbf{R}^n$. 这时

$$u_\varepsilon(x)=\frac{1}{\varepsilon^n}\int_{\mathbf{R}^n} u(y)\varphi\left(\frac{x-y}{\varepsilon}\right)\mathrm{d}y=\int_{\mathbf{R}^n} u(x-\varepsilon y)\varphi(y)\mathrm{d}y,\quad \forall x\in\mathbf{R}^n.$$

由于 $\int_{\mathbf{R}^n}\varphi(y)\mathrm{d}y=1$, 所以

$$u_\varepsilon(x)-u(x)=\int_{\mathbf{R}^n}[u(x-\varepsilon y)-u(x)]\varphi(y)\mathrm{d}y,\quad \forall x\in\mathbf{R}^n,$$

进而对任意有界开集 $U\subseteq\mathbf{R}^n$, 应用 Fubini 定理得

$$\begin{aligned}\int_U |u_\varepsilon(x)-u(x)|\mathrm{d}x &\leqslant \int_{\mathbf{R}^n}\left(\int_U |u(x-\varepsilon y)-u(x)|\mathrm{d}x\right)\varphi(y)\mathrm{d}y\\ &\leqslant \sup_{|y|\leqslant 1}\int_U |u(x-\varepsilon y)-u(x)|\mathrm{d}x\\ &= \sup_{|y|\leqslant \varepsilon}\int_U |u(x+y)-u(x)|\mathrm{d}x.\end{aligned} \tag{1.2.8}$$

由于 u 在任意有界开集上可积, 特别在任意包含 U 的有界开集上可积, 所以由积分的绝对连续性知

$$\lim_{\varepsilon\to 0}\sup_{|y|\leqslant\varepsilon}\int_U |u(x+y)-u(x)|\mathrm{d}x=0.$$

这样由 (1.2.8) 即得 (1.2.7).

对一般的开集 $\Omega\subseteq\mathbf{R}^n$, 令 v 为把 u 作零延拓后所得到的 $\mathbf{R}^n$ 上的函数. 则 v 是 $\mathbf{R}^n$ 上的有限可积函数. 对任意 $\varepsilon>0$, 当 $x\in\Omega$ 时显然 $u_\varepsilon(x)=v_\varepsilon(x)$, 所以对 Ω 的任意有界开子集 U 都有

$$\int_U |u_\varepsilon(x)-u(x)|\mathrm{d}x=\int_U |v_\varepsilon(x)-v(x)|\mathrm{d}x.$$

因此由已证明的结论即得 (1.2.7). 证毕. □

以上定理说明, 当函数 u 在开集 Ω 上有限可积时, 其磨光函数 $u_\varepsilon(x)$ 当 $\varepsilon\to 0$ 时在 Ω 的任意有界开子集上积分平均收敛于 u. 实际上, 如果 u 有更好的正则性, 则其磨光函数 $u_\varepsilon(x)$ 当 $\varepsilon\to 0$ 时可以在更强的拓扑下收敛于 u. 为说明这一点, 对任意开集 $\Omega\subseteq\mathbf{R}^n$ 和非负整数 m, 用符号 $C^m(\overline{\Omega})$ 表示由 Ω 上全体具有直至 m 阶

的偏导数且其本身及其所有阶数不超过 m 的偏导数都在 Ω 上有界并一致连续的函数组成的集合. 当 $m=0$ 时, 通常把 $C^0(\overline{\Omega})$ 简记为 $C(\overline{\Omega})$. $C^m(\overline{\Omega})$ $(m\in \mathbf{Z}_+)$ 上的范数定义为

$$\|u\|_{C^m(\overline{\Omega})}=\sum_{|\alpha|\leqslant m}\sup_{x\in\Omega}|\partial^\alpha u(x)|,\quad \forall u\in C^m(\overline{\Omega}).$$

按照这个范数, $C^m(\overline{\Omega})$ 构成 Banach 空间.

定理 1.2.6 设 Ω 是 $\mathbf{R}^n$ 中的开集, $m\in\mathbf{Z}_+$. 又设 $u\in C^m(\overline{\Omega})$, 则对 Ω 的任意满足条件 $d(U,\partial\Omega)>0$ 的开子集 U 成立

$$\lim_{\varepsilon\to0}\sum_{|\alpha|\leqslant m}\sup_{x\in U}|\partial^\alpha u_\varepsilon(x)-\partial^\alpha u(x)|=0.\tag{1.2.9}$$

如果 $\Omega=\mathbf{R}^n$ 或 $u\in C_0^m(\Omega)$, 那么上式对 $U=\Omega$ 也成立.

证 由 $C^m(\overline{\Omega})$ 的定义知当 $u\in C^m(\overline{\Omega})$ 时成立

$$\lim_{\varepsilon\to0}\sum_{|\alpha|\leqslant m}\sup_{\substack{x,y\in\Omega\\|x-y|\leqslant\varepsilon}}|\partial^\alpha u(x)-\partial^\alpha u(y)|=0.\tag{1.2.10}$$

令 $\varepsilon_0=d(U,\partial\Omega)$. 则当 $0<\varepsilon<\varepsilon_0$ 时, 对任意 $x\in U$ 和 $|\alpha|\leqslant m$ 有

$$\partial^\alpha u(x)=\partial^\alpha u(x)\cdot\frac{1}{\varepsilon^n}\int_{|x-y|\leqslant\varepsilon}\varphi\left(\frac{x-y}{\varepsilon}\right)\mathrm{d}y=\frac{1}{\varepsilon^n}\int_\Omega\partial^\alpha u(x)\varphi\left(\frac{x-y}{\varepsilon}\right)\mathrm{d}y.\tag{1.2.11}$$

又对任意 $0<\varepsilon<\varepsilon_0$, 任意 $x\in U$ 和 $|\alpha|\leqslant m$ 有

$$\partial^\alpha u_\varepsilon(x)=\frac{1}{\varepsilon^{n+|\alpha|}}\int_\Omega u(y)\cdot(\partial^\alpha\varphi)\left(\frac{x-y}{\varepsilon}\right)\mathrm{d}y=\frac{1}{\varepsilon^n}\int_\Omega\partial^\alpha u(y)\varphi\left(\frac{x-y}{\varepsilon}\right)\mathrm{d}y.\tag{1.2.12}$$

所以当 $0<\varepsilon<\varepsilon_0$ 时, 对任意 $x\in U$ 和 $|\alpha|\leqslant m$ 有

$$\partial^\alpha u_\varepsilon(x)-\partial^\alpha u(x)=\frac{1}{\varepsilon^n}\int_\Omega[\partial^\alpha u(y)-\partial^\alpha u(x)]\varphi\left(\frac{x-y}{\varepsilon}\right)\mathrm{d}y,$$

进而

$$\begin{aligned}&\sum_{|\alpha|\leqslant m}\sup_{x\in U}|\partial^\alpha u_\varepsilon(x)-\partial^\alpha u(x)|\\ \leqslant&\sum_{|\alpha|\leqslant m}\sup_{\substack{x\in U,y\in\Omega\\|x-y|\leqslant\varepsilon}}|\partial^\alpha u(y)-\partial^\alpha u(x)|\cdot\sup_{x\in U}\frac{1}{\varepsilon^n}\int_{|x-y|\leqslant\varepsilon}\varphi\left(\frac{x-y}{\varepsilon}\right)\mathrm{d}y\\ \leqslant&\sum_{|\alpha|\leqslant m}\sup_{\substack{x,y\in\Omega\\|x-y|\leqslant\varepsilon}}|\partial^\alpha u(y)-\partial^\alpha u(x)|,\quad 0<\varepsilon<\varepsilon_0.\end{aligned}$$

由这一估计式和 (1.2.10), 就得到了 (1.2.9).

如果 $\Omega = \mathbf{R}^n$, 那么 (1.2.11) 和 (1.2.12) 对任意 $\varepsilon > 0$, 任意 $x \in \Omega$ 和 $|\alpha| \leqslant m$ 都成立, 从而易见 (1.2.9) 对 $U = \Omega$ 也成立. 如果 $u \in C_0^m(\Omega)$, 那么 (1.2.12) 对任意 $\varepsilon > 0$, 任意 $x \in \Omega$ 和 $|\alpha| \leqslant m$ 都成立, 而 (1.2.11) 对任意 $0 < \varepsilon < d(\text{supp}u, \partial\Omega)$, 任意 $x \in \Omega$ 和 $|\alpha| \leqslant m$ 都成立 ($x \in \text{supp}u$ 时推导与前面类似, $x \in \Omega \backslash \text{supp}u$ 时显然, 因为两个等号连接的三个表达式都等于零), 从而可知 (1.2.9) 对 $U = \Omega$ 也成立. 证毕. □

以后会看到, 如果函数 u 满足其他正则性条件, 那么 u_ε 按相应的其他范数收敛于 u.

对函数空间 $C^m(\overline{\Omega})$ 作一些注记. 当 $u \in C^m(\overline{\Omega})$ 时, 由于对每个满足条件 $|\alpha| \leqslant m$ 的 n 重指标 α, $\partial^\alpha u(x)$ 都在 Ω 上一致连续, 所以应用 Cauchy 定理知对每个边界点 $x_0 \in \partial\Omega$, 当 $x \to x_0$ ($x \in \Omega$) 时 $\partial^\alpha u(x)$ 有极限. 定义 $\partial^\alpha u(x_0) = \lim\limits_{\substack{x \to x_0 \\ x \in \Omega}} \partial^\alpha u(x)$, $\forall x_0 \in \partial\Omega$. 这样就把只定义在 Ω 上的函数以唯一的方式保持 m 阶连续可微地延拓定义在了整个闭包 $\overline{\Omega}$ 上. 这正是采用记号 $C^m(\overline{\Omega})$ 表示这个函数空间的原因. 以后我们将把函数 $u \in C^m(\overline{\Omega})$ 与其在 $\overline{\Omega}$ 上的这种唯一延拓等同而不作区分. 这样记号 $\partial^\alpha u|_{\partial\Omega}$ ($|\alpha| \leqslant m$) 便有意义, 它表示由把 u 这样延拓到整个 $\overline{\Omega}$ 上之后, 函数 $\partial^\alpha u$ ($|\alpha| \leqslant m$) 限制在边界 $\partial\Omega$ 上所得到的函数. 再定义

$$C_0^m(\overline{\Omega}) = \{u \in C^m(\overline{\Omega}) : \ \partial^\alpha u|_{\partial\Omega} = 0, \ \forall |\alpha| \leqslant m\}.$$

显然 $C_0^m(\overline{\Omega})$ 是 $C^m(\overline{\Omega})$ 的闭子空间, 因而按 $C^m(\overline{\Omega})$ 的范数成为独立的 Banach 空间. 不难证明, $C_0^\infty(\Omega)$ 在 $C_0^m(\overline{\Omega})$ 中稠密, 即 $C_0^m(\overline{\Omega})$ 中的函数都是 $C_0^\infty(\Omega)$ 中的函数列按 $C^m(\overline{\Omega})$ 范数的极限.

习　题　1.2

1. 设 K 是 $\mathbf{R}^n$ 中的紧集, $\{\Omega_i\}_{i=1}^m$ 是该紧集的一个开覆盖. 证明: 存在一组非负函数 $\varphi_i \in C_0^\infty(\Omega_i)$ $(i = 1, 2, \cdots, m)$ 使成立

$$\sum_{i=1}^m \varphi_i^2(x) = 1, \quad \forall x \in K.$$

2. 设 E 是 $\mathbf{R}^n$ 中的无界闭集, $\{\Omega_i\}_{i=1}^\infty$ 是 E 的一个局部有限的开覆盖, 每个 Ω_i 都有界. 证明: 存在一列非负函数 $\varphi_i \in C_0^\infty(\Omega_i)$ $(i = 1, 2, \cdots)$ 使成立

$$\sum_{i=1}^\infty \varphi_i(x) = 1, \quad \forall x \in E.$$

3. 设 E 是 $\mathbf{R}^n$ 中的无界闭集, Ω 是包含 E 的开集. 证明: 存在函数 $\varphi \in C^\infty(\mathbf{R}^n)$ 满足以下条件:

(1) $0 \leqslant \varphi(x) \leqslant 1, \forall x \in \mathbf{R}^n$;

(2) $\mathrm{supp}\varphi \subseteq \Omega$;

(3) $\varphi(x) = 1, \forall x \in E$.

4. 积分理论中有这样一个定理: 设 w 是开集 $\Omega \subseteq \mathbf{R}^n$ 上的局部可积函数. 如果对任意开集 $U \subset\subset \Omega$ 都成立 $\int_U w(x)\mathrm{d}x \geqslant 0$, 那么 $w(x) \geqslant 0$, a.e. $x \in \Omega$.

(1) 证明这个定理;

(2) 应用这个定理证明定理 1.2.4 的结论 (1).

5. 应用多元 Leibniz 公式和定理 1.2.4 的结论 (2) 证明多元逆 Leibniz 公式.

6. 设 u 是开集 $\Omega \subseteq \mathbf{R}^n$ 上的局部可积函数. 证明下列命题:

(1) 如果对任意 $\varphi \in C_0^\infty(\Omega)$ 都成立

$$\int_\Omega u(x)\partial_i\varphi(x)\mathrm{d}x = 0, \quad i = 1, 2, \cdots, n,$$

那么 u 在 Ω 上与一个常值函数几乎处处相等.

(2) 如果对某个正整数 m 和任意 $\varphi \in C_0^\infty(\Omega)$ 都成立

$$\int_\Omega u(x)\partial^\alpha\varphi(x)\mathrm{d}x = 0, \quad \forall|\alpha| = m,$$

那么 u 在 Ω 上与一个阶数不超过 $m-1$ 的多项式函数几乎处处相等.

1.3 Hölder 空间 $C^\mu(\overline{\Omega})$

设 u 是定义在开集 $\Omega \subseteq \mathbf{R}^n$ 上的函数, μ 是不大于 1 的正数. 如果存在常数 $C \geqslant 0$ 使成立

$$|u(x) - u(y)| \leqslant C|x - y|^\mu, \quad \forall x, y \in \Omega, \tag{1.3.1}$$

就称 u 在 Ω 上**一致 μ 阶Hölder 连续**, 并称使上式成立的最小的常数 C 为 u 在 Ω 上的 **μ 阶Hölder模**, 记作 $[u]_{\mu;\Omega}$. 显然

$$[u]_{\mu;\Omega} = \sup_{\substack{x,y\in\Omega\\ x\neq y}} \frac{|u(x) - u(y)|}{|x - y|^\mu}. \tag{1.3.2}$$

特别, 如果 $\mu = 1$, 就称 u 在 Ω 上**一致Lipschitz连续**, 并称 $[u]_{1;\Omega}$为 u 在 Ω 上的**Lipschitz模**.

在不致引起混淆的情况下, $[u]_{\mu;\Omega}$ 经常简记为 $[u]_\mu$.

当 $0 < \mu < 1$ 时, 用 $C^\mu(\overline{\Omega})$表示由开集 Ω 上的全体有界并一致 μ 阶 Hölder 连续的函数组成的集合, 又用 $C^{1-0}(\overline{\Omega})$ 表示由开集 Ω 上的全体有界并一致 Lipschitz 连续的函数组成的集合. 通常为行文简单起见, 把 $C^\mu(\overline{\Omega})$ $(0 < \mu < 1)$ 与 $C^{1-0}(\overline{\Omega})$

合写成 $C^{\mu}(\overline{\Omega})$ $(0<\mu\leqslant 1)$. 显然有 $C^{\mu}(\overline{\Omega})\subseteq C(\overline{\Omega})$ $(0<\mu\leqslant 1)$. 不难知道, $C^{\mu}(\overline{\Omega})$ $(0<\mu\leqslant 1)$ 按函数的通常线性运算和范数

$$\begin{aligned}\|u\|_{C^{\mu}(\overline{\Omega})}&=\|u\|_{C(\overline{\Omega})}+[u]_{\mu;\Omega}\\&=\sup_{x\in\Omega}|u(x)|+\sup_{\substack{x,y\in\Omega\\x\neq y}}\frac{|u(x)-u(y)|}{|x-y|^{\mu}},\quad\forall u\in C^{\mu}(\overline{\Omega})\end{aligned}\tag{1.3.3}$$

构成 Banach 空间. 这个 Banach 空间叫做 Ω 上的 μ **阶Hölder空间**(Hölder space).

下面讨论 Hölder 空间 $C^{\mu}(\overline{\Omega})$ $(0<\mu\leqslant 1)$ 的性质.

定理 1.3.1 设 Ω 是 $\mathbf{R}^n$ 中的开集, $0<\mu\leqslant 1$. 则有下列结论:

(1) 如果 $u,v\in C^{\mu}(\overline{\Omega})$, 那么 $uv\in C^{\mu}(\overline{\Omega})$, 且

$$[uv]_{\mu;\Omega}\leqslant\|u\|_{C(\overline{\Omega})}[v]_{\mu;\Omega}+\|v\|_{C(\overline{\Omega})}[u]_{\mu;\Omega},\tag{1.3.4}$$

$$\|uv\|_{C^{\mu}(\overline{\Omega})}\leqslant\|u\|_{C^{\mu}(\overline{\Omega})}\|v\|_{C^{\mu}(\overline{\Omega})}.\tag{1.3.5}$$

(2) 如果 $u\in C^{\mu}(\overline{\Omega})$, $a=\inf\limits_{x\in\Omega}u(x)$, $b=\sup\limits_{x\in\Omega}u(x)$, 且 $f\in C^{1-0}[a,b]$, 那么 $f\circ u\in C^{\mu}(\overline{\Omega})$, 且

$$[f\circ u]_{\mu;\Omega}\leqslant[f]_{1;(a,b)}[u]_{\mu;\Omega}.\tag{1.3.6}$$

证 (1) 设 $u,v\in C^{\mu}(\overline{\Omega})$. 对任意 $x,y\in\Omega$ 有

$$\begin{aligned}|u(x)v(x)-u(y)v(y)|&\leqslant|u(x)||v(x)-v(y)|+|v(y)||u(x)-u(y)|\\&\leqslant\sup_{x\in\Omega}|u(x)|\cdot[v]_{\mu;\Omega}|x-y|^{\mu}+\sup_{x\in\Omega}|v(x)|\cdot[u]_{\mu;\Omega}|x-y|^{\mu}\\&=(\|u\|_{C(\overline{\Omega})}[v]_{\mu;\Omega}+\|v\|_{C(\overline{\Omega})}[u]_{\mu;\Omega})|x-y|^{\mu}.\end{aligned}$$

又显然 $\|uv\|_{C(\overline{\Omega})}\leqslant\|u\|_{C(\overline{\Omega})}\|v\|_{C(\overline{\Omega})}$, 所以 $uv\in C^{\mu}(\overline{\Omega})$, 且 (1.3.4) 和 (1.3.5) 成立.

(2) 设 $u\in C^{\mu}(\overline{\Omega})$, $a\leqslant u\leqslant b$, $f\in C^{1-0}[a,b]$. 对任意 $x,y\in\Omega$ 有

$$|f(u(x))-f(u(y))|\leqslant[f]_{1;(a,b)}|u(x)-u(y)|\leqslant[f]_{1;(a,b)}[u]_{\mu;\Omega}|x-y|^{\mu}.$$

所以 $f\circ u\in C^{\mu}(\overline{\Omega})$ 且 (1.3.6) 成立. 证毕. □

当定义在开集 Ω 上的向量值函数 Ψ 的每个分量函数都属于 $C^{\mu}(\overline{\Omega})$ $(0<\mu\leqslant 1)$ 时, 就称 Ψ 属于 $C^{\mu}(\overline{\Omega})$, 记作 $\Psi\in C^{\mu}(\overline{\Omega})$. 设 Ω_1 和 Ω_2 是 $\mathbf{R}^n$ 中的两个有界开集, $0<\mu\leqslant 1$. 如果映射 $\Psi:\Omega_1\to\Omega_2$ 具有以下性质:

(a) Ψ 是双射, 即是映 Ω_1 到 Ω_2 上的一一对应;

(b) $\Psi\in C^{\mu}(\overline{\Omega}_1)$, $\Psi^{-1}\in C^{\mu}(\overline{\Omega}_2)$;

则称 Ψ 为 Ω_1 到 Ω_2 的 C^{μ} **类变换**或 C^{μ} **类同胚**.

定理 1.3.2 设 Ω_1 和 Ω_2 是 $\mathbf{R}^n$ 中的两个有界开集, Ψ 是从 Ω_1 到 Ω_2 的 C^{1-0} 类变换. 又设 $0<\mu\leqslant 1$, $u\in C^{\mu}(\overline{\Omega}_1)$, $v\in C^{\mu}(\overline{\Omega}_2)$. 则 $u\circ\Psi^{-1}\in C^{\mu}(\overline{\Omega}_2)$, $v\circ\Psi\in C^{\mu}(\overline{\Omega}_1)$, 且存在仅与 Ψ 和 μ 有关的常数 $C_1>0$ 和 $C_2>0$ 使成立

$$C_1\|u\|_{C^{\mu}(\overline{\Omega}_1)}\leqslant\|u\circ\Psi^{-1}\|_{C^{\mu}(\overline{\Omega}_2)}\leqslant C_2\|u\|_{C^{\mu}(\overline{\Omega}_1)},\tag{1.3.7}$$

$$C_2^{-1}\|v\|_{C^{\mu}(\overline{\Omega}_2)}\leqslant\|v\circ\Psi\|_{C^{\mu}(\overline{\Omega}_1)}\leqslant C_1^{-1}\|v\|_{C^{\mu}(\overline{\Omega}_2)}.\tag{1.3.8}$$

证 对任意 $x,y\in\Omega_2$ 有

$$\begin{aligned}|u(\Psi^{-1}(x))-u(\Psi^{-1}(y))|&\leqslant[u]_{\mu;\Omega_1}|\Psi^{-1}(x)-\Psi^{-1}(y)|^{\mu}\\&\leqslant[u]_{\mu;\Omega_1}([\Psi^{-1}]_{1;\Omega_2})^{\mu}|x-y|^{\mu}.\end{aligned}$$

又显然 $\sup\limits_{x\in\Omega_2}|u(\Psi^{-1}(x))|=\sup\limits_{y\in\Omega_1}|u(y)|$, 所以 $u\circ\Psi^{-1}\in C^{\mu}(\overline{\Omega}_2)$, 且当令 $C_2=\max\{1,([\Psi^{-1}]_{1;\Omega_2})^{\mu}\}$ 时, (1.3.7) 中的后一个不等式成立. 类似地, 当令 $C_1^{-1}=\max\{1,([\Psi]_{1;\Omega_1})^{\mu}\}$ 时, (1.3.8) 中的后一个不等式成立. 从 (1.3.7) 中的后一个不等式立得 (1.3.8) 中的前一个不等式, 同样从 (1.3.8) 中的后一个不等式立得 (1.3.7) 中的前一个不等式. 定理证毕. □

定理 1.3.3 设 Ω 是 $\mathbf{R}^n$ 中的开集, $0<\mu<\nu\leqslant 1$. 则 $C^{\nu}(\overline{\Omega})\subseteq C^{\mu}(\overline{\Omega})$, 且对任意 $\varepsilon>0$, 存在相应的常数 $C_{\varepsilon}=C(\varepsilon,\mu,\nu)>0$ 使成立

$$\|u\|_{C^{\mu}(\overline{\Omega})}\leqslant\varepsilon\|u\|_{C^{\nu}(\overline{\Omega})}+C_{\varepsilon}\|u\|_{C(\overline{\Omega})},\quad\forall u\in C^{\nu}(\overline{\Omega}).\tag{1.3.9}$$

证 当 $u\in C^{\nu}(\overline{\Omega})$ 时, 对任意 $x,y\in\Omega$ 有

$$|u(x)-u(y)|\leqslant[u]_{\nu;\Omega}|x-y|^{\nu}\leqslant[u]_{\nu;\Omega}|x-y|^{\mu},\quad|x-y|\leqslant 1,$$

$$|u(x)-u(y)|\leqslant 2\|u\|_{C(\overline{\Omega})}\leqslant 2\|u\|_{C(\overline{\Omega})}|x-y|^{\mu},\quad|x-y|\geqslant 1,$$

所以 $u\in C^{\mu}(\overline{\Omega})$. 其次, 对任意 $\delta>0$ 有

$$\begin{aligned}[u]_{\mu;\Omega}&=\sup_{\substack{x,y\in\Omega\\x\neq y}}\frac{|u(x)-u(y)|}{|x-y|^{\mu}}\\&=\max\Bigg\{\sup_{\substack{x,y\in\Omega\\0<|x-y|\leqslant\delta}}\frac{|u(x)-u(y)|}{|x-y|^{\mu}},\ \sup_{\substack{x,y\in\Omega\\|x-y|>\delta}}\frac{|u(x)-u(y)|}{|x-y|^{\mu}}\Bigg\}\\&\leqslant\max\Bigg\{\delta^{\nu-\mu}\sup_{\substack{x,y\in\Omega\\0<|x-y|\leqslant\delta}}\frac{|u(x)-u(y)|}{|x-y|^{\nu}},2\delta^{-\mu}\sup_{x\in\Omega}|u(x)|\Bigg\}\\&\leqslant\delta^{\nu-\mu}[u]_{\nu;\Omega}+2\delta^{-\mu}\|u\|_{C(\overline{\Omega})},\end{aligned}$$

进而

$$\|u\|_{C^{\mu}(\overline{\Omega})}\leqslant\delta^{\nu-\mu}\|u\|_{C^{\nu}(\overline{\Omega})}+(1+2\delta^{-\mu}-\delta^{\nu-\mu})\|u\|_{C(\overline{\Omega})}.$$

现在对任意给定的 $\varepsilon > 0$, 令 $\delta = \varepsilon^{\frac{1}{\nu-\mu}}$, $C_\varepsilon = \max\{1, 1 + 2\delta^{-\mu} - \delta^{\nu-\mu}\}$, 就得到了 (1.3.9). 证毕. □

推论 1.3.4　设 Ω 是 $\mathbf{R}^n$ 中的开集, $0 < \mu < \nu \leqslant 1$, 则 $C^\nu(\overline{\Omega}) \subseteq C^\mu(\overline{\Omega})$, 且存在常数 $C = C(\mu, \nu) > 0$ 使成立估计式

$$\|u\|_{C^\mu(\overline{\Omega})} \leqslant C\|u\|_{C^\nu(\overline{\Omega})}, \quad \forall u \in C^\nu(\overline{\Omega}). \tag{1.3.10}$$

□

对于两个赋范线性空间 X 和 Y, 如果作为线性空间 X 是 Y 的子空间即 $X \subseteq Y$, 且存在常数 $C > 0$ 使这两个空间的范数之间成立估计式

$$\|x\|_Y \leqslant C\|x\|_X, \quad \forall x \in X,$$

就称空间 X**连续地嵌入**空间 Y, 简称 X**嵌入** Y, 记作 $X \hookrightarrow Y$. 以上不等式叫做**嵌入不等式**. 以上推论表明, 对 $\mu, \nu \in (0, 1]$, 当 $\mu < \nu$ 时 $C^\nu(\overline{\Omega})$ 连续地嵌入 $C^\mu(\overline{\Omega})$: $C^\nu(\overline{\Omega}) \hookrightarrow C^\mu(\overline{\Omega})$, 而 (1.3.10) 正是从 $C^\nu(\overline{\Omega})$ 到 $C^\mu(\overline{\Omega})$ 的嵌入不等式.

形如 (1.3.9) 的不等式叫做**内插不等式**(interpolation inequality), 它说明介于两个空间 $C(\overline{\Omega})$ 和 $C^\nu(\overline{\Omega})$ 之间的第三个空间 $C^\mu(\overline{\Omega})$ (即 $C^\nu(\overline{\Omega}) \subseteq C^\mu(\overline{\Omega}) \subseteq C(\overline{\Omega})$) 的范数可由前、后两个空间的范数估计, 并且这种估计可做到使得小空间范数的作用可任意小. 利用这个内插不等式, 便可建立以下定理:

定理 1.3.5　设 Ω 是 $\mathbf{R}^n$ 中的有界开集, $0 < \mu < \nu \leqslant 1$, 则 $C^\nu(\overline{\Omega})$ 中的有界集是 $C^\mu(\overline{\Omega})$ 中的相对紧集, 即若 Σ 是 $C^\nu(\overline{\Omega})$ 中的有界集, 则 Σ 中的任何序列都有按 $C^\mu(\overline{\Omega})$ 范数收敛的子序列①.

证　设 Σ 是 $C^\nu(\overline{\Omega})$ 中的有界集. 则存在常数 $C > 0$ 使成立

$$\|u\|_{C^\nu(\overline{\Omega})} \leqslant C, \quad \forall u \in \Sigma.$$

又设 $\{u_k\}_{k=1}^\infty$ 是 Σ 中的一个序列. 应用以上不等式可知成立

$$|u_k(x)| \leqslant C, \quad \forall x \in \Omega, k = 1, 2, \cdots, \tag{1.3.11}$$

$$|u_k(x) - u_k(y)| \leqslant C|x - y|^\nu, \quad \forall x, y \in \Omega, k = 1, 2, \cdots. \tag{1.3.12}$$

(1.3.11) 表明, $\{u_k\}_{k=1}^\infty$ 是 Ω 上的有界函数列; 从 (1.3.12) 易见, 这个函数列还是等度一致连续的. 因此应用 Arzelá-Ascoli 定理知 $\{u_k\}_{k=1}^\infty$ 有子列在 Ω 上一致收敛. 为记号简单起见, 不妨设 $\{u_k\}_{k=1}^\infty$ 本身在 Ω 上一致收敛. 记极限函数为 v. 通过在

① 拓扑线性空间 X 中的非空子集 K 叫做相对紧集是指其闭包 $\overline{K}$ 是紧集; K 叫做相对列紧集是指 K 中的任何点列都有收敛的子列. 对于赋范线性空间而言, 这两个概念是等价的.

(1.3.11) 和 (1.3.12) 中令 $k\to\infty$ 取极限, 可知 $v\in C^{\nu}(\overline{\Omega})$, 进而 $v\in C^{\mu}(\overline{\Omega})$. 下面证明 $\{u_k\}_{k=1}^{\infty}$ 有子列按 $C^{\mu}(\overline{\Omega})$ 范数收敛于 v.

应用定理 1.3.3 可知, 对每个 $j=1,2,\cdots$ 存在相应的常数 $C_j>0$ 使成立

$$\|u_k-v\|_{C^{\mu}(\overline{\Omega})}\leqslant j^{-1}\|u_k-v\|_{C^{\nu}(\overline{\Omega})}+C_j\|u_k-v\|_{C(\overline{\Omega})},\quad k=1,2,\cdots.$$

由于 $\{u_k\}_{k=1}^{\infty}$ 在 Ω 上一致收敛于 v, 所以存在严格单调递增趋于无穷的正整数列 $\{k_j\}_{j=1}^{\infty}$ 使成立

$$\|u_{k_j}-v\|_{C(\overline{\Omega})}\leqslant (jC_j)^{-1},\quad j=1,2,\cdots.$$

从而

$$\|u_{k_j}-v\|_{C^{\mu}(\overline{\Omega})}\leqslant j^{-1}(C+\|v\|_{C^{\nu}(\overline{\Omega})})+C_j\cdot(jC_j)^{-1}\leqslant j^{-1}(1+C+\|v\|_{C^{\nu}(\overline{\Omega})}),\quad j=1,2,\cdots.$$

由此推知子列 $\{u_{k_j}\}_{j=1}^{\infty}$ 按 $C^{\mu}(\overline{\Omega})$ 范数收敛于 v. 证毕. □

推论 1.3.6 *设 Ω 是 $\mathbf{R}^n$ 中的有界开集, $0<\nu\leqslant 1$. 又设 $\{u_k\}_{k=1}^{\infty}$ 是 $C^{\nu}(\overline{\Omega})$ 中的序列, 满足以下两个条件:*

(1) 存在常数 $C>0$ 使成立 $\|u_k\|_{C^{\nu}(\overline{\Omega})}\leqslant C$, $k=1,2,\cdots$;

(2) $\{u_k\}_{k=1}^{\infty}$ 在 Ω 上逐点收敛于函数 v,

则 $v\in C^{\nu}(\overline{\Omega})$, $\|v\|_{C^{\nu}(\overline{\Omega})}\leqslant C$, 且对任意 $0<\mu<\nu$, $\{u_k\}_{k=1}^{\infty}$ 按 $C^{\mu}(\overline{\Omega})$ 范数收敛于 v.

证明留给读者作为习题. □

对于两个赋范线性空间 X 和 Y, 如果 $X\hookrightarrow Y$, 且 X 中的每个有界集都是 Y 中的相对紧集, 就称空间 X **紧嵌入**空间 Y, 简记作 $X\hookrightarrow\hookrightarrow Y$. 定理 1.3.5 表明, 如果 Ω 是 $\mathbf{R}^n$ 中的有界开集, 那么当 $0<\mu<\nu\leqslant 1$ 时, $C^{\nu}(\overline{\Omega})$ 紧嵌入 $C^{\mu}(\overline{\Omega})$: $C^{\nu}(\overline{\Omega})\hookrightarrow\hookrightarrow C^{\mu}(\overline{\Omega})$.

1.2 节已经定义过函数空间 $C^1(\overline{\Omega})$. 读者往往会认为, $C^1(\overline{\Omega})\subseteq C^{1-0}(\overline{\Omega})$, 进而对任意 $0<\mu\leqslant 1$ 成立 $C^1(\overline{\Omega})\subseteq C^{\mu}(\overline{\Omega})$, 理由是可用微分中值定理推出不等式

$$|u(x)-u(y)|\leqslant\sup_{x\in\Omega}\left(\sum_{i=1}^{n}|\partial_i u(x)|^2\right)^{\frac{1}{2}}\cdot|x-y|,\quad\forall x,y\in\Omega.$$

但这个认识是错误的, 原因在于多元函数的以上微分中值不等式仅对凸开集 Ω 成立而对一般的开集 Ω 不成立, 所以对一般的开集 Ω 而言以上推导是行不通的. 事实上, 包含关系 $C^1(\overline{\Omega})\subseteq C^{\mu}(\overline{\Omega})$ $(0<\mu\leqslant 1)$ 对一般的开集 Ω 不成立. 反例如下:

例 1 令 Ω 为 $\mathbf{R}^2$ 中的下列有界开集:

$$\Omega=\{(x,y)\in\mathbf{R}^2:\ x^2+y^2<1,\ y<|x|^{\frac{1}{p}}\},$$

其中 $1 < p < \infty$. 对 $1 < q < p$, 定义

$$u(x,y)=\begin{cases}(\mathrm{sgn}x)y^q, & y \geqslant 0,\\ 0, & y<0,\end{cases}\quad \forall (x,y)\in\Omega.$$

易知 $u \in C^1(\overline{\Omega})$, 但当 $q/p < \mu \leqslant 1$ 时, $u \notin C^\mu(\overline{\Omega})$.

上例中的情况之所以发生, 是由于该例中开集 Ω 的边界正则性不太好的缘故. 如果开集 Ω 的边界有较好的正则性, 那么包含关系 $C^1(\overline{\Omega}) \subseteq C^{1-0}(\overline{\Omega})$ 是成立的, 进而对所有 $0 < \mu \leqslant 1$, 包含关系 $C^1(\overline{\Omega}) \subseteq C^\mu(\overline{\Omega})$ 也都成立. 下面讨论这个事实.

对于 $\mathbf{R}^n$ 中的开集 Ω, 如果存在常数 $C > 0$ 使对任意两点 $x, y \in \Omega$, 都存在以 x, y 为端点的光滑曲线完全含于 Ω, 且其长度不超过 $C|x-y|$, 就称 Ω 为**Lipschitz 型区域**. 显然凸开集总是 Lipschitz 型区域. 容易看出, Lipschitz 型区域的边界都是 Lipschitz 连续的.

定理 1.3.7 设 Ω 是 $\mathbf{R}^n$ 中的 Lipschitz 型区域, 则 $C^1(\overline{\Omega}) \subseteq C^{1-0}(\overline{\Omega})$, 且存在常数 $C = C(\Omega) > 0$ 使成立

$$\|u\|_{C^{1-0}(\overline{\Omega})} \leqslant C\|u\|_{C^1(\overline{\Omega})}, \quad \forall u \in C^1(\overline{\Omega}). \tag{1.3.13}$$

证 由条件知存在常数 $C = C(\Omega) > 0$ 使对任意两点 $x, y \in \Omega$, 都存在 C^1 映射 $\psi : [0,1] \to \Omega$ 满足以下条件:

$$\psi(0)=x, \quad \psi(1)=y, \quad \int_0^1 |\psi'(t)|\mathrm{d}t \leqslant C|x-y|.$$

于是对任意 $u \in C^1(\overline{\Omega})$ 有

$$\begin{aligned}|u(x)-u(y)| &= \left|\int_0^1 \frac{\mathrm{d}}{\mathrm{d}t}u(\psi(t))\mathrm{d}t\right| = \left|\int_0^1 \partial u(\psi(t))\cdot\psi'(t)\mathrm{d}t\right|\\ &\leqslant \sup_{x\in\Omega}|\partial u(x)|\cdot\int_0^1|\psi'(t)|\mathrm{d}t \leqslant C\sup_{x\in\Omega}|\partial u(x)|\cdot|x-y|.\end{aligned}$$

这说明 $u \in C^{1-0}(\overline{\Omega})$, 且 (1.3.13) 成立. 证毕. □

推论 1.3.8 设 Ω 是 $\mathbf{R}^n$ 中的 Lipschitz 型区域. 则对任意 $0 < \mu < 1$ 成立 $C^1(\overline{\Omega}) \subseteq C^\mu(\overline{\Omega})$, 且对任意 $\varepsilon > 0$ 存在相应的常数 $C_\varepsilon = C(\varepsilon, \mu, \Omega) > 0$ 使成立

$$\|u\|_{C^\mu(\overline{\Omega})} \leqslant \varepsilon\|u\|_{C^1(\overline{\Omega})} + C_\varepsilon\|u\|_{C(\overline{\Omega})}, \quad \forall u \in C^1(\overline{\Omega}). \tag{1.3.14}$$

□

在一些问题的研究中, 需要把定义在小集合上的函数延拓到较大的集合上, 使得延拓后的函数保持原来函数的正则性. 下面讨论 $C^\mu(\overline{\Omega})$ 中的函数保持 C^μ 连续性的延拓问题.

设 Ω 是 $\mathbf{R}^n$ 中的开集, $0<\mu\leqslant 1$. 对点 $x_0\in\partial\Omega$, 如果存在 x_0 的邻域 U 和双射 $\Psi: U\to B_1(0)$ 满足以下条件:

(i) $B_1^+(0)=\Psi(\Omega\cap U)$;

(ii) $\partial B_1^+(0)\cap B_1(0)=\Psi(\partial\Omega\cap U)$, $\Psi(x_0)=0$;

(iii) $\Psi: U\to B_1(0)$ 是 C^μ 类变换, 即 $\Psi\in C^\mu(\overline{U})$ 且 $\Psi^{-1}\in C^\mu(\overline{B_1(0)})$,

则称 $\partial\Omega$ 在 x_0 点 **μ 阶Hölder连续**, 当 $\mu=1$ 时也称 $\partial\Omega$ 在 x_0 点**Lipschitz连续**. 如果 $\partial\Omega$ 在其上每点都 μ 阶 Hölder连续, 就称 $\partial\Omega$ 为**μ 阶Hölder连续**, 当 $\mu=1$ 时也称 $\partial\Omega$ 为**Lipschitz连续**.

定理 1.3.9 设 Ω 是 $\mathbf{R}^n$ 中具有 Lipschitz 连续边界的有界开集, Q 是包含 Ω 的开集, 使得 $\Omega\subset\subset Q$, 则存在连续线性映射 $E: C(\overline{\Omega})\to C(\overline{Q})$, 使下列条件成立:

(1) 对每个 $u\in C(\overline{\Omega})$, Eu 是 u 在 Q 上的延拓, 即 $Eu|_\Omega=u$;

(2) 对每个 $u\in C(\overline{\Omega})$, Eu 具有紧支集, 即 $Eu\in C_0(Q)$;

(3) 对每个 $0<\mu\leqslant 1$, E 在 $C^\mu(\overline{\Omega})$ 上的限制是 $C^\mu(\overline{\Omega})$ 到 $C^\mu(\overline{Q})$ 的连续线性映射, 即存在常数 $C_\mu>0$ 使成立

$$\|Eu\|_{C^\mu(\overline{Q})}\leqslant C_\mu\|u\|_{C^\mu(\overline{\Omega})},\quad \forall u\in C^\mu(\overline{\Omega}).$$

证 对任意点 $x_0\in\partial\Omega$, 令 $U(x_0)$ 和 Ψ_{x_0} 分别表示满足前述条件 (i)~(iii) 的 x_0 的邻域和 C^{1-0} 类变换, 即 $\Psi_{x_0}: U(x_0)\to B_1(0)$ 是双射且

$$B_1^+(0)=\Psi_{x_0}(\Omega\cap U(x_0)),\quad \partial B_1^+(0)\cap B_1(0)=\Psi_{x_0}(\partial\Omega\cap U(x_0)),$$

$$\Psi_{x_0}(x_0)=0,\quad \Psi_{x_0}\in C^{1-0}(\overline{U(x_0)}),\quad \Psi_{x_0}^{-1}\in C^{1-0}(\overline{B_1(0)}).$$

对给定的 $u\in C(\overline{\Omega})$, 令 v_{x_0} 为 $B_1^+(0)$ 上的下列函数: $v_{x_0}(y)=u(\Psi_{x_0}^{-1}(y))$, $\forall y\in B_1^+(0)$. 则 $v_{x_0}\in C(\overline{B_1^+(0)})$, 且由定理 1.3.2 知如果对某个 $0<\mu\leqslant 1$ 有 $u\in C^\mu(\overline{\Omega})$, 那么 $v_{x_0}\in C^\mu(\overline{B_1^+(0)})$. 把 v_{x_0} 关于第 n 个变元作偶延拓, 延拓后的函数记为 $\hat{v}_{x_0}$, 则易见 $\hat{v}_{x_0}\in C(\overline{B_1(0)})$, 且如果对某个 $0<\mu\leqslant 1$ 有 $u\in C^\mu(\overline{\Omega})$, 那么 $\hat{v}_{x_0}\in C^\mu(\overline{B_1(0)})$, 而且存在仅与 x_0, $U(x_0)$, Ψ_{x_0} 及 μ 有关的常数 $C(x_0)>0$ 使成立

$$\|\hat{v}_{x_0}\|_{C^\mu(\overline{B_1(0)})}=\|v_{x_0}\|_{C^\mu(\overline{B_1^+(0)})}\leqslant C(x_0)\|u\|_{C^\mu(\overline{\Omega})}.$$

现在取 $x_1, x_2, \cdots, x_m$ 使 $U(x_1), U(x_2), \cdots, U(x_m)$ 覆盖 $\partial\Omega$, 必要时适当缩小 $U(x_i)$ $(i=1,2,\cdots,m)$, 便可设 $U(x_i)\subset\subset Q$ $(i=1,2,\cdots,m)$. 再取 $U_0\subset\subset\Omega$ 使 U_0 与 $U(x_1), U(x_2), \cdots, U(x_m)$ 一起覆盖 $\overline{\Omega}$, 并令 $\varphi_0, \varphi_1, \cdots, \varphi_m$ 为 $\overline{\Omega}$ 上从属于此开覆盖的单位分解, 然后令

$$(Eu)(x)=\begin{cases}\varphi_0(x)u(x)+\displaystyle\sum_{i=1}^m\varphi_i(x)\hat{v}_{x_i}(\Psi_{x_i}(x)), & x\in\Omega\cup\left(\displaystyle\bigcup_{i=1}^m U(x_i)\right),\\ 0, & \text{其他 } x\in Q.\end{cases}$$

不难验证 $Eu \in C_0(Q)$, 且如果对某个 $0 < \mu \leqslant 1$ 有 $u \in C^\mu(\overline{\Omega})$, 那么 $Eu \in C^\mu(\overline{Q})$, 而且存在常数 $C_\mu > 0$ (与 u 无关) 使成立

$$\|Eu\|_{C^\mu(\overline{Q})} \leqslant C_\mu \|u\|_{C^\mu(\overline{\Omega})}.$$

显然 $E: C(\overline{\Omega}) \to C(\overline{Q})$ 是连续线性映射. 这样定理结论中的条件全部满足. 证毕. □

以上定理中的映射 $E: C(\overline{\Omega}) \to C(\overline{Q})$ 叫做从 Ω 到 Q 的**延拓算子**(extension operator).

作为本节的结束, 下面再介绍一些与 $C^\mu(\overline{\Omega})$ 有关的记号.

设 Ω 是 $\mathbf{R}^n$ 中的开集, $0 < \mu \leqslant 1$. 对定义在 Ω 上的函数 u, 如果对任意 $U \subset\subset \Omega$ 都有 $u \in C^\mu(\overline{U})$, 就称 u 在 Ω 上**局部 μ 阶Hölder连续**, 当 $\mu = 1$ 时称 u 在 Ω 上**局部Lipschitz连续**. 当 $0 < \mu < 1$ 时, 全体在 Ω 上局部 μ 阶 Hölder连续的函数组成的集合记作 $C^\mu(\Omega)$或 $C^\mu_{\rm loc}(\Omega)$, 当 $\mu = 1$ 时则记作 $C^{1-0}(\Omega)$或 $C^{1-0}_{\rm loc}(\Omega)$.

其次, 对有界开集 $\Omega \subseteq \mathbf{R}^n$ 和 $0 < \mu \leqslant 1$, 用 $C^\mu_0(\overline{\Omega})$表示由 $C^\mu(\overline{\Omega})$ 中那些延拓成 $\overline{\Omega}$ 上的连续函数后在 $\partial\Omega$ 上取零值的函数的全体组成的集合. 显然 $C^\mu_0(\overline{\Omega})$ 是 $C^\mu(\overline{\Omega})$ 的闭子空间, 因而按 $C^\mu(\overline{\Omega})$ 的范数成为一个独立的 Banach 空间.

习　题　1.3

1. 设 Ω 是 $\mathbf{R}^n$ 中的开集, $0 < \mu \leqslant 1$. 证明 $C^\mu(\overline{\Omega})$ 是 Banach 空间, 即若 $\{u_k\}_{k=1}^\infty$ 是 $C^\mu(\overline{\Omega})$ 中的 Cauchy 序列, 则必存在 $u \in C^\mu(\overline{\Omega})$ 使 $\lim\limits_{k\to\infty} \|u_k - u\|_{C^\mu(\overline{\Omega})} = 0$.
2. 设 $0 < \mu \leqslant 1$. 称开集 $\Omega \subseteq \mathbf{R}^n$ 为 **μ 阶Hölder型区域**, 如果存在常数 $C > 0$ 使对任意两点 $x, y \in \Omega$, 都存在以 x, y 为端点且长度不超过 $C|x-y|^\mu$ 的光滑曲线完全含于 Ω.
(1) 证明当 Ω 是 μ 阶 Hölder 型区域时, $C^1(\overline{\Omega}) \subseteq C^\mu(\overline{\Omega})$;
(2) 举例说明当 Ω 不是 μ 阶 Hölder 型区域时, 关系式 $C^1(\overline{\Omega}) \subseteq C^\mu(\overline{\Omega})$ 一般不成立.
3. 设 Ω 是 $\mathbf{R}^n$ 中的开集, $u \in C^\mu(\overline{\Omega})$ $(0 < \mu \leqslant 1)$. 令 u_ε $(\varepsilon > 0)$ 为 u 的磨光函数. 证明:
(1) 对任意 $U \subset\subset \Omega$, 当 $\varepsilon > 0$ 充分小时成立
$$\sup_{x\in U} |u_\varepsilon(x) - u(x)| \leqslant C_\mu [u]_{\mu;\Omega} \varepsilon^\mu,$$
$$[u_\varepsilon]_{\mu;U} \leqslant [u]_{\mu;\Omega},$$
$$\|u_\varepsilon\|_{C^\mu(\overline{U})} \leqslant \|u\|_{C^\mu(\overline{\Omega})};$$
(2) 对任意 $U \subset\subset \Omega$ 和任意 $0 < \nu < \mu$ 成立
$$\lim_{\varepsilon\to 0} \|u_\varepsilon - u\|_{C^\nu(\overline{U})} = 0;$$
(3) 如果 $\Omega = \mathbf{R}^n$ 或 $u \in C^\mu_0(\overline{\Omega})$, 那么以上结论中的 U 可换为 Ω.
4. 设 Ω 是 $\mathbf{R}^n$ 中具有 Lipschitz 连续边界的有界开集, $u \in C^\mu(\overline{\Omega})$ $(0 < \mu \leqslant 1)$. 证明: 存在函数列 $u_k \in C^\infty(\overline{\Omega})$ $(k = 1, 2, \cdots)$, 它是 $C^\mu(\overline{\Omega})$ 中的有界序列, 且对任意 $0 < \nu < \mu$ 都成立
$$\lim_{k\to\infty} \|u_k - u\|_{C^\nu(\overline{\Omega})} = 0.$$

5. 设 $0<\mu\leqslant 1$. 证明: 即令是对具有无穷可微边界的有界开集 $\Omega\subseteq\mathbf{R}^n$, $C^\infty(\overline{\Omega})$ 也不在 $C^\mu(\overline{\Omega})$ 中稠密. $C^\infty(\overline{\Omega})$ 在 $C^\mu(\overline{\Omega})$ 中的闭包叫做 Ω 上的**小 Hölder 空间**, 记作 $c^\mu(\overline{\Omega})$.

6. 设 $0<\mu\leqslant 1$, Ω 是 $\mathbf{R}^n$ 中的有界开集, $u\in C_0^\mu(\overline{\Omega})$ $(0<\mu\leqslant 1)$. 令 u_ε $(\varepsilon>0)$ 为 u 的磨光函数. 证明下列条件互相等价:

(1) $\lim\limits_{\varepsilon\to 0}\|u_\varepsilon-u\|_{C^\mu(\overline{\Omega})}=0$;

(2) 存在函数列 $u_k\in C_0^\infty(\Omega)$ $(k=1,2,\cdots)$ 使 $\lim\limits_{k\to\infty}\|u_k-u\|_{C^\mu(\overline{\Omega})}=0$ (即 $u\in c_0^\mu(\overline{\Omega})$);

(3) 对任意 $\delta>0$, 存在相应的常数 $C_\delta>0$ 使成立

$$|u(x)-u(y)|\leqslant\delta|x-y|^\mu+C_\delta|x-y|,\quad\forall x,y\in\Omega;$$

(4) $\lim\limits_{\varepsilon\to 0}\sup\limits_{\substack{x,y\in\Omega\\0<|x-y|\leqslant\varepsilon}}\dfrac{|u(x)-u(y)|}{|x-y|^\mu}=0$;

(5) $\lim\limits_{\varepsilon\to 0}\sup\limits_{|y|\leqslant\varepsilon}[u(\cdot+y)-u]_{\mu;\Omega}=0$, 这里定义 u 在 $\mathbf{R}^n\backslash\Omega$ 上恒取零值.

1.4 Hölder 空间 $C^{m,\mu}(\overline{\Omega})$

设 Ω 是 $\mathbf{R}^n$ 中的开集, m 为非负整数, $0<\mu\leqslant 1$. 用 $C^{m,\mu}(\overline{\Omega})$表示由 Ω 上全体满足以下两个条件的函数 u 组成的集合:

(i) $u\in C^m(\overline{\Omega})$;

(ii) 对所有满足 $|\alpha|\leqslant m$ 的 $\alpha\in\mathbf{Z}_+^n$ 都有 $\partial^\alpha u\in C^\mu(\overline{\Omega})$.

在 $C^{m,\mu}(\overline{\Omega})$ 上定义范数如下:

$$\|u\|_{C^{m,\mu}(\overline{\Omega})}=\sum_{|\alpha|\leqslant m}\|\partial^\alpha u\|_{C^\mu(\overline{\Omega})},\quad\forall u\in C^{m,\mu}(\overline{\Omega}).\tag{1.4.1}$$

不难知道按照函数的通常线性运算和这样定义的范数, $C^{m,\mu}(\overline{\Omega})$ 成为 Banach 空间, 称为 Ω 上的 $m+\mu$ 阶 **Hölder空间**. 显然 $C^{0,\mu}(\overline{\Omega})=C^\mu(\overline{\Omega})$ $(0<\mu\leqslant 1)$.

如果 Ω 是 Lipschitz 型区域, 那么应用定理 1.3.7 易知 $C^{m,\mu}(\overline{\Omega})$ $(m\in\mathbf{Z}_+$, $0<\mu\leqslant 1)$ 上有以下等价范数:

$$\|u\|'_{C^{m,\mu}(\overline{\Omega})}=\|u\|_{C^m(\overline{\Omega})}+\sum_{|\alpha|=m}[\partial^\alpha u]_{\mu;\Omega},\quad\forall u\in C^{m,\mu}(\overline{\Omega}).\tag{1.4.2}$$

Hölder 空间 $C^{m,\mu}(\overline{\Omega})$ $(m\in\mathbf{Z}_+,\ 0<\mu\leqslant 1)$ 也经常被记成 $C^{m+\mu}(\overline{\Omega})$.

应用 1.3 节的结果, 很容易得到 Hölder 空间 $C^{m,\mu}(\overline{\Omega})$ $(m\in\mathbf{Z}_+,\ 0<\mu\leqslant 1)$ 的基本性质. 下面逐一讨论.

定理 1.4.1 设 Ω 是 $\mathbf{R}^n$ 中的开集, $m\in\mathbf{Z}_+$, $0<\mu\leqslant 1$, 则有下列结论:

(1) 如果 $u,v\in C^{m,\mu}(\overline{\Omega})$, 那么 $uv\in C^{m,\mu}(\overline{\Omega})$, 且存在仅与 m 有关的常数 $C_m>0$ 使成立

$$\|uv\|_{C^{m,\mu}(\overline{\Omega})}\leqslant C_m\|u\|_{C^{m,\mu}(\overline{\Omega})}\|v\|_{C^{m,\mu}(\overline{\Omega})}.\tag{1.4.3}$$

(2) 如果 $u\in C^{m,\mu}(\overline{\Omega})$, $a=\inf\limits_{x\in\Omega}u(x)$, $b=\sup\limits_{x\in\Omega}u(x)$, 且 $f\in C^{m,1}[a,b]$, 那么 $f\circ u\in C^{m,\mu}(\overline{\Omega})$.

该定理的简单证明留给读者. □

当定义在开集 Ω 上的向量值函数 Ψ 的每个分量函数都属于 $C^{m,\mu}(\overline{\Omega})$ ($m\in\mathbf{Z}_+$, $0<\mu\leqslant 1$) 时, 就称 Ψ 属于 $C^{m,\mu}(\overline{\Omega})$, 记作 $\Psi\in C^{m,\mu}(\overline{\Omega})$. 设 Ω_1 和 Ω_2 是 $\mathbf{R}^n$ 中的两个有界开集, $m\in\mathbf{Z}_+$, $0<\mu\leqslant 1$. 如果映射 $\Psi:\Omega_1\to\Omega_2$ 具有以下性质:

(a) Ψ 是双射, 即是映 Ω_1 到 Ω_2 上的一一对应;

(b) $\Psi\in C^{m,\mu}(\overline{\Omega}_1)$, $\Psi^{-1}\in C^{m,\mu}(\overline{\Omega}_2)$,

则称 Ψ 为 Ω_1 到 Ω_2 的$C^{m,\mu}$ **类变换或**$C^{m,\mu}$ **类同胚**.

定理 1.4.2 设 Ω_1 和 Ω_2 是 $\mathbf{R}^n$ 中的两个有界开集, Ψ 是 Ω_1 到 Ω_2 的 $C^{m,1}$ 类变换, 其中 $m\in\mathbf{Z}_+$. 又设 $0<\mu\leqslant 1$, $u\in C^{m,\mu}(\overline{\Omega}_1)$, $v\in C^{m,\mu}(\overline{\Omega}_2)$, 则 $u\circ\Psi^{-1}\in C^{m,\mu}(\overline{\Omega}_2)$, $v\circ\Psi\in C^{m,\mu}(\overline{\Omega}_1)$, 且存在仅与 Ψ 和 m,μ 有关的常数 $C_1>0$ 和 $C_2>0$ 使成立

$$C_1\|u\|_{C^{m,\mu}(\overline{\Omega}_1)}\leqslant\|u\circ\Psi^{-1}\|_{C^{m,\mu}(\overline{\Omega}_2)}\leqslant C_2\|u\|_{C^{m,\mu}(\overline{\Omega}_1)},\tag{1.4.4}$$

$$C_2^{-1}\|v\|_{C^{m,\mu}(\overline{\Omega}_2)}\leqslant\|v\circ\Psi\|_{C^{m,\mu}(\overline{\Omega}_1)}\leqslant C_1^{-1}\|v\|_{C^{m,\mu}(\overline{\Omega}_2)}.\tag{1.4.5}$$

该定理的简单证明也留给读者. □

定理 1.4.3 设 Ω 是 $\mathbf{R}^n$ 中的有界 Lipschitz 型区域, l,m 为非负整数, $\mu,\nu\in(0,1]$, 则有下列结论:

(1) 如果 $l\geqslant m$, 那么 $C^{l,\nu}(\overline{\Omega})\subseteq C^m(\overline{\Omega})$, 且对任意 $\varepsilon>0$ 存在相应的常数 $C_\varepsilon>0$ 使成立

$$\|u\|_{C^m(\overline{\Omega})}\leqslant\varepsilon\|u\|_{C^{l,\nu}(\overline{\Omega})}+C_\varepsilon\|u\|_{C(\overline{\Omega})},\quad\forall u\in C^{l,\nu}(\overline{\Omega});\tag{1.4.6}$$

(2) 如果 $l\geqslant m+1$, 那么 $C^l(\overline{\Omega})\subseteq C^{m,\mu}(\overline{\Omega})$, 且当 $l\geqslant m+2$ 或 $l=m+1$ 而 $\mu<1$ 时, 对任意 $\varepsilon>0$ 存在相应的常数 $C_\varepsilon>0$ 使成立

$$\|u\|_{C^{m,\mu}(\overline{\Omega})}\leqslant\varepsilon\|u\|_{C^l(\overline{\Omega})}+C_\varepsilon\|u\|_{C(\overline{\Omega})},\quad\forall u\in C^l(\overline{\Omega});\tag{1.4.7}$$

(3) 如果 $l\geqslant m$, 且当 $l=m$ 时 $\nu>\mu$, 那么 $C^{l,\nu}(\overline{\Omega})\subseteq C^{m,\mu}(\overline{\Omega})$, 且对任意 $\varepsilon>0$ 存在相应的常数 $C_\varepsilon>0$ 使成立

$$\|u\|_{C^{m,\mu}(\overline{\Omega})}\leqslant\varepsilon\|u\|_{C^{l,\nu}(\overline{\Omega})}+C_\varepsilon\|u\|_{C(\overline{\Omega})},\quad\forall u\in C^{l,\nu}(\overline{\Omega}).\tag{1.4.8}$$

证 由于在所设条件下, 包含关系或是显然的, 或可应用定理 1.3.3 和定理 1.3.7 简单地推出, 所以这里仅证明不等式 (1.4.6)~(1.4.8).

(1) 证明不等式 (1.4.6). 由于当 $l \geqslant m$ 时 $\|u\|_{C^{m,\nu}(\overline{\Omega})} \leqslant \|u\|_{C^{l,\nu}(\overline{\Omega})}$, 所以只需证明对任意 $\varepsilon > 0$ 存在相应的常数 $C_\varepsilon > 0$ 使成立

$$\|u\|_{C^m(\overline{\Omega})} \leqslant \varepsilon\|u\|_{C^{m,\nu}(\overline{\Omega})} + C_\varepsilon\|u\|_{C(\overline{\Omega})}, \quad \forall u \in C^{m,\nu}(\overline{\Omega}). \tag{1.4.9}$$

反证而设这个不等式对某个 $\varepsilon = \varepsilon_0 > 0$ 不成立. 则对每个正整数 k, 存在相应的 $u_k \in C^{m,\nu}(\overline{\Omega})$ 使

$$\|u_k\|_{C^m(\overline{\Omega})} > \varepsilon_0\|u_k\|_{C^{m,\nu}(\overline{\Omega})} + k\|u_k\|_{C(\overline{\Omega})}, \quad k = 1, 2, \cdots.$$

令 $v_k = u_k/\|u_k\|_{C^m(\overline{\Omega})}$, 则 $v_k \in C^{m,\nu}(\overline{\Omega})$, 且

$$\varepsilon_0\|v_k\|_{C^{m,\nu}(\overline{\Omega})} + k\|v_k\|_{C(\overline{\Omega})} < 1, \quad k = 1, 2, \cdots.$$

进而

$$\|v_k\|_{C^{m,\nu}(\overline{\Omega})} < \frac{1}{\varepsilon_0}, \quad \|v_k\|_{C(\overline{\Omega})} < \frac{1}{k}, \quad k = 1, 2, \cdots. \tag{1.4.10}$$

由 (1.4.10) 中的前一个不等式知对每个 $|\alpha| \leqslant m$, $\{\partial^\alpha v_k\}_{k=1}^\infty$ 是 $C^\nu(\overline{\Omega})$ 中的有界序列. 据此反复应用 Arzelá-Ascoli 定理, 便可得到子序列 $\{v_{k_j}\}_{j=1}^\infty$, 使对每个 $|\alpha| \leqslant m$, $\{\partial^\alpha v_{k_j}\}_{j=1}^\infty$ 都在 Ω 上一致收敛. 记 $v = \lim\limits_{j\to\infty} v_{k_j}$. 应用数学分析中熟知的定理可推知 $v \in C^m(\overline{\Omega})$, 且对每个 $|\alpha| \leqslant m$, $\{\partial^\alpha v_{k_j}\}_{j=1}^\infty$ 都在 Ω 上一致收敛于 $\partial^\alpha v$, 即 $\lim\limits_{j\to\infty} \|v_{k_j} - v\|_{C^m(\overline{\Omega})} = 0$. 由于对每个正整数 k 都有 $\|v_k\|_{C^m(\overline{\Omega})} = 1$, 所以 $\|v\|_{C^m(\overline{\Omega})} = 1$, 进而 $v \neq 0$. 但另一方面, 从 (1.4.10) 中的后一个不等式知 $\|v\|_{C(\overline{\Omega})} = 0$, 说明 $v = 0$. 这就得到了矛盾. 因此 (1.4.9) 必对任意 $\varepsilon > 0$ 都成立. 结论 (1) 得证.

(2) 证明不等式 (1.4.7). 先看 $l = m + 1$ 而 $\mu < 1$ 的情形. 此时对每个 $|\alpha| \leqslant m$, 对 $\partial^\alpha u$ 应用定理 1.3.3 和定理 1.3.7 即知对任意 $\varepsilon > 0$ 存在相应的常数 $C'_\varepsilon > 0$ 使成立

$$\|u\|_{C^{m,\mu}(\overline{\Omega})} \leqslant \frac{1}{2}\varepsilon\|u\|_{C^l(\overline{\Omega})} + C'_\varepsilon\|u\|_{C^m(\overline{\Omega})}, \quad \forall u \in C^l(\overline{\Omega}). \tag{1.4.11}$$

又由已证明的结论 (1) 知存在相应的常数 $C''_\varepsilon > 0$ 使成立

$$\|u\|_{C^m(\overline{\Omega})} \leqslant \frac{1}{2C'_\varepsilon}\|u\|_{C^{m,\mu}(\overline{\Omega})} + C''_\varepsilon\|u\|_{C(\overline{\Omega})}, \quad \forall u \in C^{m,\mu}(\overline{\Omega}). \tag{1.4.12}$$

把 (1.4.12) 代入 (1.4.11), 经简单的计算就得到了 (1.4.7), 其中 $C_\varepsilon = 2C'_\varepsilon C''_\varepsilon$.

再看 $l \geqslant m + 2$ 的情形. 如果 $\mu < 1$, 则 (1.4.7) 由已证明的结论立刻推出. 如果 $\mu = 1$, 记 $m' = m + 1$. 则 $l \geqslant m' + 1$. 应用定理 1.3.7 知

$$\|u\|_{C^{m,\mu}(\overline{\Omega})} = \|u\|_{C^{m,1}(\overline{\Omega})} \leqslant C\|u\|_{C^{m+1}(\overline{\Omega})} = C\|u\|_{C^{m'}(\overline{\Omega})}, \quad \forall u \in C^{m'}(\overline{\Omega}),$$

以及

$$\|u\|_{C^{m',1}(\overline{\Omega})} \leqslant C'\|u\|_{C^{m'+1}(\overline{\Omega})} \leqslant C'\|u\|_{C^{l}(\overline{\Omega})}, \quad \forall u \in C^{l}(\overline{\Omega}).$$

而由结论 (1) 知, 对任意 $\varepsilon > 0$ 存在相应的常数 $C'_{\varepsilon} > 0$ 使成立

$$\|u\|_{C^{m'}(\overline{\Omega})} \leqslant \frac{\varepsilon}{CC'}\|u\|_{C^{m',1}(\overline{\Omega})} + C'_{\varepsilon}\|u\|_{C(\overline{\Omega})}, \quad \forall u \in C^{m',1}(\overline{\Omega}).$$

结合以上所得三个估计式, 就得到了 (1.4.7), 其中 $C_{\varepsilon} = CC'_{\varepsilon}$. 结论 (2) 得证.

(3) 不等式 (1.4.8) 可应用与上面类似的推理得到, 这里从略. □

采用记号 $C^{m,0}(\overline{\Omega}) = C^{m}(\overline{\Omega})$, 可把上述定理中的三个结论用统一的方式叙述, 即上述定理可改述为:

定理 1.4.3′　*设 Ω 是 $\mathbf{R}^n$ 中的有界 Lipschitz 型区域, l, m 为非负整数, $\mu, \nu \in (0,1]$. 如果 $l \geqslant m$ 且 $l+\nu \geqslant m+\mu$, 那么 $C^{l,\nu}(\overline{\Omega}) \subseteq C^{m,\mu}(\overline{\Omega})$; 进一步如果 $l+\nu > m+\mu$, 那么对任意 $\varepsilon > 0$ 存在相应的常数 $C_{\varepsilon} > 0$ 使成立*

$$\|u\|_{C^{m,\mu}(\overline{\Omega})} \leqslant \varepsilon\|u\|_{C^{l,\nu}(\overline{\Omega})} + C_{\varepsilon}\|u\|_{C(\overline{\Omega})}, \quad \forall u \in C^{l,\nu}(\overline{\Omega}). \tag{1.4.13}$$

□

采用与定理 1.3.5 类似的证明, 可从上述定理得到以下结果:

定理 1.4.4　*设 Ω 是 $\mathbf{R}^n$ 中的有界 Lipschitz 型区域, l, m 为非负整数, $\mu, \nu \in (0,1]$, 且 $l \geqslant m$, $l+\nu > m+\mu$. 则 $C^{l,\nu}(\overline{\Omega})$ 中的有界集是 $C^{m,\mu}(\overline{\Omega})$ 中的相对紧集.* □

设 Ω 是 $\mathbf{R}^n$ 中的开集, m 为非负整数, $0 < \mu \leqslant 1$. 对点 $x_0 \in \partial\Omega$, 如果存在 x_0 的邻域 U 和双射 $\Psi: U \to B_1(0)$ 满足以下条件:

(i) $B_1^{+}(0) = \Psi(\Omega \cap U)$;

(ii) $\partial B_1^{+}(0) \cap B_1(0) = \Psi(\partial\Omega \cap U)$, $\Psi(x_0) = 0$;

(iii) $\Psi: U \to B_1(0)$ 是 $C^{m,\mu}$ 类变换, 即 $\Psi \in C^{m,\mu}(\overline{U})$ 且 $\Psi^{-1} \in C^{m,\mu}(\overline{B_1(0)})$,

则称 $\partial\Omega$ 在 x_0 点是 **$C^{m,\mu}$ 阶光滑的**或**属于 $C^{m,\mu}$ 类**. 如果 $\partial\Omega$ 在其上每点都是 $C^{m,\mu}$ 阶光滑的, 就称 $\partial\Omega$ 是 **$C^{m,\mu}$ 阶光滑的**或**属于 $C^{m,\mu}$ 类**.

定理 1.4.5　*设 Ω 是 $\mathbf{R}^n$ 中具有 $C^{m,1}$ 阶光滑边界的有界开集, Q 是包含 Ω 的开集, 且 $\Omega \subset\subset Q$. 则存在连续线性映射 $E_m: C^{m}(\overline{\Omega}) \to C^{m}(\overline{Q})$, 使下列条件成立:*

(1) 对每个 $u \in C^{m}(\overline{\Omega})$, $E_m u$ 是 u 在 Q 上的延拓, 即 $E_m u|_{\Omega} = u$;

(2) 对每个 $u \in C^{m}(\overline{\Omega})$, $E_m u$ 具有紧支集, 即 $E_m u \in C_0^{m}(Q)$;

(3) 对每个 $0 < \mu \leqslant 1$, E_m 在 $C^{m,\mu}(\overline{\Omega})$ 上的限制是 $C^{m,\mu}(\overline{\Omega})$ 到 $C^{m,\mu}(\overline{Q})$ 的连续线性映射, 即存在常数 $C_{m,\mu} > 0$ 使成立

$$\|E_m u\|_{C^{m,\mu}(\overline{Q})} \leqslant C_{m,\mu}\|u\|_{C^{m,\mu}(\overline{\Omega})}, \quad \forall u \in C^{m,\mu}(\overline{\Omega}).$$

这个定理的证明可通过把定理 1.3.9 的证明稍作修改得到, 具体的修改是把那里对函数 v_{x_0} 的延拓 $\hat{v}_{x_0}$ 改为

$$\hat{v}_{x_0}(y',y_n)=\begin{cases} v_{x_0}(y',y_n), & (y',y_n)\in B_1^+(0)\cup\{(y',0):y'\in\mathbf{R}^{n-1},|y'|<1\},\\ \displaystyle\sum_{k=1}^{m+1}c_k v_{x_0}\left(y',-\frac{1}{k}y_n\right), & (y',-y_n)\in B_1^+(0),\end{cases}$$

其中 $y'=(y_1,y_2,\cdots,y_{n-1})$, c_1, c_2, $\cdots$, c_{m+1} 是由 Vandermonde 方程组

$$\sum_{k=1}^{m+1}\left(-\frac{1}{k}\right)^j c_k=1,\quad j=0,1,\cdots,m$$

确定的一组常数. 细节留给读者自己补出. □

作为本节的结束再介绍一些记号.

设 Ω 是 $\mathbf{R}^n$ 中的开集, m 是非负整数, $0<\mu\leqslant 1$. 对定义在 Ω 上的函数 u, 如果对任意 $U\subset\subset\Omega$ 都有 $u\in C^{m,\mu}(\overline{U})$, 就称 u 是 Ω 上的**局部 $C^{m,\mu}$ 函数**. 用 $C^{m,\mu}(\Omega)$或 $C^{m,\mu}_{\rm loc}(\Omega)$表示由 Ω 上全体局部 $C^{m,\mu}$ 函数组成的集合. 显然有 $C^{m,\mu}(\Omega)\subseteq C^m(\Omega)$. $C^{m,\mu}(\Omega)$ 中全体具有紧支集的函数组成的集合记作 $C_0^{m,\mu}(\Omega)$. 易见 $C_0^{m,\mu}(\Omega)\subseteq C^{m,\mu}(\overline{\Omega})$. 再记 $C_0^{m,\mu}(\overline{\Omega})=C^{m,\mu}(\overline{\Omega})\cap C_0^m(\overline{\Omega})$. 显然 $C_0^{m,\mu}(\overline{\Omega})$ 是 $C^{m,\mu}(\overline{\Omega})$ 的闭子空间, 因而按 $C^{m,\mu}(\overline{\Omega})$ 的范数成为一个独立的 Banach 空间.

必须注意, 由于从习题 1.3 第 5 题知对每个 $0<\mu\leqslant 1$, $C^\infty(\overline{\Omega})$ 不在 $C^\mu(\overline{\Omega})$ 中稠密, 所以对任意非负整数 m 和任意 $0<\mu\leqslant 1$, $C^\infty(\overline{\Omega})$ 不在 $C^{m,\mu}(\overline{\Omega})$ 中稠密, $C_0^\infty(\overline{\Omega})$ 也不在 $C_0^{m,\mu}(\overline{\Omega})$ 中稠密 (但是我们知道, $C^\infty(\overline{\Omega})$ 在 $C^m(\overline{\Omega})$ 中稠密, $C_0^\infty(\Omega)$ 在 $C_0^m(\overline{\Omega})$ 中稠密). $C^\infty(\overline{\Omega})$ 在 $C^{m,\mu}(\overline{\Omega})$ 中的闭包叫做 Ω 上的**小 $C^{m,\mu}$ 空间**, 记作 $c^{m,\mu}(\overline{\Omega})$. $C_0^\infty(\Omega)$ 在 $C_0^{m,\mu}(\overline{\Omega})$ 中的闭包记作 $c_0^{m,\mu}(\overline{\Omega})$.

习 题 1.4

1. 补充给出本节未予详细证明的各个定理的证明.
2. 设 $u\in C^{m,\mu}(\mathbf{R}^n)$ ($m\in\mathbf{Z}_+$, $0\leqslant\mu\leqslant 1$). 对非负整数 $l\leqslant m$ 和 $0\leqslant\nu\leqslant 1$, 当 $l+\nu\leqslant m+\mu$ 时记

$$[u]_{l,\nu}=\begin{cases}\displaystyle\sum_{|\alpha|=l}[\partial^\alpha u]_{\nu;\mathbf{R}^n}, & 0<\nu\leqslant 1,\\ \displaystyle\sum_{|\alpha|=l}\sup_{x\in\mathbf{R}^n}|\partial^\alpha u(x)|, & \nu=0.\end{cases}$$

证明: 当 $0<l+\nu<m+\mu$ 时成立下列不等式:

(1)

$$[u]_{l,\nu}\leqslant\varepsilon[u]_{m,\mu}+C\varepsilon^{-\frac{l+\nu}{m+\mu-l-\nu}}\sup_{x\in\mathbf{R}^n}|u(x)|,\quad\forall\varepsilon>0,$$

其中 C 是仅与 m, l, μ, ν 及维数 n 有关的常数.

(2)

$$[u]_{l,\nu} \leqslant C([u]_{m,\mu})^{\frac{l+\nu}{m+\mu}}(\sup_{x\in\mathbf{R}^n}|u(x)|)^{\frac{m+\mu-l-\nu}{m+\mu}},$$

其中 C 是仅与 m, l, μ, ν 及维数 n 有关的常数.

1.5 Lebesgue 空间 $L^p(\Omega)$

从本节开始讨论另一类重要的函数空间: Sobolev 空间 $W^{m,p}(\Omega)$. 与 $C^{m,\mu}$ 空间 $C^{m,\mu}(\overline{\Omega})$ 以 Hölder 空间 $C^{\mu}(\overline{\Omega})$ 为基础一样, Sobolev 空间 $W^{m,p}(\Omega)$ 以 Lebesgue 空间 $L^p(\Omega)$ 为基础. 因此为学习 Sobolev 空间, 必须对 Lebesgue 空间 $L^p(\Omega)$ 有尽可能透彻的了解. 读者可能已在大学 "实变函数" 和 "泛函分析" 课程中学习了空间 $L^p(\Omega)$ 的一定知识. 本节就对这些知识作一总结并进行一些必要的补充.

1.5.1 空间 $L^p(\Omega)$ 的定义

设 Ω 是 $\mathbf{R}^n$ 中的 Lebesgue 可测集, 其测度 $|\Omega| > 0$. 我们知道, 对 $1 \leqslant p < \infty$, 函数空间 $L^p(\Omega)$由 Ω 上全体 p **幂可积**函数组成, 即 $u \in L^p(\Omega)$ 当且仅当 u 在 Ω 上 Lebesgue 可测且 $\int_\Omega |u(x)|^p \mathrm{d}x < \infty$. 函数空间 $L^\infty(\Omega)$由 Ω 上全体**本性有界**可测函数组成, 即 $u \in L^\infty(\Omega)$ 当且仅当 u 在 Ω 上 Lebesgue 可测且存在零测集 $E \subseteq \Omega$ 使在 $\Omega\backslash E$ 上 u 有界. 我们总把在 Ω 上几乎处处相等的函数看作同一函数. 在这样的约定下, $L^p(\Omega)$ $(1 \leqslant p < \infty)$ 和 $L^\infty(\Omega)$ 上分别有范数

$$\|u\|_{L^p(\Omega)} = \left(\int_\Omega |u(x)|^p \mathrm{d}x\right)^{\frac{1}{p}}, \quad \forall u \in L^p(\Omega),$$

$$\|u\|_{L^\infty(\Omega)} = \mathrm{ess.}\sup_{\Omega}|u| = \inf_{\substack{E\subseteq\Omega \\ \mathrm{meas}E=0}} \sup_{x\in\Omega\backslash E}|u(x)|, \quad \forall u \in L^\infty(\Omega).$$

按照这些范数, $L^p(\Omega)$ $(1 \leqslant p < \infty)$ 和 $L^\infty(\Omega)$ 都成为 Banach 空间, 它们叫做**L^p 空间**或**Lebesgue 空间**.

以后我们将把 $\mathrm{ess.}\sup_{\Omega}|u|$ 简单地写成 $\sup_{\Omega}|u|$ 或 $\sup_{x\in\Omega}|u(x)|$.

1.5.2 常用的积分不等式

有一些常用的积分不等式与 L^p 空间紧密相关. 这其中最基本的是下述几个.

Hölder不等式 设 Ω 是 $\mathbf{R}^n$ 中的 Lebesgue 可测集. 又设 $1 \leqslant p \leqslant \infty$, $1 \leqslant p' \leqslant \infty$, 且 $\frac{1}{p} + \frac{1}{p'} = 1$ (这时称 p 和 p' 为**对偶数**或**共轭数**; 约定 $\frac{1}{\infty} = 0$). 则对任意 $u \in L^p(\Omega)$ 和 $v \in L^{p'}(\Omega)$, 有 $uv \in L^1(\Omega)$, 且成立不等式

$$\|uv\|_{L^1(\Omega)} \leqslant \|u\|_{L^p(\Omega)}\|v\|_{L^{p'}(\Omega)}. \tag{1.5.1}$$

从这个积分不等式出发, 可导出一系列其他的积分不等式. 下面一一推导.

定理 1.5.1 设 Ω 是可测集, 且 $|\Omega|<\infty$, 则当 $1\leqslant p\leqslant q\leqslant\infty$ 时, 有 $L^q(\Omega)\subseteq L^p(\Omega)$, 且成立不等式

$$\|u\|_{L^p(\Omega)}\leqslant|\Omega|^{\frac{1}{p}-\frac{1}{q}}\|u\|_{L^q(\Omega)},\quad\forall u\in L^q(\Omega).\tag{1.5.2}$$

证明留作习题. □

定理 1.5.2 (内插不等式) 设 Ω 是可测集. 则当 $1\leqslant p\leqslant q\leqslant r\leqslant\infty$ 时, 有 $L^p(\Omega)\cap L^r(\Omega)\subseteq L^q(\Omega)$, 且成立不等式

$$\|u\|_{L^q(\Omega)}\leqslant\|u\|_{L^p(\Omega)}^{\theta}\|u\|_{L^r(\Omega)}^{1-\theta},\quad\forall u\in L^p(\Omega)\cap L^r(\Omega),\tag{1.5.3}$$

其中 θ 是由等式 $\dfrac{1}{q}=\dfrac{\theta}{p}+\dfrac{1-\theta}{r}$ 唯一确定的实数 (显然 $0\leqslant\theta\leqslant1$).

证 由于 $\dfrac{\theta q}{p}+\dfrac{(1-\theta)q}{r}=1$, 所以由 Hölder 不等式得

$$\begin{aligned}\|u\|_{L^q(\Omega)}^q&=\||u|^q\|_{L^1(\Omega)}=\||u|^{\theta q}\cdot|u|^{(1-\theta)q}\|_{L^1(\Omega)}\\&\leqslant\||u|^{\theta q}\|_{L^{\frac{p}{\theta q}}(\Omega)}\||u|^{(1-\theta)q}\|_{L^{\frac{r}{(1-\theta)q}}(\Omega)}\\&=\|u\|_{L^p(\Omega)}^{\theta q}\|u\|_{L^r(\Omega)}^{(1-\theta)q},\quad\forall u\in L^p(\Omega)\cap L^r(\Omega).\ \square\end{aligned}$$

推论 1.5.3 在定理 1.5.2 的条件下, 存在常数 $C=C(p,q,r)>0$ 使对任意 $\varepsilon>0$ 成立

$$\|u\|_{L^q(\Omega)}\leqslant\varepsilon\|u\|_{L^r(\Omega)}+C\varepsilon^{-\mu}\|u\|_{L^p(\Omega)},\quad\forall u\in L^p(\Omega)\cap L^r(\Omega),\tag{1.5.4}$$

其中 $\mu=\left(\dfrac{1}{p}-\dfrac{1}{q}\right)\Big/\left(\dfrac{1}{q}-\dfrac{1}{r}\right)$.

证 在 Young 不等式

$$a^\theta b^{1-\theta}\leqslant\theta a+(1-\theta)b,\quad\forall a,b\geqslant0,\ \forall\theta\in(0,1)$$

中把 a 换为 $(1-\theta)^{\frac{1-\theta}{\theta}}\varepsilon^{-\frac{1-\theta}{\theta}}a$, b 换为 $(1-\theta)^{-1}\varepsilon b$, 就得到

$$a^\theta b^{1-\theta}\leqslant\theta(1-\theta)^{\frac{1-\theta}{\theta}}\varepsilon^{-\frac{1-\theta}{\theta}}a+\varepsilon b,\quad\forall a,b\geqslant0,\ \forall\theta\in(0,1).$$

把这个不等式应用于不等式 (1.5.3) 的右端, 就得到了 (1.5.4). □

定理 1.5.4 (推广的 Hölder 不等式) 设 Ω 是可测集. 如果 $u_i\in L^{p_i}(\Omega)$ $(1\leqslant p_i\leqslant\infty,i=1,2,\cdots,m)$, 且 $\dfrac{1}{p_1}+\dfrac{1}{p_2}+\cdots+\dfrac{1}{p_m}\leqslant1$, 那么当令 $\dfrac{1}{q}=\dfrac{1}{p_1}+\dfrac{1}{p_2}+\cdots+\dfrac{1}{p_m}$

时, 有 $u_1u_2\cdots u_m\in L^q(\Omega)$, 且成立不等式

$$\|u_1u_2\cdots u_m\|_{L^q(\Omega)}\leqslant\|u_1\|_{L^{p_1}(\Omega)}\|u_2\|_{L^{p_2}(\Omega)}\cdots\|u_m\|_{L^{p_m}(\Omega)}. \tag{1.5.5}$$

证 从 Hölder 不等式出发应用数学归纳法易知 (1.5.5) 在 $q=1$ 时成立. 当 $q>1$ 时, 注意到 $\dfrac{1}{q}=\dfrac{1}{p_1}+\dfrac{1}{p_2}+\cdots+\dfrac{1}{p_m}$ 意味着 $\dfrac{q}{p_1}+\dfrac{q}{p_2}+\cdots+\dfrac{q}{p_m}=1$, 所以应用与 (1.5.3) 的证明类似的方法即可由 $q=1$ 的不等式推得 $q>1$ 的不等式. □

定理 1.5.5 (Young 不等式) 如果 $u\in L^p(\mathbf{R}^n)$ $(1\leqslant p\leqslant\infty)$, $v\in L^q(\mathbf{R}^n)$ $(1\leqslant q\leqslant\infty)$, 且 $\dfrac{1}{p}+\dfrac{1}{q}\geqslant 1$, 那么对几乎所有的 $x\in\mathbf{R}^n$, 积分

$$w(x)=\int_{\mathbf{R}^n}u(x-y)v(y)\mathrm{d}y=\int_{\mathbf{R}^n}u(y)v(x-y)\mathrm{d}y$$

有意义并取有限值, 且当令 $\dfrac{1}{r}=\dfrac{1}{p}+\dfrac{1}{q}-1$ 时, 有 $w\in L^r(\Omega)$, 且成立不等式

$$\|w\|_{L^r(\mathbf{R}^n)}\leqslant\|u\|_{L^p(\mathbf{R}^n)}\|v\|_{L^q(\mathbf{R}^n)}. \tag{1.5.6}$$

证 当 p 和 q 有一个等于 ∞ 时, 另一个必等于 1 且 $r=\infty$, 这时不等式 (1.5.6) 显然成立. 下设 $1\leqslant p<\infty$ 且 $1\leqslant q<\infty$. 这时易见 $r\geqslant p$ 且 $r\geqslant q$. 注意到 $\dfrac{r-p}{pr}+\dfrac{1}{r}+\dfrac{r-q}{qr}=1$, 所以应用推广的 Hölder 不等式得

$$\begin{aligned}
|w(x)|&\leqslant\int_{\mathbf{R}^n}|u(x-y)||v(y)|\mathrm{d}y\\
&=\int_{\mathbf{R}^n}|u(x-y)|^{1-\frac{p}{r}}\cdot|u(x-y)|^{\frac{p}{r}}|v(y)|^{\frac{q}{r}}\cdot|v(y)|^{1-\frac{q}{r}}\mathrm{d}y\\
&\leqslant\left(\int_{\mathbf{R}^n}|u(x-y)|^{(1-\frac{p}{r})\cdot\frac{pr}{r-p}}\mathrm{d}y\right)^{\frac{r-p}{pr}}\cdot\left(\int_{\mathbf{R}^n}|u(x-y)|^p|v(y)|^q\mathrm{d}y\right)^{\frac{1}{r}}\\
&\quad\cdot\left(\int_{\mathbf{R}^n}|v(y)|^{(1-\frac{q}{r})\cdot\frac{qr}{r-q}}\mathrm{d}y\right)^{\frac{r-q}{qr}}\\
&=\left(\int_{\mathbf{R}^n}|u(x-y)|^p\mathrm{d}y\right)^{\frac{1}{p}-\frac{1}{r}}\cdot\left(\int_{\mathbf{R}^n}|u(x-y)|^p|v(y)|^q\mathrm{d}y\right)^{\frac{1}{r}}\\
&\quad\cdot\left(\int_{\mathbf{R}^n}|v(y)|^q\mathrm{d}y\right)^{\frac{1}{q}-\frac{1}{r}}\\
&=\|u\|_{L^p(\mathbf{R}^n)}^{1-\frac{p}{r}}\|v\|_{L^q(\mathbf{R}^n)}^{1-\frac{q}{r}}\left(\int_{\mathbf{R}^n}|u(x-y)|^p|v(y)|^q\mathrm{d}y\right)^{\frac{1}{r}},
\end{aligned}$$

再应用 Fubini 定理得

$$\begin{aligned}\|w\|_{L^r(\mathbf{R}^n)}^r &= \int_{\mathbf{R}^n} |w(x)|^r \mathrm{d}x \\ &\leqslant \|u\|_{L^p(\mathbf{R}^n)}^{r-p} \|v\|_{L^q(\mathbf{R}^n)}^{r-q} \int_{\mathbf{R}^n} \left(\int_{\mathbf{R}^n} |u(x-y)|^p |v(y)|^q \mathrm{d}y \right) \mathrm{d}x \\ &= \|u\|_{L^p(\mathbf{R}^n)}^{r-p} \|v\|_{L^q(\mathbf{R}^n)}^{r-q} \int_{\mathbf{R}^n} \left(\int_{\mathbf{R}^n} |u(x-y)|^p |v(y)|^q \mathrm{d}x \right) \mathrm{d}y \\ &= \|u\|_{L^p(\mathbf{R}^n)}^r \|v\|_{L^q(\mathbf{R}^n)}^r,\end{aligned}$$

这就得到了 (1.5.6). 证毕. □

定理 1.5.6 (Minkowski 不等式) 设 Ω_1 和 Ω_2 是两个可测集, $f(x,y)$ 是 $\Omega_1 \times \Omega_2$ 上的可测函数. 又设 $1 \leqslant p < \infty$, 则成立不等式

$$\left(\int_{\Omega_2} \left| \int_{\Omega_1} f(x,y) \mathrm{d}x \right|^p \mathrm{d}y \right)^{\frac{1}{p}} \leqslant \int_{\Omega_1} \left(\int_{\Omega_2} |f(x,y)|^p \mathrm{d}y \right)^{\frac{1}{p}} \mathrm{d}x. \tag{1.5.7}$$

证 先设 f 是简单函数, 即 $f(x,y) = \sum_{j=1}^{n} \sum_{i=1}^{m} c_{ij} \chi_{A_i}(x) \chi_{B_j}(y)$, 其中 c_{ij} 是非零常数, $A_1, A_2, \cdots, A_m$ 是 Ω_1 的互不相交且测度有限的可测子集, $B_1, B_2, \cdots, B_n$ 是 Ω_2 的互不相交且测度有限的可测子集, χ_{A_i} 和 χ_{B_j} 分别表示 A_i 和 B_j 的特征函数. 则有

$$\begin{aligned}\left(\int_{\Omega_2} \left| \int_{\Omega_1} f(x,y) \mathrm{d}x \right|^p \mathrm{d}y \right)^{\frac{1}{p}} &= \left(\sum_{j=1}^{n} \left| \sum_{i=1}^{m} c_{ij} |A_i| \right|^p |B_j| \right)^{\frac{1}{p}} = \left(\sum_{j=1}^{n} \left| \sum_{i=1}^{m} c_{ij} |A_i| |B_j|^{\frac{1}{p}} \right|^p \right)^{\frac{1}{p}} \\ &\leqslant \sum_{i=1}^{m} \left(\sum_{j=1}^{n} |c_{ij}|^p |A_i|^p |B_j| \right)^{\frac{1}{p}} = \sum_{i=1}^{m} \left(\sum_{j=1}^{n} |c_{ij}|^p |B_j| \right)^{\frac{1}{p}} |A_i| \\ &= \int_{\Omega_1} \left(\int_{\Omega_2} |f(x,y)|^p \mathrm{d}y \right)^{\frac{1}{p}} \mathrm{d}x.\end{aligned}$$

这里用到离散的 Minkowski 不等式: 设 $1 \leqslant p < \infty$, 则

$$\left(\sum_{j=1}^{n} \left| \sum_{i=1}^{m} a_{ij} \right|^p \right)^{\frac{1}{p}} \leqslant \sum_{i=1}^{m} \left(\sum_{j=1}^{n} |a_{ij}|^p \right)^{\frac{1}{p}};$$

证明见 [130] 第三章 58 题. 对于一般的可测函数, 用简单函数做逼近. 证毕. □

Minkowski 不等式有离散型 (二重和式型)、离散-连续型 (一重和式和一重积分型) 以及连续型 (二重积分型) 多种形式. (1.5.7) 只是这个不等式的连续型的形

式. 关于这个不等式的最一般讨论见文献 [53] 中定理 24~定理 26 和定理 200~定理 202.

另一个重要而且很常用的不等式是下述

定理 1.5.7 (Hardy–Littlewood–Sobolev 不等式)　设 $1 < p < \infty$, $1 < r < \infty$, 且 $\frac{1}{p} + \frac{1}{r} > 1$. 又设 $u \in L^p(\mathbf{R}^n)$. 那么对几乎所有的 $x \in \mathbf{R}^n$, 积分

$$K_r u(x) = \int_{\mathbf{R}^n} |x-y|^{-\frac{n}{r}} u(y)\mathrm{d}y$$

有意义并取有限值, 且当令 $\frac{1}{q} = \frac{1}{p} + \frac{1}{r} - 1$ 时, 有 $K_a u \in L^q(\Omega)$, 且成立不等式

$$\|K_r u\|_{L^q(\mathbf{R}^n)} \leqslant C_{p,r} \|u\|_{L^p(\mathbf{R}^n)}. \tag{1.5.8}$$

这个不等式的证明我们留在 2.10 节给出. 读者也可参看文献 [62] 第一卷定理 4.5.3, 或 [109] 定理 0.3.2, 或 [78] 定理 2.4 和定理 6.9.

1.5.3　空间 $L^p(\Omega)$ $(1 \leqslant p < \infty)$ 的性质

空间 $L^p(\Omega)$ $(1 \leqslant p < \infty)$ 有许多良好的性质. 下面逐一介绍这些性质.

首先, 熟知成立下述

Riesz 表示定理　设 Ω 是可测集, $1 \leqslant p < \infty$, p' 为 p 的对偶数. 则对任意 $v \in L^{p'}(\Omega)$, 由

$$f_v(u) = \int_\Omega u(x)v(x)\mathrm{d}x, \quad \forall u \in L^p(\Omega)$$

定义了 $L^p(\Omega)$ 上的一个连续线性泛函 f_v, 且 $\|f_v\|_{(L^p(\Omega))'} = \|v\|_{L^{p'}(\Omega)}$. 反过来, 对 $L^p(\Omega)$ 上的任意连续线性泛函 f, 存在唯一相应的函数 $v \in L^{p'}(\Omega)$ 使 $f = f_v$, 且 $\|v\|_{L^{p'}(\Omega)} = \|f\|_{(L^p(\Omega))'}$.　□

从这个定理可知, 映射 $v \mapsto f_v, \forall v \in L^{p'}(\Omega)$, 是空间 $L^{p'}(\Omega)$ 到 $L^p(\Omega)$ 的对偶空间 $(L^p(\Omega))'$ 的等距同构. 因此, 如果把 v 与 f_v 等同为同一个对象, 就有 $(L^p(\Omega))' = L^{p'}(\Omega)$, 即 $L^p(\Omega)$ 的对偶空间是 $L^{p'}(\Omega)$, $1 \leqslant p < \infty$. 注意当把 v 与 f_v 等同为同一个对象时, f_v 对 $u \in L^p(\Omega)$ 的对偶作用 $f_v(u)$ 改记为 $\langle v, u\rangle$, 即

$$\langle v, u\rangle = \int_\Omega u(x)v(x)\mathrm{d}x, \quad \forall u \in L^p(\Omega),\ \forall v \in L^{p'}(\Omega),\ 1 \leqslant p < \infty.$$

上述定理的一个直接推论是:

定理 1.5.8　设 Ω 是可测集, 则当 $1 < p < \infty$ 时, $L^p(\Omega)$ 是自反空间.　□

以上讨论对任意可测集都成立. 如果 Ω 是 $\mathbf{R}^n$ 中的开集, 那么可以得到空间 $L^p(\Omega)$ $(1 \leqslant p < \infty)$ 的更多性质. 首先有

定理 1.5.9 设 Ω 是 $\mathbf{R}^n$ 中的开集, $1 \leqslant p < \infty$, 则 $C_0(\Omega)$ (即 Ω 上具有紧支集的连续函数的全体) 在 $L^p(\Omega)$ 中稠密.

证 只需证明: 对任意 $u \in L^p(\Omega)$ 和任意给定的 $\varepsilon > 0$, 存在相应的 $v \in C_0(\Omega)$ 使 $\|v-u\|_{L^p(\Omega)} < \varepsilon$. 为此先取 $R > 0$ 充分大以使

$$\int_{\Omega\backslash B_R(0)} |u(x)|^p \mathrm{d}x < \left(\frac{\varepsilon}{3}\right)^p.$$

再取 $\delta > 0$ 充分小使当 Ω 的可测子集 E 满足 $\mathrm{meas}E < \delta$ 时, 有

$$\int_E |u(x)|^p \mathrm{d}x < \left(\frac{\varepsilon}{3}\right)^p.$$

对此 $\delta > 0$, 应用 Lusin(鲁津) 定理知存在闭集 $F \subseteq \Omega \cap B_R(0)$ 使 $\mathrm{meas}((\Omega \cap B_R(0))\backslash F) < \delta$ 且 u 在 F 上的限制是连续函数. 记 $M = \sup\limits_{x\in F} |u(x)|$. 由于 F 是有界闭集, 所以 $M < \infty$. 再取 F 的邻域 U 使 $\mathrm{meas}(U\backslash F) < \left(\dfrac{\varepsilon}{3M}\right)^p$ 且 $U \subset\subset \Omega\cap B_R(0)$, 然后令 v 为 $u|_F$ 在 Ω 上的这样的连续延拓, 使一方面 $\mathrm{supp}v \subseteq U$, 另一方面 $\sup\limits_{x\in\Omega} |v(x)| \leqslant M$. 我们知道这样的 v 是存在的. 显然 $v \in C_0(\Omega)$. 其次, 由于 $\mathrm{supp}v \subseteq U$, 所以

$$\begin{aligned}
\|v-u\|_{L^p(\Omega)} &= \left(\int_{(\Omega\cap B_R(0))\backslash F} |v(x)-u(x)|^p \mathrm{d}x + \int_{\Omega\backslash B_R(0)} |u(x)|^p \mathrm{d}x\right)^{\frac{1}{p}} \\
&\leqslant \left(\int_{(\Omega\cap B_R(0))\backslash F} |v(x)|^p \mathrm{d}x\right)^{\frac{1}{p}} + \left(\int_{(\Omega\cap B_R(0))\backslash F} |u(x)|^p \mathrm{d}x\right)^{\frac{1}{p}} \\
&\quad + \left(\int_{\Omega\backslash B_R(0)} |u(x)|^p \mathrm{d}x\right)^{\frac{1}{p}} \\
&< \left(\int_{U\backslash F} |v(x)|^p \mathrm{d}x\right)^{\frac{1}{p}} + \frac{\varepsilon}{3} + \frac{\varepsilon}{3} < \left[M^p \cdot \left(\frac{\varepsilon}{3M}\right)^p\right]^{\frac{1}{p}} + \frac{\varepsilon}{3} + \frac{\varepsilon}{3} = \varepsilon.
\end{aligned}$$

证毕. □

定理 1.5.10 设 Ω 是 $\mathbf{R}^n$ 中的开集, $1 \leqslant p < \infty$, 则 $L^p(\Omega)$ 是可分空间.

证 取 Ω 的开子集列 $\{\Omega_j\}_{j=1}^{\infty}$ 使

$$\Omega_1 \subset\subset \Omega_2 \subset\subset \cdots \subset\subset \Omega_j \subset\subset \Omega_{j+1} \subset\subset \cdots$$

且 $\bigcup\limits_{j=1}^{\infty} \Omega_j = \Omega$. 对每个 j, 令 χ_j 为 Ω_j 的特征函数. 再令

$$\Sigma = \{\chi_j w:\ w\text{是 } \mathbf{R}^n \text{ 上具有理系数的多项式函数},\ j = 1, 2, \cdots\}.$$

显然 Σ 是可列集. 可以断言 Σ 在 $L^p(\Omega)$ 中稠密, 从而 $L^p(\Omega)$ 可分. 事实上, 对任意 $u\in L^p(\Omega)$ 和任意 $\varepsilon>0$, 由定理 1.5.9 知存在 $v\in C_0(\Omega)$ 使 $\|v-u\|_{L^p(\Omega)}<\varepsilon/3$. 取 j_0 使 $\mathrm{supp}v\subseteq\overline{\Omega}_{j_0}$. 由于 v 在 $\overline{\Omega}_{j_0}$ 上连续而 $\overline{\Omega}_{j_0}$ 是有界闭集, 所以应用 Weierstrass 定理知存在多项式函数 w 使 $\sup\limits_{x\in\Omega_{j_0}}|w(x)-v(x)|\leqslant\dfrac{\varepsilon}{3M}$, 其中 $M=|\Omega_{j_0}|^{\frac{1}{p}}$. 再取 $\mathbf{R}^n$ 上具有理系数的多项式函数 z 使 $\sup\limits_{x\in\Omega_{j_0}}|z(x)-w(x)|\leqslant\dfrac{\varepsilon}{3M}$, 则有

$$
\begin{aligned}
\|\chi_{j_0}z-u\|_{L^p(\Omega)}&\leqslant\|\chi_{j_0}z-\chi_{j_0}w\|_{L^p(\Omega)}+\|\chi_{j_0}w-v\|_{L^p(\Omega)}+\|v-u\|_{L^p(\Omega)}\\
&\leqslant\frac{\varepsilon}{3M}\cdot|\Omega_{j_0}|^{\frac{1}{p}}+\frac{\varepsilon}{3M}\cdot|\Omega_{j_0}|^{\frac{1}{p}}+\frac{\varepsilon}{3}=\varepsilon.
\end{aligned}
$$

这就证明了 Σ 在 $L^p(\Omega)$ 中稠密. 证毕. □

应用定理 1.5.1 可知, 对任意开集 $\Omega\subseteq\mathbf{R}^n$ 和任意 $1\leqslant p<\infty$, 只要有界开集 $B\subseteq\mathbf{R}^n$ 使得 $B\cap\Omega\neq\varnothing$, 则就有 $L^p(B\cap\Omega)\subseteq L^1(B\cap\Omega)$. 这说明 $L^p(\Omega)$ $(1\leqslant p<\infty)$ 中的函数 u 都是有限可积函数, 因此其磨光函数 u_ε $(\varepsilon>0)$ 始终有意义.

定理 1.5.11 设 Ω 是 $\mathbf{R}^n$ 中的开集, $1\leqslant p<\infty$, 则对任意 $u\in L^p(\Omega)$, 其磨光函数 $u_\varepsilon\in L^p(\Omega)$, $\forall\varepsilon>0$, 且

$$
\|u_\varepsilon\|_{L^p(\Omega)}\leqslant\|u\|_{L^p(\Omega)},\quad\forall\varepsilon>0,\tag{1.5.9}
$$

$$
\lim_{\varepsilon\to0}\|u_\varepsilon-u\|_{L^p(\Omega)}=0.\tag{1.5.10}
$$

证 令 $\hat{u}$ 为把 u 作零延拓所得到的 $\mathbf{R}^n$ 上的函数, 并令 φ 为磨光核. 再令 $\hat{u}_\varepsilon$ $(\varepsilon>0)$ 为 $\hat{u}$ 的磨光函数. 则 $\hat{u}_\varepsilon\in L^p(\mathbf{R}^n)$, 且 $\hat{u}_\varepsilon|_\Omega=u_\varepsilon$, $\forall\varepsilon>0$. 于是应用 Young 不等式得

$$
\begin{aligned}
\|u_\varepsilon\|_{L^p(\Omega)}\leqslant\|\hat{u}_\varepsilon\|_{L^p(\mathbf{R}^n)}&=\left(\int_{\mathbf{R}^n}\left|\frac{1}{\varepsilon^n}\int_{\mathbf{R}^n}\hat{u}(x-y)\varphi\left(\frac{y}{\varepsilon}\right)\mathrm{d}y\right|^p\mathrm{d}x\right)^{\frac{1}{p}}\\
&\leqslant\frac{1}{\varepsilon^n}\cdot\left\|\varphi\left(\frac{\cdot}{\varepsilon}\right)\right\|_{L^1(\mathbf{R}^n)}\cdot\|\hat{u}\|_{L^p(\mathbf{R}^n)}=\|\hat{u}\|_{L^p(\mathbf{R}^n)}=\|u\|_{L^p(\Omega)}.
\end{aligned}
$$

为证 (1.5.10), 只需证明对任意给定的 $\delta>0$, 存在相应的 $\varepsilon_\delta>0$ 使当 $0<\varepsilon<\varepsilon_\delta$ 时,

$$
\|u_\varepsilon-u\|_{L^p(\Omega)}<\delta.
$$

为此应用定理 1.5.9, 先取 $v\in C_0(\Omega)$ 使 $\|v-u\|_{L^p(\Omega)}<\delta/4$. 再对 v 和其磨光函数 v_ε 应用定理 1.2.6 (取其中的 $m=0$), 可知存在充分小的 $\varepsilon_\delta>0$ (特别地, $\varepsilon_\delta<1$), 使当 $0<\varepsilon<\varepsilon_\delta$ 时成立

$$
\sup_{x\in\Omega}|v_\varepsilon(x)-v(x)|<\frac{1}{2}A^{-\frac{1}{p}}\delta,
$$

其中 A 表示 $\mathrm{supp}v$ 的 1 邻域的测度. 于是, 当 $0<\varepsilon<\varepsilon_\delta$ 时, 由于 v_ε 在 $\mathrm{supp}v$ 的 1 邻域之外恒等于零, 便有

$$\begin{aligned}\|u_\varepsilon-u\|_{L^p(\Omega)}&\leqslant\|u_\varepsilon-v_\varepsilon\|_{L^p(\Omega)}+\|v_\varepsilon-v\|_{L^p(\Omega)}+\|v-u\|_{L^p(\Omega)}\\&\leqslant 2\|v-u\|_{L^p(\Omega)}+\left(\int_\Omega|v_\varepsilon(x)-v(x)|^p\mathrm{d}x\right)^{\frac{1}{p}}\\&\leqslant\frac{\delta}{2}+\frac{1}{2}A^{-\frac{1}{p}}\delta\cdot A^{\frac{1}{p}}=\delta.\end{aligned}$$

所以 (1.5.10) 成立. 证毕. □

推论 1.5.12 设 Ω 是 $\mathbf{R}^n$ 中的开集, $1\leqslant p<\infty$, 则 $C_0^\infty(\Omega)$ 在 $L^p(\Omega)$ 中稠密.

证 对任意给定的 $\delta>0$, 先取 $v\in C_0(\Omega)$ 使 $\|v-u\|_{L^p(\Omega)}<\delta/2$. 再取 $\varepsilon_\delta>0$ 充分小 (特别地, $\varepsilon_\delta<d(\mathrm{supp}v,\partial\Omega)$), 使当 $0<\varepsilon<\varepsilon_\delta$ 时 $\|v_\varepsilon-v\|_{L^p(\Omega)}<\delta/2$. 则当 $0<\varepsilon<\varepsilon_\delta$ 时 $\|v_\varepsilon-u\|_{L^p(\Omega)}<\delta$. 由 $\varepsilon<\varepsilon_\delta<d(\mathrm{supp}v,\partial\Omega)$ 知 v_ε 的支集含于 Ω, 所以 $v_\varepsilon\in C_0^\infty(\Omega)$. 这就证明了 $C_0^\infty(\Omega)$ 在 $L^p(\Omega)$ 中稠密. 证毕. □

定理 1.5.13 设 Ω 是 $\mathbf{R}^n$ 中的开集, $1\leqslant p<\infty$. 对任意 $u\in L^p(\Omega)$, 用 $\hat{u}$ 表示对 u 作零延拓所得到的 $\mathbf{R}^n$ 上的函数, 则有

$$\lim_{\varepsilon\to0}\sup_{|y|\leqslant\varepsilon}\|\hat{u}(\cdot+y)-u\|_{L^p(\Omega)}=0. \tag{1.5.11}$$

证 对任意给定的 $\varepsilon>0$, 先取 $v\in C_0(\Omega)$ 使 $\|v-u\|_{L^p(\Omega)}<\varepsilon/3$. 再把 v 看作 $C_0(\mathbf{R}^n)$ 中的函数, 应用 v 的一致连续性知存在充分小的 $\delta>0$ (特别地, $\delta<1$), 使当 $|y|\leqslant\delta$ 时,

$$\sup_{x\in\mathbf{R}^n}|v(x+y)-v(x)|<\frac{1}{3}A^{-\frac{1}{p}}\varepsilon,$$

其中 A 表示 $\mathrm{supp}v$ 的 1 邻域的测度. 于是, 当 $|y|\leqslant\delta$ 时, 有

$$\begin{aligned}\|\hat{u}(\cdot+y)-u\|_{L^p(\Omega)}&\leqslant\|\hat{u}(\cdot+y)-v(\cdot+y)\|_{L^p(\mathbf{R}^n)}+\|v(\cdot+y)-v\|_{L^p(\mathbf{R}^n)}+\|v-u\|_{L^p(\Omega)}\\&\leqslant 2\|v-u\|_{L^p(\Omega)}+\left(\int_\Omega|v(x+y)-v(x)|^p\mathrm{d}x\right)^{\frac{1}{p}}\\&<\frac{2\varepsilon}{3}+\frac{1}{3}A^{-\frac{1}{p}}\varepsilon\cdot A^{\frac{1}{p}}\\&=\varepsilon.\end{aligned}$$

所以 (1.5.11) 成立. 证毕. □

1.5.4 空间 $L^p(\Omega)$ $(1\leqslant p<\infty)$ 中的相对紧集和弱相对紧集

数学分析课程中有一个十分重要的定理, 即 Weierstrass 致密性定理. 这个定理说明: 任何有界数列都有收敛的子数列; $\mathbf{R}^n$ 中任意有界点列都有收敛的子点列. 分

析数学中许多的存在性定理, 都是应用这个定理证明的. 这个定理如此重要, 使得人们自然地期望在无穷维的 Banach 空间中能够建立相应的定理. 然而, 很早人们就发现这个想法是不可能实现的, 因为在每个无穷维的 Banach 空间中, 都不难找到有界而完全离散的点列 (即点列中任何两点之间的距离都不小于一个固定的正数), 这样的点列尽管有界却没有任何收敛的子列. 由于这个原因, 对于给定的 Banach 空间, 给出其中相对紧集 (即其中任何点列都有收敛的子列的集合) 的刻画, 以及建立一些 Weierstrass 定理的替代定理, 就成为一个很重要的研究内容. 泛函分析课程已在此方面有许多结果. 本段把泛函分析课程中的这些结果在 $L^p(\Omega)$ $(1 \leqslant p < \infty)$ 空间中具体地加以实现.

首先给出 $L^p(\Omega)$ $(1 \leqslant p < \infty)$空间中相对紧集的刻画. 这就是下面的重要定理:

定理 1.5.14 (Fréchet–Kolmogorov 定理)　*设 Ω 是 $\mathbf{R}^n$ 中的有界开集, $1 \leqslant p < \infty$, 则 $L^p(\Omega)$ 的非空子集 Σ 是相对紧集的充要条件是:*

(i) Σ 是 $L^p(\Omega)$ 中的有界集;

(ii) Σ 中的函数按 $L^p(\Omega)$ 范数等度连续, 即对任意给定的 $\varepsilon > 0$ 存在相应的 $\delta > 0$, 使当 $|y| \leqslant \delta$ 时,

$$\|\hat{u}(\cdot + y) - u\|_{L^p(\Omega)} < \varepsilon, \quad \forall u \in \Sigma, \tag{1.5.12}$$

其中 $\hat{u}$ 表示对 u 作零延拓所得到的 $\mathbf{R}^n$ 上的函数.

证　必要性. 设 Σ 是 $L^p(\Omega)$ 中的相对紧集. 则 Σ 显然满足条件 (i). 下面证明 Σ 满足条件 (ii). 对任意给定的 $\varepsilon > 0$, 由 Σ 在 $L^p(\Omega)$ 中的相对紧性知存在 $L^p(\Omega)$ 中有限个函数 $u_1, u_2, \cdots, u_m$, 使 $L^p(\Omega)$ 中以这些函数为中心、以 $\varepsilon/3$ 为半径的开球覆盖 Σ. 对每个 u_i $(i=1,2,\cdots,m)$ 应用定理 1.5.13, 即知存在 $\delta>0$, 使当 $|y|\leqslant\delta$ 时,

$$\|\hat{u}_i(\cdot + y) - u_i\|_{L^p(\Omega)} < \frac{\varepsilon}{3}, \quad i = 1, 2, \cdots, m,$$

其中 $\hat{u}_i$ 表示对 u_i 作零延拓所得到的 $\mathbf{R}^n$ 上的函数 $(i = 1, 2, \cdots, m)$, 则当 $|y| \leqslant \delta$ 时 (1.5.12) 成立. 事实上, 对任意 $u \in \Sigma$ 必存在相应的 $1 \leqslant i \leqslant m$ 使

$$\|u - u_i\|_{L^p(\Omega)} < \frac{\varepsilon}{3}.$$

因此当 $|y| \leqslant \delta$ 时有

$$\begin{aligned}\|\hat{u}(\cdot+y)-u\|_{L^p(\Omega)} &\leqslant \|\hat{u}(\cdot+y) - \hat{u}_i(\cdot+y)\|_{L^p(\mathbf{R}^n)} + \|\hat{u}_i(\cdot + y) - u_i\|_{L^p(\Omega)} + \|u_i - u\|_{L^p(\Omega)} \\ &= 2\|u_i - u\|_{L^p(\Omega)} + \|\hat{u}_i(\cdot + y) - u_i\|_{L^p(\Omega)} < \frac{2\varepsilon}{3} + \frac{\varepsilon}{3} = \varepsilon.\end{aligned}$$

这就证明了条件 (ii).

充分性. 设 Σ 满足条件 (i) 和 (ii). 取定一个磨光核 $\varphi\in C_0^\infty(\mathbf{R}^n)$, 对每个 $u\in\Sigma$ 用 u_ε $(\varepsilon>0)$ 表示把函数 u 用此磨光核磨光得到的磨光函数. 则有

$$u_\varepsilon(x)=\frac{1}{\varepsilon^n}\int_{\mathbf{R}^n}\hat{u}(y)\varphi\Big(\frac{x-y}{\varepsilon}\Big)\mathrm{d}y=\int_{\mathbf{R}^n}\hat{u}(x-\varepsilon y)\varphi(y)\mathrm{d}y,\quad \forall x\in\Omega.$$

于是应用 Minkowski 不等式得

$$\begin{aligned}\|u_\varepsilon-u\|_{L^p(\Omega)}&=\Big(\int_\Omega\Big|\int_{\mathbf{R}^n}\big[\hat{u}(x-\varepsilon y)-u(x)\big]\varphi(y)\mathrm{d}y\Big|^p\mathrm{d}x\Big)^{\frac{1}{p}}\\&\leqslant\int_{\mathbf{R}^n}\Big(\int_\Omega|\hat{u}(x-\varepsilon y)-u(x)|^p\mathrm{d}x\Big)^{\frac{1}{p}}\varphi(y)\mathrm{d}y\\&\leqslant\sup_{|y|\leqslant\varepsilon}\|\hat{u}(\cdot+y)-u\|_{L^p(\Omega)},\quad\forall\varepsilon>0.\end{aligned}$$

据此和条件 (ii) 知对任意给定的 $\delta>0$, 存在相应的 $\varepsilon_\delta>0$ 使当 $0<\varepsilon<\varepsilon_\delta$ 时,

$$\|u_\varepsilon-u\|_{L^p(\Omega)}<\frac{\delta}{2},\quad\forall u\in\Sigma,\tag{1.5.13}$$

取定一个这样的 ε, 然后令 $\Sigma'=\{u_\varepsilon:u\in\Sigma\}$. 显然 $\Sigma'\subseteq C(\overline{\Omega})\subseteq L^p(\Omega)$. 可以断言: (a) Σ' 是 $C(\overline{\Omega})$ 中的有界集; (b) Σ' 中的函数在 Ω 上等度一致连续. 事实上, 由条件 (i) 知存在常数 $M>0$ 使得 $\|u\|_{L^p(\Omega)}\leqslant M$, $\forall u\in\Sigma$. 因此应用 Hölder 不等式得

$$\begin{aligned}\sup_{x\in\Omega}|u_\varepsilon(x)|&\leqslant\sup_{x\in\Omega}\int_{\mathbf{R}^n}\hat{u}(y)\cdot\frac{1}{\varepsilon^n}\varphi\Big(\frac{x-y}{\varepsilon}\Big)\mathrm{d}y\\&=\sup_{x\in\Omega}\int_{\mathbf{R}^n}\hat{u}(y)\Big[\frac{1}{\varepsilon^n}\varphi\Big(\frac{x-y}{\varepsilon}\Big)\Big]^{\frac{1}{p}}\cdot\Big[\frac{1}{\varepsilon^n}\varphi\Big(\frac{x-y}{\varepsilon}\Big)\Big]^{\frac{1}{p'}}\mathrm{d}y\\&\leqslant\sup_{x\in\Omega}\Big[\int_{\mathbf{R}^n}|\hat{u}(y)|^p\cdot\frac{1}{\varepsilon^n}\varphi\Big(\frac{x-y}{\varepsilon}\Big)\mathrm{d}y\Big]^{\frac{1}{p}}\cdot\Big[\int_{\mathbf{R}^n}\frac{1}{\varepsilon^n}\varphi\Big(\frac{x-y}{\varepsilon}\Big)\mathrm{d}y\Big]^{\frac{1}{p'}}\\&\leqslant CM\varepsilon^{-\frac{n}{p}},\quad\forall u\in\Sigma,\end{aligned}$$

其中 $C=\sup\limits_{x\in\mathbf{R}^n}\varphi(x)$. 因此 Σ' 是 $C(\overline{\Omega})$ 中的有界集. 类似地可以推出

$$\sup_{x\in\Omega}|u_\varepsilon(x+y)-u_\varepsilon(x)|\leqslant C\varepsilon^{-\frac{n}{p}}\|\hat{u}(\cdot+y)-u\|_{L^p(\Omega)},\quad\forall u\in\Sigma,$$

所以应用条件 (ii) 知 Σ' 中的函数在 Ω 上等度一致连续. 因此应用 Arzelá-Ascoli 定理知对前述给定的 $\delta>0$, 存在 Σ' 中有限个函数 $v_1, v_2, \cdots, v_m$, 使对任意 $v\in\Sigma'$ 都存在相应的 $1\leqslant i\leqslant m$ 使

$$\sup_{x\in\Omega}|v(x)-v_i(x)|\leqslant\frac{1}{2}\delta|\Omega|^{-\frac{1}{p}},$$

进而

$$\|v-v_i\|_{L^p(\Omega)} \leqslant \frac{1}{2}\delta.$$

把此式与 (1.5.13) 相结合, 即知对任意给定的 $\delta>0$ 都存在有限个函数 $v_1, v_2, \cdots, v_m \in C(\overline{\Omega})$, 使对任意 $u\in\Sigma$ 都存在相应的 $1\leqslant i\leqslant m$ 使

$$\|u-v_i\|_{L^p(\Omega)} \leqslant \delta.$$

所以 Σ 是 $L^p(\Omega)$ 中的相对紧集. 证毕. □

我们知道, 对于 Banach 空间 X 与其对偶空间 X', 点列 $x_k\in X$ $(k=1,2,\cdots)$ 弱收敛于 $x_0\in X$ 是指对任意 $f\in X'$ 都成立 $\lim\limits_{k\to\infty} f(x_k)=f(x_0)$, 记作

$$x_k \rightharpoonup x_0 \ (\text{当 } k\to\infty) \quad \text{或} \ x_k \xrightarrow{w} x_0 \ (\text{当 } k\to\infty);$$

点列 $f_k\in X'$ $(k=1,2,\cdots)$ $*$ 弱收敛于 $f_0\in X'$ 是指对任意 $x\in X$ 都成立 $\lim\limits_{k\to\infty} f_k(x)=f_0(x)$, 记作

$$f_k \overset{*}{\rightharpoonup} f_0 \ (\text{当 } k\to\infty) \quad \text{或} \ f_k \xrightarrow{*\text{-}w} f_0 \ (\text{当 } k\to\infty).$$

应用 Riesz 表示定理, 把这些概念落实在 L^p 空间上, 就得到了 $L^p(\Omega)$ $(1\leqslant p<\infty)$ 上的弱收敛和 $L^\infty(\Omega)$ 上的 $*$ 弱收敛概念, 这就是:

$L^p(\Omega)$ $(1\leqslant p<\infty)$ 中的函数列 u_k $(k=1,2,\cdots)$ **弱收敛** (weakly convergent) *于函数 $u\in L^p(\Omega)$ 是指对任意 $\varphi\in L^{p'}(\Omega)$ (其中 p' 为 p 的对偶数) 都成立*

$$\lim_{k\to\infty}\int_\Omega u_k(x)\varphi(x)\mathrm{d}x=\int_\Omega u(x)\varphi(x)\mathrm{d}x; \tag{1.5.14}$$

$L^\infty(\Omega)$ 中的函数列 u_k $(k=1,2,\cdots)$ **$*$弱收敛** ($*$weakly convergent) *于函数 $u\in L^\infty(\Omega)$ 是指对任意 $\varphi\in L^1(\Omega)$ 都成立 (1.5.14).*

应用共鸣定理可知, 弱收敛点列和$*$弱收敛点列都是所在 Lebesque 空间中的有界点列. 从泛函分析课程我们还知道, 成立下列结论:

(1) 点列 $x_k\in X$ $(k=1,2,\cdots)$ 弱收敛于 $x_0\in X$ 的充要条件是: $\{x_k\}_{k=1}^\infty$ 有界, 并且对 X' 的某个稠密子集 Σ 中的每个 f 都成立 $\lim\limits_{k\to\infty} f(x_k)=f(x_0)$;

(2) 点列 $f_k\in X'$ $(k=1,2,\cdots)$$*$弱收敛于 $f_0\in X'$ 的充要条件是: $\{f_k\}_{k=1}^\infty$ 有界, 并且对 X 的某个稠密子集 A 中的每个 x 都成立 $\lim\limits_{k\to\infty} f_k(x)=f_0(x)$.

由于对每个 $1\leqslant p<\infty$, $C_0^\infty(\Omega)$ 在 $L^p(\Omega)$ 中稠密, 所以应用以上两个结论立得以下两个命题:

(i) 对 $1<p<\infty$, 函数列 $u_k\in L^p(\Omega)$ $(k=1,2,\cdots)$ 弱收敛于函数 $u\in L^p(\Omega)$ 的充要条件是: $\{u_k\}_{k=1}^\infty$ 在 $L^p(\Omega)$ 中有界, 并且 (1.5.14) 对任意 $\varphi\in C_0^\infty(\Omega)$ 都成立;

(ii) 函数列 $u_k \in L^\infty(\Omega)$ $(k=1,2,\cdots)$ $*$ 弱收敛于函数 $u\in L^\infty(\Omega)$ 的充要条件是: $\{u_k\}_{k=1}^\infty$ 在 $L^\infty(\Omega)$ 中有界, 并且 (1.5.14) 对任意 $\varphi\in C_0^\infty(\Omega)$ 都成立.

根据 Eberlein-Shimulian 定理可知, 自反 Banach 空间中的任何有界无穷点列都有弱收敛的子列. 又根据 Alaoglu 定理可知, 任意赋范线性空间的对偶空间中的任何有界无穷点列都有 * 弱收敛的子列. 把这些命题应用到 L^p 空间上, 就得到了下述定理:

定理 1.5.15 设 Ω 是 $\mathbf{R}^n$ 中的开集. 对任意 $1<p<\infty$, 任何在 $L^p(\Omega)$ 中有界的函数列都有在 $L^p(\Omega)$ 中弱收敛的子列. 任何在 $L^\infty(\Omega)$ 中有界的函数列都有在 $L^\infty(\Omega)$ 中 $*$ 弱收敛的子列.

上述定理在现代偏微分方程特别是非线性偏微分方程的研究中有广泛的应用.

例 1 $L^1(\Omega)$ 中的有界列不一定有弱收敛的子列. 以 $n=1$, $\Omega=(0,1)$ 为例, 考虑函数列

$$u_k(x)=\begin{cases} k, & 0<x<\dfrac{1}{k},\\ 0, & \dfrac{1}{k}\leqslant x<1, \end{cases}\qquad k=1,2,\cdots.$$

显然 $\{u_k\}_{k=1}^\infty$ 是 $L^1(0,1)$ 中的有界列: $\|u_k\|_{L^1(0,1)}=1$, $k=1,2,\cdots$. 但不难证明, $\{u_k\}_{k=1}^\infty$ 没有任何子序列在 $L^1(0,1)$ 中弱收敛 (证明留给读者作习题).

本节最后我们提醒读者, 对任意开集 $\Omega\subseteq\mathbf{R}^n$, $L^2(\Omega)$ 是 Hilbert 空间, 其内积是

$$(u,v)_{L^2(\Omega)}=\int_\Omega u(x)v(x)\mathrm{d}x,\quad \forall u,v\in L^2(\Omega).$$

注意这里我们只考虑了实值函数所形成的函数空间. 当考虑复值函数所形成的函数空间 $L^2(\Omega)$ 时, 内积应取为

$$(u,v)_{L^2(\Omega)}=\int_\Omega u(x)\overline{v(x)}\mathrm{d}x,\quad \forall u,v\in L^2(\Omega).$$

由于 $L^2(\Omega)$ 是 Hilbert 空间而 Hilbert 空间有很好的分析性质, 所以空间 $L^2(\Omega)$ 有特殊的重要性.

习 题 1.5

1. 给出定理 1.5.1 和定理 1.5.4 的详细证明.
2. 设 u, v 是可测集 Ω 上的可测函数, $|\Omega|>0$. 又设 $0<p<1$, $p'<0$ 且 $\dfrac{1}{p}+\dfrac{1}{p'}=1$.

(1) 证明**反向Hölder不等式**: 如果 $\int_\Omega|u(x)v(x)|\mathrm{d}x<\infty$ 且 $\int_\Omega|v(x)|^{p'}\mathrm{d}x<\infty$, 那么

$$\int_\Omega|u(x)v(x)|\mathrm{d}x\geqslant\left(\int_\Omega|u(x)|^p\mathrm{d}x\right)^{\frac{1}{p}}\left(\int_\Omega|v(x)|^{p'}\mathrm{d}x\right)^{\frac{1}{p'}}.$$

(2) 证明**反向Minkowski不等式**: 如果 $\int_\Omega (|u(x)|+|v(x)|)^p\mathrm{d}x<\infty$, 那么

$$\left(\int_\Omega (|u(x)|+|v(x)|)^p\mathrm{d}x\right)^{\frac{1}{p}} \geqslant \left(\int_\Omega |u(x)|^p\mathrm{d}x\right)^{\frac{1}{p}} + \left(\int_\Omega |v(x)|^p\mathrm{d}x\right)^{\frac{1}{p}}.$$

(3) 证明: 如果 $\int_\Omega |u(x)|^p\mathrm{d}x<\infty$ 且 $\int_\Omega |v(x)|^p\mathrm{d}x<\infty$, 那么

$$\left(\int_\Omega (|u(x)|+|v(x)|)^p\mathrm{d}x\right)^{\frac{1}{p}} \leqslant 2^{\frac{1-p}{p}}\left[\left(\int_\Omega |u(x)|^p\mathrm{d}x\right)^{\frac{1}{p}} + \left(\int_\Omega |v(x)|^p\mathrm{d}x\right)^{\frac{1}{p}}\right].$$

3. 证明**推广的 Young 不等式**: 如果 $u_k\in L^{p_k}(\mathbf{R}^n)$ $(1\leqslant p_k\leqslant\infty,\ k=1,2,\cdots,m)$ 且 $\frac{1}{p_1}+\frac{1}{p_2}+\cdots+\frac{1}{p_m}=m-1+\frac{1}{q}$, 其中 $1\leqslant q\leqslant\infty$, 那么 $u_1*u_2*\cdots*u_m\in L^q(\mathbf{R}^n)$, 且

$$\|u_1*u_2*\cdots*u_m\|_{L^q(\mathbf{R}^n)}\leqslant\|u_1\|_{L^{p_1}(\mathbf{R}^n)}\|u_2\|_{L^{p_2}(\mathbf{R}^n)}\cdots\|u_m\|_{L^{p_m}(\mathbf{R}^n)},$$

这里符号 $*$ 表示函数的卷积, 即

$$(u*v)(x)=\int_{\mathbf{R}^n}u(x-y)v(y)\mathrm{d}y,\quad x\in\mathbf{R}^n.$$

4. 设 $u,v\in L^p(\Omega)$ $(1<p<\infty)$. 证明下列**Clarkson不等式**:

(1) 如果 $2\leqslant p<\infty$, 那么

$$\left\|\frac{u+v}{2}\right\|^p_{L^p(\Omega)}+\left\|\frac{u-v}{2}\right\|^p_{L^p(\Omega)}\leqslant\frac{1}{2}(\|u\|^p_{L^p(\Omega)}+\|v\|^p_{L^p(\Omega)}),$$

$$\left\|\frac{u+v}{2}\right\|^{p'}_{L^p(\Omega)}+\left\|\frac{u-v}{2}\right\|^{p'}_{L^p(\Omega)}\geqslant\frac{1}{2^{p'-1}}(\|u\|^p_{L^p(\Omega)}+\|v\|^p_{L^p(\Omega)})^{p'-1}.$$

(2) 如果 $1<p\leqslant 2$, 那么

$$\left\|\frac{u+v}{2}\right\|^p_{L^p(\Omega)}+\left\|\frac{u-v}{2}\right\|^p_{L^p(\Omega)}\geqslant\frac{1}{2}(\|u\|^p_{L^p(\Omega)}+\|v\|^p_{L^p(\Omega)}),$$

$$\left\|\frac{u+v}{2}\right\|^{p'}_{L^p(\Omega)}+\left\|\frac{u-v}{2}\right\|^{p'}_{L^p(\Omega)}\leqslant\frac{1}{2^{p'-1}}(\|u\|^p_{L^p(\Omega)}+\|v\|^p_{L^p(\Omega)})^{p'-1}.$$

5. 设 $|\Omega|<\infty$, $u\in L^\infty(\Omega)$. 证明: $\lim\limits_{p\to\infty}\|u\|_{L^p(\Omega)}=\|u\|_{L^\infty(\Omega)}$.

6. 设 $1<p\leqslant\infty$, p' 为 p 的对偶数. 又设 u 是 Ω 上的可测函数. 证明: 如果对所有 $v\in L^{p'}(\Omega)$ 都成立 $uv\in L^1(\Omega)$, 那么 $u\in L^p(\Omega)$.

7. 证明: 例 1 给出的函数列 $\{u_k\}_{k=1}^\infty$ 没有任何子序列在 $L^1(0,1)$ 中弱收敛.

1.6 弱导数和弱可微函数

我们知道, 空间 $C^{m,\mu}(\overline{\Omega})$ 是按函数与其所有阶数不超过 m 的偏导数都属于 Hölder 空间 $C^\mu(\overline{\Omega})$ 来定义的. 有了上节讨论的 Lebesgue 空间 $L^p(\Omega)$ 的概念之后,

自然希望按函数与其所有阶数不超过 m 的偏导数都属于 $L^p(\Omega)$ 来定义一类新的函数空间. 但是很容易知道, 如果限于通常意义的偏导数, 那么这样定义出来的函数空间是不完备的. 为解决这个问题, 本节将把函数求偏导数的运算扩展, 使得对一些按通常意义不能求偏导数的函数按扩展了的意义可以求偏导数.

定义 1.6.1 设 u 是定义在开集 $\Omega \subseteq \mathbf{R}^n$ 上的局部可积函数, α 为 n 重指标, m 为正整数. 如果存在 Ω 上的局部可积函数 v 使对任意 $\varphi \in C_0^\infty(\Omega)$ 成立

$$(-1)^{|\alpha|}\int_\Omega u(x)\partial^\alpha\varphi(x)\mathrm{d}x = \int_\Omega v(x)\varphi(x)\mathrm{d}x, \tag{1.6.1}$$

则称 v 为 u 的α 阶**弱导数** (weak derivative), 记作 $v = \partial^\alpha u$. 如果对所有 $|\alpha| \leqslant m$, u 在 Ω 上都有 α 阶弱导数, 则称 u 在 Ω 上 m 阶**弱可微** (weakly differentiable). 我们用符号 $W^m(\Omega)$表示由全体在 Ω 上 m 阶弱可微的函数组成的集合.

由于几乎处处相等的函数被看作是相同的函数, 所以根据定理 1.2.4 知, 如果一个局部可积函数有 α 阶弱导数, 则其 α 阶弱导数是唯一的. 另外, 运用分部积分公式不难看出, 在 Ω 上 m 阶连续可微的函数必在 Ω 上 m 阶弱可微, 即 $C^m(\Omega) \subseteq W^m(\Omega)$, 且当 $u \in C^m(\Omega)$ 时, 对任意 $|\alpha| \leqslant m$, u 在 Ω 上的 α 阶弱导数 $\partial^\alpha u$ 与其通常意义的 α 阶偏导数一致. 更进一步, 我们有

定理 1.6.2 $C^{m-1,1}(\Omega) \subseteq W^m(\Omega)$.

证 当 $u \in C^{1-0}(\Omega)$ 时, u 关于各变元都局部地绝对连续, 进而关于各变元都几乎处处可导, 且应用 Lebesque 积分理论中的分部积分公式可知, 如果用 $\partial_i u$ 表示 u 关于变元 x_i 的几乎处处偏导数, 那么成立

$$-\int_\Omega u(x)\partial_i\varphi(x)\mathrm{d}x = \int_\Omega \partial_i u(x)\varphi(x)\mathrm{d}x, \quad \forall\varphi \in C_0^\infty(\Omega)$$

$(i = 1, 2, \cdots, n)$. 这表明 $u \in W^1(\Omega)$, 且 u 的各一阶弱导数与它的几乎处处一阶偏导数对应相等. 因此 $C^{1-0}(\Omega) \subseteq W^1(\Omega)$. 据此不难推知, 对任意正整数 m 都成立 $C^{m-1,1}(\Omega) \subseteq W^m(\Omega)$. 证毕. □

运用取极限的方法容易看出, 如果 $u \in W^m(\Omega)$, 那么对任意 $|\alpha| \leqslant m$ 和 $\varphi \in C_0^m(\Omega)$ 都成立

$$(-1)^{|\alpha|}\int_\Omega u(x)\partial^\alpha\varphi(x)\mathrm{d}x = \int_\Omega \partial^\alpha u(x)\varphi(x)\mathrm{d}x, \tag{1.6.2}$$

其中等式右端的 $\partial^\alpha u$ 为 u 的 α 阶弱导数. 据此不难证明下面两个定理:

定理 1.6.3 如果 $u \in W^m(\Omega)$, $v \in C^m(\Omega)$, 那么 $uv \in W^m(\Omega)$, 且对任意 $|\alpha| \leqslant m$ 成立

$$\partial^\alpha(uv) = \sum_{\beta\leqslant\alpha}\binom{\alpha}{\beta}\partial^\beta u\partial^{\alpha-\beta}v. \tag{1.6.3}$$

定理 1.6.4　设 Ω_1 和 Ω_2 是 $\mathbf{R}^n$ 中的两个有界开集, Ψ 是从 Ω_1 到 Ω_2 上的 C^m 类变换. 又设 $u \in W^m(\Omega_1)$, 则 $u \circ \Psi^{-1} \in W^m(\Omega_2)$, 且对任意 $1 \leqslant |\alpha| \leqslant m$ 都成立

$$\partial^\alpha(u \circ \Psi^{-1}) = \sum_{0<|\beta|\leqslant|\alpha|} C_{\alpha\beta}(\Psi)\partial^\beta u \circ \Psi^{-1}, \tag{1.6.4}$$

其中 $C_{\alpha\beta}(\Psi)$ 是由 Ψ^{-1} 及其阶数 $\geqslant 1$ 而 $\leqslant |\alpha|-|\beta|+1$ 的偏导数形成的多项式, 因而与 u 无关且属于 $C^{m-|\alpha|+|\beta|-1}(\overline{\Omega})$.

以上两个定理的证明留给读者.

求弱导数的运算有一个很重要的性质, 就是它与函数列在很弱意义下的极限运算可以交换次序. 为说明这一性质, 先给出以下概念:

定义 1.6.5　设 u_k $(k = 1, 2, \cdots)$ 和 u 都是开集 $\Omega \subseteq \mathbf{R}^n$ 上的局部可积函数. 如果对任意 $\varphi \in C_0^\infty(\Omega)$ 成立

$$\lim_{k\to\infty} \int_\Omega u_k(x)\varphi(x)\mathrm{d}x = \int_\Omega u(x)\varphi(x)\mathrm{d}x, \tag{1.6.5}$$

则称 (当 $k \to \infty$ 时) u_k 在 Ω 上**弱收敛**于 u.

由定理 1.2.4 知, 弱收敛函数列的极限函数是唯一的.

显然, 对定义在开集 $\Omega \subseteq \mathbf{R}^n$ 上的局部可积函数列 u_k $(k = 1, 2, \cdots)$ 和局部可积函数 u, 下列四个条件中的每一个都蕴涵着 u_k 在 Ω 上弱收敛于 u:

(i) 对任意开集 $U \subseteq \Omega$, u_k 在 $L^1(U)$ 中弱收敛于 u;

(ii) 对任意开集 $U \subseteq \Omega$, u_k 在 U 上依测度收敛于 u, 且存在 Ω 上的局部可积函数 $F(x)$ 使成立

$$|u_k(x)| \leqslant F(x), \quad \text{a.e. } x \in \Omega; \tag{1.6.6}$$

(iii) u_k 在 Ω 上几乎处处收敛于 u, 且存在 Ω 上的局部可积函数 $F(x)$ 使 (1.6.6) 成立;

(iv) 对任意开集 $U \subseteq \Omega$, u_k 都在 U 上按 $L^1(U)$ 范数收敛于 u.

定理 1.6.6　设 u_k $(k = 1, 2, \cdots)$ 是定义在开集 $\Omega \subseteq \mathbf{R}^n$ 上的局部可积函数列, α 是 n 重指标. 假设每个 u_k 都在 Ω 上有 α 阶弱导数 $\partial^\alpha u_k$ $(k = 1, 2, \cdots)$, 且当 $k \to \infty$ 时, u_k 在 Ω 上弱收敛于局部可积函数 u, $\partial^\alpha u_k$ 在 Ω 上弱收敛于局部可积函数 v. 则 u 在 Ω 上有 α 阶弱导数, 且 $\partial^\alpha u = v$.

证　由条件知对任意 $\varphi \in C_0^\infty(\Omega)$ 和每个 $k = 1, 2, \cdots$ 成立

$$(-1)^{|\alpha|} \int_\Omega u_k(x)\partial^\alpha\varphi(x)\mathrm{d}x = \int_\Omega \partial^\alpha u_k(x)\varphi(x)\mathrm{d}x.$$

在此式中令 $k \to \infty$ 取极限, 便知对任意 $\varphi \in C_0^\infty(\Omega)$ 成立

$$(-1)^{|\alpha|} \int_\Omega u(x)\partial^\alpha\varphi(x)\mathrm{d}x = \int_\Omega v(x)\varphi(x)\mathrm{d}x.$$

这说明 u 在 Ω 上有 α 阶弱导数, 且 $\partial^\alpha u=v$. 证毕. □

以上定理的结论可以写成

$$\partial^\alpha\Big(\lim_{k\to\infty}u_k\Big)=\lim_{k\to\infty}\partial^\alpha u_k, \tag{1.6.7}$$

这里 $\lim\limits_{k\to\infty}$ 和 ∂^α 分别指弱极限和弱导数. 此式说明: 弱导数运算和弱极限运算可以交换次序.

推论 1.6.7 设 u_k $(k=1,2,\cdots)$ 是定义在开集 $\Omega\subseteq\mathbf{R}^n$ 上的局部可积函数列, u,v 是定义在 Ω 上的局部可积函数, α 是 n 重指标. 假设每个 u_k 都在 Ω 上有 α 阶弱导数 $\partial^\alpha u_k$ $(k=1,2,\cdots)$, 且对任意开集 $U\subset\subset\Omega$ 成立

$$\lim_{k\to\infty}\|u_k-u\|_{L^1(U)}=0 \quad 和 \quad \lim_{k\to\infty}\|\partial^\alpha u_k-v\|_{L^1(U)}=0,$$

则 u 在 Ω 上有 α 阶弱导数, 且 $\partial^\alpha u=v$. □

下面的定理说明, 尽管求弱导数的运算比求通常意义的偏导数的运算弱很多, 但可用通常意义的偏导数按 L^1 范数局部地逼近弱导数, 即以上推论的某种意义的逆命题成立.

定理 1.6.8 如果开集 $\Omega\subseteq\mathbf{R}^n$ 上的局部可积函数 u 在 Ω 上有 α 阶弱导数, 则存在函数列 $u_k\in C^\infty(\Omega)$ $(k=1,2,\cdots)$, 使对任意开集 $U\subset\subset\Omega$ 成立

$$\lim_{k\to\infty}\|u_k-u\|_{L^1(U)}=0 \quad 且 \quad \lim_{k\to\infty}\|\partial^\alpha u_k-\partial^\alpha u\|_{L^1(U)}=0.$$

进一步如果 $u\in W^m(\Omega)$, 那么函数列 $u_k\in C^\infty(\Omega)$ $(k=1,2,\cdots)$ 可取得使对任意开集 $U\subseteq\subset\Omega$ 和任意 n 重指标 $|\alpha|\leqslant m$ 以上两个等式都成立.

证 分两步证明第一个结论.

第一步: 证明对任意开集 $U\subset\subset\Omega$ 和任意 $\delta>0$, 存在相应的函数 $w\in C^\infty(\Omega)$ 使成立

$$\|w-u\|_{L^1(U)}<\delta \quad 且 \quad \|\partial^\alpha w-\partial^\alpha u\|_{L^1(U)}<\delta. \tag{1.6.8}$$

为此对给定的开集 $U\subset\subset\Omega$, 取开集 V 使 $U\subset\subset V\subset\subset\Omega$, 再令 $\hat{u}$ 和 $\hat{v}$ 分别为函数 u 和 $v=\partial^\alpha u$ 关于开集 V 作截断所得到的函数, 则 $\hat{u}$ 和 $\hat{v}$ 都在 Ω 上可积. 令 $\hat{u}_\varepsilon$ 和 $\hat{v}_\varepsilon$ $(\varepsilon>0)$ 分别为 $\hat{u}$ 和 $\hat{v}$ 的磨光函数, 磨光核设为 ϕ. 应用定理 1.5.11 知对任意给定的 $\delta>0$, 存在相应的 $\varepsilon_\delta>0$ 使当 $0<\varepsilon<\varepsilon_\delta$ 时有

$$\|\hat{u}_\varepsilon-\hat{u}\|_{L^1(\Omega)}<\delta \quad 且 \quad \|\hat{v}_\varepsilon-\hat{v}\|_{L^1(\Omega)}<\delta. \tag{1.6.9}$$

取定 $0<\varepsilon<\varepsilon_\delta$ 充分小使 $0<\varepsilon<\min\{\varepsilon_\delta,d(U,\partial V),d(V,\partial\Omega)\}$, 并记 $w=\hat{u}_\varepsilon$. 则易见 $w\in C^\infty(\Omega)$. 下面证明 w 使 (1.6.8) 成立. 事实上, 首先从 (1.6.9) 中的第一个不等式有

$$\|w-u\|_{L^1(U)}\leqslant\|w-u\|_{L^1(V)}=\|\hat{u}_\varepsilon-\hat{u}\|_{L^1(V)}\leqslant\|\hat{u}_\varepsilon-\hat{u}\|_{L^1(\Omega)}<\delta.$$

其次, 由于 $0<\varepsilon<d(U,\partial V)$, 所以当 $x\in U$ 时 $\phi\Big(\dfrac{x-y}{\varepsilon}\Big)$ 作为 y 的函数其支集含于 V. 因此对任意 $x\in U$ 有

$$\begin{aligned}\partial^\alpha w(x)=\partial^\alpha\hat{u}_\varepsilon(x)&=\frac{1}{\varepsilon^n}\int_\Omega\hat{u}(y)\partial_x^\alpha\Big[\phi\Big(\frac{x-y}{\varepsilon}\Big)\Big]\mathrm{d}y=\frac{1}{\varepsilon^n}\int_\Omega u(y)\partial_x^\alpha\Big[\phi\Big(\frac{x-y}{\varepsilon}\Big)\Big]\mathrm{d}y\\&=\frac{(-1)^{|\alpha|}}{\varepsilon^n}\int_\Omega u(y)\partial_y^\alpha\Big[\phi\Big(\frac{x-y}{\varepsilon}\Big)\Big]\mathrm{d}y=\frac{1}{\varepsilon^n}\int_\Omega v(y)\phi\Big(\frac{x-y}{\varepsilon}\Big)\mathrm{d}y\ (\text{因 } v=\partial^\alpha u)\\&=\frac{1}{\varepsilon^n}\int_\Omega\hat{v}(y)\phi\Big(\frac{x-y}{\varepsilon}\Big)\mathrm{d}y=\hat{v}_\varepsilon(x).\end{aligned}$$

这样应用 (1.6.9) 中的第二个不等式得

$$\|\partial^\alpha w-v\|_{L^1(U)}=\|\hat{v}_\varepsilon-v\|_{L^1(U)}\leqslant\|\hat{v}_\varepsilon-v\|_{L^1(\Omega)}<\delta.$$

这就完成了第一步的证明.

第二步: 作满足定理条件的函数列 $u_k\in C^\infty(\Omega)$ $(k=1,2,\cdots)$. 为此取 Ω 的开子集列 Ω_k $(k=1,2,\cdots)$ 使满足条件

$$\Omega_1\subset\subset\Omega_2\subset\subset\cdots\subset\subset\Omega_k\subset\subset\Omega_{k+1}\subset\subset\cdots$$

且 $\bigcup\limits_{k=1}^\infty\Omega_k=\Omega$. 对每个 k, 应用第一步的结论知存在 $u_k\in C^\infty(\Omega)$ 使成立

$$\|u_k-u\|_{L^1(\Omega_k)}<\frac{1}{k}\quad\text{且}\quad\|\partial^\alpha u_k-\partial^\alpha u\|_{L^1(\Omega_k)}<\frac{1}{k}.\tag{1.6.10}$$

不难验证, 这样作出的函数列 $u_k\in C^\infty(\Omega)$ $(k=1,2,\cdots)$ 便满足定理的第一个结论的各项条件. 以上构造显然也可应用于证明定理的第二个结论. 证毕. □

应用上述定理可证明求偏导数的**链锁规则**, 即下述

定理 1.6.9 *设 f 是 $\mathbf{R}^1$ 上的连续函数, 在一个离散集 $L\subseteq\mathbf{R}^1$ 之外连续可微, 且 f' 在 $\mathbf{R}^1\backslash L$ 上有界. 又设 Ω 是 $\mathbf{R}^n$ 中的开集且 $u\in W^1(\Omega)$, 则 $f\circ u\in W^1(\Omega)$, 且对每个 $1\leqslant i\leqslant n$ 成立*

$$\partial_i(f\circ u)(x)=\begin{cases}f'(u(x))\partial_i u(x), & u(x)\notin L,\\0, & u(x)\in L.\end{cases}\tag{1.6.11}$$

证 分两步证明.

第一步: 考虑 f 在整个 $\mathbf{R}^1$ 上连续可微即 $L=\varnothing$ 的情形. 根据定理 1.6.8 知存在函数列 $u_k\in C^\infty(\Omega)$ $(k=1,2,\cdots)$ 使对任意开集 $U\subset\subset\Omega$ 都成立

$$\lim_{k\to\infty}\|u_k-u\|_{L^1(U)}=0\quad\text{且}\quad\lim_{k\to\infty}\|\partial_i u_k-\partial_i u\|_{L^1(U)}=0,\quad i=1,2,\cdots,n.$$

固定 U. 应用 Riesz 定理, 从上述第一个等式推知存在 $\{u_k\}_{k=1}^{\infty}$ 的子列在 U 上几乎处处收敛于 u. 为记号简单起见, 不妨设此子列就是 $\{u_k\}_{k=1}^{\infty}$ 本身. 这样一来, 由于 f' 是 $\mathbf{R}^1$ 上的连续函数, 可知 $f'\circ u_k$ $(k=1,2,\cdots)$ 在 U 上几乎处处收敛于 $f'\circ u$. 再由于 f' 在 $\mathbf{R}^1$ 上有界, 应用 Lebesgue 控制收敛定理即知

$$\lim_{k\to\infty}\int_U |f'(u_k(x))-f'(u(x))||\partial_i u(x)|\mathrm{d}x=0,\quad i=1,2,\cdots,n.$$

令 $M=\sup\limits_{t\in\mathbf{R}}|f'(t)|$, 则有

$$\int_U |f(u_k(x))-f(u(x))|\mathrm{d}x\leqslant M\int_U |u_k(x)-u(x)|\mathrm{d}x\to 0,\quad \text{当 } k\to\infty;$$

$$\begin{aligned}&\int_U |\partial_i f(u_k(x))-f'(u(x))\partial_i u(x)|\mathrm{d}x=\int_U |f'(u_k(x))\partial_i u_k(x)-f'(u(x))\partial_i u(x)|\mathrm{d}x\\ &\leqslant M\int_U |\partial_i u_k(x)-\partial_i u(x)|\mathrm{d}x+\int_U |f'(u_k(x))-f'(u(x))||\partial_i u(x)|\mathrm{d}x\\ &\to 0,\quad \text{当 } k\to\infty, i=1,2,\cdots,n.\end{aligned}$$

所以应用推论 1.6.7 知 $f\circ u$ 在 U 上一阶弱可微, 且在 U 上成立

$$\partial_i f(u(x))=f'(u(x))\partial_i u(x),\quad i=1,2,\cdots,n.$$

由开集 $U\subset\subset\Omega$ 的任意性, 由此推知 $f\circ u$ 在 Ω 上一阶弱可微, 且上列关系式在整个 Ω 上成立.

第二步: 考虑 $L\subseteq\mathbf{R}^1$ 为一般离散集的情形. 通过把 f 分解为一些函数的和, 可设 f 的不可导点集 L 是一个单点集. 再作适当的处理, 可进一步假设 $L=\{0\}$ 且 $f(0)=0$. 这时令

$$f_+(t)=\begin{cases}f(t), & t>0,\\ 0, & t\leqslant 0;\end{cases}\qquad f_-(t)=\begin{cases}0, & t\geqslant 0,\\ f(t), & t<0.\end{cases}$$

下证 $f_+\circ u\in W^1(\Omega)$, 且对每个 $1\leqslant i\leqslant n$ 成立

$$\partial_i(f_+\circ u)(x)=\begin{cases}f'(u(x))\partial_i u(x), & u(x)>0,\\ 0, & u(x)\leqslant 0.\end{cases}\tag{1.6.12}$$

为此令

$$g_\varepsilon(t)=\begin{cases}f(\sqrt{t^2+\varepsilon^2}-\varepsilon), & t>0,\\ 0, & t\leqslant 0,\end{cases}\qquad \varepsilon>0,$$

则易知 $g_\varepsilon\in C^1(\mathbf{R})$ 且

$$g'_\varepsilon(t)=\begin{cases}f'(\sqrt{t^2+\varepsilon^2}-\varepsilon)t/\sqrt{t^2+\varepsilon^2}, & t>0,\\ 0, & t\leqslant 0.\end{cases}$$

从上述表达式易见 g_ε' 在 $\mathbf{R}^1$ 上有界. 因此应用第一步得到的结论即知 $g_\varepsilon \circ u \in W^1(\Omega)$, 且

$$\partial_i g_\varepsilon(u(x)) = g_\varepsilon'(u(x))\partial_i u(x), \quad i = 1, 2, \cdots, n.$$

现在注意当 $\varepsilon \to 0$ 时, $g_\varepsilon \circ u$ 和 $\partial_i(g_\varepsilon \circ u)$ 在 Ω 上分别逐点收敛于 $f_+ \circ u$ 和等式 (1.6.12) 右端的函数, 且对任意 $\varepsilon > 0$ 有

$$|g_\varepsilon(u(x))| = |g_\varepsilon(u(x)) - g_\varepsilon(0)| \leqslant \sup_{t\in\mathbf{R}^1} |g_\varepsilon'(t)||u(x)| \leqslant M|u(x)|, \quad \forall x \in \Omega,$$

$$|\partial_i g_\varepsilon(u(x))| = |g_\varepsilon'(u(x))||\partial_i u(x)| \leqslant M|\partial_i u(x)|, \quad \forall x \in \Omega, i = 1, 2, \cdots, n,$$

其中 $M = \sup\limits_{t\in\mathbf{R}^1\backslash\{0\}} |f'(t)|$, 所以当 $\varepsilon \to 0$ 时, $g_\varepsilon \circ u$ 和 $\partial_i(g_\varepsilon \circ u)$ 在 Ω 上分别弱收敛于 $f_+ \circ u$ 和等式 (1.6.12) 右端的函数. 这样根据定理 1.6.6 知 $f_+ \circ u \in W^1(\Omega)$, 且对每个 $1 \leqslant i \leqslant n$ 成立 (1.6.12) 式. 同理可证 $f_- \circ u \in W^1(\Omega)$ 且对每个 $1 \leqslant i \leqslant n$ 成立

$$\partial_i(f_- \circ u)(x) = \begin{cases} 0, & u(x) \geqslant 0, \\ f'(u(x))\partial_i u(x), & u(x) < 0. \end{cases} \tag{1.6.13}$$

由于 $f \circ u = f_+ \circ u + f_- \circ u$, 所以 $f \circ u \in W^1(\Omega)$, 并且由 (1.6.12) 和 (1.6.13) 知 (1.6.11) 成立. 定理证毕. □

对于定义在集合 Ω 上的函数 u, 其**正部** u^+ 和**负部** u^- 分别定义为 Ω 上的下列函数:

$$u^+(x) = \max\{u(x), 0\}, \quad u^-(x) = \max\{-u(x), 0\}, \quad \forall x \in \Omega. \tag{1.6.14}$$

显然成立下列关系式:

$$u = u^+ - u^-, \quad |u| = u^+ + u^-. \tag{1.6.15}$$

注意到函数 $t \mapsto \max\{t, 0\}$ 和 $t \mapsto \max\{-t, 0\}$ $(\forall t \in \mathbf{R}^1)$ 都满足定理 1.6.9 的条件, 所以应用这个定理得

推论 1.6.10 设 Ω 是 $\mathbf{R}^n$ 中的开集且 $u \in W^1(\Omega)$. 则 $u^+, u^-, |u| \in W^1(\Omega)$, 且对每个 $1 \leqslant i \leqslant n$ 成立

$$\partial_i u^+(x) = \begin{cases} \partial_i u(x), & u(x) > 0, \\ 0, & u(x) \leqslant 0; \end{cases}$$

$$\partial_i u^-(x) = \begin{cases} -\partial_i u(x), & u(x) < 0, \\ 0, & u(x) \geqslant 0; \end{cases}$$

$$\partial_i |u(x)| = \begin{cases} \partial_i u(x)\mathrm{sgn}u(x), & u(x) \neq 0, \\ 0, & u(x) = 0. \end{cases}$$

□

习 题 1.6

1. 证明符号函数 $\mathrm{sgn}x$ 在 $\mathbf{R}^1$ 中任何包含原点的开集上没有一阶弱导数.
2. 设 Ω 是 $\mathbf{R}^1$ 中的开集. 定义在 Ω 上的函数 u 如果在每个有界闭区间 $[a,b]\subseteq\Omega$ 上的限制都是该区间上的绝对连续函数, 则称 u 在 Ω 上**局部绝对连续**. 证明 $u\in W^1(\Omega)$ 的充要条件是 u 在 Ω 上局部绝对连续, 且当这个条件满足时, u 的一阶弱导数就是其几乎处处导数.
3. 设 Ω 是 $\mathbf{R}^n$ 中包含原点的开集, $\mu>0$, m 为正整数. 证明: 如果 $m+\mu<n$, 那么函数 $u(x)=|x|^{-\mu}$ 属于 $W^m(\Omega)$.
4. 设 Ω 是 $\mathbf{R}^n$ 中的开集, u 是 Ω 上的局部可积函数. 证明:

   (1) 如果对两个 n 重指标 α 和 β, 弱导数 $\partial^\alpha u$ 和 $\partial^\beta u$ 都存在, 那么只要三个弱导数 $\partial^\beta(\partial^\alpha u)$, $\partial^\alpha(\partial^\beta u)$ 和 $\partial^{\alpha+\beta}u$ 有一个存在, 则其余两个也都存在, 并且这三个弱导数全相等. 即弱导数与求导次序无关.

   (2) 如果对某个 n 重指标 α 而言, 对每点 $x_0\in\Omega$ 都存在 x_0 的邻域 $U\subseteq\Omega$, 使 u 在 U 上有 α 阶弱导数, 那么 u 在 Ω 上有 α 阶弱导数; 进一步如果对某个正整数 m 而言, 对每点 $x_0\in\Omega$ 都存在 x_0 的邻域 $U\subseteq\Omega$, 使 u 在 U 上 m 阶弱可微, 那么 u 就在 Ω 上 m 阶弱可微, 即有 α 阶弱导数和 m 阶弱可微都是局部性的概念.
5. 设 Ω 是 $\mathbf{R}^n$ 中的区域, u 是 Ω 上的局部可积函数. 证明: $u\in C^{1-0}_{\mathrm{loc}}(\Omega)$ (即 u 在 Ω 上局部 Lipschitz 连续) 的充要条件是 $u\in W^1(\Omega)$ 且 u 的一阶弱导数在 Ω 上局部有界.
6. 设 Ω 是 $\mathbf{R}^n$ 中的开集, m 为正整数. 又设 $u\in W^m(\Omega)$, $v\in C^m(\Omega)$. 证明对任意长度不超过 m 的 n 重指标 α 成立下列等式:

$$\partial^\alpha(uv)=\sum_{\beta\leqslant\alpha}\binom{\alpha}{\beta}\partial^\beta u\partial^{\alpha-\beta}v;$$

$$u\partial^\alpha v=\sum_{\beta\leqslant\alpha}(-1)^{|\beta|}\binom{\alpha}{\beta}\partial^{\alpha-\beta}(v\partial^\beta u).$$

7. 证明定理 1.6.4.

1.7 Sobolev 空间 $W^{m,p}(\Omega)$

有了以上两节的准备, 我们便可给出 Sobolev 空间 $W^{m,p}(\Omega)$ 的定义.

定义 1.7.1 设 Ω 是 $\mathbf{R}^n$ 中的开集. 对正整数 m 和 $1\leqslant p\leqslant\infty$, 令

$$W^{m,p}(\Omega)=\{u\in W^m(\Omega):\ \partial^\alpha u\in L^p(\Omega),\ \forall|\alpha|\leqslant m\},$$

并在其上定义范数如下:

$$\|u\|_{W^{m,p}(\Omega)}=\sum_{|\alpha|\leqslant m}\|\partial^\alpha u\|_{L^p(\Omega)},\quad \forall u\in W^{m,p}(\Omega),\tag{1.7.1}$$

则 $W^{m,p}(\Omega)$ 成为一个赋范线性空间, 称为 Ω 上的**Sobolev 空间**(Sobolev space).

定理 1.7.2 对任意开集 $\Omega \subseteq \mathbf{R}^n$、正整数 m 和 $1 \leqslant p \leqslant \infty$, $W^{m,p}(\Omega)$ 是 Banach 空间.

证 设 $\{u_k\}_{k=1}^{\infty}$ 是 $W^{m,p}(\Omega)$ 中的一个 Cauchy 序列. 则对每个 $|\alpha| \leqslant m$, $\{\partial^\alpha u_k\}_{k=1}^{\infty}$ 是 $L^p(\Omega)$ 中的 Cauchy 序列, 因此在 $L^p(\Omega)$ 中有极限. 记极限函数为 v_α, 并特别记 $\{u_k\}_{k=1}^{\infty}$ 的极限函数为 u, 即 $u = v_0$. 由于函数列在 $L^p(\Omega)$ 中的收敛性蕴涵着它在 Ω 上的弱收敛性, 所以由定理 1.6.6 知 $u \in W^m(\Omega)$, 且对每个 $|\alpha| \leqslant m$ 有 $\partial^\alpha u = v_\alpha$. 因此 $u \in W^{m,p}(\Omega)$, 且

$$\lim_{k\to\infty} \|u_k - u\|_{W^{m,p}(\Omega)} = \lim_{k\to\infty} \sum_{|\alpha|\leqslant m} \|\partial^\alpha u_k - v_\alpha\|_{L^p(\Omega)} = 0,$$

说明在 $W^{m,p}(\Omega)$ 中 u_k 收敛于 u. 这就证明了 $W^{m,p}(\Omega)$ 的完备性. □

在有些书籍和文献中, 也用一些其他符号表示 Sobolev 空间 $W^{m,p}(\Omega)$, 常见的有 $W_p^m(\Omega)$, $H^{m,p}(\Omega)$, $H_p^m(\Omega)$ 等. 另外, 当 $1 < p < \infty$ 时在 $W^{m,p}(\Omega)$ 上也常用以下等价范数:

$$\|u\|'_{W^{m,p}(\Omega)} = \Big(\sum_{|\alpha|\leqslant m} \|\partial^\alpha u\|_{L^p(\Omega)}^p \Big)^{\frac{1}{p}}, \quad \forall u \in W^{m,p}(\Omega). \tag{1.7.2}$$

当 $p = 2$ 时的 Sobolev 空间 $W^{m,2}(\Omega)$ 有特别的重要性, 这是因为 $W^{m,2}(\Omega)$ 有内积

$$(u,v)_{W^{m,2}(\Omega)} = \sum_{|\alpha|\leqslant m} \int_\Omega \partial^\alpha u(x) \partial^\alpha v(x) \mathrm{d}x, \quad \forall u, v \in W^{m,2}(\Omega). \tag{1.7.3}$$

由于这个内积确定的范数恰是 $\|\cdot\|'_{W^{m,2}(\Omega)}$, 所以 $W^{m,2}(\Omega)$ 按此内积构成 Hilbert 空间. 因为这个原因, 一般用特别的符号 $H^m(\Omega)$ 表示 $W^{m,2}(\Omega)$, 即

$$H^m(\Omega) = W^{m,2}(\Omega).$$

定理 1.7.3 对任意开集 $\Omega \subseteq \mathbf{R}^n$ 和正整数 m, 成立以下结论:

(1) 当 $1 \leqslant p < \infty$ 时 $W^{m,p}(\Omega)$ 是可分空间;

(2) 当 $1 < p < \infty$ 时 $W^{m,p}(\Omega)$ 是自反空间.

证 用 N 表示所有满足条件 $|\alpha| \leqslant m$ 的 n 重指标 α 的个数, 并令 $[L^p(\Omega)]^N$ 为 N 个 $L^p(\Omega)$ 的笛卡儿积 (Cartesian product), 即

$$[L^p(\Omega)]^N = L^p(\Omega) \times L^p(\Omega) \times \cdots \times L^p(\Omega) \quad (\text{共 } N \text{ 个}),$$

则易知 $[L^p(\Omega)]^N$ 是 Banach 空间, 且当 $1 \leqslant p < \infty$ 时 $[L^p(\Omega)]^N$ 是可分空间, 当 $1 < p < \infty$ 时 $[L^p(\Omega)]^N$ 是自反空间. 把所有满足条件 $|\alpha| \leqslant m$ 的 n 重指标 α 随意

排定一个次序, 设排序后它们是 $\alpha^1, \alpha^2, \cdots, \alpha^N$. 定义映射 $J: W^{m,p}(\Omega) \to [L^p(\Omega)]^N$ 如下:

$$Ju = (\partial^{\alpha^1} u, \partial^{\alpha^2} u, \cdots, \partial^{\alpha^N} u), \quad \forall u \in W^{m,p}(\Omega).$$

易见 J 是单射且存在常数 $C_1 > 0$ 和 $C_2 > 0$ 使成立

$$C_1\|u\|_{W^{m,p}(\Omega)} \leqslant \|Ju\|_{[L^p(\Omega)]^N} \leqslant C_2\|u\|_{W^{m,p}(\Omega)}, \quad \forall u \in W^{m,p}(\Omega).$$

从上述不等式可知, 可在 $W^{m,p}(\Omega)$ 上定义一个等价范数 $\|u\|''_{W^{m,p}(\Omega)} = \|Ju\|_{[L^p(\Omega)]^N}$. 显然按此等价范数, 映射 J 是 $W^{m,p}(\Omega)$ 到 $JW^{m,p}(\Omega) \subseteq [L^p(\Omega)]^N$ 上的等距同构. 因此由定理 1.7.2 知 $JW^{m,p}(\Omega)$ 是 $[L^p(\Omega)]^N$ 的闭子空间. 这样一来, 当 $1 \leqslant p < \infty$ 时 $JW^{m,p}(\Omega)$ 是可分的 (可分空间的子空间是可分空间), 当 $1 < p < \infty$ 时 $JW^{m,p}(\Omega)$ 是自反的 (自反空间的闭子空间是自反空间 ——Pettis 定理). 由于 $W^{m,p}(\Omega)$ 按等价范数 $\|\cdot\|''_{W^{m,p}(\Omega)}$ 与 $JW^{m,p}(\Omega)$ 等距同构, 所以由此推知当 $1 \leqslant p < \infty$ 时 $W^{m,p}(\Omega)$ 是可分空间, 当 $1 < p < \infty$ 时 $W^{m,p}(\Omega)$ 是自反空间. 证毕. □

定理 1.7.4 设 Ω_1 和 Ω_2 是 $\mathbf{R}^n$ 中的两个有界开集, Ψ 是 Ω_1 到 Ω_2 的 C^m 类变换, 其中 $m \in \mathbf{N}$. 又设 $1 \leqslant p \leqslant \infty$, $u \in W^{m,p}(\Omega_1)$, $v \in W^{m,p}(\Omega_2)$, 则 $u \circ \Psi^{-1} \in W^{m,p}(\Omega_2)$, $v \circ \Psi \in W^{m,p}(\Omega_1)$, 且存在仅与 Ψ 和 m, p 有关的常数 $C_1 > 0$ 和 $C_2 > 0$ 使成立

$$C_1\|u\|_{W^{m,p}(\Omega_1)} \leqslant \|u \circ \Psi^{-1}\|_{W^{m,p}(\Omega_2)} \leqslant C_2\|u\|_{W^{m,p}(\Omega_1)}, \tag{1.7.4}$$

$$C_2^{-1}\|v\|_{W^{m,p}(\Omega_2)} \leqslant \|v \circ \Psi\|_{W^{m,p}(\Omega_1)} \leqslant C_1^{-1}\|v\|_{W^{m,p}(\Omega_2)}. \tag{1.7.5}$$

这个定理可应用定理 1.6.4 证明. 我们把它留给读者. □

从推论 1.5.12 可以知道, 当 $1 \leqslant p < \infty$ 时 $C_0^\infty(\Omega)$ 在 $L^p(\Omega)$ 中稠密. 然而只要 $m \geqslant 1$, 对于很多开集 $\Omega \subseteq \mathbf{R}^n$ 而言, 特别是对有界开集, $C_0^\infty(\Omega)$ 不在 $W^{m,p}(\Omega)$ 中稠密. 事实上, 当 Ω 是有界开集时, 假如一个函数 $u \in W^{m,p}(\Omega)$ 可被 $C_0^\infty(\Omega)$ 中的一列函数按 $W^{m,p}(\Omega)$ 范数逼近, 那么通过取极限的方法即知对这个函数 u 应成立下述分部积分公式:

$$(-1)^{|\alpha|}\int_\Omega u(x)\partial^\alpha\varphi(x)\mathrm{d}x = \int_\Omega \partial^\alpha u(x)\varphi(x)\mathrm{d}x, \quad \forall\varphi \in C^m(\overline{\Omega}), \ \forall|\alpha| \leqslant m.$$

很显然, 这个公式对于常值函数 u 和 $|\alpha| > 0$ 是不成立的. 但是当 Ω 是有界开集时, 所有的常值函数都属于 $W^{m,p}(\Omega)$. 这说明至少对有界开集 Ω 而言, $C_0^\infty(\Omega)$ 不可能在 $W^{m,p}(\Omega)$ 中稠密. 由于这个原因, 引进以下定义:

定义 1.7.5 设 Ω 是 $\mathbf{R}^n$ 中的开集, m 为正整数, $1 \leqslant p < \infty$. 用符号 $W_0^{m,p}(\Omega)$表示 $C_0^\infty(\Omega)$ 在 $W^{m,p}(\Omega)$ 中闭包.

显然 $W_0^{m,p}(\Omega)$ 是 $W^{m,p}(\Omega)$ 的闭子空间, 因而按 $W^{m,p}(\Omega)$ 的范数构成一个独立的 Banach 空间. 不难看出, $W^{m,p}(\Omega)$ 中所有具有紧支集的函数都属于 $W_0^{m,p}(\Omega)$, 特

别地 $C_0^m(\Omega)\subseteq W_0^{m,p}(\Omega)$, $\forall p\in[1,\infty)$. 另外当 Ω 是有界开集时, $C_0^m(\overline{\Omega})\subseteq W_0^{m,p}(\Omega)$, $\forall p\in[1,\infty)$.

定理 1.7.6 设 Ω 是 $\mathbf{R}^n$ 中的开集, m 为正整数, $1\leqslant p<\infty$, p' 为 p 的对偶数, 则成立以下结论:

(1) 对任意 $u\in W_0^{m,p}(\Omega)$ 和任意 $v\in W^{m,p'}(\Omega)$ 成立下述**分部积分公式**:

$$(-1)^{|\alpha|}\int_\Omega u(x)\partial^\alpha v(x)\mathrm{d}x=\int_\Omega \partial^\alpha u(x)v(x)\mathrm{d}x,\quad \forall|\alpha|\leqslant m; \tag{1.7.6}$$

(2) 对任意 $u\in W_0^{m,p}(\Omega)$ 和其磨光函数 u_ε $(\varepsilon>0)$ 成立下列关系式:

$$\|u_\varepsilon\|_{W^{m,p}(\Omega)}\leqslant\|u\|_{W^{m,p}(\Omega)},\quad \forall\varepsilon>0, \tag{1.7.7}$$

$$\lim_{\varepsilon\to0}\|u_\varepsilon-u\|_{W^{m,p}(\Omega)}=0. \tag{1.7.8}$$

证 (1) 取函数列 $u_k\in C_0^\infty(\Omega)$ $(k=1,2,\cdots)$ 使 $\lim\limits_{k\to\infty}\|u_k-u\|_{W^{m,p}(\Omega)}=0$, 则对任意 $v\in W^{m,p'}(\Omega)\subseteq W^m(\Omega)$, 根据弱导数的定义知对任意 $|\alpha|\leqslant m$ 有

$$(-1)^{|\alpha|}\int_\Omega u_k(x)\partial^\alpha v(x)\mathrm{d}x=\int_\Omega \partial^\alpha u_k(x)v(x)\mathrm{d}x,\quad k=1,2,\cdots. \tag{1.7.9}$$

由于

$$\|u_k\partial^\alpha v-u\partial^\alpha v\|_{L^1(\Omega)}\leqslant\|u_k-u\|_{W^{m,p}(\Omega)}\|v\|_{W^{m,p'}(\Omega)}\to0,\quad k\to\infty,$$

$$\|\partial^\alpha u_k\cdot v-\partial^\alpha u\cdot v\|_{L^1(\Omega)}\leqslant\|u_k-u\|_{W^{m,p}(\Omega)}\|v\|_{W^{m,p'}(\Omega)}\to0,\quad k\to\infty,$$

所以在 (1.7.9) 中令 $k\to\infty$ 取极限就得到了 (1.7.6).

(2) 应用结论 (1) 可知当 $u\in W_0^{m,p}(\Omega)$ 时, 对任意 $|\alpha|\leqslant m$ 都成立 $\partial^\alpha(u_\varepsilon)=(\partial^\alpha u)_\varepsilon$, $\forall\varepsilon>0$. 这样应用定理 1.5.11 即得结论 (2). 证毕. □

下一个定理具有重要的理论意义.

定理 1.7.7 设 m 为正整数, $1\leqslant p<\infty$. 则 $W_0^{m,p}(\mathbf{R}^n)=W^{m,p}(\mathbf{R}^n)$, 即 $C_0^\infty(\mathbf{R}^n)$ 在 $W^{m,p}(\mathbf{R}^n)$ 中稠密.

证 只需证明: 对任意函数 $u\in W^{m,p}(\mathbf{R}^n)$ 和任意给定的 $\delta>0$, 存在相应的 $v\in C_0^\infty(\mathbf{R}^n)$ 使成立

$$\|u-v\|_{W^{m,p}(\mathbf{R}^n)}<\delta. \tag{1.7.10}$$

取定 $\varphi\in C_0^\infty(\mathbf{R}^n)$ 使当 $|x|\leqslant1$ 时 $\varphi(x)=1$, 而当 $|x|\geqslant2$ 时 $\varphi(x)=0$. 再对给定的 $u\in W^{m,p}(\mathbf{R}^n)$ 令 $u_k(x)=\varphi(x/k)u(x)$, $k=1,2,\cdots$. 则显然 $u_k\in W^{m,p}(\mathbf{R}^n)$ 并具

有紧支集, $k=1,2,\cdots$. 对任意 $R>0$, 用 B_R 表示 $\mathbf{R}^n$ 中以 R 为半径、以原点为中心的开球. 则有

$$\begin{aligned}\|u_k-u\|_{W^{m,p}(\mathbf{R}^n)}&=\|\varphi(x/k)u-u\|_{W^{m,p}(\mathbf{R}^n)}=\|\varphi(x/k)u-u\|_{W^{m,p}(\mathbf{R}^n\setminus B_k)}\\&\leqslant C\|u\|_{W^{m,p}(\mathbf{R}^n\setminus B_k)},\quad k=1,2,\cdots,\end{aligned}$$

其中 C 是一个与 k 及 u 无关的常数. 由此知

$$\lim_{k\to\infty}\|u_k-u\|_{W^{m,p}(\mathbf{R}^n)}=0.$$

另一方面, 对每个正整数 k 令 $u_{k,\varepsilon}$ $(\varepsilon>0)$ 表示 u_k 的磨光函数, 则易见 $u_{k,\varepsilon}\in C_0^\infty(\mathbf{R}^n)$, 并且由定理 1.7.6 可知

$$\lim_{\varepsilon\to 0}\|u_{k,\varepsilon}-u_k\|_{W^{m,p}(\mathbf{R}^n)}=0.$$

于是, 对任意给定的 $\delta>0$, 只要先取正整数 k 充分大使得 $\|u_k-u\|_{W^{m,p}(\mathbf{R}^n)}<\delta/2$, 再对此 k 取 $\varepsilon>0$ 充分小使得 $\|u_{k,\varepsilon}-u_k\|_{W^{m,p}(\mathbf{R}^n)}<\delta/2$, 然后令 $v=u_{k,\varepsilon}$, 那么不等式 (1.7.10) 便成立. 定理得证. □

下面陈述一个重要定理, 它的证明由于比较冗长, 这里从略.

对于 $\mathbf{R}^n$ 中的开集 Ω, 我们称它具有**一致Lipschitz连续的边界**, 如果存在其边界 $\partial\Omega$ 的一个至多可数的开覆盖 $\{U_j\}=\{U_j\}_{j=1}^l$ (l 为正整数) 或 $\{U_j\}=\{U_j\}_{j=1}^\infty$ 满足以下三个条件:

(i) 存在正整数 N 使 $\{U_j\}$ 中任意 $N+1$ 个开集的交都是空集;

(ii) 存在常数 $\delta>0$ 使对任意 $x\in\partial\Omega$, 有某个 j 使得 $B_\delta(x)\subseteq U_j$;

(iii) 对每个 j 存在相应的定义于 $\mathbf{R}^{n-1}$ 上的**Lipschitz**连续函数 f_j, 使在 $\mathbf{R}^n$ 的一个适当的新坐标系 $(x_1^j,x_2^j,\cdots,x_n^j)$ 下, $\Omega\cap U_j$ 可表示成

$$\Omega\cap U_j=\{(x_1^j,x_2^j,\cdots,x_n^j)\in\Omega:\ x_n^j>f_j(x_1^j,x_2^j,\cdots,x_{n-1}^j)\},$$

并且存在常数 $C>0$ 使对每个 j 都成立

$$|f_j(\xi)-f_j(\eta)|\leqslant C|\xi-\eta|,\quad \forall\xi,\eta\in\mathbf{R}^{n-1},$$

即 $\{f_j\}$ $(=\{f_j\}_{j=1}^l$ 或 $\{f_j\}_{j=1}^\infty)$ 中的所有函数在 $\mathbf{R}^{n-1}$ 上一致地一致 Lipschitz 连续.

容易看出, 当 Ω 是有界开集时, 它具有一致 Lipschitz 连续的边界等价于它具有 Lipschitz 连续的边界, 即 "一致" 一词仅是对无界开集加的.

定理 1.7.8 (延拓定理) 设 Ω 是 $\mathbf{R}^n$ 中具有一致 Lipschitz 连续边界的开集, 则存在线性算子 E, 它把 Ω 上的函数映射成 $\mathbf{R}^n$ 上的函数, 具有以下性质:

(i) 对 Ω 上的每个函数 u, Eu 是 u 在 $\mathbf{R}^n$ 上的延拓, 即 $Eu|_\Omega = u$;

(ii) 对每个非负整数 m 存在常数 $C(n,m,\Omega) > 0$ 使对任意 $1 \leqslant p < \infty$ 成立

$$\|Eu\|_{W^{m,p}(\mathbf{R}^n)} \leqslant C(n,m,\Omega)\|u\|_{W^{m,p}(\Omega)}, \quad \forall u \in W^{m,p}(\Omega).$$

这个定理的证明见文献 [110] 第六章定理 5. 以后将把使上述定理的结论成立的开集 $\Omega \subseteq \mathbf{R}^n$ 叫做**可延拓开集**. 于是上述定理可改述成: 具有一致 Lipschitz 连续边界的开集是可延拓开集. 算子 E 叫做**延拓算子**.

在许多应用问题中, 开集 Ω 具有一定的光滑性. 在这种情况下, 把 $W^{m,p}(\Omega)$ 中的函数延拓成 $W^{m,p}(\mathbf{R}^n)$ 中函数的问题可以用以下证明比较简单的定理来实现:

定理 1.7.9 (延拓定理)　设 Ω 是 $\mathbf{R}^n$ 中的有界开集, 其边界属于 C^m 类, 其中 m 是正整数. 则存在线性算子 E_m, 它把 Ω 上的函数映射成 $\mathbf{R}^n$ 上的函数, 具有以下性质:

(i) 对 Ω 上的每个函数 u, $E_m u$ 是 u 在 $\mathbf{R}^n$ 上的延拓, 即 $E_m u|_\Omega = u$;

(ii) 对任意 $1 \leqslant p < \infty$ 都存在相应的常数 $C(n,m,p,\Omega) > 0$ 使成立

$$\|E_m u\|_{W^{m,p}(\mathbf{R}^n)} \leqslant C(n,m,p,\Omega)\|u\|_{W^{m,p}(\Omega)}, \quad \forall u \in W^{m,p}(\Omega).$$

证　定理 1.4.5 的证明中作出的延拓算子 E_m 即满足这里的所有要求. □

定理 1.7.10　设 Ω 是 $\mathbf{R}^n$ 中的可延拓开集, 则对任意正整数 m 和每个 $1 \leqslant p < \infty$, 全体 $C_0^\infty(\mathbf{R}^n)$ 中的函数在 Ω 上的限制在 $W^{m,p}(\Omega)$ 中稠密.

证　令 $E: W^{m,p}(\Omega) \to W^{m,p}(\mathbf{R}^n)$ 为延拓算子. 对任意 $u \in W^{m,p}(\Omega)$ 和任意 $\delta > 0$, 根据定理 1.7.7 知存在 $v \in C_0^\infty(\mathbf{R}^n)$ 使

$$\|Eu - v\|_{W^{m,p}(\mathbf{R}^n)} < \delta.$$

令 $w = v|_\Omega$, 则由以上不等式得

$$\|u - w\|_{W^{m,p}(\Omega)} = \|Eu - v\|_{W^{m,p}(\Omega)} \leqslant \|Eu - v\|_{W^{m,p}(\mathbf{R}^n)} < \delta.$$

因此全体 $C_0^\infty(\mathbf{R}^n)$ 中的函数在 Ω 上的限制在 $W^{m,p}(\Omega)$ 中稠密. 证毕. □

习　题　1.7

1. 证明定理 1.7.4.
2. 设 Ω 是 $\mathbf{R}^n$ 中的开集, m 为正整数, $1 \leqslant p < \infty$.

(1) 证明如果 u 是 $W^{m,p}(\Omega)$ 中具有紧支集的函数, 那么其磨光函数 u_ε 当 $\varepsilon \to 0$ 时按 $W^{m,p}(\Omega)$ 范数收敛于 u, 进而 $u \in W_0^{m,p}(\Omega)$.

(2) 证明 $C_0^m(\overline{\Omega}) \subseteq W_0^{m,p}(\Omega)$.

3. 设 Ω 是 $\mathbf{R}^n$ 中的开集, m 为正整数, $1 \leqslant p < \infty$. 又设 $u \in W^{m,p}(\Omega)$. 令 u_ε $(\varepsilon > 0)$ 为 u 的磨光函数. 证明对任意开集 $U \subset\subset \Omega$ 成立下列关系式:

$$\|u_\varepsilon\|_{W^{m,p}(U)} \leqslant \|u\|_{W^{m,p}(\Omega)}, \quad \forall 0 < \varepsilon < d(U, \partial\Omega);$$

$$\lim_{\varepsilon \to 0} \|u_\varepsilon - u\|_{W^{m,p}(U)} = 0.$$

4. 设 Ω 是 $\mathbf{R}^n$ 中的开集, m 为正整数, $1 < p \leqslant \infty$. 又设 $\{u_k\}_{k=1}^\infty$ 是 $W^{m,p}(\Omega)$ 中的有界序列. 证明存在子列 $\{u_{k_j}\}_{j=1}^\infty$ 和函数 $u \in W^{m,p}(\Omega)$, 使对每个 $|\alpha| \leqslant m$, $\{\partial^\alpha u_{k_j}\}_{j=1}^\infty$ 在 $L^p(\Omega)$ 中弱收敛于 $\partial^\alpha u$ (当 $1 < p < \infty$) 或在 $L^\infty(\Omega)$ 中 * 弱收敛于 $\partial^\alpha u$ (当 $p = \infty$).
5. 设 m 为正整数, $1 \leqslant p < \infty$. 证明如果 $W^{m,p}(\mathbf{R}^n)$ 中的非空集合 Σ 满足以下三个条件, 那么 Σ 是 $W^{m,p}(\mathbf{R}^n)$ 中的相对紧集:

(i) Σ 是 $W^{m,p}(\mathbf{R}^n)$ 中的有界集;

(ii) 对任意 $\varepsilon > 0$ 存在相应的 $\delta > 0$, 使对任意 $y \in \mathbf{R}^n$, 只要 $|y| < \delta$ 便成立

$$\|u(\cdot + y) - u\|_{W^{m,p}(\mathbf{R}^n)} < \varepsilon, \quad \forall u \in \Sigma;$$

(iii) 对任意 $\varepsilon > 0$ 存在相应的 $R > 0$, 使成立

$$\|u\|_{W^{m,p}(\mathbf{R}^n \setminus B_R)} < \varepsilon, \quad \forall u \in \Sigma.$$

6. 设 Ω 是 $\mathbf{R}^n$ 中的开集, m 为正整数, $1 \leqslant p < \infty$, p' 为 p 的对偶数. 用 $W^{-m,p'}(\Omega)$ 表示 $W_0^{m,p}(\Omega)$ 的对偶空间, 即 $W^{-m,p'}(\Omega) = [W_0^{m,p}(\Omega)]'$. 证明: $W_0^{m,p}(\Omega)$ 上的线性泛函 f 属于 $W^{-m,p'}(\Omega)$ 的充要条件是存在一组函数 $\{v_\alpha : |\alpha| \leqslant m\} \subseteq L^{p'}(\Omega)$ 使成立

$$f(\varphi) = \int_\Omega v_\alpha(x) \partial^\alpha \varphi(x) \mathrm{d}x, \quad \forall \varphi \in C_0^\infty(\Omega).$$

1.8 Sobolev 嵌入定理

Sobolev 空间理论的核心部分是三个嵌入定理: Sobolev 嵌入定理、Morrey 嵌入定理和 Kondrachov–Rellich 嵌入定理. 这三个嵌入定理揭示了不同的 Sobolev 空间之间以及 Sobolev 空间与 Hölder 空间之间的一些不十分明显的包含关系和范数大小的比较关系. 从这三个嵌入定理出发可导出一系列其他的重要结论. 本节建立第一个嵌入定理. 后两个嵌入定理将在 1.9 节和 1.10 节分别给出.

在作正式的讨论之前我们建议读者注意这样一件事: 本节及以后各节所建立的每个定理, 或者本身是一个不等式, 或者和一个不等式紧密相关. 所有这些不等式以及从它们导出的各种各样的其他不等式, 都在偏微分方程各个方面的研究中有广泛的应用, 是偏微分方程研究的现代方法 —— 估计方法的基石. 因此, 读者在学习时要对这些不等式给予充分的重视.

定理 1.8.1 设 $1 \leqslant p \leqslant q \leqslant \infty$ 且 $\frac{1}{p}-\frac{1}{q}<\frac{1}{n}$, 则对任意有界开集 $\Omega \subseteq \mathbf{R}^n$ 有 $W_0^{1,p}(\Omega) \subseteq L^q(\Omega)$, 且成立不等式

$$\|u\|_{L^q(\Omega)} \leqslant C_1(n,p,q)|\Omega|^{\frac{1}{n}-\frac{1}{p}+\frac{1}{q}}\|\nabla u\|_{L^p(\Omega)}, \quad \forall u \in W_0^{1,p}(\Omega), \tag{1.8.1}$$

其中 $C_1(n,p,q)=\omega_n^{-\frac{1}{n}}\left[\left(1-\frac{1}{p}+\frac{1}{q}\right)\Big/ n\left(\frac{1}{n}-\frac{1}{p}+\frac{1}{q}\right)\right]^{1-\frac{1}{p}+\frac{1}{q}}$, ω_n 表示 n 维单位球的体积 (见 1.1 节). 这里及以后总记

$$\nabla u=\partial u=(\partial_1 u, \partial_2 u, \cdots, \partial_n u), \quad \|\nabla u\|_{L^p(\Omega)}=\||\nabla u|\|_{L^p(\Omega)}.$$

证 只需证明对任意 $u \in C_0^1(\Omega)$ 都成立不等式 (1.8.1), 因为由此通过取极限便可得到这个不等式对任意 $u \in W_0^{1,p}(\Omega)$ 也都成立, 并进而得到包含关系 $W_0^{1,p}(\Omega) \subseteq L^q(\Omega)$.

当 $u \in C_0^1(\Omega)$ 时, 把 u 零延拓到 $\mathbf{R}^n$ 上便得到 $u \in C_0^1(\mathbf{R}^n)$, 这样对任意满足 $|\omega|=1$ 的 $\omega \in \mathbf{R}^n$ 有

$$u(x)=-\int_0^{\infty} \frac{\mathrm{d}}{\mathrm{d}t} u(x+t\omega)\mathrm{d}t, \quad \forall x \in \mathbf{R}^n.$$

关于 ω 在单位球面上积分, 注意到 $\int_{|\omega|=1} \mathrm{d}\omega=n\omega_n$, 就得到

$$\begin{aligned}
|u(x)| & \leqslant \frac{1}{n\omega_n} \int_{|\omega|=1} \int_0^{\infty}\left|\frac{\mathrm{d}}{\mathrm{d}t} u(x+t\omega)\right| t^{-(n-1)} \cdot t^{n-1} \mathrm{d}t \mathrm{d}\omega \\
& \leqslant \frac{1}{n\omega_n} \int_{\mathbf{R}^n}|\nabla u(y)||x-y|^{-(n-1)} \mathrm{d}y \\
& =\frac{1}{n\omega_n} \int_{\Omega}|\nabla u(y)||x-y|^{-(n-1)} \mathrm{d}y, \quad \forall x \in \Omega.
\end{aligned}$$

记 $\mu=\frac{1}{p}-\frac{1}{q}$, $r=\frac{1}{1-\mu}$. 由所设条件知 $0 \leqslant \mu<\frac{1}{n}$, 进而 $0<r \leqslant 1$. 注意到

$$|\nabla u(y)||x-y|^{-(n-1)}=\left[|\nabla u(y)|^p|x-y|^{-(n-1)r}\right]^{\frac{1}{q}} \cdot|\nabla u(y)|^{\mu p} \cdot|x-y|^{-(1-\frac{1}{p})(n-1)r},$$

以及 $\frac{1}{q}+\mu+\left(1-\frac{1}{p}\right)=1$, 应用推广的 Hölder 不等式得

$$\begin{aligned}
|u(x)| \leqslant & \frac{1}{n\omega_n}\left[\int_{\Omega}|\nabla u(y)|^p|x-y|^{-(n-1)r} \mathrm{d}y\right]^{\frac{1}{q}} \cdot\left[\int_{\Omega}|\nabla u(y)|^p \mathrm{d}y\right]^{\mu} \\
& \cdot\left[\int_{\Omega}|x-y|^{-(n-1)r} \mathrm{d}y\right]^{1-\frac{1}{p}} \\
\leqslant & \frac{1}{n\omega_n}\left[C_0(n,p,q,\Omega)\right]^{1-\frac{1}{p}}\|\nabla u\|_{L^p(\Omega)}^{\mu p}\left[\int_{\Omega}|\nabla u(y)|^p|x-y|^{-(n-1)r} \mathrm{d}y\right]^{\frac{1}{q}}, \quad \forall x \in \Omega,
\end{aligned}$$

其中 $C_0(n,p,q,\Omega)=\sup\limits_{x\in\Omega}\int_\Omega |x-y|^{-(n-1)r}\mathrm{d}y$. 因此

$$\begin{aligned}
\|u\|_{L^q(\Omega)} &\leqslant \frac{1}{n\omega_n}[C_0(n,p,q,\Omega)]^{1-\frac{1}{p}}\|\nabla u\|_{L^p(\Omega)}^{\mu p}\Big[\int_\Omega\int_\Omega |\nabla u(y)|^p|x-y|^{-(n-1)r}\mathrm{d}y\mathrm{d}x\Big]^{\frac{1}{q}}\\
&\leqslant \frac{1}{n\omega_n}[C_0(n,p,q,\Omega)]^{1-\frac{1}{p}}\|\nabla u\|_{L^p(\Omega)}^{\mu p}\cdot[C_0(n,p,q,\Omega)]^{\frac{1}{q}}\|\nabla u\|_{L^p(\Omega)}^{\frac{p}{q}}\\
&= \frac{1}{n\omega_n}[C_0(n,p,q,\Omega)]^{1-\frac{1}{p}+\frac{1}{q}}\|\nabla u\|_{L^p(\Omega)}.
\end{aligned}\tag{1.8.2}$$

这里用到 $\mu p+\dfrac{p}{q}=1$. 选取 $R>0$ 使得 $|\Omega|=\mathrm{meas}B_R=\omega_nR^n$, 则对任意 $x\in\Omega$ 有

$$\begin{aligned}
\int_\Omega |x-y|^{-(n-1)r}\mathrm{d}y &\leqslant \int_{B_R(x)}|x-y|^{-(n-1)r}\mathrm{d}y\\
&= n\omega_n\int_0^R \rho^{-(n-1)r+n-1}\mathrm{d}\rho=\frac{n\omega_nR^{n-(n-1)r}}{n-(n-1)r}.
\end{aligned}$$

把 $R=\omega_n^{-\frac{1}{n}}|\Omega|^{\frac{1}{n}}$ 代入, 得

$$C_0(n,p,q,\Omega)=\sup_{x\in\Omega}\int_\Omega |x-y|^{-(n-1)r}\mathrm{d}y\leqslant\frac{n\omega_n^{\frac{n-1}{n}r}|\Omega|^{1-\frac{n-1}{n}r}}{n-(n-1)r}.$$

注意到 $r=\dfrac{1}{1-\mu}=1\Big/\Big(1-\dfrac{1}{p}+\dfrac{1}{q}\Big)$, 便从 (1.8.2) 得到了 (1.8.1). 证毕. □

把定理 1.8.1 应用于 $q=p$ 的特殊情况, 就得到了下面的著名不等式:

推论 1.8.2 (Poincaré不等式) **对任意 $1\leqslant p<\infty$ 和有界开集 $\Omega\subseteq\mathbf{R}^n$ 成立不等式**

$$\|u\|_{L^p(\Omega)}\leqslant\omega_n^{-\frac{1}{n}}|\Omega|^{\frac{1}{n}}\|\nabla u\|_{L^p(\Omega)},\quad\forall u\in W_0^{1,p}(\Omega).\tag{1.8.3}$$

□

而把定理 1.8.1 应用于 $q=\infty$ 的特殊情况, 则得到下面的不等式:

推论 1.8.3 **设 $p>n$, 则对任意有界开集 $\Omega\subseteq\mathbf{R}^n$ 有 $W_0^{1,p}(\Omega)\subsetneq C(\overline{\Omega})$, 且成立不等式**

$$\sup_{x\in\Omega}|u(x)|\leqslant C_2(n.p)|\Omega|^{\frac{1}{n}-\frac{1}{p}}\|\nabla u\|_{L^p(\Omega)},\quad\forall u\in W_0^{1,p}(\Omega),\tag{1.8.4}$$

其中 $C_2(n,p)=\omega_n^{-\frac{1}{n}}[(p-1)/(p-n)]^{1-\frac{1}{p}}$.

证 不等式 (1.8.4) 可直接从 (1.8.2) 得到. 结论 $W_0^{1,p}(\Omega)\subseteq C(\overline{\Omega})$ 是这样得到的: 由于 $W_0^{1,p}(\Omega)$ 中的每个函数都是 $C_0^\infty(\Omega)$ 中函数列按 $W^{1,p}(\Omega)$ 范数的极限, 根据不等式 (1.8.4) 可知它们也是 $C_0^\infty(\Omega)$ 中函数列的一致收敛极限, 因而都在 Ω 上一致连续. □

后面将把结论 $W_0^{1,p}(\Omega) \subseteq C(\overline{\Omega})$ $(p > n)$ 推广到 $W^{1,p}(\Omega)$ $(p > n)$ 并且 Ω 可以无界的情形.

定理 1.8.4 设 $1 \leqslant p < n$, 则对任意开集 $\Omega \subseteq \mathbf{R}^n$ (Ω 可以无界) 有 $W_0^{1,p}(\Omega) \subseteq L^{p^*}(\Omega)$, 其中 $p^* = np/(n-p)$ $\left(\text{即}\,\dfrac{1}{p} - \dfrac{1}{p^*} = \dfrac{1}{n}\right)$, 且成立不等式

$$\|u\|_{L^{p^*}(\Omega)} \leqslant C_3(n,p)\|\nabla u\|_{L^p(\Omega)}, \quad \forall u \in W_0^{1,p}(\Omega), \tag{1.8.5}$$

其中 $C_3(n,p) = (n-1)p/(n-p)$.

证 先考虑 $p = 1$ 的情形. 这时 $p^* = n/(n-1)$. 对任意 $u \in C_0^1(\Omega)$, 把它看作 $C_0^1(\mathbf{R}^n)$ 中的函数, 则对每个 $1 \leqslant i \leqslant n$ 有

$$|u(x)| \leqslant \int_{-\infty}^{x_i} |\partial_i u(x)|\mathrm{d}x_i \leqslant \int_{-\infty}^{\infty} |\partial_i u(x)|\mathrm{d}x_i, \quad \forall x \in \mathbf{R}^n,$$

进而

$$|u(x)|^{\frac{n}{n-1}} \leqslant \prod_{i=1}^{n}\Big(\int_{-\infty}^{\infty} |\partial_i u(x)|\mathrm{d}x_i\Big)^{\frac{1}{n-1}}, \quad \forall x \in \mathbf{R}^n.$$

逐次对这个不等式的两端关于每个变元 $x_1, x_2, \cdots, x_n$ 积分, 并在每次积分后应用推广的 Hölder 不等式 (1.5.5) (在其中取 $q = 1, m = n{-}1, p_1 = p_2 = \cdots = p_m = n{-}1$), 便得到

$$\int_{\mathbf{R}^n} |u(x)|^{\frac{n}{n-1}}\mathrm{d}x \leqslant \Big(\prod_{i=1}^{n}\int_{\mathbf{R}^n} |\partial_i u(x)|\mathrm{d}x\Big)^{\frac{1}{n-1}},$$

进而

$$\|u\|_{L^{\frac{n}{n-1}}(\mathbf{R}^n)} \leqslant \Big(\prod_{i=1}^{n}\int_{\mathbf{R}^n} |\partial_i u(x)|\mathrm{d}x\Big)^{\frac{1}{n}} \leqslant \|\nabla u\|_{L^1(\mathbf{R}^n)}.$$

再考虑 $1 < p < n$ 的情形. 这时令 $r = (n-1)p/(n-p)$. 则 $r > 1$. 对任意 $u \in C_0^1(\Omega)$, 由 $r > 1$ 知 $|u|^r \in C_0^1(\Omega)$, 所以应用前面已证明的结论得

$$\||u|^r\|_{L^{\frac{n}{n-1}}(\mathbf{R}^n)} \leqslant r\||u|^{r-1}(\mathrm{sgn}u)\nabla u\|_{L^1(\mathbf{R}^n)} \leqslant r\||u|^{r-1}\|_{L^{p'}(\mathbf{R}^n)}\cdot\|\nabla u\|_{L^p(\mathbf{R}^n)}. \tag{1.8.6}$$

注意到

$$\||u|^r\|_{L^{\frac{n}{n-1}}(\mathbf{R}^n)} = \|u\|_{L^{p^*}(\mathbf{R}^n)}^{(n-1)p/(n-p)}, \quad \||u|^{r-1}\|_{L^{p'}(\mathbf{R}^n)} = \|u\|_{L^{p^*}(\mathbf{R}^n)}^{n(p-1)/(n-p)},$$

所以由 (1.8.6) 即得 (1.8.5). 证毕. □

以上两个定理说明, 在关于 p 和 Ω 的一定条件下, $W_0^{1,p}(\Omega)$ 中的函数可以有比 p 大的某些幂次 q 的可积性, 而且它们关于这些幂次 q 的 $L^q(\Omega)$ 范数可用其一阶弱导数的 $L^p(\Omega)$ 范数界定. 后一性质是 $W_0^{1,p}(\Omega)$ 所特有的; 当 $W_0^{1,p}(\Omega) \neq W^{1,p}(\Omega)$

时, $W^{1,p}(\Omega)$ 中的函数一般不具有这种性质, 即 $W^{1,p}(\Omega)$ 中函数的 $L^q(\Omega)$ 范数一般不能被其一阶弱导数的 $L^p(\Omega)$ 范数界定. 例如当 Ω 是有界开集时, 非零的常值函数都属于 $W^{1,p}(\Omega)$; 而对于这些函数, 不等式 (1.8.1) 和 (1.8.5) 显然都不可能成立. 至于前一性质, 则不是 $W_0^{1,p}(\Omega)$ 中的函数所特有的, 事实上 $W^{1,p}(\Omega)$ 中的函数也具有类似的这种性质. 这一事实由以下定理所保证:

定理 1.8.5 设 Ω 是 $\mathbf{R}^n$ 中的任意可延拓开集 (有界或无界均可). 又设 $1 \leqslant p \leqslant q \leqslant \infty$ 且 $\dfrac{1}{p}-\dfrac{1}{q}\leqslant\dfrac{1}{n}$, 并且当 $p=n$ 时 $q\neq\infty$. 则 $W^{1,p}(\Omega)\subseteq L^q(\Omega)$, 且成立不等式

$$\|u\|_{L^q(\Omega)}\leqslant C\|u\|_{W^{1,p}(\Omega)},\quad \forall u\in W^{1,p}(\Omega), \tag{1.8.7}$$

其中 C 是仅与 n,p,q 及 Ω 有关的常数.

证 我们需要证明在所设条件下成立嵌入关系 $W^{1,p}(\Omega)\hookrightarrow L^q(\Omega)$. 分三种情形证明.

先设 $1\leqslant p<n$. 这时所设条件蕴涵着 $p\leqslant q\leqslant p^*=np/(n-p)$. 当 $\Omega=\mathbf{R}^n$ 时, 由于 $W^{1,p}(\mathbf{R}^n)=W_0^{1,p}(\mathbf{R}^n)$, 所以由定理 1.8.4 知 $W^{1,p}(\mathbf{R}^n)\hookrightarrow L^{p^*}(\mathbf{R}^n)$, 再结合显然成立的关系 $W^{1,p}(\mathbf{R}^n)\hookrightarrow L^p(\mathbf{R}^n)$, 由内插不等式即知对任意 $p\leqslant q\leqslant p^*$ 都成立 $W^{1,p}(\mathbf{R}^n)\hookrightarrow L^q(\mathbf{R}^n)$. 当 Ω 为一般的可延拓开集时, 令 $E: W^{1,p}(\Omega)\to W^{1,p}(\mathbf{R}^n)$ 为延拓算子, 则对任意 $u\in W^{1,p}(\Omega)$ 和 $p\leqslant q\leqslant p^*$, 有

$$\|u\|_{L^q(\Omega)}\leqslant\|Eu\|_{L^q(\mathbf{R}^n)}\leqslant C\|Eu\|_{W^{1,p}(\mathbf{R}^n)}\leqslant C'\|u\|_{W^{1,p}(\Omega)},$$

其中 C 和 C' 都是仅与 n,p,q 及 Ω 有关的常数. 这就证明了对任意 $p\leqslant q\leqslant p^*$ 和一般的可延拓开集 Ω 都成立 $W^{1,p}(\Omega)\hookrightarrow L^q(\Omega)$.

再设 $p>n$. 这时所设条件蕴涵着 $p\leqslant q\leqslant\infty$. 当 $\Omega=\mathbf{R}^n$ 时, 取定 $\varphi\in C_0^\infty(\mathbf{R}^n)$ 使当 $|x|\leqslant 1$ 时 $\varphi(x)=1$, 而当 $|x|\geqslant 2$ 时 $\varphi(x)=0$. 则对任意 $x_0\in\mathbf{R}^n$ 和 $u\in W^{1,p}(\mathbf{R}^n)$ 有 $\varphi(x-x_0)u(x)\in W_0^{1,p}(B_2(x_0))$. 由于 $p>n$, 根据推论 1.8.3, 由此推知 $\varphi(x-x_0)u(x)\in L^\infty(B_2(x_0))$, 且存在与 u 及 x_0 无关的常数 $C>0$ 使成立

$$\sup_{x\in B_2(x_0)}|\varphi(x-x_0)u(x)|\leqslant C\|\nabla[\varphi(\cdot-x_0)u]\|_{L^p(\mathbf{R}^n)}\leqslant C'\|u\|_{W^{1,p}(\mathbf{R}^n)},$$

其中 C' 是与 u 及 x_0 无关的常数. 从这个不等式得到

$$\sup_{x\in B_1(x_0)}|u(x)|\leqslant C'\|u\|_{W^{1,p}(\mathbf{R}^n)},\quad \forall x_0\in\mathbf{R}^n, \forall u\in W^{1,p}(\mathbf{R}^n),$$

进而

$$\|u\|_{L^\infty(\mathbf{R}^n)}=\sup_{x_0\in\mathbf{R}^n}\sup_{x\in B_1(x_0)}|u(x)|\leqslant C'\|u\|_{W^{1,p}(\mathbf{R}^n)},\quad \forall u\in W^{1,p}(\mathbf{R}^n).$$

这就证明了 $W^{1,p}(\mathbf{R}^n)\hookrightarrow L^\infty(\mathbf{R}^n)$. 再结合 $W^{1,p}(\mathbf{R}^n)\hookrightarrow L^p(\mathbf{R}^n)$ 即知对任意 $p\leqslant q\leqslant\infty$ 都成立 $W^{1,p}(\mathbf{R}^n)\hookrightarrow L^q(\mathbf{R}^n)$. 当 Ω 为一般的可延拓开集时, 可应用与前面类似的方法得到所需要的结论.

最后设 $p=n$. 这时所设条件蕴涵着 $p\leqslant q<\infty$. 假定 $n>1$ ($n=1$ 的情形留给读者自己讨论). 为证明对任意满足条件 $p\leqslant q<\infty$ (即 $n\leqslant q<\infty$) 的 q 都成立 $W^{1,p}(\Omega)=W^{1,n}(\Omega)\hookrightarrow L^q(\Omega)$, 由内插不等式只需证明这个关系式对充分大的 q 成立即可. 因此设 $\dfrac{n^2}{n-1}\leqslant q<\infty$. 这时令 $r=\dfrac{q}{q-n}$, 则 $1<r\leqslant n$. 对任意 $u\in W^{1,n}(\Omega)$, 由 $r>1$ 易知 $|u|^r\in W^{1,\frac{n}{r}}(\Omega)$. 注意到 $1\leqslant\dfrac{n}{r}<n$, 所以由已证明的结论推得 $|u|^r\in L^{(\frac{n}{r})^*}(\Omega)=L^{\frac{n}{r-1}}(\Omega)$, 且存在与 u 无关的常数 $C>0$ 使成立

$$\||u|^r\|_{L^{\frac{n}{r-1}}(\Omega))}\leqslant C\||u|^r\|_{W^{1,\frac{n}{r}}(\mathbf{R}^n)}\leqslant C'\|u\|^r_{W^{1,n}(\mathbf{R}^n)}.$$

由于 $\||u|^r\|_{L^{\frac{n}{r-1}}(\Omega))}=\|u\|^r_{L^{\frac{nr}{r-1}}(\Omega))}=\|u\|^r_{L^q(\Omega))}$, 所以从以上不等式立得所需证明的结论. 证毕. □

例 1 如果 $1\leqslant p<n$ 且 $q>p^*=np/(n-p)$, 那么包含关系 $W^{1,p}(\Omega)\subseteq L^q(\Omega)$ 以及 $W_0^{1,p}(\Omega)\subseteq L^q(\Omega)$ 对任何开集 $\Omega\subseteq\mathbf{R}^n$ 都不成立. 事实上, 当 $1\leqslant p<n$ 且 $q>p^*=np/(n-p)$ 时, 必有正数 μ 使满足 $\dfrac{n}{q}<\mu<\dfrac{n}{p}-1$. 取定一个这样的正数 μ. 对任意开集 $\Omega\subseteq\mathbf{R}^n$, 不妨设 Ω 包含原点. 取 $r>0$ 使 $B_r(0)\subseteq\Omega$, 再令

$$u(x)=\begin{cases}(r^2-|x|^2)|x|^{-\mu}, & |x|<r,\\ 0, & |x|\geqslant r \text{ 且 } x\in\Omega,\end{cases}$$

则易知 $u\in W_0^{1,p}(\Omega)$, 但 $u\notin L^q(\Omega)$.

例 2 当 $n=1$ 时, 易知对任意 $-\infty\leqslant a<b\leqslant\infty$ 都有 $W^{1,n}(a,b)=W^{1,1}(a,b)\subseteq L^\infty(a,b)$ (见本节习题 1). 但是如果 $n\geqslant2$, 那么对任何开集 $\Omega\subseteq\mathbf{R}^n$, 包含关系 $W^{1,n}(\Omega)\subseteq L^\infty(\Omega)$ 和 $W_0^{1,n}(\Omega)\subseteq L^\infty(\Omega)$ 都不成立. 为说明这一事实, 不妨设 Ω 包含原点. 取 $0<r<1$ 使 $B_r(0)\subseteq\Omega$, 再令

$$u(x)=\begin{cases}(r^2-|x|^2)\ln|\ln|x||, & |x|<r,\\ 0, & |x|\geqslant r \text{ 且 } x\in\Omega,\end{cases}$$

则易知 $u\in W_0^{1,n}(\Omega)$, 但显然 $u\notin L^\infty(\Omega)$.

反复应用定理 1.8.5 便可得到

定理 1.8.6 (Sobolev) 设 Ω 是 $\mathbf{R}^n$ 中的任意可延拓开集 (有界或无界均可). 又设 m, k 为非负整数且 $m>k$. 再设 $1\leqslant p\leqslant q\leqslant\infty$ 且 $\dfrac{1}{p}-\dfrac{1}{q}\leqslant\dfrac{m-k}{n}$, 并且当 $\dfrac{1}{p}=\dfrac{m-k}{n}$ 时 $q\neq\infty$. 则 $W^{m,p}(\Omega)\subseteq W^{k,q}(\Omega)$, 且成立不等式

$$\|u\|_{W^{k,q}(\Omega)}\leqslant C\|u\|_{W^{m,p}(\Omega)},\quad\forall u\in W^{m,p}(\Omega),\tag{1.8.8}$$

其中 C 是仅与 n, m, k, p, q 及 Ω 有关的常数. □

通常把定理 1.8.6 叫做 **Sobolev 嵌入定理**(Sobolev embedding theorem), 并把不等式 (1.8.8) 及其特殊形式 (1.8.1)、(1.8.4)、(1.8.5) 和 (1.8.7) 叫做**Sobolev嵌入不等式**(Sobolev embedding inequality). Sobolev 嵌入定理说明, 可由函数及其高阶弱导数的低幂次的可积性推知这个函数及其一定阶数的低阶弱导数的高幂次的可积性; Sobolev 嵌入不等式则说明, 可由函数及其高阶弱导数的低幂次的积分来估计这个函数及其一定阶数的低阶弱导数的高幂次的积分.

我们请读者注意这样两个事实 (这里总假设 Ω 为可延拓开集): ①当 $(m-k)p > n$ 时, 由 Sobolev 嵌入定理知 $W^{m,p}(\Omega) \subseteq W^{k,\infty}(\Omega)$, 且成立不等式

$$\sum_{|\alpha| \leqslant k} \sup_{x \in \Omega} |\partial^{\alpha} u(x)| \leqslant C\|u\|_{W^{m,p}(\Omega)}, \quad \forall u \in W^{m,p}(\Omega).$$

由于对每个函数 $u \in W^{m,p}(\Omega)$ 存在函数列 $u_k \in C^{\infty}(\overline{\Omega}) \cap W^{m,p}(\Omega)$ $(k=1,2,\cdots)$ 使其按 $W^{m,p}(\Omega)$ 范数收敛于 u (定理 1.7.10), 通过对函数 $u_k - u$ 应用以上不等式再令 $k \to \infty$ 取极限, 即知 $u \in C^k(\overline{\Omega})$. 这说明当 $(m-k)p > n$ 时 $W^{m,p}(\Omega) \subseteq C^k(\overline{\Omega})$. 这本来是 Sobolev 嵌入定理的一部分, 然而由于后面将要讨论的 Morrey 嵌入定理有比此更强的结论, 所以在定理 1.8.6 中我们没有写出这部分结论. ②如果 Ω 是有界开集, 那么定理 1.8.6 中的条件 $p \leqslant q$ 显然可以去掉. 这个事实请读者在应用定理 1.8.6 时自觉使用.

最后指出: 定理 1.8.6 的条件 $\dfrac{1}{p} - \dfrac{1}{q} \leqslant \dfrac{m-k}{n}$ 的一个易于记忆的等价形式为

$$m - \frac{n}{p} \geqslant k - \frac{n}{q}. \tag{1.8.9}$$

非负实数 $m - \dfrac{n}{p}$ 叫做 Sobolev 空间 $W^{m,p}(\Omega)$ 的**scaling指数**. 定理 1.8.6 告诉我们: 在 $m \geqslant k$ 和 $p \leqslant q$ 的条件下, scaling 指数大的 Sobolev 空间 $W^{m,p}(\Omega)$ 可以嵌入到 scaling 指数小的 Sobolev 空间 $W^{k,q}(\Omega)$.

习 题 1.8

1. 证明下列不等式:

   (1) $\sup\limits_{a<x<b} |f(x)| \leqslant \displaystyle\int_a^b |f'(x)|\mathrm{d}x, \forall f \in W_0^{1,1}(a,b)$ $(-\infty \leqslant a < b \leqslant \infty)$;

   (2) $\sup\limits_{a<x<b} |f(x)| \leqslant \left|\dfrac{1}{b-a}\displaystyle\int_a^b f(x)\mathrm{d}x\right| + \displaystyle\int_a^b |f'(x)|\mathrm{d}x, \forall f \in W_0^{1,1}(a,b)$ $(-\infty < a < b < \infty)$.

2. 证明如果 $f \in W^1(\mathbf{R}^1)$ 且 $f \in L^p(\mathbf{R}^1)$, $f' \in L^r(\mathbf{R}^1)$, 这里 $p, r \in [1, \infty]$, 那么对任意 $q \in [p, \infty]$ 都有 $f \in L^q(\mathbf{R}^1)$, 且成立不等式

$$\|f\|_{L^q(\mathbf{R}^1)} \leqslant \theta^{-(1-\frac{p}{q})\theta} \|f\|_{L^p(\mathbf{R}^1)}^{1-(1-\frac{p}{q})\theta} \|f'\|_{L^r(\mathbf{R}^1)}^{(1-\frac{p}{q})\theta},$$

其中 $\theta = r/(pr + r - p)$.

3. 设 Ω 是 $\mathbf{R}^n$ 中的开集, $u \in H_0^1(\Omega) = W_0^{1,2}(\Omega)$. 证明下列不等式:

$$\int_\Omega |x-y|^{-2}|u(y)|^2 \mathrm{d}y \leqslant 4(n-2)^{-2}\sum_{i=1}^n \int_\Omega |\partial_i u(y)|^2 \mathrm{d}y, \quad n > 2;$$

$$\int_\Omega (|x-y| \ln |x-y|)^{-2}|u(y)|^2 \mathrm{d}y \leqslant 4\sum_{i=1}^n \int_\Omega |\partial_i u(y)|^2 \mathrm{d}y, \quad n = 2.$$

4. 设 Ω 是 $\mathbf{R}^n$ 中的有界开集. 对 $0 < s < n$, 定义函数 $u \in L^1(\Omega)$ 的位势 $V_s u$ 如下:

$$V_s u(x) = \int_\Omega |x-y|^{-s} u(y) \mathrm{d}y, \quad \forall x \in \Omega.$$

又设 $1 \leqslant p \leqslant q \leqslant \infty$. 证明当 $\dfrac{1}{p} - \dfrac{1}{q} < 1 - \dfrac{s}{n}$ 时, 成立不等式

$$\|V_s u\|_{L^q(\Omega)} \leqslant C|\Omega|^{1-\frac{s}{n}-\frac{1}{p}+\frac{1}{q}}\|u\|_{L^p(\Omega)},$$

其中 C 是仅与 n, p, q 及 s 有关的常数.

5. 设 m, n 为正整数, Ω 是 $\mathbf{R}^n$ 中的开集.

(1) 举例说明当 $m < n$, $1 \leqslant p < n/m$ 而 $q > np/(n - mp)$ 时, 嵌入关系 $W_0^{m,p}(\Omega) \subseteq L^q(\Omega)$ 不成立;

(2) 举例说明当 $m < n$, $mp = n$ (因而 $p > 1$) 时, 嵌入关系 $W_0^{m,p}(\Omega) \subseteq L^\infty(\Omega)$ 不成立, 并证明这个嵌入关系当 $m = n$ (因而 $p = 1$) 时成立.

6. 设 $k, l > 0$ 且 $k + l > 1$, 而 Ω 是 $\mathbf{R}^n$ 中的有界开集. 证明下述**Opial 不等式**:

$$\int_\Omega |u(x)|^k |\nabla u(x)|^l \mathrm{d}x \leqslant \omega_n^{-\frac{k}{n}}|\Omega|^{\frac{k}{n}}\int_\Omega |\nabla u(x)|^{k+l}\mathrm{d}x, \quad \forall u \in W_0^{1,k+l}(\Omega).$$

7. 设 E 是 Laplace 算子 $\Delta = \displaystyle\sum_{i=1}^n \frac{\partial^2}{\partial x_i^2}$ 的基本解, 即

$$E(x) = \begin{cases} -\dfrac{1}{n(n-2)\omega_n}|x|^{-(n-2)}, & n > 2, \\ \dfrac{1}{2\pi}\ln|x|, & n = 2. \end{cases}$$

(1) 证明对任意 $u \in C_0^2(\mathbf{R}^n)$ 成立 $u(x) = \displaystyle\int_{\mathbf{R}^n} E(x-y)\Delta u(y)\mathrm{d}y$, $\forall x \in \mathbf{R}^n$;

(2) 应用 (1) 和第 4 题的结论证明下列不等式 ($1 \leqslant p \leqslant q \leqslant \infty$):

$$\|u\|_{L^q(\Omega)} \leqslant C_1|\Omega|^{\frac{2}{n}-\frac{1}{p}+\frac{1}{q}}\|\Delta u\|_{L^p(\Omega)}, \quad \forall u \in W_0^{2,p}(\Omega), \quad \frac{1}{q} > \frac{1}{p} - \frac{2}{n},$$

$$\|\nabla u\|_{L^q(\Omega)} \leqslant C_2|\Omega|^{\frac{1}{n}-\frac{1}{p}+\frac{1}{q}}\|\Delta u\|_{L^p(\Omega)}, \quad \forall u \in W_0^{2,p}(\Omega), \quad \frac{1}{q} > \frac{1}{p} - \frac{1}{n},$$

其中 C_1, C_2 是仅与 n, p, q 有关的常数.

1.9 Morrey 嵌入定理

本节介绍 Morrey 嵌入定理, 它揭示了 Sobolev 空间 $W^{m,p}(\Omega)$ 到 Hölder 空间 $C^{k,\mu}(\overline{\Omega})$ 的嵌入关系.

定理 1.9.1 设 $1\leqslant p\leqslant q\leqslant\infty$ 且 $\frac{1}{p}-\frac{1}{q}<\frac{1}{n}$, 则对任意有界凸开集 $\Omega\subseteq\mathbf{R}^n$ 成立不等式

$$\|u-m(u)\|_{L^q(\Omega)}\leqslant C_4(n,p,q)(\mathrm{diam}\Omega)^n|\Omega|^{\frac{1}{n}-\frac{1}{p}+\frac{1}{q}-1}\|\nabla u\|_{L^p(\Omega)},\quad\forall u\in W^{1,p}(\Omega),\tag{1.9.1}$$

其中 $m(u)$ 表示 u 的平均值, 即 $m(u)=\frac{1}{|\Omega|}\int_\Omega u(x)\mathrm{d}x$, 而

$$C_4(n,p,q)=\omega_n^{1-\frac{1}{n}}\left[\left(1-\frac{1}{p}+\frac{1}{q}\right)\Big/n\left(\frac{1}{n}-\frac{1}{p}+\frac{1}{q}\right)\right]^{1-\frac{1}{p}+\frac{1}{q}}.$$

证 由于 Ω 是凸开集, 所以其边界是 Lipschitz 连续的, 进而 Ω 是可延拓开集. 因此根据定理 1.7.10 知, 只需证明不等式 (1.9.1) 对任意 $u\in C^1(\overline{\Omega})$ 成立即可. 这时, 由 Ω 的凸性知对任意 $x,y\in\Omega$ $(x\neq y)$ 有

$$u(x)-u(y)=-\int_0^{|x-y|}\frac{\mathrm{d}}{\mathrm{d}t}u(x+t\omega)\mathrm{d}t,\quad\omega=-\frac{x-y}{|x-y|}.$$

关于 y 在 Ω 上积分并除以 $|\Omega|$, 得

$$\begin{aligned}|u(x)-m(u)|&\leqslant\frac{1}{|\Omega|}\int_\Omega\int_0^{|x-y|}\left|\frac{\mathrm{d}}{\mathrm{d}t}u(x+t\omega)\right|\mathrm{d}t\mathrm{d}y\\&\leqslant\frac{1}{|\Omega|}\int_\Omega\int_0^{|x-y|}|\nabla u(x+t\omega)|\mathrm{d}t\mathrm{d}y,\quad\forall x\in\Omega.\end{aligned}$$

令 $\widehat{\nabla u}$ 表示把 ∇u 的各个分量都作零延拓所得到的 $\mathbf{R}^n$ 上的向量函数, 并记 $d=\mathrm{diam}\Omega$, 则有

$$\begin{aligned}|u(x)-m(u)|&\leqslant\frac{1}{|\Omega|}\int_{B_d(x)}\int_0^{|x-y|}|\widehat{\nabla u}(x+t\omega)|\mathrm{d}t\mathrm{d}y\\&=\frac{1}{|\Omega|}\int_0^\infty\int_{|\omega|=1}\int_0^d|\widehat{\nabla u}(x+t\omega)|\rho^{n-1}\mathrm{d}\rho\mathrm{d}\omega\mathrm{d}t\\&=\frac{d^n}{n|\Omega|}\int_0^\infty\int_{|\omega|=1}|\widehat{\nabla u}(x+t\omega)|\mathrm{d}\omega\mathrm{d}t\\&=\frac{d^n}{n|\Omega|}\int_\Omega|x-y|^{-(n-1)}|\nabla u(y)|\mathrm{d}y,\quad\forall x\in\Omega.\end{aligned}$$

据此应用与定理 1.8.1 的证明类似的方法即可得到 (1.9.1). 证毕. □

定理 1.9.2 设 $p>n$, 则对任意凸开集 $\Omega\subseteq\mathbf{R}^n$ 有 $W^{1,p}(\Omega)\subseteq C^\mu(\overline{\Omega})$, 其中 $\mu=1-\dfrac{n}{p}$, 且成立不等式

$$|u(x)-u(y)|\leqslant C_5(n,p)|x-y|^\mu\|\nabla u\|_{L^p(\Omega)},\quad \forall x,y\in\Omega,\quad \forall u\in W^{1,p}(\Omega),\tag{1.9.2}$$

其中 $C_5(n,p)=2^{n(1+\frac{1}{p})}n^{-1}\omega_n^{-\frac{1}{p}}[(p-1)/(p-n)]^{1-\frac{1}{p}}$.

证 由定理 1.8.5知当 $p>n$ 时 $W^{1,p}(\Omega)\subseteq L^\infty(\Omega)$. 因此只需证明不等式 (1.9.2). 为此对任意 $x,y\in\Omega$ $(x\neq y)$, 令 $R=\dfrac{1}{2}|x-y|$, $z=\dfrac{1}{2}(x+y)$, 然后对任意 $u\in W^{1,p}(\Omega)$ 在 $B_R=B_R(z)$ 上运用不等式 (1.9.1) (取 $q=\infty$) 得

$$\begin{aligned}|u(x)-u(y)|&\leqslant|u(x)-m(u)|+|u(y)-m(u)|\\&\leqslant 2C_4(n,p,\infty)(2R)^n(\omega_nR^n)^{\frac{1}{n}-\frac{1}{p}-1}\|\nabla u\|_{L^p(B_R)}\\&\leqslant C_5(n,p)|x-y|^\mu\|\nabla u\|_{L^p(\Omega)}.\end{aligned}$$

证毕. □

定理 1.9.3 设 $p>n$. 则对 $\mathbf{R}^n$ 中的任意可延拓开集 Ω (有界或无界均可) 有 $W^{1,p}(\Omega)\subseteq C^\mu(\overline{\Omega})$, 其中 $\mu=1-\dfrac{n}{p}$, 且成立不等式

$$\|u\|_{C^\mu(\overline{\Omega})}\leqslant C\|u\|_{W^{1,p}(\Omega)},\quad \forall u\in W^{1,p}(\Omega),\tag{1.9.3}$$

其中 C 是仅与 n,p 及 Ω 有关的常数.

证 令 $E:W^{1,p}(\Omega)\to W^{1,p}(\mathbf{R}^n)$ 为延拓算子. 应用定理 1.8.5 和定理 1.9.2 知, 当 $p>n$ 时 $W^{1,p}(\mathbf{R}^n)\hookrightarrow C^\mu(\mathbf{R}^n)$, 所以对任意 $u\in W^{1,p}(\Omega)$ 有

$$\|u\|_{C^\mu(\overline{\Omega})}\leqslant\|Eu\|_{C^\mu(\mathbf{R}^n)}\leqslant C\|Eu\|_{W^{1,p}(\mathbf{R}^n)}\leqslant C'\|u\|_{W^{1,p}(\Omega)},$$

其中 C 和 C' 都是仅与 n,p 及 Ω 有关的常数. 证毕. □

通过先反复应用定理 1.8.6 $\left(\text{即当}\dfrac{1}{p}-\dfrac{1}{q}<\dfrac{1}{n}\text{时}W^{m,p}(\Omega)\hookrightarrow W^{m-1,q}(\Omega)\right)$ 再应用上述定理, 便得到

定理 1.9.4 (Morrey) 设 Ω 是 $\mathbf{R}^n$ 中的任意可延拓开集 (有界或无界均可). 又设 m,k 是非负整数且 $m>k$. 再设 $1\leqslant p<\infty$, $0<\mu<1$, 且 $\dfrac{1}{p}\leqslant\dfrac{m-k-\mu}{n}$. 则 $W^{m,p}(\Omega)\subseteq C^{k,\mu}(\overline{\Omega})$, 且成立不等式

$$\|u\|_{C^{k,\mu}(\overline{\Omega})}\leqslant C\|u\|_{W^{m,p}(\Omega)},\quad \forall u\in W^{m,p}(\Omega),\tag{1.9.4}$$

其中 C 是仅与 n,m,k,p,μ 及 Ω 有关的常数. □

通常把定理 1.9.4 叫做**Morrey嵌入定理**, 并把不等式 (1.9.4) 及其特殊形式 (1.9.2) 和 (1.9.3) 叫做**Morrey嵌入不等式**. 这个嵌入定理说明, 当一个函数具有较高阶弱导数并且它本身以及它的各阶弱导数都具有高幂次的可积性时, 这个函数必具有较低阶的常义偏导数, 且这个函数本身以及它的这些常义偏导数都具有一定的 Hölder 连续性.

注意定理 1.9.4 中的条件 $\dfrac{1}{p} \leqslant \dfrac{m-k-\mu}{n}$ 可以改写成

$$m-\frac{n}{p} \geqslant k+\mu. \tag{1.9.5}$$

非负实数 $k+\mu$ 叫做 Hölder 空间 $C^{k,\mu}(\overline{\Omega})$ 的**scaling 指数**. 定理 1.9.4 说明: 在 $m>k$ 和 $0<\mu<1$ 的条件下, 只要 scaling 指数间的比较关系式 (1.9.5) 成立, 那么嵌入关系 $W^{m,p}(\Omega) \hookrightarrow C^{k,\mu}(\overline{\Omega})$ 也相应地成立.

例 1 定理 1.9.4 中的条件 $0<\mu<1$ 不能减弱成 $0 \leqslant \mu \leqslant 1$. 事实上, 当 $\dfrac{1}{p}=\dfrac{m}{n}$ (即 $mp=n$) 且 $p>1$ 时, 由上节例 2 给出的函数 $u \in W^{m,p}(\Omega)$, 但 $u \notin C(\overline{\Omega})$, 所以当 $\dfrac{1}{p}=\dfrac{m-k}{n}$ 且 $p>1$ 时包含关系 $W^{m,p}(\Omega) \subseteq C^{k,0}(\overline{\Omega})=C^k(\overline{\Omega})$ 不成立. 又当 $\dfrac{1}{p}=\dfrac{m-1}{n}$ (即 $(m-1)p=n$) 且 $p>1$ 时, 令 $v(x)=|x|u(x)$, 其中 u 是由上节例 2 给出的函数, 那么 $v \in W^{m,p}(\Omega)$ 但 $u \notin C^{1-0}(\overline{\Omega})$, 所以当 $\dfrac{1}{p}=\dfrac{m-k-1}{n}$ 且 $p>1$ 时包含关系 $W^{m,p}(\Omega) \subseteq C^{k,1}(\overline{\Omega})$ 也不成立. 当然, 如果 $\dfrac{1}{p}<\dfrac{m-k-1}{n}$, 那么应用定理 1.4.3′ 知只要开集 Ω 是 Lipschitz 型的, 则包含关系 $W^{m,p}(\Omega) \subseteq C^{k,1}(\overline{\Omega})$ 成立, 因为我们可先取 $0<\nu<1$ 使 $\dfrac{1}{p} \leqslant \dfrac{m-k-1-\nu}{n}$, 然后应用定理 1.9.4 和定理 1.4.3′ 得到 $W^{m,p}(\Omega) \subseteq C^{k+1,\nu}(\overline{\Omega}) \subseteq C^{k,1}(\overline{\Omega})$. 此外, 当 $\dfrac{1}{p}<\dfrac{m-k}{n}$ 时, 由上节末的注记知 $W^{m,p}(\Omega) \subseteq C^k(\overline{\Omega})=C^{k,0}(\overline{\Omega})$.

综合本节和 1.8 节的结果, 可以看到成立下述关系式:

$$W^{1,p}(\Omega) \subseteq \begin{cases} L^q(\Omega), & p<n, 1 \leqslant p \leqslant q \leqslant np/(n-p), \\ L^q(\Omega), & p=n, 1 \leqslant p \leqslant q<\infty, \\ C^\mu(\overline{\Omega}), & p>n, 0<\mu \leqslant 1-(n/p). \end{cases}$$

这些关系式似乎揭示了一个奇特的现象, 即 $W^{1,p}(\Omega)$ 中函数的性质在 p 从 $p<n$ 变到 $p>n$ 时发生了跳跃性的变化: $p<n$ 时 $W^{1,p}(\Omega)$ 中的函数没有任何连续性, 而在 $p>n$ 时 $W^{1,p}(\Omega)$ 中的函数都有 Hölder 连续性. 其实并非如此. 事实上, 当 $p<n$ 时 $W^{1,p}(\Omega)$ 中的函数虽然没有通常意义下的 Hölder 连续性, 但却有积分平均

意义下的 Hölder 连续性. 以 $\Omega=\mathbf{R}^n$ 的情况为例. 对每个 $1<p<\infty$ 和 $0<\mu<1$, 引进一个类似于 $C^\mu(\mathbf{R}^n)$ 的函数空间 $B^\mu_{p\infty}(\mathbf{R}^n)$ 如下:

$$B^\mu_{p\infty}(\mathbf{R}^n)=\{u\in L^p(\mathbf{R}^n):\ \text{存在常数 } C>0 \text{ 使成立}\\ \|u(\cdot+y)-u\|_{L^p(\mathbf{R}^n)}\leqslant C|y|^\mu,\ \forall y\in\mathbf{R}^n\}.$$

显然 $B^\mu_{\infty\infty}(\mathbf{R}^n)=C^\mu(\mathbf{R}^n)$. 从下一节定理 1.10.3 的证明可以看出, 当 $\dfrac{1}{p}-\dfrac{1}{n}<\dfrac{1}{q}\leqslant\dfrac{1}{p}$ 且 $0<\mu<1-n\left(\dfrac{1}{p}-\dfrac{1}{q}\right)$ 时, 成立包含关系

$$W^{1,p}(\mathbf{R}^n)\subseteq B^\mu_{q\infty}(\mathbf{R}^n),$$

即当 $1<p<n$ 时 $W^{1,p}(\mathbf{R}^n)$ 中的函数具有 L^p 平均意义下的 Hölder 连续性.

函数空间 $B^\mu_{p\infty}(\mathbf{R}^n)$ 是更一般的一类函数空间 — 所谓**Besov空间** $B^s_{pq}(\mathbf{R}^n)$ $(s\in\mathbf{R},\ 1\leqslant p,q\leqslant\infty)$ 的一个特例. 当 $0<s<1$, $1<p<\infty$, $1\leqslant q<\infty$ 时, Besov 空间 $B^s_{pq}(\mathbf{R}^n)$ 定义为

$$B^s_{pq}(\mathbf{R}^n)=\left\{u\in L^p(\mathbf{R}^n):[u]_{B^s_{pq}(\mathbf{R}^n)}=\left[\int_{\mathbf{R}^n}\left(\frac{\|u(\cdot+y)-u\|_{L^p(\mathbf{R}^n)}}{|y|^s}\right)^q\frac{\mathrm{d}y}{|y|^n}\right]^{\frac{1}{q}}<\infty\right\};$$

当 $0<s<1$, $1<p<\infty$, $q=\infty$ 时 $B^s_{p\infty}(\mathbf{R}^n)$ 的定义前面已经提到. 范数定义为

$$\|u\|_{B^s_{pq}(\mathbf{R}^n)}=\|u\|_{L^p(\mathbf{R}^n)}+[u]_{B^s_{pq}(\mathbf{R}^n)},\quad \forall u\in B^s_{pq}(\mathbf{R}^n).$$

Besov 空间是继 Hölder 空间和 Sobolev 空间之后另一类很常用的重要函数空间. 限于篇幅, 本书不讨论这类函数空间. 有需要学习的读者可阅读参考文献 [6], [9], [110], [119] 等.

习　题　1.9

1. 设 Ω 是 $\mathbf{R}^n$ 中的有界凸开集, 而 $0\leqslant s<p+n-1$ $(1\leqslant p<\infty)$. 证明对任意 $u\in W^{1,p}(\Omega)$ 成立不等式:

$$\int_\Omega\int_\Omega|x-y|^{-s}|u(x)-u(y)|^p\mathrm{d}x\mathrm{d}y\leqslant C(\mathrm{diam}\Omega)^{n+p-s-1}|\Omega|^{\frac{1}{n}}\|\nabla u\|_{L^p(\Omega)},$$

其中 C 是仅与 n,p,s 有关的常数.

2. 设 Ω 是 $\mathbf{R}^n$ 中的有界开集. 对 $u\in L^1(\Omega)$ 和 $0<s<n$, 令 V_su 为习题 1.8 第 4 题定义的函数 u 的位势. 证明如果 u 满足条件: 存在 $s<r\leqslant n$ 和常数 $M>0$ 使对任意球域 $B_R\subseteq\mathbf{R}^n$ 都成立

$$\int_{\Omega\cap B_R}|u(x)|\mathrm{d}x\leqslant MR^r,$$

那么 $V_s u \in L^\infty(\Omega)$ 且

$$\|V_s u\|_{L^\infty(\Omega)} \leqslant \frac{s}{r-s}(\mathrm{diam}\Omega)^{r-s}M.$$

3. 设 Ω 是 $\mathbf{R}^n$ 中的开集, $u \in W^{1,1}(\Omega)$. 证明果 u 满足条件: 存在 $n-1<r\leqslant n$ 和常数 $M>0$ 使对任意球域 $B_R \subseteq \mathbf{R}^n$ 都成立

$$\int_{\Omega\cap B_R} |\nabla u(x)|\mathrm{d}x \leqslant MR^r,$$

那么 $u \in C^{r-n+1}(\overline{\Omega})$ 且

$$|u(x)-u(y)| \leqslant C(n,r)M|x-y|^{r-n+1}.$$

4. 举例说明当 $\dfrac{1}{p} > \dfrac{m-\mu}{n}$ $(0<\mu<1)$ 时包含关系 $W^{m,p}(\Omega) \subseteq C^\mu(\overline{\Omega})$ 不成立.

1.10 Kondrachov–Rellich 嵌入定理

本节介绍 Kondrachov–Rellich 嵌入定理, 它给出了在 Sobolev 空间 $W^{m,p}(\Omega)$ 嵌入 Sobolev 空间 $W^{k,q}(\Omega)$ 或 Hölder 空间 $C^{k,\mu}(\overline{\Omega})$ 时, 使得这种嵌入关系是紧嵌入的一些充分条件. 首先介绍一阶的 Gagliardo–Nirenberg不等式.

定理 1.10.1 设 $1 \leqslant p,q,r \leqslant \infty$ 且 $\dfrac{1}{p}-\dfrac{1}{n} \leqslant \dfrac{1}{q} \leqslant \dfrac{1}{r}$, 并且当 $p=n>1$ 时 $q \neq \infty$, 则对任意开集 $\Omega \subseteq \mathbf{R}^n$ 有 $W_0^{1,p}(\Omega)\cap L^r(\Omega) \subseteq L^q(\Omega)$, 且成立不等式

$$\|u\|_{L^q(\Omega)} \leqslant C(n,p,q,r)\|u\|_{L^r(\Omega)}^\theta \|\nabla u\|_{L^p(\Omega)}^{1-\theta}, \quad \forall u \in W_0^{1,p}(\Omega)\cap L^r(\Omega), \tag{1.10.1}$$

其中 θ 是由等式 $\dfrac{1}{q}=\dfrac{\theta}{r}+(1-\theta)\left(\dfrac{1}{p}-\dfrac{1}{n}\right)$ 唯一确定的 $[0,1]$ 中的数.

证 只考虑 $n>1$ 且 $1\leqslant p,q,r<\infty$ 的情形, 其余情形的讨论留给读者. 结论 $W_0^{1,p}(\Omega)\cap L^r(\Omega) \subseteq L^q(\Omega)$ 是显然的, 故只需证明不等式 (1.10.1). 分三种情况讨论.

(i) 设 $p<n$. 这时 $r \leqslant q \leqslant p^*=np/(n-p)$. 应用 L^p 内插不等式和 Sobolev 嵌入不等式 (1.8.5) 得

$$\|u\|_{L^q(\Omega)} \leqslant \|u\|_{L^r(\Omega)}^\theta \|u\|_{L^{p^*}(\Omega)}^{1-\theta} \leqslant C\|u\|_{L^r(\Omega)}^\theta \|\nabla u\|_{L^p(\Omega)}^{1-\theta},$$

其中 θ 由等式 $\dfrac{1}{q}=\dfrac{\theta}{r}+\dfrac{1-\theta}{p^*}=\dfrac{\theta}{r}+(1-\theta)\left(\dfrac{1}{p}-\dfrac{1}{n}\right)$ 唯一确定.

(ii) 设 $p \geqslant n$ 且 $\dfrac{1}{q}<1-\left(\dfrac{1}{n}-\dfrac{1}{p}\right)$. 这时 $q>1+q\left(\dfrac{1}{n}-\dfrac{1}{p}\right)$, 故存在正数 $s>1$ 使成立

$$1+q\left(\frac{1}{n}-\frac{1}{p}\right) < s \leqslant \min\left\{q, 1+q\left(1-\frac{1}{p}\right)\right\}.$$

取定一个这样的 s, 然后令 $p_1 = pq/[q+p(s-1)]$, $r_1 = \max\{r, s\}$, 则 $q/s \geqslant r_1/s \geqslant 1$, $q \geqslant r_1 \geqslant r$, $1 \leqslant p_1 < n$, 且

$$\frac{1}{p_1} - \frac{1}{n} \leqslant \frac{s}{q} \leqslant \frac{s}{r_1}, \quad \frac{1}{p_1} = \frac{1}{p} + \frac{s-1}{q}.$$

于是由已证明的结论知对任意 $u \in W_0^{1,p}(\Omega) \cap L^{r_1}(\Omega)$ 有

$$\begin{aligned}\|u\|_{L^q(\Omega)}^s &= \||u|^s\|_{L^{q/s}(\Omega)} \leqslant C\||u|^s\|_{L^{r_1/s}(\Omega)}^{\mu}\|\nabla(|u|^s)\|_{L^{p_1}(\Omega)}^{1-\mu} \\ &\leqslant s^{1-\mu}C\|u\|_{L^{r_1}(\Omega)}^{\mu s}\||u|^{s-1}\nabla u\|_{L^{p_1}(\Omega)}^{1-\mu} \\ &\leqslant s^{1-\mu}C\|u\|_{L^{r_1}(\Omega)}^{\mu s}\||u|^{s-1}\|_{L^{q/(s-1)}(\Omega)}^{1-\mu}\|\nabla u\|_{L^p(\Omega)}^{1-\mu} \\ &= s^{1-\mu}C\|u\|_{L^{r_1}(\Omega)}^{\mu s}\|u\|_{L^q(\Omega)}^{(1-\mu)(s-1)}\|\nabla u\|_{L^p(\Omega)}^{1-\mu},\end{aligned}$$

其中 μ 由等式 $\dfrac{s}{q} = \dfrac{\mu s}{r_1} + \dfrac{1-\mu}{p_1}$ 唯一确定. 由 $q \geqslant r_1 \geqslant r$ 知 $L^q(\Omega) \cap L^r(\Omega) \subseteq L^{r_1}(\Omega)$ 且成立不等式

$$\|u\|_{L^{r_1}(\Omega)} \leqslant \|u\|_{L^r(\Omega)}^{\nu}\|u\|_{L^q(\Omega)}^{(1-\nu)}, \quad \forall u \in L^q(\Omega) \cap L^r(\Omega),$$

其中 ν 由等式 $\dfrac{1}{r_1} = \dfrac{\nu}{r} + \dfrac{1-\nu}{q}$ 唯一确定. 把这个不等式代入上面所得到的不等式, 经适当变形就得到了 (1.10.1).

(iii) 设 $p \geqslant n$ 且 $\dfrac{1}{q} \geqslant 1 - \left(\dfrac{1}{n} - \dfrac{1}{p}\right)$. 这时任意取定 $q_1 > q$ 使 $\dfrac{1}{q_1} < 1 - \left(\dfrac{1}{n} - \dfrac{1}{p}\right)$, 则由已证明的结论知成立

$$\|u\|_{L^{q_1}(\Omega)} \leqslant C\|u\|_{L^r(\Omega)}^{\mu}\|\nabla u\|_{L^p(\Omega)}^{1-\mu}, \quad \forall u \in W_0^{1,p}(\Omega) \cap L^r(\Omega),$$

其中 μ 由等式 $\dfrac{1}{q_1} = \dfrac{\mu}{r} + (1-\mu)\left(\dfrac{1}{p} - \dfrac{1}{n}\right)$ 唯一确定. 把这个不等式代入内插不等式

$$\|u\|_{L^q(\Omega)} \leqslant \|u\|_{L^r(\Omega)}^{\nu}\|u\|_{L^{q_1}(\Omega)}^{(1-\nu)}, \quad \forall u \in L^q(\Omega) \cap L^r(\Omega)$$

$\left(\text{其中}\nu\text{由等式}\dfrac{1}{q} = \dfrac{\nu}{r} + \dfrac{1-\nu}{q_1}\text{唯一确定}\right)$ 便得到了 (1.10.1). 证毕. □

当 Ω 是可延拓开集时, 借助于延拓算子 $E: W^{1,p}(\Omega) \to W^{1,p}(\mathbf{R}^n) = W_0^{1,p}(\mathbf{R}^n)$, 可把定理 1.10.1 中的 $W_0^{1,p}(\Omega)$ 换为 $W^{1,p}(\Omega)$, 但这时不等式 (1.10.1) 右端的 $\|\nabla u\|_{L^p(\Omega)}$ 必须相应地换为 $\|u\|_{W^{1,p}(\Omega)}$, 即有

定理 1.10.2 设 $1 \leqslant p, q, r \leqslant \infty$ 且 $\dfrac{1}{p} - \dfrac{1}{n} \leqslant \dfrac{1}{q} \leqslant \dfrac{1}{r}$, 并且当 $p = n > 1$ 时 $q \neq \infty$, 则对任意可延拓开集 $\Omega \subseteq \mathbf{R}^n$ 有 $W^{1,p}(\Omega) \cap L^r(\Omega) \subseteq L^q(\Omega)$, 且成立不等式

$$\|u\|_{L^q(\Omega)} \leqslant C(n,p,q,r)\|u\|_{L^r(\Omega)}^{\theta}\|u\|_{W^{1,p}(\Omega)}^{1-\theta}, \quad \forall u \in W^{1,p}(\Omega) \cap L^r(\Omega), \tag{1.10.2}$$

其中 θ 是由等式 $\frac{1}{q}=\frac{\theta}{r}+(1-\theta)\left(\frac{1}{p}-\frac{1}{n}\right)$ 唯一确定的 $[0,1]$ 中的数.

这个定理的简单证明留给读者. □

不等式 (1.10.1) 和 (1.10.2) 都叫做**Gagliardo–Nirenberg不等式**. 下一节将把这些不等式推广到含高阶弱导数的情形. 下面我们应用这些不等式推导一些有关 $W_0^{1,p}(\Omega)$ 中函数按 $L^q(\Omega)$ 范数的 Hölder 连续性的结果.

定理 1.10.3 设 $1\leqslant p\leqslant q\leqslant\infty$ 且 $\frac{1}{p}-\frac{1}{q}<\frac{1}{n}$, 则对任意 $u\in W^{1,p}(\mathbf{R}^n)$ 成立不等式

$$\|u(\cdot+y)-u\|_{L^q(\mathbf{R}^n)}\leqslant C(n,p,q)|y|^{\mu}\|\nabla u\|_{L^p(\mathbf{R}^n)},\quad \forall y\in\mathbf{R}^n, \tag{1.10.3}$$

其中 $\mu=1-n\left(\frac{1}{p}-\frac{1}{q}\right)$.

证 当 $q=\infty$ 时, (1.10.3) 就是不等式 (1.9.2). 因此下设 $q<\infty$. 分两种情况讨论.

(i) 设 $q=p$. 这时对任意 $u\in C_0^1(\mathbf{R}^n)$ 和任意 $x,y\in\Omega$ $(y\neq 0)$, 令 $\omega=y/|y|$, 则有

$$u(x+y)-u(x)=\int_0^{|y|}\frac{\mathrm{d}}{\mathrm{d}t}u(x+t\omega)\mathrm{d}t=\sum_{i=1}^{n}\int_0^{|y|}\partial_i u(x+t\omega)\cdot\omega_i\mathrm{d}t.$$

所以由 Minkowski 不等式得

$$\|u(\cdot+y)-u\|_{L^p(\mathbf{R}^n)}\leqslant\int_0^{|y|}\|\nabla u(\cdot+t\omega)\|_{L^p(\mathbf{R}^n)}\mathrm{d}t=|y|\|\nabla u\|_{L^p(\mathbf{R}^n)},\quad\forall y\in\mathbf{R}^n. \tag{1.10.4}$$

对一般的 $u\in W^{1,p}(\mathbf{R}^n)$, 运用取极限的方法可得到同样的不等式.

(ii) 设 $q>p$. 这时由于 $q<\infty$ 且 $\frac{1}{p}-\frac{1}{q}<\frac{1}{n}$, 所以应用定理 1.10.1 得

$$\begin{aligned}\|u(\cdot+y)-u\|_{L^q(\mathbf{R}^n)} &\leqslant C\|u(\cdot+y)-u\|_{L^p(\mathbf{R}^n)}^{\mu}\|\nabla u(\cdot+y)-\nabla u\|_{L^p(\mathbf{R}^n)}^{1-\mu}\\ &\leqslant 2^{1-\mu}C\|u(\cdot+y)-u\|_{L^p(\mathbf{R}^n)}^{\mu}\|\nabla u\|_{L^p(\Omega)}^{1-\mu},\quad\forall y\in\mathbf{R}^n,\end{aligned}$$

其中 μ 由等式 $\frac{1}{q}=\frac{\mu}{p}+(1-\mu)\left(\frac{1}{p}-\frac{1}{n}\right)$ 唯一确定, 即 $\mu=1-n\left(\frac{1}{p}-\frac{1}{q}\right)$. 把不等式 (1.10.4) 代入这个不等式便得到了 (1.10.3). 证毕. □

现在我们便可证明

定理 1.10.4 设 Ω 是 $\mathbf{R}^n$ 中的有界可延拓开集, 则有下列结论:

(i) 如果 $p>n$ 且 $0\leqslant\mu<1-\frac{n}{p}$, 则 $W^{1,p}(\Omega)$ 中的有界集是 $C^{\mu}(\overline{\Omega})$ 中的相对紧集;

(ii) 如果 $\frac{1}{p}-\frac{1}{q}<\frac{1}{n}$ $(1\leqslant p,q\leqslant\infty)$, 则 $W^{1,p}(\Omega)$ 中的有界集是 $L^q(\Omega)$ 中的相对紧集.

证　由 Morrey 嵌入定理知当 $p>n$ 时, $W^{1,p}(\Omega)\subseteq C^{1-\frac{n}{p}}(\overline{\Omega})$ 且 $W^{1,p}(\Omega)$ 中的有界集是 $C^{1-\frac{n}{p}}(\overline{\Omega})$ 中的有界集. 由于 Ω 是有界集, 根据定理 1.3.5 知对任意 $0\leqslant\mu<1-\frac{n}{p}$, $C^{1-\frac{n}{p}}(\overline{\Omega})$ 中的有界集是 $C^{\mu}(\overline{\Omega})$ 中的相对紧集. 把这两个结论结合起来就得到了结论 (i). 下面证明结论 (ii).

取有界开集 $Q\subseteq\mathbf{R}^n$ 使得 $\Omega\subset\subset Q$. 应用定理 1.7.8 不难知道, 存在连续线性算子 $E_0:W^{1,p}(\Omega)\to W_0^{1,p}(Q)$ 使对每个 $u\in W^{1,p}(\Omega)$, E_0u 是 u 在 Q 上的延拓. E_0 是连续线性算子这一事实蕴涵着, 当 Σ 是 $W^{1,p}(\Omega)$ 中的有界集时 $E_0\Sigma$ 是 $W_0^{1,p}(Q)$ 中的有界集. 注意到 $W_0^{1,p}(Q)$ 中的函数作零延拓属于 $W^{1,p}(\mathbf{R}^n)$, 应用定理 1.10.3 和 Fréchet–Kolmogorov 定理易知当 $\frac{1}{p}-\frac{1}{q}<\frac{1}{n}$ $(1\leqslant p,q\leqslant\infty)$时, $W_0^{1,p}(Q)$ 中的有界集是 $L^q(Q)$ 中的相对紧集. 据此易见在这些条件下, $W^{1,p}(\Omega)$ 中的有界集是 $L^q(\Omega)$ 中的相对紧集. 这就证明了结论 (ii). 证毕. □

应用 Sobolev 嵌入定理、Morrey 嵌入定理和定理 1.10.4, 就得到了以下定理:

定理 1.10.5 (Kondrachov–Rellich)　设 Ω 是 $\mathbf{R}^n$ 中的有界可延拓开集, 则有下列结论:

(i) 对非负整数 m,k 和 $1\leqslant p,q\leqslant\infty$, 如果 $m>k$ 且 $\frac{1}{p}-\frac{1}{q}<\frac{m-k}{n}$, 则 $W^{m,p}(\Omega)$ 中的有界集是 $W^{k,q}(\Omega)$ 中的相对紧集;

(ii) 对非负整数 m,k 和 $1\leqslant p\leqslant\infty$ 以及 $0\leqslant\mu\leqslant 1$, 如果 $m>k$ 且 $\frac{1}{p}<\frac{m-k-\mu}{n}$, 则 $W^{m,p}(\Omega)$ 中的有界集是 $C^{k,\mu}(\overline{\Omega})$ 中的相对紧集. □

定理 1.10.5 叫做 **Kondrachov–Rellich 嵌入定理或紧嵌入定理**, 它说明, 如果 Ω 是有界的并且 Sobolev 嵌入定理和 Morrey 嵌入定理中关于 scaling 指数的条件 (1.8.9) 和 (1.9.5) 中的不等号是严格不等号, 那么相应的嵌入关系为紧嵌入.

推论 1.10.6　设 Ω 是 $\mathbf{R}^n$ 中的有界可延拓开集且 $m>k$, 则对任意 $1\leqslant p\leqslant\infty$, $W^{m,p}(\Omega)$ 中的有界集是 $W^{k,p}(\Omega)$ 中的相对紧集. □

Kondrachov–Rellich 嵌入定理的一个直接应用是

定理 1.10.7　设 Ω 是 $\mathbf{R}^n$ 中的有界可延拓开集, 则有下列结论:

(i) 在定理 1.10.5 结论 (i) 的条件下, 对任意 $\varepsilon>0$ 存在相应的常数 $C_\varepsilon>0$ 使成立

$$\|u\|_{W^{k,q}(\Omega)}\leqslant\varepsilon\|u\|_{W^{m,p}(\Omega)}+C_\varepsilon\|u\|_{L^p(\Omega)},\quad\forall u\in W^{m,p}(\Omega);\tag{1.10.5}$$

(ii) 在定理 1.10.5 结论 (ii) 的条件下, 对任意 $\varepsilon>0$ 存在相应的常数 $C_\varepsilon>0$ 使

成立

$$\|u\|_{C^{k,\mu}(\overline{\Omega})} \leqslant \varepsilon\|u\|_{W^{m,p}(\Omega)} + C_\varepsilon\|u\|_{L^p(\Omega)}, \quad \forall u \in W^{m,p}(\Omega). \tag{1.10.6}$$

证 为证结论 (i), 反证而设在所设条件下, 存在 $\varepsilon_0 > 0$, 对它而言不存在相应的常数 $C_{\varepsilon_0} > 0$ 使 (1.10.5) 成立, 则存在函数列 $u_j \in W^{m,p}(\Omega)$ $(j = 1, 2, \cdots)$ 使得

$$\|u_j\|_{W^{k,q}(\Omega)} > \varepsilon_0\|u_j\|_{W^{m,p}(\Omega)} + j\|u_j\|_{L^p(\Omega)}, \quad j = 1, 2, \cdots.$$

令 $v_j = u_j/\|u_j\|_{W^{k,q}(\Omega)}$ $(j = 1, 2, \cdots)$, 则有

$$\|v_j\|_{W^{k,q}(\Omega)} = 1, \quad \|v_j\|_{W^{m,p}(\Omega)} \leqslant \frac{1}{\varepsilon_0}, \quad \|v_j\|_{L^p(\Omega)} \leqslant \frac{1}{j}, \quad j = 1, 2, \cdots.$$

上面的第二个关系式表明序列 $\{v_j\}_{j=1}^{\infty}$ 在 $W^{m,p}(\Omega)$ 中有界, 于是由嵌入关系 $W^{m,p}(\Omega) \hookrightarrow W^{k,q}(\Omega)$ 是紧嵌入可知这个序列在 $W^{k,q}(\Omega)$ 中有收敛的子序列. 记这个收敛子序列的极限为 v. 由上面的第一个关系式知 $\|v\|_{W^{k,q}(\Omega)} = 1$, 从而 $v \neq 0$. 但另一方面, 从上面的第三个关系式可推知 $v = 0$. 这就得到了矛盾. 结论 (i) 得证. 用同样的方法可证明结论 (ii). □

习 题 1.10

1. 设 $1 \leqslant p, q, r \leqslant \infty$ 且 $\dfrac{1}{p} - \dfrac{1}{n} \leqslant \dfrac{1}{q} \leqslant \dfrac{1}{r}$. 又设实数 μ 和 ν 使不等式

$$\|u\|_{L^q(\mathbf{R}^n)} \leqslant C\|u\|_{L^r(\mathbf{R}^n)}^{\mu}\|\nabla u\|_{L^p(\mathbf{R}^n)}^{\nu}$$

对所有满足条件 $u \in L^r(\mathbf{R}^n)$ 且 $\nabla u \in L^p(\mathbf{R}^n)$ 的 $u \in W^1(\mathbf{R}^n)$ 都成立, 其中 C 是与 u 无关的正常数. 证明: μ 和 ν 由下列等式唯一确定:

$$\mu + \nu = 1, \quad \frac{1}{q} = \frac{\mu}{r} + \nu\Big(\frac{1}{p} - \frac{1}{n}\Big).$$

又问如果把 $\mathbf{R}^n$ 换为有界开集 Ω 则有怎样的结论?

2. 设 $1 \leqslant p, q, r \leqslant \infty$, $\dfrac{1}{p} - \dfrac{1}{n} < \dfrac{1}{q} < \dfrac{1}{r}$, 且当 $p \geqslant n$ 时 $r \leqslant p$. 证明: 存在常数 $C > 0$ 使不等式

$$\|u\|_{L^q(\mathbf{R}^n)} \leqslant \varepsilon\|\nabla u\|_{L^p(\mathbf{R}^n)} + C\varepsilon^{-\mu}\|u\|_{L^r(\mathbf{R}^n)}$$

对所有满足条件 $u \in L^r(\mathbf{R}^n)$ 且 $\nabla u \in L^p(\mathbf{R}^n)$ 的 $u \in W^1(\mathbf{R}^n)$ 和任意给定的 $\varepsilon > 0$ 都成立, 其中 $\mu = \Big(\dfrac{1}{r} - \dfrac{1}{q}\Big)\Big/\Big(\dfrac{1}{q} - \dfrac{1}{p} + \dfrac{1}{n}\Big)$.

3. 补充给出定理 1.10.1 剩余情形的证明.

4. 证明定理 1.10.2.

1.11 高阶 Gagliardo–Nirenberg 不等式

本节把 Gagliardo–Nirenberg 不等式推广到含高阶弱导数的情形. 为行文简单起见, 记

$$\partial^m u = \{\partial^\alpha u: |\alpha| = m\}, \qquad \|\partial^m u\|_{L^p(\Omega)} = \sum_{|\alpha|=m} \|\partial^\alpha u\|_{L^p(\Omega)}.$$

先证明一个引理:

引理 1.11.1 **设 Ω 是 $\mathbf{R}^n$ 中的有界可延拓开集, m, k 为非负整数, $1 \leqslant p, q, r \leqslant \infty$, 且**

$$m > k, \quad \frac{1}{q} > \frac{1}{p} - \frac{m-k}{n}, \tag{1.11.1}$$

则对任意 $\varepsilon > 0$ 存在相应的常数 $C_\varepsilon > 0$ 使成立

$$\|u\|_{W^{k,q}(\Omega)} \leqslant \varepsilon \|\partial^m u\|_{L^p(\Omega)} + C_\varepsilon \|u\|_{L^r(\Omega)}, \quad \forall u \in W^{m,p}(\Omega); \tag{1.11.2}$$

证 先证明在所设条件下, 对任意 $\varepsilon > 0$ 存在相应的常数 $C'_\varepsilon > 0$ 使成立

$$\|u\|_{W^{k,q}(\Omega)} \leqslant \varepsilon \|u\|_{W^{m,p}(\Omega)} + C'_\varepsilon \|u\|_{L^r(\Omega)}, \quad \forall u \in W^{m,p}(\Omega). \tag{1.11.3}$$

事实上, 当 $p \leqslant r$ 时把不等式 $\|u\|_{L^p(\Omega)} \leqslant (\text{meas}\Omega)^{\frac{1}{p}-\frac{1}{r}} \|u\|_{L^r(\Omega)}$ 代入不等式 (1.10.5) 右端即得不等式 (1.11.3). 当 $p > r$ 时, 由 Gagliardo–Nirenberg 不等式 (1.10.2) 有 $\left(\text{注意由于}\frac{1}{p} - \frac{1}{n} < \frac{1}{p} < \frac{1}{r}, \text{ 所以 } 0 < \theta < 1\right)$

$$\|u\|_{L^p(\Omega)} \leqslant C \|u\|_{L^r(\Omega)}^\theta \|u\|_{W^{1,p}(\Omega)}^{1-\theta} \leqslant \frac{\varepsilon}{C_\varepsilon} \|u\|_{W^{1,p}(\Omega)} + C''_\varepsilon \|u\|_{L^r(\Omega)},$$

其中 C_ε 是出现于 (1.10.5) 中的常数, C''_ε 是另一个与 ε 相关的常数. 把这个不等式代入 (1.10.5) 右端便得 (1.11.3) (注意多出来的 ε 的 2 倍因子是无关紧要的).

现在把 (1.11.3) 应用于 $k = m-1$、$q = p$ 和 $\varepsilon = 1/2$ 的情形, 便得常数 $C > 0$ 使成立

$$\|u\|_{W^{m-1,p}(\Omega)} \leqslant \frac{1}{2} \|u\|_{W^{m,p}(\Omega)} + C \|u\|_{L^r(\Omega)}, \quad \forall u \in W^{m,p}(\Omega).$$

由此得到

$$\|u\|_{W^{m-1,p}(\Omega)} \leqslant \|\partial^m u\|_{L^p(\Omega)} + 2C \|u\|_{L^r(\Omega)}, \quad \forall u \in W^{m,p}(\Omega),$$

进而

$$\|u\|_{W^{m,p}(\Omega)} \leqslant 2 \|\partial^m u\|_{L^p(\Omega)} + 2C \|u\|_{L^r(\Omega)}, \quad \forall u \in W^{m,p}(\Omega).$$

把这个不等式代入 (1.11.3) 右端即得 (1.11.2) (注意多出来的 ε 的 2 倍因子显然不影响结论的成立). 证毕. □

定理 1.11.2 设 m, k 是非负整数, $1 \leqslant p, q, r \leqslant \infty$, 它们满足以下条件:

$$m > k, \quad \frac{1}{p} - \frac{m-k}{n} \leqslant \frac{1}{q} \leqslant \min\left\{\frac{1}{p}, \frac{1}{r}\right\}, \tag{1.11.4}$$

并且当 $\frac{1}{q} = \frac{1}{p} - \frac{m-k}{n}$ 时 $m-k-\frac{n}{p}$ 不是非负整数. 那么, 如果 $u \in L^r(\mathbf{R}^n)$ (当 $r=\infty$ 时还要求 $\lim\limits_{|x|\to\infty} u(x) = 0$) 且 $\partial^m u \in L^p(\mathbf{R}^n)$, 则 $\partial^k u \in L^q(\mathbf{R}^n)$, 且存在仅与 n, m, k, p, q, r 有关的常数 $C > 0$ 使成立下述不等式:

$$\|\partial^k u\|_{L^q(\mathbf{R}^n)} \leqslant C\|u\|_{L^r(\mathbf{R}^n)}^{\theta} \|\partial^m u\|_{L^p(\mathbf{R}^n)}^{1-\theta}, \tag{1.11.5}$$

其中 θ 是满足以下等式的 $\left[0, 1-\frac{k}{m}\right]$ 中的数:

$$\frac{1}{q} = \theta\left(\frac{1}{r} + \frac{k}{n}\right) + (1-\theta)\left(\frac{1}{p} - \frac{m-k}{n}\right). \tag{1.11.6}$$

证 先设 $\frac{1}{q} > \frac{1}{p} - \frac{m-k}{n}$. 这时只需证明: 存在仅与 n, m, k, p, q, r 有关的常数 $C_1 > 0$ 使成立下述不等式:

$$\|\partial^k u\|_{L^q(\mathbf{R}^n)} \leqslant \varepsilon\|\partial^m u\|_{L^p(\mathbf{R}^n)} + C_1\varepsilon^{-\frac{1-\theta}{\theta}}\|u\|_{L^r(\mathbf{R}^n)}, \quad \forall \varepsilon > 0. \tag{1.11.7}$$

事实上, 当这个不等式对任意 $\varepsilon>0$ 都成立时, 特别令 $\varepsilon = [\|u\|_{L^r(\mathbf{R}^n)} \big/ \|\partial^m u\|_{L^p(\mathbf{R}^n)}]^{\theta}$ (此 ε 相当于使不等式 (1.11.7) 右端取最小值的 ε 值) 便得到了不等式 (1.11.5).

为证明不等式 (1.11.7) 对任意 $\varepsilon > 0$ 成立, 只需证明存在常数 $C, C' > 0$ 使成立不等式

$$\|\partial^k u\|_{L^q(\mathbf{R}^n)} \leqslant C\|\partial^m u\|_{L^p(\mathbf{R}^n)} + C'\|u\|_{L^r(\mathbf{R}^n)} \tag{1.11.8}$$

即可, 因为当这个不等式成立时, 把它应用于函数 $u_\varepsilon(x) = u((\varepsilon/C)^{1/\mu}x)$ $\left(\text{其中}\mu = m-k-n\left(\frac{1}{p}-\frac{1}{q}\right)\right)$, 就得到了对任意 $\varepsilon > 0$ 都成立的不等式 (1.11.7). 因此, 以下证明不等式 (1.11.8).

我们仅对 $1 \leqslant p, q, r < \infty$ 的情况进行讨论, 剩余的情况留给读者. 分两步进行.

第一步: 先设 $u \in C^\infty(\mathbf{R}^n) \cap L^r(\mathbf{R}^n)$ 且 $\partial^m u \in L^p(\mathbf{R}^n)$. 对 $\mathbf{R}^n$ 中的任意有界可延拓开集 Ω 应用引理 1.11.1 (取 $\varepsilon = 1$), 可知存在仅与 n, m, k, p, q, r 及 Ω 有关的常数 $C_0 > 0$ 使成立下列不等式:

$$\|\partial^k u\|_{L^q(\Omega)} \leqslant \|\partial^m u\|_{L^p(\Omega)} + C_0\|u\|_{L^r(\Omega)}.$$

由于 Lebesgue 积分在积分变元的平移变换和正交变换下不变, 所以上述不等式中的常数 C_0 对所有互相全等的开集是相同的. 现在令 $Q_1, Q_2, \cdots$ 为 $\mathbf{R}^n$ 中所有以格点 (即所有坐标都是整数的点) 为顶点而边长等于 1 的开立方体, 那么对这些开集 Q_j 存在相同的常数 $C_0>0$ 使成立

$$\sum_{|\alpha|=k}\|\partial^\alpha u\|_{L^q(Q_j)}\leqslant\sum_{|\beta|=m}\|\partial^\beta u\|_{L^p(Q_j)}+C_0\|u\|_{L^r(Q_j)},\quad j=1,2,\cdots.$$

对这些不等式两端都求 q 次幂, 并应用不等式

$$a_1^q+a_2^q+\cdots+a_N^q\leqslant(a_1+a_2+\cdots+a_N)^q\leqslant N^{q-1}(a_1^q+a_2^q+\cdots+a_N^q)\quad(1.11.9)$$

(其中 $q\geqslant 1,\ a_1,a_2,\cdots,a_N\geqslant 0$) 就得到

$$\begin{aligned}\sum_{|\alpha|=k}\int_{Q_j}|\partial^\alpha u(x)|^q\mathrm{d}x\leqslant&(N_1+1)^{q-1}\sum_{|\beta|=m}\left[\int_{Q_j}|\partial^\beta u(x)|^p\mathrm{d}x\right]^{\frac{q}{p}}\\&+C_0^q(N_1+1)^{q-1}\left[\int_{Q_j}|u(x)|^r\mathrm{d}x\right]^{\frac{q}{r}},\quad j=1,2,\cdots,\end{aligned}$$

其中 N_1 表示所有满足 $|\beta|=m$ 的 n 重指标 β 的个数. 注意到 $\frac{q}{p}\geqslant 1$ 且 $\frac{q}{r}\geqslant 1$, 所以对上面这些不等式关于 j 求和并应用 (1.11.9) 中的前一个不等式在 $N\to\infty$ 时的极限形式, 就得到

$$\begin{aligned}\sum_{|\alpha|=k}\int_{\mathbf{R}^n}|\partial^\alpha u(x)|^q\mathrm{d}x\leqslant&(N_1+1)^{q-1}\sum_{|\beta|=m}\left[\int_{\mathbf{R}^n}|\partial^\beta u(x)|^p\mathrm{d}x\right]^{\frac{q}{p}}\\&+C_0^q(N_1+1)^{q-1}\left[\int_{\mathbf{R}^n}|u(x)|^r\mathrm{d}x\right]^{\frac{q}{r}},\end{aligned}$$

对此不等式两端开 q 次方并应用不等式

$$(a_1+a_2+\cdots+a_N)^{\frac{1}{q}}\leqslant a_1^{\frac{1}{q}}+a_2^{\frac{1}{q}}+\cdots+a_N^{\frac{1}{q}}\leqslant N^{1-\frac{1}{q}}(a_1+a_2+\cdots+a_N)^{\frac{1}{q}}$$

(其中 $q\geqslant 1,\ a_1,a_2,\cdots,a_N\geqslant 0$) 就得到

$$\sum_{|\alpha|=k}\|\partial^\alpha u\|_{L^q(\mathbf{R}^n)}\leqslant C\sum_{|\beta|=m}\|\partial^\beta u\|_{L^p(\mathbf{R}^n)}+C'\|u\|_{L^r(\mathbf{R}^n)},$$

其中 $C=(N_1+1)^{1-\frac{1}{q}}N_2^{1-\frac{1}{q}}$, $C'=CC_0$, N_2 表示所有满足 $|\alpha|=k$ 的 n 重指标 α 的个数. 这就证明了不等式 (1.11.8).

第二步: 再设 $u\in L^r(\mathbf{R}^n)$ 且 $\partial^m u\in L^p(\mathbf{R}^n)$. 这时令 u_ε $(\varepsilon>0)$ 为 u 的磨光函数, 则由定理 1.5.11 知 $u_\varepsilon\in C^\infty(\mathbf{R}^n)\cap L^r(\mathbf{R}^n)$ $(\varepsilon>0)$ 且

$$\|u_\varepsilon\|_{L^r(\mathbf{R}^n)}\leqslant\|u\|_{L^r(\mathbf{R}^n)},\qquad\lim_{\varepsilon\to 0}\|u_\varepsilon-u\|_{L^r(\mathbf{R}^n)}=0.\quad(1.11.10)$$

另外不难知道对任意 $|\beta|=m$ 有 $\partial^\beta u_\varepsilon=(\partial^\beta u)_\varepsilon$, 所以由同一定理知 $\partial^\beta u_\varepsilon\in L^p(\mathbf{R}^n)$ $(|\beta|=m)$ 且

$$\|\partial^\beta u_\varepsilon\|_{L^p(\mathbf{R}^n)}\leqslant\|\partial^\beta u\|_{L^p(\mathbf{R}^n)},\quad \lim_{\varepsilon\to0}\|\partial^\beta u_\varepsilon-\partial^\beta u\|_{L^p(\mathbf{R}^n)}=0,\quad \forall|\beta|=m. \tag{1.11.11}$$

应用第一步所得结论知对任意 $\varepsilon>0$ 和 $\varepsilon'>0$ 有

$$\|\partial^k u_\varepsilon-\partial^k u_{\varepsilon'}\|_{L^q(\mathbf{R}^n)}\leqslant C_2\|u_\varepsilon-u_{\varepsilon'}\|^\theta_{L^r(\mathbf{R}^n)}\|\partial^m u_\varepsilon-\partial^m u_{\varepsilon'}\|^{1-\theta}_{L^p(\mathbf{R}^n)}.$$

从 (1.11.10) 和 (1.11.11) 知这个不等式右端当 $\varepsilon,\varepsilon'\to0$ 时趋于零, 所以当 $\varepsilon\to0$ 时, 对任意 $|\alpha|=k$, $\partial^\alpha u_\varepsilon$ 在 $L^q(\mathbf{R}^n)$ 中有极限. 根据推论 1.6.7, 由此推知对任意 $|\alpha|=k$, u 在 $\mathbf{R}^n$ 有 α 阶弱导数, 且 $\partial^\alpha u\in L^q(\mathbf{R}^n)$, $\lim\limits_{\varepsilon\to0}\|\partial^\alpha u_\varepsilon-\partial^\alpha u\|_{L^q(\mathbf{R}^n)}=0$. 因此通过在应用第一步已证明的结论所得到的不等式

$$\|\partial^k u_\varepsilon\|_{L^q(\mathbf{R}^n)}\leqslant C\|\partial^m u_\varepsilon\|_{L^p(\mathbf{R}^n)}+C'\|u_\varepsilon\|_{L^r(\mathbf{R}^n)}$$

中令 $\varepsilon\to0$ 取极限, 就得到了不等式 (1.11.8).

再设 $\dfrac1q=\dfrac1p-\dfrac{m-k}{n}$. 由于 $m-k-\dfrac np$ 不是非负整数, 所以通过反复应用定理 1.8.4 可得不等式

$$\|\partial^k u\|_{L^q(\mathbf{R}^n)}\leqslant C\|\partial^m u\|_{L^p(\mathbf{R}^n)},\quad \forall u\in W^{m,p}(\mathbf{R}^n), \tag{1.11.12}$$

即这时不等式 (1.11.5) 对 $\theta=0$ 成立, 而 $\theta=0$ 恰是使等式 (1.11.6) 成立的数. 所以定理 1.11.2 得证. □

定理 1.11.2 中的条件 (1.11.4) 可以适当减弱. 事实上成立下述定理:

定理 1.11.3 设 m,k 是非负整数, $m>k$. 又设 $1\leqslant p,q,r\leqslant\infty$, 且 $\dfrac1q$ 介于 $\dfrac1p-\dfrac{m-k}{n}$ 和 $\dfrac km\dfrac1p+\Big(1-\dfrac km\Big)\dfrac1r$ 之间①, 并且当 $\dfrac1q=\dfrac1p-\dfrac{m-k}{n}$ 时 $m-k-\dfrac np$ 不是非负整数. 那么, 如果 $u\in L^r(\mathbf{R}^n)$ (当 $r=\infty$ 时还要求 $\lim\limits_{|x|\to\infty}u(x)=0$) 且 $\partial^m u\in L^p(\mathbf{R}^n)$, 则 $\partial^k u\in L^q(\mathbf{R}^n)$, 且存在仅与 n,m,k,p,q,r 有关的常数 $C>0$ 使不等式 (1.11.5) 成立, 其中 θ 是满足等式 (1.11.6) 的 $[0,1-k/m]$ 中的数.

这个定理的证明见文献 [89] 和本节的习题 4.

应用定理 1.11.3 和延拓定理, 立刻得到

定理 1.11.4 设 Ω 是 $\mathbf{R}^n$ 中的可延拓开集, m,k 为非负整数, $1\leqslant p,q,r\leqslant\infty$, 它们满足定理 1.11.3 的条件. 则当 $u\in W^{m,p}(\Omega)\cap L^r(\mathbf{R}^n)$ 时 (当 $r=\infty$ 时还要求

① 对于三个实数 a,b,c, 我们称 c 介于 a 和 b 之间是指: 当 $a<b$ 时 $a\leqslant c\leqslant b$; 当 $b<a$ 时 $b\leqslant c\leqslant a$; 当 $a=b$ 时 $c=a=b$.

$\lim\limits_{|x|\to\infty} u(x)=0$), 必有 $\partial^k u\in L^q(\mathbf{R}^n)$, 且存在仅与 n,m,k,p,q,r 及 Ω 有关的常数 $C>0$ 使成立下述不等式:

$$\|\partial^k u\|_{L^q(\Omega)}\leqslant C\|u\|_{L^r(\Omega)}^{\theta}\|u\|_{W^{m,p}(\Omega)}^{1-\theta}, \tag{1.11.13}$$

其中 θ 是满足等式 (1.11.6) 的 $[0,1-k/m]$ 中的数.

不等式 (1.11.5) 和 (1.11.13) 都叫做**Gagliardo–Nirenberg不等式**.

注 (1) 不难验证, 等式 (1.11.6) 可改写为下述关于 scaling 指数的易于记忆的形式:

$$k-\frac{n}{q}=\theta\Big(0-\frac{n}{r}\Big)+(1-\theta)\Big(m-\frac{n}{p}\Big). \tag{1.11.14}$$

(2) 当$\dfrac{1}{r}=\dfrac{1}{p}-\dfrac{m}{n}$ 时, 有 $\dfrac{1}{q}=\dfrac{1}{p}-\dfrac{m-k}{n}=\dfrac{k}{m}\dfrac{1}{p}+\Big(1-\dfrac{k}{m}\Big)\dfrac{1}{r}$, 这时区间 $[0,1-k/m]$ 中的任意数 θ 都满足等式 (1.11.6). 除此之外满足等式 (1.11.6) 的 θ 是唯一确定的且必属于区间 $[0,1-k/m]$.

习 题 1.11

1. 设 Ω 是 $\mathbf{R}^n$ 中的有界可延拓开集, $1\leqslant r\leqslant\infty$. 证明: 在定理 1.10.5 结论 (ii) 的条件下, 对任意 $\varepsilon>0$ 存在相应的常数 $C_\varepsilon>0$ 使成立

$$\|u\|_{C^{k,\mu}(\overline{\Omega})}\leqslant\varepsilon\sum_{|\alpha|=m}\|\partial^\alpha u\|_{L^p(\Omega)}+C_\varepsilon\|u\|_{L^r(\Omega)},\quad \forall u\in W^{m,p}(\Omega)\cap L^r(\Omega).$$

2. 设 $1\leqslant p,r<\infty$, $2\leqslant q<\infty$ 且 $\dfrac{1}{q}=\dfrac{1}{2}\Big(\dfrac{1}{p}+\dfrac{1}{r}\Big)$. 应用恒等式

$$\operatorname{div}(u|\nabla u|^{q-2}\nabla u)=|\nabla u|^q+u|\nabla u|^{q-2}\Delta u+(q-2)u|\nabla u|^{q-4}\sum_{i,j=1}^n(\partial_i\partial_j u)\partial_i u\partial_j u$$

证明不等式:

$$\|\nabla u\|_{L^q(\mathbf{R}^n)}\leqslant C\|u\|_{L^r(\mathbf{R}^n)}^{\frac12}\|\partial^2 u\|_{L^p(\mathbf{R}^n)}^{\frac12},\quad \forall u\in C_0^\infty(\mathbf{R}^n).$$

3. 设 m,k 是正整数, $1\leqslant p,r<\infty$, $m\leqslant q<\infty$, 且

$$m>k,\quad \frac{1}{q}=\frac{k}{m}\frac{1}{p}+\Big(1-\frac{k}{m}\Big)\frac{1}{r}.$$

已知第 2 题中的不等式对任意满足条件 $\dfrac{1}{q}=\dfrac{1}{2}\Big(\dfrac{1}{p}+\dfrac{1}{r}\Big)$ 的 $1\leqslant p,q,r<\infty$ 都成立[89]. 据此证明以下不等式:

$$\|\partial^k u\|_{L^q(\mathbf{R}^n)}\leqslant C\|u\|_{L^r(\mathbf{R}^n)}^{1-\frac{k}{m}}\|\partial^m u\|_{L^p(\mathbf{R}^n)}^{\frac{k}{m}},\quad \forall u\in C_0^\infty(\mathbf{R}^n).$$

4. 应用第 3 题和不等式 (1.11.5) 证明定理 1.11.3.

5. 设 φ 是 $\mathbf{R}^n$ 上的一个磨光核. 则对 $\mathbf{R}^n$ 上的任意局部可积函数 u 成立恒等式

$$u(x)=\frac{1}{\varepsilon^n}\int_{\mathbf{R}^n}[u(x)-u(x-y)]\varphi\Big(\frac{y}{\varepsilon}\Big)\mathrm{d}y+\frac{1}{\varepsilon^n}\int_{\mathbf{R}^n}u(y)\varphi\Big(\frac{x-y}{\varepsilon}\Big)\mathrm{d}y,$$

其中 $\varepsilon>0$ 任意. 根据这个恒等式证明: 如果 $u\in L^r(\mathbf{R}^n)$ $(1\leqslant r<\infty)$ 且对某个 $0<\mu\leqslant 1$ 有 $[u]_\mu=\sup\limits_{\substack{x,y\in\mathbf{R}^n\\ x\neq y}}\dfrac{|u(x)-u(y)|}{|x-y|^\mu}<\infty$, 则对任意 $r\leqslant q\leqslant\infty$ 都有 $u\in L^q(\mathbf{R}^n)$, 且存在仅与 n,q,r,μ 有关的常数 $C>0$ 使成立不等式:

$$\|u\|_{L^q(\mathbf{R}^n)}\leqslant C\|u\|_{L^r(\mathbf{R}^n)}^{\theta}[u]_\mu^{1-\theta},$$

其中 θ 是由等式 $\dfrac{1}{q}=\dfrac{\theta}{r}-(1-\theta)\dfrac{\mu}{n}$ 唯一确定的数.

6. (1) 根据上题的恒等式证明: 当 $\dfrac{1}{p}-\dfrac{1}{n}<\dfrac{1}{q}\leqslant\min\Big\{\dfrac{1}{p},\dfrac{1}{r}\Big\}$ 时成立不等式:

$$\|\nabla u\|_{L^q(\mathbf{R}^n)}\leqslant C\|u\|_{L^r(\mathbf{R}^n)}^{\theta}\Big[\sup_{y\in\mathbf{R}^n\setminus\{0\}}\|\nabla u(\cdot+y)-\nabla u\|_{L^p(\mathbf{R}^n)}/|y|^{1-n(\frac{1}{p}-\frac{1}{q})}\Big]^{1-\theta},$$

其中 θ 是由等式 $\dfrac{1}{q}=\theta\Big(\dfrac{1}{r}+\dfrac{1}{n}\Big)+(1-\theta)\Big(\dfrac{1}{p}-\dfrac{1}{n}\Big)$ 唯一确定的数.

(2) 应用 (1) 的结论证明定理 1.11.2.

7. 令 E 为 Laplace 算子 Δ 的基本解, 而 φ 是 $\mathbf{R}^n$ 上在原点的一个邻域里恒取 1 值的 C^∞ 紧支函数. 则由习题 1.8 第 7 题知对任意对 $u\in C_0^2(\mathbf{R}^n)$ 成立恒等式

$$u(x)=\int_{\mathbf{R}^n}\varphi(x-y)E(x-y)\Delta u(y)\mathrm{d}y+\int_{\mathbf{R}^n}[1-\varphi(x-y)]E(x-y)\Delta u(y)\mathrm{d}y.$$

根据这个恒等式证明: 当 $\dfrac{1}{p}-\dfrac{1}{n}<\dfrac{1}{q}\leqslant\min\Big\{\dfrac{1}{p},\dfrac{1}{r}\Big\}$ 时成立不等式:

$$\|\nabla u\|_{L^q(\mathbf{R}^n)}\leqslant C\|u\|_{L^r(\mathbf{R}^n)}^{\theta}\|\Delta u\|_{L^p(\mathbf{R}^n)}^{1-\theta},$$

其中 θ 是由等式 $\dfrac{1}{q}=\theta\Big(\dfrac{1}{r}+\dfrac{1}{n}\Big)+(1-\theta)\Big(\dfrac{1}{p}-\dfrac{1}{n}\Big)$ 唯一确定的数.

8. 设 m 是正整数. 令

$$E_m(x)=\begin{cases}|x|^{2m-n}\ln|x|, & 2m-n\ \text{是非负偶数},\\ |x|^{2m-n}, & \text{其他}\ m,n.\end{cases}$$

(1) 证明对任意 $u\in C_0^{2m}(\mathbf{R}^n)$ 成立 $u(x)=C(m,n)\displaystyle\int_{\mathbf{R}^n}E_m(x-y)\Delta^m u(y)\mathrm{d}y,\ \forall x\in\mathbf{R}^n$, 其中 $C(m,n)$ 是仅与 m,n 有关的正常数.

(2) 根据 (1) 的结论证明: 当 $0\leqslant k<2m$ 且 $\dfrac{1}{p}-\dfrac{2m-k}{n}<\dfrac{1}{q}\leqslant\min\Big\{\dfrac{1}{p},\dfrac{1}{r}\Big\}$ 时成立不等式:

$$\|\partial^k u\|_{L^q(\mathbf{R}^n)}\leqslant C\|u\|_{L^r(\mathbf{R}^n)}^{\theta}\|\Delta^m u\|_{L^p(\mathbf{R}^n)}^{1-\theta},$$

其中 θ 是由等式 $\dfrac{1}{q}=\theta\Big(\dfrac{1}{r}+\dfrac{k}{n}\Big)+(1-\theta)\Big(\dfrac{1}{p}-\dfrac{2m-k}{n}\Big)$ 唯一确定的数.

1.12　迹　定　理

在偏微分方程各类定解问题 (初值问题、边值问题、初边值问题等) 的研究中, 需要考虑函数在区域边界 $\partial\Omega$ 上的某一部分或整个边界上的值. 经典的偏微分方程理论一般只考虑那些具有与方程相同阶数的偏导数且本身及这些偏导数都在 $\overline{\Omega}$ 上连续的解. 这种情况下解及其一定阶的偏导数在区域边界 $\partial\Omega$ 上的值是明显的. 但是如果在 Sobolev 空间 $W^{m,p}(\Omega)$ 中求解偏微分方程的定解问题, 则解在边界 $\partial\Omega$ 上的值便没有明显的定义. 本节的目的是证明当 $m \geqslant 1$ 且 $\partial\Omega$ 比较光滑时, $W^{m,p}(\Omega)$ 中的函数在 $\partial\Omega$ 上的边值及其阶不超过 $m-1$ 的偏导数都有意义并属于 $\partial\Omega$ 上的一定 Sobolev 空间.

1.12.1　函数在超平面上的迹

首先考虑 Ω 是半空间的情况, 即 $\Omega = \mathbf{R}^n_+ = \{(x', x_n) \in \mathbf{R}^{n-1} \times \mathbf{R}: \ x_n > 0\}$. 这时 $\partial\Omega = \mathbf{R}^{n-1}$ (我们把 $\mathbf{R}^{n-1} \times \{0\}$ 与 $\mathbf{R}^{n-1}$ 等同). 当 $u \in W^{1,p}(\mathbf{R}^n_+)$ $(1 \leqslant p \leqslant \infty)$ 时, 有

$$u, \partial_{x_1} u, \partial_{x_2} u, \cdots, \partial_{x_n} u \in L^p(\mathbf{R}^n_+).$$

因此, 函数 $u(x) = u(x', x_n)$ 可以看作变元 x_n 的、取值于向量空间 $W^{1,p}(\mathbf{R}^{n-1})$ 的向量值函数, 而且如果把它看作取值于更大向量空间 $L^p(\mathbf{R}^{n-1})$ 的向量值函数, 则它是弱可导的, 即有

$$[x_n \mapsto u(\cdot, x_n)] \in L^p([0,\infty), W^{1,p}(\mathbf{R}^{n-1})) \cap W^{1,p}((0,\infty), L^p(\mathbf{R}^{n-1}))$$

(关于向量值函数的详细讨论见 4.2 节). 由于 $W^{1,p}(0,\infty) \subseteq C[0,\infty)$, 所以可以期望也成立 $W^{1,p}((0,\infty), L^p(\mathbf{R}^{n-1})) \subseteq C([0,\infty), L^p(\mathbf{R}^{n-1}))$. 显然如果这样的预期是成立的, 则函数 $x' \mapsto u(x', 0)$ 便自然地有定义了, 而且属于 $L^p(\mathbf{R}^{n-1})$. 事实上如果再考虑到嵌入关系 $W^{1,p}(\mathbf{R}^{n-1}) \hookrightarrow L^q(\mathbf{R}^{n-1})$, 其中 $p \leqslant q \leqslant (n-1)p/(n-1-p)$ (当 $1 \leqslant p < n-1$), 或 $p \leqslant q < \infty$ (当 $p = n-1$), 或 $p \leqslant q \leqslant \infty$ (当 $p > n-1$), 似乎可以期望对上述范围的 q 而言, 函数 $x' \mapsto u(x', 0)$ 属于 $L^q(\mathbf{R}^{n-1})$. 但因考虑到关于变元 x_n 连续的要求, 并不能得到这么强的结果. 下面证明比此较弱的结论成立①:

---

① 借助于非整数次的 Sobolev 空间, 指数 $q = \dfrac{(n-1)p}{n-p}$ 的来由可解释如下: 令 $s = \dfrac{n-p}{(n-1)p}$, 则 $0 < s < 1$, 且 $1 - \dfrac{n}{p} = s - \dfrac{n}{q}$, 所以 $W^{1,p}(\mathbf{R}^n_+) \hookrightarrow W^{s,q}(\mathbf{R}^n_+) \hookrightarrow W^{s,q}((0,\infty), L^q(\mathbf{R}^{n-1}))$. 由 $s - \dfrac{1}{q} = 0 - \dfrac{1}{\infty}$ 知 $W^{s,q}(0,\infty) \hookrightarrow C[0,\infty)$. 所以最后得 $W^{1,p}(\mathbf{R}^n_+) \hookrightarrow C([0,\infty), L^q(\mathbf{R}^{n-1}))$.

定理 1.12.1 设 $n \geqslant 2, 1 \leqslant p < \infty$, 而

$$p \leqslant q \begin{cases} \leqslant \dfrac{(n-1)p}{n-p}, & 1 \leqslant p < n, \\ < \infty, & p = n, \\ \leqslant \infty, & p > n, \end{cases} \tag{1.12.1}$$

则对任意 $u \in W^{1,p}(\mathbf{R}_+^n) \cap C^1(\overline{\mathbf{R}_+^n})$ 成立以下不等式:

$$\|u(\cdot,0)\|_{L^q(\mathbf{R}^{n-1})} \leqslant C\|u\|_{W^{1,p}(\mathbf{R}_+^n)}. \tag{1.12.2}$$

其中 C 为只依赖于 n,p,q 而与 u 无关的正常数.

证 先设 $p > 1$ 且 $p \leqslant q < \infty$. 这时 $C_0^\infty(\mathbf{R}^n)$ 在 $W^{1,p}(\mathbf{R}^n)$ 中稠密, 从而 $C_0^\infty(\mathbf{R}^n)$ 在 $\mathbf{R}_+^n$ 上的限制也在 $W^{1,p}(\mathbf{R}_+^n)$ 中稠密, 所以对任意 $u \in W^{1,p}(\mathbf{R}_+^n) \cap C^1(\overline{\mathbf{R}_+^n})$ 都有 $\lim\limits_{x_n \to \infty} u(x',x_n) = 0$, 进而

$$\begin{aligned} |u(x',0)|^q &= -\int_0^\infty \partial_t[|u(x',t)|^q]\mathrm{d}t = -q\int_0^\infty |u(x',t)|^{q-1}\partial_{x_n}u(x',t)\mathrm{sgn}u(x',t)\mathrm{d}t \\ &\leqslant q\left(\int_0^\infty |u(x',t)|^{p'(q-1)}\mathrm{d}t\right)^{\frac{1}{p'}}\left(\int_0^\infty |\partial_{x_n}u(x',t)|^p\mathrm{d}t\right)^{\frac{1}{p}}, \quad \forall x' \in \mathbf{R}^{n-1}. \end{aligned}$$

所以

$$\begin{aligned} &\|u(\cdot,0)\|_{L^q(\mathbf{R}^{n-1})} = \Big(\int_{\mathbf{R}^{n-1}} |u(x',0)|^q\mathrm{d}x'\Big)^{\frac{1}{q}} \\ &\leqslant C\Big(\int_{\mathbf{R}^{n-1}}\int_0^\infty |u(x',t)|^{p'(q-1)}\mathrm{d}x'\mathrm{d}t\Big)^{\frac{1}{p'q}}\Big(\int_{\mathbf{R}^{n-1}}\int_0^\infty |\partial_{x_n}u(x',t)|^p\mathrm{d}x'\mathrm{d}t\Big)^{\frac{1}{pq}} \\ &= C\|u\|_{L^{p'(q-1)}(\mathbf{R}_+^n)}^{\frac{q-1}{q}}\|\partial_{x_n}u\|_{L^p(\mathbf{R}_+^n)}^{\frac{1}{q}} \leqslant C\|u\|_{W^{1,p}(\mathbf{R}_+^n)}. \end{aligned}$$

在得到最后一个不等式时用到了嵌入不等式

$$\|u\|_{L^{p'(q-1)}(\mathbf{R}_+^n)} \leqslant C\|u\|_{W^{1,p}(\mathbf{R}_+^n)}, \quad \forall u \in W^{1,p}(\mathbf{R}_+^n),$$

它由条件 (1.12.1) 保证. 这就证明了 $p > 1$ 且 $q < \infty$ 时的不等式 (1.12.2). 当 $p > 1$ 且 $q = \infty$ 时, 由于按 (1.12.1) 知条件 $q = \infty$ 蕴涵着 $p > n$, 所以这时 $W^{1,p}(\mathbf{R}_+^n) \hookrightarrow C(\overline{\mathbf{R}_+^n}) \cap L^\infty(\mathbf{R}_+^n)$, 从而 (1.12.2) 是显然的. 当 $p = 1$ 时按 (1.12.1) 知必有 $q = 1$, 这时从

$$|u(x',0)| = -q\int_0^\infty \partial_{x_n}u(x',t)\mathrm{sgn}u(x',t)\mathrm{d}t \leqslant q\int_0^\infty |\partial_{x_n}u(x',t)|\mathrm{d}t$$

关于变元 x_n 积分便直接得到了 (1.12.2). 证毕. □

以上定理表明, 当 p, q 满足条件 (1.12.1) 时, 原本只对 $W^{1,p}(\mathbf{R}_+^n) \cap C^1(\overline{\mathbf{R}_+^n})$ 中函数有定义的线性映射 $u \mapsto u(\cdot, 0)$ 按 $W^{1,p}(\mathbf{R}_+^n)$ 和 $L^q(\mathbf{R}^{n-1})$ 的范数连续, 因而可以唯一地延拓成 $W^{1,p}(\mathbf{R}_+^n)$ 到 $L^q(\mathbf{R}^{n-1})$ 的有界线性映射. 记延拓后的映射为 Γ. 引进定义

定义 1.12.2　在定理 1.12.1 的条件下, 对任意 $u \in W^{1,p}(\mathbf{R}_+^n)$, 称 $\Gamma u \in L^q(\mathbf{R}^{n-1})$ 为函数 u 在超平面 $x_n = 0$ 上的**迹** (trace), 并称有界线性映射 $\Gamma : W^{1,p}(\mathbf{R}_+^n) \to L^q(\mathbf{R}^{n-1})$ 为**迹映射**.

注意由于对给定的 $1 \leqslant p < \infty$, 满足条件 (1.12.1) 的 q 不是唯一的, 所以表面上看迹映射 Γ 也不是唯一的, 依赖于 q 的选取. 但是事实上定理 1.2.1 蕴涵着 $\Gamma u \in \bigcap_{q \in \mathscr{A}_p} L^q(\mathbf{R}^{n-1})$, $\forall u \in W^{1,p}(\mathbf{R}_+^n)$, 其中 $\mathscr{A}_p$ 表示满足条件 (1.12.1) 的全体指标 q 组成的集合, 即对两个不同但都满足条件 (1.12.1) 的指标 q_1 和 q_2 和任意 $u \in W^{1,p}(\mathbf{R}_+^n)$, Γu 作为 $L^{q_1}(\mathbf{R}^{n-1})$ 中的元素和作为 $L^{q_2}(\mathbf{R}^{n-1})$ 中的元素是相同的. 因此采用不依赖于指标 q 的记号 Γ 来表示迹映射是合理的.

定理 1.12.3　设 $n \geqslant 2$, $m \in \mathbf{N}$, $0 \leqslant k \leqslant m-1$, $1 \leqslant p < \infty$, $p \leqslant q \leqslant \infty$ 并满足条件 (1.12.1), 则成立不等式:

$$\|\partial_{x_n}^k u(\cdot, 0)\|_{W^{m-k-1,q}(\mathbf{R}^{n-1})} \leqslant C\|u\|_{W^{m,p}(\mathbf{R}^n)}, \quad \forall u \in W^{m,p}(\mathbf{R}_+^n) \cap C^m(\overline{\mathbf{R}_+^n}), \tag{1.12.3}$$

其中 C 为只依赖于 n, m, k, p, q 而与 u 无关的正常数.

证　记 $x' = (x_1, \cdots, x_{n-1})$. 对任意 $0 \leqslant k \leqslant m-1$ 和 $\alpha \in \mathbf{Z}_+^{n-1}$, $|\alpha| \leqslant m-k-1$, 当 $u \in W^{m,p}(\mathbf{R}_+^n) \cap C^m(\overline{\mathbf{R}_+^n})$ 时有

$$\partial_{x'}^\alpha \partial_{x_n}^k u \in W^{1,p}(\mathbf{R}_+^n) \cap C^1(\overline{\mathbf{R}_+^n}).$$

所以由定理 1.12.1 得

$$\|\partial_{x'}^\alpha \partial_{x_n}^k u(\cdot, 0)\|_{L^q(\mathbf{R}^{n-1})} \leqslant C\|\partial_{x'}^\alpha \partial_{x_n}^k u\|_{W^{1,p}(\mathbf{R}_+^n)}.$$

此式两端关于所有满足条件 $|\alpha| \leqslant m-k-1$ 的 $\alpha \in \mathbf{Z}_+^{n-1}$ 相加即得 (1.12.3).　□

根据以上定理, 对任意正整数 m 和非负整数 $0 \leqslant k \leqslant m-1$, 当 p, q 满足条件 (1.12.1) 时, 原本只对 $W^{m,p}(\mathbf{R}_+^n) \cap C^m(\overline{\mathbf{R}_+^n})$ 中函数有定义的线性映射 $u \mapsto \partial_{x_n}^k u(\cdot, 0)$ 按 $W^{m,p}(\mathbf{R}_+^n)$ 和 $W^{m-k-1,q}(\mathbf{R}^{n-1})$ 的范数连续, 因而可以唯一地延拓成 $W^{m,p}(\mathbf{R}_+^n)$ 到 $W^{m-k-1,q}(\mathbf{R}^{n-1})$ 的有界线性映射. 记延拓后的映射为 Γ_k. 引进定义

定义 1.12.4　在定理 1.12.3 的条件下, 对任意 $u \in W^{m,p}(\mathbf{R}_+^n)$, 称 $\Gamma_k u \in W^{m-k-1,q}(\mathbf{R}^{n-1})$ 为函数 u 在超平面 $x_n = 0$ 上的 k **阶迹**, 并称映射 $\Gamma_k : W^{m,p}(\mathbf{R}_+^n) \to W^{m-k-1,q}(\mathbf{R}^{n-1})$ 为 k **阶迹映射**.

注意对这里定义的高阶迹映射也有类似于定义 1.12.2 之后的注记. 习惯上, 经

常把 $\Gamma_0 u$ 即 Γu 记作 $u|_{x_n=0}$; 类似地把 $\Gamma_k u$ 记作 $\partial_{x_n}^k u|_{x_n=0}$ 或 $\left.\dfrac{\partial^k u}{\partial x_n^k}\right|_{x_n=0}$, $k=1,2,\cdots,m-1$.

以上讨论了函数在平直边界上的迹. 为了定义函数在弯曲边界上的迹, 必须在超曲面上定义函数空间. 下面对此作简单的讨论.

1.12.2 超曲面上的 Hölder 空间和 Sobolev 空间

我们的目的是给出有界区域 Ω 上 Sobolev 空间 $W^{m,p}(\Omega)$ 中的函数在 Ω 的边界 $\partial\Omega$ 上的迹. 由于 $\partial\Omega$ 是一个封闭的 $n-1$ 维超曲面, 它一般不可能整体地表示成 $x_n=f(x_1,x_2,\cdots,x_{n-1})$ 或类似的形式, 而只可能在每一点的附近局部地表示成这种形式, 所以必须先给出 $\mathbf{R}^n$ 中一般的 $n-1$ 维超曲面的定义.

定义 1.12.5 *设 S 是 $\mathbf{R}^n$ 中的非空集合, m 是正整数. 如果对任意 $x_0\in S$, 存在 x_0 的邻域 U 和 C^m 微分同胚 $\Phi: U\to B(0,1)\subseteq\mathbf{R}^n$ 使成立*

$$\Phi(U\cap S)=\mathbf{R}^{n-1}\cap B(0,1)=\{(y',0)\in\mathbf{R}^n:\ y'\in\mathbf{R}^{n-1},\ |y'|<1\},\quad \Phi(x_0)=0, \tag{1.12.4}$$

则称 S 为 C^m 类 $n-1$ **维超曲面**, *简称 S 为 C^m* **类超曲面**.

设 Φ_n 为向量函数 $\Phi: U\to\mathbf{R}^n$ 的第 n 个分量, 则由条件 (1.12.4) 知

$$U\cap S=\{x\in U:\ \Phi_n(x)=0\}.$$

由 Φ 是 C^m 微分同胚知 $\det D\Phi(x)\neq 0$, $\forall x\in U$, 其中 $D\Phi(x)$ 表示 Φ 在 x 点的 Jacobi 矩阵. 据此知 $\nabla\Phi_n(x)\neq 0$, $\forall x\in U$, 特别对任意 $x_0\in S$ 有 $\nabla\Phi_n(x_0)\neq 0$. 设 $x_0=(x_1^0,x_2^0,\cdots,x_n^0)$. 由于 $\Phi_n(x_0)=0$, 所以应用隐函数定理知存在足标 $1\leqslant i\leqslant n$ 和定义于 $\mathbf{R}^{n-1}$ 中 $(x_1^0,\cdots,x_{i-1}^0,x_{i+1}^0,\cdots,x_n^0)$ 的某个邻域上的 C^m 函数 f, 使得 $x_i=f(x_1,\cdots,x_{i-1},x_{i+1},\cdots,x_n)$ 是方程

$$\Phi_n(x)=0$$

在 x_0 点附近的唯一解, 即在 x_0 点附近 S 可表示成

$$x_i=f(x_1,\cdots,x_{i-1},x_{i+1},\cdots,x_n) \tag{1.12.5}$$

的形式. 反过来的结论显然也是对的 (请读者自证). 因此 S 是 $n-1$ 维 C^m 类超曲面可等价地定义为: 对任意 $x_0\in S$, 设 $x_0=(x_1^0,x_2^0,\cdots,x_n^0)$, 则存在足标 $1\leqslant i\leqslant n$ 和定义于 $\mathbf{R}^{n-1}$ 中点 $(x_1^0,\cdots,x_{i-1}^0,x_{i+1}^0,\cdots,x_n^0)$ 的某个邻域上的 C^m 函数 f, 以及 x_0 的邻域 U, 使得 $S\cap U$ 可以表示成 (1.12.5) 的形式.

下面设 S 是紧的 C^m 类超曲面, 即 S 不仅是 C^m 类超曲面而且还是有界闭集. 对每点 $x_0\in S$, 用 U_{x_0} 和 Φ_{x_0} 分别表示以上定义中出现的 x_0 的邻域 U 和 C^m 微

分同胚 $\Phi: U \to B(0,1)$. 显然 $\{U_{x_0}\}_{x_0\in S}$ 是 S 的一个开覆盖, 所以由有限覆盖定理知存在 S 上的有限个点 $x_1, x_2, \cdots, x_N$, 使得 $U_{x_1}, U_{x_2}, \cdots, U_{x_N}$ 覆盖了 S:

$$S \subseteq \bigcup_{j=1}^{N} U_{x_j}.$$

分别改记 U_{x_j} 和 Φ_{x_j} 为 U_j 和 Φ_j, $j = 1, 2, \cdots, N$. 令 $\{\varphi_j\}_{j=1}^N$ 为 S 上从属于开覆盖 $\{U_j\}_{j=1}^N$ 的单位分解, 即 $\varphi_j \in C_0^\infty(U_j)$, $j = 1, 2, \cdots, N$, 且

$$\sum_{j=1}^{N} \varphi_j(x) = 1, \quad \forall x \in S.$$

此外, 用 $B'(0,1)$ 表示 $\mathbf{R}^{n-1}$ 中以原点为心的单位开球, 即

$$B'(0,1) = \mathbf{R}^{n-1} \cap B(0,1) = \{(y',0) \in \mathbf{R}^n:\ y' \in \mathbf{R}^{n-1},\ |y'| < 1\}.$$

显然对定义于超曲面 S 上的函数 $u: S \to \mathbf{R}$ 和每个 $1 \leqslant j \leqslant N$, $u \circ \Phi_j^{-1}$ 是在 $B'(0,1)$ 上有定义的函数.

定义 1.12.6 设 S 是 $\mathbf{R}^n$ 中的紧的 C^m 类超曲面, U_j 和 Φ_j $(j = 1, 2, \cdots, N)$ 如上所述.

(1) 对非负整数 $k \leqslant m$ 和 $0 \leqslant \mu \leqslant 1$, 设 $k + \mu \leqslant m$, 用 $C^{k,\mu}(S)$ 表示由定义于 S 上满足以下条件的函数 u 组成的集合: 对每个 $1 \leqslant j \leqslant N$ 都有 $(\varphi_j u) \circ \Phi_j^{-1} \in C^{k,\mu}(\overline{B'(0,1)})$. 定义 $C^{k,\mu}(S)$ 上的范数如下:

$$\|u\|_{C^{k,\mu}(S)} = \sum_{j=1}^{N} \|(\varphi_j u) \circ \Phi_j^{-1}\|_{C^{k,\mu}(\overline{B'(0,1)})}, \quad \forall u \in C^{k,\mu}(S),$$

则 $C^{k,\mu}(S)$ 是一 Banach 空间, 称为超曲面 S 上的**Hölder空间**. 特别当 $\mu = 0$ 时, $C^{k,0}(S)$ 简记为 $C^k(S)$.

(2) 对非负整数 $k \leqslant m$ 和 $1 \leqslant p \leqslant \infty$, 用 $W^{k,p}(S)$ 表示由定义于 S 上满足以下条件的函数 u 组成的集合: 对每个 $1 \leqslant j \leqslant N$ 都有 $(\varphi_j u) \circ \Phi_j^{-1} \in W^{k,p}(B'(0,1))$. 定义 $W^{k,p}(S)$ 上的范数如下:

$$\|u\|_{W^{k,p}(S)} = \sum_{j=1}^{N} \|(\varphi_j u) \circ \Phi_j^{-1}\|_{W^{k,p}(B'(0,1))}, \quad \forall u \in W^{k,p}(S).$$

则 $W^{k,p}(S)$ 是一 Banach 空间, 称为超曲面 S 上的**Sobolev 空间**.

应用定理 1.4.2 和定理 1.7.4 不难知道 $C^{k,\mu}(S)$ 和 $W^{k,p}(S)$ 上的拓扑不依赖于邻域组 U_j $(j = 1, 2, \cdots, N)$ 和相应的 C^m 微分同胚 $\Phi_j: U_j \to B(0,1)$ $(j = 1, 2, \cdots, N)$

以及单位分解 $\{\varphi_j\}_{j=1}^N$ 的选取, 即如果另有一组邻域 V_j $(j=1,2,\cdots,K)$ 和相应的 C^m 微分同胚 $\Psi_j: V_j \to B(0,1)$ $(j=1,2,\cdots,K)$ 满足前面所述各项条件, 并选取了 S 上从属于开覆盖 $\{V_j\}_{j=1}^K$ 的单位分解 $\{\psi_j\}_{j=1}^K$, 则由

$$\|u\|'_{C^{k,\mu}(S)} = \sum_{j=1}^K \|(\psi_j u)\circ\Psi_j^{-1}\|_{C^{k,\mu}(\overline{B'(0,1)})}, \quad \forall u \in C^{k,\mu}(S)$$

和

$$\|u\|'_{W^{k,p}(S)} = \sum_{j=1}^K \|(\psi_j u)\circ\Psi_j^{-1}\|_{W^{k,p}(B'(0,1))}, \quad \forall u \in W^{k,p}(S)$$

定义了分别与 $\|\cdot\|_{C^{k,\mu}(S)}$ 和 $\|\cdot\|_{W^{k,p}(S)}$ 等价的范数.

关于超曲面 S 上的函数空间 $C^{k,\mu}(S)$ 和 $W^{k,p}(S)$, 不难证明以下诸命题:

(i) 当 $k+\mu \leqslant l+\nu$ (其中 k,l 为不超过 m 的非负整数, 而 $\mu,\nu\in[0,1]$) 时, 有 $C^{l,\nu}(S)\hookrightarrow C^{k,\mu}(S)$.

(ii) 当 $k<l$, $q\leqslant p$ (其中 k,l 为不超过 m 的非负整数, 而 $p,q\in[1,\infty]$) 且 $k-\dfrac{n-1}{p}\leqslant l-\dfrac{n-1}{q}$ 时, 有 $W^{l,q}(S)\hookrightarrow W^{k,p}(S)$.

(iii) 当 $k<l$ 且 $k+\mu\leqslant l-\dfrac{n-1}{q}$ (其中 k,l 为不超过 m 的非负整数, 而 $q\in[1,\infty]$, $\mu\in[0,1]$) 时, 有 $W^{l,q}(S)\hookrightarrow C^{k,\mu}(S)$.

(iv) 设 S 是 C^∞ 超曲面. 则当 $1\leqslant p<\infty$ 时, $C^\infty(S)$ 在 $W^{k,p}(S)$ 中稠密.

以上这些命题以及其他更多但没有写出来的命题留给读者自己作为习题去证明.

1.12.3 函数在区域边界上的迹

现在便可把定理 1.12.1 和定理 1.12.3 推广, 以得到具有充分光滑边界的有界区域 $\Omega\subseteq\mathbf{R}^n$ 上 Sobolev 空间 $W^{m,p}(\Omega)$ 中函数在区域边界 $\partial\Omega$ 上的迹.

定理 1.12.7 设 Ω 是 $\mathbf{R}^n$ $(n\geqslant 2)$ 中的有界开集, 边界 $\partial\Omega$ 至少 C^1 光滑. 又设 $1\leqslant p<\infty$, $p\leqslant q\leqslant\infty$ 并满足条件 (1.12.1). 则对任意 $u\in C^1(\overline{\Omega})$ 成立以下不等式:

$$\|u|_{\partial\Omega}\|_{L^q(\partial\Omega)}\leqslant C\|u\|_{W^{1,p}(\Omega)}, \tag{1.12.6}$$

其中 C 为只依赖于 n,p,q,Ω 而与 u 无关的正常数.

证 取 $S=\partial\Omega$. 设 U_j 和 Φ_j $(j=1,2,\cdots,N)$ 如定义 1.12.6 所述. 令 $\{\varphi_j\}_{j=1}^N$

为 S 上从属于开覆盖 $\{U_j\}_{j=1}^N$ 的单位分解. 则根据定义 1.12.6 和定理 1.12.1 有

$$\|u|_{\partial\Omega}\|_{L^q(\partial\Omega)}=\sum_{j=1}^N\|(\varphi_j u)\circ\Phi_j^{-1}\|_{L^p(B'(0,1))}\leqslant C\sum_{j=1}^N\|(\varphi_j u)\circ\Phi_j^{-1}\|_{W^{1,p}(B(0,1))}$$

$$\leqslant C\sum_{j=1}^N\|\varphi_j u\|_{W^{1,p}(U_j)}\leqslant C\|u\|_{W^{1,p}(\Omega)}.$$

证毕. □

以上定理表明, 当 p,q 满足条件 (1.12.1) 时, 原本只对 $C^1(\overline{\Omega})$ 中函数有定义的线性映射 $u\mapsto u|_{\partial\Omega}$ 按 $W^{1,p}(\Omega)$ 和 $L^q(\partial\Omega)$ 的范数连续, 因而可以唯一地延拓成 $W^{1,p}(\Omega)$ 到 $L^q(\partial\Omega)$ 的有界线性映射. 记延拓后的映射为 Γ. 引进定义

定义 1.12.8　在定理 1.12.7 的条件下, 对任意 $u\in W^{1,p}(\Omega)$, 称 $\Gamma u\in L^q(\partial\Omega)$ 为函数 u 在区域边界 $\partial\Omega$ 上的**迹**, 并称有界线性映射 $\Gamma: W^{1,p}(\Omega)\to L^q(\partial\Omega)$ 为**迹映射**.

类似地还有

定理 1.12.9　设 Ω 是 $\mathbf{R}^n$ $(n\geqslant 2)$ 中的有界开集, 边界 $\partial\Omega$ 至少 C^m 光滑, m 为给定的正整数. 又设 $1\leqslant p<\infty$, $p\leqslant q\leqslant\infty$ 并满足条件 (1.12.1). 令 $n=n(x)$ $(x\in\partial\Omega)$ 为 $\partial\Omega$ 上的单位外法向量, 则对任意 $u\in W^{m,p}(\Omega)\cap C^m(\overline{\Omega})$ 和任意非负整数 $0\leqslant k\leqslant m-1$ 成立以下不等式:

$$\|\partial_n^k u\|_{W^{m-k-1,q}(\partial\Omega)}\leqslant C\|u\|_{W^{m,p}(\Omega)}. \tag{1.12.7}$$

其中 C 为只依赖于 n,m,k,p,q,Ω 而与 u 无关的正常数.

证　设 U 是 $\partial\Omega$ 上的点 x_0 的邻域, Φ 是 U 到 $\mathbf{R}^n$ 中的单位球 $B(0,1)$ 的 C^m 同胚映射, 使得 $\Phi(U\cap\partial\Omega)=B'(0,1)$, 其中 $B'(0,1)$ 是 $\mathbf{R}^{n-1}$ 中的单位球. 记 $\tilde u(y)=u(\Phi^{-1}(y))$, 则 $u(x)=\tilde u(\Phi(x))$. 设 Φ_j 为 Φ 的第 j 个分量, $j=1,2,\cdots,n$, 则因 $U\cap\partial\Omega=\{x\in U:\ \Phi_n(x)=0\}$, 所以 $\partial\Omega$ 的单位法向量为 $n(x)=\dfrac{\nabla\Phi_n(x)}{|\nabla\Phi_n(x)|}$ $(x\in\partial\Omega)$. 据此作简单的计算即可得知

$$\partial_n u=|\nabla\Phi_n(x)|\partial_{y_n}\tilde u(y)|_{y=\Phi(x)}+\frac{1}{|\nabla\Phi_n(x)|}\sum_{j=1}^{n-1}[\nabla\Phi_j(x)\cdot\nabla\Phi_n(x)]\partial_{y_j}\tilde u(y)|_{y=\Phi(x)},$$

进而由归纳法知

$$\partial_n^k u=|\nabla\Phi_n(x)|^k\partial_{y_n}^k\tilde u(y)|_{y=\Phi(x)}+\sum_{l=0}^{k-1}\sum_{\substack{\alpha\in\mathbf{Z}_+^{n-1}\\|\alpha|\leqslant k-l}}a_{\alpha k}(x)\partial_{y'}^\alpha\partial_{y_n}^l\tilde u(y)|_{y=\Phi(x)},$$

其中 $a_{\alpha k}$ 是 Φ 的阶数不超过 k 的偏导数的函数. 应用这个关系式和定理 1.12.3, 类似于定理 1.12.7 的证明并采用归纳法即可得到不等式 (1.12.7). □

以上定理表明, 对任意正整数 m 和非负整数 $0 \leqslant k \leqslant m-1$, 当 p, q 满足条件 (1.12.1) 时, 原本只对 $W^{m,p}(\Omega) \cap C^m(\overline{\Omega})$ 中函数有定义的线性映射 $u \mapsto \partial_n^k u$ 按 $W^{m,p}(\Omega)$ 和 $W^{m-k-1,q}(\partial\Omega)$ 的范数连续, 因而可以唯一地延拓成 $W^{m,p}(\Omega)$ 到 $W^{m-k-1,q}(\partial\Omega)$ 的有界线性映射. 记延拓后的映射为 Γ_k. 引进定义

定义 1.12.10 *在定理 1.12.9 的条件下, 对任意 $u \in W^{m,p}(\Omega)$, 称 $\Gamma_k u \in W^{m-k-1,q}(\partial\Omega)$ 为 u 在 $\partial\Omega$ 上的 k* **阶迹**, *并称有界线性映射 $\Gamma_k : W^{m,p}(\Omega) \to W^{m-k-1,q}(\partial\Omega)$ 为 k* **阶迹映射**.

这里附带指出, 从定理 1.12.9 的证明可见, 两个具有 C^1 边界的区域 Ω_1, Ω_2 之间的微分同胚并没有把 $\partial\Omega_1$ 上的法向量映照成 $\partial\Omega_2$ 上的法向量, 而只是把 $\partial\Omega_1$ 上的法向量映照成为 $\partial\Omega_2$ 上与 $\partial\Omega_2$ 横截 (即不相切) 的非零向量.

习惯上, 经常把 $\Gamma_0 u$ 即 Γu 记作 $u|_{\partial\Omega}$; 类似地把 $\Gamma_k u$ 记作 $\partial_n^k u|_{\partial\Omega}$ 或 $\left.\dfrac{\partial^k u}{\partial n^k}\right|_{\partial\Omega}$, $k = 1, 2, \cdots, m-1$.

还需指出, 迹映射 $\Gamma : W^{1,p}(\Omega) \to L^q(\partial\Omega)$ (其中 p, q 满足条件 (1.12.1)) 不是满射, 即并非每个函数 $u \in L^q(\partial\Omega)$ 都可延拓成 $W^{m,p}(\Omega)$ 中的函数. 同样对每个 $0 \leqslant k \leqslant m-1$, 迹映射 $\Gamma_k : W^{m,p}(\Omega) \to W^{m-k-1,q}(\partial\Omega)$ 也不是满射. 读者可能会问: Γ 和 Γ_k $(1 \leqslant k \leqslant m-1)$ 的像空间是什么样的函数空间? 这个问题我们留在本节最后再讨论. 下面先讨论另外一个问题: $W_0^{m,p}(\Omega)$ $(m \in \mathbf{N}, 1 \leqslant p < \infty)$ 借助于迹映射的等价刻画.

1.12.4 $W_0^{m,p}(\Omega)$ 的等价刻画

定理 1.12.11 *设 $m \in \mathbf{N}, 1 \leqslant p < \infty$. 又设 Ω 是 $\mathbf{R}^n$ $(n \geqslant 2)$ 中的有界开集, 边界 $\partial\Omega$ 属于 C^m 类. 则 $u \in W_0^{m,p}(\Omega)$ 的充要条件是: $u \in W^{m,p}(\Omega)$ 且 $\partial_n^k u|_{\partial\Omega} = 0$, $k = 0, 1, \cdots, m-1$.*

证 我们只证明以下命题: $u \in W_0^{m,p}(\mathbf{R}_+^n)$ 的充要条件是 $u \in W^{m,p}(\mathbf{R}_+^n)$ 且 $\partial_{y_n}^k u|_{y_n=0} = 0, k = 0, 1, \cdots, m-1$; 本定理由这一命题用与定理 1.12.7 的证明类似的方法推出, 其证明留给读者作习题.

必要性显然, 我们只证明充分性. 取非负的 $\phi \in C_0^\infty(\mathbf{R})$ 使 $\mathrm{supp}\phi \subseteq [-2, 2]$ 且当 $|t| \leqslant 1$ 时 $\phi(t) = 1$. 对 $u \in W^{m,p}(\mathbf{R}_+^n)$, 令 $u_\varepsilon(x) = [1 - \phi(x_n/\varepsilon)]u(x)$, $\forall \varepsilon > 0$. 则 $u_\varepsilon \in W_0^{m,p}(\mathbf{R}_+^n)$ 且 $u_\varepsilon(x) - u(x) = -\phi(x_n/\varepsilon)u(x)$, 从而对任意满足 $k + |\alpha| \leqslant m$ 的非负整数 k 和 $\alpha \in \mathbf{Z}_+^{n-1}$, 有

$$\partial_{x_n}^k \partial_{x'}^\alpha u_\varepsilon - \partial_{x_n}^k \partial_{x'}^\alpha u = -\sum_{j=0}^{k} \binom{k}{j} \frac{1}{\varepsilon^j} \phi^{(j)}\left(\frac{x_n}{\varepsilon}\right) \partial_{x_n}^{k-j} \partial_{x'}^\alpha u, \tag{1.12.8}$$

其中 $x' = (x_1, \cdots, x_{n-1})$. 如果 $u \in C^m(\overline{\mathbf{R}^n_+}) \cap W^{m,p}(\mathbf{R}^n_+)$ 且 $\partial^k_{y_n} u|_{y_n=0} = 0$, $k = 0, 1, \cdots, m-1$, 则由 Taylor 展开可得

$$\partial^{k-j}_{x_n} \partial^\alpha_{x'} u(x) = \frac{x_n^{m-|\alpha|-k+j}}{(m-|\alpha|-k+j-1)!} \int_0^1 (1-t)^{m-|\alpha|-k+j-1} \partial^{m-|\alpha|}_{x_n} \partial^\alpha_{x'} u(x', tx_n) \mathrm{d}t,$$

代入 (1.12.8) 的右端, 得

$$|\partial^k_{x_n} \partial^\alpha_{x'} u_\varepsilon - \partial^k_{x_n} \partial^\alpha_{x'} u| \leqslant C \sum_{j=0}^{k} \frac{x_n^{m-|\alpha|-k+j}}{\varepsilon^j} \left| \phi^{(j)}\left(\frac{x_n}{\varepsilon}\right) \right| \int_0^1 |\partial^{m-|\alpha|}_{x_n} \partial^\alpha_{x'} u(x', tx_n)| \mathrm{d}t.$$

由于 $\phi(x_n/\varepsilon)$ 的支集包含于 $|x_n| \leqslant 2\varepsilon$, 所以从上式得

$$\begin{aligned}\|u_\varepsilon - u\|^p_{W^{m,p}(\mathbf{R}^n_+)} &= \sum_{k+|\alpha|\leqslant m} \int_0^\infty \int_{\mathbf{R}^{n-1}} |\partial^k_{x_n} \partial^\alpha_{x'} u_\varepsilon(x', x_n) - \partial^k_{x_n} \partial^\alpha_{x'} u(x', x_n)|^p \mathrm{d}x' \mathrm{d}x_n \\ &\leqslant C \sum_{|\alpha|\leqslant m} \int_0^{2\varepsilon} \int_{\mathbf{R}^{n-1}} |\partial^{m-|\alpha|}_{x_n} \partial^\alpha_{x'} u(x', x_n)|^p \mathrm{d}x' \mathrm{d}x_n. \end{aligned} \tag{1.12.9}$$

对于一般的满足条件 $\partial^k_{y_n} u|_{y_n=0} = 0$ $(k = 0, 1, \cdots, m-1)$ 的 $u \in W^{m,p}(\Omega)$, 根据迹的定义知 u 可用 $C^m(\overline{\mathbf{R}^n_+}) \cap W^{m,p}(\mathbf{R}^n_+)$ 中满足这个条件的函数列逼近, 所以 (1.12.9) 仍然成立. 这样一来, 由于对任意 $u \in W^{m,p}(\mathbf{R}^n_+)$ 都成立

$$\sum_{|\alpha|\leqslant m} \int_0^{2\varepsilon} \int_{\mathbf{R}^{n-1}} |\partial^{m-|\alpha|}_{x_n} \partial^\alpha_{x'} u(x', x_n)| \mathrm{d}x' \mathrm{d}x_n \to 0 \quad \text{当}\ \varepsilon \to 0, \tag{1.12.10}$$

所以从 (1.12.9) 即知当 $\varepsilon \to 0$ 时 u_ε 在 $W^{m,p}(\mathbf{R}^n_+)$ 趋于 u. 而因 $W^{m,p}_0(\mathbf{R}^n_+)$ 是 $W^{m,p}(\mathbf{R}^n_+)$ 的闭子空间, 所以 $u \in W^{m,p}_0(\mathbf{R}^n_+)$.

关系式 (1.12.10) 的证明如下: 由于 $W^{m,p}(\mathbf{R}^n_+)$ 中的函数可以延拓成 $W^{m,p}(\mathbf{R}^n)$ 中的函数, 所以只需对任意 $u \in W^{m,p}(\mathbf{R}^n)$ 证明这个关系式. 又因为 $C^\infty_0(\mathbf{R}^n)$ 在 $W^{m,p}(\mathbf{R}^n)$ 中稠密, 所以只需对任意 $u \in C^\infty_0(\mathbf{R}^n)$ 证明这个关系式. 而对 $u \in C^\infty_0(\mathbf{R}^n)$, 关系式 (1.12.10) 是显然的. 证毕. □

1.12.5 迹定理简介

为了回答在边界 $\partial\Omega$ 上怎样的函数空间中迹映射是满射的问题, 必须借助于 Besov 空间. 1.9 节末对指标 $0 < s < 1$ 的这类空间作过介绍. 下面对一般 $s > 0$ 的 Besov 空间写出其定义.

定义 1.12.12 设 $s > 0, 1 < p < \infty, 1 \leqslant q < \infty$, 则定义Besov空间 $B^s_{pq}(\mathbf{R}^n)$ 如下:

(1) 当 $0<s<1$ 时, 定义

$$B_{pq}^s(\mathbf{R}^n)=\left\{u\in L^p(\mathbf{R}^n):\ [u]_{\dot{B}_{pq}^s(\mathbf{R}^n)}=\left[\int_{\mathbf{R}^n}\left(\frac{\|u(\cdot+y)-u\|_{L^p(\mathbf{R}^n)}}{|y|^s}\right)^q\frac{\mathrm{d}y}{|y|^n}\right]^{\frac{1}{q}}<\infty\right\},$$

范数取为

$$\|u\|_{B_{pq}^s(\mathbf{R}^n)}=\|u\|_{L^p(\mathbf{R}^n)}+[u]_{\dot{B}_{pq}^s(\mathbf{R}^n)}.$$

(2) 当 $s=1$ 时, 定义

$$B_{pq}^1(\mathbf{R}^n)=\left\{u\in L^p(\mathbf{R}^n):\ [u]_{\dot{B}_{pq}^1(\mathbf{R}^n)}\right.$$

$$\left.=\left[\int_{\mathbf{R}^n}\left(\frac{\|u(\cdot+y)+u(\cdot-y)-2u\|_{L^p(\mathbf{R}^n)}}{|y|}\right)^q\frac{\mathrm{d}y}{|y|^n}\right]^{\frac{1}{q}}<\infty\right\},$$

范数取为

$$\|u\|_{B_{pq}^1(\mathbf{R}^n)}=\|u\|_{L^p(\mathbf{R}^n)}+[u]_{\dot{B}_{pq}^1(\mathbf{R}^n)}.$$

(3) 当 $s>1$ 时, 设 $s=m+r$, 其中 $m\in\mathbf{Z}_+$ 而 $0<r\leqslant 1$. 则定义

$$B_{pq}^s(\mathbf{R}^n)=\left\{u\in W^{m,p}(\mathbf{R}^n):\ \partial^\alpha u\in B_{pq}^r(\mathbf{R}^n),\ \forall|\alpha|=m\right\},$$

范数取为

$$\|u\|_{B_{pq}^s(\mathbf{R}^n)}=\|u\|_{W^{m,p}(\mathbf{R}^n)}+\sum_{|\alpha|=m}[\partial^\alpha u]_{\dot{B}_{pq}^r(\mathbf{R}^n)}.$$

定义 1.12.13 设 $s>0, 1<p<\infty$, 则定义Besov空间 $B_{p\infty}^s(\mathbf{R}^n)$如下:

(1) 当 $0<s<1$ 时, 定义

$$B_{p\infty}^s(\mathbf{R}^n)=\left\{u\in L^p(\mathbf{R}^n):[u]_{\dot{B}_{p\infty}^s(\mathbf{R}^n)}=\sup_{y\in\mathbf{R}^n\setminus\{0\}}\frac{\|u(\cdot+y)-u\|_{L^p(\mathbf{R}^n)}}{|y|^s}<\infty\right\},$$

范数取为

$$\|u\|_{B_{p\infty}^s(\mathbf{R}^n)}=\|u\|_{L^p(\mathbf{R}^n)}+[u]_{\dot{B}_{p\infty}^s(\mathbf{R}^n)}.$$

(2) 当 $s=1$ 时, 定义

$$B_{p\infty}^1(\mathbf{R}^n)=\left\{u\in L^p(\mathbf{R}^n):[u]_{\dot{B}_{p\infty}^1(\mathbf{R}^n)}=\sup_{y\in\mathbf{R}^n\setminus\{0\}}\frac{\|u(\cdot+y)+u(\cdot-y)-2u\|_{L^p(\mathbf{R}^n)}}{|y|}<\infty\right\},$$

范数取为

$$\|u\|_{B_{p\infty}^1(\mathbf{R}^n)}=\|u\|_{L^p(\mathbf{R}^n)}+[u]_{\dot{B}_{p\infty}^1(\mathbf{R}^n)}.$$

(3) 当 $s>1$ 时, 设 $s=m+r$, 其中 $m\in\mathbf{Z}_+$ 而 $0<r\leqslant 1$. 则定义

$$B^s_{p\infty}(\mathbf{R}^n)=\Big\{u\in W^{m,p}(\mathbf{R}^n):\ \partial^\alpha u\in B^r_{p\infty}(\mathbf{R}^n),\ \forall|\alpha|=m\Big\},$$

范数取为

$$\|u\|_{B^s_{p\infty}(\mathbf{R}^n)}=\|u\|_{W^{m,p}(\mathbf{R}^n)}+\sum_{|\alpha|=m}[\partial^\alpha u]_{\dot{B}^r_{p\infty}(\mathbf{R}^n)}.$$

由定义可知当 $s=m+\mu$ ($m\in\mathbf{Z}_+$, $0<\mu<1$) 时, 有 $B^s_{\infty\infty}(\mathbf{R}^n)=C^{m,\mu}(\mathbf{R}^n)$.

有了 $\mathbf{R}^n$ 上 Besov 空间 $B^s_{pq}(\mathbf{R}^n)$ 的定义, 便可仿照定义 1.12.6 给出超曲面 S 上 Besov 空间 $B^s_{pq}(S)$ 的定义, 留给读者自己做.

现在便可给出前面提出的问题的答案:

定理 1.12.14 (迹定理)　设 $m\in N$, $1<p<\infty$. 又设 Ω 是 $\mathbf{R}^n$ ($n\geqslant 2$) 中的有界开集, 边界 $\partial\Omega$ 属于 C^m 类, 则对每个整数 $0\leqslant k\leqslant m-1$, 迹算子 Γ_k 是 $W^{m,p}(\Omega)$ 到 $B^{m-k-\frac{1}{p}}_{pp}(\partial\Omega)$ 的有界线性算子, 而且是满射.

以上定理的证明见文献 [6] 定理 6.6.1, 文献 [82] 定理 11.1 和定理 11.2, 文献 [119] 定理 4.4.2 (以及 4.4.1 小节的注记 1 和注记 3).

习　题　1.12

1. 设 $n\geqslant 2$, $m\in\mathbf{N}$, $0\leqslant k\leqslant m-1$, $1\leqslant p<\infty$, 而

$$p\leqslant q\begin{cases}\leqslant\dfrac{(n-1)p}{n-(k+1)p}, & 1\leqslant p<\dfrac{n}{k+1},\\ <\infty, & p=\dfrac{n}{k+1},\\ \leqslant\infty, & p>\dfrac{n}{k+1}.\end{cases}$$

证明成立不等式:

$$\|u(\cdot,0)\|_{W^{m-k-1,q}(\mathbf{R}^{n-1})}\leqslant C\|u\|_{W^{m,p}(\mathbf{R}^n)},\quad \forall u\in W^{m,p}(\mathbf{R}^n_+)\cap C^m(\overline{\mathbf{R}^n_+}),$$

其中 C 为只依赖于 n,m,k,p,q 而与 u 无关的正常数.

2. 证明命题 (i) ~ (iv).
3. 把定理 1.12.11 的证明补充完整.

第 2 章　广义函数和 Fourier 变换

除了函数空间之外, 作为现代偏微分方程理论基石的另一分析学工具是广义函数以及 Fourier 变换. 广义函数理论是 20 世纪 50 年代初期由法国数学家 L. Schwartz 建立的, 其最初动因是为了构作一个完备的代数系统, 使得在其中求导数、求极限、作 Fourier 变换等分析学运算能够通行无阻地进行, 进而可以使人们能够像在复数系统中研究代数方程那样, 在广义函数体系中至少对线性偏微分方程进行透彻的研究. 然后自从这一理论问世以后, 人们逐渐发现它的作用远不只在偏微分方程方面. 事实上由于广义函数的引入使得 Fourier 变换的作用范围得到了大幅度的扩展因而成了对函数作分析学研究的一个非常有用的工具, $\mathbf{R}^n$ 上的 Fourier 分析在最近的五六十年间得到了飞跃式的发展, 而 $\mathbf{R}^n$ 上 Fourier 分析的这些发展给偏微分方程 (不仅包括线性偏微分方程, 也包括非线性偏微分方程) 的研究提供了许多强有力的工具, 使得偏微分方程理论 (线性的和非线性的) 也相应地得到了飞速的发展. 因此, 要想学好现代偏微分方程理论, 正如要对 Hölder 空间、Sobolev 空间等几类基本的函数空间理论有很好的掌握一样, 对广义函数和 Fourier 变换的理论也必须有很好的掌握.

本章对广义函数和 Fourier 变换的基本理论作一比较系统的介绍. 必须说明的是, 为了能够使读者尽快进入后续各章对偏微分方程理论的学习, 本章对广义函数和 Fourier 变换理论的介绍是远远不够深入的. 对于想对这些理论有更好了解的读者, 我们推荐本书末所列参考文献中的 [4]、[41] 第一卷和 [62] 第一卷. 如希望对 $\mathbf{R}^n$ 上的 Fourier 分析理论有深入的学习 (这对学好现代偏微分方程理论进而能够深入地研究偏微分方程是非常有益的), 推荐读者阅读参考文献[46]、[51]、[83]、[110]、[111] 和 [112].

2.1　广义函数

设 Ω 是 $\mathbf{R}^n$ 中的开集, $\{\varphi_j\}_{j=1}^{\infty}$ 是 $C_0^{\infty}(\Omega)$ 中的一列函数, $\varphi \in C_0^{\infty}(\Omega)$. 如果成立:

(i) 存在紧集 $K \subset \Omega$ 使 $\mathrm{supp}\varphi_j \subseteq K$, $j = 1, 2, \cdots$, 且 $\mathrm{supp}\varphi \subseteq K$;

(ii) 对任意 $\alpha \in \mathbf{Z}_+^n$ 都有 $\lim\limits_{j\to\infty} \sup\limits_{x\in\Omega} |\partial^\alpha \varphi_j(x) - \partial^\alpha \varphi(x)| = 0$,

则称函数列 $\{\varphi_j\}_{j=1}^{\infty}$ **在 $C_0^{\infty}(\Omega)$ 中收敛于** φ, 记作 $\varphi_j \to \varphi\ (C_0^{\infty}(\Omega))$.

可以在 $C_0^\infty(\Omega)$ 中引入一族半范, 使得按这族半范 $C_0^\infty(\Omega)$ 成为一个 Fréchet 空间①, 并且 $C_0^\infty(\Omega)$ 中函数列按这族半范所确定拓扑的收敛性与上述收敛性一致. 为避免涉及过多, 这里不讨论 $C_0^\infty(\Omega)$ 的这个拓扑结构. 如读者希望对此有所了解, 可参考文献 [4].

定义 2.1.1　开集 $\Omega\subseteq\mathbf{R}^n$ 上的**广义函数** (generalized function, 简称**广函**) 或**分布** (distribution) 是指拓扑线性空间 $C_0^\infty(\Omega)$ 上的连续线性泛函, 即 $C_0^\infty(\Omega)$ 上满足以下两个条件的泛函 u:

(i) 线性性: $u(a\varphi+b\psi)=au(\varphi)+bu(\psi)$, $\forall\varphi,\psi\in C_0^\infty(\Omega)$, $\forall a,b\in\mathbf{R}$;

(ii) 连续性: 对任意满足 $\varphi_j\to\varphi$ $(C_0^\infty(\Omega))$ 的函数列 $\{\varphi_j\}_{j=1}^\infty\subseteq C_0^\infty(\Omega)$ 都有

$$\lim_{j\to\infty}u(\varphi_j)=u(\varphi).$$

我们用符号 $D'(\Omega)$表示由开集 $\Omega\subseteq\mathbf{R}^n$ 上的全体广义函数组成的集合. 之所以用 $D'(\Omega)$ 表示 Ω 上广义函数的集合, 是因为广义函数理论的创始人 L. Schwartz 采用符号 $D(\Omega)$ 表示 $C_0^\infty(\Omega)$, 而由定义 2.1.1 知 Ω 上的广义函数是 $C_0^\infty(\Omega)$ 上的连续线性泛函, 即 $D'(\Omega)$ 是 $C_0^\infty(\Omega)$ 作为拓扑线性空间的对偶空间. 以后, 当 $u\in D'(\Omega)$ 而 $\varphi\in C_0^\infty(\Omega)$ 时, 总用符号 $\langle u,\varphi\rangle$ 表示 $u(\varphi)$, 即 $\langle u,\varphi\rangle=u(\varphi)$, 并称之为广函 u 对检验函数 φ 的**对偶作用**.

对 Ω 上的任意局部可积函数 $u\in L^1_{\rm loc}(\Omega)$, 用同一记号 u 表示由它所定义的 $C_0^\infty(\Omega)$ 上的下述泛函:

$$\langle u,\varphi\rangle=\int_\Omega u(x)\varphi(x){\rm d}x,\quad\forall\varphi\in C_0^\infty(\Omega).\tag{2.1.1}$$

易见这个泛函 u 是 $C_0^\infty(\Omega)$ 上的连续线性泛函, 即 u 是 Ω 上的广义函数. 我们把局部可积函数 u 和这个广义函数 u 等同. 在这样的意义下, Ω 上的每个局部可积函数都是 Ω 上的一个广义函数. 根据定理 1.2.4 可知, 当 u 和 v 是 Ω 上的两个不同的局部可积函数时 (即至少在 Ω 的一个正测度子集上 u 和 v 取不同的值), 那么它们作为广义函数也是不同的. 以后, 总把开集 $\Omega\subseteq\mathbf{R}^n$ 上的局部可积函数 u 按 (2.1.1) 的方式看作 Ω 上的广义函数而不再重复地说明.

下面给出不是局部可积函数的广义函数的一些典型例子.

例 1　设 Ω 是 $\mathbf{R}^n$ 中的开集而 $x_0\in\Omega$. 令 δ_{x_0} 表示 $C_0^\infty(\Omega)$ 上的下述泛函:

$$\langle\delta_{x_0},\varphi\rangle=\varphi(x_0),\quad\forall\varphi\in C_0^\infty(\Omega).\tag{2.1.2}$$

① Fréchet 空间是比 Banach 空间更广泛的一类拓扑线性空间: Banach 空间的拓扑由一个范数确定, 而 Fréchet 空间的拓扑则由一族半范确定. 由一族半范确定拓扑的 Hausdorff 拓扑线性空间叫做**局部凸空间**, 其中可度量化 (等价于拓扑由可数多个半范确定) 而且完备者叫做 **Fréchet 空间**. 关于拓扑线性空间理论见文献 [73], [129] 等.

易知 δ_{x_0}是 $C_0^\infty(\Omega)$ 上的连续线性泛函, 从而是 Ω 上的广义函数. 这个广义函数叫做质量集中在 x_0 点的 **Dirac δ 函数**, 简称 **δ 函数**. 当 $x_0=0$ ($\mathbf{R}^n$ 的坐标原点) 时, δ_{x_0} 简记为δ. □

例 2 设 $\{u_\alpha:\alpha\in\mathbf{Z}_+^n,|\alpha|\leqslant m\}$ 是开集 $\Omega\subseteq\mathbf{R}^n$ 上的一组局部可积函数. 定义 $C_0^\infty(\Omega)$ 上的泛函 v 如下:

$$\langle v,\varphi\rangle=\sum_{|\alpha|\leqslant m}\int_\Omega u_\alpha(x)\partial^\alpha\varphi(x)\mathrm{d}x,\quad \forall\varphi\in C_0^\infty(\Omega). \tag{2.1.3}$$

不难验证这个泛函 v 也是 $C_0^\infty(\Omega)$ 上的连续线性泛函, 即 v 是 Ω 上的广义函数. □

例 3 设 Ω 是 $\mathbf{R}^n$ 中的开集, m 是正整数, $1\leqslant p<\infty$, p' 为 p 的对偶数. 用 $W^{-m,p'}(\Omega)$ 表示 Sobolev 空间 $W_0^{m,p}(\Omega)$ 的对偶空间, 即 $W^{-m,p'}(\Omega)=[W_0^{m,p}(\Omega)]'$. $W^{-m,p'}(\Omega)$称为**负指数** 的 Sobolev 空间. 由于对任意 $\{\varphi_j\}_{j=1}^\infty\subseteq C_0^\infty(\Omega)$, 当 $\varphi_j\to\varphi$ $(C_0^\infty(\Omega))$ 时显然有 $\lim\limits_{j\to\infty}\|\varphi_j-\varphi\|_{W^{m,p}(\Omega)}=0$, 所以对每个 $u\in W^{-m,p'}(\Omega)$, 把 u 限制在 $C_0^\infty(\Omega)$ 上就得到了 $C_0^\infty(\Omega)$ 上的连续线性泛函, 仍以 u 表示, 则 u 便成为 Ω 上的广义函数. 由于 $C_0^\infty(\Omega)$ 在 $W_0^{m,p}(\Omega)$ 中稠密, 所以把 $W^{-m,p'}(\Omega)$ 中不同的元素限制在 $C_0^\infty(\Omega)$ 上所得到的 Ω 上的广义函数也是不同的. 在这样的意义下,$W^{-m,p'}(\Omega)$ 中的元素都是 Ω 上的广义函数, 即

$$W^{-m,p'}(\Omega)\subseteq D'(\Omega).$$ □

定理 2.1.2 *设 u 是 $C_0^\infty(\Omega)$ 上的线性泛函. 则 u 是 Ω 上的广义函数的充要条件是: 对每个紧集 $K\subset\Omega$, 存在相应的非负整数 m 和常数 $C>0$ 使成立*

$$|\langle u,\varphi\rangle|\leqslant C\sum_{|\alpha|\leqslant m}\sup_{x\in\Omega}|\partial^\alpha\varphi(x)|,\quad \forall\varphi\in C_0^\infty(\Omega),\ \mathrm{supp}\varphi\subseteq K. \tag{2.1.4}$$

证 充分性显然, 只证明必要性. 假设 $u\in D'(\Omega)$ 但对某个紧集 $K\subset\Omega$ 不存在 m 和 C 使 (2.1.4) 成立, 则对每个正整数 j, 存在相应的 $\varphi_j\in C_0^\infty(\Omega)$ 使 $\mathrm{supp}\varphi_j\subseteq K$ 且

$$|\langle u,\varphi_j\rangle|>j\sum_{|\alpha|\leqslant j}\sup_{x\in\Omega}|\partial^\alpha\varphi_j(x)| \tag{2.1.5}$$

$(j=1,2,\cdots)$. 令 $\psi_j=\varphi_j\Big/j\sum\limits_{|\alpha|\leqslant j}\sup\limits_{x\in\Omega}|\partial^\alpha\varphi_j(x)|$, $j=1,2,\cdots$, 则易见 $\psi_j\to0$ $(C_0^\infty(\Omega))$, 因此应有 $\langle u,\psi_j\rangle\to0$ (当 $j\to\infty$). 但从 (2.1.5) 知 $|\langle u,\psi_j\rangle|>1$, $j=1,2,\cdots$, 这就得到了矛盾. 因此当 $u\in D'(\Omega)$ 时必存在非负整数 m 和常数 $C>0$ 使 (2.1.4) 成立. 证毕. □

下面引进广义函数的运算.

定义 2.1.3 设 Ω 是 $\mathbf{R}^n$ 中的开集, 则有以下概念:

(i) 对 $u,v\in D'(\Omega)$ 和 $a,b\in\mathbf{R}$, 用 $au+bv$ 表示 $C_0^\infty(\Omega)$ 上的下述泛函:

$$\langle au+bv,\varphi\rangle=a\langle u,\varphi\rangle+b\langle v,\varphi\rangle,\quad \forall\varphi\in C_0^\infty(\Omega).$$

易知 $au+bv$ 也是 Ω 上的广义函数, 称为 u 和 v 的**线性组合**. 特别, 当 $a,b=1$ 时的线性组合 $u+v$ 叫做 u 和 v 的**和**, 当 $a=1,\ b=-1$ 时的线性组合 $u-v$ 叫做 u 和 v 的**差**.

(ii) 对 $u\in D'(\Omega)$ 和 $\alpha\in\mathbf{Z}_+^n$, 用 $\partial^\alpha u$ 表示 $C_0^\infty(\Omega)$ 上的下述泛函:

$$\langle\partial^\alpha u,\varphi\rangle=(-1)^{|\alpha|}\langle u,\partial^\alpha\varphi\rangle,\quad \forall\varphi\in C_0^\infty(\Omega).$$

易知 $\partial^\alpha u$ 也是 Ω 上的广义函数, 称为 u 的 α **阶偏导数**.

(iii) 对 $u\in D'(\Omega)$ 和 $\psi\in C^\infty(\Omega)$, 用 ψu 表示 $C_0^\infty(\Omega)$ 上的下述泛函:

$$\langle\psi u,\varphi\rangle=\langle u,\psi\varphi\rangle,\quad \forall\varphi\in C_0^\infty(\Omega).$$

易知 ψu 也是 Ω 上的广义函数, 称为 u 和 C^∞ 函数 ψ 的**乘积**.

(iv) 设 $u_j\in D'(\Omega),\ j=1,2,\cdots$, 且 $u\in D'(\Omega)$. 如果成立

$$\lim_{j\to\infty}\langle u_j,\varphi\rangle=\langle u,\varphi\rangle,\quad \forall\varphi\in C_0^\infty(\Omega),$$

则称广义函数列 $\{u_j\}_{j=1}^\infty$ **收敛于** u, 记作 $u_j\to u\ (D'(\Omega))$.

从定义 2.1.3 可见, 对广义函数可以作线性运算. 因此 $D'(\Omega)$ 是线性空间, 称为开集 Ω 上的**广函空间**. 其次, 任意广义函数都有任意阶偏导数, 即求偏导数的运算在广义函数范围内是通行无阻的. 另外易见, 如果 u 是 Ω 上的局部可积函数并且有 α 阶弱导数, 那么 u 作为广义函数的 α 阶偏导数就是它的 α 阶弱导数. 特别, 如果 u 是 Ω 上的 m 阶连续可微函数, 那么对任意 $|\alpha|\leqslant m$, u 作为广义函数的 α 阶偏导数就是它在经典意义下的 α 阶偏导数. 一般地, 当 u 是 Ω 上的局部可积函数时, 它作为广义函数的 α 阶偏导数 $\partial^\alpha u$ (为 Ω 上的广义函数而不必是 Ω 上的局部可积函数) 叫做 u 的 α 阶**广义导数**. 因此任意局部可积函数都有任意阶的广义导数, 只不过这些广义导数一般都是广义函数而可能不再是常义函数.

借助于广义函数的线性运算和求偏导数的运算, 例 2 中的广义函数 v 可以表示成

$$v=\sum_{|\alpha|\leqslant m}(-1)^{|\alpha|}\partial^\alpha u_\alpha,$$

其中 $\{u_\alpha:\alpha\in\mathbf{Z}_+^n,\ |\alpha|\leqslant m\}$ 是 Ω 上的一组局部可积函数. 以后我们将证明, Ω 上的任意一个广义函数局部地都可以表示成这种形式.

应用Riesz表示定理不难证明 (见本节习题12), 例3中的广义函数$u\in W^{-m,p'}(\Omega)$可借助于广义函数的线性运算和求偏导数的运算表示成

$$u=\sum_{|\alpha|\leqslant m}\partial^{\alpha}f_{\alpha},\tag{2.1.6}$$

其中 $f_{\alpha}\in L^{p'}(\Omega),\ \forall|\alpha|\leqslant m$, 而且

$$\|u\|_{W^{-m,p'}(\Omega)}=\inf_{u=\sum\limits_{|\alpha|\leqslant m}\partial^{\alpha}f_{\alpha}}\max_{|\alpha|\leqslant m}\|f_{\alpha}\|_{L^{p'}(\Omega)}.\tag{2.1.7}$$

由于这个原因, 对任意正整数 m 和任意 $1\leqslant q\leqslant\infty$, 负指数 Sobolev 空间 $W^{-m,q}(\Omega)$ 可一般地定义为由 Ω 上具有表达式 (2.1.6) 的广义函数 u 组成的 Banach 空间, 其中 $f_{\alpha}\in L^{q}(\Omega),\ \forall|\alpha|\leqslant m$, 范数定义为

$$\|u\|_{W^{-m,q}(\Omega)}=\inf_{u=\sum\limits_{|\alpha|\leqslant m}\partial^{\alpha}f_{\alpha}}\max_{|\alpha|\leqslant m}\|f_{\alpha}\|_{L^{q}(\Omega)}.$$

我们看到, 当 $1<q\leqslant\infty$ 时这样的定义和把 $W^{-m,q}(\Omega)$ 定义为 $W_0^{m,q'}(\Omega)$ 的对偶空间是一致的.

从定义 2.1.3 之 (iii) 可以看出, 当 u 是 Ω 上的局部可积函数时, 它作为广义函数与 C^{∞} 函数 ψ 的乘积 ψu 是与它作为常义函数与 ψ 的通常函数间的乘积相一致的. 这个定义也说明, 广义函数与 C^{∞} 函数总是可以作乘法运算的. 但是必须注意, 深入的研究表明, 我们无法在 $D'(\Omega)$ 上定义一种乘法运算, 即满足结合律和对加法运算有分配律的运算, 使这种运算限制在局部可积函数上时为通常的函数间的乘法运算. 实际上, 只要注意两个局部可积函数的乘积一般并不是局部可积函数, 就能对为什么在广函空间中不能定义乘法运算有一定的理解了.

前面已经提到, 广函空间 $D'(\Omega)$ 就是 $C_0^{\infty}(\Omega)$ 作为 Fréchet 空间的对偶空间, 即 $D'(\Omega)=[C_0^{\infty}(\Omega)]'$. 定义 2.1.3 之 (iv) 定义的广义函数列的收敛概念, 其实就是广义函数列作为 $C_0^{\infty}(\Omega)$ 上的连续线性泛函序列的弱收敛概念. 换言之, 在广函空间 $D'(\Omega)$ 上我们只考虑它作为 $C_0^{\infty}(\Omega)$ 的对偶空间的弱拓扑而不考虑它的其他拓扑结构和相应的极限运算.

定理 2.1.4 广义函数的求偏导数运算具有以下性质:

(i) 线性性: $\partial^{\alpha}(au+bv)=a\partial^{\alpha}u+b\partial^{\alpha}v,\ \forall u,v\in D'(\Omega),\ \forall a,b\in\mathbf{R},\ \forall\alpha\in\mathbf{Z}_+^n$;

(ii) 成立 Leibniz 公式: 对 $u\in D'(\Omega),\ \psi\in C^{\infty}(\Omega)$ 和 $\alpha\in\mathbf{Z}_+^n$, 有

$$\partial^{\alpha}(\psi u)=\sum_{\beta\leqslant\alpha}\binom{\alpha}{\beta}\partial^{\beta}\psi\partial^{\alpha-\beta}u;$$

(iii) 与极限运算可换序, 即如果 $u_j\to u\ (D'(\Omega))$, 则 $\partial^{\alpha}u_j\to\partial^{\alpha}u\ (D'(\Omega))$, $\forall\alpha\in\mathbf{Z}_+^n$.

证 结论 (i) 是显然的. 结论 (ii) 可应用逆 Leibniz 公式得到, 留给读者自证. 结论 (iii) 证明如下: 如果 $u_j \to u\ (D'(\Omega))$, 则对任意 $\varphi \in C_0^\infty(\Omega)$ 有

$$\lim_{j\to\infty}\langle \partial^\alpha u_j, \varphi\rangle = \lim_{j\to\infty}(-1)^{|\alpha|}\langle u_j, \partial^\alpha\varphi\rangle = (-1)^{|\alpha|}\langle u, \partial^\alpha\varphi\rangle = \langle \partial^\alpha u, \varphi\rangle,$$

所以 $\partial^\alpha u_j \to \partial^\alpha u\ (D'(\Omega))$. 证毕. □

定义 2.1.5 设 Ω 是 $\mathbf{R}^n$ 中的开集, 则有以下概念:

(i) 对 $u \in D'(\Omega)$ 和开集 $U \subseteq \Omega$, 令 $u|_U$ 为 $C_0^\infty(U)$ 上的下述泛函:

$$\langle u|_U, \varphi\rangle = \langle u, \varphi\rangle, \quad \forall \varphi \in C_0^\infty(U).$$

此式右端的 φ 视为把左端的 $\varphi \in C_0^\infty(U)$ 作零延拓所得到的 $C_0^\infty(\Omega)$ 中的函数. 易知 $u|_U$ 是 U 上的广义函数, 称之为 u 在 U 上的**限制**.

(ii) 对 $u, v \in D'(\Omega)$ 和开集 $U \subseteq \Omega$, 如果 $u|_U = v|_U$, 即

$$\langle u, \varphi\rangle = \langle v, \varphi\rangle, \quad \forall \varphi \in C_0^\infty(U),$$

则称 u 和 v 在 U 上**相等**, 记作 $u = v\ (U)$. 特别, 如果 $u = 0\ (U)$, 则称 u 在 U 上**恒取零值**.

(iii) 对 $u \in D'(\Omega)$, 称 Ω 的使 u 恒取零值的最大开子集在 Ω 中的余集为 u 的**支集** (support), 记作$\mathrm{supp}u$.

定理 2.1.6 设 u, v 是开集 $\Omega \subseteq \mathbf{R}^n$ 上的两个广义函数. 如果对任意一点 $x_0 \in \Omega$ 都存在其邻域 $U_{x_0} \subseteq \Omega$ 使在 U_{x_0} 上 u 和 v 相等, 则 $u = v\ (\Omega)$.

证 只需证明对任意 $\varphi \in C_0^\infty(\Omega)$ 都有 $\langle u, \varphi\rangle = \langle v, \varphi\rangle$. 对给定的 $\varphi \in C_0^\infty(\Omega)$, 令 $K = \mathrm{supp}\varphi$. 由于 K 是紧集, 所以存在有限个点 $x_1, x_2, \cdots, x_m \in K$, 它们的邻域 $U_{x_1}, U_{x_2}, \cdots, U_{x_m}$ 覆盖 K. 令 $\{\varphi_j\}_{j=1}^m$ 为 K 上从属于此开覆盖的单位分解. 则 $\varphi = \sum\limits_{j=1}^m \varphi_j\varphi$, 且 $\mathrm{supp}(\varphi_j\varphi) \subseteq U_{x_j}$, $j = 1, 2, \cdots, m$. 因此有

$$\langle u, \varphi\rangle = \sum_{j=1}^m \langle u, \varphi_j\varphi\rangle = \sum_{j=1}^m \langle v, \varphi_j\varphi\rangle = \langle v, \varphi\rangle.$$

这就证明了 $u = v\ (\Omega)$. 证毕. □

推论 2.1.7 设 $u \in D'(\Omega)$, $x_0 \in \Omega$. 则 $x_0 \in \Omega\backslash\mathrm{supp}u$ 的充要条件是存在 x_0 的邻域 $U_{x_0} \subseteq \Omega$, 使在 U_{x_0} 上 u 恒取零值. □

根据以上推论可知, 当 u 是局部可积函数时, 它作为广义函数的支集 $\mathrm{supp}u$ 与 1.2 节定义的支集 $\mathrm{supp}u$ 是一致的.

必须注意, 对于不是常义函数的广义函数而言, 说它在单个点处的值是没有意义的; 同样也不能说两个广义函数是否在一个不是开集的集合上相等.

习惯上经常采用积分符号来表示广义函数对检验函数的对偶作用. 换言之, 对任意广义函数 $u \in D'(\Omega)$ 和任意检验函数 $\varphi \in C_0^\infty(\Omega)$, 常用积分符号 $\int_\Omega u(x)\varphi(x)\mathrm{d}x$ 来表示 u 对 φ 的对偶作用, 即

$$\int_\Omega u(x)\varphi(x)\mathrm{d}x = \langle u, \varphi\rangle.$$

采用这种记号的优点是使得下面定义给出的广义函数坐标变换的概念易于记忆.

定义 2.1.8 设 Ω 和 Q 是 $\mathbf{R}^n$ 中的两个开集, Ψ 是把 Ω 变为 Q 的 C^∞ 变换, 即 $\Psi: \Omega \to Q$ 是双射, 且 $\Psi \in C^\infty(\overline{\Omega})$, $\Psi^{-1} \in C^\infty(\overline{Q})$. 对 $u \in D'(\Omega)$, 用 $u \circ \Psi^{-1}$ 表示 $C_0^\infty(Q)$ 上的下述泛函:

$$\langle u \circ \Psi^{-1}, \varphi\rangle = \langle u, |J(\Psi)|\varphi \circ \Psi\rangle, \quad \forall \varphi \in C_0^\infty(Q), \tag{2.1.8}$$

其中 $J(\Psi)$ 表示 Ψ 的 Jacobi 行列式, 即 $J(\Psi) = \det D\Psi$. 易知 $u \circ \Psi^{-1}$ 是 Q 上的广义函数, 称之为 u 关于 Ψ 的**坐标变换**.

采用积分符号表示对偶作用, 定义式 (2.1.8) 可改写为

$$\int_Q u(\Psi^{-1}(y))\varphi(y)\mathrm{d}y = \int_\Omega u(x)|J(\Psi(x))|\varphi(\Psi(x))\mathrm{d}x, \quad \forall \varphi \in C_0^\infty(Q).$$

由此可见当 u 是局部可积函数时, 它作为广义函数的坐标变换与其作为常义函数的坐标变换是一致的. 此外不难知道, 关于广义函数的坐标变换, 通常求偏导数的链锁规则仍然成立.

例 4 设 u 是 $\mathbf{R}^n$ 上的广义函数.

(1) 对 $x_0 \in \mathbf{R}^n$, u 经平移变换 $x \mapsto x + x_0$ 所得到的广义函数 $u(\cdot + x_0)$ 定义为

$$\langle u(\cdot + x_0), \varphi\rangle = \langle u, \varphi(\cdot - x_0)\rangle, \quad \forall \varphi \in C_0^\infty(\mathbf{R}^n).$$

(2) 对 $a \in \mathbf{R}\backslash\{0\}$, u 经伸缩变换 $x \mapsto ax$ 所得到的广义函数 $u(a\cdot)$ 定义为

$$\langle u(a\cdot), \varphi\rangle = |a|^{-n}\langle u, \varphi(a^{-1}\cdot)\rangle, \quad \forall \varphi \in C_0^\infty(\mathbf{R}^n).$$

(3) 特别, u 经反射变换 $x \mapsto -x$ 所得到的广义函数 $u(-\cdot)$ 定义为

$$\langle u(-\cdot), \varphi\rangle = \langle u, \varphi(-\cdot)\rangle, \quad \forall \varphi \in C_0^\infty(\mathbf{R}^n).$$

为了易于记忆起见, 经常用 $u(x + x_0)$, $u(ax)$ 和 $u(-x)$ 分别表示 $u(\cdot + x_0)$, $u(a\cdot)$ 和 $u(-\cdot)$. □

定义 2.1.9 设 Ω 是 $\mathbf{R}^n$ 中的开集. 对 $u \in D'(\Omega)$, 如果成立

$$\langle u, \varphi \rangle \geqslant 0, \quad \forall \varphi \in C_0^\infty(U), \quad \varphi \geqslant 0,$$

则称 u 是 Ω 上的**非负广义函数**, 记作 $u \geqslant 0$. 对 $u, v \in D'(\Omega)$, 如果 $u - v \geqslant 0$, 则记作 $u \geqslant v$. 对 $u \in D'(\Omega)$ 和开集 $U \subseteq \Omega$, 如果 $u|_U \geqslant 0$, 则称 u 在 U 上**非负**, 记作 $u \geqslant 0$ (in U). 最后, 对 $u, v \in D'(\Omega)$ 和开集 $U \subseteq \Omega$, 如果 $u - v \geqslant 0$ (U), 则记作 $u \geqslant v$ (in U).

显然 Dirac δ 函数是非负广义函数. 任意非负的局部可积函数作为广义函数都是非负广义函数. 所以广义函数非负的概念是常义函数非负概念的拓展. 以后会看到, 这种概念的拓展是很有意义的.

迄今为止我们讨论的函数都是不言而喻地指实值函数, 相应地这里所讨论的广义函数也叫做**实广义函数**. 在作 Fourier 变换和其他涉及复值函数的问题时, 也需要**复广义函数**的概念, 其定义可按定义 1.2.1 类似地给出, 只需把 $C_0^\infty(\Omega)$ 看作由复值函数组成、并在线性性条件 (i) 中容许 a, b 取复数值即可, 这里不再另外写出这个定义. 容易看出, 任意复广义函数 u 都可写成 $u = v + \mathrm{i}w$ 的形式, 其中 i 表示单位纯虚数, 即 $\mathrm{i}^2 = -1$, 而 v 和 w 都是实广义函数, 并且这种表示方式是唯一的.

习 题 2.1

1. 证明由下列各式定义的 $C_0^\infty(\mathbf{R}^1)$ 上的泛函 u 是 $\mathbf{R}^1$ 上的广义函数:

   (1) $\langle u, \varphi \rangle = \displaystyle\int_0^\infty \frac{\varphi(x) - \varphi(-x)}{x} \mathrm{d}x, \ \forall \varphi \in C_0^\infty(\mathbf{R}^1)$;

   (2) $\langle u, \varphi \rangle = \displaystyle\int_{-1}^1 \frac{\varphi(x) + \varphi(-x) - 2\varphi(0)}{x^2} \mathrm{d}x, \ \forall \varphi \in C_0^\infty(\mathbf{R}^1)$.

2. 设 H 为 Heaviside 函数, 即

$$H(x) = \begin{cases} 1, & x \geqslant 0, \\ 0, & x < 0. \end{cases}$$

   证明: $H'(x) = \delta(x)$.

3. 设定义在 $\mathbf{R}^1$ 上的函数 $f(x)$ 在除点 $x_1, x_2, \cdots, x_m$ 外处处绝对连续, 在这些点处有第一类间断. 令 $f'(x)$ 为 $f(x)$ 的几乎处处导数. 证明: $f(x)$ 按广义函数的导数为

$$\frac{\mathrm{d}}{\mathrm{d}x} f(x) = f'(x) + \sum_{j=1}^m [f(x_j + 0) - f(x_j - 0)] \delta_{x_j}(x).$$

4. 证明: 按 $\mathbf{R}^1$ 上广义函数的意义成立下列极限:

   (1) $\displaystyle\lim_{\varepsilon \to 0} \frac{1}{\pi} \frac{\varepsilon}{x^2 + \varepsilon^2} = \delta(x)$;

(2) $\lim\limits_{t\to 0}\dfrac{1}{2\sqrt{\pi t}}\mathrm{e}^{-\frac{x^2}{4t}}=\delta(x)$;

(3) $\lim\limits_{\nu\to\infty}\dfrac{\sin\nu x}{\pi x}=\delta(x)$.

5. 设 x 是 $\mathbf{R}^1$ 上的变元. 证明:

$$x^m\delta^{(n)}(x)=\begin{cases}0, & m>n,\\ (-1)^m m!\delta(x), & m=n,\\ \dfrac{(-1)^m n!}{(n-m)!}\delta^{(n-m)}(x), & m<n.\end{cases}$$

6. 设 x 是 $\mathbf{R}^n$ 上的变元. 证明:
(1) $\Delta(\ln|x|)=2\pi\delta(x)$, 当 $n=2$;
(2) $\Delta(|x|^{-(n-2)})=-n(n-2)\omega_n\delta(x)$, 当 $n\geqslant 3$.

7. 对区间 (a,b) 上的广义函数 u, 如果存在 (a,b) 上的广义函数 v 使 $v'=u$, 就称 v 为 u 的**原函数**. 试按以下步骤证明: (a,b) 上的任意广义函数 u 都有原函数:

(i) 取定 $\varphi_0\in C_0^\infty(a,b)$ 使 $\displaystyle\int_a^b\varphi_0(x)\mathrm{d}x=1$. 证明任意函数 $\varphi\in C_0^\infty(a,b)$ 都可唯一地分解成 $\varphi=c\varphi_0+\psi'$, 其中 $c=\displaystyle\int_a^b\varphi(x)\mathrm{d}x$, 而 $\psi\in C_0^\infty(a,b)$.

(ii) 对 $u\in D'(a,b)$, 定义 $C_0^\infty(a,b)$ 上的泛函 v 如下:

$$\langle v,\varphi\rangle=-\langle u,\psi\rangle,\quad\forall\varphi\in C_0^\infty(a,b),$$

其中 ψ 如 (i). 证明 $v\in D'(a,b)$ 且 $v'=u$.

8. (1) 证明广义函数的任意两个原函数都只相差一个常数;
(2) 设 $f\in D'(a,b)$. 求广义函数方程 $u'=f$ 的全部解;
(3) 设 $a\in C^\infty(a,b)$, $f\in D'(a,b)$. 求广义函数方程 $u'+au=f$ 的全部解.

9. 给定 $\mathbf{R}^n$ 上的 n 个广义函数 u_1, u_2, $\cdots$, u_n. 证明: 存在 $\mathbf{R}^n$ 上的广义函数 v 使成立 $\dfrac{\partial v}{\partial x_j}=u_j$ $(j=1,2,\cdots,n)$ 的充要条件是这些广义函数满足以下条件:

$$\frac{\partial u_k}{\partial x_j}=\frac{\partial u_j}{\partial x_k},\quad j,k=1,2,\cdots,n,$$

而且当这些条件满足时, 如果 v_1, v_2 是方程组 $\dfrac{\partial v}{\partial x_j}=u_j$ $(j=1,2,\cdots,n)$ 的两个解, 则 $v_1-v_2=c$, c 为常数.

10. 求 $\mathbf{R}^1$ 上的广义函数方程 $xu'=0$ 的全部解.

11. 求 $\mathbf{R}^2$ 上的广义函数方程 $\dfrac{\partial^2 u}{\partial x^2}-\dfrac{\partial^2 u}{\partial y^2}=0$ 的全部解.

12. 设 Ω 是 $\mathbf{R}^n$ 中的开集, m 是正整数, $1\leqslant p<\infty$, p' 为 p 的对偶数. 证明: Ω 上的广义函数 u 属于负指数 Sobolev 空间 $W^{-m,p'}(\Omega)=[W_0^{m,p}(\Omega)]'$ 的充要条件是它可表示成 (2.1.6) 的形式, 其中 $f_\alpha\in L^{p'}(\Omega)$, $\forall|\alpha|\leqslant m$, 而且这时成立范数公式 (2.1.7).

2.2 紧支广函

本节讨论一类特殊的广义函数: 紧支广函.

定义 2.2.1 开集 $\Omega \subseteq \mathbf{R}^n$ 上的广义函数 u 如果具有紧支集, 即 $\mathrm{supp}u$ 为 Ω 的紧子集, 就称 u 为 Ω 上的**紧支广函**. Ω 上的全体紧支广函组成的集合记作$E'(\Omega)$.

显然, 具有紧支集的局部可积函数作为广义函数是紧支广函. Diracδ 函数 δ_{x_0} 是紧支广函, 且 $\mathrm{supp}\delta_{x_0} = \{x_0\}$. 又对任意 $u \in D'(\Omega)$ 和 $\varphi \in C_0^\infty(\Omega)$, φu 是紧支广函, 且

$$\mathrm{supp}(\varphi u) \subseteq \mathrm{supp}\varphi \cap \mathrm{supp}u.$$

另外, 如果 u 是紧支广函, 则对任意 n 重指标 α, u 的 α 阶偏导数 $\partial^\alpha u$ 也是紧支广函, 且

$$\mathrm{supp}\partial^\alpha u \subseteq \mathrm{supp}u.$$

定理 2.2.2 设 $u \in D'(\Omega)$. 则 u 具有紧支集的充要条件是: 存在紧集 $K \subset \Omega$、非负整数 m 和常数 $C > 0$ 使成立

$$|\langle u, \varphi \rangle| \leqslant C \sum_{|\alpha| \leqslant m} \sup_{x \in K} |\partial^\alpha \varphi(x)|, \quad \forall \varphi \in C_0^\infty(\Omega). \tag{2.2.1}$$

而且, 当这个条件满足时有 $\mathrm{supp}u \subseteq K$.

证 如果 (2.2.1) 成立, 则当函数 $\varphi \in C_0^\infty(\Omega)$ 的支集包含于 $\Omega \backslash K$ 时显然 $\langle u, \varphi \rangle = 0$, 这说明 $\mathrm{supp}u \subseteq K$, 所以 u 具有紧支集. 反过来设 u 具有紧支集. 取两个开集 Ω_1 和 Ω_2 使成立

$$\mathrm{supp}u \subseteq \Omega_1 \subset\subset \Omega_2 \subset\subset \Omega, \tag{2.2.2}$$

并令 $K = \overline{\Omega}_2$. 由于 K 是 Ω 的紧子集, 根据定理 2.1.2 知存在非负整数 m 和常数 $C > 0$ 使成立

$$|\langle u, \varphi \rangle| \leqslant C \sum_{|\alpha| \leqslant m} \sup_{x \in \Omega} |\partial^\alpha \varphi(x)|, \quad \forall \varphi \in C_0^\infty(\Omega), \ \ \mathrm{supp}\varphi \subseteq K. \tag{2.2.3}$$

取 $\psi \in C_0^\infty(\Omega)$ 使 $\mathrm{supp}\psi \subseteq \overline{\Omega}_2$ 且当 $x \in \overline{\Omega}_1$ 时 $\psi(x) = 1$. 则对任意 $\varphi \in C_0^\infty(\Omega)$, 由于 $\mathrm{supp}[(1-\psi)\varphi] \subseteq \Omega \backslash \Omega_1 \subseteq \Omega \backslash \mathrm{supp}u$, 所以有 $\langle u, (1-\psi)\varphi \rangle = 0$, 进而

$$\langle u, \varphi \rangle = \langle u, \psi\varphi \rangle + \langle u, (1-\psi)\varphi \rangle = \langle u, \psi\varphi \rangle.$$

注意到 $\mathrm{supp}(\psi\varphi)\subseteq\overline{\Omega}_2=K$, 所以对 $\psi\varphi$ 可应用 (2.2.3) 中的不等式. 因此对任意 $\varphi\in C_0^\infty(\Omega)$ 有

$$|\langle u,\varphi\rangle|=|\langle u,\psi\varphi\rangle|\leqslant C\sum_{|\alpha|\leqslant m}\sup_{x\in\Omega}|\partial^\alpha(\psi\varphi)(x)|\leqslant C'\sum_{|\beta|\leqslant m}\sup_{x\in K}|\partial^\beta\varphi(x)|.$$

这就得到了所需证明的不等式. 证毕. □

从上述定理的证明可以看出, 当 u 是 Ω 上的紧支广函时, 使 (2.2.1) 成立的紧集 K 可取为 $\mathrm{supp}u$ 的任意充分小邻域的闭包, 因为在上述证明中开集 Ω_1 和 Ω_2 都是任意选取的, 只要它们满足 (2.2.2) 即可.

我们知道, 开集 Ω 上的广义函数是拓扑线性空间 $C_0^\infty(\Omega)$ 上的连续线性泛函. 紧支广函的一个重要性质是: 它们可以延拓成更大的拓扑线性空间 $C^\infty(\Omega)$ 上的连续线性泛函. 为介绍这个结果, 必须先介绍 $C^\infty(\Omega)$ 中序列收敛的概念.

设 $\{\varphi_j\}_{j=1}^\infty$ 是 $C^\infty(\Omega)$ 中的一列函数, $\varphi\in C^\infty(\Omega)$. 如果对任意紧集 $K\subset\Omega$ 和任意 $\alpha\in\mathbf{Z}_+^n$ 都有

$$\lim_{j\to\infty}\sup_{x\in K}|\partial^\alpha\varphi_j(x)-\partial^\alpha\varphi(x)|=0,$$

就称函数列 $\{\varphi_j\}_{j=1}^\infty$ **在 $C^\infty(\Omega)$ 中收敛于** φ, 记作 $\varphi_j\to\varphi\ (C^\infty(\Omega))$.

可以在 $C^\infty(\Omega)$ 中引入一族半范, 使得按这族半范 $C^\infty(\Omega)$ 成为一个 Fréchet 空间, 并且 $C^\infty(\Omega)$ 中函数列按这族半范所确定拓扑的收敛性与上述收敛性一致. 为避免涉及过多, 这里不讨论 $C^\infty(\Omega)$ 的这个拓扑结构; 如读者希望对此有所了解, 可参考文献 [4].

显然, $C_0^\infty(\Omega)$ 是 $C^\infty(\Omega)$ 的线性子空间, 且对 $\{\varphi_j\}_{j=1}^\infty\subseteq C_0^\infty(\Omega)$ 和 $\varphi\in C_0^\infty(\Omega)$, 当 $\varphi_j\to\varphi\ (C_0^\infty(\Omega))$ 时亦必有 $\varphi_j\to\varphi\ (C^\infty(\Omega))$, 即 $C_0^\infty(\Omega)$ 连续地嵌入 $C^\infty(\Omega)$: $C_0^\infty(\Omega)\hookrightarrow C^\infty(\Omega)$.

引理 2.2.3 *$C_0^\infty(\Omega)$ 在 $C^\infty(\Omega)$ 中稠密.*

证 取 Ω 的开子集列 $\{\Omega_j\}_{j=1}^\infty$ 使

$$\Omega_1\subset\subset\Omega_2\subset\subset\cdots\subset\subset\Omega_j\subset\subset\Omega_{j+1}\subset\subset\cdots$$

且 $\bigcup_{j=1}^\infty\Omega_j=\Omega$. 再对每个 $j\in\mathbf{N}$, 取 $\psi_j\in C_0^\infty(\Omega)$ 使其在 Ω_j 上恒取 1 值. 则容易验证, 对任意 $\varphi\in C^\infty(\Omega)$, $C_0^\infty(\Omega)$ 中的函数列 $\{\varphi\psi_j\}_{j=1}^\infty$ 在 $C^\infty(\Omega)$ 中收敛于 φ. □

这样一来, $C^\infty(\Omega)$ 上的连续线性泛函限制在 $C_0^\infty(\Omega)$ 上也是 $C_0^\infty(\Omega)$ 上的连续线性泛函, 即 $C^\infty(\Omega)$ 上的连续线性泛函都可看作 Ω 上的广义函数, 而且 $C_0^\infty(\Omega)$ 在 $C^\infty(\Omega)$ 中的稠密性保证了, $C^\infty(\Omega)$ 上的不同连续线性泛函看作 Ω 上的广义函数时也是不同的. 下面两个定理说明, 当把 $C^\infty(\Omega)$ 上的连续线性泛函看作 Ω 上的广义

函数时, 这样的广义函数必具有紧支集, 并且反过来, Ω 上的所有紧支广函都是这样的广义函数.

定理 2.2.4　设 u 是 $C^\infty(\Omega)$ 上的连续线性泛函. 则存在紧集 $K\subset\Omega$、非负整数 m 和常数 $C>0$ 使成立

$$|\langle u,\varphi\rangle|\leqslant C\sum_{|\alpha|\leqslant m}\sup_{x\in K}|\partial^\alpha\varphi(x)|,\quad \forall\varphi\in C^\infty(\Omega). \tag{2.2.4}$$

特别, 当把 u 看作 Ω 上的广义函数时, u 是紧支广函且 $\mathrm{supp}u\subseteq K$.

证　反证而设不存在紧集 $K\subset\Omega$、非负整数 m 和常数 $C>0$ 使 (2.2.4) 成立. 取定 Ω 的开子集列 $\{\Omega_j\}_{j=1}^\infty$ 使满足

$$\Omega_1\subset\subset\Omega_2\subset\subset\cdots\subset\subset\Omega_j\subset\subset\Omega_{j+1}\subset\subset\cdots \quad 且 \quad \bigcup_{j=1}^\infty\Omega_j=\Omega,$$

则存在相应的函数列 $\{\varphi_j\}_{j=1}^\infty\subseteq C^\infty(\Omega)$ 使成立

$$|\langle u,\varphi_j\rangle|>j\sum_{|\alpha|\leqslant j}\sup_{x\in\overline{\Omega}_j}|\partial^\alpha\varphi_j(x)|,\quad j=1,2,\cdots. \tag{2.2.5}$$

令 $\psi_j=\varphi_j\Big/j\sum\limits_{|\alpha|\leqslant j}\sup\limits_{x\in\overline{\Omega}_j}|\partial^\alpha\varphi_j(x)|$, $j=1,2,\cdots$, 则易见 $\psi_j\in C^\infty(\Omega)$, $j=1,2,\cdots$, 且 $\psi_j\to 0\ (C^\infty(\Omega))$, 因此应有 $\langle u,\psi_j\rangle\to 0$ (当 $j\to\infty$). 但从 (2.2.5) 知 $|\langle u,\psi_j\rangle|>1$, $j=1,2,\cdots$, 这就得到了矛盾. 因此定理 2.2.4 的第一个结论成立. 由这个结论容易看出, 当把 u 看作 Ω 上的广义函数时它在 $\Omega\backslash K$ 上恒取零值, 所以 u 是紧支广函且 $\mathrm{supp}u\subseteq K$. 证毕.　□

定理 2.2.5　设 u 是 Ω 上的紧支广函. 则 u 可唯一地延拓成 $C^\infty(\Omega)$ 上的连续线性泛函, 而且当用同一记号 u 表示延拓后的泛函时, (2.2.1) 对任意 $\varphi\in C^\infty(\Omega)$ 都成立.

证　由于 u 是 Ω 上的紧支广函, 所以根据定理 2.2.2 知存在紧集 $K\subset\Omega$、非负整数 m 和常数 $C>0$ 使 (2.2.1) 中的不等式对任意 $\varphi\in C_0^\infty(\Omega)$ 都成立. 对每个 $\varphi\in C^\infty(\Omega)$, 任取一列函数 $\{\varphi_j\}_{j=1}^\infty\subseteq C_0^\infty(\Omega)$ 使 $\varphi_j\to\varphi\ (C^\infty(\Omega))$. 我们来证明:

(i) $\lim\limits_{j\to\infty}\langle u,\varphi_j\rangle$ 存在;

(ii) 上述极限不依赖于函数列 $\{\varphi_j\}_{j=1}^\infty$ 的选取.

事实上, 应用 (2.2.1) 得

$$|\langle u,\varphi_j\rangle-\langle u,\varphi_k\rangle|=|\langle u,\varphi_j-\varphi_k\rangle|\leqslant C\sum_{|\alpha|\leqslant m}\sup_{x\in K}|\partial^\alpha[\varphi_j(x)-\varphi_k(x)]|\to 0$$

(当 $j,k\to\infty$), 所以 $\lim\limits_{j\to\infty}\langle u,\varphi_j\rangle$ 存在. 又若另有函数列 $\{\varphi'_j\}_{j=1}^{\infty}\subseteq C_0^\infty(\Omega)$ 满足 $\varphi'_j\to\varphi\ (C^\infty(\Omega))$, 则 $\varphi_j-\varphi'_j\to 0\ (C^\infty(\Omega))$, 进而

$$|\langle u,\varphi_j\rangle-\langle u,\varphi'_j\rangle|=|\langle u,\varphi_j-\varphi'_j\rangle|\leqslant C\sum_{|\alpha|\leqslant m}\sup_{x\in K}|\partial^\alpha[\varphi_j(x)-\varphi'_j(x)]|\to 0$$

(当 $j\to\infty$), 所以 $\lim\limits_{j\to\infty}\langle u,\varphi_j\rangle=\lim\limits_{j\to\infty}\langle u,\varphi'_j\rangle$. 这就证明了上面的两个断言. 因此可定义

$$\langle u,\varphi\rangle=\lim_{j\to\infty}\langle u,\varphi_j\rangle. \tag{2.2.6}$$

这样就把 u 延拓成了 $C^\infty(\Omega)$ 上的泛函. 取 $\psi\in C_0^\infty(\Omega)$ 使其在 $\operatorname{supp}u$ 的某个邻域上恒取 1 值. 我们来证明成立下述关系:

$$\langle u,\varphi\rangle=\langle u,\psi\varphi\rangle,\quad \forall\varphi\in C^\infty(\Omega). \tag{2.2.7}$$

事实上, 对任意 $\varphi\in C^\infty(\Omega)$ 取函数列 $\{\varphi_j\}_{j=1}^{\infty}\subseteq C_0^\infty(\Omega)$ 使 $\varphi_j\to\varphi\ (C^\infty(\Omega))$. 则因 $\varphi_j\to\varphi\ (C^\infty(\Omega))$ 蕴涵着 $\psi\varphi_j\to\psi\varphi\ (C_0^\infty(\Omega))$, 且在 $\operatorname{supp}u$ 的某个邻域上 $\varphi_j=\psi\varphi_j$, $j=1,2,\cdots$, 所以有

$$\langle u,\varphi\rangle=\lim_{j\to\infty}\langle u,\varphi_j\rangle=\lim_{j\to\infty}\langle u,\psi\varphi_j\rangle=\langle u,\psi\varphi\rangle.$$

这就证明了 (2.2.7). 由 (2.2.7) 立知延拓后的泛函 u 是 $C^\infty(\Omega)$ 上的连续线性泛函. 最后, 由 $C_0^\infty(\Omega)$ 在 $C^\infty(\Omega)$ 中的稠密性知这样的延拓是唯一的, 且由 (2.2.7) 知 (2.2.1) 对任意 $\varphi\in C^\infty(\Omega)$ 都成立. 证毕. □

从上述证明可见, 把 Ω 上的紧支广函 u 延拓成 $C^\infty(\Omega)$ 上的连续线性泛函的方法有两种, 一种是按 (2.2.6) 延拓 (其中 $\{\varphi_j\}_{j=1}^{\infty}$ 是 $C_0^\infty(\Omega)$ 中任意满足 $\varphi_j\to\varphi$ $(C^\infty(\Omega))$ 的函数列), 另一种是按 (2.2.7) 延拓 (其中 ψ 是取定的 $C_0^\infty(\Omega)$ 中在 $\operatorname{supp}u$ 的某个邻域上恒取 1 值的函数), 而且两种延拓方法是等效的.

基于定理 2.2.4 和定理 2.2.5, 通常也把紧支广函直接定义为 $C^\infty(\Omega)$ 上的连续线性泛函. 今后, 当 u 是 Ω 上的紧支广函时, 我们就直接把它看作 $C^\infty(\Omega)$ 上的连续线性泛函. 由于广义函数理论的创始人 L. Schwartz 采用符号 $E(\Omega)$ 表示 $C^\infty(\Omega)$, 所以 $C^\infty(\Omega)$ 作为拓扑线性空间的对偶空间也相应地记作 $E'(\Omega)$, 即 $E'(\Omega)=[C^\infty(\Omega)]'$. 这就是用 $E'(\Omega)$ 表示由 Ω 上的全体紧支广函组成的集合的原因.

定理 2.2.6 设 u 是 Ω 上的紧支广函, 则对包含 $\operatorname{supp}u$ 的任意开集 $U\subset\subset\Omega$, 存在 Ω 上一组具有紧支集的局部可积函数 $\{f_\alpha:\alpha\in\mathbf{Z}_+^n,|\alpha|\leqslant m\}$, 它们的支集都包含于 $\overline{U}$, 使成立

$$u=\sum_{|\alpha|\leqslant m}\partial^\alpha f_\alpha\quad(\text{在 }\Omega\text{ 上}). \tag{2.2.8}$$

证 根据定理 2.2.1 及其证明可知 (参考定理 2.2.1 证明之后的说明), 对任意给定的包含 $\mathrm{supp}u$ 的开集 $U \subset\subset \Omega$, 如果令 $K = \overline{U}$, 则存在非负整数 l 和常数 $C > 0$ 使成立

$$|\langle u, \varphi\rangle| \leqslant C \sum_{|\alpha|\leqslant l} \sup_{x\in K} |\partial^\alpha \varphi(x)|, \quad \forall \varphi \in C_0^\infty(\Omega). \tag{2.2.9}$$

由 Sobolev 嵌入定理 (定理 1.8.6), 有

$$\sum_{|\alpha|\leqslant l} \sup_{x\in K} |\partial^\alpha \varphi(x)| \leqslant C\|\varphi\|_{W^{m,1}(U)}, \quad \forall \varphi \in W^{m,1}(U), \tag{2.2.10}$$

其中 $m = l + n + 1$. 把 (2.2.10) 代入 (2.2.9) 得

$$|\langle u, \varphi\rangle| \leqslant C\|\varphi\|_{W^{m,1}(U)}, \quad \forall \varphi \in C_0^\infty(U).$$

这个不等式表明, u 可延拓成 $W_0^{m,1}(U)$ 上的连续线性泛函. 因此应用 Riesz 表示定理可知 (参见习题 1.7 第 6 题), 存在定义于 U 上的一组有界可测函数 $\{f_\alpha : \alpha \in \mathbf{Z}_+^n, |\alpha| \leqslant m\}$ 使成立

$$\langle u, \varphi\rangle = \sum_{|\alpha|\leqslant m} (-1)^{|\alpha|} \int_U f_\alpha(x)\partial^\alpha \varphi(x)\mathrm{d}x, \quad \forall \varphi \in C_0^\infty(U).$$

把每个 f_α 都作零延拓使之成为定义于 Ω 上的函数. 则由于 $\mathrm{supp}u \subseteq U$, 所以把每个 f_α 都这样延拓后上式对任意 $\varphi \in C_0^\infty(\Omega)$ 也都成立. 这意味着等式 (2.2.8) 成立. 证毕. □

推论 2.2.7 *设 u 是 Ω 上的广义函数. 则对任意开集 $U \subset\subset \Omega$, 存在 Ω 上相应的一组局部可积函数 $\{f_\alpha : \alpha \in \mathbf{Z}_+^n, |\alpha| \leqslant m\}$ 使成立*

$$u = \sum_{|\alpha|\leqslant m} \partial^\alpha f_\alpha \quad (\text{在 } U \text{ 上}). \tag{2.2.11}$$

证 取 $\varphi \in C_0^\infty(\Omega)$ 使它在 $\overline{U}$ 的某个邻域上恒取 1 值. 则 $\varphi u \in E'(\Omega)$. 因此应用定理 2.2.6 知存在 Ω 上一组局部可积函数 $\{f_\alpha : \alpha \in \mathbf{Z}_+^n, |\alpha| \leqslant m\}$ 使成立

$$\varphi u = \sum_{|\alpha|\leqslant m} \partial^\alpha f_\alpha \quad (\text{在 } \Omega \text{ 上}).$$

把这个等式限制在 U 上就得到了 (2.2.11). 证毕. □

以上推论表明, 任何一个广义函数局部地都是有限个局部可积函数的广义导数的线性组合. 这就给出了广义函数的局部结构. 因此以上推论叫做**广义函数的局部结构定理**.

我们知道, Dirac δ 函数 δ_{x_0} 的支集是单点集 $\{x_0\}$. 显然它的任意偏导数 $\partial^\alpha\delta_{x_0}$ 的支集也是这个单点集, 进而有限个这样的广义函数的线性组合的支集还是这个单点集. 下一个定理表明, 反过来的结论也正确.

定理 2.2.8 设广义函数 u 的支集是单点集 $\{x_0\}$, 则 u 是 δ 函数 δ_{x_0} 及其有限个偏导数的线性组合, 即存在一组常数 $\{a_\alpha\in\mathbf{R}:\alpha\in\mathbf{Z}_+^n,|\alpha|\leqslant m\}$ 使成立

$$u=\sum_{|\alpha|\leqslant m}a_\alpha\partial^\alpha\delta_{x_0}. \tag{2.2.12}$$

证 通过作零延拓可设 $u\in E'(\mathbf{R}^n)$. 应用定理 2.2.1 知存在包含 x_0 点的紧集 K、非负整数 m 和常数 $C>0$ 使成立

$$|\langle u,\varphi\rangle|\leqslant C\sum_{|\alpha|\leqslant m}\sup_{x\in K}|\partial^\alpha\varphi(x)|,\quad \forall\varphi\in C^\infty(\mathbf{R}^n).$$

据此和 $\mathrm{supp}u=\{x_0\}$ 的假设条件可以断定, 如果函数 $\varphi\in C^\infty(\mathbf{R}^n)$ 及其直到 m 阶的偏导数在 x_0 点的值都是零, 则 $\langle u,\varphi\rangle=0$. 事实上, 取函数 $\psi\in C_0^\infty(\mathbf{R}^n)$ 使它在 $|x|\leqslant 1$ 上恒取 1 值、在 $|x|\geqslant 2$ 上恒取零值, 再令 $\psi_\varepsilon(x)=\psi((x-x_0)/\varepsilon)$, $\forall\varepsilon>0$, 则 $\psi_\varepsilon\in C_0^\infty(\mathbf{R}^n)$, 它在 $|x-x_0|\leqslant\varepsilon$ 上恒取 1 值、在 $|x-x_0|\geqslant 2\varepsilon$ 上恒取零值, 且

$$|\partial^\alpha\psi_\varepsilon(x)|\leqslant C_\alpha\varepsilon^{-|\alpha|},\quad \forall\varepsilon>0,\ \forall\alpha\in\mathbf{Z}_+^n,\ \forall x\in\mathbf{R}^n.$$

借助于 Taylor 展开易知对每个本身及其直到 m 阶的偏导数在 x_0 点的值都等于零的函数 $\varphi\in C^\infty(\mathbf{R}^n)$ 成立

$$|\partial^\alpha\varphi(x)|\leqslant C_\alpha\varepsilon^{m-|\alpha|+1},\quad 当|x-x_0|\leqslant 2\varepsilon,\ \forall|\alpha|\leqslant m.$$

因此对充分小的 $\varepsilon>0$ 有

$$\begin{aligned}|\langle u,\varphi\rangle|=|\langle u,\psi_\varepsilon\varphi\rangle|&\leqslant C\sum_{|\alpha|\leqslant m}\sup_{x\in K}|\partial^\alpha[\psi_\varepsilon(x)\varphi(x)]|\\&\leqslant C'\sum_{|\alpha|\leqslant m}\sum_{\beta\leqslant\alpha}\frac{\alpha!}{\beta!(\alpha-\beta)!}\sup_{x\in K}[|\partial^\beta\psi_\varepsilon(x)||\partial^{\alpha-\beta}\varphi(x)|]\leqslant C\varepsilon.\end{aligned}$$

令 $\varepsilon\to 0$ 即得 $\langle u,\varphi\rangle=0$. 现在对一般的 $\varphi\in C^\infty(\mathbf{R}^n)$, 对它在 x_0 点作带有积分型余项的 Taylor 展开, 即知存在函数 $\varphi_1\in C^\infty(\mathbf{R}^n)$, 它本身及其直到 m 阶的偏导数都在 x_0 点取零值, 使成立

$$\varphi(x)=\sum_{|\alpha|\leqslant m}\frac{1}{\alpha!}\partial^\alpha\varphi(x_0)(x-x_0)^\alpha+\varphi_1(x),\quad \forall x\in\mathbf{R}^n.$$

这样就有

$$\begin{aligned}\langle u,\varphi\rangle &= \sum_{|\alpha|\leqslant m}\frac{1}{\alpha!}\partial^\alpha\varphi(x_0)\langle u,(\cdot-x_0)^\alpha\rangle+\langle u,\varphi_1\rangle\\ &= \sum_{|\alpha|\leqslant m}(-1)^{|\alpha|}a_\alpha\partial^\alpha\varphi(x_0)\quad\left(a_\alpha=\frac{(-1)^{|\alpha|}}{\alpha!}\langle u,(\cdot-x_0)^\alpha\rangle\right)\\ &= \sum_{|\alpha|\leqslant m}a_\alpha\langle\partial^\alpha\delta_{x_0},\varphi\rangle.\end{aligned}$$

这就得到了 (2.2.12). 证毕. □

习 题 2.2

1. 证明: 对任意紧支广函 $u\in E'(\Omega)$ 和包含 $\mathrm{supp}u$ 的任意开集 $U\subset\subset\Omega$, 存在 Ω 上一组具有紧支集的连续函数 $\{f_\alpha:\alpha\in\mathbf{Z}_+^n,|\alpha|\leqslant m\}$, 它们的支集都包含于 $\overline{U}$, 使式 (2.2.8) 成立.
2. 广义函数 $u\in D'(\Omega)$ 叫做是**有限阶**的, 如果存在非负整数 m 和一组局部可积函数 $\{f_\alpha:\alpha\in\mathbf{Z}_+^n,|\alpha|\leqslant m\}$ 使式 (2.2.8) 成立. 证明: $u\in D'(\Omega)$ 是有限阶的当且仅当存在非负整数 m 使它可延拓成 $C_0^m(\Omega)$ 上的连续线性泛函, 这里 $C_0^m(\Omega)$ 中函数列的收敛性仿照 $C_0^\infty(\Omega)$ 中函数列的收敛性定义.
3. 证明: (1) $\mathbf{R}^1$ 上广函方程 $xu(x)=0$ 的通解为 $u(x)=C\delta(x)$, C 为常数;
   (2) $\mathbf{R}^1$ 上广函方程 $xu(x)=1$ 的通解为 $u=\mathrm{P.V.}\frac{1}{x}+C\delta(x)$, 这里 $\mathrm{P.V.}\frac{1}{x}$ 表示由习题 2.1 第 1 题 (1) 给出的 $\mathbf{R}^1$ 上的广义函数, C 为常数.
4. (1) 设 m 是正整数. 证明: $\mathbf{R}^1$ 上广函方程 $x^mu(x)=0$ 的通解为 $u(x)=\sum\limits_{k=0}^{m}C_k\delta^{(k)}(x)$, 其中 $C_0,C_1,\cdots,C_m$ 为常数;
   (2) 设 $P(x)$ 是 $\mathbf{R}^1$ 上的多项式, 它的全部相异实零点为 $x_1,x_2,\cdots,x_n$, 且重数分别为 m_1, $m_2,\cdots,m_n$. 证明: $\mathbf{R}^1$ 上广函方程 $P(x)u(x)=0$ 的通解为 $u(x)=\sum\limits_{j=1}^{n}\sum\limits_{k=0}^{m_j-1}C_{jk}\delta^{(k)}(x-x_j)$, 其中 C_{jk} 为常数.
5. 证明: (1) 对任意 $\varphi\in C^\infty(\mathbf{R}^1)$ 存在唯一的 $\psi\in C^\infty(\mathbf{R}^1)$ 使成立 $\varphi(x)=\varphi(0)+x\psi(x)$;
   (2) 对任意 $g\in E'(\mathbf{R}^1)$, 广函方程 $xv(x)=g(x)$ 有解 $v\in E'(\mathbf{R}^1)$;
   (3) 对任意 $f\in D'(\mathbf{R}^1)$, 广函方程 $xu(x)=f(x)$ 有解 $u\in D'(\mathbf{R}^1)$.
6. (1) 设 m 是正整数. 证明: 对任意 $f\in D'(\mathbf{R}^1)$, 广函方程 $x^mu(x)=f(x)$ 有解 $u\in D'(\mathbf{R}^1)$;
   (2) 设 $P(x)$ 是 $\mathbf{R}^1$ 上的多项式. 证明: 对任意 $f\in D'(\mathbf{R}^1)$, 广函方程 $P(x)u(x)=f(x)$ 有解 $u\in D'(\mathbf{R}^1)$.
7. (1) 求广函方程 $x^2u'=0$ 的通解;

(2) 求广函方程 $x(x-1)u'=0$ 的通解;

(3) 求广函方程 $xu'=1$ 的通解.

2.3 缓增广函

为了建立 Fourier 变换的需要, 本节讨论另一类特殊的广义函数: 缓增广函.

设 u 是 $\mathbf{R}^n$ 上的局部可积函数. 如果存在非负整数 m 和正数 C, M 使成立

$$|u(x)| \leqslant C(1+|x|)^m, \quad \forall x \in \mathbf{R}^n, \ |x| \geqslant M,$$

就称 u 为**缓增函数**; 如果存在正数 M 使对任意正整数 m 存在相应的常数 $C_m > 0$ 使成立

$$|u(x)| \leqslant C_m(1+|x|)^{-m}, \quad \forall x \in \mathbf{R}^n, \ |x| \geqslant M,$$

就称 u 为**急降函数**.

容易看出, 如果 u 是缓增函数, 那么当 N 充分大时有 $(1+|x|)^{-N}u \in L^1(\mathbf{R}^n)$; 如果 u 是急降函数, 那么对任意 $N>0$ 有 $(1+|x|)^N u \in L^1(\mathbf{R}^n)$.

定义 2.3.1 对 $\mathbf{R}^n$ 上的广义函数 u, 如果存在一组缓增的局部可积函数 $\{f_\alpha : \alpha \in \mathbf{Z}_+^n, |\alpha| \leqslant m\}$ 使成立

$$u = \sum_{|\alpha| \leqslant m} \partial^\alpha f_\alpha \quad (\text{在 } \mathbf{R}^n \text{ 上}), \tag{2.3.1}$$

就称 u 为**缓增广义函数**, 简称**缓增广函**. $\mathbf{R}^n$ 上的全体缓增广函组成的集合记作 $S'(\mathbf{R}^n)$.

根据定理 2.2.6 知 $\mathbf{R}^n$ 上的所有紧支广函都是缓增广函, 即 $E'(\mathbf{R}^n) \subseteq S'(\mathbf{R}^n)$. 又对任意 $1 \leqslant p \leqslant \infty$, Lebesgue 空间 $L^p(\mathbf{R}^n)$ 中的函数都是缓增广函. 更一般地对任意整数 s 和任意 $1 \leqslant p \leqslant \infty$, Sobolev 空间 $W^{s,p}(\Omega)$ 中的函数 (当 $s \geqslant 0$) 或广函 (当 $s<0$) 都是缓增广函.

本节的主要目的是要说明: 正如紧支广函作为 $C_0^\infty(\mathbf{R}^n)$ 上的连续线性泛函可以延拓成 $C^\infty(\mathbf{R}^n)$ 上的连续线性泛函一样, 缓增广函作为 $C_0^\infty(\mathbf{R}^n)$ 上的连续线性泛函也可延拓到一个更大的拓扑线性空间 $S(\mathbf{R}^n)$, 所谓 Schwartz 空间, 使之成为 $S(\mathbf{R}^n)$ 上的连续线性泛函. 先给出 Schwartz 空间 $S(\mathbf{R}^n)$ 的定义.

定义 2.3.2 对 $\varphi \in C^\infty(\mathbf{R}^n)$, 如果它本身以及它的各阶偏导数都是急降函数, 就称 φ 为**急降 C^∞ 函数**或 **Schwartz 函数**, 其全体组成的集合记作 $S(\mathbf{R}^n)$.

对函数列 $\varphi_j \in S(\mathbf{R}^n)$ $(j=1,2,\cdots)$ 和函数 $\varphi \in S(\mathbf{R}^n)$, 如果对任意正整数 N 和任意 $\alpha \in \mathbf{Z}_+^n$ 都有

$$\lim_{j\to\infty} \sup_{x\in\mathbf{R}^n} (1+|x|)^N |\partial^\alpha \varphi_j(x) - \partial^\alpha \varphi(x)| = 0,$$

就称该函数列在 $S(\mathbf{R}^n)$ **中收敛于** φ, 记作 $\varphi_j \to \varphi\ (S(\mathbf{R}^n))$. 可以在 $S(\mathbf{R}^n)$ 中引入一族半范, 使得按这族半范 $S(\mathbf{R}^n)$ 成为一个 Fréchet 空间, 并且 $S(\mathbf{R}^n)$ 中函数列按这族半范所确定拓扑的收敛性与上述收敛性一致. 为避免涉及过多, 这里不讨论 $S(\mathbf{R}^n)$ 的这个拓扑结构; 如读者希望对此有所了解, 可参考文献 [4]. $S(\mathbf{R}^n)$ 赋予了这样的拓扑结构所形成的拓扑线性空间叫做 **Schwartz 空间**.

显然, $S(\mathbf{R}^n)$ 上的连续线性泛函限制在 $C_0^\infty(\mathbf{R}^n)$ 上也是 $C_0^\infty(\mathbf{R}^n)$ 上的连续线性泛函, 因而是 $\mathbf{R}^n$ 上的广义函数. 应用下述引理可知, $S(\mathbf{R}^n)$ 上不同的连续线性泛函限制在 $C_0^\infty(\mathbf{R}^n)$ 上所得到的广义函数也不相同.

引理 2.3.3 *$C_0^\infty(\mathbf{R}^n)$ 在 $S(\mathbf{R}^n)$ 中稠密.*

证 取函数 $\psi \in C_0^\infty(\mathbf{R}^n)$ 使它在 $|x| \leqslant 1$ 上恒取 1 值、在 $|x| \geqslant 2$ 上恒取零值. 对任意 $\varphi \in S(\mathbf{R}^n)$, 令 $\varphi_j(x) = \psi(x/j)\varphi(x)$, $j = 1, 2, \cdots$, 则 $\varphi_j \in C_0^\infty(\mathbf{R}^n)$ $(j = 1, 2, \cdots)$, 且不难证明 $\varphi_j \to \varphi\ (S(\mathbf{R}^n))$. 所以 $C_0^\infty(\mathbf{R}^n)$ 在 $S(\mathbf{R}^n)$ 中稠密. □

下述定理给出了 $S(\mathbf{R}^n)$ 上连续线性泛函的一个等价条件.

定理 2.3.4 *设 u 是 $S(\mathbf{R}^n)$ 上的线性泛函. 则 u 是 $S(\mathbf{R}^n)$ 上的连续线性泛函的充要条件是: 存在非负整数 m, N 和常数 $C > 0$ 使成立*

$$|\langle u, \varphi\rangle| \leqslant C \sum_{|\alpha| \leqslant m} \sup_{x \in \mathbf{R}^n} (1 + |x|)^N |\partial^\alpha \varphi(x)|, \quad \forall \varphi \in S(\Omega). \tag{2.3.2}$$

证 充分性显然, 为证明必要性. 反证而设 u 是 $S(\mathbf{R}^n)$ 上的连续线性泛函但不存在非负整数 m, N 和常数 $C > 0$ 使 (2.3.2) 成立. 则对每个正整数 j, 存在相应的 $\varphi_j \in S(\mathbf{R}^n)$ 使

$$|\langle u, \varphi_j\rangle| > j \sum_{|\alpha| \leqslant j} \sup_{x \in \mathbf{R}^n} (1 + |x|)^j |\partial^\alpha \varphi_j(x)| \tag{2.3.3}$$

$(j = 1, 2, \cdots)$. 令 $\psi_j = \varphi_j \Big/ j \sum_{|\alpha| \leqslant j} \sup_{x \in \mathbf{R}^n} (1 + |x|)^j |\partial^\alpha \varphi_j(x)|$, $j = 1, 2, \cdots$, 则易见 $\psi_j \to 0\ (S(\mathbf{R}^n))$, 因此应有 $\langle u, \psi_j\rangle \to 0$ (当 $j \to \infty$). 但从 (2.3.3) 知 $|\langle u, \psi_j\rangle| > 1$, $j = 1, 2, \cdots$, 这就得到了矛盾. 故必存在非负整数 m, N 和常数 $C > 0$ 使 (2.3.2) 成立. 证毕. □

下面的定理便是本节所要建立的关于缓增广函的刻画.

定理 2.3.5 *设 u 是 $\mathbf{R}^n$ 上的广义函数. 则 u 是缓增广函的充要条件是: u 可延拓成 $S(\mathbf{R}^n)$ 上的连续线性泛函. 而且当 u 是缓增广函时它在 $S(\mathbf{R}^n)$ 上的连续延拓是唯一的.*

证 设 u 是 $\mathbf{R}^n$ 上的缓增广函. 则存在一组缓增的局部可积函数 $\{f_\alpha : \alpha \in \mathbf{Z}_+^n, |\alpha| \leqslant m\}$ 使 u 有表达式 (2.3.1). 根据这个表达式我们定义 $S(\mathbf{R}^n)$ 上的泛函 u

如下:

$$\langle u,\varphi\rangle=\sum_{|\alpha|\leqslant m}(-1)^{|\alpha|}\int_{\mathbf{R}^n}f_\alpha(x)\partial^\alpha\varphi(x)\mathrm{d}x,\ \forall\varphi\in S(\mathbf{R}^n).$$

这样的定义是合理的. 事实上, 由 f_α 的缓增性知存在充分大的正整数 N 使 $(1+|x|)^{-N}f_\alpha\in L^1(\mathbf{R}^n)$, $\forall|\alpha|\leqslant m$. 于是

$$|\langle u,\varphi\rangle|\leqslant\sum_{|\alpha|\leqslant m}\int_{\mathbf{R}^n}(1+|x|)^{-N}|f_\alpha(x)|\cdot(1+|x|)^N|\partial^\alpha\varphi(x)|\mathrm{d}x$$

$$\leqslant C\sum_{|\alpha|\leqslant m}\sup_{x\in\mathbf{R}^n}(1+|x|)^N|\partial^\alpha\varphi(x)|<\infty,\quad\forall\varphi\in S(\mathbf{R}^n),$$

其中 $C=\max\limits_{|\alpha|\leqslant m}\int_{\mathbf{R}^n}(1+|x|)^{-N}|f_\alpha(x)|\mathrm{d}x$. 再应用定理 2.3.4 即知 u 是 $S(\mathbf{R}^n)$ 上的连续线性泛函. 从定义式可见这个连续线性泛函 u 是广义函数 u 在 $S(\mathbf{R}^n)$ 上的延拓, 并且由 $C_0^\infty(\mathbf{R}^n)$ 在 $S(\mathbf{R}^n)$ 中稠密性知这样的延拓是唯一的.

反过来, 如果 u 可延拓成 $S(\mathbf{R}^n)$ 上的连续线性泛函, 仍用 u 表示延拓后的泛函, 则由定理 2.3.4 知存在非负整数 m,N 和常数 $C>0$ 使成立

$$|\langle u,\varphi\rangle|\leqslant C\sum_{|\alpha|\leqslant m}\sup_{x\in\mathbf{R}^n}(1+|x|)^N|\partial^\alpha\varphi(x)|\leqslant C\sum_{|\alpha|\leqslant m}\sup_{x\in\mathbf{R}^n}(1+|x|^2)^N|\partial^\alpha\varphi(x)|$$

$$\leqslant C\sum_{|\beta|\leqslant m}\sup_{x\in\mathbf{R}^n}|\partial^\beta[P_\beta(x)\varphi(x)]|,\quad\forall\varphi\in S(\mathbf{R}^n),\tag{2.3.4}$$

其中 $P_\beta(x)$ 是一些阶数不超过 $2N$ 的多项式. 最后这个不等式用到了逆 Leibniz 公式, 并且在以上推导中采用了相同的符号 C 表示可能不同的正常数以使符号简洁 (下同). 由 Sobolev 嵌入定理有 $W^{n+1,1}(\mathbf{R}^n)\hookrightarrow L^\infty(\mathbf{R}^n)$, 所以

$$\sum_{|\beta|\leqslant m}\sup_{x\in\mathbf{R}^n}|\partial^\beta[P_\beta(x)\varphi(x)]|\leqslant C\sum_{|\beta|\leqslant m}\sum_{|\gamma|\leqslant n+1}\int_{\mathbf{R}^n}|\partial^{\beta+\gamma}[P_\beta(x)\varphi(x)]|\mathrm{d}x$$

$$\leqslant C\sum_{|\alpha|\leqslant m+n+1}\int_{\mathbf{R}^n}(1+|x|)^{2N}|\partial^\alpha\varphi(x)|\mathrm{d}x,\quad\forall\varphi\in S(\mathbf{R}^n).$$

把这个估计式代入 (2.3.4) 中最后一个不等式的右端, 便得到

$$|\langle u,\varphi\rangle|\leqslant C\sum_{|\alpha|\leqslant m+n+1}\int_{\mathbf{R}^n}(1+|x|)^{2N}|\partial^\alpha\varphi(x)|\mathrm{d}x,\quad\forall\varphi\in S(\mathbf{R}^n).\tag{2.3.5}$$

令 l 表示全体长度不超过 $m+n+1$ 的 n 重指标的个数并把这些 n 重指标排定次序, 设为 $\alpha^1,\alpha^2,\cdots,\alpha^l$. 再令 E 表示由全体形如

$$\left((1+|x|)^{2N}\partial^{\alpha^1}\varphi(x),(1+|x|)^{2N}\partial^{\alpha^2}\varphi(x),\cdots,(1+|x|)^{2N}\partial^{\alpha^l}\varphi(x)\right)\quad(\varphi\in S(\mathbf{R}^n))$$

的 l 维向量值函数组成的 $[L^1(\mathbf{R}^n)]^l$ 的线性子空间, 则 (2.3.5) 表明, u 可看作定义在 E 上并按 $[L^1(\mathbf{R}^n)]^l$ 范数连续的线性泛函. 因此根据 Banach 泛函延拓定理, u 可延拓成 $[L^1(\mathbf{R}^n)]^l$ 上的连续线性泛函. 再应用 Riesz 表示定理即知存在一组有界可测函数 $\{g_\alpha : \alpha \in \mathbf{Z}_+^n, |\alpha| \leqslant m+n+1\}$ 使成立

$$\langle u, \varphi \rangle = \sum_{|\alpha| \leqslant m+n+1} \int_{\mathbf{R}^n} g_\alpha(x) \cdot (1+|x|)^{2N} \partial^\alpha \varphi(x) \mathrm{d}x, \quad \forall \varphi \in S(\mathbf{R}^n). \tag{2.3.6}$$

令 $f_\alpha(x) = (-1)^{|\alpha|}(1+|x|)^{2N} g_\alpha(x), \forall |\alpha| \leqslant m+n+1$, 则显然 f_α 都是缓增的局部可积函数, 且 (2.3.6) 表明在 $\mathbf{R}^n$ 上成立 $u = \sum\limits_{|\alpha| \leqslant m+n+1} \partial^\alpha f_\alpha$. 因此 u 是 $\mathbf{R}^n$ 上的缓增广函. 这就证明了充分性. 证毕. □

在许多书上, 缓增广函直接定义为 $S(\mathbf{R}^n)$ 上的连续线性泛函. 根据定理 2.3.5, 这样的定义与前述定义 2.3.1 等价. 今后, 我们将把缓增广函直接看作 $S(\mathbf{R}^n)$ 上的连续线性泛函, 这样它们对任意 $\varphi \in S(\mathbf{R}^n)$ 的作用都有意义. 下面讨论与这样的延拓作用相关的一些运算问题.

定理 2.3.6 (1) 如果 $\varphi \in S(\mathbf{R}^n)$, 那么对任意 $\alpha \in \mathbf{Z}_+^n$ 有 $\partial^\alpha \varphi \in S(\mathbf{R}^n)$, 且当 $\varphi_j \to \varphi\ (S(\mathbf{R}^n))$ 时有 $\partial^\alpha \varphi_j \to \partial^\alpha \varphi\ (S(\mathbf{R}^n))$.

(2) 如果 $u \in S'(\mathbf{R}^n)$, 那么对任意 $\alpha \in \mathbf{Z}_+^n$ 有 $\partial^\alpha u \in S'(\mathbf{R}^n)$, 且

$$\langle \partial^\alpha u, \varphi \rangle = (-1)^{|\alpha|} \langle u, \partial^\alpha \varphi \rangle, \quad \forall \varphi \in S(\mathbf{R}^n). \tag{2.3.7}$$

注 由广义函数偏导数的定义, 式 (2.3.7) 本来只对 $\varphi \in C_0^\infty(\mathbf{R}^n)$ 成立. 上述定理保证了, 当 $u \in S'(\mathbf{R}^n)$ 时它也对任意 $\varphi \in S(\mathbf{R}^n)$ 成立.

定理 2.3.6 的证明 结论 (1) 是显然的. 结论 (2) 的前半部分也是显然的. 为证 (2.3.7), 对给定的 $\varphi \in S(\mathbf{R}^n)$ 取 $\varphi_j \in C_0^\infty(\mathbf{R}^n)$ $(j=1,2,\cdots)$ 使 $\varphi_j \to \varphi\ (S(\mathbf{R}^n))$. 则有

$$\langle \partial^\alpha u, \varphi \rangle = \lim_{j\to\infty} \langle \partial^\alpha u, \varphi_j \rangle = \lim_{j\to\infty} (-1)^{|\alpha|} \langle u, \partial^\alpha \varphi_j \rangle = (-1)^{|\alpha|} \langle u, \partial^\alpha \varphi \rangle,$$

即 (2.3.7) 成立. 证毕. □

我们知道, 任意 C^∞ 函数与任意广义函数的乘积是广义函数, 并且任意 C^∞ 函数与任意紧支广函的乘积还是紧支广函. 但是 C^∞ 函数与缓增广函的乘积一般不再是缓增广函. 引进

定义 2.3.7 对 $\varphi \in C^\infty(\mathbf{R}^n)$, 如果它本身以及它的各阶偏导数都是缓增函数, 就称 φ 为**缓增 C^∞ 函数**. 全体缓增 C^∞ 函数组成的集合记作 $O_M(\mathbf{R}^n)$.

定理 2.3.8 (1) 如果 $\varphi \in S(\mathbf{R}^n)$, $\psi \in O_M(\mathbf{R}^n)$, 那么 $\varphi\psi \in S(\mathbf{R}^n)$;

(2) 如果 $u \in S'(\mathbf{R}^n)$, $\psi \in O_M(\mathbf{R}^n)$, 那么 $\psi u \in S'(\mathbf{R}^n)$, 且

$$\langle \psi u, \varphi \rangle = \langle u, \psi\varphi \rangle, \quad \forall \varphi \in S(\mathbf{R}^n). \tag{2.3.8}$$

证 结论 (1) 是显然的. 为证结论 (2), 把 u 表示成 $u = \sum\limits_{|\alpha| \leqslant m} \partial^\alpha f_\alpha$, 其中 f_α ($|\alpha| \leqslant m$) 都是缓增的局部可积函数. 应用逆 Leibniz 公式得

$$\psi u = \sum_{|\alpha| \leqslant m} \sum_{\beta \leqslant \alpha} \frac{(-1)^{|\beta|}\alpha!}{\beta!(\alpha-\beta)!} \partial^\beta [f_\alpha \partial^{\alpha-\beta}\psi] = \sum_{|\beta| \leqslant m} \partial^\beta g_\beta,$$

其中 $g_\beta = \sum\limits_{\alpha \geqslant \beta} \dfrac{(-1)^{|\beta|}\alpha!}{\beta!(\alpha-\beta)!} f_\alpha \partial^{\alpha-\beta}\psi$. 由此易见 $\psi u \in S'(\mathbf{R}^n)$. 其次, 不难证明当 $\varphi_j \to \varphi$ $(S(\mathbf{R}^n))$ 时对任意 $\psi \in O_M(\mathbf{R}^n)$ 亦有 $\psi\varphi_j \to \psi\varphi$ $(S(\mathbf{R}^n))$, 所以对给定的 $\varphi \in S(\mathbf{R}^n)$ 取 $\varphi_j \in C_0^\infty(\mathbf{R}^n)$ $(j = 1, 2, \cdots)$ 使 $\varphi_j \to \varphi$ $(S(\mathbf{R}^n))$. 则有

$$\langle \psi u, \varphi \rangle = \lim_{j \to \infty} \langle \psi u, \varphi_j \rangle = \lim_{j \to \infty} \langle u, \psi\varphi_j \rangle = \langle u, \psi\varphi \rangle,$$

这就证明了式 (2.3.8). 证毕. □

我们再引进

定义 2.3.9 设 u_j $(j = 1, 2, \cdots)$ 和 u 都是缓增广函. 如果对任意 $\varphi \in S(\mathbf{R}^n)$ 都有 $\lim\limits_{j \to \infty} \langle u_j, \varphi \rangle = \langle u, \varphi \rangle$, 就称序列 $\{u_j\}_{j=1}^\infty$ **在 $S'(\mathbf{R}^n)$ 中收敛于** u, 记作 $u_j \to u$ $(S'(\mathbf{R}^n))$.

定理 2.3.10 设 u_j $(j = 1, 2, \cdots)$ 和 u 都是缓增广函且 $u_j \to u$ $(S'(\mathbf{R}^n))$, 则有以下结论:

(1) 对任意 $\alpha \in \mathbf{Z}_+^n$ 有 $\partial^\alpha u_j \to \partial^\alpha u$ $(S'(\mathbf{R}^n))$;

(2) 对任意 $\psi \in O_M(\mathbf{R}^n)$ 有 $\psi u_j \to \psi u$ $(S'(\mathbf{R}^n))$.

这个定理的简单证明留给读者. □

最后提醒读者, 本节的讨论虽然都是针对实广义函数进行的, 但显然所有的概念与结果也都适用于复广义函数.

习 题 2.3

1. 设 $\psi \in C^\infty(\mathbf{R}^n)$. 证明:

   (1) 如果对任意 $\varphi \in S(\mathbf{R}^n)$ 有 $\varphi\psi \in S(\mathbf{R}^n)$, 那么 $\psi \in O_M(\mathbf{R}^n)$;

   (2) 如果对任意 $u \in S'(\mathbf{R}^n)$ 有 $\psi u \in S'(\mathbf{R}^n)$, 那么 $\psi \in O_M(\mathbf{R}^n)$.

2. 证明: (1) 对任意数列 $\{a_n\}_{n=1}^\infty$, 广函序列 $\{a_n\delta(x-n)\}_{n=1}^\infty$ 在 $D'(\mathbf{R}^1)$ 中收敛于零;

   (2) 存在数列 $\{a_n\}_{n=1}^\infty$, 使广函序列 $\{a_n\delta(x-n)\}_{n=1}^\infty$ 在 $S'(\mathbf{R}^1)$ 中不收敛于零.

3. 证明: 按 $S'(\mathbf{R}^1)$ 拓扑成立

$$\lim_{y\to 0}\frac{1}{x+\mathrm{i}y}=\mathrm{P.V.}\frac{1}{x}-\mathrm{i}\pi\delta(x),$$

$$\lim_{y\to 0}\ln(x+\mathrm{i}y)=\ln(x+\mathrm{i}0):=\begin{cases}\ln x, & x>0,\\ \ln|x|+\mathrm{i}\pi, & x<0.\end{cases}$$

4. 证明: 按 $S'(\mathbf{R}^1)$ 拓扑成立下列公式:

$$\cos x+\cos 2x+\cos 3x+\cdots=-\frac{1}{2}+\pi\sum_{n=-\infty}^{\infty}\delta(x-2n\pi);$$

$$\sin x+\sin 2x+\sin 3x+\cdots=-\pi\sum_{n=-\infty}^{\infty}\delta'(x-2n\pi).$$

提示: 为证明第一个公式可先考虑级数 $\sum\limits_{n=1}^{\infty}\dfrac{\cos nx}{n^2}$.

5. 证明: 如果数列 $\{a_n\}_{n=1}^{\infty}$ 和 $\{b_n\}_{n=1}^{\infty}$ 都是缓增的, 即存在正数 C, N 使成立

$$|a_n|\leqslant Cn^N,\quad |b_n|\leqslant Cn^N,\quad n=1,2,\cdots,$$

则三角级数 $\sum\limits_{n=1}^{\infty}(a_n\cos nx+b_n\sin nx)$ 按 $S'(\mathbf{R}^1)$ 拓扑收敛.

6. 证明: $C_0^\infty(\mathbf{R}^n)$ 在 $S'(\mathbf{R}^n)$ 中稠密.

2.4 Fourier 变换

现在转入本章的另一主题: Fourier 变换. 从本节开始的本章以后各节, 所涉及的广义函数都是指复广义函数, 所涉及的函数空间 $L^p(\mathbf{R}^n)$ $(1\leqslant p\leqslant\infty)$、$W^{m,p}(\mathbf{R}^n)$ $(m\in\mathbf{Z}_+,\ 1\leqslant p\leqslant\infty)$ 以及 $C_0^\infty(\mathbf{R}^n)$、$C^\infty(\mathbf{R}^n)$、$S(\mathbf{R}^n)$ 等也全都由复值函数组成.

经典的 Fourier 变换是对 $\mathbf{R}^n$ 上的可积函数定义的, 回忆其定义如下:

定义 2.4.1 *设 $f\in L^1(\mathbf{R}^n)$. 用 $\tilde{f}$ 和 $\check{f}$ 分别表示定义在 $\mathbf{R}^n$ 上的下列函数:*

$$\tilde{f}(\xi)=\int_{\mathbf{R}^n}\mathrm{e}^{-\mathrm{i}x\xi}f(x)\mathrm{d}x,\quad \forall\xi\in\mathbf{R}^n, \tag{2.4.1}$$

$$\check{f}(\xi)=\frac{1}{(2\pi)^n}\int_{\mathbf{R}^n}\mathrm{e}^{\mathrm{i}x\xi}f(x)\mathrm{d}x,\quad \forall\xi\in\mathbf{R}^n, \tag{2.4.2}$$

其中 $x\xi=\sum\limits_{j=1}^{n}x_j\xi_j$. 称 $\tilde{f}$ 为 f 的 **Fourier 变换**, *而称 $\check{f}$ 为 f 的* **反 Fourier 变换**.

用 F 表示把函数 $f\in L^1(\mathbf{R}^n)$ 映射为 $\tilde{f}$ 的映射, 即$F(f)=\tilde{f}$, 称为 **Fourier 变换**. 以后将会证明, F 是单射, 它的逆映射为 $F^{-1}(f)=\check{f}$. 这就是把 $\check{f}$ 称为 f 的反 Fourier 变换的原因. 显然 F 和 F^{-1} 都是线性映射, 即成立

$$F(af+bg)=aF(f)+bF(g), \tag{2.4.3}$$

$$F^{-1}(af+bg)=aF^{-1}(f)+bF^{-1}(g) \tag{2.4.4}$$

$(\forall f,g\in L^1(\mathbf{R}^n),\ \forall a,b\in\mathbf{R})$. 另外显见成立关系式

$$\check{f}(\xi)=(2\pi)^{-n}\tilde{f}(-\xi),\quad \tilde{f}(\xi)=(2\pi)^n\check{f}(-\xi) \tag{2.4.5}$$

$(\forall f\in L^1(\mathbf{R}^n),\ \forall\xi\in\mathbf{R}^n)$, 即若用 Υ 表示把 $\mathbf{R}^n$ 上的函数 $f(x)$ 映射为 $f(-x)$ 的映射: $(\Upsilon f)(x)=f(-x)$, 则成立

$$F^{-1}=(2\pi)^{-n}\Upsilon\circ F,\quad F=(2\pi)^n\Upsilon\circ F^{-1}. \tag{2.4.6}$$

例 1 $F(\mathrm{e}^{-\frac{|x|^2}{2}})=(2\pi)^{\frac{n}{2}}\mathrm{e}^{-\frac{|\xi|^2}{2}}$, $F^{-1}(\mathrm{e}^{-\frac{|x|^2}{2}})=(2\pi)^{-\frac{n}{2}}\mathrm{e}^{-\frac{|\xi|^2}{2}}$.

证 由于关系式 (2.4.5), 只需证明第一个等式. 对 $z=(z_1,z_2,\cdots,z_n)\in\mathbf{C}^n$, 记 $z^2=\sum\limits_{j=1}^n z_j^2$. 由于 $\mathrm{e}^{-\frac{z^2}{2}}$ 是 $\mathbf{C}^n$ 上的解析函数且 $\lim\limits_{|\mathrm{Re}z|\to\infty}\mathrm{e}^{-\frac{z^2}{2}}=0$, 应用 Cauchy 围道积分定理得

$$\begin{aligned}F(\mathrm{e}^{-\frac{|x|^2}{2}})&=\int_{\mathbf{R}^n}\mathrm{e}^{-\mathrm{i}x\xi}\mathrm{e}^{-\frac{|x|^2}{2}}\mathrm{d}x=\int_{\mathbf{R}^n}\mathrm{e}^{-\frac{1}{2}(x+\mathrm{i}\xi)^2}\mathrm{d}x\cdot\mathrm{e}^{-\frac{|\xi|^2}{2}}\\&=\int_{\mathbf{R}^n}\mathrm{e}^{-\frac{|x|^2}{2}}\mathrm{d}x\cdot\mathrm{e}^{-\frac{|\xi|^2}{2}}=(2\pi)^{\frac{n}{2}}\mathrm{e}^{-\frac{|\xi|^2}{2}},\quad\forall\xi\in\mathbf{R}^n.\end{aligned}$$

证毕. □

关于 Fourier 变换的最基本结论由下述定理给出:

定理 2.4.2 对任意 $f\in L^1(\mathbf{R}^n)$ 成立下列结论:

(1) $\tilde{f}$ 和 $\check{f}$ 都是 $\mathbf{R}^n$ 上的一致连续函数, 且 $\lim\limits_{|\xi|\to\infty}\tilde{f}(\xi)=\lim\limits_{|\xi|\to\infty}\check{f}(\xi)=0$.

(2) $\sup\limits_{\xi\in\mathbf{R}^n}|\tilde{f}(\xi)|\leqslant\|f\|_{L^1(\mathbf{R}^n)}$, $\sup\limits_{\xi\in\mathbf{R}^n}|\check{f}(\xi)|\leqslant(2\pi)^{-n}\|f\|_{L^1(\mathbf{R}^n)}$.

证 结论 (2) 是显然的. 为证结论 (1), 先设 $\varphi\in C_0^\infty(\mathbf{R}^n)$, 则从定义式 (2.4.1) 和 (2.4.2) 容易看出 $\tilde{\varphi}$ 和 $\check{\varphi}$ 都是 $\mathbf{R}^n$ 上的无穷可微函数, 而且有

$$|\xi|^2\tilde{\varphi}(\xi)=-\int_{\mathbf{R}^n}\Delta_x(\mathrm{e}^{-\mathrm{i}x\xi})\varphi(x)\mathrm{d}x=-\int_{\mathbf{R}^n}\mathrm{e}^{-\mathrm{i}x\xi}\Delta\varphi(x)\mathrm{d}x,\quad\forall\xi\in\mathbf{R}^n,$$

这里 Δ 和 Δ_x 表示 (关于变元 x 的) Laplace 算子. 从这个等式立得

$$|\xi|^2|\tilde{\varphi}(\xi)| \leqslant \|\Delta\varphi\|_{L^1(\mathbf{R}^n)}, \quad \forall \xi \in \mathbf{R}^n,$$

因此 $\lim\limits_{|\xi|\to\infty} \tilde{\varphi}(\xi) = 0$. 同理可证 $\lim\limits_{|\xi|\to\infty} \check{\varphi}(\xi) = 0$. 现在对任意 $f \in L^1(\mathbf{R}^n)$, 由于 $C_0^\infty(\mathbf{R}^n)$ 在 $L^1(\mathbf{R}^n)$ 中稠密, 所以存在函数列 $\varphi_j \in C_0^\infty(\mathbf{R}^n)$ $(j = 1, 2, \cdots)$ 使按 $L^1(\mathbf{R}^n)$ 范数 $\varphi_j \to f$ (当 $j \to \infty$). 于是应用结论 (2) 得

$$\lim_{j\to\infty} \sup_{\xi\in\mathbf{R}^n} |\tilde{\varphi}_j(\xi) - \tilde{f}(\xi)| \leqslant \lim_{j\to\infty} \|\varphi_j - f\|_{L^1(\mathbf{R}^n)} = 0,$$

说明 $\{\tilde{\varphi}_j\}_{j=1}^\infty$ 在 $\mathbf{R}^n$ 上的一致收敛于 $\tilde{f}$, 所以 $\tilde{f}$ 在 $\mathbf{R}^n$ 上连续. 同理可证 $\check{f}$ 在 $\mathbf{R}^n$ 上连续. 最后, 从上面的不等式和对每个 $j \in \mathbf{N}$ 都有 $\lim\limits_{|\xi|\to\infty} \tilde{\varphi}_j(\xi) = 0$, 采用读者熟知的方法即可证明 $\lim\limits_{|\xi|\to\infty} \tilde{f}(\xi) = 0$, 而这个关系结合 $\tilde{f}$ 的连续性蕴涵着 $\tilde{f}$ 在 $\mathbf{R}^n$ 上一致连续. 同理可证 $\lim\limits_{|\xi|\to\infty} \check{f}(\xi) = 0$ 以及 $\check{f}$ 在 $\mathbf{R}^n$ 上一致连续. 定理 2.4.2 证毕. □

推论 2.4.3　用 $C_\infty(\mathbf{R}^n)$ 表示由在 $\mathbf{R}^n$ 上一致连续且 $\lim\limits_{|x|\to\infty} u(x) = 0$ 的函数 u 组成的 $L^\infty(\mathbf{R}^n)$ 的子空间, 则 $FL^1(\mathbf{R}^n) \subseteq C_\infty(\mathbf{R}^n)$, $F^{-1}L^1(\mathbf{R}^n) \subseteq C_\infty(\mathbf{R}^n)$. □

注　Fourier 分析理论中一个重要的未决问题是: $FL^1(\mathbf{R}^n)$ 到底由怎样的函数组成?

由于成立关系式 (2.4.6), 所以由每一个关于 Fourier 变换的结论都可应用这个关系式得到关于反 Fourier 变换的相应结论. 以后我们往往只针对 Fourier 变换进行讨论, 而不重复关于反 Fourier 变换的相应结论 (当然不排除在一些特殊情况下, 把关于 Fourier 变换和反 Fourier 变换的结论都加以陈述).

定理 2.4.4　成立下列结论:

(1) 如果 $f, g \in L^1(\mathbf{R}^n)$, 则成立下述等式:

$$\int_{\mathbf{R}^n} \tilde{f}(\xi)g(\xi)\mathrm{d}\xi = \int_{\mathbf{R}^n} f(x)\tilde{g}(x)\mathrm{d}x; \tag{2.4.7}$$

(2) 如果 $f \in L^1(\mathbf{R}^n)$ 且 $\tilde{f} \in L^1(\mathbf{R}^n)$ (这时 $\check{f} \in L^1(\mathbf{R}^n)$), 则成立下述**反演公式**:

$$F^{-1}(\tilde{f}) = f, \quad F(\check{f}) = f. \tag{2.4.8}$$

证　结论 (1) 可应用 Fubini 定理直接得到. 为证明结论 (2), 我们令 $\varphi(x) = \mathrm{e}^{-\frac{|x|^2}{2}}$. 则由例 1 知 $\widetilde{\varphi}(\xi) = (2\pi)^{\frac{n}{2}}\mathrm{e}^{-\frac{|\xi|^2}{2}} = (2\pi)^{\frac{n}{2}}\varphi(\xi)$, 所以应用 Lebesgue 控制收敛

定理和 Fubini 定理得

$$\begin{aligned}\int_{\mathbf{R}^n}\tilde{f}(\xi)\mathrm{e}^{\mathrm{i}x\xi}\mathrm{d}\xi &= \lim_{\varepsilon\to 0}\int_{\mathbf{R}^n}\varphi(\varepsilon\xi)\tilde{f}(\xi)\mathrm{e}^{\mathrm{i}x\xi}\mathrm{d}\xi\\ &= \lim_{\varepsilon\to 0}\int_{\mathbf{R}^n}\Big(\int_{\mathbf{R}^n}\varphi(\varepsilon\xi)f(y)\mathrm{e}^{\mathrm{i}(x-y)\xi}\mathrm{d}y\Big)\mathrm{d}\xi\\ &= \lim_{\varepsilon\to 0}\int_{\mathbf{R}^n}\Big(\int_{\mathbf{R}^n}\varphi(\varepsilon\xi)\mathrm{e}^{\mathrm{i}(x-y)\xi}\mathrm{d}\xi\Big)f(y)\mathrm{d}y\\ &= \lim_{\varepsilon\to 0}\varepsilon^{-n}\int_{\mathbf{R}^n}\Big(\int_{\mathbf{R}^n}\varphi(\eta)\mathrm{e}^{-\mathrm{i}\eta\cdot\frac{y-x}{\varepsilon}}\mathrm{d}\eta\Big)f(y)\mathrm{d}y\\ &= (2\pi)^{\frac{n}{2}}\lim_{\varepsilon\to 0}\varepsilon^{-n}\int_{\mathbf{R}^n}\varphi\Big(\frac{y-x}{\varepsilon}\Big)f(y)\mathrm{d}y,\quad \forall x\in\mathbf{R}^n.\end{aligned}$$

由于 $\int_{\mathbf{R}^n}\varphi(x)\mathrm{d}x=(2\pi)^{\frac{n}{2}}$, 所以采用与定理 1.5.11 相似的推理可知最后这个极限在 $L^1(\mathbf{R}^n)$ 中等于 $(2\pi)^{\frac{n}{2}}f$. 因此 $F^{-1}(\tilde{f})=f$. 证毕. □

公式 (2.4.8) 表明, Fourier 变换 F 和反 Fourier 变换 F^{-1} 的确互为逆映射.

定理 2.4.5 *设 m 是正整数. 则成立下列结论:*

(1) 如果 $f\in W^{m,1}(\mathbf{R}^n)$, 则 $\lim\limits_{|\xi|\to\infty}(1+|\xi|)^m\tilde{f}(\xi)=0$, 且

$$F(\partial^\alpha f)=(\mathrm{i}\xi)^\alpha\tilde{f}(\xi),\quad \forall\xi\in\mathbf{R}^n,\quad \forall|\alpha|\leqslant m. \tag{2.4.9}$$

(2) 如果 $(1+|x|)^m f(x)\in L^1(\mathbf{R}^n)$, 则 $\tilde{f}\in C^m(\mathbf{R}^n)\cap W^{m,\infty}(\mathbf{R}^n)$, 且

$$F(x^\alpha f)=(\mathrm{i}\partial)^\alpha\tilde{f}(\xi),\quad \forall\xi\in\mathbf{R}^n,\quad \forall|\alpha|\leqslant m. \tag{2.4.10}$$

证 当 $f\in C_0^\infty(\mathbf{R}^n)$ 时, 这些结论可通过分部积分直接得到. 对定理所设的一般 f, 这些结论可通过用 $C_0^\infty(\mathbf{R}^n)$ 函数逼近 f 的方法并应用定理 2.4.2 得到. 细节留给读者. □

公式 (2.4.9) 是 Fourier 变换的最重要性质, 它说明 Fourier 变换把求偏导数的运算转变为乘法运算. 正是由于 Fourier 变换的这个特殊性质, 使得它成为研究偏微分方程乃至更一般地研究多元函数的分析性质的一个重要工具.

但是, Fourier 变换只对可积函数有意义这一局限性给它的应用造成了很多不便. 借助于前面几节建立的广义函数理论这个问题能够得到满意的解决: Fourier 变换可以拓展定义于所有缓增广函, 并且是 $S'(\mathbf{R}^n)$ 到自身的双射. 为了定义缓增广函的 Fourier 变换, 先做一些准备工作.

定理 2.4.6 *(1) 如果 $\varphi\in S(\mathbf{R}^n)$, 则 $\tilde{\varphi},\check{\varphi}\in S(\mathbf{R}^n)$.*

(2) 如果 $\varphi_j\to\varphi\ (S(\mathbf{R}^n))$, 则 $\tilde{\varphi}_j\to\tilde{\varphi}\ (S(\mathbf{R}^n))$ 且 $\check{\varphi}_j\to\check{\varphi}\ (S(\mathbf{R}^n))$.

证　(1) 如果 $\varphi \in S(\mathbf{R}^n)$, 那么对任意 $\alpha \in \mathbf{Z}_+^n$ 有 $x^\alpha\varphi(x) \in S(\mathbf{R}^n) \subseteq L^1(\mathbf{R}^n)$, 所以由定理 2.4.5 结论 (2) 知 $\tilde{\varphi} \in C^\infty(\mathbf{R}^n)$ 且 $\partial^\alpha\tilde{\varphi}(\xi) = (-\mathrm{i})^{|\alpha|}F(x^\alpha\varphi)$, $\forall\alpha \in \mathbf{Z}_+^n$. 又由 $x^\alpha\varphi(x) \in S(\mathbf{R}^n)$ 知对任意 $\beta \in \mathbf{Z}_+^n$ 有 $\partial^\beta(x^\alpha\varphi(x)) \in S(\mathbf{R}^n) \subseteq L^1(\mathbf{R}^n)$, 从而应用定理 2.4.5 结论 (1) 知 $\partial^\alpha\tilde{\varphi}(\xi)$ 是急降函数. 由于 $\alpha \in \mathbf{Z}_+^n$ 任意, 这意味着 $\tilde{\varphi} \in S(\mathbf{R}^n)$. 同理可证 $\check{\varphi} \in S(\mathbf{R}^n)$.

(2) 应用定理 2.4.5 知对任意 $\alpha, \beta \in \mathbf{Z}_+^n$ 成立

$$\xi^\beta\partial^\alpha\tilde{\varphi}(\xi) = (-\mathrm{i})^{|\alpha+\beta|}F[\partial^\beta(x^\alpha\varphi)], \quad \forall\varphi \in S(\mathbf{R}^n).$$

因此对任意 $\alpha \in \mathbf{Z}_+^n$ 和任意非负整数 m, 应用定理 2.4.2 结论 (2) 得

$$\begin{aligned}\sup_{\xi\in\mathbf{R}^n}(1+|\xi|)^m|\partial^\alpha\tilde{\varphi}(\xi)| &\leqslant C\sum_{|\beta|\leqslant m}\sup_{\xi\in\mathbf{R}^n}|\xi^\beta\partial^\alpha\tilde{\varphi}(\xi)| \leqslant C\sum_{|\beta|\leqslant m}\|\partial^\beta(x^\alpha\varphi)\|_{L^1(\mathbf{R}^n)}\\ &\leqslant C\sum_{\substack{\alpha'\leqslant\alpha\\ |\beta'|\leqslant m}}\|x^{\alpha'}\partial^{\beta'}\varphi\|_{L^1(\mathbf{R}^n)} \leqslant C\sum_{|\beta'|\leqslant m}\sup_{x\in\mathbf{R}^n}(1+|x|)^{|\alpha|+n+1}|\partial^{\beta'}\varphi(x)|, \quad \forall\varphi \in S(\Omega).\end{aligned}$$

把这个不等式应用于函数 $\varphi_j - \varphi$ $(j = 1, 2, \cdots)$, 即知当 $\varphi_j \to \varphi$ $(S(\mathbf{R}^n))$ 时亦有 $\tilde{\varphi}_j \to \tilde{\varphi}$ $(S(\mathbf{R}^n))$, 并且同理可证还有 $\check{\varphi}_j \to \check{\varphi}$ $(S(\mathbf{R}^n))$. 证毕. □

现在便可给出

定义 2.4.7　对 $u \in S'(\mathbf{R}^n)$, 其 Fourier 变换 $\tilde{u}$ 和反 Fourier 变换 $\check{u}$ 分别定义为 $\mathbf{R}^n$ 上的下列缓增广函:

$$\langle\tilde{u}, \varphi\rangle = \langle u, \tilde{\varphi}\rangle, \quad \forall\varphi \in S(\mathbf{R}^n), \tag{2.4.11}$$

$$\langle\check{u}, \varphi\rangle = \langle u, \check{\varphi}\rangle, \quad \forall\varphi \in S(\mathbf{R}^n). \tag{2.4.12}$$

根据定理 2.4.6 知, 当 $\varphi \in S(\mathbf{R}^n)$ 时 $\tilde{\varphi} \in S(\mathbf{R}^n)$, 所以 (2.4.11) 右端有意义且由它定义的 $S(\mathbf{R}^n)$ 上的泛函 $\tilde{u}$ 显然是线性的, 并且由于当 $\varphi_j \to \varphi$ $(S(\mathbf{R}^n))$ 时也有 $\tilde{\varphi}_j \to \tilde{\varphi}$ $(S(\mathbf{R}^n))$, 所以泛函 $\tilde{u}$ 还是连续的进而是 $\mathbf{R}^n$ 上的缓增广函. 其次, 由恒等式 (2.4.7) 知当 $u \in L^1(\mathbf{R}^n)$ 时, 按 (2.4.11) 定义的 Fourier 变换 $\tilde{u}$ 与按定义 2.4.1 所给出的 Fourier 变换 $\tilde{u}$ 一致. 同理可知定义式 (2.4.12) 也是合理的, 由它定义的泛函 $\check{u}$ 也是 $\mathbf{R}^n$ 上的缓增广函, 并且当 $u \in L^1(\mathbf{R}^n)$ 时, 按此式定义的反 Fourier 变换 $\check{u}$ 与按定义 2.4.1 所给出的反 Fourier 变换 $\check{u}$ 一致.

我们仍用符号 F 表示映射 $u \mapsto \tilde{u}$, $\forall u \in S'(\mathbf{R}^n)$, 并称之为 $S'(\mathbf{R}^n)$ 上的 **Fourier 变换**. 同样仍用符号 F^{-1} 表示映射 $u \mapsto \check{u}$, $\forall u \in S'(\mathbf{R}^n)$, 并称之为 $S'(\mathbf{R}^n)$ 上的**反 Fourier 变换**. 由前述说明, 它们分别是 $L^1(\mathbf{R}^n)$ 上的 Fourier 变换和反 Fourier 变换在 $S'(\mathbf{R}^n)$ 上的延拓.

例 2　$F(\delta) = 1$, $F(1) = (2\pi)^n\delta$.

证 对任意 $\varphi \in S(\mathbf{R}^n)$ 有

$$\langle \tilde{\delta}, \varphi \rangle = \langle \delta, \tilde{\varphi} \rangle = \tilde{\varphi}(0) = \int_{\mathbf{R}^n} \varphi(x) \mathrm{d}x = \langle 1, \varphi \rangle,$$

所以 $F(\delta) = \tilde{\delta} = 1$. 又对任意 $\varphi \in S(\mathbf{R}^n)$ 有

$$\begin{aligned}\langle \tilde{1}, \varphi \rangle = \langle 1, \tilde{\varphi} \rangle &= \int_{\mathbf{R}^n} \tilde{\varphi}(\xi) \mathrm{d}\xi = (2\pi)^n \cdot (2\pi)^{-n} \int_{\mathbf{R}^n} \tilde{\varphi}(\xi) \mathrm{e}^{\mathrm{i}0\xi} \mathrm{d}\xi \\ &= (2\pi)^n \varphi(0) = (2\pi)^n \langle \delta, \varphi \rangle,\end{aligned}$$

所以 $F(1) = \tilde{1} = (2\pi)^n \delta$. □

定理 2.4.8 $S'(\mathbf{R}^n)$ 上的 Fourier 变换 F 和反 Fourier 变换 F^{-1} 具有以下性质:

(i) 线性性: 对任意 $u, v \in S'(\Omega)$ 和任意 $a, b \in \mathbf{R}^n$ 有

$$F(au + bv) = aF(u) + bF(v), \quad F^{-1}(au + bv) = aF^{-1}(u) + bF^{-1}(v);$$

(ii) 连续性: 如果 $u_j \to u\ (S'(\mathbf{R}^n))$, 则 $\tilde{u}_j \to \tilde{u}\ (S'(\mathbf{R}^n))$ 且 $\check{u}_j \to \check{u}\ (S'(\mathbf{R}^n))$.

(iii) 可逆性: F 和 F^{-1} 互为逆映射, 即成立

$$F^{-1}[F(u)] = u, \quad F[F^{-1}(u)] = u, \quad \forall u \in S'(\mathbf{R}^n);$$

(iv) 把求偏导数的运算与用坐标变元的乘法运算互换, 即对任意 $u \in S'(\mathbf{R}^n)$ 和任意 $\alpha \in \mathbf{Z}_+^n$ 成立

$$\begin{aligned}F(\partial^\alpha u) &= (\mathrm{i}\xi)^\alpha \tilde{u}(\xi), \quad F^{-1}(\partial^\alpha u) = (-\mathrm{i}\xi)^\alpha \check{u}(\xi); \\ F(x^\alpha u) &= (\mathrm{i}\partial)^\alpha \tilde{u}(\xi), \quad F^{-1}(x^\alpha u) = (-\mathrm{i}\partial)^\alpha \check{u}(\xi).\end{aligned}$$

这个定理的简单证明留给读者. □

例 3 $F(\sin ax) = -\pi\mathrm{i}(\delta_a - \delta_{-a})$.

证 由于 $\sin ax = \dfrac{1}{2\mathrm{i}}(\mathrm{e}^{\mathrm{i}ax} - \mathrm{e}^{-\mathrm{i}ax})$, 所以 $F(\sin ax) = \dfrac{1}{2\mathrm{i}}(F(\mathrm{e}^{\mathrm{i}ax}) - F(\mathrm{e}^{-\mathrm{i}ax}))$. 对任意 $\varphi \in S(\Omega)$ 有

$$\langle F(\mathrm{e}^{\mathrm{i}ax}), \varphi \rangle = \langle \mathrm{e}^{\mathrm{i}ax}, \tilde{\varphi} \rangle = \int_{\mathbf{R}^n} \mathrm{e}^{\mathrm{i}ax} \tilde{\varphi}(x) \mathrm{d}x = 2\pi\varphi(a) = 2\pi \langle \delta_a, \varphi \rangle,$$

所以 $F(\mathrm{e}^{\mathrm{i}ax}) = 2\pi\delta_a$, 进而 $F(\mathrm{e}^{-\mathrm{i}ax}) = 2\pi\delta_{-a}$. 把这些结果代入前面得到的等式就得到了所欲证明的等式. □

以上把 Fourier 变换 F 和反 Fourier 变换 F^{-1} 的作用范围作了拓展, 使得对任意缓增广函都可作 Fourier 变换和反 Fourier 变换. 由于缓增的局部可积函数作为广

义函数是缓增广函, 所以对于这样的常义函数便可在缓增广函的范围内作 Fourier 变换和反 Fourier 变换, 只不过变换后的函数一般不再是常义函数而是广义函数. 下面几个定理及其推论说明, 对每个 $1 \leqslant p \leqslant 2$, $L^p(\mathbf{R}^n)$ 中函数的 Fourier 变换和反 Fourier 变换都属于 $L^{p'}(\mathbf{R}^n)$, 进而为常义函数, 而且它们的 Fourier 变换和反 Fourier 变换都可应用定义式 (2.4.1) 和 (2.4.2) 的拓展形式计算.

定理 2.4.9 如果 $u \in L^2(\mathbf{R}^n)$, 则 $\tilde{u} \in L^2(\mathbf{R}^n)$, 并且成立下述 **Plancherel** 恒等式

$$\|\tilde{u}\|_{L^2(\mathbf{R}^n)} = (2\pi)^{\frac{n}{2}}\|u\|_{L^2(\mathbf{R}^n)}, \quad \forall u \in L^2(\mathbf{R}^n) \tag{2.4.13}$$

和 **Parseval** 恒等式:

$$\int_{\mathbf{R}^n} \widetilde{u}(\xi)\overline{\widetilde{v}(\xi)}\mathrm{d}\xi = (2\pi)^n \int_{\mathbf{R}^n} u(x)\overline{v(x)}\mathrm{d}x, \quad \forall u, v \in L^2(\mathbf{R}^n). \tag{2.4.14}$$

证 当 $v \in L^1(\mathbf{R}^n)$ 时, 从定义式 (2.4.1) 不难看出成立关系式

$$\overline{\widetilde{v}(\xi)} = (2\pi)^n \check{\bar{v}}(\xi).$$

(由 $C_0^\infty(\mathbf{R}^n)$ 在 $S'(\mathbf{R}^n)$ 中的稠密性 (习题 2.3 第 6 题) 和 F 与 F^{-1} 在 $S'(\mathbf{R}^n)$ 中的连续性可知这个关系式也对任意 $v \in S'(\mathbf{R}^n)$ 都成立). 因此, 对任意 $u, v \in L^1(\mathbf{R}^n) \cap L^2(\mathbf{R}^n)$, 应用定理 2.4.4 结论 (1) 得

$$\int_{\mathbf{R}^n} \widetilde{u}(\xi)\overline{\widetilde{v}(\xi)}\mathrm{d}\xi = (2\pi)^n \int_{\mathbf{R}^n} \widetilde{u}(\xi)\check{\bar{v}}(\xi)\mathrm{d}\xi = (2\pi)^n \int_{\mathbf{R}^n} u(x)\overline{v(x)}\mathrm{d}x,$$

说明关系式 (2.4.14) 对任意 $u, v \in L^1(\mathbf{R}^n) \cap L^2(\mathbf{R}^n)$ 都成立. 特别取 $v = u$, 便知关系式 (2.4.13) 对任意 $u \in L^1(\mathbf{R}^n) \cap L^2(\mathbf{R}^n)$ 都成立. 由于 $L^1(\mathbf{R}^n) \cap L^2(\mathbf{R}^n)$ 在 $L^2(\mathbf{R}^n)$ 中稠密, 所以从 (2.4.13) 可知, Fourier 变换 F 限制在 $L^2(\mathbf{R}^n)$ 上是映这个函数空间到其自身的有界线性算子, 特别对任意 $u \in L^2(\mathbf{R}^n)$ 有 $\tilde{u} \in L^2(\mathbf{R}^n)$. 由于已证明 (2.4.13) 和 (2.4.14) 都对任意 $u, v \in L^1(\mathbf{R}^n) \cap L^2(\mathbf{R}^n)$ 成立, 再次应用 $L^1(\mathbf{R}^n) \cap L^2(\mathbf{R}^n)$ 在 $L^2(\mathbf{R}^n)$ 中的稠密性, 即知这两个关系式也对任意 $u, v \in L^2(\mathbf{R}^n)$ 都成立. 证毕. □

推论 2.4.10 对任意 $u \in L^2(\mathbf{R}^n)$ 成立

$$\tilde{u}(\xi) = \lim_{R\to\infty} \int_{|x|<R} \mathrm{e}^{-\mathrm{i}x\xi}u(x)\mathrm{d}x \quad (\text{按 } L^2(\mathbf{R}^n) \text{ 范数收敛}), \tag{2.4.15}$$

$$\check{u}(\xi) = \frac{1}{(2\pi)^n} \lim_{R\to\infty} \int_{|x|<R} \mathrm{e}^{\mathrm{i}x\xi}u(x)\mathrm{d}x \quad (\text{按 } L^2(\mathbf{R}^n) \text{ 范数收敛}). \tag{2.4.16}$$

证 对任意 $R > 0$, 令 χ_R 表示球域 $B_R(0)$ 的特征函数. 对任意 $u \in L^2(\mathbf{R}^n)$, 显然成立 $\lim\limits_{R\to\infty} \|\chi_R u - u\|_{L^2(\mathbf{R}^n)} = 0$, 所以由 Fourier 变换在 $L^2(\mathbf{R}^n)$ 中的连续性得

$$\tilde{u}(\xi) = \lim_{R\to\infty} \int_{\mathbf{R}^n} \mathrm{e}^{-\mathrm{i}x\xi}\chi_R(x)u(x)\mathrm{d}x \quad (\text{按 } L^2(\mathbf{R}^n) \text{ 范数收敛}),$$

此即式 (2.4.15). 类似地可证明式 (2.4.16). □

应用下节将要证明的 Riesz–Thorin 插值定理, 从定理 2.4.2 和定理 2.4.9 可得

定理 2.4.11 设 $1 \leqslant p \leqslant 2$, p' 为 p 的对偶数. 如果 $u \in L^p(\mathbf{R}^n)$, 则 $\tilde{u} \in L^{p'}(\mathbf{R}^n)$, 并且成立下述 **Hausdorff–Young 不等式**:

$$\|\tilde{u}\|_{L^{p'}(\mathbf{R}^n)} \leqslant (2\pi)^{\frac{n}{p'}} \|u\|_{L^p(\mathbf{R}^n)}, \quad \forall u \in L^2(\mathbf{R}^n). \tag{2.4.17}$$

推论 2.4.12 设 $1 \leqslant p \leqslant 2$, p' 为 p 的对偶数. 则对任意 $u \in L^p(\mathbf{R}^n)$ 成立

$$\tilde{u}(\xi) = \lim_{R\to\infty} \int_{|x|<R} \mathrm{e}^{-\mathrm{i}x\xi} u(x)\mathrm{d}x \quad (\text{按 } L^{p'}(\mathbf{R}^n) \text{ 范数收敛}), \tag{2.4.18}$$

$$\check{u}(\xi) = \frac{1}{(2\pi)^n} \lim_{R\to\infty} \int_{|x|<R} \mathrm{e}^{\mathrm{i}x\xi} u(x)\mathrm{d}x \quad (\text{按 } L^{p'}(\mathbf{R}^n) \text{ 范数收敛}). \tag{2.4.19}$$

证明与推论 2.4.10 的证明类似, 故从略. □

最后介绍一些术语. 我们看到, 当使用 Fourier 变换时, 总要涉及 x 和 ξ 两种不同的变元, 它们的变化范围一般都是 $\mathbf{R}^n$ (或其某一部分). 为了区别, 习惯上把变元 x 所在的 $\mathbf{R}^n$ 空间叫做**物理空间** (physical space), 而把变元 ξ 所在的 $\mathbf{R}^n$ 空间叫做**频谱空间** (frequency space) 或**相空间** (phase space). 这样的术语来源于物理学: $\mathrm{e}^{\mathrm{i}x\xi}$ 在光学和电磁学中表示的是单色光即单色电磁波, ξ 反映了该单色光的频率和传播方向等信息, 可以简单地称之为 "频率向量", 而 Fourier 反演公式

$$u(x) = \frac{1}{(2\pi)^n} \int_{\mathbf{R}^n} \mathrm{e}^{\mathrm{i}x\xi} \tilde{u}(\xi)\mathrm{d}\xi$$

的物理意义是: 任何一束光都可分解成一些单色光的叠加, 而且上式表明, 函数 $u(x)$(其物理意义是光在 x 点的亮度) 的 Fourier 变换 $\tilde{u}(\xi)$ 正是组成这束光的每种单色光之中, 频率向量为 ξ 的单色光的振幅即强度[64]. 所以应用 Fourier 变换对函数的性质作分析的方法也叫做**频谱分析法**.

习 题 2.4

1. 求 $\mathbf{R}^1$ 上下列缓增广函的 Fourier 变换:

 (1) $3x^2 + 2x + 1$; (2) $\cos^2(3x)$; (3) $(2x+1)\mathrm{e}^{\mathrm{i}ax}$;

 (4) $\mathrm{e}^{\mathrm{i}ax}\cos(2x)$; (5) $\mathrm{e}^{-a|x|}$ $(a > 0)$; (6) $\mathrm{e}^{-2|x|}\sin x$.

2. 设 $u \in S'(\mathbf{R}^n)$. 证明:

 (1) $F[u(x+x_0)] = \mathrm{e}^{-\mathrm{i}x_0\xi}\tilde{u}(\xi)$;

 (2) $F[u(-x)] = \tilde{u}(-\xi)$.

3. 求 $\mathbf{R}^1$ 上下列缓增广函的 Fourier 变换:

 (1) $\mathrm{P.V.}\dfrac{1}{x}$; (2) $H(x)$; (3) $|x|$; (4) $\ln|x|$; (5) $|x|^m$ (m 为正整数).

4. 设 $u \in S'(\mathbf{R}^n)$. 证明公式: $F[u(\lambda x)] = \lambda^{-n}\tilde{u}(\lambda^{-1}\xi), \forall\lambda > 0$.

5. 证明: $F^{-1}(\mathrm{e}^{\mathrm{i}|\xi|^2}) = (2\sqrt{\pi})^{-n}\mathrm{e}^{-\frac{\mathrm{i}|x|^2}{4}}$.

6. 设 u 是 $\mathbf{R}^n$ 上的缓增局部可积函数. 证明:

(1) $\tilde{u}(\xi) = \lim\limits_{R\to\infty}\int_{|x|<R} \mathrm{e}^{-\mathrm{i}x\xi}u(x)\mathrm{d}x \ (S'(\mathbf{R}^n))$;

(2) $\tilde{u}(\xi) = \lim\limits_{\varepsilon\to 0}\int_{\mathbf{R}^n} \mathrm{e}^{-\mathrm{i}x\xi}u(x)\psi(\varepsilon x)\mathrm{d}x \ (S'(\mathbf{R}^n))$, 其中 ψ 是 $\mathbf{R}^n$ 上的急降连续函数, 且 $\psi(x) = 1$, 当 $|x| \leqslant 1$.

7. 设 u 是 $\mathbf{R}^n$ 上的缓增局部可积函数. 假设存在常数 $R > 0$ 使 u 在 $\mathbf{R}^n\backslash B_R(0)$ 上无穷可微, 且存在常数 $\mu \in \mathbf{R}$ 和 $0 < \theta \leqslant 1$ 使成立

$$|\partial^\alpha u(x)| \leqslant C_\alpha |x|^{\mu-\theta|\alpha|} \quad 当\ |x| \geqslant R, \quad \forall\alpha \in \mathbf{Z}_+^n.$$

证明: $\tilde{u} \in C^\infty(\mathbf{R}^n\backslash\{0\})$.

2.5 Riesz–Thorin 插值定理和 Hausdorff–Young 不等式的证明

本节给出定理 2.4.11 的证明. 为此需要先建立下述 **Riesz–Thorin 插值定理**:

定理 2.5.1 (Riesz–Thorin)　*设 (X,μ) 和 (Y,ν) 是两个测度空间, $\mathbb{X}$ 是一个包含 $L^{p_1}(X,\mu)\cup L^{p_2}(X,\mu)$ 的线性空间, $\mathbb{Y}$ 是一个包含 $L^{q_1}(Y,\nu)\cup L^{q_2}(Y,\nu)$ 的线性空间, 这里 $1 \leqslant p_1 < p_2 \leqslant \infty$, $1 \leqslant q_1 \leqslant \infty$, $1 \leqslant q_2 \leqslant \infty$. 又设线性算子 $T:\mathbb{X}\to\mathbb{Y}$ 满足以下条件: 存在常数 $M_1 > 0$ 和 $M_2 > 0$ 使成立*

$$\|Tu\|_{L^{q_1}(Y,\nu)} \leqslant M_1\|u\|_{L^{p_1}(X,\mu)}, \quad \forall u \in L^{p_1}(X,\mu), \tag{2.5.1}$$

$$\|Tu\|_{L^{q_2}(Y,\nu)} \leqslant M_2\|u\|_{L^{p_2}(X,\mu)}, \quad \forall u \in L^{p_2}(X,\mu), \tag{2.5.2}$$

则对每个 $p \in (p_1,p_2)$ 都成立

$$\|Tu\|_{L^q(Y,\nu)} \leqslant M_1^\theta M_2^{1-\theta}\|u\|_{L^p(X,\mu)}, \quad \forall u \in L^p(X,\mu), \tag{2.5.3}$$

其中 θ 和 q 分别由以下等式确定 (显然 $0 < \theta < 1$, 而 q 介于 q_1 和 q_2 之间):

$$\frac{1}{p} = \frac{\theta}{p_1} + \frac{1-\theta}{p_2}, \qquad \frac{1}{q} = \frac{\theta}{q_1} + \frac{1-\theta}{q_2}. \tag{2.5.4}$$

为了证明这个定理需要以下引理:

引理 2.5.2 (Phragman–Lindelöf) 设 f 是定义在复平面的闭带域 $S=\{z\in \mathbf{C}:0\leqslant \mathrm{Re}z\leqslant 1\}$ 上的复值函数, 它在 S 上连续并有界, 在 S 的内域 S° 中解析. 又设 f 在 S 的边界 ∂S 上有估计: 存在常数 $M_1>0$ 和 $M_2>0$ 使成立

$$|f(1+\mathrm{i}y)|\leqslant M_1,\quad |f(\mathrm{i}y)|\leqslant M_2,\quad \forall y\in\mathbf{R}, \tag{2.5.5}$$

则 f 在 S 上满足下述估计:

$$|f(x+\mathrm{i}y)|\leqslant M_1^x M_2^{1-x},\quad \forall x\in[0,1],\ \forall y\in\mathbf{R}. \tag{2.5.6}$$

证 令 g 为 S 上的下述函数: $g(z)=f(z)/M_1^z M_2^{1-z}$, $\forall z\in S$. 则易见 g 在 S 上连续并有界, 在 S 的内域 S° 中解析, 且

$$|g(1+\mathrm{i}y)|\leqslant 1,\quad |g(\mathrm{i}y)|\leqslant 1,\quad \forall y\in\mathbf{R}.$$

对每个正整数 n 令 $g_n(z)=g(z)\mathrm{e}^{\frac{1}{n}(z^2-1)}$, $\forall z\in S$, 则同样 g_n 在 S 上连续并有界, 在 S 的内域 S° 中解析, 且

$$|g_n(1+\mathrm{i}y)|\leqslant 1,\quad |g_n(\mathrm{i}y)|\leqslant 1,\quad \forall y\in\mathbf{R}.$$

此外, 由于 g 在 S 上有界, 不难看出对每个固定的正整数 n, 当 $|y|\to\infty$ 时关于 $x\in[0,1]$ 一致地成立 $|g_n(x+\mathrm{i}y)|\to 0$. 因此由极值原理得

$$|g_n(z)|\leqslant 1,\quad \forall z\in S,\quad n=1,2,\cdots.$$

令 $n\to\infty$ 取极限即得 $|g(z)|\leqslant 1, \forall z\in S$. 据此易见 (2.5.6) 成立. 证毕. □

定理 2.5.1 的证明 显然 $p<\infty$. 当 $q=1$ 时 $q_1=q_2=1$, 这时的证明要简单一些, 我们把它留给读者. 以下设 $q>1$.

首先证明对 X 上的任意简单函数 u 和 Y 上的任意简单函数 v 都成立

$$|\langle Tu,v\rangle|\leqslant M_1^\theta M_2^{1-\theta}\|u\|_{L^p(X,\mu)}\|v\|_{L^{q'}(Y,\mu)}. \tag{2.5.7}$$

由 T 的线性性, 这只需证明对任意满足 $\|u\|_{L^p(X,\mu)}=1$ 和 $\|v\|_{L^{q'}(Y,\mu)}=1$ 的简单函数 u,v 都成立

$$|\langle Tu,v\rangle|\leqslant M_1^\theta M_2^{1-\theta}. \tag{2.5.8}$$

为此设 $u=\sum\limits_{j=1}^{l}a_j\chi_{A_j}$, $v=\sum\limits_{k=1}^{m}b_k\chi_{B_k}$, 且

$$\|u\|_{L^p(X,\mu)}=\Big(\sum_{j=1}^{l}|a_j|^p\mu(A_j)\Big)^{\frac{1}{p}}=1,\qquad \|v\|_{L^{q'}(Y,\nu)}=\Big(\sum_{k=1}^{m}|b_k|^{q'}\nu(B_k)\Big)^{\frac{1}{q'}}=1,$$

这里 a_j 和 b_k 都是非零复数, A_j 和 B_k 分别是 X 和 Y 的具有有限非零测度的可测子集, χ_{A_j} 和 χ_{B_k} 分别为这些子集的特征函数. 设 $a_j=|a_j|\mathrm{e}^{\mathrm{i}\alpha_j}$ $(j=1,2,\cdots,l)$, $b_k=|b_k|\mathrm{e}^{\mathrm{i}\beta_k}$ $(k=1,2,\cdots,m)$. 对 $z\in\mathbf{C}$, 令

$$u_z=\sum_{j=1}^{l}|a_j|^{p(\frac{z}{p_1}+\frac{1-z}{p_2})}\mathrm{e}^{\mathrm{i}\alpha_j}\chi_{A_j},\quad v_z=\sum_{k=1}^{m}|b_k|^{q'(\frac{z}{q_1'}+\frac{1-z}{q_2'})}\mathrm{e}^{\mathrm{i}\beta_k}\chi_{B_k},$$

再令

$$f(z)=\langle Tu_z,v_z\rangle=\sum_{j=1}^{l}\sum_{k=1}^{m}|a_j|^{p(\frac{z}{p_1}+\frac{1-z}{p_2})}|b_k|^{q'(\frac{z}{q_1'}+\frac{1-z}{q_2'})}c_{jk},$$

其中 $c_{jk}=\mathrm{e}^{\mathrm{i}(\alpha_j+\beta_k)}\langle T\chi_{A_j},\chi_{B_k}\rangle$, $j=1,2,\cdots,l$, $k=1,2,\cdots,m$. 显然 f 在整个复平面上解析, 在闭带域 S 上有界. 对任意 $y\in\mathbf{R}$ 有

$$|f(\mathrm{i}y)|\leqslant\|Tu_{\mathrm{i}y}\|_{L^{q_2}(Y,\nu)}\|v_{\mathrm{i}y}\|_{L^{q_2'}(Y,\nu)}\leqslant M_2\|u_{\mathrm{i}y}\|_{L^{p_2}(X,\mu)}\|v_{\mathrm{i}y}\|_{L^{q_2'}(Y,\nu)}.$$

注意到 $|u_{\mathrm{i}y}|^{p_2}=\sum\limits_{j=1}^{l}|a_j|^p\chi_{A_j}$, 所以 $\|u_{\mathrm{i}y}\|_{L^{p_2}(X,\mu)}=\Big(\sum\limits_{j=1}^{l}|a_j|^p\mu(A_j)\Big)^{\frac{1}{p_2}}=1$. 同理可知 $\|v_{\mathrm{i}y}\|_{L^{q_2'}(Y,\nu)}=1$. 因此 $|f(\mathrm{i}y)|\leqslant M_2$, $\forall y\in\mathbf{R}$. 同理可知 $|f(1+\mathrm{i}y)|\leqslant M_1$, $\forall y\in\mathbf{R}$. 于是应用 Phragman–Lindelöf 引理便得

$$|f(\theta)|\leqslant M_1^{\theta}M_2^{1-\theta}.$$

注意到 $u_\theta=u$, $v_\theta=v$, 进而 $f(\theta)=\langle Tu,v\rangle$, 于是证明了 (2.5.8), 进而也就证明了 (2.5.7).

由 $p<\infty$ 和 $q'<\infty$ 知简单函数在 $L^p(X,\mu)$ 和 $L^{q'}(Y,\mu)$ 中稠密. 因此由 (2.5.7) 立得 (2.5.3). 证毕. □

定理 2.4.11 的证明 由定理 2.4.2 知

$$\|F(u)\|_{L^\infty(\mathbf{R}^n)}\leqslant\|u\|_{L^1(\mathbf{R}^n)},\quad \forall u\in L^1(\mathbf{R}^n).$$

又由定理 2.4.9 知

$$\|F(u)\|_{L^2(\mathbf{R}^n)}\leqslant(2\pi)^{\frac{n}{2}}\|u\|_{L^2(\mathbf{R}^n)},\quad \forall u\in L^2(\mathbf{R}^n).$$

现在对任意 $p\in(1,2)$ 取 $\theta=\dfrac{2}{p}-1$, 则 $\theta\in(0,1)$ 且

$$\frac{1}{p}=\frac{\theta}{1}+\frac{1-\theta}{2},\qquad \frac{1}{p'}=\frac{\theta}{\infty}+\frac{1-\theta}{2}.$$

由于 F 是 $S'(\mathbf{R}^n)$ 上的线性变换, 所以应用 Riesz–Thorin 插值定理立得不等式 (2.4.17). 证毕. □

习 题 2.5

1. 证明 $q=1$ 时的 Riesz–Thorin 插值定理.
2. 应用 Riesz–Thorin 插值定理证明定理 1.5.5.
3. 设 $u\in L^p(\mathbf{R}^n)$, $1\leqslant p\leqslant 2$. 证明:

$$\tilde{u}(\xi)=\lim_{\varepsilon\to 0}\int_{\mathbf{R}^n}\mathrm{e}^{-\mathrm{i}x\xi}u(x)\psi(\varepsilon x)\mathrm{d}x \quad (\text{按 } L^{p'}(\mathbf{R}^n) \text{ 范数收敛}),$$

其中 ψ 是 $\mathbf{R}^n$ 上的急降连续函数, 且 $\psi(x)=1$, 当 $|x|\leqslant 1$.

(当 $\psi(x)=\mathrm{e}^{-|x|}$ 或 $\psi(x)=\mathrm{e}^{-|x|^2}$ 时, 上式右端的积分分别叫做 **Abel 积分**和 **Gauss 积分**.)

2.6 Paley–Wiener–Schwartz 定理

由于紧支广函是缓增广函, 所以对紧支广函都可作 Fourier 变换. 本节的目的是证明以下结论:

(1) 紧支广函的 Fourier 变换是 $\mathbf{R}^n$ 上的解析函数, 而且可以延拓成 $\mathbf{C}^n$ 上的整函数.

(2) 紧支广函 u 的正则性可以用其 Fourier 变换 $\tilde{u}$ 在无穷远处的增降性来刻画, 即当 $|\xi|\to\infty$ 时 $\tilde{u}(\xi)$ 衰减越快则 u 的正则性越好, 而当 $|\xi|\to\infty$ 时 $\tilde{u}(\xi)$ 增长越快则 u 的非正则性就越强.

首先给出紧支广函 Fourier 变换的一个计算公式.

定理 2.6.1 设 $u\in E'(\mathbf{R}^n)$, 则 $\tilde{u}\in C^\infty(\mathbf{R}^n)$, 且

$$\tilde{u}(\xi)=\langle u(x),\mathrm{e}^{-\mathrm{i}x\xi}\rangle,\quad \forall\xi\in\mathbf{R}^n. \tag{2.6.1}$$

注 等式 (2.6.1) 右端的记号表示把 $\mathrm{e}^{-\mathrm{i}x\xi}$ 看作对固定的 $\xi\in\mathbf{R}^n$ 关于 x 的 C^∞ 函数后, 紧支广函 u 对它的对偶作用. 以后类似符号意义类同, 不再一一解释.

定理 2.6.1 的证明 由于 u 是 $C^\infty(\mathbf{R}^n)$ 上的连续线性泛函, 不难证明函数 $\xi\mapsto\langle u(x),\mathrm{e}^{-\mathrm{i}x\xi}\rangle$ 在 $\mathbf{R}^n$ 上无穷可微. 记这个函数为 $v(\xi)$. 对任意 $\varphi\in C_0^\infty(\mathbf{R}^n)$ 有

$$\langle\tilde{u},\varphi\rangle=\langle u,\tilde{\varphi}\rangle=\left\langle u(x),\int_{\mathbf{R}^n}\varphi(\xi)\mathrm{e}^{-\mathrm{i}x\xi}\mathrm{d}\xi\right\rangle=\int_{\mathbf{R}^n}\varphi(\xi)\langle u(x),\mathrm{e}^{-\mathrm{i}x\xi}\rangle\mathrm{d}\xi=\langle v,\varphi\rangle,$$

其中第三个等号再次用到了 u 是 $C^\infty(\mathbf{R}^n)$ 上的连续线性泛函这一事实. 因此 $\tilde{u}=v$. 证毕. □

根据以上定理, 引进以下概念:

定义 2.6.2 设 $u\in E'(\mathbf{R}^n)$, 则称定义于 $\mathbf{C}^n$ 上的函数

$$\tilde{u}(\zeta)=\langle u(x),\mathrm{e}^{-\mathrm{i}x\zeta}\rangle,\quad\forall\zeta\in\mathbf{C}^n \tag{2.6.2}$$

为 u 的 **Fourier–Laplace 变换**.

由定理 2.6.1 可知, 紧支广函的 Fourier–Laplace 变换是其 Fourier 变换在 $\mathbf{C}^n$ 上的延拓. 类似于定理 2.6.1 的证明不难看出, 对任意紧支广函 u, 其 Fourier–Laplace 变换 $\tilde{u}(\zeta)$ 在任意点 $\zeta \in \mathbf{C}^n$ 都可微, 从而是 $\mathbf{C}^n$ 上的整解析函数, 即有

定理 2.6.3　$\mathbf{R}^n$ 上任意紧支广函的 Fourier–Laplace 变换都是 $\mathbf{C}^n$ 上的整解析函数. □

推论 2.6.4　$\mathbf{R}^n$ 上任意紧支广函的 Fourier 变换都是 $\mathbf{R}^n$ 上的解析函数并可延拓成 $\mathbf{C}^n$ 上的整解析函数. □

进一步还有

定理 2.6.5 (Paley–Wiener–Schwartz)　(1) 设 $u \in E'(\mathbf{R}^n)$ 且支集包含于 $|x| \leqslant a$, 则 u 的 Fourier–Laplace 变换 $\tilde{u}(\zeta)$ 满足条件

(P_1) 存在整数 m 和常数 $C > 0$ 使成立

$$|\tilde{u}(\zeta)| \leqslant C(1+|\zeta|)^m \mathrm{e}^{a|\mathrm{Im}\zeta|}, \quad \forall \zeta \in \mathbf{C}^n. \tag{2.6.3}$$

反过来, 如果一个整解析函数满足上述条件 (P_1), 那么它必是 $\mathbf{R}^n$ 上某个支集包含于 $|x| \leqslant a$ 的紧支广函的 Fourier–Laplace 变换.

(2) 设 $u \in C_0^\infty(\mathbf{R}^n)$ 且支集包含于 $|x| \leqslant a$, 则 u 的 Fourier–Laplace 变换 $\tilde{u}(\zeta)$ 满足条件

(P_2) 对任意正整数 m 存在相应的常数 $C_m > 0$ 使成立

$$|\tilde{u}(\zeta)| \leqslant C_m(1+|\zeta|)^{-m} \mathrm{e}^{a|\mathrm{Im}\zeta|}, \quad \forall \zeta \in \mathbf{C}^n. \tag{2.6.4}$$

反过来, 如果一个整解析函数满足上述条件 (P_2), 那么它必是 $\mathbf{R}^n$ 上某个支集包含于 $|x| \leqslant a$ 的 C_0^∞ 函数的 Fourier–Laplace 变换.

证　根据定理两部分的正逆, 分四步证明这个定理.

(1) 先设 $u \in E'(\mathbf{R}^n)$ 且支集包含于 $|x| \leqslant a$, 下面来证明其 Fourier–Laplace 变换 $\tilde{u}(\zeta)$ 满足条件 (P_1). 由于 $u \in E'(\mathbf{R}^n)$, 根据定理 2.2.4 知存在紧集 $K \subset \mathbf{R}^n$、非负整数 m 和常数 $C > 0$ 使成立

$$|\langle u, \varphi \rangle| \leqslant C \sum_{|\alpha| \leqslant m} \sup_{x \in K} |\partial^\alpha \varphi(x)|, \quad \forall \varphi \in C^\infty(\mathbf{R}^n).$$

取 $\psi \in C^\infty(\mathbf{R})$ 使其在 $(-\infty, 1)$ 上恒取 1 值、在 $(2, \infty)$ 上恒取 0 值, 然后令

$$\varphi_\zeta(x) = \psi[|\zeta|(|x|-a)]\mathrm{e}^{-\mathrm{i}x\zeta}, \quad \forall \zeta \in \mathbf{C}^n \backslash \{0\}.$$

由于在 u 的支集的邻域 $|x| < a + |\zeta|^{-1}$ 上 $\varphi_\zeta(x)$ 等于 $\mathrm{e}^{-\mathrm{i}x\zeta}$, 所以有 $\tilde{u}(\zeta) = \langle u(x), \mathrm{e}^{-\mathrm{i}x\zeta}\rangle = \langle u(x), \varphi_\zeta(x)\rangle$, 进而应用上面的不等式得

$$\begin{aligned}|\tilde{u}(\zeta)| &\leqslant C \sum_{|\alpha|\leqslant m} \sup_{x\in K} |\partial^\alpha \varphi_\zeta(x)| \\ &\leqslant C \sum_{|\alpha|\leqslant m} \sup_{|x|\leqslant a+2|\zeta|^{-1}} |\partial^\alpha \varphi_\zeta(x)| \quad (\text{因 } \varphi_\zeta(x) \text{ 在 } |x|\leqslant a+2|\zeta|^{-1} \text{ 之外恒取 0 值}) \\ &\leqslant C(1+|\zeta|)^m \mathrm{e}^{(a+2|\zeta|^{-1})|\mathrm{Im}\zeta|} \leqslant C(1+|\zeta|)^m \mathrm{e}^{a|\mathrm{Im}\zeta|}.\end{aligned}$$

这就证明了 (2.6.3).

(2) 再设 $u\in C_0^\infty(\mathbf{R}^n)$ 且支集包含于 $|x|\leqslant a$, 下面来证明其 Fourier–Laplace 变换 $\tilde{u}(\zeta)$ 满足条件 (P_2). 事实上, 对任意 $\alpha\in\mathbf{Z}_+^n$ 和任意 $\zeta\in\mathbf{C}^n$ 有

$$\zeta^\alpha\tilde{u}(\zeta)=\mathrm{i}^\alpha\int_{\mathbf{R}^n} u(x)\partial_x^\alpha(\mathrm{e}^{-\mathrm{i}x\zeta})\mathrm{d}x=(-\mathrm{i})^\alpha\int_{\mathbf{R}^n}\partial^\alpha u(x)\mathrm{e}^{-\mathrm{i}x\zeta}\mathrm{d}x=(-\mathrm{i})^\alpha\int_{|x|\leqslant a}\partial^\alpha u(x)\mathrm{e}^{-\mathrm{i}x\zeta}\mathrm{d}x.$$

因此

$$|\zeta^\alpha\tilde{u}(\zeta)|\leqslant \mathrm{e}^{a|\mathrm{Im}\zeta|}\int_{|x|\leqslant a}|\partial^\alpha u(x)|\mathrm{d}x\leqslant C_\alpha \mathrm{e}^{a|\mathrm{Im}\zeta|},\quad \forall\zeta\in\mathbf{C}^n, \forall\alpha\in\mathbf{Z}_+^n.$$

据此立得 (2.6.4).

(3) 再设 $\mathbf{C}^n$ 上的整解析函数 $f(\zeta)$ 满足条件 (P_2), 下面来证明存在支集包含于 $|x|\leqslant a$ 的函数 $u\in C_0^\infty(\mathbf{R}^n)$ 使 $\tilde{u}(\zeta)=f(\zeta)$, $\forall\zeta\in\mathbf{C}^n$. 为此注意当限制在 $\mathbf{R}^n$ 上时, f 为急降函数, 所以可对它作反 Fourier 变换. 令 u 为 $f|_{\mathbf{R}^n}$ 的反 Fourier 变换, 即

$$u(x)=(2\pi)^{-n}\int_{\mathbf{R}^n} f(\xi)\mathrm{e}^{\mathrm{i}x\xi}\mathrm{d}\xi,\quad \forall x\in\mathbf{R}^n.$$

由于 f 为急降函数, 通过在积分号下求偏导数, 立知 $u\in C^\infty(\mathbf{R}^n)$. 其次, 对任意固定的 $R>0$ 和任意正整数 m, 当 $\eta\in\mathbf{R}^n$ 且 $|\eta|\leqslant R$ 时, 有

$$|f(\xi+\mathrm{i}\eta)|\leqslant C_m(1+|\xi+\mathrm{i}\eta|)^{-m}\mathrm{e}^{a|\eta|}\leqslant C'_m(1+|\xi|)^{-m}\mathrm{e}^{aR},\quad \forall\xi\in\mathbf{R}^n.$$

可见当 $|\xi|\to\infty$ 时, $f(\xi+\mathrm{i}\eta)$ 关于 $|\eta|\leqslant R$ 一致地急降趋于零. 因此应用 Cauchy 围道积分定理得

$$u(x)=(2\pi)^{-n}\int_{\mathbf{R}^n} f(\xi+\mathrm{i}\eta)\mathrm{e}^{\mathrm{i}x(\xi+\mathrm{i}\eta)}\mathrm{d}\xi,\quad \forall\eta\in\mathbf{R}^n,\ \forall x\in\mathbf{R}^n.$$

这样就有

$$\begin{aligned}|u(x)|&\leqslant(2\pi)^{-n}\int_{\mathbf{R}^n}|f(\xi+\mathrm{i}\eta)|\mathrm{e}^{-x\eta}\mathrm{d}\xi\leqslant C\mathrm{e}^{a|\eta|-x\eta}\int_{\mathbf{R}^n}(1+|\xi|)^{-n-1}\mathrm{d}\xi\\&=C'\mathrm{e}^{a|\eta|-x\eta},\quad \forall\eta\in\mathbf{R}^n, \forall x\in\mathbf{R}^n.\end{aligned}$$

现在对任意 $x\in\mathbf{R}^n\backslash\{0\}$ 和任意 $t>0$, 令 $\eta=tx/|x|$, 则得

$$|u(x)|\leqslant C'\mathrm{e}^{(a-|x|)t},\quad \forall x\in\mathbf{R}^n\backslash\{0\},\ \forall t>0.$$

令 $t\to\infty$ 取极限, 即知当 $|x|>a$ 时 $u(x)=0$. 所以 $u\in C_0^\infty(\mathbf{R}^n)$ 且支集包含于 $|x|\leqslant a$. 再注意由于 u 是 f 在 $\mathbf{R}^n$ 上的限制的反 Fourier 变换, 所以 u 的 Fourier 变换应等于 f 在 $\mathbf{R}^n$ 上的限制, 进而由解析函数的唯一性即知其 Fourier–Laplace 变换必为 f.

(4) 最后设 $\mathbf{C}^n$ 上的整解析函数 $f(\zeta)$ 满足条件 (P_1), 我们来证明存在支集包含于 $|x|\leqslant a$ 的紧支广函 u 使其 Fourier–Laplace 变换等于 f. 为此注意当限制在 $\mathbf{R}^n$ 上时, f 为缓增函数从而属于 $S'(\mathbf{R}^n)$, 所以可对它作反 Fourier 变换. 令 u 为 $f|_{\mathbf{R}^n}$ 的反 Fourier 变换, 则 $u\in S'(\mathbf{R}^n)$ 且其 Fourier 变换等于 f 在 $\mathbf{R}^n$ 上的限制. 下面证明 u 具有紧支集且其支集包含于 $|x|\leqslant a$.

取定 $\psi\in C_0^\infty(\mathbf{R}^n)$ 使 $\mathrm{supp}\psi\subseteq\overline{B_1(0)}$ 且 $\int_{\mathbf{R}^n}\psi(x)\mathrm{d}x=1$. 令 $\tilde\psi$ 为 ψ 的 Fourier–Laplace 变换, 再令

$$f_\varepsilon(\zeta)=\tilde\psi(\varepsilon\zeta)f(\zeta),\quad \forall\zeta\in\mathbf{C}^n,\ \forall\varepsilon>0,$$

则 f_ε 为 $\mathbf{C}^n$ 上的整解析函数, 且由 $\tilde\psi$ 满足的条件 (P_2) 和 f 满足的条件 (P_1) 易见对任意非负整数 m 存在相应的常数 $C_{m,\varepsilon}>0$ 使成立

$$|f_\varepsilon(\zeta)|\leqslant C_{m,\varepsilon}(1+|\zeta|)^{-m}\mathrm{e}^{(a+\varepsilon)|\mathrm{Im}\zeta|},\quad \forall\zeta\in\mathbf{C}^n,\ \forall\varepsilon>0.$$

于是根据 (3) 中已证明的结论知存在支集包含于 $|x|\leqslant a+\varepsilon$ 的函数 $u_\varepsilon\in C_0^\infty(\mathbf{R}^n)$ 使其 Fourier–Laplace 变换为 f_ε. 注意由 $\int_{\mathbf{R}^n}\psi(x)\mathrm{d}x=1$ 知 $\tilde\psi(0)=1$, 从而易知当限制在 $\mathbf{R}^n$ 上时有 $f_\varepsilon\to f$ $(S'(\mathbf{R}^n))$ (当 $\varepsilon\to0$), 再由反 Fourier 变换在 $S'(\mathbf{R}^n)$ 中的连续性知 $u_\varepsilon\to u$ $(S'(\mathbf{R}^n))$ (当 $\varepsilon\to0$). 因此, 由于 u_ε 的支集包含于 $|x|\leqslant a+\varepsilon$ 即知 u 的支集包含于 $|x|\leqslant a$. 这就证明了前面陈述的论断.

这样一来, u 为紧支广函从而可对它作 Fourier–Laplace 变换. 由于 u 的 Fourier 变换等于 $f|_{\mathbf{R}^n}$, 所以由解析函数的唯一性知 u 的 Fourier–Laplace 变换等于 f. 定理 2.6.5 至此证毕. □

从以上证明可以看出: 当 $u\in E'(\mathbf{R}^n)$ 时, 出现于 (2.6.3) 中的常数 a 刻画了 u 的支集的大小, 常数 m 则刻画了 u 的正则性的好坏: u 的正则性越好则 m 越小, 反之 u 的正则性越差则 m 越大.

定理 2.6.5 启发我们, 对任意广义函数 $u\in D'(\Omega)$ 和任意点 $x_0\in\Omega$, 可以通过对 u 乘以适当的截断函数 $\varphi\in C_0^\infty(\mathbf{R}^n)$ 使它的支集包含于 x_0 点的充分小的邻域

中, 然后分析紧支广函 φu 的 Fourier 变换 $(\widetilde{\varphi u})(\xi)$ 在无穷远处的增降情况来获取 u 在 x_0 点附近正则性的信息. 比如说, 如果 u 在 x_0 点附近无穷可微, 那么必存在 x_0 点的邻域使当截断函数 φ 的支集包含于 x_0 点的这个邻域时, $(\widetilde{\varphi u})(\xi)$ 便在无穷远处急降; 而如果 u 在 x_0 点的任何邻域中都不是无穷可微函数, 那么对 x_0 点处的任意截断函数 φ, $(\widetilde{\varphi u})(\xi)$ 都不是在无穷远处急降的函数. 在后一种情况下, $(\widetilde{\varphi u})(\xi)$ 可能在 ξ 沿某些方向趋于无穷时急降, 而沿另外一些方向趋于无穷时不急降. 于是, 通过仔细分析在 ξ 沿哪些方向趋于无穷时 $(\widetilde{\varphi u})(\xi)$ 急降、沿哪些方向趋于无穷时 $(\widetilde{\varphi u})(\xi)$ 不急降, 便可获得关于函数 u 在 x_0 点附近正则性的更多信息. 研究函数正则性的这种方法以及由此产生的 Fourier 分析理论叫做**微局部分析** (microlocal analysis), 见 5.6 节. 这种方法已在现代偏微分方程理论的研究中发挥了重要的作用.

最后, 从定理 2.6.5 的第一个结论我们立刻得到:

推论 2.6.6 设 $u \in E'(\mathbf{R}^n)$, 则 $\tilde{u}, \check{u} \in O_M(\mathbf{R}^n)$. □

习 题 2.6

1. 设 $u \in E'(\mathbf{R}^n)$. 证明: 如果 u 的 Fourier 变换 $\tilde{u}(\xi)$ 满足条件: 对任意正整数 m 存在相应的常数 $C_m > 0$ 使成立
$$|\tilde{u}(\xi)| \leqslant C_m(1+|\xi|)^{-m}, \quad \forall \xi \in \mathbf{R}^n,$$
则 $u \in C_0^\infty(\mathbf{R}^n)$.

2. 设 $a > 0$. 求 $\mathbf{R}^n$ 上的紧支广函 $\delta(|x|-a)$ 的 Fourier 变换, 这里 $\delta(|x|-a)$ 定义为
$$\langle \delta(|x|-a), \varphi(x)\rangle = \int_{|x|=a} \varphi(x)\mathrm{d}S_x, \quad \forall \varphi \in C^\infty(\mathbf{R}^n),$$
$\mathrm{d}S_x$ 表示球面 $|x| = a$ 上的面积微元.

3. 证明: 如果 $\mathbf{C}^n$ 上的整解析函数 $f(\zeta)$ 满足条件: 存在常数 $C, m, a > 0$ 和 $0 < p < 1$ 使成立
$$|f(\zeta)| \leqslant C(1+|\zeta|)^m \mathrm{e}^{a|\mathrm{Im}\zeta|^p}, \quad \forall \zeta \in \mathbf{C}^n,$$
那么 $f(\zeta)$ 是阶数不超过 m 的多项式.

4. 设 u 是 $\mathbf{R}^n$ 上的紧支广函, 对 $\mathbf{R}^n$ 上的任意多项式 φ 都有 $\langle u, \varphi\rangle = 0$. 证明: $u = 0$.

5. 应用 Taylor 级数、Stirling 公式 $k! = \sqrt{2\pi k}k^k\mathrm{e}^{-k+\frac{\theta_k}{12k}}$ $(k \in \mathbf{N}, 0 < \theta_k < 1)$ 和有限覆盖定理不难证明, 定义在 $\mathbf{R}^n$ 中有界闭区域 $\overline{\Omega}$ 上的无穷可微函数 u 是 $\overline{\Omega}$ 上的解析函数的充要条件是: 存在常数 $C, M > 0$ 使成立
$$|\partial^\alpha u(x)| \leqslant C(M|\alpha|)^{|\alpha|}, \quad \forall x \in \overline{\Omega}, \ \forall \alpha \in \mathbf{Z}_+^n.$$

这启发我们对任意 $q>0$ 研究 $\overline{\Omega}$ 上满足以下条件的无穷可微函数 u: 存在常数 $C,M>0$ 使成立

$$|\partial^\alpha u(x)|\leqslant C(M|\alpha|)^{\frac{|\alpha|}{q}},\quad \forall x\in\overline{\Omega},\ \forall\alpha\in\mathbf{Z}_+^n. \tag{X.1}$$

显然当 $q\geqslant 1$ 时 u 是 $\overline{\Omega}$ 上的解析函数. 当 $0<q<1$ 时, 满足这个条件的无穷可微函数 u 叫做 $\overline{\Omega}$ 上的 q 阶**Gevrey 函数**, 其全体组成的集合记作 $G_q(\overline{\Omega})$. 证明: 对给定的常数 $a>0$, 支集包含于 $\bar{B}_a=\{x\in\mathbf{R}^n:|x|\leqslant a\}$ 的函数 $u\in C_0^\infty(\mathbf{R}^n)$ 属于 $G_q(\overline{B}_a)$ 的充要条件是 Fourier–Laplace 变换满足条件: 存在常数 $C,b>0$ 使成立

$$|\tilde{u}(\zeta)|\leqslant Ce^{a|\mathrm{Im}\zeta|-b|\mathrm{Re}\zeta|^q},\quad \forall\zeta\in\mathbf{C}^n, \tag{X.2}$$

条件 (X.1) 和 (X.2) 中常数 M 和 b 的关系是: $ebM=q$.

2.7 卷　积

我们知道, 当 $u\in L^p(\mathbf{R}^n)$ $(1\leqslant p\leqslant\infty)$, $v\in L^q(\mathbf{R}^n)$ $(1\leqslant q\leqslant\infty)$ 且 $\dfrac{1}{p}+\dfrac{1}{q}\geqslant 1$ 时, 函数 u 与 v 的**卷积** (convolution) $u*v$ 是 $\mathbf{R}^n$ 上对几乎所有的 $x\in\mathbf{R}^n$ 有定义的下述函数 w:

$$w(x)=\int_{\mathbf{R}^n}u(x-y)v(y)\mathrm{d}y=\int_{\mathbf{R}^n}u(y)v(x-y)\mathrm{d}y$$

(见定理 1.5.5), 即 $u*v=w$. 特别当 $u,v\in L^1(\mathbf{R}^n)$ 时上述定义有意义且 $u*v\in L^1(\mathbf{R}^n)$. 这个定义显然可扩展到 $u,v\in L^1_{\mathrm{loc}}(\mathbf{R}^n)$ 且 u 和 v 至少有一个具有紧支集的情况.

卷积是一种重要的分析运算, 因为许多重要的算子都可表示成卷积的形式. 比如在第 1 章证明 Sobolev 嵌入定理 (定理 1.8.1) 时, 我们把函数 $u\in C_0^\infty(\mathbf{R}^n)$ 表示成

$$u(x)=-\frac{1}{n\omega_n}\int_0^\infty\int_{\mathbf{S}^{n-1}}\frac{\mathrm{d}}{\mathrm{d}t}u(x+t\omega)\mathrm{d}\omega\mathrm{d}t,\quad \forall x\in\mathbf{R}^n.$$

这实际上是把 u 表示成了一些卷积的和:

$$u(x)=-\frac{1}{n\omega_n}\sum_{j=1}^n\int_{\mathbf{R}^n}\frac{x_j-y_j}{|x-y|^n}\partial_j u(y)\mathrm{d}y.$$

又如从数学物理方程课程可知, 位势方程 $\Delta u=f$ 当 $f\in C_0^\infty(\mathbf{R}^n)$ 时的一个解为

$$u(x)=\int_{\mathbf{R}^n}E(x-y)f(y)\mathrm{d}y,\quad x\in\mathbf{R}^n,$$

其中 E 为 Laplace 算子 Δ 的基本解 (习题 1.8 第 7 题); 热传导方程 $\partial_t u = \Delta u$ $(x \in \mathbf{R}^n, t > 0)$ 初值问题 $u(x,0) = \varphi(x)$ $(x \in \mathbf{R}^n)$ 当 $\varphi \in L^\infty(\mathbf{R}^n)$ 时的解为

$$u(x,t) = \frac{1}{(2\sqrt{\pi t})^n}\int_{\mathbf{R}^n} \varphi(y)\mathrm{e}^{-\frac{|x-y|^2}{4t}}\mathrm{d}y, \quad x \in \mathbf{R}^n, \ t > 0;$$

等等. 它们都是卷积或卷积的和的形式.

本节的目的是把卷积运算拓展到广义函数, 并研究 Fourier 变换对卷积运算的作用. 必须说明, 这样的拓展是很有必要的, 因为一方面卷积运算在偏微分方程的研究中大量地出现, 另一方面, 作了这样的拓展之后卷积运算会变得更加灵活.

先考虑广义函数与检验函数的卷积. 为引进这种卷积的定义, 我们注意当 u 为局部可积函数而 $\varphi \in C_0^\infty(\mathbf{R}^n)$ 时, 如果把 u 看作广义函数, 那么卷积

$$(u * \varphi)(x) = \int_{\mathbf{R}^n} u(y)\varphi(x-y)\mathrm{d}y$$

可以看作 u 对以 x 为参量的检验函数 $\varphi(x-\cdot)$ 的对偶作用. 因此引进以下概念:

定义 2.7.1 对 $u \in D'(\mathbf{R}^n)$ 和 $\varphi \in C_0^\infty(\mathbf{R}^n)$, **卷积** $u * \varphi$ 定义为 $\mathbf{R}^n$ 上的下列常义函数:

$$(u * \varphi)(x) = \langle u, \varphi(x-\cdot)\rangle = \langle u(y), \varphi(x-y)\rangle, \quad \forall x \in \mathbf{R}^n. \tag{2.7.1}$$

定理 2.7.2 设 $u \in D'(\mathbf{R}^n), \varphi \in C_0^\infty(\mathbf{R}^n)$, 则有下列结论:

(1) $u * \varphi \in C^\infty(\mathbf{R}^n)$, 且对任意 $\alpha \in \mathbf{Z}_+^n$ 成立

$$\partial^\alpha(u * \varphi) = u * \partial^\alpha \varphi = \partial^\alpha u * \varphi. \tag{2.7.2}$$

(2) 成立关系式:

$$\mathrm{supp}(u * \varphi) \subseteq \mathrm{supp}u + \mathrm{supp}\varphi, \tag{2.7.3}$$

进而如果 $u \in E'(\mathbf{R}^n), \varphi \in C_0^\infty(\mathbf{R}^n)$, 则 $u * \varphi \in C_0^\infty(\mathbf{R}^n)$.

(3) 如果 $\varphi_j \to \varphi$ $(C_0^\infty(\mathbf{R}^n))$, 则 $u * \varphi_j \to u * \varphi$ $(C^\infty(\mathbf{R}^n))$; 进一步如果 $u \in E'(\mathbf{R}^n)$ 且 $\varphi_j \to \varphi$ $(C_0^\infty(\mathbf{R}^n))$, 则 $u * \varphi_j \to u * \varphi$ $(C_0^\infty(\mathbf{R}^n))$.

证 (1) 由于 u 是 $C_0^\infty(\mathbf{R}^n)$ 上的连续线性泛函, 而我们知道, 求偏导数的运算其实是线性运算与极限运算的复合, 所以有

$$\partial_x^\alpha[(u * \varphi)(x)] = \partial_x^\alpha\langle u(y), \varphi(x-y)\rangle = \langle u(y), \partial_x^\alpha\varphi(x-y)\rangle = (u * \partial^\alpha\varphi)(x),$$

这就得到了 (2.7.2) 中的第一个等式. 而由于

$$\langle u(y), \partial_x^\alpha\varphi(x-y)\rangle = (-1)^{|\alpha|}\langle u(y), \partial_y^\alpha\varphi(x-y)\rangle = \langle \partial^\alpha u(y), \varphi(x-y)\rangle = (\partial^\alpha u * \varphi)(x),$$

所以 (2.7.2) 中的第二个等式也成立.

(2) 为证明 (2.7.3), 只需证明对任意 $\psi \in C_0^\infty(\mathbf{R}^n)$, 当 $\mathrm{supp}\psi \cap (\mathrm{supp}u + \mathrm{supp}\varphi) = \varnothing$ 时有 $\int_{\mathbf{R}^n}(u*\varphi)(x)\psi(x)\mathrm{d}x = 0$ 即可. 事实上, 如果令 $\varphi_1(y) = \int_{\mathbf{R}^n}\varphi(x-y)\psi(x)\mathrm{d}x$, 那么通过把这个积分表示为 Riemann 积分和的极限并应用 u 是 $C_0^\infty(\mathbf{R}^n)$ 上的连续线性泛函这个事实, 有

$$\int_{\mathbf{R}^n}(u*\varphi)(x)\psi(x)\mathrm{d}x = \int_{\mathbf{R}^n}\langle u(y), \varphi(x-y)\rangle\psi(x)\mathrm{d}x = \langle u, \varphi_1\rangle. \tag{2.7.4}$$

容易直接证明 $\mathrm{supp}\varphi_1 \subseteq \mathrm{supp}\psi - \mathrm{supp}\varphi$, 于是由条件 $\mathrm{supp}\psi \cap (\mathrm{supp}u + \mathrm{supp}\varphi) = \varnothing$ 立知 $\mathrm{supp}u \cap \mathrm{supp}\varphi_1 = \varnothing$, 进而 $\langle u, \varphi_1\rangle = 0$, 这就得到了所需要证明的结论.

(3) 设 K 为 $\mathbf{R}^n$ 中的任意紧集. 由于 $\varphi_j \to \varphi$ $(C_0^\infty(\mathbf{R}^n))$, 所以存在紧集 $K_1 \subseteq \mathbf{R}^n$ 使 $\mathrm{supp}\varphi_j \subseteq K_1$, $j = 1, 2, \cdots$, 且 $\mathrm{supp}\varphi \subseteq K_1$. 令 $K_2 = K - K_1$, 则 K_2 仍为紧集. 而 $u \in D'(\mathbf{R}^n)$, 所以根据定理 2.1.2 知存在非负整数 m 和常数 $C > 0$ 使成立

$$|\langle u, \psi\rangle| \leqslant C\sum_{|\alpha|\leqslant m}\sup_{x\in K_2}|\partial^\alpha\psi(x)|, \quad \forall\psi \in C_0^\infty(\mathbf{R}^n),\ \mathrm{supp}\psi \subseteq K_2.$$

对每个固定的 $x \in K$ 和任意 $\alpha \in \mathbf{Z}_+^n$, 对 y 的函数 $\psi(y) = \partial^\alpha\varphi_j(x-y) - \partial^\alpha\varphi(x-y)$ 应用以上不等式得

$$\begin{aligned}|\partial^\alpha(u*\varphi_j)(x) - \partial^\alpha(u*\varphi)(x)| &= |\langle u(y), \partial^\alpha\varphi_j(x-y) - \partial^\alpha\varphi(x-y)\rangle| \\ &\leqslant C\sum_{|\beta|\leqslant m+|\alpha|}\sup_{y\in K_2}|\partial^\beta\varphi_j(x-y) - \partial^\beta\varphi(x-y)|,\end{aligned}$$

从而

$$\begin{aligned}&\sup_{x\in K}|\partial^\alpha(u*\varphi_j)(x) - \partial^\alpha(u*\varphi)(x)| \\ \leqslant\ & C\sum_{|\beta|\leqslant m+|\alpha|}\sup_{x\in K}\sup_{y\in K_2}|\partial^\beta\varphi_j(x-y) - \partial^\beta\varphi(x-y)| \\ \leqslant\ & C\sum_{|\beta|\leqslant m+|\alpha|}\sup_{z\in K_1}|\partial^\beta\varphi_j(z) - \partial^\beta\varphi(z)| \to 0, \quad \text{当 } j \to \infty.\end{aligned}$$

因此 $u*\varphi_j \to u*\varphi$ $(C^\infty(\mathbf{R}^n))$. 进一步如果 $u \in E'(\mathbf{R}^n)$ 且 $\varphi_j \to \varphi$ $(C_0^\infty(\mathbf{R}^n))$, 则应用结论 (2) 知 $\mathrm{supp}(u*\varphi_j)$ $(j = 1, 2, \cdots)$ 包含于共同的紧集, 所以 $u*\varphi_j \to u*\varphi(C_0^\infty(\mathbf{R}^n))$. 证毕. □

再考虑任意广义函数与紧支广函的卷积. 为引进这样的卷积的定义, 我们注意当 u 和 v 都是局部可积函数且其中至少有一个具有紧支集时, 如果把 $u*v$ 看作广

义函数, 则对任意 $\varphi \in C_0^\infty(\mathbf{R}^n)$ 有

$$\langle u*v,\varphi\rangle = \int_{\mathbf{R}^n}\Big(\int_{\mathbf{R}^n} u(y)v(x-y)\mathrm{d}y\Big)\varphi(x)\mathrm{d}x = \int_{\mathbf{R}^n} u(y)\Big(\int_{\mathbf{R}^n} v(x-y)\varphi(x)\mathrm{d}x\Big)\mathrm{d}y.$$

引进记号 $v^\sharp(x) = v(-x)$, 则有 $\int_{\mathbf{R}^n} v(x-y)\varphi(x)\mathrm{d}x = (v^\sharp * \varphi)(y)$, 所以上面的等式可简写成

$$\langle u*v,\varphi\rangle = \langle u, v^\sharp*\varphi\rangle, \quad \forall\varphi\in C_0^\infty(\mathbf{R}^n). \tag{2.7.5}$$

如果 u 和 v 都是广义函数且其中至少有一个具有紧支集时, 那么应用定理 2.7.2 可知上式右端仍有意义且按这个等式定义了一个新的广义函数 $u*v$. 因此引进以下概念:

定义 2.7.3 设 u 和 v 都是 $\mathbf{R}^n$ 上的广义函数且其中至少有一个具有紧支集. 则它们的**卷积** $u*v$定义为按等式 (2.7.5) 定义的 $\mathbf{R}^n$ 上的广义函数.

按照前面的说明, 上述定义合理且当 u 和 v 都是局部可积函数 (其中至少有一个具有紧支集) 时, 按以上定义的卷积 $u*v$ 与按经典意义的卷积是一致的.

定理 2.7.4 设 u 和 v 都是 $\mathbf{R}^n$ 上的广义函数且其中至少有一个具有紧支集, 则有下列结论:

(1) 对任意 $\alpha\in\mathbf{Z}_+^n$ 成立

$$\partial^\alpha(u*v) = u*\partial^\alpha v = \partial^\alpha u * v; \tag{2.7.6}$$

(2) 成立关系式:

$$\mathrm{supp}(u*v) \subseteq \mathrm{supp}u + \mathrm{supp}v, \tag{2.7.7}$$

进而如果 $u, v\in E'(\mathbf{R}^n)$, 则 $u*v\in E'(\mathbf{R}^n)$;

(3) 如果 $u_j\to u$ $(D'(\mathbf{R}^n))$, $v_j\to v$ $(E'(\mathbf{R}^n))$ (即对任意 $\varphi\in C^\infty(\mathbf{R}^n)$ 有 $\lim\limits_{j\to\infty}\langle v_j,\varphi\rangle = \langle v,\varphi\rangle$), 则 $u_j*v\to u*v$ $(D'(\mathbf{R}^n))$, $u*v_j\to u*v$ $(D'(\mathbf{R}^n))$.

证 (1) 定义式 (2.7.5) 可以改写成

$$\langle u*v,\varphi\rangle = \langle u(x), \langle v(y), \varphi(x+y)\rangle\rangle, \quad \forall\varphi\in C_0^\infty(\mathbf{R}^n). \tag{2.7.8}$$

应用这个关系式易见结论 (1) 成立.

(2) 设 $\varphi\in C_0^\infty(\mathbf{R}^n)$ 且 $\mathrm{supp}\varphi\cap(\mathrm{supp}u+\mathrm{supp}v)=\varnothing$. 这时 $\mathrm{supp}u\cap(\mathrm{supp}\varphi-\mathrm{supp}v)=\varnothing$. 由于 $\mathrm{supp}(v^\sharp*\varphi)\subseteq \mathrm{supp}v^\sharp+\mathrm{supp}\varphi = \mathrm{supp}\varphi-\mathrm{supp}v$, 所以 $\mathrm{supp}u\cap\mathrm{supp}(v^\sharp*\varphi)=\varnothing$, 进而 $\langle u*v,\varphi\rangle = \langle u, v^\sharp*\varphi\rangle = 0$. 所以关系式 (2.7.7) 成立.

结论 (3) 留给读者自证. □

定理 2.7.5　广义函数的卷积满足以下运算规律:

(1) 有单位元 δ: $u*\delta=\delta*u=u$, $\forall u\in D'(\mathbf{R}^n)$;

(2) 交换律: 对任意 $u,v\in D'(\mathbf{R}^n)$, 如果其中至少有一个具有紧支集, 则

$$u*v=v*u; \tag{2.7.9}$$

(3) 结合律: 对任意 $u,v,w\in D'(\mathbf{R}^n)$, 如果其中至少有两个具有紧支集, 则

$$(u*v)*w=u*(v*w). \tag{2.7.10}$$

证　结论 (1) 从广义函数卷积的定义很易得到. 根据关系式 (2.7.8) 可知对任意 $u,v\in D'(\mathbf{R}^n)$, 如果其中至少有一个具有紧支集, 则对任意 $\varphi\in C_0^\infty(\mathbf{R}^n)$ 有

$$\langle u*v,\varphi\rangle=\langle u(x),\langle v(y),\varphi(x+y)\rangle\rangle=\langle v(y),\langle u(x),\varphi(x+y)\rangle\rangle=\langle v*u,\varphi\rangle,$$

所以结论 (2) 成立. 最后, 再次应用关系式 (2.7.8) 可知对任意 $u,v,w\in D'(\mathbf{R}^n)$, 如果其中至少有两个具有紧支集, 则对任意 $\varphi\in C_0^\infty(\mathbf{R}^n)$ 有

$$\langle (u*v)*w,\varphi\rangle=\langle u(x),\langle v(y),\langle w(z),\varphi(x+y+z)\rangle\rangle\rangle,$$

$$\langle u*(v*w),\varphi\rangle=\langle u(x),\langle v(y),\langle w(z),\varphi(x+y+z)\rangle\rangle\rangle,$$

所以结论 (3) 成立. 证毕.　□

现在转而研究 Fourier 变换对卷积运算的作用.

定理 2.7.6　如果 $u\in S'(\mathbf{R}^n)$, $v\in E'(\mathbf{R}^n)$, 则 $u*v\in S'(\mathbf{R}^n)$, 且

$$F(u*v)=F(u)F(v),\quad F^{-1}(u*v)=(2\pi)^nF^{-1}(u)F^{-1}(v). \tag{2.7.11}$$

证　首先证明 $u*v\in S'(\mathbf{R}^n)$. 事实上, 由 $u\in S'(\mathbf{R}^n)$ 知存在一组缓增的局部可积函数 f_α ($|\alpha|\leqslant m$) 使在 $\mathbf{R}^n$ 上成立

$$u=\sum_{|\alpha|\leqslant m}\partial^\alpha f_\alpha.$$

又由 $v\in E'(\mathbf{R}^n)$ 知存在一组具有紧支集的局部可积函数 g_β ($|\beta|\leqslant l$) 使在 $\mathbf{R}^n$ 上成立

$$v=\sum_{|\beta|\leqslant l}\partial^\beta g_\beta.$$

现在令 $h_{\alpha\beta}=f_\alpha*g_\beta$ ($|\alpha|\leqslant m$, $|\beta|\leqslant l$). 则易见 $h_{\alpha\beta}$ 都是缓增的局部可积函数, 且应用定理 2.7.4 结论 (1) 有

$$u*v=\sum_{\substack{|\alpha|\leqslant m\\|\beta|\leqslant l}}\partial^{\alpha+\beta}h_{\alpha\beta}\quad (\text{在 }\mathbf{R}^n\text{ 上}).$$

可见 $u * v \in S'(\mathbf{R}^n)$.

其次, 由 $u \in S'(\mathbf{R}^n)$ 知 $\tilde{u}, \check{u} \in S'(\mathbf{R}^n)$; 又由 $v \in E'(\mathbf{R}^n)$ 知 $\tilde{v}, \check{v} \in O_M(\mathbf{R}^n)$, 所以 $\tilde{u}\tilde{v}$ 和 $\check{u}\check{v}$ 都有意义且它们都属于 $S'(\mathbf{R}^n)$. 为证明 (2.7.11) 中的第一个等式, 对任意 $\varphi \in S(\mathbf{R}^n)$ 计算

$$\begin{aligned}
\langle F(u * v), \varphi\rangle &= \langle u * v, \tilde{\varphi}\rangle = \langle u(x), \langle v(y), \tilde{\varphi}(x+y)\rangle\rangle \\
&= \left\langle u(x), \left\langle v(y), \int_{\mathbf{R}^n} \mathrm{e}^{-\mathrm{i}(x+y)\xi}\varphi(\xi)\mathrm{d}\xi\right\rangle\right\rangle \\
&= \left\langle u(x), \int_{\mathbf{R}^n} \mathrm{e}^{-\mathrm{i}x\xi}\langle v(y), \mathrm{e}^{-\mathrm{i}y\xi}\rangle\varphi(\xi)\mathrm{d}\xi\right\rangle \\
&= \left\langle u(x), \int_{\mathbf{R}^n} \mathrm{e}^{-\mathrm{i}x\xi}\tilde{v}(\xi)\varphi(\xi)\mathrm{d}\xi\right\rangle \\
&= \langle u, F(\tilde{v}\varphi)\rangle = \langle \tilde{u}, \tilde{v}\varphi\rangle = \langle \tilde{v}\tilde{u}, \varphi\rangle,
\end{aligned}$$

所以 $F(u * v) = \tilde{v}\tilde{u}$. 这就证明了 (2.7.11) 中的第一个等式. 同理可证其中的第二个等式. 证毕. □

最后指出, 本节定义两个广义函数的卷积时, 要求这两个广义函数中至少有一个具有紧支集. 这个苛刻的条件往往可以通过限定两个广义函数在无穷远处满足一些特定的条件来代替. 比如, 在本节一开始就已看到, 如果 $u \in L^p(\mathbf{R}^n)$ $(1 \leqslant p \leqslant \infty)$, $v \in L^q(\mathbf{R}^n)$ $(1 \leqslant q \leqslant \infty)$ 且 $\dfrac{1}{p} + \dfrac{1}{q} \geqslant 1$, 则卷积 $u * v$ 就有意义 $\left(\text{从定理 1.5.5 知 } u * v \in L^r(\mathbf{R}^n), \text{其中 } \dfrac{1}{r} = \dfrac{1}{p} + \dfrac{1}{q} - 1\right)$. 一般地, 如果 $\mathbf{R}^n$ 上的两个广义函数 u 和 v 都在无穷远处衰减且衰减得比较快, 或者其中一个是缓增的而这种缓增性可以被另一个的衰减性所抵消, 则它们的卷积便能够定义, 例如见本节习题第 2 至第 4 题.

习　题　2.7

1. 证明: (1) 设 $u \in E'(\mathbf{R}^n)$, $\varphi \in C^\infty(\mathbf{R}^n)$, 则 $u * \varphi \in C^\infty(\mathbf{R}^n)$, 且

$$(u * \varphi)(x) = \langle u(y), \varphi(x-y)\rangle, \quad \forall x \in \mathbf{R}^n.$$

(2) 设 $u \in S'(\mathbf{R}^n)$, $v \in E'(\mathbf{R}^n)$, 则对任意 $\varphi \in S(\mathbf{R}^n)$ 成立

$$\langle u * v, \varphi\rangle = \langle u, v^\sharp * \varphi\rangle.$$

(3) 设 $u \in E'(\mathbf{R}^n)$, $v \in E'(\mathbf{R}^n)$, 则对任意 $\varphi \in C^\infty(\mathbf{R}^n)$ 成立

$$\langle u * v, \varphi\rangle = \langle u, v^\sharp * \varphi\rangle.$$

2. 设 u, v 是 $\mathbf{R}^1$ 上的两个局部可积函数, 它们都在 $\mathbf{R}_- = \{x \in \mathbf{R} : x < 0\}$ 上恒取零值. 定义它们的卷积 $u * v$ 如下:

$$(u * v)(x) = \int_0^\infty u(x-y)v(y)\mathrm{d}y = \int_0^x u(x-y)v(y)\mathrm{d}y, \quad \forall x \in \mathbf{R}^1.$$

显然当 u, v 至少有一个具有紧支集时, 这里的定义与本节开始时给出的卷积定义一致.

(1) 证明 $u * v$ 是 $\mathbf{R}^1$ 上的局部可积函数, 且在 $\mathbf{R}_-$ 上恒取零值.

(2) 用 $D'_+(\mathbf{R}^1)$ 表示 $\mathbf{R}^1$ 上支集包含于 $\overline{\mathbf{R}}_+ = \{x \in \mathbf{R} : x \geqslant 0\}$ 的广义函数组成的集合. 把上面定义的卷积概念拓展, 使对任意 $u, v \in D'_+(\mathbf{R}^1)$ 卷积 $u * v$ 都有定义, 而且是 $D'_+(\mathbf{R}^1)$ 上的连续双线性运算.

(3) 记 $S'_+(\mathbf{R}^1) = D'_+(\mathbf{R}^1) \cap S'(\mathbf{R}^1)$. 对 $u \in S'_+(\mathbf{R}^1)$, 定义其 **Laplace 变换** $\hat{u}(\zeta)$ 为定义在复域 $\mathrm{Re}\zeta > 0$ 上的下述函数:

$$\hat{u}(\zeta) = \langle u(x), \mathrm{e}^{-x\zeta} \rangle, \quad \forall \zeta \in \mathbf{C}, \ \mathrm{Re}\zeta > 0.$$

证明 $\hat{u}(\zeta)$ 为 $\mathrm{Re}\zeta > 0$ 上的解析函数, 且成立公式:

$$\widehat{(u * v)}(\zeta) = \hat{u}(\zeta)\hat{v}(\zeta), \quad \forall \zeta \in \mathbf{C}, \ \mathrm{Re}\zeta > 0, \forall u, v \in S'_+(\mathbf{R}^1).$$

3. 对 $1 \leqslant p \leqslant \infty$, 记 $W^{-\infty,p}(\mathbf{R}^n) = \bigcup_{m=1}^{\infty} W^{-m,p}(\mathbf{R}^n)$. 证明: 当 $\dfrac{1}{p} + \dfrac{1}{q} \geqslant 1$ 时, 对任意 $u \in W^{-\infty,p}(\mathbf{R}^n)$ 和 $v \in W^{-\infty,q}(\mathbf{R}^n)$ 可定义卷积 $u * v$, 使当 u, v 至少有一个具有紧支集时, 这里的定义与定义 2.7.3 一致, 且 $u * v \in W^{-\infty,r}(\mathbf{R}^n)$, 其中 $\dfrac{1}{r} = \dfrac{1}{p} + \dfrac{1}{q} - 1$.

4. 用 $O'_M(\mathbf{R}^n)$ 表示由 $\mathbf{R}^n$ 上全体在无穷远处急降的广义函数组成的集合, 即 $u \in O'_M(\mathbf{R}^n)$ 当且仅当存在一组急降的局部可积函数 f_α $(|\alpha| \leqslant m)$ 使在 $\mathbf{R}^n$ 上成立 $u = \sum_{|\alpha| \leqslant m} \partial^\alpha f_\alpha$. 证明: 对任意 $u \in S'(\mathbf{R}^n)$ 和 $v \in O'_M(\mathbf{R}^n)$ 可定义卷积 $u * v$, 使当 u, v 至少有一个具有紧支集时, 这里的定义与定义 2.7.3 一致, 且成立 $F(u * v) = F(u)F(v)$.

2.8 Sobolev 空间 $H^s(\mathbf{R}^n)$

借助于 Fourier 变换, 便可把只对整数 m 有定义的 Sobolev 空间 $W^{m,p}(\mathbf{R}^n)$ 推广, 以得到非整数次的 Sobolev 空间 $W^{s,p}(\mathbf{R}^n)$, 其中 s 为任意实数. 本节讨论其中最简单者: Sobolev 空间 $H^s(\mathbf{R}^n)$.

定义 2.8.1 对任意实数 s, 用 $H^s(\mathbf{R}^n)$ 表示由 $\mathbf{R}^n$ 上全体满足以下条件的广义函数 $u \in S'(\mathbf{R}^n)$ 组成的集合: $\tilde{u}$ 是 $\mathbf{R}^n$ 上的局部可积函数, 且 $(1+|\xi|^2)^{\frac{s}{2}}\tilde{u}(\xi) \in L^2(\mathbf{R}^n)$.

$H^s(\mathbf{R}^n)$ 显然按广义函数的线性运算构成线性空间. 在 $H^s(\mathbf{R}^n)$ 上引进范数和内积各如下:

$$\|u\|_{H^s(\mathbf{R}^n)} = (2\pi)^{-\frac{n}{2}}\left(\int_{\mathbf{R}^n}(1+|\xi|^2)^s|\tilde{u}(\xi)|^2\mathrm{d}\xi\right)^{\frac{1}{2}}, \quad \forall u \in H^s(\mathbf{R}^n), \tag{2.8.1}$$

$$(u,v)_{H^s(\mathbf{R}^n)} = (2\pi)^{-n}\int_{\mathbf{R}^n}(1+|\xi|^2)^s\tilde{u}(\xi)\overline{\tilde{v}(\xi)}\mathrm{d}\xi, \quad \forall u,v \in H^s(\mathbf{R}^n). \tag{2.8.2}$$

不难证明, $H^s(\mathbf{R}^n)$ 按此内积构成 Hilbert 空间. 这个函数空间仍然被叫做 **Sobolev 空间**.

根据 Planchel 恒等式可知, $H^0(\mathbf{R}^n) = L^2(\mathbf{R}^n)$, 并且易见当 $s > 0$ 时 $H^s(\mathbf{R}^n)$ 是 $L^2(\mathbf{R}^n)$ 的线性子空间.

可以给出 $H^s(\mathbf{R}^n)$ $(s > 0)$ 的一个等价范数, 它不用 Fourier 变换表达. 为此先证明

引理 2.8.2 设 $0 < \mu < 1$. 则定义于 $\mathbf{R}^n\backslash\{0\}$ 上的函数

$$f_\mu(\xi) = |\xi|^{-2\mu}\int_{\mathbf{R}^n}|\mathrm{e}^{\mathrm{i}x\xi}-1|^2|x|^{-n-2\mu}\mathrm{d}x, \quad \forall \xi \in \mathbf{R}^n\backslash\{0\}$$

是一个常值函数.

证 由于对每个固定的 $\xi \in \mathbf{R}^n\backslash\{0\}$, 被积函数在 $|x| \to 0$ 时与 $|x|^{-n+2(1-\mu)}$ 同阶, 而在 $|x| \to \infty$ 时与 $|x|^{-n-2\mu}$ 同阶, 所以上式右端的积分是收敛的, 说明函数 f_μ 在 $\mathbf{R}^n\backslash\{0\}$ 上处处有定义. 易见 f_μ 是零次齐次函数, 即对任意 $\xi \in \mathbf{R}^n\backslash\{0\}$ 和任意 $t > 0$ 都成立 $f_\mu(t\xi) = f_\mu(\xi)$. 再注意对任意给定的 $\xi, \eta \in \mathbf{R}^n\backslash\{0\}$, 当 $|\xi| = |\eta|$ 时存在正交变换 $y = Ox$ (其中 O 为与 ξ, η 有关的正交矩阵) 使成立

$$x\xi = y\eta \quad 当 \ y = Ox, \quad \forall x \in \mathbf{R}^n.$$

这样通过在积分中做变量替换 $y = Ox$, 便知 $f_\mu(\xi) = f_\mu(\eta)$. 这说明函数 f_μ 还是球对称函数. 因此它必是常值函数. 证毕. □

定理 2.8.3 (1) 如果 m 是正整数, 则 $H^m(\mathbf{R}^n) = W^{m,2}(\mathbf{R}^n)$, 而且 $H^m(\mathbf{R}^n)$ 上的范数 (2.8.1) 与 $W^{m,2}(\mathbf{R}^n)$ 上的范数等价;

(2) 如果 $s = m + \mu$, 其中 m 是非负整数而 $0 < \mu < 1$, 则 $u \in H^s(\mathbf{R}^n)$ 当且仅当 $u \in W^{m,2}(\mathbf{R}^n)$ 并且

$$[u]_{m,\mu} = \left(\sum_{|\alpha|=m}\int_{\mathbf{R}^n}\int_{\mathbf{R}^n}|\partial^\alpha u(x+y)-\partial^\alpha u(x)|^2|y|^{-n-2\mu}\mathrm{d}x\mathrm{d}y\right)^{\frac{1}{2}} < \infty,$$

而且 $H^s(\mathbf{R}^n)$ 上有下述等价范数:

$$\|u\|'_{H^s(\mathbf{R}^n)} = \|u\|_{W^{m,2}(\mathbf{R}^n)} + [u]_{m,\mu}, \quad \forall u \in H^s(\mathbf{R}^n). \tag{2.8.3}$$

证　(1) 把 $(1+|\xi|^2)^m=(1+\xi_1^2+\xi_2^2+\cdots+\xi_n^2)^m$ 展开可知 $(1+|\xi|^2)^m=\sum\limits_{|\alpha|\leqslant m}a_\alpha|\xi^\alpha|^2$, 其中 a_α 都是正整数, 且 $a_0=1$. 于是

$$\begin{aligned}\|u\|_{H^m(\mathbf{R}^n)}^2&=(2\pi)^{-n}\int_{\mathbf{R}^n}(1+|\xi|^2)^m|\tilde{u}(\xi)|^2\mathrm{d}\xi\\&=(2\pi)^{-n}\sum_{|\alpha|\leqslant m}a_\alpha\int_{\mathbf{R}^n}|\xi^\alpha|^2|\tilde{u}(\xi)|^2\mathrm{d}\xi=(2\pi)^{-n}\sum_{|\alpha|\leqslant m}a_\alpha\|\partial^\alpha u\|_{L^2(\mathbf{R}^n)}^2,\end{aligned}$$

据此立得结论 (1).

(2) 易知当 $0<\mu<1$ 时成立

$$(1+|\xi|^2)^\mu\leqslant 1+|\xi|^{2\mu}\leqslant 2(1+|\xi|^2)^m,\quad \forall\xi\in\mathbf{R}^n.$$

又当 $s=m+\mu$ 时, 有

$$\begin{aligned}\|u\|_{H^s(\mathbf{R}^n)}^2&=(2\pi)^{-n}\int_{\mathbf{R}^n}(1+|\xi|^2)^{m+\mu}|\tilde{u}(\xi)|^2\mathrm{d}\xi\\&=(2\pi)^{-n}\sum_{|\alpha|\leqslant m}a_\alpha\int_{\mathbf{R}^n}(1+|\xi|^2)^\mu|\xi^\alpha\tilde{u}(\xi)|^2\mathrm{d}\xi.\end{aligned}$$

从以上这些关系式可知范数 $\|\cdot\|_{H^s(\mathbf{R}^n)}$ 等价于由下式定义的范数 $\|\cdot\|''_{H^s(\mathbf{R}^n)}$:

$$(\|u\|''_{H^s(\mathbf{R}^n)})^2=\|u\|_{H^m(\mathbf{R}^n)}^2+(2\pi)^{-n}\sum_{|\alpha|=m}\int_{\mathbf{R}^n}|\xi|^{2\mu}|\xi^\alpha\tilde{u}(\xi)|^2\mathrm{d}\xi,\quad\forall u\in H^s(\mathbf{R}^n).$$

而由引理 2.8.2 知存在常数 $C_\mu>0$ 使成立

$$|\xi|^{2\mu}=C_\mu\int_{\mathbf{R}^n}|\mathrm{e}^{\mathrm{i}y\xi}-1|^2|y|^{-n-2\mu}\mathrm{d}y,\quad\forall\xi\in\mathbf{R}^n.$$

所以

$$\begin{aligned}\int_{\mathbf{R}^n}|\xi|^{2\mu}|\xi^\alpha\tilde{u}(\xi)|^2\mathrm{d}\xi&=C_\mu\int_{\mathbf{R}^n}\int_{\mathbf{R}^n}|\mathrm{e}^{\mathrm{i}y\xi}-1|^2|y|^{-n-2\mu}|\xi^\alpha\tilde{u}(\xi)|^2\mathrm{d}y\mathrm{d}\xi\\&=C_\mu\int_{\mathbf{R}^n}\Big(\int_{\mathbf{R}^n}|(\mathrm{e}^{\mathrm{i}y\xi}-1)\xi^\alpha\tilde{u}(\xi)|^2\mathrm{d}\xi\Big)|y|^{-n-2\mu}\mathrm{d}y\\&=(2\pi)^nC_\mu\int_{\mathbf{R}^n}\Big(\int_{\mathbf{R}^n}|\partial^\alpha u(x+y)-\partial^\alpha u(x)|^2\mathrm{d}x\Big)|y|^{-n-2\mu}\mathrm{d}y,\end{aligned}$$

最后这个等式用到这样一个很容易证明的事实, 即对任意 $u\in S'(\mathbf{R}^n)$ 和 $y\in\mathbf{R}^n$, 广义函数 $u(\cdot+y)$ 的 Fourier 变换等于 $\mathrm{e}^{\mathrm{i}y\xi}\tilde{u}(\xi)$. 上面的等式表明, 范数 $\|\cdot\|''_{H^s(\mathbf{R}^n)}$ 与 $\|\cdot\|'_{H^s(\mathbf{R}^n)}$ 等价. 因此范数 $\|\cdot\|_{H^s(\mathbf{R}^n)}$ 与 $\|\cdot\|'_{H^s(\mathbf{R}^n)}$ 等价. 证毕.　□

从下面的定理可知当 $s<0$ 时 $H^s(\mathbf{R}^n)$ 也可用不含 Fourier 变换的范数定义.

定理 2.8.4 (对偶定理) 设 s 为非零实数. 又设 $u\in S'(\mathbf{R}^n)$. 则 $u\in H^{-s}(\mathbf{R}^n)$ 的充要条件是: u 可延拓成 $H^s(\mathbf{R}^n)$ 上的连续线性泛函. 而且当 $u\in H^{-s}(\mathbf{R}^n)$ 时成立

$$\|u\|_{H^{-s}(\mathbf{R}^n)}=\sup_{\substack{\varphi\in S(\mathbf{R}^n)\\ \varphi\neq 0}}\frac{|\langle u,\varphi\rangle|}{\|\varphi\|_{H^s(\mathbf{R}^n)}}. \tag{2.8.4}$$

证 首先指出这样一个事实, 即 $S(\mathbf{R}^n)$ 在 $H^s(\mathbf{R}^n)$ 中稠密. 这个事实留给读者自己证明. 为了证明上述定理, 先设 $u\in H^{-s}(\mathbf{R}^n)$. 这时, 由 Fourier 变换的定义可知对任意 $\varphi\in S(\mathbf{R}^n)$ 有

$$\langle u,\varphi\rangle=\langle\tilde u,\check\varphi\rangle=\int_{\mathbf{R}^n}\tilde u(\xi)\check\varphi(\xi)\mathrm{d}\xi=(2\pi)^{-n}\int_{\mathbf{R}^n}\tilde u(\xi)\tilde\varphi(-\xi)\mathrm{d}\xi.$$

因此

$$\begin{aligned}|\langle u,\varphi\rangle|&\leqslant(2\pi)^{-\frac n2}\Big(\int_{\mathbf{R}^n}(1+|\xi|^2)^{-s}|\tilde u(\xi)|^2\mathrm{d}\xi\Big)^{\frac12}\cdot(2\pi)^{-\frac n2}\Big(\int_{\mathbf{R}^n}(1+|\xi|^2)^{s}|\tilde\varphi(\xi)|^2\mathrm{d}\xi\Big)^{\frac12}\\&=\|u\|_{H^{-s}(\mathbf{R}^n)}\|\varphi\|_{H^s(\mathbf{R}^n)}.\end{aligned}$$

所以 u 可延拓成 $H^s(\mathbf{R}^n)$ 上的连续线性泛函, 且

$$\sup_{\substack{\varphi\in S(\mathbf{R}^n)\\ \varphi\neq 0}}\frac{|\langle u,\varphi\rangle|}{\|\varphi\|_{H^s(\mathbf{R}^n)}}\leqslant\|u\|_{H^{-s}(\mathbf{R}^n)}. \tag{2.8.5}$$

反过来设 u 可延拓成 $H^s(\mathbf{R}^n)$ 上的连续线性泛函, 则等式 (2.8.4) 右端的表达式是一个非负实数, 记之为 A. 对任意 $\varphi\in S(\mathbf{R}^n)$ 有

$$\begin{aligned}|\langle(1+|\xi|^2)^{-\frac s2}\tilde u(\xi),(1+|\xi|^2)^{\frac s2}\check\varphi(\xi)\rangle|&=|\langle\tilde u,\check\varphi\rangle|=|\langle u,\varphi\rangle|\\&\leqslant A\|\varphi\|_{H^s(\mathbf{R}^n)}=A(2\pi)^{\frac n2}\Big(\int_{\mathbf{R}^n}(1+|\xi|^2)^s|\check\varphi(\xi)|^2\mathrm{d}\xi\Big)^{\frac12}.\end{aligned}$$

由于当 φ 取遍 $S(\mathbf{R}^n)$ 时, $(1+|\xi|^2)^{\frac s2}\check\varphi(\xi)$ 遍历 $S(\mathbf{R}^n)$, 所以应用 $S(\mathbf{R}^n)$ 在 $L^2(\mathbf{R}^n)$ 中的稠密性和 Riesz 表示定理, 从上面的不等式即知 $(1+|\xi|^2)^{-\frac s2}\tilde u(\xi)\in L^2(\mathbf{R}^n)$, 且 $\|(1+|\xi|^2)^{-\frac s2}\tilde u(\xi)\|_{L^2(\mathbf{R}^n)}\leqslant A(2\pi)^{\frac n2}$, 说明 $u\in H^{-s}(\mathbf{R}^n)$, 且

$$\|u\|_{H^{-s}(\mathbf{R}^n)}\leqslant\sup_{\substack{\varphi\in S(\mathbf{R}^n)\\ \varphi\neq 0}}\frac{|\langle u,\varphi\rangle|}{\|\varphi\|_{H^s(\mathbf{R}^n)}}. \tag{2.8.6}$$

最后, 由 (2.8.5) 和 (2.8.6) 即得 (2.8.4). 证毕. □

从定理 2.8.3 和定义 1.12.12 可知, 至少对非整数的 $s>0$ 有 $H^s(\mathbf{R}^n)=B^s_{22}(\mathbf{R}^n)$. 事实上这个等式对任意 $s>0$ 都成立, 见本节习题第 2 题.

下面讨论不同指标的 $H^s(\mathbf{R}^n)$ 之间的关系, 以及 $H^s(\mathbf{R}^n)$ 与 $W^{m,p}(\mathbf{R}^n)$ 和 $C^{m,\mu}(\mathbf{R}^n)$ 之间的关系.

定理 2.8.5　(1) 如果 $r>s$, 则 $H^r(\mathbf{R}^n)\subseteq H^s(\mathbf{R}^n)$, 且成立下列不等式:

$$\|u\|_{H^s(\mathbf{R}^n)}\leqslant\|u\|_{H^r(\mathbf{R}^n)},\quad \forall u\in H^r(\mathbf{R}^n);\tag{2.8.7}$$

$$\|u(\cdot+y)-u\|_{H^s(\mathbf{R}^n)}\leqslant\max\{|y|^{\frac{1}{2}},2|y|^{\frac{r-s}{2}}\}\|u\|_{H^r(\mathbf{R}^n)},\quad \forall y\in\mathbf{R}^n,\ \forall u\in H^r(\mathbf{R}^n).\tag{2.8.8}$$

(2) 如果 $r>s>t$, 则成立下述插值不等式:

$$\|u\|_{H^s(\mathbf{R}^n)}\leqslant\|u\|^{\theta}_{H^r(\mathbf{R}^n)}\|u\|^{1-\theta}_{H^t(\mathbf{R}^n)},\quad \forall u\in H^r(\mathbf{R}^n),\tag{2.8.9}$$

其中 $\theta\in(0,1)$ 由等式 $s=\theta r+(1-\theta)t$ 唯一确定.

证　(1) 结论 $H^r(\mathbf{R}^n)\subseteq H^s(\mathbf{R}^n)$ 和不等式 (2.8.7) 是显然的. 为证 (2.8.8), 有

$$\begin{aligned}\|u(\cdot+y)-u\|^2_{H^s(\mathbf{R}^n)}&=(2\pi)^{-n}\int_{\mathbf{R}^n}(1+|\xi|^2)^s|\mathrm{e}^{\mathrm{i}y\xi}-1|^2|\tilde{u}(\xi)|^2\mathrm{d}\xi\\&\leqslant\|u\|^2_{H^r(\mathbf{R}^n)}\sup_{\xi\in\mathbf{R}^n}(1+|\xi|^2)^{-(r-s)}|\mathrm{e}^{\mathrm{i}y\xi}-1|^2.\end{aligned}$$

通过分别讨论 $|\xi|\leqslant|y|^{-\frac{1}{2}}$ 和 $|\xi|>|y|^{-\frac{1}{2}}$ 两种情况, 易知

$$(1+|\xi|^2)^{-(r-s)}|\mathrm{e}^{\mathrm{i}y\xi}-1|^2=4(1+|\xi|^2)^{-(r-s)}\sin^2\left(\frac{y\xi}{2}\right)\leqslant\max\{|y|,4|y|^{r-s}\}.$$

代入前面得到的不等式即得 (2.8.8).

(2) 当 $r>s>t$ 时, 由等式 $s=\theta r+(1-\theta)t$ 确定的实数 θ 必满足 $0<\theta<1$, 且

$$(1+|\xi|^2)^s=(1+|\xi|^2)^{\theta r}(1+|\xi|^2)^{(1-\theta)t}.$$

因此应用 Hölder 不等式即得 (2.8.9). 证毕. □

定理 2.8.6　设 $s>m+\dfrac{n}{2}$, 其中 m 为非负整数, 则 $H^s(\mathbf{R}^n)\subseteq C^m(\mathbf{R}^n)$, 且存在常数 $C=C(n,s,m)>0$ 使成立

$$\sum_{|\alpha|\leqslant m}\sup_{x\in\mathbf{R}^n}|\partial^{\alpha}u(x)|\leqslant C\|u\|_{H^s(\mathbf{R}^n)},\quad \forall u\in H^s(\mathbf{R}^n).\tag{2.8.10}$$

进一步设 $s=m+\dfrac{n}{2}+\mu$, 其中 m 为非负整数而 $0<\mu<1$, 则 $H^s(\mathbf{R}^n)\subseteq C^{m,\mu}(\mathbf{R}^n)$, 且存在常数 $C=C(n,s,m,\mu)>0$ 使成立

$$\sum_{|\alpha|\leqslant m}\sup_{x\in\mathbf{R}^n}|\partial^{\alpha}u(x+y)-\partial^{\alpha}u(x)|\leqslant C|y|^{\mu}\|u\|_{H^s(\mathbf{R}^n)},\quad \forall y\in\mathbf{R}^n,\ u\in H^s(\mathbf{R}^n).\tag{2.8.11}$$

证 当 $s>m+\dfrac{n}{2}$ 时有 $s-m>\dfrac{n}{2}$, 所以 $\int_{\mathbf{R}^n}(1+|\xi|^2)^{-(s-m)}\mathrm{d}\xi<\infty$, 这样应用定理 2.4.2 得

$$\sum_{|\alpha|\leqslant m}\sup_{x\in\mathbf{R}^n}|\partial^\alpha u(x)|\leqslant(2\pi)^{-n}\sum_{|\alpha|\leqslant m}\int_{\mathbf{R}^n}|(\widetilde{\partial^\alpha u})(\xi)|\mathrm{d}\xi\leqslant C\int_{\mathbf{R}^n}(1+|\xi|)^m|\tilde{u}(\xi)|\mathrm{d}\xi$$

$$\leqslant C\Big(\int_{\mathbf{R}^n}(1+|\xi|^2)^{-(s-m)}\mathrm{d}\xi\Big)^{\frac12}\Big(\int_{\mathbf{R}^n}(1+|\xi|^2)^s|\tilde{u}(\xi)|^2\mathrm{d}\xi\Big)^{\frac12}$$

$$=C\|u\|_{H^s(\mathbf{R}^n)},$$

所以 $H^s(\mathbf{R}^n)\subseteq C^m(\mathbf{R}^n)$ 且 (2.8.10) 成立. 又若 $s=m+\dfrac{n}{2}+\mu$, 其中 $m\in\mathbf{Z}_+^n$ 而 $0<\mu<1$, 则

$$\sum_{|\alpha|\leqslant m}|\partial^\alpha u(x+y)-\partial^\alpha u(x)|=(2\pi)^{-n}\sum_{|\alpha|\leqslant m}\Big|\int_{\mathbf{R}^n}\mathrm{e}^{\mathrm{i}x\xi}(\mathrm{e}^{\mathrm{i}y\xi}-1)\xi^\alpha\tilde{u}(\xi)\mathrm{d}\xi\Big|$$

$$\leqslant C\Big(\int_{\mathbf{R}^n}|\mathrm{e}^{\mathrm{i}y\xi}-1|^2|\xi|^{-n-2\mu}\mathrm{d}\xi\Big)^{\frac12}\Big(\int_{\mathbf{R}^n}(1+|\xi|^2)^{m+\frac{n}{2}+\mu}|\tilde{u}(\xi)|^2\mathrm{d}\xi\Big)^{\frac12}$$

$$=C|y|^\mu\|u\|_{H^s(\mathbf{R}^n)},\quad\forall y\in\mathbf{R}^n,$$

所以 $H^s(\mathbf{R}^n)\subseteq C^{m,\mu}(\mathbf{R}^n)$ 且 (2.8.11) 成立. 证毕. □

定理 2.8.7 设 $m\leqslant s<m+\dfrac{n}{2}$, 其中 m 为非负整数, 则对任意 $p\in[2,2n/(2m-2s+n))$ $\left(\text{即 } p\geqslant2 \text{ 且 } s-\dfrac{n}{2}>m-\dfrac{n}{p}\right)$ 有 $H^s(\mathbf{R}^n)\subseteq W^{m,p}(\mathbf{R}^n)$, 且存在常数 $C=C(n,s,m,p)>0$ 使成立

$$\|u\|_{W^{m,p}(\mathbf{R}^n)}\leqslant C\|u\|_{H^s(\mathbf{R}^n)},\quad\forall u\in H^s(\mathbf{R}^n).\tag{2.8.12}$$

证 如通常, 用 p' 表示 p 的对偶数. 则 $1<p'\leqslant2$, 从而由 Hausdorff–Young 不等式得

$$\|u\|_{W^{m,p}(\mathbf{R}^n)}\leqslant C\sum_{|\alpha|\leqslant m}\Big(\int_{\mathbf{R}^n}|\xi^\alpha\tilde{u}(\xi)|^{p'}\mathrm{d}\xi\Big)^{\frac{1}{p'}}$$

$$\leqslant C\Big[\int_{\mathbf{R}^n}\Big((1+|\xi|^2)^{-\frac{(s-m)p'}{2}}\Big)^q\mathrm{d}\xi\Big]^{\frac{1}{p'q}}\Big[\int_{\mathbf{R}^n}\Big((1+|\xi|^2)^{\frac{sp'}{2}}|\tilde{u}(\xi)|^{p'}\Big)^{q'}\mathrm{d}\xi\Big]^{\frac{1}{p'q'}},$$

其中 $q'=\dfrac{2}{p'}$, $q=\dfrac{2}{2-p'}$. 因 $\dfrac{(s-m)p'}{2}\cdot q=\dfrac{(s-m)p'}{2-p'}>\dfrac{n}{2}$, 所以最后这个不等号右端的第一个积分收敛. 而由 $p'q'=2$ 知最后这个不等号右端的第二项等于 $(2\pi)^{\frac{n}{2}}\|u\|_{H^s(\mathbf{R}^n)}$. 因此 (2.8.12) 成立. 证毕. □

注　当 $p=2n/(2m-2s+n)$ 时包含关系 $H^s(\mathbf{R}^n)\subseteq W^{m,p}(\mathbf{R}^n)$ 以及不等式 (2.8.12) 仍成立, 但是其证明比较困难. 有兴趣的读者可参考文献 [119].

下一个重要定理通常称为**迹定理**:

定理 2.8.8　用 $\Gamma: S(\mathbf{R}^n)\to S(\mathbf{R}^{n-1})$ 表示迹算子, 即 $\Gamma u(x')=u(x',0)$, $\forall x'\in\mathbf{R}^{n-1}$, $\forall u\in S(\mathbf{R}^n)$, 则当 $s>\dfrac{1}{2}$ 时成立不等式

$$\|\Gamma u\|_{H^{s-\frac{1}{2}}(\mathbf{R}^{n-1})}\leqslant C\|u\|_{H^s(\mathbf{R}^n)},\quad \forall u\in S(\mathbf{R}^n), \tag{2.8.13}$$

因此可把 Γ 唯一地延拓成映 $H^s(\mathbf{R}^n)$ 到 $H^{s-\frac{1}{2}}(\mathbf{R}^{n-1})$ 的有界线性算子, 且把 Γ 延拓后 (2.8.13) 对任意 $u\in H^s(\mathbf{R}^n)$ 都成立. 此外, 延拓后的 $\Gamma: H^s(\mathbf{R}^n)\to H^{s-\frac{1}{2}}(\mathbf{R}^{n-1})$ 是满射.

证　对任意 $u\in S(\mathbf{R}^n)$, 令 $v(x')=(\Gamma u)(x')=u(x',0)$, $\forall x'\in\mathbf{R}^{n-1}$. 则

$$\tilde{v}(\xi')=\frac{1}{2\pi}\int_{-\infty}^{\infty}\tilde{u}(\xi',\xi_n)\mathrm{d}\xi_n,\quad \forall\xi'\in\mathbf{R}^{n-1}.$$

因此

$$\begin{aligned}|\tilde{v}(\xi')|\leqslant&\frac{1}{2\pi}\Big(\int_{\mathbf{R}^1}(1+|\xi'|^2+|\xi_n|^2)^{-s}\mathrm{d}\xi_n\Big)^{\frac{1}{2}}\Big(\int_{\mathbf{R}^1}(1+|\xi'|^2+|\xi_n|^2)^{s}|\tilde{u}(\xi',\xi_n)|^2\mathrm{d}\xi_n\Big)^{\frac{1}{2}}\\=&C(1+|\xi'|^2)^{-\frac{s}{2}+\frac{1}{4}}\Big(\int_{\mathbf{R}^1}(1+|\xi'|^2+|\xi_n|^2)^{s}|\tilde{u}(\xi',\xi_n)|^2\mathrm{d}\xi_n\Big)^{\frac{1}{2}},\quad\forall\xi'\in\mathbf{R}^{n-1}.\end{aligned}$$

这里用到了当 $s>\dfrac{1}{2}$ 时积分 $\displaystyle\int_{-\infty}^{\infty}(1+t^2)^{-s}\mathrm{d}t$ 收敛这一事实. 从以上估计我们得

$$\begin{aligned}\|v\|^2_{H^{s-\frac{1}{2}}(\mathbf{R}^{n-1})}=&\frac{1}{(2\pi)^{n-1}}\int_{\mathbf{R}^{n-1}}(1+|\xi'|^2)^{s-\frac{1}{2}}|\tilde{v}(\xi')|^2\mathrm{d}\xi'\\\leqslant&C\int_{\mathbf{R}^n}(1+|\xi|^2)^s|\tilde{u}(\xi)|^2\mathrm{d}\xi_n=C\|u\|^2_{H^s(\mathbf{R}^n)}.\end{aligned}$$

这就证明了 (2.8.13). 从 (2.8.13) 和 $S(\mathbf{R}^n)$ 在 $H^s(\mathbf{R}^n)$ 中的稠密性即知 Γ 可唯一地延拓成映 $H^s(\mathbf{R}^n)$ 到 $H^{s-\frac{1}{2}}(\mathbf{R}^{n-1})$ 的有界线性算子. 自然, 把 Γ 延拓后 (2.8.13) 中的不等式对任意 $u\in H^s(\mathbf{R}^n)$ 都成立. 为证延拓后 $\Gamma: H^s(\mathbf{R}^n)\to H^{s-\frac{1}{2}}(\mathbf{R}^{n-1})$ 是满射, 只需对每个 $v\in H^{s-\frac{1}{2}}(\mathbf{R}^{n-1})$, 令

$$\varphi(\xi)=C_s^{-1}(1+|\xi'|^2)^{s-\frac{1}{2}}(1+|\xi|^2)^{-s}\tilde{v}(\xi'),\ \ \xi=(\xi',\xi_n),\quad\forall\xi'\in\mathbf{R}^{n-1},\ \ \forall\xi_n\in\mathbf{R}^1,$$

其中 $C_s=\dfrac{1}{2\pi}\displaystyle\int_{-\infty}^{\infty}(1+t^2)^{-s}\mathrm{d}t$, 再令 $u=\check{\varphi}$. 则不难验证 $u\in H^s(\mathbf{R}^n)$, 且 $\Gamma u=v$. 证毕. □

下面对有界开集 $\Omega\subseteq\mathbf{R}^n$ 上的 Sobolev 空间 $H^s(\Omega)$ 作简单的讨论.

定义 2.8.9 设 Ω 是 $\mathbf{R}^n$ 中的任意有界开集.

(1) 对任意 $s \geqslant 0$, 令

$$H^s(\Omega) = \{u \in D'(\Omega): \exists v \in H^s(\mathbf{R}^n) \text{ 使得 } v|_\Omega = u\}. \tag{2.8.14}$$

显然 $H^s(\Omega)$ 是一个线性空间, 在其上定义范数如下: 对任意 $u \in H^s(\Omega)$, 令

$$\|u\|_{H^s(\Omega)} = \inf_{v \in \mathscr{A}_s(u)} \|v\|_{H^s(\mathbf{R}^n)}, \quad \text{其中 } \mathscr{A}_s(u) = \{v \in H^s(\mathbf{R}^n): v|_\Omega = u\}. \tag{2.8.15}$$

则 $H^s(\Omega)$成为一个 Hilbert 空间 (见本节习题 6), 称为Ω 上的 **Sobolev 空间**.

(2) 对任意 $s \geqslant 0$, 令 $H_0^s(\Omega)$ 为 $C_0^\infty(\Omega)$ 在 $H^s(\Omega)$ 中的闭包. 显然 $H_0^0(\Omega) = H^0(\Omega) = L^2(\Omega)$.

(3) 对任意 $s > 0$, 令 $H^{-s}(\Omega) = (H_0^s(\Omega))'$, 即 $H^{-s}(\Omega)$ 为 $H_0^s(\Omega)$ 的对偶空间.

应用定理 2.8.3 以及定理 2.8.5 ~ 定理 2.8.8, 不难证明以下定理:

定理 2.8.10 设 Ω 是 $\mathbf{R}^n$ 中的有界开集. 则有下列结论:

(1) 对任意整数 m, 如果 $\partial\Omega \in C^{|m|}$, 则 $H^m(\Omega) = W^{m,2}(\Omega)$.

(2) 如果 $r > s$, 则 $H^r(\Omega) \subseteq H^s(\Omega)$, 且成立下列不等式:

$$\|u\|_{H^s(\Omega)} \leqslant \|u\|_{H^r(\Omega)}, \quad \forall u \in H^r(\Omega). \tag{2.8.16}$$

(3) 设 $s > m + \dfrac{n}{2}$, 其中 m 为非负整数, 且 $\partial\Omega \in C^{[s]^+}$, 其中 $[s]^+$ 表示不小于 s 的最小整数, 则 $H^s(\Omega) \subseteq C^m(\overline{\Omega})$, 且存在常数 $C = C(n, s, m, \Omega) > 0$ 使成立

$$\sum_{|\alpha| \leqslant m} \sup_{x \in \Omega} |\partial^\alpha u(x)| \leqslant C\|u\|_{H^s(\Omega)}, \quad \forall u \in H^s(\Omega). \tag{2.8.17}$$

进一步设 $s \geqslant m + \dfrac{n}{2} + \mu$, 其中 m 为非负整数而 $0 < \mu < 1$, 且 $\partial\Omega \in C^{[s]^+}$, 则 $H^s(\Omega) \subseteq C^{m,\mu}(\overline{\Omega})$, 且存在常数 $C = C(n, s, m, \mu, \Omega) > 0$ 使成立

$$\|u\|_{C^{m,\mu}(\overline{\Omega})} \leqslant C\|u\|_{H^s(\Omega)}, \quad \forall u \in H^s(\Omega), \tag{2.8.18}$$

而且当 $s > m + \dfrac{n}{2} + \mu$ 时嵌入关系 $H^s(\Omega) \hookrightarrow C^{m,\mu}(\overline{\Omega})$ 是紧嵌入.

(4) 设 $m \leqslant s < m + \dfrac{n}{2}$, 其中 m 为非负整数, 且 $\partial\Omega \in C^{[s]^+}$, 则对任意 $p \in [2, 2n/(2m-2s+n))$ $\left(\text{即 } p \geqslant 2 \text{ 且 } s - \dfrac{n}{2} \geqslant m - \dfrac{n}{p}\right)$ 有 $H^s(\Omega) \subseteq W^{m,p}(\Omega)$, 且存在常数 $C = C(n, s, m, p, \Omega) > 0$ 使成立

$$\|u\|_{W^{m,p}(\Omega)} \leqslant C\|u\|_{H^s(\Omega)}, \quad \forall u \in H^s(\Omega), \tag{2.8.19}$$

而且当 $s-\dfrac{n}{2}>m-\dfrac{n}{p}$ 时嵌入关系 $H^s(\Omega)\hookrightarrow W^{m,p}(\Omega)$ 是紧嵌入.

(5) 当 $s>\dfrac{1}{2}$ 且 $\partial\Omega\in C^{[s]^+}$ 时, 迹算子 $\Gamma: C^{[s]^+}(\overline{\Omega})\to C^{[s]^+}(\partial\Omega)$ (即 $\Gamma u=u|_{\partial\Omega}$, $\forall u\in C^{[s]^+}(\overline{\Omega})$) 可唯一地延拓成 $H^s(\Omega)$ 到 $H^{s-\frac{1}{2}}(\partial\Omega)$ 的有界线性算子, 即存在常数 $C=C(n,s,\Omega)>0$ 使成立

$$\|\Gamma u\|_{H^{s-\frac{1}{2}}(\partial\Omega)}\leqslant C\|u\|_{H^s(\Omega)},\quad \forall u\in C^\infty(\overline{\Omega}),\tag{2.8.20}$$

而且 $\Gamma: H^s(\Omega)\to H^{s-\frac{1}{2}}(\partial\Omega)$ 是满射. 这里对任意正数 s, 超曲面 $\partial\Omega\in C^{[s]^+}$ 上的函数空间 $H^s(\partial\Omega)$ 类似于定义 1.12.6 给出.

这个定理的证明留给读者. □

习 题 2.8

1. 证明对任意实数 s, $C_0^\infty(\mathbf{R}^n)$ 在 $H^s(\mathbf{R}^n)$ 中稠密.
2. 根据定义 1.12.12 之 (2) 证明: $H^1(\mathbf{R}^n)=B_{22}^1(\mathbf{R}^n)$.
3. **Zygmund** 空间 $C^{1*}(\mathbf{R}^n)$ 定义为由 $\mathbf{R}^n$ 上全体满足以下条件的有界连续函数 u 组成的集合:

$$[u]_{C^{1*}(\mathbf{R}^n)}=\sup_{x\in\mathbf{R}^n}\sup_{y\in\mathbf{R}^n\backslash\{0\}}\frac{|u(x+y)+u(x-y)-2u(x)|}{|y|}<\infty.$$

$C^{1*}(\mathbf{R}^n)$ 按范数 $\|u\|_{C^{1*}(\mathbf{R}^n)}=\sup\limits_{x\in\mathbf{R}^n}|u(x)|+[u]_{C^{1*}(\mathbf{R}^n)}$ 成为 Banach 空间. 显然 $C^{1-0}(\mathbf{R}^n)\hookrightarrow C^{1*}(\mathbf{R}^n)$, 且 $C^{1-0}(\mathbf{R}^n)\neq C^{1*}(\mathbf{R}^n)$. 又对任意正整数 m 定义

$$C^{m*}(\mathbf{R}^n)=\{u\in C^{m-1}(\mathbf{R}^n):\ \partial^\alpha u\in C^{1*}(\mathbf{R}^n),\ \forall|\alpha|=m-1\}.$$

$C^{m*}(\mathbf{R}^n)$ 按范数 $\|u\|_{C^{1*}(\mathbf{R}^n)}=\sum\limits_{|\alpha|\leqslant m-1}\sup\limits_{x\in\Omega}|\partial^\alpha u(x)|+\sum\limits_{|\alpha|=m-1}[\partial^\alpha u]_{C^{1*}(\mathbf{R}^n)}$ 成为 Banach 空间. 证明: 当 $s=m+\dfrac{n}{2}$ (其中 m 为非负整数) 时, 有 $H^s(\Omega)\subseteq C^{m*}(\overline{\Omega})$, 且存在常数 $C=C(n,s)>0$ 使成立

$$\|u\|_{C^{m*}(\overline{\Omega})}\leqslant C\|u\|_{H^s(\Omega)},\quad \forall u\in H^s(\Omega),$$

4. 证明: (1) 当 $s>\dfrac{n}{2}$ 时有 $\delta\in H^{-s}(\mathbf{R}^n)$.

(2) 设 $\varphi\in S(\mathbf{R}^n)$ 且 $\displaystyle\int_{\mathbf{R}^n}\varphi(x)\mathrm{d}x=1$. 则对任意 $s>\dfrac{n}{2}$ 有 $\lim\limits_{\varepsilon\to0}\dfrac{1}{\varepsilon^n}\varphi\Big(\dfrac{x}{\varepsilon}\Big)=\delta(x)(H^{-s}(\mathbf{R}^n))$.

5. 令 Γ 为由定理 2.8.8 保证的迹算子. 设 m 是正整数. 证明: 如果 $u\in H^m(\mathbf{R}^n)$, 则对任意 n 重指标 α, 只要 $|\alpha|\leqslant m-1$ 且 $\alpha_n=0$, 便成立

$$\partial^{\alpha'}\Gamma u=\Gamma\partial^\alpha u,$$

其中 α' 是由 α 的前 $n-1$ 个分量形成的 $n-1$ 重指标. 特别, 如果 $\varGamma u=0$, 那么也有 $\varGamma\partial^\alpha u=0$.

6. 对正整数 k, 用 $\varGamma_k$ 表示映 $S(\mathbf{R}^n)$ 到 $S(\mathbf{R}^{n-1})$ 的下述连续线性映射:

$$\varGamma_k u(x')=\frac{\partial^k u}{\partial x_n^k}(x',0),\quad \forall x'\in\mathbf{R}^{n-1},\ \forall u\in S(\mathbf{R}^n).$$

证明: 当 $s>k+\frac{1}{2}$ 时, $\varGamma_k$ 可唯一地延拓成从 $H^s(\mathbf{R}^n)$ 到 $H^{s-k-\frac{1}{2}}(\mathbf{R}^{n-1})$ 的有界线性算子, 即成立不等式

$$\|\varGamma_k u\|_{H^{s-k-\frac{1}{2}}(\mathbf{R}^{n-1})}\leqslant C\|u\|_{H^s(\mathbf{R}^n)},\quad \forall u\in S(\mathbf{R}^n).$$

7. 设 $s>0$ 而 Ω 是 $\mathbf{R}^n$ 中的有界开集. 证明: 按定义 2.8.9 定义的 $H^s(\Omega)$ 是 Hilbert 空间.
8. 证明定理 2.8.10.

2.9 Littlewood–Paley 分解

Fourier 分析在现代偏微分方程理论的研究中起着十分重要的作用. Fourier 分析理论中有一个重要的工具即 Littlewood–Paley 分解, 其思想是把函数的 Fourier 变换分解成一些具有紧支集且支集包含于一些二进制环形区域之中的函数的和, 然后通过分析这些紧支函数的反 Fourier 变换按某些常用函数空间的范数附加一定的权之后的可和性以得到所要分析函数的正则性信息. 本节介绍 Littlewood–Paley 分解的最基础理论, 并给出 Sobolev 空间 $H^s(\mathbf{R}^n)$ 和 Hölder 空间 $C^\mu(\mathbf{R}^n)$ 在 Littlewood–Paley 分解下的刻画.

任意取定非负单调递减函数 $\phi\in C^\infty[0,\infty)$ 使 $0\leqslant\phi\leqslant 1$, 且当 $0\leqslant t\leqslant 1/2$ 时 $\phi(t)=1$, 当 $t\geqslant 1$ 时 $\phi(t)=0$, 然后令 $\varphi(\xi)=\phi(|\xi|)$, $\psi(\xi)=\phi(|\xi|/2)-\phi(|\xi|)$. 显然 $\varphi,\psi\in C_0^\infty(\mathbf{R}^n)$, $0\leqslant\varphi,\psi\leqslant 1$, 且 $\mathrm{supp}\varphi\subseteq\overline{B}(0,1)$, $\mathrm{supp}\psi\subseteq\{\xi\in\mathbf{R}^n:\ \frac{1}{2}\leqslant|\xi|\leqslant 2\}$. 又显然成立

$$\varphi\Big(\frac{\xi}{2^k}\Big)+\sum_{j=k}^{\infty}\psi\Big(\frac{\xi}{2^j}\Big)=1,\quad \forall\xi\in\mathbf{R}^n,\forall k\in\mathbf{Z},\tag{2.9.1}$$

$$\sum_{j=-\infty}^{\infty}\psi\Big(\frac{\xi}{2^j}\Big)=1,\quad \forall\xi\in\mathbf{R}^n\backslash\{0\}.\tag{2.9.2}$$

回忆符号 $O_M(\mathbf{R}^n)$ 表示由 $\mathbf{R}^n$ 上全体在无穷远处缓增的无穷可微函数组成的函数空间 (见定义 2.3.7).

定义 2.9.1 取定 φ 和 ψ 如上. 对每个整数 j, 定义映射 $S_j:S'(\mathbf{R}^n)\to O_M(\mathbf{R}^n)$ 和 $\Delta_j:S'(\mathbf{R}^n)\to O_M(\mathbf{R}^n)$ 各如下:

$$S_j(u)=F^{-1}\Big[\varphi\Big(\frac{\xi}{2^j}\Big)\tilde{u}(\xi)\Big],\quad \forall u\in S'(\mathbf{R}^n),\tag{2.9.3}$$

$$\Delta_j(u)=F^{-1}\Big[\psi\Big(\frac{\xi}{2^j}\Big)\tilde{u}(\xi)\Big],\quad \forall u\in S'(\mathbf{R}^n). \tag{2.9.4}$$

$S_j(u)$ 和 $\Delta_j(u)$ 分别叫做缓增广函 u 的第 j 个非齐次二进块和第 j 个齐次二进块.

显然对任意 $u\in S'(\mathbf{R}^n)$ 都成立

$$\operatorname{supp}\widetilde{S_j(u)}\subseteq \overline{B}(0,2^j)=\{\xi\in\mathbf{R}^n:\ |\xi|\leqslant 2^j\}, \tag{2.9.5}$$

$$\operatorname{supp}\widetilde{\Delta_j(u)}\subseteq \mathcal{C}_j:=\{\xi\in\mathbf{R}^n:\ 2^{j-1}\leqslant|\xi|\leqslant 2^{j+1}\}. \tag{2.9.6}$$

第二个关系式中的 $\mathcal{C}_j$ 叫做频谱空间 $\mathbf{R}^n$ 中的第 j 个二进环.

定理 2.9.2　对任意缓增广函 $u\in S'(\mathbf{R}^n)$ 和任意整数 k, 按 $S'(\mathbf{R}^n)$ 弱拓扑成立等式:

$$u=S_ku+\sum_{j=k}^{\infty}\Delta_ju. \tag{2.9.7}$$

又如果按 $S'(\mathbf{R}^n)$ 弱拓扑成立 $\lim\limits_{k\to-\infty}S_ku=0$, 则按 $S'(\mathbf{R}^n)$ 弱拓扑成立等式:

$$u=\sum_{j=-\infty}^{\infty}\Delta_ju. \tag{2.9.8}$$

特别地, 如果 $\tilde{u}\in L^1_{\mathrm{loc}}(\mathbf{R}^n)$, 则上式成立.

证　设 $u\in S'(\mathbf{R}^n)$. 易见对任意整数 $N>k$ 都成立

$$S_ku+\sum_{j=k}^{N}\Delta_ju=S_Nu.$$

因此只需证明按 $S'(\mathbf{R}^n)$ 弱拓扑成立 $\lim\limits_{N\to\infty}S_Nu=u$ 即可. 根据式 (2.4.11) 有

$$\langle S_Nu,v\rangle=\langle\widetilde{S_Nu}(\xi),\check{v}(\xi)\rangle=\langle\tilde{u}(\xi),\varphi(2^{-N}\xi)\check{v}(\xi)\rangle,\quad \forall v\in S(\mathbf{R}^n).$$

而易知对任意 $v\in S(\mathbf{R}^n)$ 都按 $S(\mathbf{R}^n)$ 强拓扑成立 $\lim\limits_{N\to\infty}\varphi(2^{-N}\xi)\check{v}(\xi)=\check{v}(\xi)$, 所以由上式得

$$\lim_{N\to\infty}\langle S_Nu,v\rangle=\langle\tilde{u}(\xi),\check{v}(\xi)\rangle=\langle u,v\rangle,\quad \forall v\in S(\mathbf{R}^n).$$

这就证明了 (2.9.7). 由 (2.9.7) 立知如果按 $S'(\mathbf{R}^n)$ 弱拓扑成立 $\lim\limits_{k\to-\infty}S_ku=0$, 则按 $S'(\mathbf{R}^n)$ 弱拓扑成立 (2.9.8). 如果 $\tilde{u}\in L^1_{\mathrm{loc}}(\mathbf{R}^n)$, 则有

$$\begin{aligned}\|S_ku\|_{L^\infty(\mathbf{R}^n)}&\leqslant\frac{1}{(2\pi)^n}\int_{\mathbf{R}^n}|\widetilde{S_ku}(\xi)|\mathrm{d}\xi=\frac{1}{(2\pi)^n}\int_{\mathbf{R}^n}\varphi\Big(\frac{\xi}{2^k}\Big)|\tilde{u}(\xi)|\mathrm{d}\xi\\&\leqslant\frac{1}{(2\pi)^n}\int_{|\xi|\leqslant 2^k}|\tilde{u}(\xi)|\mathrm{d}\xi\to 0,\quad 当\ k\to-\infty,\end{aligned}$$

即按 $L^\infty(\mathbf{R}^n)$ 强拓扑成立 $\lim\limits_{k\to-\infty} S_k u = 0$, 所以 (2.9.8) 成立. 证毕. □

注 假如条件 $\lim\limits_{k\to-\infty} S_k u = 0$ 不成立, 那么等式 (2.9.8) 也就不可能按 $S'(\mathbf{R}^n)$ 弱拓扑成立. 但是可以证明, 对任意 $u \in S'(\mathbf{R}^n)$ 存在相应的非负整数 m, 使按 $S'(\mathbf{R}^n)$ 弱拓扑成立等式

$$\Delta^m u = \sum_{j=-\infty}^{\infty} \Delta^m \Delta_j u$$

(见本节习题第 1 题).

定义 2.9.3 对任意 $u \in S'(\mathbf{R}^n)$ 和任意整数 k, 称关系式 (2.9.7) 为 u 的**非齐次 Littlewood–Paley 分解**, 而称和式 $\sum\limits_{j=-\infty}^{\infty} \Delta_j u$ 为 u 的**齐次 Littlewood–Paley 分解**, 记作

$$u \sim \sum_{j=-\infty}^{\infty} \Delta_j u.$$

需要注意有很多缓增广函 u 不满足条件 $\lim\limits_{k\to-\infty} S_k u = 0$. 例如对常值函数 $u=1$, 由于 $\tilde{1} = (2\pi)^n \delta(\xi)$ (见 2.4 节例 2), 所以对任意整数 k 有

$$S_k 1 = F^{-1}[\varphi(2^{-k}\xi)(2\pi)^n \delta(\xi)] = (2\pi)^n \varphi(0) F^{-1}[\delta(\xi)] = \varphi(0) = 1.$$

因此不成立 $\lim\limits_{k\to-\infty} S_k 1 = 0$. 类似地可知对任意多项式函数 u 也不成立 $\lim\limits_{k\to-\infty} S_k u = 0$, 进而对任意多项式函数 u 和任意满足条件 $\lim\limits_{k\to-\infty} S_k v = 0$ 的缓增广函 v, 对它们的和 $w = u + v$ 也不成立 $\lim\limits_{k\to-\infty} S_k w = 0$. 对这样的缓增广函其齐次 Littlewood–Paley 分解不收敛于它们, 即等式 (2.9.8) 不成立. 因此, 在使用齐次 Littlewood–Paley 分解时务必要检验使等式 (2.9.8) 成立的条件是否满足.

下一个定理在应用 Littlewood–Paley 分解对缓增广函作分析时有重要的作用:

定理 2.9.4 (Bernstein 不等式) 设 $u \in S'(\mathbf{R}^n)$, $1 \leqslant p \leqslant q \leqslant \infty$, $m \in \mathbf{Z}_+$, 则存在只与 n, m, p, q 有关的常数 $C = C(n,m,p,q) > 0$ 使对所有 $j \in \mathbf{Z}$ 都成立下列不等式:

$$\sum_{|\alpha|=m} \|\partial^\alpha S_j u\|_{L^q(\mathbf{R}^n)} \leqslant C 2^{j(m+\frac{n}{p}-\frac{n}{q})} \|S_j u\|_{L^p(\mathbf{R}^n)}, \tag{2.9.9}$$

$$\sum_{|\alpha|=m} \|\partial^\alpha \Delta_j u\|_{L^q(\mathbf{R}^n)} \leqslant C 2^{j(m+\frac{n}{p}-\frac{n}{q})} \|\Delta_j u\|_{L^p(\mathbf{R}^n)}, \tag{2.9.10}$$

$$\|\Delta_j u\|_{L^q(\mathbf{R}^n)} \leqslant C 2^{j(\frac{n}{p}-\frac{n}{q}-m)} \sum_{|\alpha|=m} \|\partial^\alpha \Delta_j u\|_{L^p(\mathbf{R}^n)}. \tag{2.9.11}$$

证 令 $\zeta(\xi)=\varphi(\xi/2)$. 则在 $\text{supp}\varphi$ 上 $\zeta(\xi)=1$, 所以 $\zeta(\xi)\varphi(\xi)=\varphi(\xi), \forall\xi\in\mathbf{R}^n$, 进而

$$\zeta\Big(\frac{\xi}{2^j}\Big)\varphi\Big(\frac{\xi}{2^j}\Big)=\varphi\Big(\frac{\xi}{2^j}\Big),\quad \forall\xi\in\mathbf{R}^n,\ \forall j\in\mathbf{Z}.$$

因此

$$\begin{aligned}S_ju(x)&=F^{-1}\Big[\varphi\Big(\frac{\xi}{2^j}\Big)\tilde{u}(\xi)\Big]=F^{-1}\Big[\zeta\Big(\frac{\xi}{2^j}\Big)\varphi\Big(\frac{\xi}{2^j}\Big)\tilde{u}(\xi)\Big]\\&=F^{-1}\Big[\zeta\Big(\frac{\xi}{2^j}\Big)\Big]*F^{-1}\Big[\varphi\Big(\frac{\xi}{2^j}\Big)\tilde{u}(\xi)\Big]=2^{jn}\check{\zeta}(2^jx)*S_ju(x),\quad \forall j\in\mathbf{Z},\end{aligned}$$

进而

$$\partial^\alpha S_ju(x)=2^{j(n+|\alpha|)}(\partial^\alpha\check{\zeta})(2^jx)*S_ju(x),\quad \forall j\in\mathbf{Z}.$$

令 $\dfrac{1}{r}=1+\dfrac{1}{q}-\dfrac{1}{p}=1-\Big(\dfrac{1}{p}-\dfrac{1}{q}\Big)$. 则 $1\leqslant r\leqslant\infty$ 且 $1+\dfrac{1}{q}=\dfrac{1}{r}+\dfrac{1}{p}$. 所以由 Young 不等式得

$$\begin{aligned}\|\partial^\alpha S_ju\|_{L^q(\mathbf{R}^n)}&\leqslant 2^{j(n+|\alpha|)}\|(\partial^\alpha\check{\zeta})(2^jx)\|_{L^r(\mathbf{R}^n)}\|S_ju\|_{L^p(\mathbf{R}^n)}\\&=C2^{j(|\alpha|+n-\frac{n}{r})}\|S_ju\|_{L^p(\mathbf{R}^n)},\quad \forall j\in\mathbf{Z},\end{aligned}$$

其中 $C=\|\partial^\alpha\check{\zeta}\|_{L^r(\mathbf{R}^n)}$. 把 $\dfrac{1}{r}=1-\Big(\dfrac{1}{p}-\dfrac{1}{q}\Big)$ 代入, 就得到了 (2.9.9).

再令 $\eta(\xi)=\varphi(\xi/4)-\varphi(2\xi)$. 则在 $\text{supp}\psi$ 上 $\eta(\xi)=1$, 所以 $\eta(\xi)\psi(\xi)=\psi(\xi)$, $\forall\xi\in\mathbf{R}^n$, 进而

$$\eta\Big(\frac{\xi}{2^j}\Big)\psi\Big(\frac{\xi}{2^j}\Big)=\psi\Big(\frac{\xi}{2^j}\Big),\quad \forall\xi\in\mathbf{R}^n,\ \forall j\in\mathbf{Z}.\tag{2.9.12}$$

据此通过与前面类似的推导即得 (2.9.10).

最后, 由 (2.9.12) 得

$$\begin{aligned}\Delta_ju(x)&=F^{-1}\Big[\eta\Big(\frac{\xi}{2^j}\Big)\psi\Big(\frac{\xi}{2^j}\Big)\tilde{u}(\xi)\Big]=-\sum_{k=1}^nF^{-1}\Big[\frac{\mathrm{i}\xi_k}{|\xi|^2}\eta\Big(\frac{\xi}{2^j}\Big)\cdot\mathrm{i}\xi_k\psi\Big(\frac{\xi}{2^j}\Big)\tilde{u}(\xi)\Big]\\&=-\sum_{k=1}^nF^{-1}\Big[\frac{\mathrm{i}\xi_k}{|\xi|^2}\eta\Big(\frac{\xi}{2^j}\Big)\Big]*F^{-1}\Big[\mathrm{i}\xi_k\psi\Big(\frac{\xi}{2^j}\Big)\tilde{u}(\xi)\Big]\\&=-2^{j(n-1)}\sum_{k=1}^nh_k(2^jx)*\partial_k\Delta_ju(x),\quad \forall j\in\mathbf{Z},\end{aligned}$$

其中 $h_k(x) = F^{-1}\Big[\dfrac{\mathrm{i}\xi_k}{|\xi|^2}\eta(\xi)\Big]$, $k = 1, 2, \cdots, n$. 据此与前面类似地应用 Young 不等式得

$$\|\Delta_j u\|_{L^q(\mathbf{R}^n)} \leqslant C2^{j(\frac{n}{p}-\frac{n}{q}-1)}\sum_{k=1}^{n}\|\partial_k\Delta_j u\|_{L^p(\mathbf{R}^n)}, \quad \forall j \in \mathbf{Z}.$$

再对 m 作归纳, 就得到了 (2.9.11). 证毕. □

下面讨论 Sobolev 空间 $H^s(\mathbf{R}^n)$ ($s \in \mathbf{R}$) 和 Hölder 空间 $C^{m,\mu}(\mathbf{R}^n)$ ($m \in \mathbf{Z}_+$, $0 < \mu < 1$) 按 Littlewood–Paley 分解的等价刻画.

定理 2.9.5 *设 $u \in S'(\mathbf{R}^n)$, $s \in \mathbf{R}$, k 为任意取定的整数, 则 $u \in H^s(\mathbf{R}^n)$ 的充要条件是: $S_k u \in L^2(\mathbf{R}^n)$, $\Delta_j u \in L^2(\mathbf{R}^n)$, $\forall j \geqslant k$, 且 $\sum\limits_{j=k}^{\infty}(2^{js}\|\Delta_j u\|_{L^2(\mathbf{R}^n)})^2 < \infty$, 而且 $H^s(\mathbf{R}^n)$ 有下述等价范数:*

$$\|u\|'_{H^s(\mathbf{R}^n)} = \Big[\|S_k u\|^2_{L^2(\mathbf{R}^n)} + \sum_{j=k}^{\infty}(2^{js}\|\Delta_j u\|_{L^2(\mathbf{R}^n)})^2\Big]^{\frac{1}{2}}, \quad \forall u \in H^s(\mathbf{R}^n). \quad (2.9.13)$$

证 只需证明由 (2.9.13) 给出的范数 $\|\cdot\|'_{H^s(\mathbf{R}^n)}$ 是 $H^s(\mathbf{R}^n)$ 的等价范数. 令 ζ 和 η 同上一定理的证明. 对任意 $u \in S(\mathbf{R}^n)$, 有

$$\begin{aligned}|\tilde{u}(\xi)|^2 &= \varphi\Big(\frac{\xi}{2^k}\Big)|\tilde{u}(\xi)|^2 + \sum_{j=k}^{\infty}\psi\Big(\frac{\xi}{2^j}\Big)|\tilde{u}(\xi)|^2\\ &= \varphi\Big(\frac{\xi}{2^k}\Big)\zeta^2\Big(\frac{\xi}{2^k}\Big)|\tilde{u}(\xi)|^2 + \sum_{j=k}^{\infty}\psi\Big(\frac{\xi}{2^j}\Big)\eta^2\Big(\frac{\xi}{2^j}\Big)|\tilde{u}(\xi)|^2\\ &\leqslant \Big|\zeta\Big(\frac{\xi}{2^k}\Big)\tilde{u}(\xi)\Big|^2 + \sum_{j=k}^{\infty}\Big|\eta\Big(\frac{\xi}{2^j}\Big)\tilde{u}(\xi)\Big|^2, \quad \forall \xi \in \mathbf{R}^n.\end{aligned}$$

所以

$$\begin{aligned}&\|u\|^2_{H^s(\mathbf{R}^n)} = \frac{1}{(2\pi)^n}\int_{\mathbf{R}^n}(1+|\xi|^2)^s|\tilde{u}(\xi)|^2\mathrm{d}\xi\\ \leqslant &\frac{1}{(2\pi)^n}\int_{\mathbf{R}^n}(1+|\xi|^2)^s\Big|\zeta\Big(\frac{\xi}{2^k}\Big)\tilde{u}(\xi)\Big|^2\mathrm{d}\xi + \frac{1}{(2\pi)^n}\sum_{j=k}^{\infty}\int_{\mathbf{R}^n}(1+|\xi|^2)^s\Big|\eta\Big(\frac{\xi}{2^j}\Big)\tilde{u}(\xi)\Big|^2\mathrm{d}\xi\\ \leqslant &\frac{C_k}{(2\pi)^n}\Big[\int_{\mathbf{R}^n}\Big|\zeta\Big(\frac{\xi}{2^k}\Big)\tilde{u}(\xi)\Big|^2\mathrm{d}\xi + \sum_{j=k}^{\infty}2^{2js}\int_{\mathbf{R}^n}\Big|\eta\Big(\frac{\xi}{2^j}\Big)\tilde{u}(\xi)\Big|^2\mathrm{d}\xi\Big]\\ \leqslant &\frac{3C_k}{(2\pi)^n}\Big[\int_{\mathbf{R}^n}\Big|\varphi\Big(\frac{\xi}{2^k}\Big)\tilde{u}(\xi)\Big|^2\mathrm{d}\xi + \sum_{j=k}^{\infty}2^{2js}\int_{\mathbf{R}^n}\Big|\psi\Big(\frac{\xi}{2^j}\Big)\tilde{u}(\xi)\Big|^2\mathrm{d}\xi\Big]\\ \leqslant &C'_k\|u\|'^2_{H^s(\mathbf{R}^n)}, \quad \forall u \in S(\mathbf{R}^n).\end{aligned}$$

倒数第二个不等式用到了关系式

$$\zeta\Big(\frac{\xi}{2^k}\Big) = \varphi\Big(\frac{\xi}{2^k}\Big) + \psi\Big(\frac{\xi}{2^k}\Big), \quad \eta\Big(\frac{\xi}{2^j}\Big) = \psi\Big(\frac{\xi}{2^{j-1}}\Big) + \psi\Big(\frac{\xi}{2^j}\Big) + \psi\Big(\frac{\xi}{2^{j+1}}\Big)$$

$(j \geqslant k)$ 以及初等不等式 $(a+b+c)^2 \leqslant 3(a^2+b^2+c^2)$, $\forall a,b,c \geqslant 0$. 又由于

$$\begin{aligned}|\tilde{u}(\xi)|^2 &= \varphi\Big(\frac{\xi}{2^k}\Big)|\tilde{u}(\xi)|^2 + \sum_{j=k}^{\infty}\psi\Big(\frac{\xi}{2^j}\Big)|\tilde{u}(\xi)|^2 \\ &\geqslant \Big|\varphi\Big(\frac{\xi}{2^k}\Big)\tilde{u}(\xi)\Big|^2 + \sum_{j=k}^{\infty}\Big|\psi\Big(\frac{\xi}{2^j}\Big)\tilde{u}(\xi)\Big|^2, \quad \forall \xi \in \mathbf{R}^n,\end{aligned}$$

所以类似地可得

$$\|u\|_{H^s(\mathbf{R}^n)}^2 \geqslant C_k''\|u\|_{H^s(\mathbf{R}^n)}'^2, \quad \forall u \in S(\mathbf{R}^n),$$

其中 C_k'' 是正常数. 这就证明了 $\|\cdot\|_{H^s(\mathbf{R}^n)}$ 与 $\|\cdot\|_{H^s(\mathbf{R}^n)}'$ 等价. 证毕. □

定理 2.9.6 设 $m \in \mathbf{Z}_+$, $0 < \mu < 1$. 则有下列结论: 如果 $u \in C^{m,\mu}(\mathbf{R}^n)$, 则对任意整数 j 都有 $S_j u \in L^\infty(\mathbf{R}^n)$ 和 $\Delta_j u \in L^\infty(\mathbf{R}^n)$, 而且存在与 u 及 j 无关的常数 $C > 0$ 使成立

$$\begin{cases}\|S_j u\|_{L^\infty(\mathbf{R}^n)} \leqslant C\|u\|_{L^\infty(\mathbf{R}^n)}, \\ \|\Delta_j u\|_{L^\infty(\mathbf{R}^n)} \leqslant C2^{-j(m+\mu)} \displaystyle\sum_{|\alpha|=m}[\partial^\alpha u]_{\mu;\mathbf{R}^n},\end{cases} \quad \forall j \in \mathbf{Z}^n, \forall u \in C^\mu(\mathbf{R}^n). \tag{2.9.14}$$

反过来, 如果 $u \in S'(\mathbf{R}^n)$ 且对某个整数 k 有 $S_k u \in L^\infty(\mathbf{R}^n)$ 和 $\Delta_j u \in L^\infty(\mathbf{R}^n)$, $\forall j \geqslant k$, 并且存在常数 $M > 0$ 使成立

$$\|\Delta_j u\|_{L^\infty(\mathbf{R}^n)} \leqslant 2^{-j(m+\mu)}M, \quad j = k, k+1, k+2, \cdots, \tag{2.9.15}$$

则 $u \in C^{m,\mu}(\mathbf{R}^n)$, 而且存在常数 $C = C_{k,m,\mu} > 0$ 使成立

$$\|u\|_{C^{m,\mu}(\mathbf{R}^n)} \leqslant C(\|S_k u\|_{L^\infty(\mathbf{R}^n)} + \sup_{j\geqslant k} 2^{j(m+\mu)}\|\Delta_j u\|_{L^\infty(\mathbf{R}^n)}). \tag{2.9.16}$$

证 先设 $u \in C^{m,\mu}(\mathbf{R}^n)$. 类似于定理 2.9.4 证明中的计算有

$$S_j u(x) = 2^{jn}\check{\varphi}(2^j x) * u(x) = \int_{\mathbf{R}^n} u(x - 2^{-j}y)\check{\varphi}(y)\mathrm{d}y, \quad \forall j \in \mathbf{Z}.$$

因此

$$\|S_j u\|_{L^\infty(\mathbf{R}^n)} \leqslant \|u\|_{L^\infty(\mathbf{R}^n)}\|\check{\varphi}\|_{L^1(\mathbf{R}^n)} = C\|u\|_{L^\infty(\mathbf{R}^n)}, \quad \forall j \in \mathbf{Z}.$$

其中 $C=\|\check{\varphi}\|_{L^1(\mathbf{R}^n)}$. 这就证明了 (2.9.14) 中的第一个不等式. 其次, 类似地有

$$\Delta_j u(x)=2^{jn}\check{\psi}(2^jx)*u(x)=\int_{\mathbf{R}^n}u(x-2^{-j}y)\check{\psi}(y)\mathrm{d}y,\quad \forall j\in\mathbf{Z},$$

由于 $\int_{\mathbf{R}^n}\check{\psi}(y)\mathrm{d}y=\psi(0)=0$, 所以上式可改写成

$$\Delta_j u(x)=\int_{\mathbf{R}^n}[u(x-2^{-j}y)-u(x)]\check{\psi}(y)\mathrm{d}y,\quad \forall j\in\mathbf{Z},$$

因此

$$\|\Delta_j u\|_{L^\infty(\mathbf{R}^n)}\leqslant 2^{-j\mu}[u]_{\mu;\mathbf{R}^n}\int_{\mathbf{R}^n}|y|^\mu|\check{\psi}(y)|\mathrm{d}y=C'2^{-j\mu}[u]_{\mu;\mathbf{R}^n},\quad \forall j\in\mathbf{Z},$$

其中 $C'=\int_{\mathbf{R}^n}|y|^\mu|\check{\psi}(y)|\mathrm{d}y$, 进而

$$\|\partial^\alpha\Delta_j u\|_{L^\infty(\mathbf{R}^n)}=\|\Delta_j\partial^\alpha u\|_{L^\infty(\mathbf{R}^n)}\leqslant C'2^{-j\mu}[\partial^\alpha u]_{\mu;\mathbf{R}^n},\quad \forall j\in\mathbf{Z},\quad \forall|\alpha|=m.$$

把这个不等式和 Bernstein 不等式 (2.9.11) 结合 (取 $p=q=\infty$), 就得到了 (2.9.14) 中的第二个不等式.

反过来设 $u\in S'(\mathbf{R}^n)$. 则有

$$u=S_ku+\sum_{j=k}^\infty\Delta_j u.$$

假如对某个整数 k 有 $S_ku\in L^\infty(\mathbf{R}^n)$ 和 $\Delta_j u\in L^\infty(\mathbf{R}^n)$, $\forall j\geqslant k$, 并且存在常数 $M>0$ 使 (2.9.15) 成立, 则应用 Bernstein 不等式 (2.9.9) 和 (2.9.10) 得

$$\begin{aligned}\|\partial^\alpha u\|_{L^\infty(\mathbf{R}^n)}&\leqslant\|\partial^\alpha S_ku\|_{L^\infty(\mathbf{R}^n)}+\sum_{j=k}^\infty\|\partial^\alpha\Delta_j u\|_{L^\infty(\mathbf{R}^n)}\\&\leqslant C2^{|\alpha|k}\|S_ku\|_{L^\infty(\mathbf{R}^n)}+CM\sum_{j=k}^\infty 2^{-j(m+\mu-|\alpha|)}\\&\leqslant C_{\alpha,k}\|S_ku\|_{L^\infty(\mathbf{R}^n)}+C_{\alpha,k,m,\mu}M,\quad\forall|\alpha|\leqslant m.\end{aligned}\tag{2.9.17}$$

此外, 对任意满足 $|\alpha|=m$ 的 n 重指标 α, 由 (2.9.15) 和Bernstein不等式 (2.9.10) 有

$$\|\partial^\alpha\Delta_j u\|_{L^\infty(\mathbf{R}^n)}\leqslant 2^{-j\mu}C_mM,\quad j=k,k+1,k+2,\cdots.$$

所以对这样的 α 还有

$$|\partial^\alpha u(x)-\partial^\alpha u(y)|\leqslant|\partial^\alpha S_ku(x)-\partial^\alpha S_ku(y)|+\sum_{j=k}^\infty|\partial^\alpha\Delta_j u(x)-\partial^\alpha\Delta_j u(y)|$$

$$\leqslant|x-y|\sum_{i=1}^n\|\partial_i\partial^\alpha S_ku\|_{L^\infty(\mathbf{R}^n)}+\sum_{2^j|x-y|\geqslant1}2\|\partial^\alpha\Delta_j u\|_{L^\infty(\mathbf{R}^n)}$$

$$+\sum_{2^j|x-y|<1}\sum_{i=1}^{n}|x-y|\|\partial_i\partial^\alpha\Delta_j u\|_{L^\infty(\mathbf{R}^n)}$$

$$\leqslant C2^{(m+1)k}|x-y|\|S_k u\|_{L^\infty(\mathbf{R}^n)}+2C_m M\sum_{2^j|x-y|\geqslant 1}2^{-j\mu}+C_m' M|x-y|\sum_{2^j|x-y|<1}2^{j(1-\mu)}$$

$$\leqslant C_{m,k}|x-y|^\mu\|S_k u\|_{L^\infty(\mathbf{R}^n)}+C_{m,\mu}M|x-y|^\mu,\quad \forall x,y\in\mathbf{R}^n,\ 0<|x-y|\leqslant 1.$$

当$|x-y|\geqslant 1$时用估计式$|\partial^\alpha S_k u(x)-\partial^\alpha S_k u(y)|\leqslant 2\|\partial^\alpha S_k u\|_{L^\infty(\mathbf{R}^n)}\leqslant C_{m,k}\|S_k u\|_{L^\infty(\mathbf{R}^n)}$代替估计式 $|\partial^\alpha S_k u(x)-\partial^\alpha S_k u(y)|\leqslant|x-y|\sum_{i=1}^{n}\|\partial_i\partial^\alpha S_k u\|_{L^\infty(\mathbf{R}^n)}$. 因此得到

$$[\partial^\alpha u]_{\mu;\mathbf{R}^n}\leqslant C_{m,k,\mu}\|S_k u\|_{L^\infty(\mathbf{R}^n)}+C_{m,\mu}M,\quad \forall|\alpha|=m. \tag{2.9.18}$$

从 (2.9.17) 和 (2.9.18) 即知 $u\in C^{m,\mu}(\mathbf{R}^n)$, 且式 (2.9.16) 成立. 证毕. □

注 从以上证明可知 $C^{m,\mu}(\mathbf{R}^n)$ 有下列等价范数:

$$\|u\|'_{C^{m,\mu}(\mathbf{R}^n)}=\sup_{j\in\mathbf{Z}}\|S_j u\|_{L^\infty(\mathbf{R}^n)}+\sup_{j\in\mathbf{Z}}2^{j(m+\mu)}\|\Delta_j u\|_{L^\infty(\mathbf{R}^n)},$$

$$\|u\|''_{C^{m,\mu}(\mathbf{R}^n)}=\|S_k u\|_{L^\infty(\mathbf{R}^n)}+\sup_{j\geqslant k}2^{j(m+\mu)}\|\Delta_j u\|_{L^\infty(\mathbf{R}^n)},$$

其中 k 为任意取定的整数.

下面的定理给出了 Littlewood–Paley 分解的一个应用.

定理 2.9.7 设 m,k 是非负整数且 $0\leqslant k\leqslant m$. 又设 $0<\mu<1$. 则对任意 $u\in C^{m,\mu}(\mathbf{R}^n)$ 成立:

$$\sum_{|\alpha|=k}\|\partial^\alpha u\|_{L^\infty(\mathbf{R}^n)}\leqslant C\Big(\|u\|_{L^\infty(\mathbf{R}^n)}+\sum_{|\beta|=m}[\partial^\beta u]_{\mu;\mathbf{R}^n}\Big), \tag{2.9.19}$$

$$\sum_{|\alpha|=k}\|\partial^\alpha u\|_{L^\infty(\mathbf{R}^n)}\leqslant C\varepsilon^{-k}\|u\|_{L^\infty(\mathbf{R}^n)}+C\varepsilon^{m-k+\mu}\sum_{|\beta|=m}[\partial^\beta u]_{\mu;\mathbf{R}^n},\quad \forall\varepsilon>0, \tag{2.9.20}$$

并且当 u 不是常值函数时还成立

$$\sum_{|\alpha|=k}\|\partial^\alpha u\|_{L^\infty(\mathbf{R}^n)}\leqslant C\|u\|_{L^\infty(\mathbf{R}^n)}^{1-\frac{k}{m+\mu}}\Big(\sum_{|\beta|=m}[\partial^\beta u]_{\mu;\mathbf{R}^n}\Big)^{\frac{k}{m+\mu}}. \tag{2.9.21}$$

证 设 $u\in C^{m,\mu}(\mathbf{R}^n)$, 则有

$$u=S_0u+\sum_{j=0}^{\infty}\Delta_j u.$$

因此应用 Bernstein 不等式和定理 2.9.6, 对任意长度等于 $k \leqslant m$ 的 n 重指标 α, 有

$$
\begin{aligned}
\|\partial^\alpha u\|_{L^\infty(\mathbf{R}^n)} &\leqslant \|\partial^\alpha S_0 u\|_{L^\infty(\mathbf{R}^n)} + \sum_{j=0}^{\infty} \|\partial^\alpha \Delta_j u\|_{L^\infty(\mathbf{R}^n)} \\
&\leqslant C\|S_0 u\|_{L^\infty(\mathbf{R}^n)} + C\sum_{j=0}^{\infty} 2^{j(k-m)} \sum_{|\beta|=m} \|\partial^\beta \Delta_j u\|_{L^\infty(\mathbf{R}^n)} \\
&\leqslant C\|u\|_{L^\infty(\mathbf{R}^n)} + C\sum_{j=0}^{\infty} 2^{j(k-m-\mu)} \sum_{|\beta|=m} [\partial^\beta u]_{\mu;\mathbf{R}^n} \\
&\leqslant C\|u\|_{L^\infty(\mathbf{R}^n)} + C\sum_{|\beta|=m} [\partial^\beta u]_{\mu;\mathbf{R}^n}.
\end{aligned}
$$

关于所有长度等于 k 的 n 重指标 α 求和, 就得到了 (2.9.19). 由 (2.9.19) 应用前面多次使用过的 scaling 技术, 就得到了 (2.9.20). 由 (2.9.20) 关于 ε 求最小值, 就得到了 (2.9.21). 证毕. □

非齐次 Littlewood–Paley 分解和齐次 Littlewood–Paley 分解各有其不同的用途. 正如非齐次 Littlewood–Paley 分解通常与非齐性的函数空间 $H^s(\mathbf{R}^n)$ 及 $C^\mu(\mathbf{R}^n)$ 结合使用一样, 齐次 Littlewood–Paley 分解通常也与一些齐性的函数空间结合使用. 下面给出齐性的 Sobolev 空间 $\dot{H}^s(\mathbf{R}^n)$ 和齐性的 Hölder 空间 $\dot{C}^{m,\mu}(\mathbf{R}^n)$ 的定义.

定义 2.9.8 对任意 $s \in \mathbf{R}$, 定义齐性 Sobolev 空间 $\dot{H}^s(\mathbf{R}^n)$ 如下:

$$
\begin{aligned}
\dot{H}^s(\mathbf{R}^n) = \Big\{ u \in S'(\mathbf{R}^n) :\ & \tilde{u} \in L^1_{\mathrm{loc}}(\mathbf{R}^n \backslash \{0\}),\ \|u\|^2_{\dot{H}^s(\mathbf{R}^n)} \\
&:= \frac{1}{(2\pi)^n}\int_{\mathbf{R}^n\backslash\{0\}} |\xi|^{2s} |\tilde{u}(\xi)|^2 \mathrm{d}\xi < \infty \Big\}.
\end{aligned}
$$

又对任意 $m \in \mathbf{Z}_+$ 和 $0<\mu<1$, 定义齐性 Hölder 空间 $\dot{C}^{m,\mu}(\mathbf{R}^n)$ 如下:

$$
\dot{C}^{m,\mu}(\mathbf{R}^n) = \Big\{ u \in C^m(\mathbf{R}^n) :\ [u]_{m,\mu;\mathbf{R}^n} := \sum_{|\alpha|=m} \sup_{\substack{x,y\in\mathbf{R}^n \\ x\neq y}} \frac{|\partial^\alpha u(x) - \partial^\alpha u(y)|}{|x-y|^\mu} < \infty \Big\}.
$$

注意 $\|\cdot\|_{\dot{H}^s(\mathbf{R}^n)}$ 不是范数而只是半范数: $\|u\|_{\dot{H}(\mathbf{R}^n)} = 0$ 当且仅当 u 是多项式函数. 同样 $[\cdot]_{m,\mu;\mathbf{R}^n}$ 不是范数而只是半范数: $[u]_{m,\mu;\mathbf{R}^n} = 0$ 当且仅当 u 是阶不超过 m 的多项式函数.

定理 2.9.9 (1) 设 $s \in \mathbf{R}$, $u \in S'(\mathbf{R}^n)$, 则 $u \in \dot{H}^s(\mathbf{R}^n)$ 的充要条件是: $\tilde{u} \in L^1_{\mathrm{loc}}(\mathbf{R}^n \backslash \{0\})$ 且

$$
\|u\|'^2_{\dot{H}^s(\mathbf{R}^n)} := \sum_{j=-\infty}^{\infty} (2^{js}\|\Delta_j u\|_{L^2(\mathbf{R}^n)})^2 < \infty,
$$

而且 $\|\cdot\|'_{\dot{H}^s(\mathbf{R}^n)}$ 是 $\dot{H}^s(\mathbf{R}^n)$ 的等价半范.

(2) 设 $m\in\mathbf{Z}_+$, $0<\mu<1$. 则有下列结论: 如果 $u\in\dot{C}^{m,\mu}(\mathbf{R}^n)$, 则对任意整数 j 都有 $\Delta_j u\in L^\infty(\mathbf{R}^n)$, 而且存在与 u 及 j 无关的常数 $C>0$ 使成立

$$\|\Delta_j u\|_{L^\infty(\mathbf{R}^n)}\leqslant C2^{-j(m+\mu)}[u]_{m,\mu;\mathbf{R}^n},\quad \forall j\in\mathbf{Z}^n_+. \tag{2.9.22}$$

反过来, 如果 $u\in S'(\mathbf{R}^n)$, $\lim\limits_{k\to-\infty}S_k u=0$, $\Delta_j u\in L^\infty(\mathbf{R}^n)$, $\forall j\in\mathbf{Z}^n_+$, 且 $\sup\limits_{j\in\mathbf{Z}}2^{j(m+\mu)}\cdot\|\Delta_j u\|_{L^\infty(\mathbf{R}^n)}<\infty$, 则 $u\in\dot{C}^{m,\mu}(\mathbf{R}^n)$, 而且存在常数 $C>0$ 使成立

$$[u]_{m,\mu;\mathbf{R}^n}\leqslant C\sup_{j\in\mathbf{Z}}2^{j(m+\mu)}\|\Delta_j u\|_{L^\infty(\mathbf{R}^n)}. \tag{2.9.23}$$

证 (1) 令 η 为定理 2.9.5 证明中引进的函数. 则有

$$|\tilde{u}(\xi)|^2=\sum_{j=-\infty}^{\infty}\psi\Big(\frac{\xi}{2^j}\Big)|\tilde{u}(\xi)|^2=\sum_{j=-\infty}^{\infty}\psi\Big(\frac{\xi}{2^j}\Big)\eta^2\Big(\frac{\xi}{2^j}\Big)|\tilde{u}(\xi)|^2$$

$$\leqslant\sum_{j=-\infty}^{\infty}\Big|\eta\Big(\frac{\xi}{2^j}\Big)\tilde{u}(\xi)\Big|^2\leqslant 3\sum_{j=-\infty}^{\infty}\Big|\psi\Big(\frac{\xi}{2^j}\Big)\tilde{u}(\xi)\Big|^2,\quad\forall\xi\in\mathbf{R}^n\backslash\{0\}.$$

所以

$$\|u\|^2_{\dot{H}^s(\mathbf{R}^n)}=\frac{1}{(2\pi)^n}\int_{\mathbf{R}^n\backslash\{0\}}|\xi|^{2s}|\tilde{u}(\xi)|^2\mathrm{d}\xi\leqslant\frac{3}{(2\pi)^n}\sum_{j=-\infty}^{\infty}\int_{\mathbf{R}^n}|\xi|^{2s}\Big|\psi\Big(\frac{\xi}{2^j}\Big)\tilde{u}(\xi)\Big|^2\mathrm{d}\xi$$

$$\leqslant C\sum_{j=-\infty}^{\infty}(2^{js}\|\Delta_j u\|_{L^2(\mathbf{R}^n)})^2=C\|u\|'^2_{\dot{H}^s(\mathbf{R}^n)}.$$

又由于

$$|\tilde{u}(\xi)|^2=\sum_{j=-\infty}^{\infty}\psi\Big(\frac{\xi}{2^j}\Big)|\tilde{u}(\xi)|^2\geqslant\sum_{j=-\infty}^{\infty}\Big|\psi\Big(\frac{\xi}{2^j}\Big)\tilde{u}(\xi)\Big|^2,\quad\forall\xi\in\mathbf{R}^n\backslash\{0\},$$

所以

$$\|u\|^2_{\dot{H}^s(\mathbf{R}^n)}=\frac{1}{(2\pi)^n}\int_{\mathbf{R}^n\backslash\{0\}}|\xi|^{2s}|\tilde{u}(\xi)|^2\mathrm{d}\xi\geqslant\frac{1}{(2\pi)^n}\sum_{j=-\infty}^{\infty}\int_{\mathbf{R}^n}|\xi|^{2s}\Big|\psi\Big(\frac{\xi}{2^j}\Big)\tilde{u}(\xi)\Big|^2\mathrm{d}\xi$$

$$\geqslant C'\sum_{j=-\infty}^{\infty}(2^{js}\|\Delta_j u\|_{L^2(\mathbf{R}^n)})^2=C'\|u\|'^2_{\dot{H}^s(\mathbf{R}^n)}.$$

这就证明了 $\|\cdot\|'_{\dot{H}^s(\mathbf{R}^n)}$ 是 $\dot{H}^s(\mathbf{R}^n)$ 的等价半范.

(2) 当 $u \in \dot{C}^{m,\mu}(\mathbf{R}^n)$ 时, 与 (2.9.14) 类似的推导即可证明 (2.9.22). 反过来设 $u \in S'(\mathbf{R}^n)$, $\lim\limits_{k\to-\infty} S_k u = 0$, $\Delta_j u \in L^\infty(\mathbf{R}^n)$, $\forall j \in \mathbf{Z}_+^n$, 且 $M := \sup\limits_{j\in\mathbf{Z}} 2^{j(m+\mu)} \cdot \|\Delta_j u\|_{L^\infty(\mathbf{R}^n)} < \infty$, 下面来证明 $u \in \dot{C}^{m,\mu}(\mathbf{R}^n)$. 为叙述简单起见, 只给出 $m=0$ 情形的证明; $m \geqslant 1$ 时的证明留给读者. 故下设 $m=0$. 根据定理 2.9.2, 对任意整数 k 按 $S'(\mathbf{R}^n)$ 弱拓扑成立

$$u = S_k u + \sum_{j=k}^{\infty} \Delta_j u. \tag{2.9.24}$$

注意 $S_k u, \Delta_j u \in C^\infty(\mathbf{R}^n)$, $\forall j,k \in \mathbf{Z}$, 且因 $\|\Delta_j u\|_{L^\infty(\mathbf{R}^n)} \leqslant 2^{-j\mu} M$, $\forall j \in \mathbf{Z}$, 所以上式右端的和式实际上按 $L^\infty(\mathbf{R}^n)$ 强拓扑收敛. 因此 $u \in C(\mathbf{R}^n)$. 有

$$S_k u(x) = S_k u(x) - S_k u(0) + S_k u(0), \tag{2.9.25}$$

而

$$S_k u(x) - S_k u(0) = \sum_{i=1}^n x_i \int_0^1 \partial_i S_k u(tx)\mathrm{d}t = \sum_{i=1}^n x_i \sum_{j=-\infty}^{k-1} \int_0^1 \partial_i \Delta_j u(tx)\mathrm{d}t.$$

上面最后一个等式成立的原因解释如下: 根据 Bernstein 不等式知 $\|\partial_i \Delta_j u\|_{L^\infty(\mathbf{R}^n)} \leqslant C2^{j(1-\mu)}M$, $\forall j \in \mathbf{Z}$, 从而级数 $\sum\limits_{j=-\infty}^{k-1} \partial_i \Delta_j u(x)$ 在 $\mathbf{R}^n$ 上一致收敛, $i=1,2,\cdots,n$; 又由于 $\sum\limits_{j=l}^{k-1} \partial_i \Delta_j u(x) = \partial_i S_k u(x) - \partial_i S_l u(x)$, 而 $\lim\limits_{l\to-\infty} \partial_i S_l u = 0$ $(S'(\mathbf{R}^n))$, 所以该级数的和函数等于 $\partial_i S_k u(x)$, $i=1,2,\cdots,n$. 这就证明了上面最后一个等式. 因此

$$S_k u(x) - S_k u(0) = \sum_{j=-\infty}^{k-1} \sum_{i=1}^n x_i \int_0^1 \partial_i \Delta_j u(tx)\mathrm{d}t = \sum_{j=-\infty}^{k-1} [\Delta_j u(x) - \Delta_j u(0)]. \tag{2.9.26}$$

最后这个和式按 $L^\infty(\mathbf{R}^n; (1+|x|)^{-1}\mathrm{d}x)$ 强拓扑收敛. 由 (2.9.24)~(2.9.26) 得

$$u(x) = \sum_{j=k}^{\infty} \Delta_j u(x) + \sum_{j=-\infty}^{k-1} [\Delta_j u(x) - \Delta_j u(0)] + S_k u(0),$$

其中第一个和式按 $L^\infty(\mathbf{R}^n)$ 强拓扑收敛, 第二个和式按 $L^\infty(\mathbf{R}^n; (1+|x|)^{-1}\mathrm{d}x)$ 强拓扑收敛, 因此两个和式都在 $\mathbf{R}^n$ 的任意有界子集上一致收敛, 特别是在 $\mathbf{R}^n$ 上逐点收敛. 应用以上结果得

$$u(x) - u(y) = \sum_{j=-\infty}^{\infty} [\Delta_j u(x) - \Delta_j u(y)], \quad \forall x, y \in \mathbf{R}^n,$$

从而

$$
\begin{aligned}
|u(x)-u(y)| &\leqslant 2\sum_{2^j|x-y|\geqslant 1}\|\Delta_j u\|_{L^\infty(\mathbf{R}^n)}+|x-y|\sum_{2^j|x-y|<1}\sum_{i=1}^{n}\|\partial_i\Delta_j u\|_{L^\infty(\mathbf{R}^n)}\\
&\leqslant 2M\sum_{2^j|x-y|\geqslant 1}2^{-j\mu}+C|x-y|M\sum_{2^j|x-y|<1}2^{j(1-\mu)}\\
&\leqslant C|x-y|^\mu M,\quad \forall x,y\in\mathbf{R}^n.
\end{aligned}
$$

这就证明了 $u\in\dot{C}^\mu(\mathbf{R}^n)$, 且 (2.9.23) (当 $m=0$ 时) 成立. 证毕. □

下面的定理给出了 Lebesgue 空间 $L^p(\mathbf{R}^n)$ $(1<p<\infty)$ 和 Sobolev 空间 $W^{m,p}(\mathbf{R}^n)$ $(m\in\mathbf{Z},\ 1<p<\infty)$ 按 Littlewood–Paley 分解的刻画.

定理 2.9.10 (1) 设 $u\in S'(\mathbf{R}^n)$, 则对任意 $1<p<\infty$, $u\in L^p(\mathbf{R}^n)$ 的充要条件是 $\Big[\sum\limits_{j=-\infty}^{\infty}|\Delta_j u|^2\Big]^{1/2}\in L^p(\mathbf{R}^n)$, 而且存在常数 $C_1,C_2>0$ 使对任意 $u\in L^p(\mathbf{R}^n)$ 都成立不等式

$$
C_1\|u\|_{L^p(\mathbf{R}^n)}\leqslant\Big\|\Big[\sum_{j=-\infty}^{\infty}|\Delta_j u|^2\Big]^{\frac12}\Big\|_{L^p(\mathbf{R}^n)}\leqslant C_2\|u\|_{L^p(\mathbf{R}^n)}.
$$

(2) 设 $u\in S'(\mathbf{R}^n)$, 则对任意 $m\in\mathbf{Z}$ 和 $1<p<\infty$, $u\in W^{m,p}(\mathbf{R}^n)$ 的充要条件是 $S_0u\in L^p(\mathbf{R}^n)$ 且 $\Big[\sum\limits_{j=0}^{\infty}2^{2jm}|\Delta_j u|^2\Big]^{1/2}\in L^p(\mathbf{R}^n)$, 而且存在常数 $C_1,C_2>0$ 使对任意 $u\in W^{m,p}(\mathbf{R}^n)$ 成立不等式

$$
C_1\|u\|_{W^{m,p}(\mathbf{R}^n)}\leqslant\|S_0u\|_{L^p(\mathbf{R}^n)}+\Big\|\Big[\sum_{j=0}^{\infty}2^{2jm}|\Delta_j u|^2\Big]^{\frac12}\Big\|_{L^p(\mathbf{R}^n)}\leqslant C_2\|u\|_{W^{m,p}(\mathbf{R}^n)}.
$$

这个定理的证明由于需要涉及一些额外的知识, 这里从略. 想要了解其证明的读者可参看以下参考文献: 结论 (1) 的证明见 [109] 定理 0.2.10 和 [78] 定理 7.1, 结论 (2) 的证明见 [6] 定理 6.4.3 和 [78] 命题 7.1. 我们将只在 4.11 节定理 4.11.8 的证明中用到上述定理的结论 (2), 在其他地方都不会用到这个定理, 所以读者如不需要定理 4.11.8 可暂时略过上述定理. 请注意上述定理的结论 (1) 给出了 Lebesgue 空间 $L^p(\mathbf{R}^n)$ $(1<p<\infty)$ 按齐次 Littlewood–Paley 分解的刻画, 而结论 (2) 给出了包括 Lebesgue 空间在内的 Sobolev 空间 $W^{m,p}(\mathbf{R}^n)$ $(m\in\mathbf{Z},\ 1<p<\infty)$ 按非齐次 Littlewood–Paley 分解的刻画. 这说明齐次和非齐次 Littlewood–Paley 分解

都可用来刻画 Lebesgue 空间 $L^p(\mathbf{R}^n)$ $(1<p<\infty)$, 但对 $m\neq 0$ 的 Sobolev 空间 $W^{m,p}(\mathbf{R}^n)$ $(m\in\mathbf{N}, 1<p<\infty)$, 只有非齐次 Littlewood–Paley 分解才能刻画.

习 题 2.9

1. 证明对任意 $u\in S'(\mathbf{R}^n)$ 存在相应的非负整数 m, 使按 $S'(\mathbf{R}^n)$ 弱拓扑成立等式 $\Delta^m u=\sum_{j=-\infty}^{\infty}\Delta^m\Delta_j u$.

2. 证明 $\hat{C}^\mu(\mathbf{R}^n)=\{u\in\dot{C}^\mu(\mathbf{R}^n): u(0)=0\}(0<\mu<1)$ 是 Banach 空间.

3. 设 $\{u_j\}_{j=0}^\infty\subseteq L^2(\mathbf{R}^n)$, 且 $\mathrm{supp}\tilde{u}_0\subseteq\overline{B}(0,2)$, $\mathrm{supp}\tilde{u}_j\subseteq\{\xi\in\mathbf{R}^n:\ 2^{j-1}\leqslant|\xi|\leqslant 2^{j+1}\}$, $j=1,2,\cdots$. 又设存在实数 s 使得 $\sum_{j=0}^\infty(2^{js}\|u_j\|_{L^2(\mathbf{R}^n)})^2<\infty$. 证明级数 $\sum_{j=0}^\infty u_j$ 在 $H^s(\mathbf{R}^n)$ 中收敛, 且当令 $u=\sum_{j=0}^\infty u_j$ 时, 成立不等式 $\|u\|_{H^s(\mathbf{R}^n)}^2\leqslant C\sum_{j=0}^\infty(2^{js}\|u_j\|_{L^2(\mathbf{R}^n)})^2$.

4. 设 $\{u_j\}_{j=0}^\infty\subseteq L^\infty(\mathbf{R}^n)$, 且 $\mathrm{supp}\tilde{u}_0\subseteq\overline{B}(0,2)$, $\mathrm{supp}\tilde{u}_j\subseteq\{\xi\in\mathbf{R}^n:\ 2^{j-1}\leqslant|\xi|\leqslant 2^{j+1}\}$, $j=1,2,\cdots$. 又设存在 $0<\mu<1$ 使得 $\sup_{j\geqslant 0}2^{j\mu}\|u_j\|_{L^\infty(\mathbf{R}^n)}<\infty$. 证明级数 $\sum_{j=0}^\infty u_j$ 在 $C^\mu(\mathbf{R}^n)$ 中收敛, 且当令 $u=\sum_{j=0}^\infty u_j$ 时, 成立不等式 $\|u\|_{C^\mu(\mathbf{R}^n)}\leqslant C\sup_{j\geqslant 0}2^{j\mu}\|u_j\|_{L^\infty(\mathbf{R}^n)}$.

5. 令 $C^{1*}(\mathbf{R}^n)$ 表示 $\mathbf{R}^n$ 上的 Zygmund 空间 (见习题 2.8 第 3 题). 证明如果 $u\in C^{1*}(\mathbf{R}^n)$, 则对任意整数 j 都有 $S_ju\in L^\infty(\mathbf{R}^n)$ 和 $\Delta_ju\in L^\infty(\mathbf{R}^n)$, 而且存在与 u 及 j 无关的常数 $C>0$ 使成立

$$\begin{cases}\|S_ju\|_{L^\infty(\mathbf{R}^n)}\leqslant C\|u\|_{L^\infty(\mathbf{R}^n)}, & \forall j\in\mathbf{Z}_+^n,\\ \|\Delta_ju\|_{L^\infty(\mathbf{R}^n)}\leqslant C2^{-j}[u]_{C^{1*}(\mathbf{R}^n)}, & \forall j\in\mathbf{Z}_+^n.\end{cases}$$

反过来, 如果 $u\in S'(\mathbf{R}^n)$ 且对某个整数 k 有 $S_ku\in L^\infty(\mathbf{R}^n)$ 和 $\Delta_ju\in L^\infty(\mathbf{R}^n)$, $\forall j\geqslant k$, 并且 $\sup_{j\geqslant k}2^j\|\Delta_ju\|_{L^\infty(\mathbf{R}^n)}<\infty$, 则 $u\in C^{1*}(\mathbf{R}^n)$, 而且存在常数 $C>0$ 使成立

$$\|u\|_{C^{1*}(\mathbf{R}^n)}\leqslant C\Big(\|S_ku\|_{L^\infty(\mathbf{R}^n)}+\sup_{j\geqslant k}2^j\|\Delta_ju\|_{L^\infty(\mathbf{R}^n)}\Big).$$

6. 设 $s>0$, $1<p<\infty$, $1\leqslant q\leqslant\infty$. 又设 $u\in S'(\mathbf{R}^n)$. 证明 $u\in B_{pq}^s(\mathbf{R}^n)$ (见定义 1.12.12 和定义 1.12.13) 的充要条件是

$$\|u\|'_{B_{pq}^s(\mathbf{R}^n)}:=\|S_0u\|_{L^p(\mathbf{R}^n)}+\Big[\sum_{j=0}^\infty\Big(2^{js}\|\Delta_ju\|_{L^p(\mathbf{R}^n)}\Big)^q\Big]^{\frac{1}{q}}<\infty$$

(当 $q=\infty$ 时应换 $\Big[\sum_j(\cdot)^q\Big]^{\frac{1}{q}}$ 为 $\sup_j$), 而且 $\|\cdot\|'_{B_{pq}^s(\mathbf{R}^n)}$ 与 $\|\cdot\|_{B_{pq}^s(\mathbf{R}^n)}$ 是等价范数.

2.10　奇异积分算子

第 3 章将系统地研究二阶线性椭圆型方程的边值问题. 根据所采用工作空间的不同, 关于二阶线性椭圆边值问题的理论分为 L^2 **理论**、L^p **理论**和 C^μ **理论**, 其中 L^2 理论所采用的工作空间是 L^2 类函数空间 $L^2(\Omega)$, $H_0^1(\Omega)$, $H^2(\Omega)\cap H_0^1(\Omega)$ 以及更一般的 $H^m(\Omega)\cap H_0^1(\Omega)$ $(m\in\mathbf{N})$ 等, 而 L^p 理论和 C^μ 理论所采用的工作空间则分别是 L^p 空间族 $W^{m,p}(\Omega)$ $(m=0,1,\cdots,\ 1<p<\infty)$ 和 C^μ 空间族 $C^{m,\mu}(\overline{\Omega})$ $(m=0,1,\cdots,\ 0<\mu<1)$. 由于 L^2 理论采用的工作空间是 Hilbert 空间, 其主要工具除了能量估计之外基本都来自泛函分析. 与此不同的是, L^p 理论和 C^μ 理论的基础则是算子

$$f\mapsto \mathrm{P.V.}\int_{\mathbf{R}^n}\partial_{jk}^2E(y)f(x-y)\mathrm{d}y,\quad f\in C_0^\infty(\mathbf{R}^n),\ i,j=1,2,\cdots,n$$

在 $L^p(\mathbf{R}^n)$ $(1<p<\infty)$ 和 $\dot{C}^\mu(\mathbf{R}^n)$ $(0<\mu<1)$ 中的有界性, 其中 E 为 Laplace 算子 Δ 的基本解, 符号 $\mathrm{P.V.}\int_{\mathbf{R}^n}\cdot\,\mathrm{d}y$ 表示 **Cauchy 主值积分**, 即极限 $\lim\limits_{\varepsilon\to0}\int_{|y|>\varepsilon}\cdot\,\mathrm{d}y$. 注意函数 $\partial_{jk}^2E(x)$ 虽然在 $\mathbf{R}^n\backslash\{0\}$ 上无穷可微, 但因为是 $-n$ 次齐次的, 所以在原点处有不可积奇性. 由于这个原因, 上述算子叫做**奇异积分算子**. 本节证明两个重要定理, 它们分别保证了奇异积分算子在 $L^p(\mathbf{R}^n)$ $(1<p<\infty)$ 和 $\dot{C}^\mu(\mathbf{R}^n)$ $(0<\mu<1)$ 中的有界性.

为了避开对上述 Cauchy 主值积分的存在性这一比较繁琐的问题进行讨论, 我们将采用奇异积分算子的另一种表示形式. 为此注意上面的 Cauchy 主值积分所表示的其实是位势方程 $\Delta u=f$ 解函数 u 的二阶偏导数 ∂_{jk}^2u, 而应用 Fourier 变换易见 ∂_{jk}^2u 有下述表达形式:

$$\partial_{jk}^2u=F^{-1}\Big(\frac{\xi_j\xi_k}{|\xi|^2}\tilde{u}(\xi)\Big),$$

其中 $\tilde{u}$ 表示 u 的 Fourier 变换. 注意函数 $P_{jk}(\xi)=\dfrac{\xi_j\xi_k}{|\xi|^2}$ 是在 $\mathbf{R}^n\backslash\{0\}$ 上无穷可微的零次齐次函数, 所以引进以下概念:

定义 2.10.1　*设 $P(\xi)$ 是在 $\mathbf{R}^n\backslash\{0\}$ 上无穷可微的零次齐次函数, 则称算子*

$$u\mapsto P(D)u=F^{-1}(P(\xi)\tilde{u}(\xi)),\quad \forall u\in E'(\mathbf{R}^n)$$

*为以函数 $P(\xi)$ 为符征的***奇异积分算子** (singular integral operator).

由于当 $u\in E'(\mathbf{R}^n)$ 时 $\tilde{u}\in O_M(\mathbf{R}^n)$, 进而 $P\tilde{u}\in S'(\mathbf{R}^n)$, 所以 $F^{-1}(P\tilde{u})\in S'(\mathbf{R}^n)$. 因此上述定义合理, 且易见 $P(D)$ 是映 $E'(\mathbf{R}^n)$ 到 $S'(\mathbf{R}^n)$ 的连续线性算子.

本节的主要目的是证明以下两个定理:

定理 2.10.2 (Calderón–Zygmund) 对任意 $1<p<\infty$ 存在相应的常数 $C_{np}>0$ 使成立

$$\|P(D)u\|_{L^p(\mathbf{R}^n)}\leqslant C_{np}\|u\|_{L^p(\mathbf{R}^n)},\quad \forall u\in L^p(\mathbf{R}^n)\cap E'(\mathbf{R}^n). \tag{2.10.1}$$

因此对每个 $1<p<\infty$, $P(D)$ 在 $L^p(\mathbf{R}^n)\cap E'(\mathbf{R}^n)$ 上的限制可以延拓成映 $L^p(\mathbf{R}^n)$ 到 $L^p(\mathbf{R}^n)$ 的有界线性算子.

定理 2.10.3 对任意 $0<\mu<1$ 存在相应的常数 $C_{n\mu}>0$ 使成立

$$[P(D)u]_{\mu;\mathbf{R}^n}\leqslant C_{n\mu}[u]_{\mu;\mathbf{R}^n},\quad \forall u\in \dot{C}^\mu(\mathbf{R}^n)\cap E'(\mathbf{R}^n). \tag{2.10.2}$$

因此对每个 $0<\mu<1$, $P(D)$ 是映 $\dot{C}^\mu(\mathbf{R}^n)\cap E'(\mathbf{R}^n)$ 到 $\dot{C}^\mu(\mathbf{R}^n)$ 的有界线性算子.

实际上, 我们将证明两个适用性更广泛的定理. 先引进以下概念:

定义 2.10.4 设 $P(\xi)$ 是在 $\mathbf{R}^n\backslash\{0\}$ 上处处有定义的函数, 且存在正整数 $N>\frac{n}{2}$ 使 $P\in C^N(\mathbf{R}^n\backslash\{0\})$, 并且

$$M:=\sum_{|\alpha|\leqslant N}\sup_{\xi\in\mathbf{R}^n\backslash\{0\}}|\xi|^{|\alpha|}|\partial^\alpha P(\xi)|<\infty.$$

则称 $P(\xi)$ 为 $\mathbf{R}^n$ 上的 **Mihlin 乘子** (Mihlin multiplier), 并称常数 M 为 $P(\xi)$ 的 **Mihlin 模**.

以后为行文方便起见, 当 $P(\xi)$ 是 $\mathbf{R}^n$ 上的 Mihlin 乘子时, 也把 $E'(\mathbf{R}^n)$ 到 $S'(\mathbf{R}^n)$ 的连续线性算子

$$P(D):\ u\mapsto P(D)u:=F^{-1}(P(\xi)\tilde{u}(\xi)),\quad \forall u\in E'(\mathbf{R}^n)$$

叫做以 $P(\xi)$ 为**符征**的 **Mihlin 乘子**.

显然奇异积分算子都是 Mihlin 乘子. 定理 2.10.2 和定理 2.10.3 分别有以下直接的推广:

定理 2.10.5 (Mihlin 乘子定理) 设 $P(D)$ 是 Mihlin 乘子, 其模等于 M, 则对任意 $1<p<\infty$ 存在相应的常数 $C=C(n,N,p)>0$ 使成立

$$\|P(D)u\|_{L^p(\mathbf{R}^n)}\leqslant CM\|u\|_{L^p(\mathbf{R}^n)},\quad \forall u\in L^p(\mathbf{R}^n)\cap E'(\mathbf{R}^n). \tag{2.10.3}$$

因此对每个 $1<p<\infty$, $P(D)$ 在 $L^p(\mathbf{R}^n)\cap E'(\mathbf{R}^n)$ 上的限制可以延拓成映 $L^p(\mathbf{R}^n)$ 到 $L^p(\mathbf{R}^n)$ 的有界线性算子.

定理 2.10.6 设 $P(D)$ 是 Mihlin 乘子, 其模等于 M. 则对任意 $0<\mu<1$ 存在相应的常数 $C=C(n,N,\mu)>0$ 使成立

$$[P(D)u]_{\mu;\mathbf{R}^n}\leqslant CM[u]_{\mu;\mathbf{R}^n},\quad \forall u\in \dot{C}^\mu(\mathbf{R}^n)\cap E'(\mathbf{R}^n). \tag{2.10.4}$$

因此对每个 $0<\mu<1$, $P(D)$ 是映 $\dot{C}^\mu(\mathbf{R}^n)\cap E'(\mathbf{R}^n)$ 到 $\dot{C}^\mu(\mathbf{R}^n)$ 的有界线性算子.

由于奇异积分算子是 Mihlin 乘子, 所以定理 2.10.2 和定理 2.10.3 分别是定理 2.10.5 和定理 2.10.6 的直接推论. 因此, 下面我们只给出定理 2.10.5 和定理 2.10.6 的证明.

2.10.1　Marcinkiewicz 插值定理

证明定理 2.10.5 的主要工具是 Marcinkiewicz 插值定理和 $\mathbf{R}^n$ 上 L^1 函数的 Calderón–Zygmund 分解. 先介绍 Marcinkiewicz 插值定理.

对于定义在可测集合 Ω 上的可测函数 u, 定义在正半轴 $(0,\infty)$ 上的函数

$$\mu_u(t)=\mathrm{meas}\{x\in\Omega:\ |u(x)|>t\},\quad \forall t>0$$

叫做 u 的**分布函数**.

引理 2.10.7　设 $1\leqslant p<\infty$, $u\in L^p(\Omega)$, 则成立

$$\|u\|_{L^p(\Omega)}=\Big(p\int_0^\infty \mu_u(t)t^{p-1}\mathrm{d}t\Big)^{\frac{1}{p}}. \tag{2.10.5}$$

又当 $u\in L^\infty(\Omega)$ 时成立

$$\|u\|_{L^\infty(\Omega)}=\inf\{t>0:\ \mu_u(t)=0\}. \tag{2.10.6}$$

证　用 χ_t 表示集合 $\{x\in\Omega:\ |u(x)|>t\}$ 的特征函数, 则由 Fubini 定理得

$$\begin{aligned}\int_\Omega |u(x)|^p\mathrm{d}x&=\int_\Omega\int_0^{|u(x)|}pt^{p-1}\mathrm{d}t\mathrm{d}x=\int_\Omega\int_0^\infty pt^{p-1}\chi_t(x)\mathrm{d}t\mathrm{d}x\\&=p\int_0^\infty\Big(\int_\Omega\chi_t(x)\mathrm{d}x\Big)t^{p-1}\mathrm{d}t=p\int_0^\infty\mu_u(t)t^{p-1}\mathrm{d}t.\end{aligned}$$

这就证明了 (2.10.5). (2.10.6) 是显然的. 证毕.　□

定义 2.10.8　设 $1\leqslant p<\infty$. 对定义在可测集合 Ω 上的可测函数 u, 如果存在常数 $M>0$ 使成立

$$\mu_u(t)\leqslant t^{-p}M^p,\quad \forall t>0,$$

就称 u 是 Ω 上的弱 L^p 函数. Ω 上的全体弱 L^p 函数组成的线性空间叫做 Ω 上的弱 L^p 空间, 记作$L^p_w(\Omega)$. 对 $u\in L^p_w(\Omega)$, 记

$$\|u\|_{L^p_w(\Omega)}=\inf\{M>0:\ \mu_u(t)\leqslant t^{-p}M^p,\ \forall t>0\}=\sup_{t>0}t\mu_u^{\frac{1}{p}}(t),$$

称之为 u 的弱 L^p 模. 规定 $L^\infty_w(\Omega)=L^\infty(\Omega)$, 且 $\|u\|_{L^\infty_w(\Omega)}=\|u\|_{L^\infty(\Omega)}$.

需要注意当 $1 \leqslant p < \infty$ 时, $\|\cdot\|_{L^p_w(\Omega)}$ 不是范数, 而只是拟范数, 即它满足正齐次条件和拟三角不等式:

$$\|u+v\|_{L^p_w(\Omega)} \leqslant 2(\|u\|_{L^p_w(\Omega)} + \|v\|_{L^p_w(\Omega)}).$$

但是可以证明, 当 $1 < p < \infty$ 时, 可以在 $L^p_w(\Omega)$ 上引进等价的范数使之成为 Banach 空间. 当 $p = 1$ 时, $L^1_w(\Omega)$ 是一个完备的赋拟范空间. 关于这些讨论可参见文献 [112].

引理 2.10.9 设 $1 \leqslant p < \infty$, 则 $L^p(\Omega) \subseteq L^p_w(\Omega)$, 且

$$\|u\|_{L^p_w(\Omega)} \leqslant \|u\|_{L^p(\Omega)}, \quad \forall u \in L^p(\Omega).$$

证 设 $u \in L^p(\Omega)$. 则对任意 $t > 0$ 有

$$t^p \mu_u(t) \leqslant \int_{|u(x)|>t} |u(x)|^p \mathrm{d}x \leqslant \int_\Omega |u(x)|^p \mathrm{d}x,$$

因此引理的结论成立. 证毕. □

设 $X(\Omega)$ 和 $Y(\Omega)$ 是可测集 Ω 上的两个函数空间, T 是 $X(\Omega)$ 到 $Y(\Omega)$ 的映射. 如果 T 是齐次的, 即成立 $T(\lambda u) = \lambda Tu$, $\forall u \in X(\Omega)$, $\forall \lambda \in \mathbf{R}$, 且存在常数 $C_0 > 0$ 使成立

$$|T(u+v)(x)| \leqslant C_0(|Tu(x)| + |Tv(x)|), \quad \forall u, v \in X(\Omega), \quad \text{a.e. } x \in \Omega,$$

就称 T 为**拟线性映射**.

定理 2.10.10 (Marcinkiewicz) 设 Ω 是可测集, $1 \leqslant p < q \leqslant \infty$, T 是 $L^p(\Omega) + L^q(\Omega)$ 到 $L^p_w(\Omega) + L^q_w(\Omega)$ 的拟线性映射, 且存在常数 $M_1, M_2 > 0$ 使成立

$$\|Tu\|_{L^p_w(\Omega)} \leqslant M_1 \|u\|_{L^p(\Omega)}, \quad \forall u \in L^p(\Omega), \tag{2.10.7}$$

$$\|Tu\|_{L^q_w(\Omega)} \leqslant M_2 \|u\|_{L^q(\Omega)}, \quad \forall u \in L^q(\Omega), \tag{2.10.8}$$

则对任意 $p < r < q$, T 映 $L^r(\Omega)$ 到 $L^r(\Omega)$, 且存在常数 $C = C(p,q,r,C_0) > 0$ 使成立

$$\|Tu\|_{L^r(\Omega)} \leqslant C M_1^\theta M_2^{1-\theta} \|u\|_{L^r(\Omega)}, \quad \forall u \in L^r(\Omega), \tag{2.10.9}$$

其中 $0 < \theta < 1$ 由下述等式确定:

$$\frac{1}{r} = \frac{\theta}{p} + \frac{1-\theta}{q}. \tag{2.10.10}$$

注 当 (2.10.7) 成立时, 称算子 T 是弱 (p,p) 型的; 而当 (2.10.9) 成立时, 称 T 是强 (r,r) 型的. 所以定理 2.10.6 可简述为: 设 $1\leqslant p<q\leqslant\infty$. 如果拟线性映射 T 既是弱 (p,p) 型的又是弱 (q,q) 型的, 则对任意 $p<r<q$, T 是强 (r,r) 型的, 并且成立算子范数的估计式 (2.10.9). 另外, 以上定理是 **Marcinkiewicz 插值定理**的一个特殊情形; 更一般的 Marcinkiewicz 插值定理可参看文献 [6].

定理 2.10.10 的证明 设 $u\in L^r(\Omega)$. 对待定的正常数 λ 和任意 $t>0$, 作分解 $u=v+w$, 其中

$$v(x)=\begin{cases}u(x), & |u(x)|>\lambda t,\\ 0, & |u(x)|\leqslant\lambda t;\end{cases}\qquad w(x)=\begin{cases}0, & |u(x)|>\lambda t,\\ u(x), & |u(x)|\leqslant\lambda t.\end{cases}$$

易知 $v\in L^p(\Omega)$, $w\in L^q(\Omega)$. 由 T 的拟线性性有 $|Tu(x)|\leqslant C_0(|Tv(x)|+|Tw(x)|)$. 据此得到

$$\begin{aligned}\text{meas}\{x\in\Omega:|Tu(x)|>t\}\leqslant&\,\text{meas}\Big\{x\in\Omega:|Tv(x)|>\frac{t}{2C_0}\Big\}\\&+\text{meas}\Big\{x\in\Omega:|Tw(x)|>\frac{t}{2C_0}\Big\}.\end{aligned}\tag{2.10.11}$$

如果 $q<\infty$, 那么由以上不等式和 (2.10.7), (2.10.8) 得

$$\mu_{Tu}(t)\leqslant\frac{(2C_0M_1)^p\|v\|^p_{L^p(\Omega)}}{t^p}+\frac{(2C_0M_2)^q\|w\|^q_{L^q(\Omega)}}{t^q}.$$

从而应用引理 2.10.7 得

$$\begin{aligned}\int_\Omega|Tu(x)|^r\mathrm{d}x=&\,r\int_0^\infty\mu_{Tu}(t)t^{r-1}\mathrm{d}t\\ \leqslant&\,(2C_0M_1)^pr\int_0^\infty\Big(\int_{|u(x)|>\lambda t}|u(x)|^p\mathrm{d}x\Big)t^{r-p-1}\mathrm{d}t\\&+(2C_0M_2)^qr\int_0^\infty\Big(\int_{|u(x)|\leqslant\lambda t}|u(x)|^q\mathrm{d}x\Big)t^{r-q-1}\mathrm{d}t\\ =&\,(2C_0M_1)^pr\int_\Omega|u(x)|^p\Big(\int_0^{\frac{|u(x)|}{\lambda}}t^{r-p-1}\mathrm{d}t\Big)\mathrm{d}x\\&+(2C_0M_2)^qr\int_\Omega|u(x)|^q\Big(\int_{\frac{|u(x)|}{\lambda}}^\infty t^{r-q-1}\mathrm{d}t\Big)\\ =&\,\Big(\frac{(2C_0M_1)^pr}{r-p}\lambda^{-(r-p)}+\frac{(2C_0M_2)^qr}{q-r}\lambda^{q-r}\Big)\int_\Omega|u(x)|^r\mathrm{d}x.\end{aligned}$$

取 $\lambda=(M_1^pM_2^q)^{\frac{1}{q-p}}$, 就得到了 (2.10.9). 如果 $q=\infty$, 则由 (2.10.8) 知 $\|Tw\|_{L^\infty(\Omega)}\leqslant M_2\|w\|_{L^\infty(\Omega)}\leqslant M_2\lambda t$, 即 $Tw(x)\leqslant M_2\lambda t$, a.e.$x\in\Omega$. 因此当取 $\lambda=(2C_0M_2)^{-1}$ 时,

不等式 (2.10.11) 右端第二项等于零. 这样运用与前面类似的推导即得

$$\int_{\Omega}|Tu(x)|^r\mathrm{d}x \leqslant \frac{(2C_0M_1)^p r}{r-p}(2C_0M_2)^{(r-p)}\int_{\Omega}|u(x)|^r\mathrm{d}x,$$

即同样得到了 (2.10.9). 证毕. □

2.10.2 定理 2.10.5 的证明

为了证明定理 2.10.5, 还需要以下 **Calderón–Zygmund 分解引理**:

引理 2.10.11 *设 $u \in L^1(\mathbf{R}^n)$, 则对任意给定的 $t > 0$, 存在 u 的相应分解式*

$$u = v + \sum_{j=1}^{\infty} w_j, \tag{2.10.12}$$

满足以下三个条件:

(i) $v \in L^1(\mathbf{R}^n) \cap L^\infty(\mathbf{R}^n)$, $w_j \in L^1(\mathbf{R}^n)$, $j = 1, 2, \cdots$, 且

$$\|v\|_{L^1(\mathbf{R}^n)} \leqslant \|u\|_{L^1(\mathbf{R}^n)}, \quad \sum_{j=1}^{\infty}\|w_j\|_{L^1(\mathbf{R}^n)} \leqslant 2\|u\|_{L^1(\mathbf{R}^n)}; \tag{2.10.13}$$

(ii) $|v(x)| < 2^n t$, a. e. $x \in \mathbf{R}^n$;

(iii) *存在一列互不相交的立方体 $I_j \subseteq \mathbf{R}^n$, $j = 1, 2, \cdots$, 使得*

$$\mathrm{supp} w_j \subseteq \bar{I}_j \quad \text{且} \quad \int_{I_j} w_j(x)\mathrm{d}x = 0, \quad j = 1, 2, \cdots, \tag{2.10.14}$$

并且这些立方体的总测度不超过 $t^{-1}\|u\|_{L^1(\mathbf{R}^n)}$, 即

$$\sum_{j=1}^{\infty}|I_j| \leqslant t^{-1}\|u\|_{L^1(\mathbf{R}^n)}. \tag{2.10.15}$$

此外, 如果对某个 $1 < p \leqslant \infty$ 有 $u \in L^p(\mathbf{R}^n)$, 则亦有 $w_j \in L^p(\mathbf{R}^n)$, $j = 1, 2, \cdots$.

证 首先用平行于坐标面的超平面把空间 $\mathbf{R}^n$ 分割成一些互相全等的立方体, 使得每个立方体的体积都 $> t^{-1}\|u\|_{L^1(\mathbf{R}^n)}$. 于是函数 $|u|$ 在每个立方体上的平均值都 $< t$. 把每个立方体再等分成 2^n 个互相全等的小立方体, 并挑选出所有使得函数 $|u|$ 在其上的平均值 $\geqslant t$ 的那些小立方体, 记为 $I_{11}, I_{12}, I_{13}, \cdots$. 由于在未作进一步分割前的立方体上 $|u|$ 的平均值 $< t$, 所以有

$$t|I_{1k}| \leqslant \int_{I_{1k}}|u(x)|\mathrm{d}x < 2^n t|I_{1k}|, \quad k = 1, 2, \cdots. \tag{2.10.16}$$

再把每个剩下的小立方体等分成 2^n 个互相全等的更小的立方体, 并挑选出所有使得函数 $|u|$ 在其上的平均值 $\geqslant t$ 的那些更小的立方体, 记为 $I_{21}, I_{22}, I_{23}, \cdots$. 则与

前面类似地可知

$$t|I_{2k}| \leqslant \int_{I_{2k}} |u(x)|\mathrm{d}x < 2^n t|I_{2k}|, \quad k=1,2,\cdots. \tag{2.10.17}$$

如此一直做下去, 根据归纳原理就得到了一族互不相交的立方体 $\{I_{jk}\}$, 使得对每个 I_{jk} 成立类似于 (2.10.16) 和 (2.10.17) 的估计式. 把 $\{I_{jk}\}$ 排列成一个序列 $\{I_j\}_{j=1}^{\infty}$, 然后令

$$v(x)=\begin{cases} \dfrac{1}{|I_j|}\displaystyle\int_{I_j} u(y)\mathrm{d}y, & x\in I_j, j=1,2,\cdots, \\ u(x), & x\in \mathbf{R}^n\setminus \displaystyle\bigcup_{j=1}^{\infty} I_j, \end{cases}$$

$$w_j(x)=\begin{cases} u(x)-\dfrac{1}{|I_j|}\displaystyle\int_{I_j} u(y)\mathrm{d}y, & x\in I_j, \\ 0, & x\in \mathbf{R}^n\setminus I_j, \end{cases} \qquad j=1,2,\cdots.$$

则 v 和 $\{w_j\}_{j=1}^{\infty}$ 便满足定理结论所陈述的全部条件, 证明如下: (2.10.12) 和 (2.10.14) 是显然的. 由每个 I_j 的构造可知成立估计式

$$t|I_j| \leqslant \int_{I_j} |u(x)|\mathrm{d}x < 2^n t|I_j|, \quad j=1,2,\cdots. \tag{2.10.18}$$

对上式中的第一个不等号两端关于 j 求和就得到了 (2.10.15). 其次, 由 v 的定义显然有

$$\|v\|_{L^1(\mathbf{R}^n)} \leqslant \sum_{j=1}^{\infty}\left|\int_{I_j} u(x)\mathrm{d}x\right| + \int_{\mathbf{R}^n\setminus \bigcup\limits_{j=1}^{\infty} I_j} |u(x)|\mathrm{d}x \leqslant \|u\|_{L^1(\mathbf{R}^n)},$$

这就是 (2.10.13) 中的第一个不等式. 同样由 w_j $(j=1,2,\cdots)$ 的定义显然有

$$\|w_j\|_{L^1(\mathbf{R}^n)} \leqslant 2\int_{I_j} |u(x)|\mathrm{d}x, \quad j=1,2,\cdots.$$

把这些不等式两端分别对应相加就得到了 (2.10.13) 中的第二个不等式. 另外, 显然当对某个 $1<p\leqslant\infty$ 有 $u\in L^p(\mathbf{R}^n)$ 时也有 $w_j\in L^p(\mathbf{R}^n)$, $j=1,2,\cdots$. 最后, 由 (2.10.18) 中的第二个不等式可知当 $x\in \bigcup\limits_{j=1}^{\infty} I_j$ 时有 $|v(x)|<2^n t$. 当 $x\in \mathbf{R}^n\setminus \bigcup\limits_{j=1}^{\infty} I_j$ 时, 由 $\{I_j\}_{j=1}^{\infty}$ 的构造可知对任意 $\varepsilon>0$ 存在包含 x 的边长 $<\varepsilon$ 的立方体, 在其上 $|u|$ 的平均值都 $<t$. 由于 $|u|\in L^1(\mathbf{R}^n)$, 所以根据测度理论中著名的 Lebesgue 微分定理知存在可测集 $Q\subseteq \mathbf{R}^n$, 使 $\mathrm{meas}(\mathbf{R}^n\setminus Q)=0$, 且对任意 $x\in Q$ 都成立

$$|u(x)|=\lim_{\substack{|I|\to 0\\ x\in I}} \frac{1}{|I|}\int_I |u(y)|\mathrm{d}y,$$

这里 I 表示 $\mathbf{R}^n$ 中任意包含 x 的立方体. 因此, 当 $x \in Q \cap \left(\mathbf{R}^n \backslash \bigcup_{j=1}^{\infty} I_j\right)$ 时 $|v(x)| = |u(x)| \leqslant t$. 这就证明了结论 (ii). 引理 2.10.11 至此证毕. 证毕. □

有了以上准备, 便可给出定理 2.10.5 的证明.

定理 2.10.5 的证明 分四步证明这个定理. 以下设 $P(D)$ 是符征为 $P(\xi)$ 且模等于 M 的 Mihlin 乘子. 为简单起见, 我们设 $P(\xi) \in C^{\infty}(\mathbf{R}^n \backslash \{0\})$.

第一步: 先证明 $P(D)$ 是强 (2,2) 型的且模 $\leqslant CM$, 即存在常数 $C > 0$ 使成立

$$\|P(D)u\|_{L^2(\mathbf{R}^n)} \leqslant CM\|u\|_{L^2(\mathbf{R}^n)}, \quad \forall u \in L^2(\mathbf{R}^n). \tag{2.10.19}$$

这是显然的. 事实上, 由于 $P(\xi)$ 显然是 $\mathbf{R}^n$ 上的有界函数且 $|P(\xi)| \leqslant M$, $\forall \xi \in \mathbf{R}^n \backslash \{0\}$, 所以应用 Plancherel 恒等式即得

$$\|P(D)u\|_{L^2(\mathbf{R}^n)}^2 = \frac{1}{(2\pi)^n}\int_{\mathbf{R}^n} |P(\xi)\tilde{u}(\xi)|^2 \mathrm{d}\xi \leqslant \frac{M^2}{(2\pi)^n}\int_{\mathbf{R}^n} |\tilde{u}(\xi)|^2 \mathrm{d}\xi = M^2\|u\|_{L^2(\mathbf{R}^n)}^2,$$

这就证明了 (2.10.19).

第二步: 再证明存在常数 $C > 0$ 使对 $\mathbf{R}^n$ 中的任意立方体 I 和任意 $u \in L^1(\mathbf{R}^n) \cap L^2(\mathbf{R}^n)$, 只要 $\mathrm{supp} u \subseteq \bar{I}$ 且 $\int_{\mathbf{R}^n} u(x)\mathrm{d}x = 0$, 则就成立

$$\int_{\mathbf{R}^n \backslash I^*} |P(D)u(x)|\mathrm{d}x \leqslant CM \int_I |u(x)|\mathrm{d}x, \tag{2.10.20}$$

其中 I^* 表示与 I 同心而边长是 I 的边长的二倍的立方体.

根据积分的平移不变性, 不妨设 I 的中心在坐标原点. 作齐次 Littlewood–Paley 环形分解, 即取函数 $\psi \in C_0^{\infty}(\mathbf{R}^n)$ 使 $0 \leqslant \psi \leqslant 1$, $\mathrm{supp}\psi \subseteq \{\xi \in \mathbf{R}^n : 1/2 \leqslant |\xi| \leqslant 2\}$, 且

$$\sum_{j=-\infty}^{\infty} \psi\left(\frac{\xi}{2^j}\right) = 1, \quad \forall \xi \in \mathbf{R}^n \backslash \{0\}.$$

对任意 $u \in E'(\mathbf{R}^n)$, 由于 $P(\xi)\tilde{u}(\xi) \in L^1_{\mathrm{loc}}(\mathbf{R}^n)$, 所以根据定理 2.9.8 知按 $S'(\mathbf{R}^n)$ 弱拓扑收敛的意义成立和式

$$P(D)u(x) = \sum_{j=-\infty}^{\infty} F^{-1}\left[\psi\left(\frac{\xi}{2^j}\right)P(\xi)\tilde{u}(\xi)\right].$$

令 $P_j(\xi) = \psi\left(\frac{\xi}{2^j}\right)P(\xi)$, $h_j(x) = \check{P}_j(x)$, $\forall j \in \mathbf{Z}$, 则显然 $P_j \in C_0^{\infty}(\mathbf{R}^n)$, 进而 $h_j \in S(\mathbf{R}^n)$, $\forall j \in \mathbf{Z}$, 而由上式可知按 $S'(\mathbf{R}^n)$ 的弱拓扑收敛的意义成立

$$P(D)u(x) = \sum_{j=-\infty}^{\infty} F^{-1}[P_j(\xi)\tilde{u}(\xi)] = \sum_{j=-\infty}^{\infty} \int_{\mathbf{R}^n} h_j(x-y)u(y)\mathrm{d}y. \tag{2.10.21}$$

为了利用这个分解式证明不等式 (2.10.20), 先证明以下两个估计式: 设立方体 I 的边长为 $2s$, 则

$$\int_{\mathbf{R}^n\setminus I^*}\left|\int_{\mathbf{R}^n}h_j(x-y)u(y)\mathrm{d}y\right|\mathrm{d}x\leqslant CM(2^js)^{-(N-\frac{n}{2})}\int_I|u(y)|\mathrm{d}y,\quad\forall j\in\mathbf{Z},\quad(2.10.22)$$

$$\int_{\mathbf{R}^n\setminus I^*}\left|\int_{\mathbf{R}^n}h_j(x-y)u(y)\mathrm{d}y\right|\mathrm{d}x\leqslant CM2^js\int_I|u(y)|\mathrm{d}y,\quad\forall j\in\mathbf{Z},\quad(2.10.23)$$

其中 C 表示与 j 及具体的立方体 I 无关的常数. 为证明 (2.10.22), 注意当 $x\in\mathbf{R}^n\setminus I^*$ 且 $y\in\bar{I}$ 时, 有 $|x-y|\geqslant s$. 因此, 由于 $\mathrm{supp}u\subseteq\bar{I}$, 我们有

$$\begin{aligned}&\int_{\mathbf{R}^n\setminus I^*}\left|\int_{\mathbf{R}^n}h_j(x-y)u(y)\mathrm{d}y\right|\mathrm{d}x\leqslant\int_I|u(y)|\mathrm{d}y\Big(\int_{|x-y|\geqslant s}|h_j(x-y)|\mathrm{d}x\Big)\\&\leqslant\int_I|u(y)|\mathrm{d}y\cdot\Big(\int_{|x|\geqslant s}|x|^{-2N}\mathrm{d}x\Big)^{\frac{1}{2}}\Big(\int_{|x|\geqslant s}|x|^{2N}|h_j(x)|^2\mathrm{d}x\Big)^{\frac{1}{2}}\\&\leqslant\int_I|u(y)|\mathrm{d}y\cdot Cs^{-N+\frac{n}{2}}\Big(\sum_{|\alpha|=N}\int_{\mathbf{R}^n}|\partial^\alpha P_j(\xi)|^2\mathrm{d}\xi\Big)^{\frac{1}{2}}\\&\leqslant\int_I|u(y)|\mathrm{d}y\cdot CMs^{-N+\frac{n}{2}}2^{-j(N-\frac{n}{2})}\\&\leqslant CM(2^js)^{-(N-\frac{n}{2})}\int_I|u(y)|\mathrm{d}y,\quad\forall j\in\mathbf{Z},\end{aligned}$$

其中倒数第二个不等式成立是因为在 $\mathrm{supp}P_j(\xi)$ 上 $2^{j-1}\leqslant|\xi|\leqslant2^{j+1}$, 且

$$|\partial^\alpha P_j(\xi)|\leqslant C\sum_{\beta\leqslant\alpha}2^{-j|\beta|}\left|(\partial^\beta\psi)\Big(\frac{\xi}{2^j}\Big)\right||\partial^{\alpha-\beta}P(\xi)|\leqslant CM\sum_{\beta\leqslant\alpha}2^{-j|\beta|}|\xi|^{-|\alpha-\beta|}\leqslant CM2^{-j|\alpha|},$$

从而

$$\Big(\sum_{|\alpha|=N}\int_{\mathbf{R}^n}|\partial^\alpha P_j(\xi)|^2\mathrm{d}\xi\Big)^{\frac{1}{2}}\leqslant CM2^{-jN}\Big(\int_{2^{j-1}\leqslant|\xi|\leqslant2^{j+1}}\mathrm{d}\xi\Big)^{\frac{1}{2}}\leqslant CM2^{-j(N-\frac{n}{2})}.$$

这就证明了 (2.10.22). 为证明 (2.10.23), 利用 u 的性质 $\int_{\mathbf{R}^n}u(x)\mathrm{d}x=0$, 从这个性质可得

$$\begin{aligned}&\int_{\mathbf{R}^n\setminus I^*}\left|\int_{\mathbf{R}^n}h_j(x-y)u(y)\mathrm{d}y\right|\mathrm{d}x=\int_{\mathbf{R}^n\setminus I^*}\left|\int_{\mathbf{R}^n}[h_j(x-y)-h_j(x)]u(y)\mathrm{d}y\right|\mathrm{d}x\\&\leqslant\int_I|u(y)|\mathrm{d}y\int_{\mathbf{R}^n}|h_j(x-y)-h_j(x)|\mathrm{d}x\leqslant\int_I|u(y)|\mathrm{d}y\Big(|y|\int_{\mathbf{R}^n}|\nabla h_j(x)|\mathrm{d}x\Big)\\&\leqslant Cs\int_I|u(y)|\mathrm{d}y\cdot\int_{\mathbf{R}^n}|\nabla h_j(x)|\mathrm{d}x,\quad\forall j\in\mathbf{Z}.\end{aligned}\quad(2.10.24)$$

与前类似地有

$$\begin{aligned}\int_{\mathbf{R}^n}|\nabla h_j(x)|\mathrm{d}x &\leqslant \Big(\int_{\mathbf{R}^n}(1+|2^jx|^2)^{-N}\mathrm{d}x\Big)^{\frac{1}{2}}\Big(\int_{\mathbf{R}^n}(1+|2^jx|^2)^N|\nabla h_j(x)|^2\mathrm{d}x\Big)^{\frac{1}{2}}\\ &\leqslant C2^{-\frac{jn}{2}}\cdot\Big(\sum_{k=0}^N 2^{2jk}\int_{\mathbf{R}^n}|x|^{2k}|\nabla h_j(x)|^2\mathrm{d}x\Big)^{\frac{1}{2}}\\ &\leqslant CM2^{-\frac{jn}{2}}\cdot\Big(\sum_{k=0}^N 2^{2jk}\cdot 2^{-2j(k-1-\frac{n}{2})}\Big)^{\frac{1}{2}}\\ &\leqslant CM2^j,\quad \forall j\in\mathbf{Z}.\end{aligned}$$

代入 (2.10.24) 就得到了 (2.10.23). 这样一来, 从 (2.10.21), (2.10.22) 和 (2.10.23) 就得到

$$\begin{aligned}\int_{\mathbf{R}^n\backslash I^*}|P(D)u(x)|\mathrm{d}x &\leqslant \sum_{2^js<1}\int_{\mathbf{R}^n\backslash I^*}\Big|\int_{\mathbf{R}^n}h_j(x-y)u(y)\mathrm{d}y\Big|\mathrm{d}x\\ &\quad+\sum_{2^js\geqslant 1}\int_{\mathbf{R}^n\backslash I^*}\Big|\int_{\mathbf{R}^n}h_j(x-y)u(y)\mathrm{d}y\Big|\mathrm{d}x\\ &\leqslant CM\Big(\sum_{2^js<1}2^js+\sum_{2^js\geqslant 1}(2^js)^{-(N-\frac{n}{2})}\Big)\int_I|u(y)|\mathrm{d}y\\ &\leqslant CM\int_I|u(y)|\mathrm{d}y,\end{aligned}$$

这就证明了 (2.10.20).

第三步: 再证明 $P(D)$ 是弱 $(1,1)$ 型的, 即存在常数 $C>0$ 使成立

$$\mathrm{meas}\{x\in\mathbf{R}^n:|P(D)u(x)|>t\}\leqslant CMt^{-1}\|u\|_{L^1(\mathbf{R}^n)},\quad \forall u\in L^1(\mathbf{R}^n),\tag{2.10.25}$$

或更确切地说, 对任意 $u\in L^1(\mathbf{R}^n)$, $P(D)u$ 是 $\mathbf{R}^n$ 上的常义可测函数且满足上述不等式. 只需对任意 $u\in L^1(\mathbf{R}^n)\cap L^2(\mathbf{R}^n)$ 来证明这个结论, 因为当证明了这样的结论之后, 应用 $L^1(\mathbf{R}^n)\cap L^2(\mathbf{R}^n)$ 在 $L^1(\mathbf{R}^n)$ 中的稠密性和弱 L^1 空间 $L^1_w(\mathbf{R}^n)$ 的完备性, 通过逼近的方法便可得到所需证明的结论. 因此设 $u\in L^1(\mathbf{R}^n)\cap L^2(\mathbf{R}^n)$.

根据 Calderón–Zygmund 分解引理, u 可表示成和式 (2.10.12), 其中 $v\in L^1(\mathbf{R}^n)\cap L^\infty(\mathbf{R}^n)$, $w_j\in L^1(\mathbf{R}^n)\cap L^2(\mathbf{R}^n)$, $j=1,2,\cdots$, 并且它们满足条件 (i)~(iii). 对于 v, 应用第一步的结论和条件 (ii) 以及 (2.10.13) 中的第一个不等式得

$$\begin{aligned}&\mathrm{meas}\Big\{x\in\mathbf{R}^n:|P(D)v(x)|>\frac{t}{2}\Big\}\leqslant\Big(\frac{t}{2}\Big)^{-2}\|P(D)v\|^2_{L^2(\mathbf{R}^n)}\\ \leqslant\ & CMt^{-2}\|v\|^2_{L^2(\mathbf{R}^n)}\leqslant CMt^{-2}\|v\|_{L^\infty(\mathbf{R}^n)}\|v\|_{L^1(\mathbf{R}^n)}\leqslant CMt^{-1}\|u\|_{L^1(\mathbf{R}^n)}.\end{aligned}$$

由 (2.10.15) 知

$$\text{meas}\Big(\bigcup_{j=1}^{\infty} I_j^*\Big) \leqslant \sum_{j=1}^{\infty} |I_j^*| \leqslant 2^n t^{-1} \|u\|_{L^1(\mathbf{R}^n)}.$$

而应用第二步的结论 (这里要用到 (2.10.14)) 和 (2.10.13) 中的第二个不等式可知

$$\begin{aligned}\text{meas}\Big\{x \in \mathbf{R}^n \backslash \bigcup_{j=1}^{\infty} I_j^* : \sum_{j=1}^{\infty} |P(D)w_j(x)| > \frac{t}{2}\Big\} &\leqslant C \sum_{j=1}^{\infty} \Big(\frac{t}{2}\Big)^{-1} \int_{\mathbf{R}^n \backslash I_j^*} |P(D)w_j(x)| \mathrm{d}x \\ &\leqslant C \sum_{j=1}^{\infty} t^{-1} \|w_j\|_{L^1(\mathbf{R}^n)} \\ &\leqslant C t^{-1} \|u\|_{L^1(\mathbf{R}^n)}.\end{aligned}$$

由以上三个不等式立得 (2.10.25).

第四步：现在应用 Marcinkiewicz 插值定理, 从 (2.10.19) 和 (2.10.25) 即知 (2.10.3) 对任意 $1 < p \leqslant 2$ 都成立. $2 \leqslant p < \infty$ 的情形可用对偶的方法证明, 留给读者自己完成. 定理 2.10.2 至此证毕. □

2.10.3　定理 2.10.6 的证明

相对于定理 2.10.5, 定理 2.10.6 的证明要简单很多. 先证明一个引理

引理 2.10.12 (Bernstein)　*设 $s > \dfrac{n}{2}$, 则 $H^s(\mathbf{R}^n)$ 中函数的 Fourier 变换属于 $L^1(\mathbf{R}^n)$, 且存在常数 $C > 0$ 使成立*

$$\|\tilde{u}\|_{L^1(\mathbf{R}^n)} \leqslant C \|u\|_{H^s(\mathbf{R}^n)}, \quad \forall u \in H^s(\mathbf{R}^n).$$

证　由 $s > \dfrac{n}{2}$ 知 $\displaystyle\int_{\mathbf{R}^n} (1 + |\xi|^2)^{-s} \mathrm{d}\xi < \infty$. 所以

$$\begin{aligned}\|\tilde{u}\|_{L^1(\mathbf{R}^n)} &\leqslant \Big(\int_{\mathbf{R}^n} (1 + |\xi|^2)^{-s} \mathrm{d}\xi\Big)^{\frac{1}{2}} \Big(\int_{\mathbf{R}^n} (1 + |\xi|^2)^{s} |\tilde{u}(\xi)|^2 \mathrm{d}\xi\Big)^{\frac{1}{2}} \\ &= C \|u\|_{H^s(\mathbf{R}^n)}, \quad \forall u \in H^s(\mathbf{R}^n).\end{aligned}$$

证毕. □

定理 2.10.6 的证明　对任意 $u \in \dot{C}^\mu(\mathbf{R}^n) \cap E'(\mathbf{R}^n)$, 令 $v = P(D)u$, 并设 u 和 v 的齐次 Littlewood–Paley 分解分别为

$$u = \sum_{j=-\infty}^{\infty} \Delta_j u, \quad v = \sum_{j=-\infty}^{\infty} \Delta_j v,$$

其中 $\Delta_j u = F^{-1}\Big[\psi\Big(\dfrac{\xi}{2^j}\Big)\tilde{u}(\xi)\Big]$, $\Delta_j v = F^{-1}\Big[\psi\Big(\dfrac{\xi}{2^j}\Big)\tilde{v}(\xi)\Big] = F^{-1}\Big[\psi\Big(\dfrac{\xi}{2^j}\Big)P(\xi)\tilde{u}(\xi)\Big]$,

而 ψ 同前. 为证明 (2.10.4), 根据定理 2.9.9, 只需证明存在常数 $C>0$ 使成立

$$\|\Delta_j v\|_{L^\infty(\mathbf{R}^n)} \leqslant CM2^{-j\mu}[u]_{\mu;\mathbf{R}^n}, \quad \forall j \in \mathbf{Z}. \tag{2.10.26}$$

设 η 同定理 2.9.4 的证明, 即 $\operatorname{supp}\eta \subseteq \{\xi \in \mathbf{R}^n : 1/4 \leqslant |\xi| \leqslant 4\}$ 且使 (2.9.12) 成立. 则有

$$\begin{aligned}\Delta_j v(x) &= F^{-1}\Big[\psi\Big(\frac{\xi}{2^j}\Big)P(\xi)\tilde{u}(\xi)\Big] = F^{-1}\Big[\eta\Big(\frac{\xi}{2^j}\Big)\psi\Big(\frac{\xi}{2^j}\Big)P(\xi)\tilde{u}(\xi)\Big] \\ &= g_j(x) * \Delta_j u(x) = 2^{nj}h_j(2^j x) * \Delta_j u(x), \quad \forall j \in \mathbf{Z},\end{aligned}$$

其中 $g_j(x) = F^{-1}\Big[\eta\Big(\dfrac{\xi}{2^j}\Big)P(\xi)\Big] = 2^{nj}h_j(2^j x)$, $h_j(x) = F^{-1}[\eta(\xi)P(2^j\xi)]$, $\forall j \in \mathbf{Z}$. 由定理 2.9.9 知

$$\|\Delta_j u\|_{L^\infty(\mathbf{R}^n)} \leqslant C2^{-j\mu}[u]_{\mu;\mathbf{R}^n}, \quad \forall j \in \mathbf{Z}.$$

又根据引理 2.10.12 有

$$\begin{aligned}\|h_j\|_{L^1(\mathbf{R}^n)} &\leqslant C\Big\{\sum_{|\alpha|\leqslant N}\|\partial^\alpha[\eta(\xi)P(2^j\xi)]\|^2_{L^2(\mathbf{R}^n)}\Big\}^{\frac{1}{2}} \\ &\leqslant C\Big\{\sum_{|\alpha|\leqslant N}\sum_{\beta\leqslant\alpha}2^{2j|\alpha-\beta|}\int_{\mathbf{R}^n}|\partial^\beta\eta(\xi)|^2|(\partial^{\alpha-\beta}P)(2^j\xi)|^2\mathrm{d}\xi\Big\}^{\frac{1}{2}} \\ &\leqslant CM\Big\{\sum_{|\alpha|\leqslant N}\sum_{\beta\leqslant\alpha}\int_{\frac{1}{4}\leqslant|\xi|\leqslant 4}|\xi|^{-2|\alpha-\beta|}\mathrm{d}\xi\Big\}^{\frac{1}{2}} \leqslant CM, \quad \forall j \in \mathbf{Z},\end{aligned}$$

其中 C 为与 j 无关的常数, 进而得

$$\|g_j\|_{L^1(\mathbf{R}^n)} = \|h_j\|_{L^1(\mathbf{R}^n)} \leqslant CM, \quad \forall j \in \mathbf{Z}.$$

因此由 Young 不等式得

$$\|\Delta_j v\|_{L^\infty(\mathbf{R}^n)} \leqslant \|g_j\|_{L^1(\mathbf{R}^n)}\|\Delta_j u\|_{L^\infty(\mathbf{R}^n)} \leqslant CM2^{-j\mu}[u]_{\mu;\mathbf{R}^n}, \quad \forall j \in \mathbf{Z}.$$

这就证明了 (2.10.26), 从而根据定理 2.9.9, 也就证明了 (2.10.4). 定理 2.10.6 证毕. □

2.10.4 Riesz 变换和绝对导数

一类十分重要的奇异积分算子是所谓 Riesz 变换, 其定义如下:

定义 2.10.13 称以函数 $-i\xi_j|\xi|^{-1}$ $(j=1,2,\cdots,n)$ 为符征的奇异积分算子为 **Riesz 变换**, 记作 R_j $(j=1,2,\cdots,n)$, 即

$$R_j u = F^{-1}\Big(-i\xi_j|\xi|^{-1}\tilde{u}(\xi)\Big),\quad \forall u\in E'(\mathbf{R}^n),\quad j=1,2,\cdots,n.$$

作为定理 2.10.2 和定理 2.10.6 的直接推论, 我们有

定理 2.10.14　对任意 $1<p<\infty$, Riesz 变换 R_1, R_2, $\cdots$, R_n 都是 $L^p(\mathbf{R}^n)$ 到 $L^p(\mathbf{R}^n)$ 的有界线性算子, 因此存在常数 $C_p>0$ 使成立

$$\|R_j u\|_{L^p(\mathbf{R}^n)}\leqslant C_p\|u\|_{L^p(\mathbf{R}^n)},\quad \forall u\in L^p(\mathbf{R}^n),\ j=1,2,\cdots,n.$$

又对任意 $0<\mu<1$, Riesz 变换 R_1, R_2, $\cdots$, R_n 也都是 $\dot{C}^\mu(\mathbf{R}^n)\cap E'(\mathbf{R}^n)$ 到 $\dot{C}^\mu(\mathbf{R}^n)$ 的有界线性算子, 因此存在常数 $C_\mu>0$ 使成立

$$[R_j u]_{\mu;\mathbf{R}^n}\leqslant C_\mu[u]_{\mu;\mathbf{R}^n},\quad \forall u\in\dot{C}^\mu(\mathbf{R}^n)\cap E'(\mathbf{R}^n),\ j=1,2,\cdots,n.$$

此外, 对任意 $1<p<\infty$ 和 $0<\mu<1$, 作为 $L^p(\mathbf{R}^n)$ 的有界线性算子和 $\dot{C}^\mu(\mathbf{R}^n)\cap E'(\mathbf{R}^n)$ 到 $\dot{C}^\mu(\mathbf{R}^n)$ 的连续线性算子成立以下等式:

$$R_1^2+R_2^2+\cdots+R_n^2=-I.$$

□

与 Riesz 变换紧密联系的是所谓绝对导数, 其定义如下:

定义 2.10.15　称算子 $u\mapsto Du=F^{-1}\Big(|\xi|\tilde{u}(\xi)\Big)$ (对使等号右端有意义的 u) 为绝对导数.

由于成立关系式

$$|\xi|=\sum_{j=1}^n(-\mathrm{i}\xi_j|\xi|^{-1})\cdot\mathrm{i}\xi_j\quad 和\quad \mathrm{i}\xi_j=-(-\mathrm{i}\xi_j|\xi|^{-1})\cdot|\xi|,\quad j=1,2,\cdots,n,$$

所以从定理 2.10.14 有

定理 2.10.16　成立下列结论:

(1) 对任意 $1<p<\infty$, 绝对导数 D 是 $W^{1,p}(\mathbf{R}^n)$ 到 $L^p(\mathbf{R}^n)$ 的有界线性算子.

(2) 对任意 $0<\mu<1$, 绝对导数 D 是 $\dot{C}^{1,\mu}(\mathbf{R}^n)\cap E'(\mathbf{R}^n)$ 到 $\dot{C}^\mu(\mathbf{R}^n)$ 的连续线性算子.

(3) 对 $u\in W^{1,p}(\mathbf{R}^n)$ $(1<p<\infty)$ 和 $u\in\dot{C}^{1,\mu}(\mathbf{R}^n)\cap E'(\mathbf{R}^n)$ $(0<\mu<1)$, 分别按 $L^p(\mathbf{R}^n)$ 和 $\dot{C}^\mu(\mathbf{R}^n)$ 意义成立以下等式:

$$Du=\sum_{j=1}^n R_j\partial_j u=\sum_{j=1}^n\partial_j R_j u,$$

$$\partial_j u=-R_j Du=-DR_j u,\quad j=1,2,\cdots,n.$$

(4) 对 $u\in W^{2,p}(\mathbf{R}^n)$ $(1<p<\infty)$ 和 $u\in\dot{C}^{2,\mu}(\mathbf{R}^n)\cap E'(\mathbf{R}^n)$ $(0<\mu<1)$, 分别按 $L^p(\mathbf{R}^n)$ 和 $\dot{C}^\mu(\mathbf{R}^n)$ 意义成立以下等式:

$$D^2u = -\Delta u. \qquad \square$$

由于上面最后一个关系式的缘故, 绝对导数 D 也经常表示成 $(-\Delta)^{\frac{1}{2}}$, 即 D 可认为是负 Laplace 算子 $-\Delta$ 的方根.

2.10.5 Hardy–Littlewood–Sobolev 不等式的证明

采用与定理 2.10.5 的证明类似的思想, 便可证明 Hardy–Littlewood–Sobolev 不等式, 即定理 1.5.7. 先证明几个引理. 注意下面沿用定理 1.5.7 中的记号.

引理 2.10.17 *设 $1 \leqslant p < r'$. 则存在常数 $C = C_{n,p,r} > 0$ 使成立*

$$\|K_r u\|_{L^\infty(\mathbf{R}^n)} \leqslant C\|u\|_{L^p(\mathbf{R}^n)}^{p/r'}\|u\|_{L^\infty(\mathbf{R}^n)}^{1-p/r'}, \quad \forall u \in L^p(\mathbf{R}^n) \cap L^\infty(\mathbf{R}^n). \tag{2.10.27}$$

证 在所设条件下, 对任意 $R > 0$ 我们有

$$\begin{aligned}|K_r u(x)| &\leqslant \int_{|y|\leqslant R}|y|^{-\frac{n}{r}}|u(x-y)|\mathrm{d}y + \int_{|y|>R}|y|^{-\frac{n}{r}}|u(x-y)|\mathrm{d}y\\ &\leqslant C\Big[R^{n-\frac{n}{r}}\|u\|_{L^\infty(\mathbf{R}^n)} + \Big(R^{n-\frac{np'}{r}}\Big)^{\frac{1}{p'}}\|u\|_{L^p(\mathbf{R}^n)}\Big]\\ &\leqslant C\Big[R^{\frac{n}{r'}}\|u\|_{L^\infty(\mathbf{R}^n)} + R^{-\frac{n}{q}}\|u\|_{L^p(\mathbf{R}^n)}\Big],\end{aligned}$$

其中的常数 C 只与 n, p, r 有关而与 u 及 R 无关. 对最后这个表达式关于 R 求最小值, 即令 $R = \|u\|_{L^p(\mathbf{R}^n)}^{\frac{p}{n}}\|u\|_{L^\infty(\mathbf{R}^n)}^{-\frac{p}{n}}$, 即得 (2.10.27). 证毕. $\square$

引理 2.10.18 *设 $1 < r < \infty$. 则存在常数 $C = C_{n,r} > 0$ 使对 $\mathbf{R}^n$ 中的任意立方体 I 和任意 $u \in L^1(\mathbf{R}^n)$, 只要 $\mathrm{supp}u \subseteq \bar{I}$ 且 $\int_{\mathbf{R}^n} u(x)\mathrm{d}x = 0$, 则成立*

$$\Big(\int_{\mathbf{R}^n\setminus I^*}|K_r u(x)|^r\mathrm{d}x\Big)^{\frac{1}{r}} \leqslant C\int_I |u(x)|\mathrm{d}x, \tag{2.10.28}$$

其中 I^* 表示与 I 同心而边长是 I 的边长的二倍的立方体.

证 不失一般性, 设 I 的中心在坐标原点. 再设 I 的边长为 $2R$. 则因 $\mathrm{supp}u \subseteq \bar{I}$ 且 $\int_I u(x)\mathrm{d}x = 0$, 所以对任意 $x \in \mathbf{R}^n\setminus I^*$ 有

$$\begin{aligned}|K_r u(x)| &= \Big|\int_I (|x-y|^{-\frac{n}{r}} - |x|^{-\frac{n}{r}})u(y)\mathrm{d}y\Big| \leqslant \int_I \big||x-y|^{-\frac{n}{r}} - |x|^{-\frac{n}{r}}\big||u(y)|\mathrm{d}y\\ &\leqslant \frac{n}{r}\int_I\int_0^1 |x-ty|^{-\frac{n}{r}-1}|y||u(y)|\mathrm{d}t\mathrm{d}y \leqslant 2^{\frac{n}{r}+1}|x|^{-\frac{n}{r}-1}R\cdot\frac{n}{r}\int_I |u(y)|\mathrm{d}y.\end{aligned} \tag{2.10.29}$$

注意到

$$\Big[\int_{\mathbf{R}^n\setminus I^*}\Big(|x|^{-\frac{n}{r}-1}\Big)^r\mathrm{d}x\Big]^{\frac{1}{r}} \leqslant \Big[\int_{|x|\geqslant 2R}|x|^{-n-r}\mathrm{d}x\Big]^{\frac{1}{r}} = C_{n,r}R^{-1},$$

所以从 (2.10.29) 立得 (2.10.28). 证毕. □

引理 2.10.19 设 $1 < r < \infty$. 则存在常数 $C = C_{n,r} > 0$ 使对任意 $u \in L^1(\mathbf{R}^n)$ 和 $s > 0$ 成立

$$\operatorname{meas}\{x \in \mathbf{R}^n : |K_r u(x)| > s\} \leqslant C s^{-r} \|u\|^r_{L^1(\mathbf{R}^n)}. \tag{2.10.30}$$

证 显然只需就 $\|u\|_{L^1(\mathbf{R}^n)} = 1$ 的情况证明, 因为一般情况很容易约化为这种特殊情况. 因此下设 $\|u\|_{L^1(\mathbf{R}^n)} = 1$. 根据 Calderón–Zygmund 分解引理, 对任意 $t > 0$, u 可表示成和式 (2.10.12), 其中 $v \in L^1(\mathbf{R}^n) \cap L^\infty(\mathbf{R}^n)$, $w_j \in L^1(\mathbf{R}^n)$, $j = 1, 2, \cdots$, 并且它们满足条件 (i) ~ (iii). 对于 v, 应用引理 2.10.17 (取 $p = 1$) 和条件 (ii) 以及 (2.10.13) 中的第一个不等式得

$$|K_r v(x)| \leqslant C t^{1-1/r'} = C t^{1/r}, \quad \text{a.e. } x \in \mathbf{R}^n. \tag{2.10.31}$$

现在对给定的 $s > 0$, 取 $t > 0$ 使成立 $Ct^{1/r} = s/2$, 然后对这样取定的 t 应用以上结论, 则当 $|K_r u(x)| > s$ 时, 必有 $\displaystyle\sum_{j=1}^{\infty} |K_r w_j(x)| > \frac{s}{2}$. 令 $O = \displaystyle\bigcup_{j=1}^{\infty} I_j^*$. 则由 (2.10.15), (2.10.13) 中的后一个不等式和引理 2.10.18 得

$$|O| \leqslant 2^n t^{-1}, \qquad \left[\int_{\mathbf{R}^n \setminus O} \left(\sum_{j=1}^{\infty} |K_r w_j(x)|\right)^r \mathrm{d}x\right]^{\frac{1}{r}} \leqslant C,$$

从而

$$\begin{aligned}\operatorname{meas}\Big\{x \in \mathbf{R}^n : \sum_{j=1}^{\infty} |K_r w_j(x)| > \frac{s}{2}\Big\} &\leqslant |O| + \operatorname{meas}\Big\{x \in \mathbf{R}^n \setminus O : \sum_{j=1}^{\infty} |K_r w_j(x)| > \frac{s}{2}\Big\} \\ &\leqslant 2^n t^{-1} + C^r \left(\frac{s}{2}\right)^{-r} < C' s^{-r}.\end{aligned}$$

据此和估计式 (2.10.31) 立得 $\operatorname{meas}\{x \in \mathbf{R}^n : |K_r u(x)| > s\} \leqslant C s^{-r}$. 证毕. □

定理 1.5.7 的证明 不妨设 $\|u\|_{L^p(\mathbf{R}^n)} = 1$. 用 $m(t)$ 表示 $K_r u$ 的分布函数, 即

$$m(t) = \operatorname{meas}\{x \in \mathbf{R}^n : |K_r u(x)| > t\}, \quad \forall t > 0.$$

则由引理 2.10.7 知

$$\|K_r u\|_{L^q(\mathbf{R}^n)} = \left(q \int_0^\infty m(t) t^{q-1} \mathrm{d}t\right)^{\frac{1}{q}}. \tag{2.10.32}$$

下面估计 $m(t)$. 为此对待定的 $s > 0$, 作分解 $u = v + w$, 其中

$$v(x) = \begin{cases} u(x), & |u(x)| \leqslant s, \\ 0, & |u(x)| > s, \end{cases} \qquad w(x) = \begin{cases} 0, & |u(x)| \leqslant s, \\ u(x), & |u(x)| > s. \end{cases}$$

由 (2.10.27) 知

$$\|K_r v\|_{L^\infty(\mathbf{R}^n)} \leqslant Cs^{1-p/r'} = Cs^{p/q}.$$

据此对任意给定的 $t>0$ 取 $s>0$ 使成立 $Cs^{p/q}=t/2$. 则当 $|K_r u(x)|>t$ 时便有 $|K_r w(x)|>t/2$, 从而由 (2.10.30) 知

$$m(t) \leqslant \text{meas}\{x\in\mathbf{R}^n : |K_r w(x)|>t/2\} \leqslant Ct^{-r}\|w\|^r_{L^1(\mathbf{R}^n)}.$$

代入 (2.10.32) 并应用 Minkowski 不等式推导, 得

$$\begin{aligned}
\|K_r u\|_{L^q(\mathbf{R}^n)} &\leqslant C\Big(\int_0^\infty t^{q-r-1}\|w\|^r_{L^1(\mathbf{R}^n)}\mathrm{d}t\Big)^{\frac{1}{q}} \\
&= C\Big[\int_0^\infty t^{q-r-1}\Big(\int_{|u(x)|>s}|u(x)|\mathrm{d}x\Big)^r\mathrm{d}t\Big]^{\frac{1}{q}} \\
&\leqslant C\Big[\int_{\mathbf{R}^n}\Big(\int_0^{2C|u(x)|^{\frac{p}{q}}} t^{q-r-1}\mathrm{d}t\Big)^{\frac{1}{r}}|u(x)|\mathrm{d}x\Big]^{\frac{r}{q}} \\
&= C\Big[\int_{\mathbf{R}^n}|u(x)|^{p(1-\frac{r}{q})\cdot\frac{1}{r}}|u(x)|\mathrm{d}x\Big]^{\frac{r}{q}} \\
&= C\Big[\int_{\mathbf{R}^n}|u(x)|^p\mathrm{d}x\Big]^{\frac{r}{q}} = C \quad (\text{因 } \|u\|_{L^p(\mathbf{R}^n)}=1).
\end{aligned}$$

这就证明了不等式 (1.5.8). 证毕. □

历史上, Hardy–Littlewood–Sobolev 不等式在 $n=1$ 的情形是由 G. H. Hardy 和 J. E. Littlewood 证明的, 见文献 [52]. 对 $n>1$ 的情形, 则由 S. L. Sobolev 应用 $n=1$ 时的这一不等式给予证明, 并据此建立了 Sobolev 嵌入不等式. 换言之, Sobolev 嵌入不等式最初是从 Hardy–Littlewood–Sobolev 不等式推出来的. 读者不妨应用习题 1.8 第 7 题第 (1) 小题的结论, 自己从 Hardy–Littlewood–Sobolev 不等式给出 Sobolev 嵌入不等式的这种方法的证明.

习 题 2.10

1. 证明: 当 $|\Omega|<\infty$ 且 $1\leqslant q<p$ 时, 有 $L^p_w(\Omega)\subseteq L^q(\Omega)$.
2. 完成定理 2.10.2 第四步的证明.
3. 偏微分算子 $P(\partial)=\sum\limits_{|\alpha|=m}a_\alpha\partial^\alpha$ 如果满足条件: 存在常数 $c_0>0$ 使成立 $\Big|\sum\limits_{|\alpha|=m}a_\alpha\xi^\alpha\Big| \geqslant c_0|\xi|^m$, $\forall\xi\in\mathbf{R}^n$, 就称 $P(\partial)$ 是 m 阶齐次椭圆型算子. 设 $P(\partial)$ 是 m 阶齐次椭圆型算子. 证明: 对任意 $1<p<\infty$ 和 $0<\mu<1$ 成立估计式

$$\sum_{|\alpha|=m}\|\partial^\alpha u\|_{L^p(\mathbf{R}^n)} \leqslant C_p\|P(\partial)u\|_{L^p(\mathbf{R}^n)}, \quad u\in C_0^\infty(\mathbf{R}^n),$$

$$\sum_{|\alpha|=m}[\partial^{\alpha}u]_{\mu;\mathbf{R}^n}\leqslant C_\mu[P(\partial)u]_{\mu;\mathbf{R}^n},\quad u\in C_0^\infty(\mathbf{R}^n).$$

4. 设 $a(\xi)$ 是 $\mathbf{R}^n$ 上的 κ 次齐次函数, $\kappa\geqslant 0$, 且在原点之外无穷可微. 令 $A:E'(\mathbf{R}^n)\to S'(\mathbf{R}^n)$ 为如下定义的连续线性算子: $Au=F^{-1}[a(\xi)\mathrm{e}^{-|\xi|}\tilde{u}(\xi)]$, $\forall u\in E'(\mathbf{R}^n)$. 证明:
(1) 对任意 $1<p<\infty$, A 是 $L^p(\mathbf{R}^n)$ 到 $L^p(\mathbf{R}^n)$ 的有界线性算子;
(2) 对任意 $0<\mu<1$, A 是 $\dot{C}^\mu(\mathbf{R}^n)\cap E'(\mathbf{R}^n)$ 到 $\dot{C}^\mu(\mathbf{R}^n)$ 的有界线性算子.
5. 设 $a\in L^1_{\mathrm{loc}}(\mathbf{R}^n)\cap H^m_{\mathrm{loc}}(\mathbf{R}^n\backslash\{0\})$, 其中 m 是正整数, 且 $m>n/2$. 又设存在常数 $M>0$ 使成立

$$\sum_{|\alpha|\leqslant m}R^{2|\alpha|-n}\int_{\frac{R}{2}\leqslant|\xi|\leqslant 2R}|\partial^\alpha a(\xi)|^2\mathrm{d}\xi\leqslant M,\quad\forall R>0.$$

这时称映射 $A:E'(\mathbf{R}^n)\to S'(\mathbf{R}^n)$, $Au=F^{-1}[a(\xi)\mathrm{e}^{-|\xi|}\tilde{u}(\xi)]$, $\forall u\in E'(\mathbf{R}^n)$ 为 **Hörmander 乘子**. 对 Hörmander 乘子 A 证明下列命题:
(1) (Hörmander 乘子定理) 对任意 $1<p<\infty$, A 是 $L^p(\mathbf{R}^n)$ 到 $L^p(\mathbf{R}^n)$ 的有界线性算子;
(2) 对任意 $0<\mu<1$, A 是 $\dot{C}^\mu(\mathbf{R}^n)\cap E'(\mathbf{R}^n)$ 到 $\dot{C}^\mu(\mathbf{R}^n)$ 的有界线性算子.

第 3 章　二阶线性椭圆型方程

本章介绍二阶线性椭圆型偏微分方程的边值理论. 我们将以 Dirichlet 边值问题为例, 对二阶椭圆边值问题的基本理论作系统的阐述.

椭圆型偏微分方程是迄今为止人们研究得最透彻的一类偏微分方程. 关于这类方程的研究最开始是针对调和方程 (又名 Laplace 方程) 和位势方程 (又名 Poisson 方程) 进行的, 因而早在 20 世纪以前就已有很多研究. 但是借助于函数空间、用泛函分析的观点研究椭圆边值问题, 最早可追溯到 1900 年 D. Hilbert[56] 和 1907 年 H. Lebesgue[77] 关于 Dirichlet 原理①的研究工作, 这些工作成为现在称为 L^2 理论的椭圆边值问题 Hilbert 空间方法和变分法的雏形. 把 Hölder 空间作为工作空间对椭圆边值问题进行研究即 C^μ 理论的建立, 则是由 J. Schauder 于 1934 年和 1935 年间完成的 [102, 103], 这一理论也因此经常被叫做椭圆方程的 Schauder 理论. 不过 C^μ 理论的主要结果在 J. Schauder 之前已由 G. Giraud 运用位势积分的方法即古典方法得到了 [43, 44]. 椭圆边值问题的 L^p 理论出现于 1956 ~ 1971 年, 贡献者有 A. E. Košelov[71]、D. Greco[48]、F. E. Browder[10]、S. Agmon, A. Douglis 和 L. Nirenberg[2] 以及 M. Chicco[25, 26] 等. 除此之外还有一些采用其他函数空间的处理方法, 如文献 [120] 等.

3.1　基 本 概 念

在进行正式的讨论之前, 本节先对涉及二阶线性椭圆型方程的一些基本概念作简要的介绍.

3.1.1　椭圆型的定义

设 Ω 是 $\mathbf{R}^n$ 中的开集. 我们知道, Ω 上的任意二阶线性偏微分方程都可写成以下形式:

---

① 位势方程 $\Delta u = f$ 在零 Dirichlet 边值条件下的解是泛函 $F(u) = \int_\Omega \left[\frac{1}{2}|\nabla u|^2 + fu\right]\mathrm{d}x$ 的最小值点, 叫做 **Dirichlet 原理**. Riemann 在他的博士论文 (1851 年) 中提出这一原理并应用它 "证明" 了位势方程 Dirichlet 边值问题解的存在性. 然而 1870 年 Weierstrass 在一篇论文中对此提出批评, 认为泛函 F 是否有最小值点存在是未经证明的, 虽然它看起来类似于 $\mathbf{R}^n$ 上的二次函数在无穷远处趋于无穷. 这个原理在当时是无法证明的, 因为在 Riemann 积分的框架下不可能构作出一个 "没有洞" 即完备的函数空间使得在其中 F 达到最小值. 只有 Lebesgue 积分理论建立之后才有可能给出它的严格证明.

$$-\sum_{i,j=1}^{n} a_{ij}(x)\frac{\partial^2 u(x)}{\partial x_i \partial x_j} + \sum_{i=1}^{n} b_i(x)\frac{\partial u(x)}{\partial x_i} + c(x)u(x) = f(x), \tag{3.1.1}$$

用简写符号, 它可改写成

$$-\sum_{i,j=1}^{n} a_{ij}\partial_{ij}^2 u + \sum_{i=1}^{n} b_i\partial_i u + cu = f,$$

其中 a_{ij}, b_i, c 和 f 都是 Ω 上的已知函数, u 为 Ω 上待确定的未知函数. 这里在所有二阶偏导数项之前增加一个负号是为了以后讨论的方便. a_{ij}, b_i 和 c 称作这个线性偏微分方程的**系数**. 由于求二阶偏导数时混合导数与求导次序有关这一特殊情况在实际应用中没有多大意义, 所以必要时用 $\frac{1}{2}(a_{ij}+a_{ji})$ 替换 a_{ij} 和 a_{ji}, 我们总假设 $a_{ij}=a_{ji}$, $i,j=1,2,\cdots,n$. 引进记号

$$L = -\sum_{i,j=1}^{n} a_{ij}(x)\partial_{ij}^2 + \sum_{i=1}^{n} b_i(x)\partial_i + c(x), \quad x\in\Omega, \tag{3.1.2}$$

称之为 Ω 上的**二阶线性偏微分算子**, 它代表一个映射, 这个映射把 Ω 上每个使 (3.1.1) 左端有意义的函数 u 映射成 (3.1.1) 左端所代表的函数, 即函数 u 的像 Lu 等于 (3.1.1) 的左端. 运用这个记号, 方程 (3.1.1) 便可简写成 $Lu=f$.

假如对某点 $x_0\in\Omega$, 矩阵 $(a_{ij}(x_0))_{i,j=1}^n$ 是正定的或负定的, 就称方程 (3.1.1) 以及算子 L 在 x_0 点是**椭圆型**的. 假如对任意 $x\in\Omega$, 矩阵 $(a_{ij}(x))_{i,j=1}^n$ 都是正定的或都是负定的, 就称方程 (3.1.1) 以及算子 L 在开集 Ω 上是**椭圆型**的. 假如存在常数 $c_0>0$ 使成立

$$\sum_{i,j=1}^{n} a_{ij}(x)\xi_i\xi_j \geqslant c_0|\xi|^2, \quad \forall\xi\in\mathbf{R}^n,\ \forall x\in\Omega \tag{3.1.3}$$

或

$$\sum_{i,j=1}^{n} a_{ij}(x)\xi_i\xi_j \leqslant -c_0|\xi|^2, \quad \forall\xi\in\mathbf{R}^n,\ \forall x\in\Omega,$$

就称方程 (3.1.1) 以及算子 L 在开集 Ω 上是**一致椭圆型**的. 为明确起见, 以后总假设上述第一种情况即 (3.1.3) 成立.

二阶椭圆型方程广泛地出现于物理学、化学、生物学、经济学的许多领域以及几何学. 最常见也是最简单的二阶椭圆型方程是**位势方程** (也称 **Poisson 方程**):

$$-\Delta u = f, \tag{3.1.4}$$

其中 $\Delta=\frac{\partial^2}{\partial x_1^2}+\frac{\partial^2}{\partial x_2^2}+\cdots+\frac{\partial^2}{\partial x_n^2}$, 称为 **Laplace 算子**. 如果 $f=0$, 那么方程 (3.1.4) 成为

$$\Delta u=0, \tag{3.1.5}$$

这个方程叫做**调和方程**或 **Laplace 方程**, 它在开集 Ω 上的任意解都叫做 Ω 上的**调和函数**. 位势方程出现于弹性力学、流体力学、热学、电磁学等多个领域, 它一般描述各向同性的均匀介质中的物理现象. 如果介质是各向异性的或非均匀的或两种性质兼具, 代替位势方程就需要考虑以下方程:

$$-\sum_{i,j=1}^{n}\partial_j[a_{ij}(x)\partial_i u(x)]=f(x). \tag{3.1.6}$$

这个方程也叫做有源的**稳态扩散方程**. 在几何学中遇到的一般都是非线性的二阶椭圆型方程. 处理非线性偏微分方程的一个基本方法是作线性迭代. 在对非线性的二阶椭圆型方程作线性迭代时, 所得到的都是一个线性的二阶椭圆型方程. 因此, 为了有效地研究非线性二阶椭圆型方程, 就必须先把二阶线性椭圆型方程研究清楚.

3.1.2 经典解、强解和弱解

在偏微分方程的经典理论中, 一般总假定方程中出现的已知函数都是连续函数, 而且求解这个偏微分方程意味着寻找这样的函数 u, 它本身以及出现于这个方程的关于 u 的各个偏导数都存在并且连续, 并且当用这个函数 u 替换方程中未知函数 u 的位置时方程成为一个恒等式. 现在把这种解叫做经典解. 具体于方程 (3.1.1), 有以下概念:

定义 3.1.1 *设方程 (3.1.1) 的系数 a_{ij}, b_i 和 c 以及右端项 f 都是 Ω 上的连续函数. 如果函数 $u\in C^2(\Omega)$ 使 (3.1.1) 成为对所有 $x\in\Omega$ 都成立的一个恒等式, 就称 u 为方程 (3.1.1) 在 Ω 上的一个**经典解**.*

自从 19 世纪末、20 世纪初 Lebesgue 积分理论和泛函分析理论出现以来, 人们已把偏微分方程解的概念做了很大的扩展, 而不再拘泥于只考虑经典解. 实际上, 经典解一般很难应用 Lebesgue 积分理论进行处理. 为了应用 Lebesgue 积分结合泛函分析理论研究偏微分方程, 就必须把解的概念扩展, 使之与 Lebesgue 积分联系起来. 强解和弱解是最常用的两类这种扩展了的解的概念. 下面先给出强解的定义.

定义 3.1.2 *设 $a_{ij}\in L^\infty_{\mathrm{loc}}(\Omega)$, $i,j=1,2,\cdots,n$, $b_i\in L^\infty_{\mathrm{loc}}(\Omega)$, $i=1,2,\cdots,n$, $c\in L^\infty_{\mathrm{loc}}(\Omega)$, 而 $f\in L^1_{\mathrm{loc}}(\Omega)$. 如果函数 $u\in W^2(\Omega)$ 使等式 (3.1.1) 对几乎所有的 $x\in\Omega$ 都成立, 其中的偏导数都代表弱导数, 就称 u 为方程 (3.1.1) 在 Ω 上的一个**强解**.*

显然经典解都是强解. 根据定理 1.2.4 可知, 在定义 3.1.2 所设条件下, 函数 $u \in W^2(\Omega)$ 是方程 (3.1.1) 在 Ω 上的强解的充要条件是: 对任意 $\varphi \in C_0^\infty(\Omega)$ 都成立

$$\begin{aligned}&-\sum_{i,j=1}^{n}\int_{\Omega}a_{ij}(x)\partial_{ij}^2u(x)\varphi(x)\mathrm{d}x+\sum_{i=1}^{n}\int_{\Omega}b_i(x)\partial_iu(x)\varphi(x)\mathrm{d}x\\&+\int_{\Omega}c(x)u(x)\varphi(x)\mathrm{d}x=\int_{\Omega}f(x)\varphi(x)\mathrm{d}x.\end{aligned}\tag{3.1.7}$$

弱解 (或广义解) 的概念主要是针对下列形式的方程给出的:

$$-\sum_{i,j=1}^{n}\frac{\partial}{\partial x_j}\Big(a_{ij}(x)\frac{\partial u(x)}{\partial x_i}\Big)+\sum_{i=1}^{n}b_i(x)\frac{\partial u(x)}{\partial x_i}+c(x)u(x)=f(x),\tag{3.1.8}$$

这种方程叫做**散度形**的方程, 因为 $\mathbf{R}^n$ 上的 n 维向量函数 $\boldsymbol{u}=(u_1,u_2,\cdots,u_n)$ 的**散度**定义为 $\mathrm{div}\boldsymbol{u}=\sum\limits_{j=1}^{n}\dfrac{\partial u_j}{\partial x_j}$. 与此相应形如 (3.1.1) 的方程叫做**非散度形**的方程. 显然对于散度形方程 (3.1.8), 函数 $u \in W^2(\Omega)$ 是其强解当且仅当对任意 $\varphi \in C_0^\infty(\Omega)$ 都成立

$$\begin{aligned}&\sum_{i,j=1}^{n}\int_{\Omega}a_{ij}(x)\partial_iu(x)\partial_j\varphi(x)\mathrm{d}x+\sum_{i=1}^{n}\int_{\Omega}b_i(x)\partial_iu(x)\varphi(x)\mathrm{d}x\\&+\int_{\Omega}c(x)u(x)\varphi(x)\mathrm{d}x=\int_{\Omega}f(x)\varphi(x)\mathrm{d}x.\end{aligned}\tag{3.1.9}$$

注意在这个等式中只出现了未知函数 u 的一阶偏导数而没有出现其二阶偏导数. 基于这个观察引进以下概念:

定义 3.1.3　*设 $a_{ij} \in L_{\mathrm{loc}}^\infty(\Omega)$, $i,j=1,2,\cdots,n$, $b_i \in L_{\mathrm{loc}}^\infty(\Omega)$, $i=1,2,\cdots,n$, $c \in L_{\mathrm{loc}}^\infty(\Omega)$, 而 $f \in L_{\mathrm{loc}}^1(\Omega)$. 如果函数 $u \in W^1(\Omega)$ 使等式 (3.1.9) 对任意 $\varphi \in C_0^\infty(\Omega)$ 都成立, 就称 u 为散度形方程 (3.1.8) 在 Ω 上的一个***弱解**.

注意由于 $a_{ij} \in L_{\mathrm{loc}}^\infty(\Omega)$ $(i,j=1,2,\cdots,n)$ 以及 $u \in W^1(\Omega)$, 所以方程 (3.1.8) 左端第一个和号中的项在常义函数的范围里一般是没有意义的. 所以弱解是一种广义意义下的解. 由于这个原因, 弱解也经常被叫做**广义解**. 注意在广义函数范围里, 方程 (3.1.8) 左端的每一项都是有意义的, 即在定义 3.1.3 的假设条件下, 方程 (3.1.8) 的弱解使得其左端成为一个广义函数, 或者说弱解就是把方程 (3.1.8) 看作广义函数意义下的偏微分方程时的 $W^1(\Omega)$ 类解. 由于这个原因, 在考虑方程 (3.1.8) 的弱解时一般可要求其右端项 f 是广义函数而不必是常义函数. 这时等式 (3.1.9) 右端的积分应理解为广义函数 f 对检验函数 φ 的作用, 即应理解为 $\langle f,\varphi\rangle$.

根据前面的说明可以知道, 方程 (3.1.8) 的强解必然是其弱解. 注意为考虑这个方程的强解, 应要求系数 a_{ij} 满足更强的条件: $a_{ij} \in W^{1,\infty}_{\rm loc}(\Omega)$, $i,j=1,2,\cdots,n$. 在这样的条件下, 也可对非散度形方程 (3.1.1) 定义弱解. 办法是先通过对等式 (3.1.7) 左端第一个和号下的积分作分部积分, 把关于 u 的二阶偏导数分配一部分到系数 a_{ij} 和检验函数 φ 使得所出现的表达式只含 u 本身以及 u 的一阶偏导数, 然后应用所得到的等式来定义方程 (3.1.1) 的弱解. 也可在系数的更强假设条件下, 更进一步地作分部积分以把关于 u 的所有偏导数都分配给系数和检验函数, 使得所得到的等式不含 u 的偏导数, 然后运用这样的等式来定义方程 (3.1.1) 更弱意义下的弱解或广义解. 这里给出前面三个定义, 是为了本章后面理论展开的需要.

需要说明的是, 偏微分方程弱解概念的引进, 虽然主要是出于理论研究的需要, 但这个概念在物理学等实际应用问题中也是有意义的, 因为弹性力学、流体力学、电动力学等物理学科中出现的偏微分方程, 其实都是在对未知函数有适当可微性的假设下, 从积分方程化简而来的, 换言之, 物理学中的方程, 其最原始形式其实都是一些积分方程, 它们并不含未知函数的偏导数, 而显然满足积分方程的函数并不要求必须有可微性. 从这个观点看待来源于物理学领域的偏微分方程, 就应当把它们的可能不可微的解包括在考虑范围之内. 比如物理学中的一个重要概念 —— 激波, 就是一些非线性偏微分方程的含有间断线或间断面的解, 从而不可能是这类方程的经典意义下的解, 而只能作为弱解或广义解进行处理. 所以弱解和广义解概念的引进, 给人们研究诸如激波的形成等按经典偏微分方程理论不能处理的物理学问题提供了数学理论方面的依托.

3.1.3 边值问题

实际物理问题中涉及的偏微分方程问题往往不是求其全部的解即**通解**, 而是需要求出其满足一定附加条件 (所谓**定解条件**) 的特定解, 这种附加条件大多数都是在求解区域的边界上给定. 这类问题叫做偏微分方程的**定解问题**. 由于偏微分方程一般很难求出其通解, 所以研究偏微分方程往往都是直接研究它们具体的定解问题. 一般来说, 不同类型的偏微分方程有不同类型的定解问题. 对于二阶椭圆型方程, 实际物理问题中经常遇到的定解问题有以下几类:

(1) **Dirichlet 边值问题**: 求方程 (3.1.1) 或 (3.1.8) 在开集 Ω 上的解 u, 使它在 Ω 的边界 $\partial\Omega$ 上等于一个给定的已知函数 h, 即

$$u(x)=h(x), \quad \forall x\in\partial\Omega. \tag{3.1.10}$$

定解条件 (3.1.10) 叫做 **Dirichlet 边值条件或第一边值条件**, 通常简写成 $u|_{\partial\Omega}=h$.

(2) **Neumann 边值问题**: 求方程 (3.1.1) 或 (3.1.8) 在开集 Ω 上的解 u, 使它在

Ω 的边界 $\partial\Omega$ 上满足以下条件:

$$\frac{\partial u(x)}{\partial \mu} = h(x), \quad \forall x \in \partial\Omega, \tag{3.1.11}$$

其中 h 是定义在 $\partial\Omega$ 上的已知函数, 向量场 $\mu = (\mu_1, \mu_2, \cdots, \mu_n)$ 的各个分量如下给定:

$$\mu_i(x) = \sum_{j=1}^{n} a_{ij}(x)\nu_j(x), \quad \forall x \in \partial\Omega,\ i = 1, 2, \cdots, n, \tag{3.1.12}$$

这里 $\nu = (\nu_1, \nu_2, \cdots, \nu_n)$ 为 $\partial\Omega$ 上的单位外法向场. 定解条件 (3.1.11) 叫做 **Neumann 边值条件或第二边值条件**, 通常简写成 $\left.\dfrac{\partial u}{\partial \mu}\right|_{\partial\Omega} = h$. 注意在讨论 Neumann 边值问题时, Ω 的边界 $\partial\Omega$ 应当至少是几乎处处 C^1 类光滑的, 以便单位外法向场 ν 至少在 $\partial\Omega$ 上几乎处处有定义.

向量场 μ 的意义说明如下: 从物理学的角度来看, 方程 (3.1.1) 或 (3.1.8) 都是稳态扩散方程 (3.1.6) 在考虑了其他物理因素之后的推广形式, 而方程 (3.1.6) 则是应用 Darcy 物质扩散定律或 Fourier 热传导定律得来的. 如果物质的扩散或热量的传导是在一个封闭的区域中进行的并在区域的边界处不发生与外界的物质交换或热交换, 则把 Darcy 物质扩散定律或 Fourier 热传导定律应用于区域的边界就得到了齐次的 (即 $h = 0$ 的)Neumann 边值条件; 而若在区域的边界处发生与外界的物质交换或热交换, 且已知这种交换的强度可用函数 h 表示, 则就得到了非齐次的 (即 $h \neq 0$ 的)Neumann 边值条件 (3.1.11). 换言之, 把各向异性且非均匀的介质中的 Darcy 物质扩散定律或 Fourier 热传导定律在稳态情形应用于区域内部就得到了方程 (3.1.6), 而应用于区域边界就得到了边值条件 (3.1.11).

(3) **Robin 边值问题**: 求方程 (3.1.1) 或 (3.1.8) 在开集 Ω 上的解 u, 使它在 Ω 的边界 $\partial\Omega$ 上满足以下条件:

$$\frac{\partial u(x)}{\partial \mu} + \sigma(x)u(x) = h(x), \quad \forall x \in \partial\Omega, \tag{3.1.13}$$

其中 σ 和 h 都是定义在 $\partial\Omega$ 上的已知函数, μ 的意义同前. 定解条件 (3.1.13) 叫做 **Robin 边值条件或第三边值条件**. 与 Neumann 边值问题类似, 在讨论 Neumann 边值问题时, Ω 的边界 $\partial\Omega$ 应当至少是几乎处处 C^1 类光滑的, 以便单位外法向场 ν 至少在 $\partial\Omega$ 上几乎处处有定义.

Robin 边值问题的一种很有意义的扩展是所谓**斜微商边值问题**, 这类问题中的定解条件是容许 (3.1.13) 中的向量场 μ 不是由 (3.1.12) 给出的向量场, 而是 $\partial\Omega$ 上的一个给定的、几乎处处都不是 $\partial\Omega$ 的切向量的向量场. 当 μ 在 $\partial\Omega$ 上处处都不是切向量时, 称 (3.1.13) 为**正则的斜微商边值条件**, 而当 μ 在 $\partial\Omega$ 上的某些点是切向量时, 称 (3.1.13) 是**非正则的斜微商边值条件**.

(4) **混合边值问题**: 设 $\partial\Omega$ 由互不相交的两部分 S_1 和 S_2 构成, 即 $\partial\Omega = S_1 \cup S_2$, 且 $S_1 \cap S_2 = \varnothing$. 求方程 (3.1.1) 或 (3.1.8) 在开集 Ω 上的解 u, 使它在 S_1 上满足 Dirichlet 边值条件, 在 S_2 上满足 Neumann 边值条件或 Robin 边值条件, 即

$$u(x) = h_1(x), \quad \forall x \in S_1, \quad \frac{\partial u(x)}{\partial \mu} = h_2(x), \quad \forall x \in S_2, \tag{3.1.14}$$

或

$$u(x) = h_1(x), \quad \forall x \in S_1, \quad \frac{\partial u(x)}{\partial \mu} + \sigma(x)u(x) = h_2(x), \quad \forall x \in S_2. \tag{3.1.15}$$

这样的边值条件叫做**混合型边值条件**.

(5) **等值面边值问题**: 设 $\partial\Omega$ 由互不相交的 $m+1$ 部分 $S_0, S_1, \cdots, S_m$ 构成, 即

$$\partial\Omega = S_0 \cup S_1 \cup \cdots \cup S_m, \quad S_i \cap S_j = \varnothing \text{ 当 } i \neq j.$$

(一般 S_0 是某个有界区域 D 的边界, $S_1, S_2, \cdots, S_m$ 是 D 中的一些曲面, 而 $\Omega = D \backslash \bigcup_{j=1}^{m} S_j$). 在 S_0 上给定上列几类边值条件之一, 在每个 S_i $(1 \leqslant i \leqslant m)$ 上给定下列类型的边值条件:

$$u(x) = \text{const.}, \quad \forall x \in S_i, \quad \text{且} \int_{S_i} \frac{\partial u(x)}{\partial \mu_i} \mathrm{d}S_x = c_i. \tag{3.1.16}$$

这里的 const. 是未知的, 它只表明 S_i 是解 u 的等值面, c_i 则是给定的常数, 而 μ_i 的意义与前面的 μ 类似. 来源于电动力学的等值面边值问题就是求方程 (3.1.1) 或 (3.1.8) 在开集 Ω 上的解 u, 使它在 $\partial\Omega$ 上满足上述定解条件. 边值条件 (3.1.16) 叫做**等值面条件**.

除以上几类定解问题外, 实际物理问题中还可碰到一些其他类型的定解问题, 这里不一一例举.

限于篇幅, 本章只讨论二阶线性椭圆型方程的 Dirichlet 边值问题. (2)、(3) 和 (4) 三类边值问题的处理方法与 Dirichlet 边值问题大体一致, 但本书不予讨论; 有需要了解的读者可参阅文献 [42, 76, 82, 120] 等. 至于第 (5) 类边值问题, 原则上可以化成 Dirichlet 问题来解决.

相应于方程的经典解、强解和弱解等概念, 对于各类边值问题也有经典解、强解和弱解等概念. 就 Dirichlet 问题问题而言, 经典解的意义非常明确, 而强解和弱解则指 Ω 上这样的函数 u, 它在 Ω 上分别是方程的强解和弱解, 而在 $\partial\Omega$ 上按迹的意义满足给定的 Dirichlet 边值条件.

习　题　3.1

1. 设 $n \geqslant 4$. 证明函数 $u(x)=\dfrac{|x|^{-(n-3)}}{(n-2)(n-3)}$ 是方程 $\Delta u=|x|^{-(n-1)}$ 在 $\mathbf{R}^n$ 上的强解.

2. 证明 Laplace 算子 Δ 的基本解 E (见习题 1.8 第 7 题) 不是 Laplace 方程 $\Delta u=0$ 在 $\mathbf{R}^n$ 上的弱解.

3. (1) 设 $a_{ij}\in W^{2,\infty}_{\rm loc}(\Omega)$, $i,j=1,2,\cdots,n$, $b_i\in W^{1,\infty}_{\rm loc}(\Omega)$, $i=1,2,\cdots,n$, $c\in L^\infty_{\rm loc}(\Omega)$, $f\in L^1_{\rm loc}(\Omega)$. 给出函数 $u\in L^1_{\rm loc}(\Omega)$ 是方程 (3.1.1) 在 Ω 上的弱解或广义解的确切定义.
   (2) 证明对 $\mathbf{R}^1$ 上的任意两个局部可积函数 f 和 g, 函数
$$u(x,t)=f(x-ct)+g(x+ct),\quad x\in\mathbf{R}^1,\ t\in\mathbf{R}^1$$
是波方程 $\partial_t^2u-c^2\partial_x^2u=0$ 在 $\mathbf{R}^2$ 上的弱解. 特别, 以速度 c 匀速行进的锯齿波和矩形波都是波方程的弱解.

4. 设 Ω 是 $\mathbf{R}^n$ 中的开集, $1\leqslant p<\infty$, $1\leqslant q\leqslant\infty$, $1\leqslant r\leqslant\infty$, $\dfrac{1}{p}-\dfrac{1}{q}\leqslant\dfrac{1}{n}$, $\dfrac{1}{p}-\dfrac{1}{r}\leqslant\dfrac{2}{n}$, 且当 $p=n$ 时 $q\neq\infty$, 当 $p=n/2$ 时 $r\neq\infty$. 令 L 为由 (3.1.2) 给出的偏微分算子, 其中 $a_{ij}\in L^{p'}_{\rm loc}(\Omega)$ $(i,j=1,2,\cdots,n)$, $b_i\in L^{q'}_{\rm loc}(\Omega)$ $(i=1,2,\cdots,n)$, $c\in L^{r'}_{\rm loc}(\Omega)$. 证明:
   (1) L 是映 $W^{2,p}_{\rm loc}(\Omega)$ 到 $L^1_{\rm loc}(\Omega)$ 的有界线性算子, 即对任意具有充分光滑边界的开集 $U\subset\subset\Omega$, L 是映 $W^{2,p}(U)$ 到 $L^1(U)$ 的有界线性算子.
   (2) 设 $u\in W^{2,p}_{\rm loc}(\Omega)$, $f\in L^1_{\rm loc}(\Omega)$, 则以下三个条件互相等价:
   (a) u 是方程 $Lu=f$ 在 Ω 上的强解;
   (b) 关系式 (3.1.7) 对任意 $\varphi\in C_0^\infty(\Omega)$ 都成立;
   (c) 关系式 (3.1.7) 对任意 $\varphi\in L_c^\infty(\Omega)$ 都成立. 这里 $L_c^\infty(\Omega)$ 表示由 Ω 上全体具有紧支集的本性有界可测函数组成的集合.

5. 设 Ω 是 $\mathbf{R}^n$ 中的有界开集, 边界充分光滑, $n\geqslant 3$, $a_{ij}\in L^\infty(\Omega)$ $(i,j=1,2,\cdots,n)$, $b_i\in L^n(\Omega)$ $(i=1,2,\cdots,n)$, $c\in L^{\frac{n}{2}}(\Omega)$. 令 L 为方程 (3.1.8) 左端的偏微分算子. 证明:
   (1) L 是映 $H^1(\Omega)$ 到 $H^{-1}(\Omega)$ 的有界线性算子.
   (2) 设 $u\in H_0^1(\Omega)$, $f\in H^{-1}(\Omega)$. 则 u 是 Dirichlet 边值问题
$$\begin{cases} Lv=f, & \text{在 } \Omega \text{ 内},\\ v=0, & \text{在 } \partial\Omega \text{ 上}\end{cases}$$
的弱解的充要条件是: 关系式 (3.1.9) 对任意 $\varphi\in H_0^1(\Omega)$ 都成立.

3.2　弱解的存在性

设 Ω 是 $\mathbf{R}^n$ 中的一个有界开集, 边界充分光滑, 而 $a_{ij},b_i,c\in L^\infty(\Omega)$ $(i,j=1,2,\cdots,n)$ 为给定的函数, 其中 a_{ij} 满足下述**一致椭圆性条件**:

$$a_{ij}=a_{ji},\ \ i,j=1,2,\cdots,n,\ \ \text{且存在常数 } c_0>0 \text{ 使 (3.1.3) 成立}. \tag{3.2.1}$$

用 L 表示方程 (3.1.8) 左端的偏微分算子, 即

$$Lu = -\sum_{i,j=1}^{n} \partial_j(a_{ij}\partial_i u) + \sum_{i=1}^{n} b_i\partial_i u + cu, \quad \forall u \in H^1(\Omega). \tag{3.2.2}$$

显然 L 是 $H^1(\Omega)$ 到 $H^{-1}(\Omega)$ 的有界线性算子, 且

$$\langle Lu, v\rangle = \sum_{i,j=1}^{n} \int_\Omega a_{ij}(x)\partial_i u(x)\partial_j v(x)\mathrm{d}x + \sum_{i=1}^{n} \int_\Omega b_i(x)\partial_i u(x)v(x)\mathrm{d}x$$
$$+ \int_\Omega c(x)u(x)v(x)\mathrm{d}x, \quad \forall u, v \in H_0^1(\Omega). \tag{3.2.3}$$

考虑下述 Dirichlet 边值问题:

$$\begin{cases} Lu = f, & \text{在 } \Omega \text{ 内}, \\ u = \psi, & \text{在 } \partial\Omega \text{ 上}, \end{cases} \tag{3.2.4}$$

其中 f 和 ψ 是分别定义在 Ω 和 $\partial\Omega$ 上的给定函数. 本节将采用 Hilbert 空间方法, 讨论这个问题 H^1 类弱解的存在性、唯一性和解 u 对已知函数 f 与 ψ 的连续依赖性.

所谓 H^1 类弱解, 是指属于 $H^1(\Omega)$ 的广义解. 显然, 为了得到问题 (3.2.4) 的这种解, f 必须满足条件 $f \in H^{-1}(\Omega)$. 此外, 由迹定理 (定理 2.8.10 结论 (5)) 知 $u \in H^1(\Omega)$ 蕴涵着 $u|_{\partial\Omega} \in H^{\frac{1}{2}}(\partial\Omega)$. 因此 (3.2.4) 中的边值函数 ψ 应满足条件 $\psi \in H^{\frac{1}{2}}(\partial\Omega)$. 因此给出如下定义:

定义 3.2.1 设 Ω 是 $\mathbf{R}^n$ 中的有界开集, $\partial\Omega \in C^1$, L 是由 (3.2.2) 定义的偏微分算子, $f \in H^{-1}(\Omega)$, $\psi \in H^{\frac{1}{2}}(\partial\Omega)$. 当函数 $u \in H^1(\Omega)$ 在 Ω 满足方程 $Lu = f$, 且在 $\partial\Omega$ 上的迹等于 ψ 时, 称 u 为 Dirichlet 问题 (3.2.4) 的 **H^1 类弱解**, 简称**弱解**.

由于 $\psi \in H^{\frac{1}{2}}(\partial\Omega)$, 所以根据定理 2.8.10 结论 (5) 知存在 $u_0 \in H^1(\Omega)$ 使成立 $u_0|_{\partial\Omega} = \psi$. 假如 $u \in H^1(\Omega)$ 是上述边值问题的弱解, 那么令 $v = u - u_0$, $g = f - Lu_0$, 则显然 $v \in H^1(\Omega)$, $g \in H^{-1}(\Omega)$, 且 v 是以下问题的弱解:

$$\begin{cases} Lv = g, & \text{在 } \Omega \text{ 内}, \\ v = 0, & \text{在 } \partial\Omega \text{ 上}. \end{cases} \tag{3.2.5}$$

反过来, 如果 $v \in H^1(\Omega)$ 是上述问题的弱解, 则易知 $u = v + u_0$ 是问题 (3.2.4) 的弱解. 因此, 为求解一般边值条件的 Dirichlet 问题 (3.2.4), 我们只需求解零边值的 Dirichlet 问题

$$\begin{cases} Lu = f, & \text{在 } \Omega \text{ 内}, \\ u = 0, & \text{在 } \partial\Omega \text{ 上}. \end{cases} \tag{3.2.6}$$

由于对 $u \in H^1(\Omega)$, $u|_{\partial\Omega} = 0$ 当且仅当 $u \in H_0^1(\Omega)$, 所以求边值问题 (3.2.6) 的弱解的问题等价于下述问题:

对给定的 $f \in H^{-1}(\Omega)$, 求 $u \in H_0^1(\Omega)$ 使在 Ω 上成立 $Lu = f$.

换言之, 当把 L 看作 $H^{-1}(\Omega)$ 上以 $H_0^1(\Omega)$ 为定义域的无界线性算子时, 求 Dirichlet 边值问题 (3.2.6) 的弱解等价于在 Hilbert 空间 $H^{-1}(\Omega)$ 中求方程 $Lu = f$ 的解. 因此, 下面就来研究当把 L 看作 $H^{-1}(\Omega)$ 上以 $H_0^1(\Omega)$ 为定义域的无界线性算子时, 方程 $Lu = f$ 的可解性问题. 注意在讨论这个问题时, 对开集 Ω 边界的条件 $\partial\Omega \in C^1$ 不起任何作用因而可以去掉.

首先考虑 $b_i = 0$ $(i = 1, 2, \cdots, n)$ 且 $c \geqslant 0$ 的特殊情况. 在这种情况下, 上述 Dirichlet 问题可应用 Riesz 表示定理很容易地解决. 回忆对于线性空间 X 和定义在 $X \times X$ 上的泛函 B(即 $B : X \times X \to \mathbf{R}^1$), 如果对每个固定的 $y \in X$, 映射 $x \mapsto B(x, y)$ 都是 X 上的线性泛函, 且对每个固定的 $x \in X$, 映射 $y \mapsto B(x, y)$ 也都是 X 上的线性泛函, 就称 B 为 $X \times X$ 上的**双线性泛函**, 也称 B 为 X 上的**双线性形式**. 如果还成立

$$B(x, y) = B(y, x), \quad \forall x, y \in X,$$

就称 B 是**对称的**. 进一步如果 X 是赋范线性空间, 范数为 $\|\cdot\|_X$, 且存在常数 $C > 0$ 使成立

$$|B(x, y)| \leqslant C\|x\|_X\|y\|_X, \quad \forall x, y \in X,$$

就称 B 是**有界的**; 而如果存在常数 $\mu > 0$ 使成立

$$B(x, x) \geqslant \mu\|x\|_X^2, \quad \forall x \in X,$$

就称 B 是**强制的**.

定理 3.2.2 设 Ω 是 $\mathbf{R}^n$ 中的有界开集, $a_{ij} \in L^\infty(\Omega)$ $(i, j = 1, 2, \cdots, n)$ 且满足一致椭圆性条件 (3.2.1). 又设 $c \in L^\infty(\Omega)$ 且 $c \geqslant 0$. 令 L 为由 (3.2.2) 定义的偏微分算子, 其中 $b_i = 0$ $(i = 1, 2, \cdots, n)$, 则对任意 $f \in H^{-1}(\Omega)$, Dirichlet 问题 (3.2.6) 存在唯一的弱解 $u \in H_0^1(\Omega)$, 而且映射 $f \mapsto u$ 是 $H^{-1}(\Omega)$ 到 $H_0^1(\Omega)$ 的有界线性算子.

证 令 $(\cdot,\cdot)'_{H_0^1(\Omega)}$ 为 $H_0^1(\Omega) \times H_0^1(\Omega)$ 上的下述泛函:

$$\begin{aligned}(u, v)'_{H_0^1(\Omega)} &= \langle Lu, v\rangle \\ &= \sum_{i,j=1}^n \int_\Omega a_{ij}(x)\partial_i u(x)\partial_j v(x)\mathrm{d}x + \int_\Omega c(x)u(x)v(x)\mathrm{d}x, \quad \forall u, v \in H_0^1(\Omega).\end{aligned}$$

$(\cdot,\cdot)'_{H_0^1(\Omega)}$ 显然是 $H_0^1(\Omega)$ 上的对称双线性形式. 应用一致椭圆性条件 (3.2.1)、条件

$c \geqslant 0$ 和 Poincaré不等式有

$$(u,u)'_{H_0^1(\Omega)} = \sum_{i,j=1}^{n} \int_\Omega a_{ij}(x)\partial_i u(x)\partial_j u(x)\mathrm{d}x + \int_\Omega c(x)u^2(x)\mathrm{d}x$$

$$\geqslant c_0\|\nabla u\|_{L^2(\Omega)}^2 \geqslant \mu\|u\|_{H_0^1(\Omega)}^2, \quad \forall u \in H_0^1(\Omega),$$

其中 μ 为正常数. 据此可知 $(\cdot,\cdot)'_{H_0^1(\Omega)}$ 是正定的双线性形式, 因此是 $H_0^1(\Omega)$ 上的内积. 令 $\|\cdot\|'_{H_0^1(\Omega)}$ 表示由这个内积所确定的 $H_0^1(\Omega)$ 上的范数. 则由上述不等式得 $\|u\|'_{H_0^1(\Omega)} \geqslant \sqrt{\mu}\|u\|_{H_0^1(\Omega)}$, $\forall u \in H_0^1(\Omega)$. 又由 a_{ij} 和 c 的有界性并应用 Cauchy–Schwartz 不等式, 容易证明不等式

$$|(u,v)'_{H_0^1(\Omega)}| \leqslant C\|u\|_{H_0^1(\Omega)}\|v\|_{H_0^1(\Omega)}, \quad \forall u,v \in H_0^1(\Omega),$$

其中 C 为正常数, 进而 $\|u\|'_{H_0^1(\Omega)} \leqslant \sqrt{C}\|u\|_{H_0^1(\Omega)}$, $\forall u \in H_0^1(\Omega)$. 因此范数 $\|\cdot\|'_{H_0^1(\Omega)}$ 与 $H_0^1(\Omega)$ 的原有范数等价. 这样一来, $H_0^1(\Omega)$ 按内积 $(\cdot,\cdot)'_{H_0^1(\Omega)}$ 也成为 Hilbert 空间. 于是由 Riesz 表示定理可知, 对任意 $f \in H^{-1}(\Omega)$ 存在唯一的 $u \in H_0^1(\Omega)$ 使成立

$$(u,v)'_{H_0^1(\Omega)} = \langle f,v\rangle, \quad \forall v \in H_0^1(\Omega),$$

而且映射 $f \mapsto u$ 是 $H^{-1}(\Omega)$ 到 $H_0^1(\Omega)$ 的有界线性算子. 由于 $(u,v)'_{H_0^1(\Omega)} = \langle Lu,v\rangle$, 所以从上面这个关系式即知在 Ω 上成立 $Lu=f$. 而 $u \in H_0^1(\Omega)$ 蕴涵着 $u|_{\partial\Omega}=0$, 所以 u 是 Dirichlet 问题 (3.2.6) 的弱解. 这就完成了定理 3.2.2 的证明. □

推论 3.2.3 设 Ω 是 $\mathbf{R}^n$ 中的有界开集, $\partial\Omega \in C^1$, 则在定理 3.2.2 关于系数的假设条件下, 成立下述结论: 对任意 $f \in H^{-1}(\Omega)$ 和 $\psi \in H^{\frac{1}{2}}(\partial\Omega)$, Dirichlet 问题 (3.2.4) 存在唯一的弱解 $u \in H^1(\Omega)$, 且映射 $(f,\psi) \mapsto u$ 是 $H^{-1}(\Omega) \times H^{\frac{1}{2}}(\partial\Omega)$ 到 $H^1(\Omega)$ 的有界线性算子. □

为了解决一般情形下的 Dirichlet 问题, 需要借助于 Riesz 表示定理的下述推广:

定理 3.2.4 (Lax–Milgram) 设 X 是 Hilbert 空间, B 是 X 上有界的、强制的双线性形式. 则对任意 $f \in X'$, 存在唯一的 $x_f \in X$ 使成立

$$B(x_f,y) = \langle f,y\rangle, \quad \forall y \in X,$$

而且映射 $f \mapsto x_f$ 是 X' 到 X 的有界线性算子.

证 对任意给定的 $x \in X$, 由 B 的双线性性和有界性知映射 $y \mapsto B(x,y)$ 是 X 上的连续线性泛函, 所以应用 Riesz 表示定理知存在唯一的 $z_x \in X$ 使成立 $B(x,y) = (z_x,y)$, $\forall y \in X$, 等式右端的 $(\cdot,\cdot)$ 表示 X 的内积. 这样就定义了一个 X

到其自身的映射 $A: x \mapsto z_x$, 使成立 $B(x,y)=(Ax,y)$, $\forall y\in X$. 易知 A 是线性映射. 由 B 的有界性有

$$\|Ax\|_X=\sup_{\substack{y\in X\\ y\neq 0}}\frac{|(Ax,y)|}{\|y\|_X}=\sup_{\substack{y\in X\\ y\neq 0}}\frac{|B(x,y)|}{\|y\|_X}\leqslant C\|x\|_X,\quad \forall x\in X,$$

这说明 A 是有界线性映射. 再证明 A 是单射. 事实上, 由 B 的强制性有

$$\mu\|x\|_X^2\leqslant B(x,x)=(Ax,x)\leqslant\|Ax\|_X\|x\|_X,\quad \forall x\in X,$$

从而

$$\|Ax\|_X\geqslant\mu\|x\|_X,\quad \forall x\in X. \tag{3.2.7}$$

据此立知 A 是单射. 由以上不等式还可证明 A 的值域 $R(A)$ 是 X 的闭子空间. 事实上, 对任意点列 $\{x_n\}_{n=1}^\infty\subseteq X$, 假如 $\lim\limits_{n\to\infty}Ax_n=y$, 则由 (3.2.7) 得

$$\|x_m-x_n\|_X\leqslant\mu^{-1}\|Ax_m-Ax_n\|_X\to 0 \ \text{当}\ m,n\to\infty,$$

说明 $\{x_n\}_{n=1}^\infty$ 是 X 中的 Cauchy 列, 从而在 X 中收敛. 记 $x=\lim\limits_{n\to\infty}x_n$. 则由 A 的连续性有 $Ax=\lim\limits_{n\to\infty}Ax_n=y$, 说明 $y\in R(A)$. 所以 $R(A)$ 是 X 的闭子空间. 再来证明 $R(A)=X$. 若否, 则因 $R(A)$ 是 X 的闭子空间, 便存在 $z\in X$, $z\neq 0$, 使得 $z\perp R(A)$. 应用这些条件和 B 的强制性我们有

$$0<\mu\|z\|_X^2\leqslant B(z,z)=(Az,z)=0,$$

而这是个矛盾. 因此 $R(A)=X$, 即 A 是满射. 这样一来, 根据 Banach 逆算子定理知 A^{-1} 是 X 到其自身的有界线性算子.

现在对任意给定的 $f\in X'$, 先应用 Riesz 表示定理知存在唯一的 $u_f\in X$ 使成立 $(u_f,y)=\langle f,y\rangle$, $\forall y\in X$, 再令 $x_f=A^{-1}u_f$, 则有

$$B(x_f,y)=(Ax_f,y)=(u_f,y)=\langle f,y\rangle,\quad \forall y\in X,$$

且因 Riesz 表示定理已保证了映射 $f\mapsto u_f$ 是 X' 到 X 的有界线性映射, 所以映射 $f\mapsto x_f$ 作为这个映射与 A^{-1} 的复合, 也是 X' 到 X 的有界线性映射. 这就完成了定理 3.2.4 的证明. □

还需要建立一些关于二阶椭圆算子 L 的积分估计.

定理 3.2.5 (能量估计)　设 Ω 是 $\mathbf{R}^n$ 中的有界开集, $a_{ij}\in L^\infty(\Omega)$ $(i,j=1,2,\cdots,n)$ 且满足一致椭圆性条件 (3.2.1), $b_i\in L^\infty(\Omega)$ $(i=1,2,\cdots,n)$, $c\in L^\infty(\Omega)$, 则存在常数 $C>0$, $\mu>0$ 和 $C'>0$ 使成立

$$|\langle Lu,v\rangle|\leqslant C\|u\|_{H_0^1(\Omega)}\|v\|_{H_0^1(\Omega)},\quad \forall u,v\in H_0^1(\Omega), \tag{3.2.8}$$

$$\langle Lu, u\rangle \geqslant \mu\|u\|^2_{H^1_0(\Omega)} - C'\|u\|^2_{L^2(\Omega)}, \quad \forall u \in H^1_0(\Omega). \tag{3.2.9}$$

证 不等式 (3.2.8) 由 $\langle Lu, v\rangle$ 的表达式 (3.2.3) 并应用 a_{ij}, b_i 和 c 的有界性和 Cauchy–Schwartz 不等式很易得到. 这里只证明 (3.2.9). 事实上, 由一致椭圆性条件 (3.2.1) 以及 b_i 和 c 的有界性有

$$\begin{aligned}\langle Lu, u\rangle &= \sum_{i,j=1}^n \int_\Omega a_{ij}(x)\partial_i u(x)\partial_j u(x)\mathrm{d}x + \sum_{i=1}^n \int_\Omega b_i(x)\partial_i u(x)u(x)\mathrm{d}x + \int_\Omega c(x)u^2(x)\mathrm{d}x\\ &\geqslant c_0\|\nabla u\|^2_{L^2(\Omega)} - C_1\|\nabla u\|_{L^2(\Omega)}\|u\|_{L^2(\Omega)} - C_2\|u\|^2_{L^2(\Omega)}, \quad \forall u \in H^1_0(\Omega).\end{aligned}$$

对不等号右端第二项应用不等式

$$\|\nabla u\|_{L^2(\Omega)}\|u\|_{L^2(\Omega)} \leqslant \frac{c_0}{2C_1}\|\nabla u\|^2_{L^2(\Omega)} + \frac{C_1}{2c_0}\|u\|^2_{L^2(\Omega)}$$

便得

$$\langle Lu, u\rangle \geqslant \frac{c_0}{2}\|\nabla u\|^2_{L^2(\Omega)} - C_3\|u\|^2_{L^2(\Omega)}, \quad \forall u \in H^1_0(\Omega).$$

再应用 Poincaré不等式即得 (3.2.9). 证毕. □

应用以上两个定理便可得到

定理 3.2.6 *在定理 3.2.5 的条件下, 存在常数 $\lambda_0 \in \mathbf{R}$ 使当 $\lambda \geqslant \lambda_0$ 时, 对任意 $f \in H^{-1}(\Omega)$, Dirichlet 问题*

$$\begin{cases} Lu + \lambda u = f, & \text{在 } \Omega \text{ 内},\\ u = 0, & \text{在 } \partial\Omega \text{ 上} \end{cases} \tag{3.2.10}$$

都存在唯一的弱解 $u \in H^1_0(\Omega)$, 且映射 $f \mapsto u$ 是 $H^{-1}(\Omega)$ 到 $H^1_0(\Omega)$ 的有界线性算子.

证 对任意 $\lambda \in \mathbf{R}$, 令 B 为 $H^1_0(\Omega) \times H^1_0(\Omega)$ 上的下述泛函:

$$B(u, v) = \langle Lu, v\rangle + \lambda(u, v)_{L^2(\Omega)}, \quad \forall u, v \in H^1_0(\Omega),$$

其中 $(u, v)_{L^2(\Omega)}$ 表示 u, v 的 $L^2(\Omega)$ 内积. 根据估计式 (3.2.8) 易见 B 是 $H^1_0(\Omega)$ 上的有界双线性形式. 又由估计式 (3.2.9) 还可看出当 $\lambda \geqslant C'$ 时成立

$$B(u, u) \geqslant \mu\|u\|^2_{H^1_0(\Omega)}, \quad \forall u \in H^1_0(\Omega),$$

从而当 $\lambda \geqslant C'$ 时 B 是强制的. 因此应用 Lax–Milgram 定理即知当 $\lambda \geqslant C'$ 时, 对任意 $f \in H^{-1}(\Omega)$ 都存在唯一的 $u \in H^1_0(\Omega)$ 使成立 $B(u, v) = \langle f, v\rangle$, $\forall v \in H^1_0(\Omega)$, 而且映射 $f \mapsto u$ 是 $H^{-1}(\Omega)$ 到 $H^1_0(\Omega)$ 的有界线性算子. 等式 $B(u, v) = \langle f, v\rangle$ 即是 $\langle Lu, v\rangle + \lambda(u, v)_{L^2(\Omega)} = \langle f, v\rangle$, 它可改写成 $\langle Lu + \lambda u, v\rangle = \langle f, v\rangle$. 所以这个等式

对任意 $v \in H_0^1(\Omega)$ 都成立等价于在 Ω 上成立 $Lu+\lambda u=f$. 而 $u \in H_0^1(\Omega)$ 等价于 $u \in H^1(\Omega)$ 且 $u|_{\partial\Omega}=0$, 所以前面得到的结论意味着对任意 $f \in H^{-1}(\Omega)$, 问题 (3.2.10) 都有唯一的弱解 $u \in H_0^1(\Omega)$, 且映射 $f \mapsto u$ 是 $H^{-1}(\Omega)$ 到 $H_0^1(\Omega)$ 的有界线性算子. 因此只要取 $\lambda_0 = C'$, 就得到了定理 3.2.4 的全部结论. 证毕. □

注　上述证明中所取的 $\lambda_0 = C'$ 是正数, 但这并不意味着使定理 3.2.6 结论成立的 λ_0 只能是正数. 事实上, $\lambda_0 = C'$ 的取法依据的是估计式 (3.2.9); 如果某个算子 L 满足比 (3.2.9) 更强的估计式, 则对这个算子而言可取到比 C' 更小甚至小于零的 λ_0. 比如, 如果 $b_i \in W^{1,\infty}(\Omega)$ $(i=1,2,\cdots,n)$ 且 $\nu = \inf\limits_{x\in\Omega}\left[c(x) - \dfrac{1}{2}\sum\limits_{i=1}^n \partial_i b_i(x)\right] > 0$, 则通过分部积分并应用条件 (3.2.1) 可得以下估计式:

$$\langle Lu, u\rangle \geqslant \mu\|\nabla u\|_{L^2(\Omega)}^2 + \nu\|u\|_{L^2(\Omega)}^2, \quad \forall u \in H_0^1(\Omega).$$

这时便可取 $\lambda_0 = -\nu$, 这是一个负数.

应用定理 3.2.6, 我们有下述 **Fredholm 二择一定理**:

定理 3.2.7　*在与定理 3.2.6 相同的假设条件和记号下, 以下两个结论有且仅有一个成立:*

(1) 对任意 $f \in H^{-1}(\Omega)$, 问题 (3.2.6) 有唯一的弱解 $u \in H_0^1(\Omega)$;

(2) 对 $f=0$, 问题 (3.2.6) 有非零的弱解 $u \in H_0^1(\Omega)$.

而且当结论 (1) 成立时, 解映射 $f \mapsto u$ 是 $H^{-1}(\Omega)$ 到 $H_0^1(\Omega)$ 的有界线性算子.

证　根据定理 3.2.6, 存在常数 $\lambda_0 \in \mathbf{R}$ 使当 $\lambda \geqslant \lambda_0$ 时, 对任意 $f \in H^{-1}(\Omega)$ 问题 (3.2.10) 都存在唯一的弱解 $u \in H_0^1(\Omega)$, 且映射 $A_\lambda : f \mapsto u$ 是 $H^{-1}(\Omega)$ 到 $H_0^1(\Omega)$ 的有界线性算子. 取定一个 $\lambda \geqslant \lambda_0$ (比如取 $\lambda = \lambda_0$), 然后改写问题 (3.2.6) 为

$$\begin{cases} Lu + \lambda u = f + \lambda u, & \text{在 } \Omega \text{ 内}, \\ u = 0 & \text{在 } \partial\Omega \text{ 上}, \end{cases}$$

因此问题 (3.2.6) 等价于以下方程:

$$u = A_\lambda(f + \lambda u),$$

即

$$u - \lambda A_\lambda u = A_\lambda f. \tag{3.2.11}$$

因 A_λ 是 $H^{-1}(\Omega)$ 到 $H_0^1(\Omega)$ 的有界线性算子, 而从 $H_0^1(\Omega)$ 到 $H^{-1}(\Omega)$ 的嵌入算子是紧算子, 所以当把 A_λ 限制在 $H_0^1(\Omega)$ 上时, 就得到了一个紧算子 $A_\lambda : H_0^1(\Omega) \to H_0^1(\Omega)$. 这样由紧算子的 Fredholm 理论即知成立等式

$$\dim N(I - \lambda A_\lambda) = \operatorname{codim} R(I - \lambda A_\lambda),$$

这里 $N(\cdot)$ 表示算子的零空间即核, $R(\cdot)$ 表示算子的值域空间. 因此映射 $I-\lambda A_\lambda: H_0^1(\Omega)\to H_0^1(\Omega)$ 是满射当且仅当它是单射, 亦即或者对任意 $g\in H_0^1(\Omega)$ 方程 $u-\lambda A_\lambda u=g$ 有唯一的解 $u\in H_0^1(\Omega)$, 或者方程 $u-\lambda A_\lambda u=0$ 有非零解 $u\in H_0^1(\Omega)$, 而且两种情况有且只有一种情况发生. 由于对任意 $f\in H^{-1}(\Omega)$ 都有 $A_\lambda f\in H_0^1(\Omega)$, 所以对 $g=A_\lambda f$ 应用以上结果, 即知或者对任意 $f\in H^{-1}(\Omega)$ 方程 (3.2.11) 都有唯一的解 $u\in H_0^1(\Omega)$, 或者对 $f=0$ 方程 (3.2.11) 有非零解 $u\in H_0^1(\Omega)$, 因此结论 (1) 和 (2) 有且只有一个成立. 最后, 从 (3.2.11) 可知当结论 (1) 成立时解有表达式 $u=(I-\lambda A_\lambda)^{-1}A_\lambda f$. 而根据 Banach 逆算子定理知在这种情况下 $(I-\lambda A_\lambda)^{-1}$ 是 $H_0^1(\Omega)$ 到其自身的有界线性算子, 又已知 A_λ 是 $H^{-1}(\Omega)$ 到 $H_0^1(\Omega)$ 的有界线性算子, 所以当结论 (1) 成立时解算子 $f\mapsto u$ 是 $H^{-1}(\Omega)$ 到 $H_0^1(\Omega)$ 的有界线性算子. 定理 3.2.7 证毕. □

推论 3.2.8 设 Ω 是 $\mathbf{R}^n$ 中的有界开集, $\partial\Omega\in C^1$. 则在定理 3.2.7 关于系数的假设条件下, 以下两个结论有且仅有一个成立:

(1) 对任意 $f\in H^{-1}(\Omega)$ 和任意 $\psi\in H^{\frac{1}{2}}(\partial\Omega)$, 问题 (3.2.4) 有唯一的弱解 $u\in H^1(\Omega)$;

(2) 对 $f=0$ 和 $\psi=0$, 问题 (3.2.4) 有非零的弱解 $u\in H_0^1(\Omega)$.

而且当结论 (1) 成立时, 解映射 $(f,\psi)\mapsto u$ 是 $H^{-1}(\Omega)\times H^{\frac{1}{2}}(\partial\Omega)$ 到 $H^1(\Omega)$ 的有界线性算子. □

定理 3.2.7 和推论 3.2.8 表明, 在一阶导数项系数 b_i 不全为零、零阶导数项系数 c 不一定非负的一般情况下, 虽然不能像在 $b_i=0$ $(i=1,2,\cdots,n)$ 且 $c\geqslant 0$ 的特殊情况时那样肯定地得到 Dirichlet 问题 (3.2.4) 弱解的存在唯一性, 事实上的确存在这种情况的例子 (参考 3.4 节对特征值问题的讨论), 使得问题 (3.2.4) 并不是对所有的 $f\in H^{-1}(\Omega)$ 和 $\psi\in H^{\frac{1}{2}}(\partial\Omega)$ 甚至 $f\in C^\infty(\overline{\Omega})$ 和 $\psi\in C^\infty(\partial\Omega)$ 都有解, 但却保证了, 只要相应的齐次 Dirichlet 问题只有零解, 那么这个问题便对任意 $f\in H^{-1}(\Omega)$ 和 $\psi\in H^{\frac{1}{2}}(\partial\Omega)$ 都有弱解存在, 即弱解的存在性可由弱解的唯一性推出, 因此把解的存在性问题归结为解的唯一性问题; 在许多情况下, 后者一般要比前者容易处理一些.

习 题 3.2

1. 假设在定理3.2.6的条件下, 还成立 $b_i\in W^{1,\infty}(\Omega)(i=1,2,\cdots,n)$且 $c(x)\geqslant\dfrac{1}{2}\sum\limits_{i=1}^n\partial_i b_i(x)$, a.e. $x\in\Omega$. 证明: 对任意 $f\in H^{-1}(\Omega)$, Dirichlet 问题 (3.2.6) 存在唯一的弱解 $u\in H_0^1(\Omega)$, 而且解映射 $f\mapsto u$ 是 $H^{-1}(\Omega)$ 到 $H_0^1(\Omega)$ 的有界线性算子.
2. 设 Ω 是 $\mathbf{R}^n$ 中的有界开集, $n\geqslant 3$, $a_{ij}\in L^\infty(\Omega)$ $(i,j=1,2,\cdots,n)$, $b_i\in L^p(\Omega)$ $(p>n$, $i=1,2,\cdots,n)$, $c\in L^q(\Omega)$ $(q>n/2)$. 令 L 为由 (3.2.2) 给出的一致椭圆型偏微分算子.

证明: 存在常数 $\lambda_0 \in \mathbf{R}$ 使当 $\lambda \geqslant \lambda_0$ 时, 对任意 $f \in H^{-1}(\Omega)$, Dirichlet 问题 (3.2.10) 都存在唯一的弱解 $u \in H_0^1(\Omega)$, 且映射 $f \mapsto u$ 是 $H^{-1}(\Omega)$ 到 $H_0^1(\Omega)$ 的有界线性算子.

3. 设 Ω 是 $\mathbf{R}^n$ 中的有界开集, 边界充分光滑. 对给定的 $f \in L^2(\Omega)$, Dirichlet 边值问题

$$\begin{cases} \Delta^2 u = f, & \text{在 } \Omega \text{ 内}, \\ u = \dfrac{\partial u}{\partial \nu} = 0, & \text{在 } \partial\Omega \text{ 上} \end{cases}$$

(其中 ν 表示 $\partial\Omega$ 的单位外法向量场) 的弱解定义为使关系式

$$\int_\Omega \Delta u(x) \Delta \varphi(x) \mathrm{d}x = \int_\Omega f(x)\varphi(x)\mathrm{d}x$$

对所有 $\varphi \in H_0^2(\Omega)$ 都成立的函数 $u \in H_0^2(\Omega)$. 证明对任意给定的 $f \in L^2(\Omega)$, 上述边值问题都有唯一的弱解 $u \in H_0^2(\Omega)$, 且解映射 $f \mapsto u$ 是 $L^2(\Omega)$ 到 $H_0^2(\Omega)$ 的有界线性算子.

4. 设 Ω 是 $\mathbf{R}^n$ 中的有界区域, 边界充分光滑. 对给定的 $f \in L^2(\Omega)$, Neumann 边值问题

$$\begin{cases} \Delta u = f, & \text{在 } \Omega \text{ 内}, \\ \dfrac{\partial u}{\partial \nu} = 0, & \text{在 } \partial\Omega \text{ 上} \end{cases}$$

(其中 ν 表示 $\partial\Omega$ 的单位外法向量场) 的弱解定义为使关系式

$$\int_\Omega \nabla u(x) \nabla \varphi(x) \mathrm{d}x = \int_\Omega f(x)\varphi(x)\mathrm{d}x$$

对所有 $\varphi \in H^1(\Omega)$ 都成立的函数 $u \in H^1(\Omega)$. 证明对给定的 $f \in L^2(\Omega)$, 上述边值问题存在弱解当且仅当 f 满足条件 $\displaystyle\int_\Omega f(x)\mathrm{d}x = 0$.

3.3 解的正则性

本节考虑这样的问题: 对于边值问题 (3.2.4), 如果函数 f 属于比 $H^{-1}(\Omega)$ 正则性更好的空间, 同样函数 ψ 属于比 $H^{\frac{1}{2}}(\partial\Omega)$ 正则性更好的空间, 问解 u 是否也相应地属于比 $H^1(\Omega)$ 正则性更好的空间? 这类问题叫做**解的正则性**问题. 本节将证明, 粗略地说, 当系数 a_{ij}, b_i 和 c 和区域边界 $\partial\Omega$ 都充分光滑时, Dirichlet 问题 (3.2.4) 的解 u 在求解区域内部各处的正则性比方程右端项 f 在相应位置的正则性高两阶而与边值函数 ψ 的正则性无关, 在区域边界 $\partial\Omega$ 上各处的正则性则由 f 和 ψ 在相应位置的正则性共同决定. 这里特别申明, **本节始终假定二阶导数项系数 a_{ij} 满足一致椭圆性条件 (3.2.1)**, 因此各个定理都不再重复这个假设条件, 而只陈述涉及各已知函数和区域边界的正则性的假设条件, 以便使得解的正则性与各已知函数和区域边界的正则性的关系显得清晰.

3.3.1 弱导数与差商的关系

先证明关于弱导数的一个简单定理, 它告诉我们, 判断一个函数是否有弱导数的问题在一定条件下可以转化为对这个函数的差商作积分估计的问题.

定义 3.3.1 设 Ω 是 $\mathbf{R}^n$ 中的开集, u 是 Ω 上的局部可积函数, σ 为绝对值充分小的非零实数, 即 $0<|\sigma|\ll 1$. 对每个 $1\leqslant i\leqslant n$, u 关于第 i 个坐标的尺度为 σ 的**差分** $\Delta_i^\sigma u$定义为在任意满足条件 $d(U,\partial\Omega)>|\sigma|$ 的开集 $U\subseteq\Omega$ 上定义的下述函数:

$$\Delta_i^\sigma u(x)=u(x+\sigma e_i)-u(x),\quad \forall x\in U, \tag{3.3.1}$$

其中 e_i 表示 $\mathbf{R}^n$ 中第 i 个坐标方向上的单位向量; u 关于第 i 个坐标的尺度为 σ 的**差商** $\Delta_i^\sigma u$则定义为差分 $\Delta_i^\sigma u$ 与 σ 的商, 即

$$D_i^\sigma u(x)=\frac{1}{\sigma}\Delta_i^\sigma u(x)=\frac{u(x+\sigma e_i)-u(x)}{\sigma},\quad \forall x\in U. \tag{3.3.2}$$

不难知道, 关于差分运算成立下述 "Leibniz 公式":

$$\Delta_i^\sigma[u(x)v(x)]=\Delta_i^\sigma u(x)v(x+\sigma e_i)+u(x)\Delta_i^\sigma v(x),\quad i=1,2,\cdots,n, \tag{3.3.3}$$

进而关于差商运算也成立类似的 "Leibniz 公式":

$$D_i^\sigma[u(x)v(x)]=D_i^\sigma u(x)v(x+\sigma e_i)+u(x)D_i^\sigma v(x),\quad i=1,2,\cdots,n. \tag{3.3.4}$$

定理 3.3.2 设 Ω 是 $\mathbf{R}^n$ 的任意开子集, 则有下列结论:

(1) 设 $1\leqslant p<\infty$ 且 $u\in W^{1,p}(\Omega)$. 则对任意开集 $U\subset\subset\Omega$ 和任意满足条件 $0<|\sigma|<d(U,\partial\Omega)$ 的非零实数 σ 都成立

$$\|D_i^\sigma u\|_{L^p(U)}\leqslant\|\partial_i u\|_{L^p(\Omega)},\quad i=1,2,\cdots,n. \tag{3.3.5}$$

(2) 设 $1<p<\infty$ 且 $u\in L^p(\Omega)$. 又设开集 $U\subset\subset\Omega$. 如果对某个 $1\leqslant i\leqslant n$ 存在常数 $M>0$ 和充分小的 $\delta>0$ (特别, $0<\delta<d(U,\partial\Omega)$), 使对任意满足条件 $0<|\sigma|<\delta$ 的实数 σ 都成立

$$\|D_i^\sigma u\|_{L^p(U)}\leqslant M, \tag{3.3.6}$$

则弱导数 $\partial_i u$ 在 U 上存在, $\partial_i u\in L^p(U)$ 且 $\|\partial_i u\|_{L^p(U)}\leqslant M$. 进一步如果上式对每个 $1\leqslant i\leqslant n$ 都成立, 则 $u\in W^{1,p}(U)$ 且 $\|\nabla u\|_{L^p(U)}\leqslant\sqrt{n}M$.

证 (1) 先设 $u\in W^{1,p}(\Omega)\cap C^1(\Omega)$. 对每个 $1\leqslant i\leqslant n$, 当 $0<|\sigma|<d(U,\partial\Omega)$ 时有

$$u(x+\sigma e_i)-u(x)=\sigma\int_0^1\partial_i u(x+t\sigma e_i)\mathrm{d}t,\quad \forall x\in U.$$

因此

$$\begin{aligned}\|D_i^\sigma u\|_{L^p(U)} &= \left(\int_U\left|\int_0^1 \partial_i u(x+t\sigma e_i)\mathrm{d}t\right|^p \mathrm{d}x\right)^{\frac{1}{p}}\\&\leqslant \int_0^1\left(\int_U|\partial_i u(x+t\sigma e_i)|^p\mathrm{d}x\right)^{\frac{1}{p}}\mathrm{d}t \leqslant \|\partial_i u\|_{L^p(\Omega)}.\end{aligned}$$

这就证明了不等式 (3.3.5) 对所有 $u\in W^{1,p}(\Omega)\cap C^1(\Omega)$ 成立. 对一般的 $u\in W^{1,p}(\Omega)$, 通过用磨光函数逼近的方法便可得到相同的不等式.

(2) 取一个收敛于零的实数列 $\{\sigma_j\}_{j=1}^\infty$ 使其中每个数都满足 $0<|\sigma_j|<\delta$. 由 (3.3.6) 知函数列 $\{D_i^{\sigma_j}u\}_{j=1}^\infty$ 在 $L^p(U)$ 中有界. 因 $1<p<\infty$, 所以这个函数列在 $L^p(U)$ 中有弱收敛的子列, 不妨就设它本身在 $L^p(U)$ 中弱收敛. 记 $v_i=\text{w-}\lim\limits_{j\to\infty}D_i^{\sigma_j}u$ $(L^p(U))$①, 并令 $\hat{u}$ 为在 U 上等于 u、而在 $\mathbf{R}^n\backslash U$ 上等于零的函数. 则对任意 $\varphi\in C_0^\infty(U)$ 有

$$\begin{aligned}\int_U v_i(x)\varphi(x)\mathrm{d}x &= \lim_{j\to\infty}\int_U D_i^{\sigma_j}u(x)\varphi(x)\mathrm{d}x = \lim_{j\to\infty}\int_U\frac{u(x+\sigma_j e_i)-u(x)}{\sigma_j}\varphi(x)\mathrm{d}x\\&= \lim_{j\to\infty}\int_{\mathbf{R}^n}\frac{\hat{u}(x+\sigma_j e_i)-\hat{u}(x)}{\sigma_j}\varphi(x)\mathrm{d}x\\&= -\lim_{j\to\infty}\int_{\mathbf{R}^n}\hat{u}(x)\frac{\varphi(x)-\varphi(x-\sigma_j e_i)}{\sigma_j}\mathrm{d}x\\&= -\int_{\mathbf{R}^n}\hat{u}(x)\partial_i\varphi(x)\mathrm{d}x = -\int_U u(x)\partial_i\varphi(x)\mathrm{d}x.\end{aligned}$$

上面第三个等号成立是因为 $\varphi\in C_0^\infty(U)$ 意味着 $\mathrm{supp}\varphi$ 是 U 的紧子集, 从而当 $x\in\mathrm{supp}\varphi$ 且 j 充分大时必有 $x+\sigma_j e_i\in U$, 进而 $u(x+\sigma_j e_i)=\hat{u}(x+\sigma_j e_i)$. 由以上等式即知弱导数 $\partial_i u$ 在 U 上存在且 $\partial_i u=v_i$. 再由 $v_i=\text{w-}\lim\limits_{j\to\infty}D_i^{\sigma_j}u$ $(L^p(U))$ 和条件 (3.3.6) 知 $\|v_i\|_{L^p(U)}\leqslant M$, 即 $\|\partial_i u\|_{L^p(U)}\leqslant M$. 这就证明了结论 (2) 的前半部分. 后半部分结论是前半部分的显然推论. 证毕. □

从上面的证明我们看到, 在一定条件下成立下述关于差商运算的 "分部积分公式":

$$\int_\Omega D_i^\sigma u(x)v(x)\mathrm{d}x = -\int_\Omega u(x)D_i^{-\sigma}v(x)\mathrm{d}x,\quad i=1,2,\cdots,n. \tag{3.3.7}$$

通过做简单的分析即可知道, 这个等式当 $u\in L^p(\Omega)$, $v\in L^q(\Omega)$, 其中 $\dfrac{1}{p}+\dfrac{1}{q}=1$ 并且 u 和 v 至少有一个的支集与 Ω 的边界有正的距离, 且 $|\sigma|$ 小于 $\mathrm{supp}u$ 或 $\mathrm{supp}v$ 到 $\partial\Omega$ 的距离时成立.

① w-lim 表示弱极限.

3.3.2 解的内正则性

下面讨论 Dirichlet 问题 (3.2.4) 弱解的正则性. 先考虑弱解在求解区域内部的正则性, 暂不考虑解在区域边界处的性态. 因此需要考虑不带边界条件的方程

$$Lu=f, \quad 在\ \Omega\ 内, \tag{3.3.8}$$

其中 Ω 是 $\mathbf{R}^n$ 中的任意开集, L 是由 (3.2.2) 给出的二阶偏微分算子, 满足一致椭圆型条件 (3.2.1), f 是 Ω 上的已知函数.

定理 3.3.3 设 $a_{ij}\in C^1(\Omega)\cap L^\infty(\Omega)$ $(i,j=1,2,\cdots,n)$ 且 $b_i,c\in L^\infty(\Omega)$ $(i=1,2,\cdots,n)$. 又设 $f\in L^2(\Omega)$. 再设 $u\in H^1(\Omega)$ 是方程 $Lu=f$ 在 Ω 上的弱解. 则 $u\in H^2_{\rm loc}(\Omega)$, 且对任意开集 $U\subset\subset\Omega$ 存在相应的 (与 f 及 u 无关的) 常数 $C>0$ 使成立

$$\|u\|_{H^2(U)}\leqslant C(\|f\|_{L^2(\Omega)}+\|u\|_{H^1(\Omega)}). \tag{3.3.9}$$

证 由于 u 是方程 $Lu=f$ 在 Ω 上的弱解, 所以对任意 $\varphi\in C_0^\infty(\Omega)$ 都成立

$$\sum_{i,j=1}^n\int_\Omega a_{ij}(x)\partial_i u(x)\partial_j\varphi(x){\rm d}x+\sum_{i=1}^n\int_\Omega b_i(x)\partial_i u(x)\varphi(x){\rm d}x$$
$$+\int_\Omega c(x)u(x)\varphi(x){\rm d}x=\int_\Omega f(x)\varphi(x){\rm d}x. \tag{3.3.10}$$

在定理所设条件下, 上式中的每个积分显然对任意 $\varphi\in H_0^1(\Omega)$ 也都有意义. 因此通过用 $C_0^\infty(\Omega)$ 中的函数列逼近 $H_0^1(\Omega)$ 中函数的方法, 可知上式对任意 $\varphi\in H_0^1(\Omega)$ 也都成立.

对任意开集 $U\subset\subset\Omega$, 取开集 V 使 $U\subset\subset V\subset\subset\Omega$. 再取截断函数 $\psi\in C_0^\infty(\mathbf{R}^n)$ 使满足条件:

$$0\leqslant\psi\leqslant 1; \quad \psi(x)=1,\ \forall x\in U; \quad {\rm supp}\psi\subseteq V.$$

记 $\delta=\dfrac{1}{2}d(V,\partial\Omega)$. 再对任意 $1\leqslant k\leqslant n$ 和任意满足条件 $0<|\sigma|<\delta$ 的实数 σ, 令

$$\varphi=-D_k^{-\sigma}(\psi^2D_k^\sigma u),$$

则易见 $\varphi\in H_0^1(\Omega)$. 对此函数应用关系式 (3.3.10) 得

$$-\sum_{i,j=1}^n\int_\Omega a_{ij}(x)\partial_i u(x)\partial_j\{D_k^{-\sigma}[\psi^2(x)D_k^\sigma u(x)]\}{\rm d}x$$
$$=-\int_\Omega f(x)D_k^{-\sigma}[\psi^2(x)D_k^\sigma u(x)]{\rm d}x$$
$$+\sum_{i=1}^n\int_\Omega b_i(x)\partial_i u(x)D_k^{-\sigma}[\psi^2(x)D_k^\sigma u(x)]{\rm d}x$$
$$+\int_\Omega c(x)u(x)D_k^{-\sigma}[\psi^2(x)D_k^\sigma u(x)]{\rm d}x. \tag{3.3.11}$$

记此等式左端为 A, 右端为 B. 应用关于差商运算的分部积分公式 (3.3.7) 和 Leibniz 公式 (3.3.4), 有 (下面记 $a_{ij}^\sigma(x)=a_{ij}(x+\sigma e_k)$ 并注意 $\mathrm{supp}\psi\subseteq V$)

$$\begin{aligned}A=&\sum_{i,j=1}^n\int_\Omega D_k^\sigma[a_{ij}(x)\partial_i u(x)]\partial_j[\psi^2(x)D_k^\sigma u(x)]\mathrm{d}x\\=&\sum_{i,j=1}^n\int_V[a_{ij}^\sigma(\partial_i D_k^\sigma u)+(D_k^\sigma a_{ij})(\partial_i u)][\psi^2(\partial_j D_k^\sigma u)+2\psi(\partial_j\psi)(D_k^\sigma u)]\mathrm{d}x\\=&\sum_{i,j=1}^n\int_V\psi^2 a_{ij}^\sigma(\partial_i D_k^\sigma u)(\partial_j D_k^\sigma u)\mathrm{d}x+\sum_{i,j=1}^n\int_V\Big[\psi^2(D_k^\sigma a_{ij})(\partial_i u)(\partial_j D_k^\sigma u)\\&+2\psi(\partial_j\psi)a_{ij}^\sigma(\partial_i D_k^\sigma u)(D_k^\sigma u)+2\psi(\partial_j\psi)(D_k^\sigma a_{ij})(\partial_i u)(D_k^\sigma u)\Big]\mathrm{d}x\\=:&\,A_1+A_2.\end{aligned}$$

根据一致椭圆型条件 (3.2.1), 有

$$A_1\geqslant c_0\int_V\psi^2|\nabla(D_k^\sigma u)|^2\mathrm{d}x.$$

又应用条件 $a_{ij}\in C^1(\Omega)$ $(i,j=1,2,\cdots,n)$ 和微分中值定理得

$$\begin{aligned}|A_2|\leqslant& C\int_V[|\nabla u|\cdot\psi|\nabla(D_k^\sigma u)|+|D_k^\sigma u|\cdot\psi|\nabla(D_k^\sigma u)|+|\nabla u||D_k^\sigma u|]\mathrm{d}x\\\leqslant& C\Big[\frac12\Big(\frac{\varepsilon}{C}\int_V\psi^2|\nabla(D_k^\sigma u)|^2\mathrm{d}x+\frac{C}{\varepsilon}\int_V|\nabla u|^2\mathrm{d}x\Big)+\frac12\Big(\frac{\varepsilon}{C}\int_V\psi^2|\nabla(D_k^\sigma u)|^2\mathrm{d}x\\&+\frac{C}{\varepsilon}\int_V|D_k^\sigma u|^2\mathrm{d}x\Big)+\frac12\Big(\int_V|\nabla u|^2\mathrm{d}x+\int_V|D_k^\sigma u|^2\mathrm{d}x\Big)\Big]\\\leqslant&\,\varepsilon\int_V\psi^2|\nabla(D_k^\sigma u)|^2\mathrm{d}x+C(\varepsilon)\|\nabla u\|_{L^2(\Omega)}^2,\end{aligned}$$

其中 ε 为任意正数, $C(\varepsilon)$ 为依赖于 ε 的正常数. 因此

$$A\geqslant A_1-|A_2|\geqslant(c_0-\varepsilon)\int_V\psi^2|\nabla(D_k^\sigma u)|^2\mathrm{d}x-C(\varepsilon)\|\nabla u\|_{L^2(\Omega)}^2.\tag{3.3.12}$$

B 的估计比较简单. 事实上, 因为 b_i 和 c 都是有界函数且 $\mathrm{supp}\psi\subseteq V$, 所以回到记号 $\varphi=-D_k^{-\sigma}(\psi^2D_k^\sigma u)$ (注意由于 $0<|\sigma|<\delta=\dfrac12 d(V,\partial\Omega)$, 所以 $\mathrm{supp}\varphi\subseteq V_\delta\subset\subset\Omega$, 其中 V_δ 表示 V 的 δ 邻域), 有

$$\begin{aligned}|B|\leqslant& C\int_\Omega(|f||\varphi|+|\nabla u||\varphi|+|u||\varphi|)\mathrm{d}x\\\leqslant&\,\varepsilon\int_{V_\delta}|\varphi|^2\mathrm{d}x+C(\varepsilon)(\|f\|_{L^2(\Omega)}^2+\|u\|_{H^1(\Omega)}^2).\end{aligned}$$

应用不等式 (3.3.5) (注意 $0<|\sigma|<\delta\leqslant \mathrm{d}(V_\delta,\partial\Omega)$) 得

$$\begin{aligned}\int_{V_\delta}|\varphi|^2\mathrm{d}x&=\int_{V_\delta}|D_k^{-\sigma}(\psi^2D_k^\sigma u)|^2\mathrm{d}x\leqslant\int_\Omega|\nabla(\psi^2D_k^\sigma u)|^2\mathrm{d}x\\&\leqslant2\int_\Omega\psi^4|\nabla(D_k^\sigma u)|^2\mathrm{d}x+8\int_\Omega\psi^2|\nabla\psi|^2|D_k^\sigma u|^2\mathrm{d}x\\&\leqslant2\int_V\psi^2|\nabla(D_k^\sigma u)|^2\mathrm{d}x+C\int_V|D_k^\sigma u|^2\mathrm{d}x\\&\leqslant2\int_V\psi^2|\nabla(D_k^\sigma u)|^2\mathrm{d}x+C\|\nabla u\|_{L^2(\Omega)}^2.\end{aligned}$$

所以

$$|B|\leqslant2\varepsilon\int_V\psi^2|\nabla(D_k^\sigma u)|^2\mathrm{d}x+C(\varepsilon)(\|f\|_{L^2(\Omega)}^2+\|u\|_{H^1(\Omega)}^2).\tag{3.3.13}$$

从 (3.3.11), (3.3.12) 和 (3.3.13) 得

$$(c_0-3\varepsilon)\int_V\psi^2|\nabla(D_k^\sigma u)|^2\mathrm{d}x\leqslant C(\varepsilon)(\|f\|_{L^2(\Omega)}^2+\|u\|_{H^1(\Omega)}^2).$$

现在取 $\varepsilon=\dfrac{c_0}{4}$, 便得到

$$\int_V\psi^2|\nabla(D_k^\sigma u)|^2\mathrm{d}x\leqslant C(\|f\|_{L^2(\Omega)}^2+\|u\|_{H^1(\Omega)}^2),$$

进而对每个 $1\leqslant i\leqslant n$ 有

$$\int_U|D_k^\sigma(\partial_iu)|^2\mathrm{d}x\leqslant\int_V\psi^2|D_k^\sigma(\partial_iu)|^2\mathrm{d}x=\int_V\psi^2|\partial_i(D_k^\sigma u)|^2\mathrm{d}x\leqslant C(\|f\|_{L^2(\Omega)}^2+\|u\|_{H^1(\Omega)}^2).$$

由于这个不等式对任意满足条件 $0<|\sigma|<\delta$ 的实数 σ 都成立, 所以根据定理 3.3.2 结论 (2) 即知 $\partial_k(\partial_iu)\in L^2(U)$, 且

$$\|\partial_k(\partial_iu)\|_{L^2(U)}^2\leqslant C(\|f\|_{L^2(\Omega)}^2+\|u\|_{H^1(\Omega)}^2).$$

由于这个不等式对所有的 $1\leqslant i,k\leqslant n$ 都成立, $U\subset\subset\Omega$ 是任意的, 且已知 $u\in H^1(\Omega)$, 所以 $u\in H_{\rm loc}^2(\Omega)$. 最后, 对上面这个不等式关于所有 $1\leqslant i,k\leqslant n$ 求和, 然后在所得不等式两端都加以 $\|u\|_{H^1(U)}^2$, 就得到了不等式 (3.3.9). 证毕. □

定理 3.3.4 设 m 是非负整数, $a_{ij}\in C^{m+1}(\Omega)\cap C^m(\overline{\Omega})$ $(i,j=1,2,\cdots,n)$ 且 $b_i,c\in C^m(\overline{\Omega})$ $(i=1,2,\cdots,n)$. 又设 $f\in H^m(\Omega)$. 再设 $u\in H^1(\Omega)$ 是方程 $Lu=f$ 在 Ω 上的弱解, 则 $u\in H_{\rm loc}^{m+2}(\Omega)$, 且对任意开集 $U\subset\subset\Omega$ 存在相应的 (与 f 和 u 无关的) 常数 $C>0$ 使成立

$$\|u\|_{H^{m+2}(U)}\leqslant C(\|f\|_{H^m(\Omega)}+\|u\|_{H^1(\Omega)}).\tag{3.3.14}$$

证 本定理是一个涉及非负整数 m 的命题, 记为 P_m. 对 m 作归纳. P_0 的正确性由定理 3.3.3 所保证. 假设命题 P_m 是正确的, 我们来据此证明命题 P_{m+1} 也正确. 为此假设 $a_{ij}\in C^{m+2}(\Omega)\cap C^{m+1}(\overline{\Omega})$ $(i,j=1,2,\cdots,n)$, $b_i,c\in C^{m+1}(\overline{\Omega})$ $(i=1,2,\cdots,n)$, $f\in H^{m+1}(\Omega)$, 且 $u\in H^1(\Omega)$ 是方程 $Lu=f$ 在 Ω 上的弱解. 最后这个条件意味着关系式 (3.3.10) 对任意 $\varphi\in C_0^\infty(\Omega)$ 都成立. 应用归纳假设可知 $u\in H^{m+2}_{\rm loc}(\Omega)\subseteq H^2_{\rm loc}(\Omega)$. 因此, 对任意 $1\leqslant k\leqslant n$ 和任意 $\psi\in C_0^\infty(\Omega)$, 通过对函数 $\varphi=\partial_k\psi$ 应用关系式 (3.3.10), 然后再分部积分, 就得

$$\sum_{i,j=1}^n\int_\Omega a_{ij}(x)\partial_i\partial_k u(x)\partial_j\psi(x)\mathrm{d}x+\sum_{i=1}^n\int_\Omega b_i(x)\partial_i\partial_k u(x)\psi(x)\mathrm{d}x$$
$$+\int_\Omega c(x)\partial_k u(x)\psi(x)\mathrm{d}x=\int_\Omega g_k(x)\psi(x)\mathrm{d}x, \tag{3.3.15}$$

其中

$$g_k=\partial_k f+\sum_{i,j=1}^n(\partial^2_{jk}a_{ij}\partial_i u+\partial_k a_{ij}\partial^2_{ij}u)-\sum_{i=1}^n\partial_k b_i\partial_i u-\partial_k cu\in H^m_{\rm loc}(\Omega).$$

对任意开集 $U\subset\subset\Omega$, 取开集 Q 使 $U\subset\subset Q\subset\subset\Omega$. 则 $g_k\in H^m(Q)$. 由于关系式 (3.3.15) 对任意 $\psi\in C_0^\infty(Q)$ 都成立, 说明函数 $v=\partial_k u$ 是方程 $Lv=g_k$ 在 Q 上的弱解. 因此应用归纳假设即知 $\partial_k u\in H^{m+2}_{\rm loc}(Q)$, 且存在常数 $C>0$ 使成立

$$\|\partial_k u\|_{H^{m+2}(U)}\leqslant C(\|g_k\|_{H^m(Q)}+\|\partial_k u\|_{H^1(Q)}). \tag{3.3.16}$$

对于上式右端第一项, 我们有

$$\|g_k\|_{H^m(Q)}\leqslant\|f\|_{H^{m+1}(Q)}+\sum_{i,j=1}^n[\|a_{ij}\|_{C^{m+2}(\overline{Q})}\|u\|_{H^{m+1}(Q)}+\|a_{ij}\|_{C^{m+1}(\overline{Q})}\|u\|_{H^{m+2}(Q)}]$$
$$+\sum_{i=1}^n\|b_i\|_{C^{m+1}(\overline{Q})}\|u\|_{H^{m+1}(Q)}+\|c\|_{C^{m+1}(\overline{Q})}\|u\|_{H^m(Q)}$$
$$\leqslant\|f\|_{H^{m+1}(Q)}+C\|u\|_{H^{m+2}(Q)}.$$

代入 (3.3.16) 即得

$$\|\partial_k u\|_{H^{m+2}(U)}\leqslant C(\|f\|_{H^{m+1}(Q)}+\|u\|_{H^{m+2}(Q)}). \tag{3.3.17}$$

因 $Q\subset\subset\Omega$, 应用归纳假设可知

$$\|u\|_{H^{m+2}(Q)}\leqslant C(\|f\|_{H^m(\Omega)}+\|u\|_{H^1(\Omega)}).$$

代入 (3.3.17) 即得

$$\|\partial_k u\|_{H^{m+2}(U)} \leqslant C(\|f\|_{H^{m+1}(\Omega)} + \|u\|_{H^1(\Omega)}).$$

于是, 由足标 $1 \leqslant k \leqslant n$ 和开集 $U \subset\subset \Omega$ 的任意性, 即知 $u \in H^{m+3}_{\rm loc}(\Omega)$, 而且上式还蕴涵着

$$\|u\|_{H^{m+3}(U)} \leqslant C(\|f\|_{H^{m+1}(\Omega)} + \|u\|_{H^1(\Omega)}).$$

这说明命题 P_{m+1} 是正确的. 因此根据归纳原理即知命题 P_m 对所有非负整数 m 都正确. 证毕. □

作为上述定理的直接推论, 有

定理 3.3.5 *设 $a_{ij}, b_i, c \in C^\infty(\Omega)$ $(i,j = 1,2,\cdots,n)$ 且 $f \in C^\infty(\Omega)$. 又设 $u \in H^1_{\rm loc}(\Omega)$ 是方程 $Lu = f$ 在 Ω 上的弱解. 则 $u \in C^\infty(\Omega)$.*

证 对任意非负整数 m, 在 Ω 的任意开子集 $\Omega_1 \subset\subset \Omega$ 上应用定理 3.3.4, 可知对任意非负整数 m 都有 $u \in H^{m+2}_{\rm loc}(\Omega_1)$, 进而 $u \in \bigcap\limits_{m=0}^{\infty} H^{m+2}_{\rm loc}(\Omega_1) = C^\infty(\Omega_1)$. 由开子集 $\Omega_1 \subset\subset \Omega$ 的任意性, 即知 $u \in C^\infty(\Omega)$. 证毕. □

3.3.3 解的边界正则性

再来考虑 Dirichlet 问题 (3.2.4) 的弱解直到边界的正则性. 为了不致陷于过于繁琐的讨论, 我们将在下面每个定理中都假定求解区域 Ω 的边界具有足够高阶的正则性, 而这些假定一般都不是最佳的. 由于在这些假定下, 很容易按照问题 (3.2.5) 的推导过程把非零的边值条件化为零边值条件而不改变解的正则性, 所以下面主要针对零边值条件的 Dirichlet 问题 (3.2.6) 进行讨论; 关于问题 (3.2.4) 的相应结果我们都作为推论只写出结论, 而把证明都留给读者.

定理 3.3.6 *设 Ω 是 $\mathbf{R}^n$ 中的有界开集, $\partial\Omega \in C^2$. 又设 $a_{ij} \in C^1(\overline{\Omega})$ $(i,j = 1,2,\cdots,n)$, $b_i, c \in L^\infty(\Omega)$ $(i = 1,2,\cdots,n)$, $f \in L^2(\Omega)$. 再设 $u \in H^1_0(\Omega)$ 是 Dirichlet 问题 (3.2.6) 的弱解, 则 $u \in H^2(\Omega) \cap H^1_0(\Omega)$, 且存在 (与 f 及 u 无关的) 常数 $C > 0$ 使成立*

$$\|u\|_{H^2(\Omega)} \leqslant C(\|f\|_{L^2(\Omega)} + \|u\|_{L^2(\Omega)}). \tag{3.3.18}$$

证 分四步证明这个定理.

第一步: 设 $u \in H^1(B^+(0,1))$, $u|_{x_n=0} = 0$, 且 u 是方程 $Lu = f$ 在 $B^+(0,1)$ 上的弱解 (回忆 $B^+(0,1)$ 表示 $\mathbf{R}^n$ 中以坐标原点为中心、以 1 为半径的上半开球). 我们来证明

$$\|\partial_k u\|_{H^1(B^+(0,\frac{1}{2}))} \leqslant C(\|f\|_{L^2(B^+(0,1))} + \|u\|_{H^1(B^+(0,1))}), \quad k = 1,2,\cdots,n-1. \tag{3.3.19}$$

由 u 是方程 $Lu = f$ 在 $B^+(0,1)$ 上的弱解且 $u \in H^1(B^+(0,1))$ 以及关于系数 a_{ij}, b_i, c 和函数 f 的假定易知成立

$$\sum_{i,j=1}^{n} \int_{B^+(0,1)} a_{ij}(x)\partial_i u(x)\partial_j \varphi(x)\mathrm{d}x + \sum_{i=1}^{n} \int_{B^+(0,1)} b_i(x)\partial_i u(x)\varphi(x)\mathrm{d}x$$
$$+ \int_{B^+(0,1)} c(x)u(x)\varphi(x)\mathrm{d}x = \int_{B^+(0,1)} f(x)\varphi(x)\mathrm{d}x, \quad \forall \varphi \in H_0^1(B^+(0,1)). \quad (3.3.20)$$

取截断函数 $\psi \in C_0^\infty(\mathbf{R}^n)$ 使满足条件:

$$0 \leqslant \psi \leqslant 1; \quad \psi(x) = 1, \ \forall x \in B\Big(0, \frac{1}{2}\Big); \quad \mathrm{supp}\psi \subseteq B\Big(0, \frac{3}{4}\Big)$$

$\left(\text{从而 } d(\mathrm{supp}\psi, \partial B(0,1)) > \dfrac{1}{4}\right)$. 再对任意 $1 \leqslant k \leqslant n-1$ 和任意满足条件 $0 < |\sigma| < \dfrac{1}{8}$ 的实数 σ, 令

$$\varphi = -D_k^{-\sigma}(\psi^2 D_k^\sigma u).$$

则易知 $\varphi \in H_0^1(B^+(0,1))$. 对此函数应用关系式 (3.3.20), 再采用与定理 3.3.3 的证明类似的推理, 便可得到估计式 (3.3.19).

第二步: 再证明在第一步的假设条件下, 估计式 (3.3.19) 对 $k = n$ 也成立. 这只需证明

$$\|\partial_n^2 u\|_{L^2(B^+(0,\frac{1}{2}))} \leqslant C(\|f\|_{L^2(B^+(0,1))} + \|u\|_{H^1(B^+(0,1))}), \quad (3.3.21)$$

因为对 $\|\partial_j\partial_n u\|_{L^2(B^+(0,\frac{1}{2}))}$ $(j = 1, 2, \cdots, n-1)$ 的估计已包含在 (3.3.19) 中.

由于 u 是方程 $Lu = f$ 在 $B^+(0,1)$ 上的弱解, 所以在广义函数的意义下成立

$$-\sum_{i,j=1}^{n} \partial_j(a_{ij}\partial_i u) + \sum_{i=1}^{n} b_i\partial_i u + cu = f, \quad \text{在 } B^+(0,1) \text{ 内}.$$

它可改写成

$$-\sum_{i,j=1}^{n} a_{ij}\partial_{ij}^2 u = g, \quad \text{在 } B^+(0,1) \text{ 内}, \quad (3.3.22)$$

其中

$$g = f - cu - \sum_{i=1}^{n}\Big(b_i - \sum_{j=1}^{n}\partial_j a_{ij}\Big)\partial_i u \in L^2(B^+(0,1)).$$

注意由于 $a_{ij} \in C^1(\overline{B^+(0,1)})$ 且 $\partial_{ij}^2 u \in H^{-1}(B^+(0,1))$, 所以等式 (3.3.22) 左端和号下的每一项都是有意义的, 且都属于 $H^{-1}(B^+(0,1))$. 由一致椭圆型条件 (3.2.1) 可

知 $a_{nn} \geqslant c_0$, 从而 $a_{nn}^{-1} \in C^1(B^+(0,1)) \cap L^\infty(B^+(0,1))$, 且 $\|a_{nn}^{-1}\|_{L^\infty(B^+(0,1))} \leqslant c_0^{-1}$. 因此, 从 (3.3.22) 我们得

$$\partial_n^2 u = -a_{nn}^{-1}\Big(g + \sum_{\substack{i,j=1\\ i+j<2n}}^{n} a_{ij}\partial_{ij}^2 u\Big).$$

据此和 (3.3.19) 即得 (3.3.21).

结合估计式 (3.3.19) 和 (3.3.21), 便得到以下估计式:

$$\|u\|_{H^2(B^+(0,\frac{1}{2}))} \leqslant C(\|f\|_{L^2(B^+(0,1))} + \|u\|_{H^1(B^+(0,1))}). \tag{3.3.23}$$

第三步：再来证明在定理的假设条件下, 对任意 $x_0 \in \partial\Omega$ 都存在邻域 U_{x_0} 和 V_{x_0}, $U_{x_0} \subset\subset V_{x_0}$, 使成立估计式:

$$\|u\|_{H^2(U_{x_0}\cap\Omega)} \leqslant C(\|f\|_{L^2(V_{x_0}\cap\Omega)} + \|u\|_{H^1(V_{x_0}\cap\Omega)}). \tag{3.3.24}$$

事实上, 由 $\partial\Omega \in C^2$ 知对任意 $x_0 \in \partial\Omega$ 都存在邻域 V_{x_0} 和 C^2 微分同胚 $\Psi_{x_0} : V_{x_0} \to B(0,1)$, 具有下述性质:

$$\Psi_{x_0}(V_{x_0} \cap \Omega) = B^+(0,1), \quad \Psi_{x_0}(V_{x_0} \cap \partial\Omega) = \{x \in B(0,1) : x_n = 0\}, \quad \Psi_{x_0}(x_0) = 0.$$

这里 $\Psi_{x_0} : V_{x_0} \to B(0,1)$ 是 C^2 微分同胚意味着 Ψ_{x_0} 是双射, $\Psi_{x_0} \in C^2(\overline{V}_{x_0})$ 且 $\Psi_{x_0}^{-1} \in C^2(\overline{B(0,1)})$. 令 $\hat{u} = u \circ \Psi_{x_0}^{-1}$. 显然 $\hat{u} \in H^1(B^+(0,1))$ 且 $\hat{u}|_{x_n=0} = 0$. 通过一些比较繁琐的计算即可知道, 函数 $\hat{u}$ 是方程 $\hat{L}\hat{u} = \hat{f}$ 在 $B^+(0,1)$ 上的弱解, 其中 $\hat{L}$ 是由算子 L 经坐标变换 Ψ_{x_0} 所得到的 $B^+(0,1)$ 上的一个二阶椭圆型偏微分算子, 系数满足第一步所设的条件, 而 $\hat{f} = f \circ \Psi_{x_0}^{-1}$. 显然 $\hat{f} \in L^2(B^+(0,1))$. 因此, 应用估计式 (3.3.23) 就得到

$$\begin{aligned}\|\hat{u}\|_{H^2(B^+(0,\frac{1}{2}))} &\leqslant C(\|\hat{f}\|_{L^2(B^+(0,1))} + \|\hat{u}\|_{H^1(B^+(0,1))})\\ &\leqslant C(\|f\|_{L^2(V_{x_0}\cap\Omega)} + \|u\|_{H^1(V_{x_0}\cap\Omega)}).\end{aligned}$$

现在令 $U_{x_0} = \Psi_{x_0}^{-1}\left(B\left(0, \dfrac{1}{2}\right)\right)$. 则不难从上述估计式得到 (3.3.24).

第四步：证明估计式 (3.3.18). 由于 $\partial\Omega$ 是紧集, $\{U_{x_0} : x_0 \in \partial\Omega\}$ 是 $\partial\Omega$ 的开覆盖, 所以由有限覆盖定理知存在 $\partial\Omega$ 上的有限个点 $x_1, x_2, \cdots, x_m$, 使得 $\partial\Omega \subseteq \bigcup_{i=1}^{m} U_{x_i}$. 分别改记 U_{x_i} 和 V_{x_i} 为 U_i 和 V_i, $i = 1, 2, \cdots, m$, 再取开集 $U_0 \subset\subset \Omega$ 使 $\overline{\Omega} \subseteq \bigcup_{i=0}^{m} U_i$. 对每个 U_i $(1 \leqslant i \leqslant m)$ 应用估计式 (3.3.24), 而对 U_0 应用估计式 (3.3.9),

则得

$$\|u\|_{H^2(\Omega)} \leqslant \sum_{i=0}^{m} \|u\|_{H^2(U_i)} \leqslant C(\|f\|_{L^2(\Omega)} + \|u\|_{H^1(\Omega)}).$$

再应用内插不等式

$$\|u\|_{H^1(\Omega)} \leqslant \varepsilon\|u\|_{H^2(\Omega)} + C(\varepsilon)\|u\|_{L^2(\Omega)}, \quad \forall\varepsilon > 0,$$

就得到了估计式 (3.3.18). 定理 3.3.6 至此证毕. □

推论 3.3.7 设 Ω 及 $a_{ij}, b_i, c\ (i,j=1,2,\cdots,n)$ 和 f 满足与定理 3.3.6 相同的条件. 又设 $\psi \in H^{\frac{3}{2}}(\partial\Omega)$. 再设 $u \in H^1(\Omega)$ 是 Dirichlet 问题 (3.2.4) 的弱解. 则 $u \in H^2(\Omega)$, 且存在 (与 f, ψ 及 u 无关的) 常数 $C>0$ 使成立

$$\|u\|_{H^2(\Omega)} \leqslant C(\|f\|_{L^2(\Omega)} + \|\psi\|_{H^{\frac{3}{2}}(\partial\Omega)} + \|u\|_{L^2(\Omega)}). \tag{3.3.25}$$

证明留给读者. □

推论 3.3.8 在推论 3.3.7 的条件下, 如果问题 (3.2.4) 的弱解是唯一的, 即当 $f=0$ 且 $\psi=0$ 时该问题只有零解, 则对任意 $f \in L^2(\Omega)$ 和 $\psi \in H^{\frac{3}{2}}(\partial\Omega)$, Dirichlet 问题 (3.2.4) 存在唯一的强解 $u \in H^2(\Omega)$, 而且存在 (与 f, ψ 及 u 无关的) 常数 $C>0$ 使成立

$$\|u\|_{H^2(\Omega)} \leqslant C(\|f\|_{L^2(\Omega)} + \|\psi\|_{H^{\frac{3}{2}}(\partial\Omega)}), \tag{3.3.26}$$

即解算子 $(f,\psi) \mapsto u$ 是 $L^2(\Omega) \times H^{\frac{3}{2}}(\partial\Omega)$ 到 $H^2(\Omega)$ 的有界线性算子.

证 根据推论 3.2.8, 在所设条件下对任意 $f \in H^{-1}(\Omega)$ 和 $\psi \in H^{\frac{1}{2}}(\partial\Omega)$ 问题 (3.2.4) 存在唯一的弱解 $u \in H^1(\Omega)$, 而且解算子 $(f,\psi) \mapsto u$ 是 $H^{-1}(\Omega) \times H^{\frac{1}{2}}(\partial\Omega)$ 到 $H^1(\Omega)$ 的有界线性算子. 这意味着存在常数 $C>0$ 使成立

$$\|u\|_{H^1(\Omega)} \leqslant C(\|f\|_{H^{-1}(\Omega)} + \|\psi\|_{H^{\frac{1}{2}}(\partial\Omega)}), \quad \forall f \in H^{-1}(\Omega),\ \forall \psi \in H^{\frac{1}{2}}(\partial\Omega).$$

当 $f \in L^2(\Omega)$ 且 $\psi \in H^{\frac{3}{2}}(\partial\Omega)$ 时, 由推论 3.3.7 知 $u \in H^2(\Omega)$, 并且应用上述不等式有

$$\begin{aligned}\|u\|_{L^2(\Omega)} \leqslant \|u\|_{H^1(\Omega)} &\leqslant C(\|f\|_{H^{-1}(\Omega)} + \|\psi\|_{H^{\frac{1}{2}}(\partial\Omega)}) \\ &\leqslant C(\|f\|_{L^2(\Omega)} + \|\psi\|_{H^{\frac{3}{2}}(\partial\Omega)}).\end{aligned}$$

把这个不等式代入 (3.3.25) 即得 (3.3.26). 证毕. □

再来讨论问题 (3.2.6) 的弱解直到边界的高阶正则性.

定理 3.3.9 设 Ω 是 $\mathbf{R}^n$ 中的有界开集, $\partial\Omega \in C^{m+2}$, 其中 m 是非负整数. 又设 $a_{ij} \in C^{m+1}(\overline{\Omega})\ (i,j=1,2,\cdots,n)$, $b_i, c \in C^m(\overline{\Omega})\ (i=1,2,\cdots,n)$, $f \in H^m(\Omega)$. 再

设 $u\in H_0^1(\Omega)$ 是 Dirichlet 问题 (3.2.6) 的弱解, 则 $u\in H^{m+2}(\Omega)$, 且存在 (与 f 及 u 无关的) 常数 $C>0$ 使成立

$$\|u\|_{H^{m+2}(\Omega)}\leqslant C(\|f\|_{H^m(\Omega)}+\|u\|_{L^2(\Omega)}).\tag{3.3.27}$$

证 先证明以下命题: 设对某个 $r>0$ 有 $a_{ij}\in C^{m+1}(\overline{B^+(0,r)})$ $(i,j=1,2,\cdots,n)$, $b_i,c\in C^m(\overline{B^+(0,r)})$ $(i=1,2,\cdots,n)$, $f\in H^m(B^+(0,r))$, $u\in H^1(B^+(0,r))$, $u|_{x_n=0}=0$, 且 u 是方程 $Lu=f$ 在 $B^+(0,r)$ 上的弱解. 则对任意 $0<s<r$ 有 $u\in H^{m+2}(B^+(0,s))$, 且存在常数 $C_{r,s}>0$ 使成立

$$\|u\|_{H^{m+2}(B^+(0,s))}\leqslant C_{r,s}(\|f\|_{H^m(B^+(0,r))}+\|u\|_{H^1(B^+(0,r))}).\tag{3.3.28}$$

我们把这个命题记作 P_m. 从定理 3.3.6 的证明可知命题 P_0 是成立的. 假设已知命题 P_m 成立, 我们来证明命题 P_{m+1} 也成立. 为此假设 $a_{ij}\in C^{m+2}(\overline{B^+(0,r)})$ $(i,j=1,2,\cdots,n)$, $b_i,c\in C^{m+1}(\overline{B^+(0,r)})$ $(i=1,2,\cdots,n)$, $f\in H^{m+1}(B^+(0,r))$, $u\in H^1(B^+(0,r))$, $u|_{x_n=0}=0$, 且 u 是方程 $Lu=f$ 在 $B^+(0,r)$ 上的弱解. 需要证明: 对任意 $0<s<r$ 有 $u\in H^{m+3}(B^+(0,s))$, 且存在常数 $C_{r,s}>0$ 使成立

$$\|u\|_{H^{m+3}(B^+(0,s))}\leqslant C_{r,s}(\|f\|_{H^{m+1}(B^+(0,r))}+\|u\|_{H^1(B^+(0,r))}).\tag{3.3.29}$$

如同在定理3.3.6的证明中所做的那样, 先证明当 $j+k<2n$ 时 $\partial_{jk}^2u\in H^{m+1}(B^+(0,s))$, 且存在 (与 f 及 u 无关的) 常数 $C_{r,s}>0$ 使成立

$$\|\partial_{jk}^2u\|_{H^{m+1}(B^+(0,s))}\leqslant C_{r,s}(\|f\|_{H^{m+1}(B^+(0,r))}+\|u\|_{H^1(B^+(0,r))}).\tag{3.3.30}$$

事实上, 由 u 是方程 $Lu=f$ 在 $B^+(0,r)$ 上的弱解知成立关系式

$$\begin{aligned}&\sum_{i,j=1}^n\int_{B^+(0,1)}a_{ij}(x)\partial_iu(x)\partial_j\varphi(x)\mathrm{d}x+\sum_{i=1}^n\int_{B^+(0,1)}b_i(x)\partial_iu(x)\varphi(x)\mathrm{d}x\\&+\int_{B^+(0,1)}c(x)u(x)\varphi(x)\mathrm{d}x=\int_{B^+(0,1)}f(x)\varphi(x)\mathrm{d}x,\quad\forall\varphi\in C_0^\infty(B^+(0,r)).\end{aligned}\tag{3.3.31}$$

对任意给定的 $0<s<r$, 任意取定 $s<r'<r$, 则应用归纳假设可知 $u\in H^{m+2}(B^+(0,r'))$, 且存在常数 $C_{r,r'}>0$ 使成立

$$\|u\|_{H^{m+2}(B^+(0,r'))}\leqslant C_{r,r'}(\|f\|_{H^m(B^+(0,r))}+\|u\|_{H^1(B^+(0,r))}).\tag{3.3.32}$$

特别, $u\in H^2(B^+(0,r'))$. 现在对任意 $1\leqslant k\leqslant n-1$, 令 $v=\partial_ku$. 则 $v\in H^1(B^+(0,r'))$, 且由 $u|_{x_n=0}=0$ 易知 $v|_{x_n=0}=0$ (参考习题 2.8 第 5 题). 又对

任意 $\psi \in C_0^\infty(B^+(0,r'))$, 把 (3.3.31) 应用于 $\varphi = \partial_k\psi$ 再作分部积分, 就得到

$$\sum_{i,j=1}^n \int_{B^+(0,1)} a_{ij}(x)\partial_i\partial_k u(x)\partial_j\psi(x)\mathrm{d}x + \sum_{i=1}^n \int_{B^+(0,1)} b_i(x)\partial_i\partial_k u(x)\psi(x)\mathrm{d}x$$
$$+ \int_{B^+(0,1)} c(x)\partial_k u(x)\psi(x)\mathrm{d}x = \int_{B^+(0,1)} g(x)\psi(x)\mathrm{d}x, \quad \forall\psi \in C_0^\infty(B^+(0,r)),$$

其中

$$g = \partial_k f + \sum_{i,j=1}^n (\partial_{jk}^2 a_{ij}\partial_i u + \partial_k a_{ij}\partial_{ij}^2 u) - \sum_{i=1}^n \partial_k b_i \partial_i u - \partial_k c u.$$

这说明 $v = \partial_k u$ 是方程 $Lv = g$ 在 $B^+(0,r')$ 上的弱解. 易见 $g \in H^m(B^+(0,r'))$, 所以应用归纳假设即知 $v \in H^{m+2}(B^+(0,s))$, 且存在常数 $C_{r',s} > 0$ 使成立

$$\|v\|_{H^{m+2}(B^+(0,s))} \leqslant C_{r',s}(\|g\|_{H^m(B^+(0,r'))} + \|v\|_{H^1(B^+(0,r'))}),$$

即

$$\|\partial_k u\|_{H^{m+2}(B^+(0,s))} \leqslant C_{r',s}(\|g\|_{H^m(B^+(0,r'))} + \|\partial_k u\|_{H^1(B^+(0,r'))}).$$

易见

$$\begin{aligned}\|g\|_{H^m(B^+(0,r'))} &\leqslant C_{r,r'}(\|f\|_{H^{m+1}(B^+(0,r'))} + \|u\|_{H^{m+2}(B^+(0,r'))}) \\ &\leqslant C_{r,r'}(\|f\|_{H^{m+1}(B^+(0,r))} + \|u\|_{H^{m+2}(B^+(0,r'))}),\end{aligned}$$

所以

$$\|\partial_k u\|_{H^{m+2}(B^+(0,s))} \leqslant C_{r,r',s}(\|f\|_{H^{m+1}(B^+(0,r))} + \|u\|_{H^{m+2}(B^+(0,r'))}). \tag{3.3.33}$$

应用归纳假设知

$$\|u\|_{H^{m+2}(B^+(0,r'))} \leqslant C_{r,r'}(\|f\|_{H^m(B^+(0,r))} + \|u\|_{H^1(B^+(0,r))}).$$

把这个估计式代入 (3.3.33) 即得

$$\|\partial_k u\|_{H^{m+2}(B^+(0,s))} \leqslant C_{r,s}(\|f\|_{H^{m+1}(B^+(0,r))} + \|u\|_{H^1(B^+(0,r))}). \tag{3.3.34}$$

这就证明了 (3.3.30). 据此再运用与定理 3.3.6 证明中的第二步类似的推理便可进一步证明:

$$\|\partial_n^2 u\|_{H^{m+1}(B^+(0,s))} \leqslant C_{r,s}(\|f\|_{H^{m+1}(B^+(0,r))} + \|u\|_{H^1(B^+(0,r))}). \tag{3.3.35}$$

把 (3.3.30) 与 (3.3.35) 合起来就得到了 (3.3.29). 这就证明了, 当命题 P_m 成立时命题 P_{m+1} 也成立. 因此根据归纳原理, 即知命题 P_m 对任意非负整数 m 都成立.

建立了命题 P_m 之后, 采用与定理 3.3.6 证明中的第三和第四步类似的推理, 便可得到定理 3.3.9. 细节留给读者. 证毕. □

推论 3.3.10 设 Ω 及 $a_{ij}, b_i, c\ (i,j=1,2,\cdots,n)$ 和 f 满足与定理 3.3.9 相同的条件. 又设 $\psi \in H^{m+\frac{3}{2}}(\partial\Omega)$. 再设 $u \in H^1(\Omega)$ 是 Dirichlet 问题 (3.2.4) 的弱解. 则 $u \in H^{m+2}(\Omega)$, 且存在 (与 f, ψ 及 u 无关的) 常数 $C>0$ 使成立

$$\|u\|_{H^{m+2}(\Omega)} \leqslant C(\|f\|_{H^m(\Omega)} + \|\psi\|_{H^{m+\frac{3}{2}}(\partial\Omega)} + \|u\|_{L^2(\Omega)}). \tag{3.3.36}$$

推论 3.3.11 在推论 3.3.10 的条件下, 如果问题 (3.2.4) 的弱解是唯一的, 即当 $f=0$ 且 $\psi=0$ 时该问题只有零解, 则对任意 $f \in H^m(\Omega)$ 和 $\psi \in H^{m+\frac{3}{2}}(\partial\Omega)$, Dirichlet 问题 (3.2.4) 存在唯一的强解 $u \in H^{m+2}(\Omega)$, 而且存在 (与 f, ψ 及 u 无关的) 常数 $C>0$ 使成立

$$\|u\|_{H^{m+2}(\Omega)} \leqslant C(\|f\|_{H^m(\Omega)} + \|\psi\|_{H^{m+\frac{3}{2}}(\partial\Omega)}), \tag{3.3.37}$$

即解算子 $(f,\psi) \mapsto u$ 是 $H^m(\Omega) \times H^{m+\frac{3}{2}}(\partial\Omega)$ 到 $H^{m+2}(\Omega)$ 的有界线性算子.

以上两个推论的证明留给读者. □

作为推论 3.3.10 的一个直接推论, 有

定理 3.3.12 设 Ω 是 $\mathbf{R}^n$ 中的有界开集, $\partial\Omega \in C^\infty$. 又设 $a_{ij}, b_i, c, f \in C^\infty(\overline{\Omega})$ $(i,j=1,2,\cdots,n)$ 且 $\psi \in C^\infty(\partial\Omega)$. 再设 $u \in H^1(\Omega)$ 是 Dirichlet 问题 (3.2.4) 的弱解. 则 $u \in C^\infty(\overline{\Omega})$. □

习 题 3.3

1. 证明推论 3.3.7、推论 3.3.10 和推论 3.3.11.
2. 把定理 3.3.9 的证明补充完整.
3. 设 Ω 是 $\mathbf{R}^n$ 中的有界开集, $\partial\Omega \in C^2$. 又设 $a_{ij}, b_i \in C^1(\overline{\Omega})\ (i,j=1,2,\cdots,n)$, 且 a_{ij} 满足一致椭圆性条件 (3.2.1). 再设 $c \in L^\infty(\Omega)$ 且 $c(x) \geqslant \dfrac{1}{2}\sum\limits_{i=1}^n \partial_i b_i(x)$, a. e. $x \in \Omega$. 证明: 对任意 $f \in L^2(\Omega)$, Dirichlet 问题 (3.2.6) 存在唯一的强解 $u \in H^2(\Omega) \cap H_0^1(\Omega)$, 而且解映射 $f \mapsto u$ 是 $L^2(\Omega)$ 到 $H^2(\Omega)$ 的有界线性算子.

3.4 特征值问题

设 Ω 是 $\mathbf{R}^n$ 中的有界开集, $a_{ij}, b_i, c \in L^\infty(\Omega)\ (i,j=1,2,\cdots,n)$ 是给定的实值函数, 其中 a_{ij} 满足一致椭圆性条件 (3.2.1). 令 L 为由 (3.2.2) 定义的偏微分算子.

本节讨论下述问题:

$$\begin{cases} Lu = \lambda u, & \text{在 } \Omega \text{ 内}, \\ u = 0, & \text{在 } \partial\Omega \text{ 上}, \end{cases} \tag{3.4.1}$$

其中 λ 为待定的复数, u 为未知的复值函数. 我们要研究对于怎样的复数 λ, 这个问题存在非零解 u.

使问题 (3.4.1) 存在非零解的复数 λ 叫做算子 L 关于 Dirichlet 边值条件或 L 的 Dirichlet 问题的**特征值** (eigenvalue), 相应的非零解 u 叫做**特征函数** (eigenfunction), 所有对应于同一特征值的特征函数生成的线性空间叫做对应于该特征值的**特征空间** (eigen-space). 所以本节研究的问题叫做 **Dirichlet 特征值问题** (eigenvalue problem). 应用前面两节得到的结果和关于紧线性算子的 Riesz-Schauder 理论, 可以获得这个问题的圆满解答.

首先考虑 $b_i = 0$ $(i = 1, 2, \cdots, n)$ 的特殊情况, 即 L 具有下述形式:

$$Lu = -\sum_{i,j=1}^{n} \partial_j(a_{ij}\partial_i u) + cu, \quad \forall u \in H_0^1(\Omega). \tag{3.4.2}$$

这样的算子 L 叫做**自伴算子**, 原因在于它满足以下关系式:

$$\langle Lu, v\rangle = \langle Lv, u\rangle, \quad \forall u, v \in H_0^1(\Omega). \tag{3.4.3}$$

一般地, 对于开集 $\Omega \subseteq \mathbf{R}^n$ 上系数充分光滑的任意偏微分算子 P, 必存在 Ω 上唯一的偏微分算子, 记作 P^{T}, 使成立

$$\int_\Omega Pu(x)v(x)\mathrm{d}x = \int_\Omega P^{\mathrm{T}}v(x)u(x)\mathrm{d}x, \quad \forall u, v \in C_0^\infty(\Omega).$$

P^{T} 叫做 P 的**伴随算子或转置算子**. 当 $P^{\mathrm{T}} = P$ 时就称 P 为**自伴算子**. 由 (3.4.3) 知当把 P 换成 L 时上述关系式是成立的. 这就是把由 (3.4.2) 给出的算子 L 叫做自伴算子的原因.

对于自伴的二阶椭圆算子 L, 成立以下定理

定理 3.4.1 设 L 是有界开集 $\Omega \subseteq \mathbf{R}^n$ 上由 (3.4.2) 给出并满足一致椭圆性条件 (3.2.1) 的二阶自伴椭圆算子, 系数 $a_{ij}, c \in L^\infty(\Omega)$ $(i, j = 1, 2, \cdots, n)$, 则有下列结论:

(1) L 的所有特征值都是实的, 并且构成一个趋于正无穷大的数列.

(2) L 的每个特征值对应的特征空间都是有限维的, 并且对应于不同特征值的特征空间按 $L^2(\Omega)$ 内积互相正交.

(3) 设把 L 的全部特征值依重数和从小到大的次序排列所得到的数列为 $\{\lambda_k\}_{k=1}^\infty$, 即

$$\lambda_1 \leqslant \lambda_2 \leqslant \cdots \leqslant \lambda_k \leqslant \lambda_{k+1} \leqslant \cdots,$$

且重特征值按重数排列, 则存在 $L^2(\Omega)$ 的规范正交基底 $\{w_k\}_{k=1}^{\infty}$, 其中 $w_k \in H_0^1(\Omega)$, 且 w_k 是对应于特征值 λ_k 的特征函数, 即有

$$\begin{cases} Lw_k = \lambda_k w_k, & \text{在 } \Omega \text{ 内}, \\ w_k = 0, & \text{在 } \partial\Omega \text{ 上}, \end{cases} \tag{3.4.4}$$

而且 $\{w_k\}_{k=1}^{\infty}$ 也构成 $H_0^1(\Omega)$ 的基底 (但是一般而言既不规范也不正交).

(4) 如果 $c \geqslant 0$, 则 $\lambda_k > 0$, $k = 1, 2, \cdots$.

证 令 $\lambda_0 = \operatorname{ess.}\inf_{x\in\Omega} c(x)$, 则 $c(x) - \lambda_0 \geqslant 0$, a. e. $x \in \Omega$. 因此根据定理 3.2.2 知, 对任意 $f \in H^{-1}(\Omega)$, Dirichlet 问题

$$\begin{cases} Lu - \lambda_0 u = f, & \text{在 } \Omega \text{ 内}, \\ u = 0, & \text{在 } \partial\Omega \text{ 上} \end{cases}$$

存在唯一的弱解 $u \in H_0^1(\Omega)$, 而且解映射 $f \mapsto u$ 是 $H^{-1}(\Omega)$ 到 $H_0^1(\Omega)$ 的有界线性算子. 用 A 表示这个解映射. 则有

$$(L - \lambda_0 I)Af = f, \forall f \in H^{-1}(\Omega) \quad \text{且} \quad A(L - \lambda_0 I)u = u, \quad \forall u \in H_0^1(\Omega). \tag{3.4.5}$$

为记号简单起见, 用同一记号 A 表示把它限制在 $L^2(\Omega)$ 上并视值域也在 $L^2(\Omega)$ 中的算子, 则显然 $A: L^2(\Omega) \to L^2(\Omega)$ 是紧算子, 而且不难证明 A 是正定的对称算子. 利用关系式 (3.4.5) 不难知道, 非零复数 μ 是 A 的特征值当且仅当 $\lambda_0 + \dfrac{1}{\mu}$ 是 L 的特征值 (这里视 L 为 $H^{-1}(\Omega)$ 上以 $H_0^1(\Omega)$ 为定义域的无界线性算子), 而且对应的特征函数相同. 应用紧算子的 Riesz–Schauder 理论和 A 的对称性和正定性可知成立下列结论:

(a) 零是 A 的谱点, 且是 A 的谱 $\sigma(A)$ 的唯一极限点;

(b) A 的非零谱点都是 A 的特征值;

(c) A 的每个特征空间都是有限维的;

(d) A 的对应于不同特征值的特征空间互相正交;

(e) A 的特征值都是正数;

(f) $L^2(\Omega)$ 可分解为 A 的特征空间的直和.

根据这些结论, 即知 A 的全部特征值可排列成一个单调递减且趋于零的数列 (其中重特征值按重数即对应特征空间的维数排列), 而且通过对 A 的每个特征空间选取基向量使按 $L^2(\Omega)$ 内积构成规范正交基底, 那么把它们组合在一起就得到了 $L^2(\Omega)$ 的规范正交基底. 据此并利用 A 的特征值和特征向量与算子 L 的特征值和特征函数之间的关系, 便得到了定理 3.4.1 除结论 (3) 的后半部分以外的各个结论. 为了证明结论 (3) 的后半部分, 我们注意 A 可同样看作是 $H_0^1(\Omega)$ 到 $H_0^1(\Omega)$ 的紧算子. 但

是这时 A 并不满足对称性条件. 为克服这个困难, 首先注意由于 $c \geqslant \lambda_0$, 所以成立不等式

$$\langle (L-\lambda_0 I)u, u\rangle \geqslant c_0\|\nabla u\|^2_{L^2(\Omega)}, \quad \forall u \in H^1_0(\Omega). \tag{3.4.6}$$

据此可知由

$$(u,v)'_{H^1_0(\Omega)} = \langle (L-\lambda_0 I)u, v\rangle, \quad \forall u, v \in H^1_0(\Omega)$$

定义了 $H^1_0(\Omega)$ 上的一个新内积 $(\cdot,\cdot)'_{H^1_0(\Omega)}$, 而且按此内积的范数 $\|\cdot\|'_{H^1_0(\Omega)}$ 与 $H^1_0(\Omega)$ 的原有范数等价, 而 A 按此新内积是对称的和正定的. 由于

$$\begin{aligned}(w_k, w_l)'_{H^1_0(\Omega)} &= \langle (L-\lambda_0 I)w_k, w_l\rangle = (\lambda_k - \lambda_0)(w_k, w_l)_{L^2(\Omega)} \\ &= \begin{cases} \lambda_k - \lambda_0, & k = l, \\ 0, & k \neq l, \end{cases} \quad k, l = 1, 2, \cdots, \end{aligned} \tag{3.4.7}$$

所以 $\{w_k\}_{k=1}^{\infty}$ 按 $H^1_0(\Omega)$ 的新内积 $(\cdot,\cdot)'_{H^1_0(\Omega)}$ 是正交系. 假如 $\{w_k\}_{k=1}^{\infty}$ 不构成 $H^1_0(\Omega)$ 的基底, 令 X 为由 $\{w_k\}_{k=1}^{\infty}$ 在 $H^1_0(\Omega)$ 中张成的闭子空间, 则 $X \neq H^1_0(\Omega)$. 根据关于 $H^1_0(\Omega)$ 的与 (d) 和 (f) 类似的结论, 可知 A 还有特征向量 $w \in H^1_0(\Omega)$ 不属于 X, 且 w 关于新内积与 X 正交. 设 w 对应的 L 的特征值为 λ. 应用不等式 (3.4.6) 可知 $\lambda > \lambda_0$. 由于对任意 $u \in X$ 有

$$0 = (w,u)'_{H^1_0(\Omega)} = \langle (L-\lambda_0 I)w, u\rangle = (\lambda - \lambda_0)(w,u)_{L^2(\Omega)},$$

所以 $(w,u)_{L^2(\Omega)} = 0, \forall u \in X$. 这说明 w 也在 $L^2(\Omega)$ 中与 X 正交. 而由 $\{w_k\}_{k=1}^{\infty}$ 是 $L^2(\Omega)$ 的基底知 X 在 $L^2(\Omega)$ 中稠密, 因此得到 $w = 0$, 而这与 w 是 A 的特征向量的假设矛盾. 这就证明了, $\{w_k\}_{k=1}^{\infty}$ 构成 $H^1_0(\Omega)$ 的基底. 最后, 易见 $\lambda_k = \langle Lw_k, w_k\rangle$, $k = 1, 2, \cdots$. 由于当 $c \geqslant 0$ 时 $\langle Lu, u\rangle > 0$, $\forall u \in H^1_0(\Omega)$, $u \neq 0$, 所以当 $c \geqslant 0$ 时 $\lambda_k > 0$, $k = 1, 2, \cdots$. 证毕. □

推论 3.4.2 设条件和记号同定理 3.4.1, 则对任意 $u \in L^2(\Omega)$ 成立关系式

$$u = \sum_{k=1}^{\infty} c_k w_k, \quad 其中\ c_k = (u, w_k)_{L^2(\Omega)}, \ k = 1, 2, \cdots, \tag{3.4.8}$$

这里的无穷和式按 $L^2(\Omega)$ 强拓扑收敛, 而且成立 Plancherel 恒等式

$$\|u\|^2_{L^2(\Omega)} = \sum_{k=1}^{\infty} c_k^2. \tag{3.4.9}$$

进一步如果 $u \in H^1_0(\Omega)$, 则 (3.4.8) 中的无穷和式按 $H^1_0(\Omega)$ 强拓扑收敛, 而且存在常数 $C_1, C_2 > 0$ 使成立

$$C_1\|u\|^2_{H^1_0(\Omega)} \leqslant \sum_{k=1}^{\infty}(1+|\lambda_k|)c_k^2 \leqslant C_2\|u\|^2_{H^1_0(\Omega)}. \tag{3.4.10}$$

证 该推论的前半部分结论是 $\{w_k\}_{k=1}^{\infty}$ 为 $L^2(\Omega)$ 的规范正交基底这个事实的直接推论. 为证明后半部分结论, 首先注意应用不等式 (3.4.6) 可知 $\lambda_k > \lambda_0$, $k=1,2,\cdots$. 其次, 由 (3.4.7) 知 $\left\{\dfrac{w_k}{\sqrt{\lambda_k-\lambda_0}}\right\}_{k=1}^{\infty}$ 按内积 $(\cdot,\cdot)'_{H_0^1(\Omega)}$ 构成 $H_0^1(\Omega)$ 的规范正交基底. 因此对任意 $u\in H_0^1(\Omega)$, 按 $H_0^1(\Omega)$ 强拓扑收敛的意义成立无穷和式

$$u=\sum_{k=1}^{\infty}\Big(u,\frac{w_k}{\sqrt{\lambda_k-\lambda_0}}\Big)'_{H_0^1(\Omega)}\frac{w_k}{\sqrt{\lambda_k-\lambda_0}}=\sum_{k=1}^{\infty}\frac{(u,w_k)'_{H_0^1(\Omega)}}{\lambda_k-\lambda_0}w_k, \tag{3.4.11}$$

而且成立等式

$$(\|u\|'_{H_0^1(\Omega)})^2=\sum_{k=1}^{\infty}\Big|\Big(u,\frac{w_k}{\sqrt{\lambda_k-\lambda_0}}\Big)'_{H_0^1(\Omega)}\Big|^2=\sum_{k=1}^{\infty}\frac{|(u,w_k)'_{H_0^1(\Omega)}|^2}{\lambda_k-\lambda_0}. \tag{3.4.12}$$

由于无穷和式在 $H_0^1(\Omega)$ 中强收敛蕴涵着它也在 $L^2(\Omega)$ 中强收敛, 比较 (3.4.11) 和 (3.4.8) 即知当 $u\in H_0^1(\Omega)$ 时 $(u,w_k)'_{H_0^1(\Omega)}=(\lambda_k-\lambda_0)c_k$, $k=1,2,\cdots$, 而且和式 (3.4.8) 按 $H_0^1(\Omega)$ 强拓扑收敛. 把等式 $(u,w_k)'_{H_0^1(\Omega)}=(\lambda_k-\lambda_0)c_k$ 代入 (3.4.12) 并应用范数 $\|\cdot\|'_{H_0^1(\Omega)}$ 与 $H_0^1(\Omega)$ 的原有范数的等价性即得 (3.4.10). 证毕. □

推论 3.4.3 *设条件和记号同定理 3.4.1, 则对任意 $f\in H^{-1}(\Omega)$ 成立关系式*

$$f=\sum_{k=1}^{\infty}d_kw_k,\quad \text{其中}\ d_k=\langle f,w_k\rangle,\ k=1,2,\cdots, \tag{3.4.13}$$

这里的无穷和式按 $H^{-1}(\Omega)$ 范数拓扑收敛, 而且存在常数 $C_1,C_2>0$ 使成立

$$C_1\|f\|_{H^{-1}(\Omega)}^2\leqslant\sum_{k=1}^{\infty}(1+|\lambda_k|)^{-1}d_k^2\leqslant C_2\|f\|_{H^{-1}(\Omega)}^2. \tag{3.4.14}$$

证 取充分大的正数 λ 使 $c+\lambda\geqslant 0$. 则由定理 3.2.2 知算子 $L+\lambda I: H_0^1(\Omega)\to H^{-1}(\Omega)$ 是双射, 且是 $H_0^1(\Omega)$ 到 $H^{-1}(\Omega)$ 上的同构映射. 对任意 $f\in H^{-1}(\Omega)$, 令 $u=(L+\lambda I)^{-1}f$, 则 $u\in H_0^1(\Omega)$, 从而和式 (3.4.8) 按 $H_0^1(\Omega)$ 强拓扑收敛. 由于 $L+\lambda I: H_0^1(\Omega)\to H^{-1}(\Omega)$ 是有界线性算子, 所以得到

$$f=(L+\lambda I)u=\sum_{k=1}^{\infty}c_k(L+\lambda I)w_k=\sum_{k=1}^{\infty}(\lambda_k+\lambda)c_kw_k,$$

这里的无穷和式按 $H^{-1}(\Omega)$ 范数拓扑收敛. 由此式立得

$$\langle f,w_k\rangle=(\lambda_k+\lambda)c_k,\quad k=1,2,\cdots,$$

说明 $d_k=(\lambda_k+\lambda)c_k$, $k=1,2,\cdots$, 所以证明了, 无穷和式 (3.4.13) 按 $H^{-1}(\Omega)$ 范数拓扑收敛. 其次, 由于 $c_k=(\lambda_k+\lambda)^{-1}d_k$, $k=1,2,\cdots$, 并且由 $L+\lambda I: H_0^1(\Omega)\to$

$H^{-1}(\Omega)$ 是同构映射知存在常数 $C_1, C_2 > 0$ 使成立 $C_1\|u\|_{H_0^1(\Omega)} \leqslant \|f\|_{H^{-1}(\Omega)} \leqslant C_2\|u\|_{H_0^1(\Omega)}$, 所以从 (3.4.10) 立得 (3.4.14). 证毕. □

推论 3.4.4 在定理 3.4.1 的条件下, 再设对某个非负整数 m 有 $\partial\Omega \in C^{m+2}$ 且 $a_{ij} \in C^{m+1}(\overline{\Omega})$ $(i,j=1,2,\cdots,n)$, $c \in C^m(\overline{\Omega})$ (当 $m=0$ 时只需 $c \in L^\infty(\Omega)$), 则 $w_k \in H^{m+2}(\Omega) \cap H_0^1(\Omega)$ $(k=1,2,\cdots)$; 进一步设 $\partial\Omega \in C^\infty$ 且 $a_{ij}, c \in C^\infty(\overline{\Omega})$, 则 $w_k \in C^\infty(\overline{\Omega}) \cap H_0^1(\Omega)$ $(k=1,2,\cdots)$. □

证 这是定理 3.4.1 和定理 3.3.9 的直接推论. □

再来考虑 L 不是自伴算子的情况, 即设

$$Lu = -\sum_{i,j=1}^n \partial_j(a_{ij}\partial_i u) + \sum_{i=1}^n b_i\partial_i u + cu, \quad \forall u \in H^1(\Omega). \tag{3.4.15}$$

由于 L 不是自伴算子蕴涵着其特征值不一定是实数, 所以这时必须在复的函数空间 $L^2(\Omega)$, $H_0^1(\Omega)$ 和 $H^{-1}(\Omega)$ 中考虑问题 (3.4.1), 并容许 λ 为复数. 但是我们仍然假定 L 的系数 a_{ij}, b_i, c $(i,j=1,2,\cdots,n)$ 都是实值函数且都属于 $L^\infty(\Omega)$. **L 的伴随算子或转置算子**L^{T} 定义为

$$L^{\mathrm{T}}u = -\sum_{i,j=1}^n \partial_j(a_{ij}\partial_i u) - \sum_{i=1}^n b_i\partial_i u + \Big(c - \sum_{i=1}^n \partial_i b_i\Big)u, \quad \forall u \in H^1(\Omega). \tag{3.4.16}$$

注意由于 $b_i \in L^\infty(\Omega)$ $(i=1,2,\cdots,n)$, 所以 $\partial_i b_i$ 是广义函数且 $\partial_i b_i \in W^{-1,\infty}(\Omega)$, 因此对任意 $u \in H^1(\Omega)$, 乘积 $(\partial_i b_i)u$ 有意义且 $(\partial_i b_i)u \in H^{-1}(\Omega)$. 事实上, 对任意 $v \in H_0^1(\Omega)$ 有

$$\langle(\partial_i b_i)u, v\rangle = \langle \partial_i b_i, uv\rangle = -\int_\Omega b_i(x)\partial_i[u(x)v(x)]\mathrm{d}x.$$

由 $u \in H^1(\Omega)$ 和 $v \in H_0^1(\Omega)$ 知 $uv \in W_0^{1,1}(\Omega)$, 所以最后这个等号右端的积分有意义. 由此不难知道, L^{T} 是 $H^1(\Omega)$ 到 $H^{-1}(\Omega)$ 的有界线性算子. 不难验证, 成立下列关系式:

$$\langle Lu, v\rangle = \langle L^{\mathrm{T}}v, u\rangle, \quad \forall u, v \in H_0^1(\Omega). \tag{3.4.17}$$

定理 3.4.5 设 L 是有界开集 $\Omega \subseteq \mathbf{R}^n$ 上由 (3.4.15) 给出并满足一致椭圆型条件 (3.2.1) 的二阶椭圆算子, 系数 $a_{ij}, b_i, c \in L^\infty(\Omega)$ $(i,j=1,2,\cdots,n)$. 则有下列结论:

(1) L 的 Dirichlet 问题有可数无穷多个特征值 $\{\lambda_k\}_{k=1}^\infty$, $\lim\limits_{k\to\infty}|\lambda_k| = \infty$, 且它们都包含在一个扇形区域

$$z \in \mathbf{C}, \quad \mathrm{Re}z \geqslant \theta|\mathrm{Im}z| - C_\theta$$

中, 其中 θ 为任意正数, C_θ 为依赖于 θ 的正常数. 因此 $\lim\limits_{k\to\infty} \mathrm{Re}\lambda_k = +\infty$.

(2) L 对应于每个特征值的特征空间都是有限维的.

(3) 如果 $u_1, u_2, \cdots, u_m$ 是对应于互不相同特征值的特征函数, 则 $u_1, u_2, \cdots, u_m$ 线性无关.

(4) 对任意复数 $\lambda \in \mathbf{C}$, 当 $\lambda \neq \lambda_k$ $(k = 1, 2, \cdots)$ 时, 边值问题

$$\begin{cases} Lu - \lambda u = f, & \text{在 } \Omega \text{ 内}, \\ u = 0, & \text{在 } \partial\Omega \text{ 上} \end{cases} \tag{3.4.18}$$

对任意 (复值的) $f \in H^{-1}(\Omega)$ 都存在唯一 (复值的) 弱解 $u \in H_0^1(\Omega)$, 而且这时解算子 $f \mapsto u$ 是 (复值的) $H^{-1}(\Omega)$ 到 (复值的) $H_0^1(\Omega)$ 的有界线性算子.

(5) L 的伴随算子 L^{T} 的 Dirichlet 特征值问题有与 L 相同的特征值, 并且 L 与 L^{T} 对应于相同特征值的特征空间维数相同.

(6) 当 $\lambda = \lambda_k$ 时, 对给定的 (复值的) $f \in H^{-1}(\Omega)$, 边值问题 (3.4.18) 有解的充要条件是: 对问题

$$\begin{cases} L^{\mathrm{T}}v - \lambda_k v = 0, & \text{在 } \Omega \text{ 内}, \\ v = 0, & \text{在 } \partial\Omega \text{ 上} \end{cases} \tag{3.4.19}$$

的任意 (复值的) 弱解 v 都成立 $\langle f, v\rangle = 0$.

证 在下面的推导过程中, 前半部分即 (3.4.22) 之前 $L^2(\Omega)$, $H_0^1(\Omega)$ 和 $H^{-1}(\Omega)$ 都表示实值函数空间, 其中的函数自然也都是实值函数.

根据定理 3.2.5 知存在常数 $\mu > 0$ 和 $C' > 0$ 使成立

$$\langle Lu, u\rangle \geqslant \mu\|u\|_{H_0^1(\Omega)}^2 - C'\|u\|_{L^2(\Omega)}^2, \quad \forall u \in H_0^1(\Omega). \tag{3.4.20}$$

任意取定 $\lambda_0 \geqslant C'$ (比如取 $\lambda_0 = C'$). 则由上述不等式知

$$\langle (L+\lambda_0 I)u, u\rangle \geqslant \mu\|u\|_{H_0^1(\Omega)}^2, \quad \forall u \in H_0^1(\Omega),$$

据此结合不等式 $\langle (L+\lambda_0 I)u, u\rangle \leqslant \|(L+\lambda_0 I)u\|_{H^{-1}(\Omega)}\|u\|_{H_0^1(\Omega)}$ 便得到

$$\|(L+\lambda_0 I)u\|_{H^{-1}(\Omega)} \geqslant \mu\|u\|_{H_0^1(\Omega)}, \quad \forall u \in H_0^1(\Omega). \tag{3.4.21}$$

由此推知 Dirichlet 问题

$$\begin{cases} Lu + \lambda_0 u = 0, & \text{在 } \Omega \text{ 内}, \\ u = 0, & \text{在 } \partial\Omega \text{ 上} \end{cases}$$

只有零解, 从而根据定理 3.2.2 知, 对任意 $f \in H^{-1}(\Omega)$, Dirichlet 问题

$$\begin{cases} Lu + \lambda_0 u = f, & \text{在 } \Omega \text{ 内}, \\ u = 0, & \text{在 } \partial\Omega \text{ 上} \end{cases}$$

存在唯一的弱解 $u \in H_0^1(\Omega)$, 而且解映射 $f \mapsto u$ 是 $H^{-1}(\Omega)$ 到 $H_0^1(\Omega)$ 的有界线性算子. 用 A 表示这个解映射, 则有

$$(L+\lambda_0 I)Af = f, \quad \forall f \in H^{-1}(\Omega) \quad \text{且} \quad A(L+\lambda_0 I)u = u, \quad \forall u \in H_0^1(\Omega). \tag{3.4.22}$$

下面转而在复化的 Hilbert 空间中进行讨论, 因此以下出现的 $L^2(\Omega)$, $H_0^1(\Omega)$ 和 $H^{-1}(\Omega)$ 都表示相应的复值函数空间, 而 A 则表示相应的复化的解映射 $f \mapsto u$, 它是复化的 $H^{-1}(\Omega)$ 到复化的 $H_0^1(\Omega)$ 的有界线性算子. 用同一记号 A 表示把它限制在复化的 $L^2(\Omega)$ 上并视值域也在复化的 $L^2(\Omega)$ 中的算子, 则 A 是紧算子. 因此, 应用关于紧算子的谱的 Riesz–Schauder 理论可知成立下列结论:

(a) 零是 A 的谱点, 且是 A 的谱 $\sigma(A)$ 的唯一极限点;

(b) A 的非零谱点都是 A 的特征值, 从而 $\sigma(A) = \sigma_{\rm p}(A) \cup \{0\}$, 这里 $\sigma_{\rm p}(A)$ 表示 A 的点谱, 即由 A 的全部特征值组成的集合 (注意由 (3.4.22) 中的第一个关系式知 $0 \notin \sigma_{\rm p}(A)$);

(c) A 的每个特征空间都是有限维的;

(d) 设 $u_1, u_2, \cdots, u_m$ 是 A 的对应于不同特征值的特征向量, 则 $u_1, u_2, \cdots, u_m$ 线性无关.

(e) $\sigma(A) = \sigma(A^*)$, 进而 $\sigma_{\rm p}(A) = \sigma_{\rm p}(A^*)$, 而且对每个 $\lambda \in \sigma_{\rm p}(A)$ 有 $\dim N(\lambda I - A) = \dim N(\lambda I - A^*)$, 这里 A^* 表示 A 的 (按对偶的) 共轭算子①.

(f) 当 $\lambda \in \sigma_{\rm p}(A)$ 时, 对给定的 (复值的) $w \in L^2(\Omega)$, 方程 $(\lambda I - A)u = w$ 有解的充要条件是

$$\langle w, v\rangle = \int_\Omega w(x)v(x){\rm d}x = 0, \quad \forall v \in N(\lambda I - A^*).$$

由于对所有实值的 $u \in H_0^1(\Omega)$ 都成立 $\langle Lu, u\rangle = \langle L^{\rm T}u, u\rangle$, 所以由 (3.4.20) 知当把 (3.4.21) 中的算子 L 换为 $L^{\rm T}$ 时, 这个不等式仍然成立, 从而与前面类似地可知, 存在有界线性算子 $B: H^{-1}(\Omega) \to H_0^1(\Omega)$ 使成立

$$(L^{\rm T}+\lambda_0 I)Bf = f, \quad \forall f \in H^{-1}(\Omega) \quad \text{且} \quad B(L^{\rm T}+\lambda_0 I)u = u, \quad \forall u \in H_0^1(\Omega) \tag{3.4.23}$$

(这里的 $H_0^1(\Omega)$ 和 $H^{-1}(\Omega)$ 均为实值函数空间). 用同一记号 B 表示把它复化之后再限制在复化的 $L^2(\Omega)$ 上并视值域也在复化的 $L^2(\Omega)$ 中的算子, 则有 $A^* = B$. 事

① 对于复的 Hilbert 空间 X, 有界线性算子 $A: X \to X$ 的共轭算子 A^* 有两种不同的定义, 其一是按内积定义: $(A^*x, y) = (x, Ay)$, $\forall x, y \in X$; 其二是按对偶定义, 即按 Riesz 表示定理把 X 与其对偶空间 X^* 等同之后, A 按对偶的共轭算子 A^* 所得到的 X 上的有界线性算子, 即 $\langle A^*x, y\rangle = \langle x, Ay\rangle$, $\forall x, y \in X$. 这里所指的是按第二种方式定义的共轭算子. 请注意这里的符号 A^* 与 5.5 节同一符号意义上的区别, 那里的 A^* 指按第一种方式定义的共轭算子.

实上, 根据 A^* 的定义, 对任意 $u,v\in L^2(\Omega)$ 有

$$\begin{aligned}\langle A^*u,v\rangle &= \langle u,Av\rangle = \langle (L^{\mathrm{T}}+\lambda_0 I)Bu,Av\rangle\\ &= \langle (L+\lambda_0 I)Av,Bu\rangle = \langle v,Bu\rangle = \langle Bu,v\rangle,\end{aligned}$$

这就证明了 $A^*=B$. 现在注意, 利用关系式 (3.4.22) 不难知道, 非零复数 μ 是 A 的特征值当且仅当 $\dfrac{1}{\mu}-\lambda_0$ 是 L (关于 Dirichlet 边值条件) 的特征值, 而且对应的特征向量相同. 同样利用关系式 (3.4.23) 可知, 非零复数 μ 是 $B=A^*$ 的特征值当且仅当 $\dfrac{1}{\mu}-\lambda_0$ 是 L^t (关于 Dirichlet 边值条件) 的特征值, 而且对应的特征向量相同. 这样从上述结论 (a)–(f) 立得定理 3.4.5 中除结论 (1) 后半部分之外的所有结论. 下面证明结论 (1) 的后半部分.

对于复值的 $u\in H_0^1(\Omega)$ 和具有正实部的复数 λ, 设 $u=v+\mathrm{i}w$, $\lambda=\mu+\mathrm{i}\nu$, 其中 $v,w\in H_0^1(\Omega)$ 为实值函数, 而 μ,ν 为实数, $\mu>0$. 则有

$$\begin{aligned}\mathrm{Re}\langle (L-\lambda I)u,\bar u\rangle &= \langle Lv,v\rangle+\langle Lw,w\rangle-\mu\|u\|^2_{L^2(\Omega)},\\ \mathrm{Im}\langle (L-\lambda I)u,\bar u\rangle &= \langle Lw,v\rangle-\langle Lv,w\rangle-\nu\|u\|^2_{L^2(\Omega)}\\ &= \sum_{j=1}^n\int_\Omega b_j(x)[\partial_j w(x)v(x)-\partial_j v(x)w(x)]\mathrm{d}x-\nu\|u\|^2_{L^2(\Omega)}.\end{aligned}$$

应用不等式

$$|z|\geqslant\theta|\mathrm{Re}z|+(1-\theta)|\mathrm{Im}z|,\quad \forall z\in\mathbf{C},\ \forall\theta\in(0,1)$$

得

$$\begin{aligned}|\langle (L-\lambda I)u,\bar u\rangle| &\geqslant \theta(\langle Lv,v\rangle+\langle Lw,w\rangle)-\theta\mu\|u\|^2_{L^2(\Omega)}+(1-\theta)|\nu|\|u\|^2_{L^2(\Omega)}\\ &\quad -C[\|\nabla w\|_{L^2(\Omega)}\|v\|_{L^2(\Omega)}+\|\nabla v\|_{L^2(\Omega)}\|w\|_{L^2(\Omega)}]\\ &\qquad\qquad \Big(C=\Big(\sum_{j=1}^n\|b_j\|^2_{L^\infty(\Omega)}\Big)^{\frac12}\Big)\\ &\geqslant \theta c_0(\|\nabla v\|^2_{L^2(\Omega)}+\|\nabla w\|^2_{L^2(\Omega)})+(1-\theta)|\nu|\|u\|^2_{L^2(\Omega)}-\theta\mu\|u\|^2_{L^2(\Omega)}\\ &\quad -C(\|\nabla v\|_{L^2(\Omega)}+\|\nabla w\|_{L^2(\Omega)})(\|v\|_{L^2(\Omega)}+\|w\|_{L^2(\Omega)})-C'\|u\|^2_{L^2(\Omega)}\\ &\qquad\qquad (C'=\|c\|_{L^\infty(\Omega)})\\ &\geqslant \theta c_0\|\nabla u\|^2_{L^2(\Omega)}+[(1-\theta)|\nu|-\theta\mu-C']\|u\|^2_{L^2(\Omega)}\\ &\quad -2C\|\nabla u\|_{L^2(\Omega)}\|u\|_{L^2(\Omega)}\\ &\geqslant \frac12\theta c_0\|\nabla u\|^2_{L^2(\Omega)}+\left[(1-\theta)|\nu|-\theta\mu-C'-\frac{2C^2}{\theta c_0}\right]\|u\|^2_{L^2(\Omega)}.\end{aligned}$$

因此只要

$$|\nu| \geqslant \frac{\theta}{1-\theta}\mu + C_\theta,$$

其中 $C_\theta = (4C^2 + 2C'\theta c_0 + \theta^2 c_0^2)/2\theta(1-\theta)c_0$, 便可得到

$$\|(L-\lambda I)u\|_{H^{-1}(\Omega)} \geqslant \frac{1}{2}\theta c_0 \|u\|_{H_0^1(\Omega)}, \quad \forall u \in H_0^1(\Omega).$$

从这个估计式可知当 $|\mathrm{Im}\lambda| \geqslant \dfrac{\theta}{1-\theta}\mathrm{Re}\lambda + C_\theta$ 时, λ 不是 L 的特征值, 从而 L 的特征值全部包含在扇形区域 $\mathrm{Re}z \geqslant \dfrac{1-\theta}{\theta}|\mathrm{Im}z| - \dfrac{1-\theta}{\theta}C_\theta$ 中. 由于当 θ 取遍区间 $(0,1)$ 中的所有数时, $\dfrac{1-\theta}{\theta}$ 遍历全部的正数, 这样就证明了结论 (1) 的后半部分. 证毕. □

推论 3.4.6　*在定理 3.4.5 的条件下, Dirichlet 问题 (3.2.6) 对任意 $f \in H^{-1}(\Omega)$ 都存在弱解的充要条件是: 零不是算子 L (关于 Dirichlet 边值条件) 的特征值. 当零是 L 的特征值时, 对给定的 $f \in H^{-1}(\Omega)$, Dirichlet 问题 (3.2.6) 存在弱解的充要条件是: 对方程 $L^{\mathrm{T}}v = 0$ 的每个弱解 $v \in H_0^1(\Omega)$ 都成立 $\langle f, v\rangle = 0$.* □

习　题　3.4

1. 设 Ω 是 $\mathbf{R}^n$ 中的有界开集, L 是 Ω 上由 (3.4.2) 给出的算子, 满足一致椭圆性条件 (3.2.1). 假设对某个整数 $m \geqslant 2$ 有 $\partial\Omega \in C^m$, $a_{ij} \in C^{m-1}(\overline{\Omega})$ $(i,j = 1,2,\cdots,n)$ 且 $c \in C^{m-2}(\overline{\Omega})$. 令

$$H_L^m(\Omega) = \left\{u \in H^m(\Omega) \cap H_0^1(\Omega) : u|_{\partial\Omega} = Lu|_{\partial\Omega} = \cdots = L^{[\frac{m-1}{2}]}u|_{\partial\Omega} = 0\right\}.$$

再令 $\{w_k\}_{k=1}^\infty$ 如定理 3.4.1. 证明:

(1) $w_k \in H_L^m(\Omega)$ $(k = 1,2,\cdots)$, 而且 $\{w_k\}_{k=1}^\infty$ 构成 $H_L^m(\Omega)$ 的基底;

(2) 对任意 $u \in H_L^m(\Omega)$, (3.4.8) 中的无穷和式按 $H^m(\Omega)$ 强拓扑收敛, 而且存在常数 $C_1, C_2 > 0$ 使成立

$$C_1\|u\|_{H^m(\Omega)}^2 \leqslant \sum_{k=1}^\infty (1+|\lambda_k|)^m c_k^2 \leqslant C_2\|u\|_{H^m(\Omega)}^2.$$

2. 设 Ω 是 $\mathbf{R}^n$ 中的有界开集, L 是 Ω 上由 (3.4.2) 给出的算子, 满足一致椭圆性条件 (3.2.1). 令 $\{w_k\}_{k=1}^\infty$ 如定理 3.4.1. 证明:

(1) 对任意 $f \in H^{-1}(\Omega)$ 和任意 $u \in H_0^1(\Omega)$ 成立等式

$$\langle f, u\rangle = \sum_{k=1}^\infty c_k d_k, \quad 其中\ c_k = \langle u, w_k\rangle,\ d_k = \langle f, w_k\rangle,\ k = 1,2,\cdots;$$

(2) 令 λ_1 为 L 关于 Dirichlet 边值条件的最小特征值, 则成立 **Poincaré不等式**:

$$\langle Lu, u\rangle \geqslant \lambda_1\|u\|_{L^2(\Omega)}^2, \quad \forall u \in H_0^1(\Omega).$$

3. 设条件和记号同定理 3.4.1.

(1) 令 $V_0=\{0\}$, $V_k=\operatorname{span}\{w_1,w_2,\cdots,w_k\}$, $k=1,2,\cdots$. 证明:

$$\lambda_k=\inf_{\substack{u\in H_0^1(\Omega)\backslash\{0\}\\ u\perp V_{k-1}}}\frac{\langle Lu,u\rangle}{\|u\|_{L^2(\Omega)}^2},\quad k=1,2,\cdots,$$

其中符号 $u\perp V_{k-1}$ 表示按 $L^2(\Omega)$ 内积 u 与 V_{k-1} 正交.

(2) 令 $\mathscr{A}_k$ 表示 $L^2(\Omega)$ 的全体 k 维线性子空间组成的集合, $k=0,1,\cdots$. 证明:

$$\lambda_k=\sup_{V\in\mathscr{A}_{k-1}}\inf_{\substack{u\in H_0^1(\Omega)\backslash\{0\}\\ u\perp V}}\frac{\langle Lu,u\rangle}{\|u\|_{L^2(\Omega)}^2},\quad k=1,2,\cdots,$$

其中符号 $u\perp V$ 表示按 $L^2(\Omega)$ 内积 u 与 V 正交.

4. 设两个算子 $L=-\sum_{i,j=1}^n\partial_j[a_{ij}(x)\partial_i\cdot]+c(x)$ 和 $\tilde{L}=-\sum_{i,j=1}^n\partial_j[\tilde{a}_{ij}(x)\partial_i\cdot]+\tilde{c}(x)$ 都满足定理 3.4.1 的条件, 且 $\sum_{i,j=1}^n a_{ij}(x)\xi_i\xi_j\leqslant\sum_{i,j=1}^n\tilde{a}_{ij}(x)\xi_i\xi_j$, $\forall\xi\in\mathbf{R}^n$, $\forall x\in\Omega$; $c(x)\leqslant\tilde{c}(x)$, $\forall x\in\Omega$. 令 λ_k 和 $\tilde{\lambda}_k$ 分别为算子 L 和 $\tilde{L}$ 的 Dirichlet 特征值问题的第 k 个特征值 (重特征值按重数排列). 证明:

(1) $\lambda_k\leqslant\tilde{\lambda}_k$, $k=1,2,\cdots$;

(2) 当 $c\neq\tilde{c}$ 时, $\lambda_k<\tilde{\lambda}_k$, $k=1,2,\cdots$.

(提示: 见文献 [131] 定理 3.3.11.)

5. 设 Ω 是 $\mathbf{R}^n$ 中的开集, L 是 Ω 上由 (3.4.2) 给出的算子, 满足一致椭圆性条件 (3.2.1). 又设 Ω_1 和 Ω_2 是 Ω 的两个有界开子集. 令 $\lambda_k(\Omega_1)$ 和 $\lambda_k(\Omega_2)$ 分别为算子 L 在 Ω_1 和 Ω_2 上的 Dirichlet 特征值问题的第 k 个特征值 (重特征值按重数排列). 证明: 如果 $\Omega_1\subseteq\Omega_2$ 则 $\lambda_k(\Omega_1)\geqslant\lambda_k(\Omega_2)$, $k=1,2,\cdots$.

3.5 极值原理

二阶线性椭圆型方程的一个重要特性是成立所谓**极值原理**, 这个原理保证了, 如果二阶线性椭圆型算子 L 的零阶导数项系数 c 非负, 那么由在 Ω 上成立 $Lu\geqslant Lv$ 和在 Ω 的边界 $\partial\Omega$ 上成立 $u\geqslant v$ 便可得到在 Ω 上成立 $u\geqslant v$. 这意味着算子 $L:H_0^1(\Omega)\to H^{-1}(\Omega)$ 的逆算子 $L^{-1}:H^{-1}(\Omega)\to H_0^1(\Omega)$ 是所谓**正算子**, 即由 $f\geqslant0$ 可推出 $L^{-1}f\geqslant0$. 二阶线性椭圆型算子的这个特性有广泛的应用. 特别是, 由这个性质可推出 Dirichlet 问题解的唯一性. 虽然本章第二节在建立 L^2 类解的存在性时是直接从能量不等式得到弱解的存在唯一性的, 但在后面建立 L^p 类解和 C^μ 类解的存在性时, 我们必须借助于极值原理才能得到解的唯一性进而获得解的存在性. 本节的主要目的就是建立这个原理. 此外, 作为极值原理的应用, 我们还将讨论算

子 L (关于 Dirichlet 边值条件) 的主特征值即最小特征值以及相应特征函数的一些重要性质.

3.5.1 经典解的极值原理

经典解的极值原理是根据这样的简单事实建立的: 如果 $u \in C^2(\Omega)$ 且在 $x_0 \in \Omega$ 点达到极大值, 这里 Ω 是开集从而 x_0 是内点, 则

$$\nabla u(x_0) = 0 \quad 且 \quad (\partial_{ij}^2 u(x_0))_{n\times n} \leqslant 0 \ (即半负定).$$

还需要以下代数学引理:

引理 3.5.1 设 $A = (a_{ij})_{n\times n}$ 是正定矩阵, $B = (b_{ij})_{n\times n}$ 是半正定矩阵, 则 $\sum\limits_{i,j=1}^{n} a_{ij}b_{ij} \geqslant 0$.

证 由 A 是正定矩阵知存在正交矩阵 O 使成立

$$O^{\mathrm{T}}AO = \mathrm{diag}(\lambda_1, \lambda_2, \cdots, \lambda_n),$$

其中 $\lambda_1, \lambda_2, \cdots, \lambda_n$ 是 A 的特征值, 因而全大于零. 由于 B 是半正定矩阵, 所以 $O^{\mathrm{T}}BO$ 也是半正定矩阵. 设 $O^{\mathrm{T}}BO = (b'_{ij})_{n\times n}$. 则由 $O^{\mathrm{T}}BO$ 是半正定矩阵知 $b'_{ii} \geqslant 0, i = 1, 2, \cdots, n$. 因此

$$\begin{aligned}\sum_{i,j=1}^{n} a_{ij}b_{ij} = \sum_{i,j=1}^{n} a_{ij}b_{ji} &= \mathrm{tr}(AB) = \mathrm{tr}(O^{-1}ABO) = \mathrm{tr}(O^{\mathrm{T}}ABO)\\ &= \mathrm{tr}(O^{\mathrm{T}}AO \cdot O^{\mathrm{T}}BO) = \sum_{i=1}^{n} \lambda_i b'_{ii} \geqslant 0.\end{aligned}$$

证毕. □

下面设 L 是有界开集 $\Omega \subseteq \mathbf{R}^n$ 上的非散度形二阶偏微分算子, 即

$$L = -\sum_{i,j=1}^{n} a_{ij}(x)\partial_{ij}^2 + \sum_{i=1}^{n} b_i(x)\partial_i + c(x), \quad x \in \Omega. \tag{3.5.1}$$

定理 3.5.2 (经典解的弱极值原理) **设 L 是 Ω 上的一致椭圆型算子, $c \geqslant 0$, 且一阶导数项系数 b_i $(i = 1, 2, \cdots, n)$ 有界. 又设 $u \in C^2(\Omega) \cap C(\overline{\Omega})$, $f \in L^\infty(\Omega)$. 则存在 (与 u 和 f 无关的) 常数 $C > 0$ 使成立下列结论:**

(1) 如果在 Ω 上成立 $Lu \geqslant f$, 则

$$\min_{x\in\overline{\Omega}} u(x) \geqslant \min_{x\in\partial\Omega} \min\{u(x), 0\} - C \sup_{x\in\Omega} |f(x)|; \tag{3.5.2}$$

(2) 如果在 Ω 上成立 $Lu \leqslant f$, 则

$$\max_{x\in\overline{\Omega}} u(x) \leqslant \max_{x\in\partial\Omega} \max\{u(x), 0\} + C\sup_{x\in\Omega} |f(x)|. \tag{3.5.3}$$

证 只需证明结论 (1); 因为把它应用于 $-u$ 和 $-f$ 就是结论 (2). 分两步证明结论 (1).

先设 $Lu(x) > 0, \forall x \in \Omega$, 且 $u(x) \geqslant 0, \forall x \in \partial\Omega$, 来证明 $u(x) \geqslant 0, \forall x \in \Omega$. 反证而设 $\min\limits_{x\in\overline{\Omega}} u(x) < 0$. 令 x_0 为 u 的最小值点. 则 $x_0 \in \Omega$, 从而 $\nabla u(x_0) = 0$ 且 $(\partial_{ij}^2 u(x_0))_{n\times n}$ 是半正定矩阵. 由于 $(a_{ij}(x_0))_{n\times n}$ 是正定矩阵, 所以根据引理3.5.1 知

$$\sum_{i,j=1}^{n} a_{ij}(x_0)\partial_{ij}^2 u(x_0) \geqslant 0.$$

进而由 $\partial_i u(x_0) = 0 \ (i = 1, 2, \cdots, n)$, $c(x_0) \geqslant 0$ 和 $u(x_0) < 0$ 得到

$$Lu(x_0) = -\sum_{i,j=1}^{n} a_{ij}(x_0)\partial_{ij}^2 u(x_0) + \sum_{i=1}^{n} b_i(x_0)\partial_i u(x_0) + c(x_0)u(x_0) \leqslant 0.$$

这与所设条件矛盾.

现在设在 Ω 上成立 $Lu \geqslant f$, 来证明 (3.5.2). 为此取充分大的正数 λ 使 $c_0\lambda^2 - \lambda\sup\limits_{x\in\Omega}|b_1(x)| \geqslant 1$, 其中 c_0 为 L 的一致椭圆型常数, 即出现于 (3.1.3) 中的正常数. 设 Ω 在 x_1 方向上的宽度为 d. 必要时通过平移, 可设 Ω 包含于带型区域 $0 < x_1 < d$ 中. 记 $m = \min\limits_{x\in\partial\Omega} \min\{u(x), 0\} \leqslant 0$. 作辅助函数

$$u_\varepsilon(x) = u(x) - m + [\varepsilon + \sup_{x\in\Omega}|f(x)|](\mathrm{e}^{\lambda d} - \mathrm{e}^{\lambda x_1}), \quad x = (x_1, x_2, \cdots, x_n) \in \overline{\Omega}$$

其中 ε 为任意正数. 则有

$$\begin{aligned} Lu_\varepsilon(x) &= Lu(x) - mc(x) - [\varepsilon + \sup_{x\in\Omega}|f(x)|][-a_{11}(x)\lambda^2 + b_1(x)\lambda]\mathrm{e}^{\lambda x_1} \\ &\quad + c(x)[\varepsilon + \sup_{x\in\Omega}|f(x)|](\mathrm{e}^{\lambda d} - \mathrm{e}^{\lambda x_1}) \\ &\geqslant f(x) - [\varepsilon + \sup_{x\in\Omega}|f(x)|][-c_0\lambda^2 + \lambda\sup_{x\in\Omega}|b_1(x)|]\mathrm{e}^{\lambda x_1} \\ &\geqslant f(x) + [\varepsilon + \sup_{x\in\Omega}|f(x)|] \geqslant \varepsilon > 0, \quad \forall x \in \Omega. \end{aligned}$$

又显然 $u_\varepsilon(x) \geqslant 0, \forall x \in \partial\Omega$. 所以由第一步所得结论知 $u_\varepsilon(x) \geqslant 0, \forall x \in \Omega$. 令 $\varepsilon \to 0$ 取极限, 并记 $C = \mathrm{e}^{\lambda d}$, 便得到了 (3.5.2). 证毕. □

推论 3.5.3 (Dirichlet 边值问题的最大模估计) 设 L 满足定理 3.5.2 的条件, 而 $f \in L^\infty(\Omega)$. 又设 $u \in C^2(\Omega) \cap C(\overline{\Omega})$ 是方程 $Lu = f$ 在 Ω 上的经典解. 则存在 (与 u 和 f 无关的) 常数 $C > 0$ 使成立

$$\sup_{x\in\Omega}|u(x)| \leqslant \sup_{x\in\partial\Omega}|u(x)| + C\sup_{x\in\Omega}|f(x)|. \tag{3.5.4}$$

□

推论 3.5.4 (Dirichlet 边值问题的比较原理) 设 L 满足定理 3.5.2 的条件, 而 $u, v \in C^2(\Omega) \cap C(\overline{\Omega})$ 满足

$$\begin{cases} Lu \geqslant Lv, & \text{在 } \Omega \text{ 内}, \\ u \geqslant v, & \text{在 } \partial\Omega \text{ 上}, \end{cases}$$

则在整个 $\overline{\Omega}$ 上 $u \geqslant v$. □

推论 3.5.5 (Dirichlet 边值问题经典解的唯一性) 设 L 满足定理 3.5.2 的条件, f 和 ψ 是给定的函数, 则 Dirichlet 问题

$$\begin{cases} Lu = f, & \text{在 } \Omega \text{ 内}, \\ u = \psi, & \text{在 } \partial\Omega \text{ 上} \end{cases} \tag{3.5.5}$$

如果存在经典解 $u \in C^2(\Omega) \cap C(\overline{\Omega})$, 它必是唯一的. □

注 对 $u \in C^2(\Omega)$, 如果在 Ω 上成立 $Lu \geqslant f$, 则称 u 为方程 $Lu = f$ 在 Ω 上的**上解**; 而如果在 Ω 上成立 $Lu \leqslant f$, 则称 u 为方程 $Lu = f$ 在 Ω 上的**下解**. 对 $u \in C^2(\Omega) \cap C(\overline{\Omega})$, 如果在 Ω 上成立 $Lu \geqslant f$, 且在 $\partial\Omega$ 上成立 $u \geqslant \psi$, 则称 u 为边值问题 (3.5.5) 的**上解**; 而如果在 Ω 上成立 $Lu \leqslant f$, 且在 $\partial\Omega$ 上成立 $u \leqslant \psi$, 则称 u 为边值问题 (3.5.5) 的**下解**.

称开集 Ω 在点 $x_0 \in \partial\Omega$ 处满足**内部球条件**, 是指存在开球 $B \subseteq \Omega$ 使 $x_0 \in \partial B$.

定理 3.5.6 (强极值原理) 设 L 是连通开集 Ω 上的一致椭圆型算子, 所有系数都有界且 $c \geqslant 0$. 又设 $u \in C^2(\Omega) \cap C(\overline{\Omega})$ 不是常值函数, 则有下列结论:

(1) 如果在 Ω 上 $Lu \geqslant 0$ 且 x_0 是 u 在 $\overline{\Omega}$ 上的非正最小值点, 即 $u(x) \geqslant u(x_0)$, $\forall x \in \Omega$, 且 $u(x_0) \leqslant 0$, 则 $x_0 \in \partial\Omega$, 即 u 不可能在 Ω 内部达到它在 $\overline{\Omega}$ 上的非正最小值. 而且, 如果 $x_0 \in \partial\Omega$ 是 u 在 $\overline{\Omega}$ 上的非正最小值点, 且存在开球 $B \subseteq \Omega$ 使 $x_0 \in \partial B$, 而 ν 是球 B 在 x_0 点的单位外法向量, 则 $\dfrac{\partial u}{\partial \nu}(x_0) < 0$.

(2) 如果在 Ω 上 $Lu \leqslant 0$ 且 x_0 是 u 在 $\overline{\Omega}$ 上的非负最大值点, 即 $u(x) \leqslant u(x_0)$, $\forall x \in \Omega$, 且 $u(x_0) \geqslant 0$, 则 $x_0 \in \partial\Omega$, 即 u 不可能在 Ω 内部达到它在 $\overline{\Omega}$ 上的非负最大值. 而且, 如果 $x_0 \in \partial\Omega$ 是 u 在 $\overline{\Omega}$ 上的非负最大值点, 且存在开球 $B \subseteq \Omega$ 使 $x_0 \in \partial B$, 而 ν 是球 B 在 x_0 点的单位外法向量, 则 $\dfrac{\partial u}{\partial \nu}(x_0) > 0$.

证 显然只需证明结论 (1). 这个结论分为前半部分和后半部分. 我们先证明后半部分. 因此设 $x_0 \in \partial\Omega$, $u(x_0) \leqslant 0$, 且 $u(x) > u(x_0)$, $\forall x \in \Omega$, 来证明对任意满足 $B \subseteq \Omega$ 和 $x_0 \in \partial B$ 的开球 B, 如果它在 x_0 点的单位外法向量为 ν, 则有 $\dfrac{\partial u}{\partial \nu}(x_0) < 0$. 注意在所设条件下显然有 $\dfrac{\partial u}{\partial \nu}(x_0) \leqslant 0$; 这里的目的是要排除等号成立的可能性.

设球 B 的中心为 y, 半径为 R. 任意取定正数 r 使 $r < R$, 再令 $U = B(y,R)\backslash \overline{B(y,r)}$. 考虑 U 上的下述辅助函数:

$$v(x) = \mathrm{e}^{-\lambda|x-y|^2} - \mathrm{e}^{-\lambda R^2}, \quad x \in U,$$

其中 λ 是取定的使下式成立的正数:

$$4c_0 r\lambda^2 - 2(A+BR)\lambda - C \geqslant 0,$$

其中 $A = \sum\limits_{i=1}^{n} \sup\limits_{x\in\Omega} |a_{ii}(x)|$, $B = \sum\limits_{i=1}^{n} \sup\limits_{x\in\Omega} |b_i(x)|$, $C = \sup\limits_{x\in\Omega} |c(x)|$. 简单的计算表明, 在 U 上成立 $Lv \leqslant 0$. 由于当 $x \in \partial B(y,r)$ 时 $u(x) - u(x_0) > 0$ 且 u 在 $\partial B(y,r)$ 上连续, 而 $v(x)$ 在 $\partial B(y,r)$ 上是常数, 所以存在常数 $\varepsilon > 0$ 使当 $x \in \partial B(y,r)$ 时 $u(x) - u(x_0) - \varepsilon v(x) \geqslant 0$. 显然这个不等式当 $x \in \partial B(y,R)$ 时也成立, 即它在 ∂U 上成立. 这样一来, 由于在 U 上有

$$L[u(x) - u(x_0) - \varepsilon v(x)] = Lu(x) - c(x)u(x_0) - \varepsilon Lv(x) \geqslant 0,$$

所以应用弱极值原理即知 $u(x) - u(x_0) - \varepsilon v(x) \geqslant 0$, $\forall x \in U$, 它可改写成

$$u(x) - u(x_0) \geqslant \varepsilon[v(x) - v(x_0)], \quad \forall x \in U.$$

因此

$$\frac{\partial u}{\partial \nu}(x_0) = \lim_{t\to 0^+} \frac{u(x_0 - t\nu) - u(x_0)}{-t} \leqslant \varepsilon \lim_{t\to 0^+} \frac{v(x_0 - t\nu) - v(x_0)}{-t} = -2\lambda R\mathrm{e}^{-\lambda R^2} < 0.$$

这就得到了所需证明的结果.

再来证明结论 (1) 的前半部分. 反证, 设这部分结论不成立, 则存在 $x_0 \in \Omega$, 使 $u(x_0) \leqslant 0$ 且 $u(x) \geqslant u(x_0)$, $\forall x \in \Omega$. 令 $m = u(x_0)$, 则 $m = \min\limits_{x\in\overline{\Omega}} u(x)$ 且 $m \leqslant 0$. 再令 $\Omega_0 = \{x \in \Omega : u(x) > m\}$. 由于 u 在 Ω 上不是常值函数, 所以 $\Omega_0 \neq \varnothing$. 又由于 Ω 连通且 $x_0 \in \Omega\backslash\Omega_0$, 所以 $\partial\Omega_0 \cap \Omega \neq \varnothing$. 任取 Ω_0 中一点 y 使它到 $\partial\Omega_0$ 的距离比它到 $\partial\Omega$ 的距离更近. 考虑以 y 为心而包含于 Ω_0 的最大开球, 设其半径为 R, 并

设 $z_0 \in \partial\Omega_0 \cap \partial B(y,R)$. 则显然地 $z_0 \in \Omega$, 从而 $u(z_0)=m$, 进而有 $u(x)>u(z_0)$, $\forall x \in \Omega_0$. 因此由已证明的结论知 $\nabla u(z_0) \neq 0$. 但另一方面, 由于 z_0 是 u 在 Ω 上的最小值点, 所以由 Fermat 原理知应有 $\nabla u(z_0)=0$. 这就得到了矛盾, 从而证明了结论 (1) 的前半部分. 证毕. □

推论 3.5.7 (Robin 边值问题的比较原理) 设 L 满足定理 3.5.6 的条件, $\partial\Omega \in C^1$ 且满足内部球条件, 而 $u, v \in C^2(\Omega) \cap C^1(\overline{\Omega})$ 满足

$$\begin{cases} Lu \geqslant Lv, & \text{在 } \Omega \text{ 内}, \\ \dfrac{\partial u}{\partial \nu}+\sigma u \geqslant \dfrac{\partial v}{\partial \nu}+\sigma v, & \text{在 } \partial\Omega \text{ 上}, \end{cases}$$

其中 $\nu=\nu(x)$ 是 $\partial\Omega$ 上的非零向量函数, 在 $\partial\Omega$ 上每点都与 $\partial\Omega$ 的外法向量夹角小于 $\pi/2$, $\sigma=\sigma(x)$ 是 $\partial\Omega$ 上不恒等于零的非负函数, 则在 $\overline{\Omega}$ 上 $u \geqslant v$. □

推论 3.5.8 (Robin 边值问题经典解的唯一性) 设 L 满足定理 3.5.6 的条件, $\partial\Omega \in C^1$, f 和 ψ 是给定的函数, 则 Robin 边值问题

$$\begin{cases} Lu=f, & \text{在 } \Omega \text{ 内}, \\ \dfrac{\partial u}{\partial \nu}+\sigma u=\psi, & \text{在 } \partial\Omega \text{ 上}, \end{cases}$$

如果存在经典解 $u \in C^2(\Omega) \cap C^1(\overline{\Omega})$, 它必是唯一的. 这里 ν 和 σ 同推论 3.5.7. □

3.5.2 弱解的极值原理

我们注意关于经典解的弱极值原理, 虽然在定理的证明中用到了经典解的假设, 但在定理的结论中却并不涉及解的导数. 因此自然会想到这样的问题: 弱极值原理中关于经典解的条件能否减弱? 即对强解和弱解是否也成立类似的结果? 这个问题的答案是肯定的, 即对二阶椭圆方程的强解和弱解, 也成立弱极值原理. 但是这些结果的证明都有很高的技巧性. 这里我们选择证明稍微容易一些的弱解的弱极值原理作一介绍. 强解的弱极值原理又称为 Aleksandrov 极值原理, 推荐读者参阅文献 [42] 第 9 章第 1 节和 [23] 第 6 章第 1 节.

我们采用 De Giorgi 迭代方法证明弱解的弱极值原理, 为此需要应用以下迭代引理:

引理 3.5.9 设 ϕ 是定义在 $[a,\infty)$ 上的非负递减函数, 存在常数 $\alpha>0$, $\beta>1$ 和 $M>0$ 使成立

$$\phi(t) \leqslant M(t-s)^{-\alpha}[\phi(s)]^{\beta}, \quad \forall t,s \geqslant a,\ t>s, \tag{3.5.6}$$

则 $\phi(a+b)=0$, 其中 $b=2^{\frac{\beta}{\beta-1}}M^{\frac{1}{\alpha}}[\phi(a)]^{\frac{\beta-1}{\alpha}}$.

证 令 $t_k=a+(1-2^{-k+1})b$, $k=1,2,\cdots$, 则由条件 (3.5.6) 得

$$\phi(t_{k+1}) \leqslant 2^{\alpha k}b^{-\alpha}M[\phi(t_k)]^{\beta}, \quad k=1,2,\cdots.$$

据此应用数学归纳法易知

$$\phi(t_k) \leqslant 2^{-\frac{\alpha(k-1)}{\beta-1}}\phi(a), \quad k=1,2,\cdots.$$

令 $k\to\infty$ 取极限, 因 $\lim\limits_{k\to\infty} t_k = a+b$, 便得到

$$\phi(a+b) \leqslant \lim_{k\to\infty}\phi(t_k)=0.$$

故有 $\phi(t)=0, \forall t\geqslant a+b$. 证毕. □

设 Ω 是 $\mathbf{R}^n$ 中的开集. 考虑 Ω 上的散度形二阶椭圆型偏微分算子 L:

$$Lu=-\sum_{i,j=1}^n \partial_j(a_{ij}\partial_i u)+\sum_{i=1}^n b_i\partial_i u+cu, \quad \forall u\in H^1(\Omega), \tag{3.5.7}$$

这里 $a_{ij}, b_i, c\in L^\infty(\Omega)$ $(i,j=1,2,\cdots,n)$, 且二阶导数项系数满足一致椭圆型条件 (3.2.1). 我们知道, L 是映 $H^1(\Omega)$ 到 $H^{-1}(\Omega)$ 的有界线性算子. 回忆对广义函数 $f\in D'(\Omega)$, $f\geqslant 0$ 是指它满足

$$\langle f,\varphi\rangle\geqslant 0, \quad \forall\varphi\in C_0^\infty(\Omega), \ \varphi\geqslant 0;$$

而对 $f,g\in D'(\Omega)$, $f\geqslant g$ 则是指 $f-g\geqslant 0$. 当 $f,g\in H^{-1}(\Omega)$ 时, 显然 $f\geqslant g$ 等价于成立

$$\langle f,\varphi\rangle\geqslant\langle g,\varphi\rangle, \quad \forall\varphi\in H_0^1(\Omega), \ \varphi\geqslant 0.$$

因此, 对 $u\in H^1(\Omega)$ 和 $f\in H^{-1}(\Omega)$, 如果在广义函数的意义下成立 $Lu\geqslant f$, 或等价地, 如果成立

$$\langle Lu,\varphi\rangle\geqslant\langle f,\varphi\rangle, \quad \forall\varphi\in H_0^1(\Omega), \ \varphi\geqslant 0, \tag{3.5.8}$$

就称 u 是方程 $Lu=f$ 在 Ω 上的**弱上解**; 而如果在广义函数的意义下成立 $Lu\leqslant f$, 则称 u 是方程 $Lu=f$ 在 Ω 上的**弱下解**.

对 $u\in H^1(\Omega)$, 易见

$$\operatorname{ess.sup}_{\Omega} u=\inf\{s\in\mathbf{R}:\ \text{函数 } (u-s)^+ \text{ 在 } \Omega \text{ 上几乎处处为零}\},$$
$$\operatorname{ess.inf}_{\Omega} u=\sup\{s\in\mathbf{R}:\ \text{函数 } (s-u)^+ \text{ 在 } \Omega \text{ 上几乎处处为零}\}$$

(规定当第一个定义式右端的集合是空集时 $\operatorname{ess.sup}\limits_{\Omega} u=+\infty$, 当第二个定义式右端的集合是空集时 $\operatorname{ess.inf}\limits_{\Omega} u=-\infty$). 定义

$$\sup_{\partial\Omega} u=\inf\{s\in\mathbf{R}:\ (u-s)^+\in H_0^1(\Omega)\},$$
$$\inf_{\partial\Omega} u=\sup\{s\in\mathbf{R}:\ (s-u)^+\in H_0^1(\Omega)\};$$

同样规定当第一个定义式右端的集合是空集时 $\sup\limits_{\partial\Omega} u=+\infty$, 当第二个定义式右端的集合是空集时 $\inf\limits_{\partial\Omega} u=-\infty$.

定理 3.5.10 (弱解的弱极值原理) 设 L 是 Ω 上的一致椭圆型算子, 系数都有界且 $c\geqslant 0$. 又设存在 $p>n$ 使得 $f\in W^{-1,p}(\Omega)$ $(\subseteq H^{-1}(\Omega))$, 则存在 (与 f 无关的) 常数 $C>0$ 使成立下列结论:

(1) 如果 $u\in H^1(\Omega)$ 是方程 $Lu=f$ 在 Ω 上的弱上解, 则有估计式

$$\operatorname{ess.inf}_{\Omega} u\geqslant \inf_{x\in\partial\Omega}\min\{u(x),0\}-C\|f\|_{W^{-1,p}(\Omega)};\tag{3.5.9}$$

(2) 如果 $u\in H^1(\Omega)$ 是方程 $Lu=f$ 在 Ω 上的弱下解, 则有估计式

$$\operatorname{ess.sup}_{\Omega} u\leqslant \sup_{x\in\partial\Omega}\max\{u(x),0\}+C\|f\|_{W^{-1,p}(\Omega)}.\tag{3.5.10}$$

证 只需证明结论 (1). 另外, 显然可设 $\inf\limits_{x\in\partial\Omega}\min\{u(x),0\}>-\infty$, 因为否则不等式 (3.5.9) 是自明的. 分两步证明这个不等式.

第一步: 证明 u 在 Ω 上有本性下界. 事实上, 我们将证明存在 (与 u 和 f 无关的) 常数 $C_1,C_2>0$ 使成立下列不等式:

$$\operatorname{ess.inf}_{\Omega} u\geqslant \inf_{x\in\partial\Omega}\min\{u(x),0\}-C_1\|u\|_{L^2(\Omega)}-C_2\|f\|_{W^{-1,p}(\Omega)}.\tag{3.5.11}$$

记 $\kappa=\inf\limits_{x\in\partial\Omega}\min\{u(x),0\}$. 如果 $\operatorname{ess.inf}\limits_{\Omega} u\geqslant\kappa$, 则结论自明而无需再作讨论. 下设 $\operatorname{ess.inf}\limits_{\Omega} u<\kappa$. 对任意 $s<\kappa$ (注意因 $\kappa\leqslant 0$, 所以 $s<0$), 在 (3.5.8) 中取检验函数 $\varphi=(s-u)^+$, 便得到

$$-\sum_{i,j=1}^n\int_\Omega a_{ij}\partial_i\varphi\partial_j\varphi\mathrm{d}x-\sum_{i=1}^n\int_\Omega b_i\partial_i\varphi\varphi\mathrm{d}x-\int_\Omega c\varphi^2\mathrm{d}x+s\int_\Omega c\varphi\mathrm{d}x\geqslant\langle f,\varphi\rangle,$$

从而

$$\sum_{i,j=1}^n\int_\Omega a_{ij}\partial_i\varphi\partial_j\varphi\mathrm{d}x+\sum_{i=1}^n\int_\Omega b_i\partial_i\varphi\varphi\mathrm{d}x\leqslant|\langle f,\varphi\rangle|.$$

这个不等式的左端显然 $\geqslant\frac{c_0}{2}\|\nabla\varphi\|^2_{L^2(\Omega)}-C\|\varphi\|^2_{L^2(\Omega)}$. 对于右端, 记

$$A(s)=\{x\in\Omega:\ u(x)<s\},$$

则因在 $\Omega\backslash A(s)$ 上 $\varphi=0$ 且 $\nabla\varphi=0$(几乎处处), 所以有

$$\begin{aligned}|\langle f,\varphi\rangle|&\leqslant\|f\|_{W^{-1,p}(\Omega)}\|\varphi\|_{W_0^{1,p'}(\Omega)}\leqslant C\|f\|_{W^{-1,p}(\Omega)}\|\nabla\varphi\|_{L^{p'}(\Omega)}\\&\leqslant C\|f\|_{W^{-1,p}(\Omega)}\|\nabla\varphi\|_{L^2(\Omega)}|A(s)|^{\frac12-\frac1p}\\&\leqslant\frac{c_0}{4}\|\nabla\varphi\|^2_{L^2(\Omega)}+C\|f\|^2_{W^{-1,p}(\Omega)}|A(s)|^{1-\frac2p}.\end{aligned}$$

进而得到

$$\|\nabla\varphi\|_{L^2(\Omega)}^2 \leqslant C\|\varphi\|_{L^2(\Omega)}^2 + C\|f\|_{W^{-1,p}(\Omega)}^2 |A(s)|^{1-\frac{2}{p}}.$$

再应用 Poincaré不等式 (1.8.3), 便得到

$$\|\nabla\varphi\|_{L^2(\Omega)}^2 \leqslant C|A(s)|^{\frac{2}{n}}\|\nabla\varphi\|_{L^2(\Omega)}^2 + C\|f\|_{W^{-1,p}(\Omega)}^2 |A(s)|^{1-\frac{2}{p}}.$$

因此, 如果存在 $a<\kappa$ 使得

$$C|A(a)|^{\frac{2}{n}} \leqslant \frac{1}{2}, \tag{3.5.12}$$

则当 $s\leqslant a$ 时就有

$$\|\nabla\varphi\|_{L^2(\Omega)}^2 \leqslant C\|f\|_{W^{-1,p}(\Omega)}^2 |A(s)|^{1-\frac{2}{p}}.$$

再次应用 Poincaré不等式 (1.8.3), 便知当 $s\leqslant a$ 时成立

$$\|\varphi\|_{L^2(\Omega)}^2 \leqslant C\|f\|_{W^{-1,p}(\Omega)}^2 |A(s)|^{1-\frac{2}{p}+\frac{2}{n}}. \tag{3.5.13}$$

现在注意对任意 $t<s$ 有

$$\|\varphi\|_{L^2(\Omega)}^2 = \int_{u(x)<s}|s-u(x)|^2\mathrm{d}x \geqslant \int_{u(x)<t}|s-u(x)|^2\mathrm{d}x \geqslant (s-t)^2|A(t)|,$$

因此由 (3.5.13) 得到

$$|A(t)| \leqslant C(s-t)^{-2}\|f\|_{W^{-1,p}(\Omega)}^2 |A(s)|^{1-\frac{2}{p}+\frac{2}{n}}, \quad \forall s,t\leqslant a,\ \ t<s.$$

据此应用引理 3.5.9, 即知当令 $b=-C\|f\|_{W^{-1,p}(\Omega)}|A(a)|^{\frac{1}{n}-\frac{1}{p}}$ 时就有 $|A(a+b)|=0$, 说明

$$\operatorname*{ess.inf}_{\Omega} u \geqslant a+b = a-C\|f\|_{W^{-1,p}(\Omega)}|A(a)|^{\frac{1}{n}-\frac{1}{p}} \geqslant a-C\|f\|_{W^{-1,p}(\Omega)}. \tag{3.5.14}$$

最后这个不等式用到了 (3.5.12).

使 (3.5.12) 成立的 $a<\kappa$ 是存在的. 事实上, 由于 $u\in H^1(\Omega)$, 所以 $\|u\|_{L^2(\Omega)}<\infty$. 因此

$$s^2|A(s)| \leqslant \int_{u(x)<s}|u(x)|^2\mathrm{d}x \leqslant \|u\|_{L^2(\Omega)}^2, \quad \forall s<0.$$

可见只要取 $a=\kappa-(2C)^{\frac{4}{n}}\|u\|_{L^2(\Omega)}$, 则 (3.5.12) 便成立. 把这样得到的 a 的表达式代入 (3.5.14), 就得到了 (3.5.11).

第二步: 证明不等式 (3.5.9). 这只需证明, 存在比前面所选更佳的 a 使 (3.5.12) 成立即可. 为此记 $\sigma=\operatorname*{ess.inf}_{\Omega} u$, $M=\|f\|_{W^{-1,p}(\Omega)}$, 并设 $\sigma<\kappa$ (否则 (3.5.9) 是自明的). 令 $v=(\kappa-u)^+$, 则 $v\in H_0^1(\Omega)$ 且 $0\leqslant v\leqslant\kappa-\sigma$. 考虑辅助函数

$$\varphi=\frac{v}{\kappa-\sigma+M-v} \quad 和 \quad w=\ln\Big(\frac{\kappa-\sigma+M}{\kappa-\sigma+M-v}\Big).$$

显然 $\varphi \in H_0^1(\Omega)$, $0 \leqslant \varphi \leqslant v/M$, 且

$$\nabla\varphi = \frac{(\kappa-\sigma+M)\nabla w}{\kappa-\sigma+M-v}, \quad \nabla w = -\frac{\nabla u}{\kappa-\sigma+M-v}(\text{在 } \varphi \neq 0 \text{ 处})$$

把 (3.5.8) 应用于这里的 φ, 并应用上述关系式和 $c \geqslant 0$ 的条件, 就得到

$$-(\kappa-\sigma+M)\sum_{i,j=1}^{n}\int_\Omega a_{ij}\partial_i w\partial_j w\mathrm{d}x - \sum_{i=1}^{n}\int_\Omega b_i\partial_i wv\mathrm{d}x \geqslant \langle f,\varphi\rangle,$$

进而

$$(\kappa-\sigma+M)\sum_{i,j=1}^{n}\int_\Omega a_{ij}\partial_i w\partial_j w\mathrm{d}x + \sum_{i=1}^{n}\int_\Omega b_i\partial_i wv\mathrm{d}x \leqslant |\langle f,\varphi\rangle|. \tag{3.5.15}$$

我们有

$$\begin{aligned}
&(\kappa-\sigma+M)\sum_{i,j=1}^{n}\int_\Omega a_{ij}\partial_i w\partial_j w\mathrm{d}x + \sum_{i=1}^{n}\int_\Omega b_i\partial_i wv\mathrm{d}x \\
\geqslant\ & c_0(\kappa-\sigma+M)\|\nabla w\|_{L^2(\Omega)}^2 - C\|\nabla w\|_{L^2(\Omega)}\|v\|_{L^2(\Omega)} \\
\geqslant\ & \frac{1}{2}c_0(\kappa-\sigma+M)\|\nabla w\|_{L^2(\Omega)}^2 - \frac{C}{\kappa-\sigma+M}\|v\|_{L^2(\Omega)}^2 \\
\geqslant\ & \frac{1}{2}c_0(\kappa-\sigma+M)\|\nabla w\|_{L^2(\Omega)}^2 - C(\kappa-\sigma+M),
\end{aligned}$$

以及

$$\begin{aligned}
|\langle f,\varphi\rangle| &\leqslant M\|\varphi\|_{W_0^{1,p'}(\Omega)} \leqslant CM\|\nabla\varphi\|_{L^2(\Omega)} \leqslant C(\kappa-\sigma+M)\|\nabla w\|_{L^2(\Omega)}. \\
&\leqslant \frac{1}{4}c_0(\kappa-\sigma+M)\|\nabla w\|_{L^2(\Omega)}^2 + C(\kappa-\sigma+M).
\end{aligned}$$

因此从 (3.5.15) 得 $\|\nabla w\|_{L^2(\Omega)}^2 \leqslant C$. 再应用 Poincaré不等式, 就得到

$$\|w\|_{L^2(\Omega)}^2 \leqslant C.$$

据此不难得知, 对任意 $t \in (\sigma-M,\kappa)$ 都成立

$$|A(t)| \leqslant C\Big|\ln\Big(\frac{\kappa-\sigma+M}{t-\sigma+M}\Big)\Big|^{-2},$$

进而

$$C|A(t)|^{\frac{2}{n}} \leqslant C'\Big|\ln\Big(\frac{\kappa-\sigma+M}{t-\sigma+M}\Big)\Big|^{-\frac{4}{n}};$$

注意上式左端的 C 表示出现于 (3.5.12) 中的正常数. 现在取 $\varepsilon > 0$ 充分小使得

$C'\left|\ln\left(\frac{1}{\varepsilon}\right)\right|^{-\frac{4}{n}} \leqslant \frac{1}{2}$, 然后令 $a=\sigma-M+\varepsilon(\kappa-\sigma+M)$, 则由上式即知 (3.5.12) 成立, 从而对这样选取的 a, 估计式 (3.5.14) 成立. 因此有

$$\sigma=\text{ess.}\inf_{\Omega} u \geqslant a-CM=\sigma-(1+C)M+\varepsilon(\kappa-\sigma+M),$$

从这个估计式得到

$$\sigma \geqslant \kappa-\left(\frac{1+C}{\varepsilon}-1\right)M.$$

这就证明了 (3.5.9). 证毕. □

定理 3.5.10 归功于 M. Chicco[24]. 这个定理有以下几个直接的推论:

推论 3.5.11 (弱解的最大模估计) 设算子 L 满足定理 3.5.10 的条件, 则对任意 $p>n$ 存在相应的 (与 p 及 Ω 有关的) 常数 $C>0$, 使对任意 $f\in W^{-1,p}(\Omega)$ $(\subseteq H^{-1}(\Omega))$ 和方程 $Lu=f$ 在 Ω 上的任意弱解 $u\in H^1(\Omega)$, 如果 $\sup\limits_{\partial\Omega}|u|<\infty$ 则 $u\in H^1(\Omega)\cap L^\infty(\Omega)$, 而且成立下述估计式:

$$\|u\|_{L^\infty(\Omega)} \leqslant \sup_{\partial\Omega}|u|+C\|f\|_{W^{-1,p}(\Omega)}. \tag{3.5.16}$$

□

推论 3.5.12 (弱解的比较原理) 设算子 L 满足定理 3.5.10 的条件, 而 $u,v\in H^1(\Omega)$ 满足

$$\begin{cases} Lu\geqslant Lv, & \text{在 } \Omega \text{ 内},\\ u\geqslant v, & \text{在 } \partial\Omega \text{ 上},\end{cases}$$

这里在 $\partial\Omega$ 上 $u\geqslant v$ 是指 $\inf\limits_{\partial\Omega}(u-v)\geqslant 0$, 则在 Ω 上 $u\geqslant v$. □

推论 3.5.13 (弱解的存在唯一性) 设算子 L 满足定理 3.5.10 的条件, 则对任意 $f\in H^{-1}(\Omega)$, Dirichlet 问题 (3.2.6) 存在唯一的弱解 $u\in H_0^1(\Omega)$, 而且解映射 $f\mapsto u$ 是 $H^{-1}(\Omega)$ 到 $H_0^1(\Omega)$ 的有界线性算子. 进一步如果 $\partial\Omega\in C^1$, 则对任意 $f\in H^{-1}(\Omega)$ 和 $\psi\in H^{\frac{1}{2}}(\partial\Omega)$, Dirichlet 问题 (3.2.4) 存在唯一的弱解 $u\in H^1(\Omega)$, 而且解映射 $(f,\psi)\mapsto u$ 是 $H^{-1}(\Omega)\times H^{\frac{1}{2}}(\partial\Omega)$ 到 $H^1(\Omega)$ 的有界线性算子. □

关于二阶椭圆型边值问题的极值原理, 文献 [95] 是一本专门论述这个课题的经典专著, 推荐有意向更深入地学习这一理论的读者阅读此书.

3.5.3 主特征值和相应特征函数的性质

作为极值原理的应用, 我们来考虑二阶线性椭圆型方程 Dirichlet 特征值问题的主特征值和相应特征函数的性质.

首先考虑 L 是自伴算子的情况, 即 L 具有下述形式:

$$Lu=-\sum_{i,j=1}^{n}\partial_j(a_{ij}\partial_i u)+cu, \quad u\in H_0^1(\Omega),$$

并且 a_{ij} $(i,j=1,2,\cdots,n)$ 满足一致椭圆性条件 (3.2.1). 注意下面始终假定 Ω 是 $\mathbf{R}^n$ 中的有界开集.

引理 3.5.14　设 L 如上且 $a_{ij}, c\in L^\infty(\Omega)$ $(i,j=1,2,\cdots,n)$. 令 λ_1 为 L 关于 Dirichlet 边值问题的最小特征值. 则有

$$\langle Lu,u\rangle \geqslant \lambda_1\|u\|_{L^2(\Omega)}^2,\quad \forall u\in H_0^1(\Omega), \tag{3.5.17}$$

而且非零函数 $u\in H_0^1(\Omega)$ 使上式中的等号成立当且仅当 u 是 L 对应于 λ_1 的特征函数.

证　设 $\{\lambda_k\}_{k=1}^\infty$ 是 L 的按从小到大次序排列的特征值序列 (重特征值按重数排列), $\{w_k\}_{k=1}^\infty\subseteq H_0^1(\Omega)$ 是对应的特征函数序列, 它构成 $L^2(\Omega)$ 的规范正交基底. 则由推论 3.4.2 知对任意 $u\in L^2(\Omega)$, 按 $L^2(\Omega)$ 强拓扑收敛的意义成立

$$u=\sum_{k=1}^\infty c_k w_k,\quad 其中\ c_k=(u,w_k)_{L^2(\Omega)},\ k=1,2,\cdots,$$

并成立等式 $\|u\|_{L^2(\Omega)}^2=\sum_{k=1}^\infty c_k^2$, 而且如果 $u\in H_0^1(\Omega)$, 则上面的无穷和式按 $H_0^1(\Omega)$ 强拓扑收敛. 因此, 如果 $u\in H_0^1(\Omega)$, 则按 $H^{-1}(\Omega)$ 的范数拓扑收敛的意义成立

$$Lu=\sum_{k=1}^\infty c_k Lw_k=\sum_{k=1}^\infty \lambda_k c_k w_k.$$

故对任意 $u\in H_0^1(\Omega)$ 有

$$\begin{aligned}\langle Lu,u\rangle&=\sum_{k=1}^\infty \lambda_k c_k\langle w_k,u\rangle=\sum_{k=1}^\infty \lambda_k c_k(u,w_k)_{L^2(\Omega)}=\sum_{k=1}^\infty \lambda_k c_k^2\\&\geqslant \lambda_1\sum_{k=1}^\infty c_k^2=\lambda_1\|u\|_{L^2(\Omega)}^2.\end{aligned}$$

这就证明了 (3.5.17). 如果 $u\in H_0^1(\Omega)$ 是 L 对应于特征值 λ_1 的特征函数, 则有

$$\langle Lu,u\rangle=\lambda_1\langle u,u\rangle=\lambda_1\|u\|_{L^2(\Omega)}^2,$$

即 (3.5.17) 中的等号成立. 反过来设 $u\in H_0^1(\Omega)$ 使 (3.5.17) 中的等号成立. 由于 L 的特征空间都是有限维的, 所以存在正整数 m 使成立 $\lambda_1=\lambda_2=\cdots=\lambda_m<\lambda_{m+1}\leqslant\cdots$. 由于

$$\lambda_1\sum_{k=1}^\infty c_k^2=\lambda_1\|u\|_{L^2(\Omega)}^2=\langle Lu,u\rangle=\sum_{k=1}^\infty \lambda_k c_k^2\geqslant \lambda_1\sum_{k=1}^\infty c_k^2,$$

所以必有 $c_k=0,\ k=m+1,m+2,\cdots$. 这就是说, $u=\sum_{k=1}^{m} c_k w_k$. 因此 u 是 L 对应于 λ_1 的特征函数. 证毕. □

定理 3.5.15 设 L 如上, Ω 是有界区域, 且存在正整数 $m>n/2$ 使 $\partial\Omega\in C^{m+2}$, $a_{ij}\in C^{m+1}(\overline{\Omega})\ (i,j=1,2,\cdots,n)$, $c\in C^m(\overline{\Omega})$, 则有下列结论:

(1) L 对应于其最小特征值 λ_1 的特征函数在 Ω 中不变号且无零点, 因而在 Ω 中恒正或恒负.

(2) L 的最小特征值 λ_1 是单重的, 即它所对应的特征空间是一维的.

证 令 $u\in H_0^1(\Omega)$ 是 L 对应于其最小特征值 λ_1 的特征函数. 我们知道, $u^{\pm}\in H_0^1(\Omega)$, 且

$$\partial_i u^+=\begin{cases}\partial_i u, & u(x)>0,\\ 0, & u(x)\leqslant 0;\end{cases}\qquad \partial_i u^-=\begin{cases}0, & u(x)\geqslant 0,\\ -\partial_i u, & u(x)<0.\end{cases}$$

据此易知 $\langle Lu^+,u^-\rangle=\langle Lu^-,u^+\rangle=0$, 进而

$$\begin{aligned}\lambda_1\|u\|^2_{L^2(\Omega)}&=\langle Lu,u\rangle=\langle Lu^+,u^+\rangle+\langle Lu^-,u^-\rangle\\ &\geqslant\lambda_1\|u^+\|^2_{L^2(\Omega)}+\lambda_1\|u^-\|^2_{L^2(\Omega)}=\lambda_1\|u\|^2_{L^2(\Omega)}.\end{aligned}$$

由此推知上面不等式中的等号必须成立, 即

$$\langle Lu^+,u^+\rangle=\lambda_1\|u^+\|^2_{L^2(\Omega)},\quad \langle Lu^-,u^-\rangle=\lambda_1\|u^-\|^2_{L^2(\Omega)}.$$

根据引理 3.5.14, 这说明 u^+ 和 u^- 都是 L 对应于其最小特征值 λ_1 的特征函数 (或零). 下面来证明: 或者在 Ω 上 $u^+>0$, 或者在 Ω 上 $u^+\equiv 0$. 为此取正数 λ 充分大以使 $\lambda+\lambda_1>0$ 且 $c(x)+\lambda\geqslant 0$, a. e. $x\in\Omega$. 由于在 Ω 上成立 $Lu^+=\lambda_1 u^+$, 所以也在 Ω 上成立 $Lu^++\lambda u^+=(\lambda+\lambda_1)u^+\geqslant 0$. 根据定理 3.3.9 知在所设条件下, L 的所有特征函数都属于 $H^{m+2}(\Omega)\cap H_0^1(\Omega)\subseteq C^2(\overline{\Omega})$, 所以 $u^+\in C^2(\overline{\Omega})$, 且 $u^+|_{\partial\Omega}=0$. 这样应用强极值原理即得所欲证明的结论. 同理可证或者在 Ω 上 $u^->0$, 或者在 Ω 上 $u^-\equiv 0$. 这就证明了结论 (1).

现在设 u 和 v 是 L 对应于特征值 λ_1 的两个特征函数. 必要时乘以 -1, 可设在 Ω 上 $u>0$ 且 $v>0$, 因此存在正数 μ 使成立 $\int_\Omega v(x)\mathrm{d}x=\mu\int_\Omega u(x)\mathrm{d}x$, 即 $\int_\Omega[v(x)-\mu u(x)]\mathrm{d}x=0$. 于是, 由于 $v-\mu u$ 也属于 L 对应于特征值 λ_1 的特征空间, 所以在 Ω 上只能有 $v-\mu u\equiv 0$. 这就证明了结论 (2). 证毕. □

再考虑 L 不是自伴算子的情况, 即 L 具有形式

$$Lu=-\sum_{i,j=1}^{n}\partial_j(a_{ij}\partial_i u)+\sum_{i=1}^{n}b_i\partial_i u+cu,\quad u\in H_0^1(\Omega),$$

其中 $b_i\ (i=1,2,\cdots,n)$ 不全为零 (自然还要求 $a_{ij}\ (i,j=1,2,\cdots,n)$ 满足一致椭圆性条件 (3.2.1)). 在这种情况下, L 的特征值一般都是复数, 对应的特征函数也一般都是复值函数. 然而, 应用极值原理我们仍然能够证明下述深刻的结果 (注意这里所说的特征值和特征函数都是针对 Dirichlet 边值条件而言的):

定理 3.5.16　*设 L 如上, Ω 是有界区域, 且存在正整数 $m>n/2$ 使 $\partial\Omega\in C^{m+2}$, $a_{ij}\in C^{m+1}(\overline{\Omega})\ (i,j=1,2,\cdots,n)$, $b_i,c\in C^m(\overline{\Omega})\ (i=1,2,\cdots,n)$, 则有下列结论:*

(1) L 有一个实特征值 λ_1, 使得对 L 的任意其他特征值 $\lambda\in\mathbf{C}$ 都有 $\mathrm{Re}\lambda\geqslant\lambda_1$;

(2) L 对应于特征值 λ_1 的特征函数在 Ω 中不变号且无零点, 因而在 Ω 中恒正或恒负;

(3) λ_1 是单重的, 即它所对应的特征空间是一维的.

这个定理叫做 **Krein–Rutman 定理**, 它是泛函分析中的一般 Krein–Rutman 定理对二阶椭圆边值问题的应用. 由于后面不会用到这个定理, 且因为其证明比较冗长, 所以这里就不证明它了. 需要了解其证明的读者可参看文献 [38] 第 6.5.2 节定理 3.

定理 3.5.16 所保证的实特征值 λ_1 叫做二阶椭圆算子 L (关于 Dirichlet 边值条件) 的**主特征值**. 显然当 L 是自伴算子时, 其主特征值就是它的最小特征值.

习　题　3.5

1. 写出推论 3.5.7 和推论 3.5.8 的证明.
2. 写出推论 3.5.12 和推论 3.5.13 的证明.
3. 设 Ω 是 $\mathbf{R}^n$ 中的有界开集, L 是 Ω 上由 (3.5.1) 给出的算子, 满足一致椭圆性条件 (3.2.1) 且 $c\geqslant 0$. 又设 $\partial\Omega=S_1\cup S_2$, 其中 $S_1\cap S_2=\varnothing$, $S_1\neq\varnothing$, $S_2\in C^2$. 再设 $u\in C^2(\Omega)\cap C^1(\Omega\cup S_2)\cup C(\overline{\Omega})$ 在 Ω 上满足方程 $Lu=0$, 并满足以下边值条件:

$$u|_{S_1}=0,\quad \partial_n u|_{S_2}=0,$$

其中 $n=n(x)$ 为 S_2 上的单位外法向量. 证明: $u(x)=0,\ \forall x\in\overline{\Omega}$.

4. 设 Ω 是 $\mathbf{R}^n$ 中的无界开集, L 是 Ω 上由 (3.5.1) 给出的算子, 满足一致椭圆性条件 (3.2.1), 且 $\inf\limits_{x\in\Omega}c>0$. 又设 $u\in C^2(\Omega)\cap C(\overline{\Omega})$ 是以下边值问题的解:

$$\begin{cases} Lu(x)=f(x), & x\in\Omega,\\ u(x)=\varphi(x), & x\in\partial\Omega,\\ \lim\limits_{\substack{|x|\to\infty\\ x\in\Omega}} u(x)=0. \end{cases}$$

证明: 存在与 u,φ,f 无关的常数 $C>0$ 使成立

$$\sup_{x\in\Omega}|u(x)|\leqslant\sup_{x\in\partial\Omega}|\varphi(x)|+C\sup_{x\in\Omega}|f(x)|.$$

5. 设 $n \geqslant 3$, Ω 是 $\mathbf{R}^n$ 中的有界开集, L 是 Ω 上由 (3.5.7) 给出的算子, 满足一致椭圆性条件 (3.2.1), $a_{ij} \in L^\infty(\Omega)$ $(i,j=1,2,\cdots,n)$, b_i 和 c 满足习题 3.2 第 2 题的条件且 $c \geqslant 0$. 证明: 在这些条件下定理 3.5.10 的结论仍然成立.

3.6 L^p 估 计

本节建立二阶椭圆型算子 Dirichlet 边值问题解的 L^p 估计. 这里先不考虑解的存在性, 而是对已经知道的解建立一些不等式, 所以叫**先验估计**. 下一节将在本节所建立的先验估计的基础上证明 $W^{2,p}$ 解的存在性. 先验估计的建立采用与 3.3 节讨论 L^2 类解的正则性类似的思路, 即先建立 L^p 内估计, 再建立 L^p 边界估计, 最后粘合这两种估计以得到全局 L^p 估计.

3.6.1 L^p 内估计

首先考虑常系数二阶椭圆型算子. 作为 Calderón–Zygmund 定理的简单应用, 有

定理 3.6.1 设 $L=-\sum\limits_{j,k=1}^{n}a_{jk}\partial_{jk}^2$ 是常系数二阶椭圆型偏微分算子, 则对任意 $1<p<\infty$, 存在相应的常数 $C_p=c(p,n,L)>0$ 使成立

$$\sum_{j,k=1}^{n}\|\partial_{jk}^2u\|_{L^p(\mathbf{R}^n)}\leqslant C_p\|Lu\|_{L^p(\mathbf{R}^n)},\quad \forall u\in C_0^\infty(\mathbf{R}^n). \tag{3.6.1}$$

证 首先考虑 $L=-\Delta$ 的特殊情况. 对任意 $u\in C_0^\infty(\mathbf{R}^n)$, 令 $f=-\Delta u$, 则 $f\in C_0^\infty(\mathbf{R}^n)$. 运用 Fourier 变换作简单的计算可知

$$\partial_{jk}^2u(x)=-F^{-1}\Big(\frac{\xi_j\xi_k}{|\xi|^2}\tilde{f}(\xi)\Big),\quad j,k=1,2,\cdots,n.$$

显然 $P(\xi)=\dfrac{\xi_j\xi_k}{|\xi|^2}$ 是在 $\mathbf{R}^n\backslash\{0\}$ 上无穷可微的零次齐次函数. 因此应用 Calderón–Zygmund 定理知对任意 $1<p<\infty$, 存在相应的常数 $C_p=c(p,n)>0$ 使成立

$$\|\partial_{jk}^2u\|_{L^p(\mathbf{R}^n)}\leqslant C_p\|f\|_{L^p(\mathbf{R}^n)},\quad j,k=1,2,\cdots,n.$$

把表达式 $f=-\Delta u$ 代入上式再关于 j,k 求和, 就得到了 $L=-\Delta$ 时的估计式 (3.6.1).

再考虑 $L=-\sum\limits_{j,k=1}^{n}a_{jk}\partial_{jk}^2$ 是任意的常系数二阶椭圆算子的一般情况. 仍然令 $f=Lu$. 记 $A=(a_{jk})_{j,k=1}^n$, 则由 A 是正定矩阵知存在可逆矩阵 B 使得 $BAB^{\mathrm{T}}=I$.

作坐标变换 $y = Bx$, 即令 $\hat{u}(y) = u(B^{-1}y)$, $\hat{f}(y) = f(B^{-1}y)$ (从而 $u(x) = \hat{u}(Bx)$, $f(x) = \hat{f}(Bx)$), 则易知在 $\mathbf{R}^n$ 上成立 $-\Delta\hat{u} = \hat{f}$. 因此, 应用前一步所得结果可知

$$\sum_{j,k=1}^{n} \|\partial_{jk}^2 \hat{u}\|_{L^p(\mathbf{R}^n)} \leqslant C_p \|\hat{f}\|_{L^p(\mathbf{R}^n)}.$$

变换回原来的变元, 就得到了一般情况下的估计式 (3.6.1). 证毕. □

推论 3.6.2 设 $L = -\sum_{j,k=1}^{n} a_{jk}\partial_{jk}^2$ 同上, $f \in L^p_{\text{loc}}(\mathbf{R}^n)$, 其中 $1 < p < \infty$. 又设 $u \in W^{1,p}_{\text{loc}}(\mathbf{R}^n)$ 是方程 $Lu = f$ 在 $\mathbf{R}^n$ 上的弱解, 则 $u \in W^{2,p}_{\text{loc}}(\mathbf{R}^n)$.

证 只需证明对任意 $x_0 \in \mathbf{R}^n$ 存在其邻域 U 使成立 $u \in W^{2,p}(U)$. 为此任取 x_0 的两个邻域 U 和 V 使得 $U \subset\subset V \subset\subset \mathbf{R}^n$. 再取截断函数 $\varphi \in C_0^\infty(\mathbf{R}^n)$ 使 $\text{supp}\varphi \subseteq V$ 且 $\varphi(x) = 1, \forall x \in U$. 令

$$v = \varphi u, \quad g = \varphi f + \sum_{j,k=1}^{n} a_{jk}[\partial_j\varphi\partial_k u + \partial_k\varphi\partial_j u + \partial_{jk}^2\varphi u],$$

则 $v \in W^{1,p}(\mathbf{R}^n)$, $g \in L^p(\mathbf{R}^n)$, v 和 g 都具有紧支集, 且 v 是方程 $Lv = g$ 在 $\mathbf{R}^n$ 上的弱解. 令 v_ε 和 g_ε $(\varepsilon > 0)$ 分别为 v 和 g 的磨光函数. 则 $v_\varepsilon, g_\varepsilon \in C_0^\infty(\mathbf{R}^n)$, $\forall\varepsilon > 0$, 且由 L 是常系数算子易知对任意 $\varepsilon > 0$ 都在 $\mathbf{R}^n$ 上成立 $Lv_\varepsilon = g_\varepsilon$. 因此应用定理 3.6.1 可知, 对任意 $\varepsilon > 0$ 和 $\varepsilon' > 0$ 成立不等式

$$\|\partial_{jk}^2 v_\varepsilon - \partial_{jk}^2 v_{\varepsilon'}\|_{L^p(\mathbf{R}^n)} \leqslant C_p \|g_\varepsilon - g_{\varepsilon'}\|_{L^p(\mathbf{R}^n)}, \quad j,k = 1,2,\cdots,n.$$

由 $g \in L^p(\mathbf{R}^n)$ 知 $\lim\limits_{\varepsilon\to 0} \|g_\varepsilon - g\|_{L^p(\mathbf{R}^n)} = 0$, 进而当 $\varepsilon, \varepsilon' \to 0$ 时上述不等式右端趋于零, 从而左端也趋于零. 这说明对所有 $1 \leqslant j,k \leqslant n$, 当 $\varepsilon \to 0$ 时 $\partial_{jk}^2 v_\varepsilon$ 在 $L^p(\mathbf{R}^n)$ 中强收敛. 由于已知 $v \in L^p(\mathbf{R}^n)$, 进而当 $\varepsilon \to 0$ 时 v_ε 在 $L^p(\mathbf{R}^n)$ 中强收敛于 v, 所以由此推知 $\partial_{jk}^2 v \in L^p(\mathbf{R}^n)$, $j,k = 1,2,\cdots,n$. 注意到在 U 上 $v = u$, 便证明了 $u \in W^{2,p}(U)$. 证毕. □

现在考虑一般的非散度形变系数二阶椭圆型算子. 因此设

$$L = -\sum_{i,j=1}^{n} a_{ij}(x)\partial_{ij}^2 + \sum_{i=1}^{n} b_i(x)\partial_i + c(x), \quad x \in \Omega, \tag{3.6.2}$$

其中 Ω 是 $\mathbf{R}^n$ 中的开集, a_{ij}, b_i, c $(i,j = 1,2,\cdots,n)$ 为 Ω 上的已知函数, 其中二阶项的系数满足一致椭圆型条件 (3.2.1). 最后这个条件本节始终假设是满足的, 而不再在各个定理的陈述中重复.

定理 3.6.3 (L^p 内估计) 设 $a_{ij} \in C(\overline{\Omega})$ $(i,j = 1,2,\cdots,n)$, $b_i, c \in L^\infty(\Omega)$ $(i = 1,2,\cdots,n)$, 且 $f \in L^p(\Omega)$, 其中 $1 < p < \infty$. 又设 $u \in W^{2,p}_{\text{loc}}(\Omega)$ 是方程 $Lu = f$

在 Ω 上的强解, 其中 L 为由 (3.6.2) 给出的非散度形二阶椭圆型算子, 则对任意 $U\subset\subset\Omega$, 存在相应的 (与 f 和 u 无关的) 常数 $C>0$ 使成立

$$\|u\|_{W^{2,p}(U)}\leqslant C(\|f\|_{L^p(\Omega)}+\|u\|_{W^{1,p}(\Omega)}). \tag{3.6.3}$$

证 先证明对任意 $x_0\in\Omega$ 存在相应的 $R>0$, 使得 $B_{x_0}:=B(x_0,R)\subset\subset\Omega$, 且成立估计式

$$\|u\|_{W^{2,p}(B_{x_0})}\leqslant C(\|f\|_{L^p(\Omega)}+\|u\|_{W^{1,p}(\Omega)}). \tag{3.6.4}$$

取截断函数 $\varphi\in C_0^\infty(\mathbf{R}^n)$ 使当 $|x|\leqslant 1$ 时 $\varphi(x)=1$, 而当 $|x|\geqslant 2$ 时 $\varphi(x)=0$. 对待定的 $R>0$, 令 $\varphi_R(x)=\varphi\Big(\dfrac{x-x_0}{R}\Big)$, $\forall x\in\mathbf{R}^n$. 再令 $v=\varphi_R u$. 这里假设 $R>0$ 充分小使得 $B(x_0,2R)\subset\subset\Omega$. 由 $Lu=f$ 得

$$\begin{aligned}-\sum_{i,j=1}^n a_{ij}(x)\partial_{ij}^2 v&=-\varphi_R\sum_{i,j=1}^n a_{ij}(x)\partial_{ij}^2 u+u\text{ 的低阶导数项}\\&=\varphi_R f+u\text{ 的低阶导数项},\end{aligned}$$

进而

$$-\sum_{i,j=1}^n a_{ij}(x_0)\partial_{ij}^2 v=\sum_{i,j=1}^n[a_{ij}(x)-a_{ij}(x_0)]\partial_{ij}^2 v+\varphi_R f+u\text{ 的低阶导数项}.$$

显然等式右端各项都属于 $L^p(\mathbf{R}^n)$, 因此根据定理 3.6.1 知, 存在与 R 无关的常数 $C_p>0$ 及与 R 有关的常数 $C_p(R)>0$ (二者皆与 f 和 u 无关) 使成立

$$\sum_{j,k=1}^n\|\partial_{jk}^2 v\|_{L^p(\mathbf{R}^n)}\leqslant C_p\omega(R)\sum_{j,k=1}^n\|\partial_{jk}^2 v\|_{L^p(\mathbf{R}^n)}+C_p\|\varphi_R f\|_{L^p(\mathbf{R}^n)}+C_p(R)\|u\|_{W^{1,p}(\Omega)},$$

其中

$$\omega(R)=\max_{1\leqslant i,j\leqslant n}\sup_{|x-x_0|\leqslant 2R}|a_{ij}(x)-a_{ij}(x_0)|.$$

由 $a_{ij}\in C(\overline{\Omega})$ $(i,j=1,2,\cdots,n)$ 知 $\lim\limits_{R\to 0}\omega(R)=0$, 故存在充分小的 $R>0$ 使 $C_p\omega(R)\leqslant\dfrac{1}{2}$. 取定这样的 R. 则由上式得

$$\sum_{j,k=1}^n\|\partial_{jk}^2 v\|_{L^p(\mathbf{R}^n)}\leqslant 2C_p\|f\|_{L^p(\Omega)}+2C_p(R)\|u\|_{W^{1,p}(\Omega)}.$$

令 $B_{x_0}:=B(x_0,R)$. 由于当 $|x-x_0|\leqslant R$ 时 $\varphi_R(x)=1$, 所以在 B_{x_0} 上 $v=u$. 因此由以上估计式就得到了 (3.6.4).

现在对任意 $U \subset\subset \Omega$, 对 $\overline{U}$ 的开覆盖 $\{B_{x_0} : x_0 \in \overline{U}\}$ 应用有限覆盖定理, 便得有限个点 $x_1, x_2, \cdots, x_m \in \overline{U}$, 使得 $\overline{U} \subseteq \bigcup_{j=1}^{m} B_{x_j}$. 于是对每个 B_{x_j} 应用 (3.6.4), 再关于 j 求和, 就得到

$$\|u\|_{W^{2,p}(U)} \leqslant \sum_{j=1}^{m} \|u\|_{W^{2,p}(B_{x_j})} \leqslant C(\|f\|_{L^p(\Omega)} + \|u\|_{W^{1,p}(\Omega)}).$$

这就证明了 (3.6.3). 证毕. □

以上证明中所使用的方法叫做**凝固系数法**, 它是处理变系数偏微分方程的一种常用方法, 由 A. Korn 在 1914 年发明 [72].

3.6.2 L^p 全局估计

为了建立直到边界的 L^p 估计, 需要先建立关于常系数方程的边界 L^p 估计.

设 Ω 是 $\mathbf{R}^n$ 中的有界开集, $\Omega \cap (\mathbf{R}^{n-1} \times \{0\}) \neq \varnothing$. 记 $\Omega^+ = \Omega \cap \mathbf{R}^n_+$, $\partial_+\Omega = \partial\Omega \cap \mathbf{R}^n_+$, 即 Ω^+ 和 $\partial_+\Omega$ 分别是 Ω 和 $\partial\Omega$ 位于上半空间的部分.

引理 3.6.4 *设 Ω 如上, 而 $L = -\sum_{j,k=1}^{n} a_{jk}\partial^2_{jk}$ 是常系数二阶椭圆型偏微分算子. 又设 $u \in W^{1,p}_0(\Omega^+)$, $f \in L^p(\Omega^+)$, 其中 $1 < p < \infty$, u 是方程 $Lu = f$ 在 Ω^+ 上的弱解, 且 $d(\text{supp}u, \partial_+\Omega) > 0$, 则 $u \in W^{2,p}(\Omega^+) \cap W^{1,p}_0(\Omega^+)$, 且存在 (与 f 和 u 无关的) 常数 $C > 0$ 使成立*

$$\sum_{j,k=1}^{n} \|\partial^2_{jk} u\|_{L^p(\Omega^+)} \leqslant C_p \|f\|_{L^p(\Omega^+)}. \tag{3.6.5}$$

证 首先考虑 $L = -\Delta$ 的特殊情况. 不妨设 Ω 是关于 $x_n = 0$ 对称的; 否则去掉 Ω 的下半部分而换为 Ω^+ 关于 $x_n = 0$ 的对称像集. 把 u 和 f 按下述方法分别延拓成 $\mathbf{R}^n$ 上的函数 $\hat{u}$ 和 $\hat{f}$: 当 $x \in \mathbf{R}^n \backslash \Omega$ 时令 $\hat{u}(x) = \hat{f}(x) = 0$; 当 $x \in \Omega$ 时则分别令

$$\hat{u}(x) = \begin{cases} u(x', x_n), & x_n > 0, \\ 0, & x_n = 0, \\ -u(x', -x_n), & x_n < 0, \end{cases} \qquad \hat{f}(x) = \begin{cases} f(x', x_n), & x_n > 0, \\ 0, & x_n = 0, \\ -f(x', -x_n), & x_n < 0, \end{cases}$$

则显然 $\hat{f} \in L^p(\mathbf{R}^n)$. 不难知道 $\hat{u} \in W^{1,p}(\mathbf{R}^n)$, 并且 $\hat{u}$ 是方程 $-\Delta\hat{u} = \hat{f}$ 在 $\mathbf{R}^n$ 上的弱解 (见本节习题第 1 题). 于是应用推论 3.6.2 和显然 $\hat{u}$ 具有紧支集的事实即知 $\hat{u} \in W^{2,p}(\mathbf{R}^n)$, 进而应用定理 3.6.1 知存在常数 $C > 0$ 使成立

$$\sum_{j,k=1}^{n} \|\partial^2_{jk} \hat{u}\|_{L^p(\mathbf{R}^n)} \leqslant C_p \|\hat{f}\|_{L^p(\mathbf{R}^n)} \leqslant 2C_p \|f\|_{L^p(\Omega^+)}.$$

因此 $u\in W^{2,p}(\Omega^+)\cap W_0^{1,p}(\Omega^+)$, 且

$$\sum_{j,k=1}^{n}\|\partial_{jk}^2 u\|_{L^p(\Omega^+)}\leqslant\sum_{j,k=1}^{n}\|\partial_{jk}^2\hat{u}\|_{L^p(\mathbf{R}^n)}\leqslant 2C_p\|f\|_{L^p(\Omega^+)}.$$

再考虑 $L=-\sum\limits_{j,k=1}^{n}a_{jk}\partial_{jk}^2$ 是任意的常系数二阶椭圆算子的一般情况. 设 A, B 等记号如定理 3.6.1 的证明, 并同样地考虑坐标变换 $y=Bx$, 即令 $\hat{u}(y)=u(B^{-1}y)$, $\hat{f}(y)=f(B^{-1}y)$. 则方程 $Lu=f$ 变为方程 $-\Delta\hat{u}=\hat{f}$. 由于这个坐标变换有可能只是把坐标面 $x_n=0$ 变成了一个通过坐标原点的超平面 π 而没有变成坐标面 $y_n=0$, 所以还需再作一次旋转变换以便把超平面 π 变成坐标面 $y_n=0$, 即必要时还需再找一个正交矩阵 O, 使通过坐标变换 $y=OBx$ 之后, 坐标面 $x_n=0$ 变为坐标面 $y_n=0$. 这样的正交矩阵 O 显然是存在的. 由于 $OBAB^{\mathrm{T}}O^{\mathrm{T}}=OO^{\mathrm{T}}=I$, 所以经过坐标变换 $y=OBx$ 后, 方程 $Lu=f$ 仍然变为位势方程 $-\Delta\hat{u}=\hat{f}$, 而且坐标面 $x_n=0$ 变为坐标面 $y_n=0$. 因此, 应用前一步所得结果便不难得到引理的结论. 证毕. □

现在便可证明下述本节的主要结果:

定理 3.6.5 (L^p 全局估计) 设 Ω 是 $\mathbf{R}^n$ 中的有界开集, $\partial\Omega\in C^2$. 又设 $a_{ij}\in C(\overline{\Omega})$ $(i,j=1,2,\cdots,n)$, $b_i,c\in L^\infty(\Omega)$ $(i=1,2,\cdots,n)$, 且 $f\in L^p(\Omega)$, $\psi\in W^{2,p}(\Omega)$, 其中 $1<p<\infty$. 再设 $u\in W^{2,p}(\Omega)$ 是 Dirichlet 问题 (3.2.4) 的强解, 其中 L 为由 (3.6.2) 给出的非散度形二阶椭圆型算子. 则存在 (与 f,ψ 和 u 无关的) 常数 $C>0$ 使成立

$$\|u\|_{W^{2,p}(\Omega)}\leqslant C(\|f\|_{L^p(\Omega)}+\|\psi\|_{W^{2,p}(\Omega)}+\|u\|_{L^p(\Omega)}).\tag{3.6.6}$$

证 显然只需考虑 $\psi=0$ 的情况. 因此下面设 $u\in W^{2,p}(\Omega)\cap W_0^{1,p}(\Omega)$ 是方程 $Lu=f$ 在 Ω 上的强解, 来证明当 $\psi=0$ 时的估计式 (3.6.6).

首先建立边界处的 L^p 估计, 即证明对任意 $x_0\in\partial\Omega$, 存在其邻域 U_{x_0} 和 V_{x_0}, $U_{x_0}\subset\subset V_{x_0}$, 使成立估计式

$$\|u\|_{W^{2,p}(U_{x_0}\cap\Omega)}\leqslant C(\|f\|_{L^p(V_{x_0}\cap\Omega)}+\|u\|_{W^{1,p}(V_{x_0}\cap\Omega)}).\tag{3.6.7}$$

由于 $\partial\Omega$ 是 C^2 类的, 所以对任意 $x_0\in\partial\Omega$, 存在 x_0 的邻域 W_{x_0} 和 C^2 微分同胚 $\Phi:W_{x_0}\to B(0,1)$ 使

$$\Phi(W_{x_0}\cap\Omega)=B^+(0,1),\quad \Phi(W_{x_0}\cap\partial\Omega)=\{(x',0)\in\mathbf{R}^{n-1}\times\{0\}:|x'|<1\},\quad \Phi(x_0)=0.$$

对待定的 $0<R\leqslant 1/2$, 令 $V_{x_0}^R=\Phi^{-1}(B(0,R))$, $U_{x_0}^R=\Phi^{-1}(B(0,R/2))$, 则 $U_{x_0}^R\subset\subset V_{x_0}^R\subset\subset W_{x_0}$. 取截断函数 $\varphi\in C_0^\infty(\mathbf{R}^n)$ 使当 $|x|\leqslant 1$ 时 $\varphi(x)=1$, 且 $\mathrm{supp}\varphi\subseteq$

$B(0,2)$. 再令 $\psi_R(x)=\varphi(2\Phi(x)/R)$, 则当 $x\in U_{x_0}^R$ 时 $\psi_R(x)=1$, 且 $\mathrm{supp}\psi_R\subseteq V_{x_0}^R$. 现在令

$$v=\psi_R u,\quad g=\psi_R f+\sum_{i,j=1}^n a_{ij}(\partial_i\psi_R\partial_j u+\partial_j\psi_R\partial_i u)+\Big(\sum_{i,j=1}^n a_{ij}\partial_{ij}^2\psi_R-\sum_{i=1}^n b_i\partial_i\psi_R\Big)u,$$

则显然 $v\in W^{2,p}(W_{x_0}\cap\Omega)\cap W_0^{1,p}(W_{x_0}\cap\Omega)$, $d(\mathrm{supp}v,\partial W_{x_0}\cap\Omega)>0$, $g\in L^p(W_{x_0}\cap\Omega)$, 且在 $W_{x_0}\cap\Omega$ 上有 $Lv=g$. 再令 $\hat{v}(y)=v(\Phi^{-1}(y))$, $\hat{g}(y)=g(\Phi^{-1}(y))$, 则 $\hat{v}\in W^{2,p}(B^+(0,1))\cap W_0^{1,p}(B^+(0,1))$, $d(\mathrm{supp}v,\partial_+B(0,1))>0$, $\hat{g}\in L^p(B^+(0,1))$, 且在 $B^+(0,1)$ 上有 $\hat{L}\hat{v}=\hat{g}$, 其中 $\hat{L}$ 表示下述偏微分算子:

$$\hat{L}=-\sum_{k,l=1}^n\hat{a}_{kl}\partial_{kl}^2+\sum_{k=1}^n\hat{b}_k\partial_k+\hat{c},$$

其中

$$\hat{a}_{kl}(y)=\sum_{i,j=1}^n a_{ij}(x)\partial_i\Phi_k(x)\partial_j\Phi_l(x)\Big|_{x=\Phi^{-1}(y)},$$

$$\hat{b}_k(y)=\Big[\sum_{i=1}^n b_i(x)\partial_i\Phi_k(x)-\sum_{i,j=1}^n a_{ij}(x)\partial_{ij}^2\Phi_k(x)\Big]\Big|_{x=\Phi^{-1}(y)},$$

$$\hat{c}(y)=c(\Phi^{-1}(y)),$$

其中 Φ_k 表示 Φ 的第 k 个分量. 改写方程 $\hat{L}\hat{v}=\hat{g}$ 为

$$-\sum_{k,l=1}^n\hat{a}_{kl}(0)\partial_{kl}^2\hat{v}(y)=\hat{g}(y)+\sum_{k,l=1}^n[\hat{a}_{kl}(y)-\hat{a}_{kl}(0)]\partial_{kl}^2\hat{v}(y)-\sum_{k=1}^n\hat{b}_k(y)\partial_k\hat{v}(y)-\hat{c}(y)\hat{v}(y),$$

应用引理 3.6.4 并采用与定理 3.6.3 的证明类似的推导, 即可知只要取 $R>0$ 充分小, 便可得到估计式

$$\|\hat{v}\|_{W^{2,p}(B^+(0,R/2))}\leqslant C(\|\hat{g}\|_{L^p(B^+(0,R))}+\|\hat{v}\|_{W^{1,p}(B^+(0,R))}).$$

变换回原来的变元, 并取 $U_{x_0}=U_{x_0}^R$, $V_{x_0}=V_{x_0}^R$, 就得到了 (3.6.7).

现在取有限个点 $x_1,x_2,\cdots,x_m\in\partial\Omega$, 使得 $\partial\Omega\subseteq\bigcup_{j=1}^m U_{x_j}$. 改记 U_{x_j} 为 U_j, $j=1,2,\cdots,m$. 再取开集 $U_0\subset\subset\Omega$, 使得 $\overline{\Omega}\subseteq\bigcup_{j=0}^m U_j$. 于是对每个 U_j $(1\leqslant j\leqslant m)$ 应用估计式 (3.6.7), 而对 U_0 应用估计式 (3.6.3), 再关于 j 求和, 就得到

$$\|u\|_{W^{2,p}(\Omega)}\leqslant\sum_{j=0}^m\|u\|_{W^{2,p}(U_j)}\leqslant C(\|f\|_{L^p(\Omega)}+\|u\|_{W^{1,p}(\Omega)}).\qquad(3.6.8)$$

最后再应用内插不等式

$$\|u\|_{W^{1,p}(\Omega)} \leqslant \varepsilon\|u\|_{W^{2,p}(\Omega)} + C_\varepsilon\|u\|_{L^p(\Omega)}, \quad \forall\varepsilon > 0,$$

选取 $\varepsilon > 0$ 充分小使得 $C\varepsilon \leqslant 1/2$, 然后把这个不等式代入 (3.6.8), 就得到了 (3.6.6). 证毕. □

定理 3.6.5 由 A. E. Koševlev[71] 和 D. Greco[48] 在 1956 年各自独立地得到. 之后被许多人推广到更一般的各种椭圆边值问题, 其中最著名的是 S. Agmon, A. Douglis, L. Nirenberg[2] 和 F. E. Browder[10] 的工作.

3.6.3 两个应用

下面给出定理 3.6.5 的两个应用. 为了陈述第一个应用, 先介绍一些概念.

设 X 是 Banach 空间, X_0 是 X 的线性子空间, $A: X_0 \to X$ 是线性算子, 它按 X 的范数不是连续的. 这时称 A 是 X 上的**无界线性算子**, X_0 叫做 A 的**定义域**, 记作$D(A) = X_0$. 如果 X_0 在 X 中稠密, 则称 A 是 X 上的**稠定线性算子**. 如果 A 的图像

$$G_A = \{(x, Ax) \in X \times X : x \in D(A)\}$$

是 $X \times X$ 的闭子空间, 则称 A 是 X 上的**闭线性算子**. 显然有界线性算子是闭线性算子. 所以闭线性算子的概念是有界线性算子概念的直接推广.

从定义易见, X 上的线性算子 A 是 X 上的闭线性算子的充要条件是它满足以下条件: 如果点列 $\{x_n\}_{n=1}^\infty \subseteq D(A)$ 具有性质:

$$x_n \to x \quad 且 \quad Ax_n \to y \quad (当\ n \to \infty)$$

(这里的收敛都按 X 的强拓扑即范数拓扑意义), 则必有 $x \in D(A)$ 且 $Ax = y$.

定理 3.6.6 在定理 3.6.5 的条件下, 对任意 $1 < p < \infty$, 二阶线性椭圆型算子 L 是 $L^p(\Omega)$ 上以 $W^{2,p}(\Omega) \cap W_0^{1,p}(\Omega)$ 为定义域的稠定闭线性算子.

证 稠定是显然的; 只证明 L 是闭线性算子. 为此设 $u_k \in W^{2,p}(\Omega) \cap W_0^{1,p}(\Omega)$, $k = 1, 2, \cdots$, 且按 $L^p(\Omega)$ 强拓扑成立

$$u_k \to u \quad 且 \quad Lu_k \to f \quad (当\ k \to \infty),$$

下面来证明 $u \in W^{2,p}(\Omega) \cap W_0^{1,p}(\Omega)$ 且 $Lu = f$. 事实上, 应用定理 3.6.5 知存在常数 $C > 0$ 使对任意正整数 k, l 都成立

$$\|u_k - u_l\|_{W^{2,p}(\Omega)} \leqslant C(\|Lu_k - Lu_l\|_{L^p(\Omega)} + \|u_k - u_l\|_{L^p(\Omega)}), \quad k, l = 1, 2, \cdots.$$

此不等式右端的项当 $k, l \to \infty$ 时趋于零, 所以由此推知 $\{u_k\}_{n=1}^\infty$ 是 $W^{2,p}(\Omega)$ 中的 Cauchy 列, 从而在 $W^{2,p}(\Omega)$ 中收敛. 而已知该序列在 $L^p(\Omega)$ 收敛于 u, 所以

$u \in W^{2,p}(\Omega)$, 且 $\{u_k\}_{n=1}^{\infty}$ 在 $W^{2,p}(\Omega)$ 中收敛于 u. 由于 $u_k \in W_0^{1,p}(\Omega)$, $k=1,2,\cdots$, 所以由

$$\|u_k - u\|_{W^{1,p}(\Omega)} \leqslant \|u_k - u\|_{W^{2,p}(\Omega)} \to 0, \quad 当\ k \to \infty$$

即知 $u \in W^{2,p}(\Omega) \cap W_0^{1,p}(\Omega)$. 最后, 由于按 $L^p(\Omega)$ 强拓扑成立 $f = \lim\limits_{k\to\infty} Lu_k$ 而 $\{u_k\}_{n=1}^{\infty}$ 在 $W^{2,p}(\Omega)$ 中收敛于 u, 所以 $f = Lu$. 证毕. □

定理 3.6.7 *在定理 3.6.5 的条件下, 再设 Dirichlet 问题 (3.2.6) 当 $f=0$ 时在 $W^{2,p}(\Omega) \cap W_0^{1,p}(\Omega)$ $(1<p<\infty)$ 中只有零解, 则存在常数 $C>0$ 使成立*

$$\|u\|_{W^{2,p}(\Omega)} \leqslant C\|Lu\|_{L^p(\Omega)}, \quad \forall u \in W^{2,p}(\Omega) \cap W_0^{1,p}(\Omega). \tag{3.6.9}$$

证 反证而设上述结论不成立. 则存在函数列 $u_k \in W^{2,p}(\Omega) \cap W_0^{1,p}(\Omega)$ $(k=1,2,\cdots)$ 使成立

$$\|u_k\|_{W^{2,p}(\Omega)} > k\|Lu_k\|_{L^p(\Omega)}, \quad k=1,2,\cdots.$$

令 $v_k = u_k/\|u_k\|_{L^p(\Omega)}$, $k=1,2,\cdots$. 则 $\|v_k\|_{L^p(\Omega)} = 1$, $k=1,2,\cdots$, 且

$$\|v_k\|_{W^{2,p}(\Omega)} > k\|Lv_k\|_{L^p(\Omega)}, \quad k=1,2,\cdots.$$

这样应用定理 3.6.5 得

$$\|v_k\|_{W^{2,p}(\Omega)} \leqslant C(\|Lv_k\|_{L^p(\Omega)} + \|v_k\|_{L^p(\Omega)}) \leqslant C(k^{-1}\|v_k\|_{W^{2,p}(\Omega)} + 1), \quad k=1,2,\cdots.$$

据此知存在正整数 k_0, 使当 $k \geqslant k_0$ 时 $\|v_k\|_{W^{2,p}(\Omega)} \leqslant 2C$. 因此 $\{v_k\}_{n=1}^{\infty}$ 有子列在 $W^{2,p}(\Omega)$ 中弱收敛并在 $W_0^{1,p}(\Omega)$ 中强收敛. 不妨设这个子列就是 $\{v_k\}_{n=1}^{\infty}$ 本身, 并记极限函数为 v. 则 $v \in W^{2,p}(\Omega) \cap W_0^{1,p}(\Omega)$, 且由 $\|v_k\|_{L^p(\Omega)} = 1$ $(k=1,2,\cdots)$ 知 $\|v\|_{L^p(\Omega)} = 1$, 进而 $v \neq 0$. 另一方面, 有

$$\|Lv_k\|_{L^p(\Omega)} < k^{-1}\|v_k\|_{W^{2,p}(\Omega)} \leqslant 2Ck^{-1}, \quad \forall k \geqslant k_0.$$

由于 $\{v_k\}_{n=1}^{\infty}$ 在 $W^{2,p}(\Omega)$ 中弱收敛于 v 并且 $L: W^{2,p}(\Omega) \cap W_0^{1,p}(\Omega) \to L^p(\Omega)$ 是有界线性算子, 所以 $\{Lv_k\}_{n=1}^{\infty}$ 在 $L^p(\Omega)$ 中弱收敛于 Lv. 因此有

$$\|Lv\|_{L^p(\Omega)} \leqslant \liminf_{k\to\infty} \|Lv_k\|_{L^p(\Omega)} = 0,$$

进而 $Lv = 0$. 这与问题 (3.2.6) 在 $W^{2,p}(\Omega) \cap W_0^{1,p}(\Omega)$ 中只有零解的假设矛盾. 因此必存在常数 $C>0$ 使 (3.6.9) 成立. 证毕. □

习 题 3.6

1. 设 Ω 是 $\mathbf{R}^n$ 中的开集, 关于坐标面 $x_n=0$ 对称, 且 $\Omega\cap\partial\mathbf{R}^n_+\neq\varnothing$. 记 $\Omega^+=\Omega\cap\mathbf{R}^n_+$. 又设 $u\in W^{1,p}(\Omega^+)$, $f\in L^p(\Omega^+)$ $(1\leqslant p<\infty)$, 且 u 是方程 $-\Delta u=f$ 在 Ω^+ 上的弱解. 再设 $u|_{x_n=0}=0$. 令 $\hat{u}$ 和 $\hat{f}$ 分别为把 u 和 f 关于 x_n 作奇延拓所得到的 Ω 上的函数. 证明: $\hat{u}\in W^{1,p}(\mathbf{R}^n)$, 并且 $\hat{u}$ 是方程 $-\Delta\hat{u}=\hat{f}$ 在 $\mathbf{R}^n$ 上的弱解.
2. 设 $n\geqslant 2$, $1<p<\infty$, Ω 是 $\mathbf{R}^n$ 中的有界开集, $\partial\Omega\in C^2$. 又设 $a_{ij}\in C(\overline{\Omega})$ $(i,j=1,2,\cdots,n)$, $b_i\in L^q(\Omega)$ $(i=1,2,\cdots,n)$, 其中 $q=\max\{p,n\}$ (当 $p\neq n$) 或 $n+\varepsilon$ ($\varepsilon>0$, 当 $p=n$), $c\in L^r(\Omega)$ $(i=1,2,\cdots,n)$, 其中 $r=\max\{p,n/2\}$ (当 $p\neq n/2$) 或 $(n/2)+\varepsilon$ ($\varepsilon>0$, 当 $p=n/2$), 且 $f\in L^p(\Omega)$, $\psi\in W^{2,p}(\Omega)$. 证明在这些条件下估计式 (3.6.6) 仍然成立.
3. 设 Ω 是 $\mathbf{R}^n$ 中的有界开集, $\partial\Omega\in C^{m+2}$, 其中 m 为非负整数. 又设 $a_{ij},b_i,c\in C^m(\overline{\Omega})$ $(i,j=1,2,\cdots,n)$, 且 $f\in W^{m,p}(\Omega)$, $\psi\in W^{m+2,p}(\Omega)$, 其中 $1<p<\infty$. 再设 $u\in W^{m+2,p}(\Omega)$ 是 Dirichlet 问题 (3.2.4) 的强解, 其中 L 为由 (3.6.2) 给出的非散度形二阶椭圆型算子. 试仿照建立定理 3.6.5 的方法以证明: 存在 (与 f,ψ 和 u 无关的) 常数 $C>0$ 使成立估计式:
$$\|u\|_{W^{m+2,p}(\Omega)}\leqslant C(\|f\|_{W^{m,p}(\Omega)}+\|\psi\|_{W^{m+2,p}(\Omega)}+\|u\|_{L^p(\Omega)}).$$
4. 设 Ω 是 $\mathbf{R}^n$ 中的有界开集, m 是正整数, $\partial\Omega\in C^{m+2}$, $a_{ij},b_i,c\in C^m(\overline{\Omega})$ $(i,j=1,2,\cdots,n)$, 而 $f\in W^{m,p}(\Omega)$, 其中 $1<p<\infty$. 证明:
(1) 如果 $u\in W^{2,p}_{\mathrm{loc}}(\Omega)$ 是方程 $Lu=f$ 在 Ω 上的强解, 则 $u\in W^{m+2,p}_{\mathrm{loc}}(\Omega)$;
(2) 如果 $u\in W^{2,p}(\Omega)\cap W^{1,p}_0(\Omega)$ 是 Dirichlet 问题 (3.2.6) 的强解, 则 $u\in W^{m+2,p}(\Omega)\cap W^{1,p}_0(\Omega)$.

3.7 L^p 可解性

本节应用 3.6 节建立的 L^p 全局估计式和 3.2 节、3.3 节及 3.5 节的结果讨论 $W^{2,p}$ 类强解的存在性. 为此还要再做一些准备, 这些准备工作涉及 Dirichlet 问题 $W^{2,p}$ 类强解的正则性.

3.7.1 解的正则性

对给定的$1<p<\infty$和$R>0$, 当$n\geqslant 3$时定义$E_{p,R}(\mathbf{R}^n)$和$E_{p,R}(\mathbf{R}^n_+)$各如下:

$$E_{p,R}(\mathbf{R}^n)=\{u\in L^p_{\mathrm{loc}}(\mathbf{R}^n):\ \partial^2_{jk}u\in L^p(\mathbf{R}^n),\ j,k=1,2,\cdots,n,\ \text{且存在常数 } C>0 \text{ 使 } |u(x)|\leqslant C|x|^{-(n-2)},\ \forall|x|\geqslant 2R\},$$

$$E_{p,R}(\mathbf{R}^n_+)=\{u\in L^p_{\mathrm{loc}}(\overline{\mathbf{R}^n_+}):\ \partial^2_{jk}u\in L^p(\mathbf{R}^n_+),\ j,k=1,2,\cdots,n,\ u|_{\partial\mathbf{R}^n_+}=0,\ \text{且存在常数 } C>0 \text{ 使 } |u(x)|\leqslant C|x|^{-(n-2)},\ \forall|x|\geqslant 2R\}.$$

注意 $E_{p,R}(\mathbf{R}^n) \subseteq W^{2,p}_{\text{loc}}(\mathbf{R}^n)$, $E_{p,R}(\mathbf{R}^n_+) \subseteq \{u \in W^{2,p}_{\text{loc}}(\overline{\mathbf{R}^n_+}) : u|_{\partial\mathbf{R}^n_+} = 0\}$, 且当 $p > \dfrac{n}{n-2}$ 时, $E_{p,R}(\mathbf{R}^n) \subseteq W^{2,p}(\mathbf{R}^n)$, $E_{p,R}(\mathbf{R}^n_+) \subseteq W^{2,p}(\mathbf{R}^n_+) \cap W^{1,p}_0(\mathbf{R}^n_+)$. 当 $n=2$ 时,

$$E_p(\mathbf{R}^2) = \{u \in L^\infty_{\text{loc}}(\mathbf{R}^2) : \partial^2_{jk} u \in L^p(\mathbf{R}^n),\ j,k=1,2,\ \text{且存在常数 } C>0 \\ \text{使 } |u(x)| \leqslant C\ln(1+|x|),\ \forall x \in \mathbf{R}^2\},$$

$$E_p(\mathbf{R}^2_+) = \{u \in L^\infty_{\text{loc}}(\overline{\mathbf{R}^2_+}) : \partial^2_{jk} u \in L^p(\mathbf{R}^2_+),\ j,k=1,2,\ u|_{\partial\mathbf{R}^2_+} = 0, \\ \text{且存在常数 } C>0 \text{ 使 } |u(x)| \leqslant C\ln(1+|x|),\ \forall x \in \mathbf{R}^2_+\}.$$

引理 3.7.1 *设 $L = -\sum\limits_{j,k=1}^n a_{jk}\partial^2_{jk}$ 是常系数二阶椭圆型偏微分算子, $1 < p < \infty$, R 为任意给定的正数, 则有下列结论:*

(1) 当 $n \geqslant 3$ 时, 对任意 $f \in L^p(\mathbf{R}^n)$, $\text{supp} f \subseteq \overline{B(0,R)}$, 方程 $Lu = f$ 在 $\mathbf{R}^n$ 上有唯一的强解 $u \in E_{p,R}(\mathbf{R}^n)$, 且映射 $f \mapsto u$ 是 $L^p_R = \{f \in L^p(\mathbf{R}^n) : \text{supp} f \subseteq \overline{B(0,R)}\}$ 到 $E_{p,R}(\mathbf{R}^n)$ 的有界线性算子; 当 $n=2$ 时, 方程 $Lu = f$ 在 $\mathbf{R}^2$ 上存在强解 $u \in E_p(\mathbf{R}^2)$, 任意两个不同的强解相差一个常数, 且映射 $f \mapsto u$ 是 $L^p_R = \{f \in L^p(\mathbf{R}^2) : \text{supp} f \subseteq \overline{B(0,R)}\}$ 到 $\dot{E}_p(\mathbf{R}^2)$ 的有界线性算子, 这里 $\dot{E}_p(\mathbf{R}^2)$ 表示由 $E_p(\mathbf{R}^2)$ 模去常值函数所得到的 Banach 空间.

(2) 当 $n \geqslant 3$ 时, 对任意 $f \in L^p(\mathbf{R}^n_+)$, $\text{supp} f \subseteq \overline{B^+(0,R)}$, 边值问题

$$\begin{cases} Lu = f, & \text{在 } \mathbf{R}^n_+ \text{ 内}, \\ u = 0, & \text{在 } \partial\mathbf{R}^n_+ \text{ 上} \end{cases} \tag{3.7.1}$$

存在唯一的强解 $u \in E_{p,R}(\mathbf{R}^n_+)$, 且映射 $f \mapsto u$ 是 $L^p_{R,+} = \{f \in L^p(\mathbf{R}^n_+) : \text{supp} f \subseteq \overline{B^+(0,R)}\}$ 到 $E_{p,R}(\mathbf{R}^n_+)$ 的有界线性算子; 当 $n=2$ 时, 上述问题存在唯一的强解 $u \in E_p(\mathbf{R}^2_+)$, 且映射 $f \mapsto u$ 是 $L^p_{R,+} = \{f \in L^p(\mathbf{R}^2_+) : \text{supp} f \subseteq \overline{B^+(0,R)}\}$ 到 $E_p(\mathbf{R}^2_+)$ 的有界线性算子.

证 前面已经多次看到, 经过适当的坐标变换, 任意只含最高阶导数项的常系数二阶线性椭圆型方程都可化成位势方程 $-\Delta u = f$, 所以只需考虑 $L = -\Delta$ 的情况. 另外, 这里只讨论 $n \geqslant 3$ 的情况; $n=2$ 的情况留给读者.

(1) 令 E 为 Laplace 算子 $-\Delta$ 的基本解, 即

$$E(x) = \begin{cases} \dfrac{1}{n(n-2)\omega_n}|x|^{-(n-2)}, & n > 2, \\ -\dfrac{1}{2\pi}\ln|x|, & n = 2. \end{cases}$$

则对任意 $f \in L^p(\mathbf{R}^n)$, $\text{supp} f \subseteq \overline{B(0,R)}$, 方程 $-\Delta u = f$ 在 $\mathbf{R}^n$ 上有解

$$u(x)=\int_{\mathbf{R}^n}E(x-y)f(y)\mathrm{d}y=\int_{|y|\leqslant R}E(x-y)f(y)\mathrm{d}y,\quad x\in\mathbf{R}^n.$$

根据习题 1.8 第 4 题知 $u\in L^p(B(0,M))$, $\forall M>R$, 且由定理 3.6.1 的证明知 $\partial_{jk}^2u\in L^p(\mathbf{R}^n)$, $j,k=1,2,\cdots,n$, 并成立估计式

$$\sum_{j,k=1}^n\|\partial_{jk}^2u\|_{L^p(\mathbf{R}^n)}\leqslant C_p\|f\|_{L^p(\mathbf{R}^n)}.$$

当 $|x|\geqslant 2R$ 时, 因 $|y|\leqslant R$, 而有 $|x-y|\geqslant R$, 所以

$$|x-y|=\frac{1}{2}|x-y|+\frac{1}{2}|x-y|\geqslant\frac{1}{2}(|x|-|y|)+\frac{1}{2}R\geqslant\frac{1}{2}|x|,$$

进而 $|x-y|^{-(n-2)}\leqslant 2^{n-2}|x|^{-(n-2)}$. 这样就有

$$|u(x)|\leqslant C|x|^{-(n-2)}\int_{|y|\leqslant R}|f(y)|\mathrm{d}y\leqslant C|x|^{-(n-2)}\|f\|_{L^p(\mathbf{R}^n)},\quad |x|\geqslant 2R.$$

这就证明了 $u\in E_{p,R}(\mathbf{R}^n)$. 假如方程 $Lu=f$ 有两个解 $u,v\in E_{p,R}(\mathbf{R}^n)$, 那么从定理 3.6.1 的证明知 $\partial_{jk}^2(u-v)=0$, $j,k=1,2,\cdots,n$. 据此易知 u 和 v 最多只能相差一个一阶多项式. 再结合 u 和 v 都在无穷远处趋于零的性质, 即知 $u=v$. 这就证明了 $n\geqslant 3$ 时的结论 (1).

(2) 把 f 关于变元 x_n 作奇延拓, 记延拓后的函数为 $\hat{f}$, 再令

$$\begin{aligned}u(x)&=\int_{\mathbf{R}^n}E(x-y)\hat{f}(y)\mathrm{d}y\\&=\int_{B^+(0,R)}[E(x'-y',x_n-y_n)-E(x'-y',x_n+y_n)]f(y)\mathrm{d}y,\quad x\in\mathbf{R}^n.\end{aligned}$$

这个函数在 $\mathbf{R}^n$ 上满足方程 $-\Delta u=\hat{f}$, 进而在 $\mathbf{R}_+^n$ 上满足方程 $-\Delta u=f$. 为证明 $n\geqslant 3$ 时的结论 (2) 只需说明它在 $x_n=0$ 上的迹为零. 不难看出, u 关于变元 x_n 是奇函数. 因此, 由 $u\in W_{\mathrm{loc}}^{2,p}(\mathbf{R}^n)$ 即知 $u|_{\partial\mathbf{R}_+^n}=0$ (当 $u\in C^\infty(\mathbf{R}^n)$ 且关于变元 x_n 是奇函数时, 显然 $u|_{\partial\mathbf{R}_+^n}=0$; 据此再用磨光逼近的方法即知对任意关于变元 x_n 是奇函数的 $u\in W_{\mathrm{loc}}^{1,p}(\mathbf{R}^n)$ 都有 $u|_{\partial\mathbf{R}_+^n}=0$). 证毕. □

在下面几个定理中, L 表示由 (3.6.2) 给出的非散度形的二阶线性椭圆算子, 即 L 具有表达式

$$L=-\sum_{i,j=1}^n a_{ij}(x)\partial_{ij}^2+\sum_{i=1}^n b_i(x)\partial_i+c(x),\quad x\in\Omega,$$

其中二阶导数项的系数满足一致椭圆型条件 (3.2.1).

定理 3.7.2 (内正则性)　设 Ω 是 $\mathbf{R}^n$ 中的开集, $a_{ij}\in C(\Omega)$ $(i,j=1,2,\cdots,n)$, $b_i,c\in L^\infty_{\rm loc}(\Omega)$ $(i=1,2,\cdots,n)$, 而 $f\in L^p_{\rm loc}(\Omega)$, 其中 $1<p<\infty$. 再设 $u\in W^{2,1}_{\rm loc}(\Omega)$ 是方程 $Lu=f$ 在 Ω 上的强解, 且对某个 $r>1$ 有 $u\in W^{2,r}_{\rm loc}(\Omega)$. 则 $u\in W^{2,p}_{\rm loc}(\Omega)$.

证　显然可设 $p>r$, 因为否则定理的结论是自明的. 以下只讨论 $n\geqslant 3$ 的情况; $n=2$ 的情况留给读者.

先证明 $u\in W^{2,q}_{\rm loc}(\Omega)$, 其中当 $r<n$ 时 $q=\min\{p,nr/(n-r)\}$, 否则 $q=p$. 注意 $q>r$. 只需证明对任意 $x_0\in\Omega$ 存在其邻域 $U\subseteq\Omega$ 使成立 $u\in W^{2,q}(U)$. 为此首先注意由 Sobolev 嵌入定理知 $W^{2,r}_{\rm loc}(\Omega)\subseteq W^{1,\frac{nr}{n-r}}_{\rm loc}(\Omega)\subseteq L^{\frac{nr}{n-2r}}_{\rm loc}(\Omega)$ (当 $r\geqslant n/2$ 时应换 $L^{\frac{nr}{n-2r}}_{\rm loc}(\Omega)$ 为 $L^\rho_{\rm loc}(\Omega)$, 其中 $1\leqslant\rho<\infty$ 任意, 同样当 $r\geqslant n$ 时应换 $W^{1,\frac{nr}{n-r}}_{\rm loc}(\Omega)$ 为 $W^{1,\rho}_{\rm loc}(\Omega)$, 其中 $1\leqslant\rho<\infty$ 任意, 下同), 所以由 $u\in W^{2,r}_{\rm loc}(\Omega)$ 知 $\nabla u\in L^{\frac{nr}{n-r}}_{\rm loc}(\Omega)$, $u\in L^{\frac{nr}{n-2r}}_{\rm loc}(\Omega)$.

取截断函数 $\varphi\in C_0^\infty(\mathbf{R}^n)$ 使当 $|x|\leqslant 1$ 时 $\varphi(x)=1$, 且 ${\rm supp}\varphi\subseteq B(0,2)$. 对待定的 $R>0$, 令 $\varphi_R(x)=\varphi\Big(\dfrac{x-x_0}{R}\Big)$, $\forall x\in\mathbf{R}^n$. 这里假设 $R>0$ 充分小使得 $B(x_0,2R)\subset\subset\Omega$. 再令

$$v=\varphi_R u,\quad g=\varphi_R f+\sum_{j,k=1}^n a_{jk}[\partial_j\varphi_R\partial_k u+\partial_k\varphi_R\partial_j u+\partial^2_{jk}\varphi_R u],$$

则 $v\in W^{2,r}(\mathbf{R}^n)$, $g\in L^q(\mathbf{R}^n)$, v 和 g 都具有紧支集: ${\rm supp}v\subseteq B(x_0,2R)$, ${\rm supp}g\subseteq B(x_0,2R)$, 且 v 方程 $L_0v=g$ 在 $\mathbf{R}^n$ 上的强解, 其中 L_0 是只含 L 的二阶导数项的二阶椭圆算子. 把方程 $L_0v=g$ 改写为

$$-\sum_{i,j=1}^n a_{ij}(x_0)\partial^2_{ij}v=\sum_{i,j=1}^n[a_{ij}(x)-a_{ij}(x_0)]\partial^2_{ij}v+g.$$

令 T 为根据引理 3.7.1 结论 (1) 所得到的映 $L^q(B(0,2R))$ 到 $W^{2,q}(B(0,2R))$ 的有界线性算子, 使得对任意 $f\in L^q(B(0,2R))$, $u=Tf$ 为方程 $-\sum\limits_{i,j=1}^n a_{ij}(x_0)\partial^2_{ij}u=\hat f$ 在 $\mathbf{R}^n$ 上的强解在 $B(0,2R)$ 上的限制, 其中 $\hat f$ 表示把 f 作零延拓所得到的 $\mathbf{R}^n$ 上的函数. 则从上式可知当换 q 为 r 时成立

$$v=T\Big[\sum_{i,j=1}^n[a_{ij}(x)-a_{ij}(x_0)]\partial^2_{ij}v\Big]+Tg. \tag{3.7.2}$$

现在定义映射 $S:W^{2,q}(B(0,2R))\to W^{2,q}(B(0,2R))$ 如下:

$$Sw=T\Big[\sum_{i,j=1}^n[a_{ij}(x)-a_{ij}(x_0)]\partial^2_{ij}w\Big]+Tg,\quad\forall w\in W^{2,q}(B(0,2R)).$$

类似于定理 3.6.1 的证明不难知道, 存在与 R 无关的常数 $C_q, C'_q > 0$ 使成立

$$\begin{aligned}\|Sw\|_{W^{2,q}(B(0,2R))} &\leqslant C_q\omega(R)\|w\|_{W^{2,q}(B(0,2R))}\\ &\quad +C'_q\|g\|_{L^p(B(0,R))}, \quad \forall w\in W^{2,q}(B(0,2R)),\\ \|Sw_1 - Sw_2\|&_{W^{2,q}(B(0,2R))}\\ &\leqslant C_q\omega(R)\|w_1-w_2\|_{W^{2,q}(B(0,2R))}, \quad \forall w_1,w_2\in W^{2,q}(B(0,2R)),\end{aligned}$$

其中

$$\omega(R)=\max_{1\leqslant i,j\leqslant n}\sup_{|x-x_0|\leqslant 2R}|a_{ij}(x)-a_{ij}(x_0)|.$$

由 $a_{ij}\in C(\overline{\Omega})$ $(i,j=1,2,\cdots,n)$ 知 $\lim\limits_{R\to 0}\omega(R)=0$, 故当 $R>0$ 充分小时 S 是压缩映射, 从而在 $W^{2,q}(B(0,2R))$ 上有唯一的不动点, 记之为 w. 由于 S 在 $W^{2,q}(B(0,2R))$ 上的不动点也是它在 $W^{2,r}(B(0,2R))$ 上的不动点, 所以根据不动点的唯一性和 (3.7.2) 即知 $v=w$. 这就证明了 $v\in W^{2,q}(B(0,2R))$. 由于在 $B(0,R)$ 上 $u=v$, 所以由此推知 $u\in W^{2,q}(B(0,R))$. 再由 $x_0\in\Omega$ 的任意性, 即知 $u\in W^{2,q}_{\rm loc}(\Omega)$.

这样一来, 我们从 $u\in W^{2,r}_{\rm loc}(\Omega)$ $(1<r<p)$ 和 $f\in L^p_{\rm loc}(\Omega)$ 推出了 $u\in W^{2,q_1}_{\rm loc}(\Omega)$, 其中当 $r<n$ 时 $q_1=\min\{p, nr/(n-r)\}$, 否则 $q_1=p$. 运用数学归纳法, 便可证明对任意使得 $n-kr>0$ 的正整数 k 都有 $u\in W^{2,q_k}_{\rm loc}(\Omega)$, 其中对每个正整数 k, 当 $n-kr>0$ 时 $q_k=\min\{p, nr/(n-kr)\}$, 否则 $q_k=p$. 由于显然当 k 充分大时 $n-kr\leqslant 0$, 所以经过有限步之后便可得到 $u\in W^{2,p}_{\rm loc}(\Omega)$. 这就完成了定理 3.7.2 的证明. □

定理 3.7.3 (边界正则性) 设 Ω 是 $\mathbf{R}^n$ 中的开集, $a_{ij}\in C(\overline{\Omega})$ $(i,j=1,2,\cdots,n)$, $b_i,c\in L^\infty(\Omega)$ $(i=1,2,\cdots,n)$, $f\in L^1_{\rm loc}(\Omega)$, 而 $u\in W^{2,1}_{\rm loc}(\Omega)\cap W^{1,1}_0(\Omega)$ 是 Dirichlet 问题 (3.2.6) 的强解. 再设对某点 $x_0\in\partial\Omega$ 存在其邻域 V 使 $f\in L^p(V\cap\Omega)$ 且 $u\in W^{2,r}(V\cap\Omega)$, 其中 $1<r<p<\infty$, 则存在 x_0 的邻域 $U\subseteq V$ 使 $u\in W^{2,p}(U\cap\Omega)$.

证明的思想与前一定理的证明思想类似, 只不过这里需要应用引理 3.7.1 的结论 (2). 我们把它留给读者. □

运用有限覆盖定理, 从上面两个定理得到

定理 3.7.4 设 Ω 是 $\mathbf{R}^n$ 中的有界开集, $a_{ij}\in C(\overline{\Omega})$ $(i,j=1,2,\cdots,n)$, $b_i,c\in L^\infty(\Omega)$ $(i=1,2,\cdots,n)$, 且 $f\in L^p(\Omega)$, 其中 $1<p<\infty$, 而 $u\in W^{2,1}_{\rm loc}(\Omega)\cap W^{1,1}_0(\Omega)$ 是 Dirichlet 问题 (3.2.6) 的强解. 如果对某 $1<r<p$ 有 $u\in W^{2,r}(\Omega)$, 则 $u\in W^{2,p}(\Omega)\cap W^{1,p}_0(\Omega)$. □

3.7.2 解的存在性

有了前面的准备, 我们便可证明以下定理:

定理 3.7.5 ($W^{2,p}$ 解的存在性)　设 Ω 是 $\mathbf{R}^n$ 中的有界开集, $\partial\Omega \in C^2$. 又设 $a_{ij} \in C^1(\overline{\Omega})$ $(i,j=1,2,\cdots,n)$, $b_i, c \in L^\infty(\Omega)$ $(i=1,2,\cdots,n)$, 且 $c \geqslant 0$. 则对任意 $1<p<\infty$ 和任意 $f \in L^p(\Omega)$, Dirichlet 问题 (3.2.6) 存在唯一的强解 $u \in W^{2,p}(\Omega)\cap W_0^{1,p}(\Omega)$, 且解映射 $f \mapsto u$ 是 $L^p(\Omega)$ 到 $W^{2,p}(\Omega)\cap W_0^{1,p}(\Omega)$ 的有界线性算子.

证　首先注意, 由于 $a_{ij} \in C^1(\overline{\Omega})$ $(i,j=1,2,\cdots,n)$, 所以算子 L 可改写为散度形:

$$Lu = -\sum_{i,j=1}^n \partial_j(a_{ij}(x)\partial_i u) + \sum_{i=1}^n b_i'(x)\partial_i u + c(x)u,$$

其中 $b_i' = b_i + \sum_{j=1}^n \partial_j a_{ij} \in L^\infty(\Omega)$ $(i=1,2,\cdots,n)$. 因此, 当 $p=2$ 时本定理的结论由推论 3.5.13 和定理 3.3.6 直接推出. 当 $2<p<\infty$ 时, 由于 $L^p(\Omega)\subseteq L^2(\Omega)$, 所以对任意 $f\in L^p(\Omega)$, 应用推论 3.5.13 和定理 3.3.6 知问题 (3.2.6) 存在唯一的强解 $u\in H^2(\Omega)\cap H_0^1(\Omega)$, 再应用定理 3.7.4 即知 $u\in W^{2,p}(\Omega)\cap W_0^{1,p}(\Omega)$, 这就证明了 $2<p<\infty$ 时本定理的结论. 下设 $1<p<2$. 这时对任意 $f\in L^p(\Omega)$, 取一列函数 $f_k \in L^2(\Omega)$ $(k=1,2,\cdots)$ 使

$$\lim_{k\to\infty}\|f_k - f\|_{L^p(\Omega)} = 0.$$

应用推论 3.5.13 和定理 3.3.6, 可知 Dirichlet 问题 (3.2.6) 当 $f=f_k$ 时存在唯一的强解 $u_k \in H^2(\Omega)\cap H_0^1(\Omega) \subseteq W^{2,p}(\Omega)\cap W_0^{1,p}(\Omega)$, $k=1,2,\cdots$. 我们注意在本定理所设条件下, 问题 (3.2.6) 在 $W^{2,p}(\Omega)\cap W_0^{1,p}(\Omega)$ 中的解是唯一的, 亦即当 $f=0$ 时它在 $W^{2,p}(\Omega)\cap W_0^{1,p}(\Omega)$ 中只有零解. 这是因为, 如果 $u\in W^{2,p}(\Omega)\cap W_0^{1,p}(\Omega)$ 是问题 (3.2.6) 当 $f=0$ 时的解, 则根据定理 3.7.4 知对任意 $p\leqslant q<\infty$ 都有 $u\in W^{2,q}(\Omega)\cap W_0^{1,q}(\Omega)$, 特别有 $u\in H^2(\Omega)\cap H_0^1(\Omega)$, 再应用推论 3.5.13 即知 $u=0$. 这样一来, 根据定理 3.6.7 知存在常数 $C>0$ 使成立

$$\|u\|_{W^{2,p}(\Omega)} \leqslant C\|Lu\|_{L^p(\Omega)}, \quad \forall u \in W^{2,p}(\Omega)\cap W_0^{1,p}(\Omega).$$

应用这个不等式于 $u_k - u_l$, 就得到

$$\|u_k - u_l\|_{W^{2,p}(\Omega)} \leqslant C\|f_k - f_l\|_{L^p(\Omega)} \to 0 \quad \text{当} \ k,l\to\infty,$$

所以函数列 $\{u_k\}_{k=1}^\infty$ 在 $W^{2,p}(\Omega)\cap W_0^{1,p}(\Omega)$ 中有极限. 不难看出, 这个函数列的极限便是所求 Dirichlet 问题 (3.2.6) 在 $W^{2,p}(\Omega)\cap W_0^{1,p}(\Omega)$ 中的解. 定理 3.7.5 至此证毕. □

推论 3.7.6 *在定理 3.7.5 的条件下, 对任意 $1<p<\infty$, $f\in L^p(\Omega)$ 和 $\psi\in W^{2,p}(\Omega)$, Dirichlet 问题 (3.2.4) 存在唯一的强解 $u\in W^{2,p}(\Omega)$, 且解映射 $(f,\psi)\mapsto u$ 是 $L^p(\Omega)\times W^{2,p}(\Omega)$ 到 $W^{2,p}(\Omega)$ 的有界线性算子.* □

定理 3.7.5 和推论 3.7.6 属于 M. Chicco[25, 26].

以上我们在较强的假设条件 $a_{ij}\in C^1(\overline{\Omega})$ $(i,j=1,2,\cdots,n)$ 之下, 讨论了当 $f\in L^p(\Omega)$ $(1<p<\infty)$ 时, Dirichlet 问题 (3.2.6) 强解 $u\in W^{2,p}(\Omega)\cap W_0^{1,p}(\Omega)$ 的存在性. 其实, 把这个条件减弱为 $a_{ij}\in C(\overline{\Omega})$ $(i,j=1,2,\cdots,n)$ 而不改变定理 3.7.5 的其他条件, 这个定理的结论仍然成立. 不过, 为了证明这样的结果, 就不得不再做一些进一步的工作; 特别是, 需要建立在减弱了的条件 $a_{ij}\in C(\overline{\Omega})$ $(i,j=1,2,\cdots,n)$ 之下, Dirichlet 问题 (3.2.6) 强解的唯一性. 这就不得不求助于 Aleksanndrov 极值原理. (注意在较强的条件 $a_{ij}\in C^1(\overline{\Omega})$ $(i,j=1,2,\cdots,n)$ 之下, 由于算子 L 可改写为散度形, 所以如在定理 3.7.5 的证明中已经看到的, 强解的唯一性由弱解的唯一性即推论 3.5.13 和强解的正则性即定理 3.7.4 所保证.) 另外, 由于在这种情况下算子 L 不能改写为散度形, 所以前面几节所建立的 L^2 类解的存在性理论也不再能够直接应用. 解决这个问题至少有两种方法, 其一是采用把系数磨光的方法, 通过用系数磨光了的方程的解做逼近来获得只具有连续的二阶导数项系数的方程的解; 其二是所谓*连续性方法*, 它是采用 “连续变形” 的方法, 从某个已经得到了解的存在性的方程 (比如位势方程 $-\Delta u=f$) 通过 “连续变形” 来获得所研究方程的解. 无论那种方法, 都不可避免地需要应用从解的唯一性推出的估计式 (3.6.9), 所以都必须求助于 Aleksanndrov 极值原理. 限于篇幅, 这里不作进一步的讨论. 有需要了解的读者可参考文献 [42] 第九章和 [23] 第三章.

另外, 以上的讨论都是在 $c\geqslant 0$ 的假设条件下进行的. 假如这个条件不满足, 那么采用与定理 3.2.7 的证明类似的方法, 便可得到关于 Dirichlet 问题 (3.2.6) 之 $W^{2,p}(\Omega)\cap W_0^{1,p}(\Omega)$ 类解的存在性的 Fredholm 二择一定理. 这些工作留给读者.

最后, 关于二阶椭圆型方程 L^p 理论的更深入讨论, 推荐读者阅读文献 [120].

习 题 3.7

1. 证明: 如果 $u\in W_{\mathrm{loc}}^{1,p}(\mathbf{R}^n)$ $(1<p<\infty)$ 且关于变元 x_n 是奇函数, 则 $u|_{x_n=0}=0$.
2. 补充引理 3.7.1 和定理 3.7.2 情况 $n=2$ 的证明.
3. 设 Ω 是 $\mathbf{R}^n$ 中的有界开集, $\partial\Omega\in C^2$. 又设 $a_{ij}\in C^1(\overline{\Omega})$ $(i,j=1,2,\cdots,n)$, $b_i,c\in L^\infty(\Omega)$ $(i=1,2,\cdots,n)$. 则对任意 $1<p<\infty$, 以下两个结论有且仅有一个成立:
   (i) 对任意 $f\in L^p(\Omega)$, Dirichlet 问题 (3.2.6) 存在唯一的强解 $u\in W^{2,p}(\Omega)\cap W_0^{1,p}(\Omega)$;
   (ii) Dirichlet 问题 (3.2.6) 对 $f=0$ 存在非零的强解 $u\in W^{2,p}(\Omega)\cap W_0^{1,p}(\Omega)$.
4. 设 Ω 是 $\mathbf{R}^n$ 中的有界开集, $\partial\Omega\in C^2$. 又设 $a_{ij}\in C^1(\overline{\Omega})$ $(i,j=1,2,\cdots,n)$, $b_i,c\in L^\infty(\Omega)$

$(i=1,2,\cdots,n)$, 而 $f\in L^p(\Omega)$, 其中 $p\geqslant\dfrac{2n}{n+2}$, $n\geqslant 3$. 再设 $u\in H_0^1(\Omega)$ 是 Dirichlet 问题 (3.2.6) 的弱解. 证明: $u\in W^{2,p}(\Omega)\cap W_0^{1,p}(\Omega)$.

5. 设 Ω 是 $\mathbf{R}^n$ 中的有界开集, $\partial\Omega\in C^2$, $a_{ij}\in C^1(\Omega)$ $(i,j=1,2,\cdots,n)$, $b_i,c\in L^\infty_{\mathrm{loc}}(\Omega)$ $(i=1,2,\cdots,n)$, 且 $c\geqslant 0$. 证明: 对任意 $1<p<\infty$、任意 $f\in L^p(\Omega)$ 和 $\psi\in C(\partial\Omega)$, Dirichlet 问题 (3.2.4) 存在唯一的强解 $u\in W^{2,p}_{\mathrm{loc}}(\Omega)\cap C(\overline{\Omega})$.

3.8 调和函数

现在转入本章的最后一个主题: 二阶线性椭圆型方程的 C^μ 理论. 为了后面的需要, 本节讨论 Laplace 方程的解即调和函数的性质, 并证明半空间上 Laplace 方程 Dirichlet 问题在 $C^{2,\mu}(\overline{\mathbf{R}^n_+})$ 空间中的可解性.

我们知道, 对给定的开集 $\Omega\subseteq\mathbf{R}^n$, Laplace 方程 $\Delta u=0$ 在 Ω 上的解叫做 Ω 上的**调和函数**. 由二阶线性椭圆型方程解的正则性理论可知, 调和函数都是无穷可微函数. 除此之外, 调和函数最基本的性质由下述定理给出:

定理 3.8.1 (平均值定理)　如果 u 是 Ω 上的调和函数, 则它具有下述**平均值性质**: 对任意球 $B_R(x)\subset\subset\Omega$ 都成立

$$u(x)=\frac{1}{n\omega_nR^{n-1}}\int_{\partial B_R(x)}u(y)\mathrm{d}S_y,\tag{3.8.1}$$

$$u(x)=\frac{1}{\omega_nR^n}\int_{B_R(x)}u(y)\mathrm{d}y,\tag{3.8.2}$$

其中在 (3.8.1) 中 $\mathrm{d}S_y$ 表示球面 $|y-x|=R$ 上的面积微元. 反过来, 如果函数 $u\in C(\Omega)$ 具有上述平均值性质, 则 u 是 Ω 上的调和函数.

证　设 u 是 Ω 上的调和函数. 对任意球 $B_R(x)\subset\subset\Omega$ 和任意 $0<\rho\leqslant R$, 在球 $B_\rho(x)$ 上应用散度定理 (或称 n 维 Gauss 公式) 就得

$$0=\int_{B_\rho(x)}\Delta u(y)dy=\int_{\partial B_\rho(x)}\frac{\partial u}{\partial\nu}(y)\mathrm{d}S_y,\quad\forall\rho\in(0,R],$$

其中 $\nu=\nu(y)$ 表示球面 $|y-x|=\rho$ 上的单位外法向量. 引进极坐标 $r=|y-x|$, $\omega=(y-x)/|y-x|$, 并用 $\mathrm{d}\omega$ 表示单位球面 $|\omega|=1$ 上的面积微元, 则因 $\nu=\omega$, $\mathrm{d}S_y=\rho^{n-1}\mathrm{d}\omega$, 所以有

$$\begin{aligned}\int_{\partial B_\rho(x)}\frac{\partial u}{\partial\nu}(y)\mathrm{d}S_y&=\int_{|y-x|=\rho}\nabla u(y)\cdot\nu(y)\mathrm{d}S_y=\rho^{n-1}\int_{|\omega|=1}\nabla u(x+\rho\omega)\cdot\omega\mathrm{d}\omega\\&=\rho^{n-1}\frac{\partial}{\partial\rho}\int_{|\omega|=1}u(x+\rho\omega)\mathrm{d}\omega=\rho^{n-1}\frac{\partial}{\partial\rho}\Big[\rho^{-(n-1)}\int_{|y-x|=\rho}u(y)\mathrm{d}S_y\Big].\end{aligned}$$

所以有

$$\frac{\partial}{\partial\rho}\Big[\rho^{-(n-1)}\int_{|y-x|=\rho}u(y)\mathrm{d}S_y\Big]=0,\quad \forall\rho\in(0,R].$$

对任意 $0<r<R$, 对上式关于 ρ 在区间 $[r,R]$ 上积分, 得

$$r^{-(n-1)}\int_{|y-x|=r}u(y)\mathrm{d}S_y=R^{-(n-1)}\int_{|y-x|=R}u(y)\mathrm{d}S_y,\quad \forall r\in(0,R].$$

令 $r\to 0$ 取极限, 由 u 的连续性知上式左端趋于 $n\omega_n u(x)$, 便得到了 (3.8.1). 其次, 在 (3.8.1) 中换 R 为任意 $0<\rho<R$, 然后乘以 $n\rho^{n-1}/R^n$ 后再关于 ρ 在区间 $[0,R]$ 上积分, 就得到了 (3.8.2). 反过来的结论留给读者自己证明. □

定理 3.8.2 (导数的内估计) 设 Ω 是 $\mathbf{R}^n$ 中的有界开集, 函数 $u\in C(\overline{\Omega})$ 是 Ω 上的调和函数. 则对任意开集 $U\subset\subset\Omega$ 和任意 $\alpha\in\mathbf{Z}_+^n$ 都成立

$$\sup_{x\in U}|\partial^\alpha u(x)|\leqslant\Big(\frac{n|\alpha|}{d}\Big)^{|\alpha|}\sup_{x\in\Omega}|u(x)|,\tag{3.8.3}$$

其中 $d=d(U,\partial\Omega)$.

证 先证明

$$\sup_{x\in U}|\partial_i u(x)|\leqslant\frac{n}{d}\sup_{x\in\Omega}|u(x)|,\quad i=1,2,\cdots,n.\tag{3.8.4}$$

事实上, 由于 $\partial_i u$ 也是 Ω 上的调和函数, 所以应用平均值性质 (3.8.2) 和散度定理, 可知对任意开集 $U\subset\subset\Omega$、任意 $x\in U$ 和任意 $0<R<d$ 都有

$$\partial_i u(x)=\frac{1}{\omega_n R^n}\int_{B_R(x)}\partial_i u(y)\mathrm{d}y=\frac{1}{\omega_n R^n}\int_{\partial B_R(x)}u(y)\nu_i(y)\mathrm{d}S_y,\quad i=1,2,\cdots,n.$$

因此

$$\sup_{x\in U}|\partial_i u(x)|\leqslant\sup_{y\in\Omega}|u(y)|\cdot\sup_{x\in U}\frac{1}{\omega_n R^n}\int_{\partial B_R(x)}\mathrm{d}S_y=\frac{n}{R}\sup_{y\in\Omega}|u(y)|,\quad i=1,2,\cdots,n.$$

令 $R\to d^-$ 取极限, 就得到了 (3.8.4).

现在对任意 $\alpha\in\mathbf{Z}_+^n$, 记 $m=|\alpha|$, 并取 $\alpha^{(1)},\alpha^{(2)},\cdots,\alpha^{(m-1)}\in\mathbf{Z}_+^n$, 使 $|\alpha^{(1)}|=m-1$, $|\alpha^{(2)}|=m-2$, $\cdots$, $|\alpha^{(m-1)}|=1$, 且 $\alpha\geqslant\alpha^{(1)}\geqslant\alpha^{(2)}\geqslant\cdots\geqslant\alpha^{(m-1)}$. 再令 U_1 为 U 的 d/m 邻域, U_2 为 U_1 的 d/m 邻域, $\cdots$, U_m 为 U_{m-1} 的 d/m 邻域, 然后逐次应用 (3.8.4), 就得到

$$\begin{aligned}\sup_{x\in U}|\partial^\alpha u(x)|&\leqslant\frac{mn}{d}\sup_{x\in U_1}|\partial^{\alpha^{(1)}}u(x)|\leqslant\Big(\frac{mn}{d}\Big)^2\sup_{x\in U_2}|\partial^{\alpha^{(2)}}u(x)|\\&\leqslant\cdots\leqslant\Big(\frac{mn}{d}\Big)^m\sup_{x\in U_m}|u(x)|\leqslant\Big(\frac{n|\alpha|}{d}\Big)^{|\alpha|}\sup_{x\in\Omega}|u(x)|.\end{aligned}$$

证毕. □

我们知道, 定义在开集 $\Omega \subseteq \mathbf{R}^n$ 上的无穷可微函数 u 如果在 Ω 中的每个点处都可展开成幂级数, 就称 u 为 Ω 上的**解析函数**. 熟知 Ω 上的无穷可微函数 u 是解析函数的充要条件是: 对任意开集 $U \subset\subset \Omega$, 存在相应的常数 $C, M > 0$ 使成立

$$\sup_{x\in U} |\partial^\alpha u(x)| \leqslant C(M|\alpha|)^{|\alpha|}, \quad \forall \alpha \in \mathbf{Z}_+^n$$

(例如可参看文献 [31] 中册第 12 章定理 12.3.4). 作为上述定理的一个直接推论我们看到, 调和函数都是解析函数.

定理 3.8.3 (Schwartz 反射原理)　设 Ω 是 $\mathbf{R}^n$ 中关于坐标面 $x_n = 0$ 对称的开集, 且 $\Gamma = \Omega \cap \partial\mathbf{R}_+^n \neq \varnothing$. 记 $\Omega^+ = \Omega \cap \mathbf{R}_+^n$. 又设函数 $u \in C(\Omega^+ \cup \Gamma)$ 是 Ω^+ 上的调和函数, 且 $u|_\Gamma = 0$. 令 $\hat{u}$ 为把 u 关于 x_n 做奇延拓所得到的 Ω 上的函数, 即

$$\hat{u}(x) = \begin{cases} u(x', x_n), & x_n \geqslant 0, \\ -u(x', -x_n), & x_n < 0, \end{cases} \quad \forall x = (x', x_n) \in \Omega,$$

则 $\hat{u}$ 是 Ω 上的调和函数.

证　显然 $u \in C(\Omega)$, 且不难知道 $\hat{u}$ 是 Laplace 方程在 Ω 上的弱解. 由椭圆型方程解的正则性理论知 $\hat{u} \in C^\infty(\Omega)$, 进而 $\hat{u}$ 是 Ω 上的调和函数. 证毕. □

为了求解 Laplace 方程 $\Delta u = 0$ 在半空间 $\mathbf{R}_+^n$ 上的 Dirichlet 边值问题, 我们需要以下引理.

引理 3.8.4　对任意 $t > 0$ 有 $F^{-1}(\mathrm{e}^{-t|\xi|}) = \dfrac{(2\pi)^{-n} n! \omega_n t}{(t^2 + |x|^2)^{\frac{n+1}{2}}}$.

证　记 $\kappa_t(x) = F^{-1}(\mathrm{e}^{-t|\xi|})$, $\forall t > 0$. 先计算 $\kappa_1(x)$. 由于 $\mathrm{e}^{-|\xi|} \in L^1(\mathbf{R}^n)$, 且对任意 $\alpha \in \mathbf{Z}_+^n$ 亦有 $\xi^\alpha \mathrm{e}^{-|\xi|} \in L^1(\mathbf{R}^n)$, 所以 $\kappa_1 \in C^\infty(\mathbf{R}^n)$, 且它本身及其各阶偏导数都在无穷远处趋于零. 为了证明 $\kappa_1(x) = \text{const.}(1 + |x|^2)^{-\frac{n+1}{2}}$, 只需证明 $(1 + |x|^2)^{\frac{n+1}{2}} \kappa_1(x) = \text{const.}$, 而这只需证明

$$\partial_j [(1 + |x|^2)^{\frac{n+1}{2}} \kappa_1(x)] \equiv 0, \quad j = 1, 2, \cdots, n,$$

亦即

$$(1 + |x|^2) \partial_j \kappa_1(x) + (n+1) x_j \kappa_1(x) \equiv 0, \quad j = 1, 2, \cdots, n.$$

简单的计算表明, 上式是成立的. 所以存在常数 c_n 使成立 $\kappa_1(x) = c_n (1 + |x|^2)^{-\frac{n+1}{2}}$. 下面计算 c_n. 有

$$c_n = \kappa_1(0) = \frac{1}{(2\pi)^n} \int_{\mathbf{R}^n} \mathrm{e}^{-|\xi|} \mathrm{d}\xi = \frac{n\omega_n}{(2\pi)^n} \int_0^\infty \mathrm{e}^{-\rho} \rho^{n-1} \mathrm{d}\rho = \frac{n! \omega_n}{(2\pi)^n}.$$

所以 $\kappa_1(x) = (2\pi)^{-n} n!\omega_n(1+|x|^2)^{-\frac{n+1}{2}}$. 现在对任意 $t>0$, 通过在 $\mathrm{e}^{-t|\xi|}$ 的反 Fourier 变换表达式中作积分变元变换 $\xi = t^{-1}\eta$, 便得 $\kappa_t(x) = t^{-n}\kappa_1(t^{-1}x) = (2\pi)^{-n}n!\omega_n t(t^2+|x|^2)^{-\frac{n+1}{2}}$. 证毕. □

以下记

$$P_n(x',x_n) = \frac{c_{n-1}x_n}{(|x'|^2+x_n^2)^{\frac{n}{2}}} = \frac{(n-1)!\omega_{n-1}}{(2\pi)^{n-1}}\frac{x_n}{(|x'|^2+x_n^2)^{\frac{n}{2}}},\quad x'\in\mathbf{R}^{n-1},\ x_n>0,$$

称之为上半空间的 **Poisson 核**.

定理 3.8.5 (上半空间的 Poisson 公式) 设 $\psi\in C(\mathbf{R}^{n-1})\cap L^\infty(\mathbf{R}^{n-1})$, 则由公式

$$u(x',x_n) = \begin{cases} \displaystyle\int_{\mathbf{R}^{n-1}} P_n(x'-y',x_n)\psi(y')\mathrm{d}y', & x'\in\mathbf{R}^{n-1},\ x_n>0 \\ \psi(x'), & x'\in\mathbf{R}^{n-1},\ x_n=0 \end{cases} \tag{3.8.5}$$

给出的函数 u 属于 $C^\infty(\mathbf{R}^n_+)\cap C(\overline{\mathbf{R}^n_+})$, 它是上半空间的 Dirichlet 问题

$$\begin{cases} \Delta u = 0, & 在\ \mathbf{R}^n_+\ 内, \\ u=\psi, & 在\ \partial\mathbf{R}^n_+\ 上 \end{cases} \tag{3.8.6}$$

的唯一解, 并且如果 $\psi\in C^{2,\mu}(\mathbf{R}^{n-1})\cap E'(\mathbf{R}^{n-1})$ $(0<\mu<1)$, 则 $u\in C^{2,\mu}(\overline{\mathbf{R}^n_+})$, 且成立估计式

$$\|u\|_{C^{2,\mu}(\overline{\mathbf{R}^n_+})} \leqslant C\|\psi\|_{C^{2,\mu}(\mathbf{R}^{n-1})}. \tag{3.8.7}$$

证 先推导公式 (3.8.5). 为此在 (3.8.6) 中关于变元 $x'\in\mathbf{R}^{n-1}$ 作 Fourier 变换, 并用 $\tilde{u}(\xi',x_n)$ 表示 $u(x',x_n)$ 的这一 Fourier 变换, 则有

$$\begin{cases} \partial^2_{x_n}\tilde{u}(\xi',x_n) - |\xi'|^2\tilde{u}(\xi',x_n) = 0, & \xi'\in\mathbf{R}^{n-1},\ x_n>0, \\ \tilde{u}(\xi',0) = \tilde{\psi}(\xi'), & \xi'\in\mathbf{R}^{n-1}. \end{cases}$$

这个问题唯一合理的解为 $\tilde{u}(\xi',x_n) = \tilde{\psi}(\xi')\mathrm{e}^{-x_n|\xi'|}$, $\xi'\in\mathbf{R}^{n-1}$, $x_n\geqslant 0$. 因此应用引理 3.8.4 得

$$u(x',x_n) = F^{-1}[\tilde{\psi}(\xi')\mathrm{e}^{-x_n|\xi'|}] = \int_{\mathbf{R}^{n-1}} P_n(x'-y',x_n)\psi(y')\mathrm{d}y',\quad x'\in\mathbf{R}^{n-1},\ x_n>0.$$

不难证明 $u\in C^\infty(\mathbf{R}^n_+)$, 且对任意 $R>0$ 有

$$\lim_{x_n\to 0}\sup_{|x'|\leqslant R}|u(x',x_n)-\psi(x')| = 0 \tag{3.8.8}$$

(见本节习题第 3 题). 所以由 (3.8.5) 给出的函数属于 $C^\infty(\mathbf{R}^n_+)\cap C(\overline{\mathbf{R}^n_+})$, 且是问题 (3.8.6) 的解. 唯一性是熟知的.

为了证明 (3.8.7), 用 K 表示映射 $\psi \mapsto u$. 在 (3.8.5) 中作积分变元变换 $y' \mapsto \zeta$: $y' = x' - x_n\zeta$, 得 K 的下述表达式:

$$K\psi(x', x_n) = c_{n-1}\int_{\mathbf{R}^{n-1}} \frac{\psi(x' - x_n\zeta)}{(1+|\zeta|^2)^{\frac{n}{2}}}\mathrm{d}\zeta, \quad x' \in \mathbf{R}^{n-1}, \ x_n \geqslant 0. \tag{3.8.9}$$

据此立知 K 是 $C^\mu(\mathbf{R}^{n-1})$ $(0<\mu<1)$ 到 $C^\mu(\overline{\mathbf{R}^n_+})$ 的有界线性算子. 事实上, 显然有

$$\sup_{x \in \mathbf{R}^n_+} |K\psi(x)| \leqslant C \sup_{x \in \mathbf{R}^{n-1}} |\psi(x)|. \tag{3.8.10}$$

其次, 对任意 $(x', x_n), (y', y_n) \in \mathbf{R}^{n-1} \times [0, \infty)$ 有

$$\begin{aligned}
&|K\psi(x', x_n) - K\psi(y', y_n)| \\
\leqslant\ & C\int_{\mathbf{R}^{n-1}} \frac{|\psi(x'-x_n\zeta) - \psi(y'-x_n\zeta)|}{(1+|\zeta|^2)^{\frac{n}{2}}}\mathrm{d}\zeta + C\int_{\mathbf{R}^{n-1}} \frac{|\psi(y'-x_n\zeta) - \psi(y'-y_n\zeta)|}{(1+|\zeta|^2)^{\frac{n}{2}}}\mathrm{d}\zeta \\
\leqslant\ & C[\psi]_{\mu;\mathbf{R}^{n-1}}|x'-y'|^\mu \int_{\mathbf{R}^{n-1}} \frac{\mathrm{d}\zeta}{(1+|\zeta|^2)^{\frac{n}{2}}} + C[\psi]_{\mu;\mathbf{R}^{n-1}}|x_n - y_n|^\mu \int_{\mathbf{R}^{n-1}} \frac{|\zeta|^\mu \mathrm{d}\zeta}{(1+|\zeta|^2)^{\frac{n}{2}}} \\
\leqslant\ & C[\psi]_{\mu;\mathbf{R}^{n-1}}|(x', x_n) - (y', y_n)|^\mu,
\end{aligned}$$

所以

$$[K\psi]_{\mu;\overline{\mathbf{R}^n_+}} \leqslant C[\psi]_{\mu;\mathbf{R}^{n-1}}. \tag{3.8.11}$$

由 (3.8.10) 和 (3.8.11) 即得

$$\|K\psi\|_{C^\mu(\overline{\mathbf{R}^n_+})} \leqslant C\|\psi\|_{C^\mu(\mathbf{R}^{n-1})}. \tag{3.8.12}$$

再来估计二阶导数. 当 $1 \leqslant j, k \leqslant n-1$ 时, 显然 $\partial^2_{jk}K\psi = K(\partial^2_{jk}\psi)$, 所以应用估计式 (3.8.11) 得

$$[\partial^2_{jk}K\psi]_{\mu;\overline{\mathbf{R}^n_+}} \leqslant C[\partial^2_{jk}\psi]_{\mu;\mathbf{R}^{n-1}}, \quad j, k = 1, 2, \cdots, n-1. \tag{3.8.13}$$

其次, 用 D 和 $R_1, R_2, \cdots, R_{n-1}$ 分别表示 $\mathbf{R}^{n-1}$ 上的绝对导数和 Riesz 变换, 则有

$$\begin{aligned}
\partial_{x_n}K\psi(x', x_n) &= \partial_{x_n}F^{-1}[\tilde{\psi}(\xi')\mathrm{e}^{-x_n|\xi'|}] = -F^{-1}[|\xi'|\tilde{\psi}(\xi')\mathrm{e}^{-x_n|\xi'|}] \\
&= -KD\psi(x', x_n) = -\sum_{k=1}^{n-1} K\partial_k R_k\psi(x', x_n),
\end{aligned}$$

进而对任意 $1 \leqslant j \leqslant n-1$ 有

$$\partial^2_{jn}K\psi = -\sum_{k=1}^{n-1} K\partial^2_{jk}R_k\psi = -\sum_{k=1}^{n-1} KR_k\partial^2_{jk}\psi.$$

所以应用 (3.8.11) 和 Riesz 变换在齐次 Hölder 空间 $\dot{C}^{\mu}(\mathbf{R}^{n-1})$ 上的有界性, 就得到

$$[\partial_{jn}^2 K\psi]_{\mu;\overline{\mathbf{R}_+^n}} \leqslant C\sum_{k=1}^{n-1}[\partial_{jk}^2\psi]_{\mu;\mathbf{R}^{n-1}},\quad j=1,2,\cdots,n-1. \tag{3.8.14}$$

最后, 根据 $u=K\psi$ 满足的方程 $\Delta u=0$ 知 $\partial_n^2 K\psi=-\sum_{j=1}^{n-1}\partial_j^2 K\psi$, 所以应用 (3.8.13) 就得到

$$[\partial_n^2 K\psi]_{\mu;\overline{\mathbf{R}_+^n}} \leqslant C\sum_{k=1}^{n-1}[\partial_j^2\psi]_{\mu;\mathbf{R}^{n-1}}. \tag{3.8.15}$$

把 (3.8.12) ~(3.8.15) 结合起来, 并应用定理 2.9.7 (取 $m=2$, $k=1,2$), 就得到了 (3.8.7). 证毕. □

注 我们知道, Dirichlet 问题 (3.8.6) 的解 u 作为上半空间 $\mathbf{R}_+^n$ 上的调和函数, 有 $u\in C^{\infty}(\mathbf{R}_+^n)$. 从以上证明不难看出, u 在 $\mathbf{R}_+^n$ 的边界上的正则性与边值函数 ψ 的正则性完全一致, 即若 $\psi\in C(\mathbf{R}^{n-1})$ 则 $u\in C^{\infty}(\mathbf{R}_+^n)\cap C(\overline{\mathbf{R}_+^n})$; 若 $\psi\in C^{\mu}(\mathbf{R}^{n-1})$ $(0<\mu<1)$ 则 $u\in C^{\infty}(\mathbf{R}_+^n)\cap C^{\mu}(\overline{\mathbf{R}_+^n})$; 若 $\psi\in C^{1+\mu}(\mathbf{R}^{n-1})$ $(0<\mu<1)$ 则 $u\in C^{\infty}(\mathbf{R}_+^n)\cap C^{1+\mu}(\overline{\mathbf{R}_+^n})$; 若 $\psi\in C^{2+\mu}(\mathbf{R}^{n-1})$ $(0<\mu<1)$ 则 $u\in C^{\infty}(\mathbf{R}_+^n)\cap C^{2+\mu}(\overline{\mathbf{R}_+^n})$; 等等, 而且还成立相应的估计式. 实际上, 对 L^p 类函数空间也有类似的结论, 见本节习题第 4 题. 应用这些事实并采用与定理 3.3.6 证明的第三步类似的方法便可证明: 如果系数和边界都充分光滑, 那么一般二阶线性椭圆方程 Dirichlet 问题的解在内部的正则性比右端项 f 的正则性高两阶, 在边界处的正则性与边值函数的正则性相当.

习 题 3.8

1. 证明: 如果函数 $u\in C(\Omega)$ 满足两个平均值性质 (3.8.1) 和 (3.8.2) 中的任何一个, 即对任意 $B_R(x)\subset\subset\Omega$ 都成立 (3.8.1) 或都成立 (3.8.2), 则 u 是 Ω 上的调和函数.
2. 设 $\{u_j\}_{j=1}^{\infty}$ 是开集 Ω 上的一列调和函数, 它们在 Ω 上一致有界. 证明: 存在子列 $\{u_{j_k}\}_{k=1}^{\infty}$ 在 Ω 上内闭一致收敛 (即在每个子集 $K\subset\subset\Omega$ 上一致收敛) 于 Ω 上的一个调和函数.
3. 证明关系式 (3.8.8).
4. 设 u 是上半空间的 Dirichlet 问题 (3.8.6) 的解. 证明:

(1) 如果对某 $m\in\mathbf{Z}_+$ 和 $0<\mu<1$ 有 $\psi\in C^{m,\mu}(\mathbf{R}^{n-1})$, 则 $u\in C^{m,\mu}(\overline{\mathbf{R}_+^n})$, 并成立估计式:

$$\|u\|_{C^{m,\mu}(\overline{\mathbf{R}_+^n})}\leqslant C\|\psi\|_{C^{m,\mu}(\mathbf{R}^{n-1})}.$$

(2) 如果对某 $m\in\mathbf{Z}_+$ 和 $1<p<\infty$ 有 $\psi\in W^{m,p}(\mathbf{R}^{n-1})$, 则 $\partial_{x_n}^k u(\cdot,x_n)\in W^{m-k,p}(\mathbf{R}^{n-1})$, $\forall x_n\geqslant 0$, $k=0,1,\cdots,m$, 并成立估计式:

$$\sup_{x_n\geqslant 0}\|\partial_{x_n}^k u(\cdot,x_n)\|_{W^{m-k,p}(\mathbf{R}^{n-1})}\leqslant C\|\psi\|_{W^{m,p}(\mathbf{R}^{n-1})}.$$

5. 证明: 对单位球面 $\mathbf{S}^{n-1}$ 上给定的连续函数 ψ, 球域 $B=B(0,1)$ 上的 Dirichlet 问题

$$\begin{cases} \Delta u=0, & \text{在 } B \text{ 内}, \\ u=\psi, & \text{在 } \partial B \text{ 上} \end{cases}$$

的唯一解 $u\in C^2(B)\cap C(\bar{B})$ 由以下 **Poisson 公式**给出:

$$u(x)=\begin{cases} \dfrac{1-|x|^2}{n\omega_n}\displaystyle\int_{\mathbf{S}^{n-1}}\frac{\psi(y)}{|x-y|}\mathrm{d}S_y, & x\in B, \\ \psi(x), & x\in\partial B. \end{cases}$$

6. 证明 **Liouville 定理**: 在 $\mathbf{R}^n$ 上有上界或有下界的调和函数必是常值函数.

3.9 C^μ 理 论

本节建立二阶线性椭圆型方程 Dirichlet 问题的 C^μ 理论. 由于方法与建立 L^p 理论时所采用的方法相仿, 所以这里只写出几个关键的结果, 而不再像在 3.7 节和 3.8 节时那样详细地逐步推导.

和 L^p 估计的建立过程类似, C^μ 估计也是先建立内估计, 再建立边界估计, 然后通过作有限覆盖来建立在整个求解区域 Ω 上成立的整体估计. 为了建立内估计, 仍然采用凝固系数法. 因此首先考虑常系数二阶椭圆型算子. 作为定理 2.10.6 的简单应用, 有

定理 3.9.1　*设 $L=-\sum_{j,k=1}^{n}a_{jk}\partial_{jk}^2$ 是常系数二阶椭圆型偏微分算子, $|a_{jk}|\leqslant M$, $j,k=1,2,\cdots,n$, $\sum_{j,k=1}^{n}a_{jk}\xi_j\xi_k\geqslant\lambda_0|\xi|^2$, $\forall\xi\in\mathbf{R}^n$, 则对任意 $0<\mu<1$, 存在只与 n, μ, λ_0 和 M 有关的常数 $C>0$ 使成立*

$$\sum_{j,k=1}^{n}[\partial_{jk}^2u]_{\mu;\mathbf{R}^n}\leqslant C[Lu]_{\mu;\mathbf{R}^n},\quad \forall u\in C^{2,\mu}(\mathbf{R}^n)\cap E'(\mathbf{R}^n). \tag{3.9.1}$$

证　证明与定理 3.6.1 的证明完全类似, 即首先对 $L=-\Delta$ 的特殊情况应用定理 2.10.3 建立上述估计式, 然后对一般情况做线性的坐标变换化为 $L=-\Delta$ 的情形. 这里只需注意, 在从变换以后得到的估计式作反变换回到原坐标时, 所出现的常数只与 λ_0 和 M 有关而不依赖于具体的坐标变换. 因此对具有相同 λ_0 和 M 的不同算子, 得到的估计式中的常数 C 可取成相同的. 细节这里从略. □

现在考虑一般的非散度形变系数二阶椭圆型算子, 即

$$L=-\sum_{i,j=1}^{n}a_{ij}(x)\partial_{ij}^2+\sum_{i=1}^{n}b_i(x)\partial_i+c(x),\quad x\in\Omega, \tag{3.9.2}$$

其中 Ω 是 $\mathbf{R}^n$ 中的有界开集, $a_{ij}, b_i, c\ (i,j=1,2,\cdots,n)$ 为 Ω 上的已知函数, 其中二阶项的系数满足一致椭圆型条件 (3.2.1).

定理 3.9.2 (C^μ 内估计) 设 $a_{ij}, b_i, c \in C^\mu(\overline{\Omega})\ (i,j=1,2,\cdots,n)$, 其中 $0<\mu<1$, 且

$$\sum_{i,j=1}^n \|a_{ij}\|_{C^\mu(\overline{\Omega})} + \sum_{i=1}^n \|b_i\|_{C^\mu(\overline{\Omega})} + \|c\|_{C^\mu(\overline{\Omega})} \leqslant M. \tag{3.9.3}$$

又设 $f \in C^\mu(\overline{\Omega})$, $u \in C^{2,\mu}_{\mathrm{loc}}(\Omega) \cap C^{1,\mu}(\overline{\Omega})$, 且 u 是方程 $Lu=f$ 在 Ω 上的经典解, 则对任意 $U \subset\subset \Omega$, 存在只与 n, μ, c_0, M 和 U 有关 (而与 f, u 以及具体的算子 L 无关的) 常数 $C>0$ 使成立

$$\|u\|_{C^{2,\mu}(U)} \leqslant C(\|f\|_{C^\mu(\overline{\Omega})} + \|u\|_{C^{1,\mu}(\overline{\Omega})}). \tag{3.9.4}$$

证 取截断函数 $\varphi \in C_0^\infty(\mathbf{R}^n)$ 使当 $|x| \leqslant 1$ 时 $\varphi(x)=1$, 而当 $|x| \geqslant 2$ 时 $\varphi(x)=0$. 对任意 $x_0 \in \Omega$ 和待定的 $R>0$, 令 $\varphi_R(x) = \varphi\Big(\dfrac{x-x_0}{R}\Big)$, $\forall x \in \mathbf{R}^n$. 再令 $v = \varphi_R u$. 这里假设 $R>0$ 充分小使得 $B(x_0, 2R) \subset\subset \Omega$. 与定理 3.6.3 的证明类似, 有

$$-\sum_{i,j=1}^n a_{ij}(x_0)\partial_{ij}^2 v = \sum_{i,j=1}^n [a_{ij}(x) - a_{ij}(x_0)]\partial_{ij}^2 v + \varphi_R f + u \text{ 的低阶导数项}.$$

应用定理 3.9.1 并注意到上式两端所有项的支集都包含于闭球 $\overline{B(x_0,2R)}$, 可知存在常数 $C=C(n,\mu,\lambda_0,M)>0$ 和 $C(R)=C(n,\mu,\lambda_0,M,R)>0$ 使得

$$\begin{aligned}
&\sum_{j,k=1}^n \|\partial_{jk}^2 v\|_{C^\mu(\overline{B(x_0,2R)})} = \sum_{j,k=1}^n \|\partial_{jk}^2 v\|_{C^\mu(\mathbf{R}^n)} \\
&\leqslant C\sum_{j,k=1}^n [a_{ij}]_{\mu;B(x_0,2R)} \|\partial_{jk}^2 v\|_{C^\mu(\overline{B(x_0,2R)})} + C(R)[\|f\|_{C^\mu(\overline{B(x_0,2R)})} + \|u\|_{C^{1,\mu}(\overline{B(x_0,2R)})}] \\
&\leqslant CR^\mu \sum_{j,k=1}^n \|\partial_{jk}^2 v\|_{C^\mu(\overline{B(x_0,2R)})} + C(R)[\|f\|_{C^\mu(\overline{B(x_0,2R)})} + \|u\|_{C^{1,\mu}(\overline{B(x_0,2R)})}].
\end{aligned}$$

取 $R>0$ 充分小使 $CR^\mu \leqslant \dfrac{1}{2}$, 则就得到

$$\sum_{j,k=1}^n \|\partial_{jk}^2 v\|_{C^\mu(\overline{B(x_0,2R)})} \leqslant C[\|f\|_{C^\mu(\overline{B(x_0,2R)})} + \|u\|_{C^{1,\mu}(\overline{B(x_0,2R)})}].$$

进而由于在 $B(x_0,R)$ 上 $v=u$, 便得到

$$\sum_{j,k=1}^n \|\partial_{jk}^2 u\|_{C^\mu(\overline{B(x_0,R)})} \leqslant C[\|f\|_{C^\mu(\overline{B(x_0,2R)})} + \|u\|_{C^{1,\mu}(\overline{B(x_0,2R)})}].$$

现在只要类似于定理 3.6.3 的证明, 对任意给定的开集 $U \subset\subset \Omega$ 作 $\overline{U}$ 的有限覆盖, 便可得到 (3.9.3). 证毕. □

为了建立直到边界的 C^μ 估计, 和前面一样, 先考虑常系数情形.

引理 3.9.3 设 $L = -\sum_{j,k=1}^{n} a_{jk}\partial_{jk}^2$ 是常系数二阶椭圆型偏微分算子, 满足定理 3.9.1 的条件. 又设 $f \in C^\mu(\overline{\mathbf{R}_+^n})$, $u \in C^{2,\mu}(\overline{\mathbf{R}_+^n})$, 其中 $0<\mu<1$, f 和 u 都具有包含于 $\overline{B^+(0,R)}$ $(R>0)$ 的紧支集, 且 $u|_{x_n=0}=0$. 再设在 $\mathbf{R}_+^n$ 上成立 $Lu=f$. 则存在只与 n, μ, λ_0, M 和 R 有关的常数 $C>0$ 使成立

$$\|u\|_{C^{2,\mu}(\overline{\mathbf{R}_+^n})} \leqslant C\|f\|_{C^\mu(\overline{\mathbf{R}_+^n})}. \tag{3.9.5}$$

证 从引理 3.6.4 的证明可知, 只需考虑 $L=-\Delta$ 的情况. 把 f 关于 x_n 作偶延拓使之成为 $\mathbf{R}^n$ 上的函数, 记之为 $\hat{f}$, 即

$$\hat{f}(x) = \begin{cases} f(x', x_n), & x_n \geqslant 0, \\ f(x', -x_n), & x_n < 0. \end{cases}$$

显然 $\hat{f} \in C^\mu(\mathbf{R}^n)$ 且 $\|\hat{f}\|_{C^\mu(\mathbf{R}^n)} = \|f\|_{C^\mu(\overline{\mathbf{R}_+^n})}$. 令 v 是方程 $-\Delta v = \hat{f}$ 在 $\mathbf{R}^n$ 上的解, 即令 $v(x) = \int_{\mathbf{R}^n} E(x-y)\hat{f}(y)\mathrm{d}y$, 再令 $w=v-u$, $\psi = v|_{x_n=0}$. 则 w 在上半空间 $\mathbf{R}_+^n$ 上满足 Laplace 方程 $\Delta w=0$, 在其边界即 $x_n=0$ 上满足边值条件 $w|_{x_n=0}=\psi$. 由于 $\hat{f} \in C^\mu(\mathbf{R}^n)$, 所以根据定理 2.10.3 知 $v \in \dot{C}^{2,\mu}(\mathbf{R}^n)$, 且存在常数 $C>0$ 使成立

$$\sum_{j,k=1}^{n} \|\partial_{jk}^2 v\|_{\dot{C}^\mu(\mathbf{R}^n)} \leqslant C\|\hat{f}\|_{\dot{C}^\mu(\mathbf{R}^n)} = C\|f\|_{\dot{C}^\mu(\overline{\mathbf{R}_+^n})}.$$

又易知 $\sup_{x\in\mathbf{R}^n} |v(x)| \leqslant C \sup_{x\in\mathbf{R}^n} |\hat{f}(x)| = C \sup_{x\in\overline{\mathbf{R}_+^n}} |f(x)|$ (C 与 R 有关), 所以应用内插不等式得

$$\|v\|_{C^{2,\mu}(\mathbf{R}^n)} \leqslant C\|f\|_{C^\mu(\overline{\mathbf{R}_+^n})}.$$

进而 $\psi \in C^{2,\mu}(\mathbf{R}^{n-1})$, 且存在常数 $C>0$ 使成立

$$\|\psi\|_{C^{2,\mu}(\mathbf{R}^{n-1})} \leqslant C\|f\|_{C^\mu(\overline{\mathbf{R}_+^n})}.$$

再根据定理 3.8.5, 可知对 w 有估计

$$\|w\|_{C^{2,\mu}(\overline{\mathbf{R}_+^n})} \leqslant C\|\psi\|_{C^{2,\mu}(\mathbf{R}^{n-1})} \leqslant C\|f\|_{C^\mu(\overline{\mathbf{R}_+^n})}.$$

于是由关系式 $u=v-w$ 即得

$$\|u\|_{C^{2,\mu}(\overline{\mathbf{R}_+^n})} \leqslant \|v\|_{C^{2,\mu}(\overline{\mathbf{R}_+^n})} + \|w\|_{C^{2,\mu}(\overline{\mathbf{R}_+^n})} \leqslant C\|f\|_{C^\mu(\overline{\mathbf{R}_+^n})}.$$

证毕. □

有了定理 3.9.2 和引理 3.9.3, 采用与定理 3.6.5 的证明类似的方法便可证明以下著名定理:

定理 3.9.4 (C^μ 全局估计) 设 $\partial\Omega \in C^{2,\mu}$, $a_{ij}, b_i, c \in C^\mu(\overline{\Omega})$ $(i, j = 1, 2, \cdots, n)$ 且满足 (3.9.3), 其中 $0 < \mu < 1$. 又设 $f \in C^\mu(\overline{\Omega})$, $\psi \in C^{2,\mu}(\partial\Omega)$, $u \in C^{2,\mu}(\overline{\Omega})$, 且 u 是 Dirichlet 问题 (3.2.4) 的经典解, 则存在只与 n, μ, λ_0, M 和 Ω 有关 (而与 f, ψ, u 以及具体的 L 无关的) 常数 $C > 0$ 使成立

$$\|u\|_{C^{2,\mu}(\overline{\Omega})} \leqslant C(\|f\|_{C^\mu(\overline{\Omega})} + \|\psi\|_{C^{2,\mu}(\partial\Omega)} + \sup_{x\in\Omega} |u(x)|). \tag{3.9.6}$$

这个定理的证明留给读者作习题. 估计式 (3.9.6) 也叫做 **Schauder 估计**. 应用这个定理, 与定理 3.6.6 和定理 3.6.7 类似地有

定理 3.9.5 在定理 3.9.4 的条件下, 二阶线性椭圆型算子 L 是 $C^\mu(\overline{\Omega})$ 上以 $C^{2,\mu}(\overline{\Omega}) \cap C_0(\overline{\Omega})$ (其中 $C_0(\overline{\Omega}) = \{u \in C(\overline{\Omega}) : u|_{\partial\Omega} = 0\}$) 为定义域的闭线性算子.

证明与定理 3.6.6 的证明完全类似, 故从略. 必须注意, 和 L^p 类空间的情形不同, L 作为 $C^\mu(\overline{\Omega})$ 空间上以 $C^{2,\mu}(\overline{\Omega}) \cap C_0(\overline{\Omega})$ 或 $C^{2,\mu}(\overline{\Omega})$ 为定义域的无界线性算子不是稠定算子, 原因是 $C^{2,\mu}(\overline{\Omega})$ 不在 $C^\mu(\overline{\Omega})$ 中稠密. 在需要用到算子稠定性的问题中, 一般都要取小 Hölder 空间 $c^\mu(\overline{\Omega})$ (=$C^\infty(\overline{\Omega})$ 在 $C^\mu(\overline{\Omega})$ 中的闭包) 和 $c^{2,\mu}(\overline{\Omega})$ (=$C^\infty(\overline{\Omega})$ 在 $C^{2,\mu}(\overline{\Omega})$ 中的闭包) 作为工作空间.

定理 3.9.6 在定理 3.9.4 的条件下, 再设 Dirichlet 问题 (3.2.6) 当 $f = 0$ 时在 $C^{2,\mu}(\overline{\Omega}) \cap C_0(\overline{\Omega})$ 中只有零解. 则存在常数 $C > 0$ 使成立

$$\|u\|_{C^{2,\mu}(\overline{\Omega})} \leqslant C\|Lu\|_{C^\mu(\overline{\Omega})}, \quad \forall u \in C^{2,\mu}(\overline{\Omega}) \cap C_0(\overline{\Omega}). \tag{3.9.7}$$

如果有一族算子 $L \in \mathscr{A}$, 其系数都满足相同的条件 (3.2.1) 和 (3.9.3), 每个算子 $L \in \mathscr{A}$ 都满足前述解的唯一性条件, 而且它们的系数形成 $C(\overline{\Omega})$ 中的闭集, 则上述不等式中的常数 C 可取得使对 $\mathscr{A}$ 中的所有算子都相同.

证 先证明前半部分结论. 反证而设这个结论不成立, 则存在函数列 $u_k \in C^{2,\mu}(\overline{\Omega}) \cap C_0(\overline{\Omega}))$ $(k = 1, 2, \cdots)$ 使成立

$$\|u_k\|_{C^{2,\mu}(\overline{\Omega})} > k\|Lu_k\|_{C^\mu(\overline{\Omega})}, \quad k = 1, 2, \cdots. \tag{3.9.8}$$

令 $v_k = u_k/\|u_k\|_{L^\infty(\overline{\Omega})}$, $k = 1, 2, \cdots$. 则 $\|v_k\|_{L^\infty(\overline{\Omega})} = 1$, $k = 1, 2, \cdots$, 且

$$\|v_k\|_{C^{2,\mu}(\overline{\Omega})} > k\|Lv_k\|_{C^\mu(\overline{\Omega})}, \quad k = 1, 2, \cdots.$$

于是应用定理 3.9.4 得

$$\|v_k\|_{C^{2,\mu}(\overline{\Omega})} \leqslant C(\|Lv_k\|_{C^\mu(\overline{\Omega})} + \|v_k\|_{L^\infty(\Omega)}) \leqslant C(k^{-1}\|v_k\|_{C^{2,\mu}(\overline{\Omega})} + 1), \quad k = 1, 2, \cdots.$$

因此存在正整数 k_0, 使当 $k \geqslant k_0$ 时 $\|v_k\|_{C^{2,\mu}(\Omega)} \leqslant 2C$. 由于 $C^{2,\mu}(\overline{\Omega})$ 到 $C^2(\overline{\Omega})$ 的嵌入是紧的, 所以 $\{v_k\}_{n=1}^{\infty}$ 有子列在 $C^2(\overline{\Omega})$ 中强收敛. 不妨设这个子列就是 $\{v_k\}_{n=1}^{\infty}$ 本身, 并记极限函数为 v. 则根据推论 1.3.6 知 $v \in C^{2,\mu}(\overline{\Omega}) \cap C_0(\overline{\Omega})$, 且由 $\|v_k\|_{L^\infty(\Omega)} = 1$ $(k=1,2,\cdots)$ 知 $\|v\|_{L^\infty(\Omega)} = 1$, 进而 $v \neq 0$. 另一方面, 有

$$\|Lv_k\|_{L^\infty(\Omega)} \leqslant \|Lv_k\|_{C^\mu(\overline{\Omega})} < k^{-1}\|v_k\|_{C^{2,\mu}(\overline{\Omega})} \leqslant 2Ck^{-1}, \quad \forall k \geqslant k_0.$$

由于 $\{v_k\}_{n=1}^{\infty}$ 在 $C^2(\overline{\Omega})$ 中强收敛于 v 并且 $L: C^2(\overline{\Omega}) \to C(\overline{\Omega})$ 是有界线性算子, 所以 $\{Lv_k\}_{n=1}^{\infty}$ 在 $C(\overline{\Omega})$ 中强收敛于 Lv. 因此由以上估计得

$$\|Lv\|_{L^\infty(\Omega)} = \lim_{k\to\infty} \|Lv_k\|_{L^\infty(\Omega)} = 0,$$

进而 $Lv = 0$. 这与问题 (3.2.6) 在 $C^{2,\mu}(\overline{\Omega}) \cap C_0(\overline{\Omega})$ 中只有零解的假设矛盾. 所以必存在常数 $C > 0$ 使 (3.9.7) 成立. 为了证明后半部分结论, 需要把不等式 (3.9.8) 换为

$$\|u_k\|_{C^{2,\mu}(\overline{\Omega})} > k\|L_k u_k\|_{C^\mu(\overline{\Omega})}, \quad k = 1, 2, \cdots,$$

其中 $L_k \in \mathscr{A}$, $k = 1, 2, \cdots$. 算子列 L_k $(k = 1, 2, \cdots)$ 的系数都满足相同的条件 (3.2.1) 和 (3.9.3), 所以根据嵌入 $C^\mu(\overline{\Omega}) \hookrightarrow C(\overline{\Omega})$ 的紧性知存在子列 (不妨就设是这个算子列本身) 其系数在 $C(\overline{\Omega})$ 中收敛. 记以极限函数为系数的算子为 L. 由关于算子族 $\mathscr{A}$ 的闭性假设知 $L \in \mathscr{A}$. 另一方面, 显然函数列 $\{L_k v_k\}_{n=1}^{\infty}$ 在 $C(\overline{\Omega})$ 中强收敛于 Lv, 因此与上面相同的推导即知对于这个极限算子 L, Dirichlet 问题 (3.2.6) 当 $f = 0$ 时在 $C^{2,\mu}(\overline{\Omega}) \cap C_0(\overline{\Omega})$ 中存在非零解. 这就得到了矛盾. 因此, (3.9.7) 中的常数 C 可取到使对所有 $L \in \mathscr{A}$ 都相同. 证毕. □

应用上述定理和前面 3.2 节、3.3 节与 3.5 节的结果, 便可证明下述定理:

定理 3.9.7 ($C^{2,\mu}$ 解的存在性)　*设有界开集 $\Omega \subseteq \mathbf{R}^n$ 和算子 L 满足定理 3.9.4 的条件, 且 $c \geqslant 0$, 则对任意 $f \in C^\mu(\overline{\Omega})$ 和 $\psi \in C^{2,\mu}(\partial\Omega)$, Dirichlet 问题 (3.2.4) 存在唯一的经典解 $u \in C^{2,\mu}(\overline{\Omega})$.*

证　只需考虑 $\psi = 0$ 的情况, 即证明 Dirichlet 问题 (3.2.6) 存在唯一的经典解 $u \in C^{2,\mu}(\overline{\Omega}) \cap C_0(\overline{\Omega})$. 唯一性已由极值原理所保证; 这里只证明解的存在性. 分两步证明.

先考虑 $\partial\Omega \in C^\infty$ 的情况. 取 $\varphi \in C_0^\infty(\mathbf{R}^n)$ 使 $\mathrm{supp}\varphi \subseteq \overline{B(0,1)}$, $\varphi \geqslant 0$, 且 $\displaystyle\int_{\mathbf{R}^n} \varphi(x)\mathrm{d}x = 1$. 对充分小的 $\varepsilon > 0$, 以 $\dfrac{1}{\varepsilon^n}\varphi\Big(\dfrac{x}{\varepsilon}\Big)$ 为核把 L 的系数 a_{ij}, b_i, c 和函数 f 都磨光, 分别记之为 $a_{ij}^\varepsilon, b_i^\varepsilon, c^\varepsilon$ 和 f^ε. 注意在做这一步骤之前, 必须先把 a_{ij}, b_i, c 和 f 都先延拓到一个比 Ω 更大的开集 Q 上, 使它们都属于 $C^\mu(\overline{Q})$, 然后再进行磨光. 不难看出, 存在 $\varepsilon_0 > 0$ (依赖于 $d(\Omega, \partial Q)$ 的大小), 使对任意 $0 < \varepsilon \leqslant \varepsilon_0$, 磨光函数 $a_{ij}^\varepsilon, b_i^\varepsilon, c^\varepsilon$ 和 f^ε 都在 Ω 上有定义. 把以 $a_{ij}^\varepsilon, b_i^\varepsilon, c^\varepsilon$ 为系数的二阶偏微分算子记作

L_ε, 并令 $L_0=L$. 不难看出, 必要时换 c_0 为一个较小的正数 (比如 $c_0/2$)、M 为一个较大的正数 (比如 $2M$), 并取 $\varepsilon_0>0$ 充分小, 则对所有 $\varepsilon\in[0,\varepsilon_0]$, 算子 L_ε 满足相同的条件 (3.2.1) 和 (3.9.3). 又显然 $c_\varepsilon\geqslant 0, \forall\varepsilon\in[0,\varepsilon_0]$, 且因 L_ε 的系数都连续地依赖于 ε, 所以它们的系数形成 $C(\overline{\Omega})$ 中的闭集. 因此根据推论 3.5.5 和定理 3.9.6 知, 存在常数 $C>0$ 使成立

$$\|u\|_{C^{2,\mu}(\overline{\Omega})}\leqslant C\|L_\varepsilon u\|_{C^\mu(\overline{\Omega})},\quad \forall u\in C^{2,\mu}(\overline{\Omega})\cap C_0(\overline{\Omega}),\quad \forall\varepsilon\in[0,\varepsilon_0]. \tag{3.9.9}$$

又根据推论 3.5.13 和定理 3.3.12 知对每个 $0<\varepsilon\leqslant\varepsilon_0$, Dirichlet 问题

$$\begin{cases} L_\varepsilon u_\varepsilon=f_\varepsilon, & \text{在 } \Omega \text{ 内},\\ u_\varepsilon=0, & \text{在 } \partial\Omega \text{ 上}\end{cases}$$

存在唯一的解 $u_\varepsilon\in C^\infty(\overline{\Omega})\cap C_0(\overline{\Omega})$. 由于 $\|f_\varepsilon\|_{C^\mu(\overline{\Omega})}\leqslant C\|f\|_{C^\mu(\overline{\Omega})}, \forall\varepsilon\in(0,\varepsilon_0]$, 所以由 (3.9.9) 知

$$\|u_\varepsilon\|_{C^{2,\mu}(\overline{\Omega})}\leqslant C\|f\|_{C^\mu(\overline{\Omega})},\quad \forall\varepsilon\in[0,\varepsilon_0]. \tag{3.9.10}$$

注意由于当 $\varepsilon\to 0$ 时 f_ε 一般不在 $C^\mu(\overline{\Omega})$ 中收敛于 f, 所以当 $\varepsilon\to 0$ 时 u_ε 一般也不在 $C^{2,\mu}(\overline{\Omega})$ 中收敛. 为克服这个困难, 任意取定 $0<\nu<\mu$, 然后在 $C^\nu(\overline{\Omega})$ 中应用定理 3.9.6, 可知同样存在常数 $C>0$ 使成立

$$\|u\|_{C^{2,\nu}(\overline{\Omega})}\leqslant C\|L_\varepsilon u\|_{C^\nu(\overline{\Omega})},\quad \forall u\in C^{2,\nu}(\overline{\Omega})\cap C_0(\overline{\Omega}),\quad \forall\varepsilon\in[0,\varepsilon_0]. \tag{3.9.11}$$

据此类似于 (3.9.10), 我们还有

$$\|u_\varepsilon\|_{C^{2,\nu}(\overline{\Omega})}\leqslant C\|f\|_{C^\nu(\overline{\Omega})},\quad \forall\varepsilon\in[0,\varepsilon_0]. \tag{3.9.12}$$

现在应用 (3.9.11) 和 (3.9.12), 可知对任意 $\varepsilon,\varepsilon'\in[0,\varepsilon_0]$ 都有

$$\begin{aligned}\|u_\varepsilon-u_{\varepsilon'}\|_{C^{2,\nu}(\overline{\Omega})}&\leqslant C\|L_\varepsilon(u_\varepsilon-u_{\varepsilon'})\|_{C^\nu(\overline{\Omega})}\\ &\leqslant C\|L_\varepsilon u_\varepsilon-L_{\varepsilon'}u_{\varepsilon'}\|_{C^\nu(\overline{\Omega})}+C\|(L_{\varepsilon'}-L_\varepsilon)u_{\varepsilon'}\|_{C^\nu(\overline{\Omega})}\\ &\leqslant C\|f_\varepsilon-f_{\varepsilon'}\|_{C^\nu(\overline{\Omega})}+C\Big[\sum_{i,j=1}^n\|a_{ij}^\varepsilon-a_{ij}^{\varepsilon'}\|_{C^\nu(\overline{\Omega})}+\sum_{i=1}^n\|b_i^\varepsilon-b_i^{\varepsilon'}\|_{C^\nu(\overline{\Omega})}\\ &\quad+\|c^\varepsilon-c^{\varepsilon'}\|_{C^\nu(\overline{\Omega})}\Big]\|f\|_{C^\nu(\overline{\Omega})}.\end{aligned}$$

最后这个不等号右端各项当 $\varepsilon,\varepsilon'\to 0$ 时都趋于零, 所以从以上估计式即知当 $\varepsilon\to 0$ 时 u_ε 在 $C^{2,\nu}(\overline{\Omega})$ 中收敛. 记极限函数为 u. 则由推论 1.3.6 和 (3.9.10) 知 $u\in C^{2,\mu}(\overline{\Omega})\cap C_0(\overline{\Omega})$. 显然, u 是 Dirichlet 问题 (3.2.6) 的经典解. 这样我们便在 $\partial\Omega\in C^\infty$ 的假设下, 证明了 Dirichlet 问题 (3.2.6) 在 $C^{2,\mu}(\overline{\Omega})\cap C_0(\overline{\Omega})$ 中解的存在性.

再来考虑 $\partial\Omega\in C^{2,\mu}$ 的一般情况. 这时, 可以找一个边界无穷光滑的有界开集 Q 使之与 Ω 是 $C^{2,\mu}$ 微分同胚的, 即存在 $F:\Omega\to Q$ 是双射, 使 $F\in C^{2,\mu}(\overline{\Omega},\mathbf{R}^n)$,

$F^{-1} \in C^{2,\mu}(\overline{Q}, \mathbf{R}^n)$. 暂且承认这样的有界开集 Q 及相应的 $C^{2,\mu}$ 微分同胚 F 的存在性, 则通过作坐标变换 $y = F(x)$, 就把 Ω 上的 Dirichlet 问题 (3.2.6) 变换为边界无穷光滑的有界开集 Q 上的同类问题. 对变换后的问题应用前面所得结论, 然后再作反变换, 便证明了原问题在 $C^{2,\mu}(\Omega) \cap C_0(\overline{\Omega})$ 中解的存在性.

现在来证明边界无穷光滑且与 Ω 是 $C^{2,\mu}$ 微分同胚的有界开集 Q 的存在性. 为此对任意 $x_0 \in \partial\Omega$, 由 $\partial\Omega \in C^{2,\mu}$ 知存在 x_0 的邻域 V_{x_0} 和 $C^{2,\mu}$ 微分同胚 $\Phi_{x_0} : V_{x_0} \to B(0,1)$ 使得

$$\Phi_{x_0}(V_{x_0} \cap \Omega) = B^+(0,1), \quad \Phi_{x_0}(V_{x_0} \cap \partial\Omega) = B(0,1) \cap \partial\mathbf{R}^n_+.$$

记 $\Psi_{x_0} = \Phi_{x_0}^{-1}$, $U_{x_0} = \Phi_{x_0}^{-1}(B(0,1/2))$. 开集族 $\{U_{x_0} : x_0 \in \partial\Omega\}$ 覆盖了有界闭集 $\partial\Omega$, 所以应用有限覆盖定理知存在有限个点 $x_1, x_2, \cdots, x_m \in \partial\Omega$, 使 $\partial\Omega \subseteq \bigcup_{i=1}^{m} U_{x_i}$. 分别改记 U_{x_i}, Φ_{x_i} 和 Ψ_{x_i} 各为 U_i, Φ_i 和 Ψ_i, $i = 1, 2, \cdots, m$, 再取开集 $U_0 \subset\subset \Omega$ 使 $\overline{\Omega} \subseteq \bigcup_{i=0}^{m} U_i$, 并令 $\Phi_0 = id$, $\Psi_0 = id$ (id 表示 $\mathbf{R}^n$ 上的恒等映射), 再令 Ψ_i^ε 为 Ψ_i 的磨光, $i = 0, 1, \cdots, m$, $\varepsilon > 0$. 现在作 $\overline{\Omega}$ 上从属于开覆盖 $\{U_i\}_{i=0}^m$ 的单位分解 $\{\varphi_i\}_{i=0}^m$, 即 $\varphi_i \in C_0^\infty(\mathbf{R}^n)$, $\text{supp}\varphi_i \subseteq U_i$, $i = 1, 2, \cdots, m$, 且

$$\sum_{i=0}^{m} \varphi_i(x) = 1, \quad \forall x \in \overline{\Omega},$$

然后对充分小的 $\varepsilon > 0$ 作映射 $F_\varepsilon : \overline{\Omega} \to \mathbf{R}^n$ 如下:

$$F_\varepsilon(x) = \sum_{i=0}^{m} \varphi_i(x) \Psi_i^\varepsilon(\Phi_i(x)), \quad \forall x \in \overline{\Omega}.$$

由于当 $\varepsilon \to 0$ 时 $\Psi_i^\varepsilon \to \Psi_i$, 所以当 $\varepsilon > 0$ 充分小时, 对任意 $x \in U_i$ 而言 $\Psi_i^\varepsilon(\Phi_i(x))$ 都有意义; 而如果对某个 i 有 $x \notin U_i$, 则 $\varphi_i(x) = 0$ 从而 $\Psi_i^\varepsilon(\Phi_i(x))$ 是否有意义都不起任何作用. 因此上述定义是合理的, 而且显然 $F_\varepsilon \in C^{2,\mu}(\overline{\Omega}, \mathbf{R}^n)$. 此外, 易见当 $\varepsilon \to 0$ 时 $F_\varepsilon \to id$, 所以只要取 $\varepsilon > 0$ 充分小, F_ε 便是 Ω 到 $\Omega_\varepsilon = F_\varepsilon(\Omega)$ 的 $C^{2,\mu}$ 微分同胚, 自然 Ω_ε 是有界开集. 我们注意 $\partial\Omega_\varepsilon \in C^\infty$, 这是因为对每个 $1 \leqslant i \leqslant m$, Φ_i 把 $\partial\Omega \cap U_i$ 映照成 $B(0,1/2) \cap \partial\mathbf{R}^n_+$, 而因 Ψ_i^ε 是无穷可微映射, 所以 $\Psi_i^\varepsilon(B(0,1/2) \cap \partial\mathbf{R}^n_+)$ 是无穷光滑的超曲面, 即 $\Psi_i^\varepsilon(\Phi_i(\partial\Omega \cap U_i))$ 是无穷光滑的超曲面. 因此 $\partial\Omega_\varepsilon \in C^\infty$. 现在只要取 $\varepsilon > 0$ 充分小, 然后令 $Q = \Omega_\varepsilon$, $F = F_\varepsilon$, 便得到了所需要的结论. 定理 3.9.7 至此证毕. □

最后, 关于二阶椭圆型方程的 C^μ 理论, 参考文献 [120] 有深入细致的讨论, 推荐希望进一步学习这方面理论的读者阅读此书.

习 题 3.9

1. 写出定理 3.9.4 的证明.
2. 写出定理 3.9.5 的证明.
3. 叙述并证明关于 $C^{2,\mu}$ 解的 Fredholm 二择一定理.
4. 设有界开集 $\Omega\subseteq\mathbf{R}^n$ 和算子 L 满足定理 3.9.4 的条件, 且 $c\geqslant 0$, 而 $0<\mu<1$. 证明:
(1) 对任意 $f\in C^\mu(\overline{\Omega})$ 和 $\psi\in C(\partial\Omega)$, Dirichlet 问题 (3.2.4) 存在唯一的经典解 $u\in C^{2,\mu}(\Omega)\cap C(\overline{\Omega})$. 注意这里 $C^{2,\mu}(\Omega)=C^{2,\mu}_{\rm loc}(\Omega)$.
(2) 对任意 $f\in C^\mu(\overline{\Omega})$ 和 $\psi\in C^{1,\mu}(\partial\Omega)$, Dirichlet 问题 (3.2.4) 存在唯一的经典解 $u\in C^{2,\mu}(\Omega)\cap C^{1,\mu}(\overline{\Omega})$.
5. 设 Ω 是 $\mathbf{R}^n$ 中的开集, 算子 L 满足定理 3.9.4 的条件, 且 $c\geqslant 0$, $f\in C^\mu(\overline{\Omega})$, 这里 $0<\mu<1$. 称函数 $u\in C(\Omega)$ 为方程 $Lu=f$ 在 Ω 上的**下解** (**上解**), 如果对每个球 $B\subset\subset\Omega$ 和每一个在 B 中满足方程 $Lv=f$ 并在 ∂B 上满足 $v\geqslant u$ ($v\leqslant u$) 的函数 $v\in C^2(B)\cap C(\bar{B})$, 都在整个 $\bar{B}$ 上成立 $v\geqslant u$ ($v\leqslant u$). 证明:
(1) 如果 $u\in C^2(\Omega)$, 则 u 是方程 $Lu=f$ 在 Ω 上的下解 (上解) 当且仅当在 Ω 上成立 $Lu\leqslant f$ ($Lu\geqslant f$).
(2) 如果 Ω 是有界开集, $u\in C(\overline{\Omega})$ 是方程 $Lu=f$ 在 Ω 上的下解 (上解), $v\in C(\overline{\Omega})$ 是该方程在 Ω 上的上解 (下解), 且在 $\partial\Omega$ 上成立 $v\geqslant u$ ($v\leqslant u$), 则或者在整个 Ω 上成立 $v>u$ ($v<u$), 或者在整个 Ω 上成立 $v=u$.
(3) 设 $u\in C(\Omega)$ 是方程 $Lu=f$ 在 Ω 上的下解, B 是 Ω 中的开球, $B\subset\subset\Omega$. 令 $\bar{u}$ 方程 $L\bar{u}=f$ 在 B 上满足边界条件 $\bar{u}|_{\partial B}=u$ 的解. 再令
$$U(x)=\begin{cases}\bar{u}(x), & x\in B,\\ u(x), & x\in\Omega\backslash B,\end{cases}$$
则 U 是方程 $Lu=f$ 在 Ω 上的下解.
(4) 设 $u_1,u_2,\cdots,u_N\in C(\Omega)$ 都是方程 $Lu=f$ 在 Ω 上的下解. 令
$$u(x)=\max\{u_1(x),u_2(x),\cdots,u_N(x)\},\quad \forall x\in\Omega.$$
则 u 也是方程 $Lu=f$ 在 Ω 上的下解.
(5) 设 Ω 是有界开集, $\varphi\in C(\partial\Omega)$. 令
$$\mathscr{A}(\varphi)=\{u\in C(\overline{\Omega}):\ u \text{ 是方程 } Lu=f \text{ 在 } \Omega \text{ 上的下解, 并在 } \partial\Omega \text{ 上满足 } u\leqslant\varphi\}.$$
再令 $u(x)=\sup\limits_{v\in\mathscr{A}(\varphi)}v(x), \forall x\in\Omega$. 则 $u\in C^{2,\mu}(\Omega)$, 且是方程 $Lu=f$ 在 Ω 上的解.
(6) 设 Ω 是有界开集并满足外部球条件. 则对任意 $\varphi\in C(\partial\Omega)$, Dirichlet 问题 (3.2.4) 存在唯一的经典解 $u\in C^{2,\mu}(\Omega)\cap C(\overline{\Omega})$.
(提示: 参见 [67] 第四章第四节和 [42] 第二章第 2.8 节和第六章第 6.5 节)
6. 设 Ω 是 $\mathbf{R}^n$ 中的开集, $\partial\Omega\in C^{m+2,\mu}$, $a_{ij},b_i,c\in C^{m,\mu}(\overline{\Omega})$ $(i,j=1,2,\cdots,n)$ 且满足 (3.9.3), 其中 m 是非负整数, $0<\mu<1$. 又设 $f\in C^{m,\mu}(\overline{\Omega})$, $\psi\in C^{m+2,\mu}(\partial\Omega)$. 证明: 如果 u 是 Dirichlet 问题 (3.2.4) 的经典解, 则 $u\in C^{m+2,\mu}(\overline{\Omega})$.

第 4 章　二阶线性发展型方程

所谓**发展型** (evolutionary type) 的偏微分方程, 是指自变元含有时间 t 的偏微分方程, 在物理和实际应用问题中这类方程被用来描述正在发展、演化中的运动状态. 与之相对应的概念本应当是**稳态型** (stationary type) 的偏微分方程, 即自变元不含时间 t 的偏微分方程, 它们在物理和实际应用问题中描述的是已经发展演化到终极状态因而不再继续发展演化了的运动状态. 但是因为物理和实际应用问题中出现的稳态型偏微分方程基本都是椭圆型方程或方程组, 所以关于稳态型偏微分方程的理论也就是椭圆型偏微分方程的理论. 与此不同的是, 发展型偏微分方程有各种各样不同的类型, 它们不仅描述的物理问题不同, 而且数学性质也往往有很大的差异. 尽管如此, 不同类型的各种发展型偏微分方程仍然有许多相同或类似的处理方法.

本章的目的是介绍二阶线性发展型偏微分方程的一些已经成熟的一般理论. 限于篇幅, 我们将主要讨论初边值问题; 关于初值问题仅针对热传导方程、波动方程和无位势的 Schrödinger 方程这三个经典的发展型方程进行讨论. 这样的选材, 基本可以满足读者后续进一步学习二阶非线性发展型偏微分方程理论的需要.

4.1　基 本 概 念

设 Ω 是 $\mathbf{R}^n$ 中的一个开集. 考虑定义在 Ω 上并依赖于时间 t 的二阶线性偏微分算子 $L(t)$:

$$L(t)=-\sum_{i,j=1}^{n}a_{ij}(t,x)\frac{\partial^2}{\partial x_i\partial x_j}+\sum_{i=1}^{n}b_i(t,x)\frac{\partial}{\partial x_i}+c(t,x), \tag{4.1.1}$$

其中 a_{ij}, b_i 和 c 都是定义在 $\mathbf{R}_+\times\Omega$ 上的给定的实值函数. 本章始终假定对于每个 $t>0$, $L(t)$ 都是 Ω 上的一致椭圆型算子, 更确切地说, 我们始终假定二阶导数项的系数 a_{ij} 满足以下条件:

$$\begin{cases} a_{ij}(t,x)=a_{ji}(t,x), \quad \forall t>0,\ \forall x\in\Omega, \quad i,j=1,2,\cdots,n; \\ \exists c_0>0 \text{ 使 } \displaystyle\sum_{i,j=1}^{\infty}a_{ij}(t,x)\xi_i\xi_j\geqslant c_0|\xi|^2, \quad \forall\xi\in\mathbf{R}^n,\ \forall t>0,\ \forall x\in\Omega. \end{cases} \tag{4.1.2}$$

同第 3 章一样, 我们经常把算子 $L(t)$ 简写成如下形式:

$$L(t) = -\sum_{i,j=1}^{n} a_{ij}(t,x)\partial_{ij}^2 + \sum_{i=1}^{n} b_i(t,x)\partial_i + c(t,x). \tag{4.1.3}$$

本章讨论以下三类偏微分方程: 二阶线性抛物型 (parabolic type) 方程、二阶线性双曲型 (hyperbolic type) 方程和二阶线性 Schrödinger 型 (Schrödinger type) 方程.

(1) **二阶线性抛物型方程**: 指形如

$$\partial_t u + L(t)u = f \tag{4.1.4}$$

的偏微分方程, 其中 $L(t)$ 如前所述, $f = f(t,x)$ 是 $\mathbf{R}_+ \times \Omega$ 上的已知函数.

二阶线性抛物型方程广泛地出现于物理学、化学、生物学、经济学等许多领域, 一般用来描述热的传导和物质的扩散等现象. 最常见也是最简单的二阶线性抛物型方程是**热传导方程**:

$$\partial_t u - \Delta u = f, \tag{4.1.5}$$

其中 Δ 为 Laplace 算子. 这个方程描述各向同性且均匀的线性介质中热的传导和物质的扩散等现象. 如果介质虽然是线性的, 但却是各向异性的或非均匀的或两种性质兼具, 那么代替热传导方程 (4.1.5) 就必须考虑一般的二阶线性抛物型方程 (4.1.4).

(2) **二阶线性双曲型方程**: 指形如

$$\partial_t^2 u + L(t)u = f \tag{4.1.6}$$

的偏微分方程, 其中 $L(t)$ 如前所述, $f = f(t,x)$ 是 $\mathbf{R}_+ \times \Omega$ 上的已知函数.

二阶线性双曲型方程同样也广泛出现于物理学的许多领域, 一般用来描述物体的振动和介质中波的传播等现象, 如细弦和薄膜的振动、固体中弹性波的传播、介质中电磁波的传播等. 最常见也是最简单的二阶线性双曲型方程是**波动方程**:

$$\partial_t^2 u - \Delta u = f, \tag{4.1.7}$$

其中 Δ 为 Laplace 算子. 这个方程在一维情形描述均匀细弦的微小横振动、声波在细管中的传播等现象, 在二维情形描述各向同性且均匀的薄膜的横振动、波在浅水表面的传播等现象, 在三维情形描述各向同性且均匀的线性介质中电磁波与弹性波的传播等现象. 如果介质虽然是线性的, 但却是各向异性的或非均匀的或两种性质兼具, 那么代替 (4.1.7) 就必须考虑一般的二阶线性双曲型方程 (4.1.6).

理论上, 一般的二阶线性双曲型方程具有以下形式:

$$\partial_t^2 u-\sum_{i,j=1}^{n} a_{ij}(t,x)\partial_{ij}^2 u+\sum_{i=1}^{n} b_i(t,x)\partial_i\partial_t u+\sum_{i=1}^{n} c_i(t,x)\partial_i u+d(t,x)\partial_t u+e(t,x)u=f, \tag{4.1.8}$$

其中 a_{ij}, b_i, c_i, d 和 e 都是定义在 $\mathbf{R}_+\times\Omega$ 上的实值函数, a_{ij} 满足条件 (4.1.2), 并且对任意 $(t,x,\xi)\in\mathbf{R}_+\times\Omega\times(\mathbf{R}^n\backslash\{0\})$, 二次方程

$$\lambda^2+\Big(\sum_{i=1}^{n} b_i(t,x)\xi_i\Big)\lambda-\sum_{i,j=1}^{\infty} a_{ij}(t,x)\xi_i\xi_j=0$$

(称之为方程 (4.1.6) 的**特征方程**) 的两个根都是实根. 但是限于篇幅并为了简单起见, 我们只讨论形如 (4.1.6) 的双曲型方程.

(3) **二阶线性Schrödinger型方程**: 指形如

$$\mathrm{i}\partial_t u\pm L(t)u=f \tag{4.1.9}$$

的偏微分方程, 其中 $L(t)$ 如前所述, $f=f(t,x)$ 是 $\mathbf{R}_+\times\Omega$ 上的已知函数.

与前两类方程不同, Schrödinger 型方程是**复方程**, 即除算子 $L(t)$ 的系数是实值函数外, 其他已知函数如 f 和未知函数 u 都是复值函数. 最典型的这类方程是下述**Schrödinger方程**:

$$\mathrm{i}\hbar\partial_t u=-\frac{\hbar^2}{2m}\Delta u+V(x)u, \tag{4.1.10}$$

这个方程是量子力学的基本方程, 描述在给定的势能场 $V=V(x)$ 作用下, 质量为 m 的粒子的运动规律, 其中未知函数 $u=u(t,x)$ 是该粒子的**波函数**, 其意义是 $|u(t,x)|^2$ 表述了粒子在 t 时刻出现于空间中 x 点的概率密度. $\hbar$ 是**约化的Planck常数**, 即 $\hbar=h/(2\pi)$, 其中 h 为 Planck 常数. 一般的二阶线性 Schrödinger 型方程 (4.1.9) 显然是 Schrödinger 方程 (4.1.10) 在数学理论方面的推广.

以上三类方程虽然都是与时间 t 有关的方程因而都是发展型方程, 但正如它们的物理来源很不相同一样, 它们的数学性质也有很大差异. 后面将会看到, 第一类方程即抛物型方程与后两类方程即双曲型方程和 Schrödinger 型方程的差异更大.

对于发展型的偏微分方程, 人们通常考虑两类定解问题: **初值问题和初边值问题**. 初值问题的求解区域是 $\mathbf{R}_+\times\mathbf{R}^n$, 需要求发展型方程在该区域上的解, 使其在该区域的边界 $t=0$ 处满足一些给定的条件 (称之为**初值条件**). 初值条件的个数一般等于方程关于时间变元 t 的偏导数阶数. 比如对抛物型方程 (4.1.4) 和 Schrödinger 型方程 (4.1.9), 它们的初值问题分别具有以下形式:

$$\begin{cases}\partial_t u(t,x)+L(t)u(t,x)=f(t,x), & t>0,\ x\in\mathbf{R}^n,\\ u(0,x)=u_0(x), & x\in\mathbf{R}^n,\end{cases} \tag{4.1.11}$$

$$\begin{cases} \mathrm{i}\partial_t u(t,x) \pm L(t)u(t,x) = f(t,x), & t>0,\ x\in\mathbf{R}^n, \\ u(0,x) = u_0(x), & x\in\mathbf{R}^n, \end{cases} \tag{4.1.12}$$

其中 u_0 是定义在 $\mathbf{R}^n$ 上的给定函数; 而对双曲型方程 (4.1.6), 其初值问题则具有以下形式:

$$\begin{cases} \partial_t^2 u(t,x) + L(t)u(t,x) = f(t,x), & t>0,\ x\in\mathbf{R}^n, \\ u(0,x) = u_0(x), \partial_t u(0,x) = u_1(x), & x\in\mathbf{R}^n, \end{cases} \tag{4.1.13}$$

其中 u_0, u_1 是定义在 $\mathbf{R}^n$ 上的给定函数. 初边值问题的求解区域是 $\mathbf{R}_+\times\Omega$, 其中 Ω 是 $\mathbf{R}^n$ 中的区域, 需要求发展型方程在区域 $\mathbf{R}_+\times\Omega$ 上的解, 使其在该区域的边界 $\{t=0\}\times\Omega$ 和 $\{t>0\}\times\partial\Omega$ 处满足一些给定的条件, 分别称为**初值条件**和**边值条件**. 初值条件的个数仍然等于方程关于时间变元 t 的偏导数阶数. 由于这里讨论的三类方程关于空间变元 x 的偏微分算子是二阶椭圆型算子 $L(t)$, 它所对应的边值问题的边值条件个数是 1, 所以这三类发展型方程初边值问题的边值条件个数都是 1, 即它们的初边值问题分别具有以下形式:

$$\begin{cases} \partial_t u(t,x) + L(t)u(t,x) = f(t,x), & t>0,\ x\in\Omega, \\ u(t,x) = h(t,x), & t>0,\ x\in\partial\Omega, \\ u(0,x) = u_0(x), & x\in\Omega, \end{cases} \tag{4.1.14}$$

$$\begin{cases} \mathrm{i}\partial_t u(t,x) \pm L(t)u(t,x) = f(t,x), & t>0,\ x\in\Omega, \\ u(t,x) = h(t,x), & t>0,\ x\in\partial\Omega, \\ u(0,x) = u_0(x), & x\in\Omega, \end{cases} \tag{4.1.15}$$

$$\begin{cases} \partial_t^2 u(t,x) + L(t)u(t,x) = f(t,x), & t>0,\ x\in\Omega, \\ u(t,x) = h(t,x), & t>0,\ x\in\partial\Omega, \\ u(0,x) = u_0(x), \partial_t u(0,x) = u_1(x), & x\in\Omega, \end{cases} \tag{4.1.16}$$

其中 h 是定义在 $\mathbf{R}_+\times\partial\Omega$ 上的给定函数, u_0, u_1 是定义在 Ω 上的给定函数. 必须注意如果 Ω 是无界区域, 则还需对解在 $|x|\to\infty$ $(x\in\Omega)$ 时的渐近性态作一定的限制.

对偏微分方程在求解区域边界上附加定解条件的目的是为了得到唯一的解. 因此定解条件在各种边界上的个数是有严格限制的: 既不能多也不能少; 过多会破坏解的存在性, 过少则不能保证解的唯一性. 在保证了解的存在唯一性的条件下, 还要考虑解对初值函数和边值函数的连续依赖性, 即对给定的初值函数和边值函数作微小的变化时, 解也随之作微小变化而不会发生大的改变. 当一个发展型方程的初值问题或初边值问题同时满足解的存在性、解的唯一性和解对初值函数和边值函数的连续依赖性三个条件时, 就称这个发展型方程的初值问题或初边值问题是**适定的** (well-posed), 否则称之为**不适定** (ill-posed).

限于篇幅, 本章主要讨论以上三类方程的初边值问题; 对初值问题, 本章只就热传导方程 (4.1.5)、波动方程 (4.1.7) 和 $V=0$ 的 Schrödinger 方程 (4.1.10) 作简短的讨论, 目的是为读者后续学习非线性发展方程的相关理论作必要的准备.

与椭圆型方程类似, 对于发展型方程也有**经典解**、**强解**和**弱解**等概念. 这些概念的定义读者不难自行给出, 所以不再在这里赘述.

习 题 4.1

1. 分别写出三类发展型方程 (4.1.4)、(4.1.6) 和 (4.1.9) 的经典解、强解和弱解的定义.
2. 分别写出三个初边值问题 (4.1.14)、(4.1.15) 和 (4.1.16) 的经典解、强解和弱解的定义.

4.2 向量值函数

本节对单变元向量值函数的分析学理论做简要的介绍, 主要概述 $C(I,X)$ (I 为区间, X 为 Banach 空间, 下同), $C^m(I,X)$ ($m\in\mathbf{Z}_+$), $C^\mu(I,X)$ ($0<\mu\leqslant 1$), $C^{m,\mu}(I,X)$ ($m\in\mathbf{Z}_+$, $0<\mu\leqslant 1$), $L^p(I,X)$ ($1\leqslant p\leqslant\infty$), $W^{m,p}(I,X)$ ($m\in\mathbf{Z}_+$, $1\leqslant p\leqslant\infty$) 等向量值函数空间的定义及后面将要用到的部分相关结果. 除个别情况外, 一般不给出所述结果的证明, 需要了解证明的读者只能阅读相关参考书籍. 这里需要提醒读者的是, 本节需要重点学习的概念是向量值函数的 Pettis 积分和 Bochner 积分.

4.2.1 向量值函数的连续性、导数和 Riemann 积分

首先考虑数量值函数的连续性、导数和 Riemann 积分等概念对向量值函数的推广. 由于 Banach 空间有强拓扑和弱拓扑两种常用的不同拓扑, 所以这些概念中的每一个也相应地有强和弱两种不同的类型. 由于本书只涉及用强拓扑定义的这些概念, 所以对用弱拓扑定义的相应概念一概从略.

定义 4.2.1 设 u 是定义在区间 I 上取值于 Banach 空间 X 的向量值函数. 对 $t_0\in I$, 如果当 t 在 I 中趋于 t_0 时 $u(t)\to u(t_0)$, 即

$$\lim_{\substack{t\to t_0\\ t\in I}}\|u(t)-u(t_0)\|_X=0,$$

则称 u 在 t_0 点沿 I **连续**. 如果 u 在区间 I 中的每点都沿 I 连续, 则称 u 在区间 I 上**连续**. 用记号 $C(I,X)$表示由在 I 上连续的全体向量值函数 $u: I\to X$ 组成的集合.

显然, 如果 I 是有界闭区间且 $u \in C(I,X)$, 则 u 在 I 上一致连续, 即对任意给定的 $\varepsilon > 0$, 存在相应的 $\delta > 0$, 使对任意 $s,t \in I$, 只要 $|s-t| < \varepsilon$, 便有 $\|u(s)-u(t)\|_X < \varepsilon$. 由于 $u \in C(I,X)$ 蕴涵着数量值函数 $t \mapsto \|u(t)\|_X$ 在区间 I 上连续, 所以当 I 是有界闭区间时 $\|u(t)\|_X$ 在 I 上有界. 记

$$\|u\|_{C(I,X)} = \max_{t\in I} \|u(t)\|_X, \quad \forall u \in C(I,X).$$

易知 $\|\cdot\|_{C(I,X)}$ 是 $C(I,X)$ 上的范数, 且 $C(I,X)$ 按此范数构成 Banach 空间.

定义 4.2.2 设 u 是定义在区间 I 上取值于 Banach 空间 X 的向量值函数. 对 $t_0 \in I$, 如果存在向量 $v \in X$ 使成立

$$\lim_{\substack{t\to t_0\\ t\in I}} \left\|\frac{u(t)-u(t_0)}{t-t_0} - v\right\|_X = 0,$$

则称 u 在 t_0 点沿 I **可导**, 并称向量 v 为 u 在 t_0 点沿 I **的导数**, 记作 $u'(t_0) = v$. 如果 u 在区间 I 中的每点都沿 I 可导, 则称 u 在 I 上**可导**. 用记号 $C^1(I,X)$表示由在 I 上可导且导数在 I 上连续的全体向量值函数 $u: I \to X$ 组成的集合.

类似地可定义高阶导数的概念. u 的 m 阶导数记作 $u^{(m)}$. $u^{(2)}$ 和 $u^{(3)}$ 也分别记作 u'' 和 u'''. 对任意正整数 m, 符号 $C^m(I,X)$表示由在区间 I 上 m 阶可导而且阶数 $\leqslant m$ 的导数都在 I 上连续的全体向量值函数 $u: I \to X$ 组成的集合. 如果 I 是有界闭区间, 则易知 $C^m(I,X)$ 按范数

$$\|u\|_{C^m(I,X)} = \sum_{k=0}^{m} \|u^{(k)}\|_{C(I,X)} = \sum_{k=0}^{m} \max_{t\in I} \|u^{(k)}(t)\|_X, \quad \forall u \in C^m(I,X)$$

成为 Banach 空间.

当用 t 表示自变元时, 向量值函数 $u: I \to X$ 的一阶导数、二阶导数, $\cdots$, m 阶导数也分别记为 $\dfrac{\mathrm{d}u}{\mathrm{d}t}$, $\dfrac{\mathrm{d}^2u}{\mathrm{d}t^2}$, $\cdots$, $\dfrac{\mathrm{d}^m u}{\mathrm{d}t^m}$. 由于在发展型方程中 t 一般代表时间变元, 所以对 u', u'' 和 u''' 等也经常采用 Newton 的记号 $\dot{u}$, $\ddot{u}$ 和 $\dddot{u}$ 等来分别表示.

下面两个结论是显然的:

(1) 如果 $u: I \to X$ 在 I 上可导且 $u'(t) = 0$, $\forall t \in I$, 则 u 在 I 上是常值函数;

(2) 如果 $u: I \to X$ 在 t_0 点可导, 则 u 在 t_0 点连续, 进而如果 u 在 I 上可导, 则 $u \in C(I,X)$.

定义 4.2.3 设 u 是定义在有限闭区间 $[a,b]$ 上而取值于 Banach 空间 X 的向量值函数. 如果存在向量 $v \in X$ 使对任意 $\varepsilon > 0$, 存在相应的 $\delta > 0$, 使对 $[a,b]$ 的任意分割 Δ:

$$a = t_0 < t_1 < \cdots < t_n = b,$$

只要 $\|\Delta\| = \max\limits_{1\leqslant i\leqslant n} |t_i - t_{i-1}| < \delta$, 便对任意取定的 $\tau_i \in [t_{i-1}, t_i]$, $i = 1, 2, \cdots, n$, 都有

$$\Big\|\sum_{i=1}^{n}(t_i - t_{i-1})u(\tau_i) - v\Big\|_X < \varepsilon,$$

则称 u 在 $[a, b]$ 上**Riemann 可积**, 并称向量 v 为 u 在 I 上的**Riemann 积分**, 记作 $\displaystyle\int_a^b u(t)\mathrm{d}t = v$.

显然, 如果向量值函数 $u : [a, b] \to X$ 在 $[a, b]$ 上 Riemann 可积, 则对任意连续线性泛函 $f \in X'$, 数量值函数 $t \mapsto f(u(t))$ 也在 $[a, b]$ 上 Riemann 可积, 且

$$f\Big(\int_a^b u(t)\mathrm{d}t\Big) = \int_a^b f(u(t))\mathrm{d}t.$$

易知在 $[a, b]$ 上连续的向量值函数都在 $[a, b]$ 上 Riemann 可积. 另外, 还成立下述 Newton–Leibniz 公式: 如果 u 在 $[a, b]$ 上可导, 而且导数 u' 在 $[a, b]$ 上 Riemann 可积, 则

$$\int_a^b u'(t)\mathrm{d}t = u(b) - u(a).$$

4.2.2 向量值函数空间 $C^\mu(I, X)$ 和 $C^{m,\mu}(I, X)$

定义 4.2.4 设 u 是定义在有界闭区间 I 上而取值于 Banach 空间 X 的向量值函数, $0 < \mu \leqslant 1$. 如果存在常数 $C > 0$ 使成立

$$\|u(t) - u(s)\|_X \leqslant C|t - s|^\mu, \quad \forall t, s \in I,$$

则称 u 在 I 上 μ 阶**Hölder连续**, 当 $\mu = 1$ 时也称 u 在 I 上**Lipschitz 连续**.

对任意 $0 < \mu \leqslant 1$, 由在 I 上 μ 阶 Hölder 连续的全体向量值函数 $u : I \to X$ 组成的集合记作 $C^\mu(I, X)$ (当 $\mu = 1$ 时为了不与前面定义的连续可导函数空间 $C^1(I, X)$ 混淆, $C^\mu(I, X)$ 改记为 $C^{1-0}(I, X)$). 易知 $C^\mu(I, X)$ 按范数

$$\|u\|_{C^\mu(I,X)} = \|u\|_{C(I,X)} + \sup_{\substack{s,t\in I\\ s\neq t}} \frac{\|u(t) - u(s)\|_X}{|t - s|^\mu}, \quad \forall u \in C^\mu(I, X)$$

构成 Banach 空间, 称之为 I 上的 μ 阶**向量值Hölder空间**. 又对任意 $m \in \mathbf{Z}_+$ 和 $0 < \mu \leqslant 1$, 用符号 $C^{m,\mu}(I, X)$ 表示由 $C^m(I, X)$ 中 m 阶导数属于 $C^\mu(I, X)$ 的全体向量值函数 $u : I \to X$ 组成的集合. 易知 $C^{m,\mu}(I, X)$ 按范数

$$\|u\|_{C^{m,\mu}(I,X)} = \|u\|_{C^m(I,X)} + \sup_{\substack{s,t\in I\\ s\neq t}} \frac{\|u^{(m)}(t) - u^{(m)}(s)\|_X}{|t - s|^\mu}, \quad \forall u \in C^{m,\mu}(I, X)$$

构成 Banach 空间, 称之为 I 上的 $m + \mu$ 阶**向量值Hölder空间**.

为记号简单起见, 我们把 $C^m(I,X)$ $(m\in\mathbf{Z}_+)$ 和 $C^{m,\mu}(I,X)$ $(m\in\mathbf{Z}_+, 0<\mu\leqslant 1)$ 合记为 $C^{m,\mu}(I,X)$ $(m\in\mathbf{Z}_+, 0\leqslant\mu\leqslant 1)$, 即令 $C^{m,0}(I,X)=C^m(I,X)$. 以下两个结论都很容易证明:

(3) 如果 $X\hookrightarrow Y$ 且 $m+\mu\geqslant l+\nu$, 则 $C^{m,\mu}(I,X)\hookrightarrow C^{l,\nu}(I,Y)$.

(4) 如果 $X\hookrightarrow\hookrightarrow Y$ 且 $m+\mu>l+\nu$, 则 $C^{m,\mu}(I,X)\hookrightarrow\hookrightarrow C^{l,\nu}(I,Y)$.

4.2.3 向量值函数的弱可测和强可测

向量值函数 Riemann 积分的概念是数量值函数 Riemann 积分概念对向量值函数的直接推广. 为了引进 $L^p(I,X)$ 和 $W^{m,p}(I,X)$ 等函数空间, 显然仅有 Riemann 积分的概念是不够的 (但往往需要通过这种积分的 Newton–Leibniz 公式来作具体的计算), 还需把数量值函数 Lebesgue 积分的概念也推广到向量值函数. 这就不可避免地需要先讨论清楚向量值函数可测的概念. 由于 Banach 空间有强拓扑和弱拓扑等不同的拓扑结构, 所以向量值函数也相应地有强可测和弱可测等不同的概念.

定义 4.2.5 设 u 是定义在区间 I 上取值于 Banach 空间 X 的向量值函数.

(i) 如果对任意连续线性泛函 $f\in X'$, 数量值函数 $t\mapsto f(u(t))$ 都是 I 上的 Lebesgue 可测函数, 则称 u 在 I 上**弱可测**.

(ii) 如果 u 具有表达式

$$u(t)=\sum_{i=1}^{m}\chi_{E_i}(t)u_i,\quad \forall t\in I, \tag{4.2.1}$$

其中 u_i $(i=1,2,\cdots,m)$ 为 X 中的有限个向量, E_i $(i=1,2,\cdots,m)$ 为 I 的有限个互不相交且测度有限的可测子集, χ_{E_i} 为 E_i 的特征函数 $(i=1,2,\cdots,m)$, 则称 u 为 I 上的**简单函数**.

(iii) 如果 u 是 I 上一列简单函数的几乎处处强极限, 即存在 I 上一列简单函数 $\{u_n\}_{n=1}^{\infty}$ 使成立

$$\lim_{n\to\infty}\|u_n(t)-u(t)\|_X=0,\quad \text{a.e. } t\in I,$$

则称 u 在 I 上**强可测**.

关于弱可测和强可测的关系, 下述结论是显然的:

(5) 如果 u 在区间 I 上强可测, 则它也在 I 上弱可测, 且数量值函数 $t\mapsto\|u(t)\|_X$ 是区间 I 上的 Lebesgue 可测函数.

弱可测和强可测的更深刻关系由以下著名定理给出:

定理 4.2.6 (Pettis) 设 X 是 Banach 空间, 则区间 I 上的向量值函数 $u:I\to X$ 在 I 上强可测的充要条件是下面两个条件同时成立:

(i) u 在 I 上弱可测;

(ii) u 在 I 上是**几乎可分地取值的**, 即存在 I 的零测度子集 E_0 使集合 $\{u(t): t\in I\backslash E_0\}$ 是 X 的可分子集 (即有可数的稠密子集).

推论 4.2.7　对于取值于可分 Banach 空间上的向量值函数, 强可测等价于弱可测.

推论 4.2.8　如果 $\{u_n\}_{n=1}^{\infty}$ 是区间 I 上的一列强可测向量值函数, 在 I 上几乎处处弱收敛, 则其几乎处处弱极限 u 也在 I 上强可测.

4.2.4 Pettis 积分和 Bochner 积分

数量值函数 Lebesgue 积分的概念按照 Banach空间的强和弱两种不同的拓扑对向量值函数的推广, 分别是 Bochner 积分和 Pettis 积分.

定义 4.2.9　设 u 是定义在区间 I 上取值于 Banach 空间 X 的弱可测向量值函数. 如果对 I 的任意 Lebesgue 可测子集 E, 都存在相应的向量 $x_E\in X$, 使对任意连续线性泛函 $f\in X'$ 都成立

$$\int_E f(u(t))\mathrm{d}t = f(x_E), \tag{4.2.2}$$

则称 u 在区间 I 上**Pettis 可积**, 并称向量 x_E 为 u 在 E 上的**Pettis 积分**, 记作 $(\mathrm{P})\int_E u(t)\mathrm{d}t = x_E$.

按照上述定义, 等式 (4.2.2) 可改写成

$$f\Big((\mathrm{P})\int_E u(t)\mathrm{d}t\Big) = \int_E f(u(t))\mathrm{d}t, \quad \forall f\in X'.$$

定理 4.2.10　如果 X 是自反空间, 则在区间 I 上弱可测的向量值函数 $u: I\to X$ 在 I 上 Pettis 可积的充要条件是对任意连续线性泛函 $f\in X'$, 数量值函数 $t\mapsto f(u(t))$ 都在 I 上 Lebesgue 可积.

定义 4.2.11　设 X 是 Banach 空间, I 是一个区间.

(i) 如果 $u: I\to X$ 是简单函数且具有表达式 (4.2.1), 则定义 u 在 I 上的**Bochner 积分**为

$$\int_I u(t)\mathrm{d}t = \sum_{i=1}^{m} |E_i| u_i.$$

(ii) 如果向量值函数 $u: I\to X$ 是一列简单函数 $\{u_n\}_{n=1}^{\infty}$ 的积分平均极限, 即

$$\lim_{n\to\infty}\int_I \|u_n(t)-u(t)\|_X \mathrm{d}t = 0,$$

则易见 u 在 I 上强可测且强极限 $\lim\limits_{j\to\infty}\int_I u_n(t)\mathrm{d}t$ 存在, 即存在向量 $v\in X$ 使成立

$$\lim_{n\to\infty}\left\|\int_I u_n(t)\mathrm{d}t-v\right\|_X=0,$$

这时称 u 在区间 I 上**Bochner 可积**, 并称向量 v 为 u 在 I 上**Bochner 积分**, 记作 $\int_I u(t)\mathrm{d}t$, 即

$$\int_I u(t)\mathrm{d}t=\lim_{n\to\infty}\int_I u_n(t)\mathrm{d}t \quad (\text{按 } X \text{ 强拓扑}).$$

定理 4.2.12 设 X 是 Banach 空间, $u:I\to X$ 是区间 I 上的向量值函数. 如果 u 在 I 上 Bochner 可积, 则它也必在 I 上 Pettis 可积, 而且两种积分相等.

定理 4.2.13 设 X 是 Banach 空间, $u:I\to X$ 是区间 I 上强可测的向量值函数. 则 u 在 I 上 Bochner 可积的充要条件是 $\int_I\|u(t)\|_X\mathrm{d}t<\infty$. 而且这时成立不等式

$$\left\|\int_I u(t)\mathrm{d}t\right\|_X\leqslant\int_I\|u(t)\|_X\mathrm{d}t.$$

此外, 对 Bochner 积分还成立 Lebesgue 控制收敛定理、强可列可加性、强绝对连续性以及有界线性算子可与之交换次序等性质, 详见文献 [128], [132] 等.

4.2.5 函数空间 $L^p(I,X)$ 和 $W^{m,p}(I,X)$

有了前面的准备, 现在便可给出向量值 Lebesque 空间 $L^p(I,X)$ $(1\leqslant p\leqslant\infty)$ 和向量值 Sobolev 空间 $W^{m,p}(I,X)$ $(m\in\mathbf{Z}_+,\ 1\leqslant p\leqslant\infty)$ 的定义, 其中 I 表示开区间.

定义 4.2.14 设 X 是 Banach 空间, I 是一个区间.

(i) 对 $1\leqslant p<\infty$, 令 $L^p(I,X)=\left\{u:I\to X\text{强可测, 且}\int_I\|u(t)\|_X^p\mathrm{d}t<\infty\right\}$, 并定义

$$\|u\|_{L^p(I,X)}=\left(\int_I\|u(t)\|_X^p\mathrm{d}t\right)^{\frac{1}{p}},\quad \forall u\in L^p(I,X).$$

(ii) 对 $p=\infty$, 令 $L^\infty(I,X)=\{u:I\to X\text{强可测, 且}\operatorname{ess.sup}\limits_{t\in I}\|u(t)\|_X<\infty\}$, 并定义

$$\|u\|_{L^\infty(I,X)}=\operatorname*{ess.sup}_{t\in I}\|u(t)\|_X,\quad \forall u\in L^\infty(I,X).$$

易知 $L^p(I,X)$ $(1\leqslant p\leqslant\infty)$ 按所定义范数成为 Banach 空间, 称作**向量值 Lebesgue 空间**.

定理 4.2.15 设 X 是 Banach 空间, I 是区间, 则有下列结论:

(1) 如果 $1\leqslant p<\infty$, I 是开区间, 则 $C_0^\infty(I,X)$ 在 $L^p(I,X)$ 中稠密;

(2) 设 $1 \leqslant p < \infty$ 且 $u \in L^p(I,X)$, 用 u_ε 表示 u 的磨光函数, 则 $\|u_\varepsilon\|_{L^p(I,X)} \leqslant \|u\|_{L^p(I,X)}$, 且

$$\lim_{\varepsilon\to 0}\|u_\varepsilon - u\|_{L^p(I,X)} = 0;$$

(3) 如果 $1 \leqslant p < \infty$ 且 X 是可分空间, 则 $L^p(I,X)$ 是可分空间;

(4) 如果 $1 \leqslant p < \infty$, 则 $L^{p'}(I,X') \subseteq (L^p(I,X))'$, 进一步如果 X 是可分 Hilbert 空间, 则 $L^{p'}(I,X') = (L^p(I,X))'$;

(5) 如果 $1 < p < \infty$ 且 X 是可分 Hilbert 空间, 则 $L^p(I,X)$ 是自反空间;

(6) 设 Ω 是可测集, 而 $1 \leqslant p < \infty, 1 \leqslant q < \infty$, 则 $[L^q(I,L^p(\Omega))]' = L^{q'}(I,L^{p'}(\Omega))$, 进而当 $1<p<\infty$ 且 $1<q<\infty$ 时 $L^q(I,L^p(\Omega))$ 是自反空间.

证 (1) 对任意 $u \in L^p(I,X)$ 和任意给定的 $\varepsilon > 0$, 先取简单函数 $v(t) = \sum\limits_{i=1}^{m}\chi_{E_i}(t)x_i$, 其中 $x_i \in X$, E_i 是 I 的互不相交且测度有限的可测子集, $i = 1,2,\cdots,m$, 使得 $\|u-v\|_{L^p(I,X)} < \varepsilon$, 再对每个 $1 \leqslant i \leqslant m$ 取 $\phi_i \in C_0^\infty(I)$ 使 $\sum\limits_{i=1}^{m}\|\chi_{E_i} - \phi_i\|_{L^p(I)}\|x_i\|_X < \varepsilon$. 然后令 $w = \sum\limits_{i=1}^{m}\phi_i x_i$. 则 $w \in C_0^\infty(I,X)$ 且 $\|u-w\|_{L^p(I,X)} < 2\varepsilon$. 这就证明了结论 (1).

(2) 结论 (2) 应用结论 (1) 类似于数量值函数的情形证明.

(3) 为简单起见不妨设 I 是有界闭区间. 先取可数集 $S \subseteq X$ 使在 X 中稠密. 再令

$$\mathscr{A} = \Big\{\sum_{i=1}^{m}P_i x_i : x_i \in S,\ P_i \text{ 是有理系数的多项式},\ i = 1,2,\cdots,m,\ m = 1,2,\cdots\Big\},$$

则应用简单函数逼近、把简单函数磨光和 Weierstrass 逼近定理易知 $\mathscr{A}$ 在 $L^p(I,X)$ 中稠密. 由于 $\mathscr{A}$ 是可数集合, 所以 $L^p(I,X)$ 可分.

(4) 包含关系 $L^{p'}(I,X') \subseteq (L^p(I,X))'$ 是显然的. 现设 X 是可分 Hilbert 空间. 令 $\{e_i\}_{i=1}^\infty$ 是 X 的一个正交基底. 再对每个 $m \in \mathbf{N}$, 令 X_m 为由 $e_1,e_2,\cdots,e_m$ 张成的 m 维线性空间. 对任意 $f \in (L^p(I,X))'$, 令 $f_m = f|_{L^p(I,X_m)}$, $m = 1,2,\cdots$. 则由 Riesz 表示定理知 $f_m \in L^{p'}(I,X_m')$, $m = 1,2,\cdots$. 再对任意 $t \in I$ 把 $f_m(t)$ 作零延拓, 即令 $\langle f_m(t),x\rangle = 0$, $\forall x \in X_m^\perp$, $\forall t \in I$. 则 $f_m \in L^{p'}(I,X')$, $m = 1,2,\cdots$. 易知 $\{f_m\}_{m=1}^\infty$ 是 $L^{p'}(I,X')$ 中的 Cauchy 序列. 不难知道 $\lim\limits_{m\to\infty}\langle f_m,u\rangle = \langle f,u\rangle$, $\forall u \in L^p(I,X)$, 所以 $f \in L^{p'}(I,X')$. 这就证明了 $L^{p'}(I,X') = (L^p(I,X))'$.

(5) 结论 (5) 是结论 (4) 的直接推论.

(6) 显然 $L^{q'}(I,L^{p'}(\Omega)) \subseteq [L^q(I,L^p(\Omega))]'$. 因此只需再证明 $[L^q(I,L^p(\Omega))]' \subseteq L^{q'}(I,L^{p'}(\Omega))$. 为此令 $r = \max\{p,q\}$, 并设 $F \in [L^q(I,L^p(\Omega))]'$. 对任意有界区间

$J \subseteq I$ 和 Ω 的任意具有有限测度的可测子集 E, 由于 $L^r(J\times E)\subseteq L^q(J,L^p(E))$, 所以把 $L^r(J\times E)$ 中函数作零延拓便得到了 $L^q(I,L^p(\Omega))$ 中的函数. 对任意 $\varphi\in L^r(J\times E)$, 仍然用同一符号 φ 表示把它作零延拓后得到的 $L^q(I,L^p(\Omega))$ 中的函数, 则 $F(\varphi)$ 有意义. 不难知道, 这样定义的映射 $\varphi\mapsto F(\varphi)$ 是 $L^r(J\times E)$ 上的连续线性泛函, 从而由 Riesz 表示定理知存在 $f_{J\times E}\in L^{r'}(J\times E)$ 使成立

$$F(\varphi)=\int_J\int_E f_{J\times E}(t,x)\varphi(t,x)\mathrm{d}t\mathrm{d}x,\quad \forall\varphi\in L^r(J\times E).$$

由于 $L^r(J\times E)$ 在 $L^q(J,L^p(E))$ 中稠密, 所以函数 $f_{J\times E}$ 由 F 唯一确定. 因此, 通过把 J 取遍 I 的有界子区间、E 取遍 Ω 的具有有限测度的可测子集, 然后把所有这样得到的函数 $f_{J\times E}$ 粘接在一起, 就唯一地得到了定义在 $I\times\Omega$ 上的一个函数, 记之为 f. 下面来证明 $f\in L^{q'}(I,L^{p'}(\Omega))$. 这里只对 $p,q>1$ 的情况给予证明, 其余情况留给读者自己完成. 当 $p,q>1$ 时, 对任意给定的 I 的有界子区间 J 和 Ω 的具有有限测度的可测子集 E, 以及任意 $N>0$, 令

$$S=\{(t,x)\in J\times E:\ |f(t,x)|\leqslant N\},$$

然后再令

$$\varphi(t,x)=\chi_S(t,x)|f(t,x)|^{\frac{1}{p-1}}\operatorname{sgn}f(t,x)\Big[\int_E\chi_S(t,x)|f(t,x)|^{p'}\mathrm{d}x\Big]^{\frac{q'}{p'}-1},\quad\forall(t,x)\in I\times\Omega,$$

其中 χ_S 表示 S 的特征函数. 由于 φ 是 S 上的有界函数, 所以 $\varphi\in L^r(J\times E)$. 因此

$$F(\varphi)=\int_J\int_E f_{J\times E}(t,x)\varphi(t,x)\mathrm{d}t\mathrm{d}x=\int_J\Big[\int_E\chi_S(t,x)|f(t,x)|^{p'}\mathrm{d}x\Big]^{\frac{q'}{p'}}\mathrm{d}t.$$

而由 $F\in[L^q(I,L^p(\Omega))]'$ 知

$$|F(\varphi)|\leqslant\|F\|\|\varphi\|_{L^q(I,L^p(\Omega))}=\|F\|\Big\{\int_J\Big[\int_E\chi_S(t,x)|f(t,x)|^{p'}\mathrm{d}x\Big]^{\frac{q'}{p'}}\mathrm{d}t\Big\}^{\frac{1}{q}}.$$

从以上两个关系式即得

$$\Big\{\int_J\Big[\int_E\chi_S(t,x)|f(t,x)|^{p'}\mathrm{d}x\Big]^{\frac{q'}{p'}}\mathrm{d}t\Big\}^{\frac{1}{q'}}\leqslant\|F\|.$$

现在只要令 $N\to\infty$, 然后再令 $J\to I$ 和 $E\to\Omega$, 即得 $\|f\|_{L^{q'}(I,L^{p'}(\Omega))}\leqslant\|F\|$. 这就证明了 $f\in L^{q'}(I,L^{p'}(\Omega))$. 而由 f 的定义易见它即是 F 在 $L^{q'}(I,L^{p'}(\Omega))$ 中的表示, 从而便证明了 $[L^q(I,L^p(\Omega))]'\subseteq L^{q'}(I,L^{p'}(\Omega))$. 证毕. □

定义 4.2.16 设 X 是 Banach 空间, I 是开区间, m 是正整数. 又设 $u \in L^1_{\rm loc}(I,X)$ (即对任意 $J \subset\subset I$ 都有 $u \in L^1(J,X)$). 如果存在 $v \in L^1_{\rm loc}(I,X)$ 使成立

$$\int_I \varphi^{(m)}(t)u(t)\mathrm{d}t = (-1)^m \int_I \varphi(t)v(t)\mathrm{d}t, \quad \forall \varphi \in C_0^\infty(I),$$

则称 v 为 u 的 m 阶弱导数, 记作 $u^{(m)} = v$ 或 $\partial_t^m u(t) = v(t)$ $(t \in I)$. 特别, 当 $m = 1,2,3$ 时, $u^{(1)}, u^{(2)}, u^{(3)}$ 也分别记作 u', u'', u''' 或 $\dot{u}, \ddot{u}, \dddot{u}$.

为方便起见, 通常也记 $u^{(0)} = u$ 或 $\partial_t^0 u(t) = u(t)$ $(t \in I)$.

定义 4.2.17 设 X, I 和 m 如定义 4.2.16, $1 \leqslant p \leqslant \infty$. 定义

$$W^{m,p}(I,X) = \{u \in L^p(I,X) : u^{(k)} \in L^p(I,X), k = 1,2,\cdots,m\}.$$

范数取为

$$\|u\|_{W^{m,p}(I,X)} = \sum_{k=0}^m \Big(\int_I \|\partial_t^k u(t)\|_X^p \mathrm{d}t\Big)^{\frac{1}{p}}, \quad \text{当 } 1 \leqslant p < \infty;$$

$$\|u\|_{W^{m,\infty}(I,X)} = \sum_{k=0}^m \operatorname*{ess\,sup}_{t \in I} \|\partial_t^k u(t)\|_X.$$

易知对任意正整数 m 和 $1 \leqslant p \leqslant \infty$, $W^{m,p}(I,X)$按所定义的范数成为 Banach 空间, 称为**向量值 Sobolev 空间**.

向量值 Lebesgue空间和向量值 Sobolev 空间不像数量值 Lebesgue 空间和数量值 Sobolev 空间那样研究得透彻; 有许多问题目前还没有完全研究清楚. 不过, 一些常用的基本性质已经建立起来了. 但这里我们不一一列举这些性质. 建议需要了解的读者参看文献 [13] 第一章及那里所列参考文献. 这里只证明以下两个定理:

定理 4.2.18 设 X 是 Banach 空间, $-\infty < a < b < \infty$, $1 \leqslant p \leqslant \infty$. 又设 $u \in W^{1,p}((a,b),X)$. 则有下列结论:

(1) $u \in C([a,b],X)$;

(2) $u(t) = u(t_0) + \int_{t_0}^t u'(s)\mathrm{d}s$, $\forall t, t_0 \in [a,b]$;

(3) $\max\limits_{a \leqslant t \leqslant b} \|u(t)\|_X \leqslant C\|u\|_{W^{1,p}((a,b),X)}$.

证 我们只考虑 $1 \leqslant p < \infty$ 的情况; $p = \infty$ 的情况留给读者. 令 $\hat{u}$ 为把 u 作零延拓所得定义于 $\mathbf{R}$ 上的向量值函数, 记 $\hat{u}$ 的磨光函数为 $\hat{u}_\varepsilon$ $(\varepsilon > 0)$. 则有 $\lim\limits_{\varepsilon \to 0} \|\hat{u}_\varepsilon - \hat{u}\|_{L^p(\mathbf{R},X)} = 0$. 对任意 $(c,d) \subset\subset (a,b)$, 易知当 ε 充分小时在 (c,d) 上成立 $\hat{u}'_\varepsilon = (\hat{u}')_\varepsilon$, 所以还有 $\lim\limits_{\varepsilon \to 0} \|\hat{u}'_\varepsilon - \hat{u}'\|_{L^p((c,d),X)} = 0$, $\forall (c,d) \subset\subset (a,b)$. 由于 $\hat{u}_\varepsilon \in C_0^\infty(\mathbf{R},X)$, 所以应用 Newton–Leibniz 公式得

$$\hat{u}_\varepsilon(t) = \hat{u}_\varepsilon(s) + \int_s^t \hat{u}'_\varepsilon(\tau)\mathrm{d}\tau, \quad \forall t, s \in \mathbf{R}, \ \forall \varepsilon > 0. \tag{4.2.3}$$

现在注意由于 $\lim\limits_{\varepsilon\to 0}\int_{-\infty}^{\infty}\|\hat{u}_\varepsilon(t)-\hat{u}(t)\|_X^p\mathrm{d}t = \lim\limits_{\varepsilon\to 0}\|\hat{u}_\varepsilon - \hat{u}\|_{L^p(\mathbf{R},X)}^p = 0$, 所以根据 Riesz 定理知对任意趋于零的正数列 $\{\varepsilon_j\}_{j=1}^\infty$, 存在零测集 $E_0 \subseteq \mathbf{R}$ 和 $\{\varepsilon_j\}_{j=1}^\infty$ 的子列, 仍然记为 $\{\varepsilon_j\}_{j=1}^\infty$, 使成立

$$\lim_{j\to\infty}\|\hat{u}_{\varepsilon_j}(t) - \hat{u}(t)\|_X = 0, \quad \forall t \in \mathbf{R}\backslash E_0.$$

而由 $\lim\limits_{\varepsilon\to 0}\|\hat{u}'_\varepsilon - \hat{u}'\|_{L^p((c,d),X)} = 0$ 易知

$$\lim_{\varepsilon\to 0}\sup_{s,t\in[c,d]}\Big\|\int_s^t \hat{u}'_\varepsilon(\tau)\mathrm{d}\tau - \int_s^t \hat{u}'(\tau)\mathrm{d}\tau\Big\|_X = 0, \quad \forall (c,d) \subset\subset (a,b).$$

因此在 (4.2.3) 中取 $\varepsilon = \varepsilon_j$ 再令 $j \to \infty$ 取极限, 就得到

$$\hat{u}(t) = \hat{u}(s) + \int_s^t \hat{u}'(\tau)\mathrm{d}\tau, \quad \forall t, s \in [c,d]\backslash E_0.$$

因上式右端第二项是 t, s 的连续函数, 且 $(c,d) \subset\subset (a,b)$ 是任意的, 从这个关系式并注意在 $[a,b]$ 上 $\hat{u} = u$, 便立得结论 (1) 和 (2). 最后, 把 (2) 的等式右端看作 t_0 的函数求 p 幂范数, 就证明了结论 (3). 证毕. □

定理 4.2.19 设 H 是 Hilbert 空间, X 和 Y 是 Banach 空间, 且 $X \hookrightarrow H \hookrightarrow Y$. 又设 Y 是 X 关于 H 内积的对偶空间, 即 Y 是 X 的对偶空间, 且当 $f \in H$ 时 f 作为 Y 中的元素与任意 $x \in X$ 的对偶作用为 $\langle f, x\rangle = (f, x)_H$, 其中 $(\cdot,\cdot)_H$ 为 H 的内积. 再设 $1 < p < \infty$, 且

$$u \in L^p((a,b),X), \quad u' \in L^{p'}((a,b),Y), \tag{4.2.4}$$

其中 p' 为 p 的对偶数. 则有下列结论:

(1) $u \in C([a,b],H)$;

(2) 函数 $t \mapsto \|u(t)\|_H^2$ 在 $[a,b]$ 上绝对连续, 且对几乎所有的 $t \in [a,b]$ 成立

$$\frac{\mathrm{d}}{\mathrm{d}t}\|u(t)\|_H^2 = 2\langle u'(t), u(t)\rangle; \tag{4.2.5}$$

(3) 成立不等式

$$\max_{a\leqslant t\leqslant b}\|u(t)\|_H \leqslant C(\|u\|_{L^p((a,b),X)} + \|u'\|_{L^{p'}((a,b),Y)}). \tag{4.2.6}$$

证 首先把 u 延拓成 $\mathbf{R}$ 上的函数 $\hat{u}$, 使

$$\hat{u} \in L^p(\mathbf{R}, X), \quad \hat{u}' \in L^{p'}(\mathbf{R}, Y), \quad \operatorname{supp} \hat{u} \subseteq [a-1, b+1],$$

且

$$\|\hat{u}\|_{L^p(\mathbf{R},X)} \leqslant C\|u\|_{L^p((a,b),X)}, \quad \|\hat{u}'\|_{L^{p'}(\mathbf{R},X')} \leqslant C\|u'\|_{L^{p'}((a,b),Y)}.$$

令 $\hat{u}_\varepsilon$ $(\varepsilon > 0)$ 为 $\hat{u}$ 的磨光函数. 则对任意 $\varepsilon, \varepsilon' > 0$ 有

$$\frac{\mathrm{d}}{\mathrm{d}t}\|\hat{u}_\varepsilon(t) - \hat{u}_{\varepsilon'}(t)\|_H^2 = 2(\hat{u}'_\varepsilon(t) - \hat{u}'_{\varepsilon'}(t), \hat{u}_\varepsilon(t) - \hat{u}_{\varepsilon'}(t))_H, \quad \forall t \in \mathbf{R},$$

进而

$$\begin{aligned}\|\hat{u}_\varepsilon(t) - \hat{u}_{\varepsilon'}(t)\|_H^2 &= 2\int_{-\infty}^t (\hat{u}'_\varepsilon(\tau) - \hat{u}'_{\varepsilon'}(\tau), \hat{u}_\varepsilon(\tau) - \hat{u}_{\varepsilon'}(\tau))_H \mathrm{d}\tau \\ &\leqslant 2\int_{-\infty}^t \|\hat{u}'_\varepsilon(\tau) - \hat{u}'_{\varepsilon'}(\tau)\|_Y \|\hat{u}_\varepsilon(\tau) - \hat{u}_{\varepsilon'}(\tau)\|_X \mathrm{d}\tau \\ &\leqslant \|\hat{u}'_\varepsilon - \hat{u}'_{\varepsilon'}\|^2_{L^{p'}(\mathbf{R},Y)} + \|\hat{u}_\varepsilon - \hat{u}_{\varepsilon'}\|^2_{L^p(\mathbf{R},X)}, \quad \forall t \in \mathbf{R}.\end{aligned}$$

因 $\hat{u}'_\varepsilon = (\hat{u}')_\varepsilon$, 由上式即知当 $\varepsilon \to 0$ 时, $\hat{u}_\varepsilon$ 在 $C(\mathbf{R}, H)$ 中有极限. 而已知当 $\varepsilon \to 0$ 时, $\hat{u}_\varepsilon$ 在 $L^p(\mathbf{R}, X)$ 中收敛于 $\hat{u}$, 所以 $\hat{u} \in C(\mathbf{R}, H) \cap L^p(\mathbf{R}, X)$, 且当 $\varepsilon \to 0$ 时, $\hat{u}_\varepsilon$ 在 $C(\mathbf{R}, H) \cap L^p(\mathbf{R}, X)$ 中收敛于 $\hat{u}$. 现在由关系式

$$\frac{\mathrm{d}}{\mathrm{d}t}\|\hat{u}_\varepsilon(t)\|_H^2 = 2(\hat{u}'_\varepsilon(t), \hat{u}_\varepsilon(t))_H, \quad \forall t \in \mathbf{R},$$

得

$$\|\hat{u}_\varepsilon(t)\|_H^2 = 2\int_{-\infty}^t (\hat{u}'_\varepsilon(\tau), \hat{u}_\varepsilon(\tau))_H \mathrm{d}\tau, \quad \forall t \in \mathbf{R}.$$

令 $\varepsilon \to 0$ 取极限, 便得到

$$\|\hat{u}(t)\|_H^2 = 2\int_{-\infty}^t \langle \hat{u}'(\tau), \hat{u}(\tau)\rangle \mathrm{d}\tau, \quad \forall t \in \mathbf{R}. \tag{4.2.7}$$

因此函数 $t \mapsto \|\hat{u}(t)\|_H^2$ 在任意有限区间 $[M, N]$ $(M < N)$ 上绝对连续, 且对几乎所有的 $t \in \mathbf{R}$ 成立

$$\frac{\mathrm{d}}{\mathrm{d}t}\|\hat{u}(t)\|_H^2 = 2\langle \hat{u}'(t), \hat{u}(t)\rangle.$$

现在取 $M = a$, $N = b$, 便得到了结论 (1) 和 (2). 结论 (3) 从关系式 (4.2.7) 用与前面类似的推导得到. 证毕. □

推论 4.2.20 设 Ω 是 $\mathbf{R}^n$ 中的开集, 而 $u \in L^2((a,b), H_0^1(\Omega))$, $u' \in L^2((a,b), H^{-1}(\Omega))$, 则有下列结论:

(1) $u \in C([a,b], L^2(\Omega))$;

(2) 函数 $t \mapsto \|u(t)\|_{L^2(\Omega)}^2$ 在 $[a,b]$ 上绝对连续, 且对几乎所有的 $t \in (a,b)$ 成立

$$\frac{\mathrm{d}}{\mathrm{d}t}\|u(t)\|_{L^2(\Omega)}^2 = 2\langle u'(t), u(t)\rangle, \tag{4.2.8}$$

这里等号右端的符号 $\langle\cdot,\cdot\rangle$ 表示 $H^{-1}(\Omega)$ 对 $H_0^1(\Omega)$ 的对偶作用;

(3) 成立不等式

$$\max_{a\leqslant t\leqslant b}\|u(t)\|_{L^2(\Omega)} \leqslant C(\|u\|_{L^2((a,b),H_0^1(\Omega))} + \|u'\|_{L^2((a,b),H^{-1}(\Omega))}). \tag{4.2.9}$$

证 把定理 4.2.19 中应用于 $H = L^2(\Omega)$, $X = H_0^1(\Omega)$, $Y = H^{-1}(\Omega)$ 的情况即可. □

推论 4.2.21 设 Ω 是 $\mathbf{R}^n$ 中的有界开集, $\partial\Omega \in C^2$, 而 $u \in L^2((a,b), L^2(\Omega))$, $u' \in L^2((a,b), \hat{H}^{-2}(\Omega))$, 其中 $\hat{H}^{-2}(\Omega)$ 表示 $H^2(\Omega)\cap H_0^1(\Omega)$ 的对偶空间, 则 $u \in C([a,b], H^{-1}(\Omega))$.

证 显然 $L^2(\Omega) \hookrightarrow H^{-1}(\Omega) \hookrightarrow \hat{H}^{-2}(\Omega)$. 只需再证明 $\hat{H}^{-2}(\Omega)$ 是 $L^2(\Omega)$ 关于 $H^{-1}(\Omega)$ 内积的对偶空间即可. 为此注意当取 $H_0^1(\Omega)$ 的内积为 $(\varphi,\psi)_{H_0^1(\Omega)} = (\nabla\varphi, \nabla\psi)_{L^2(\Omega)}$ 时, $H^{-1}(\Omega)$ 的相应内积为

$$(f,g)_{H^{-1}(\Omega)} = \langle f,\psi\rangle = \langle g,\varphi\rangle = \int_\Omega \nabla\varphi(x)\nabla\psi(x)\mathrm{d}x, \quad \forall f,g \in H^{-1}(\Omega),$$

其中 $\varphi,\psi \in H_0^1(\Omega)$ 分别是方程 $-\Delta\varphi = f$ 和 $-\Delta\psi = g$ 在 $H_0^1(\Omega)$ 中的唯一解. 设 $f \in \hat{H}^{-2}(\Omega)$. 定义 $L^2(\Omega)$ 上的泛函 $\hat{f}$ 如下:

$$\hat{f}(u) = \langle f, v\rangle, \quad \forall u \in L^2(\Omega),$$

其中 $v \in H^2(\Omega)\cap H_0^1(\Omega)$ 是方程 $-\Delta v = u$ 在 $H^2(\Omega)\cap H_0^1(\Omega)$ 中的唯一解. 显然 $\hat{f}$ 是 $L^2(\Omega)$ 上的连续线性泛函, 且当 $f \in H^{-1}(\Omega)$ 时, $\hat{f}(u) = (f,u)_{H^{-1}(\Omega)}$, $\forall u \in L^2(\Omega)$. 反过来设 $F \in (L^2(\Omega))'$. 根据 Riesz 表示定理, 存在唯一的 $w \in L^2(\Omega)$ 使成立

$$F(u) = (w,u)_{L^2(\Omega)}, \quad \forall u \in L^2(\Omega).$$

定义 $f \in \hat{H}^{-2}(\Omega)$ 如下:

$$\langle f,\varphi\rangle = -(w, \Delta\varphi)_{L^2(\Omega)}, \quad \forall\varphi \in H^2(\Omega)\cap H_0^1(\Omega),$$

则易见 $F = \hat{f}$. 这就证明了, $\hat{H}^{-2}(\Omega)$ 是 $L^2(\Omega)$ 关于 $H^{-1}(\Omega)$ 内积的对偶空间. □

推论 4.2.22 设 Ω 是 $\mathbf{R}^n$ 中的有界开集, $\partial\Omega \in C^2$, 而 $u \in L^2((a,b), H^2(\Omega)\cap H_0^1(\Omega))$, $u' \in L^2((a,b), L^2(\Omega))$, 则 $u \in C([a,b], H_0^1(\Omega))$.

证明留给读者作习题. □

习 题 4.2

1. 设 u 是定义在区间 I 上取值于 Banach 空间 X 的向量值函数. 对 $t_0 \in I$, 如果当 t 在 I 中趋于 t_0 时 $u(t) \rightharpoonup u(t_0)$, 即对任意 $f \in X'$ 都成立 $\lim\limits_{\substack{t\to t_0\\ t\in I}} f(u(t))f(u(t_0))$, 则称 u 在 t_0 点沿 I **弱连续**. 如果 u 在区间 I 中的每点都沿 I 弱连续, 则称 u 在区间 I 上**弱连续**. 用记号 $C_w(I,X)$ 表示由在 I 上弱连续的全体向量值函数 $u: I \to X$ 组成的集合. 证明:
(1) 如果 I 是有界闭区间而 $u \in C_w(I,X)$, 则存在常数 $C > 0$ 使成立 $\|u(t)\|_X \leqslant C$, $\forall t \in I$.
(2) 称 Banach 空间 X 是**一致凸的**, 是指它满足条件: 对任意 $\varepsilon \in (0,2)$, 存在相应的 $\delta > 0$, 使由条件 $\|x\|_X = \|y\|_X = 1$ 且 $\|x-y\|_X \geqslant \varepsilon$ 可推出 $\|x+y\|_X \leqslant 2(1-\delta)$. 如果 X 是一致凸的, 则 $u \in C(I,X)$ 的充要条件是 $u \in C_w(I,X)$ 且函数 $t \mapsto \|u(t)\|_X$ 在 I 上连续.
2. 设 u 是定义在区间 I 上取值于 Banach 空间 X 的向量值函数. 对 $t_0 \in I$, 如果存在向量 $v \in X$ 使成立 $\dfrac{u(t)-u(t_0)}{t-t_0} \rightharpoonup v$ (当 $t \to t_0$), 则称 u 在 t_0 点沿 I **弱可导**, 并称向量 v 为 u 在 t_0 点沿 I **的弱导数**, 记作 $u'(t_0) = v$. 如果 u 在区间 I 中的每点都沿 I 弱可导, 则称 u 在 I 上**弱可导**. 证明:
(1) 如果 u 在 I 上弱可导, 则 u 在 I 上连续;
(2) 如果 u 在 $[a,b]$ 上弱可导, 且弱导数 u' 在 $[a,b]$ 上 Riemann 可积, 则成立 Newton–Leibniz 公式: $\int_a^b u'(t)\mathrm{d}t = u(b)-u(a)$.
3. 设 X, Y 是 Banach 空间且 $X \hookrightarrow\hookrightarrow Y$. 又设 I 是有界闭区间, $0 < \nu < \mu \leqslant 1$. 证明:
(1) $C^\mu(I,X) \hookrightarrow\hookrightarrow C(I,Y)$;
(2) $C^\mu(I,X) \hookrightarrow\hookrightarrow C^\nu(I,Y)$;
(3) $C^1(I,X) \hookrightarrow\hookrightarrow C^\nu(I,Y)$.
4. 设 u 是区间 I 上强可测的向量值函数, φ 是区间 I 上处处取有限值且 Lebesgue 可测的数量值函数. 证明: 向量值函数 φu 也在区间 I 上强可测.
5. 证明推论 4.2.8.
6. 设 X, Y 是 Banach 空间, I 是一个区间, $u: I \to X$, $A \in L(X,Y)$. 证明:
(1) u 在 I 上弱可测 $\Rightarrow Au$ 在 I 上弱可测; u 在 I 上强可测 $\Rightarrow Au$ 在 I 上强可测;
(2) 如果 u 在 I 上 Pettis 可积, 则 Au 也在 I 上 Pettis 可积, 并成立等式:
$$(P)\int_I Au(t)\mathrm{d}t = A\left((P)\int_I u(t)\mathrm{d}t\right);$$
(3) 如果 u 在 I 上 Bochner 可积, 则 Au 也在 I 上 Bochner 可积, 并成立等式:
$$\int_I Au(t)\mathrm{d}t = A\Big(\int_I u(t)\mathrm{d}t\Big).$$
7. 设 X, Y 是 Banach 空间, u 是区间 I 上取值于 X 的向量值函数, A 是 X 到 Y 的闭线性算子. 证明: 如果 u 在 I 上 Bochner 可积, 且 Au 也在 I 上 Bochner 可积, 则成立等

式:

$$\int_I Au(t)\mathrm{d}t = A\Big(\int_I u(t)\mathrm{d}t\Big).$$

8. 设 X, Y 是 Banach 空间且 $X \hookrightarrow\hookrightarrow Y$, I 是有界开区间, $p, q \in [1, \infty]$, 且当 $p = 1$ 时 $q < \infty$. 证明: $W^{1,p}(I, X) \hookrightarrow\hookrightarrow L^q(I, Y)$.
9. 证明推论 4.2.22.

4.3 Fourier 方法

本节应用 3.4 节建立的二阶自伴椭圆算子的特征值理论求解二阶线性发展型方程的初边值问题. 在本节, Ω 始终表示 $\mathbf{R}^n$ 中的有界开集, L 表示 Ω 上的二阶自伴线性椭圆型算子, 即

$$L\varphi(x) = -\sum_{i,j=1}^{n} \partial_j[a_{ij}(x)\partial_i\varphi(x)] + c(x)\varphi(x), \quad \forall\varphi \in H^1(\Omega), \tag{4.3.1}$$

其中系数 a_{ij} $(i, j = 1, 2, \cdots, n)$ 和 c 都是实值的本性有界可测函数且满足一致椭圆性条件 (3.2.1).

从本节开始, 对于给定的区间 $I \subseteq \mathbf{R}$ 和 $\mathbf{R}^n$ 中的开集 Ω, 我们经常把定义在 $I \times \Omega$ 上的已知或未知的 $n{+}1$ 元数量值函数 $u : (t, x) \mapsto u(t, x)$ 与定义在区间 I 上而取值于 Ω 上的某个函数空间的向量值函数 $t \mapsto u(t, \cdot)$ 等同, 并用相同的符号 u 表示之. 所以, 对定义在 $I \times \Omega$ 上的 $n{+}1$ 元数量值函数 u, 当写 $u \in C(I, L^2(\Omega))$ 时, 是指相应的向量值函数 $t \mapsto u(t, \cdot)$ 属于 $C(I, L^2(\Omega))$, 等等. 相应地, 我们经常隐去函数 $u(t, x)$ 中的空间变元记号 x, 而把它简记为 $u(t)$, 等等.

4.3.1 抛物型方程

首先考虑下述初边值问题:

$$\begin{cases} \partial_t u(t,x) + Lu(t,x) = f(t,x), & x \in \Omega,\ t > 0, \\ u(t,x) = 0, & x \in \partial\Omega, t > 0, \\ u(0,x) = \varphi(x), & x \in \Omega, \end{cases} \tag{4.3.2}$$

其中 f 和 φ 为给定的函数. 假定 $f \in L^2_{\mathrm{loc}}([0,\infty), H^{-1}(\Omega))$ (即 $f \in L^2([0,T], H^{-1}(\Omega))$, $\forall T > 0$), 而 $\varphi \in L^2(\Omega)$.

令 $\{\lambda_k\}_{k=1}^{\infty}$ 为算子 L 关于 Dirichlet 边值条件的特征值序列, 按从小到大的顺序排列且重特征值按重数排列. 令 $\{w_k\}_{k=1}^{\infty} \subseteq H_0^1(\Omega)$ 为相应的特征函数序列, 使之构成 $L^2(\Omega)$ 的规范正交基底, 即

$$\begin{cases} Lw_k = \lambda_k w_k, & \text{在 } \Omega \text{ 内}, \\ w_k = 0, & \text{在 } \partial\Omega \text{ 上}, \end{cases} \quad k = 1, 2, \cdots; \tag{4.3.3}$$

且

$$\|w_k\|_{L^2(\Omega)}=1,\quad k=1,2,\cdots;\qquad (w_k,w_l)_{L^2(\Omega)}=0,\quad 当\ k\neq l. \tag{4.3.4}$$

由于 $\varphi\in L^2(\Omega)$, $f\in L^2_{\mathrm{loc}}([0,\infty),H^{-1}(\Omega))$, 所以分别按 $L^2(\Omega)$ 范数和 $H^{-1}(\Omega)$ 范数收敛的意义成立

$$\varphi(x)=\sum_{k=1}^{\infty}c_kw_k(x),\quad f(t,x)=\sum_{k=1}^{\infty}f_k(t)w_k(x)\ \text{ a.e. } t>0, \tag{4.3.5}$$

其中

$$c_k=(\varphi,w_k)_{L^2(\Omega)},\quad f_k(t)=\langle f(t,\cdot),w_k\rangle,\quad k=1,2,\cdots. \tag{4.3.6}$$

如果问题 (4.3.2) 有解 $u\in C([0,\infty),L^2(\Omega))$, 那么它同样应当有展开式

$$u(t,x)=\sum_{k=1}^{\infty}y_k(t)w_k(x). \tag{4.3.7}$$

把这个表达式代入 (4.3.2) 作形式的运算 (即暂不考虑各种运算的合理性, 而假定这些运算都是可以如所需要的那样进行的), 然后比较每个 w_k 的系数, 就得到一列互相独立的常微分方程初值问题:

$$\begin{cases} y_k'(t)+\lambda_ky_k(t)=f_k(t), & t>0,\\ y_k(0)=c_k, \end{cases}\qquad k=1,2,\cdots. \tag{4.3.8}$$

熟知这些问题的解为

$$y_k(t)=c_k\mathrm{e}^{-\lambda_kt}+\int_0^tf_k(\tau)\mathrm{e}^{-\lambda_k(t-\tau)}\mathrm{d}\tau,\quad t\geqslant0,\quad k=1,2,\cdots. \tag{4.3.9}$$

代入 (4.3.7), 即得问题 (4.3.2) 的形式解:

$$u(t,x)=\sum_{k=1}^{\infty}c_kw_k(x)\mathrm{e}^{-\lambda_kt}+\sum_{k=1}^{\infty}\int_0^tf_k(\tau)w_k(x)\mathrm{e}^{-\lambda_k(t-\tau)}\mathrm{d}\tau,\quad x\in\Omega,\ t\geqslant0. \tag{4.3.10}$$

所谓形式解, 是指还没有验证这个表达式是否合理地表示了一个函数, 以及如果它的确是一个函数的合理表达式的话, 这个函数是否确为问题 (4.3.2) 的解. 这些问题由以下定理解决:

定理 4.3.1　*设 $\varphi\in L^2(\Omega)$, $f\in L^2_{\mathrm{loc}}([0,\infty),H^{-1}(\Omega))$, 则对任意 $t\geqslant0$, 表达式 (4.3.10) 右端的两个无穷和式都按 $L^2(\Omega)$ 强拓扑收敛从而由 (4.3.10) 合理地定义了一个函数 u, 且 $u\in C([0,\infty),L^2(\Omega))\cap L^2_{\mathrm{loc}}([0,\infty),H^1_0(\Omega))$, $\partial_tu,Lu\in L^2_{\mathrm{loc}}([0,\infty),H^{-1}(\Omega))$, 并且 u 是问题 (4.3.2) 的弱解, 即按广义函数意义在开集*

$(0,\infty)\times\Omega$ 上满足方程 $\partial_t u+Lu=f$, 按迹的意义对几乎所有的 $t>0$ 满足边值条件 $u(t,\cdot)|_{\partial\Omega}=0$, 且 $u(0,\cdot)=\varphi$.

证 首先证明对任意 $t\geqslant 0$, 表达式 (4.3.10) 右端的两个无穷和式都按 $L^2(\Omega)$ 强拓扑收敛. 先看第一个和式. 应用 Plancherel 恒等式得

$$\sum_{k=1}^{\infty}(c_k\mathrm{e}^{-\lambda_k t})^2=\sum_{k=1}^{\infty}c_k^2\mathrm{e}^{-2\lambda_k t}\leqslant \mathrm{e}^{-2\lambda_1 t}\sum_{k=1}^{\infty}c_k^2=\|\varphi\|^2_{L^2(\Omega)}\mathrm{e}^{-2\lambda_1 t},\quad \forall t\geqslant 0.$$

据此应用 Cauchy 收敛准则和 (4.3.4), 即知对任意 $t\geqslant 0$, 第一个无穷和式按 $L^2(\Omega)$ 强拓扑收敛. 记和函数为 $u_0(t,x)$. 则

$$\|u_0(t)\|^2_{L^2(\Omega)}=\sum_{k=1}^{\infty}(c_k\mathrm{e}^{-\lambda_k t})^2\leqslant\|\varphi\|^2_{L^2(\Omega)}\mathrm{e}^{-2\lambda_1 t},\quad \forall t\geqslant 0. \tag{4.3.11}$$

其次, 应用 Cauchy 不等式和不等式 (3.4.14) 得

$$\begin{aligned}&\sum_{k=1}^{\infty}\Big(\int_0^t f_k(\tau)\mathrm{e}^{-\lambda_k(t-\tau)}\mathrm{d}\tau\Big)^2\leqslant\sum_{k=1}^{\infty}\Big(\int_0^t f_k^2(\tau)\mathrm{d}\tau\Big)\Big(\int_0^t \mathrm{e}^{-2\lambda_k(t-\tau)}\mathrm{d}\tau\Big)\\
&\leqslant C(T)\sum_{k=1}^{\infty}(1+|\lambda_k|)^{-1}\Big(\int_0^t f_k^2(\tau)\mathrm{d}\tau\Big)\leqslant C(T)\int_0^T\|f(\tau,\cdot)\|^2_{H^{-1}(\Omega)}\mathrm{d}\tau\\
&=C(T)\|f\|^2_{L^2([0,T],H^{-1}(\Omega))},\quad \forall t\in[0,T].\end{aligned}$$

据此可知对任意 $t\geqslant 0$, 第二个无穷和式也按 $L^2(\Omega)$ 强拓扑收敛. 记和函数为 $u_1(t,x)$. 则

$$\begin{aligned}\|u_1\|_{L^\infty([0,T],L^2(\Omega))}&=\sup_{0\leqslant t\leqslant T}\Big[\sum_{k=1}^{\infty}\Big(\int_0^t f_k(\tau)\mathrm{e}^{-\lambda_k(t-\tau)}\mathrm{d}\tau\Big)^2\Big]^{\frac12}\\
&\leqslant C(T)\|f\|_{L^2([0,T],H^{-1}(\Omega))},\quad \forall T>0.\end{aligned} \tag{4.3.12}$$

因此, 由 (4.3.10) 合理地定义了一个函数 u. 再证明 $u\in C([0,\infty),L^2(\Omega))$. 先看 u_0. 应用 Plancherel 恒等式可知对任意 $t,t_0\geqslant 0$ 有

$$\|u_0(t)-u_0(t_0)\|^2_{L^2(\Omega)}=\sum_{k=1}^{\infty}c_k^2(\mathrm{e}^{-\lambda_k t}-\mathrm{e}^{-\lambda_k t_0})^2.$$

等式右端和式中每一项都不超过 $2(\mathrm{e}^{-2\lambda_1 t}+\mathrm{e}^{-2\lambda_1 t_0})c_k^2$, 而级数 $\sum\limits_{k=1}^{\infty}c_k^2$ 收敛, 所以应用级数形式的 Lebesgue 控制收敛定理便得

$$\lim_{\substack{t\to t_0\\ t\geqslant 0}}\|u_0(t)-u_0(t_0)\|^2_{L^2(\Omega)}=\sum_{k=1}^{\infty}\lim_{\substack{t\to t_0\\ t\geqslant 0}}c_k^2(\mathrm{e}^{-\lambda_k t}-\mathrm{e}^{-\lambda_k t_0})^2=0.$$

这就证明了 $u_0\in C([0,\infty),L^2(\Omega))$. 同理可证 $u_1\in C([0,\infty),L^2(\Omega))$. 因此 $u\in C([0,\infty),L^2(\Omega))$.

以上结论也可这样简单地证明: 记

$$u_m(t,x)=\sum_{k=1}^m c_kw_k(x)\mathrm{e}^{-\lambda_kt}+\sum_{k=1}^m\int_0^t f_k(\tau)w_k(x)\mathrm{e}^{-\lambda_k(t-\tau)}\mathrm{d}\tau,\quad m=1,2,\cdots.$$

则显然 $u_m\in C([0,\infty),H_0^1(\Omega)),\ m=1,2,\cdots$. 由 (4.3.11) 和 (4.3.12) 知对任意 $T>0$, $\{u_m\}_{m=1}^\infty$ 在 $C([0,T],L^2(\Omega))$ 中收敛. 因此 $u\in C([0,\infty),L^2(\Omega))$.

再来证明 $u\in L^2_{\mathrm{loc}}([0,\infty),H_0^1(\Omega))$. 先看 u_0. 令 $k_0=\min\{k:\lambda_k>0\}$, 则对任意 $T>0$ 有

$$\begin{aligned}\left(\int_0^T\|u_0(t)\|^2_{H_0^1(\Omega)}\mathrm{d}t\right)^{\frac12}&\leqslant C\left[\int_0^T\Big(\sum_{k=1}^\infty(1+|\lambda_k|)c_k^2\mathrm{e}^{-2\lambda_kt}\Big)\mathrm{d}t\right]^{\frac12}\\&\leqslant C\left(\int_0^T\|u_0(t)\|^2_{L^2(\Omega)}\mathrm{d}t\right)^{\frac12}+C\left[\int_0^T\Big(\sum_{k=k_0}^\infty\lambda_kc_k^2\mathrm{e}^{-2\lambda_kt}\Big)\mathrm{d}t\right]^{\frac12}\\&\leqslant C(T)\|\varphi\|_{L^2(\Omega)}+\frac{C}{\sqrt2}\left(\sum_{k=k_0}^\infty c_k^2\right)^{\frac12}\leqslant C(T)\|\varphi\|_{L^2(\Omega)}.\end{aligned}$$

因此 $u_0\in L^2_{\mathrm{loc}}([0,\infty),H_0^1(\Omega))$. 再考虑 u_1. 为此令

$$v_m(t,x)=\sum_{k=1}^m\int_0^t f_k(\tau)w_k(x)\mathrm{e}^{-\lambda_k(t-\tau)}\mathrm{d}\tau,\quad f_m(t,x)=\sum_{k=1}^m f_k(t)w_k(x).$$

则 $v_m\in H^1_{\mathrm{loc}}([0,\infty),H_0^1(\Omega))$, $f_m\in L^2_{\mathrm{loc}}([0,\infty),H_0^1(\Omega))$, 且易知 v_m 在 $(0,\infty)\times\Omega$ 上满足方程 $\partial_tv_m+Lv_m=f_m$. 因此有

$$(v_m'(t),v_m(t))_{L^2(\Omega)}+(Lv_m(t),v_m(t))_{L^2(\Omega)}=(f_m(t),v_m(t))_{L^2(\Omega)},\quad\forall t>0.$$

由于

$$\begin{aligned}(v_m'(t),v_m(t))_{L^2(\Omega)}&=\frac12\frac{\mathrm{d}}{\mathrm{d}t}\|v_m(t)\|^2_{L^2(\Omega)},\\(Lv_m(t),v_m(t))_{L^2(\Omega)}&\geqslant c_0\|\nabla v_m(t)\|^2_{L^2(\Omega)}-C\|v_m(t)\|^2_{L^2(\Omega)},\\(f_m(t),v_m(t))_{L^2(\Omega)}&\leqslant\frac{c_0}{2}\|v_m(t)\|^2_{H_0^1(\Omega)}+\frac{1}{2c_0}\|f_m(t)\|^2_{H^{-1}(\Omega)},\end{aligned}$$

这里 C 表示只与 c 的下界有关的非负常数, 所以得到

$$\begin{aligned}\frac{\mathrm{d}}{\mathrm{d}t}\|v_m(t)\|^2_{L^2(\Omega)}+c_0\|v_m(t)\|^2_{H_0^1(\Omega)}&\leqslant\frac{1}{c_0}\|f_m(t)\|^2_{H^{-1}(\Omega)}+C\|v_m(t)\|^2_{L^2(\Omega)}\\&\leqslant\frac{1}{c_0}\|f(t)\|^2_{H^{-1}(\Omega)}+C\|v_m(t)\|^2_{L^2(\Omega)},\quad\forall t>0,\end{aligned}$$

进而

$$\frac{\mathrm{d}}{\mathrm{d}t}\Big(\|v_m(t)\|_{L^2(\Omega)}^2\mathrm{e}^{-Ct}\Big)+c_0\|v_m(t)\|_{H_0^1(\Omega)}^2\mathrm{e}^{-Ct}\leqslant\frac{1}{c_0}\|f(t)\|_{H^{-1}(\Omega)}^2\mathrm{e}^{-Ct},\quad\forall t>0.$$

积分后舍弃不需要的项, 并应用不等式 $\mathrm{e}^{-CT}\leqslant\mathrm{e}^{-Ct}\leqslant 1, \forall t\in[0,T]$, 便得到估计式

$$\int_0^T\|v_m(t)\|_{H_0^1(\Omega)}^2\mathrm{d}t\leqslant C(T)\int_0^T\|f(t)\|_{H^{-1}(\Omega)}^2\mathrm{d}t,\quad\forall T>0.$$

这说明对任意 $T>0$, 函数列 $\{v_m\}_{m=1}^\infty$ 在 $L^2([0,T],H_0^1(\Omega))$ 中有界, 从而有子列在其中弱收敛. 记极限函数为 v, 则 $v\in L^2([0,T],H_0^1(\Omega))$. 由于前面已经证明 $\{v_m\}_{m=1}^\infty$ 在 $C([0,T],L^2(\Omega))$ 中收敛于 u_1, 而在这些空间中的收敛和弱收敛都蕴涵着在 $(0,T)\times\Omega$ 上按广义函数意义的收敛 (定义 2.1.3(iv)), 所以由极限的唯一性即知 $u_1=v$, 说明对任意 $T>0$ 有 $u_1\in L^2([0,T],H_0^1(\Omega))$, 所以 $u_1\in L^2_{\mathrm{loc}}([0,\infty),H_0^1(\Omega))$. 这样就证明了 $u=u_0+u_1\in L^2_{\mathrm{loc}}([0,\infty),H_0^1(\Omega))$.

现在注意由 $u\in L^2_{\mathrm{loc}}([0,\infty),H_0^1(\Omega))$ 和 $L:H_0^1(\Omega)\to H^{-1}(\Omega)$ 是有界线性算子知 $Lu\in L^2_{\mathrm{loc}}([0,\infty),H^{-1}(\Omega))$, 而且简单的计算表明

$$Lu(t,x)=\sum_{k=1}^\infty\lambda_kc_kw_k(x)\mathrm{e}^{-\lambda_kt}+\sum_{k=1}^\infty\lambda_k\int_0^tf_k(\tau)w_k(x)\mathrm{e}^{-\lambda_k(t-\tau)}\mathrm{d}\tau$$

(按 $L^2_{\mathrm{loc}}([0,\infty),H^{-1}(\Omega))$ 拓扑的意义). 其次, 形式地对 u 关于变元 t 求偏导数得

$$\partial_tu(t,x)=-\sum_{k=1}^\infty\lambda_kc_kw_k(x)\mathrm{e}^{-\lambda_kt}-\sum_{k=1}^\infty\lambda_k\int_0^tf_k(\tau)w_k(x)\mathrm{e}^{-\lambda_k(t-\tau)}\mathrm{d}\tau+\sum_{k=1}^\infty f_k(t)w_k(x).$$

上式右端的前两个级数都按 $L^2_{\mathrm{loc}}([0,\infty),H^{-1}(\Omega))$ 拓扑收敛, 第三个级数在 $L^2_{\mathrm{loc}}([0,\infty),L^2(\Omega))$ ($\subseteq L^2_{\mathrm{loc}}([0,\infty),H^{-1}(\Omega))$) 中收敛于 f, 所以上面的求导运算是合理的. 比较以上两个表达式即知 u 在 $L^2_{\mathrm{loc}}([0,\infty),H^{-1}(\Omega))$ 空间中 (从而也就按 $(0,\infty)\times\Omega$ 上广义函数的意义) 满足方程 $\partial_tu+Lu=f$. 另外, 由 $u\in L^2_{\mathrm{loc}}([0,\infty),H_0^1(\Omega))$ 即知对几乎所有的 $t>0$, 它按迹的意义满足边值条件 $u(t,\cdot)|_{\partial\Omega}=0$. 最后, 由于对任意 $T>0$, $\{u_m\}_{m=1}^\infty$ 在 $C([0,T],L^2(\Omega))$ 中收敛与 u, 而 $\lim\limits_{m\to\infty}\|u_m(0)-\varphi\|_{L^2(\Omega)}=0$, 所以 $u(0)=\varphi$. 定理 4.3.1 至此证毕. □

4.3.2 双曲型方程

再考虑下述初边值问题:

$$\begin{cases}\partial_t^2u(t,x)+Lu(t,x)=f(t,x), & x\in\Omega,\ t>0,\\ u(t,x)=0, & x\in\partial\Omega,\ t>0,\\ u(0,x)=\varphi(x),\partial_tu(0,x)=\psi(x), & x\in\Omega,\end{cases}\tag{4.3.13}$$

其中 f, φ 和 ψ 为给定的函数. 我们仍然假定 $f \in L^2_{\mathrm{loc}}([0,\infty), L^2(\Omega))$, 而 $\varphi \in H^1_0(\Omega)$, $\psi \in L^2(\Omega)$. 另外, 为讨论简单起见, 假定 L 的零阶导数项的系数 c 非负.

令 $\{\lambda_k\}_{k=1}^\infty$ 和 $\{w_k\}_{k=1}^\infty \subseteq H^1_0(\Omega)$ 如前, 并设

$$\varphi(x) = \sum_{k=1}^\infty c_k w_k(x), \quad \psi(x) = \sum_{k=1}^\infty d_k w_k(x), \quad f(t,x) = \sum_{k=1}^\infty f_k(t) w_k(x),$$

其中 c_k 和 f_k 如前 (见 (4.3.6)), 而 $d_k = (\psi, w_k)_{L^2(\Omega)}$ $(k = 1, 2, \cdots)$. 注意上述第一个和式按 $H^1_0(\Omega)$ 强拓扑收敛, 第二个和式按 $L^2(\Omega)$ 强拓扑收敛, 第三个和式对任意 $T > 0$ 按 $L^2([0,T], L^2(\Omega))$ 强拓扑收敛. 再设解有表达式 (4.3.7), 并把这个表达式代入 (4.3.13), 便把这个初边值问题转化为下列无穷多个互相独立的常微分方程的初值问题:

$$\begin{cases} y_k''(t) + \lambda_k y_k(t) = f_k(t), & t > 0, \\ y_k(0) = c_k, \quad y_k'(0) = d_k, \end{cases} \qquad k = 1, 2, \cdots. \tag{4.3.14}$$

注意由于 $c \geqslant 0$, 所以 $\lambda_k > 0$ $(k = 1, 2, \cdots)$. 熟知上述问题的解为

$$y_k(t) = c_k \cos\sqrt{\lambda_k} t + \frac{d_k}{\sqrt{\lambda_k}} \sin\sqrt{\lambda_k} t + \frac{1}{\sqrt{\lambda_k}} \int_0^t f_k(\tau) \sin\sqrt{\lambda_k}(t-\tau) \mathrm{d}\tau, \quad t \geqslant 0, \tag{4.3.15}$$

$(k = 1, 2, \cdots)$. 代入 (4.3.7), 即得问题 (4.3.13) 的形式解:

$$\begin{aligned} u(t,x) = &\sum_{k=1}^\infty c_k w_k(x) \cos\sqrt{\lambda_k} t + \sum_{k=1}^\infty \frac{d_k}{\sqrt{\lambda_k}} w_k(x) \sin\sqrt{\lambda_k} t \\ &+ \sum_{k=1}^\infty \int_0^t \frac{1}{\sqrt{\lambda_k}} f_k(\tau) w_k(x) \sin\sqrt{\lambda_k}(t-\tau) \mathrm{d}\tau, \quad x \in \Omega, \quad t \geqslant 0. \end{aligned} \tag{4.3.16}$$

用 u_0, u_1 和 u_2 分别表示上式右端的三个级数所表示的三个函数. 由 $\varphi \in H^1_0(\Omega)$, $\psi \in L^2(\Omega)$ 和 $f \in L^2_{\mathrm{loc}}([0,\infty), L^2(\Omega))$ 可知

$$\sum_{k=1}^\infty (1+\lambda_k) c_k^2 < \infty, \quad \sum_{k=1}^\infty d_k^2 < \infty, \quad \sum_{k=1}^\infty \int_0^T f_k^2(t) \mathrm{d}t < \infty, \quad \forall T > 0.$$

据此类似于定理 4.3.1 的证明可推知 $u_0, u_1, u_2 \in C([0,\infty), H^1_0(\Omega))$, 且 $\partial_t u_0, \partial_t u_1$, $\partial_t u_2 \in C([0,\infty), L^2(\Omega))$. 因此

$$u \in C([0,\infty), H^1_0(\Omega)) \cap C^1([0,\infty), L^2(\Omega)).$$

不难看出, u 满足 (4.3.13) 中的边值条件和初值条件. 另外不难证明, $\partial_t^2 u, Lu \in C([0,\infty), H^{-1}(\Omega)) + L^2_{\mathrm{loc}}([0,\infty), L^2(\Omega))$, 且在 $C([0,\infty), H^{-1}(\Omega))$ 中成立等式 $\partial_t^2 u + Lu = f$, 即 u 是方程 (4.3.13) 在 $(0,\infty) \times \Omega$ 上的广义解. 这样就证明了下述定理:

定理 4.3.2 设 $\varphi \in H_0^1(\Omega)$, $\psi \in L^2(\Omega)$, $f \in L^2_{\rm loc}([0,\infty), L^2(\Omega))$. 则对任意 $t \geqslant 0$, 表达式 (4.3.16) 右端的三个无穷和式都按 $H_0^1(\Omega)$ 强拓扑收敛从而由 (4.3.16) 合理地定义了一个函数 u, 且 $u \in C([0,\infty), H_0^1(\Omega)) \cap C^1([0,\infty), L^2(\Omega))$, $\partial_t^2 u, Lu \in C([0,\infty), H^{-1}(\Omega)) + L^2_{\rm loc}([0,\infty), L^2(\Omega))$, 并且 u 是问题 (4.3.13) 的弱解, 即按广义函数意义在开集 $(0,\infty)\times\Omega$ 上满足方程 $\partial_t^2 u + Lu = f$, 按迹的意义对任意 $t > 0$ 满足边值条件 $u(t,\cdot)|_{\partial\Omega} = 0$, 且 $u(0,\cdot) = \varphi$, $\partial_t u(0,\cdot) = \psi$. □

4.3.3 Schrödinger 型方程

再考虑下述初边值问题:

$$\begin{cases} \mathrm{i}\partial_t u(t,x) + Lu(t,x) = f(t,x), & x \in \Omega,\ t > 0, \\ u(t,x) = 0, & x \in \partial\Omega,\ t > 0, \\ u(0,x) = \varphi(x), & x \in \Omega, \end{cases} \tag{4.3.17}$$

其中 i 表示单位虚数, 即 $\mathrm{i}^2 = -1$, f 和 φ 是给定的复值函数. 假定 $f \in L^2_{\rm loc}([0,\infty), H_0^1(\Omega))$, $\varphi \in H_0^1(\Omega)$.

令 $\{\lambda_k\}_{k=1}^\infty$ 和 $\{w_k\}_{k=1}^\infty \subseteq H_0^1(\Omega)$ 如前, 并设 φ 和 f 按 $\{w_k\}_{k=1}^\infty$ 的展开式如 (4.3.5). 再设解 u 有表达式 (4.3.7), 并把这个表达式代入 (4.3.17), 便把这个初边值问题转化为下列无穷多个互相独立的常微分方程的初值问题:

$$\begin{cases} \mathrm{i}y_k'(t) + \lambda_k y_k(t) = f_k(t), & t > 0, \\ y_k(0) = c_k, \end{cases} \quad k = 1, 2, \cdots. \tag{4.3.18}$$

易知上述问题的解为

$$y_k(t) = c_k \mathrm{e}^{\mathrm{i}\lambda_k t} - \mathrm{i}\int_0^t f_k(\tau)\mathrm{e}^{\mathrm{i}\lambda_k(t-\tau)}\mathrm{d}\tau, \quad t \geqslant 0, \quad k = 1, 2, \cdots. \tag{4.3.19}$$

代入 (4.3.7), 即得问题 (4.3.17) 的形式解:

$$u(t,x) = \sum_{k=1}^\infty c_k w_k(x)\mathrm{e}^{\mathrm{i}\lambda_k t} - \mathrm{i}\sum_{k=1}^\infty \int_0^t f_k(\tau) w_k(x) \mathrm{e}^{i\lambda_k(t-\tau)}\mathrm{d}\tau, \quad x \in \Omega,\ t \geqslant 0. \tag{4.3.20}$$

由 $\varphi \in H_0^1(\Omega)$ 和 $f \in L^2_{\rm loc}([0,\infty), H_0^1(\Omega))$ 可知

$$\sum_{k=1}^\infty (1 + |\lambda_k|) c_k^2 < \infty, \quad \sum_{k=1}^\infty (1 + |\lambda_k|) \int_0^T |f_k(t)|^2 \mathrm{d}t < \infty, \quad \forall T > 0.$$

据此类似于定理 4.3.1 的证明可推知 $u \in C([0,\infty), H_0^1(\Omega))$, 且 $\partial_t u, Lu \in C([0,\infty), H^{-1}(\Omega))$. 简单的计算表明, 在空间 $C([0,\infty), H^{-1}(\Omega))$ 中成立等式 $\mathrm{i}\partial_t u + Lu = f$,

即 u 是方程 (4.3.17) 在 $(0,\infty)\times\Omega$ 上的广义解. 而且显然地, u 满足 (4.3.17) 中的边值条件和初值条件. 因此我们有下述定理:

定理 4.3.3 设 $\varphi\in H_0^1(\Omega)$, $f\in L^2_{\mathrm{loc}}([0,\infty),H_0^1(\Omega))$. 则表达式 (4.3.20) 合理地定义了一个函数 $u\in C([0,\infty),H_0^1(\Omega))$, 且 $\partial_t u, Lu\in C([0,\infty),H^{-1}(\Omega))$, 并且 u 是问题 (4.3.17) 的弱解, 即按广义函数意义在开集 $(0,\infty)\times\Omega$ 上满足方程 $\mathrm{i}\partial_t u+Lu=f$, 按迹的意义对任意 $t>0$ 满足边值条件 $u(t,\cdot)|_{\partial\Omega}=0$, 且 $u(0,\cdot)=\varphi$. □

如果 $\varphi\in L^2(\Omega)$, $f\in L^2_{\mathrm{loc}}([0,\infty),L^2(\Omega))$, 则由 (4.3.20) 定义了一个函数 $u\in C([0,\infty),L^2(\Omega))$, 我们称它为初边值问题 (4.3.17) 的**广义解**. 注意对广义解而言, 边值条件一般是没有意义的.

习 题 4.3

1. 令 u 为初边值问题 (4.3.2) 当 $f=0$ 时的弱解. 证明:

(1) 如果 $\varphi\in L^2(\Omega)$, 则 $u\in C([0,\infty),L^2(\Omega))\cap L^2_{\mathrm{loc}}((0,\infty),H_0^1(\Omega))\cap C^\infty((0,\infty),H_0^1(\Omega))$.

(2) 如果 $\varphi\in H_0^1(\Omega)$, 则 $u\in C([0,\infty),H_0^1(\Omega))\cap C^\infty((0,\infty),H_0^1(\Omega))$.

(3) 如果 $\varphi\in L^2(\Omega)$, 则 $\|u(t,\cdot)\|_{L^2(\Omega)}\leqslant\|\varphi\|_{L^2(\Omega)}\mathrm{e}^{-\lambda_1 t}$, $\forall t\geqslant 0$; 如果 $\varphi\in H_0^1(\Omega)$, 则 $\|u(t,\cdot)\|_{H_0^1(\Omega)}\leqslant\|\varphi\|_{H_0^1(\Omega)}\mathrm{e}^{-\lambda_1 t}$, $\forall t\geqslant 0$.

(4) 如果算子 L 的零阶导数项系数 $c\geqslant 0$, 则当 $\varphi\in L^2(\Omega)$ 时 $\lim\limits_{t\to\infty}\|u(t,\cdot)\|_{L^2(\Omega)}=0$, 而当 $\varphi\in H_0^1(\Omega)$ 时 $\lim\limits_{t\to\infty}\|u(t,\cdot)\|_{H_0^1(\Omega)}=0$.

2. 令 u 为初边值问题 (4.3.13) 当 $f=0$ 时的弱解. 证明:

$$\|u(t,\cdot)\|_{H_0^1(\Omega)}\leqslant C(\|\varphi\|_{H_0^1(\Omega)}+\|\psi\|_{L^2(\Omega)}),\quad \forall t\geqslant 0.$$

3. 设 L 为由 (4.3.1) 给出的二阶自伴线性椭圆算子, 系数都属于 $L^\infty(\Omega)$ 且零阶导数项系数 $c\geqslant 0$. 又设 λ 是实常数, 而 $f\in L^2_{\mathrm{loc}}([0,\infty),L^2(\Omega))$, $\varphi\in H_0^1(\Omega)$, $\psi\in L^2(\Omega)$.

(1) 求下述初边值问题的弱解:

$$\begin{cases}\partial_t^2 u(t,x)+Lu(t,x)+\lambda\partial_t u(t,x)=f(t,x),\ \ x\in\Omega,\ \ t>0,\\ u(t,x)=0,\ \ x\in\partial\Omega,\ \ t>0,\\ u(0,x)=\varphi(x),\ \ \partial_t u(0,x)=\psi(x),\ \ x\in\Omega;\end{cases}$$

(2) 证明: 如果 $\lambda>0$ 且 $\lim\limits_{t\to\infty}\|f(t,\cdot)\|_{L^2(\Omega)}=0$, 则 $\lim\limits_{t\to\infty}\|u(t,\cdot)\|_{H_0^1(\Omega)}=0$.

4. 令 u 为初边值问题 (4.3.17) 当 $f=0$ 时的弱解, 其中 $\varphi\in H_0^1(\Omega)$. 证明: $\|u(t)\|_{H_0^1(\Omega)}=\|\varphi\|_{H_0^1(\Omega)}$, $\forall t\geqslant 0$.

4.4 Galerkin 方法

本节考虑当二阶椭圆型算子 L 非自伴且依赖于时间 t 时, 初边值问题 (4.3.2), (4.3.14) 和 (4.3.18) 的可解性. 在本节, Ω 和前节一样表示 $\mathbf{R}^n$ 中的有界开集, 但 L

换为 Ω 上的下述系数依赖于时间 t 且非自伴的二阶线性椭圆型算子:

$$L(t)\varphi(x)=-\sum_{i,j=1}^{n}\partial_j[a_{ij}(t,x)\partial_i\varphi(x)]+\sum_{i=1}^{n}b_i(t,x)\partial_i\varphi(x)+c(t,x)\varphi(x),\ \forall\varphi\in H^1(\Omega),t>0, \tag{4.4.1}$$

其中系数 a_{ij} $(i,j=1,2,\cdots,n)$, b_i $(i,j=1,2,\cdots,n)$ 和 c 都是实值可测函数且满足一致椭圆性条件 (3.2.1), 即 $a_{ij}=a_{ji}$ $(i,j=1,2,\cdots,n)$ 且存在常数 $c_0>0$ 使成立

$$\sum_{i,j=1}^{n}a_{ij}(t,x)\xi_i\xi_j\geqslant c_0|\xi|^2,\quad \forall\xi\in\mathbf{R}^n,\ \forall(t,x)\in\mathbf{R}_+\times\Omega. \tag{4.4.2}$$

假定对任意 $T>0$ 有 $a_{ij},b_i,c\in L^\infty(\Omega_T)$ $(i,j=1,2,\cdots,n)$, 这里 $\Omega_T=(0,T)\times\Omega$. 最后这个条件也经常写成 $a_{ij},b_i,c\in L^\infty_{\text{loc}}([0,\infty),L^\infty(\Omega))$ $(i,j=1,2,\cdots,n)$.

4.4.1 抛物型方程

首先考虑抛物型方程的初边值问题:

$$\begin{cases}\partial_t u(t,x)+L(t)u(t,x)=f(t,x), & x\in\Omega,\ t>0,\\ u(t,x)=0, & x\in\partial\Omega,\ t>0,\\ u(0,x)=\varphi(x), & x\in\Omega,\end{cases} \tag{4.4.3}$$

其中 f 和 φ 为给定的函数. 假定 $f\in L^2_{\text{loc}}([0,\infty),H^{-1}(\Omega))$, 且 $\varphi\in L^2(\Omega)$.

由于 $L(t)$ 非自伴且系数依赖于时间 t, 所以 4.3 节的方法不再适用于问题 (4.4.3). 但是受 4.3 节讨论的启发, 我们自然想到把未知函数 u 按 $L^2(\Omega)$ 的某个规范正交基底展开、进而把上述偏微分方程问题转化为一系列常微分方程初值问题的方法来处理这个初边值问题. 因此取一列函数 $\{w_k\}_{k=1}^\infty\subseteq H^1_0(\Omega)$ 使之构成 $L^2(\Omega)$ 的规范正交基底, 并且也构成 $H^1_0(\Omega)$ 的基底. 这样的函数列是存在的, 例如可取作 Laplace 算子 $-\Delta$ 关于 Dirichlet 边值条件的规范正交的特征函数列. 记

$$A_{kl}(t)=\langle L(t)w_l,w_k\rangle,\quad k,l=1,2,\cdots. \tag{4.4.4}$$

再设 φ, f 和 u 分别有展开式 (4.3.5) 和 (4.3.7), 那么把 (4.3.7) 代入 (4.4.3) 再比较每个 w_k 的系数, 就把 (4.4.3) 转化为下述含无穷个未知函数和无穷个方程的"$\infty\times\infty$ 型常微分方程组":

$$\begin{cases}y_k'(t)+\displaystyle\sum_{l=1}^{\infty}A_{kl}(t)y_l(t)=f_k(t), \quad t>0,\\ y_k(0)=c_k,\end{cases}\qquad k=1,2,\cdots. \tag{4.4.5}$$

然而关于这种"$\infty\times\infty$ 型常微分方程组"却没有现成的理论可供使用. 下面采用逼近的方法来解决这个问题, 即对每个正整数 m, 只取上述方程组中的前 m 个并

相应地只考虑前 m 个未知函数, 即舍弃所有含第 $m+1$ 个及其以后的未知函数的项, 就得到下述 $m\times m$ 型常微分方程组:

$$\begin{cases} y'_{mk}(t)+\sum_{l=1}^{m}A_{kl}(t)y_{ml}(t)=f_k(t), & t>0,\\ y_{mk}(0)=c_k, \end{cases}\qquad k=1,2,\cdots,m. \tag{4.4.6}$$

注意因为上述方程组的解不是 (4.4.5) 的精确解而只是近似解, 所以我们改变了未知函数的记号以示区别. 解出这个方程组之后再令

$$u_m(t,x)=\sum_{k=1}^{m}y_{mk}(t)w_k(x),\quad x\in\Omega,\ t\geqslant 0, \tag{4.4.7}$$

便得到了初边值问题 (4.4.3) 的一个近似解序列 $\{u_m\}_{m=1}^{\infty}$. 可以期望这个函数列在适当的函数空间中有子列收敛. 如果这种期望能够实现, 则极限函数便应当是初边值问题 (4.4.3) 的解. 这种方法叫做**Galerkin 方法**, 也称**有限维逼近法**.

下面就按这样的思路来求解初边值问题 (4.4.3). 注意由于 $A_{kl}\in L^{\infty}_{\text{loc}}[0,\infty)$ $(k,l=1,2,\cdots)$, $f_k\in L^2_{\text{loc}}[0,\infty)$ $(k=1,2,\cdots)$, 所以初值问题 (4.4.6) 无法应用普通常微分方程教材中讲述的理论来求解. 为此我们先陈述下述引理:

引理 4.4.1　*在关于 A_{kl} $(k,l=1,2,\cdots)$ 和 f_k $(k=1,2,\cdots)$ 的上述条件下, 对任意给定的一组实数 c_k $(k=1,2,\cdots)$, 初值问题 (4.4.6) 存在唯一的强解 $y_{mk}\in H^1_{\text{loc}}[0,\infty)\subseteq C[0,\infty)$ $(k=1,2,\cdots,m)$, 即对任意 $T>0$ 有 $y_{mk}\in H^1(0,T)\subseteq C[0,T]$ $(k=1,2,\cdots,m)$, 它们在 $(0,\infty)$ 上几乎处处满足 (4.4.6) 中的常微分方程组, 并按通常的意义满足 (4.4.6) 中的初值条件.*

证　只需对常微分方程教材中相应定理的证明稍作修改即可, 即先改写初值问题 (4.4.6) 为下述等价的积分方程组:

$$y_{mk}(t)=c_k-\sum_{l=1}^{m}\int_0^t A_{kl}(\tau)y_{mk}(\tau)\mathrm{d}\tau+\int_0^t f_k(\tau)\mathrm{d}\tau,\quad t\geqslant 0,\quad k=1,2,\cdots,m.$$

然后运用 Picard 迭代方法证明这个积分方程组存在唯一的连续函数解 $y_{mk}\in C[0,\infty)$ $(k=1,2,\cdots,m)$. 而由于 $A_{kl}\in L^{\infty}_{\text{loc}}[0,\infty)$ $(k,l=1,2,\cdots)$ 且 $\int_0^t f_k(\tau)\mathrm{d}\tau\in H^1_{\text{loc}}[0,\infty)$ $(k=1,2,\cdots)$, 所以上述积分方程组的连续函数解必属于 $H^1_{\text{loc}}[0,\infty)\subseteq C[0,\infty)$, 从而为初值问题 (4.4.6) 的强解. 证毕. □

解出了初值问题 (4.4.6) 之后, 便可按 (4.4.7) 构造初边值问题 (4.4.3) 的近似解序列 $\{u_m\}_{m=1}^{\infty}$. 显然有 $u_m\in H^1_{\text{loc}}([0,\infty),H^1_0(\Omega))$ $(m=1,2,\cdots)$. 下面对这个近似解序列作估计以保证它有子列在某种意义下收敛.

引理 4.4.2 *存在仅与 Ω, T 及算子 $L(t)$ 系数的 $L^\infty(\Omega_T)$ 模和一致椭圆常数 c_0 有关的常数 $C(T)>0$ 使成立*

$$\sup_{0\leqslant t\leqslant T}\|u_m(t)\|_{L^2(\Omega)}+\|\nabla u_m\|_{L^2((0,T),L^2(\Omega))}+\|\partial_t u_m\|_{L^2((0,T),H^{-1}(\Omega))}$$
$$\leqslant C(T)(\|f\|_{L^2((0,T),H^{-1}(\Omega))}+\|\varphi\|_{L^2(\Omega)}),\quad \forall T>0,\ m=1,2,\cdots. \tag{4.4.8}$$

证 对 (4.4.6) 中的方程乘以 $y_{mk}(t)$ 之后关于 k 求和并把表达式 (4.4.4) 代入，得以下等式:

$$\frac{1}{2}\frac{\mathrm{d}}{\mathrm{d}t}\|u_m(t)\|_{L^2(\Omega)}^2+\langle L(t)u_m(t),u_m(t)\rangle=\langle f(t),u_m(t)\rangle,\quad t>0. \tag{4.4.9}$$

类似于 (3.2.9) 有

$$\langle L(t)u_m(t),u_m(t)\rangle\geqslant\frac{c_0}{2}\|\nabla u_m(t)\|_{L^2(\Omega)}^2-C\|u_m(t)\|_{L^2(\Omega)}^2,\quad t>0. \tag{4.4.10}$$

又显然

$$\langle f(t),u_m(t)\rangle\leqslant\frac{1}{c_0}\|f(t)\|_{H^{-1}(\Omega)}^2+\frac{c_0}{4}\|u_m(t)\|_{H_0^1(\Omega)}^2,\quad t>0. \tag{4.4.11}$$

因此从 (4.4.9) 得到

$$\frac{1}{2}\frac{\mathrm{d}}{\mathrm{d}t}\|u_m(t)\|_{L^2(\Omega)}^2+\frac{c_0}{4}\|\nabla u_m(t)\|_{L^2(\Omega)}^2\leqslant\frac{1}{c_0}\|f(t)\|_{H^{-1}(\Omega)}^2+C\|u_m(t)\|_{L^2(\Omega)}^2,\quad t>0.$$

此式蕴涵着

$$\frac{\mathrm{d}}{\mathrm{d}t}(\|u_m(t)\|_{L^2(\Omega)}^2\mathrm{e}^{-2Ct})+\frac{c_0}{2}\|\nabla u_m(t)\|_{L^2(\Omega)}^2\mathrm{e}^{-2Ct}\leqslant\frac{2}{c_0}\|f(t)\|_{H^{-1}(\Omega)}^2\mathrm{e}^{-2Ct},\quad t>0.$$

所以对任意 $t>0$ 有

$$\|u_m(t)\|_{L^2(\Omega)}^2+\frac{c_0}{2}\int_0^t\|\nabla u_m(\tau)\|_{L^2(\Omega)}^2\mathrm{e}^{2C(t-\tau)}\mathrm{d}\tau$$
$$\leqslant\|u_m(0)\|_{L^2(\Omega)}^2\mathrm{e}^{2Ct}+\frac{2}{c_0}\int_0^t\|f(\tau)\|_{H^{-1}(\Omega)}^2\mathrm{e}^{2C(t-\tau)}\mathrm{d}\tau.$$

由于 $\|u_m(0)\|_{L^2(\Omega)}^2=\sum_{k=1}^m c_k^2\leqslant\|\varphi\|_{L^2(\Omega)}^2$，且当 $0\leqslant\tau\leqslant t\leqslant T$ 时 $1\leqslant\mathrm{e}^{2C(t-\tau)}\leqslant\mathrm{e}^{2CT}$，所以从上式得

$$\sup_{0\leqslant t\leqslant T}\|u_m(t)\|_{L^2(\Omega)}^2+\frac{c_0}{2}\int_0^T\|\nabla u_m(t)\|_{L^2(\Omega)}^2\mathrm{d}t$$
$$\leqslant\mathrm{e}^{2CT}\Big(\|\varphi\|_{L^2(\Omega)}^2+\int_0^T\|f(t)\|_{H^{-1}(\Omega)}^2\mathrm{d}t\Big),\quad\forall T>0. \tag{4.4.12}$$

其次, 对任意 $\psi\in H_0^1(\Omega)$, 设 $\psi=\sum_{k=1}^{\infty}d_kw_k$, 则对 (4.4.6) 中的方程乘以 d_k 之后关于 k 求和并把表达式 (4.4.4) 代入, 得以下等式:

$$\langle u_m'(t),\psi\rangle+\langle L(t)u_m(t),\psi_m\rangle=\langle f(t),\psi_m\rangle,\quad t>0,$$

其中 $\psi_m=\sum_{k=1}^{m}d_kw_k$. 因此

$$\begin{aligned}\|u_m'(t)\|_{H^{-1}(\Omega)}&=\sup_{\substack{\psi\in H_0^1(\Omega)\\ \|\psi\|_{H_0^1(\Omega)}=1}}|\langle u_m'(t),\psi\rangle|\\&\leqslant\sup_{\substack{\psi\in H_0^1(\Omega)\\ \|\psi\|_{H_0^1(\Omega)}=1}}|\langle L(t)u_m(t),\psi_m\rangle|+\sup_{\substack{\psi\in H_0^1(\Omega)\\ \|\psi\|_{H_0^1(\Omega)}=1}}|\langle f(t),\psi_m\rangle|\\&\leqslant C\|L(t)u_m(t)\|_{H^{-1}(\Omega)}+C\|f(t)\|_{H^{-1}(\Omega)}\\&\leqslant C\|u_m(t)\|_{H_0^1(\Omega)}+C\|f(t)\|_{H^{-1}(\Omega)}.\end{aligned}$$

进而应用 (4.4.12)

$$\int_0^T\|u_m'(t)\|_{H^{-1}(\Omega)}^2\mathrm{d}t\leqslant C(T)\Big(\|\varphi\|_{L^2(\Omega)}^2+\int_0^T\|f(t)\|_{H^{-1}(\Omega)}\mathrm{d}t\Big),\quad\forall T>0.\quad(4.4.13)$$

结合 (4.4.12) 和 (4.4.13), 就得到了 (4.4.8). 证毕. □

现在便可证明:

定理 4.4.3　*在本节开始所设关于算子 $L(t)$ 的条件下, 对任意 $f\in L_{\mathrm{loc}}^2([0,\infty),H^{-1}(\Omega))$ 和 $\varphi\in L^2(\Omega)$, 初边值问题 (4.4.3) 存在唯一的弱解*

$$u\in C([0,\infty),L^2(\Omega))\cap L_{\mathrm{loc}}^2([0,\infty),H_0^1(\Omega))\cap H_{\mathrm{loc}}^1([0,\infty),H^{-1}(\Omega)).$$

证　先证明弱解的存在性. 从 (4.4.8) 可知对任意 $T>0$, 函数列 $\{u_m\}_{m=1}^{\infty}$ 是 $L^{\infty}([0,T],L^2(\Omega))\cap L^2([0,T],H_0^1(\Omega))\cap H^1((0,T),H^{-1}(\Omega))$ 中的有界列. 根据定理 4.2.15 我们知道, $L^{\infty}([0,T],L^2(\Omega))=[L^1([0,T],L^2(\Omega))]'$. 因此, 由序列 $\{u_m\}_{m=1}^{\infty}$ 在 $L^{\infty}([0,T],L^2(\Omega))$ 中有界可知它必有子列 $\{u_{m_k}\}_{k=1}^{\infty}$ 在 $L^{\infty}([0,T],L^2(\Omega))$ 中 $*$ 弱收敛. 记极限函数为 u. 由 $\{u_m\}_{m=1}^{\infty}$ 在 $L^2([0,T],H_0^1(\Omega))$ 中有界知 $\{u_{m_k}\}_{k=1}^{\infty}$ 也在 $L^2([0,T],H_0^1(\Omega))$ 中有界, 所以它有子列在 $L^2([0,T],H_0^1(\Omega))$ 中弱收敛. 为记号简单起见不妨设 $\{u_{m_k}\}_{k=1}^{\infty}$ 本身在 $L^2([0,T],H_0^1(\Omega))$ 中弱收敛. 记极限函数为 v. 同理 $\{\partial_tu_{m_k}\}_{k=1}^{\infty}$ 有子列在 $L^2([0,T],H^{-1}(\Omega))$ 中 $*$ 弱收敛. 为记号简单起见不妨设 $\{\partial_tu_{m_k}\}_{k=1}^{\infty}$ 本身在 $L^2([0,T],H^{-1}(\Omega))$ 中 $*$ 弱收敛. 记极限函数为 w. 根据推论

1.6.7, 这意味着 $u \in L^\infty([0,T],L^2(\Omega)) \cap L^2([0,T],H_0^1(\Omega)) \cap H^1((0,T),H^{-1}(\Omega))$, 且 $v=u$, $w=\partial_t u$, 即当 $k\to\infty$ 时,

$$\begin{cases} u_{m_k} \to u \quad 在\ L^\infty([0,T],L^2(\Omega))\ 中 * 弱收敛, \\ u_{m_k} \to u \quad 在\ L^2([0,T],H_0^1(\Omega))\ 中弱收敛, \\ \partial_t u_{m_k} \to \partial_t u \quad 在\ L^2([0,T],H^{-1}(\Omega))\ 中 * 弱收敛. \end{cases} \tag{4.4.14}$$

注意由于 $u \in L^2([0,T],H_0^1(\Omega))$ 且 $\partial_t u \in L^2([0,T],H^{-1}(\Omega))$, 根据定理 4.2.19 知 $u \in C([0,T],L^2(\Omega))$. 我们来证明 u 是初边值问题 (4.4.3) 在 Ω_T 上的弱解. 这只需证明 u 在 Ω_T 上按广义函数意义满足方程 $\partial_t u + L(t)u = f$, 且 $u(0)=\varphi$. 为此对任意 $v\in L^2([0,T],H_0^1(\Omega))$, 设 $v(t)=\sum\limits_{k=1}^{\infty} d_k(t)w_k$. 对 (4.4.6) 乘以 $d_k(t)$ 之后先关于 k 求和再关于 t 积分, 得

$$\int_0^T \langle \partial_t u_m(t), v(t)\rangle \mathrm{d}t + \int_0^T \langle L(t)u_m(t), v_m(t)\rangle \mathrm{d}t = \int_0^T \langle f(t), v_m(t)\rangle \mathrm{d}t, \tag{4.4.15}$$

其中 $v_m(t)=\sum\limits_{k=1}^{m} \mathrm{d}_k(t)w_k$. 取 $m=m_k$, 再令 $k\to\infty$ 取极限, 根据 (4.4.14) 得

$$\int_0^T \langle \partial_t u(t), v(t)\rangle \mathrm{d}t + \int_0^T \langle L(t)u(t), v(t)\rangle \mathrm{d}t = \int_0^T \langle f(t), v(t)\rangle \mathrm{d}t, \tag{4.4.16}$$

即

$$\int_0^T \langle \partial_t u(t) + L(t)u(t) - f(t), v(t)\rangle \mathrm{d}t = 0, \quad \forall v \in L^2([0,1],H_0^1(\Omega)).$$

因此 u 在 Ω_T 上按广义函数意义满足方程 $\partial_t u + L(t)u = f$. 为了证明 $u(0)=\varphi$, 对任意 $\psi\in H_0^1(\Omega)$ 取 $v\in C^1([0,1],H_0^1(\Omega))$ 使得 $v(0)=\psi$ 且 $v(T)=0$. 对此 v 应用 (4.4.15) 和 (4.4.16) 再关于 t 分部积分, 各得

$$-\int_0^T (u_m(t), v'(t))_{L^2(\Omega)} \mathrm{d}t + \int_0^T \langle L(t)u_m(t), v_m(t)\rangle \mathrm{d}t = \int_0^T \langle f(t), v_m(t)\rangle \mathrm{d}t + (u_m(0),\psi)_{L^2(\Omega)}, \tag{4.4.17}$$

$$-\int_0^T (u(t), v'(t))_{L^2(\Omega)} \mathrm{d}t + \int_0^T \langle L(t)u(t), v(t)\rangle \mathrm{d}t = \int_0^T \langle f(t), v(t)\rangle \mathrm{d}t + (u(0),\psi)_{L^2(\Omega)}. \tag{4.4.18}$$

在 (4.4.17) 中取 $m=m_k$, 再令 $k\to\infty$ 取极限, 得

$$-\int_0^T (u(t), v'(t))_{L^2(\Omega)} \mathrm{d}t + \int_0^T \langle L(t)u(t), v(t)\rangle \mathrm{d}t = \int_0^T \langle f(t), v(t)\rangle \mathrm{d}t + (\varphi,\psi)_{L^2(\Omega)}. \tag{4.4.19}$$

比较 (4.4.18) 和 (4.4.19), 即知成立 $(u(0),\psi)_{L^2(\Omega)}=(\varphi,\psi)_{L^2(\Omega)}, \forall\psi\in H_0^1(\Omega)$. 再由 $H_0^1(\Omega)$ 在 $L^2(\Omega)$ 中的稠密性便得 $u(0)=\varphi$.

最后再证明弱解的唯一性. 这只需证明当 $f=0$ 且 $\varphi=0$ 时, (4.4.3) 在 $L^2_{\rm loc}([0,\infty),H_0^1(\Omega))\cap H^1_{\rm loc}([0,\infty),H^{-1}(\Omega))$ 中只有零解. 为此设 $u\in L^2_{\rm loc}([0,\infty),H_0^1(\Omega))\cap H^1_{\rm loc}([0,\infty),H^{-1}(\Omega))$ 在 $(0,\infty)\times\Omega$ 上按广义函数意义满足方程 $\partial_t u+L(t)u=0$, 且 $u(0)=0$. 运用 $C_0^\infty((0,\infty)\times\Omega)$ 在 $L^2([0,\infty),H_0^1(\Omega))$ 中的稠密性不难知道, u 在 $(0,\infty)\times\Omega$ 上按广义函数意义满足方程 $\partial_t u+L(t)u=0$ 蕴涵着对任意具有紧支集的 $v\in L^2((0,\infty),H_0^1(\Omega))$ 成立

$$\int_0^\infty\langle\partial_t u(t),v(t)\rangle{\rm d}t+\int_0^\infty\langle L(t)u(t),v(t)\rangle{\rm d}t=0.$$

对任意 $\psi\in C_0^\infty(0,\infty)$, 把上式中应用于函数 $v=\psi u$, 然后再根据检验函数 ψ 的任意性即得

$$\langle\partial_t u(t),u(t)\rangle+\langle L(t)u(t),u(t)\rangle=0,\quad \text{a. e. } t\in(0,T).$$

应用等式 $\langle\partial_t u(t),u(t)\rangle=\dfrac{1}{2}\dfrac{\rm d}{{\rm d}t}(\|u(t)\|^2_{L^2(\Omega)})$ 和能量不等式 (3.2.9), 得

$$\frac{1}{2}\frac{\rm d}{{\rm d}t}(\|u(t)\|^2_{L^2(\Omega)})+\frac{1}{2}c_0\|\nabla u(t)\|^2_{L^2(\Omega)}\leqslant C\|u(t)\|^2_{L^2(\Omega)},\quad \text{a. e. } t\in(0,T).$$

据此和初值条件 $u(0)=0$ 即得 $\|u(t)\|^2_{L^2(\Omega)}=0, \forall t\in[0,T]$, 从而 $u(t)=0, \forall t\in[0,T]$. 定理 4.4.3 至此证毕. □

4.4.2 双曲型方程

再考虑双曲型方程的初边值问题:

$$\begin{cases}\partial_t^2 u(t,x)+L(t)u(t,x)=f(t,x), & x\in\Omega,\ t>0,\\ u(t,x)=0, & x\in\partial\Omega,\ t>0,\\ u(0,x)=\varphi(x), \partial_t u(0,x)=\psi(x), & x\in\Omega,\end{cases}\tag{4.4.20}$$

其中 $L(t)$ 同前, f, φ 和 ψ 为给定的函数. 仍然假定 $f\in L^2_{\rm loc}([0,\infty),L^2(\Omega))$, 而 $\varphi\in H_0^1(\Omega)$, $\psi\in L^2(\Omega)$. 以下对 $L(t)$ 的系数作更强的假定, 即除了本节开始所设的那些条件外, 还假定二阶导数项的系数关于时间变元 t 有弱导数, 且 $\partial_t a_{ij}\in L^\infty(\Omega_T)$ $(i,j=1,2,\cdots,n)$, $\forall T>0$.

设 $\{w_k\}_{k=1}^\infty\subseteq H_0^1(\Omega)$ 同前, 即它构成 $L^2(\Omega)$ 的规范正交基底, 并且也构成 $H_0^1(\Omega)$ 的基底. 把各个已知函数按这个基底展开, 即设

$$\varphi(x)=\sum_{k=1}^\infty c_k w_k(x),\quad \psi(x)=\sum_{k=1}^\infty d_k w_k(x),\quad f(t,x)=\sum_{k=1}^\infty f_k(t)w_k(x),$$

其中 $c_k = (\varphi, w_k)_{L^2(\Omega)}$, $d_k = (\psi, w_k)_{L^2(\Omega)}$, $f_k(t) = (f(t), w_k)_{L^2(\Omega)}$, $k = 1, 2, \cdots$. 注意上述第一个和式按 $H_0^1(\Omega)$ 强拓扑收敛, 第二个和式按 $L^2(\Omega)$ 强拓扑收敛, 第三个和式对任意 $T > 0$ 按 $L^2([0, T], L^2(\Omega))$ 强拓扑收敛. 考虑问题 (4.4.20) 形如 (4.4.7) 的近似解. 为此把表达式 (4.4.7) 代入 (4.4.20) 中的各个方程并把各个方程两端都按 $\{w_k\}_{k=1}^{\infty}$ 展开, 舍弃展开式中第 m 项以后的各项, 便得到以下二阶常微分方程组的初值问题:

$$\begin{cases} y''_{mk}(t) + \sum_{l=1}^{m} A_{kl}(t) y_{ml}(t) = f_k(t), \quad t > 0, \\ y_{mk}(0) = c_k, \quad y'_{mk}(0) = d_k, \end{cases} \qquad k = 1, 2, \cdots, m, \tag{4.4.21}$$

其中系数函数 A_{kl} $(k, l = 1, 2, \cdots)$ 同 (4.4.4). 我们知道, $A_{kl} \in L^{\infty}_{\text{loc}}[0, \infty)$ $(k, l = 1, 2, \cdots)$, 且 $f_k \in L^2_{\text{loc}}[0, \infty)$ $(k = 1, 2, \cdots)$. 类似于引理 4.4.1, 有

引理 4.4.4 *初值问题 (4.4.21) 存在唯一的强解* $y_{mk} \in H^2_{\text{loc}}[0, \infty) \subseteq C^1[0, \infty)$ $(k = 1, 2, \cdots, m)$.

证明与引理 4.4.1 的证明类似, 故从略. □

现在对近似解序列 $\{u_m\}_{m=1}^{\infty}$ 作估计. 首先注意显然有 $u_m \in H^2_{\text{loc}}([0, \infty), H_0^1(\Omega))$ $(m = 1, 2, \cdots)$.

引理 4.4.5 *存在仅与 Ω, T 及算子 $L(t)$ 系数的 $L^{\infty}(\Omega_T)$ 模和一致椭圆常数 c_0 有关的常数 $C(T) > 0$ 使成立*

$$\begin{aligned} &\sup_{0 \leqslant t \leqslant T} \|u_m(t)\|_{H_0^1(\Omega)} + \sup_{0 \leqslant t \leqslant T} \|\partial_t u_m(t)\|_{L^2(\Omega)} + \|\partial_t^2 u_m\|_{L^2((0,T), H^{-1}(\Omega))} \\ &\leqslant C(T)(\|f\|_{L^2((0,T), L^2(\Omega))} + \|\varphi\|_{H_0^1(\Omega)} + \|\psi\|_{L^2(\Omega)}), \\ &\qquad \forall T > 0, \ m = 1, 2, \cdots. \end{aligned} \tag{4.4.22}$$

证 对 (4.4.21) 中的方程乘以 $y'_{mk}(t)$ 之后关于 k 求和并把表达式 (4.4.4) 代入, 得以下等式:

$$\frac{1}{2} \frac{\mathrm{d}}{\mathrm{d}t} \|u'_m(t)\|^2_{L^2(\Omega)} + \langle L(t) u_m(t), u'_m(t) \rangle = \langle f(t), u'_m(t) \rangle, \quad t > 0. \tag{4.4.23}$$

由于 $\partial_t a_{ij}, b_i, c \in L^{\infty}(\Omega_T)$ $(i, j = 1, 2, \cdots, n)$, $\forall T > 0$, 所以当 $0 < t < T$ 时有

$$\langle L(t) u_m(t), u'_m(t) \rangle = \int_{\Omega} \sum_{i,j=1}^{n} a_{ij}(x, t) \partial_i u_m(x, t) \partial_j \partial_t u_m(x, t) \mathrm{d}x$$

$$
\begin{aligned}
&+\int_\Omega \sum_{i=1}^n b_i(x,t)\partial_i u_m(x,t)\partial_t u_m(x,t)\mathrm{d}x\\
&+\int_\Omega c(x,t)u_m(x,t)\partial_t u_m(x,t)\mathrm{d}x\\
&\geqslant \frac{1}{2}\frac{\mathrm{d}}{\mathrm{d}t}\Big(\int_\Omega \sum_{i,j=1}^n a_{ij}(x,t)\partial_i u_m(x,t)\partial_j u_m(x,t)\mathrm{d}x\Big)\\
&-C(T)\|u_m(t)\|^2_{H^1_0(\Omega)}-C(T)\|u'_m(t)\|^2_{L^2(\Omega)}.
\end{aligned}
$$

又显然

$$
\langle f(t),u'_m(t)\rangle \leqslant \frac{1}{2}\|f(t)\|^2_{L^2(\Omega)}+\frac{1}{2}\|u'_m(t)\|^2_{L^2(\Omega)},\quad t>0.
$$

因此从 (4.4.23) 得到

$$
\begin{aligned}
&\frac{\mathrm{d}}{\mathrm{d}t}\Big(\|u'_m(t)\|^2_{L^2(\Omega)}+\int_\Omega \sum_{i,j=1}^n a_{ij}(x,t)\partial_i u_m(x,t)\partial_j u_m(x,t)\mathrm{d}x\Big)\\
&\leqslant \|f(t)\|^2_{L^2(\Omega)}+C(T)(\|u'_m(t)\|^2_{L^2(\Omega)}+\|u_m(t)\|^2_{H^1_0(\Omega)})\\
&\leqslant \|f(t)\|^2_{L^2(\Omega)}+C(T)(\|u'_m(t)\|^2_{L^2(\Omega)}+\|\nabla u_m(t)\|^2_{L^2(\Omega)})\\
&\leqslant \|f(t)\|^2_{L^2(\Omega)}+C(T)\Big(\|u'_m(t)\|^2_{L^2(\Omega)}+\int_\Omega \sum_{i,j=1}^n a_{ij}(x,t)\partial_i u_m(x,t)\partial_j u_m(x,t)\mathrm{d}x\Big),\ t>0.
\end{aligned}
$$

这里第二个不等式是应用 Poincaré不等式得到的, 第三个不等式则用到了一致椭圆型条件 (3.2.1). 对所得不等式两端乘以积分因子 e^{-Ct} (其中 $C=C(T)$) 之后积分, 便得到

$$
\begin{aligned}
&\|u'_m(t)\|^2_{L^2(\Omega)}+\int_\Omega \sum_{i,j=1}^n a_{ij}(x,t)\partial_i u_m(x,t)\partial_j u_m(x,t)\mathrm{d}x\\
&\leqslant \Big(\|u'_m(0)\|^2_{L^2(\Omega)}+\int_\Omega \sum_{i,j=1}^n a_{ij}(x,0)\partial_i u_m(x,0)\partial_j u_m(x,0)\mathrm{d}x\Big)\mathrm{e}^{Ct}\\
&\quad+\int_0^t \|f(\tau)\|^2_{L^2(\Omega)}\mathrm{e}^{C(t-\tau)}\mathrm{d}\tau\\
&\leqslant \mathrm{e}^{CT}\Big(\|\psi\|^2_{L^2(\Omega)}+C\|\varphi\|^2_{H^1_0(\Omega)}+\int_0^T \|f(t)\|^2_{L^2(\Omega)}\mathrm{d}t\Big),\quad \forall t\in[0,T],\ \forall T>0.
\end{aligned}
$$

对第一个不等号左端第二项应用一致椭圆型条件 (3.2.1), 然后再应用 Poincaré不等式, 最后得

$$
\|u'_m(t)\|^2_{L^2(\Omega)}+\|u_m(t)\|^2_{H^1_0(\Omega)}\leqslant C(T)\Big(\|\psi\|^2_{L^2(\Omega)}+\|\varphi\|^2_{H^1_0(\Omega)}+\int_0^T \|f(t)\|^2_{L^2(\Omega)}\mathrm{d}t\Big) \tag{4.4.24}
$$

$(\forall t \in [0,T], \forall T>0)$. 其次, 类似于引理 4.4.2 的证明, 采用对偶的方法还可得到

$$\begin{aligned}&\int_0^T \|u''_m(t)\|^2_{H^{-1}(\Omega)}\mathrm{d}\\&\leqslant C\Big(\int_0^T \|f(t)\|^2_{L^2(\Omega)}\mathrm{d}t+\int_0^T \|u_m(t)\|^2_{H^1_0(\Omega)}\mathrm{d}t\Big)\\&\leqslant C(T)\Big(\|\psi\|^2_{L^2(\Omega)}+\|\varphi\|^2_{H^1_0(\Omega)}+\int_0^T \|f(t)\|^2_{L^2(\Omega)}\mathrm{d}t\Big)\end{aligned}\tag{4.4.25}$$

$(\forall t \in [0,T], \forall T>0)$. 在得到第二个不等号时用到了 (4.4.24). 结合 (4.4.24) 和 (4.4.25), 就得到了 (4.4.22). 证毕. □

现在便可证明:

定理 4.4.6 *在本节开始所设关于算子 $L(t)$ 的条件下, 对任意 $f\in L^2_{\rm loc}([0,\infty), L^2(\Omega))$, $\varphi\in H^1_0(\Omega)$ 和 $\psi\in L^2(\Omega)$, 初边值问题 (4.4.20) 存在如下类型的弱解:*

$$u\in L^\infty_{\rm loc}([0,\infty),H^1_0(\Omega))\cap W^{1,\infty}_{\rm loc}([0,\infty),L^2(\Omega))\cap H^2_{\rm loc}([0,\infty),H^{-1}(\Omega)).$$

注 根据定理 4.2.19, 条件 $u\in L^\infty_{\rm loc}([0,\infty),H^1_0(\Omega))\subseteq L^2_{\rm loc}([0,\infty),H^1_0(\Omega))$ 和 $\partial_t u\in L^\infty_{\rm loc}([0,\infty),L^2(\Omega))\subseteq L^2_{\rm loc}([0,\infty),H^{-1}(\Omega))$ 蕴涵着 $u\in C([0,\infty),L^2(\Omega))$, 条件 $\partial_t u\in L^\infty_{\rm loc}([0,\infty),L^2(\Omega))\subseteq L^2_{\rm loc}([0,\infty),L^2(\Omega))$ 和 $\partial_t^2 u\in L^2_{\rm loc}([0,\infty),H^{-1}(\Omega))$ 蕴涵着 $\partial_t u\in C([0,\infty),H^{-1}(\Omega))$ (推论 4.2.21). 所以对上述定理所得到的弱解而言, 初值条件 $u(0,\cdot)=\varphi$ 和 $\partial_t u(0,\cdot)=\psi$ 是有意义的, 它们可分别理解为以下条件:

$$\lim_{t\to 0^+} u(t,\cdot)=\varphi \ (\text{在 } L^2(\Omega)\text{内}) \quad \text{和} \quad \lim_{t\to 0^+} \partial_t u(t,\cdot)=\psi \ (\text{在 } H^{-1}(\Omega)\text{内}).$$

注意由 $u\in L^\infty_{\rm loc}([0,\infty),H^1_0(\Omega))$ 和 $u\in C([0,\infty),L^2(\Omega))$ 可推知 $u\in C_w([0,\infty),H^1_0(\Omega))$, 即从 $[0,\infty)$ 到 $H^1_0(\Omega)$ 的映射 $t\mapsto u(t,\cdot)$ 按 $H^1_0(\Omega)$ 弱拓扑连续, 同样由 $\partial_t u\in L^\infty_{\rm loc}([0,\infty),L^2(\Omega))$ 和 $\partial_t u\in C([0,\infty),H^{-1}(\Omega))$ 可推知 $\partial_t u\in C_w([0,\infty),L^2(\Omega))$, 所以初值条件 $u(0,\cdot)=\varphi$ 和 $\partial_t u(0,\cdot)=\psi$ 也可分别理解为以下条件:

$$\text{w-}\lim_{t\to 0^+} u(t,\cdot)=\varphi \ (\text{在 } H^1_0(\Omega)\text{内}) \quad \text{和} \quad \text{w-}\lim_{t\to 0^+} \partial_t u(t,\cdot)=\psi \ (\text{在 } L^2(\Omega)\text{内})$$

定理 4.4.6 的证明 从引理 4.4.5 推知, 存在 $\{u_m\}_{m=1}^\infty$ 的子列 $\{u_{m_k}\}_{k=1}^\infty$ 和函数 $u\in L^\infty_{\rm loc}([0,\infty),H^1_0(\Omega))\cap W^{1,\infty}_{\rm loc}([0,\infty),L^2(\Omega))\cap H^2_{\rm loc}([0,\infty),H^{-1}(\Omega))$ 使当 $k\to\infty$ 时, 对任意 $T>0$ 成立

$$\begin{cases} u_{m_k}\to u & \text{在 } L^\infty([0,T],H^1_0(\Omega)) \text{ 中} * \text{弱收敛},\\ \partial_t u_{m_k}\to \partial_t u & \text{在 } L^\infty([0,T],L^2(\Omega)) \text{ 中} * \text{弱收敛},\\ \partial_t^2 u_{m_k}\to \partial_t^2 u & \text{在 } L^2([0,T],H^{-1}(\Omega)) \text{ 中} * \text{弱收敛}.\end{cases}\tag{4.4.26}$$

对任意 $v \in L^2([0,T], H_0^1(\Omega))$, 设 $v(t) = \sum_{k=1}^{\infty} d_k(t) w_k$. 对 (4.4.21) 乘以 $d_k(t)$ 之后先关于 k 求和再关于 t 积分, 得

$$\int_0^T \langle \partial_t^2 u_m(t), v_m(t) \rangle \mathrm{d}t + \int_0^T \langle L(t) u_m(t), v_m(t) \rangle \mathrm{d}t = \int_0^T (f(t), v_m(t))_{L^2(\Omega)} \mathrm{d}t, \quad (4.4.27)$$

其中 $v_m(t) = \sum_{k=1}^{m} \mathrm{d}_k(t) w_k$. 取 $m = m_k$, 再令 $k \to \infty$ 取极限, 根据 (4.4.26) 得

$$\int_0^T \langle \partial_t^2 u(t), v(t) \rangle \mathrm{d}t + \int_0^T \langle L(t) u(t), v(t) \rangle \mathrm{d}t = \int_0^T (f(t), v(t))_{L^2(\Omega)} \mathrm{d}t, \quad (4.4.28)$$

即

$$\int_0^T \langle \partial_t^2 u(t) + L(t) u(t) - f(t), v(t) \rangle \mathrm{d}t = 0, \quad \forall v \in L^2([0,1], H_0^1(\Omega)).$$

因此 u 在 Ω_T 上按广义函数意义满足方程 $\partial_t^2 u + L(t) u = f$, 再由 $T > 0$ 的任意性即知 u 是方程 $\partial_t^2 u + L(t) u = f$ 在 $(0,\infty) \times \Omega$ 上的弱解. 由 $u \in L_{\mathrm{loc}}^{\infty}([0,\infty), H_0^1(\Omega))$ 知对几乎所有的 $t > 0$ 都有 $u(t,\cdot)|_{\partial\Omega} = 0$, 即在广义的意义下 u 满足边值条件 $u|_{\partial\Omega} = 0$. 为了证明 $u(0,\cdot) = \varphi$ 且 $\partial_t u(0,\cdot) = \psi$, 对任意 $\eta, \zeta \in H_0^1(\Omega)$ 取 $v \in C^2([0,1], H_0^1(\Omega))$ 使得 $v(0) = \eta$, $v'(0) = \zeta$ 且 $v(T) = v'(T) = 0$. 对此 v 应用 (4.4.27) 和 (4.4.28) 再关于 t 分部积分, 各得

$$\begin{aligned} &\int_0^T (u_m(t), v''(t))_{L^2(\Omega)} \mathrm{d}t + \int_0^T \langle L(t) u_m(t), v_m(t) \rangle \mathrm{d}t \\ &= \int_0^T (f(t), v_m(t))_{L^2(\Omega)} \mathrm{d}t + (u_m'(0), \eta)_{L^2(\Omega)} - (u_m(0), \zeta)_{L^2(\Omega)}, \end{aligned} \quad (4.4.29)$$

$$\begin{aligned} &\int_0^T (u(t), v''(t))_{L^2(\Omega)} \mathrm{d}t + \int_0^T \langle L(t) u(t), v(t) \rangle \mathrm{d}t \\ &= \int_0^T (f(t), v(t))_{L^2(\Omega)} \mathrm{d}t + (u'(0), \eta)_{L^2(\Omega)} - (u(0), \zeta)_{L^2(\Omega)}. \end{aligned} \quad (4.4.30)$$

在 (4.4.29) 中取 $m = m_k$, 再令 $k \to \infty$ 取极限, 得

$$\begin{aligned} &\int_0^T (u(t), v''(t))_{L^2(\Omega)} \mathrm{d}t + \int_0^T \langle L(t) u(t), v(t) \rangle \mathrm{d}t \\ &= \int_0^T (f(t), v(t))_{L^2(\Omega)} \mathrm{d}t + (\psi, \eta)_{L^2(\Omega)} - (\varphi, \zeta)_{L^2(\Omega)}. \end{aligned} \quad (4.4.31)$$

比较 (4.4.30) 和 (4.4.31), 即知成立

$$(u'(0), \eta)_{L^2(\Omega)} - (u(0), \zeta)_{L^2(\Omega)} = (\psi, \eta)_{L^2(\Omega)} - (\varphi, \zeta)_{L^2(\Omega)}, \quad \forall \eta, \zeta \in H_0^1(\Omega).$$

再由 $H_0^1(\Omega)$ 在 $L^2(\Omega)$ 中的稠密性可知上式对任意 $\eta,\zeta\in L^2(\Omega)$ 也成立, 因此 $u(0)=\varphi$, $u'(0)=\psi$. 证毕. □

为了得到弱解的唯一性, 需要求算子 $L(t)$ 的一阶导数项系数有更强的正则性.

定理 4.4.7 *在定理 4.4.6 的假设下, 再设 $\partial_t b_i\in L^\infty(\Omega_T)$ $(i=1,2,\cdots,n)$, $\forall T>0$, 则初边值问题 (4.4.20) 属于 $L^2_{\rm loc}([0,\infty),H_0^1(\Omega))\cap H^1_{\rm loc}([0,\infty),L^2(\Omega))\cap H^2_{\rm loc}([0,\infty),H^{-1}(\Omega))$ 的弱解唯一.*

证 只需证明当 $f=0,\varphi=\psi=0$ 时, (4.4.20) 在 $X=L^2_{\rm loc}([0,\infty),H_0^1(\Omega))\cap H^1_{\rm loc}([0,\infty),L^2(\Omega))\cap H^2_{\rm loc}([0,\infty),H^{-1}(\Omega))$ 中只有零解. 为此设函数 $u\in X$ 且在 $(0,\infty)\times\Omega$ 上按广义函数意义满足方程 $\partial_t^2u+L(t)u=0$, 并且 $u(0)=u'(0)=0$, 则对任意具有紧支集的函数 $v\in L^2([0,\infty),H_0^1(\Omega))$ 都成立

$$\int_0^\infty[\langle u''(t),v(t)\rangle+\langle L(t)u(t),v(t)\rangle]\mathrm{d}t=0. \tag{4.4.32}$$

对任意 $s>0$, 令

$$v(t)=\begin{cases}\displaystyle\int_t^s u(\tau)\mathrm{d}\tau, & 0\leqslant t<s,\\ 0, & t\geqslant s.\end{cases}$$

由 $u\in L^2_{\rm loc}([0,\infty),H_0^1(\Omega))$ 可知 $v\in H^1_{\rm loc}([0,\infty),H_0^1(\Omega))$ 并且显然具有紧支集. 对此函数 v 应用 (4.4.32) 并作分部积分, 注意到 $u'(0)=0$ 和 $u=-v'$, 便得到

$$\int_0^s[(u'(t),u(t))_{L^2(\Omega)}-\langle L(t)v'(t),v(t)\rangle]\mathrm{d}t=0. \tag{4.4.33}$$

我们有

$$\begin{aligned}&(u'(t),u(t))_{L^2(\Omega))}-\langle L(t)v'(t),v(t)\rangle\\ &=\frac12\frac{\mathrm{d}}{\mathrm{d}t}\Big(\|u(t)\|^2_{L^2(\Omega)}-\sum_{i,j=1}^n\int_\Omega a_{ij}\partial_iv\partial_jv\mathrm{d}x-2\sum_{i=1}^n\int_\Omega b_i\partial_ivv\mathrm{d}x\Big)\\ &\quad+\frac12\sum_{i,j=1}^n\int_\Omega\partial_ta_{ij}\partial_iv\partial_jv\mathrm{d}x-\sum_{i=1}^n\int_\Omega b_i\partial_ivu\mathrm{d}x\\ &\quad+\sum_{i=1}^n\int_\Omega\partial_tb_i\partial_ivv\mathrm{d}x+\int_\Omega cuv\mathrm{d}x.\end{aligned}$$

所以由 (4.4.33) 并应用初值条件 $u(0)=0$ 得到

$$\begin{aligned}&\|u(s)\|^2_{L^2(\Omega)}+\sum_{i,j=1}^n\int_\Omega a_{ij}(0)\partial_iv(0)\partial_jv(0)\mathrm{d}x+2\sum_{i=1}^n\int_\Omega b_i(0)\partial_iv(0)v(0)\mathrm{d}x\\ &=\int_0^s\Big[\sum_{i,j=1}^n\int_\Omega\partial_ta_{ij}\partial_iv\partial_jv\mathrm{d}x-2\sum_{i=1}^n\int_\Omega b_i\partial_ivu\mathrm{d}x+2\sum_{i=1}^n\int_\Omega\partial_tb_i\partial_ivv\mathrm{d}x+2\int_\Omega cuv\mathrm{d}x\Big]\mathrm{d}t.\end{aligned}$$

据此应用一致椭圆型假设便得

$$\|u(s)\|_{L^2(\Omega)}^2+\|v(0)\|_{H_0^1(\Omega)}^2\leqslant C\int_0^s\Big[\|v(t)\|_{H_0^1(\Omega)}^2+\|u(t)\|_{L^2(\Omega)}^2\Big]\mathrm{d}t+C\|v(0)\|_{L^2(\Omega)}^2.$$

令 $w(t)=\int_0^t u(\tau)\mathrm{d}\tau$, 则上式可改写为

$$\|u(s)\|_{L^2(\Omega)}^2+\|w(s)\|_{H_0^1(\Omega)}^2\leqslant C\int_0^s\Big[\|w(t)-w(s)\|_{H_0^1(\Omega)}^2+\|u(t)\|_{L^2(\Omega)}^2\Big]\mathrm{d}t+C\|w(s)\|_{L^2(\Omega)}^2.$$

由于 $\|w(t)-w(s)\|_{H_0^1(\Omega)}^2\leqslant 2[\|w(t)\|_{H_0^1(\Omega)}^2+\|w(s)\|_{H_0^1(\Omega)}^2]$ 且 $\|w(s)\|_{L^2(\Omega)}\leqslant\int_0^s\|u(t)\|_{L^2(\Omega)}^2\mathrm{d}t$, 所以由上式得

$$\|u(s)\|_{L^2(\Omega)}^2+(1-2Cs)\|w(s)\|_{H_0^1(\Omega)}^2\leqslant C'\int_0^s\Big[\|w(t\|_{H_0^1(\Omega)}^2+\|u(t)\|_{L^2(\Omega)}^2\Big]\mathrm{d}t.$$

现在取 $T>0$ 充分小使得 $2CT<1$, 则从以上不等式得到

$$\|u(s)\|_{L^2(\Omega)}^2+\|w(s)\|_{H_0^1(\Omega)}^2\leqslant C(T)\int_0^s\Big[\|w(t\|_{H_0^1(\Omega)}^2+\|u(t)\|_{L^2(\Omega)}^2\Big]dt,\quad \forall s\in[0,T].$$

因此根据 Gronwall 引理知在区间 $[0,T]$ 上 $\|u(t)\|_{L^2(\Omega)}^2=0$, 从而 $u(t)=0$, $\forall t\in[0,T]$. 现在只要逐次在区间 $[0,T]$, $[T,2T]$, $[2T,3T]$, $\cdots$ 上应用以上结论, 便知 $u(t)=0$, $\forall t\geqslant 0$. 证毕. □

4.4.3 Schrödinger 型方程

再考虑 Schrödinger 型方程的初边值问题:

$$\begin{cases}\mathrm{i}\partial_t u(t,x)+L(t)u(t,x)=f(t,x), & x\in\Omega,\ t>0,\\ u(t,x)=0, & x\in\partial\Omega,\ t>0,\\ u(0,x)=\varphi(x), & x\in\Omega,\end{cases}\tag{4.4.34}$$

其中 i 表示单位虚数, 即 $\mathrm{i}^2=-1$, f 和 φ 是给定的复值函数. 我们假定 $f\in L^2_{\mathrm{loc}}([0,\infty),H_0^1(\Omega))$, $\varphi\in H_0^1(\Omega)$. 和前面两类方程不同, 对于 Schrödinger 型方程, 我们要求算子 $L(t)$ 是自伴的, 即它具有形式

$$L(t)\varphi(x)=-\sum_{i,j=1}^n\partial_j[a_{ij}(t,x)\partial_i\varphi(x)]+c(t,x)\varphi(x),\quad \forall\varphi\in H^1(\Omega),\ t>0,\tag{4.4.35}$$

其中系数 a_{ij} $(i,j=1,2,\cdots,n)$ 和 c 都是实值可测函数且满足一致椭圆性条件 (4.4.2). 我们还假定对任意 $T>0$ 有 $a_{ij},\partial_t a_{ij},c,\partial_t c\in L^\infty(\Omega_T)$ $(i,j=1,2,\cdots,n)$.

令 $\{w_k\}_{k=1}^{\infty} \subseteq H_0^1(\Omega)$ 为 Laplace 算子 $-\Delta$ 关于 Dirichlet 边值条件的特征函数列, 使之构成 $L^2(\Omega)$ 的规范正交基底. 我们知道, $\{w_k\}_{k=1}^{\infty}$ 也构成 $H_0^1(\Omega)$ 的基底. 令 $\{\lambda_k\}_{k=1}^{\infty}$ 为相应的特征值序列, 即有

$$-\Delta w_k = \lambda_k w_k, \quad k = 1, 2, \cdots.$$

我们知道, $\lambda_k > 0$, $k = 1, 2, \cdots$, 因此 $H_0^1(\Omega)$ 和 $H^{-1}(\Omega)$ 分别有等价范数

$$\|\varphi\|'_{H_0^1(\Omega)} = \left(\sum_{k=1}^{\infty} \lambda_k |c_k|^2\right)^{\frac{1}{2}} \quad 和 \quad \|f\|'_{H^{-1}(\Omega)} = \left(\sum_{k=1}^{\infty} \lambda_k^{-1} |d_k|^2\right)^{\frac{1}{2}},$$

其中 $\varphi \in H_0^1(\Omega)$, $f \in H^{-1}(\Omega)$, $c_k = (\varphi, w_k)_{L^2(\Omega)}$, $d_k = \langle f, w_k \rangle$, $k = 1, 2, \cdots$. 仍然记

$$A_{kl}(t) = \langle L(t) w_l, w_k \rangle, \quad k, l = 1, 2, \cdots,$$

注意由于 $L(t)$ 的系数都是实值函数并且是满足一致椭圆型条件的自伴算子, 所以对任意正整数 m, 矩阵 $(A_{kl}(t))_{m\times m}$ 是正定的实对称矩阵. 再设 φ 和 f 有展开式 (4.3.5). 对每个正整数 m, 考虑下述常微分方程组的初值问题:

$$\begin{cases} \mathrm{i} y'_{mk}(t) + \displaystyle\sum_{l=1}^{m} A_{kl}(t) y_{ml}(t) = f_k(t), \quad t > 0, \\ y_{mk}(0) = c_k, \end{cases} \qquad k = 1, 2, \cdots, m. \tag{4.4.36}$$

类似于引理 4.4.1 可知, 这个初值问题存在唯一的强解 $y_{mk} \in H^1_{\mathrm{loc}}[0, \infty)$, $k = 1, 2, \cdots, m$. 令

$$u_m(t, x) = \sum_{k=1}^{m} y_{mk}(t) w_k(x), \quad x \in \Omega, \ t \geqslant 0, \ m = 1, 2, \cdots. \tag{4.4.37}$$

$\{u_m\}_{m=1}^{\infty}$ 是初边值问题 (4.4.34) 的一个近似解序列. 显然有 $u_m \in H^1_{\mathrm{loc}}([0, \infty), H_0^1(\Omega))$ $(m = 1, 2, \cdots)$. 下面对近似解序列 $\{u_m\}_{m=1}^{\infty}$ 作估计.

引理 4.4.8 *存在仅与 $\Omega, T, \|a_{ij}\|_{W^{1,\infty}((0,T),L^\infty(\Omega))}$ $i, j = 1, 2, \cdots, n$, $\|c\|_{W^{1,\infty}((0,T),L^\infty(\Omega))}$ 以及一致椭圆常数 c_0 有关的常数 $C(T) > 0$ 使成立*

$$\begin{aligned} &\sup_{0 \leqslant t \leqslant T} \|u_m(t)\|_{H_0^1(\Omega)} + \|\partial_t u_m\|_{L^2((0,T),H^{-1}(\Omega))} \\ &\leqslant C(T)(\|f\|_{L^2((0,T),H_0^1(\Omega))} + \|\varphi\|_{H_0^1(\Omega)}), \quad \forall T > 0, \ m = 1, 2, \cdots. \end{aligned} \tag{4.4.38}$$

证 对 (4.4.36) 中的微分方程乘以 $\overline{y_{mk}(t)}$ 之后关于 k 求和, 得以下等式:

$$\mathrm{i} \sum_{k=1}^{m} y'_{mk}(t) \overline{y_{mk}(t)} + \sum_{k,l=1}^{m} A_{kl}(t) y_{ml}(t) \overline{y_{mk}(t)} = \sum_{k=1}^{m} f_k(t) \overline{y_{mk}(t)}, \quad t > 0.$$

对上式两端取共轭得

$$-\mathrm{i}\sum_{k=1}^{m}\overline{y'_{mk}(t)}y_{mk}(t)+\sum_{k,l=1}^{m}A_{kl}(t)\overline{y_{ml}(t)}y_{mk}(t)=\sum_{k=1}^{m}\overline{f_k(t)}y_{mk}(t),\quad t>0.$$

以上两个等式两端对应相减, 得

$$\mathrm{i}\frac{\mathrm{d}}{\mathrm{d}t}\Big(\|u_m(t)\|_{L^2(\Omega)}^2\Big)=2\mathrm{i}\mathrm{Im}(f(t),u_m(t))_{L^2(\Omega)},\quad t>0.$$

据此不难得到以下估计式:

$$\|u_m(t)\|_{L^2(\Omega)}^2\leqslant\|u_m(0)\|_{L^2(\Omega)}^2\mathrm{e}^t+\int_0^t\|f(\tau)\|_{L^2(\Omega)}^2\mathrm{e}^{t-\tau}\mathrm{d}\tau,\quad\forall t>0.$$

进而

$$\sup_{0\leqslant t\leqslant T}\|u_m(t)\|_{L^2(\Omega)}^2\leqslant\mathrm{e}^T\big(\|\varphi\|_{L^2(\Omega)}^2+\|f\|_{L^2((0,T),L^2(\Omega))}^2\big),\quad\forall T>0,\ m=1,2,\cdots.\tag{4.4.39}$$

其次, 对 (4.4.36) 中的微分方程乘以 $\overline{y'_{mk}(t)}$ 之后关于 k 求和, 得以下等式:

$$\mathrm{i}\sum_{k=1}^{m}|y'_{mk}(t)|^2+\sum_{k,l=1}^{m}A_{kl}(t)y_{ml}(t)\overline{y'_{mk}(t)}=\sum_{k=1}^{m}f_k(t)\overline{y'_{mk}(t)},\quad t>0.$$

对上式两端取共轭得

$$-\mathrm{i}\sum_{k=1}^{m}|y'_{mk}(t)|^2+\sum_{k,l=1}^{m}A_{kl}(t)\overline{y_{ml}(t)}y'_{mk}(t)=\sum_{k=1}^{m}\overline{f_k(t)}y'_{mk}(t),\quad t>0.$$

以上两个等式两端对应相加, 得

$$2\mathrm{Re}\Big(\sum_{k,l=1}^{m}A_{kl}(t)y_{ml}(t)\overline{y'_{mk}(t)}\Big)=2\mathrm{Re}(f(t),u'_m(t))_{L^2(\Omega)},\quad t>0.\tag{4.4.40}$$

有

$$\begin{aligned}&2\mathrm{Re}\Big(\sum_{k,l=1}^{m}A_{kl}(t)y_{ml}(t)\overline{y'_{mk}(t)}\Big)\\&=\frac{\mathrm{d}}{\mathrm{d}t}\Big(\sum_{k,l=1}^{m}A_{kl}(t)y_{ml}(t)\overline{y_{mk}(t)}\Big)-\sum_{k,l=1}^{m}A'_{kl}(t)y_{ml}(t)\overline{y_{mk}(t)}\\&=\frac{\mathrm{d}}{\mathrm{d}t}\langle L(t)u_m(t),\overline{u_m(t)}\rangle-\langle L'(t)u_m(t),\overline{u_m(t)}\rangle\\&\geqslant\frac{\mathrm{d}}{\mathrm{d}t}\langle L(t)u_m(t),\overline{u_m(t)}\rangle-C(T)\|u_m(t)\|_{H_0^1(\Omega)}^2,\quad t\in(0,T),\ \forall T>0.\end{aligned}\tag{4.4.41}$$

对于 (4.4.40) 的右端, 有如下估计:

$$2\mathrm{Re}(f(t),u_m'(t))_{L^2(\Omega)}\leqslant\|f(t)\|^2_{H_0^1(\Omega)}+\|u_m'(t)\|^2_{H^{-1}(\Omega)}. \tag{4.4.42}$$

利用 $H^{-1}(\Omega)$ 的等价范数和 (4.4.36) 中的微分方程, 我们有

$$\begin{aligned}\|u_m'(t)\|^2_{H^{-1}(\Omega)}&\leqslant C\sum_{k=1}^m\lambda_k^{-1}|y_{mk}'(t)|^2\\&\leqslant C\sum_{k=1}^m\lambda_k^{-1}\Big|\sum_{l=1}^m A_{kl}(t)y_{ml}(t)\Big|^2+C\sum_{k=1}^m\lambda_k^{-1}|f_k(t)|^2\\&=C\sum_{k=1}^m\lambda_k^{-1}|\langle L(t)u_m(t),w_k\rangle|^2+C\sum_{k=1}^m\lambda_k^{-1}|f_k(t)|^2\\&\leqslant C\|L(t)u_m(t)\|^2_{H^{-1}(\Omega)}+C\|f(t)\|^2_{H^{-1}(\Omega)}\\&\leqslant C(T)\|u_m(t)\|^2_{H_0^1(\Omega)}+C\|f(t)\|^2_{H^{-1}(\Omega)},\quad t\in(0,T),\ \forall T>0.\end{aligned} \tag{4.4.43}$$

从 (4.4.40) ~ (4.4.43) 得到

$$\frac{\mathrm{d}}{\mathrm{d}t}\langle L(t)u_m(t),\overline{u_m(t)}\rangle\leqslant C(T)\|u_m(t)\|^2_{H_0^1(\Omega)}+C\|f(t)\|^2_{H_0^1(\Omega)},\quad t\in(0,T),\ \forall T>0.$$

积分, 并应用不等式

$$\langle L(t)u_m(t),\overline{u_m(t)}\rangle\geqslant c_0\|u_m(t)\|^2_{H_0^1(\Omega)}-C(T)\|u_m(t)\|^2_{L^2(\Omega)}$$

(μ 为只与一致椭圆型常数有关的正常数) 便得到

$$\begin{aligned}\|u_m(t)\|^2_{H_0^1(\Omega)}\leqslant{}&C(T)\int_0^t\|u_m(\tau)\|^2_{H_0^1(\Omega)}\mathrm{d}\tau+C(T)(\|u_m(t)\|^2_{L^2(\Omega)}\\&+\|\varphi\|^2_{H_0^1(\Omega)}+\|f\|^2_{L^2((0,T),H_0^1(\Omega))})\\\leqslant{}&C(T)\int_0^t\|u_m(\tau)\|^2_{H_0^1(\Omega)}\mathrm{d}\tau+C(T)(\|\varphi\|^2_{H_0^1(\Omega)}+\|f\|^2_{L^2((0,T),H_0^1(\Omega))}),\end{aligned}$$

($t\in(0,T)$, $\forall T>0$). 最后这个不等式用到了 (4.4.39). 因此根据 Gronwall 引理便得到

$$\sup_{0\leqslant t\leqslant T}\|u_m(t)\|^2_{H_0^1(\Omega)}\leqslant C(T)(\|\varphi\|^2_{H_0^1(\Omega)}+\|f\|^2_{L^2((0,T),H_0^1(\Omega))}),\quad\forall T>0,\ m=1,2,\cdots. \tag{4.4.44}$$

从这个估计式和 (4.4.43) 又可得到

$$\|\partial_t u_m\|^2_{L^2((0,T),H^{-1}(\Omega))}\leqslant C(T)(\|\varphi\|^2_{H_0^1(\Omega)}+\|f\|^2_{L^2((0,T),H_0^1(\Omega))}),\ \forall T>0,m=1,2,\cdots. \tag{4.4.45}$$

把 (4.4.44) 和 (4.4.45) 结合起来, 就得到了 (4.4.38). 证毕. □

应用引理 4.4.8, 类似于定理 4.4.3 的证明便可证明:

定理 4.4.9 在本节开始所设关于算子 $L(t)$ 的条件下, 对任意 $f \in L^2_{\mathrm{loc}}([0,\infty), H^{-1}(\Omega))$ 和 $\varphi \in L^2(\Omega)$, 初边值问题 (4.4.3) 存在唯一的弱解

$$u \in C([0,\infty), L^2(\Omega)) \cap L^\infty_{\mathrm{loc}}([0,\infty), H^1_0(\Omega)) \cap H^1_{\mathrm{loc}}([0,\infty), H^{-1}(\Omega)).$$

具体的证明因为与定理 4.4.3 的证明十分类似, 所以从略. □

习 题 4.4

1. (椭圆型方程的 Galerkin 方法) 设 L 是有界开集 $\Omega \subseteq \mathbf{R}^n$ 上由 (3.4.15) 给出的二阶椭圆型线性偏微分算子, 二阶导数项的系数满足一致椭圆性条件 (3.2.1). 又设 $f \in L^2(\Omega)$, λ 为常数. 考虑 Dirichlet 边值问题

$$\begin{cases} Lu(x) + \lambda u(x) = f(x), & x \in \Omega, \\ u(x) = 0, & x \in \partial\Omega. \end{cases}$$

令 $\{w_j\}_{j=1}^\infty$ 为 $H^1_0(\Omega)$ 中的一列函数, 它们构成 $L^2(\Omega)$ 的规范正交基底. 再令 $\alpha_{jk} = \langle Lw_j, w_k\rangle$, $j,k = 1,2,\cdots$.

(1) 证明存在常数 $\lambda_0 \in \mathbf{R}$, 使对任意 $\lambda > \lambda_0$ 和任意正整数 m, 线性方程组

$$\sum_{j=1}^m (\alpha_{jk} + \lambda\delta_{jk}) y_{mj} = \langle f, w_k\rangle, \quad k = 1,2,\cdots,m$$

存在唯一的解 $\{y_{mj}\}_{j=1}^m$. 这里 δ_{jk} 为 Kronecker 记号: $\delta_{jk} = 1$ (当 $j = k$) 或 0 (当 $j \neq k$);

(2) 令 $u_m(x) = \sum\limits_{j=1}^m y_{mj} w_j(x)$, $m = 1,2,\cdots$, 证明序列 $\{u_m\}_{m=1}^\infty$ 有子列在 $H^1_0(\Omega)$ 中收敛, 其极限为上述 Dirichlet 边值问题的弱解.

2. 设 Ω 是 $\mathbf{R}^n$ 中的有界开集, $\partial\Omega \in C^\infty$. 又设 $a \in L^\infty(\Omega_T)$, $f \in L^2(\Omega_T)$, $\varphi \in H^1_0(\Omega)$, 其中 $\Omega_T = (0,T) \times \Omega$. 考虑初边值问题

$$\begin{cases} \partial_t u + \Delta^2 u + a(t,x)\Delta u = f(t,x), & x \in \Omega,\ t \in (0,T), \\ u(t,x) = \Delta u(t,x) = 0, & x \in \partial\Omega,\ t \in (0,T), \\ u(0,x) = \varphi(x), & x \in \Omega. \end{cases}$$

试用 Galerkin 方法证明这个问题存在唯一的解 $u \in C([0,T], H^1_0(\Omega)) \cap L^2((0,T), H^3_\Delta(\Omega))$, $\partial_t u, \Delta^2 u \in L^2((0,T), H^{-1}(\Omega))$, 其中

$$H^3_\Delta(\Omega) = \{u \in H^3(\Omega) :\ u|_{\partial\Omega} = \Delta u|_{\partial\Omega} = 0\}.$$

3. 设 Ω, a 和 f 同上题, $\varphi \in H^3_\Delta(\Omega)$, $\psi \in H^1_0(\Omega)$. 考虑初边值问题

$$\begin{cases} \partial_t^2 u + \Delta^2 u + a(t,x)\Delta u = f(t,x), & x \in \Omega,\ t \in (0,T), \\ u(t,x) = \Delta u(t,x) = 0, & x \in \partial\Omega,\ t \in (0,T), \\ u(0,x) = \varphi(x),\ \ \partial_t u(0,x) = \psi(x), & x \in \Omega. \end{cases}$$

试用 Galerkin 方法证明这个问题存在唯一的解 $u \in C([0,T], H^3_\Delta(\Omega)) \cap C^1([0,T], H^1_0(\Omega))$, $\partial_t^2 u, \Delta^2 u \in L^2((0,T), H^{-1}(\Omega))$.

4.5 解的正则性

本节建立前两节所讨论方程初边值问题解的正则性. 在本节, Ω 始终表示 $\mathbf{R}^n$ 中的有界开集, $L(t)$ 表示 Ω 上由 (4.4.1) 给出的含时间变元 t 的一般二阶线性椭圆型算子, 其系数都是实值函数且满足一致椭圆性条件 (4.4.2).

4.5.1 抛物型方程

首先考虑抛物型方程的初边值问题 (4.4.3) 解的正则性.

定理 4.5.1 设 $\partial\Omega \in C^2$, 且对任意 $T>0$ 有 $a_{ij} \in C^1(\overline{\Omega}_T)$ $(i,j=1,2,\cdots,n)$ 和 $b_i, c \in L^\infty(\Omega_T)$ $(i=1,2,\cdots,n)$. 又设 $f \in L^2_{\mathrm{loc}}([0,\infty), L^2(\Omega))$ 且 $\varphi \in H^1_0(\Omega)$. 令 u 为初边值问题 (4.4.3) 的弱解. 则

$$u \in C([0,\infty), H^1_0(\Omega)) \cap L^2_{\mathrm{loc}}([0,\infty), H^2(\Omega)) \cap H^1_{\mathrm{loc}}([0,\infty), L^2(\Omega)). \tag{4.5.1}$$

而且成立不等式

$$\|u'\|_{L^2([0,T],L^2(\Omega))} + \|u\|_{L^2([0,T],H^2(\Omega))} \leqslant C(T)(\|f\|_{L^2([0,T],L^2(\Omega))} + \|\varphi\|_{L^2(\Omega)}), \quad \forall T>0. \tag{4.5.2}$$

证 令 $\{w_k\}_{k=1}^\infty$ 为 Laplace 算子 $-\Delta$ 关于 Dirichlet 边值条件的特征函数列, 使之构成 $L^2(\Omega)$ 的规范正交基底. 我们知道, $\{w_k\}_{k=1}^\infty$ 也构成 $H^1_0(\Omega)$ 的基底, 并且由于 $\partial\Omega \in C^2$, 所以 $w_k \in H^2(\Omega) \cap H^1_0(\Omega)$, $k=1,2,\cdots$. 令 $\{u_m\}_{m=1}^\infty$ 为由 (4.4.7) 给出的问题 (4.4.3) 的近似解序列, 其中对每个正整数 m, $\{y_{mk}\}_{k=1}^m$ 是初值问题 (4.4.6) 的解. 由于 $w_k \in H^2(\Omega) \cap H^1_0(\Omega)$, $k=1,2,\cdots$, $y_{mk} \in H^1_{\mathrm{loc}}[0,\infty)$, $k=1,2,\cdots,m$, 所以 $u_m \in H^1_{\mathrm{loc}}([0,\infty), H^2(\Omega) \cap H^1_0(\Omega))$, $m=1,2,\cdots$. 对 (4.4.6) 中的微分方程两端乘以 y'_{mk} 之后关于 k 求和, 得

$$\|u'_m(t)\|^2_{L^2(\Omega)} + (L(t)u_m(t), u'_m(t))_{L^2(\Omega)} = (f(t), u'_m(t))_{L^2(\Omega)}, \quad m=1,2,\cdots. \tag{4.5.3}$$

我们有

$$\begin{aligned}
&(L(t)u_m(t), u_m'(t))_{L^2(\Omega)}\\
=&\frac{1}{2}\frac{\mathrm{d}}{\mathrm{d}t}\Big(\sum_{i,j=1}^{n}\int_\Omega a_{ij}\partial_i u_m\partial_j u_m\mathrm{d}x\Big)-\frac{1}{2}\sum_{i,j=1}^{n}\int_\Omega \partial_t a_{ij}\partial_i u_m\partial_j u_m\mathrm{d}x\\
&+\sum_{i=1}^{n}\int_\Omega b_i\partial_i u_m\partial_t u_m\mathrm{d}x+\int_\Omega c u_m\partial_t u_m\mathrm{d}x\\
\geqslant&\frac{1}{2}\frac{\mathrm{d}}{\mathrm{d}t}\Big(\sum_{i,j=1}^{n}\int_\Omega a_{ij}\partial_i u_m\partial_j u_m\mathrm{d}x\Big)-C\|u_m(t)\|^2_{H^1_0(\Omega)}-\frac{1}{4}\|u_m'(t)\|^2_{L^2(\Omega)},
\end{aligned}$$

$$(f(t), u_m'(t))_{L^2(\Omega)}\leqslant\|f(t)\|^2_{L^2(\Omega)}+\frac{1}{4}\|u_m'(t)\|^2_{L^2(\Omega)}.$$

因此从 (4.5.3) 得到

$$\frac{1}{2}\|u_m'(t)\|^2_{L^2(\Omega)}+\frac{1}{2}\frac{\mathrm{d}}{\mathrm{d}t}\Big(\sum_{i,j=1}^{n}\int_\Omega a_{ij}\partial_i u_m\partial_j u_m\mathrm{d}x\Big)\leqslant\|f(t)\|^2_{L^2(\Omega)}+C\|u_m(t)\|^2_{H^1_0(\Omega)}.$$

据此并应用估计式 (4.4.8) 和一致椭圆型条件 (4.4.2) 就得到

$$\begin{aligned}
&\|u_m'\|_{L^2([0,T],L^2(\Omega))}+\|u_m\|_{L^\infty([0,T],H^1_0(\Omega))}\\
\leqslant&C(T)(\|f\|_{L^2([0,T],L^2(\Omega))}+\|\varphi\|_{L^2(\Omega)}),\quad\forall T>0.
\end{aligned}\tag{4.5.4}$$

把这个估计式应用于定理 4.4.3 的证明中所选的子列 $\{u_{m_k}\}_{k=1}^\infty$, 可知它有子列, 仍然记为 $\{u_{m_k}\}_{k=1}^\infty$, 使得对任意 $T>0$ 有

$$\left\{\begin{array}{l}\{u_{m_k}'\}_{k=1}^\infty\ \text{在}\ L^2([0,T],L^2(\Omega))\ \text{中弱收敛},\\ \{u_{m_k}\}_{k=1}^\infty\ \text{在}\ L^\infty([0,T],H^1_0(\Omega))\ \text{中}\ *\ \text{弱收敛}.\end{array}\right.$$

由于已知 $\{u_{m_k}\}_{k=1}^\infty$ 在 $L^2([0,T],H^1_0(\Omega))$ 中弱收敛于 u, 所以 $u\in L^\infty([0,T],H^1_0(\Omega))$, $u'\in L^2([0,T],L^2(\Omega))$, 且由 (4.5.4) 知

$$\|u'\|_{L^2([0,T],L^2(\Omega))}+\|u\|_{L^\infty([0,T],H^1_0(\Omega))}\leqslant C(T)(\|f\|_{L^2([0,T],L^2(\Omega))}+\|\varphi\|_{L^2(\Omega)}),\quad\forall T>0.\tag{4.5.5}$$

现在把方程 $\partial_t u+L(t)u=f$ 改写为 $L(t)u(t)=f(t)-u'(t)$, 注意这个等式是对几乎所有的 $t>0$ 在 Ω 上按广义函数意义成立的. 因此对几乎所有的 $t>0$, $u(t)$ 是这个二阶线性椭圆型方程满足零 Dirichlet 边界条件的弱解. 由于对几乎所有的 $t>0$ 有 $f(t)-u'(t)\in L^2(\Omega)$, 所以根据定理 3.3.6 知对几乎所有的 $t>0$ 有 $u(t)\in H^2(\Omega)$, 且

$$\|u(t)\|_{H^2(\Omega))}\leqslant C(T)(\|f(t)\|_{L^2(\Omega)}+\|u'(t)\|_{L^2(\Omega)}),\quad \text{a. e.}\, t\in(0,T),\quad\forall T>0.$$

据此推知 $u \in L^2_{\rm loc}([0,\infty),H^2(\Omega))$, 且

$$\|u\|_{L^2([0,T],H^2(\Omega))} \leqslant C(T)(\|f\|_{L^2([0,T],L^2(\Omega))}+\|\varphi\|_{L^2(\Omega)}),\quad \forall T>0. \tag{4.5.6}$$

把估计式 (4.5.5) 和 (4.5.6) 两端分别对应相加, 就得到了 (4.5.2). 最后, 根据推论 4.2.22, 从 $u \in L^2_{\rm loc}([0,\infty),H^2(\Omega)\cap H^1_0(\Omega))$ 和 $u' \in L^2_{\rm loc}([0,\infty),L^2(\Omega))$ 即知 $u \in C([0,\infty),H^1_0(\Omega))$. 证毕. □

定理 4.5.2 *设 $\partial\Omega \in C^2$, 且对任意 $T>0$ 有 $a_{ij},\partial_t a_{ij} \in C^1(\overline{\Omega}_T)$ $(i,j=1,2,\cdots,n)$ 和 $b_i,\partial_t b_i, c, \partial_t c \in L^\infty(\Omega_T)$ $(i=1,2,\cdots,n)$. 又设 $f \in C([0,\infty),L^2(\Omega))$, $\partial_t f \in L^2_{\rm loc}([0,\infty),H^{-1}(\Omega))$ 且 $\varphi \in H^2(\Omega)\cap H^1_0(\Omega)$. 令 u 为初边值问题 (4.4.3) 的弱解. 则*

$$\begin{aligned}u \in\ & C([0,\infty),H^1_0(\Omega))\cap C^1([0,\infty),L^2(\Omega))\cap L^\infty_{\rm loc}([0,\infty),H^2(\Omega))\\ &\cap H^1_{\rm loc}([0,\infty),H^1_0(\Omega))\cap H^2_{\rm loc}([0,\infty),H^{-1}(\Omega)).\end{aligned} \tag{4.5.7}$$

而且成立不等式

$$\begin{aligned}&\|u\|_{L^\infty([0,T],H^2(\Omega))}+\|u'\|_{L^\infty([0,T],L^2(\Omega))}+\|u'\|_{L^2([0,T],H^1_0(\Omega))}+\|u''\|_{L^2([0,T],H^{-1}(\Omega))}\\ \leqslant\ & C(T)(\|f\|_{L^\infty((0,T),L^2(\Omega))}+\|f'\|_{L^2((0,T),H^{-1}(\Omega))}+\|\varphi\|_{H^2(\Omega)}),\quad \forall T>0.\end{aligned} \tag{4.5.8}$$

证 设 $\{w_k\}_{k=1}^\infty$ 同上一定理的证明. 我们已经看到, 由于 $\partial\Omega \in C^2$, 所以 $w_k \in H^2(\Omega)\cap H^1_0(\Omega)$, $k=1,2,\cdots$. 令 $\{u_m\}_{m=1}^\infty$ 也同上一定理的证明. 由于在本定理所设条件下有 $f_k \in H^1_{\rm loc}[0,\infty)$, $A_{kl} \in W^{1,\infty}_{\rm loc}[0,\infty)$, $k,l=1,2,\cdots$, 所以 $y_{mk} \in H^2_{\rm loc}[0,\infty)$, $k=1,2,\cdots,m$, $m=1,2,\cdots$, 进而 $u_m \in H^2_{\rm loc}([0,\infty),H^2(\Omega)\cap H^1_0(\Omega))$, $m=1,2,\cdots$. 对 (4.4.6) 中的微分方程先求导再对两端乘以 y'_{mk} 之后关于 k 求和, 得

$$\begin{aligned}&(u''_m(t),u'_m(t))_{L^2(\Omega)}+(L(t)u'_m(t),u'_m(t))_{L^2(\Omega)}\\ &=\langle f'(t),u'_m(t)\rangle-(L'(t)u_m(t),u'_m(t))_{L^2(\Omega)},\quad m=1,2,\cdots,\end{aligned}$$

其中 $L'(t)$ 表示对算子 $L(t)$ 的系数关于变元 t 求导所得到的二阶偏微分算子. 注意在本定理所设条件下, $L'(t)$ 的系数都属于 $L^\infty(\Omega_T)$ $(\forall T>0)$, 因此上式右端在区间 $[0,T]$ 上不超过

$$\varepsilon\|u'_m(t)\|^2_{H^1_0(\Omega)}+C(\varepsilon)\|f'(t)\|^2_{H^{-1}(\Omega)}+C(T,\varepsilon)\|u_m(t)\|^2_{H^1_0(\Omega)},\quad \forall\varepsilon>0.$$

与引理 4.4.2 的证明类似地可知上式左端在区间 $[0,T]$ 上不小于

$$\frac{1}{2}\frac{\rm d}{{\rm d}t}\|u'_m(t)\|^2_{L^2(\Omega)}+\mu\|u'_m(t)\|^2_{H^1_0(\Omega)}-C(T)\|u'_m(t)\|^2_{L^2(\Omega)},$$

其中 μ 为正常数. 因此, 只要取 $\varepsilon=\mu/2$ 便得到

$$\begin{aligned}&\frac{\mathrm{d}}{\mathrm{d}t}\|u_m'(t)\|_{L^2(\Omega)}^2+\mu\|u_m'(t)\|_{H_0^1(\Omega)}^2\\&\leqslant C\|f'(t)\|_{H^{-1}(\Omega)}^2+C(T)\|u_m'(t)\|_{L^2(\Omega)}^2+C(T)\|u_m(t)\|_{H^1(\Omega)}^2\end{aligned}$$

$(\forall t\in(0,T),\ \forall T>0)$. 据此和以前类似地并应用 (4.4.8) 就得到

$$\begin{aligned}&\|u_m'\|_{L^\infty([0,T],L^2(\Omega))}+\|u_m'\|_{L^2([0,T],H_0^1(\Omega))}\\&\leqslant C(T)(\|u_m'(0)\|_{L^2(\Omega)}+\|f'\|_{L^2((0,T),H^{-1}(\Omega))}+\|\varphi\|_{L^2(\Omega)}),\quad \forall T>0.\end{aligned}$$

从 (4.4.6) 知

$$u_m'(0)=\sum_{k=1}^m f_k(0)w_k-\sum_{k=1}^m\langle L(0)u_m(0),w_k\rangle w_k,$$

因此

$$\begin{aligned}\|u_m'(0)\|_{L^2(\Omega)}^2&\leqslant 2\sum_{k=1}^m|f_k(0)|^2+2\sum_{k=1}^m|\langle L(0)u_m(0),w_k\rangle|^2\\&\leqslant 2\|f(0)\|_{L^2(\Omega)}^2+2\|L(0)u_m(0)\|_{L^2(\Omega)}^2.\end{aligned}$$

由于 $\varphi\in H^2(\Omega)\cap H_0^1(\Omega)$, 所以当 $m\to\infty$ 时, 按 $H^2(\Omega)\cap H_0^1(\Omega)$ 强拓扑成立 $u_m(0)\to\varphi$, 进而按 $L^2(\Omega)$ 强拓扑成立 $L(0)u_m(0)\to L(0)\varphi$, 所以当 m 充分大时, 有 $\|L(0)u_m(0)\|_{L^2(\Omega)}\leqslant 2\|L(0)\varphi\|_{L^2(\Omega)}$. 这样便从上式得到

$$\begin{aligned}&\|u_m'\|_{L^\infty([0,T],L^2(\Omega))}+\|u_m'\|_{L^2([0,T],H_0^1(\Omega))}\\&\leqslant C(T)(\|f\|_{L^\infty((0,T),L^2(\Omega))}+\|f'\|_{L^2((0,T),H^{-1}(\Omega))}+\|\varphi\|_{H^2(\Omega)}),\quad \forall T>0\end{aligned}$$

(注意 $\|f(0)\|_{L^2(\Omega)}\leqslant C(T)\|f\|_{H^1((0,T),L^2(\Omega))}$). 根据这个估计式, 与定理 4.5.1 的证明类似地便可推知问题 (4.4.3) 的弱解满足 $u'\in L^\infty_{\rm loc}([0,\infty),L^2(\Omega))\cap L^2_{\rm loc}([0,\infty),H_0^1(\Omega))$, 并成立估计式

$$\begin{aligned}&\|u'\|_{L^\infty([0,T],L^2(\Omega))}+\|u'\|_{L^2([0,T],H_0^1(\Omega))}\\&\leqslant C(T)(\|f\|_{L^\infty((0,T),L^2(\Omega))}+\|f'\|_{L^2((0,T),H^{-1}(\Omega))}+\|\varphi\|_{H^2(\Omega)}),\quad \forall T>0.\end{aligned}\tag{4.5.9}$$

由 $u\in L^2_{\rm loc}([0,\infty),H^2(\Omega)\cap H_0^1(\Omega))$ (见 (4.5.1)) 和 $u'\in L^\infty_{\rm loc}([0,\infty),L^2(\Omega))$ 可知 u 是方程 $u'+L(t)u=f$ 在 $(0,\infty)\times\Omega$ 上的强解, 从而在 $(0,\infty)\times\Omega$ 上几乎处处满足该方程. 因此对几乎所有的 $t>0$ 成立

$$L(t)u(t)=f(t)-u'(t).$$

所以再次应用定理 3.3.6 便得

$$\begin{aligned}&\|u\|_{L^\infty([0,T],H^2(\Omega))}\\ \leqslant\ &C(T)(\|f\|_{L^\infty([0,T],L^2(\Omega))}+\|u'\|_{L^\infty([0,T],L^2(\Omega))}+\|u\|_{L^\infty([0,T],L^2(\Omega))})\\ \leqslant\ &C(T)(\|f\|_{L^\infty((0,T),L^2(\Omega))}+\|f'\|_{L^2((0,T),H^{-1}(\Omega))}+\|\varphi\|_{H^2(\Omega)})\end{aligned}\tag{4.5.10}$$

$(\forall T>0)$. 最后, 由于 $u'\in L^2_{\text{loc}}([0,\infty),H^1_0(\Omega))$, $f'\in L^2_{\text{loc}}([0,\infty),L^2(\Omega))$, 且 $L(t)$ 的系数都关于 t 有弱导数且这些弱导数属于 $L^\infty_{\text{loc}}([0,\infty),L^\infty(\Omega))$, 所以可对方程 $u'+L(t)u=f$ 关于 t 求弱导数, 得

$$u''=f'-L(t)u'-L'(t)u.$$

据此和前面已经得到的估计式即知 $u''\in L^2_{\text{loc}}([0,\infty),H^{-1}(\Omega))$, 并成立估计式

$$\begin{aligned}&\|u''\|_{L^2([0,T],H^{-1}(\Omega))}\\ \leqslant\ &C(T)(\|f\|_{L^\infty((0,T),L^2(\Omega))}+\|f'\|_{L^2((0,T),H^{-1}(\Omega))}+\|\varphi\|_{L^2(\Omega)}),\quad \forall T>0.\end{aligned}\tag{4.5.11}$$

把 (4.5.9), (4.5.10) 和 (4.5.11) 结合起来就得到了 (4.5.8). 证毕. □

对解的高阶正则性我们只讨论算子 $L(t)$ 的系数不依赖于时间变元 t 的情况; $L(t)$ 的系数依赖于时间变元 t 情况的讨论比较繁琐, 这里从略.

定理 4.5.3 设 $L(t)=L$ (即系数不依赖于时间变元 t), m 为非负整数, $\partial\Omega\in C^{2m+2}$, 且 $a_{ij}\in C^{2m+1}(\overline{\Omega})$ $(i,j=1,2,\cdots,n)$, $b_i,c\in W^{2m,\infty}(\Omega)$ $(i=1,2,\cdots,n)$. 又设 $\partial_t^k f\in L^\infty_{\text{loc}}([0,\infty),H^{2(m-k)}(\Omega))$ $(k=0,1,\cdots,m)$, $\partial_t^{m+1}f\in L^2_{\text{loc}}([0,\infty),H^{-1}(\Omega))$, $\varphi\in H^{2(m+1)}(\Omega)\cap H^1_0(\Omega)$, 且满足下述相容性条件:

$$\begin{cases}\varphi_0:=\varphi\in H^{2(m+1)}(\Omega)\cap H^1_0(\Omega),\quad \varphi_1:=f(0)-L\varphi_0\in H^{2m}(\Omega)\cap H^1_0(\Omega),\\ \varphi_k:=f^{(k-1)}(0)-L\varphi_{k-1}\in H^{2(m-k+1)}(\Omega)\cap H^1_0(\Omega),\quad k=1,2,\cdots,m.\end{cases}\tag{4.5.12}$$

令 u 为初边值问题 (4.4.3) 的弱解, 则

$$\begin{cases}\partial_t^k u\in L^\infty_{\text{loc}}([0,\infty),H^{2(m+1-k)}(\Omega)\cap H^1_0(\Omega)),\quad k=0,1,\cdots,m,\\ \partial_t^{m+1}u\in C([0,\infty),L^2(\Omega))\cap L^2_{\text{loc}}([0,\infty),H^1_0(\Omega)),\end{cases}\tag{4.5.13}$$

而且对任意 $T>0$ 成立

$$\begin{aligned}&\sum_{k=0}^m\|\partial_t^k u\|_{L^\infty([0,T],H^{2(m+1-k)}(\Omega))}+\|\partial_t^{m+1}u\|_{L^\infty([0,T],L^2(\Omega))}+\|\partial_t^{m+1}u\|_{L^2([0,T],H^1(\Omega))}\\ \leqslant\ &C(T)\Big(\sum_{k=0}^m\|\partial_t^k f\|_{L^\infty([0,T],H^{2(m-k)}(\Omega))}+\|\partial_t^{m+1}f\|_{L^2([0,T],H^{-1}(\Omega))}+\|\varphi\|_{H^{2(m+1)}(\Omega)}\Big).\end{aligned}\tag{4.5.14}$$

证 对 m 作归纳. $m=0$ 时的结论由定理 4.5.2 保证. 下面归纳地假设已知 m 时结论成立, 来证明 $m+1$ 时的结论也成立. 因此设 $\partial\Omega\in C^{2m+4}$, 且 $a_{ij}\in C^{2m+3}(\overline{\Omega})$ $(i,j=1,2,\cdots,n)$, $b_i,c\in W^{2m+2,\infty}(\Omega)$ $(i=1,2,\cdots,n)$, $\partial_t^k f\in L^\infty_{\rm loc}([0,\infty),H^{2(m+1-k)}(\Omega))$ $(k=0,1,\cdots,m+1)$, $\partial_t^{m+2}f\in L^2_{\rm loc}([0,\infty),H^{-1}(\Omega))$, $\varphi\in H^{2m+4}(\Omega)\cap H_0^1(\Omega)$, 且相容性条件 (4.5.12) 中的 m 换为 $m+1$ 时也成立. 由归纳假设可知 $\partial_t^k u\in L^\infty_{\rm loc}([0,\infty),H^{2(m+1-k)}(\Omega)\cap H_0^1(\Omega))$, $k=0,1,\cdots,m$, $\partial_t^{m+1}u\in C([0,\infty),L^2(\Omega))\cap L^2_{\rm loc}([0,\infty),H_0^1(\Omega))$. 令 $\hat{u}=\partial_t u$, $\hat{f}=\partial_t f$. 则 $\hat{u}\in L^\infty_{\rm loc}([0,\infty),H^{2m}(\Omega)\cap H_0^1(\Omega))$ (当 $m\geqslant 1$) 或 $\hat{u}\in L^2_{\rm loc}([0,\infty),H_0^1(\Omega))$ (当 $m=0$), $\partial_t^k\hat{f}=\partial_t^{k+1}f\in L^\infty_{\rm loc}([0,\infty),H^{2(m-k)}(\Omega))$ $(k=0,1,\cdots,m)$, $\partial_t^{m+1}\hat{f}=\partial_t^{m+2}f\in L^2_{\rm loc}([0,\infty),H^{-1}(\Omega))$. 对 (4.4.3) 中的偏微分方程关于变元 t 求偏导数可知 $\hat{u}$ 是下述初边值问题的弱解:

$$\begin{cases}\partial_t\hat{u}(t,x)+L\hat{u}(t,x)=\hat{f}(t,x),\ \ x\in\Omega,\ \ t>0,\\ \hat{u}(t,x)=0,\ \ x\in\partial\Omega,\ \ t>0,\\ \hat{u}(0,x)=\varphi_1(x),\ \ x\in\Omega,\end{cases}\tag{4.5.15}$$

易见这个问题中的已知函数都满足归纳假设即 m 时的条件, 因此应用归纳假设即知

$$\begin{cases}\partial_t^k\hat{u}\in L^\infty_{\rm loc}([0,\infty),H^{2(m+1-k)}(\Omega)\cap H_0^1(\Omega)),\quad k=0,1,\cdots,m,\\ \partial_t^{m+1}\hat{u}\in C([0,\infty),L^2(\Omega))\cap L^2_{\rm loc}([0,\infty),H_0^1(\Omega)),\end{cases}$$

而且对任意 $T>0$ 成立

$$\begin{aligned}&\sum_{k=0}^m\|\partial_t^k\hat{u}\|_{L^\infty([0,T],H^{2(m+1-k)}(\Omega))}+\|\partial_t^{m+1}\hat{u}\|_{L^\infty([0,T],L^2(\Omega))}+\|\partial_t^{m+1}u\|_{L^2([0,T],H^1(\Omega))}\\ \leqslant{}& C(T)\Big(\sum_{k=0}^m\|\partial_t^k\hat{f}\|_{L^\infty([0,T],H^{2(m-k)}(\Omega))}+\|\partial_t^{m+1}\hat{f}\|_{L^2([0,T],H^{-1}(\Omega))}+\|\varphi_1\|_{H^{2(m+1)}(\Omega)}\Big).\end{aligned}$$

此即

$$\begin{cases}\partial_t^k u\in L^\infty_{\rm loc}([0,\infty),H^{2(m+1-k)}(\Omega)\cap H_0^1(\Omega)),\quad k=1,2,\cdots,m+1,\\ \partial_t^{m+2}u\in C([0,\infty),L^2(\Omega))\cap L^2_{\rm loc}([0,\infty),H_0^1(\Omega)),\end{cases}$$

而且对任意 $T>0$ 成立

$$\sum_{k=1}^{m+1}\|\partial_t^k u\|_{L^\infty([0,T],H^{2(m+2-k)}(\Omega))}+\|\partial_t^{m+2}u\|_{L^\infty([0,T],L^2(\Omega))}$$

$$
\begin{aligned}
&+\|\partial_t^{m+2}u\|_{L^2([0,T],H^1(\Omega))}\\
&\leqslant C(T)\Big(\sum_{k=0}^{m}\|\partial_t^{k+1}f\|_{L^\infty([0,T],H^{2(m-k)}(\Omega))}\\
&\quad+\|\partial_t^{m+2}f\|_{L^2([0,T],H^{-1}(\Omega))}+\|f(0)-L\varphi\|_{H^{2(m+1)}(\Omega)}\Big)\\
&\leqslant C(T)\Big(\sum_{k=0}^{m+1}\|\partial_t^{k}f\|_{L^\infty([0,T],H^{2(m+1-k)}(\Omega))}\\
&\quad+\|\partial_t^{m+2}f\|_{L^2([0,T],H^{-1}(\Omega))}+\|\varphi\|_{H^{2(m+2)}(\Omega)}\Big).
\end{aligned}
$$

现在和以前一样, 把 (4.4.3) 中的偏微分方程改写为

$$Lu(t)=f(t)-u'(t).$$

然后应用定理 3.3.6 便得

$$
\begin{aligned}
&\|u\|_{L^\infty([0,T],H^{2(m+2)}(\Omega))}\\
&\leqslant C(T)(\|f\|_{L^\infty([0,T],H^{2(m+1)}(\Omega))}+\|u'\|_{L^\infty([0,T],H^{2(m+1)}(\Omega))})\\
&\leqslant C(T)\Big(\sum_{k=0}^{m+1}\|\partial_t^{k}f\|_{L^\infty([0,T],H^{2(m+1-k)}(\Omega))}+\|\partial_t^{m+2}f\|_{L^2([0,T],H^{-1}(\Omega))}+\|\varphi\|_{H^{2(m+2)}(\Omega)}\Big)
\end{aligned}
$$

$(\forall T>0)$. 这就证明了, 如果 m 时的结论成立, 则 $m+1$ 时的结论也必成立. 因此由归纳法原理即知定理 4.5.3 的结论对任意正整数 m 都成立. 证毕. □

把以上定理应用于任意的正整数 m, 就得到

定理 4.5.4 设 $L(t)=L$, $\partial\Omega\in C^\infty$, $a_{ij},b_i,c\in C^\infty(\overline{\Omega})$ $(i,j=1,2,\cdots,n)$, $f\in C^\infty([0,\infty)\times\overline{\Omega})$, $\varphi\in C^\infty(\overline{\Omega})\cap H_0^1(\Omega)$, 且对所有的正整数 m 都满足相容性条件 (4.5.12), 即

$$\varphi_k|_{\partial\Omega}=0,\quad k=0,1,2,\cdots,$$

这里的 φ_k $(k=0,1,2,\cdots)$ 由 (4.5.12) 归纳地定义. 则初边值问题 (4.4.3) 的弱解 $u\in C^\infty([0,\infty)\times\overline{\Omega})$. □

必须说明的是, 这里我们只对抛物型方程解的正则性做了粗略的讨论. 如果需要细致地了解这类方程解的正则性, 就必须和讨论椭圆型方程时一样, 对解的内部正则性和边界正则性分别地进行讨论. 概括地说, 抛物型方程在区域 $[0,\infty)\times\overline{\Omega}$ 上的解, 其正则性在该区域的内部即在任意开集 $Q\subset\subset(0,\infty)\times\Omega$ 上, 完全由算子 $L(t)$ 的系数和方程右端项 f 在此开集 Q 上的正则性所决定, 而与此开集 Q 之外的数据特别是初值函数与边值函数的性质无关. 初值函数的正则性只影响解在 $t=0$ 处的正则性; 边值函数的正则性只影响解在边界 $[0,\infty)\times\partial\Omega$ 处的正则性.

另外还需说明, 相容性条件 (4.5.12) 对于保证解在整个求解区域 $[0,\infty)\times\overline{\Omega}$ 上的正则性是不可缺少的条件; 去掉这个条件会导致解在 $\{0\}\times\partial\Omega$ 处产生奇性, 即不能达到如定理 4.5.3 和定理 4.5.4 所保证的那样的正则性.

4.5.2 双曲型方程

再考虑双曲型方程的初边值问题 (4.4.20) 解的正则性.

定理 4.5.5 设 $\partial\Omega\in C^2$, 且对任意 $T>0$ 有 $a_{ij},\partial_t a_{ij},\partial_t^2 a_{ij}\in C^1(\overline{\Omega}_T)$ $(i,j=1,2,\cdots,n)$ 和 $b_i,\partial_t b_i,c,\partial_t c\in L^\infty(\Omega_T)$ $(i=1,2,\cdots,n)$. 又设 $f\in H^1_{\mathrm{loc}}([0,\infty),L^2(\Omega))$, $\varphi\in H^2(\Omega)\cap H^1_0(\Omega)$, $\psi\in H^1_0(\Omega)$. 令 u 为初边值问题 (4.4.20) 的弱解. 则

$$\begin{cases} u\in L^\infty_{\mathrm{loc}}([0,\infty),H^2(\Omega)\cap H^1_0(\Omega)), \quad \partial_t u\in L^\infty_{\mathrm{loc}}([0,\infty),H^1_0(\Omega)),\\ \partial_t^2 u\in L^\infty_{\mathrm{loc}}([0,\infty),L^2(\Omega)), \end{cases}$$

而且成立不等式

$$\begin{aligned} &\|u\|_{L^\infty([0,T],H^2(\Omega))}+\|\partial_t u\|_{L^\infty([0,T],H^1(\Omega))}+\|\partial_t^2 u\|_{L^\infty([0,T],L^2(\Omega))}\\ \leqslant\ & C(T)(\|f\|_{H^1((0,T),L^2(\Omega))}+\|\varphi\|_{H^2(\Omega)}+\|\psi\|_{H^1(\Omega)}), \quad \forall T>0. \end{aligned} \tag{4.5.16}$$

证 设 $\{w_k\}_{k=1}^\infty$ 同定理 4.5.1 的证明. 由于 $\partial\Omega\in C^2$, 所以 $w_k\in H^2(\Omega)\cap H^1_0(\Omega)$, $k=1,2,\cdots$. 令 $\{u_m\}_{m=1}^\infty$ 为由 (4.4.7) 给出的问题 (4.4.20) 的近似解序列, 其中 y_{mk} $(k=1,2,\cdots,m,\ m=1,2,\cdots)$ 为初值问题 (4.4.21) 的解. 由于在本定理所设条件下有 $f_k\in H^1_{\mathrm{loc}}[0,\infty)$, $A_{kl}\in W^{1,\infty}_{\mathrm{loc}}[0,\infty)$, $k,l=1,2,\cdots$, 所以 $y_{mk}\in H^3_{\mathrm{loc}}[0,\infty)$, $k=1,2,\cdots,m$, $m=1,2,\cdots$, 进而 $u_m\in H^3_{\mathrm{loc}}([0,\infty),H^2(\Omega)\cap H^1_0(\Omega))$, $m=1,2,\cdots$. 对 (4.4.21) 中的微分方程先求导再对两端乘以 y''_{mk} 之后关于 k 求和, 得

$$\begin{aligned} &(u'''_m(t),u''_m(t))_{L^2(\Omega)}+(L(t)u'_m(t),u''_m(t))_{L^2(\Omega)}\\ =\ &(f'(t),u''_m(t))_{L^2(\Omega)}-(L'(t)u_m(t),u''_m(t))_{L^2(\Omega)}, \quad m=1,2,\cdots. \end{aligned} \tag{4.5.17}$$

等式右端第二项作如下处理:

$$\begin{aligned} &(L'(t)u_m(t),u''_m(t))_{L^2(\Omega)}\\ =&\sum_{i,j=1}^n\int_\Omega \partial_t a_{ij}\partial_i u_m\partial_j u''_m\mathrm{d}x+\sum_{i=1}^n\int_\Omega \partial_t b_i\partial_i u_m u''_m\mathrm{d}x+\int_\Omega \partial_t c u_m u''_m\mathrm{d}x\\ =&\frac{\mathrm{d}}{\mathrm{d}t}\Big(\sum_{i,j=1}^n\int_\Omega \partial_t a_{ij}\partial_i u_m\partial_j u'_m\mathrm{d}x\Big)-\sum_{i,j=1}^n\int_\Omega \partial_t a_{ij}\partial_i u'_m\partial_j u'_m\mathrm{d}x\\ &-\sum_{i,j=1}^n\int_\Omega \partial_t^2 a_{ij}\partial_i u_m\partial_j u'_m\mathrm{d}x+\sum_{i=1}^n\int_\Omega \partial_t b_i\partial_i u_m u''_m\mathrm{d}x+\int_\Omega \partial_t c u_m u''_m\mathrm{d}x, \end{aligned}$$

因此从等式 (4.5.17) 得到

$$\frac{1}{2}\frac{\mathrm{d}}{\mathrm{d}t}\|u_m''(t)\|_{L^2(\Omega)}^2+\frac{1}{2}\frac{\mathrm{d}}{\mathrm{d}t}\Big(\sum_{i,j=1}^n\int_\Omega a_{ij}\partial_i u_m'\partial_j u_m'\mathrm{d}x\Big)+\frac{\mathrm{d}}{\mathrm{d}t}\Big(\sum_{i,j=1}^n\int_\Omega \partial_t a_{ij}\partial_i u_m\partial_j u_m'\mathrm{d}x\Big)$$
$$\leqslant \frac{1}{2}\|f'(t)\|_{L^2(\Omega)}^2+C(T)\Big(\|u_m''(t)\|_{L^2(\Omega)}^2+\|u_m'(t)\|_{H^1(\Omega)}^2+\|u_m(t)\|_{H^1(\Omega)}^2\Big)$$

(a. e. $t\in(0,T)$, $\forall T>0$). 积分, 应用不等式

$$\sum_{i,j=1}^n\int_\Omega \partial_t a_{ij}\partial_i u_m\partial_j u_m'\mathrm{d}x\geqslant -\frac{c_0}{2}\|\nabla u_m'(t)\|_{L^2(\Omega)}^2-C(T)\|\nabla u_m(t)\|_{L^2(\Omega)}^2,\quad \forall t\in(0,T),$$

并应用一致椭圆型条件 (4.4.2) 和 Poincaré不等式, 便得到

$$\begin{aligned}
&\|u_m''(t)\|_{L^2(\Omega)}^2+\|u_m'(t)\|_{H^1(\Omega)}^2\\
\leqslant\, &C(T)\int_0^t[\|u_m''(\tau)\|_{L^2(\Omega)}^2+\|u_m'(\tau)\|_{H^1(\Omega)}^2]\mathrm{d}\tau\\
&+C(T)\|u_m\|_{L^\infty([0,T],H^1(\Omega))}^2+\|f'\|_{L^2((0,T),L^2(\Omega))}^2+\|u_m''(0)\|_{L^2(\Omega)}^2\\
&+C[\|u_m'(0)\|_{H^1(\Omega)}^2+\|u_m(0)\|_{H^1(\Omega)}^2]\\
\leqslant\, &C(T)\int_0^t[\|u_m''(\tau)\|_{L^2(\Omega)}^2+\|u_m'(\tau)\|_{H^1(\Omega)}^2]\mathrm{d}\tau+C(T)\|u_m\|_{L^\infty([0,T],H^1(\Omega))}^2\\
&+C(T)[\|f\|_{H^1((0,T),L^2(\Omega))}^2+\|\varphi\|_{H^2(\Omega)}^2+\|\psi\|_{H^1(\Omega)}^2]
\end{aligned}$$

($\forall t\in(0,T)$, $\forall T>0$). 因此应用 Gronwall 引理和估计式 (4.4.22) 便得到

$$\begin{aligned}
&\sup_{0\leqslant t\leqslant T}[\|u_m''(t)\|_{L^2(\Omega)}^2+\|u_m'(t)\|_{H^1(\Omega)}^2]\\
&\leqslant C(T)[\|f\|_{H^1((0,T),L^2(\Omega))}^2+\|\varphi\|_{H^2(\Omega)}^2+\|\psi\|_{H^1(\Omega)}^2],\quad \forall T>0.
\end{aligned}$$

据此根据与前面几个定理的证明类似的推理即可知 $\partial_t^2 u\in L^\infty_{\mathrm{loc}}([0,\infty),L^2(\Omega))$ 和 $\partial_t u\in L^\infty_{\mathrm{loc}}([0,\infty),H^1(\Omega))$, 而且成立不等式

$$\begin{aligned}
&\|\partial_t^2 u\|_{L^\infty([0,T],L^2(\Omega))}+\|\partial_t u\|_{L^\infty([0,T],H^1(\Omega))}\\
&\leqslant C(T)[\|f\|_{H^1((0,T),L^2(\Omega))}+\|\varphi\|_{H_0^1(\Omega)}+\|\psi\|_{L^2(\Omega)}],\quad \forall T>0.
\end{aligned}\tag{4.5.18}$$

现在注意由于 $u\in L^\infty_{\mathrm{loc}}([0,\infty),H_0^1(\Omega))$ (见定理 4.4.6), $\partial_t^2 u\in L^\infty_{\mathrm{loc}}([0,\infty),L^2(\Omega))$ 和 $f\in H^1_{\mathrm{loc}}([0,\infty),L^2(\Omega))$ 进而 $f\in C([0,\infty),L^2(\Omega))$, 所以由 u 是方程 $\partial_t^2 u+L(t)u=f$ 的弱解可知对几乎所有的 $t>0$, 在 Ω 上的广义函数意义下成立

$$u''(t)+L(t)u(t)=f(t).$$

把这个方程改写成

$$L(t)u(t) = f(t) - u''(t),$$

然后应用定理 3.3.6 和上面已得估计便得

$$\|u\|_{L^\infty([0,T],H^2(\Omega))} \leqslant C(T)[\|f\|_{H^1((0,T),L^2(\Omega))} + \|\varphi\|_{H_0^1(\Omega)} + \|\psi\|_{L^2(\Omega)}], \quad \forall T > 0. \tag{4.5.19}$$

把 (4.5.18) 和 (4.5.19) 结合起来就得到了 (4.5.16). 证毕. □

对解的高阶正则性我们只讨论算子 $L(t)$ 的系数不依赖于时间变元 t 的情况; $L(t)$ 的系数依赖于时间变元 t 情况的讨论比较繁琐, 这里从略.

定理 4.5.6 设 $L(t) = L$ (即系数不依赖于时间变元 t), m 为非负整数, $\partial\Omega \in C^{m+2}$, 且 $a_{ij}, \in C^{m+1}(\overline{\Omega})$ $(i, j = 1, 2, \cdots, n)$, $b_i, c \in W^{m,\infty}(\Omega)$ $(i = 1, 2, \cdots, n)$. 又设 $\partial_t^k f \in L^2_{\rm loc}([0,\infty), H^{m+1-k}(\Omega))$ $(k = 0, 1, \cdots, m+1)$, $\varphi \in H^{m+2}(\Omega) \cap H_0^1(\Omega)$, $\psi \in H^{m+1}(\Omega) \cap H_0^1(\Omega)$, 且满足下述相容性条件:

$$\begin{cases} \varphi_0 := \varphi \in H^{m+2}(\Omega) \cap H_0^1(\Omega), \quad \varphi_1 := \psi \in H^{m+1}(\Omega) \cap H_0^1(\Omega), \\ \varphi_2 := f(0) - L\varphi_0 \in H^m(\Omega) \cap H_0^1(\Omega), \quad \varphi_3 := f'(0) - L\varphi_1 \in H^{m-1}(\Omega) \cap H_0^1(\Omega), \\ \varphi_k := f^{(k-2)}(0) - L\varphi_{k-2} \in H^{m-k+2}(\Omega) \cap H_0^1(\Omega), \quad k = 2, 3, \cdots, m. \end{cases} \tag{4.5.20}$$

令 u 为初边值问题 (4.4.20) 的弱解, 则

$$\begin{cases} \partial_t^k u \in L^\infty_{\rm loc}([0,\infty), H^{m+2-k}(\Omega) \cap H_0^1(\Omega)), \quad k = 0, 1, \cdots, m+1, \\ \partial_t^{m+2} u \in L^\infty_{\rm loc}([0,\infty), L^2(\Omega)), \end{cases} \tag{4.5.21}$$

而且对任意 $T > 0$ 成立

$$\sum_{k=0}^{m+2} \|\partial_t^k u\|_{L^\infty([0,T],H^{m+2-k}(\Omega))} \leqslant C(T)\Big(\sum_{k=0}^{m+1} \|\partial_t^k f\|_{L^\infty([0,T],H^{m+1-k}(\Omega))} + \|\varphi\|_{H^{m+2}(\Omega)} + \|\psi\|_{H^{m+1}(\Omega)}\Big). \tag{4.5.22}$$

证 对 m 作归纳. $m = 0$ 时的结论由定理 4.5.5 保证. 下面归纳地假设已知 m 时结论成立, 来证明 $m+1$ 时的结论也成立. 因此设 $\partial\Omega \in C^{m+3}$, 且 $a_{ij} \in C^{m+2}(\overline{\Omega})$ $(i, j = 1, 2, \cdots, n)$, $b_i, c \in W^{m+1,\infty}(\Omega)$ $(i = 1, 2, \cdots, n)$, $\partial_t^k f \in L^\infty_{\rm loc}([0,\infty), H^{m+2-k}(\Omega))$ $(k = 0, 1, \cdots, m+2)$, $\varphi \in H^{m+3}(\Omega) \cap H_0^1(\Omega)$, $\psi \in H^{m+2}(\Omega) \cap H_0^1(\Omega)$, 且相容性条件 (4.5.21) 中的 m 换为 $m+1$ 时也成立. 由归纳假设可知 $\partial_t^k u \in L^\infty_{\rm loc}([0,\infty), H^{m+2-k}(\Omega) \cap H_0^1(\Omega))$, $k = 0, 1, \cdots, m+1$, $\partial_t^{m+2} u \in L^\infty_{\rm loc}([0,\infty), L^2(\Omega))$. 令 $\hat{u} = \partial_t u$, $\hat{f} = \partial_t f$. 则 $\partial_t^k \hat{u} = \partial_t^{k+1} u \in L^2_{\rm loc}([0,\infty), H^{m+1-k}(\Omega) \cap H_0^1(\Omega))$,

$k=0,1,\cdots,m$, $\partial_t^{m+1}\hat{u}=\partial_t^{m+2}u\in L^\infty_{\rm loc}([0,\infty),L^2(\Omega))$, $\partial_t^k\hat{f}=\partial_t^{k+1}f\in L^\infty_{\rm loc}([0,\infty),$ $H^{m+1-k}(\Omega))$ $(k=0,1,\cdots,m+1)$. 对 (4.4.20) 中的偏微分方程关于变元 t 求偏导数, 可知 $\hat{u}$ 是下述初边值问题的弱解:

$$\begin{cases}\partial_t^2\hat{u}(t,x)+L\hat{u}(t,x)=\hat{f}(t,x),\ \ x\in\Omega,\ \ t>0,\\ \hat{u}(t,x)=0,\ \ x\in\partial\Omega,\ \ t>0,\\ \hat{u}(0,x)=\varphi_1(x),\ \ \hat{u}_t(0,x)=\varphi_2(x),\ \ x\in\Omega,\end{cases}\tag{4.5.23}$$

易见这个问题中的已知函数都满足归纳假设即 m 时的条件, 因此应用归纳假设即知

$$\begin{cases}\partial_t^k\hat{u}\in L^\infty_{\rm loc}([0,\infty),H^{m+2-k}(\Omega)\cap H_0^1(\Omega)),\quad k=0,1,\cdots,m+1,\\ \partial_t^{m+2}\hat{u}\in L^\infty_{\rm loc}([0,\infty),L^2(\Omega)),\end{cases}$$

而且对任意 $T>0$ 成立

$$\sum_{k=0}^{m+2}\|\partial_t^k\hat{u}\|_{L^\infty([0,T],H^{m+2-k}(\Omega))}\leqslant C(T)\Big(\sum_{k=0}^{m+1}\|\partial_t^k\hat{f}\|_{L^\infty([0,T],H^{m+1-k}(\Omega))}$$
$$+\|\varphi_1\|_{H^{m+2}(\Omega)}+\|\varphi_2\|_{H^{m+1}(\Omega)}\Big).$$

此即

$$\begin{cases}\partial_t^k u\in L^\infty_{\rm loc}([0,\infty),H^{m+3-k}(\Omega)\cap H_0^1(\Omega)),\quad k=1,2,\cdots,m+2,\\ \partial_t^{m+3}u\in L^\infty_{\rm loc}([0,\infty),L^2(\Omega)),\end{cases}$$

而且对任意 $T>0$ 成立

$$\sum_{k=1}^{m+3}\|\partial_t^k u\|_{L^\infty([0,T],H^{m+3-k}(\Omega))}$$
$$\leqslant C(T)\Big(\sum_{k=0}^{m+1}\|\partial_t^{k+1}f\|_{L^\infty([0,T],H^{m+1-k}(\Omega))}+\|\psi\|_{H^{m+2}(\Omega)}+\|f(0)-L\varphi\|_{H^{m+1}(\Omega)}\Big)$$
$$\leqslant C(T)\Big(\sum_{k=0}^{m+2}\|\partial_t^k f\|_{L^\infty([0,T],H^{m+2-k}(\Omega))}+\|\varphi\|_{H^{m+3}(\Omega)}+\|\psi\|_{H^{m+2}(\Omega)}\Big).$$

现在和以前一样, 把 (4.4.3) 中的偏微分方程改写为

$$Lu(t)=f(t)-u''(t).$$

然后应用定理 3.3.6 便得

$$\|u\|_{L^\infty([0,T],H^{m+3}(\Omega))}\leqslant C(T)(\|f\|_{L^\infty([0,T],H^{m+1}(\Omega))}+\|u''\|_{L^\infty([0,T],H^{m+1}(\Omega))})$$
$$\leqslant C(T)\Big(\sum_{k=0}^{m+2}\|\partial_t^k f\|_{L^\infty([0,T],H^{m+2-k}(\Omega))}+\|\varphi\|_{H^{m+3}(\Omega)}+\|\psi\|_{H^{m+2}(\Omega)}\Big)$$

$(\forall T>0)$. 这就证明了, 如果 m 时的结论成立, 则 $m+1$ 时的结论也必成立. 因此由归纳法原理即知定理 4.5.6 的结论对任意正整数 m 都成立. 证毕. □

把以上定理应用于任意的正整数 m, 就得到

定理 4.5.7　设 $L(t)=L$, $\partial\Omega\in C^\infty$, $a_{ij},b_i,c\in C^\infty(\overline{\Omega})$ $(i,j=1,2,\cdots,n)$, $f\in C^\infty([0,\infty)\times\overline{\Omega})$, $\varphi,\psi\in C^\infty(\overline{\Omega})\cap H_0^1(\Omega)$, 且对所有的正整数 m 都满足相容性条件 (4.5.20), 即

$$\varphi_k|_{\partial\Omega}=0,\quad k=0,1,2,\cdots,$$

其中 φ_k $(k=0,1,2,\cdots)$ 由 (4.5.20) 归纳地定义. 则初边值问题 (4.4.20) 的弱解 $u\in C^\infty([0,\infty)\times\overline{\Omega})$. □

需要说明的是, 这里我们只对双曲型方程解的正则性作了粗略的讨论. 如果作更细致的讨论将会发现, 双曲型方程与椭圆型方程和抛物型方程在解的正则性方面有很大的差别, 即双曲型方程的解在求解区域内部各个位置处的正则性不仅依赖于算子 $L(t)$ 的系数和方程右端项 f 在这些位置处的正则性, 而且也依赖于这些函数在区域内其他位置的正则性以及初值函数和边值函数的正则性, 即当解在无论是区域内部某点或是在初始时刻或边界处有奇性时, 则这些奇性会传播到其他位置. 这就是双曲型方程解的**奇性传播现象**. 这个问题我们将在 5.6 节作专门的讨论.

另外还需说明, 相容性条件 (4.5.20) 对于保证解在整个求解区域 $[0,\infty)\times\overline{\Omega}$ 上的正则性是不可缺少的条件; 去掉这个条件会导致解在 $\{0\}\times\partial\Omega$ 处产生奇性, 即不能达到如定理 4.5.6 和定理 4.5.7 所保证的那样的正则性. 由于解的这种奇性的产生是由初、边值条件的不相容性引起的, 所以叫做**不相容性奇性**, 它也可根据奇性传播定理传播到区域内部各处.

4.5.3　Schrödinger 型方程

再考虑 Schrödinger 型方程的初边值问题 (4.3.17) 解的正则性.

设 Ω 是 $\mathbf{R}^n$ 中的有界开集, L 是 Ω 上由 (3.4.2) 给出的算子, 满足一致椭圆性条件 (3.2.1). 假设对某个整数 $m\geqslant 2$ 有 $\partial\Omega\in C^m$, $a_{ij}\in C^{m-1}(\overline{\Omega})$ $(i,j=1,2,\cdots,n)$ 且 $c\in C^{m-2}(\overline{\Omega})$. 令

$$H_L^m(\Omega)=\Big\{u\in H^m(\Omega)\cap H_0^1(\Omega):\ u|_{\partial\Omega}=Lu|_{\partial\Omega}=\cdots=L^{[\frac{m-1}{2}]}u|_{\partial\Omega}=0\Big\}.$$

再令 $\{w_k\}_{k=1}^\infty$ 如定理 3.4.1. 则有 (见习题 3.4 第 1 题):

(1) $w_k\in H_L^m(\Omega)$ $(k=1,2,\cdots)$, 而且 $\{w_k\}_{k=1}^\infty$ 构成 $H_L^m(\Omega)$ 的基底;

(2) 对任意 $u\in H_L^m(\Omega)$, (3.4.8) 中的无穷和式按 $H^m(\Omega)$ 强拓扑收敛, 而且存在

常数 $C_1, C_2 > 0$ 使成立

$$C_1\|u\|^2_{H^m(\Omega)} \leqslant \sum_{k=1}^{\infty}(1+|\lambda_k|)^m c_k^2 \leqslant C_2\|u\|^2_{H^m(\Omega)}.$$

定理 4.5.8 设对某个整数 $m \geqslant 2$ 有 $\partial\Omega \in C^m$, $a_{ij} \in C^{m-1}(\overline{\Omega})$ $(i,j=1,2,\cdots,n)$ 且 $c \in C^{m-2}(\overline{\Omega})$. 令 u 为初边值问题 (4.3.17) 的弱解, 则有下列结论:

(1) 如果 $\varphi \in H_L^m(\Omega)$ 且 $f \in L^2_{\rm loc}([0,\infty), H_L^m(\Omega))$, 则 $u \in C([0,\infty), H_L^m(\Omega))$, $\partial_t u \in L^2_{\rm loc}([0,\infty), H_L^{m-2}(\Omega))$, 且对任意 $T>0$ 成立

$$\begin{aligned}&\|u\|_{L^\infty([0,T],H^m(\Omega))} + \|\partial_t u\|_{L^2([0,T],H^{m-2}(\Omega))}\\ \leqslant\ & C(T)\Big(\|f\|_{L^2([0,T],H^m(\Omega))} + \|\varphi\|_{H^m(\Omega)}\Big).\end{aligned} \tag{4.5.24}$$

(2) 如果$\varphi \in H_L^m(\Omega)$ 且 $\partial_t^k f \in L^2_{\rm loc}([0,\infty), H_L^{m-2k}(\Omega))$, $k=0,1,\cdots,[m/2]$, 则 $\partial_t^k u \in C([0,\infty), H_L^{m-2k}(\Omega))$, $k=0,1,\cdots,[m/2]$, $\partial_t^{[m/2]+1}u \in L^2_{\rm loc}([0,\infty), H_L^{m-2([m/2]+1)}(\Omega))$, 且对任意 $T>0$ 成立

$$\begin{aligned}&\sum_{k=0}^{[\frac{m}{2}]}\|\partial_t^k u\|_{L^\infty([0,T],H^{m-2k}(\Omega))} + \|\partial_t^{[m/2]+1}u\|_{L^2([0,T],H^{m-2([m/2]+1)}(\Omega))}\\ \leqslant\ & C(T)\Big(\sum_{k=0}^{[\frac{m}{2}]}\|\partial_t^k f\|_{L^2([0,T],H^m(\Omega))} + \|\varphi\|_{H^m(\Omega)}\Big).\end{aligned} \tag{4.5.25}$$

这个定理可应用求解公式 (4.3.19) 和习题 3.4 第 1 题来证明, 留作习题. □

定理 4.5.9 设 $\partial\Omega \in C^\infty$, $a_{ij}, c \in C^\infty(\overline{\Omega})$ $(i,j=1,2,\cdots,n)$, $f \in C^\infty([0,\infty), H_L^\infty(\Omega))$, $\varphi \in H_L^\infty(\Omega)$, 其中 $H_L^\infty(\Omega) = \bigcap\limits_{m=1}^{\infty} H_L^m(\Omega)$. 则初边值问题 (4.3.17) 的弱解 $u \in C^\infty([0,\infty)\times\overline{\Omega})$. □

注意对于 Schrödinger 型方程, 与前两类方程不同的是: 要求函数 f 在边界 $\partial\Omega$ 上满足与初值函数相同的边值条件.

习 题 4.5

1. 设 Ω 是 $\mathbf{R}^n$ 中的有界开集, L 是 Ω 上由 (3.4.15) 给出的算子, 满足一致椭圆性条件 (3.2.1). 假设对某个非负整数 m 有 $\partial\Omega \in C^{2m+2}$, 且 $a_{ij} \in C^{2m+1}(\overline{\Omega})$ $(i,j=1,2,\cdots,n)$, $b_i, c \in W^{2m,\infty}(\Omega)$ $(i=1,2,\cdots,n)$. 又设 $\partial_t^k f \in L^\infty_{\rm loc}([0,\infty), H^{2(m-k)}(\Omega))$ $(k=0,1,\cdots,m)$, $\varphi \in H^{2m+1}(\Omega)\cap H_0^1(\Omega)$, 且满足下相容性条件 (4.5.12). 令 u 为初边

值问题 (4.4.3) 的弱解. 证明:

$$\begin{cases} \partial_t^k u \in L^2_{\mathrm{loc}}([0,\infty), H^{2(m+1-k)}(\Omega)\cap H_0^1(\Omega)), \quad k=0,1,\cdots,m, \\ \partial_t^{m+1} u \in L^2_{\mathrm{loc}}([0,\infty), L^2(\Omega)), \end{cases}$$

而且对任意 $T>0$ 成立

$$\sum_{k=0}^{m+1}\|\partial_t^k u\|_{L^2([0,T],H^{2(m+1-k)}(\Omega))} \leqslant C(T)\Big(\sum_{k=0}^{m}\|\partial_t^k f\|_{L^2([0,T],H^{2(m-k)}(\Omega))}+\|\varphi\|_{H^{2m+1}(\Omega)}\Big).$$

2. 证明定理 4.5.8.

4.6 强连续半群

发展型偏微分方程一般都可抽象成一定函数空间上的常微分方程, 进而应用 Banach 空间上的常微分方程理论进行研究. 抽象地研究 Banach 空间上的常微分方程涉及的第一个问题是**适定性问题**, 即解的存在性、唯一性和解对已知数据的连续依赖性. 这个问题与半群理论紧密相关.

设 X 是 Banach 空间. 考虑 X 上的一阶线性常微分方程的初值问题

$$\begin{cases} u'(t)=Au(t)+f(t), \ \ t>0, \\ u(0)=x, \end{cases} \tag{4.6.1}$$

其中 A 是 X 上的给定线性算子, f 是给定的定义于区间 $(0,\infty)$ 上并取值于 X 的向量值函数, x 是 X 中的给定元素. 出于对偏微分方程应用的需要, 这里的线性算子 A 不能要求是有界线性算子, 所以我们设它是一般的无界线性算子, 其定义域 $D(A)$ 是 X 的线性子空间.

$\mathbf{R}^n$ 上常微分方程研究的经验说明, 解决上述问题的关键是确定与初值问题

$$\begin{cases} u'(t)=Au(t), \ \ t>0 \\ u(0)=x \end{cases} \tag{4.6.2}$$

相联系的映射 $S:[0,\infty)\to L(X)$ 的存在性, 使对任意 $x\in X$, $u(t)=S(t)x$ $(t\geqslant 0)$ 是上述问题的解. 因为一旦这个映射存在, 那么问题 (4.6.1) 的解便可通过常数变易法由下述**Duhamel 公式**得到:

$$u(t)=S(t)x+\int_0^t S(t-\tau)f(\tau)\mathrm{d}\tau, \quad \forall t\geqslant 0. \tag{4.6.3}$$

要求初值问题 (4.6.2) 在 X 中是适定的, 即解对任意初值 $x\in X$ 都存在、唯一而且连续地依赖于 x, 等价于要求映射 $S:[0,\infty)\to L(X)$ 不仅存在而且构成一个所谓

强连续半群, 即满足半群性质

$$S(0)=I,\qquad S(t_1)S(t_2)=S(t_1+t_2),\quad \forall t_1,t_2\geqslant 0 \tag{4.6.4}$$

和强连续性质, 即成立

$$\lim_{\substack{t\to t_0\\ t\geqslant 0}} S(t)x=S(t_0)x,\quad \forall x\in X,\ \forall t_0\geqslant 0. \tag{4.6.5}$$

(4.6.5) 是显然的, 因为 $u(t)=S(t)x$ $(t\geqslant 0)$ 是问题 (4.6.2) 的解意味着 $u(t)=S(t)x$ 对 $t\geqslant 0$ 连续、对 $t>0$ 可导, 这里只保留了连续性的要求而放弃了可导性的要求 (因而 $u(t)=S(t)x$ $(t\geqslant 0)$ 只是问题 (4.6.2) 的广义解——但以后会看到, 当 $x\in D(A)$ 时可导性就自然具备了从而 $x\in D(A)$ 时 $u(t)=S(t)x$ $(t\geqslant 0)$ 是问题 (4.6.2) 的经典解). 半群性质 (4.6.4) 是从解的唯一性推出来的. 事实上, 对任意 $y\in X$, 易见 $v_1(t)=S(t)S(t_2)y$ $(t\geqslant 0)$ 和 $v_2(t)=S(t+t_2)y$ $(t\geqslant 0)$ 都是初值问题 (4.6.2) 对应于初值 $x=S(t_2)y$ 的解, 因此由解的唯一知应有 $v_1(t)=v_2(t)$, $\forall t\geqslant 0$, 即 $S(t)S(t_2)y=S(t+t_2)y$, $\forall t\geqslant 0$. 由 $y\in X$ 的任意性, 所以 (4.6.4) 成立. 解对初值的连续依赖性体现在对固定的 $t\geqslant 0$, $S(t)$ 是 X 上的有界线性算子这个性质上.

半群理论作为泛函分析的一个研究课题, 在 20 世纪 40 年代末期取得了巨大的成功. E. Hille 和 K. Yosida 两人于 1948 年各自独立地给出了一般 Banach 空间上强连续半群无穷小生成元的刻画, 即给出了为使初值问题 (4.6.2) 适定因而确定一个强连续半群, 算子 A 应当满足的充分必要条件. 此后人们对这个理论作了深入的研究. 目前虽然还有很多问题尚待解决, 但总的理论框架已经比较成熟, 并被人们广泛地应用于各类发展型方程 (偏微分方程、积分方程、差分方程、积分微分方程、差分微分方程、差分积分方程等). 可以这样说, 半群理论已经成为现代研究发展型偏微分方程及相关课题的基本语言. 因此, 要较好地掌握发展型偏微分方程的现代理论和方法, 就必须对半群理论有一定的了解. 本节对强连续半群的最基础理论作简单的介绍.

4.6.1 强连续半群的定义和基本性质

定义 4.6.1 设 $\{S(t)\}_{t\geqslant 0}$ 是 Banach 空间 X 上的一族有界线性算子, 即对每个 $t\geqslant 0$ 都有 $S(t)\in L(X)$. 如果 $\{S(t)\}_{t\geqslant 0}$ 满足条件 (4.6.4) 和 (4.6.5), 就称之为 X 上的**强连续半群**.

强连续半群也叫做**C_0 半群**. 这里符号 C_0 表示 "强连续" 的意思. 强连续半群的一个基本例子是算子族 e^{tA} $(t\geqslant 0)$, 其中 A 是 X 上的有界线性算子, 即 $A\in L(X)$.

对每个 $t \geqslant 0$, 算子 e^{tA} 的定义如下:

$$\mathrm{e}^{tA} = \sum_{n=0}^{\infty} \frac{1}{n!}(tA)^n = \sum_{n=0}^{\infty} \frac{t^n}{n!} A^n. \tag{4.6.6}$$

这里规定 $A^0 = I$. 注意由于

$$\sum_{n=0}^{\infty} \left\| \frac{t^n}{n!} A^n \right\|_{L(X)} \leqslant \sum_{n=0}^{\infty} \frac{t^n}{n!} \|A\|_{L(X)}^n = \mathrm{e}^{t\|A\|_{L(X)}} < \infty,$$

所以级数 $\displaystyle\sum_{n=1}^{\infty} \frac{t^n}{n!} A^n$ 在 $L(X)$ 中收敛, 即上述关于 e^{tA} 的定义是合理的. 算子族 e^{tA} $(t \geqslant 0)$ 实际上是**一致连续半群**, 因为它实际上是按 $L(X)$ 中的算子范数拓扑连续的, 即替代 (4.6.5) 而成立

$$\lim_{\substack{t \to t_0 \\ t \geqslant 0}} \|S(t) - S(t_0)\|_{L(X)} = 0, \quad \forall t_0 \geqslant 0.$$

不难证明, 任何一个一致连续半群都具有 e^{tA} $(t \geqslant 0)$ 的形式, 其中 A 是 X 上的有界线性算子. 容易检验, 在这种情况下对任意 $x \in X$, 向量值函数 $u(t) = \mathrm{e}^{tA}x$ $(t \geqslant 0)$ 在整个区间 $[0, \infty)$ 上可导, 并且是初值问题 (4.6.2) 的唯一解. 由于 e^{tA} $(t \geqslant 0)$ 由算子 A 唯一确定并且成立等式 $(\mathrm{e}^{tA})' = A\mathrm{e}^{tA}$, 所以 A 叫做半群 e^{tA} $(t \geqslant 0)$ 的**无穷小生成元**, 也称半群 e^{tA} $(t \geqslant 0)$ **由算子 A 生成**. 本节的目的是研究当把 "一致连续" 的要求减弱为只要求 "强连续" 时, 这个理论是否能够拓展以使得对某些无界的线性算子 A 也成立类似的理论, 并确定为使算子 A 能够生成一个强连续半群, 它应当满足的条件.

以下我们总设 X 是 Banach 空间, 而不再每次都重复这一假设.

引理 4.6.2　*设 $\{S(t)\}_{t \geqslant 0}$ 是 X 上的强连续半群. 则存在常数 $\kappa \in \mathbf{R}$ 和 $M \geqslant 1$ 使成立*

$$\|S(t)\|_{L(X)} \leqslant M\mathrm{e}^{\kappa t}, \quad \forall t \geqslant 0. \tag{4.6.7}$$

证　先证明存在 $T > 0$ 使函数 $\|S(t)\|_{L(X)}$ 在区间 $0 \leqslant t \leqslant T$ 上有界. 反证而设这个结论不成立. 则存在单调递降趋于零的数列 $\{t_n\}_{n=1}^{\infty}$ 使 $\|S(t_n)\|_{L(X)} \geqslant n$, $n = 1, 2, \cdots$. 根据共鸣定理, 由此推知存在 $x \in X$ 使 $\{\|S(t_n)x\|_X\}_{n=1}^{\infty}$ 是无界数列, 这与 $S(t)$ 在 $t = 0$ 处的强连续性矛盾. 因此存在 $T > 0$ 和 $M > 0$ 使成立 $\|S(t)\|_{L(X)} \leqslant M$, $\forall t \in [0, T]$. 由于 $\|S(0)\|_{L(X)} = 1$, 所以 $M \geqslant 1$. 现在令 $\kappa = T^{-1} \ln M$. 由于对任意 $t > 0$, 必存在非负整数 n 和 $0 \leqslant r < T$ 使成立 $t = nT + r$, 所以有

$$\|S(t)\|_{L(X)} = \|S(nT + r)\|_{L(X)} \leqslant \|S(T)\|_{L(X)}^n \|S(r)\|_{L(X)} \leqslant M^{n+1} \leqslant MM^{\frac{t}{T}} = M\mathrm{e}^{\kappa t}.$$

证毕. □.

引理 4.6.3 设 $\{S(t)\}_{t\geqslant 0}$ 是 X 上的强连续半群. 令

$$X_0=\left\{x\in X:\ \lim_{t\to 0^+}\frac{S(t)x-x}{t}\ \text{在}\ X\ \text{中存在}\right\},\tag{4.6.8}$$

并定义映射 $A:X_0\to X$ 如下:

$$Ax=\lim_{t\to 0^+}\frac{S(t)x-x}{t},\quad \forall x\in X_0,\tag{4.6.9}$$

则有下列结论:

(1) 对任意 $x\in X$ 和任意 $t>0$ 都有 $\int_0^t S(\tau)x\mathrm{d}\tau\in X_0$, 而且

$$A\Big(\int_0^t S(\tau)x\mathrm{d}\tau\Big)=S(t)x-x.\tag{4.6.10}$$

(2) X_0 是 X 的稠密的线性子空间.

(3) A 是 X 上的稠定线性算子.

(4) 对任意 $x\in D(A)=X_0$ 和任意 $t\geqslant 0$ 都有 $S(t)x\in D(A)$, 而且向量值函数 $t\mapsto S(t)x$ 在 $[0,\infty)$ 上可导, 并成立等式

$$\frac{\mathrm{d}}{\mathrm{d}t}S(t)x=AS(t)x=S(t)Ax,\quad \forall t>0;\quad \frac{\mathrm{d}^+}{\mathrm{d}t}\Big|_{t=0}S(t)x=Ax.\tag{4.6.11}$$

这里符号 $\dfrac{\mathrm{d}^+}{\mathrm{d}t}$ 表示右导数.

(5) 对任意 $x\in X$ 和任意 $s,t\geqslant 0$ 成立等式

$$A\Big(\int_s^t S(\tau)x\mathrm{d}\tau\Big)=S(t)x-S(s)x.\tag{4.6.12}$$

而且如果 $x\in D(A)$, 则对任意 $s,t\geqslant 0$ 还成立等式

$$A\Big(\int_s^t S(\tau)x\mathrm{d}\tau\Big)=\int_s^t S(\tau)Ax\mathrm{d}\tau=\int_s^t AS(\tau)x\mathrm{d}\tau.\tag{4.6.13}$$

证 (1) 对任意 $x\in X$ 和任意 $t,h>0$ 有

$$\begin{aligned}\frac{S(h)-I}{h}\int_0^t S(\tau)x\mathrm{d}\tau&=\frac{1}{h}\int_0^t[S(\tau+h)x-S(\tau)x]\mathrm{d}\tau\\&=\frac{1}{h}\int_t^{t+h}S(\tau)x\mathrm{d}\tau-\frac{1}{h}\int_0^h S(\tau)x\mathrm{d}\tau.\end{aligned}$$

易见当 $h\to 0^+$ 时, 最后一个等式右端趋于 $S(t)x-x$, 所以 $\int_0^t S(\tau)x\mathrm{d}\tau\in X_0$, 而且成立等式 (4.6.10).

(2) X_0 显然是 X 的线性子空间. 对任意 $x \in X$, 易见成立 $\lim\limits_{h\to0^+}\dfrac{1}{h}\displaystyle\int_0^h S(\tau)x\mathrm{d}\tau = x$. 前面已经证明, 对任意 $h>0$ 都有 $\dfrac{1}{h}\displaystyle\int_0^h S(\tau)x\mathrm{d}\tau \in X_0$, 所以 X_0 在 X 中稠密.

(3) A 显然是线性算子. 因此, 由结论 (2) 即知 A 是稠定的线性算子.

(4) 当 $x \in D(A) = X_0$ 时, 对任意 $t \geqslant 0$ 有

$$\lim_{h\to0^+}\frac{S(h)S(t)x-S(t)x}{h} = \lim_{h\to0^+} S(t)\Big[\frac{S(h)x-x}{h}\Big] = S(t)\Big[\lim_{h\to0^+}\frac{S(h)x-x}{h}\Big] = S(t)Ax.$$

这说明 $S(t)x \in D(A)$, 且 $AS(t)x = S(t)Ax$. 另外, 上式也表明

$$\frac{\mathrm{d}^+}{\mathrm{d}t}S(t)x = \lim_{h\to0^+}\frac{S(t+h)x-S(t)x}{h} = S(t)Ax, \quad \forall t \geqslant 0.$$

再来计算左导数. 对任意 $x \in D(A) = X_0$ 和任意 $t>0$ 有

$$\begin{aligned}\frac{\mathrm{d}^-}{\mathrm{d}t}S(t)x - S(t)Ax &= \lim_{h\to0^+}\frac{S(t-h)x-S(t)x}{-h} - \lim_{h\to0^+}S(t-h)Ax\\ &= \lim_{h\to0^+}S(t-h)\Big[\frac{S(h)x-x}{h} - Ax\Big] = 0.\end{aligned}$$

最后这个等式成立是因为, 根据引理 4.6.3 有

$$\Big\|S(t-h)\Big[\frac{S(h)x-x}{h} - Ax\Big]\Big\|_X \leqslant M\mathrm{e}^{\kappa t}\Big\|\frac{S(h)x-x}{h} - Ax\Big\|_X \to 0 \quad (\text{当 } h\to0^+).$$

这就证明了 (4.6.11).

(5) 等式 (4.6.12) 是 (4.6.10) 的直接推论. 当 $x \in D(A)$ 时, 对 (4.6.11) 中的各式进行积分, 得

$$S(t)x - S(s)x = \int_s^t AS(\tau)x\mathrm{d}\tau = \int_s^t S(\tau)Ax\mathrm{d}\tau, \quad \forall t,s \geqslant 0.$$

把这些等式与 (4.6.12) 结合起来, 便得到了 (4.6.13). 证毕. □

定义 4.6.4 设 $\{S(t)\}_{t\geqslant0}$ 是 X 上的强连续半群. 令 A 为按 (4.6.8) 和 (4.6.9) 定义的 X 上以其稠密线性子空间 X_0 为定义域的稠定线性算子. 称 A 为 $\{S(t)\}_{t\geqslant0}$ 的**无穷小生成元**.

一般而言强连续半群的无穷小生成元不必是有界线性算子(否则强连续半群理论便重复了一致连续半群理论, 而没有必要作为新的对象进行研究). 但是, 下一引理告诉我们, 强连续半群的无穷小生成元虽然不是连续线性算子, 却具有仅比连续性稍微差一点的 "闭性" 这一良好性质.

引理 4.6.5 强连续半群的无穷小生成元是稠定的闭线性算子.

证 我们已经知道 A 是稠定线性算子. 下面证明 A 是闭线性算子. 为此设 $\{x_n\}_{n=1}^{\infty} \subseteq D(A)$, 且 $x_n \to x$, $Ax_n \to y$. 需证明 $x \in D(A)$ 且 $Ax = y$. 对任意 $t > 0$, 由 (4.6.12) 和 (4.6.13) 得

$$S(t)x_n - x_n = \int_0^t S(\tau)Ax_n \mathrm{d}\tau, \quad n = 1, 2, \cdots.$$

当 $n \to \infty$ 时, 上式左端趋于 $S(t)x - x$, 右端趋于 $\int_0^t S(\tau)y\mathrm{d}\tau$, 所以令 $n \to \infty$ 取极限便得到

$$S(t)x - x = \int_0^t S(\tau)y\mathrm{d}\tau.$$

进而

$$\lim_{t\to 0^+} \frac{S(t)x - x}{t} = \lim_{t\to 0^+} \frac{1}{t}\int_0^t S(\tau)y\mathrm{d}\tau = y.$$

这就证明了, $x \in D(A)$ 且 $Ax = y$. 证毕. □

引理 4.6.6 设 $\{S_1(t)\}_{t\geqslant 0}$ 和 $\{S_2(t)\}_{t\geqslant 0}$ 是 X 上的两个强连续半群, 它们的无穷小生成元分别是 A_1 和 A_2. 如果 $A_1 = A_2$, 则 $S_1(t) = S_2(t)$, $\forall t \geqslant 0$.

证 设 $x \in D(A_1) = D(A_2)$. 应用引理 4.6.3 结论 (4) 易知对任意 $t > 0$, 定义在区间 $[0, t]$ 上的向量值函数 $s \mapsto S_1(t-s)S_2(s)x$ 在 $[0, t]$ 上可导, 且

$$\begin{aligned}\frac{\mathrm{d}}{\mathrm{d}s}S_1(t-s)S_2(s)x &= -A_1S_1(t-s)S_2(s)x + S_1(t-s)A_2S_2(s)x \\ &= -S_1(t-s)A_1S_2(s)x + S_1(t-s)A_2S_2(s)x = 0, \quad \forall s \in (0, t).\end{aligned}$$

在 $[0, t]$ 上积分所得等式即知 $S_2(t)x = S_1(t)x$. 由于 $D(A_1) = D(A_2)$ 在 X 中稠密而 $S_1(t)$ 和 $S_2(t)$ 都是 X 上的有界线性算子, 所以据此知对任意 $x \in X$ 也成立 $S_2(t)x = S_1(t)x$, 说明 $S_1(t) = S_2(t)$, $\forall t \geqslant 0$. 证毕. □

由引理 4.6.6 知, 强连续半群由其无穷小生成元唯一确定. 因此, 当强连续半群 $\{S(t)\}_{t\geqslant 0}$ 的无穷小生成元是算子 A 时, 也称 $\{S(t)\}_{t\geqslant 0}$ **由算子 A 生成**. 并且由于当 A 是有界线性算子时, 由 A 生成的一致连续算子半群为 e^{tA} $(t \geqslant 0)$, 所以当强连续半群 $\{S(t)\}_{t\geqslant 0}$ 由算子 A 生成时, 也记 $S(t) = \mathrm{e}^{tA}$ $(t \geqslant 0)$.

4.6.2 Hille-Yosida 定理

我们自然想知道, 怎样的算子 A 能够生成一个强连续半群? 或等价地, 强连续半群的无穷小生成元都是怎样的算子? 从微分方程的角度来看, 这个问题等价于初值问题 (4.6.2) 对哪种类型的算子 A 是适定的? 下面我们来解决这个问题. 先考虑一类特殊的强连续半群——所谓强连续压缩半群.

定义 4.6.7 X 上的强连续半群 $\{S(t)\}_{t\geqslant 0}$ 如果满足条件: $\|S(t)\|_{L(X)} \leqslant 1$, $\forall t \geqslant 0$, 则称 $\{S(t)\}_{t\geqslant 0}$ 为**强连续压缩半群**.

下面的著名定理给出了强连续压缩半群无穷小生成元的刻画, 从而为解决强连续半群无穷小生成元的刻画问题迈出了关键性的一步:

定理 4.6.8 (Hille–Yosida) Banach 空间 X 上的线性算子 A 是 X 上某个强连续压缩半群的无穷小生成元的充要条件是它满足以下两个条件:

(i) A 是稠定的闭线性算子;

(ii) $\rho(A) \supseteq (0, \infty)$, 且对任意 $\lambda > 0$ 都成立[①]

$$\|R(\lambda, A)\|_{L(X)} \leqslant \frac{1}{\lambda}. \tag{4.6.14}$$

下面将通过证明一系列引理来证明这个定理.

引理 4.6.9 设 A 是 X 上某个强连续压缩半群的无穷小生成元. 则 $\rho(A) \supseteq \{\lambda \in \mathbf{C} : \mathrm{Re}\lambda > 0\}$, 且对任意 $\mathrm{Re}\lambda > 0$ 都成立

$$\|R(\lambda, A)\|_{L(X)} \leqslant \frac{1}{\mathrm{Re}\lambda}. \tag{4.6.15}$$

证 设 A 是强连续压缩半群 $\{S(t)\}_{t\geqslant 0}$ 的无穷小生成元. 由于对任意 $\lambda \in \mathbf{C}$ 都有

$$\|\mathrm{e}^{-\lambda t} S(t)\|_{L(X)} = \mathrm{e}^{-\mathrm{Re}\lambda t} \|S(t)\|_{L(X)} \leqslant \mathrm{e}^{-\mathrm{Re}\lambda t}, \quad \forall t \geqslant 0,$$

所以对任意 $\mathrm{Re}\lambda > 0$, 无穷积分 $\displaystyle\int_0^\infty \mathrm{e}^{-\lambda t} S(t) \mathrm{d}t$ 都在 $L(X)$ 中收敛. 记

$$R(\lambda) = \int_0^\infty \mathrm{e}^{-\lambda t} S(t) \mathrm{d}t, \quad \forall\, \mathrm{Re}\lambda > 0,$$

则 $R(\lambda)$ 是 X 上的有界线性算子, 且由上面的估计式得

$$\|R(\lambda)\|_{L(X)} \leqslant \int_0^\infty \|\mathrm{e}^{-\lambda t} S(t)\|_{L(X)} \mathrm{d}t \leqslant \int_0^\infty \mathrm{e}^{-\mathrm{Re}\lambda t} \mathrm{d}t = \frac{1}{\mathrm{Re}\lambda}, \quad \forall\, \mathrm{Re}\lambda > 0. \tag{4.6.16}$$

其次, 对任意 $x \in X$, $\mathrm{Re}\lambda > 0$ 和 $h > 0$ 有

$$\begin{aligned} \frac{S(h)-I}{h} R(\lambda) x &= \frac{1}{h} \int_0^\infty \mathrm{e}^{-\lambda t} [S(t+h)x - S(t)x] \mathrm{d}t \\ &= \frac{\mathrm{e}^{\lambda h} - 1}{h} \int_0^\infty \mathrm{e}^{-\lambda t} S(t) x \mathrm{d}t - \frac{\mathrm{e}^{\lambda h}}{h} \int_0^h \mathrm{e}^{-\lambda t} S(t) x \mathrm{d}t. \end{aligned}$$

① $\rho(A)$ 表示算子 A 的**预解集** (又称**正则集**), 即由那些使得算子 $\lambda I - A$ 是 $D(A)$ 到 X 上的双射且其逆映射 $(\lambda I - A)^{-1}$ 是 X 上的有界线性算子的复数 λ 组成的集合. 当 $\lambda \in \rho(A)$ 时, $R(\lambda, A) = (\lambda I - A)^{-1}$ 称为 A 的**预解算子**.

最后这个等号的右端当 $h\to 0^+$ 时收敛于 $\lambda R(\lambda)x-x$. 因此, 从上式即知当 $\mathrm{Re}\lambda>0$ 时, 对任意 $x\in X$ 都有 $R(\lambda)x\in D(A)$, 且 $AR(\lambda)x=\lambda R(\lambda)x-x$. 这说明

$$(\lambda I-A)R(\lambda)=I,\quad \forall\,\mathrm{Re}\lambda>0. \tag{4.6.17}$$

注意此式蕴涵着, 当 $\mathrm{Re}\lambda>0$ 时 $\lambda I-A:D(A)\to X$ 是满射. 再其次, 如果 $x\in D(A)$, 那么应用算子 A 的闭性可知对任意 $\mathrm{Re}\lambda>0$ 成立

$$\begin{aligned}R(\lambda)Ax&=\int_0^\infty \mathrm{e}^{-\lambda t}S(t)Ax\mathrm{d}t=\int_0^\infty \mathrm{e}^{-\lambda t}AS(t)x\mathrm{d}t\\&=A\Big(\int_0^\infty \mathrm{e}^{-\lambda t}S(t)x\mathrm{d}t\Big)=AR(\lambda)x.\end{aligned}$$

应用这个结果和 (4.6.17) 得

$$R(\lambda)(\lambda I-A)=id_{D(A)},\quad \forall\,\mathrm{Re}\lambda>0, \tag{4.6.18}$$

其中 $id_{D(A)}$ 表示 $D(A)$ 到 X 的嵌入映射 (即 $D(A)$ 上的恒等映射). 注意此式蕴涵着, 当 $\mathrm{Re}\lambda>0$ 时 $\lambda I-A:D(A)\to X$ 是单射. 因此, 当 $\mathrm{Re}\lambda>0$ 时 $\lambda I-A:D(A)\to X$ 是双射, 而且由 (4.6.17) 和 (4.6.18) 知其逆映射为 $R(\lambda)$, 进而由 (4.6.16) 知 $(\lambda I-A)^{-1}=R(\lambda)$ 是 X 上的有界线性算子且

$$\|(\lambda I-A)^{-1}\|_{L(X)}\leqslant\frac{1}{\mathrm{Re}\lambda}.$$

这就证明了 $\{\lambda\in\mathbf{C}:\mathrm{Re}\lambda>0\}\subseteq\rho(A)$ 和不等式 (4.6.15). 证毕. □

从引理 4.6.5 和引理 4.6.9 便证明了定理 4.6.8 的必要性. 下面再考虑这个定理的充分性.

引理 4.6.10 设算子 A 满足定理 4.6.8 中的条件 (i) 和 (ii). 令

$$A_\lambda=\lambda AR(\lambda,A)=\lambda^2R(\lambda,A)-\lambda I,\quad \forall\lambda>0, \tag{4.6.19}$$

则对任意 $\lambda>0$, A_λ 是 X 上的有界线性算子, 且成立

$$\lim_{\lambda\to\infty}A_\lambda x=Ax,\quad \forall x\in D(A). \tag{4.6.20}$$

证 由 A_λ 的第二个表达式即 $A_\lambda=\lambda^2R(\lambda,A)-\lambda I$ 立知对任意 $\lambda>0$, A_λ 都是 X 上的有界线性算子. 为了证明 (4.6.20) 我们先证明

$$\lim_{\lambda\to\infty}\lambda R(\lambda,A)x=x,\quad \forall x\in X. \tag{4.6.21}$$

当 $x\in D(A)$ 时, 有

$$\|\lambda R(\lambda,A)x-x\|_X=\|R(\lambda,A)Ax\|_X\leqslant\frac{1}{\lambda}\|Ax\|_X,\quad \forall\lambda>0.$$

因此 $\lim\limits_{\lambda\to\infty}\lambda R(\lambda,A)x=x$. 由于 $D(A)$ 在 X 中稠密而且 $\lambda R(\lambda,A)$ 一致有界: $\|\lambda R(\lambda,A)\|_{L(X)}\leqslant 1$, $\forall\lambda>0$, 所以 (4.6.21) 也对任意 $x\in X$ 成立. 现在只要把 (4.6.21) 应用于 Ax, 其中 $x\in D(A)$, 便得到了 (4.6.20). 证毕. □.

对于满足定理 4.6.8 中条件 (i) 和 (ii) 的无界线性算子 A, 称由 (4.6.19) 给出的有界线性算子 A_λ 为 A 的**Yosida逼近**. 引理 4.6.10 告诉我们, 当 $\lambda\to\infty$ 时 A 的 Yosida 逼近 A_λ 在 $D(A)$ 上强收敛于 A.

对任意 $\lambda>0$, 由于 A_λ 是 X 上的有界线性算子, 所以它生成 X 上的一致连续半群 e^{tA_λ} $(t\geqslant 0)$. 由表达式 $A_\lambda=\lambda^2R(\lambda,A)-\lambda I$ 得

$$\|\mathrm{e}^{tA_\lambda}\|_{L(X)}=\mathrm{e}^{-\lambda t}\|\mathrm{e}^{t\lambda^2R(\lambda,A)}\|_{L(X)}\leqslant \mathrm{e}^{-\lambda t}\mathrm{e}^{t\lambda^2\|R(\lambda,A)\|_{L(X)}}\leqslant 1,\quad \forall t\geqslant 0,\quad \forall\lambda>0,$$

所以 e^{tA_λ} $(t\geqslant 0)$ 是一致连续的压缩半群. 下一个引理表明, 对任意 $t\geqslant 0$, 当 $\lambda\to\infty$ 时 e^{tA_λ} 在 $L(X)$ 中强收敛:

引理 4.6.11 *设算子 A 满足定理 4.6.8 中的条件 (i) 和 (ii), A_λ 和 e^{tA_λ} 如上. 则成立*

$$\|\mathrm{e}^{tA_\lambda}x-\mathrm{e}^{tA_\mu}x\|_X\leqslant t\|A_\lambda x-A_\mu x\|_X,\quad \forall x\in X,\quad \forall t\geqslant 0,\quad \forall\lambda,\mu>0.\qquad(4.6.22)$$

证 从 A_λ 的定义可知对任意 $\lambda,\mu>0$, A_λ 和 A_μ 可交换, 进而对任意 $\lambda,\mu>0$ 和 $t,s\geqslant 0$, A_λ, A_μ, e^{tA_λ} 和 e^{sA_μ} 都可互相交换. 因此有

$$\|\mathrm{e}^{tA_\lambda}x-\mathrm{e}^{tA_\mu}x\|_X=\Big\|\int_0^1\frac{\mathrm{d}}{\mathrm{d}\theta}[\mathrm{e}^{t\theta A_\lambda}\mathrm{e}^{t(1-\theta)A_\mu}x]\mathrm{d}\theta\Big\|_X$$

$$\leqslant\int_0^1 t\|\mathrm{e}^{t\theta A_\lambda}\mathrm{e}^{t(1-\theta)A_\mu}(A_\lambda x-A_\mu x)\|_X\leqslant t\|A_\lambda x-A_\mu x\|_X,\quad \forall t\geqslant 0,\quad \forall\lambda,\mu>0.$$

这就证明了 (4.6.22). 证毕. □.

由于对任意 $x\in D(A)$, 当 $\lambda\to\infty$ 时 $A_\lambda x\to Ax$, 所以由 (4.6.22) 知对任意 $x\in D(A)$ 和 $t\geqslant 0$, 当 $\lambda\to\infty$ 时 $\mathrm{e}^{tA_\lambda}x$ 在 X 中有极限. 又由于 $D(A)$ 在 X 中稠密而且 e^{tA_λ} 一致有界: $\|\mathrm{e}^{tA_\lambda}\|_{L(X)}\leqslant 1$, $\forall\lambda>0$, 所以对任意 $x\in X$ 和 $t\geqslant 0$, 当 $\lambda\to\infty$ 时 $\mathrm{e}^{tA_\lambda}x$ 在 X 中有极限. 定义

$$S(t)x=\lim_{\lambda\to\infty}\mathrm{e}^{tA_\lambda}x,\quad \forall x\in X,\ \forall t\geqslant 0.\qquad(4.6.23)$$

应用不等式 (4.6.22) 和 $\|\mathrm{e}^{tA_\lambda}\|_{L(X)}\leqslant 1$ $(\forall\lambda>0,\ \forall t\geqslant 0)$ 易知, 对任意 $x\in X$, 当 $\lambda\to\infty$ 时上式中的极限关于 t 在任意有限区间 $[0,T]$ 上是一致的.

引理 4.6.12 *设算子 A 满足定理 4.6.8 中的条件 (i) 和 (ii), A_λ, e^{tA_λ} 和 $S(t)$ 如上. 则 $\{S(t)\}_{t\geqslant 0}$ 是 X 上的强连续压缩半群, 其无穷小生成元为 A.*

证 易知对任意 $t \geqslant 0$, $S(t)$ 是 X 上的有界线性算子, 且 $\|S(t)\|_{L(X)} \leqslant 1$. 我们来证明 $\{S(t)\}_{t\geqslant 0}$ 满足半群性质 (4.6.4). $S(0)=I$ 是显然的. 对任意 $t_1, t_2 \geqslant 0$ 和 $x \in X$, 我们有

$$S(t_1+t_2)x = \lim_{\lambda\to\infty} \mathrm{e}^{(t_1+t_2)A_\lambda}x = \lim_{\lambda\to\infty} \mathrm{e}^{t_1A_\lambda}\mathrm{e}^{t_2A_\lambda}x$$

$$= \lim_{\lambda\to\infty} \mathrm{e}^{t_1A_\lambda}S(t_2)x + \lim_{\lambda\to\infty} \mathrm{e}^{t_1A_\lambda}[\mathrm{e}^{t_2A_\lambda} - S(t_2)]x.$$

最后这个等式右端第一项显然等于 $S(t_1)S(t_2)x$. 由于

$$\|\mathrm{e}^{t_1A_\lambda}[\mathrm{e}^{t_2A_\lambda} - S(t_2)]x\|_X \leqslant \|\mathrm{e}^{t_1A_\lambda}\|_{L(X)}\|\mathrm{e}^{t_2A_\lambda}x - S(t_2)x\|_X$$

$$\leqslant \|\mathrm{e}^{t_2A_\lambda}x - S(t_2)x\|_X \to 0, \quad 当\ \lambda \to \infty,$$

所以右端第二项等于零. 这就证明了, $S(t_1+t_2) = S(t_1)S(t_2)$, $\forall t_1, t_2 \geqslant 0$. 再来证明 $\{S(t)\}_{t\geqslant 0}$ 的强连续性. 对任意 $t, s \geqslant 0$ 和 $x \in D(A)$, 有

$$S(t)x - S(s)x = \lim_{\lambda\to\infty} (\mathrm{e}^{tA_\lambda}x - \mathrm{e}^{sA_\lambda}x) = \lim_{\lambda\to\infty} \int_s^t \frac{\mathrm{d}}{\mathrm{d}\tau}(\mathrm{e}^{\tau A_\lambda}x)\mathrm{d}\tau$$

$$= \lim_{\lambda\to\infty} \int_s^t \mathrm{e}^{\tau A_\lambda}A_\lambda x\mathrm{d}\tau = \int_s^t S(\tau)Ax\mathrm{d}\tau. \tag{4.6.24}$$

最后这个等式成立是因为对任意 $y \in X$, 当 $\lambda \to \infty$ 时 $\mathrm{e}^{tA_\lambda}y$ 在任意有限区间 $[0, T]$ 上都一致收敛于 $S(t)y$, 且对任意 $x \in D(A)$ 有 $\lim\limits_{\lambda\to\infty} A_\lambda x = Ax$, 以及 $\|\mathrm{e}^{tA_\lambda}\|_{L(X)} \leqslant 1$ $(\forall \lambda > 0, \forall t \geqslant 0)$. 由上述关系式和 $\|S(t)\|_{L(X)} \leqslant 1$ $(\forall t \geqslant 0)$ 立知当 $x \in D(A)$ 时, 对任意 $s \geqslant 0$ 成立

$$\lim_{\substack{t\to s\\ t\geqslant 0}} S(t)x = S(s)x.$$

再由 $D(A)$ 在 X 中的稠密性和 $\|S(t)\|_{L(X)}$ 的一致有界性即知上式也对任意 $x \in X$ 都成立. 这就证明了 $\{S(t)\}_{t\geqslant 0}$ 的强连续性. 最后再计算 $\{S(t)\}_{t\geqslant 0}$ 的无穷小生成元. 根据 (4.6.24), 对任意 $x \in D(A)$ 我们有

$$\lim_{t\to 0^+} \frac{S(t)x - x}{t} = \lim_{t\to 0^+} \frac{1}{t}\int_0^t S(\tau)Ax\mathrm{d}\tau = Ax.$$

这说明如果 $\{S(t)\}_{t\geqslant 0}$ 的无穷小生成元为 B, 则 $A \subseteq B$ (即 $D(A) \subseteq D(B)$ 且 $Ax = Bx$, $\forall x \in D(A)$). 由于 B 是强连续压缩半群 $\{S(t)\}_{t\geqslant 0}$ 的无穷小生成元, 由引理 4.6.9 知 $1 \in \rho(B)$. 又由 A 所满足的条件 (ii) 知 $1 \in \rho(A)$. 因此由 $A \subseteq B$ 得到

$$(I - B)D(A) = (I - A)D(A) = X,$$

进而 $D(A) = (I-B)^{-1}X = D(B)$. 这就证明了 $A = B$. 证毕. □

定理 4.6.8 的证明 引理 4.6.12 证明了定理 4.6.8 的充分性. 这样结合前面已证明的该定理的必要性, 便完成了定理 4.6.8 的证明. □.

可以看出, 定理 4.6.8 难证明的部分是其充分性. 上面提供的证明是由 K. Yosida 给出的, 其思想是用 Yosida 逼近 A_λ 这样的有界线性算子来逼近无界线性算子 A, 然后通过对由 A_λ 生成的一致连续半群 e^{tA_λ} $(t \geqslant 0)$ 取极限来得到 A 所生成的强连续半群 $\{S(t)\}_{t\geqslant 0}$. E. Hille 给出了与此不同思路的另一证明, 其思想是应用强连续半群的下述**指数公式**: 如果强连续半群 $\{S(t)\}_{t\geqslant 0}$ 的无穷小生成元为 A, 则

$$S(t)x = \lim_{n\to\infty}\Big(I - \frac{t}{n}A\Big)^{-n}x = \lim_{n\to\infty}\Big[\frac{n}{t}R\Big(\frac{n}{t}, A\Big)\Big]^n x, \quad \forall x \in X.$$

最后这个等号右端的表达式表述的是一列有界线性算子的强极限. 所以, 只要证明在定理 4.6.8 中的条件 (i) 和 (ii) 之下, 上述有界线性算子序列强收敛并且其强极限是一个强连续半群即可. 注意上述指数公式是数学分析中的熟知公式

$$e^x = \lim_{|n|\to\infty}\Big(1 + \frac{x}{n}\Big)^n, \quad \forall x \in \mathbf{R}$$

对线性算子的推广.

作为定理 4.6.8 的直接推论, 我们有

推论 4.6.13 *Banach 空间 X 上的线性算子 A 生成一个满足条件 $\|S(t)\|_{L(X)} \leqslant e^{\kappa t}$ $(\forall t \geqslant 0)$ 的强连续半群 $\{S(t)\}_{t\geqslant 0}$ 的充要条件是它满足以下两个条件:*

(a) A 是稠定的闭线性算子;

(b) $\rho(A) \supseteq (\kappa, \infty)$, 且对任意 $\lambda > \kappa$ 都成立

$$\|R(\lambda, A)\|_{L(X)} \leqslant \frac{1}{\lambda - \kappa}. \tag{4.6.25}$$

证 如果 A 生成一个满足条件 $\|S(t)\|_{L(X)} \leqslant e^{\kappa t}$ $(\forall t \geqslant 0)$ 的强连续半群 $\{S(t)\}_{t\geqslant 0}$, 那么令 $S_1(t) = e^{-\kappa t}S(t)$, $\forall t \geqslant 0$, 则显然 $\{S_1(t)\}_{t\geqslant 0}$ 是强连续压缩半群, 其无穷小生成元为 $A_1 = A - \kappa I$. 由于 $\lambda \in \rho(A_1)$ 当且仅当 $\lambda + \kappa \in \rho(A)$, 而且当 $\lambda \in \rho(A_1)$ 时 $R(\lambda, A_1) = R(\lambda + \kappa, A)$, 所以由定理 4.6.8 的条件 (i) 和 (ii) 立刻分别得到这里的条件 (a) 和 (b). 反过来设 A 满足条件 (a) 和 (b). 则不难验证算子 $A_1 = A - \kappa I$ 满足定理 4.6.8 的条件 (i) 和 (ii), 从而生成一个强连续压缩半群 $\{S_1(t)\}_{t\geqslant 0}$. 令 $S(t) = e^{\kappa t}S_1(t)$, $\forall t \geqslant 0$, 则易见 $\{S(t)\}_{t\geqslant 0}$ 是强连续半群, 满足条件 $\|S(t)\|_{L(X)} \leqslant e^{\kappa t}$ $(\forall t \geqslant 0)$, 且无穷小生成元为 $A_1 + \kappa I = A$. 证毕. □.

借助于重新赋范的技术, 便可从 Hille–Yosida 定理得到任意强连续半群的无穷小生成元的刻画. 这就是下面的定理:

定理 4.6.14 *Banach 空间 X 上的线性算子 A 生成一个满足条件 $\|S(t)\|_{L(X)} \leqslant Me^{\kappa t}$ $(\forall t \geqslant 0)$ 的强连续半群 $\{S(t)\}_{t\geqslant 0}$ 的充要条件是它满足以下两个条件:*

(i) A 是稠定的闭线性算子;

(ii) $\rho(A) \supseteq (\kappa, \infty)$, 且对任意 $\lambda > \kappa$ 都成立

$$\|R(\lambda, A)^n\|_{L(X)} \leqslant \frac{M}{(\lambda-\kappa)^n}, \quad n = 1, 2, \cdots. \tag{4.6.26}$$

证 根据与推论 4.6.13 的证明类似的讨论, 只需考虑 $\kappa = 0$ 的情形. 先证明必要性. 故设 A 是一个满足条件 $\|S(t)\|_{L(X)} \leqslant M$ ($\forall t \geqslant 0$) 的强连续半群 $\{S(t)\}_{t\geqslant 0}$ 的无穷小生成元, 则对任意 $x \in X$ 都有

$$\|S(t)x\|_X \leqslant M\|x\|_X, \quad \forall t \geqslant 0.$$

因此下述定义是合理的:

$$\|x\|'_X = \sup_{t\geqslant 0} \|S(t)x\|_X, \quad \forall x \in X.$$

易知 $\|\cdot\|'_X$ 是 X 上的范数且显然成立

$$\|x\|_X \leqslant \|x\|'_X \leqslant M\|x\|_X, \quad \forall x \in X. \tag{4.6.27}$$

即 $\|\cdot\|'_X$ 与 X 上的原有范数等价. 由于

$$\begin{aligned}\|S(t)x\|'_X &= \sup_{s\geqslant 0} \|S(s)S(t)x\|_X = \sup_{s\geqslant 0} \|S(s+t)x\|_X \\ &\leqslant \sup_{s\geqslant 0} \|S(s)x\|_X = \|x\|'_X, \quad \forall x \in X, \ \forall t \geqslant 0,\end{aligned}$$

说明 $\{S(t)\}_{t\geqslant 0}$ 按新的范数 $\|\cdot\|'_X$ 是 X 上的强连续压缩半群. 这样根据定理 4.6.8 知 $\rho(A) \supseteq (0, \infty)$, 且成立

$$\|R(\lambda, A)x\|'_X \leqslant \lambda^{-1}\|x\|'_X, \quad \forall x \in X, \quad \forall \lambda > 0.$$

于是对任意正整数 n 有

$$\|R(\lambda, A)^n x\|_X \leqslant \|R(\lambda, A)^n x\|'_X \leqslant \lambda^{-n}\|x\|'_X \leqslant M\lambda^{-n}\|x\|_X, \quad \forall x \in X, \quad \forall \lambda > 0.$$

这就证明了必要性.

再来证明充分性. 为此设线性算子 A 满足条件 (i) 和 $\kappa = 0$ 时的条件 (ii). 由 $\kappa = 0$ 时的条件 (ii) 知对任意 $x \in X$ 都成立

$$\|\lambda^n R(\lambda, A)^n x\|_X \leqslant M\|x\|_X, \quad \forall \lambda > 0, \quad n = 1, 2, \cdots.$$

因此定义

$$\|x\|'_X = \sup_{\substack{n\in\mathbf{Z}_+ \\ \lambda>0}} \|\lambda^n R(\lambda, A)^n x\|_X, \quad \forall x \in X.$$

则易知 $\|\cdot\|'_X$ 是 X 上的范数且显然成立 (4.6.27) 和

$$\|\lambda R(\lambda, A)x\|'_X \leqslant \|x\|'_X, \quad \forall x \in X, \tag{4.6.28}$$

由 (4.6.27) 知新范数 $\|\cdot\|'_X$ 与 X 上的原有范数等价. 由于 (4.6.28), 根据定理 4.6.8 知 A 在 X 上生成一个按新范数 $\|\cdot\|'_X$ 压缩的强连续半群 $\{S(t)\}_{t\geqslant 0}$. 半群 $\{S(t)\}_{t\geqslant 0}$ 按 X 的原有范数不一定是压缩的, 但因两个范数互相等价, 所以其强连续和由 A 生成的性质并不改变, 从而证明了充分性. 证毕. □

4.6.3 摄动定理

实用中应用半群理论研究发展型方程初值问题 (4.6.2) 和 (4.6.1) 的第一步是证明算子 A 生成一个强连续半群. 如果应用定理 4.6.14 来作这一步, 就需要验证算子 A 满足该定理的条件 (i) 和 (ii). 一般来说, 条件 (ii) 是难以直接检验的, 原因是当 $n \geqslant 2$ 时, 预解算子 $R(\lambda, A)$ 的 n 次幂 $R(\lambda, A)^n$ 往往比较难计算. 因此, 找出一些关于强连续半群无穷小生成元的易于检验的充分条件便具有重要的应用意义. 下面的定理给出了强连续半群算子无穷小生成元的一个有用的充分条件.

定理 4.6.15 (摄动定理) 设 A 是 Banach 空间 X 上强连续半群 $\{S(t)\}_{t\geqslant 0}$ 的无穷小生成元, 且 $\|S(t)\|_{L(X)} \leqslant M\mathrm{e}^{\kappa t}, \forall t \geqslant 0$. 又设 B 是 X 上的有界线性算子. 则 $A+B$ 也在 X 上生成一个强连续半群 $\{W(t)\}_{t\geqslant 0}$, 且 $\|W(t)\|_{L(X)} \leqslant M\mathrm{e}^{\kappa' t}, \forall t \geqslant 0$, 其中 $\kappa' = \kappa + M\|B\|_{L(X)}$.

证 首先对 X 按下式重新赋范:

$$\|x\|'_X = \sup_{t\geqslant 0} \|S(t)x\|_X \mathrm{e}^{-\kappa t}, \quad \forall x \in X.$$

易知 $\|\cdot\|'_X$ 满足 (4.6.27). 不难看出, 在新范数下成立 $\|S(t)\|'_{L(X)} \leqslant \mathrm{e}^{\kappa t}, \forall t \geqslant 0$, 所以根据推论 4.6.13 知 $\|R(\lambda, A)\|'_{L(X)} \leqslant (\lambda-\kappa)^{-1}, \forall \lambda > \kappa$, 进而当 $\lambda > \kappa + \|B\|'_{L(X)}$ 时 $\|BR(\lambda, A)\|'_{L(X)} < 1$. 根据算子理论中熟知的结果①, 这蕴涵着当 $\lambda > \kappa + \|B\|'_{L(X)}$ 时 $I - BR(\lambda, A)$ 可逆, 且

$$\begin{aligned}\|[I - BR(\lambda, A)]^{-1}\|'_{L(X)} &\leqslant [1 - \|BR(\lambda, A)\|'_{L(X)}]^{-1} \\ &\leqslant [1 - \|B\|'_{L(X)}\|R(\lambda, A)\|'_{L(X)}]^{-1} \leqslant \frac{\lambda-\kappa}{\lambda-\kappa-\|B\|'_{L(X)}}.\end{aligned}$$

① 这里用到的定理是: 设 X 是 Banach 空间, $A \in L(X)$. 如果 $\|A\|_{L(X)} < 1$, 则算子 $I-A$ 可逆, 算子级数 $\sum_{k=0}^{\infty} A^k$ 在 $L(X)$ 中收敛, 且 $(I-A)^{-1} = \sum_{k=0}^{\infty} A^k$, 进而 $\|(I-A)^{-1}\|_{L(X)} \leqslant \sum_{k=0}^{\infty} \|A\|^k_{L(X)} = (1 - \|A\|_{L(X)})^{-1}$.

令 $R(\lambda)=R(\lambda,A)[I-BR(\lambda,A)]^{-1}, \forall\lambda>\kappa+\|B\|'_{L(X)}$, 则有

$$\begin{aligned}(\lambda I-A-B)R(\lambda)&=[1-BR(\lambda,A)](\lambda I-A)R(\lambda)\\&=[1-BR(\lambda,A)][I-BR(\lambda,A)]^{-1}=I,\end{aligned}$$

$$\begin{aligned}R(\lambda)(\lambda I-A-B)x&=R(\lambda)[1-BR(\lambda,A)](\lambda I-A)x\\&=R(\lambda,A)(\lambda I-A)x=x,\quad \forall x\in D(A).\end{aligned}$$

这说明当 $\lambda>\kappa+\|B\|'_{L(X)}$ 时 $\lambda\in\rho(A+B)$, 且 $R(\lambda,A+B)=R(\lambda)$. 注意到

$$\begin{aligned}\|R(\lambda)\|'_{L(X)}&\leqslant\|R(\lambda,A)\|'_{L(X)}\|[I-BR(\lambda,A)]^{-1}\|'_{L(X)}\\&\leqslant\frac{1}{\lambda-\kappa}\cdot\frac{\lambda-\kappa}{\lambda-\kappa-\|B\|'_{L(X)}}=\frac{1}{\lambda-\kappa-\|B\|'_{L(X)}},\end{aligned}$$

所以由推论 4.6.13 知 $A+B$ 生成一个强连续半群 $\{W(t)\}_{t\geqslant 0}$, 且 $\|W(t)\|'_{L(X)}\leqslant \mathrm{e}^{(\kappa+\|B\|'_{L(X)})t}, \forall t\geqslant 0$. 现在再应用 (4.6.27), 就得到了所要证明的结论. 证毕. □.

实践中经常遇到的一种情况是算子 A 可以写成一个和式: $A=A_0+B$, 其中 A_0 满足推论 4.6.13 的条件 (a) 和 (b), B 是有界线性算子. 根据上述摄动定理, 这样的 A 生成一个强连续半群.

4.6.4 对初值问题的应用

现在来应用上面建立的强连续半群理论讨论初值问题(4.6.2) 和 (4.6.1) 的求解问题.

先看问题 (4.6.2). 这个问题的**经典解**是指向量值函数 $u:[0,\infty)\to X$, 它在 $[0,\infty)$ 上连续, 在 $(0,\infty)$ 上可导, 当 $t>0$ 时 $u(t)\in D(A)$ 并满足方程 $u'(t)=Au(t)$, 且 $u(0)=x$. 如果存在 X 的线性子空间 X_0 使对任意 $x\in X_0$, 问题 (4.6.2) 都存在唯一的经典解 $u=u(t)$ $(t\geqslant 0)$, 而且解按 X 的强拓扑连续地依赖于初值 x, 即对任意 $T>0$, 映射 $x\mapsto[t\mapsto u(t)]$ 按 X 和 $C([0,T],X)$ 的强拓扑连续, 就称初值问题 (4.6.2) **按经典意义对 X_0 中的初值在 X 中适定**. 根据引理 4.6.3 结论 (4) 知, 如果算子 A 是 X 上一个强连续半群的无穷小生成元, 则初值问题 (4.6.2) 按经典意义对 $D(A)$ 中的初值在 X 中适定.

经典解概念的拓展是**广义解**或**弱解**①. 通过第 3 章和本章前面几节的讨论已经看到, 把解的概念从经典意义进行拓展是很有意义的, 因为一方面广义解或弱解

① 一般而言, 广义解要比弱解更加 "广义", 即弱解一般是特殊类型的广义解. 就偏微分方程而言, 弱解一般指那些采用 Galerkin 方法或变分方法得到的广义解. 而广义解的概念, 则可以包含任何 "广义" 意义下的 "解".

往往在具体的应用问题中有合理的物理意义, 另一方面广义解或弱解往往比经典解容易得到, 而在获得了广义解或弱解之后, 通过研究其正则性又可获得原问题经典意义下的解. 不过, 在很多问题中由于广义解或弱解本身是有物理意义的, 这类解便具有与经典解同等的重要性, 因而不必把它们只作为研究经典解的工具来使用.

广义解有多种定义方式. 例如一种定义方式是把空间 X 嵌入一个更大的拓扑线性空间 Y, 使 X 在其中稠密, 并且算子 A 在 Y 中有唯一的延拓, 记之为 $\bar{A}$, 然后在 Y 中考虑方程 $u' = \bar{A}u$ 以 $x \in X$ 为初值的初值问题, 其解可称之为原初值问题 (4.6.2) 的广义解. 由于广义解的这种定义方式依赖于拓扑线性空间 Y 的选择, 所以与具体的方程紧密相关(不同的方程完全可能有不同选择的空间 Y), 我们不在这里讨论. 另一种广为接受的广义解定义方式是用经典解逼近的方法. 具体地说, 称函数 $u : [0,\infty) \to X$ 为初值问题 (4.6.2) 的广义解, 如果存在一列函数 $u_n \in C([0,\infty), X) \cap C((0,\infty), D(A)) \cap C^1((0,\infty), X)$, $n = 1, 2, \cdots$, 使对每个正整数 n, u_n 都是方程 $u' = Au$ 在 $(0,\infty)$ 上的经典解, 且当 $n \to \infty$ 时, 按某种意义成立 $u_n \to u$ (如对任意 $T > 0$, 按 $C([0,T], X)$ 的强或弱拓扑意义) 和 $u_n(0) \to x$ (如按 X 的强或弱拓扑意义). 按广义解的这种定义, 显然如果算子 A 在 X 上生成一个强连续半群 $\{S(t)\}_{t\geqslant 0}$, 则对任意 $x \in X$, $u(t) = S(t)x$ $(t \geqslant 0)$ 是初值问题 (4.6.2) 的广义解. 我们把问题 (4.6.2) 的这种广义解叫做它的**温和解** (mild solution)①

以上讨论的结果可以写成下述定理:

定理 4.6.16　设 X 是 Banach 空间, A 是 X 上的线性算子, 它在 X 上生成强连续半群 $\{S(t)\}_{t\geqslant 0}$. 则有下列结论:

(1) 对任意 $x \in D(A)$, 初值问题 (4.6.2) 存在唯一的经典解 $u(t) = S(t)x$ $(t \geqslant 0)$, 而且该问题按经典意义对 $D(A)$ 中的初值在 X 中适定.

(2) 对任意 $x \in X$, 初值问题 (4.6.2) 在 $C([0,\infty), X)$ 中存在唯一的广义解, 即温和解 $u(t) = S(t)x$ $(t \geqslant 0)$, 而且该问题在 X 中适定.

上述定理中的唯一性结论都需要证明. 证明是简单的, 留给读者自己完成. □

下面着重讨论初值问题 (4.6.1). 先引进下述定义:

定义 4.6.17　设 X 是 Banach 空间, $A : D(A) \to X$ 是 X 上的线性算子, $x \in X$, $f : [0,\infty) \to X$ 是给定的函数, 则有下列概念:

(1) 称函数 $u : [0,\infty) \to X$ 是初值问题 (4.6.1) 的**经典解**, 如果 $u \in C([0,\infty), X) \cap C((0,\infty), D(A)) \cap C^1((0,\infty), X)$, $u(0) = x$, 且当 $t > 0$ 时 $u(t)$ 满足方程 $u'(t) =$

① 温和解的概念是能够用半群方法处理的发展型方程特有的概念. 就偏微分方程而言, 按半群方法得到的温和解是性质次于强解但却好于弱解的广义解. 这里所说的强解, 是指具有方程中出现的各阶弱导数且在求解区域上几乎处处满足方程的非经典意义的解, 而弱解则一般指那些采用 Galerkin 方法或变分方法得到的广义解.

$Au(t)+f(t)$;

(2) **称函数 $u:[0,\infty)\to X$ 是初值问题 (4.6.1) 的强解, 如果 $u\in C([0,\infty),X)\cap L^1_{\rm loc}((0,\infty),D(A))\cap W^{1,1}_{\rm loc}((0,\infty),X)$, $u(0)=x$, 且对几乎所有的 $t>0$ 满足方程 $u'(t)=Au(t)+f(t)$;**

(3) **称函数 $u:[0,\infty)\to X$ 是初值问题 (4.6.1) 的广义解, 如果 $u\in C([0,\infty),X)$, 且存在一列函数 $u_n\in C([0,\infty),X)\cap C((0,\infty),D(A))\cap C^1((0,\infty),X)$, $n=1,2,\cdots$, 使对每个正整数 n, u_n 都是方程 $u'(t)=Au(t)+f(t)$ 在 $(0,\infty)$ 上的经典解, 且当 $n\to\infty$ 时, 按 X 的强拓扑意义有 $u_n(0)\to x$, 且对任意 $T>0$ 按 $C([0,T],X)$ 的强拓扑意义有 $u_n\to u$.**

必须注意, 在把半群理论应用于偏微分方程时, 上述概念落实在具体的偏微分方程上往往与偏微分方程理论中已有的相应概念存在一定的差别. 这种差别是由对工作空间 X 的不同选择引起的. 以热传导方程

$$\partial_t u(x,t)=\Delta u(x,t)+f(x,t),\quad x\in\Omega,\ t>0$$

为例, 如果取 $X=C(\overline{\Omega})$ 或 $X=C^\mu(\overline{\Omega})$ $(0<\mu<1)$, 则这里的经典解概念与我们在 4.1 节所定义的经典解概念一致但强解的概念则不同; 而如果取 $X=L^p(\Omega)$ $(1\leqslant p\leqslant\infty)$, 则这里的强解概念与我们在 4.1 节所定义的强解概念一致但经典解的概念则不同.

由定义 4.6.17 易见, 如果问题 (4.6.1) 有经典解, 则 $f\in C((0,\infty),X)$; 如果该问题有强解, 则 $f\in L^1_{\rm loc}((0,\infty),X)$. 但是必须注意, 倒过来的结论不成立. 为说明这一点, 先证明一个简单结果: **设 A 生成强连续半群 $\{S(t)\}_{t\geqslant0}$ 且 $f\in L^1_{\rm loc}([0,\infty),X)$, 那么如果问题 (4.6.1) 有强解 $u=u(t)$, 则它必有表达式**

$$u(t)=S(t)x+\int_0^t S(t-s)f(s){\rm d}s,\quad \forall t\geqslant0. \tag{4.6.29}$$

事实上, 对任意 $t>0$, 函数 $g(s)=S(t-s)u(s)$ $(0\leqslant s\leqslant t)$ 在区间 $0\leqslant s\leqslant t$ 上连续且在此区间上几乎处处可导, 且

$$\begin{aligned}\frac{\rm d}{{\rm d}s}g(s)&=-AS(t-s)u(s)+S(t-s)u'(s)\\&=-AS(t-s)u(s)+S(t-s)Au(s)+S(t-s)f(s)\\&=S(t-s)f(s),\quad \text{a. e. } s\in(0,t).\end{aligned}$$

在区间 $0\leqslant s\leqslant t$ 上积分所得等式, 即得 (4.6.29). 现在设半群 $\{S(t)\}_{t\geqslant0}$ 正则性很差因而存在 $x\in X$ 使得 $S(t)x\notin D(A)$, $\forall t\geqslant0$. 令 $f(t)=S(t)x$, $\forall t\geqslant0$. 则

$f \in C([0,\infty),X)$, 但初值问题

$$\begin{cases} v'(t) = Av(t) + f(t), & t > 0, \\ v(0) = 0 \end{cases} \tag{4.6.30}$$

没有强解. 这是因为, 如果这个问题有强解 $v = v(t)$, 则按前面证明的结果有

$$v(t) = \int_0^t S(t-\tau)S(\tau)x\mathrm{d}\tau = tS(t)x, \quad \forall t \geqslant 0.$$

但是函数 $t \mapsto tS(t)x$ 对任意 $t > 0$ 都不可导也不取值于 $D(A)$, 所以它不可能是上述问题的强解.

下面讨论在什么条件下, 由表达式 (4.6.29) 给出的函数 $u = u(t)$ 是问题 (4.6.1) 的经典解或强解. 注意 (4.6.29) 右端第一项的性质已由定理 4.6.16 讨论清楚, 所以这里只需再讨论该表达式右端的第二项. 先证明一个基本引理.

引理 4.6.18 设 $\{S(t)\}_{t\geqslant 0}$ 是 X 上的强连续半群, $f \in L^1_{\mathrm{loc}}([0,\infty),X)$. 令

$$v(t) = \int_0^t S(t-\tau)f(\tau)\mathrm{d}\tau, \quad t \geqslant 0, \tag{4.6.31}$$

则 $v \in C([0,\infty),X)$.

证 需证明对任意 $t_0 \geqslant 0$ 都成立 $\lim\limits_{\substack{t\to t_0 \\ t\geqslant 0}} v(t) = v(t_0)$. 先看右极限. 当 $t > t_0$ 时有

$$v(t) = \int_0^{t_0} S(t-\tau)f(\tau)\mathrm{d}\tau + \int_{t_0}^t S(t-\tau)f(\tau)\mathrm{d}\tau.$$

由于 $\lim\limits_{t\to t_0^+} S(t-\tau)f(\tau) = S(t_0-\tau)f(\tau), \forall \tau \in [0,t_0]$, 且对任意 $T > t_0$ 当 $t \in [t_0,T]$ 时

$$\|S(t-\tau)f(\tau)\|_X \leqslant M\mathrm{e}^{\kappa T}\|f(\tau)\|_X, \quad \forall \tau \in [0,t_0],$$

而 $\displaystyle\int_0^{t_0}\|f(\tau)\|_X\mathrm{d}\tau < \infty$, 所以由 Lebesgue 控制收敛定理得

$$\lim_{t\to t_0^+}\int_0^{t_0} S(t-\tau)f(\tau)\mathrm{d}\tau = \int_0^{t_0} S(t_0-\tau)f(\tau)\mathrm{d}\tau.$$

又易见

$$\Big\|\int_{t_0}^t S(t-\tau)f(\tau)\mathrm{d}\tau\Big\|_X \leqslant M\mathrm{e}^{\kappa T}\int_{t_0}^t\|f(\tau)\|_X\mathrm{d}\tau \to 0, \quad 当\ t \to t_0^+,$$

所以 $\lim\limits_{t\to t_0^+} v(t) = v(t_0)$. 再来看左极限. 当 $0 < t < t_0$ 时有

$$\begin{aligned} v(t_0) - v(t) &= \int_t^{t_0} S(t_0-\tau)f(\tau)\mathrm{d}\tau + \int_0^t [S(t_0-\tau) - S(t-\tau)]f(\tau)\mathrm{d}\tau \\ &= \int_t^{t_0} S(t_0-\tau)f(\tau)\mathrm{d}\tau + \int_0^{t_0} \chi_{[0,t]}(\tau)[S(t_0-\tau) - S(t-\tau)]f(\tau)\mathrm{d}\tau. \end{aligned}$$

显然 $\lim\limits_{t\to t_0^-}\int_t^{t_0} S(t_0-\tau)f(\tau)\mathrm{d}\tau=0$, 且与前面类似地应用 Lebesgue 控制收敛定理可知

$$\lim_{t\to t_0^-}\int_0^{t_0}\chi_{[0,t]}(\tau)[S(t_0-\tau)-S(t-\tau)]f(\tau)\mathrm{d}\tau=0.$$

因此 $\lim\limits_{t\to t_0^-} v(t)=v(t_0)$. 这就证明了 $\lim\limits_{\substack{t\to t_0\\ t\geqslant 0}} v(t)=v(t_0)$. 证毕. □.

这里需要提醒读者注意, 当 f 是取值于 X 的常值函数时, 显然 $v\in C^1((0,\infty),X)$, 且根据引理 4.6.3 结论 (1) 知这时对任意 $t>0$ 都有 $v(t)\in D(A)$. 所以有些读者有可能会因此而误以为当 f 不是常值函数时有类似的结论. 但实际上, 当 f 不是常值函数时这些结论都不成立. 反例为前面讨论过的函数 $f(t)=S(t)x$ $(t\geqslant 0)$. 下面讨论为使这些结论成立, 函数 f 应满足的一些充分条件. 先引进以下概念:

定义 4.6.19 设 X 是 Banach 空间, $A: D(A)\to X$ 是 X 上的闭线性算子. 令 $\|\cdot\|_{D(A)}$ 表示 $D(A)$ 上的图像范数, 即

$$\|x\|_{D(A)}=\|x\|_X+\|Ax\|_X,\quad \forall x\in D(A). \tag{4.6.32}$$

易知 $D(A)$ 按范数 $\|\cdot\|_{D(A)}$ 构成 Banach 空间. 事实上, 如果 $\{x_n\}_{n=1}^\infty$ 是 $D(A)$ 中按范数 $\|\cdot\|_{D(A)}$ 的 Cauchy 列, 即

$$\|x_n-x_m\|_{D(A)}=\|x_n-x_m\|_X+\|Ax_n-Ax_m\|_X\to 0,\quad 当\ n,m\to\infty,$$

则 $\{x_n\}_{n=1}^\infty$ 和 $\{Ax_n\}_{n=1}^\infty$ 都是 X 中的 Cauchy 列, 从而都在 X 中收敛. 设 $x_n\to x$, $Ax_n\to y$. 由于 A 是闭算子, 所以 $x\in D(A)$ 且 $y=Ax$. 于是

$$\lim_{n\to\infty}\|x_n-x\|_{D(A)}=\lim_{n\to\infty}\|x_n-x\|_X+\lim_{n\to\infty}\|Ax_n-Ax\|_X=0,$$

说明 $\{x_n\}_{n=1}^\infty$ 在 $D(A)$ 中按范数 $\|\cdot\|_{D(A)}$ 收敛于 x. 所以 $D(A)$ 按范数 $\|\cdot\|_{D(A)}$ 完备. 易见

$$D(A)\hookrightarrow X\quad 且\quad A\in L(D(A),X). \tag{4.6.33}$$

另外从引理 4.6.3 结论 (4) 知 $D(A)$ 是 $\{S(t)\}_{t\geqslant 0}$ 的不变子空间 (即对每个 $t\geqslant 0$, $D(A)$ 都是 $S(t)$ 的不变子空间), 且 $\{S(t)|_{D(A)}\}_{t\geqslant 0}$ 是 $D(A)$ 上的强连续半群, 并成立 $\|S(t)\|_{L(D(A))}\leqslant Me^{\kappa t}, \forall t\geqslant 0$.

引理 4.6.20 设 $\{S(t)\}_{t\geqslant 0}$ 是 X 上的强连续半群, $f\in L^1_{\mathrm{loc}}([0,\infty),X)$, v 为由 (4.6.31) 给出的函数. 如果 $f\in C([0,\infty),X)\cap L^1_{\mathrm{loc}}([0,\infty),D(A))$ 或 $f\in W^{1,1}_{\mathrm{loc}}([0,\infty),X)$, 则 $v\in C([0,\infty),D(A))\cap C^1([0,\infty),X)$. 在这些情况下 $v=v(t)$ 是初值问题 (4.6.30) 的经典解.

证 先设 $f\in C([0,\infty),X)\cap L^1_{\rm loc}([0,\infty),D(A))$. 由于 $\{S(t)|_{D(A)}\}_{t\geqslant 0}$ 是 $D(A)$ 上的强连续半群, 所以应用引理 4.6.18 即知 $v\in C([0,\infty),D(A))$. 其次, 对任意 $t\geqslant 0$ 和 $h>0$ 有

$$\frac{v(t+h)-v(t)}{h}=\frac{S(h)-I}{h}v(t)+\frac{1}{h}\int_t^{t+h}S(t+h-\tau)f(\tau)\mathrm{d}\tau. \tag{4.6.34}$$

由于对任意 $t\geqslant 0$ 有 $v(t)\in D(A)$, 所以当 $h\to 0^+$ 时上式右端第一项趋于 $Av(t)$, 而由 $f\in C([0,\infty),X)$ 知第二项趋于 $f(t)$. 这说明 $v(t)$ 对任意 $t\geqslant 0$ 右可导, 且

$$v'_+(t)=\frac{\mathrm{d}^+}{\mathrm{d}t}v(t)=Av(t)+f(t),\quad \forall t\geqslant 0.$$

从以上表达式知 $v'_+\in C([0,\infty),X)$, 所以 $v(t)$ 也对任意 $t>0$ 左可导, 进而对任意 $t\geqslant 0$ 可导, 且

$$v'(t)=v'_+(t)=Av(t)+f(t),\quad \forall t\geqslant 0.$$

这就证明了 $v\in C([0,\infty),D(A))\cap C^1([0,\infty),X)$, 且 $v=v(t)$ 是初值问题 (4.6.30) 的经典解.

再设 $f\in W^{1,1}_{\rm loc}([0,\infty),X)$. 因 $W^{1,1}_{\rm loc}([0,\infty),X)\subseteq C([0,\infty),X)$, 所以这时也有 $f\in C([0,\infty),X)$. 我们写

$$v(t)=\int_0^t S(t-\tau)f(\tau)\mathrm{d}\tau=\int_0^t S(\tau)f(t-\tau)\mathrm{d}\tau,\quad t\geqslant 0.$$

从这个表达式和条件 $f\in C([0,\infty),X)\cap W^{1,1}_{\rm loc}([0,\infty),X)$ 不难知道 v 在 $[0,\infty)$ 上可导, 且

$$v'(t)=S(t)f(0)+\int_0^t S(\tau)f'(t-\tau)\mathrm{d}\tau=S(t)f(0)+\int_0^t S(t-\tau)f'(\tau)\mathrm{d}\tau,\quad t\geqslant 0,$$

从而应用引理 4.6.18 即知 $v\in C^1([0,\infty),X)$. 再把等式 (4.6.34) 改写成

$$\frac{S(h)-I}{h}v(t)=\frac{v(t+h)-v(t)}{h}-\frac{1}{h}\int_t^{t+h}S(t+h-\tau)f(\tau)\mathrm{d}\tau,\quad \forall t\geqslant 0,\ \forall h>0. \tag{4.6.35}$$

由于当 $h\to 0^+$ 时上式右端趋于 $v'(t)-f(t)$, 这说明对任意 $t\geqslant 0$ 有 $v(t)\in D(A)$, 且 $Av(t)=v'(t)-f(t)$, $\forall t\geqslant 0$. 这就证明了 $v\in C([0,\infty),D(A))\cap C^1([0,\infty),X)$, 且 $v=v(t)$ 是初值问题 (4.6.30) 的经典解. 证毕. □

引理 4.6.21 设 $\{S(t)\}_{t\geqslant 0}$ 是 X 上的强连续半群. 则对任意 $f\in L^1_{\rm loc}([0,\infty),X)$, 由 (4.6.31) 给出的函数 $v=v(t)$ 是初值问题 (4.6.30) 的广义解.

证 取 $f_n \in C^\infty([0,\infty),X)$ $(n=1,2,\cdots)$ 使对任意 $T>0$ 都成立 $\lim\limits_{n\to\infty}\|f_n - f\|_{L^1([0,T],X)}=0$, 再令

$$v_n(t)=\int_0^t S(t-\tau)f_n(\tau)\mathrm{d}\tau,\quad t\geqslant 0,\ n=1,2,\cdots.$$

根据引理 4.6.20 知对每个正整数 n, $v=v_n(t)$ 是初值问题 (4.6.30) 当 $f=f_n$ 时的经典解. 易知成立不等式

$$\|v_n-v\|_{L^\infty([0,T],X)}\leqslant M\mathrm{e}^{\kappa T}\|f_n-f\|_{L^1([0,T],X)},\quad n=1,2,\cdots.$$

因此对任意 $T>0$, 当 $n\to\infty$ 时 v_n 在 $C([0,T],X)$ 中强收敛于 v. 所以 $v=v(t)$ 是初值问题 (4.6.30) 的广义解. 证毕. □.

综合以上两个引理的结果并应用定理 4.6.16, 便得到下述定理:

定理 4.6.22 设 X 是 Banach 空间, A 是 X 上的稠定的闭线性算子, 它在 X 上生成强连续半群 $\{S(t)\}_{t\geqslant 0}$. 则有下列结论:

(1) 如果 $f\in C([0,\infty),X)\cap L^1_{\mathrm{loc}}([0,\infty),D(A))$ 或 $f\in W^{1,1}_{\mathrm{loc}}([0,\infty),X)$, 则对任意 $x\in D(A)$, 初值问题 (4.6.1) 存在唯一的经典解, 而且解的表达式由 (4.6.29) 给出.

(2) 对任意 $f\in L^1_{\mathrm{loc}}([0,\infty),X)$ 和 $x\in X$, 初值问题 (4.6.1) 在 $C([0,\infty),X)$ 中存在唯一的广义解, 而且解的表达式由 (4.6.29) 给出.

根据上述定理的结论 (2), 我们引进以下概念:

定义 4.6.23 当线性算子 A 在 X 上生成强连续半群 $\{S(t)\}_{t\geqslant 0}$ 时, 对任意 $f\in L^1_{\mathrm{loc}}([0,\infty),X)$ 和 $x\in X$, 称由 (4.6.29) 给出的初值问题 (4.6.1) 的广义解 $u\in C([0,\infty),X)$ 为该问题的温和解.

习 题 4.6

在以下各题中 X 总是表示 Banach 空间.

1. 设 $\{S(t)\}_{t\geqslant 0}$ 是 X 上的强连续半群, A 为其无穷小生成元. 证明: $\bigcap\limits_{k=1}^{\infty}D(A^k)$ 在 X 中稠密.
2. 设 $\{S(t)\}_{t\geqslant 0}$ 是 X 上的强连续半群 (不必压缩), A 为其无穷小生成元. 令 A_λ $(\lambda>0)$ 为 A 的 Yosida 逼近, 即 $A_\lambda=\lambda AR(\lambda,A)=\lambda^2R(\lambda,A)-\lambda I$, $\forall\lambda>0$. 证明: $S(t)x=\lim\limits_{\lambda\to\infty}\mathrm{e}^{tA_\lambda}x$, $\forall x\in X$, $\forall t\geqslant 0$.
3. 设 $\{S(t)\}_{t\geqslant 0}$ 是 X 上的强连续半群, A 为其无穷小生成元, x 为 A 的特征向量, 对应的特征值为 λ. 证明: $S(t)x=\mathrm{e}^{\lambda t}x$.
4. 设 $\{S(t)\}_{t\geqslant 0}$ 是 X 上的强连续半群, A 为其无穷小生成元. 假设 $\|S(t)\|_{L(X)}\leqslant M\mathrm{e}^{\kappa t}$, $\forall t\geqslant 0$. 证明:

(1) $\rho(A) \supseteq \{\lambda \in \mathbf{C} : \mathrm{Re}\lambda > \kappa\}$, 且 $\|R(\lambda, A)^n\|_{L(X)} \leqslant M/(\mathrm{Re}\lambda - \kappa)^n, \forall \mathrm{Re}\lambda > \kappa, \forall n \in \mathbf{N}$;

(2) $R(\lambda, A)x = \int_0^\infty \mathrm{e}^{-\lambda t} S(t)x\mathrm{d}t, \forall x \in X, \forall \mathrm{Re}\lambda > \kappa$.

5. 设 $\{S(t)\}_{t\geqslant 0}$ 是 X 上的强连续半群, A 为其无穷小生成元. 又设 B 是 X 上的有界线性算子. 令 $\{W(t)\}_{t\geqslant 0}$ 为由 $A+B$ 生成的强连续半群. 证明: $\|W(t) - S(t)\|_{L(X)} \leqslant M\mathrm{e}^{\kappa t}(\mathrm{e}^{M\|B\|_{L(X)}} - 1), \forall t \geqslant 0$.

6. 如果强连续半群 $\{S(t)\}_{t\geqslant 0}$ 的每个算子 $S(t)$ 当 $t > 0$ 时都是紧算子, 就称之为**紧半群**. 证明: 以 A 为无穷小生成元的强连续半群 $\{S(t)\}_{t\geqslant 0}$ 是紧半群的充要条件是它满足以下两个条件:

(i) $S(t)$ 当 $t>0$ 时按一致算子拓扑连续, 即对任意 $t_0>0$ 都成立 $\lim\limits_{t\to t_0} \|S(t) - S(t_0)\|_{L(X)} = 0$;

(ii) 对任意 $\lambda \in \rho(A)$, $R(\lambda, A)$ 是紧算子.

7. 设 $\{S(t)\}_{t\geqslant 0}$ 是 X 上的强连续半群, A 为其无穷小生成元. 又设 $f \in L^\infty_{\mathrm{loc}}([0,\infty), X)$. 令 $v(t) = \int_0^t S(t-\tau)f(\tau)\mathrm{d}\tau, t \geqslant 0$. 证明: 对任意 $0 < \alpha < 1$ 有 $v \in C^\alpha([0,\infty), X)$.

4.7 解析半群

有一类重要的算子半群称为**解析半群**, 这类算子半群与抛物型偏微分方程紧密相关. 解析半群是所有算子半群中除一致连续半群之外性质最好的一类半群, 对于一致连续半群成立的许多结论都可推广到这类半群. 解析半群虽然可以在一定程度上看成是一类特殊的强连续半群, 但是这类半群可以用一种独立于一般强连续半群的方式直接定义, 而且这种直接的定义方式并不要求生成元 A 的定义域在全空间 X 中稠密 (因此解析半群并不完全归属于强连续半群 —— 只有那些生成元为稠定算子的解析半群才是强连续半群). 解析半群的这种不要求生成元为稠定算子的特性对于研究抛物型偏微分方程的经典解提供了工具, 因为我们知道, 对于区域 Ω 上的二阶线性椭圆型算子, 当把它看作连续函数空间 $X = C(\overline{\Omega})$ 上以 $X_0 = C^2(\overline{\Omega}) \cap C_0(\overline{\Omega})$ 为定义域的无界线性算子时, 其定义域 X_0 在 X 中不稠密. 因此, 强连续半群理论不能用来在连续函数空间的框架下处理发展型偏微分方程, 从而也就不能用来研究这类方程的经典解. 但是借助于解析半群理论, 在 $C(\overline{\Omega})$ 的框架下至少可以处理抛物型方程.

4.7.1 扇形算子和解析半群

为了引出解析半群的定义, 先证明一个关于一致连续半群的有用表达式.

引理 4.7.1 设 A 是 Banach 空间 X 上的有界线性算子. 令 Γ 是复平面 $\mathbf{C}$ 上区域 $|\lambda| > \|A\|_{L(X)}$ 中包围原点的一条简单有向闭曲线, 正向为逆时针方向. 则

成立

$$e^{tA}=\frac{1}{2\pi i}\int_{\Gamma}e^{\lambda t}R(\lambda,A)d\lambda,\quad \forall t\geqslant 0. \tag{4.7.1}$$

证 易知对任意满足 $|\lambda|>\|A\|_{L(X)}$ 的复数 λ 成立

$$R(\lambda,A)=\sum_{k=0}^{\infty}\frac{A^k}{\lambda^{k+1}}.$$

由于

$$\frac{1}{2\pi i}\int_{\Gamma}\lambda^{n-k-1}d\lambda=\begin{cases}1, & n=k,\\ 0, & n\neq k,\end{cases}$$

所以有

$$\frac{1}{2\pi i}\int_{\Gamma}e^{\lambda t}R(\lambda,A)d\lambda=\frac{1}{2\pi i}\sum_{n=0}^{\infty}\frac{t^n}{n!}\int_{\Gamma}\lambda^nR(\lambda,A)d\lambda=\frac{1}{2\pi i}\sum_{n=0}^{\infty}\sum_{k=0}^{\infty}\frac{t^n}{n!}A^k\int_{\Gamma}\lambda^{n-k-1}d\lambda$$

$$=\sum_{k=0}^{\infty}A^k\Big(\sum_{n=0}^{\infty}\frac{t^n}{n!}\frac{1}{2\pi i}\int_{\Gamma}\lambda^{n-k-1}d\lambda\Big)=\sum_{k=0}^{\infty}\frac{t^k}{k!}A^k=e^{tA},\quad \forall t\geqslant 0.$$

证毕. □.

对任意实数 κ 和给定的角度 $\theta\in(0,\pi)$, 记

$$\Lambda(\kappa,\theta)=\{\lambda\in\mathbf{C}:\lambda\neq\kappa,\ |\arg(\lambda-\kappa)|<\theta\}.$$

这是复平面上以 κ 为顶点、张角为 2θ 并关于实轴对称的开的扇形区域.

定义 4.7.2 设 X 是 Banach 空间. 称线性算子 $A:D(A)\subseteq X\to X$ 为 X 上的**扇形算子**, 如果它满足以下两个条件:

(i) 存在实数 κ 和角度 $\theta\in(\pi/2,\pi)$ 使成立 $\rho(A)\supseteq\Lambda(\kappa,\theta)$;

(ii) 存在常数 $M>0$ 使成立

$$\|R(\lambda,A)\|_{L(X)}\leqslant\frac{M}{|\lambda-\kappa|},\quad \forall\lambda\in\Lambda(\kappa,\theta). \tag{4.7.2}$$

引理 4.7.3 扇形算子是闭算子.

证 由于扇形算子的预解集非空, 所以只要证明如果线性算子 A 的预解集非空, 则 A 是闭算子即可. 为此设 $\rho(A)\neq\varnothing$, 并设点列 $\{x_n\}_{n=1}^{\infty}\subseteq D(A)$ 使得 $x_n\to x$ 且 $Ax_n\to y$. 任取 $\lambda\in\rho(A)$, 则成立等式

$$x_n=\lambda R(\lambda,A)x_n-R(\lambda,A)Ax_n,\quad n=1,2,\cdots.$$

令 $n\to\infty$ 取极限, 得

$$x=\lambda R(\lambda,A)x-R(\lambda,A)y.$$

因此 $x \in D(A)$, 并且由以上等式有

$$y = \lambda(\lambda I - A)R(\lambda, A)x - (\lambda I - A)x = \lambda x - (\lambda I - A)x = Ax.$$

所以 A 是闭算子. 证毕. □.

在 $\Lambda(\kappa, \theta)$ 中任取一分段光滑且不自交的有向曲线 Γ, 使之从 $\infty \mathrm{e}^{-\mathrm{i}\theta_1}$ 出发一直走向 $\infty \mathrm{e}^{\mathrm{i}\theta_2}$, 其中 θ_1, θ_2 为区间 $(\pi/2, \theta)$ 中任意取定的两个角度. 然后令

$$\mathrm{e}^{tA} = \frac{1}{2\pi \mathrm{i}} \int_{\Gamma} \mathrm{e}^{\lambda t} R(\lambda, A) \mathrm{d}\lambda, \quad \forall t > 0. \tag{4.7.3}$$

由于当 $\lambda \in \Gamma$ 且 $|\lambda|$ 充分大时 $\|\mathrm{e}^{\lambda t} R(\lambda, A)\|_{L(X)} \leqslant C_t |\lambda|^{-1} \mathrm{e}^{-ct|\lambda|}$, 其中 c 是任意取定的小于 $|\cos\theta_1|$ 和 $|\cos\theta_2|$ 的正数, 而 C_t 表示依赖于 t 而与 λ 无关的正常数, 所以式 (4.7.3) 右端的积分在 $L(X)$ 中收敛, 从而定义了 X 上的一个有界线性算子 e^{tA}, 而且由 Cauchy 围道积分定理不难知道这个定义 (即式 (4.7.3) 右端的积分值) 不依赖于积分路径 Γ 的选取.

定义 4.7.4 设 A 是 Banach 空间 X 上的扇形算子, 则称由 (4.7.3) 和 $\mathrm{e}^{0A} = I$ 定义的 X 上的有界线性算子族 $\{\mathrm{e}^{tA}\}_{t \geqslant 0}$ 为由 A 生成的**解析半群**.

(4.7.3) 中积分路径 Γ 的一种简单的取法是取 $\Gamma = \Gamma_{r,\eta}(\kappa)$, 其中 $r > 0$ 和 $\eta \in (\pi/2, \theta)$ 是任意取定的常数, 而 $\Gamma_{r,\eta}(\kappa)$ 表示 $\Lambda(\kappa, \theta)$ 中的下述有向曲线:

$$\Gamma_{r,\eta}(\kappa) = \{\lambda \in \mathbf{C} : |\arg(\lambda - \kappa)| = \eta,\ |\lambda - \kappa| \geqslant r\} \cup \{\lambda \in \mathbf{C} : |\arg(\lambda - \kappa)| \leqslant \eta,\ |\lambda - \kappa| = r\},$$

正向取为逆时针方向. 显然 $\Gamma_{r,\eta}(\kappa)$ 由三条首尾相接的有向曲线拼接而成, 这三条有向曲线的参数方程分别是:

$$\begin{cases} \Gamma_1 : \lambda = \kappa + \rho \mathrm{e}^{-\mathrm{i}\eta}, & \text{参数 } \rho \text{ 从 } \infty \text{ 变到 } r; \\ \Gamma_2 : \lambda = \kappa + r\mathrm{e}^{\mathrm{i}\omega}, & \text{参数 } \omega \text{ 从 } -\eta \text{ 变到 } \eta; \\ \Gamma_3 : \lambda = \kappa + \rho \mathrm{e}^{\mathrm{i}\eta}, & \text{参数 } \rho \text{ 从 } r \text{ 变到 } \infty. \end{cases}$$

对于这样的积分路径, (4.7.3) 可改写成

$$\begin{aligned} \mathrm{e}^{tA} = \frac{\mathrm{e}^{\kappa t}}{2\pi \mathrm{i}} \Big[& -\mathrm{e}^{-\mathrm{i}\eta} \int_r^{\infty} \mathrm{e}^{(\rho\cos\eta - \mathrm{i}\rho\sin\eta)t} R(\kappa + \rho \mathrm{e}^{-\mathrm{i}\eta}, A) \mathrm{d}\rho \\ & + \mathrm{i}r \int_{-\eta}^{\eta} \mathrm{e}^{(r\cos\omega + \mathrm{i}r\sin\omega)t} R(\kappa + r\mathrm{e}^{\mathrm{i}\omega}, A) \mathrm{e}^{\mathrm{i}\omega} \mathrm{d}\omega \\ & + \mathrm{e}^{\mathrm{i}\eta} \int_r^{\infty} \mathrm{e}^{(\rho\cos\eta + \mathrm{i}\rho\sin\eta)t} R(\kappa + \rho \mathrm{e}^{\mathrm{i}\eta}, A) \mathrm{d}\rho \Big]. \end{aligned} \tag{4.7.4}$$

定义 4.7.4 中所用术语的合理性以及 $\{\mathrm{e}^{tA}\}_{t \geqslant 0}$ 的一些基本性质包含于下述定理:

定理 4.7.5 设 A 是扇形算子, $\{e^{tA}\}_{t\geqslant 0}$ 为由 A 生成的解析半群, 则有下列结论:

(1) $e^{(t+s)A}=e^{tA}e^{sA}$, $\forall t,s\geqslant 0$;

(2) 存在常数 $C>0$ 使成立 $\|e^{tA}\|_{L(X)}\leqslant CMe^{\kappa t}$, $\forall t\geqslant 0$, 其中 κ, M 是 (4.7.2) 中的常数;

(3) $e^{tA}x\in D_\infty(A)=\bigcap\limits_{k=1}^{\infty}D(A^k)$, $\forall x\in X$, $\forall t>0$;

(4) 函数 $t\mapsto e^{tA}$ 属于 $C^\infty((0,\infty),L(X))$, 即当 $t>0$ 时 e^{tA} 无穷可微, 且

$$\frac{d^k}{dt^k}e^{tA}=A^k e^{tA},\quad \forall t>0,\ k=1,2,\cdots;$$

(5) 从 $(0,\infty)$ 到 $L(X)$ 的映射 $t\mapsto e^{tA}$ 可以延拓成扇形区域 $\Lambda(0,\theta-\pi/2)$ 上的解析映照, 而且对任意 $z\in\Lambda(0,\theta-\pi/2)$, 算子 e^{zA} 有表达式

$$e^{zA}=\frac{1}{2\pi i}\int_{\Gamma_{r,\eta}(\kappa)}e^{\lambda z}R(\lambda,A)d\lambda, \tag{4.7.5}$$

其中 $r>0$ 任意, 而 $\eta\in(\pi/2,\theta-\arg z)$, 这里 θ 为出现于定义 4.7.2 条件 (i) 中的常数.

证 (1) 先证明下述预解恒等式:

$$R(\lambda,A)-R(\mu,A)=(\mu-\lambda)R(\lambda,A)R(\mu,A),\quad \forall\lambda,\mu\in\rho(A). \tag{4.7.6}$$

证明是简单的: 只要把两个恒等式

$$R(\lambda,A)=[\mu R(\mu,A)-AR(\mu,A)]R(\lambda,A)$$
$$R(\mu,A)=[\lambda R(\lambda,A)-AR(\lambda,A)]R(\mu,A)$$

相减即得 (4.7.6). 现在证明结论 (1). 如果 t 和 s 中至少有一个等于零, 则等式显然成立. 下设 $t,s>0$. 任取 $r,r'>0$ 和 $\eta,\eta'\in(\pi/2,\theta)$ 使得 $r'>r$, $\eta'<\eta$. 则有

$$\begin{aligned}
e^{tA}e^{sA}&=-\frac{1}{4\pi^2}\int_{\Gamma_{r,\eta}(\kappa)}e^{\lambda t}R(\lambda,A)d\lambda\int_{\Gamma_{r',\eta'}(\kappa)}e^{\mu s}R(\mu,A)d\mu\\
&=-\frac{1}{4\pi^2}\int_{\Gamma_{r,\eta}(\kappa)}\int_{\Gamma_{r',\eta'}(\kappa)}e^{\lambda t+\mu s}R(\lambda,A)R(\mu,A)d\lambda d\mu\\
&=-\frac{1}{4\pi^2}\int_{\Gamma_{r,\eta}(\kappa)}\int_{\Gamma_{r',\eta'}(\kappa)}e^{\lambda t+\mu s}\frac{R(\lambda,A)-R(\mu,A)}{\mu-\lambda}d\lambda d\mu\\
&=-\frac{1}{4\pi^2}\int_{\Gamma_{r,\eta}(\kappa)}e^{\lambda t}R(\lambda,A)d\lambda\int_{\Gamma_{r',\eta'}(\kappa)}\frac{e^{\mu s}}{\mu-\lambda}d\mu\\
&\quad-\frac{1}{4\pi^2}\int_{\Gamma_{r',\eta'}(\kappa)}e^{\mu s}R(\mu,A)d\mu\int_{\Gamma_{r,\eta}(\kappa)}\frac{e^{\lambda t}}{\mu-\lambda}d\lambda.
\end{aligned}$$

不难知道, 成立下述等式:

$$\int_{\Gamma_{r',\eta'}(\kappa)}\frac{\mathrm{e}^{\mu s}}{\mu-\lambda}\mathrm{d}\mu=2\pi\mathrm{i}\mathrm{e}^{\lambda s}\ \ (\forall\lambda\in\Gamma_{r,\eta}(\kappa)),\qquad\int_{\Gamma_{r,\eta}(\kappa)}\frac{\mathrm{e}^{\lambda t}}{\mu-\lambda}\mathrm{d}\lambda=0\ \ (\forall\mu\in\Gamma_{r',\eta'}(\kappa)).$$

因此

$$\mathrm{e}^{tA}\mathrm{e}^{sA}=\frac{1}{2\pi\mathrm{i}}\int_{\Gamma_{r,\eta}(\kappa)}\mathrm{e}^{\lambda(t+s)}R(\lambda,A)\mathrm{d}\lambda=\mathrm{e}^{(t+s)A}.$$

这就证明了结论 (1).

(2) 首先注意如果直接应用 (4.7.3) (其等价形式是 (4.7.4)) 作估计, 那么 (4.7.4) 中两个无穷积分的估计式为

$$C\int_r^{\infty}\mathrm{e}^{\rho t\cos\eta}\rho^{-1}\mathrm{d}\rho.$$

这个无穷积分当 $t\to 0^+$ 时趋于无穷大, 因此不能得到有效的估计. 为克服这个困难, 选择依赖于 t 的积分路径, 即代替 (4.7.3) 而考虑把其中的 r 换为 r/t 之后的积分. 这时在 (4.7.4) 中 r 也相应地应换为 r/t, 得到

$$\|\mathrm{e}^{tA}\|_{L(X)}\leqslant C\mathrm{e}^{\kappa t}\Big[2\int_{\frac{r}{t}}^{\infty}\mathrm{e}^{\rho t\cos\eta}\cdot M\rho^{-1}\mathrm{d}\rho+r\int_{-\eta}^{\eta}\mathrm{e}^{r\cos\omega}\cdot Mr^{-1}\mathrm{d}\omega\Big]=C'M\mathrm{e}^{\kappa t},\quad\forall t>0.$$

这就证明了结论 (2).

(3) 为证明结论 (3), 我们注意由于 A 是闭线性算子, 所以它和积分可以交换次序, 只要被积函数取值于 $D(A)$ 且关于 X 的强拓扑连续、并且交换次序前后的积分都收敛即可. 现在注意应用与 (4.7.3) 的等价表达式 (4.7.4) 类似的表达式不难看出, 对任意正整数 k, 积分

$$\int_{\Gamma_{r,\eta}(\kappa)}\mathrm{e}^{\lambda t}\lambda^k R(\lambda,A)x\mathrm{d}\lambda\tag{4.7.7}$$

都收敛. 因此, 由于

$$\frac{1}{2\pi\mathrm{i}}\int_{\Gamma_{r,\eta}(\kappa)}\mathrm{e}^{\lambda t}AR(\lambda,A)x\mathrm{d}\lambda=\frac{1}{2\pi\mathrm{i}}\int_{\Gamma_{r,\eta}(\kappa)}\mathrm{e}^{\lambda t}[\lambda R(\lambda,A)-I]x\mathrm{d}\lambda$$
$$=\frac{1}{2\pi\mathrm{i}}\int_{\Gamma_{r,\eta}(\kappa)}\mathrm{e}^{\lambda t}\lambda R(\lambda,A)x\mathrm{d}\lambda\quad\Big(\text{因}\int_{\Gamma_{r,\eta}(\kappa)}\mathrm{e}^{\lambda t}x\mathrm{d}\lambda=0\Big),\quad\forall x\in X,\ \forall t>0,$$

所以 $\mathrm{e}^{tA}x\in D(A)$, $\forall x\in X$, $\forall t>0$, 且

$$A\mathrm{e}^{tA}x=A\Big(\frac{1}{2\pi\mathrm{i}}\int_{\Gamma_{r,\eta}(\kappa)}\mathrm{e}^{\lambda t}R(\lambda,A)x\mathrm{d}\lambda\Big)=\frac{1}{2\pi\mathrm{i}}\int_{\Gamma_{r,\eta}(\kappa)}\mathrm{e}^{\lambda t}AR(\lambda,A)x\mathrm{d}\lambda$$
$$=\frac{1}{2\pi\mathrm{i}}\int_{\Gamma_{r,\eta}(\kappa)}\mathrm{e}^{\lambda t}\lambda R(\lambda,A)x\mathrm{d}\lambda,\quad\forall x\in X,\ \forall t>0.$$

应用归纳法即知对任意正整数 k 都有 $\mathrm{e}^{tA}x\in D(A^k), \forall x\in X, \forall t>0$, 且

$$A^k\mathrm{e}^{tA}x=\frac{1}{2\pi\mathrm{i}}\int_{\Gamma_{r,\eta}(\kappa)}\mathrm{e}^{\lambda t}\lambda^k R(\lambda,A)x\mathrm{d}\lambda,\quad \forall x\in X,\ \forall t>0,\ \forall k\in\mathbf{N}. \tag{4.7.8}$$

这就证明了结论 (3).

(4) 由于对 (4.7.3) 右端的积分在积分号下关于 t 求 k 阶导数之后的表达式为 (4.7.7) 中的表达式去掉 x, 前面已指出这个积分是收敛的, 所以当 $t>0$ 时, e^{tA} 有任意高阶的导数, 即 $[t\mapsto \mathrm{e}^{tA}]\in C^\infty((0,\infty),L(X))$, 且应用 (4.7.8) 得

$$\frac{\mathrm{d}^k}{\mathrm{d}t^k}\mathrm{e}^{tA}=\frac{1}{2\pi\mathrm{i}}\int_{\Gamma_{r,\eta}(\kappa)}\mathrm{e}^{\lambda t}\lambda^k R(\lambda,A)x\mathrm{d}\lambda=A^k\mathrm{e}^{tA},\quad \forall t>0,\ k=1,2,\cdots.$$

这就证明了结论 (4).

(5) 应用与对 (4.7.3) 的证明类似的分析可知对给定的 $\pi/2<\eta<\theta$, 对任意 $z\in\Lambda(0,\eta-\pi/2)$ 积分

$$\frac{1}{2\pi\mathrm{i}}\int_{\Gamma_{r,\eta}(\kappa)}\mathrm{e}^{\lambda z}R(\lambda,A)\mathrm{d}\lambda$$

有意义并且定义了一个有界线性算子, 而且类似于结论 (4) 的证明可知把 z 映射成上述有界线性算子的映射是从复平面上的扇形区域 $\Lambda(0,\eta-\pi/2)$ 到 $L(X)$ 的解析映射 (即在 $\Lambda(0,\eta-\pi/2)$ 上处处可导). 由于当 $z=t\in(0,\infty)$ 时这个算子就是 e^{tA}, 所以由 $\pi/2<\eta<\theta$ 的任意性即得结论 (5). 证毕. □.

需要注意的是, 由于没有要求算子 A 是稠定算子, 所以由它生成的解析半群 $\{\mathrm{e}^{tA}\}_{t\geqslant0}$ 不必是强连续半群. 不过, 根据上述定理的结论 (4) 知使得 e^{tA} 不连续的点只可能是 $t=0$, 换言之, 解析半群不一定在 $t=0$ 处强连续, 甚至也不一定弱连续. 但我们有以下重要结果:

定理 4.7.6 设 A 是扇形算子, $\{\mathrm{e}^{tA}\}_{t\geqslant0}$ 为由 A 生成的解析半群, 则有下列结论:

(1) 如果 $x\in\overline{D(A)}$, 则 $\lim\limits_{t\to0^+}\mathrm{e}^{tA}x=x$; 反过来如果 $y=\lim\limits_{t\to0^+}\mathrm{e}^{tA}x$ 存在, 则 $x\in\overline{D(A)}$ 且 $y=x$.

(2) 如果 $x\in D(A)$ 且 $Ax\in\overline{D(A)}$, 则 $\lim\limits_{t\to0^+}\dfrac{\mathrm{e}^{tA}x-x}{t}=Ax$.

证 (1) 先设 $x\in D(A)$. 取 $\mu>\kappa+r$ 并令 $y=\mu x-Ax$. 则 $\mu\in\rho(A)$ 且

$x = R(\mu, A)y$. 因此

$$\begin{aligned}\mathrm{e}^{tA}x = \mathrm{e}^{tA}R(\mu,A)y &= \frac{1}{2\pi\mathrm{i}}\int_{\Gamma_{r,\eta}(\kappa)}\mathrm{e}^{\lambda t}R(\lambda,A)R(\mu,A)y\mathrm{d}\lambda\\ &= \frac{1}{2\pi\mathrm{i}}\int_{\Gamma_{r,\eta}(\kappa)}\mathrm{e}^{\lambda t}\frac{R(\lambda,A)}{\mu-\lambda}y\mathrm{d}\lambda - \frac{1}{2\pi\mathrm{i}}\int_{\Gamma_{r,\eta}(\kappa)}\frac{\mathrm{e}^{\lambda t}}{\mu-\lambda}\mathrm{d}\lambda\cdot R(\mu,A)y\\ &= \frac{1}{2\pi\mathrm{i}}\int_{\Gamma_{r,\eta}(\kappa)}\mathrm{e}^{\lambda t}\frac{R(\lambda,A)}{\mu-\lambda}y\mathrm{d}\lambda.\end{aligned}$$

应用条件 (4.7.2) 可知

$$\Big\|\frac{R(\lambda,A)}{\mu-\lambda}y\Big\|_X \leqslant \frac{M\|y\|_X}{|\mu-\lambda||\lambda-\kappa|},\quad \forall\lambda\in\rho(A). \tag{4.7.9}$$

因 $\displaystyle\int_{\Gamma_{r,\eta}(\kappa)}\frac{|\mathrm{d}\lambda|}{|\mu-\lambda||\lambda-\kappa|} < \infty$, 所以由 Lebesgue 控制收敛定理得

$$\lim_{t\to 0^+}\mathrm{e}^{tA}x = \lim_{t\to 0^+}\frac{1}{2\pi\mathrm{i}}\int_{\Gamma_{r,\eta}(\kappa)}\mathrm{e}^{\lambda t}\frac{R(\lambda,A)}{\mu-\lambda}y\mathrm{d}\lambda = \frac{1}{2\pi\mathrm{i}}\int_{\Gamma_{r,\eta}(\kappa)}\frac{R(\lambda,A)}{\mu-\lambda}y\mathrm{d}\lambda.$$

为计算最后这个积分, 对任意 $R > \mu-\kappa$ 令 $\Gamma_R = \{\lambda\in\mathbf{C} : |\lambda-\kappa| = R,\ |\arg(\lambda-\kappa)| \leqslant \eta\}$, 正向取为逆时针方向. 应用 Cauchy 围道积分定理得

$$\frac{1}{2\pi\mathrm{i}}\int_{\substack{\Gamma_{r,\eta}(\kappa)\\ |\lambda-\kappa|\leqslant R}}\frac{R(\lambda,A)}{\mu-\lambda}y\mathrm{d}\lambda = R(\mu,A)y + \frac{1}{2\pi\mathrm{i}}\int_{\Gamma_R}\frac{R(\lambda,A)}{\mu-\lambda}y\mathrm{d}\lambda,\quad \forall R > \mu-\kappa.$$

由 (4.7.9) 知上式右端的积分当 $R\to\infty$ 时趋于零, 所以在上式中令 $R\to\infty$ 取极限便得到

$$\lim_{t\to 0^+}\mathrm{e}^{tA}x = \frac{1}{2\pi\mathrm{i}}\int_{\Gamma_{r,\eta}(\kappa)}\frac{R(\lambda,A)}{\mu-\lambda}y\mathrm{d}\lambda = R(\mu,A)y = x.$$

由于 $\|\mathrm{e}^{tA}\|_{L(X)}$ 当 $0 < t < 1$ 时一致有界, 所以由 $D(A)$ 在 $\overline{D(A)}$ 中的稠密性即知对任意 $x\in\overline{D(A)}$, 亦有 $\lim\limits_{t\to 0^+}\mathrm{e}^{tA}x = x$. 反过来设 $y = \lim\limits_{t\to 0^+}\mathrm{e}^{tA}x$ 存在. 则由 $\mathrm{e}^{tA}x\in D(A)$ $(\forall t>0)$ 可知 $y\in\overline{D(A)}$, 并且由于 $R(\mu,A)x\in D(A)$, 所以应用已证明的结论得

$$R(\mu,A)y = \lim_{t\to 0^+}R(\mu,A)\mathrm{e}^{tA}x = \lim_{t\to 0^+}\mathrm{e}^{tA}R(\mu,A)x = R(\mu,A)x.$$

因此 $y = x$. 这就证明了结论 (1).

(2) 如果 $x\in D(A)$, 则 $\lim\limits_{t\to 0^+}\mathrm{e}^{tA}x = x$, 所以对任意给定的 $t > 0$ 有

$$\int_0^t \mathrm{e}^{\tau A}Ax\mathrm{d}\tau = \int_0^t \frac{\mathrm{d}}{\mathrm{d}\tau}(\mathrm{e}^{\tau A}x)\mathrm{d}\tau = \mathrm{e}^{tA}x - x.$$

因此如果还有 $Ax \in \overline{D(A)}$, 则 $\lim\limits_{t\to 0^+} \mathrm{e}^{tA}Ax = Ax$, 进而

$$\lim_{t\to 0^+} \frac{\mathrm{e}^{tA}x - x}{t} = \lim_{t\to 0^+} \frac{1}{t}\int_0^t \mathrm{e}^{\tau A}Ax\mathrm{d}\tau = Ax.$$

这就证明了结论 (2). 证毕. □

推论 4.7.7 如果扇形算子 A 是稠定的, 则解析半群 $\{\mathrm{e}^{tA}\}_{t\geqslant 0}$ 是强连续半群. □

推论 4.7.8 设 A 是 Banach 空间 X 上的扇形算子, 则初值问题

$$\begin{cases} u'(t) = Au(t), & t > 0, \\ u(0) = x \end{cases}$$

对所有 $x \in \overline{D(A)}$ 在 X 中适定, 即对任意 $x \in \overline{D(A)}$, 上述问题在 $C([0,\infty),X) \cap C^1((0,\infty),D(A))$ 中存在唯一的解 $u(t) = \mathrm{e}^{tA}x$ $(t \geqslant 0)$, 而且对任意 $T > 0$, 映射 $\overline{D(A)} \ni x \mapsto [t \mapsto u(t)]$ 按 X 和 $C([0,T],X)$ 强拓扑连续. □

下面给出扇形算子的一些有用的充分条件.

定理 4.7.9 设线性算子 $A: D(A) \subseteq X \to X$ 满足以下两个条件:

(i) 存在正数 κ 使得 $\rho(A) \supseteq \{\lambda \in \mathbf{C} : \mathrm{Re}\lambda \geqslant \kappa\}$;

(ii) 存在实数 $M \geqslant 1$ 使成立

$$\|\lambda R(\lambda, A)\|_{L(X)} \leqslant M, \quad \forall \mathrm{Re}\lambda \geqslant \kappa,$$

则 A 是扇形算子.

证 对任意 $\eta \in \mathbf{R}$, 记 $\zeta = \kappa + \mathrm{i}\eta$, 易知当 $\lambda \in \mathbf{C}$ 满足 $|\lambda - \zeta| < M^{-1}|\zeta|$ 时, 有 $\lambda \in \rho(A)$, 且

$$\|R(\lambda, A)\|_{L(X)} \leqslant \frac{M}{|\zeta| - M|\lambda - \zeta|}.$$

事实上, 因 $\zeta \in \rho(A)$, 所以有

$$\lambda I - A = (\zeta I - A) + (\lambda - \zeta)I = (\zeta I - A)[I + (\lambda - \zeta)R(\zeta, A)].$$

当 $|\lambda - \zeta| < M^{-1}|\zeta|$ 时, 有 $\|(\lambda - \zeta)R(\zeta, A)\|_{L(X)} \leqslant |\lambda - \zeta| \cdot M|\zeta|^{-1} < 1$, 所以算子 $I + (\lambda - \zeta)R(\zeta, A)$ 可逆, 且

$$\|[I + (\lambda - \zeta)R(\zeta, A)]^{-1}\|_{L(X)} \leqslant [1 - |\lambda - \zeta| \cdot M|\zeta|^{-1}]^{-1} = \frac{|\zeta|}{|\zeta| - M|\lambda - \zeta|},$$

这样 $\lambda I - A$ 也可逆, 且

$$R(\lambda, A) = (\lambda I - A)^{-1} = [I + (\lambda - \zeta)R(\zeta, A)]^{-1}R(\zeta, A),$$

$$\|R(\lambda,A)\|_{L(X)} \leqslant \|[I+(\lambda-\zeta)R(\zeta,A)]^{-1}\|_{L(X)}\|R(\zeta,A)\|_{L(X)} \leqslant \frac{M}{|\zeta|-M|\lambda-\zeta|}.$$

特别, 当 $|\lambda-\zeta|<\dfrac{1}{2}M^{-1}|\zeta|$ 时, 有

$$\|R(\lambda,A)\|_{L(X)} \leqslant \frac{M}{2M|\lambda-\zeta|-M|\lambda-\zeta|}=\frac{1}{|\lambda-\zeta|}\leqslant\frac{1}{|\lambda-\kappa|}.$$

这样结合条件 (i) 就证明了, $\rho(A)\supseteq\Lambda(\kappa,\theta)=\{\lambda\in\mathbf{C}:\lambda\neq\kappa,\ |\arg(\lambda-\kappa)|<\theta\}$, 其中 $\theta=\pi-\arctan(2M)$, 且当 $\lambda\in\Lambda(\kappa,\theta)$ 时, 把上式与条件 (ii) 相结合便得

$$\|R(\lambda,A)\|_{L(X)} \leqslant \frac{M}{|\lambda-\kappa|}.$$

所以 A 是扇形算子. 证毕. □

比较定理 4.7.9 和定理 4.6.13 可以看出, 为了检验一个线性算子 A 是扇形算子从而生成一个解析半群, 只需对所有的 $\mathrm{Re}\lambda\geqslant\kappa$ 对 $\|R(\lambda,A)\|_{L(X)}$ 进行估计; 而要检验 A 是一个强连续半群的无穷小生成元, 则需对每个正整数 n 对 $\|R(\lambda,A)^n\|_{L(X)}$ $(\lambda>\kappa)$ 作估计, 除非这个算子比较特殊而有 $M=1$. 这是解析半群理论比强连续半群在应用上的方便之处.

定理 4.7.10 (解析半群的摄动定理) *设 $A:D(A)\subseteq X\to X$ 是扇形算子, 而线性算子 $B:D(B)\subseteq X\to X$ 满足条件: $D(B)\supseteq D(A)$ 且存在常数 $a,b>0$ 使成立*

$$\|Bx\|_X\leqslant a\|Ax\|_X+b\|x\|_X,\quad \forall x\in D(A), \tag{4.7.10}$$

则存在仅与 A 有关的常数 $\delta>0$, 使得只要 $a\leqslant\delta$, 则 $A+B$ 是扇形算子.

证 从扇形算子的定义和 A 是扇形算子不难推知, 存在常数 $M\geqslant1$ 和 $\kappa>0$ 使得 $\rho(A)\supseteq\{\lambda\in\mathbf{C}:\mathrm{Re}\lambda\geqslant\kappa\}$, 且当 $\mathrm{Re}\lambda\geqslant\kappa$ 时 $\|R(\lambda,A)\|_{L(X)}\leqslant M/|\lambda|$. 对任意 $\mathrm{Re}\lambda\geqslant\kappa$ 写

$$\lambda I-A-B=[I-BR(\lambda,A)](\lambda I-A).$$

由条件 (4.7.10) 得

$$\begin{aligned}\|BR(\lambda,A)x\|_X&\leqslant a\|AR(\lambda,A)x\|_X+b\|R(\lambda,A)x\|_X\\&\leqslant a(\|\lambda R(\lambda,A)x\|_X+\|x\|_X)+b\|R(\lambda,A)x\|_X\\&\leqslant[a(M+1)+bM|\lambda|^{-1}]\|x\|_X,\quad\forall x\in X.\end{aligned}$$

因此, 当 $a\leqslant1/4(M+1)$ 且 $\mathrm{Re}\lambda\geqslant4bM$ 时就有 $\|BR(\lambda,A)\|_{L(X)}\leqslant1/2$, 进而 $\lambda I-A-B$ 可逆, 且

$$\|(\lambda I-A-B)^{-1}\|_{L(X)}\leqslant\|[I-BR(\lambda,A)]^{-1}\|_{L(X)}\|R(\lambda,A)\|_{L(X)}\leqslant2\|R(\lambda,A)\|_{L(X)}\leqslant\frac{2M}{|\lambda|}.$$

这样根据定理 4.7.9 即知当 $a \leqslant 1/4(M+1)$ 时 $A+B$ 是扇形算子. 证毕. □

在应用中, A 一般都是一些扇形的椭圆型偏微分算子, 而 B 是阶数低于 A 的偏微分算子. 这时 (4.7.10) 中的 a 可取为任意给定的 $\varepsilon>0$, b 则是与 ε 相关的正常数. 于是按上述推论, $A+B$ 也是扇形算子.

4.7.2 对初值问题的应用

下面讨论当 A 是扇形算子时, 初值问题

$$\begin{cases} u'(t)=Au(t)+f(t), \quad t>0, \\ u(0)=x, \end{cases} \tag{4.7.11}$$

当 f 满足什么条件时存在经典解的问题.

从上一节的讨论我们已经看到, 为了使得上述问题存在经典解, 除了需要 $x\in D(A)$ 之外 (根据推论 4.7.8, 对 A 是扇形算子的情况这一条件可减弱为只要求 $x\in \overline{D(A)}$), 函数 f 需要满足一定的正则性条件: 它或者对时间变元 t 弱可导且 $f'\in L^1_{\rm loc}([0,\infty),X)$, 或者对几乎所有的 $t>0$, $f(t)$ 取值于 $D(A)$ 且 $Af\in L^1_{\rm loc}([0,\infty),X)$. 下面要证明, 当 A 是扇形算子时, 这些条件可以适当减弱: f 只需关于时间变元 t 有一定的 Hölder 连续性, 或者对几乎所有的 $t>0$, $f(t)$ 取值于某个比 $D(A)$ 正则性差一些的空间 $D_\alpha(A)$ 且 $[t\mapsto \|f(t)\|_{D_\alpha(A)}]\in L^1_{\rm loc}[0,\infty)$, 其中 $0<\alpha<1$.

为了引出空间 $D_\alpha(A)$ 的定义, 先证明一个引理.

引理 4.7.11 设 A 是扇形算子, 则对任意正整数 k 和 $\varepsilon>0$, 存在相应的常数 $C_{k,\varepsilon}>0$ 使成立

$$\|t^kA^k{\rm e}^{tA}\|_{L(X)}\leqslant C_{k,\varepsilon}{\rm e}^{(\kappa+\varepsilon)t}, \quad \forall t\geqslant 0, \tag{4.7.12}$$

其中 κ 是出现于定义 4.7.1 条件 (i) 和 (ii) 中的常数.

证 我们将证明: 对任意正整数 k 存在相应的常数 $M_k>0$ 使成立

$$\|t^k(A-\kappa I)^k{\rm e}^{tA}\|_{L(X)}\leqslant M_k{\rm e}^{\kappa t}, \quad \forall t\geqslant 0. \tag{4.7.13}$$

显然, (4.7.13) 蕴涵着 (4.7.12). 为证明 (4.7.13), 显然可设 $\kappa=0$, 因为否则用 $A-\kappa I$ 替代算子 A 作讨论即可化为这种情况. 从 (4.7.8) 和 Cauchy 围道积分定理有

$$A^k{\rm e}^{tA}=\frac{1}{2\pi{\rm i}}\int_{\Gamma_{r,\eta(\kappa)}}{\rm e}^{\lambda t}\lambda^kR(\lambda,A){\rm d}\lambda=\frac{1}{2\pi{\rm i}}\int_{\Gamma_{\frac{r}{t},\eta(\kappa)}}{\rm e}^{\lambda t}\lambda^kR(\lambda,A){\rm d}\lambda, \quad \forall t>0.$$

由 $\kappa=0$ 知 $\|\lambda R(\lambda,A)\|_{L(X)}\leqslant M$, $\forall\lambda\in\Lambda(0,\theta)$, 所以应用 (4.7.4) 给出的表达式 (换其中的 r 为 r/t 并添加上式中出现的 λ^k 项), 得

$$\|A^k{\rm e}^{tA}\|_{L(X)}\leqslant \frac{M}{\pi}\int_{\frac{r}{t}}^{\infty}{\rm e}^{\rho t\cos\eta}\rho^{k-1}{\rm d}\rho+M\Big(\frac{r}{t}\Big)^k\int_{-\eta}^{\eta}{\rm e}^{r\cos\omega}{\rm d}\omega=M_kt^{-k}, \quad \forall t>0,$$

其中 $M_k = \dfrac{M}{\pi}\displaystyle\int_r^{\infty} \mathrm{e}^{\rho\cos\eta}\rho^{k-1}\mathrm{d}\rho + Mr^k\int_{-\eta}^{\eta} \mathrm{e}^{r\cos\omega}\mathrm{d}\omega$. 这就证明了 $\kappa = 0$ 时的 (4.7.13), 从而也就完成了引理 4.7.11 的证明. □

从上述引理可知, 对一般的向量 $x \in X$, 在 $t=0$ 附近只能有估计

$$\|A^k\mathrm{e}^{tA}x\|_X \leqslant C_{k,\delta}t^{-k}\|x\|_X, \quad \forall t \in (0,\delta].$$

但是如果 $x \in D(A^k)$ 则有

$$\|A^k\mathrm{e}^{tA}x\|_X = \|\mathrm{e}^{tA}A^kx\|_X \leqslant C\|A^kx\|_X, \quad \forall t \in [0,1].$$

由于对越大的 k 如果 $x \in D(A^k)$ 则 x 的正则性越好 (例如当 A 是 $\mathbf{R}^n$ 上的 Laplace 算子 Δ 时, 如果 $X = L^p(\mathbf{R}^n)$ $(1<p<\infty)$ 则可以证明 $D(A^k) = W^{2k,p}(\mathbf{R}^n)$), 所以上述结果提示我们, $\|A^k\mathrm{e}^{tA}x\|_X$ 当 $t \to 0^+$ 时的渐近性态刻画了向量 x 的正则性. 因此引进以下定义:

定义 4.7.12 设 $A : D(A) \subseteq X \to X$ 是扇形算子.

(1) 对任意 $0<\alpha<1$, 空间 $D_\alpha(A)$ 定义为

$$D_\alpha(A) = \Big\{x \in X : [x]_\alpha = \sup_{0<t\leqslant 1} t^{1-\alpha}\|A\mathrm{e}^{tA}x\|_X < \infty\Big\},$$

并取范数 $\|x\|_{D_\alpha(A)} = \|x\|_X + [x]_\alpha, \forall x \in D_\alpha(A)$;

(2) 对任意正整数 k 和任意 $0<\alpha<1$, 定义

$$D_{k+\alpha}(A) = \big\{x \in D(A^k) : A^kx \in D_\alpha(A)\big\},$$

并取范数 $\|x\|_{D_{k+\alpha}(A)} = \|x\|_{D(A^k)} + [A^kx]_\alpha$, $\forall x \in D_{k+\alpha}(A)$.

显然以上定义中的区间 $0<t\leqslant 1$ 可换为任意形如 $0<t\leqslant T$ 的区间, 其中 T 为任意取定的正数, 所得范数都互相等价. 另外不难证明 $D_\alpha(A)$ $(0<\alpha<1)$ 和 $D_{k+\alpha}(A)$ $(k \in \mathbf{N}, 0<\alpha<1)$ 都是 Banach 空间, 且易见成立下列嵌入关系:

$$D(A) \hookrightarrow D_\beta(A) \hookrightarrow D_\alpha(A), \quad 当\ 0<\alpha<\beta<1;$$

$$D(A^{k+1}) \hookrightarrow D_{k+\alpha}(A) \hookrightarrow D_{l+\beta}(A) \hookrightarrow D(A^l), \quad 当\ k>l,\ \forall\alpha,\beta \in (0,1).$$

这里容许 $l=0$: 约定 $D_{0+\beta}(A) = D_\beta(A)$.

引理 4.7.13 对任意 $0<\alpha<1$ 有 $D_\alpha(A) \subseteq \overline{D_\infty(A)}$, 这里 $D_\infty(A) = \bigcap\limits_{k=1}^{\infty} D(A^k)$, 而且成立

$$\mathrm{e}^{tA}x - x = A\Big(\int_0^t \mathrm{e}^{\tau A}x\mathrm{d}\tau\Big) = \int_0^t A\mathrm{e}^{\tau A}x\mathrm{d}\tau, \quad \forall x \in D_\alpha(A),\ \forall t>0. \qquad (4.7.14)$$

证 先证明对任意 $x \in X$ 和 $t > 0$ 有 $\int_0^t \mathrm{e}^{\tau A} x \mathrm{d}\tau \in D(A)$, 且

$$A\Big(\int_0^t \mathrm{e}^{\tau A} x \mathrm{d}\tau\Big) = \mathrm{e}^{tA}x - x, \quad \forall x \in X, \ \forall t > 0. \tag{4.7.15}$$

注意这里不能直接应用引理 4.6.3 结论 (1), 因为在证明那个结论时用到了 $S(t)$ 在 $t = 0$ 处的强连续性, 而解析半群不具备这个性质. 下面重新证明这些结论. 为此取定一个实数 $\mu \in \rho(A)$. 则对任意 $0 < \varepsilon < t$ 有

$$\begin{aligned}\int_\varepsilon^t \mathrm{e}^{\tau A} x \mathrm{d}\tau &= \int_\varepsilon^t (\mu I - A) R(\mu, A) \mathrm{e}^{\tau A} x \mathrm{d}\tau \\ &= \mu \int_\varepsilon^t R(\mu, A) \mathrm{e}^{\tau A} x \mathrm{d}\tau - \int_\varepsilon^t \frac{\mathrm{d}}{\mathrm{d}\tau}[R(\mu, A)\mathrm{e}^{\tau A} x] \mathrm{d}\tau \\ &= \mu R(\mu, A) \int_\varepsilon^t \mathrm{e}^{\tau A} x \mathrm{d}\tau - R(\mu, A)\mathrm{e}^{tA}x + \mathrm{e}^{\varepsilon A} R(\mu, A) x.\end{aligned}$$

由于 $R(\mu, A)x \in D(A)$, 所以当 $\varepsilon \to 0^+$ 时上式最后一项趋于 $R(\mu, A)x$. 因此令 $\varepsilon \to 0^+$ 取极限得

$$\int_0^t \mathrm{e}^{\tau A} x = R(\mu, A)\Big[\mu \int_0^t \mathrm{e}^{\tau A} x \mathrm{d}\tau - \mathrm{e}^{tA}x + x\Big].$$

据此便知 $\int_0^t \mathrm{e}^{\tau A} x \in D(A)$, 且

$$(\mu I - A) \int_0^t \mathrm{e}^{\tau A} x = \mu \int_0^t \mathrm{e}^{\tau A} x \mathrm{d}\tau - \mathrm{e}^{tA}x + x.$$

从这个等式立得 (4.7.15).

现在设 $x \in D_\alpha(A)$. 则易见 $[t \mapsto A\mathrm{e}^{tA}x] \in L^1([0, T], X)$, $\forall T > 0$, 所以由 A 是闭线性算子得

$$A\Big(\int_0^t \mathrm{e}^{\tau A} x \mathrm{d}\tau\Big) = \int_0^t A\mathrm{e}^{\tau A} x \mathrm{d}\tau, \quad \forall t > 0.$$

这样再结合 (4.7.15) 就得到了 (4.7.14). 从 (4.7.14) 中的首尾两端相等知 $x = \lim\limits_{t \to 0^+} \mathrm{e}^{tA}x$. 而 $\mathrm{e}^{tA}x \in D_\infty(A)$, $\forall t > 0$, 所以 $x \in \overline{D_\infty(A)}$. 这就完成了引理 4.7.13 的证明. □

引理 4.7.14 对任意 $0 < \alpha < 1$ 成立

$$D_\alpha(A) = \Big\{x \in X : \ [x]'_\alpha = \sup_{0 < t \leqslant 1} t^{-\alpha} \|\mathrm{e}^{tA}x - x\|_X < \infty\Big\},$$

而且范数 $\|x\|_{D_\alpha(A)}$ 与 $\|x\|'_{D_\alpha(A)} = \|x\|_X + [x]'_\alpha$ 等价.

证　先设 $x \in D_\alpha(A)$, 则根据引理 4.7.13 知

$$\mathrm{e}^{tA}x - x = \int_0^t A\mathrm{e}^{\tau A}x\mathrm{d}\tau, \quad \forall t \in (0,1].$$

所以

$$t^{-\alpha}\|\mathrm{e}^{tA}x - x\|_X \leqslant t^{-\alpha}\int_0^t \|A\mathrm{e}^{\tau A}x\|_X\mathrm{d}\tau \leqslant t^{-\alpha}\int_0^t \tau^{\alpha-1}[x]_\alpha\mathrm{d}\tau = \frac{[x]_\alpha}{\alpha}, \quad \forall t \in (0,1].$$

因此 $[x]'_\alpha \leqslant \dfrac{[x]_\alpha}{\alpha} < \infty$. 反过来设 $[x]'_\alpha < \infty$. 根据引理 4.7.13 有

$$\begin{aligned}A\mathrm{e}^{tA}x &= t^{-1}A\mathrm{e}^{tA}\int_0^t (x - \mathrm{e}^{\tau A}x)\mathrm{d}\tau + t^{-1}\mathrm{e}^{tA}A\Big(\int_0^t \mathrm{e}^{\tau A}x\mathrm{d}\tau\Big)\\ &= t^{-1}A\mathrm{e}^{tA}\int_0^t (x - \mathrm{e}^{\tau A}x)\mathrm{d}\tau + t^{-1}\mathrm{e}^{tA}(\mathrm{e}^{tA}x - x).\end{aligned}$$

从而应用 $k=1$ 时的式 (4.7.12) 和 $\|\mathrm{e}^{tA}\|_{L(X)} \leqslant C$, $\forall t \in (0,1]$, 得

$$\begin{aligned}\|A\mathrm{e}^{tA}x\|_X &\leqslant Ct^{-2}\int_0^t \|x - \mathrm{e}^{\tau A}x\|_X\mathrm{d}\tau + Ct^{-1}\|\mathrm{e}^{tA}x - x\|_X\\ &\leqslant Ct^{-2}\cdot\int_0^t \tau^\alpha[x]'_\alpha\mathrm{d}\tau + Ct^{-1}\cdot t^\alpha[x]'_\alpha = C't^{\alpha-1}[x]'_\alpha, \quad \forall t \in (0,1].\end{aligned}$$

所以 $x \in D_\alpha(A)$, 且 $[x]_\alpha \leqslant C'[x]'_\alpha < \infty$. 证毕. □

推论 4.7.15　*设* $0 < \alpha < 1$. *如果* $x \in D_\alpha(A)$, *则对任意* $T > 0$ *有* $[t \mapsto \mathrm{e}^{tA}x] \in C^\alpha([0,T],X)$; *反过来如果存在* $T > 0$ *使得* $[t \mapsto \mathrm{e}^{tA}x] \in C^\alpha([0,T],X)$, *则* $x \in D_\alpha(A)$.

证　如果存在 $T > 0$ 使得 $[t \mapsto \mathrm{e}^{tA}x] \in C^\alpha([0,T],X)$, 则 $\|\mathrm{e}^{tA}x - x\|_X \leqslant Ct^\alpha$, $\forall t \in (0,T]$, 据此和引理 4.7.14 易知 $x \in D_\alpha(A)$. 反过来设 $x \in D_\alpha(A)$. 对任意 $0 \leqslant s < t$ 有

$$\mathrm{e}^{tA}x - \mathrm{e}^{sA}x = \mathrm{e}^{sA}(\mathrm{e}^{(t-s)A}x - x).$$

据此立知 $\|\mathrm{e}^{tA}x - \mathrm{e}^{sA}x\|_X \leqslant C(T)|t-s|^\alpha\|x\|_{D_\alpha(A)}$, $\forall t,s \in [0,T]$, 所以 $[t \mapsto \mathrm{e}^{tA}x] \in C^\alpha([0,T],X)$. 证毕. □

有了以上准备, 现在便可求解初值问题 (4.7.11). 和前节一样, 我们只需弄清楚当 f 满足什么条件时, 函数

$$v(t) = \int_0^t \mathrm{e}^{(t-\tau)A}f(\tau)\mathrm{d}\tau, \quad t \geqslant 0 \tag{4.7.16}$$

是以下初值问题的解:

$$\begin{cases} v'(t) = Av(t) + f(t), & t > 0,\\ v(0) = 0.\end{cases} \tag{4.7.17}$$

引理 4.7.16 设 $A: D(A) \subseteq X \to X$ 是扇形算子, $f \in L^1_{\rm loc}([0,\infty),X)$, v 是由 (4.7.16) 定义的函数, 而 $0<\alpha<1$, 则有下列结论:

(1) 如果 $f \in C([0,\infty),X) \cap L^\infty_{\rm loc}([0,\infty),D_\alpha(A))$, 则 $v \in C^\alpha_{\rm loc}([0,\infty),D(A)) \cap C^1([0,\infty),X)$, 而且 $Av(t), v'(t) \in D_\alpha(A)$, $\forall t \geqslant 0$, 并对任意 $T>0$, 函数 $t \mapsto \|Av(t)\|_{D_\alpha(A)}$ 和 $t \mapsto \|v'(t)\|_{D_\alpha(A)}$ 都在 $[0,T]$ 上有界.

(2) 如果 $f \in C^\alpha_{\rm loc}([0,\infty),X)$, 则 $v \in C([0,\infty),X) \cap C^\alpha_{\rm loc}((0,\infty),D(A)) \cap C^{1+\alpha}_{\rm loc}((0,\infty),X)$. 在两种情况下, v 都是初值问题 (4.7.17) 的经典解.

证 (1) 设 $f \in C([0,\infty),X) \cap L^\infty_{\rm loc}([0,\infty),D_\alpha(A))$. 这时根据引理 4.6.18 知 $v \in C([0,\infty),X)$ (注意引理 4.6.18 的证明只用到了 $S(t)$ 在 $t>0$ 时的强连续性, 而不需要 $S(t)$ 在 $t=0$ 处也强连续). 为了证明 $v \in C^\alpha_{\rm loc}([0,\infty),D(A))$, 先证明对任意 $t>0$ 都有 $v(t) \in D(A)$. 事实上, 由 $f \in L^\infty_{\rm loc}([0,\infty),D_\alpha(A))$ 可知对任意 $T>0$, $\tau \in (0,T]$ 和 $t \in (\tau,T]$ 有

$$\|A\mathrm{e}^{(t-\tau)A}f(\tau)\|_X \leqslant C(T)(t-\tau)^{\alpha-1}\|f\|_{L^\infty([0,T],D_\alpha(A))}. \tag{4.7.18}$$

因此对任意 $t>0$, 积分 $\int_0^t A\mathrm{e}^{(t-\tau)A}f(\tau)\mathrm{d}\tau$ 在 X 中收敛, 进而由 A 是闭线性算子即知 $v(t)=\int_0^t \mathrm{e}^{(t-\tau)A}f(\tau)\mathrm{d}\tau \in D(A)$, $\forall t>0$, 且

$$Av(t) = A\Big(\int_0^t \mathrm{e}^{(t-\tau)A}f(\tau)\mathrm{d}\tau\Big) = \int_0^t A\mathrm{e}^{(t-\tau)A}f(\tau)\mathrm{d}\tau, \quad \forall t>0. \tag{4.7.19}$$

由这个表达式和 (4.7.18) 立得

$$\sup_{0\leqslant t\leqslant T}\|Av(t)\|_X \leqslant C(T)\|f\|_{L^\infty([0,T],D_\alpha(A))}, \quad \forall T>0, \tag{4.7.20}$$

并且对任意 $t>s\geqslant 0$ 有

$$\begin{aligned}
Av(t)-Av(s) &= \int_0^t A\mathrm{e}^{(t-\tau)A}f(\tau)\mathrm{d}\tau - \int_0^s A\mathrm{e}^{(s-\tau)A}f(\tau)\mathrm{d}\tau \\
&= \int_s^t A\mathrm{e}^{(t-\tau)A}f(\tau)\mathrm{d}\tau + \int_0^s A[\mathrm{e}^{(t-\tau)A}-\mathrm{e}^{(s-\tau)A}]f(\tau)\mathrm{d}\tau \\
&= \int_s^t A\mathrm{e}^{(t-\tau)A}f(\tau)\mathrm{d}\tau + \int_0^s\int_{s-\tau}^{t-\tau} A^2\mathrm{e}^{\rho A}f(\tau)\mathrm{d}\rho\mathrm{d}\tau,
\end{aligned}$$

进而

$$
\begin{aligned}
&\|Av(t)-Av(s)\|_X\\
\leqslant&\int_s^t\|A\mathrm{e}^{(t-\tau)A}f(\tau)\|_X\mathrm{d}\tau+\int_0^s\int_{s-\tau}^{t-\tau}\|A\mathrm{e}^{(\rho/2)A}A\mathrm{e}^{(\rho/2)A}f(\tau)\|_X\mathrm{d}\rho\mathrm{d}\tau\\
\leqslant&C(T)\|f\|_{C([0,T],D_\alpha(A))}\Big(\int_s^t(t-\tau)^{\alpha-1}\mathrm{d}\tau+\int_0^s\int_{s-\tau}^{t-\tau}\rho^{-1}\rho^{\alpha-1}\mathrm{d}\rho\mathrm{d}\tau\Big)\\
\leqslant&C(T)(t-s)^\alpha\|f\|_{C([0,T],D_\alpha(A))},\quad\forall s,t\in[0,T],\ s<t,\ \forall T>0.
\end{aligned}
$$

因此 $Av\in C^\alpha_{\rm loc}([0,\infty),X)$. 其次, 由 (4.7.19) 还可得

$$
\begin{aligned}
\|\sigma^{1-\alpha}A\mathrm{e}^{\sigma A}Av(t)\|_X\leqslant&\sigma^{1-\alpha}\int_0^t\|A^2\mathrm{e}^{(\sigma+t-\tau)A}f(\tau)\|_X\mathrm{d}\tau\\
\leqslant&C(T)\|f\|_{L^\infty([0,T],D_\alpha(A))}\sigma^{1-\alpha}\int_0^t(\sigma+t-\tau)^{\alpha-2}\mathrm{d}\tau\\
\leqslant&C(T)\|f\|_{L^\infty([0,T],D_\alpha(A))},\quad\forall t\in[0,T],\ \forall T>0,\ \forall\sigma\in(0,1].
\end{aligned}
$$

这说明 $Av(t)\in D_\alpha(A)$, $\forall t\geqslant0$, 且 $[Av(t)]_\alpha\leqslant C(T)\|f\|_{L^\infty([0,T],D_\alpha(A))}$, $\forall t\in[0,T]$, $\forall T>0$. 把这个结果与 (4.7.20) 相结合即知对任意 $T>0$, 函数 $t\mapsto\|Av(t)\|_{D_\alpha(A)}$ 在 $[0,T]$ 上有界.

现在注意由于

$$
\frac{\mathrm{d}}{\mathrm{d}t}(\mathrm{e}^{(t-\tau)A}f(\tau))=A\mathrm{e}^{(t-\tau)A}f(\tau),\quad\forall t>\tau\geqslant0,
$$

而前面已证明积分 $\int_0^tA\mathrm{e}^{(t-\tau)A}f(\tau)\mathrm{d}\tau$ 在 X 中收敛, 又由 $f\in C([0,\infty),X)\cap L^\infty_{\rm loc}([0,\infty),D_\alpha(A))\subseteq C([0,\infty),X)\cap L^\infty_{\rm loc}([0,\infty),\overline{D(A)})$ 知对几乎所有的 $t>0$ 成立

$$
\lim_{\tau\to t^-}\mathrm{e}^{(t-\tau)A}f(\tau)=f(t),\tag{4.7.21}
$$

所以对几乎所有的 $t>0$, $v(t)$ 可导, 且

$$
\begin{aligned}
v'(t)=&\frac{\mathrm{d}}{\mathrm{d}t}\Big(\int_0^t\mathrm{e}^{(t-\tau)A}f(\tau)\mathrm{d}\tau\Big)=\int_0^t\frac{\mathrm{d}}{\mathrm{d}t}(\mathrm{e}^{(t-\tau)A}f(\tau))\mathrm{d}\tau+\lim_{\tau\to t^-}\mathrm{e}^{(t-\tau)A}f(\tau)\\
=&\int_0^tA\mathrm{e}^{(t-\tau)A}f(\tau)\mathrm{d}\tau+f(t)=Av(t)+f(t),\quad\text{a. e. }t>0.
\end{aligned}
$$

而 $Av,f\in C([0,\infty),X)$, 所以由上式即知 $v(t)$ 对几乎所有的 $t\geqslant0$ 都可导, 且 $v'=Av+f\in C([0,\infty),X)$, 并且由函数 $t\mapsto\|Av(t)\|_{D_\alpha(A)}$ 和 $t\mapsto\|f(t)\|_{D_\alpha(A)}$ 都在 $[0,T]$ 上有界知函数 $t\mapsto\|v'(t)\|_{D_\alpha(A)}$ 也在 $[0,T]$ 上有界. 这就证明了结论 (1).

(2) 设 $f \in C^\alpha_{\mathrm{loc}}([0,\infty), X)$. 这时同样根据引理 4.6.18 知 $v \in C([0,\infty), X)$. 为了证明 $v \in C^\alpha_{\mathrm{loc}}((0,\infty), D(A))$, 我们写

$$v(t) = v_1(t) + v_2(t) := \int_0^t \mathrm{e}^{(t-\tau)A}[f(\tau) - f(t)]\mathrm{d}\tau + \int_0^t \mathrm{e}^{(t-\tau)A} f(t)\mathrm{d}\tau, \quad t \geqslant 0.$$

由于

$$\|A\mathrm{e}^{(t-\tau)A}[f(\tau)-f(t)]\|_X \leqslant C(T)(t-\tau)^{\alpha-1}\|f\|_{C^\alpha([0,T],X)}, \quad \forall t,\tau \in [0,T], t>\tau, \forall T>0,$$

所以积分 $\displaystyle\int_0^t A\mathrm{e}^{(t-\tau)A}[f(\tau)-f(t)]\mathrm{d}\tau$ 在 X 中收敛. 这样与前类似地可知 $v_1(t) \in D(A), \forall t>0$, 且

$$\begin{aligned}\sup_{0\leqslant t\leqslant T}\|Av_1(t)\|_X &= \sup_{0\leqslant t\leqslant T}\left\|\int_0^t A\mathrm{e}^{(t-\tau)A}[f(\tau)-f(t)]\mathrm{d}\tau\right\|_X \\ &\leqslant C(T)\|f\|_{C^\alpha([0,T],X)}, \quad \forall T>0.\end{aligned}$$

又对任意 $t > s \geqslant 0$ 有

$$\begin{aligned}Av_1(t) - Av_1(s) &= \int_0^s \Big(A\mathrm{e}^{(t-\tau)A}[f(\tau)-f(t)] - A\mathrm{e}^{(s-\tau)A}[f(\tau)-f(s)]\Big)\mathrm{d}\tau \\ &\quad + \int_s^t A\mathrm{e}^{(t-\tau)A}[f(\tau)-f(t)]\mathrm{d}\tau \\ &= \int_0^s \Big(A\mathrm{e}^{(t-\tau)A} - A\mathrm{e}^{(s-\tau)A}\Big)[f(\tau)-f(s)]\mathrm{d}\tau \\ &\quad - \int_0^s A\mathrm{e}^{(t-\tau)A}[f(t)-f(s)]\mathrm{d}\tau + \int_s^t A\mathrm{e}^{(t-\tau)A}[f(\tau)-f(t)]\mathrm{d}\tau \\ &= \int_0^s\int_{s-\tau}^{t-\tau} A^2\mathrm{e}^{\rho A}[f(\tau)-f(s)]\mathrm{d}\rho\mathrm{d}\tau + [\mathrm{e}^{(t-s)A} - \mathrm{e}^{tA}][f(t)-f(s)] \\ &\quad + \int_s^t A\mathrm{e}^{(t-\tau)A}[f(\tau)-f(t)]\mathrm{d}\tau,\end{aligned}$$

从而

$$\begin{aligned}&\|Av_1(t) - Av_1(s)\|_X \\ &\leqslant C(T)\|f\|_{C^\alpha([0,T],X)}\int_0^s\int_{s-\tau}^{t-\tau}\rho^{-2}(s-\tau)^\alpha\mathrm{d}\rho\mathrm{d}\tau \\ &\quad + C(T)(t-s)^\alpha\|f\|_{C^\alpha([0,T],X)} + C(T)\|f\|_{C^\alpha([0,T],X)}\int_s^t (t-\tau)^{\alpha-1}\mathrm{d}\tau \\ &\leqslant C(T)(t-s)^\alpha\|f\|_{C^\alpha([0,T],X)}, \quad \forall s,t\in[0,T],\ s<t, \quad \forall T>0.\end{aligned}$$

因此 $Av_1 \in C^{\alpha}_{\rm loc}([0,\infty),X)$. 对于 v_2, 根据 (4.7.15) 可知 $v_2(t) \in D(A)$, $\forall t>0$, 且

$$Av_2(t) = \mathrm{e}^{tA}f(t) - f(t), \quad \forall t>0.$$

据此易见 $Av_2 \in C^{\alpha}_{\rm loc}((0,\infty),X)$. 结合起来即知 $v(t) \in D(A)$, $\forall t>0$, 且 $Av \in C^{\alpha}_{\rm loc}((0,\infty),X)$. 为了证明 v 可导且 $v' = Av + f$, 因为没有 $f(t) \in \overline{D(A)}$ 的条件可用, 从而 (4.7.21) 不一定成立, 所以前面的推理不再适用于这里的情况. 为克服这个困难我们来证明: 对任意 $t > t_0 > 0$ 都有

$$v(t) = v(t_0) + \int_{t_0}^{t} Av(\tau)\mathrm{d}\tau + \int_{t_0}^{t} f(\tau)\mathrm{d}\tau. \tag{4.7.22}$$

为此对任意 $t>0$, 积分 v 的表达式得

$$\int_0^t v(\sigma)\mathrm{d}\sigma = \int_0^t\int_0^{\sigma} \mathrm{e}^{(\sigma-\tau)A}f(\tau)\mathrm{d}\tau\mathrm{d}\sigma = \int_0^t\int_{\tau}^{t} \mathrm{e}^{(\sigma-\tau)A}f(\tau)\mathrm{d}\sigma\mathrm{d}\tau.$$

由 (4.7.15) 知, 对任意 $t > \tau \geqslant 0$, $\displaystyle\int_{\tau}^{t} \mathrm{e}^{(\sigma-\tau)A}f(\tau)\mathrm{d}\sigma = \int_0^{t-\tau} \mathrm{e}^{\sigma A}f(\tau)\mathrm{d}\sigma \in D(A)$, 且

$$A\Big(\int_{\tau}^{t} \mathrm{e}^{(\sigma-\tau)A}f(\tau)\mathrm{d}\sigma\Big) = \mathrm{e}^{(t-\tau)A}f(\tau) - f(\tau).$$

而函数 $\tau \mapsto \mathrm{e}^{(t-\tau)A}f(\tau) - f(\tau)$ 在 $[0,t]$ 上可积, 所以由算子 A 的闭性得

$$\begin{aligned}A\Big(\int_0^t v(\sigma)\mathrm{d}\sigma\Big) &= \int_0^t A\Big(\int_{\tau}^{t} \mathrm{e}^{(\sigma-\tau)A}f(\tau)\mathrm{d}\sigma\Big)\mathrm{d}\tau = \int_0^t [\mathrm{e}^{(t-\tau)A}f(\tau) - f(\tau)]\mathrm{d}\tau \\ &= v(t) - \int_0^t f(\tau)\mathrm{d}\tau.\end{aligned}$$

因此

$$v(t) = A\Big(\int_0^t v(\sigma)\mathrm{d}\sigma\Big) + \int_0^t f(\tau)\mathrm{d}\tau, \quad \forall t>0.$$

现在只要把 $v(t)$ 和 $v(t_0)$ 的表达式相减, 并注意由 $Av \in C^{\alpha}_{\rm loc}((0,\infty),X)$ 知对任意 $t > t_0 > 0$, 函数 $\tau \mapsto Av(\tau)$ 都在 $[t_0,t]$ 上连续从而可积, 再次应用算子 A 的闭性就得到了 (4.7.22). 从 (4.7.22) 立知 v 在 $(0,\infty)$ 上可导, 且 $v'(t) = Av(t) + f(t)$, $\forall t>0$. 这样再由 $Av \in C^{\alpha}_{\rm loc}((0,\infty),X)$ 和 $f \in C^{\alpha}_{\rm loc}([0,\infty),X)$ 即得 $v' \in C^{\alpha}_{\rm loc}((0,\infty),X)$, 从而 $v \in C^{1+\alpha}_{\rm loc}((0,\infty),X)$. 这就证明了结论 (2).

最后, 在 (1) 和 (2) 两种情况下, 上面都已证明了 v 是初值问题 (4.7.17) 的经典解. 证毕. □

从推论 4.7.8 和引理 4.7.16 立刻得到以下结果:

定理 4.7.17 设 $A: D(A) \subseteq X \to X$ 是扇形算子，则对任意 $x \in \overline{D(A)}$，如果存在 $0<\alpha<1$ 使 $f \in C([0,\infty),X) \cap L^{\infty}_{\mathrm{loc}}([0,\infty),D_\alpha(A))$ 或 $f \in C^{\alpha}_{\mathrm{loc}}([0,\infty),X)$，那么初值问题 (4.7.11) 存在唯一由以下公式给出的经典解:

$$u(t)=\mathrm{e}^{tA}x+\int_0^t \mathrm{e}^{(t-\tau)A}f(\tau)\mathrm{d}\tau, \quad \forall t \geqslant 0. \tag{4.7.23}$$

□

和强连续半群的情形类似，对于一般的 $x \in X$ 和 $f \in L^1_{\mathrm{loc}}([0,\infty),X)$，我们把由表达式 (4.7.23) 给出的函数 $u=u(t)$ $(t \geqslant 0)$ 叫做初值问题 (4.7.11) 的**温和解**. 显然温和解是方程 $u'(t)=Au(t)+f(t)$ 在开区间 $t>0$ 上的广义解. 由于我们没有要求 A 是稠定算子，因而关系式 $\lim\limits_{t\to 0^+}u(t)=x$ 不一定成立. 但是成立下述弱意义的极限关系: 对任意 $\lambda \in \rho(A)$ 都有

$$\lim_{t\to 0^+}R(\lambda,A)u(t)=R(\lambda,A)x$$

(这相当于在空间 $D_{-1}(A)$ 中成立极限关系 $\lim\limits_{t\to 0^+}u(t)=x$). 这是因为对任意 $t>0$ 有 $R(\lambda,A)\mathrm{e}^{tA}x=\mathrm{e}^{tA}R(\lambda,A)x$，而由于 $R(\lambda,A)x \in D(A)$，所以

$$\lim_{t\to 0^+}\mathrm{e}^{tA}R(\lambda,A)x=R(\lambda,A)x.$$

因此, (4.7.11) 的温和解是其广义解.

4.7.3 解的渐近性态

发展型方程除适定性问题外，另一个十分重要的问题是: 解在 $t\to\infty$ 时怎样变化? 对于 $\mathbf{R}^n$ 上的常微分方程 $u'=Au$，我们知道解在 $t\to\infty$ 时的渐近性态由矩阵 A 的特征值也就是 A 的谱 $\sigma(A)$ 完全确定，特别是成立以下结果: 令 $\kappa=\sup\{\mathrm{Re}\lambda: \lambda\in\sigma(A)\}$，则对任意 $\mu>\kappa$ 存在相应的常数 $C_\mu>0$ 使成立

$$\|u(t)\| \leqslant C_\mu\|u_0\|\mathrm{e}^{\mu t}, \quad \forall t \geqslant 0,$$

其中 $u_0=u(0)$，而且存在单位向量 $u_0\in\mathbf{R}^n$ 使当 $u(0)=u_0$ 时，$\|u(t)\|=\mathrm{e}^{\kappa t}$, $\forall t\geqslant 0$. 由此推出下述著名的**Lyapunov稳定性定理**的线性形式: 如果矩阵 A 的所有特征值的实部都小于零，则方程 $u'=Au$ 的零解渐近稳定，即任意解都满足 $\lim\limits_{t\to\infty}u(t)=0$; 而如果 A 有特征值其实部大于零，则该方程的零解渐近不稳定，即对任意给定的 ε 和 $M>0$，存在 $\mathbf{R}^n$ 中的向量 u_0 和 $T>0$ 满足 $\|u_0\|\leqslant\varepsilon$，而方程 $u'=Au$ 以 u_0 为初值的解满足 $\|u(T)\|\geqslant M$. 这个重要定理如何推广到一般 Banach 空间的常微分方程，目前还没有完全研究清楚. 但对于由扇形算子生成的解析半群 (自然也包

括由有界线性算子生成的一致连续半群), 这个问题已经彻底解决, 即上述结果对 A 是扇形算子的情况也是成立的. 先引进以下概念:

定义 4.7.18 设 $A: D(A)\subseteq X\to X$ 是闭线性算子. 令

$$s(A)=\sup\{\mathrm{Re}\lambda:\ \lambda\in\sigma(A)\},\tag{4.7.24}$$

称之为 A 的谱界.

不难知道, 如果 A 是扇形算子因而生成解析半群 e^{tA} $(t\geqslant 0)$, 或者是强连续半群 e^{tA} $(t\geqslant 0)$ 的无穷小生成元, 且 $\|\mathrm{e}^{tA}\|_{L(X)}\leqslant M\mathrm{e}^{\kappa t}$, $\forall t\geqslant 0$, 则 $s(A)\leqslant\kappa$. 但是已有反例表明, 等号一般是不成立的. 但对于扇形算子, $s(A)$ 等于所有使不等式 $\|\mathrm{e}^{tA}\|_{L(X)}\leqslant M\mathrm{e}^{\kappa t}$ $(\forall t\geqslant 0)$ 成立的实数 κ 的下确界. 这就是下述定理:

定理 4.7.19 设 $A: D(A)\subseteq X\to X$ 是扇形算子, $s(A)$ 为 A 的谱界, 则对任意 $0<\varepsilon<1$, 存在相应的常数 $M_\varepsilon>0$ 和 $T_\varepsilon>0$ 使成立:

$$(1-\varepsilon)\mathrm{e}^{s(A)t}\leqslant\|\mathrm{e}^{tA}\|_{L(X)}\leqslant M_\varepsilon\mathrm{e}^{(s(A)+\varepsilon)t},\quad \forall t\geqslant T_\varepsilon.\tag{4.7.25}$$

证 先证明第二个不等式. 设 κ 和 θ 如定义 4.7.2. 则成立 $\|\mathrm{e}^{tA}\|_{L(X)}\leqslant M\mathrm{e}^{\kappa t}$, $\forall t\geqslant 0$. 因此, 如果 $s(A)+\varepsilon\geqslant\kappa$, 则结论显然成立. 下设 $s(A)+\varepsilon<\kappa$. 取定 $\pi/2<\eta<\theta$, 然后令

$$a=[\kappa-s(A)-\varepsilon]|\cos\eta|^{-1},\quad b=[\kappa-s(A)-\varepsilon]|\tan\eta|.$$

由于 $\rho(A)\supseteq\{\lambda\in\mathbf{C}:\mathrm{Re}\lambda>s(A)\}\cup\Lambda(\kappa,\theta)$, 所以路径

$$\varGamma_\varepsilon=\{\lambda\in\mathbf{C}:\ \lambda=\kappa+\rho\mathrm{e}^{\pm\mathrm{i}\eta},\ \rho\geqslant a\}\cup\{\lambda\in\mathbf{C}:\ \mathrm{Re}\lambda=s(A)+\varepsilon,\ |\mathrm{Im}\lambda|\leqslant b\}$$

包含于 $\rho(A)$. 显然沿 $\varGamma_\varepsilon$ 成立 $\|R(\lambda,A)\|_{L(X)}\leqslant C_\varepsilon$, 其中 C_ε 为与 ε 有关的正常数. 因此

$$\begin{aligned}\|\mathrm{e}^{tA}\|_{L(X)}&=\left\|\frac{1}{2\pi\mathrm{i}}\int_{\varGamma_\varepsilon}\mathrm{e}^{\lambda t}R(\lambda,A)\mathrm{d}\lambda\right\|_{L(X)}\\&\leqslant\frac{C_\varepsilon}{\pi}\int_a^\infty\mathrm{e}^{(\kappa+\rho\cos\eta)t}\mathrm{d}\rho+\frac{C_\varepsilon}{2\pi}\int_{-b}^{b}\mathrm{e}^{[s(A)+\varepsilon]t}\mathrm{d}y\leqslant M_\varepsilon\mathrm{e}^{(s(A)+\varepsilon)t},\quad\forall t\geqslant 1.\end{aligned}$$

这就证明了 (4.7.25) 中的第二个不等式. 再来证明第一个不等式. 由于 $\sigma(A)$ 是闭集且与每个右半平面的交集是有界集, 所以存在 $\mu\in\sigma(A)$ 使 $\mathrm{Re}\mu=s(A)$. 显然 $\mu\in\partial\sigma(A)$, 故存在 $x_n\in D(A)$, $n=1,2,\cdots$, 使 $\|x_n\|_X=1$, $n=1,2,\cdots$, 且 $\lim\limits_{n\to\infty}\|Ax_n-\mu x_n\|_X=0$. 记 $\delta_n=Ax_n-\mu x_n$, $n=1,2,\cdots$. 由 $\lim\limits_{n\to\infty}\|\delta_n\|_X=0$ 知存在函数 $n:[0,\infty)\to\mathbf{N}$ 使成立

$$\|\delta_{n(t)}\|_X\leqslant\mathrm{e}^{-t},\quad\forall t\geqslant 0.$$

改记 $x_t = x_{n(t)}$, $\delta_t = \delta_{n(t)}$, $\forall t \geqslant 0$. 简单的计算表明, 对任意 $\lambda \in \rho(A)$ 成立

$$R(\lambda, A)x_n = \frac{x_n}{\lambda - \mu} + \frac{R(\lambda, A)\delta_n}{\lambda - \mu}, \quad n = 1, 2, \cdots,$$

所以

$$R(\lambda, A)x_t = \frac{x_t}{\lambda - \mu} + \frac{R(\lambda, A)\delta_t}{\lambda - \mu}, \quad \forall t \geqslant 0.$$

对任意给定的 $0 < \varepsilon < 1$, 令 Γ_ε 为前面所使用的积分路径, 则有

$$\begin{aligned} \mathrm{e}^{tA}x_t &= \frac{1}{2\pi\mathrm{i}}\int_{\Gamma_\varepsilon} \mathrm{e}^{\lambda t}R(\lambda, A)x_t \mathrm{d}\lambda \\ &= \Big(\frac{1}{2\pi\mathrm{i}}\int_{\Gamma_\varepsilon} \frac{\mathrm{e}^{\lambda t}}{\lambda - \mu}\mathrm{d}\lambda\Big)x_t + \frac{1}{2\pi\mathrm{i}}\int_{\Gamma_\varepsilon} \frac{\mathrm{e}^{\lambda t}R(\lambda, A)\delta_t}{\lambda - \mu}\mathrm{d}\lambda = \mathrm{e}^{\mu t}x_t + \sigma_t, \quad \forall t \geqslant 0, \end{aligned}$$

其中 $\sigma_t = \dfrac{1}{2\pi\mathrm{i}}\displaystyle\int_{\Gamma_\varepsilon} \frac{\mathrm{e}^{\lambda t}R(\lambda, A)\delta_t}{\lambda - \mu}\mathrm{d}\lambda$. 由于沿 Γ_ε 有

$$\|R(\lambda, A)\delta_t\|_X \leqslant \frac{M_\varepsilon}{1 + |\lambda|}\|\delta_t\|_X \leqslant \frac{M_\varepsilon}{1 + |\lambda|}\mathrm{e}^{-t}, \quad \forall t \geqslant 0,$$

所以

$$\|\sigma_t\|_X \leqslant C_\varepsilon \mathrm{e}^{[s(A)+\varepsilon]t}\mathrm{e}^{-t} = C_\varepsilon \mathrm{e}^{s(A)t}\mathrm{e}^{-(1-\varepsilon)t}, \quad \forall t \geqslant 0.$$

因此

$$\begin{aligned} \|\mathrm{e}^{tA}\|_{L(X)} &= \sup_{\|x\|_X = 1} \|\mathrm{e}^{tA}x\|_X \geqslant \|\mathrm{e}^{tA}x_t\|_X \\ &\geqslant \|\mathrm{e}^{\mu t}x_t\|_X - \|\sigma_t\|_X \geqslant \mathrm{e}^{s(A)t}[1 - C_\varepsilon \mathrm{e}^{-(1-\varepsilon)t}], \quad \forall t \geqslant 0. \end{aligned}$$

现在只要取 $T_\varepsilon > 0$ 充分大使当 $t \geqslant T_\varepsilon$ 时 $C_\varepsilon \mathrm{e}^{-(1-\varepsilon)t} \leqslant \varepsilon$, 则就得到了 (4.7.25) 中的第一个不等式. 证毕. □

推论 4.7.20 (Lyapunov 稳定性定理的线性形式) 设 $A: D(A) \subseteq X \to X$ 是扇形算子, $s(A)$ 为 A 的谱界, 则有下列结论:

(1) 如果 $s(A) < 0$ 则方程 $u' = Au$ 的零解指数阶渐近稳定, 即其任意解 $u = u(t)$ 当 $t \to \infty$ 时以指数阶速度收敛于零;

(2) 如果 $s(A) > 0$ 则方程 $u' = Au$ 的零解渐近不稳定, 即对任意给定的 ε 和 $M > 0$, 存在向量 $u_0 \in X$ 和 $T > 0$, 使得 $\|u_0\| \leqslant \varepsilon$, 而方程 $u' = Au$ 以 u_0 为初值的解满足 $\|u(T)\| \geqslant M$. □

下面考虑初值问题 (4.7.11) 的解当 $t \to \infty$ 时的渐近性态. 与前面不同的是, 这里我们将容许算子 A 既可以是解析半群的无穷小生成元, 也可以是强连续半群的无穷小生成元. 不过我们将把条件加在半群 $\{\mathrm{e}^{tA}\}_{t\geqslant 0}$ 上, 而不是加在算子 A 上.

定理 4.7.21　设 $A: D(A) \subseteq X \to X$ 是闭线性算子, 它或者是扇形算子因而生成解析半群, 或者是稠定算子且生成一个强连续半群. 又设由 A 生成的半群 $\{e^{tA}\}_{t\geqslant 0}$ 满足条件: 存在常数 $\nu > 0$ 和 $M > 0$ 使成立 $\|e^{tA}\|_{L(X)} \leqslant Me^{-\nu t}$, $\forall t \geqslant 0$. 则 $0 \in \rho(A)$ 因而 A 可逆, 且对任意 $x \in X$ 和 $f \in L^\infty([0,\infty), X)$, 只要极限 $f(\infty) = \lim\limits_{t\to\infty} f(t)$ 存在, 那么初值问题 (4.7.11) 的温和解 $u = u(t)$ $(t \geqslant 0)$ 便具有以下性质:

$$\lim_{t\to\infty} u(t) = -A^{-1}f(\infty). \tag{4.7.26}$$

证　易见在所设条件下, 对任意 $\mathrm{Re}\lambda > -\nu$ 积分 $\int_0^\infty e^{-\lambda t}e^{tA}dt$ 都收敛, 从而类似于引理 4.6.9 的证明可知 $\rho(A) \supseteq \{\lambda \in \mathbf{C}: \mathrm{Re}\lambda > -\nu\}$, 且

$$R(\lambda, A) = \int_0^\infty e^{-\lambda t}e^{tA}dt, \quad \forall \mathrm{Re}\lambda > -\nu$$

(在 A 是扇形算子但不稠定的情况, 参考本节习题第 5 题). 因此特别地 $0 \in \rho(A)$ 进而 A 可逆. 由于显然对任意 $x \in X$ 都成立 $\lim\limits_{t\to\infty} e^{tA}x = 0$, 所以只需再证明对由 (4.7.16) 定义的函数 v 成立 $\lim\limits_{t\to\infty} v(t) = -A^{-1}f(\infty)$ 即可. 我们写

$$v(t) = \int_0^t e^{(t-\tau)A}[f(\tau) - f(\infty)]d\tau + \int_0^t e^{(t-\tau)A}f(\infty)d\tau =: v_1(t) + v_2(t), \quad \forall t > 0.$$

对于 v_2, 我们有

$$\begin{aligned}\lim_{t\to\infty} v_2(t) &= \lim_{t\to\infty}\int_0^t e^{(t-\tau)A}f(\infty)d\tau = \lim_{t\to\infty}\int_0^t e^{\tau A}f(\infty)d\tau \\ &= \int_0^\infty e^{\tau A}f(\infty)d\tau = R(0,A)f(\infty) = -A^{-1}f(\infty).\end{aligned}$$

对于 v_1, 采用数学分析中常用的分段分析法即知 $\lim\limits_{t\to\infty} v_1(t) = 0$. 所以 $\lim\limits_{t\to\infty} v(t) = -A^{-1}f(\infty)$, 从而即得所欲证明的结论. 证毕. □

习　题　4.7

在以下各题中 X 总是表示 Banach 空间.

1. 设 $A: D(A) \subseteq X \to X$ 是线性算子, 且 $\sigma(A) \subseteq \mathrm{i}\mathbf{R}$. 又设存在常数 $M > 0$ 使成立 $\|R(\lambda, A)\|_{L(X)} \leqslant M|\mathrm{Re}\lambda|^{-1}$, $\forall \lambda \in \mathbf{C}\backslash\mathrm{i}\mathbf{R}$. 证明: A^2 是扇形算子, 且可取 $\kappa = 0$, 而 θ 可取为区间 $(\pi/2, \pi)$ 中的任意角度.
2. 设 A 是扇形算子, 其 θ 可取得使之 $> 3\pi/4$. 证明 $-A^2$ 是扇形算子.
3. 设 H 是实 Hilbert 空间, $A: D(A) \subseteq H \to H$ 是稠定的自共轭线性算子 (即 $A^* = A$), 且满足条件: $(Ax, x) \leqslant 0$, $\forall x \in D(A)$. 证明 A 是扇形算子.

4. 设 A 是扇形算子, $0<\alpha<1$. 令 A_α 为 A 在 $D_\alpha(A)$ 中的部分, 即 $A_\alpha : D_{1+\alpha}(A)\to D_\alpha(A)$ (故 $D(A_\alpha)=D_{1+\alpha}(A)$), 且 $A_\alpha x = Ax$, $\forall x\in D_{1+\alpha}(A)$. 证明: A_α 是 $D_\alpha(A)$ 上的扇形算子, 且 $\mathrm{e}^{tA_\alpha}=\mathrm{e}^{tA}|_{D_\alpha(A)}$, $\forall t\geqslant 0$.
5. 设 A 是扇形算子, 满足定义 4.7.2 的条件. 证明: 对任意 $\mathrm{Re}\lambda>\kappa$ 成立 $R(\lambda,A)=\int_0^\infty \mathrm{e}^{-\lambda t}\mathrm{e}^{tA}\mathrm{d}t$ (提示: 参考 (4.7.15) 的证明.).
6. 设 A 是扇形算子, $f\in L^\infty_{\rm loc}([0,\infty),X)$. 令 v 为由 (4.7.16) 给出的函数. 证明: 对任意 $0<\alpha<1$ 有 $v\in C^\alpha([0,\infty),X)$.
7. 证明: 对引理 4.7.16 证明中引进的函数 v_1, 有 $v_1\in C([0,\infty),D_{1+\alpha}(A))$, 且 $\|v_1\|_{L^\infty([0,T],D_{1+\alpha}(A))}\leqslant C\|f\|_{C^\alpha([0,T],X)}$, $\forall T>0$.

4.8 发展型方程的半群方法

本节应用前两节建立的半群理论来讨论发展型偏微分方程的初边值问题.

4.8.1 抛物型方程

设 Ω 是 $\mathbf{R}^n$ 中的有界开集, L 是 Ω 上的二阶线性椭圆型算子, 即

$$L\varphi(x)=-\sum_{i,j=1}^n \partial_j[a_{ij}(x)\partial_i\varphi(x)]+\sum_{i=1}^n b_i(x)\partial_i\varphi(x)+c(x)\varphi(x),\quad \forall\varphi\in H^1(\Omega),\tag{4.8.1}$$

其中系数 a_{ij} $(i,j=1,2,\cdots,n)$, b_i $(i=1,2,\cdots,n)$ 和 c 都是 Ω 上的实值本性有界可测函数且满足一致椭圆性条件 (3.2.1). 考虑下述初边值问题:

$$\begin{cases}\partial_t u(t,x)+Lu(t,x)=f(t,x), & x\in\Omega,\ t>0,\\ u(t,x)=0, & x\in\partial\Omega, t>0,\\ u(0,x)=\varphi(x), & x\in\Omega,\end{cases}\tag{4.8.2}$$

其中 f 和 φ 为给定的函数. 在 4.3、4.4 两节我们已在 $L^2(\Omega)$ 类函数空间的框架下讨论过这个问题. 现在我们在 $L^p(\Omega)$ 空间中来讨论这个问题, 这里 $2\leqslant p<\infty$.

定理 4.8.1 设 L 如上, $a_{ij}\in C^1(\overline{\Omega})$ $(i,j=1,2,\cdots,n)$, $\partial\Omega\in C^2$, 则对任意 $2\leqslant p<\infty$, $-L$ 作为 $L^p(\Omega)$ 上以 $W^{2,p}(\Omega)\cap W_0^{1,p}(\Omega)$ 为定义域的无界线性算子是扇形算子, 从而在 $L^p(\Omega)$ 上生成一个强连续的解析半群 e^{-tL} $(t\geqslant 0)$.

证 记 $\kappa=-\inf\limits_{x\in\Omega}c(x)$. 则应用第 3 章的理论不难知道, 对任意复数 λ, 只要 $\mathrm{Re}\lambda>\kappa$, 则对任意 $f\in L^p(\Omega)$, 边值问题

$$\begin{cases}Lu(x)+\lambda u(x)=f(x), & x\in\Omega,\\ u(x)=0, & x\in\partial\Omega\end{cases}\tag{4.8.3}$$

存在唯一的解 $u \in W^{2,p}(\Omega) \cap W_0^{1,p}(\Omega)$, 而且解映射 $f \mapsto u$ 是 $L^p(\Omega)$ 到 $W^{2,p}(\Omega) \cap W_0^{1,p}(\Omega)$ 的有界线性算子, 从而也是 $L^p(\Omega)$ 到 $L^p(\Omega)$ 的有界线性算子. 这说明 $\rho(-L) \supseteq \{\lambda \in \mathbf{C}: \mathrm{Re}\lambda > \kappa\}$. 下面再来证明: 当 $\mathrm{Re}\lambda$ 充分大时, 有

$$\|R(\lambda, -L)f\|_{L^p(\Omega)} \leqslant C|\lambda|^{-1}\|f\|_{L^p(\Omega)}, \quad \forall f \in L^p(\Omega); \tag{4.8.4}$$

C 为与 f 和 λ 都无关的常数. 对 (4.8.3) 中的偏微分方程乘以 $|u|^{p-2}\bar{u}$ 再积分, 得

$$\sum_{i,j=1}^{n}\int_\Omega a_{ij}\partial_i u\partial_j(|u|^{p-2}\bar{u})\mathrm{d}x+\sum_{i=1}^{n}\int_\Omega b_i\partial_i u\cdot|u|^{p-2}\bar{u}\mathrm{d}x+\int_\Omega(\lambda+c)|u|^p\mathrm{d}x=\int_\Omega f|u|^{p-2}\bar{u}\mathrm{d}x. \tag{4.8.5}$$

用 I, II, III 和 IV 分别表示上式中依次排列的四项, 则有

$$|\mathrm{Re}\mathrm{II}| \leqslant C\int_\Omega |\nabla u||u|^{p-1}\mathrm{d}x \leqslant \varepsilon\int_\Omega |u|^{p-2}|\nabla u|^2\mathrm{d}x + C\varepsilon^{-1}\int_\Omega |u|^p\mathrm{d}x, \quad \forall\varepsilon>0,$$

$$|\mathrm{Im}\mathrm{II}| \leqslant \varepsilon\int_\Omega |u|^p\mathrm{d}x + C_\varepsilon\int_\Omega |u|^{p-2}|\nabla u|^2\mathrm{d}x, \quad \forall\varepsilon>0,$$

$$\mathrm{Re}\mathrm{III} \geqslant (\mathrm{Re}\lambda-\kappa)\int_\Omega |u|^p\mathrm{d}x, \quad \mathrm{Im}\mathrm{III}=\mathrm{Im}\lambda\int_\Omega |u|^p\mathrm{d}x,$$

$$|\mathrm{IV}| \leqslant \|f\|_{L^p(\Omega)}\|u\|_{L^p(\Omega)}^{p-1}.$$

对于 I, 有

$$\begin{aligned}\mathrm{I} &= \sum_{i,j=1}^{n}\int_\Omega a_{ij}|u|^{p-2}\partial_i u\partial_j\bar{u}\mathrm{d}x+\frac{p-2}{2}\sum_{i,j=1}^{n}\int_\Omega a_{ij}\partial_i u\cdot|u|^{p-4}\bar{u}(u\partial_j\bar{u}+\bar{u}\partial_j u)\mathrm{d}x\\ &=\frac{p}{2}\sum_{i,j=1}^{n}\int_\Omega a_{ij}|u|^{p-2}\partial_i u\partial_j\bar{u}\mathrm{d}x+\frac{p-2}{2}\sum_{i,j=1}^{n}\int_\Omega a_{ij}|u|^{p-4}\bar{u}^2\partial_i u\partial_j u\mathrm{d}x,\end{aligned}$$

从而

$$\begin{aligned}&2\mathrm{Re}\mathrm{I}\\ &=p\sum_{i,j=1}^{n}\int_\Omega a_{ij}|u|^{p-2}\partial_i u\partial_j\bar{u}\mathrm{d}x+\frac{p-2}{2}\sum_{i,j=1}^{n}\int_\Omega a_{ij}|u|^{p-4}(\bar{u}^2\partial_i u\partial_j u+u^2\partial_i\bar{u}\partial_j\bar{u})\mathrm{d}x\\ &=p\sum_{i,j=1}^{n}\int_\Omega a_{ij}|u|^{p-2}\partial_i u\partial_j\bar{u}\mathrm{d}x+\frac{p-2}{2}\sum_{i,j=1}^{n}\int_\Omega a_{ij}|u|^{p-4}(\partial_i|u|^2\partial_j|u|^2-2|u|^2\partial_i u\partial_j\bar{u})\mathrm{d}x\\ &=2\sum_{i,j=1}^{n}\int_\Omega a_{ij}|u|^{p-2}\partial_i u\partial_j\bar{u}\mathrm{d}x+2(p-2)\sum_{i,j=1}^{n}\int_\Omega a_{ij}|u|^{p-2}\partial_i|u|\partial_j|u|\mathrm{d}x\\ &\geqslant 2c_0\int_\Omega |u|^{p-2}|\nabla u|^2\mathrm{d}x+2(p-2)c_0\int_\Omega |u|^{p-2}|\nabla|u||^2\mathrm{d}x,\end{aligned}$$

$$|\mathrm{ImI}| \leqslant C\int_\Omega |u|^{p-2}|\nabla u|^2\mathrm{d}x.$$

这样从 (4.8.5) 得到

$$\begin{cases}(\mathrm{Re}\lambda-\kappa-C_\varepsilon)\|u\|_p^p+(c_0-\varepsilon)\displaystyle\int_\Omega |u|^{p-2}|\nabla u|^2\mathrm{d}x\leqslant \|f\|_{L^p(\Omega)}\|u\|_{L^p(\Omega)}^{p-1}, & \forall\varepsilon>0,\\ (|\mathrm{Im}\lambda|-\varepsilon)\|u\|_p^p\leqslant \|f\|_{L^p(\Omega)}\|u\|_{L^p(\Omega)}^{p-1}+C'_\varepsilon\displaystyle\int_\Omega |u|^{p-2}|\nabla u|^2\mathrm{d}x, & \forall\varepsilon>0.\end{cases}$$

据此易见只要取 $\varepsilon>0$ 充分小 (特别, $0<\varepsilon\leqslant c_0/2$), 则当 $\mathrm{Re}\lambda>1+\kappa+C_\varepsilon+(c_0\varepsilon)/(2C'_\varepsilon)$ 时就有

$$\|u\|_{L^p(\Omega)}\leqslant C|\lambda|^{-1}\|f\|_{L^p(\Omega)},$$

其中 C 为与 f 和 λ 都无关的常数. 这就证明了 (4.8.4), 从而完成了定理 4.8.1 的证明. 证毕. □

注 定理 4.8.1 的结论在 $1<p<2$ 时也成立, 但证明稍困难一些. 我们略去这种情况的讨论. 事实上, 假如 $b_i\in W^{1,\infty}(\Omega)$ $(i=1,2,\cdots,n)$, 则采用对偶的方法从上述定理即可得到 $1<p<2$ 时的相应结论.

推论 4.8.2 在定理 4.8.1 的条件下, 对任意 $\varphi\in L^p(\Omega)$ 和 $f\in L^1_{\mathrm{loc}}([0,\infty),L^p(\Omega))$, 初边值问题 (4.8.2) 存在唯一由下式给出的温和解:

$$u(t,\cdot)=\mathrm{e}^{-tL}\varphi+\int_0^t \mathrm{e}^{-(t-\tau)L}f(\tau,\cdot)\mathrm{d}\tau,\quad \forall t\geqslant 0,$$

进一步如果对某个 $0<\alpha<1$ 有 $f\in C^\alpha_{\mathrm{loc}}([0,\infty),L^p(\Omega))$, 则 $u\in C([0,\infty),L^p(\Omega))\cap C^\alpha_{\mathrm{loc}}((0,\infty),W^{2,p}(\Omega)\cap W^{1,p}_0(\Omega))\cap C^{1+\alpha}_{\mathrm{loc}}((0,\infty),L^p(\Omega))$, 从而是问题 (4.8.2) 的强解. □

推论 4.8.3 在定理 4.8.1 的条件下, 再设 $c\geqslant 0$. 则对任意 $\varphi\in L^p(\Omega)$ 和 $f\in L^1_{\mathrm{loc}}([0,\infty),L^p(\Omega))$, 只要极限 $f(\infty)=\lim\limits_{t\to\infty}f(t)$ (按 $L^p(\Omega)$ 强拓扑意义) 存在, 则对初边值问题 (4.8.2) 的温和解有

$$\lim_{t\to\infty}u(t,\cdot)=L^{-1}f(\infty)\quad (\text{按 } L^p(\Omega) \text{ 强拓扑意义}).$$ □

4.8.2 双曲型方程

再考虑下述初边值问题:

$$\begin{cases}\partial_t^2u(t,x)+Lu(t,x)=f(t,x), & x\in\Omega,\ t>0,\\ u(t,x)=0, & x\in\partial\Omega,\ t>0,\\ u(0,x)=\varphi(x),\partial_tu(0,x)=\psi(x), & x\in\Omega,\end{cases}\tag{4.8.6}$$

其中 L 为由 (4.8.1) 给出的二阶线性椭圆型算子, 满足与前面相同的条件, 而 f, φ 和 ψ 都是给定的函数. 这个问题也已在 4.3、4.4 两节讨论过. 现在应用半群理论对此问题重新进行讨论.

定理 4.8.4　设 L 同前, $a_{ij} \in C^1(\overline{\Omega})$ $(i,j=1,2,\cdots,n)$, $\partial\Omega \in C^2$. 则对任意 $\varphi \in H_0^1(\Omega)$, $\psi \in L^2(\Omega)$, $f \in L^1_{\text{loc}}([0,\infty), L^2(\Omega))$, (4.8.6) 存在唯一的温和解 $u \in C([0,\infty), H_0^1(\Omega)) \cap C^1([0,\infty), L^2(\Omega))$.

证　令 $v = \partial_t u$, 并令 $L_0 : H^2(\Omega) \cap H_0^1(\Omega) \to L^2(\Omega)$ 和 $B_0 : H_0^1(\Omega) \to L^2(\Omega)$ 分别为如下定义的算子:

$$L_0\varphi = -\sum_{i,j=1}^{n} \partial_j(a_{ij}\partial_i\varphi), \ \ \forall\varphi \in H^2(\Omega) \cap H_0^1(\Omega),$$

$$B_0\varphi = \sum_{i=1}^{n} b_i\partial_i\varphi + c\varphi, \ \ \forall\varphi \in H_0^1(\Omega).$$

则问题 (4.8.6) 可改写为

$$\begin{cases} \partial_t u(t,x) = v(t,x), \ \ x \in \Omega, \ \ t>0, \\ \partial_t v(t,x) = -L_0 u(t,x) - B_0 u(t,x) + f(t,x), \ \ x \in \Omega, \ \ t>0, \\ u(t,x) = 0, \ \ x \in \partial\Omega, \ \ t>0, \\ u(0,x) = \varphi(x), \ \ v(0,x) = \psi(x), \ \ x \in \Omega. \end{cases} \tag{4.8.7}$$

令 $X = H_0^1(\Omega) \times L^2(\Omega)$, 并令 $A : D(A) \subseteq X \to X$ 和 $B : X \to X$ 为以下线性算子:

$$D(A) = [H^2(\Omega) \cap H_0^1(\Omega)] \times H_0^1(\Omega), \quad A(u,v) = (v, -L_0 u), \ \ \forall(u,v) \in D(A),$$

$$B(u,v) = (0, -B_0 u), \ \ \forall(u,v) \in X.$$

再令 $U(t) = (u(t,\cdot), v(t,\cdot))$, $F(t) = (0, f(t,\cdot))$, $U_0 = (\varphi,\psi)$, 则初边值问题 (4.8.7) 可写成 Banach 空间 X 上常微分方程的初值问题:

$$\begin{cases} U'(t) = AU(t) + BU(t) + F(t), \ \ t>0, \\ U(0) = U_0. \end{cases} \tag{4.8.8}$$

因此, 只需证明算子 $A+B$ 在 X 上生成一个强连续半群.

显然 $B \in L(X)$ 且 A 是稠定线性算子, 而且不难证明 A 是闭线性算子. 下面证明 A 在 X 上生成一个强连续半群. 为此在 $H_0^1(\Omega)$ 上取以下等价范数:

$$\|\varphi\|'_{H_0^1(\Omega)} = \Big[\sum_{i,j=1}^{n} \int_\Omega a_{ij}(x)\partial_i\varphi(x)\partial_j\varphi(x)\mathrm{d}x\Big]^{\frac{1}{2}}, \quad \forall\varphi \in H_0^1(\Omega);$$

相应的内积记为 $(\cdot,\cdot)'_{H_0^1(\Omega)}$. 对任意 $\lambda>0$ 和 $(f,g)\in X=H_0^1(\Omega)\times L^2(\Omega)$, 考虑方程组

$$\begin{cases}\lambda u-v=f,\\ \lambda v+L_0u=g.\end{cases}\tag{4.8.9}$$

这个方程组显然等价于以下单个方程:

$$\lambda^2u+L_0u=\lambda f+g.\tag{4.8.10}$$

因为如果 $u\in H^2(\Omega)\cap H_0^1(\Omega)$ 是这个方程的解, 则令 $v=\lambda u-f$, 那么 (u,v) 便是 (4.8.9) 的解; 反过来的结论也显然正确. 由于 $\lambda^2>0$, 根据第 3 章的理论知对任意 $(f,g)\in X=H_0^1(\Omega)\times L^2(\Omega)$, 方程 (4.8.10) 存在唯一的解 $u\in H^2(\Omega)\cap H_0^1(\Omega)$, 且解映射 $(f,g)\mapsto u$ 是 $X=H_0^1(\Omega)\times L^2(\Omega)$ 到 $H^2(\Omega)\cap H_0^1(\Omega)$ 的有界线性算子, 进而易知 $\lambda\in\rho(A)$. 这说明 $\rho(A)\supseteq(0,\infty)$. 其次, 对 (4.8.9) 中的第二个方程乘以 v 再积分, 得

$$\lambda\|v\|^2_{L^2(\Omega)}+(L_0u,v)_{L^2(\Omega)}=(g,v)_{L^2(\Omega)}.$$

把表达式 $v=\lambda u-f$ 代入上式左端第二项, 得

$$\begin{aligned}\lambda[\|v\|^2_{L^2(\Omega)}+(L_0u,u)_{L^2(\Omega)}]&=(g,v)_{L^2(\Omega)}+(L_0u,f)_{L^2(\Omega)}\\&=(v,g)_{L^2(\Omega)}+(u,f)'_{H_0^1(\Omega)}\\&\leqslant\|v\|_{L^2(\Omega)}\|g\|_{L^2(\Omega)}+\|u\|'_{H_0^1(\Omega)}\|f\|'_{H_0^1(\Omega)}\\&\leqslant[\|v\|^2_{L^2(\Omega)}+\|u\|'^2_{H_0^1(\Omega)}]^{\frac12}[\|g\|^2_{L^2(\Omega)}+\|f\|'^2_{H_0^1(\Omega)}]^{\frac12},\end{aligned}$$

即

$$\lambda[\|v\|^2_{L^2(\Omega)}+\|u\|'^2_{H_0^1(\Omega)}]\leqslant[\|v\|^2_{L^2(\Omega)}+\|u\|'^2_{H_0^1(\Omega)}]^{\frac12}[\|g\|^2_{L^2(\Omega)}+\|f\|'^2_{H_0^1(\Omega)}]^{\frac12}.$$

所以得到

$$\|R(\lambda,A)(f,g)\|'_X\leqslant\frac{\|(f,g)\|'_X}{\lambda},\quad\forall(f,g)\in X,\ \forall\lambda>0,$$

其中 $\|(\cdot,\cdot)\|'_X$ 表示 X 上的等价范数 $\|(f,g)\|'_X=[\|f\|'^2_{H_0^1(\Omega)}+\|g\|^2_{L^2(\Omega)}]^{\frac12}$. 这样根据推论 4.6.13 即知, A 在 X 上生成一个强连续半群.

证明了 A 在 X 上生成一个强连续半群, 再应用定理 4.6.15 即知 $A+B$ 也在 X 上生成一个强连续半群. 于是对任意 $U_0\in X$ 和 $F\in L^1_{\rm loc}([0,\infty),X)$, 问题 (4.8.8) 存在唯一由下式给出的温和解:

$$U(t)=\mathrm{e}^{t(A+B)}U_0+\int_0^t\mathrm{e}^{(t-\tau)(A+B)}F(\tau)\mathrm{d}\tau,\quad\forall t\geqslant0.$$

据此易知对任意 $(\varphi,\psi)\in X=H_0^1(\Omega)\times L^2(\Omega)$ 和 $f\in L^1_{\rm loc}([0,\infty),L^2(\Omega))$, 问题 (4.8.6) 存在唯一的温和解 $u\in C([0,\infty),H_0^1(\Omega))\cap C^1([0,\infty),L^2(\Omega))$. 证毕.

在上述证明中采用了应用半群理论时常用的分拆技巧: 要直接证明算子

$$(u,v)\mapsto(v,-L_0u-B_0u),\quad \forall(u,v)\in[H^2(\Omega)\cap H_0^1(\Omega)]\times H_0^1(\Omega)$$

生成强连续半群不可行 (条件 (4.6.26) 难以检验); 我们把这个算子分拆成两个算子 A 与 B 的和, 其中 A 能够比较容易地证明生成一个强连续半群 (一般应用推论 4.6.13), 而 B 是一个有界线性算子.

4.8.3 Schrödinger 型方程

再考虑下述初边值问题:

$$\begin{cases} \mathrm{i}\partial_t u(t,x)\pm Lu(t,x)=f(t,x), & x\in\Omega,\ t>0,\\ u(t,x)=0, & x\in\partial\Omega, t>0,\\ u(0,x)=\varphi(x), & x\in\Omega, \end{cases}\tag{4.8.11}$$

其中 L 是 Ω 上的二阶自伴线性椭圆型算子, 即

$$L\varphi(x)=-\sum_{i,j=1}^n\partial_j[a_{ij}(x)\partial_i\varphi(x)]+c(x)\varphi(x),\quad \forall\varphi\in H^1(\Omega),\tag{4.8.12}$$

其中系数 $a_{ij}\in C^1(\overline{\Omega})$ $(i,j=1,2,\cdots,n)$, $c\in L^\infty(\Omega)$, 它们都是实值函数且满足一致椭圆性条件 (3.2.1). 注意 (4.8.11) 中的偏微分方程可改写为

$$\partial_t u(t,x)=\pm\mathrm{i}Lu(t,x)-\mathrm{i}f(t,x),\ \ x\in\Omega,\ \ t>0.\tag{4.8.13}$$

定理 4.8.5 设 L 如上, $\partial\Omega\in C^2$. 则 $\pm\mathrm{i}L$ 作为 $L^2(\Omega)$ 上以 $H^2(\Omega)\cap H_0^1(\Omega)$ 为定义域的无界线性算子生成一个强连续半群 $\mathrm{e}^{\pm\mathrm{i}tL}$ $(t\geqslant 0)$, 而且对任意 $t\geqslant0$, 算子 $\mathrm{e}^{\pm\mathrm{i}tL}$ 都是 $L^2(\Omega)$ 上的酉算子因而可逆, 且 $(\mathrm{e}^{\pm\mathrm{i}tL})^{-1}=\mathrm{e}^{\mp\mathrm{i}tL}$, $\forall t\geqslant0$. 此外, $H_0^1(\Omega)$ 是每个算子 $\mathrm{e}^{\pm\mathrm{i}tL}$ $(t\geqslant0)$ 的不变子空间, 从而 $\mathrm{e}^{\pm\mathrm{i}tL}$ $(t\geqslant0)$ 限制在 $H_0^1(\Omega)$ 也是 $H_0^1(\Omega)$ 上的强连续半群.

证 由于对任意 $\lambda\in\rho(L)$, $R(\lambda,L)$ 都是 $L^2(\Omega)$ 上的紧算子, 从而 $\sigma(L)$ 由特征值组成, 所以由 3.4 节的理论可知存在实数 a 使得 $\sigma(L)\subseteq[a,\infty)$, 进而 $\sigma(\pm\mathrm{i}L)\subseteq\mathbf{iR}$, 即 $\rho(\pm\mathrm{i}L)\supseteq\mathbf{C}\backslash\mathbf{iR}$. 设 $\lambda\in\mathbf{R}\backslash\{0\}$, $f\in L^2(\Omega)$, 而 $u\in H^2(\Omega)\cap H_0^1(\Omega)$ 为以下方程的解:

$$\lambda u\pm\mathrm{i}Lu=f,$$

乘以 $\bar u$ 之后再积分, 然后取实部, 因 $\mathrm{i}(Lu,u)_{L^2(\Omega)}$ 是纯虚数, 得

$$\lambda\|u\|^2_{L^2(\Omega)}=\mathrm{Re}(f,u)_{L^2(\Omega)}.$$

从而

$$\|u\|_{L^2(\Omega)} \leqslant |\lambda|^{-1}\|f\|_{L^2(\Omega)}, \quad \forall f \in L^2(\Omega),\ \forall \lambda \in \mathbf{R}\backslash\{0\}.$$

这说明 $\|R(\lambda, \pm \mathrm{i}L)\|_{L(L^2(\Omega))} \leqslant |\lambda|^{-1}$, $\forall \lambda \in \mathbf{R}\backslash\{0\}$, 所以根据 Hille–Yosida 定理 (定理 4.6.8) 即知两个算子 $\pm\mathrm{i}L$ 都在 $L^2(\Omega)$ 上生成强连续半群. 为了说明算子 $\mathrm{e}^{\pm \mathrm{i}tL}$ $(t \geqslant 0)$ 都是 $L^2(\Omega)$ 上的酉算子, 对任意 $\varphi \in L^2(\Omega)$ 令 $u_\pm(t) = \mathrm{e}^{\pm \mathrm{i}tL}\varphi$, $\forall t \geqslant 0$. 则当 $\varphi \in H^2(\Omega) \cap H_0^1(\Omega)$ 时, 有

$$u_\pm'(t) = \pm \mathrm{i}Lu_\pm(t), \quad \forall t \geqslant 0. \tag{4.8.14}$$

乘以 $\bar{u}_\pm(t)$ 之后再积分, 然后取实部, 因 $\pm\mathrm{i}(Lu_\pm(t), u_\pm(t))_{L^2(\Omega)}$ 是纯虚数, 得

$$\frac{\mathrm{d}}{\mathrm{d}t}\|u_\pm(t)\|_{L^2(\Omega)}^2 = 0, \quad \forall t \geqslant 0.$$

所以 $\|u_\pm(t)\|_{L^2(\Omega)}^2 = \|\varphi\|_{L^2(\Omega)}^2$, $\forall t \geqslant 0$. 据此结合 $H^2(\Omega) \cap H_0^1(\Omega)$ 在 $L^2(\Omega)$ 中的稠密性即知

$$\|\mathrm{e}^{\pm \mathrm{i}tL}\varphi\|_{L^2(\Omega)}^2 = \|\varphi\|_{L^2(\Omega)}^2, \quad \forall \varphi \in L^2(\Omega),\ \forall t \geqslant 0.$$

这说明算子 $\mathrm{e}^{\pm \mathrm{i}tL}$ $(t \geqslant 0)$ 都是 $L^2(\Omega)$ 上的保范算子. 现在对任意 $\varphi \in H^2(\Omega) \cap H_0^1(\Omega)$ 和 $s > 0$, 令 $v_\pm(t) = u_\pm(s-t)$, $0 \leqslant t \leqslant s$, 则易见 $v_\pm$ 在区间 $[0, s]$ 上满足方程

$$v_\pm'(t) = \mp \mathrm{i}Lv_\pm(t).$$

因此 $v_\pm(t) = \mathrm{e}^{\mp \mathrm{i}tL}v_\pm(0) = \mathrm{e}^{\mp \mathrm{i}tL}u_\pm(s) = \mathrm{e}^{\mp \mathrm{i}tL}\mathrm{e}^{\pm \mathrm{i}sL}\varphi$, $\forall t \in [0, s]$. 特别令 $t = s$, 因 $v_\pm(s) = u_\pm(0) = \varphi$, 便得到 $\mathrm{e}^{\mp \mathrm{i}sL}\mathrm{e}^{\pm \mathrm{i}sL}\varphi = \varphi$, $\forall \varphi \in H^2(\Omega) \cap H_0^1(\Omega)$, $\forall s > 0$. 再结合 $H^2(\Omega) \cap H_0^1(\Omega)$ 在 $L^2(\Omega)$ 中的稠密性和 $\mathrm{e}^{\pm \mathrm{i}sL}$ 与 $\mathrm{e}^{\mp \mathrm{i}sL}$ 在 $L^2(\Omega)$ 中的有界性便得到

$$\mathrm{e}^{\mp \mathrm{i}sL}\mathrm{e}^{\pm \mathrm{i}sL}\varphi = \varphi, \quad \forall \varphi \in L^2(\Omega),\ \forall s \geqslant 0.$$

同理可证

$$\mathrm{e}^{\pm \mathrm{i}sL}\mathrm{e}^{\mp \mathrm{i}sL}\varphi = \varphi, \quad \forall \varphi \in L^2(\Omega),\ \forall s \geqslant 0.$$

这就证明了每个 $\mathrm{e}^{\pm \mathrm{i}tL}$ $(t \geqslant 0)$ 都是可逆算子, 且 $(\mathrm{e}^{\pm \mathrm{i}tL})^{-1} = \mathrm{e}^{\mp \mathrm{i}tL}$, $\forall t \geqslant 0$. 因此所有 $\mathrm{e}^{\pm \mathrm{i}tL}$ $(t \geqslant 0)$ 都是酉算子. 为了证明 $H_0^1(\Omega)$ 是每个算子 $\mathrm{e}^{\pm \mathrm{i}tL}$ $(t \geqslant 0)$ 的不变子空间, 只需证明成立不等式

$$\|\mathrm{e}^{\pm \mathrm{i}tL}\varphi\|_{H_0^1(\Omega)}^2 \leqslant C(T)\|\varphi\|_{H_0^1(\Omega)}^2, \quad \forall \varphi \in H^2(\Omega) \cap H_0^1(\Omega),\ \forall t \in [0, T],\ \forall T > 0 \tag{4.8.15}$$

即可, 因为如果这个这个不等式对任意 $\varphi \in H^2(\Omega) \cap H_0^1(\Omega)$ 都成立, 那么由 $H^2(\Omega) \cap H_0^1(\Omega)$ 在 $H_0^1(\Omega)$ 中的稠密性, 即知它也对任意 $\varphi \in H_0^1(\Omega)$ 都成立, 说明 $\mathrm{e}^{\pm \mathrm{i}tL}$ 把

$H_0^1(\Omega)$ 映入 $H_0^1(\Omega)$. 为了证明 (4.8.15), 对任意 $\varphi\in H^2(\Omega)\cap H_0^1(\Omega)$ 令 $u_\pm(t)=\mathrm{e}^{\pm\mathrm{i}tL}\varphi$, $\forall t\geqslant 0$, 则 $u_\pm\in C([0,\infty),H^2(\Omega)\cap H_0^1(\Omega))$ (根据引理 4.6.3 结论 (4)). 假如还成立 $u_\pm\in C^1([0,\infty),H_0^1(\Omega))$, 那么对 (4.8.14) 两端乘以 $L\bar{u}_\pm(t)$ 之后再积分, 然后取实部, 通过分部积分可得

$$\frac{\mathrm{d}}{\mathrm{d}t}\|u_\pm(t)\|^2_{H_0^1(\Omega)}\leqslant C\|u_\pm(t)\|^2_{L^2(\Omega)}=C\|\varphi\|^2_{L^2(\Omega)},\quad \forall t\geqslant 0,$$

从而

$$\|u_\pm(t)\|^2_{H_0^1(\Omega)}\leqslant Ct\|\varphi\|^2_{L^2(\Omega)}+\|\varphi\|^2_{H_0^1(\Omega)},\quad \forall t\geqslant 0, \tag{4.8.16}$$

这就得到了 (4.8.15). 为了克服条件 $u_\pm\in C^1([0,\infty),H_0^1(\Omega))$ 不一定成立的困难, 首先注意如果令 $u_\pm(t)=u_\mp(-t)$, $\forall t<0$, 则 $u_\pm\in C((-\infty,\infty),H^2(\Omega)\cap H_0^1(\Omega))\cap C^1((-\infty,\infty),L^2(\Omega))$, 且在整个实数轴 $(-\infty,\infty)$ 上成立

$$u'_\pm(t)=\pm\mathrm{i}Lu_\pm(t).$$

现在对 $u_\pm(t)$ 磨光, 即取 $\psi\in C_0^\infty(\mathbf{R})$ 使在 $t=0$ 附近 $\psi(t)=1$, 且 $\int_{-\infty}^{\infty}\psi(t)\mathrm{d}t=1$, 然后令$u_\pm^\varepsilon(t)=\frac{1}{\varepsilon}\int_{-\infty}^{\infty}\psi\Big(\frac{t-\tau}{\varepsilon}\Big)u_\pm(\tau)\mathrm{d}\tau=\int_{-\infty}^{\infty}\psi(\tau)u_\pm(t-\varepsilon\tau)\mathrm{d}\tau$, $\forall t\in\mathbf{R}$, $\forall\varepsilon>0$. 则易见对任意 $\varepsilon>0$, $u_\pm^\varepsilon$ 仍然满足上述方程, 从而类似的推理可得

$$\|u_\pm^\varepsilon(t)\|^2_{H_0^1(\Omega)}\leqslant Ct\|u_\pm^\varepsilon(0)\|^2_{L^2(\Omega)}+\|u_\pm^\varepsilon(0)\|^2_{H_0^1(\Omega)},\quad \forall t\geqslant 0,\ \ \forall\varepsilon>0.$$

易知当 $\varepsilon\to 0$ 时 $\|u_\pm^\varepsilon(t)-u_\pm(t)\|_{H_0^1(\Omega)}\to 0$, $\forall t\in\mathbf{R}$, 所以在上式中令 $\varepsilon\to 0$, 便仍然得到了 (4.8.16). 证毕. □

从上述证明可知, 只要对任意 $t<0$ 令 $\mathrm{e}^{\pm\mathrm{i}tL}=\mathrm{e}^{\mp\mathrm{i}(-t)L}$, 那么 $\mathrm{e}^{\pm\mathrm{i}tL}$ 便对所有 $t\in\mathbf{R}$ 都有定义, 且易见成立

$$\begin{cases}\mathrm{e}^{\pm\mathrm{i}tL}\in L(L^2(\Omega)),\|\mathrm{e}^{\pm\mathrm{i}tL}\|_{L(L^2(\Omega))}=1, & \forall t\in\mathbf{R},\\ [t\mapsto \mathrm{e}^{\pm\mathrm{i}tL}x]\in C((-\infty,\infty),L^2(\Omega)), & \forall x\in L^2(\Omega),\\ \mathrm{e}^{\pm\mathrm{i}0L}=I,\quad \mathrm{e}^{\pm\mathrm{i}(t+s)L}=\mathrm{e}^{\pm\mathrm{i}tL}\mathrm{e}^{\pm\mathrm{i}sL}, & \forall t,s\in\mathbf{R}.\end{cases}$$

因此 $\mathrm{e}^{\pm\mathrm{i}tL}$ $(t\in\mathbf{R})$ 构成$L^2(\Omega)$ 上的**强连续单参数酉算子群**, 而且当把它限制在 $H_0^1(\Omega)$ 上时构成 $H_0^1(\Omega)$ 上的**强连续单参数有界线性算子群**.

推论 4.8.6 *在定理 4.8.5 的条件下, 对任意 $\varphi\in H_0^1(\Omega)$ 和 $f\in L^1_{\mathrm{loc}}([0,\infty),H_0^1(\Omega))$, 初边值问题 (4.8.11) 存在唯一由下式给出的温和解:*

$$u_\pm(t)=\mathrm{e}^{\pm\mathrm{i}tL}\varphi+\int_0^{\infty}\mathrm{e}^{\pm\mathrm{i}(t-\tau)L}f(\tau)\mathrm{d}\tau,\quad \forall t\geqslant 0. \tag{4.8.17}$$

习 题 4.8

1. 把二阶微分算子 $A=\dfrac{\mathrm{d}^2}{\mathrm{d}x^2}$ 看作 $C[0,1]$ 上以 $D(A)=C^2[0,1]\cap C_0[0,1]$ (其中 $C_0[0,1]=\{u\in C[0,1]:u(0)=u(1)=0\}$) 为定义域的闭线性算子. 证明 A 在 $C[0,1]$ 上生成一个解析半群 e^{tA} $(t\geqslant 0)$, 从而当 $f\in C([0,\infty),C^\alpha[0,1]\cap C_0[0,1])$ 或 $f\in C^\alpha([0,\infty),C[0,1])$ $(0<\alpha<1)$ 时, 对任意 $\varphi\in C_0[0,1]$, 初边值问题

$$\begin{cases}\partial_t u(t,x)=\partial_x^2 u(t,x)+f(t,x), & x\in(0,1),\ t>0,\\ u(t,0)=u(t,1)=0, & t>0,\\ u(0,x)=\varphi(x), & x\in[0,1]\end{cases}$$

存在唯一的经典解 $u\in C([0,\infty),C_0[0,1])\cap C((0,\infty),C^2[0,1]\cap C_0[0,1])\cap C^1((0,\infty),C[0,1])$.

2. 考虑下述初边值问题:

$$\begin{cases}\partial_t^2 u(t,x)+Lu(t,x)+d(x)\partial_t u(x,t)=f(t,x), & x\in\Omega,\ t>0,\\ u(t,x)=0, & x\in\partial\Omega,\ t>0,\\ u(0,x)=\varphi(x),\partial_t u(0,x)=\psi(x), & x\in\Omega,\end{cases}$$

其中 Ω 是 $\mathbf{R}^n$ 中的有界开集, $\partial\Omega\in C^2$, L 为由 (4.8.1) 给出的二阶线性椭圆型算子, 满足定理 4.8.4 的条件, 而 $d\in L^\infty(\Omega)$. 应用强连续半群理论证明与定理 4.8.4 相同的结论.

3. 设 $a\in C[0,1]$, 且存在常数 $C_1,C_2>0$ 使成立

$$C_1x(1-x)\leqslant a(x)\leqslant C_2x(1-x),\quad \forall x\in[0,1].$$

又设 $b\in C[0,1]$. 应用强连续半群理论证明: 对任意 $\varphi\in C[0,1]$ 和 $f\in L^1_{\mathrm{loc}}([0,\infty),C[0,1])$, 初值问题

$$\begin{cases}\partial_t u(t,x)+a(x)\partial_x u(t,x)+b(x)u(x,t)=f(t,x),\ x\in(0,1),\ t>0,\\ u(0,x)=\varphi(x),\ x\in[0,1],\end{cases}$$

存在唯一的温和解 $u\in C([0,\infty),C[0,1])$, 而若 $f\in L^1_{\mathrm{loc}}([0,\infty),C^1_V[0,1])\cap C([0,\infty),C[0,1])$ (其中 $C^1_V[0,1]=\{u\in C[0,1]\cap C^1(0,1):x(1-x)u'\in C[0,1]\}$), 则上述问题存在唯一的经典解 $u\in C([0,\infty),C^1_V[0,1])\cap C^1([0,\infty),C[0,1])$.

4.9 抛物型方程的 C^μ 理论和 L^p 理论

前面几节运用对一般的线性发展型方程通用的方法讨论了抛物型、双曲型和 Schrödinger 型三类二阶线性发展型偏微分方程的初边值问题. 这些理论基本都没有涉及这三类方程的特殊性质. 但事实上, 抛物型方程和另外两类发展型方程是有很大差别的. 这一点我们已在 4.8 节看到了一些端倪: 抛物型方程所对应的半群是

解析半群, 而另外两类发展型方程对应的半群则只是强连续半群; 抛物型方程可以在一般的 L^p 空间的框架下处理, 只要 $1 < p < \infty$ 即可, 而另外两类发展型方程则只能在 L^2 类空间的框架下处理. 更深入的研究使人们早已发现, 抛物型方程与椭圆型方程有很多类似之处, 实际上是一种 "半椭圆" (semi-elliptic)、"次椭圆"(sub-elliptic) 或 "亚椭圆"(hypo-elliptic) 型的方程, 对这类方程成立一套与第 3 章所建立的二阶线性椭圆型方程的一般理论平行的理论. 本节对二阶线性抛物型方程的这套理论作简要的介绍.

4.9.1　$\mathbf{R}\times\mathbf{R}^n$ 上各向异性的伸缩和相关问题

为了引出下面将要介绍的各个概念, 先在 $\mathbf{R}^{n+1}=\mathbf{R}\times\mathbf{R}^n$ 上求解热传导方程

$$\partial_t u(t,x)-\Delta u(t,x)=f(t,x),\quad t\in\mathbf{R},\ x\in\mathbf{R}^n, \tag{4.9.1}$$

其中 $f\in S(\mathbf{R}^{n+1})$. 用 $\tilde{u}(\tau,\xi)$ 和 $\tilde{f}(\tau,\xi)$ 分别表示 u 和 f 的 Fourier 变换. 对上述方程两端作 Fourier 变换, 得

$$(\mathrm{i}\tau+|\xi|^2)\tilde{u}(\tau,\xi)=\tilde{f}(\tau,\xi),\quad \tau\in\mathbf{R},\ \xi\in\mathbf{R}^n.$$

其解为

$$\tilde{u}(\tau,\xi)=\frac{\tilde{f}(\tau,\xi)}{\mathrm{i}\tau+|\xi|^2},\quad \forall(\tau,\xi)\in\mathbf{R}\times\mathbf{R}^n\backslash\{(0,0)\}.$$

因上式右端的函数在 $\mathbf{R}^{n+1}$ 上可积, 所以得方程 (4.9.1) 的一个解:

$$u(t,x)=\frac{1}{(2\pi)^{n+1}}\int_{-\infty}^{\infty}\int_{\mathbf{R}^n}\mathrm{e}^{\mathrm{i}t\tau+\mathrm{i}x\xi}\frac{\tilde{f}(\tau,\xi)}{\mathrm{i}\tau+|\xi|^2}\mathrm{d}\xi\mathrm{d}\tau,\quad t\in\mathbf{R},\ x\in\mathbf{R}^n. \tag{4.9.2}$$

把这个表达式与位势方程 $-\Delta u(x)=f(x)$ 解的表达式

$$u(x)=\frac{1}{(2\pi)^n}\int_{\mathbf{R}^n}\mathrm{e}^{\mathrm{i}x\xi}\frac{\tilde{f}(\xi)}{|\xi|^2}\mathrm{d}\xi,\quad x\in\mathbf{R}^n \tag{4.9.3}$$

相比较, 可以看到二者虽有很大差异, 但也有一些类似之处: 之所以能够得到位势方程解的上述表达式 (4.9.3), 是因为 Laplace 算子 $-\Delta$ 的符征 $|\xi|^2$ 在 $\mathbf{R}^n$ 上除原点之外没有零点; 类似地之所以能够得到热传导方程解的表达式 (4.9.2), 是因为热算子 $\partial_t-\Delta$ 的符征 $\mathrm{i}\tau+|\xi|^2$ 在 $\mathbf{R}^{n+1}$ 上除原点之外没有零点. 而且, Laplace 算子 $-\Delta$ 的符征 $|\xi|^2$ 是二次齐次函数, 而热算子 $\partial_t-\Delta$ 的符征 $\mathrm{i}\tau+|\xi|^2$ 虽然按通常意义不是齐次函数, 但如果对 τ 和 ξ 取不同尺度的伸缩, 即如果在 $\mathbf{R}^{n+1}=\mathbf{R}\times\mathbf{R}^n$ 上取下述**伸缩群** $\{\delta_\lambda\}_{\lambda>0}$:

$$\delta_\lambda(\tau,\xi)=(\lambda^2\tau,\lambda\xi),\quad \forall(\tau,\xi)\in\mathbf{R}\times\mathbf{R}^n,\ \forall\lambda>0, \tag{4.9.4}$$

则热算子 $\partial_t - \Delta$ 的符征 $\mathrm{i}\tau + |\xi|^2$ 便也是二次齐次函数:

$$\mathrm{i}\lambda^2\tau + |\lambda\xi|^2 = \lambda^2(\mathrm{i}\tau + |\xi|^2), \quad \forall(\tau, \xi) \in \mathbf{R} \times \mathbf{R}^n, \ \forall\lambda > 0.$$

事实上, 正是由于这个原因, 抛物型方程与椭圆型方程有许多类似之处; 对椭圆型方程适用的许多理论只要依据上述原则加以修改, 就可以改变成适用于抛物型方程的理论. 下面我们就从 $\mathbf{R}^{n+1} = \mathbf{R} \times \mathbf{R}^n$ 的上述伸缩群 $\{\delta_\lambda\}_{\lambda>0}$ 开始讨论.

(4.9.4) 给出了相空间 $\mathbf{R}^{n+1} = \mathbf{R} \times \mathbf{R}^n$ 上伸缩群$\{\delta_\lambda\}_{\lambda>0}$ 的定义. 在物理空间 $\mathbf{R}^{n+1} = \mathbf{R} \times \mathbf{R}^n$ 上伸缩群 $\{\delta_\lambda\}_{\lambda>0}$ 相应地取为

$$\delta_\lambda(t, x) = (\lambda^2 t, \lambda x), \quad \forall(t, x) \in \mathbf{R} \times \mathbf{R}^n, \ \forall\lambda > 0. \tag{4.9.5}$$

与此相对应, 在物理空间 $\mathbf{R}^{n+1} = \mathbf{R} \times \mathbf{R}^n$ 和相空间 $\mathbf{R}^{n+1} = \mathbf{R} \times \mathbf{R}^n$ 上取各向异尺度的向量长度如下:

$$\begin{cases} |(t, x)| = \sqrt[4]{t^2 + |x|^4}, & \forall(t, x) \in \mathbf{R} \times \mathbf{R}^n, \\ |(\tau, \xi)| = \sqrt[4]{\tau^2 + |\xi|^4}, & \forall(\tau, \xi) \in \mathbf{R} \times \mathbf{R}^n. \end{cases} \tag{4.9.6}$$

注意这样的向量长度关于各向异性的伸缩$\{\delta_\lambda\}_{\lambda>0}$ 具有正齐次性:

$$\begin{cases} |\delta_\lambda(t, x)| = \lambda|(t, x)|, & \forall(t, x) \in \mathbf{R} \times \mathbf{R}^n, \ \forall\lambda > 0, \\ |\delta_\lambda(\tau, \xi)| = \lambda|(\tau, \xi)|, & \forall(\tau, \xi) \in \mathbf{R} \times \mathbf{R}^n, \ \forall\lambda > 0. \end{cases}$$

这样的向量长度显然也满足三角不等式:

$$\begin{cases} |(t, x) + (s, y)| \leqslant |(t, x)| + |(s, y)|, & \forall(t, x), (s, y) \in \mathbf{R} \times \mathbf{R}^n, \\ |(\tau, \xi) + (\sigma, \eta)| \leqslant |(\tau, \xi)| + (\sigma, \eta)|, & \forall(\tau, \xi), (\sigma, \eta) \in \mathbf{R} \times \mathbf{R}^n. \end{cases}$$

相应地, 作相空间 $\mathbf{R}^{n+1} = \mathbf{R} \times \mathbf{R}^n$ 上各向异性的 Littlewood–Paley 分解如下: 首先取 $\phi \in C_0^\infty(\mathbf{R})$ 使 $\phi \geqslant 0$, $\mathrm{supp}\phi \subseteq [1/2, 2]$, 且当 $t \in (1/2, 2)$ 时 $\phi(t) > 0$, 并且成立

$$\sum_{j=-\infty}^{\infty} \phi\Big(\frac{t}{2^j}\Big) = 1, \quad \forall t \in \mathbf{R}\backslash\{0\}.$$

然后令 $\psi(\tau, \xi) = \phi(\sqrt[4]{\tau^2 + |\xi|^4})$, $\forall(\tau, \xi) \in \mathbf{R} \times \mathbf{R}^n$. 则显然有

$$\sum_{j=-\infty}^{\infty} \psi\Big(\frac{\tau}{2^{2j}}, \frac{\xi}{2^j}\Big) = \sum_{j=-\infty}^{\infty} \psi_j(\tau, \xi) = 1, \quad \forall(\tau, \xi) \in \mathbf{R} \times \mathbf{R}^n\backslash\{(0, 0)\}, \tag{4.9.7}$$

其中 $\psi_j(\tau,\xi)=\psi(\delta_{2^{-j}}(\tau,\xi))=\phi(2^{-j}\sqrt[4]{\tau^2+|\xi|^4})$, $\forall(\tau,\xi)\in\mathbf{R}\times\mathbf{R}^n$, $\forall j\in\mathbf{Z}$. 注意 $\psi_j(\tau,\xi)$ 的支集包含于扁环形区域 $2^{j-1}\leqslant\sqrt[4]{\tau^2+|\xi|^4}\leqslant 2^{j+1}$ 中.

对任意开集 $Q\subseteq\mathbf{R}\times\mathbf{R}^n$、任意正偶数 m 和任意 $1\leqslant p\leqslant\infty$, 定义各向异性的 Sobolev 空间 $W_p^{\frac{m}{2},m}(Q)$如下:

$$W_p^{\frac{m}{2},m}(Q)=\Big\{u\in L^p(Q):\ \partial_t^k\partial_x^\alpha u\in L^p(Q),\ \forall k\in\mathbf{Z}_+,\ \forall\alpha\in\mathbf{Z}_+^n,\ 2k+|\alpha|\leqslant m\Big\},$$

范数取为

$$\|u\|_{W_p^{\frac{m}{2},m}(Q)}=\sum_{2k+|\alpha|\leqslant m}\|\partial_t^k\partial_x^\alpha u\|_{L^p(Q)},$$

其中符号 $\sum\limits_{2k+|\alpha|\leqslant m}$ 表示关于所有满足条件 $2k+|\alpha|\leqslant m$ 的非负整数 k 和 n 重指标 α 求和. 特别有

$$W_p^{1,2}(Q)=\Big\{u\in L^p(Q):\ \partial_t u,\partial_i u,\partial_{ij}^2 u\in L^p(Q),\ i,j=1,2,\cdots,n\Big\},$$

其中 $\partial_i=\partial_{x_i}$, $\partial_{ij}^2=\partial_{x_ix_j}^2$, $i,j=1,2,\cdots,n$, 范数取为

$$\|u\|_{W_p^{1,2}(Q)}=\|u\|_{L^p(Q)}+\|\partial_t u\|_{L^p(Q)}+\sum_{i=1}^n\|\partial_i u\|_{L^p(Q)}+\sum_{i,j=1}^n\|\partial_{ij}^2 u\|_{L^p(Q)}.$$

对任意开集 $Q\subseteq\mathbf{R}\times\mathbf{R}^n$ 和任意 $0<\mu<1$, 定义各向异性的 Hölder 空间 $C^{\frac{\mu}{2},\mu}(\overline{Q})$ 如下:

$$C^{\frac{\mu}{2},\mu}(\overline{Q})=\Big\{u\in L^\infty(Q):\ [u]_{\frac{\mu}{2},\mu}=\sup_{\substack{(t,x),(s,y)\in Q\\(t,x)\neq(s,y)}}\frac{|u(t,x)-u(s,y)|}{|t-s|^{\frac{\mu}{2}}+|x-y|^\mu}<\infty\Big\},$$

范数取为

$$\|u\|_{C^{\frac{\mu}{2},\mu}(\overline{Q})}=\|u\|_{L^\infty(Q)}+[u]_{\frac{\mu}{2},\mu};$$

各向异性的 Hölder 空间 $C^{\frac{1+\mu}{2},1+\mu}(\overline{Q})$定义为

$$\begin{aligned}C^{\frac{1+\mu}{2},1+\mu}(\overline{Q})=\Big\{&u\in L^\infty(Q):\ \exists C>0\ \text{使成立}\ |u(t,x)-u(s,x)|\leqslant C|t-s|^{\frac{1+\mu}{2}},\\&\forall(t,x),(s,x)\in Q,\ \text{且}\ \partial_i u\in C^{\frac{\mu}{2},\mu}(\overline{Q}),\ i=1,2,\cdots,n\Big\},\end{aligned}$$

范数取为

$$\|u\|_{C^{\frac{1+\mu}{2},1+\mu}(\overline{Q})}=\|u\|_{L^\infty(Q)}+\sup_{\substack{(t,x),(s,x)\in Q\\t\neq s}}\frac{|u(t,x)-u(s,x)|}{|t-s|^{\frac{1+\mu}{2}}}+\sum_{i=1}^n\|\partial_i u\|_{C^{\frac{\mu}{2},\mu}(\overline{Q})};$$

各向异性的 Hölder 空间 $C^{1+\frac{\mu}{2},2+\mu}(\overline{Q})$定义为

$$C^{1+\frac{\mu}{2},2+\mu}(\overline{Q})=\left\{u\in C^{\frac{\mu}{2},\mu}(\overline{Q}):\ \partial_t u,\partial_i u,\partial_{ij}^2 u\in C^{\frac{\mu}{2},\mu}(\overline{Q}),\ i,j=1,2,\cdots,n\right\},$$

范数取为

$$\|u\|_{C^{1+\frac{\mu}{2},2+\mu}(\overline{Q})}=\|u\|_{C^{\frac{\mu}{2},\mu}(\overline{Q})}+\|\partial_t u\|_{C^{\frac{\mu}{2},\mu}(\overline{Q})}+\sum_{i=1}^n\|\partial_i u\|_{C^{\frac{\mu}{2},\mu}(\overline{Q})}+\sum_{i,j=1}^n\|\partial_{ij}^2 u\|_{C^{\frac{\mu}{2},\mu}(\overline{Q})}.$$

最后, 对任意 $0<\mu<1$, 定义各向异齐性的齐次 Hölder 空间 $\dot{C}^{\frac{\mu}{2},\mu}(\mathbf{R}\times\mathbf{R}^n)$如下:

$$\dot{C}^{\frac{\mu}{2},\mu}(\overline{Q})=\left\{u\in C(\mathbf{R}\times\mathbf{R}^n):\ [u]_{\frac{\mu}{2},\mu}=\sup_{\substack{(t,x),(s,y)\in\mathbf{R}\times\mathbf{R}^n\\(t,x)\neq(s,y)}}\frac{|u(t,x)-u(s,y)|}{|t-s|^{\frac{\mu}{2}}+|x-y|^\mu}<\infty\right\}.$$

4.9.2 $\mathbf{R}\times\mathbf{R}^n$ 上各向异齐次的奇异积分算子和各向异性的 Mihlin 乘子

从热传导方程解的表达式 (4.9.2) 有

$$\partial_t u(t,x)=\frac{1}{(2\pi)^{n+1}}\int_{-\infty}^{\infty}\int_{\mathbf{R}^n}\mathrm{e}^{\mathrm{i}t\tau+\mathrm{i}x\xi}\frac{\mathrm{i}\tau}{\mathrm{i}\tau+|\xi|^2}\tilde{f}(\tau,\xi)\mathrm{d}\xi\mathrm{d}\tau,\quad (t,x)\in\mathbf{R}\times\mathbf{R}^n,\ (4.9.8)$$

$$\partial_{ij}^2 u(t,x)=\frac{-1}{(2\pi)^{n+1}}\int_{-\infty}^{\infty}\int_{\mathbf{R}^n}\mathrm{e}^{\mathrm{i}t\tau+\mathrm{i}x\xi}\frac{\xi_i\xi_j}{\mathrm{i}\tau+|\xi|^2}\tilde{f}(\tau,\xi)\mathrm{d}\xi\mathrm{d}\tau,\quad (t,x)\in\mathbf{R}\times\mathbf{R}^n\quad (4.9.9)$$

$(i,j=1,2,\cdots,n)$. 注意函数 $\dfrac{\mathrm{i}\tau}{\mathrm{i}\tau+|\xi|^2}$ 和 $\dfrac{\xi_i\xi_j}{\mathrm{i}\tau+|\xi|^2}$ $(i,j=1,2,\cdots,n)$ 都在 $\mathbf{R}\times\mathbf{R}^n\backslash\{(0,0)\}$ 上无穷可微, 且按 (4.9.4) 定义的伸缩群是零次齐次的. 因此, 我们把 2.10 节讨论的奇异积分算子概念推广到各向异齐次的情形:

定义 4.9.1 设 $a(\tau,\xi)$ 是 $\mathbf{R}\times\mathbf{R}^n\backslash\{(0,0)\}$ 上的函数, 满足以下两个条件:

(i) $a\in C^\infty(\mathbf{R}\times\mathbf{R}^n\backslash\{(0,0)\})$;

(ii) $a(\lambda^2\tau,\lambda\xi)=a(\tau,\xi),\ \forall(\tau,\xi)\in\mathbf{R}\times\mathbf{R}^n\backslash\{(0,0)\},\ \forall\lambda>0$.

令 $A:E'(\mathbf{R}\times\mathbf{R}^n)\to S'(\mathbf{R}\times\mathbf{R}^n)$ 为如下定义的算子:

$$Au(t,x)=\frac{1}{(2\pi)^{n+1}}\int_{-\infty}^{\infty}\int_{\mathbf{R}^n}\mathrm{e}^{\mathrm{i}t\tau+\mathrm{i}x\xi}a(\tau,\xi)\tilde{u}(\tau,\xi)\mathrm{d}\xi\mathrm{d}\tau,\quad \forall u\in E'(\mathbf{R}\times\mathbf{R}^n).\ (4.9.10)$$

称 A 为 $\mathbf{R}\times\mathbf{R}^n$ 上以 $a(\tau,\xi)$ 为符征的**各向异齐次的奇异积分算子**.

Mihlin 乘子的概念也可以推广到各向异性的情形.

定义 4.9.2 设 $a(\tau,\xi)$ 是 $\mathbf{R}\times\mathbf{R}^n\backslash\{(0,0)\}$ 上的函数, 满足以下条件: 存在正整数 $N>\dfrac{n+2}{4}$ 使对任意满足条件 $2k+|\alpha|\leqslant 2N$ 的非负整数 k 和 n 重指标 α 都

有 $\partial_\tau^k\partial_\xi^\alpha a(\tau,\xi)\in C(\mathbf{R}\times\mathbf{R}^n\backslash\{(0,0)\})$, 且

$$M:=\sum_{2k+|\alpha|\leqslant 2N}\sup_{(\tau,\xi)\in\mathbf{R}\times\mathbf{R}^n\backslash\{(0,0)\}}|(\tau,\xi)|^{2k+|\alpha|}|\partial_\tau^k\partial_\xi^\alpha a(\tau,\xi)|<\infty$$

则称 $a(\tau,\xi)$ 为 $\mathbf{R}\times\mathbf{R}^n$ **上各向异性的 Mihlin 乘子**, 常数 M 叫做它的**Mihlin 模**.

以下为行文方便起见, 当 $a(\tau,\xi)$ 是 $\mathbf{R}\times\mathbf{R}^n$ 上各向异性的 Mihlin 乘子时, 我们也把按 (4.9.10)定义的连续线性算子 $A:E'(\mathbf{R}\times\mathbf{R}^n)\to S'(\mathbf{R}\times\mathbf{R}^n)$ 叫做 $\mathbf{R}\times\mathbf{R}^n$ 上以 $a(\tau,\xi)$ 为符征的**各向异性的 Mihlin 乘子**, 常数 M 叫做 A 的**Mihlin 模**.

我们将要证明, 定理 2.10.2 和定理 2.10.5 可分别推广到各向异齐次的奇异积分算子和各向异性的 Mihlin 乘子, 而定理 2.10.3 和定理 2.10.6 只要把通常的 Hölder 空间换为各向异性的 Hölder 空间 $C^{\frac{\mu}{2},\mu}(\mathbf{R}\times\mathbf{R}^n)$, 则也可分别推广到各向异齐次的奇异积分算子和各向异性的 Mihlin 乘子.

定理 4.9.3 设 A 是 $\mathbf{R}\times\mathbf{R}^n$ 上以函数 $a(\tau,\xi)$ 为符征的各向异性的 Mihlin 乘子, Mihlin 模为 M, 则对任意 $0<\mu<1$, A 是 $\dot{C}^{\frac{\mu}{2},\mu}(\mathbf{R}\times\mathbf{R}^n)\cap E'(\mathbf{R}\times\mathbf{R}^n)$ 到 $\dot{C}^{\frac{\mu}{2},\mu}(\mathbf{R}\times\mathbf{R}^n)$ 的有界线性算子, 且存在常数 $C=C(n,N,\mu)>0$ 使成立

$$[Au]_{\frac{\mu}{2},\mu}\leqslant CM[u]_{\frac{\mu}{2},\mu},\quad \forall u\in\dot{C}^{\frac{\mu}{2},\mu}(\mathbf{R}\times\mathbf{R}^n)\cap E'(\mathbf{R}\times\mathbf{R}^n).\tag{4.9.11}$$

特别地, 如果 A 是 $\mathbf{R}\times\mathbf{R}^n$ 上以 $a(\tau,\xi)$ 为符征的各向异齐次的奇异积分算子, 则上式成立, 其中 $M=\sup\limits_{\tau^2+|\xi|^4=1}|a(\tau,\xi)|$.

证 根据各向异性的 Littlewood–Paley 分解 (4.9.7), 对任意 $u\in\dot{C}^{\frac{\mu}{2},\mu}(\mathbf{R}\times\mathbf{R}^n)\cap E'(\mathbf{R}\times\mathbf{R}^n)$ 有

$$u(t,x)=\sum_{j=-\infty}^{\infty}F^{-1}\Big[\psi\Big(\frac{\tau}{2^{2j}},\frac{\xi}{2^j}\Big)\tilde{u}(\tau,\xi)\Big]=:\sum_{j=-\infty}^{\infty}u_j(t,x),$$

$$Au(t,x)=\sum_{j=-\infty}^{\infty}F^{-1}\Big[\psi\Big(\frac{\tau}{2^{2j}},\frac{\xi}{2^j}\Big)a(\tau,\xi)\tilde{u}(\tau,\xi)\Big]=:\sum_{j=-\infty}^{\infty}Au_j(t,x).$$

令 $\eta(\tau,\xi)=\phi(\sqrt[4]{\tau^2+|\xi|^4}/2)+\phi(\sqrt[4]{\tau^2+|\xi|^4})+\phi(2\sqrt[4]{\tau^2+|\xi|^4})$. 则因在 $\mathrm{supp}\psi$ 上 $\eta(\tau,\xi)=1$, 进而 $\eta\Big(\frac{\tau}{2^{2j}},\frac{\xi}{2^j}\Big)\psi\Big(\frac{\tau}{2^{2j}},\frac{\xi}{2^j}\Big)=\psi\Big(\frac{\tau}{2^{2j}},\frac{\xi}{2^j}\Big)$, $\forall j\in\mathbf{Z}$, 所以有

$$\begin{aligned}Au_j(t,x)&=F^{-1}\Big[\psi\Big(\frac{\tau}{2^{2j}},\frac{\xi}{2^j}\Big)a(\tau,\xi)\tilde{u}(\tau,\xi)\Big]\\&=F^{-1}\Big[\eta\Big(\frac{\tau}{2^{2j}},\frac{\xi}{2^j}\Big)\psi\Big(\frac{\tau}{2^{2j}},\frac{\xi}{2^j}\Big)a(\tau,\xi)\tilde{u}(\tau,\xi)\Big]\\&=g_j(t,x)*u_j(t,x)=2^{j(n+2)}h_j(2^{2j}t,2^jx)*u_j(t,x),\quad\forall j\in\mathbf{Z},\end{aligned}$$

其中 $g_j(t,x)=F^{-1}\Big[\eta\Big(\frac{\tau}{2^{2j}},\frac{\xi}{2^j}\Big)a(\tau,\xi)\Big]$, $h_j(t,x)=F^{-1}[\eta(\tau,\xi)a(2^{2j}\tau,2^j\xi)]$. 我们有

$$\begin{aligned}\|g_j\|_{L^1(\mathbf{R}\times\mathbf{R}^n)}=&\|h_j\|_{L^1(\mathbf{R}\times\mathbf{R}^n)}\\ &\leqslant\Big[\iint_{\mathbf{R}\times\mathbf{R}^n}(1+t^2+|x|^4)^{-N}\mathrm{d}t\mathrm{d}x\Big]^{\frac12}\\ &\quad\cdot\Big[\iint_{\mathbf{R}\times\mathbf{R}^n}(1+t^2+|x|^4)^{N}|h_j(t,x)|^2\mathrm{d}t\mathrm{d}x\Big]^{\frac12}\\ &\leqslant C\sum_{k+m\leqslant N}\Big[\iint_{\mathbf{R}\times\mathbf{R}^n}|t^k|x|^{2m}h_j(t,x)|^2\mathrm{d}t\mathrm{d}x\Big]^{\frac12}\\ &\leqslant C\sum_{k+m\leqslant N}\Big[\iint_{\mathbf{R}\times\mathbf{R}^n}|\partial_\tau^k\Delta_\xi^m[\eta(\tau,\xi)a(2^{2j}\tau,2^j\xi)]|^2\mathrm{d}\tau\mathrm{d}\xi\Big]^{\frac12}\\ &\leqslant CM,\quad\forall j\in\mathbf{Z}.\end{aligned}$$

因此

$$\|Au_j\|_{L^\infty(\mathbf{R}\times\mathbf{R}^n)}\leqslant\|g_j\|_{L^1(\mathbf{R}\times\mathbf{R}^n)}\|u_j\|_{L^\infty(\mathbf{R}\times\mathbf{R}^n)}\leqslant CM\|u_j\|_{L^\infty(\mathbf{R}\times\mathbf{R}^n)},\quad\forall j\in\mathbf{Z}.\tag{4.9.12}$$

类似地可得

$$\begin{cases}\|\partial_tAu_j\|_{L^\infty(\mathbf{R}\times\mathbf{R}^n)}\leqslant CM2^{2j}\|u_j\|_{L^\infty(\mathbf{R}\times\mathbf{R}^n)}, & \forall j\in\mathbf{Z},\\ \|\partial_iAu_j\|_{L^\infty(\mathbf{R}\times\mathbf{R}^n)}\leqslant CM2^{j}\|u_j\|_{L^\infty(\mathbf{R}\times\mathbf{R}^n)}, & \forall j\in\mathbf{Z},\ i=1,2,\cdots,n.\end{cases}\tag{4.9.13}$$

记 $\zeta=\check{\psi}$, 则 $\zeta\in S(\mathbf{R}\times\mathbf{R}^n)$ 且

$$\begin{aligned}u_j(t,x)&=2^{j(n+2)}\zeta(2^{2j}t,2^jx)*u(t,x)\\ &=\iint_{\mathbf{R}\times\mathbf{R}^n}u(t-2^{-2j}s,x-2^{-j}y)\zeta(s,y)\mathrm{d}s\mathrm{d}y,\quad\forall j\in\mathbf{Z}.\end{aligned}$$

由于 $\iint_{\mathbf{R}\times\mathbf{R}^n}\zeta(s,y)\mathrm{d}s\mathrm{d}y=\psi(0,0)=0$, 所以从以上表达式得

$$u_j(t,x)=\iint_{\mathbf{R}\times\mathbf{R}^n}[u(t-2^{-2j}s,x-2^{-j}y)-u(t,x)]\zeta(s,y)\mathrm{d}s\mathrm{d}y,\quad\forall j\in\mathbf{Z},$$

进而得到

$$\|u_j\|_{L^\infty(\mathbf{R}\times\mathbf{R}^n)}\leqslant C2^{-j\mu}[u]_{\frac{\mu}{2},\mu},\quad\forall j\in\mathbf{Z}.$$

把这个不等式代入 (4.9.12) 和 (4.9.13), 得

$$\begin{cases}\|Au_j\|_{L^\infty(\mathbf{R}\times\mathbf{R}^n)}\leqslant CM2^{-j\mu}[u]_{\frac{\mu}{2},\mu}, & \forall j\in\mathbf{Z},\\ \|\partial_tAu_j\|_{L^\infty(\mathbf{R}\times\mathbf{R}^n)}\leqslant CM2^{j(2-\mu)}[u]_{\frac{\mu}{2},\mu}, & \forall j\in\mathbf{Z},\\ \|\partial_iAu_j\|_{L^\infty(\mathbf{R}\times\mathbf{R}^n)}\leqslant CM2^{j(1-\mu)}[u]_{\frac{\mu}{2},\mu}, & \forall j\in\mathbf{Z},\ i=1,2,\cdots,n.\end{cases}$$

这样就有

$$
\begin{aligned}
&|Au(t,x)-Au(t',x)| \\
\leqslant &\sum_{2^{-2j}\leqslant|t-t'|}|Au_j(t,x)-Au_j(t',x)|+\sum_{2^{-2j}>|t-t'|}|Au_j(t,x)-Au_j(t',x)| \\
\leqslant &C[u]_{\frac{\mu}{2},\mu}\Big[\sum_{2^{-2j}\leqslant|t-t'|}2^{-j\mu}+|t-t'|\sum_{2^{-2j}>|t-t'|}2^{j(2-\mu)}\Big] \\
\leqslant &C[u]_{\frac{\mu}{2},\mu}|t-t'|^{\frac{\mu}{2}},\quad \forall t,t'\in\mathbf{R},\ \forall x\in\mathbf{R}^n,
\end{aligned}
$$

$$
\begin{aligned}
&|Au(t,x)-Au(t,x')| \\
\leqslant &\sum_{2^{-j}\leqslant|x-x'|}|Au_j(t,x)-Au_j(t,x')|+\sum_{2^{-j}>|x-x'|}|Au_j(t,x)-Au_j(t,x')| \\
\leqslant &C[u]_{\frac{\mu}{2},\mu}\Big[\sum_{2^{-j}\leqslant|x-x'|}2^{-j\mu}+|x-x'|\sum_{2^{-j}>|x-x'|}2^{j(1-\mu)}\Big] \\
\leqslant &C[u]_{\frac{\mu}{2},\mu}|x-x'|^{\mu},\quad \forall t\in\mathbf{R},\ \forall x,x'\in\mathbf{R}^n.
\end{aligned}
$$

把以上两个不等式合起来, 就证明了 (4.9.11). 证毕. □

为了建立各向异齐次奇异积分算子和各向异性 Mihlin 乘子的 L^p 有界性, 需要先把 Calderón–Zygmund 分解引理修改成适应于各向异性算子的版本. 对任意 $(t_0,x_0)\in\mathbf{R}\times\mathbf{R}^n$ 和任意 $R>0$, 称 $\mathbf{R}\times\mathbf{R}^n$ 中的长方体 $(t_0,x_0)+[0,R^2)\times[0,R)^n$ 为以 (t_0,x_0) 为顶点、以 R 为 x 方向棱长的**抛物方体**.

引理 4.9.4　*设 $u\in L^1(\mathbf{R}\times\mathbf{R}^n)$, 则对任意给定的 $\sigma>0$, 存在 u 的相应分解*

$$
u=v+\sum_{j=1}^{\infty}w_j, \tag{4.9.14}
$$

满足以下三个条件:

(i) $v\in L^1(\mathbf{R}\times\mathbf{R}^n)\cap L^\infty(\mathbf{R}\times\mathbf{R}^n)$, $w_j\in L^1(\mathbf{R}\times\mathbf{R}^n)$, $j=1,2,\cdots$, *且*

$$
\|v\|_{L^1(\mathbf{R}\times\mathbf{R}^n)}\leqslant\|u\|_{L^1(\mathbf{R}\times\mathbf{R}^n)},\quad \sum_{j=1}^{\infty}\|w_j\|_{L^1(\mathbf{R}\times\mathbf{R}^n)}\leqslant 2\|u\|_{L^1(\mathbf{R}\times\mathbf{R}^n)}; \tag{4.9.15}
$$

(ii) $|v(t,x)|<2^{n+2}\sigma$, a.e. $(t,x)\in\mathbf{R}\times\mathbf{R}^n$;

(iii) *存在一列互不相交的抛物方体 $I_j\subseteq\mathbf{R}\times\mathbf{R}^n$, $j=1,2,\cdots$, 使得*

$$
\mathrm{supp}w_j\subseteq\bar{I}_j\quad\text{且}\quad\iint_{I_j}w_j(t,x)\mathrm{d}t\mathrm{d}x=0,\quad j=1,2,\cdots, \tag{4.9.16}
$$

并且这些抛物方体的总测度不超过 $\sigma^{-1}\|u\|_{L^1(\mathbf{R}\times\mathbf{R}^n)}$，即

$$\sum_{j=1}^{\infty}|I_j|\leqslant\sigma^{-1}\|u\|_{L^1(\mathbf{R}\times\mathbf{R}^n)}. \tag{4.9.17}$$

此外，如果对某个 $1<p\leqslant\infty$ 有 $u\in L^p(\mathbf{R}\times\mathbf{R}^n)$，则亦有 $w_j\in L^p(\mathbf{R}\times\mathbf{R}^n)$，$j=1,2,\cdots$.

证 首先用平行于坐标面的超平面把空间 $\mathbf{R}^n$ 分割成一些互相全等的抛物方体，使得每个抛物方体的体积都 $>\sigma^{-1}\|u\|_{L^1(\mathbf{R}\times\mathbf{R}^n)}$. 于是函数 $|u|$ 在每个抛物方体上的平均值都 $<\sigma$. 把每个抛物方体再等分成 2^{n+2} 个互相全等的小抛物方体（在 t 方向四等分，在每个 x_i 方向二等分，$1\leqslant i\leqslant n$），并挑选出所有使得函数 $|u|$ 在其上的平均值 $\geqslant\sigma$ 的那些小抛物方体，记为 $I_{11},I_{12},I_{13},\cdots$. 由于在未作进一步分割前的抛物方体上 $|u|$ 的平均值 $<\sigma$，所以有

$$\sigma|I_{1k}|\leqslant\iint_{I_{1k}}|u(t,x)|\mathrm{d}t\mathrm{d}x<2^{n+2}\sigma|I_{1k}|,\quad k=1,2,\cdots.$$

再把每个剩下的小立方体等分成 2^{n+2} 个互相全等的更小的立方体，并挑选出所有使得函数 $|u|$ 在其上的平均值 $\geqslant\sigma$ 的那些更小的立方体，记为 $I_{21},I_{22},I_{23},\cdots$. 则与前面类似地可知

$$\sigma|I_{2k}|\leqslant\iint_{I_{2k}}|u(t,x)|\mathrm{d}t\mathrm{d}x<2^{n+2}\sigma|I_{2k}|,\quad k=1,2,\cdots.$$

如此一直做下去，根据归纳原理就得到了一族互不相交的立方体 $\{I_{jk}\}$，使得对每个 I_{jk} 成立类似于上列估计的估计式. 把 $\{I_{jk}\}$ 排列成一个序列 $\{I_j\}_{j=1}^{\infty}$，然后令

$$v(t,x)=\begin{cases}\dfrac{1}{|I_j|}\displaystyle\iint_{I_j}u(s,y)\mathrm{d}s\mathrm{d}y, & (t,x)\in I_j,\quad j=1,2,\cdots,\\ u(t,x), & (t,x)\in\mathbf{R}\times\mathbf{R}^n\backslash\displaystyle\bigcup_{j=1}^{\infty}I_j,\end{cases}$$

$$w_j(t,x)=\begin{cases}u(t,x)-\dfrac{1}{|I_j|}\displaystyle\iint_{I_j}u(s,y)\mathrm{d}s\mathrm{d}y, & (t,x)\in I_j,\\ 0, & (t,x)\in\mathbf{R}\times\mathbf{R}^n\backslash I_j,\end{cases}\qquad j=1,2,\cdots,$$

则 v 和 $\{w_j\}_{j=1}^{\infty}$ 便满足定理结论所陈述的全部条件，证明如下：(4.9.14) 和 (4.9.16) 是显然的. 由每个 I_j 的构造可知成立估计式

$$\sigma|I_j|\leqslant\iint_{I_j}|u(t,x)|\mathrm{d}t\mathrm{d}x<2^{n+2}\sigma|I_j|,\quad j=1,2,\cdots. \tag{4.9.18}$$

对上式中的第一个不等号两端关于 j 求和就得到了 (4.9.17). 其次，由 v 的定义显

然有

$$\|v\|_{L^1(\mathbf{R}\times\mathbf{R}^n)}=\sum_{j=1}^{\infty}\Big|\iint_{I_j}u(t,x)\mathrm{d}t\mathrm{d}x\Big|+\|u\|_{L^1(\mathbf{R}\times\mathbf{R}^n\setminus\bigcup_{j=1}^{\infty}I_j)}$$

$$\leqslant\sum_{j=1}^{\infty}\iint_{I_j}|u(t,x)|\mathrm{d}t\mathrm{d}x+\|u\|_{L^1(\mathbf{R}\times\mathbf{R}^n\setminus\bigcup_{j=1}^{\infty}I_j)}=\|u\|_{L^1(\mathbf{R}\times\mathbf{R}^n)},$$

这就是 (4.9.15) 中的第一个不等式. 同样由 $w_j\ (j=1,2,\cdots)$ 的定义显然有

$$\|w_j\|_{L^1(\mathbf{R}\times\mathbf{R}^n)}\leqslant 2\iint_{I_j}|u(t,x)|\mathrm{d}t\mathrm{d}x,\quad j=1,2,\cdots.$$

把这些不等式两端分别对应相加就得到了 (4.9.15) 中的第二个不等式. 另外, 显然当对某个 $1<p\leqslant\infty$ 有 $u\in L^p(\mathbf{R}\times\mathbf{R}^n)$ 时也有 $w_j\in L^p(\mathbf{R}\times\mathbf{R}^n)$, $j=1,2,\cdots$. 最后, 由 (4.9.18) 中的第二个不等式可知当 $(t,x)\in\bigcup_{j=1}^{\infty}I_j$ 时有 $|v(t,x)|<2^{n+2}\sigma$. 当 $(t,x)\in\mathbf{R}\times\mathbf{R}^n\setminus\bigcup_{j=1}^{\infty}I_j$ 时, 由 $\{I_j\}_{j=1}^{\infty}$ 的构造可知对任意 $\varepsilon>0$ 存在包含 (t,x) 的边长 $<\varepsilon$ 的抛物方体, 在其上 $|u|$ 的平均值都 $<\sigma$. 由于 $|u|\in L^1(\mathbf{R}\times\mathbf{R}^n)$, 所以根据 Lebesgue 微分定理知存在可测集 $Q\subseteq\mathbf{R}\times\mathbf{R}^n$, 使 $\mathrm{meas}(\mathbf{R}^n\backslash Q)=0$, 且对任意 $(t,x)\in Q$ 都成立

$$|u(t,x)|=\lim_{\substack{|I|\to 0\\(t,x)\in I}}\frac{1}{|I|}\iint_I u(s,y)\mathrm{d}s\mathrm{d}y,$$

这里 I 表示 $\mathbf{R}\times\mathbf{R}^n$ 中任意包含 (t,x) 的抛物方体. 因此, 当 $(t,x)\in Q\cap\Big(\mathbf{R}\times\mathbf{R}^n\backslash\bigcup_{j=1}^{\infty}I_j\Big)$ 时 $|v(t,x)|=|u(t,x)|\leqslant\sigma$. 这就证明了结论 (ii). 引理 4.9.4 证毕. □

应用以上引理和 Marcinkiewicz 插值定理, 类似于定理 2.10.5 的证明便可证明:

定理 4.9.5 设 A 是 $\mathbf{R}\times\mathbf{R}^n$ 上以函数 $a(\tau,\xi)$ 为符征的各向异性的 Mihlin 乘子, Mihlin 模为 M. 则对任意 $1<p<\infty$, A 是从 $L^p(\mathbf{R}\times\mathbf{R}^n)$ 到 $L^p(\mathbf{R}\times\mathbf{R}^n)$ 的有界线性算子, 且存在常数 $C=C(n,N,p)>0$ 使成立

$$\|Au\|_{L^p(\mathbf{R}\times\mathbf{R}^n)}\leqslant CM\|u\|_{L^p(\mathbf{R}\times\mathbf{R}^n)},\quad\forall u\in C_0^{\infty}(\mathbf{R}\times\mathbf{R}^n).$$

特别地, 如果 A 是 $\mathbf{R}\times\mathbf{R}^n$ 上以 $a(\tau,\xi)$ 为符征的各向异齐次的奇异积分算子, 则上式成立, 其中 $M=\sup\limits_{\tau^2+|\xi|^4=1}|a(\tau,\xi)|$.

证 首先注意 A 显然是强 $(2,2)$ 型的, 且存在与 u 无关的常数 $C>0$ 使成立

$$\|Au\|_{L^2(\mathbf{R}\times\mathbf{R}^n)}\leqslant CM\|u\|_{L^2(\mathbf{R}\times\mathbf{R}^n)},\quad \forall u\in C_0^\infty(\mathbf{R}\times\mathbf{R}^n).$$

其次再证明存在常数 $C>0$ 使对 $\mathbf{R}\times\mathbf{R}^n$ 中的任意抛物方体 I 和任意 $u\in L^1(\mathbf{R}\times\mathbf{R}^n)\cap L^2(\mathbf{R}\times\mathbf{R}^n)$, 只要 $\mathrm{supp}u\subseteq\overline{I}$ 且 $\iint_I u(t,x)\mathrm{d}t\mathrm{d}x=0$, 则成立

$$\iint_{\mathbf{R}\times\mathbf{R}^n\backslash I^*}|Au(t,x)|\mathrm{d}t\mathrm{d}x\leqslant CM\iint_I|u(t,x)|\mathrm{d}t\mathrm{d}x, \tag{4.9.19}$$

其中 I^* 表示与 I 同心且 x 方向的棱长是 I 的两倍、t 方向的棱长是 I 的四倍的抛物方体. 为证明这个不等式, 需要应用各向异性的 Littlewood-Paley 分解和以下两个不等式: 令

$$h_j(t,x)=F^{-1}\left[\psi\left(\frac{\tau}{2^{2j}},\frac{\xi}{2^j}\right)a(\tau,\xi)\right]=2^{j(n+2)}F^{-1}[\psi(\tau,\xi)a(2^{2j}\tau,2^j\xi)],\quad \forall j\in\mathbf{Z}.$$

对 $\mathbf{R}\times\mathbf{R}^n$ 中以原点为心的抛物方体 I, 设其 x 方向的棱长为 $2R$、t 方向的棱长为 $4R^2$, 则对任意 $\zeta\in S(\mathbf{R}\times\mathbf{R}^n)$ 成立

$$\begin{aligned}&\iint_{\mathbf{R}\times\mathbf{R}^n\backslash I^*}\left|\iint_{\mathbf{R}\times\mathbf{R}^n}h_j(t-s,x-y)u(s,y)\mathrm{d}s\mathrm{d}y\right|\mathrm{d}t\mathrm{d}x\\ \leqslant& C(2^jR)^{-(2N-\frac{n+2}{2})}M\iint_I|u(t,x)|\mathrm{d}t\mathrm{d}x,\quad 2^jR\geqslant 1,\end{aligned}$$

$$\begin{aligned}&\iint_{\mathbf{R}\times\mathbf{R}^n\backslash I^*}\left|\iint_{\mathbf{R}\times\mathbf{R}^n}h_j(t-s,x-y)u(s,y)\mathrm{d}s\mathrm{d}y\right|\mathrm{d}t\mathrm{d}x\\ \leqslant& C2^jRM\iint_I|u(t,x)|\mathrm{d}t\mathrm{d}x,\quad 2^jR<1,\end{aligned}$$

其中 C 是与 u, R 及 j 无关的常数. 这些结论的证明只需把定理 2.10.5 第二步的论证稍作修改即可, 我们把它留给读者.

应用 (4.9.19), 类似于定理 2.10.5 第三步的论证便可证明 A 是弱 $(1,1)$ 型的, 且存在与 u 无关的常数 $C>0$ 使对任意 $\sigma>0$ 都成立

$$\mathrm{meas}\{(t,x)\in\mathbf{R}\times\mathbf{R}^n:\,|Au(t,x)|>\sigma\}\leqslant CM\sigma^{-1}\|u\|_{L^1(\mathbf{R}\times\mathbf{R}^n)}.$$

这样应用 Marcinkiewicz 插值定理, 就得到了定理 4.9.5 的结论. 证毕. □

4.9.3 热传导方程的先验估计

下面考虑热传导方程

$$\partial_t u(t,x)-\Delta u(t,x)=f(t,x),\quad (t,x)\in\mathbf{R}\times\mathbf{R}^n. \tag{4.9.20}$$

根据 (4.9.8) 和 (4.9.9), 对于 $f\in S(\mathbf{R}\times\mathbf{R}^n)$, 如果 u 是由 (4.9.2) 给出的的这个方程的解, 则

$$\partial_t u=F^{-1}\Big(\frac{\mathrm{i}\tau}{\mathrm{i}\tau+|\xi|^2}\tilde{u}(\tau,\xi)\Big),\quad \partial_{ij}^2 u=-F^{-1}\Big(\frac{\xi_i\xi_j}{\mathrm{i}\tau+|\xi|^2}\tilde{u}(\tau,\xi)\Big)$$

$(i,j=1,2,\cdots,n)$. 因此, 把定理 4.9.3 和定理 4.9.5 应用于以 $\dfrac{\mathrm{i}\tau}{\mathrm{i}\tau+|\xi|^2}$ 和 $\dfrac{\xi_i\xi_j}{\mathrm{i}\tau+|\xi|^2}$ $(i,j=1,2,\cdots,n)$ 为符征的各向异齐次的奇异积分算子, 就得到了下面两个定理:

定理 4.9.6 设 $f\in C^{\frac{\mu}{2},\mu}(\mathbf{R}\times\mathbf{R}^n)\cap E'(\mathbf{R}\times\mathbf{R}^n)$, 其中 $0<\mu<1$. 又设 u 是方程 (4.9.20) 由 (4.9.2) 给出的解. 则 $\partial_t u,\partial_{ij}^2 u\in C^{\frac{\mu}{2},\mu}(\mathbf{R}\times\mathbf{R}^n)$, $i,j=1,2,\cdots,n$, 且存在与 f 无关的常数 $C>0$ 使成立

$$[\partial_t u]_{\frac{\mu}{2},\mu}+\sum_{i,j=1}^n[\partial_{ij}^2 u]_{\frac{\mu}{2},\mu}\leqslant C[f]_{\frac{\mu}{2},\mu}. \qquad \square$$

定理 4.9.7 设 $f\in L^p(\mathbf{R}\times\mathbf{R}^n)$, 其中 $1<p<\infty$, u 是方程 (4.9.20) 由 (4.9.2) 给出的解. 则 $\partial_t u,\partial_{ij}^2 u\in L^p(\mathbf{R}\times\mathbf{R}^n)$, $i,j=1,2,\cdots,n$, 且存在与 f 无关的常数 $C>0$ 使成立

$$\|\partial_t u\|_{L^p(\mathbf{R}\times\mathbf{R}^n)}+\sum_{i,j=1}^n\|\partial_{ij}^2 u\|_{L^p(\mathbf{R}\times\mathbf{R}^n)}\leqslant C\|f\|_{L^p(\mathbf{R}\times\mathbf{R}^n)}. \qquad \square$$

再考虑初值问题

$$\begin{cases}\partial_t u(t,x)-\Delta u(t,x)=0, & x\in\mathbf{R}^n,\ t>0,\\ u(0,x)=\varphi(x), & x\in\mathbf{R}^n,\end{cases} \tag{4.9.21}$$

其中 φ 是 $\mathbf{R}^n$ 上给定的函数. 熟知当 $\varphi\in S(\mathbf{R}^n)$ 时, 这个问题的解的表达式为

$$u(t,x)=\frac{1}{(2\sqrt{\pi t})^n}\int_{\mathbb{R}^n}\mathrm{e}^{-\frac{|x-y|^2}{4t}}\varphi(y)\mathrm{d}y,\quad x\in\mathbf{R}^n,\ t>0. \tag{4.9.22}$$

定理 4.9.8 设 $0<\mu\leqslant 1$, $1\leqslant p\leqslant\infty$, 则对任意 $k\in\mathbf{Z}_+$ 和 $\alpha\in\mathbf{Z}_+^n$, 对初值问题 (4.9.21) 的解成立下列估计:

$$[\partial_t^k\partial_x^\alpha u]_{\frac{\mu}{2},\mu;\overline{\mathbf{R}_+^{n+1}}}\leqslant C[\partial_x^\alpha\Delta^k\varphi]_{\mu;\mathbf{R}^n}, \tag{4.9.23}$$

$$\sup_{t\geqslant 0}\|\partial_t^k\partial_x^\alpha u(t,\cdot)\|_{L^p(\mathbf{R}^n)}\leqslant C\|\partial_x^\alpha\Delta^k\varphi\|_{L^p(\mathbf{R}^n)}. \tag{4.9.24}$$

证 显然

$$u(t,x)=\frac{1}{(2\sqrt{\pi})^n}\int_{\mathbf{R}^n}\mathrm{e}^{-\frac{|y|^2}{4}}\varphi(x-\sqrt{t}y)\mathrm{d}y,\quad x\in\mathbf{R}^n,\ t\geqslant 0. \tag{4.9.25}$$

所以

$$\partial_x^\alpha u(t,x)=\frac{1}{(2\sqrt{\pi})^n}\int_{\mathbf{R}^n}\mathrm{e}^{-\frac{|y|^2}{4}}\partial_x^\alpha\varphi(x-\sqrt{t}y)\mathrm{d}y,\quad x\in\mathbf{R}^n,\ t\geqslant 0.$$

又由于

$$\partial_t^k u(t,x)=\partial_t^{k-1}\Delta u(t,x)=\cdots=\Delta^k u(t,x),\quad x\in\mathbf{R}^n,\ t>0,$$

所以

$$\partial_t^k\partial_x^\alpha u(t,x)=\frac{1}{(2\sqrt{\pi})^n}\int_{\mathbf{R}^n}\mathrm{e}^{-\frac{|y|^2}{4}}\partial_x^\alpha\Delta^k\varphi(x-\sqrt{t}y)\mathrm{d}y,\quad x\in\mathbf{R}^n,\ t\geqslant 0.$$

因此只需就 $k=0$ 和 $\alpha=0$ 的情况证明 (4.9.23) 和 (4.9.24).

对任意 $0<\mu\leqslant 1$, 由 (4.9.25) 有

$$\begin{aligned}|u(t,x)-u(t,x')|&\leqslant\frac{1}{(2\sqrt{\pi})^n}\int_{\mathbf{R}^n}\mathrm{e}^{-\frac{|y|^2}{4}}|\varphi(x-\sqrt{t}y)-\varphi(x'-\sqrt{t}y)|\mathrm{d}y\\&\leqslant|x-x'|^\mu[\varphi]_{\mu;\mathbf{R}^n}\cdot\frac{1}{(2\sqrt{\pi})^n}\int_{\mathbf{R}^n}\mathrm{e}^{-\frac{|y|^2}{4}}\mathrm{d}y\\&=|x-x'|^\mu[\varphi]_{\mu;\mathbf{R}^n},\quad\forall x,x'\in\mathbf{R}^n,\ t\geqslant 0,\end{aligned}$$

以及

$$\begin{aligned}|u(t,x)-u(t',x)|&\leqslant\frac{1}{(2\sqrt{\pi})^n}\int_{\mathbf{R}^n}\mathrm{e}^{-\frac{|y|^2}{4}}|\varphi(x-\sqrt{t}y)-\varphi(x-\sqrt{t'}y)|\mathrm{d}y\\&\leqslant|\sqrt{t}-\sqrt{t'}|^\mu[\varphi]_{\mu;\mathbf{R}^n}\cdot\frac{1}{(2\sqrt{\pi})^n}\int_{\mathbf{R}^n}\mathrm{e}^{-\frac{|y|^2}{4}}|y|^\mu\mathrm{d}\\&\leqslant C_\mu|t-t'|^{\frac{\mu}{2}}[\varphi]_{\mu;\mathbf{R}^n},\quad\forall x\in\mathbf{R}^n,\ t,t'\geqslant 0.\end{aligned}$$

所以

$$[u]_{\frac{\mu}{2},\mu;\overline{\mathbf{R}_+^{n+1}}}\leqslant C_\mu[\varphi]_{\mu;\mathbf{R}^n}.$$

这就证明了 (4.9.23). 其次, 从 (4.9.25) 应用 Minkowsky 不等式得

$$\|u(t,\cdot)\|_{L^p(\mathbf{R}^n)}\leqslant\|\varphi\|_{L^p(\mathbf{R}^n)}\cdot\frac{1}{(2\sqrt{\pi})^n}\int_{\mathbf{R}^n}\mathrm{e}^{-\frac{|y|^2}{4}}\mathrm{d}y=\|\varphi\|_{L^p(\mathbf{R}^n)},\quad\forall t\geqslant 0.$$

所以 (4.9.24) 成立. 证毕. □

推论 4.9.9 设 $0<\mu<1$, 则对初值问题

$$\begin{cases}\partial_t u(t,x)-\Delta u(t,x)=f(t,x), & x\in\mathbf{R}^n,\ t>0,\\ u(0,x)=0, & x\in\mathbf{R}^n\end{cases}\tag{4.9.26}$$

的解成立下列估计:

$$[\partial_t u]_{\frac{\mu}{2},\mu;\overline{\mathbf{R}_+^{n+1}}}+\sum_{i,j=1}^{n}[\partial_{ij}^2 u]_{\frac{\mu}{2},\mu;\overline{\mathbf{R}_+^{n+1}}}\leqslant C[f]_{\frac{\mu}{2},\mu;\overline{\mathbf{R}_+^{n+1}}}. \tag{4.9.27}$$

证 把 $f(t,x)$ 关于变元 t 作偶延拓, 记所得函数为 $\hat{f}(t,x)$. 显然 $\hat{f}\in C^{\frac{\mu}{2},\mu}(\mathbf{R}^{n+1})$, 且

$$[\hat{f}]_{\frac{\mu}{2},\mu}\leqslant[f]_{\frac{\mu}{2},\mu;\overline{\mathbf{R}_+^{n+1}}}. \tag{4.9.28}$$

令 $\hat{u}$ 为下述方程的解:

$$\partial_t\hat{u}(t,x)-\Delta\hat{u}(t,x)=\hat{f}(t,x),\quad (t,x)\in\mathbf{R}^{n+1}.$$

根据定理 4.9.6 和 (4.9.28) 知 $\hat{u}\in C^{1+\frac{\mu}{2},2+\mu}(\mathbf{R}^{n+1})$, 且

$$[\partial_t\hat{u}]_{\frac{\mu}{2},\mu}+\sum_{i,j=1}^{n}[\partial_{ij}^2\hat{u}]_{\frac{\mu}{2},\mu}\leqslant C[\hat{f}]_{\frac{\mu}{2},\mu}\leqslant C[f]_{\frac{\mu}{2},\mu;\overline{\mathbf{R}_+^{n+1}}}. \tag{4.9.29}$$

再令 $v(t,x)=\hat{u}(t,x)-u(t,x)$, $x\in\mathbf{R}^n$, $t\geqslant 0$. 则 v 是下述初值问题的解:

$$\begin{cases}\partial_t v(t,x)-\Delta v(t,x)=0, & x\in\mathbf{R}^n,\ t>0,\\ v(0,x)=\hat{u}(0,x), & x\in\mathbf{R}^n.\end{cases}$$

应用定理 4.9.8 和 (4.9.29) 知 $v\in C^{1+\frac{\mu}{2},2+\mu}(\overline{\mathbf{R}_+^{n+1}})$, 且

$$[\partial_t v]_{\frac{\mu}{2},\mu}+\sum_{i,j=1}^{n}[\partial_{ij}^2 v]_{\frac{\mu}{2},\mu}\leqslant C\sum_{i,j=1}^{n}[\partial_{ij}^2\hat{u}(0,\cdot)]_{\mu;\mathbf{R}^n}\leqslant C[f]_{\frac{\mu}{2},\mu;\overline{\mathbf{R}_+^{n+1}}}. \tag{4.9.30}$$

由于 $u(t,x)=\hat{u}(t,x)-v(t,x)$, $\forall x\in\mathbf{R}^n$, $\forall t\geqslant 0$, 所以从 (4.9.29) 和 (4.9.30) 就得到了 (4.9.27). 证毕. □

再考虑半空间的边值问题

$$\begin{cases}\partial_t u(t,x',x_n)-\Delta u(t,x',x_n)=0, & x'\in\mathbf{R}^{n-1}, & t\in\mathbf{R},\ x_n>0,\\ u(t,x',0)=h(t,x'), & & x'\in\mathbf{R}^{n-1},\ t\in\mathbf{R},\end{cases} \tag{4.9.31}$$

其中 h 是 $\mathbf{R}^n=\mathbf{R}\times\mathbf{R}^{n-1}$ 上的给定函数. 先用 Fourier 变换来求这个问题的解.

用 $\tilde{u}(\tau,\xi',x_n)$ 和 $\tilde{h}(\tau,\xi')$ 分别表示 $u(t,x',x_n)$ 和 $h(t,x')$ 关于变元 (t,x') 的 Fourier 变换, 则

$$\begin{cases}\partial_{x_n}^2\tilde{u}(\tau,\xi',x_n)=(\mathrm{i}\tau+|\xi'|^2)\tilde{u}(\tau,\xi',x_n), & \xi'\in\mathbf{R}^{n-1},\ \tau\in\mathbf{R},\ x_n>0,\\ \tilde{u}(\tau,\xi',0)=\tilde{h}(\tau,\xi'), & \xi'\in\mathbf{R}^{n-1},\ \tau\in\mathbf{R}.\end{cases}$$

(4.9.32)

对 $(\tau,\xi')\in\mathbf{R}\times\mathbf{R}^{n-1}$, 记

$$\kappa(\tau,\xi')=\sqrt{\mathrm{i}\tau+|\xi'|^2}=\frac{1}{2}\Big(\sqrt{\sqrt{|\xi'|^4+\tau^2}+\tau}+\sqrt{\sqrt{|\xi'|^4+\tau^2}-\tau}\Big)$$
$$+\frac{\mathrm{i}}{2}\Big(\sqrt{\sqrt{|\xi'|^4+\tau^2}+\tau}-\sqrt{\sqrt{|\xi'|^4+\tau^2}-\tau}\Big).$$

显然 $\kappa(\tau,\xi')$ 是 $\mathbf{R}\times\mathbf{R}^{n-1}$ 上各向异齐性的一次齐次函数, 且

$$\mathrm{Re}\,\kappa(\tau,\xi')\geqslant\frac{1}{2}\sqrt[4]{|\xi'|^4+\tau^2},\quad\forall\xi'\in\mathbf{R}^{n-1},\ \forall\tau\in\mathbf{R}.\tag{4.9.33}$$

所以得 (4.9.31) 的唯一属于 $C([0,\infty),S'(\mathbf{R}\times\mathbf{R}^{n-1}))$ 的解:

$$u(t,x',x_n)=\frac{1}{(2\pi)^n}\iint_{\mathbf{R}\times\mathbf{R}^{n-1}}\mathrm{e}^{\mathrm{i}(t\tau+x'\xi')-\kappa(\tau,\xi')x_n}\tilde{h}(\tau,\xi')\mathrm{d}\tau\mathrm{d}\xi'\tag{4.9.34}$$

$(t\in\mathbf{R},\ x'\in\mathbf{R}^{n-1},\ x_n>0)$.

定理 4.9.10 设 $0<\mu<1$, $1<p<\infty$, 则对边值问题 (4.9.31) 的解成立下列估计:

$$[u]_{\frac{\mu}{2},\mu;\overline{\mathbf{R}\times\mathbf{R}^n_+}}\leqslant C[h]_{\frac{\mu}{2},\mu;\mathbf{R}\times\mathbf{R}^{n-1}},\tag{4.9.35}$$

$$[\partial_t u]_{\frac{\mu}{2},\mu;\overline{\mathbf{R}\times\mathbf{R}^n_+}}+\sum_{i,j=1}^{n}[\partial_{ij}^2u]_{\frac{\mu}{2},\mu;\overline{\mathbf{R}\times\mathbf{R}^n_+}}\leqslant C\Big([\partial_t h]_{\frac{\mu}{2},\mu;\mathbf{R}\times\mathbf{R}^{n-1}}+\sum_{i,j=1}^{n-1}[\partial_{ij}^2h]_{\frac{\mu}{2},\mu;\mathbf{R}\times\mathbf{R}^{n-1}}\Big),\tag{4.9.36}$$

$$\sup_{x_n\geqslant0}\|u(\cdot,x_n)\|_{L^p(\mathbf{R}\times\mathbf{R}^{n-1}_+)}\leqslant C\|h\|_{L^p(\mathbf{R}\times\mathbf{R}^{n-1})},\tag{4.9.37}$$

$$\sup_{x_n\geqslant0}\Big(\|\partial_t u(\cdot,x_n)\|_{L^p(\mathbf{R}\times\mathbf{R}^{n-1}_+)}+\sum_{i,j=1}^{n}\|\partial_{ij}^2u(\cdot,x_n)\|_{L^p(\mathbf{R}\times\mathbf{R}^{n-1}_+)}\Big)$$
$$\leqslant C\Big(\|\partial_t h\|_{L^p(\mathbf{R}\times\mathbf{R}^{n-1})}+\sum_{i,j=1}^{n-1}\|\partial_{ij}^2h\|_{L^p(\mathbf{R}\times\mathbf{R}^{n-1})}\Big).\tag{4.9.38}$$

证 由于 $\kappa(\tau,\xi')$ 是各向异齐性的一次齐次函数, 在 $\mathbf{R}\times\mathbf{R}^{n-1}\backslash\{(0,0)\}$ 上无穷可微, 所以对任意非负整数 k 和任意 $n-1$ 重指标 α 都存在相应的常数 $C=C(k,\alpha)>0$ 使成立

$$|\partial_\tau^k\partial_{\xi'}^\alpha\kappa(\tau,\xi')|\leqslant C|(\tau,\xi')|^{1-(2k+|\alpha|)},\quad\forall(\tau,\xi')\in\mathbf{R}\times\mathbf{R}^{n-1}\backslash\{(0,0)\}.$$

据此并应用初等不等式 $\lambda^m\mathrm{e}^{-\lambda}\leqslant m^m\mathrm{e}^{-m}$ $(\forall\lambda,m>0)$ 易知对任意非负整数 k 和任

意 $n-1$ 重指标 α 都存在相应的与 x_n 无关的常数 $C=C(k,\alpha)>0$ 使成立

$$|\partial_\tau^k\partial_{\xi'}^\alpha e^{-\kappa(\tau,\xi')x_n}|\leqslant C|(\tau,\xi')|^{-(2k+|\alpha|)},\quad \forall(\tau,\xi')\in\mathbf{R}\times\mathbf{R}^{n-1}\backslash\{(0,0)\},\ \forall x_n>0.$$

因此 $e^{-\kappa(\tau,\xi')x_n}$ 是 $\mathbf{R}\times\mathbf{R}^{n-1}$ 上各向异性的 Mihlin 乘子, 且 Mihlin 模与 x_n 无关. 据此应用定理 4.9.3 立得

$$\sup_{x_n\geqslant 0}[u(\cdot,x_n)]_{\frac{\mu}{2},\mu;\mathbf{R}\times\mathbf{R}^{n-1}}\leqslant C[h]_{\frac{\mu}{2},\mu;\mathbf{R}\times\mathbf{R}^{n-1}}.$$

另外, 应用微分中值定理易见成立

$$|e^{-\kappa(\tau,\xi')x_n}-e^{-\kappa(\tau,\xi')\bar{x}_n}|\leqslant|\kappa(\tau,\xi')||x_n-\bar{x}_n|\leqslant|(\tau,\xi')||x_n-\bar{x}_n|,$$
$$\forall(\tau,\xi')\in\mathbf{R}\times\mathbf{R}^{n-1}\backslash\{(0,0)\},\ \forall x_n,\bar{x}_n>0.$$

又显然成立

$$|e^{-\kappa(\tau,\xi')x_n}-e^{-\kappa(\tau,\xi')\bar{x}_n}|\leqslant 2,\quad \forall(\tau,\xi')\in\mathbf{R}\times\mathbf{R}^{n-1}\backslash\{(0,0)\},\ \forall x_n,\bar{x}_n>0.$$

所以有

$$|e^{-\kappa(\tau,\xi')x_n}-e^{-\kappa(\tau,\xi')\bar{x}_n}|\leqslant 2^{1-\mu}|(\tau,\xi')|^\mu|x_n-\bar{x}_n|^\mu,$$
$$\forall(\tau,\xi')\in\mathbf{R}\times\mathbf{R}^{n-1}\backslash\{(0,0)\},\ \forall x_n,\bar{x}_n>0.$$

类似地可证明

$$|\partial_\tau^k\partial_{\xi'}^\alpha[e^{-\kappa(\tau,\xi')x_n}-e^{-\kappa(\tau,\xi')\bar{x}_n}]|\leqslant C(k,\alpha)|(\tau,\xi')|^{-(2k+|\alpha|)+\mu}|x_n-\bar{x}_n|^\mu,$$
$$\forall(\tau,\xi')\in\mathbf{R}\times\mathbf{R}^{n-1}\backslash\{(0,0)\},\ \forall x_n,\bar{x}_n>0.$$

据此运用与定理 4.9.3 的证明类似的推理可得

$$\|u(\cdot,x_n)-u(\cdot,\bar{x}_n)\|_{L^\infty(\mathbf{R}\times\mathbf{R}_+^{n-1})}\leqslant C|x_n-\bar{x}_n|^\mu[h]_{\frac{\mu}{2},\mu;\mathbf{R}\times\mathbf{R}^{n-1}},\quad \forall x_n,\bar{x}_n>0.$$

这样就证明了 (4.9.35). 类似地, 应用定理 4.9.5 即得 (4.9.37). 其次, 显然有

$$\partial_t u(t,x',x_n)=\frac{1}{(2\pi)^n}\iint_{\mathbf{R}\times\mathbf{R}^{n-1}}e^{i(t\tau+x'\xi')-\kappa(\tau,\xi')x_n}\widetilde{\partial_t h}(\tau,\xi')d\tau d\xi',$$

$$\partial_{ij}^2 u(t,x',x_n)=\frac{1}{(2\pi)^n}\iint_{\mathbf{R}\times\mathbf{R}^{n-1}}e^{i(t\tau+x'\xi')-\kappa(\tau,\xi')x_n}\widetilde{\partial_{ij}^2 h}(\tau,\xi')d\tau d\xi',\quad 1\leqslant i,j\leqslant n-1,$$

$$\partial_n^2 u(t,x',x_n)=\frac{1}{(2\pi)^n}\iint_{\mathbf{R}\times\mathbf{R}^{n-1}}e^{i(t\tau+x'\xi')-\kappa(\tau,\xi')x_n}(\widetilde{\partial_t-\Delta_{x'}})h(\tau,\xi')d\tau d\xi',$$

所以应用前面的结果即知

$$[\partial_t u]_{\frac{\mu}{2},\mu;\overline{\mathbf{R}\times\mathbf{R}^n_+}}+\sum_{i,j=1}^{n-1}[\partial^2_{ij}u]_{\frac{\mu}{2},\mu;\overline{\mathbf{R}\times\mathbf{R}^n_+}}+[\partial^2_n u]_{\frac{\mu}{2},\mu;\overline{\mathbf{R}\times\mathbf{R}^n_+}}$$

$$\leqslant C\Big(\|\partial_t h\|_{\frac{\mu}{2},\mu;\mathbf{R}\times\mathbf{R}^{n-1}}+\sum_{i,j=1}^{n-1}\|\partial^2_{ij}h\|_{\frac{\mu}{2},\mu;\mathbf{R}\times\mathbf{R}^{n-1}}\Big),$$

$$\sup_{t\geqslant 0}\Big(\|\partial_t u(t,\cdot)\|_{L^p(\mathbf{R}\times\mathbf{R}^n_+)}+\sum_{i,j=1}^{n-1}\|\partial^2_{ij}u(t,\cdot)\|_{L^p(\mathbf{R}\times\mathbf{R}^n_+)}+\|\partial^2_n u(t,\cdot)\|_{L^p(\mathbf{R}\times\mathbf{R}^n_+)}\Big)$$

$$\leqslant C\Big(\|\partial_t h\|_{L^p(\mathbf{R}\times\mathbf{R}^{n-1})}+\sum_{i,j=1}^{n-1}\|\partial^2_{ij}h\|_{L^p(\mathbf{R}\times\mathbf{R}^{n-1})}\Big).$$

剩下只需再证明

$$\sum_{i=1}^{n-1}[\partial_i\partial_n u]_{\frac{\mu}{2},\mu;\overline{\mathbf{R}\times\mathbf{R}^n_+}}\leqslant C\Big([\partial_t h]_{\frac{\mu}{2},\mu;\mathbf{R}\times\mathbf{R}^{n-1}}+\sum_{i,j=1}^{n-1}[\partial^2_{ij}h]_{\frac{\mu}{2},\mu;\mathbf{R}\times\mathbf{R}^{n-1}}\Big),\tag{4.9.39}$$

$$\sum_{i=1}^{n-1}\sup_{x_n\geqslant 0}\|\partial_i\partial_n u(\cdot,x_n)\|_{L^p(\mathbf{R}\times\mathbf{R}^n_+)}\Big)\leqslant C\Big(\|\partial_t h\|_{L^p(\mathbf{R}\times\mathbf{R}^{n-1})}+\sum_{i,j=1}^{n-1}\|\partial^2_{ij}h\|_{L^p(\mathbf{R}\times\mathbf{R}^{n-1})}\Big).\tag{4.9.40}$$

我们有

$$\partial_i\partial_n u(t,x',x_n)=\frac{-\mathrm{i}}{(2\pi)^n}\iint_{\mathbf{R}\times\mathbf{R}^{n-1}}\mathrm{e}^{\mathrm{i}(t\tau+x'\xi')-\kappa(\tau,\xi')x_n}\xi_i\kappa(\tau,\xi')\tilde h(\tau,\xi')\mathrm{d}\tau\mathrm{d}\xi'$$
$$=\frac{-\mathrm{i}}{(2\pi)^n}\iint_{\mathbf{R}\times\mathbf{R}^{n-1}}\mathrm{e}^{\mathrm{i}(t\tau+x'\xi')-\kappa(\tau,\xi')x_n}\frac{\xi_i\kappa(\tau,\xi')}{\mathrm{i}\tau+|\xi'|^2}\widetilde{(\partial_t-\Delta_{x'})h}(\tau,\xi')\mathrm{d}\tau\mathrm{d}\xi'.$$

由于 $\dfrac{\xi_i\kappa(\tau,\xi')}{\mathrm{i}\tau+|\xi'|^2}$ 是各向异齐性的零次齐次函数, 在 $\mathbf{R}\times\mathbf{R}^{n-1}\backslash\{(0,0)\}$ 上无穷可微, 所以是 $\mathbf{R}\times\mathbf{R}^{n-1}$ 上各向异性的 Mihlin 乘子. 又已知 $\mathrm{e}^{-\kappa(\tau,\xi')x_n}$ 是 $\mathbf{R}\times\mathbf{R}^{n-1}$ 上各向异性的 Mihlin 乘子, Mihlin 模与 x_n 无关, 所以 $\mathrm{e}^{-\kappa(\tau,\xi')x_n}\dfrac{\xi_i\kappa(\tau,\xi')}{\mathrm{i}\tau+|\xi'|^2}$ 是 $\mathbf{R}\times\mathbf{R}^{n-1}$ 上各向异性的 Mihlin 乘子, Mihlin 模与 x_n 无关. 因此与前面类似的分析即知 (4.9.39) 和 (4.9.40) 都成立. 定理证毕. □

推论 4.9.11 设 $0<\mu<1$, 则对边值问题

$$\begin{cases}\partial_t u(t,x',x_n)-\Delta u(t,x',x_n)=f(t,x',x_n), & x'\in\mathbf{R}^{n-1},\ t\in\mathbf{R},\ x_n>0,\\ u(t,x',0)=0, & x'\in\mathbf{R}^{n-1},\ t\in\mathbf{R}\end{cases}\tag{4.9.41}$$

的解成立下列估计:

$$[\partial_t u]_{\frac{\mu}{2},\mu;\overline{\mathbf{R}\times\mathbf{R}^n_+}}+\sum_{i,j=1}^{n}[\partial^2_{ij}u]_{\frac{\mu}{2},\mu;\overline{\mathbf{R}\times\mathbf{R}^n_+}}\leqslant C[f]_{\frac{\mu}{2},\mu;\overline{\mathbf{R}\times\mathbf{R}^n_+}}. \tag{4.9.42}$$

证明与推论 4.9.9 的证明类似, 故从略. □

再考虑半空间的初边值问题

$$\begin{cases}\partial_t u(t,x',x_n)-\Delta u(t,x',x_n)=f(t,x',x_n), & x'\in\mathbf{R}^{n-1},\ x_n>0,\ t>0,\\ u(t,x',0)=0, \quad x'\in\mathbf{R}^{n-1},\ t>0, \\ u(0,x',x_n)=0, \quad x'\in\mathbf{R}^{n-1},\ x_n\geqslant 0,\end{cases} \tag{4.9.43}$$

其中 f 是 $\overline{\mathbf{R}_+\times\mathbf{R}^n_+}=\overline{\mathbf{R}}_+\times\mathbf{R}^{n-1}\times\overline{\mathbf{R}}_+$ 上的给定函数. 假定存在 $R>0$ 使当 $|x|=\sqrt{|x'|^2+x_n^2}\geqslant R$ 或 $t\geqslant R$ 时 $f(t,x',x_n)=0$, 并且只考虑 $f\in C^{\frac{\mu}{2},\mu}(\overline{\mathbf{R}_+\times\mathbf{R}^n_+})$ $(0<\mu<1)$ 和 $f\in L^p(\mathbf{R}_+\times\mathbf{R}^n_+)$ $(1<p<\infty)$ 两种情况.

定理 4.9.12 设 $0<\mu<1$, $f\in C^{\frac{\mu}{2},\mu}(\overline{\mathbf{R}_+\times\mathbf{R}^n_+})$, 且 supp$f$ 是有界集, 则对初边值问题 (4.9.43) 的解成立下列估计:

$$[\partial_t u]_{\frac{\mu}{2},\mu;\overline{\mathbf{R}_+\times\mathbf{R}^n_+}}+\sum_{i,j=1}^{n}[\partial^2_{ij}u]_{\frac{\mu}{2},\mu;\overline{\mathbf{R}_+\times\mathbf{R}^n_+}}\leqslant C[f]_{\frac{\mu}{2},\mu;\overline{\mathbf{R}_+\times\mathbf{R}^n_+}}. \tag{4.9.44}$$

证 把 $f(t,x',x_n)$ 先关于 x_n 作偶延拓使对任意 $t\geqslant 0$ 和 $(x',x_n)\in\mathbf{R}^{n-1}\times\mathbf{R}$ 都有定义, 然后再关于 t 作偶延拓使对任意 $(t,x',x_n)\in\mathbf{R}\times\mathbf{R}^{n-1}\times\mathbf{R}$ 都有定义. 记这样延拓后的函数为 $\hat f$. 因 $f\in C^{\frac{\mu}{2},\mu}(\overline{\mathbf{R}_+\times\mathbf{R}^n_+})$ $(0<\mu<1)$, 显然 $\hat f\in C^{\frac{\mu}{2},\mu}(\mathbf{R}\times\mathbf{R}^n)$, 且

$$[\hat f]_{\frac{\mu}{2},\mu;\mathbf{R}\times\mathbf{R}^n}\leqslant[f]_{\frac{\mu}{2},\mu;\overline{\mathbf{R}_+\times\mathbf{R}^n_+}}. \tag{4.9.45}$$

令

$$\hat u(t,x)=\frac{1}{(2\pi)^{n+1}}\int_{-\infty}^{\infty}\int_{\mathbf{R}^n}\mathrm{e}^{\mathrm{i}t\tau+\mathrm{i}x\xi}\frac{\tilde{\hat f}(\tau,\xi)}{\mathrm{i}\tau+|\xi|^2}\mathrm{d}\xi\mathrm{d}\tau,\quad t\in\mathbf{R},\ x\in\mathbf{R}^n.$$

则 $\hat u$ 在 $\mathbf{R}\times\mathbf{R}^n$ 上满足以下方程:

$$\partial_t\hat u(t,x)-\Delta\hat u(t,x)=\hat f(t,x),\quad x\in\mathbf{R}^n,\ t\in\mathbf{R}.$$

根据定理 4.9.6 和 (4.9.45) 知 $\hat u\in C^{1+\frac{\mu}{2},2+\mu}(\mathbf{R}\times\mathbf{R}^n)$, 且

$$[\partial_t\hat u]_{\frac{\mu}{2},\mu;\mathbf{R}\times\mathbf{R}^n}+\sum_{i,j=1}^{n}[\partial^2_{ij}\hat u]_{\frac{\mu}{2},\mu;\mathbf{R}\times\mathbf{R}^n}\leqslant C[f]_{\frac{\mu}{2},\mu;\overline{\mathbf{R}_+\times\mathbf{R}^n_+}}. \tag{4.9.46}$$

令 $v(t,x',x_n)=\hat{u}(t,x',x_n)-u(t,x',x_n)$, $x'\in\mathbf{R}^{n-1}$, $x_n\geqslant 0$, $t\geqslant 0$. 则 v 是下述初边值问题的解:

$$\begin{cases}\partial_t v(t,x',x_n)-\Delta v(t,x',x_n)=0, & x'\in\mathbf{R}^{n-1},\ x_n>0,\ t>0,\\ v(t,x',0)=\hat{u}(t,x',0), \quad x'\in\mathbf{R}^{n-1},\ t>0, & \\ v(0,x',x_n)=\hat{u}(0,x',x_n), \quad x'\in\mathbf{R}^{n-1},\ x_n\geqslant 0, & \end{cases}$$

再令 w 为下述边值问题的解:

$$\begin{cases}\partial_t w(t,x',x_n)-\Delta w(t,x',x_n)=0, & x'\in\mathbf{R}^{n-1},\ x_n>0,\ t\in\mathbf{R},\\ w(t,x',0)=\hat{u}(t,x',0), & x'\in\mathbf{R}^{n-1},\ t\in\mathbf{R}.\end{cases}$$

根据定理 4.9.10 和 (4.9.46) 知 $w\in C^{1+\frac{\mu}{2},2+\mu}(\overline{\mathbf{R}\times\mathbf{R}^n_+})$, 且

$$[\partial_t w]_{\frac{\mu}{2},\mu;\overline{\mathbf{R}\times\mathbf{R}^n_+}}+\sum_{i,j=1}^n[\partial^2_{ij}\hat{u}]_{\frac{\mu}{2},\mu;\overline{\mathbf{R}\times\mathbf{R}^n_+}}\leqslant C[f]_{\frac{\mu}{2},\mu;\overline{\mathbf{R}_+\times\mathbf{R}^n_+}}, \tag{4.9.47}$$

记 $z(t,x',x_n)=v(t,x',x_n)-w(t,x',x_n)$, $x'\in\mathbf{R}^{n-1}$, $x_n\geqslant 0$, $t\geqslant 0$. 则 z 是下述初边值问题的解:

$$\begin{cases}\partial_t z(t,x',x_n)-\Delta z(t,x',x_n)=0, \quad x'\in\mathbf{R}^{n-1},\ x_n>0,\ t>0,\\ z(t,x',0)=0, \quad x'\in\mathbf{R}^{n-1},\ t>0,\\ z(0,x',x_n)=\varphi(x',x_n), \quad x'\in\mathbf{R}^{n-1},\ x_n\geqslant 0,\end{cases} \tag{4.9.48}$$

其中 $\varphi(x',x_n)=\hat{u}(0,x',x_n)-w(0,x',x_n)$, $x'\in\mathbf{R}^{n-1}$, $x_n\geqslant 0$. 根据 (4.9.46) 和 (4.9.47) 知 $\varphi\in C^{2+\mu}(\overline{\mathbf{R}^n_+})$, 且

$$\sum_{i,j=1}^n[\partial^2_{ij}\varphi]_{\mu;\overline{\mathbf{R}^n_+}}\leqslant C[f]_{\frac{\mu}{2},\mu;\overline{\mathbf{R}_+\times\mathbf{R}^n_+}}. \tag{4.9.49}$$

此外还易见成立:

$$\varphi(x',0)=\partial_i\varphi(x',0)=\partial^2_{ij}\varphi(x',0)=0,\quad \forall x'\in\mathbf{R}^{n-1},\ i,j=1,2,\cdots,n-1,$$

以及

$$\begin{aligned}\partial^2_{n+}\varphi(x',0)&=\lim_{x_n\to 0^+}[\partial^2_n\hat{u}(0,x',x_n)-\partial^2_n w(0,x',x_n)]\\ &=\lim_{x_n\to 0^+}[\partial^2_n v(0,x',x_n)-\partial^2_n w(0,x',x_n)]=\lim_{x_n,t\to 0^+}[\partial^2_n v(t,x',x_n)-\partial^2_n w(t,x',x_n)]\\ &=\lim_{x_n,t\to 0^+}\{[\Delta_{x'}v(t,x',x_n)-\partial_t v(t,x',x_n)]-[\Delta_{x'}w(t,x',x_n)-\partial_t w(t,x',x_n)]\}\\ &=\lim_{t\to 0^+}\{[\Delta_{x'}v(t,x',0)-\partial_t v(t,x',0)]-[\Delta_{x'}w(t,x',0)-\partial_t w(t,x',0)]\}\\ &=0,\quad \forall x'\in\mathbf{R}^{n-1}.\end{aligned}$$

最后一个等式成立是因为当 $x_n = 0$ 时 $v(t,x',0) = w(t,x',0) = \hat{u}(t,x',0)$, $\forall x' \in \mathbf{R}^{n-1}$, $\forall t > 0$. 现在把 $\varphi(x',x_n)$ 关于 x_n 作奇延拓, 记延拓后的函数为 $\hat{\varphi}(x',x_n)$. 从以上等式和 $\varphi \in C^{2+\mu}(\overline{\mathbf{R}^n_+})$ 即知 $\hat{\varphi} \in C^{2+\mu}(\mathbf{R}^n)$, 且

$$\sum_{i,j=1}^n [\partial^2_{ij}\hat{\varphi}]_{\mu;\mathbf{R}^n} \leqslant C\sum_{i,j=1}^n [\partial^2_{ij}\varphi]_{\mu;\overline{\mathbf{R}^n_+}} \leqslant C[f]_{\frac{\mu}{2},\mu;\overline{\mathbf{R}_+\times\mathbf{R}^n_+}}. \tag{4.9.50}$$

现在令 $\hat{z}(t,x)$ 为下述初值问题的解:

$$\begin{cases} \partial_t\hat{z}(t,x) - \Delta\hat{z}(t,x) = 0, & x \in \mathbf{R}^n,\ \ t > 0, \\ \hat{z}(0,x) = \hat{\varphi}(x), & x \in \mathbf{R}^n, \end{cases}$$

即

$$\hat{z}(t,x) = \frac{1}{(2\sqrt{\pi t})^n}\int_{\mathbf{R}^n} \mathrm{e}^{-\frac{|x-y|^2}{4t}}\hat{\varphi}(y)\mathrm{d}y, \quad x \in \mathbf{R}^n,\ \ t > 0.$$

则应用定理 4.9.8 和 (4.9.50) 知 $\hat{z} \in C^{1+\frac{\mu}{2},2+\mu}(\overline{\mathbf{R}_+\times\mathbf{R}^n})$, 且

$$\|\partial_t\hat{z}\|_{\frac{\mu}{2},\mu;\overline{\mathbf{R}_+\times\mathbf{R}^n}} + \sum_{i,j=1}^n \|\partial^2_{ij}\hat{z}\|_{\frac{\mu}{2},\mu;\overline{\mathbf{R}_+\times\mathbf{R}^n}} \leqslant C\sum_{i,j=1}^n [\partial^2_{ij}\hat{\varphi}]_{\mu;\mathbf{R}^n} \leqslant C[f]_{\frac{\mu}{2},\mu;\overline{\mathbf{R}_+\times\mathbf{R}^n_+}}. \tag{4.9.51}$$

由于 $\varphi(x',x_n)$ 关于 x_n 是奇函数, 不难知道 $\hat{z}(t,x',x_n)$ 也关于 x_n 是奇函数, 所以 $\hat{z}(t,x',0) = 0$, $\forall (t,x') \in \mathbf{R}_+\times\mathbf{R}^{n-1}$. 这表明 $\hat{z}(t,x)$ 在 $\overline{\mathbf{R}_+\times\mathbf{R}^n_+}$ 上的限制是初值问题 (4.9.48) 的解, 因而成立

$$\hat{z}(t,x) = z(t,x), \quad \forall x \in \overline{\mathbf{R}^n_+},\ \ \forall t \geqslant 0.$$

这样由 (4.9.51) 可知, $z \in C^{1+\frac{\mu}{2},2+\mu}(\overline{\mathbf{R}_+\times\mathbf{R}^n_+})$, 且

$$\|\partial_t z\|_{\frac{\mu}{2},\mu;\overline{\mathbf{R}_+\times\mathbf{R}^n_+}} + \sum_{i,j=1}^n \|\partial^2_{ij}z\|_{\frac{\mu}{2},\mu;\overline{\mathbf{R}_+\times\mathbf{R}^n_+}} \leqslant C[f]_{\frac{\mu}{2},\mu;\overline{\mathbf{R}_+\times\mathbf{R}^n_+}}. \tag{4.9.52}$$

现在注意 $u = \hat{u} - v = \hat{u} - w - z$, 所以从 (4.9.46), (4.9.47) 和 (4.9.52) 即得 (4.9.44). 证毕. □

为了建立初边值问题 (4.9.43) 解的 L^p 估计, 因估计式 (4.9.24) 和 (4.9.38) 都不可用 (为什么? 见定理 1.12.14), 上述方法失效, 我们必须采用其他方法. 实际上, 由于这时不需要解 u 关于空间变元的二阶导数以及关于时间变元的一阶导数都连续, 证明要简单很多. 先证明一个引理.

引理 4.9.13 设 $f \in L^1(\mathbf{R}_+\times\mathbf{R}^n)$, 且 $\mathrm{supp}f$ 是 $\overline{\mathbf{R}_+\times\mathbf{R}^n}$ 中的有界集. 令 $\hat{f}$ 是把 f 作零延拓所得到的 $\mathbf{R}\times\mathbf{R}^n$ 上的紧支函数, 即当 $t \geqslant 0$ 时 $\hat{f}(t,x) = f(t,x)$,

$\forall x\in \mathbf{R}^n$, 而当 $t<0$ 时 $\hat{f}(t,x)=0$, $\forall x\in\mathbf{R}^n$. 又令 u 为初值问题 (4.9.26) 的解, 并令 $\hat{u}$ 为 u 的零延拓, 则成立下列关系式:

$$\hat{u}(t,x)=F^{-1}\Big(\frac{\tilde{\hat{f}}(\tau,\xi)}{\mathrm{i}\tau+|\xi|^2}\Big),\quad \forall x\in\mathbf{R}^n,\ \forall t\in\mathbf{R}. \tag{4.9.53}$$

证 对 (4.9.26) 关于变元 x 作 Fourier 变换, 得

$$\begin{cases}\partial_t\breve{u}(t,\xi)+|\xi|^2\breve{u}(t,\xi)=\breve{f}(t,\xi), & \xi\in\mathbf{R}^n,\ t>0,\\ \breve{u}(0,\xi)=0, & \xi\in\mathbf{R}^n,\end{cases}$$

其中 $\breve{u}(t,\xi)$ 和 $\breve{f}(t,\xi)$ 分别表示 $u(t,x)$ 和 $f(t,x)$ 关于变元 x 的 Fourier 变换. 上述问题的解为

$$\breve{u}(t,\xi)=\int_0^t \mathrm{e}^{-(t-s)|\xi|^2}\breve{f}(s,\xi)\mathrm{d}s=\int_{-\infty}^{\infty}\mathrm{e}^{-(t-s)|\xi|^2}H(t-s)\breve{\hat{f}}(s,\xi)\mathrm{d}s,\quad \forall\xi\in\mathbf{R}^n,\ \forall t\geqslant 0,$$

其中 H 表示 Heaviside 函数: 当 $t>0$ 时 $H(t)=1$, 而当 $t\leqslant 0$ 时 $H(t)=0$. 注意由于当 $s<0$ 时 $\breve{\hat{f}}(s,\xi)=0$, $\forall\xi\in\mathbf{R}^n$, 所以如果定义 $\breve{u}(t,\xi)=0$, $\forall t<0$, $\forall\xi\in\mathbf{R}^n$, 那么上式对 $t<0$ 也成立. 简单的计算表明, 函数 $t\mapsto \mathrm{e}^{-t|\xi|^2}H(t)$ 的 Fourier 变换为 $\dfrac{1}{\mathrm{i}\tau+|\xi|^2}$. 因此, 对上式关于变元 t 作 Fourier 变换, 得

$$\tilde{\hat{u}}(\tau,\xi)=\frac{\tilde{\hat{f}}(\tau,\xi)}{\mathrm{i}\tau+|\xi|^2},\ \forall\xi\in\mathbf{R}^n,\ \forall t\geqslant 0,$$

其中 $\tilde{\hat{u}}(\tau,\xi)$ 和 $\tilde{\hat{f}}(\tau,\xi)$ 分别表示 $u(t,x)$ 和 $\hat{f}(t,x)$ 关于变元 (t,x) 的 Fourier 变换. 对上式两端关于变元 (τ,ξ) 作反 Fourier 变换, 就得到了 (4.9.53). 证毕. □

定理 4.9.14 设 $1<p<\infty$. 则有下列结论:

(1) 设 $f\in L^p(\mathbf{R}_+\times\mathbf{R}^n)$. 则对初值问题 (4.9.26) 的解, 成立下述估计:

$$\|\partial_t u\|_{L^p(\mathbf{R}_+\times\mathbf{R}^n)}+\sum_{i,j=1}^n\|\partial_{ij}^2 u\|_{L^p(\mathbf{R}_+\times\mathbf{R}^n)}\leqslant C\|f\|_{L^p(\mathbf{R}_+\times\mathbf{R}^n)}. \tag{4.9.54}$$

(2) 设 $f\in L^p(\mathbf{R}\times\mathbf{R}^n_+)$. 则对边值问题 (4.9.41) 的解, 成立下述估计:

$$\|\partial_t u\|_{L^p(\mathbf{R}\times\mathbf{R}^n_+)}+\sum_{i,j=1}^n\|\partial_{ij}^2 u\|_{L^p(\mathbf{R}\times\mathbf{R}^n_+)}\leqslant C\|f\|_{L^p(\mathbf{R}\times\mathbf{R}^n_+)}. \tag{4.9.55}$$

(3) 设 $f\in L^p(\mathbf{R}_+\times\mathbf{R}^n_+)$. 则对初边值问题 (4.9.43) 的解, 成立下述估计:

$$\|\partial_t u\|_{L^p(\mathbf{R}_+\times\mathbf{R}^n_+)}+\sum_{i,j=1}^n\|\partial_{ij}^2 u\|_{L^p(\mathbf{R}_+\times\mathbf{R}^n_+)}\leqslant C\|f\|_{L^p(\mathbf{R}_+\times\mathbf{R}^n_+)}. \tag{4.9.56}$$

证 (1) 设记号如引理 4.9.13, 则根据引理 4.9.13 知成立关系式 (4.9.53), 进而

$$\partial_t\hat{u}(t,x)=F^{-1}\Big(\frac{\mathrm{i}\tau\tilde{\hat{f}}(\tau,\xi)}{\mathrm{i}\tau+|\xi|^2}\Big),\quad \partial_{ij}^2\hat{u}(t,x)=-F^{-1}\Big(\frac{\xi_i\xi_j\tau\tilde{\hat{f}}(\tau,\xi)}{\mathrm{i}\tau+|\xi|^2}\Big),\quad i,j=1,2,\cdots,n.$$

因此应用定理 4.9.5 即得 (4.9.54).

(2) 令 $\hat{u}(t,x',x_n)$ 和 $\hat{f}(t,x',x_n)$ 分别表示把 $u(t,x',x_n)$ 和 $f(t,x',x_n)$ 关于 x_n 作奇延拓所得到的函数. 则由 $f\in L^p(\mathbf{R}\times\mathbf{R}_+^n)$ 知 $\hat{f}\in L^p(\mathbf{R}\times\mathbf{R}^n)$ 且

$$\|\hat{f}\|_{L^p(\mathbf{R}\times\mathbf{R}^n)}\leqslant 2\|f\|_{L^p(\mathbf{R}\times\mathbf{R}_+^n)},$$

而且易知 $\hat{u}$ 在 $\mathbf{R}\times\mathbf{R}^n$ 上几乎处处满足方程

$$\partial_t\hat{u}-\Delta\hat{u}=\hat{f}.$$

所以应用定理 4.9.7 即得 (4.9.55).

(3) 令 $\hat{u}(t,x',x_n)$ 和 $\hat{f}(t,x',x_n)$ 分别表示把 $u(t,x',x_n)$ 和 $f(t,x',x_n)$ 关于 x_n 作奇延拓所得到的函数, 则 $\hat{u}$ 是下述初值问题的解:

$$\begin{cases}\partial_t\hat{u}(t,x)-\Delta\hat{u}(t,x)=\hat{f}(t,x), & x\in\mathbf{R}^n,\ t>0,\\ \hat{u}(0,x)=0, & x\in\mathbf{R}^n.\end{cases}$$

因此应用结论 (1) 即得 (4.9.56). 证毕. □

4.9.4 抛物型方程的 C^μ 理论和 L^p 理论

设 Ω 是 $\mathbf{R}^n$ 中的有界开集, 而 $T>0$. 记 $Q_T=(0,T]\times\Omega$. 考虑 Ω 上的下述以时间 t 为参量的二阶椭圆型偏微分算子:

$$L(t)=-\sum_{i,j=1}^n a_{ij}(t,x)\partial_{ij}^2+\sum_{i=1}^n b_i(t,x)\partial_i+c(t,x),\quad x\in\Omega, \tag{4.9.57}$$

其中 $a_{ij},b_i,c\ (i,j=1,2,\cdots,n)$ 都是 Q_T 上的给定函数, 且二阶导数项系数满足以下条件:

$$\begin{cases}a_{ij}=a_{ji},\ \ i,j=1,2,\cdots,n,\ \text{且存在常数}\ c_0>0\ \text{使成立}\\ \displaystyle\sum_{i,j=1}^n a_{ij}(t,x)\xi_i\xi_j\geqslant c_0|\xi|^2,\quad \forall\xi\in\mathbf{R}^n,\ \forall(t,x)\in Q_T.\end{cases} \tag{4.9.58}$$

考虑下述初边值问题:

$$\begin{cases}\partial_t u(t,x)+L(t)u(t,x)=f(t,x), & (t,x)\in Q_T,\\ u(t,x)=h(t,x),\quad x\in\partial\Omega,\ t>0,\\ u(0,x)=\varphi(x),\quad x\in\Omega,\end{cases} \tag{4.9.59}$$

其中 f, h 和 φ 分别是 $\overline{Q}_T$, $[0,T]\times\partial\Omega$ 和 $\overline{\Omega}$ 上给定的函数.

定理 4.9.15 (抛物方程的 $C^{\frac{\mu}{2},\mu}$ 估计) 设 $0<\mu<1$, $\partial\Omega\in C^{2+\mu}$, $a_{ij}, b_i, c\in C^{\frac{\mu}{2},\mu}(\overline{Q}_T)$ $(i,j=1,2,\cdots,n)$ 且满足 (4.9.58). 又设 $u\in C^{1+\frac{\mu}{2},2+\mu}(\overline{Q}_T)$, $f\in C^{\frac{\mu}{2},\mu}(\overline{Q}_T)$, $h\in C^{1+\frac{\mu}{2},2+\mu}([0,T]\times\partial\Omega)$, $\varphi\in C^{2+\mu}(\overline{\Omega})$, 且 h 和 φ 满足以下相容性条件:

$$h(0,x)=\varphi(x),\quad \forall x\in\partial\Omega;\qquad \partial_t h(0,x)+L(0)\varphi(x)=f(0,x),\quad \forall x\in\partial\Omega. \tag{4.9.60}$$

再设 u 是初边值问题 (4.9.59) 的解, 则存在仅与 T, Ω, c_0 以及 $\|a_{ij}\|_{C^{\frac{\mu}{2},\mu}(\overline{Q}_T)}$, $\|b_i\|_{C^{\frac{\mu}{2},\mu}(\overline{Q}_T)}$, $\|c\|_{C^{\frac{\mu}{2},\mu}(\overline{Q}_T)}$ $(i,j=1,2,\cdots,n)$ 的上界有关的常数 $C>0$ 使成立下列估计:

$$\|u\|_{C^{1+\frac{\mu}{2},2+\mu}(\overline{Q}_T)}\leqslant C(\|f\|_{C^{\frac{\mu}{2},\mu}(\overline{Q}_T)}+\|h\|_{C^{1+\frac{\mu}{2},2+\mu}([0,T]\times\partial\Omega)}+\|\varphi\|_{C^{2+\mu}(\overline{\Omega})}). \tag{4.9.61}$$

证 首先取函数 $u_0\in C^{1+\frac{\mu}{2},2+\mu}(\overline{Q}_T)$ 使得 $u_0(0,x)=\varphi(x)$, $\forall x\in\Omega$, $u_0(t,x)=h(t,x)$, $\forall(t,x)\in[0,T]\times\partial\Omega$, 且

$$\|u_0\|_{C^{1+\frac{\mu}{2},2+\mu}(\overline{Q}_T)}\leqslant 2(\|h\|_{C^{1+\frac{\mu}{2},2+\mu}([0,T]\times\partial\Omega)}+\|\varphi\|_{C^{2+\mu}(\overline{\Omega})}).$$

然后令 $v=u-u_0$. 则 v 满足一个与 (4.9.59) 类似、但其中的边值函数和初值函数都等于零而 f 换为 $g=f-\partial_t u_0-L(t)u_0$ 的初边值问题. 显然 $g\in C^{\frac{\mu}{2},\mu}(\overline{Q}_T)$, 且

$$\|g\|_{C^{\frac{\mu}{2},\mu}(\overline{Q}_T)}\leqslant\|f\|_{C^{\frac{\mu}{2},\mu}(\overline{Q}_T)}+C(\|h\|_{C^{1+\frac{\mu}{2},2+\mu}([0,T]\times\partial\Omega)}+\|\varphi\|_{C^{2+\mu}(\overline{\Omega})}).$$

如果能证明 v 满足估计式

$$\|v\|_{C^{1+\frac{\mu}{2},2+\mu}(\overline{Q}_T)}\leqslant C\|g\|_{C^{\frac{\mu}{2},\mu}(\overline{Q}_T)},$$

则结合以上关于 u_0 的不等式即得 (4.9.61). 因此以下设 $h=0$ 且 $\varphi=0$. 下面分五步来证明当 $h=0$ 且 $\varphi=0$ 时的 (4.9.61).

第一步: 建立内估计, 即证明对任意开集 $U\subset\subset\Omega$ 和任意 $0<\delta<T$, 存在相应的常数 $C>0$ 使成立

$$\|u\|_{C^{1+\frac{\mu}{2},2+\mu}([\delta,T]\times\overline{U})}\leqslant C(\|f\|_{C^{\frac{\mu}{2},\mu}(\overline{Q}_T)}+\|u\|_{C^{\frac{\mu}{2},1+\mu}(\overline{Q}_T)}). \tag{4.9.62}$$

为此对任意 $(t_0,x_0)\in[\delta,T]\times\overline{U}$, 把 (4.9.59) 中的偏微分方程改写成

$$\partial_t u(t,x)-\sum_{i,j=1}^n a_{ij}(t_0,x_0)\partial_{ij}^2 u(t,x)=g(t,x),\quad \forall x\in\Omega,\ 0<t\leqslant T,$$

其中

$$g(t,x)=f(t,x)+\sum_{i,j=1}^n[a_{ij}(t,x)-a_{ij}(t_0,x_0)]\partial_{ij}^2 u(t,x)-\sum_{i=1}^n b_i(t,x)\partial_i u(t,x)-c(t,x)u(t,x).$$

取截断函数$\zeta \in C_0^\infty(\mathbf{R}\times\mathbf{R}^n)$ 使当 $|(t,x)|\leqslant 1/2$ 时 $\zeta(t,x)=1$, 且当 $|(t,x)|\geqslant 1$ 时 $\zeta(t,x)=0$. 再对待定的充分小的 $\varepsilon>0$ 令 $\zeta_\varepsilon(t,x)=\zeta\Big(\dfrac{t-t_0}{\varepsilon^2},\dfrac{x-x_0}{\varepsilon}\Big)$, $\forall(t,x)\in\mathbf{R}\times\mathbf{R}^n$, 然后令 $u_\varepsilon=\zeta_\varepsilon u$. 则当 ε 充分小时, u_ε 便在 $(-\infty,T]\times\mathbf{R}^n$ 上满足方程

$$\partial_t u_\varepsilon(t,x)-\sum_{i,j=1}^n a_{ij}(t_0,x_0)\partial_{ij}^2 u_\varepsilon(t,x)=g_\varepsilon(t,x), \tag{4.9.63}$$

其中

$$\begin{aligned}g_\varepsilon(t,x)=&\ \zeta_\varepsilon(t,x)g(t,x)-\partial_t\zeta_\varepsilon(t,x)u(t,x)\\&+\sum_{i,j=1}^n a_{ij}(t_0,x_0)\partial_{ij}^2\zeta_\varepsilon(t,x)u(t,x)+\sum_{i,j=1}^n a_{ij}(t_0,x_0)\partial_j\zeta_\varepsilon(t,x)\partial_i u(t,x)\\=&\ \zeta_\varepsilon(t,x)f(t,x)+\sum_{i,j=1}^n[a_{ij}(t,x)-a_{ij}(t_0,x_0)]\partial_{ij}^2u_\varepsilon(t,x)+\text{含 } u \text{ 及 } \nabla_x u \text{ 的项}.\end{aligned}$$

把 $g_\varepsilon(t,x)$ 延拓使当 $T<t<T+1$ 时 $g_\varepsilon(t,x)=(T+1-t)g_\varepsilon(T,x)$, $\forall x\in\overline{\Omega}$, 而当 $t\geqslant T+1$ 时 $g_\varepsilon(t,x)=0$, $\forall x\in\overline{\Omega}$, 然后令 u_ε 为方程 (4.9.63) 在整个 $\mathbf{R}\times\mathbf{R}^n$ 上的解. 则通过在 $\mathbf{R}^n$ 上作适当的坐标变换然后应用定理 4.9.6, 并注意到在 $\operatorname{supp}\zeta_\varepsilon$ 上 $|a_{ij}(t,x)-a_{ij}(t_0,x_0)|\leqslant C\varepsilon^\mu$, 便得

$$\|u_\varepsilon\|_{C^{1+\frac{\mu}{2},2+\mu}(\mathbf{R}^{n+1})}\leqslant C\varepsilon^\mu\|u_\varepsilon\|_{C^{1+\frac{\mu}{2},2+\mu}(\mathbf{R}^{n+1})}+C(\|f\|_{C^{\frac{\mu}{2},\mu}(\overline{Q}_T)}+\|u\|_{C^{\frac{\mu}{2},1+\mu}(\overline{Q}_T)}).$$

取 ε 充分小使 $C\varepsilon^\mu\leqslant 1/2$, 就得到

$$\|u_\varepsilon\|_{C^{1+\frac{\mu}{2},2+\mu}(\mathbf{R}^{n+1})}\leqslant 2C(\|f\|_{C^{\frac{\mu}{2},\mu}(\overline{Q}_T)}+\|u\|_{C^{\frac{\mu}{2},1+\mu}(\overline{Q}_T)}).$$

由于当 $|(t,x)-(t_0,x_0)|<\varepsilon/2$ 且 $0\leqslant t\leqslant T$ 时 $u_\varepsilon(t,x)=u(t,x)$, 所以就证明了, 对任意 $(t_0,x_0)\in[\delta,T]\times\overline{U}$ 存在相应的邻域 $U(t_0,x_0)$ 使成立

$$\|u\|_{C^{1+\frac{\mu}{2},2+\mu}(\overline{U(t_0,x_0)\cap Q_T})}\leqslant 2C(\|f\|_{C^{\frac{\mu}{2},\mu}(\overline{Q}_T)}+\|u\|_{C^{\frac{\mu}{2},1+\mu}(\overline{Q}_T)}).$$

取有限个点 $(t_i,x_i)\in[\delta,T]\times\overline{U}$ $(i=1,2,\cdots,m)$ 使 $\{U(t_i,x_i)\}_{i=1}^m$ 覆盖 $[\delta,T]\times\overline{U}$, 再对每个 (t_i,x_i) 应用以上估计式, 然后相加, 就得到了 (4.9.62).

第二步: 建立底边估计, 即证明对任意 $x_0\in\Omega$, 存在 x_0 的邻域 $U\subseteq\Omega$ 和正数 δ 以及常数 $C>0$ 使成立

$$\|u\|_{C^{1+\frac{\mu}{2},2+\mu}([0,\delta]\times\overline{U})}\leqslant C(\|f\|_{C^{\frac{\mu}{2},\mu}(\overline{Q}_T)}+\|u\|_{C^{\frac{\mu}{2},1+\mu}(\overline{Q}_T)}). \tag{4.9.64}$$

为此对任意 $x_0\in\Omega$, 把 (4.9.59) 中的偏微分方程改写成

$$\partial_t u(t,x)-\sum_{i,j=1}^n a_{ij}(0,x_0)\partial_{ij}^2u(t,x)=g(t,x),\quad \forall x\in\Omega,\ 0<t\leqslant T,$$

其中

$$g(t,x)=f(t,x)+\sum_{i,j=1}^{n}[a_{ij}(t,x)-a_{ij}(0,x_0)]\partial_{ij}^2u(t,x)-\sum_{i=1}^{n}b_i(t,x)\partial_iu(t,x)+c(t,x)u(t,x).$$

取截断函数 ζ 同前, 再对待定的充分小的 $\varepsilon>0$ 令 $\zeta_\varepsilon(t,x)=\zeta\Big(\dfrac{t}{\varepsilon^2},\dfrac{x-x_0}{\varepsilon}\Big)$, $\forall(t,x)\in\mathbf{R}\times\mathbf{R}^n$, 然后令 $u_\varepsilon=\zeta_\varepsilon u$. 则当 ε 充分小时, u_ε 是下列初值问题的解:

$$\begin{cases}\partial_tu_\varepsilon(t,x)-\displaystyle\sum_{i,j=1}^{n}a_{ij}(0,x_0)\partial_{ij}^2u_\varepsilon(t,x)=g_\varepsilon(t,x), & x\in\mathbf{R}^n,\ t>0,\\ u_\varepsilon(0,x)=0, \quad x\in\mathbf{R}^n,\end{cases}$$

其中

$$\begin{aligned}g_\varepsilon(t,x)&=\zeta_\varepsilon(t,x)g(t,x)-\partial_t\zeta_\varepsilon(t,x)u(t,x)\\&\quad+\sum_{i,j=1}^{n}a_{ij}(0,x_0)\partial_{ij}^2\zeta_\varepsilon(t,x)u(t,x)+\varepsilon\sum_{i,j=1}^{n}a_{ij}(0,x_0)\partial_j\zeta_\varepsilon(t,x)\partial_iu(t,x)\\&=\zeta_\varepsilon(t,x)f(t,x)+\sum_{i,j=1}^{n}[a_{ij}(t,x)-a_{ij}(0,x_0)]\partial_{ij}^2u_\varepsilon(t,x)+\text{含 } u \text{ 及 } \nabla_xu \text{ 的项}.\end{aligned}$$

据此与前类似地并应用推论 4.9.9, 就得到了 (4.9.64).

第三步: 建立侧边估计, 即证明对任意 $(t_0,x_0)\in(0,T]\times\partial\Omega$, 存在 (t_0,x_0) 的邻域 $E\subseteq\mathbf{R}_+\times\mathbf{R}^n$ 和常数 $C>0$ 使成立

$$\|u\|_{C^{1+\frac{\mu}{2},2+\mu}(\overline{E\cap Q_T})}\leqslant C(\|f\|_{C^{\frac{\mu}{2},\mu}(\overline{Q}_T)}+\|u\|_{C^{\frac{\mu}{2},1+\mu}(\overline{Q}_T)}). \tag{4.9.65}$$

由于 $\partial\Omega\in C^{2+\mu}$, 所以对任意 $x_0\in\partial\Omega$ 存在相应的邻域 $U\subseteq\mathbf{R}^n$ 和 $C^{2+\mu}$ 类微分同胚 $\Phi:\overline{U}\to\overline{B}(0,1)\subseteq\mathbf{R}^n$ 满足以下条件:

$$\Phi(U\cap\Omega)=B_+(0,1),\quad \Phi(U\cap\partial\Omega)=B(0,1)\cap\{x_n=0\},\quad \Phi(x_0)=0.$$

取截断函数 ζ 同前, 再对待定的充分小的 $\varepsilon>0$ 令 ζ_ε 和 $u_\varepsilon=\zeta_\varepsilon u$ 同第一步. 这里 ε 足够小到当 $|t-t_0|<\varepsilon^2$ 时 $t>0$. 则有

$$\partial_tu_\varepsilon(t,x)-\sum_{i,j=1}^{n}a_{ij}(t,x)\partial_{ij}^2u_\varepsilon(t,x)=\zeta_\varepsilon f(t,x)+\text{含 } u \text{ 及 } \nabla_xu \text{ 的项}.$$

再令 $\hat{u}_\varepsilon(t,y)=u_\varepsilon(t,\Phi^{-1}(y))$, $\hat{a}_{kl}(t,y)=\displaystyle\sum_{i,j=1}^{n}a_{ij}(t,x)\partial_i\Phi_k(x)\partial_j\Phi_l(x)|_{x=\Phi^{-1}(y)}$, $k,l=1,2,\cdots,n$, $\hat{f}_\varepsilon(t,y)=(\zeta_\varepsilon f)(t,\Phi^{-1}(y))$, 并把 $\hat{u}_\varepsilon$ 及 $\hat{f}_\varepsilon$ 作零延拓使对任意 $(t,y)\in$

$(-\infty,T]\times\overline{\mathbf{R}^n_+}$ 都有定义. 则有

$$\begin{cases}\partial_t\hat{u}_\varepsilon(t,y)-\displaystyle\sum_{k,l=1}^{n}\hat{a}_{kl}(t_0,0)\partial_{kl}^2\hat{u}_\varepsilon(t,y)=\hat{f}_\varepsilon(t,y)+\sum_{k,l=1}^{n}[\hat{a}_{kl}(t,y)-\hat{a}_{kl}(t_0,0)]\partial_{kl}^2\hat{u}_\varepsilon(t,y)\\ \qquad +\text{含 } \hat{u} \text{ 及 } \widehat{\nabla_x u} \text{ 的项},\quad y\in\mathbf{R}^n_+,\ -\infty<t\leqslant T,\\ \hat{u}_\varepsilon(t,y',0)=0,\quad y'\in\mathbf{R}^{n-1},\ -\infty<t\leqslant T,\end{cases}$$

其中 $\hat{u}$ 和 $\widehat{\nabla_x u}$ 分别表示对 u 和 $\nabla_x u$ 施行坐标变换 $x\mapsto y=\Phi(x)$ 所得到的函数. 用类似于第一步的方式把方程的右端项延拓使当 $t>T$ 时也有定义, 然后应用推论 4.9.11 以及与前两步类似的推理, 即可对充分小的 $\varepsilon>0$ 得到估计式

$$\|\hat{u}_\varepsilon\|_{C^{1+\frac{\mu}{2},2+\mu}((-\infty,T]\times\overline{\mathbf{R}^n_+})}\leqslant C(\|f\|_{C^{\frac{\mu}{2},\mu}(\overline{Q}_T)}+\|u\|_{C^{\frac{\mu}{2},1+\mu}(\overline{Q}_T)}).$$

现在令 $E=\{(t,x)\in\mathbf{R}\times\mathbf{R}^n:\ |t-t_0|<(\varepsilon/2)^2,\ |x-x_0|<\varepsilon/2\}$. 那么把上式左端做逆坐标变换 $y\mapsto x=\Phi^{-1}(y)$, 然后再限制在 $\overline{E\cap Q_T}$ 上, 就得到了 (4.9.65).

第四步: 建立底 – 侧边估计, 即证明对任意 $x_0\in\partial\Omega$, 存在 x_0 的邻域 $U\subseteq\mathbf{R}^n$ 和 $0<\delta<T$ 以及常数 $C>0$ 使成立

$$\|u\|_{C^{1+\frac{\mu}{2},2+\mu}([0,\delta]\times\overline{(U\cap\Omega)})}\leqslant C(\|f\|_{C^{\frac{\mu}{2},\mu}(\overline{Q}_T)}+\|u\|_{C^{\frac{\mu}{2},1+\mu}(\overline{Q}_T)}).\tag{4.9.66}$$

这一步的推理与第三步类似, 区别只在于需要应用定理 4.9.12, 而不是推论 4.9.11. 细节从略.

第五步: 最后建立估计式 (4.9.61). 为此在 Q_T 的抛物边界

$$\partial_pQ_T=\{(t,x)\in[0,T]\times\overline{\Omega}:\ t=0,\ x\in\overline{\Omega}\ \text{或}\ 0<t\leqslant T,\ x\in\partial\Omega\}$$

上取有限个点使得对它们按第二至第四步所得到的邻域形成 ∂_pQ_T 的覆盖, 然后再取开集 $U\subset\subset\Omega$ 和正数 $\delta<T$ 使得 ∂_pQ_T 的前述覆盖连同 $(\delta,T]\times U$ 一起形成 $\overline{Q}_T$ 的覆盖. 这样应用前面四步所得到的估计式即 (4.9.62), (4.9.64), (4.9.65) 和 (4.9.66) 便得到以下估计式:

$$\|u\|_{C^{1+\frac{\mu}{2},2+\mu}(\overline{Q}_T)}\leqslant C(\|f\|_{C^{\frac{\mu}{2},\mu}(\overline{Q}_T)}+\|u\|_{C^{\frac{\mu}{2},1+\mu}(\overline{Q}_T)}).$$

应用内插不等式

$$\|u\|_{C^{\frac{\mu}{2},1+\mu}(\overline{Q}_T)}\leqslant\varepsilon\|u\|_{C^{1+\frac{\mu}{2},2+\mu}(\overline{Q}_T)}+C_\varepsilon\|u\|_{L^\infty(Q_T)},\quad\forall\varepsilon>0$$

取 $\varepsilon>0$ 充分小代入上式, 就得到

$$\|u\|_{C^{1+\frac{\mu}{2},2+\mu}(\overline{Q}_T)}\leqslant C(\|f\|_{C^{\frac{\mu}{2},\mu}(\overline{Q}_T)}+\|u\|_{L^\infty(Q_T)}).$$

再应用内插不等式

$$\|u\|_{L^\infty(Q_T)} \leqslant \varepsilon\|u\|_{C^1(\overline{Q}_T)} + C_\varepsilon\|u\|_{L^2(Q_T)}, \quad \forall\varepsilon > 0$$

取 $\varepsilon > 0$ 充分小代入上式, 就得到

$$\|u\|_{C^{1+\frac{\mu}{2},2+\mu}(\overline{Q}_T)} \leqslant C(\|f\|_{C^{\frac{\mu}{2},\mu}(\overline{Q}_T)} + \|u\|_{L^2(Q_T)}).$$

而由能量不等式知

$$\|u\|_{L^2(Q_T)} \leqslant C\|f\|_{L^2(Q_T)} \leqslant C\|f\|_{C^{\frac{\mu}{2},\mu}(\overline{Q}_T)}.$$

代入上式即得所需要的不等式. 定理至此证毕. □

应用定理 4.9.7, 定理 4.9.14 和与上述证明类似的方法, 便可得到以下定理:

定理 4.9.16 (抛物方程的 L^p 估计) *设 $1 < p < \infty$, $\partial\Omega \in C^2$, $a_{ij} \in C(\overline{Q}_T)$ $(i,j = 1,2,\cdots,n)$ 且满足 (4.9.58), $b_i, c \in L^\infty(Q_T)$ $(i = 1,2,\cdots,n)$. 又设 $u \in W_p^{1,2}(Q_T)$, $f \in L^p(Q_T)$, 且存在 $u_0 \in W_p^{1,2}(Q_T)$ 使 $h = u_0|_{[0,T]\times\partial\Omega}$, $\varphi(x) = u_0(0,x)$, $\forall x \in \overline{\Omega}$. 再设 u 是初边值问题 (4.9.59) 的解. 则存在仅与 T, Ω, c_0, a_{ij} $(i,j = 1,2,\cdots,n)$ 的连续性模以及 $\|b_i\|_{L^\infty(Q_T)}$ $(i = 1,2,\cdots,n)$ 和 $\|c\|_{L^\infty(Q_T)}$ 的上界有关的常数 $C > 0$ 使成立下列估计:*

$$\|u\|_{W_p^{1,2}(Q_T)} \leqslant C(\|f\|_{L^p(Q_T)} + \|u_0\|_{W_p^{1,2}(Q_T)}).$$ □

应用以上两个定理以及与椭圆型方程类似的方法便可证明下面两个定理 (证明过程这里从略):

定理 4.9.17 (抛物方程 $C^{\frac{\mu}{2},\mu}$ 解的存在性) *在定理 4.9.15 的条件下, 再设 $a_{ij} \in C^1(\overline{Q}_T)$ $(i,j=1,2,\cdots,n)$. 则初边值问题 (4.9.59) 存在唯一的解 $u \in C^{1+\frac{\mu}{2},2+\mu}(\overline{Q}_T)$.* □

定理 4.9.18 (抛物方程 L^p 解的存在性) *在定理 4.9.16 的条件下, 再设 $a_{ij} \in C^1(\overline{Q}_T)$ $(i,j=1,2,\cdots,n)$. 则初边值问题 (4.9.59) 存在唯一的解 $u\in W_p^{1,2}(Q_T)$.* □

在以上两个定理中, 之所以假定 $a_{ij} \in C^1(\overline{Q}_T)$ $(i,j=1,2,\cdots,n)$, 是为了把算子 $L(t)$ 能够写成散度形式, 进而应用 4.4 节的结果以及第 3 章讨论椭圆型方程的类似方法来证明以上两个定理. 如果采用一些其他方法, 那么这个假定可以减弱.

4.9.5 抛物型方程的极值原理

和椭圆型方程类似, 对抛物型方程也成立极值原理. 下面讨论抛物型方程的极值原理.

定理 4.9.19 (弱极值原理) 设 $L(t)$ 是由 (4.9.57) 给出的并满足条件 (4.9.58) 的算子, $c \geqslant 0$, 且一阶导数项系数 b_i $(i = 1, 2, \cdots, n)$ 有界. 又设 $u \in C^{1,2}(Q_T) \cap C(\overline{Q}_T)$, $f \in L^\infty(Q_T)$. 则存在 (与 u 和 f 无关的) 常数 $C > 0$ 使成立下列结论:

(1) 如果在 Q_T 上成立 $\partial_t u + L(t)u \geqslant f$, 则

$$\min_{(t,x)\in\overline{Q}_T} u(t,x) \geqslant \min_{(t,x)\in\partial_p Q_T} \min\{u(t,x), 0\} - C \sup_{(t,x)\in Q_T} |f(t,x)|; \tag{4.9.67}$$

(2) 如果在 Q_T 上成立 $\partial_t u + L(t)u \leqslant f$, 则

$$\max_{(t,x)\in\overline{Q}_T} u(t,x) \leqslant \max_{(t,x)\in\partial_p Q_T} \max\{u(t,x), 0\} + C \sup_{(t,x)\in Q_T} |f(t,x)|. \tag{4.9.68}$$

证 只需证明结论 (1); 因为把它应用于 $-u$ 和 $-f$ 就是结论 (2). 分两步证明结论 (1).

先设 $\partial_t u(t,x) + L(t)u(t,x) > 0$, $\forall (t,x) \in Q_T$, 且 $u(t,x) \geqslant 0$, $\forall (t,x) \in \partial_p Q_T$, 来证明 $u(t,x) \geqslant 0$, $\forall (t,x) \in \overline{Q}_T$. 反证而设 $\min\limits_{(t,x)\in\overline{Q}_T} u(t,x) < 0$. 令 (t_0, x_0) 为 u 的最小值点. 则 $(t_0, x_0) \in Q_T$, 从而 $\nabla_x u(t_0, x_0) = 0$, $\partial_t u(t_0, x_0) = 0$ (当 $0 < t_0 < T$) 或 $\partial_t u(t_0, x_0) \leqslant 0$ (当 $t_0 = T$), 且 $(\partial_{ij}^2 u(t_0, x_0))_{n\times n}$ 是半正定矩阵. 由于 $(a_{ij}(t_0, x_0))_{n\times n}$ 是正定矩阵, 所以根据引理 3.5.1 知

$$\sum_{i,j=1}^n a_{ij}(t_0, x_0)\partial_{ij}^2 u(t_0, x_0) \geqslant 0.$$

进而由 $\partial_i u(t_0, x_0) = 0$ $(i = 1, 2, \cdots, n)$, $c(t_0, x_0) \geqslant 0$ 和 $u(t_0, x_0) < 0$ 得到

$$\begin{aligned}\partial_t u(t_0, x_0) + L(t_0)u(t_0, x_0) &= \partial_t u(t_0, x_0) - \sum_{i,j=1}^n a_{ij}(t_0, x_0)\partial_{ij}^2 u(t_0, x_0) \\ &\quad + \sum_{i=1}^n b_i(t_0, x_0)\partial_i u(t_0, x_0) + c(t_0, x_0)u(t_0, x_0) \\ &\leqslant 0.\end{aligned}$$

这与所设条件矛盾.

现在设在 Q_T 上成立 $\partial_t u + L(t)u \geqslant f$, 来证明 (4.9.67). 为此取充分大的正数 λ 使 $c_0\lambda^2 - \lambda \sup\limits_{(t,x)\in Q_T} |b_1(t,x)| \geqslant 1$, 其中 c_0 为 $L(t)$ 的一致椭圆型常数. 设 Ω 在 x_1 方向上的宽度为 d. 必要时通过平移, 可设 Ω 包含于带型区域 $0 < x_1 < d$ 中. 记 $m = \min\limits_{(t,x)\in\partial_p Q_T} \min\{u(t,x), 0\} \leqslant 0$. 作辅助函数

$$u_\varepsilon(t,x) = u(t,x) - m + [\varepsilon + \sup_{(t,x)\in Q_T} |f(t,x)|](\mathrm{e}^{\lambda d} - \mathrm{e}^{\lambda x_1}), \quad (t,x) \in \overline{Q}_T,$$

其中 ε 为任意正数. 则有

$$\begin{aligned}
&\partial_t u_\varepsilon(t,x)+L(t)u_\varepsilon(t,x)\\
=&\partial_t u(t,x)+L(t)u(t,x)-mc(t,x)\\
&-[\varepsilon+\sup_{(t,x)\in Q_T}|f(t,x)|][-a_{11}(t,x)\lambda^2+b_1(t,x)\lambda]\mathrm{e}^{\lambda x_1}\\
&+c(t,x)[\varepsilon+\sup_{(t,x)\in Q_T}|f(t,x)|](\mathrm{e}^{\lambda d}-\mathrm{e}^{\lambda x_1})\\
\geqslant& f(t,x)-[\varepsilon+\sup_{(t,x)\in Q_T}|f(t,x)|][-c_0\lambda^2+\lambda\sup_{(t,x)\in Q_T}|b_1(t,x)|]\mathrm{e}^{\lambda x_1}\\
\geqslant& f(t,x)+[\varepsilon+\sup_{(t,x)\in Q_T}|f(t,x)|]\geqslant\varepsilon>0,\quad \forall(t,x)\in Q_T.
\end{aligned}$$

又显然 $u_\varepsilon(t,x)\geqslant 0,\forall(t,x)\in\partial_p Q_T$, 所以由第一步所得结论知 $u_\varepsilon(t,x)\geqslant 0,\forall(t,x)\in\overline{Q}_T$. 令 $\varepsilon\to 0$ 取极限, 并记 $C=\mathrm{e}^{\lambda d}$, 便得到了 (4.9.67). 证毕. □

推论 4.9.20 (Dirichlet 初边值问题的最大模估计) *设 $L(t)$ 满足定理 4.9.19 的条件, 而 $f\in L^\infty(Q_T)$. 又设 $u\in C^{1,2}(Q_T)\cap C(\overline{Q}_T)$ 是方程 $\partial_t u+L(t)u=f$ 在 Q_T 上的经典解. 则存在 (与 u 和 f 无关的) 常数 $C>0$ 使成立*

$$\sup_{(t,x)\in Q_T}|u(t,x)|\leqslant\sup_{(t,x)\in\partial_p Q_T}|u(t,x)|+C\sup_{(t,x)\in Q_T}|f(t,x)|.$$ □

推论 4.9.21 (Dirichlet 初边值问题的比较原理) *设 $L(t)$ 满足定理 4.9.19 的条件, 而 $u,v\in C^{1,2}(Q_T)\cap C(\overline{Q}_T)$ 满足*

$$\begin{cases}\partial_t u+L(t)u\geqslant\partial_t v+L(t)v, & \text{在 } Q_T \text{ 内},\\ u\geqslant v, & \text{在 } \partial_p Q_T \text{ 上},\end{cases}$$

则在整个 $\overline{Q}_T$ 上 $u\geqslant v$. □

注 对 $u\in C^{1,2}(Q_T)$, 如果在 Q_T 上成立 $\partial_t u+L(t)u\geqslant f$, 则称 u 为方程 $\partial_t u+L(t)u=f$ 在 Q_T 上的**上解**; 而如果在 Q_T 上成立 $\partial_t u+L(t)u\leqslant f$, 则称 u 为方程 $\partial_t u+L(t)u=f$ 在 Q_T 上的**下解**. 对 $u\in C^{1,2}(Q_T)\cap C(\overline{Q}_T)$, 如果在 Q_T 上成立 $\partial_t u+L(t)u\geqslant f$, 且在 $[0,T]\times\partial\Omega$ 上成立 $u\geqslant h$, 在 Ω 上成立 $u(0,\cdot)\geqslant\varphi$, 则称 u 为初边值问题 (4.9.59) 的**上解**; 而如果在 Q_T 上成立 $\partial_t u+L(t)u\leqslant f$, 且在 $[0,T]\times\partial\Omega$ 上成立 $u\leqslant h$, 在 Ω 上成立 $u(0,\cdot)\leqslant\varphi$, 则称 u 为初边值问题 (4.9.59) 的**下解**.

习 题 4.9

1. 设 $\kappa_1,\kappa_2,\cdots,\kappa_n$ 是 n 个给定的正数, $\min\{\kappa_1,\kappa_2,\cdots,\kappa_n\}=1$. 定义 $\mathbf{R}^n$ 上各向异性的伸缩群 $\{\delta_\lambda\}_{\lambda>0}$ 如下:

$$\delta_\lambda(x_1,x_2,\cdots,x_n)=(\lambda^{\kappa_1}x_1,\lambda^{\kappa_2}x_2,\cdots,\lambda^{\kappa_n}x_n),\quad\forall(x_1,x_2,\cdots,x_n)\in\mathbf{R}^n,\quad\forall\lambda>0.$$

试把 4.9.1 小节、4.9.2 小节的内容推广到这种各向异性伸缩的情形, 建立相应于这种各向异性伸缩的奇异积分算子、Mihlin 乘子和 Hörmander 乘子的 L^p $(1<p<\infty)$ 有界性和 C^μ $(0<\mu<1)$ 有界性定理.

2. 设 $m_1, m_2, \cdots, m_n$ 是 n 个正整数, 而 $P(\partial)=\sum\limits_{i=1}^{n}(-1)^{m_i}\partial_i^{2m_i}$.

(1) 证明: 对任意 $1<p<\infty$ 存在相应的常数 $C>0$ 使成立不等式

$$\sum_{i=1}^{n}\|\partial_i^{2m_i}u\|_{L^p(\mathbf{R}^n)}\leqslant C\|P(\partial)u\|_{L^p(\mathbf{R}^n)},\quad \forall u\in S(\mathbf{R}^n);$$

(2) 对 $0<\mu<1$, 对应于以上不等式的 C^μ 形式的不等式该如何写? 请证明你的不等式.

3. 试建立对应于第 1 题定义的各向异性的伸缩群 $\{\delta_\lambda\}_{\lambda>0}$ 的 Hölder 空间和 Sobolev 空间理论, 特别是建立相应的嵌入定理.

4. 写出定理 4.9.17 的证明.

5. 写出定理 4.9.18 的证明.

4.10 热传导方程的初值问题

本章最后三节简要讨论二阶线性发展型偏微分方程的初值问题. 限于篇幅, 我们不考虑一般的二阶线性发展型偏微分方程, 而只讨论热传导方程、波动方程和 Schrödinger 方程三类具有代表性并且最常用的发展型方程, 对这几个重要方程初值问题的一些常用估计式作简要的介绍.

本节考虑热传导方程的初值问题

$$\begin{cases}\partial_t u(t,x)-\Delta u(t,x)=f(t,x), & x\in\mathbf{R}^n,\ t>0,\\ u(0,x)=\varphi(x), & x\in\mathbf{R}^n,\end{cases}\tag{4.10.1}$$

其中 f 和 φ 分别是 $\mathbf{R}_+\times\mathbf{R}^n$ 和 $\mathbf{R}^n$ 上的给定函数. 我们注意更一般的热传导方程

$$\partial_t u(t,x)-a^2\Delta u(t,x)=f(t,x),\quad x\in\mathbf{R}^n,\ t>0,$$

其中 a 为正常数 (称为热传导系数或扩散系数), 通过作重定标尺 (rescaling) 的坐标变换: $u(t,x)=\hat{u}(a^2t,x)$, $f(t,x)=a^2\hat{f}(a^2t,x)$, 即化为方程 (4.10.1).

设 $\varphi\in S'(\mathbf{R}^n)$, $f\in L^1_{\rm loc}([0,\infty),S'(\mathbf{R}^n))$ (即对几乎所有的 $t\geqslant 0$ 都有 $f(t,\cdot)\in S'(\mathbf{R}^n)$, 且对任意 $\psi\in S(\mathbf{R}^n)$ 和 $T>0$ 都有 $[t\mapsto\langle f(t,\cdot),\psi\rangle]\in L^1[0,T]$), 我们来求上述问题的广函解 $u\in C([0,\infty),S'(\mathbf{R}^n))\cap C^1((0,\infty),S'(\mathbf{R}^n))$. 把 Laplace 算子 Δ 看作 $S'(\mathbf{R}^n)$ 到 $S'(\mathbf{R}^n)$ 的连续线性算子, 并把函数 u 和 f 分别与映 $[0,\infty)$ 到 $S'(\mathbf{R}^n)$ 的映射 $t\mapsto u(t,\cdot)$ 和 $t\mapsto f(t,\cdot)$ 等同, 则上述初值问题可改写成拓扑线性空

间 $S'(\mathbf{R}^n)$ 上的以下常微分方程初值问题:

$$\begin{cases} u'(t) = \Delta u(t) + f(t), \quad t > 0, \\ u(0) = \varphi. \end{cases} \tag{4.10.2}$$

作 (关于变元 x 的)Fourier 变换, 得

$$\begin{cases} \tilde{u}'(t) = -|\xi|^2\tilde{u}(t) + \tilde{f}(t), \quad t > 0, \\ \tilde{u}(0) = \tilde{\varphi}. \end{cases}$$

其解为

$$\tilde{u}(t) = \tilde{\varphi}\mathrm{e}^{-t|\xi|^2} + \int_0^t \tilde{f}(s)\mathrm{e}^{-(t-s)|\xi|^2}\mathrm{d}s, \quad t \geqslant 0. \tag{4.10.3}$$

对 $t \geqslant 0$, 用 $\mathrm{e}^{t\Delta}$ 表示 $S'(\mathbf{R}^n)$ 到 $S'(\mathbf{R}^n)$ 的以下连续线性映射: 对任意 $\varphi \in S'(\mathbf{R}^n)$,

$$\mathrm{e}^{t\Delta}\varphi = F^{-1}(\tilde{\varphi}(\xi)\mathrm{e}^{-t|\xi|^2}).$$

不难看出, 对任意 $\varphi \in S'(\mathbf{R}^n)$, 映射 $t \mapsto \mathrm{e}^{t\Delta}\varphi$ 是 $[0,\infty)$ 到 $S'(\mathbf{R}^n)$ 的连续映射, 且满足半群性质:

$$\mathrm{e}^{0\Delta}\varphi = \varphi, \quad \mathrm{e}^{(t+s)\Delta}\varphi = \mathrm{e}^{t\Delta}\mathrm{e}^{s\Delta}\varphi, \quad \forall\varphi \in S'(\mathbf{R}^n), \ \forall t \geqslant 0.$$

因此 $\{\mathrm{e}^{t\Delta}\}_{t\geqslant 0}$ 是拓扑线性空间 $S'(\mathbf{R}^n)$ 上的连续线性算子半群. 对 (4.10.3) 作反 Fourier 变换, 得初值问题 (4.10.2) 的解如下:

$$u(t) = \mathrm{e}^{t\Delta}\varphi + \int_0^t \mathrm{e}^{(t-s)\Delta}f(s)\mathrm{d}s, \quad x \in \mathbf{R}^n, \ t \geqslant 0. \tag{4.10.4}$$

因 $F^{-1}(\mathrm{e}^{-t|\xi|^2}) = (2\sqrt{\pi t})^{-n}\mathrm{e}^{-\frac{|x|^2}{4t}}$, $\forall t > 0$ (见 2.4 节例 1 和习题 2.4 第 4 题), 所以有

$$\mathrm{e}^{t\Delta}\varphi(x) = \begin{cases} \dfrac{1}{(2\sqrt{\pi t})^n}\displaystyle\int_{\mathbf{R}^n}\varphi(y)\mathrm{e}^{-\frac{|x-y|^2}{4t}}\mathrm{d}y, & t > 0, \\ \varphi(x), & t = 0. \end{cases}$$

把这个表达式代入 (4.10.4), 可知当 $\varphi \in L^1_{\mathrm{loc}}(\mathbf{R}^n) \cap S'(\mathbf{R}^n)$ 且 $f \in L^1_{\mathrm{loc}}([0,\infty), L^1_{\mathrm{loc}}(\mathbf{R}^n) \cap S'(\mathbf{R}^n))$ 时, 初值问题 (4.10.1) 的解如下:

$$u(t,x) = \begin{cases} \dfrac{1}{(2\sqrt{\pi t})^n}\displaystyle\int_{\mathbf{R}^n}\varphi(y)\mathrm{e}^{-\frac{|x-y|^2}{4t}}\mathrm{d}y + \dfrac{1}{(2\sqrt{\pi})^n}\int_0^t\int_{\mathbf{R}^n}\dfrac{f(s,y)}{\sqrt{(t-s)^n}}\mathrm{e}^{-\frac{|x-y|^2}{4(t-s)}}\mathrm{d}y\mathrm{d}s, & t>0, \\ \varphi(x), \quad t = 0. \end{cases} \tag{4.10.5}$$

注意对一般的 $\varphi \in S'(\mathbf{R}^n)$ 和 $f \in L^1_{\mathrm{loc}}([0,\infty), S'(\mathbf{R}^n))$, 如果把关于变元 y 的积分理解为缓增广函对 Schwartz 函数 $y \mapsto \mathrm{e}^{-\frac{|x-y|^2}{4t}}$ 的对偶作用, 那么上述表达式也是成立的.

下面来讨论, 当对某个 $1 \leqslant p \leqslant \infty$ 有 $\varphi \in L^p(\mathbf{R}^n)$ 以及对某些 $1 \leqslant r, s \leqslant \infty$ 有 $f \in L^s([0,\infty), L^r(\mathbf{R}^n))$ 时, 由 (4.10.4) 给出的表达式有怎样的性质. 先证明以下定理:

定理 4.10.1　*对任意 $1 < p < \infty$, $\{\mathrm{e}^{t\Delta}\}_{t\geqslant 0}$ 在 $L^p(\mathbf{R}^n)$ 上的限制是 $L^p(\mathbf{R}^n)$ 上以 Laplace 算子 Δ (视之为 $L^p(\mathbf{R}^n)$ 上以 $W^{2,p}(\mathbf{R}^n)$ 为定义域的无界线性算子) 为无穷小生成元的强连续解析半群.*

证　由于 $W^{2,p}(\mathbf{R}^n)$ 在 $L^p(\mathbf{R}^n)$ 中稠密, 所以只需证明 Δ 是 $L^p(\mathbf{R}^n)$ 上的扇形算子.

对任意复数 λ 和任意复值函数 $f \in L^p(\mathbf{R}^n)$, 在 $\mathbf{R}^n$ 上考虑偏微分方程

$$(\lambda I - \Delta)u(x) = f(x), \quad x \in \mathbf{R}^n. \tag{4.10.6}$$

作 Fourier 变换, 得

$$(\lambda + |\xi|^2)\tilde{u}(\xi) = \tilde{f}(\xi), \quad \xi \in \mathbf{R}^n.$$

当 $\lambda \in A := \mathbf{C}\backslash(-\infty, 0]$ 时, 上述方程的解为

$$\tilde{u}(\xi) = \frac{\tilde{f}(\xi)}{\lambda + |\xi|^2}, \quad \xi \in \mathbf{R}^n,$$

因而

$$\Delta u = -F^{-1}\Big[\frac{|\xi|^2}{\lambda + |\xi|^2}\tilde{f}(\xi)\Big] = -P_\lambda(D)f, \quad \forall \lambda \in A,$$

其中 $P_\lambda(D)$ 表示以函数 $P_\lambda(\xi) = |\xi|^2/(\lambda+|\xi|^2)$ 为符征的拟微分算子. 这样由 (4.10.6) 得

$$u = \frac{1}{\lambda}[I - P_\lambda(D)]f, \quad \forall \lambda \in A. \tag{4.10.7}$$

易知对任意 $\pi/2 < \theta < \pi$ 和任意 $\lambda \in A_\theta = \{\lambda \in \mathbf{C} \setminus \{0\} : |\arg\lambda| < \theta\}$, $P_\lambda(\xi) = \dfrac{|\xi|^2}{\lambda + |\xi|^2}$ 是 Mihlin 乘子, 且 Mihlin 模与 λ 无关. 因此对任意 $1<p<\infty$ 和 $\lambda \in A_\theta$ 有

$$\|P_\lambda(D)f\|_{L^p(\mathbf{R}^n)} \leqslant C_p\|f\|_{L^p(\mathbf{R}^n)}, \quad \forall f \in L^p(\mathbf{R}^n).$$

因此, 由 (4.10.7) 即知当 $\lambda \in A_\theta$ 时, 对任意 $f \in L^p(\mathbf{R}^n)$ 方程 (4.10.6) 有唯一的解 $u \in L^p(\mathbf{R}^n)$, 且

$$\|u\|_{L^p(\mathbf{R}^n)} \leqslant \frac{1 + C_p}{|\lambda|}\|f\|_{L^p(\mathbf{R}^n)}.$$

这就证明了 $\rho(\Delta) \supseteq \mathbf{C}\backslash(-\infty,0]$ 且 Δ 是 $L^p(\mathbf{R}^n)$ $(1<p<\infty)$ 上的扇形算子. 证毕. □

注 当 $p=1$ 时, 不难证明 $\{\mathrm{e}^{t\Delta}\}_{t\geqslant 0}$ 在 $L^1(\mathbf{R}^n)$ 上的限制是 $L^1(\mathbf{R}^n)$ 上的强连续解析半群, 其无穷小生成元是 Laplace 算子Δ 在 $L^1(\mathbf{R}^n)$ 中的部分 (即 $\Delta: D_1(\Delta)\subseteq L^1(\mathbf{R}^n)\to L^1(\mathbf{R}^n)$, 其中 $D_1(\Delta)=\{u\in L^1(\mathbf{R}^n):\ \Delta u\in L^1(\mathbf{R}^n)\}$, 但当 $n>1$ 时 $D_1(\Delta)\neq W^{2,1}(\mathbf{R}^n)$). 当 $p=\infty$ 时, 令 $C_{bu}(\mathbf{R}^n)$ 表示由 $\mathbf{R}^n$ 上全体一致连续且有界的函数组成的集合, 又用 $C_0(\mathbf{R}^n)$ 表示由 $\mathbf{R}^n$ 上全体连续且在无穷远处趋于零的函数组成的集合, 则 $\{\mathrm{e}^{t\Delta}\}_{t\geqslant 0}$ 在 $C_{bu}(\mathbf{R}^n)$ 和 $C_0(\mathbf{R}^n)$ 上的限制也都是这些空间上的强连续解析半群. 这些结论的证明留给读者.

定理 4.10.2 (热半群的 L^p–L^q 估计) 对任意 $1\leqslant p\leqslant q\leqslant\infty$, $\alpha\in\mathbf{Z}_+^n$ 和 $k\in\mathbf{Z}_+$ 成立下列不等式:

$$\|\partial_t^k\partial_x^\alpha \mathrm{e}^{t\Delta}\varphi\|_{L^q(\mathbf{R}^n)}\leqslant Ct^{-k-\frac{|\alpha|}{2}-\frac{n}{2}(\frac{1}{p}-\frac{1}{q})}\|\varphi\|_{L^p(\mathbf{R}^n)},\quad \forall\varphi\in L^p(\mathbf{R}^n),\ \forall t>0. \tag{4.10.8}$$

其中 C 是只依赖于 n,p,q,α 和 k 的常数.

证 记 $u(t,x)=\mathrm{e}^{t\Delta}\varphi(x)$, $g_{k\alpha}(x)=(-1)^k\mathrm{i}^{|\alpha|}F^{-1}(|\xi|^{2k}\xi^\alpha\mathrm{e}^{-|\xi|^2})$, 则有

$$\begin{aligned}\partial_t^k\partial_x^\alpha u(t,x)&=(-1)^k\mathrm{i}^{|\alpha|}F^{-1}[|\xi|^{2k}\xi^\alpha\mathrm{e}^{-t|\xi|^2}\tilde{\varphi}(\xi)]=(-1)^k\mathrm{i}^{|\alpha|}F^{-1}[|\xi|^{2k}\xi^\alpha\mathrm{e}^{-t|\xi|^2}]*\varphi(x)\\&=(-1)^k\mathrm{i}^{|\alpha|}t^{-k-\frac{|\alpha|}{2}}F^{-1}[|\sqrt{t}\xi|^{2k}(\sqrt{t}\xi)^\alpha\mathrm{e}^{-|\sqrt{t}\xi|^2}]*\varphi(x)\\&=t^{-k-\frac{|\alpha|}{2}-\frac{n}{2}}g_{k\alpha}\left(\frac{x}{\sqrt{t}}\right)*\varphi(x),\quad\forall t>0.\end{aligned}$$

显然 $|\xi|^{2k}\xi^\alpha\mathrm{e}^{-|\xi|^2}\in S(\mathbf{R}^n)$, 所以 $g_{k\alpha}\in S(\mathbf{R}^n)\subseteq L^r(\mathbf{R}^n)$, $\forall r\in[1,\infty]$. 因此, 对任意 $p,q\in[1,\infty]$, $p\leqslant q$, 令 $\dfrac{1}{r}=1-\left(\dfrac{1}{p}-\dfrac{1}{q}\right)$, 则由 Young 不等式得

$$\begin{aligned}\|\partial_t^k\partial_x^\alpha u(t,\cdot)\|_{L^q(\mathbf{R}^n)}&\leqslant t^{-k-\frac{|\alpha|}{2}-\frac{n}{2}}\left\|g_{k\alpha}\left(\frac{\cdot}{\sqrt{t}}\right)\right\|_{L^r(\mathbf{R}^n)}\|\varphi\|_{L^p(\mathbf{R}^n)}\\&=t^{-k-\frac{|\alpha|}{2}-\frac{n}{2}+\frac{n}{2r}}\|g_{k\alpha}\|_{L^r(\mathbf{R}^n)}\|\varphi\|_{L^p(\mathbf{R}^n)}\\&=Ct^{-k-\frac{|\alpha|}{2}-\frac{n}{2}(\frac{1}{p}-\frac{1}{q})}\|\varphi\|_{L^p(\mathbf{R}^n)},\end{aligned}$$

其中 $C=\|g_{k\alpha}\|_{L^r(\mathbf{R}^n)}$. 证毕. □

在 (4.10.8) 中取一些特殊的 p,q,α 和 k, 可得一些特殊的估计式, 最常用的有:

$$\|\mathrm{e}^{t\Delta}\varphi\|_{L^p(\mathbf{R}^n)}\leqslant C\|\varphi\|_{L^p(\mathbf{R}^n)},\quad\forall\varphi\in L^p(\mathbf{R}^n),\ \forall t>0,\ \forall p\in[1,\infty]; \tag{4.10.9}$$

$$\|\nabla_x\mathrm{e}^{t\Delta}\varphi\|_{L^p(\mathbf{R}^n)}\leqslant Ct^{-\frac{1}{2}}\|\varphi\|_{L^p(\mathbf{R}^n)},\quad\forall\varphi\in L^p(\mathbf{R}^n),\ \forall t>0,\ \forall p\in[1,\infty]; \tag{4.10.10}$$

$$\|e^{t\Delta}\varphi\|_{L^\infty(\mathbf{R}^n)} \leqslant Ct^{-\frac{n}{2}}\|\varphi\|_{L^1(\mathbf{R}^n)}, \quad \forall\varphi \in L^1(\mathbf{R}^n),\ \forall t > 0; \tag{4.10.11}$$

$$\|\nabla_x e^{t\Delta}\varphi\|_{L^\infty(\mathbf{R}^n)} \leqslant Ct^{-\frac{n+1}{2}}\|\varphi\|_{L^1(\mathbf{R}^n)}, \quad \forall\varphi \in L^1(\mathbf{R}^n),\ \forall t > 0. \tag{4.10.12}$$

对任意 $p, q \in [1, \infty]$ 和 $f \in L^q([0,\infty), L^p(\mathbf{R}^n))$, 我们将应用以下简写符号:

$$\|f\|_{L_t^q L_x^p} = \|f\|_{L^q([0,\infty),L^p(\mathbf{R}^n))}.$$

定理 4.10.3 (热半群的 $L_t^q L_x^p$ 估计)　*设 $1 < r \leqslant \infty$, 而 $r \leqslant p \leqslant p_r^*$ 和 $q_r^* \leqslant q \leqslant \infty$ 满足等式*

$$\frac{2}{q} + \frac{n}{p} = \frac{n}{r}, \tag{4.10.13}$$

其中

$$p_r^* = \begin{cases} \dfrac{nr}{n-2}, & n \geqslant 3, \\ \infty, & n = 1, 2, \end{cases} \qquad q_r^* = \begin{cases} r, & n \geqslant 2, \\ 2r, & n = 1. \end{cases}$$

又设当 $n = 2$ 时 $p < \infty$, 则成立下列不等式:

$$\|e^{t\Delta}\varphi\|_{L_t^q L_x^p} \leqslant C\|\varphi\|_{L^r(\mathbf{R}^n)}, \quad \forall\varphi \in L^r(\mathbf{R}^n), \tag{4.10.14}$$

其中 C 是只依赖于 n, p, q 和 r 的常数.

证　如果 $r = \infty$ 则由 (4.10.13) 知 $p = q = \infty$. 在这种情况下 (4.10.14) 是 L^p–L^q 估计的直接推论. 下设 $1 < r < \infty$. 分三种情况讨论.

情形 1: 首先考虑 $n \geqslant 3$ 的情形. 记 $u(t,x) = e^{t\Delta}\varphi(x)$. 则 u 是下列初值问题的解:

$$\begin{cases} \partial_t u(t,x) = \Delta u(t,x), & x \in \mathbf{R}^n,\ t > 0, \\ u(0,x) = \varphi(x), & x \in \mathbf{R}^n. \end{cases}$$

对方程 $\partial_t u(t,x) = \Delta u(t,x)$ 两端乘以 $|u|^{r-1}\operatorname{sgn} u$, 然后关于变元 x 在 $\mathbf{R}^n$ 上积分, 得到

$$\frac{1}{r}\frac{d}{dt}\int_{\mathbf{R}^n} |u(t,x)|^r dx = -(r-1)\int_{\mathbf{R}^n} |u(t,x)|^{r-2}|\nabla u(t,x)|^2 dx.$$

因此

$$\int_{\mathbf{R}^n} |u(t,x)|^r dx + r(r-1)\int_0^t\int_{\mathbf{R}^n} |u(s,x)|^{r-2}|\nabla u(s,x)|^2 dxds = \|\varphi\|_{L^r(\mathbf{R}^n)}^r.$$

据此得到

$$\int_0^\infty\int_{\mathbf{R}^n} |u(t,x)|^{r-2}|\nabla u(t,x)|^2 dxdt \leqslant \frac{1}{r(r-1)}\|\varphi\|_{L^r(\mathbf{R}^n)}^r. \tag{4.10.15}$$

令 $v=|u|^{\frac{r}{2}}\operatorname{sgn}u$. 则 $\nabla v=\dfrac{r}{2}|u|^{\frac{r}{2}-1}\nabla u$. 由于 $n\geqslant 3$, 由 Sobolev 嵌入定理有 $\dot{H}^1(\mathbf{R}^n)\hookrightarrow L^{\frac{2n}{n-2}}(\mathbf{R}^n)$, 从而

$$\|u\|_{L^{\frac{nr}{n-2}}(\mathbf{R}^n)}=\|v\|^{\frac{2}{r}}_{L^{\frac{2n}{n-2}}(\mathbf{R}^n)}\leqslant[C(n)\|\nabla v\|_2]^{\frac{2}{r}}=\left(C(n)\frac{r}{2}\right)^{\frac{2}{r}}\left(\int_{\mathbf{R}^n}|u|^{r-2}|\nabla u|^2\mathrm{d}x\right)^{\frac{1}{r}}.$$

因此

$$\|u\|_{L_t^rL_x^{\frac{nr}{n-2}}}\leqslant\left(C(n)\frac{r}{2}\right)^{\frac{2}{r}}\left(\int_0^\infty\int_{\mathbf{R}^n}|u(x,t)|^{r-2}|\nabla u(x,t)|^2\mathrm{d}x\mathrm{d}t\right)^{\frac{1}{r}}.$$

把这个估计式与 (4.10.15) 相结合, 便得到

$$\|u\|_{L_t^rL_x^{\frac{nr}{n-2}}}\leqslant C(n,r)\|\varphi\|_{L^r(\mathbf{R}^n)},$$

即

$$\|\mathrm{e}^{t\Delta}\varphi\|_{L_t^rL_x^{\frac{nr}{n-2}}}\leqslant C(n,r)\|\varphi\|_{L^r(\mathbf{R}^n)}.$$

把这个估计式与不等式

$$\|\mathrm{e}^{t\Delta}\varphi\|_{L_t^\infty L_x^r}\leqslant\|\varphi\|_{L^r(\mathbf{R}^n)}$$

作内插, 就得到了当 $n\geqslant 3$ 时的不等式 (4.10.14). 事实上, 对任意满足关系式 (4.10.13) 的 $r\leqslant p\leqslant\dfrac{nr}{n-2}$ 和 $r\leqslant q\leqslant\infty$, 必存在唯一的 $0\leqslant\theta\leqslant 1$ 使成立

$$\frac{1}{p}=\frac{\theta}{r}+(1-\theta)\frac{n-2}{nr}\quad 且\quad \frac{1}{q}=\frac{\theta}{\infty}+\frac{1-\theta}{r}.$$

因此由 Hölder 不等式得

$$\|\mathrm{e}^{t\Delta}\varphi\|_{L_t^qL_x^p}\leqslant\|\mathrm{e}^{t\Delta}\varphi\|^{\theta}_{L_t^\infty L_x^r}\|\mathrm{e}^{t\Delta}\varphi\|^{1-\theta}_{L_t^rL_x^{\frac{nr}{n-2}}}\leqslant C\|\varphi\|_{L^r(\mathbf{R}^n)}.$$

情形 2: 再考虑 $n=2$ 且 $r\leqslant p<\infty$ 的情形. 由于当 $p=r$ 时必有 $q=\infty$, 而这种情况是 L^p–L^q 估计的直接推论, 所以下设 $r<p<\infty$. 令 $m=\dfrac{2p}{r}$. 则 $2<m<\infty$, 所以由 Gagliardo-Nirenberg 不等式 (1.10.1) 得

$$\|v\|_{L^m(\mathbf{R}^n)}\leqslant C\|v\|^{\frac{2}{m}}_{L^2(\mathbf{R}^n)}\|\nabla v\|^{1-\frac{2}{m}}_{L^2(\mathbf{R}^n)}.$$

把这个不等式应用于 $v=|u|^{\frac{r}{2}}\operatorname{sgn}u$, 就得到

$$\|u\|^{\frac{r}{2}}_{L^p(\mathbf{R}^n)}\leqslant C\|u\|^{\frac{r}{m}}_{L^r(\mathbf{R}^n)}\left(\int_{\mathbf{R}^n}|u|^{r-2}|\nabla u|^2\mathrm{d}x\right)^{\frac{1}{2}-\frac{1}{m}}.$$

因此

$$\begin{aligned}\|u\|_{L^p(\mathbf{R}^n)}&\leqslant C\|u\|^{\frac{r}{p}}_{L^r(\mathbf{R}^n)}\left(\int_{\mathbf{R}^n}|u|^{r-2}|\nabla u|^2\mathrm{d}x\right)^{\frac{1}{r}-\frac{1}{p}}\\&=C\|u\|^{\frac{r}{p}}_{L^r(\mathbf{R}^n)}\left(\int_{\mathbf{R}^n}|u|^{r-2}|\nabla u|^2\mathrm{d}x\right)^{\frac{1}{q}},\end{aligned}$$

进而

$$\begin{aligned}\|u\|_{L_t^qL_x^p} &\leqslant C\|u\|_{L_t^\infty L_x^r}^{\frac{r}{p}}\Big(\int_0^\infty\int_{\mathbf{R}^n}|u|^{r-2}|\nabla u|^2\mathrm{d}x\Big)^{\frac{1}{q}}\\ &\leqslant C\|\varphi\|_{L^r(\mathbf{R}^n)}^{\frac{r}{p}}(\|\varphi\|_{L^r(\mathbf{R}^n)}^r)^{\frac{1}{q}}\leqslant C\|\varphi\|_{L^r(\mathbf{R}^n)}.\end{aligned}$$

情形 3: 最后考虑 $n=1$ 的情况. 这时由嵌入关系 $H^1(\mathbf{R}^1)\hookrightarrow L^\infty(\mathbf{R}^1)$ 得插值不等式

$$\|v\|_{L^\infty(\mathbf{R}^n)}\leqslant C\|v\|_{L^2(\mathbf{R}^n)}^{\frac{1}{2}}\|\nabla v\|_{L^2(\mathbf{R}^n)}^{\frac{1}{2}}.$$

把这个不等式应用于 $v=|u|^{\frac{r}{2}}\operatorname{sgn}u$, 得到

$$\|u\|_{L^\infty(\mathbf{R}^n)}^{\frac{r}{2}}\leqslant C\|u\|_{L^r(\mathbf{R}^n)}^{\frac{r}{4}}\Big(\int_{\mathbf{R}^n}|u|^{r-2}|\nabla u|^2\mathrm{d}x\Big)^{\frac{1}{4}}.$$

因此

$$\|u\|_{L^\infty(\mathbf{R}^n)}\leqslant C\|u\|_{L^r(\mathbf{R}^n)}^{\frac{1}{2}}\Big(\int_{\mathbf{R}^n}|u|^{r-2}|\nabla u|^2\mathrm{d}x\Big)^{\frac{1}{2r}}.$$

进而

$$\begin{aligned}\|u\|_{L_t^{2r}L_x^\infty} &\leqslant C\|u\|_{L_t^\infty L_x^r}^{\frac{1}{2}}\Big(\int_0^\infty\int_{\mathbf{R}^n}|u|^{r-2}|\nabla u|^2\mathrm{d}x\Big)^{\frac{1}{2r}}\\ &\leqslant C\|\varphi\|_{L^r(\mathbf{R}^n)}^{\frac{1}{2}}(\|\varphi\|_{L^r(\mathbf{R}^n)}^r)^{\frac{1}{2r}}\leqslant C\|\varphi\|_{L^r(\mathbf{R}^n)},\end{aligned}$$

即

$$\|\mathrm{e}^{t\Delta}\varphi\|_{L_t^{2r}L_x^\infty}\leqslant C\|\varphi\|_{L^r(\mathbf{R}^n)}.$$

把上述不等式与

$$\|\mathrm{e}^{t\Delta}\varphi\|_{L_t^\infty L_x^r}\lesssim\|\varphi\|_{L^r(\mathbf{R}^n)}$$

作内插, 就得到了所欲证明的不等式. 证毕. □

注 1 当 $n=2$ 且 $p=\infty$ 时不等式 (4.10.14) 也成立. 事实上, 由 L^p–L^q 估计我们有

$$\|\mathrm{e}^{t\Delta}\varphi\|_{L_t^\infty L_x^\infty}\leqslant\|\varphi\|_{L^\infty(\mathbf{R}^n)}$$

以及

$$\sup_{t>0}t\|\mathrm{e}^{t\Delta}\varphi\|_{L^\infty(\mathbf{R}^n)}\leqslant C\|\varphi\|_{L^1(\mathbf{R}^n)}.$$

据此应用算子插值理论即知对任意 $1<r\leqslant\infty$ 都成立

$$\|\mathrm{e}^{t\Delta}\varphi\|_{L_t^rL_x^\infty}\leqslant\|\varphi\|_{L^r(\mathbf{R}^n)}.$$

不过, 这里要用到算子插值理论 (参见 [6]), 所以在定理 4.10.3 中排除了这种情况.

注 2 当 $r=1$ 时不等式 (4.10.14) 只对 $p=1$ 和 $q=\infty$ 的情形才成立, 对其他情形下都不成立. 为证明这个结论, 取 $\varphi(x)=\mathrm{e}^{-\frac{|x|^2}{4}}$, 则 $\varphi\in L^1(\mathbf{R}^n)$, 且

$$\mathrm{e}^{t\Delta}\varphi(x)=(t+1)^{-\frac{n}{2}}\mathrm{e}^{-\frac{|x|^2}{4(t+1)}},\quad x\in\mathbf{R}^n,\ t\geqslant 0.$$

易见

$$\|\mathrm{e}^{t\Delta}\varphi\|_{L^p(\mathbf{R}^n)}=(t+1)^{-\frac{n}{2}}\left(\int_{\mathbf{R}^n}\mathrm{e}^{-\frac{p|x|^2}{4(t+1)}}\mathrm{d}x\right)^{\frac{1}{p}}=C(t+1)^{-\frac{n}{2}(1-\frac{1}{p})}.$$

因此如果 p,q 满足关系式 $\dfrac{2}{q}+\dfrac{n}{p}=n$, 即 $\dfrac{qn}{2}\left(1-\dfrac{1}{p}\right)=1$, 则

$$\|\mathrm{e}^{t\Delta}\varphi\|_{L^q_tL^p_x}=C\|(t+1)^{-\frac{n}{2}(1-\frac{1}{p})}\|_{L^q(0,\infty)}=\infty,$$

除非 $q=\infty$ 进而 $p=1$.

前面考虑了 (4.10.4) 右端第一项的积分估计. 下面讨论 (4.10.4) 右端第二项的积分估计, 即研究在什么条件下成立不等式

$$\left\|\int_0^t\mathrm{e}^{(t-\tau)\Delta}f(\tau)\mathrm{d}\tau\right\|_{L^q_tL^p_x}\leqslant C\|f\|_{L^s_tL^r_x}.\tag{4.10.16}$$

先证明使上式成立的一个必要条件.

引理 4.10.4 如果不等式 (4.10.16) 成立, 则必有 $p\geqslant r$, $q\geqslant s$, 且

$$\frac{n}{2}\left(\frac{1}{r}-\frac{1}{p}\right)+\left(\frac{1}{s}-\frac{1}{q}\right)=1.\tag{4.10.17}$$

证 由于映射 $f\mapsto\displaystyle\int_0^t\mathrm{e}^{(t-\tau)\Delta}f(\tau)\mathrm{d}\tau$ 是卷积算子, 所以条件 $p\geqslant r$, $q\geqslant s$ 是熟知的. 下证 (4.10.17). 对非零的 $f\in C_0^\infty([0,\infty),C_0^\infty(\mathbf{R}^n))$, 令 $u=\displaystyle\int_0^t\mathrm{e}^{(t-\tau)\Delta}f(\tau)\mathrm{d}\tau$, 则有

$$\begin{cases}\partial_tu(t,x)-\Delta u(t,x)=f(t,x), & x\in\mathbf{R}^n,\ t>0,\\ u(0,x)=0, & x\in\mathbf{R}^n.\end{cases}\tag{4.10.18}$$

对任意 $\lambda>0$, 令 $u_\lambda(t,x)=u(\lambda^2t,\lambda x)$, $f_\lambda(t,x)=\lambda^2f(\lambda^2t,\lambda x)$. 简单的计算表明, 当把 u 和 f 分别换为 u_λ 和 f_λ 时, 上列等式仍然成立. 这意味着 $u_\lambda=\displaystyle\int_0^t\mathrm{e}^{(t-\tau)\Delta}f_\lambda(\tau)\mathrm{d}\tau$. 因此, 对 f_λ 应用不等式 (4.10.16), 即得

$$\|u_\lambda\|_{L^q_tL^p_x}\leqslant C\|f_\lambda\|_{L^s_tL^r_x}.$$

易知上式左端等于 $\lambda^{-\frac{n}{p}-\frac{2}{q}}\|u\|_{L^q_tL^p_x}$, 右端等于 $C\lambda^{2-\frac{n}{r}-\frac{2}{s}}\|f\|_{L^s_tL^r_x}$, 所以得到

$$\|u\|_{L^q_tL^p_x}\leqslant C\lambda^{2-\frac{n}{r}-\frac{2}{s}+\frac{n}{p}+\frac{2}{q}}\|f\|_{L^s_tL^r_x}.$$

因为这个不等式对任意 $\lambda>0$ 都成立, 所以必须有 $2-\frac{n}{r}-\frac{2}{s}+\frac{n}{p}+\frac{2}{q}=0$ (否则, 当 $2-\frac{n}{r}-\frac{2}{s}+\frac{n}{p}+\frac{2}{q}>0$ 时令 $\lambda\to0$ 便有 $u=0$, 而当 $2-\frac{n}{r}-\frac{2}{s}+\frac{n}{p}+\frac{2}{q}<0$ 时令 $\lambda\to\infty$ 便有 $u=0$, 这都是与 $f\neq0$ 相矛盾的). 这就证明了 (4.10.17). 证毕. □

定理 4.10.5 (热位势的 $L_t^qL_x^p$ 估计) 设 $1\leqslant r\leqslant p\leqslant\infty$, $1\leqslant s\leqslant q\leqslant\infty$, 且等式 (4.10.17) 成立. 又设下列两个条件中至少有一个被满足:

(a) $1\leqslant r=p\leqslant\infty$ (此时必有 $s=1$, $q=\infty$);

(b) $1\leqslant r<p\leqslant\infty$, $1<s<q<\infty$,

则不等式 (4.10.16) 成立.

证 在条件 (a) 之下, (4.10.16) 是热半群 L^p–L^q 估计的直接推论. 现设条件 (b) 成立. 这时首先由热半群的 L^p–L^q 估计得

$$\|\mathrm{e}^{(t-\tau)\Delta}f(\tau)\|_{L^p(\mathbf{R}^n)}\leqslant C(t-\tau)^{-\frac{n}{2}(\frac{1}{r}-\frac{1}{p})}\|f(\tau)\|_{L^r(\mathbf{R}^n)},\quad \forall t>\tau\geqslant0.$$

注意在条件 (b) 下必有 $0<\frac{n}{2}\Big(\frac{1}{r}-\frac{1}{p}\Big)<1$, 而等式 (4.10.17) 意味着 $1+\frac{1}{q}=\frac{1}{s}+\frac{n}{2}\Big(\frac{1}{r}-\frac{1}{p}\Big)<1$, 所以应用 Hardy–Littlewood–Sobolev 不等式 (定理 1.5.7) 即得

$$\begin{aligned}\Big\|\int_0^t\mathrm{e}^{(t-\tau)\Delta}f(\tau)\mathrm{d}\tau\Big\|_{L_t^qL_x^p}&\leqslant C\Big[\int_0^\infty\Big(\int_0^t(t-\tau)^{-\frac{n}{2}(\frac{1}{r}-\frac{1}{p})}\|f(\tau)\|_{L^r(\mathbf{R}^n)}\mathrm{d}\tau\Big)^q\mathrm{d}t\Big]^{\frac{1}{q}}\\&\leqslant C\Big(\int_0^\infty\|f(\tau)\|_{L^r(\mathbf{R}^n)}^s\mathrm{d}\tau\Big)^{\frac{1}{s}}=C\|f\|_{L_t^sL_x^r}.\end{aligned}$$

证毕. □

定理 4.10.5 遗留了下列情况没有讨论:

情况 (1): $\frac{n}{2}\left(\frac{1}{r}-\frac{1}{p}\right)=1$, $1\leqslant s=q\leqslant\infty$ $(1\leqslant r<p\leqslant\infty)$;

情况 (2): $0<\frac{n}{2}\left(\frac{1}{r}-\frac{1}{p}\right)<1$, $q=\infty$, $\frac{1}{s}+\frac{n}{2}\left(\frac{1}{r}-\frac{1}{p}\right)=1$ $(1\leqslant r<p\leqslant\infty)$;

情况 (3): $0<\frac{n}{2}\left(\frac{1}{r}-\frac{1}{p}\right)<1$, $s=1$, $\frac{1}{q}=\frac{n}{2}\left(\frac{1}{r}-\frac{1}{p}\right)$ $(1\leqslant r<p\leqslant\infty)$.

这些情况的讨论需要用到一些其他估计式. 下面先建立这些估计式. 以下对 $1\leqslant p\leqslant\infty$, $1\leqslant q<\infty$, 以及任意 $T>0$, 记

$$\|u\|_{L_T^\infty L_x^p}=\sup_{0\leqslant t\leqslant T}\|u(t)\|_{L^p(\mathbf{R}^n)},\quad \|u\|_{L_T^qL_x^p}=\Big(\int_0^T\|u(t)\|_{L^p(\mathbf{R}^n)}^q\mathrm{d}t\Big)^{\frac{1}{q}}.$$

定理 4.10.6 (广义能量不等式) 设 $1\leqslant p<\infty$, $1\leqslant r\leqslant p$, $1\leqslant s\leqslant p$, 且 $\frac{1}{s}+\frac{n}{2}\left(\frac{1}{r}-\frac{1}{p}\right)=1$. 又设 u 是初值问题 (4.10.18) 的解, 则成立下述不等式:

$$\frac{1}{p}\|u\|_{L_T^\infty L_x^p}^p+(p-1)\int_0^T\int_{\mathbf{R}^n}|u|^{p-2}|\nabla u|^2\mathrm{d}x\mathrm{d}t\leqslant C\|f\|_{L_T^sL_x^r}^p,\quad \forall T>0,\tag{4.10.19}$$

其中 C 是与 T 无关的正常数.

证 对方程 (4.10.18) 两端同乘以 $|u|^{p-1}\operatorname{sgn}u$ 然后关于变元 x 积分, 得

$$\frac{1}{p}\frac{\mathrm{d}}{\mathrm{d}t}\int_{\mathbf{R}^n}|u|^p\mathrm{d}x+(p-1)\int_{\mathbf{R}^n}|u|^{p-2}|\nabla u|^2\mathrm{d}x=\int_{\mathbf{R}^n}f|u|^{p-1}\operatorname{sgn}u\mathrm{d}x.$$

对任意 $T>0$, 对此式两端在区间 $[0,t]$ 上积分, 再关于 t 在区间 $[0,T]$ 上取上确界, 就得到

$$\frac{1}{p}\|u\|^p_{L^\infty_TL^p_x}+(p-1)\int_0^T\int_{\mathbf{R}^n}|u|^{p-2}|\nabla u|^2\mathrm{d}x\mathrm{d}t\leqslant 2\int_0^T\int_{\mathbf{R}^n}|f||u|^{p-1}\mathrm{d}x\mathrm{d}t. \tag{4.10.20}$$

下面估计上式的右端. 先考虑 $n\geqslant 3$ 的情况. 这时由条件 $s\leqslant p$ 和 $\dfrac{1}{s}+\dfrac{n}{2}\left(\dfrac{1}{r}-\dfrac{1}{p}\right)=1$ 知 $\dfrac{n}{2}\left(\dfrac{1}{r}-\dfrac{1}{p}\right)\leqslant 1-\dfrac{1}{p}$, 进而 $\dfrac{np}{2p+n-2}\leqslant r\leqslant p$. 这意味着 $p<r'(p-1)\leqslant\dfrac{np}{n-2}$, 所以存在 $0\leqslant\theta<1$ 使成立

$$\frac{1}{r'(p-1)}=\frac{\theta}{p}+\frac{(1-\theta)(n-2)}{np}, \tag{4.10.21}$$

进而有

$$\left(\int_{\mathbf{R}^n}|u|^{r'(p-1)}\mathrm{d}x\right)^{\frac{1}{r'(p-1)}}\leqslant\|u\|^\theta_{L^p(\mathbf{R}^n)}\|u\|^{1-\theta}_{L^{\frac{np}{n-2}}(\mathbf{R}^n)}.$$

因此

$$\begin{aligned}\int_0^T\int_{\mathbf{R}^n}|f||u|^{p-1}\mathrm{d}x\mathrm{d}t&\leqslant\int_0^T\left(\int_{\mathbf{R}^n}|f|^r\mathrm{d}x\right)^{\frac{1}{r}}\left(\int_{\mathbf{R}^n}|u|^{r'(p-1)}\mathrm{d}x\right)^{\frac{1}{r'}}\mathrm{d}t\\&\leqslant\int_0^T\|f\|_{L^r(\mathbf{R}^n)}\|u\|^{\theta(p-1)}_{L^p(\mathbf{R}^n)}\|u\|^{(1-\theta)(p-1)}_{L^{\frac{np}{n-2}}(\mathbf{R}^n)}\mathrm{d}t.\end{aligned}$$

令 $w=|u|^{\frac{p}{2}}$. 则 $\nabla w=C|u|^{\frac{p}{2}-1}(\operatorname{sgn}u)\nabla u$. 所以应用 Sobolev 嵌入不等式得

$$\int_{\mathbf{R}^n}|u|^{\frac{np}{n-2}}\mathrm{d}x=\int_{\mathbf{R}^n}|w|^{\frac{2n}{n-2}}\mathrm{d}x\leqslant C\left(\int_{\mathbf{R}^n}|\nabla w|^2\mathrm{d}x\right)^{\frac{n}{n-2}}=C\left(\int_{\mathbf{R}^n}|u|^{p-2}|\nabla u|^2\mathrm{d}x\right)^{\frac{n}{n-2}}$$

代入上式得

$$\begin{aligned}&\int_0^T\int_{\mathbf{R}^n}|f||u|^{p-1}\mathrm{d}x\mathrm{d}t\\\leqslant&C\int_0^T\|f\|_{L^r(\mathbf{R}^n)}\|u\|^{\theta(p-1)}_{L^p(\mathbf{R}^n)}\left(\int_{\mathbf{R}^n}|u|^{p-2}|\nabla u|^2\mathrm{d}x\right)^{\frac{(1-\theta)(p-1)}{p}}\mathrm{d}t\\\leqslant&C\|u\|^{\theta(p-1)}_{L^\infty_TL^p_x}\cdot\|f\|_{L^s_TL^r_x}\cdot\left[\int_0^T\left(\int_{\mathbf{R}^n}|u|^{p-2}|\nabla u|^2\mathrm{d}x\right)^{\frac{s'(1-\theta)(p-1)}{p}}\mathrm{d}t\right]^{\frac{1}{s'}}\\=&C\|u\|^{\theta(p-1)}_{L^\infty_TL^p_x}\cdot\|f\|_{L^s_TL^r_x}\cdot\left[\int_0^T\int_{\mathbf{R}^n}|u|^{p-2}|\nabla u|^2\mathrm{d}x\mathrm{d}t\right]^{\frac{1}{s'}}.\end{aligned}$$

这里用到关系式 $\dfrac{(1-\theta)(p-1)}{p}=\dfrac{n}{2}\left(\dfrac{1}{r}-\dfrac{1}{p}\right)=1-\dfrac{1}{s}=\dfrac{1}{s'}$, 它由关系式 (4.10.21) 以及等式 $\dfrac{1}{s}+\dfrac{n}{2}\left(\dfrac{1}{r}-\dfrac{1}{p}\right)=1$ 得到. 注意到 $\dfrac{\theta(p-1)}{p}+\dfrac{1}{p}+\dfrac{1}{s'}=1$, 对上述右端应用 Young 不等式得

$$\int_0^T\int_{\mathbf{R}^n}|f||u|^{p-1}\mathrm{d}x\mathrm{d}t\leqslant\frac{1}{4p}\|u\|_{L_T^\infty L_x^p}^p+C\|f\|_{L_T^sL_x^r}^p+\frac{1}{4}(p-1)\int_0^T\int_{\mathbf{R}^n}|u|^{p-2}|\nabla u|^2\mathrm{d}x\mathrm{d}t.$$

把这个不等式代入 (4.10.20) 的右端, 适当变形便得到了 (4.10.19).

再来考虑 $n=1,2$ 的情况. 这时对任意 $2\leqslant q<\infty$ 都有 $H^1(\mathbf{R}^n)\hookrightarrow L^q(\mathbf{R}^n)$, 且成立不等式

$$\|w\|_{L^q(\mathbf{R}^n)}\leqslant C\|w\|_{L^2(\mathbf{R}^n)}^{1-n(\frac{1}{2}-\frac{1}{q})}\|\nabla w\|_{L^2(\mathbf{R}^n)}^{n(\frac{1}{2}-\frac{1}{q})},\quad\forall w\in H^1(\mathbf{R}^n).\tag{4.10.22}$$

对 $w=|u|^{\frac{p}{2}}$ 和 $q=\dfrac{2r'(p-1)}{p}$ 应用以上不等式, 得

$$\begin{aligned}\left(\int_{\mathbf{R}^n}|u|^{r'(p-1)}\mathrm{d}x\right)^{\frac{1}{r'}}&=\left(\int_{\mathbf{R}^n}|w|^{\frac{2r'(p-1)}{p}}\mathrm{d}x\right)^{\frac{1}{r'}}\leqslant C\|w\|_{L^2(\mathbf{R}^n)}^{\frac{n}{r'}-\frac{(n-2)(p-1)}{p}}\|\nabla w\|_{L^2(\mathbf{R}^n)}^{n(\frac{(p-1)}{p}-\frac{1}{r'})}\\&=C\|u\|_{L^p(\mathbf{R}^n)}^{p[1-\frac{n}{2}(\frac{1}{r}-\frac{1}{p})]-1}\left(\int_{\mathbf{R}^n}|u|^{p-2}|\nabla u|^2\mathrm{d}x\right)^{\frac{n}{2}(\frac{1}{r}-\frac{1}{p})}\\&=C\|u\|_{L^p(\mathbf{R}^n)}^{\frac{p}{s}-1}\left(\int_{\mathbf{R}^n}|u|^{p-2}|\nabla u|^2\mathrm{d}x\right)^{\frac{1}{s'}}.\end{aligned}$$

进而

$$\begin{aligned}\int_0^T\int_{\mathbf{R}^n}|f||u|^{p-1}\mathrm{d}x\mathrm{d}t&\leqslant\int_0^T\left(\int_{\mathbf{R}^n}|f|^r\mathrm{d}x\right)^{\frac{1}{r}}\left(\int_{\mathbf{R}^n}|u|^{r'(p-1)}\mathrm{d}x\right)^{\frac{1}{r'}}\mathrm{d}t\\&\leqslant C\int_0^T\|f\|_{L^r(\mathbf{R}^n)}\|u\|_{L^p(\mathbf{R}^n)}^{\frac{p}{s}-1}\left(\int_{\mathbf{R}^n}|u|^{p-2}|\nabla u|^2\mathrm{d}x\right)^{\frac{1}{s'}}\mathrm{d}t\\&\leqslant C\|u\|_{L_T^\infty L_x^p}^{\frac{p}{s}-1}\cdot\|f\|_{L_T^sL_x^r}\cdot\left[\int_0^T\int_{\mathbf{R}^n}|u|^{p-2}|\nabla u|^2\mathrm{d}x\mathrm{d}t\right]^{\frac{1}{s'}}\\&\leqslant\frac{1}{4p}\|u\|_{L_T^\infty L_x^p}^p+C\|f\|_{L_T^sL_x^r}^p+\frac{1}{4}(p-1)\int_0^T\int_{\mathbf{R}^n}|u|^{p-2}|\nabla u|^2\mathrm{d}x\mathrm{d}t.\end{aligned}$$

把这个不等式代入 (4.10.20) 的右端, 适当变形便得到了 (4.10.19). 证毕. □

定理 4.10.7(极大正则性)　*设 $0<T\leqslant\infty$, $1<p<\infty$, $1<q<\infty$, 且 $f\in L^q((0,T),L^p(\mathbf{R}^n))$. 又设 u 是初值问题 (4.10.18) 在 $[0,T)\times\mathbf{R}^n$ 上的解. 则 $\partial_tu,\partial_{ij}^2u\in L^q((0,T),L^p(\mathbf{R}^n))$ $(i,j=1,2,\cdots,n)$, 且成立不等式:*

$$\|\partial_tu\|_{L_T^qL_x^p}+\sum_{i,j=1}^n\|\partial_{ij}^2u\|_{L_T^qL_x^p}\leqslant C\|f\|_{L_T^qL_x^p},\tag{4.10.23}$$

其中 C 是与 T 无关的正常数.

这个定理的证明因为需要用到许多额外的知识, 所以这里从略. 读者可参考文献 [78] 第七章定理 7.3. □

定理 4.10.8 (热位势的 $L_t^q L_x^p$ 估计(续)) 设 $1 \leqslant r \leqslant p \leqslant \infty$, $1 \leqslant s \leqslant q \leqslant \infty$, 且等式 (4.10.17) 成立. 又设下列三个条件中至少有一个被满足:

(c) $1 < r < p < \infty$, $1 < s = q < \infty$;

(d) $1 \leqslant r < p < \infty$, $1 < s \leqslant p$, $q = \infty$;

(e) $1 \leqslant r < p \leqslant \infty$, $s = 1$, $r \leqslant q < \infty$,

则不等式 (4.10.16) 成立.

证 先设条件 (c) 成立. 令 $u = \int_0^t \mathrm{e}^{(t-\tau)\Delta} f(\tau)\mathrm{d}\tau$, 则 u 是初值问题 (4.10.18) 的解, 因此成立极大正则性估计 (4.10.23). 由于 $s = q$, 所以由 (4.10.17) 知 $\frac{1}{r} - \frac{1}{p} = \frac{2}{n}$, 故成立 Sobolev 嵌入 $W^{2,r}(\mathbf{R}^n) \hookrightarrow L^p(\mathbf{R}^n)$ 以及相应的嵌入不等式

$$\|\varphi\|_{L^p(\mathbf{R}^n)} \leqslant C \sum_{i,j=1}^n \|\partial_{ij}^2 \varphi\|_{L^r(\mathbf{R}^n)}, \quad \forall \varphi \in W^{2,r}(\mathbf{R}^n).$$

据此和极大正则性估计 (4.10.22) 有

$$\|u\|_{L_t^q L_x^p} \leqslant C \sum_{i,j=1}^n \|\partial_{ij}^2 u\|_{L_t^q L_x^r} \leqslant C\|f\|_{L_t^q L_x^r}.$$

再设条件 (d) 成立. 这时由广义能量不等式 (4.10.19) 即知成立

$$\|u\|_{L_t^\infty L_x^p} \leqslant C\|f\|_{L_t^q L_x^r}.$$

最后设条件 (e) 成立. 应用 $s = 1$, $r = p$ 时的广义能量不等式 (4.10.19), 得

$$\|u\|_{L_t^\infty L_x^r}^r + \int_0^\infty \int_{\mathbf{R}^n} |u|^{r-2} |\nabla u|^2 \mathrm{d}x\mathrm{d}t \leqslant C\|f\|_{L_t^1 L_x^r}^r. \tag{4.10.24}$$

当 $n \geqslant 3$ 时, 从定理 4.10.6 的证明可知

$$\|u\|_{L_t^r L_x^{\frac{nr}{n-2}}}^r \leqslant C \int_0^\infty \int_{\mathbf{R}^n} |u|^{r-2} |\nabla u|^2 \mathrm{d}x\mathrm{d}t.$$

因此由 (4.10.24) 得

$$\|u\|_{L_t^\infty L_x^r} + \|u\|_{L_t^r L_x^{\frac{nr}{n-2}}} \leqslant C\|f\|_{L_t^1 L_x^r}.$$

于是由 Hölder 不等式知对任意满足条件 $r \leqslant p \leqslant \dfrac{nr}{n-2}$, $r \leqslant q \leqslant \infty$ 且 $\dfrac{1}{q} = \dfrac{n}{2}\Big(\dfrac{1}{r} - \dfrac{1}{p}\Big)$ 的 p, q 都成立

$$\|u\|_{L_t^q L_x^p} \leqslant C\|u\|^{\theta}_{L_t^r L_x^{\frac{nr}{n-2}}} \|u\|^{1-\theta}_{L_t^\infty L_x^r} \leqslant C\|f\|_{L_t^1 L_x^r},$$

其中 $\theta = \dfrac{n}{2}\Big(1 - \dfrac{r}{p}\Big) = \dfrac{r}{q}$. 当 $n = 1, 2$ 时, 对任意 $r \leqslant p < \infty$, 由 (4.10.22) 得

$$\|w\|_{L^{\frac{2p}{r}}(\mathbf{R}^n)} \leqslant C\|w\|^{1-\frac{n}{2}(1-\frac{r}{p})}_{L^2(\mathbf{R}^n)} \|\nabla w\|^{\frac{n}{2}(1-\frac{r}{p})}_{L^2(\mathbf{R}^n)}, \quad \forall w \in H^1(\mathbf{R}^n).$$

取 $w = |u|^{\frac{r}{2}}$, 得

$$\|u\|_{L^p(\mathbf{R}^n)} \leqslant C\|u\|^{1-\frac{n}{2}(1-\frac{r}{p})}_{L^r(\mathbf{R}^n)} \Big(\int_{\mathbf{R}^n} |u|^{r-2}|\nabla u|^2 \mathrm{d}x\Big)^{\frac{n}{2}(\frac{1}{r}-\frac{1}{p})}, \quad \forall w \in H^1(\mathbf{R}^n).$$

于是对任意使等式 $\dfrac{1}{q} = \dfrac{n}{2}\Big(\dfrac{1}{r} - \dfrac{1}{p}\Big)$ 成立的 $r < q < \infty$ 有

$$\begin{aligned}
\|u\|_{L_t^q L_x^p} &\leqslant C\Big[\int_0^\infty \|u\|^{q-\frac{nq}{2}(1-\frac{r}{p})}_{L^r(\mathbf{R}^n)} \Big(\int_{\mathbf{R}^n} |u|^{r-2}|\nabla u|^2 \mathrm{d}x\Big)^{\frac{nq}{2}(\frac{1}{r}-\frac{1}{p})} \mathrm{d}t\Big]^{\frac{1}{q}} \\
&= C\Big[\int_0^\infty \|u\|^{q-r}_{L^r(\mathbf{R}^n)} \Big(\int_{\mathbf{R}^n} |u|^{r-2}|\nabla u|^2 \mathrm{d}x\Big) \mathrm{d}t\Big]^{\frac{1}{q}} \\
&\leqslant C\|u\|^{1-\frac{r}{q}}_{L_t^\infty L_x^r} \Big[\int_0^\infty \int_{\mathbf{R}^n} |u|^{r-2}|\nabla u|^2 \mathrm{d}x\mathrm{d}t\Big]^{\frac{1}{q}} \\
&\leqslant C\|u\|_{L_t^\infty L_x^r} + \Big[\int_0^\infty \int_{\mathbf{R}^n} |u|^{r-2}|\nabla u|^2 \mathrm{d}x\mathrm{d}t\Big]^{\frac{1}{r}} \\
&\leqslant C\|f\|_{L_t^1 L_x^r}.
\end{aligned}$$

最后一个不等式用到了 (4.10.24). 证毕. □

本节所建立的一系列不等式, 在研究与热传导方程有关的非线性偏微分方程问题时具有重要的作用, 如见文献 [3], [78] 等.

习　题　4.10

1. 对任意 $\mathrm{Re}z > 0$, 令 $G_z(x) = \dfrac{1}{(2\sqrt{\pi z})^n}\mathrm{e}^{-\frac{|x|^2}{4z}}$, $x \in \mathbf{R}^n$ (显然 $G_z \in S(\mathbf{R}^n)$), 并定义映射 $\mathrm{e}^{z\Delta} : S'(\mathbf{R}^n) \to S'(\mathbf{R}^n)$ 如下:

$$\mathrm{e}^{z\Delta}\varphi(x) = F^{-1}[\tilde{\varphi}(\xi)\mathrm{e}^{-z|\xi|^2}], \quad \forall \varphi \in S'(\mathbf{R}^n).$$

显然对任意 $\mathrm{Re}z > 0$, $\mathrm{e}^{z\Delta}$ 是 $S'(\mathbf{R}^n)$ 到 $S'(\mathbf{R}^n)$ 的连续线性映射. 证明:

(1) $G_z(x) = F^{-1}(\mathrm{e}^{-z|\xi|^2})$, 从而 $\mathrm{e}^{z\Delta}\varphi = G_z * \varphi$, $\forall \varphi \in S'(\mathbf{R}^n)$;

(2) $\displaystyle\int_{\mathbf{R}^n} |G_z(x)|\mathrm{d}x = \Big(\frac{|z|}{\mathrm{Re}z}\Big)^{\frac{n}{2}}$, 因此对任意 $1 \leqslant p \leqslant \infty$ 成立

$$\|\mathrm{e}^{z\Delta}\varphi\|_{L^p(\mathbf{R}^n)} \leqslant \Big(\frac{|z|}{\mathrm{Re}z}\Big)^{\frac{n}{2}} \|\varphi\|_{L^p(\mathbf{R}^n)}, \quad \forall \varphi \in L^p(\mathbf{R}^n);$$

(3) 对任意 $1 \leqslant p \leqslant \infty$, $\varphi \in L^p(\mathbf{R}^n)$ 和 $\psi \in L^{p'}(\mathbf{R}^n)$, 函数 $z \mapsto \langle \mathrm{e}^{z\Delta}\varphi, \psi\rangle$ 在半平面 $\mathrm{Re}z > 0$ 上解析;

(4) 对任意 $1 \leqslant p < \infty$ 和 $\varphi \in L^p(\mathbf{R}^n)$, 映射 $z \mapsto \mathrm{e}^{z\Delta}\varphi$ 在半平面 $\mathrm{Re}z > 0$ 上按 $L^p(\mathbf{R}^n)$ 强拓扑连续;

(5) 对任意 $1 \leqslant p < \infty$, $\{\mathrm{e}^{t\Delta}\}_{t\geqslant 0}$ 在 $L^p(\mathbf{R}^n)$ 上的限制是 $L^p(\mathbf{R}^n)$ 上的强连续解析半群.

2. 证明: $\{\mathrm{e}^{t\Delta}\}_{t\geqslant 0}$ 在 $C_{bu}(\mathbf{R}^n)$ 和 $C_0(\mathbf{R}^n)$ 上的限制都是这些空间上的强连续解析半群.

3. 证明: (1) 对任意 $1 < p < \infty$, 当 $\varphi \in L^p(\mathbf{R}^n)$ 时有 $\lim\limits_{t\to\infty} \|\mathrm{e}^{t\Delta}\varphi\|_{L^p(\mathbf{R}^n)} = 0$;

(2) 当 $\varphi \in C_0(\mathbf{R}^n)$ 时有 $\lim\limits_{t\to\infty} \|\mathrm{e}^{t\Delta}\varphi\|_{L^\infty(\mathbf{R}^n)} = 0$;

(3) 存在 $\varphi \in L^1(\mathbf{R}^n)$, $\varphi \neq 0$, 使 $\|\mathrm{e}^{t\Delta}\varphi\|_{L^1(\mathbf{R}^n)} = \|\varphi\|_{L^1(\mathbf{R}^n)}$, $\forall t \geqslant 0$;

(4) 存在 $\varphi \in C_{bu}(\mathbf{R}^n)$, $\varphi \neq 0$, 使 $\|\mathrm{e}^{t\Delta}\varphi\|_{L^\infty(\mathbf{R}^n)} = \|\varphi\|_{L^\infty(\mathbf{R}^n)}$, $\forall t \geqslant 0$.

4. 设 $1 < r \leqslant p \leqslant \dfrac{nr}{n-2+r}$, $r \leqslant q \leqslant 2$, 且 $\dfrac{2}{q} + \dfrac{n}{p} = \dfrac{n}{r} + 1$. 证明不等式:

$$\sum_{i=1}^n \|\partial_i \mathrm{e}^{t\Delta}\varphi\|_{L_t^q L_x^p} \leqslant C\|\varphi\|_{L^r(\mathbf{R}^n)}, \quad \forall \varphi \in L^r(\mathbf{R}^n).$$

5. 设 $1 \leqslant r \leqslant p \leqslant \infty$, $1 < s < q < \infty$, $\dfrac{n}{2}\Big(\dfrac{1}{r} - \dfrac{1}{p}\Big) < \dfrac{1}{2}$, 且 $\dfrac{1}{s} - \dfrac{1}{q} + \dfrac{n}{2}\Big(\dfrac{1}{r} - \dfrac{1}{p}\Big) = \dfrac{1}{2}$. 证明不等式:

$$\sum_{i=1}^n \Big\| \int_0^t \partial_i \mathrm{e}^{(t-\tau)\Delta} f(\tau)\mathrm{d}\tau \Big\|_{L_t^q L_x^p} \leqslant C\|f\|_{L_t^s L_x^r}, \quad \forall f \in L^s([0,\infty), L^r(\mathbf{R}^n)).$$

6. 设 $1 < r < p < \infty$, $1 < q < \infty$, 且 $\dfrac{n}{2}\Big(\dfrac{1}{r} - \dfrac{1}{p}\Big) = \dfrac{1}{2}$. 证明不等式:

$$\sum_{i=1}^n \Big\| \int_0^t \partial_i \mathrm{e}^{(t-\tau)\Delta} f(\tau)\mathrm{d}\tau \Big\|_{L_t^q L_x^p} \leqslant C\|f\|_{L_t^q L_x^r}, \quad \forall f \in L^q([0,\infty), L^r(\mathbf{R}^n)).$$

7. 设 $2 < r \leqslant p < \infty$, $1 < s \leqslant p$, $\dfrac{n}{2}\Big(\dfrac{1}{r} - \dfrac{1}{p}\Big) \leqslant \dfrac{1}{2} - \dfrac{1}{p}$, 且 $\dfrac{1}{s} + \dfrac{n}{2}\Big(\dfrac{1}{r} - \dfrac{1}{p}\Big) = \dfrac{1}{2}$. 证明不等式:

$$\sum_{i=1}^n \Big\| \int_0^t \partial_i \mathrm{e}^{(t-\tau)\Delta} f(\tau)\mathrm{d}\tau \Big\|_{L_t^\infty L_x^p} \leqslant C\|f\|_{L_t^s L_x^r}, \quad \forall f \in L^s([0,\infty), L^r(\mathbf{R}^n)).$$

8. 设 $1 < r \leqslant p < 2$, $r \leqslant q < \infty$, $\dfrac{n}{2}\Big(\dfrac{1}{r} - \dfrac{1}{p}\Big) \leqslant \dfrac{1}{r} - \dfrac{1}{2}$, 且 $\dfrac{n}{2}\Big(\dfrac{1}{r} - \dfrac{1}{p}\Big) = \dfrac{1}{q} - \dfrac{1}{2}$. 证明不等式:

$$\sum_{i=1}^n \Big\| \int_0^t \partial_i \mathrm{e}^{(t-\tau)\Delta} f(\tau)\mathrm{d}\tau \Big\|_{L_t^q L_x^p} \leqslant C\|f\|_{L_t^1 L_x^r}, \quad \forall f \in L^1([0,\infty), L^r(\mathbf{R}^n)).$$

4.11 波动方程的初值问题

本节讨论波动方程的初值问题

$$\begin{cases} \partial_t^2 u(t,x) - \Delta u(t,x) = f(t,x), & x \in \mathbf{R}^n,\ t > 0, \\ u(0,x) = \varphi(x), \partial_t u(0,x) = \psi(x), & x \in \mathbf{R}^n, \end{cases} \tag{4.11.1}$$

其中 f 和 φ, ψ 分别是 $\mathbf{R}_+ \times \mathbf{R}^n$ 和 $\mathbf{R}^n$ 上的给定函数. 注意更一般的波动方程

$$\partial_t^2 u(t,x) - a^2 \Delta u(t,x) = f(t,x), \quad x \in \mathbf{R}^n,\ t > 0,$$

其中 a 为正常数 (称为波速), 通过 rescaling: $u(t,x) = \hat{u}(at,x)$, $f(t,x) = a^2 \hat{f}(at,x)$, 即化为方程 (4.11.1). 另外, 对于负向初值问题

$$\begin{cases} \partial_t^2 u(t,x) - \Delta u(t,x) = f(t,x), & x \in \mathbf{R}^n,\ t < 0, \\ u(0,x) = \varphi(x), \quad \partial_t u(0,x) = \psi(x), & x \in \mathbf{R}^n, \end{cases}$$

其中 f 和 φ, ψ 分别是 $\mathbf{R}_- \times \mathbf{R}^n$ 和 $\mathbf{R}^n$ 上的给定函数, 通过做反射坐标变换: $u(t,x) = \hat{u}(-t,x)$, $f(t,x) = a^2 \hat{f}(-t,x)$, 也化为问题 (4.11.1).

设 $\varphi, \psi \in S'(\mathbf{R}^n)$, $f \in C([0,\infty), S'(\mathbf{R}^n)) \cap C^1((0,\infty), S'(\mathbf{R}^n))$, 我们来求上述问题的广函解 $u \in C^1([0,\infty), S'(\mathbf{R}^n)) \cap C^2((0,\infty), S'(\mathbf{R}^n))$. 作关于变元 x 的 Fourier 变换, 得

$$\begin{cases} \partial_t^2 \tilde{u}(t,\xi) + |\xi|^2 \tilde{u}(t,\xi) = \tilde{f}(t,\xi), \quad t > 0, \\ \tilde{u}(0,\xi) = \tilde{\varphi}(\xi), \quad \partial_t \tilde{u}(0,\xi) = \tilde{\psi}(\xi), \end{cases} \tag{4.11.2}$$

其解为

$$\begin{aligned} \tilde{u}(t,\xi) &= \tilde{\varphi}(\xi) \cos t|\xi| + \tilde{\psi}(\xi) \frac{\sin t|\xi|}{|\xi|} + \int_0^t \tilde{f}(\tau,\xi) \frac{\sin[(t-\tau)|\xi|]}{|\xi|} \mathrm{d}\tau \\ &= \frac{\partial}{\partial t}\Big(\tilde{\varphi}(\xi) \frac{\sin t|\xi|}{|\xi|}\Big) + \tilde{\psi}(\xi) \frac{\sin t|\xi|}{|\xi|} + \int_0^t \tilde{f}(\tau,\xi) \frac{\sin[(t-\tau)|\xi|]}{|\xi|} \mathrm{d}\tau, \ \forall t \geqslant 0. \end{aligned} \tag{4.11.3}$$

注意对任意 $t \in \mathbf{R}$, $\dfrac{\sin t|\xi|}{|\xi|}$ 及其关于 t 的各阶导数作为 ξ 的函数都属于 $O_M(\mathbf{R}^n)$. 事实上, 显然这个函数及其关于 t 的各阶导数作为 ξ 的函数都在 $\mathbf{R}^n \backslash \{0\}$ 上无穷可微并在无穷远处缓增; 唯一可能怀疑的是它们在 $\xi = 0$ 处是否无穷可微. 而这一问题的答案是肯定的, 这可从函数 $\dfrac{\sin t|\xi|}{|\xi|}$ 的幂级数展开式看出: 由于

$$\frac{\sin t|\xi|}{|\xi|} = \sum_{k=0}^{\infty} \frac{(-1)^k t^{2k+1}}{(2k+1)!} |\xi|^{2k}, \quad \forall \xi \in \mathbf{R}^n \backslash \{0\},$$

$$\frac{\partial^m}{\partial t^m}\Big(\frac{\sin t|\xi|}{|\xi|}\Big)=\sum_{2k\geqslant m-1}^{\infty}\frac{(-1)^k t^{2k-m+1}}{(2k-m+1)!}|\xi|^{2k},\quad \forall\xi\in\mathbf{R}^n\backslash\{0\},\ m=1,2,\cdots,$$

且这些级数及其在和号下求关于 ξ 的各阶导数所得级数都在任意有界集上一致收敛, 所以函数 $\xi\mapsto\dfrac{\sin t|\xi|}{|\xi|}$ 和 $\xi\mapsto\dfrac{\partial^m}{\partial t^m}\Big(\dfrac{\sin t|\xi|}{|\xi|}\Big)$ $(m=1,2,\cdots)$ 都在 $\xi=0$ 处无穷可微. 因此, 对任意 $t\in\mathbf{R}$, 用 $\dfrac{\sin t|\xi|}{|\xi|}$ 去乘 $S'(\mathbf{R}^n)$ 中广函的运算是 $S'(\mathbf{R}^n)$ 到 $S'(\mathbf{R}^n)$ 的连续线性映射. 故对任意 $t\in\mathbf{R}$, 可定义 $S'(\mathbf{R}^n)$ 到 $S'(\mathbf{R}^n)$ 的连续线性映射 $S(t)$ 如下:

$$S(t)\psi=F^{-1}\Big(\tilde{\psi}(\xi)\frac{\sin t|\xi|}{|\xi|}\Big),\quad \forall\psi\in S'(\mathbf{R}^n).\tag{4.11.4}$$

从前面的分析可知 $S\in C^\infty(\mathbf{R},L(S'(\mathbf{R}^n)))$ (符号 $L(S'(\mathbf{R}^n))$ 表示由全体 $S'(\mathbf{R}^n)$ 到 $S'(\mathbf{R}^n)$ 的连续线性映射组成的拓扑线性空间). 算子族 $\{S(t)\}_{t\in\mathbf{R}}$ 叫做初值问题 (4.11.1) 的**解算子**. 对 (4.11.3) 作反 Fourier 变换, 得初值问题 (4.11.1) 的解如下:

$$u(t,\cdot)=\frac{\partial}{\partial t}\Big(S(t)\varphi\Big)+S(t)\psi+\int_0^t S(t-\tau)f(\tau,\cdot)\mathrm{d}\tau,\quad t\geqslant 0.\tag{4.11.5}$$

这里需要提醒读者注意, $\{S(t)\}_{t\geqslant 0}$ 不满足半群性质.

应用 Plancherel 恒等式, 从 $S(t)$ 的定义容易看出以下结果: 对任意 $s\in\mathbf{R}$ 都有

$$\|S(t)\psi\|_{H^s(\mathbf{R}^n)}\leqslant t\|\psi\|_{H^s(\mathbf{R}^n)},\quad \forall t\geqslant 0,\tag{4.11.6}$$

$$\|\partial_t S(t)\psi\|_{H^s(\mathbf{R}^n)}+\sum_{i=1}^n\|\partial_i S(t)\psi\|_{H^s(\mathbf{R}^n)}\leqslant C\|\psi\|_{H^s(\mathbf{R}^n)},\quad \forall t\geqslant 0;\tag{4.11.7}$$

$$\Big\|\int_0^t S(t-\tau)f(\tau)\mathrm{d}\tau\Big\|_{H^s(\mathbf{R}^n)}\leqslant t\int_0^t\|f(\tau)\|_{H^s(\mathbf{R}^n)}\mathrm{d}\tau,\quad \forall t\geqslant 0,\tag{4.11.8}$$

$$\begin{aligned}&\Big\|\int_0^t\partial_t S(t-\tau)f(\tau)\mathrm{d}\tau\Big\|_{H^s(\mathbf{R}^n)}+\sum_{i=1}^n\Big\|\int_0^t\partial_i S(t-\tau)f(\tau)\mathrm{d}\tau\Big\|_{H^s(\mathbf{R}^n)}\\&\leqslant C\int_0^t\|f(\tau)\|_{H^s(\mathbf{R}^n)}\mathrm{d}\tau,\quad \forall t\geqslant 0,\end{aligned}\tag{4.11.9}$$

以及

$$S\in C([0,\infty),L(H^s(\mathbf{R}^n),H^{s+1}(\mathbf{R}^n)))\cap C^1([0,\infty),L(H^s(\mathbf{R}^n))).\tag{4.11.10}$$

因此有下述定理:

定理 4.11.1 设 $\varphi \in H^{s+1}(\mathbf{R}^n)$, $\psi \in H^s(\mathbf{R}^n)$, $f \in L^1_{\mathrm{loc}}([0,\infty), H^s(\mathbf{R}^n))$ ($s \in \mathbf{R}$), 则初值问题 (4.11.1) 存在唯一解 $u \in C([0,\infty), H^{s+1}(\mathbf{R}^n)) \cap C^1([0,\infty), H^s(\mathbf{R}^n))$, 且成立以下能量不等式:

$$\begin{aligned}&\sup_{0\leqslant t\leqslant T}\|\partial_t u(t,\cdot)\|_{H^s(\mathbf{R}^n)} + \sum_{i=1}^n \sup_{0\leqslant t\leqslant T}\|\partial_i u(t,\cdot)\|_{H^s(\mathbf{R}^n)}\\ &\leqslant C\Big(\|\varphi\|_{H^{s+1}(\mathbf{R}^n)} + \|\psi\|_{H^s(\mathbf{R}^n)} + \int_0^T \|f(\tau)\|_{H^s(\mathbf{R}^n)}\mathrm{d}\tau\Big), \quad \forall T \geqslant 0, \end{aligned}\tag{4.11.11}$$

其中 C 是与 T 无关的正常数.

证 只需注意由于 $S(0)\psi = 0$, $\forall \psi \in S'(\mathbf{R}^n)$, 所以

$$\partial_t \int_0^t S(t-\tau)f(\tau)\mathrm{d}\tau = \int_0^t \partial_t S(t-\tau)f(\tau)\mathrm{d}\tau.$$

这样应用 (4.11.6)~(4.11.10) 即得本定理的各个结论. 证毕. □

n 维波动方程初值问题 (4.11.1) 的**基本解** $E_n(t,x)$ 定义为下述初值问题的解 $E_n \in C^\infty(\mathbf{R}, S'(\mathbf{R}^n))$:

$$\begin{cases} \partial_t^2 E_n(t,x) - \Delta E_n(t,x) = 0, & x \in \mathbf{R}^n,\ t \in \mathbf{R}, \\ E_n(0,x) = 0, \quad \partial_t E_n(0,x) = \delta(x), & x \in \mathbf{R}^n. \end{cases}$$

通过作关于变元 x 的 Fourier 变换, 不难求得

$$E_n(t,x) = F^{-1}\Big(\frac{\sin t|\xi|}{|\xi|}\Big) = \frac{1}{t^{n-1}} E_n^0\Big(\frac{x}{t}\Big), \quad x \in \mathbf{R}^n,\ t \in \mathbf{R}, \tag{4.11.12}$$

其中

$$E_n^0(x) = F^{-1}\Big(\frac{\sin|\xi|}{|\xi|}\Big).$$

由于 $S(t)\psi = F^{-1}\Big(\tilde{\psi}(\xi)\dfrac{\sin t|\xi|}{|\xi|}\Big)$, 所以应用基本解, 可把算子 $S(t)$ 表示成卷积形式:

$$S(t)\psi(x) = E_n(t,x) * \psi(x), \quad \forall \psi \in S'(\mathbf{R}^n),\ \forall t \in \mathbf{R} \tag{4.11.13}$$

(注意这里的卷积是指关于变元 x 的卷积), 进而初值问题 (4.11.1) 的解可表示成

$$u(t,x) = \partial_t E_n(t,x) * \varphi(x) + E_n(t,x) * \psi(x) + \int_0^t E_n(t-\tau, x) * f(\tau, x)\mathrm{d}\tau. \tag{4.11.14}$$

下面来求 $\dfrac{\sin|\xi|}{|\xi|}$ 的反 Fourier 变换以得到 $E_n^0(x)$ 的表达式. 记

$$G_n(|x|) = \int_{\mathbf{S}^{n-1}} \mathrm{e}^{\mathrm{i}x\omega}\mathrm{d}\omega \Big(= \int_{\mathbf{S}^{n-1}} \mathrm{e}^{\mathrm{i}\langle x,\omega\rangle}\mathrm{d}\omega\Big),$$

其中 $\mathrm{d}\omega$ 表示单位球面 $\mathbf{S}^{n-1}$ 上的面积微元, 等式左端采用记号 $G_n(|x|)$ 是因为右端的函数显然是 x 的径向函数: 对 $\mathbf{R}^n$ 上的任意正交变换 O, 作积分变元变换 $\omega=O\hat{\omega}$, 得

$$\int_{\mathbf{S}^{n-1}}\mathrm{e}^{\mathrm{i}\langle Ox,\omega\rangle}\mathrm{d}\omega=\int_{\mathbf{S}^{n-1}}\mathrm{e}^{\mathrm{i}\langle Ox,O\hat{\omega}\rangle}|\det O|\mathrm{d}\hat{\omega}=\int_{\mathbf{S}^{n-1}}\mathrm{e}^{\mathrm{i}\langle x,\hat{\omega}\rangle}\mathrm{d}\hat{\omega},\quad \forall x\in\mathbf{R}^n,$$

表明函数 $x\mapsto\int_{\mathbf{S}^{n-1}}\mathrm{e}^{\mathrm{i}x\omega}\mathrm{d}\omega$ 球对称, 所以是径向函数. 另外注意 G_n 显然是实值函数. 借助于 $\mathbf{R}^n$ 的球坐标 (参见 [31] 下册 218~221 页), 不难得到当 $n\geqslant 2$ 时 G_n 的以下表达式①:

$$G_n(r)=c_n\int_0^{\pi}\mathrm{e}^{\mathrm{i}r\cos\theta}\sin^{n-2}\theta\mathrm{d}\theta,\quad \forall r\geqslant 0,$$

其中 $c_n=2\pi^{\frac{n-1}{2}}/\Gamma(\dfrac{n-1}{2})$. 简单的计算表明, G_n 满足以下常微分方程的初值问题:

$$G_n''(r)+\frac{n-1}{r}G_n'(r)+G_n(r)=0,\quad r>0;\quad G_n(0)=\frac{2\pi^{\frac{n}{2}}}{\Gamma(\frac{n}{2})},\quad G_n'(0)=0;$$

而且满足以下递推公式:

$$G_n'(r)=-\frac{r}{2\pi}G_{n+2}(r),\quad n=2,3,\cdots. \tag{4.11.15}$$

引理 4.11.2 设 $u(\xi)=f(|\xi|)$, 其中 $f\in L^1_{\mathrm{loc}}[0,\infty)$ 且在无穷远处缓增, 则 u 的反 Fourier 变换为

$$F^{-1}[u(\xi)]=\lim_{R\to\infty}\frac{1}{(2\pi)^n}\int_0^R G_n(r\rho)f(\rho)\rho^{n-1}\mathrm{d}\rho,\quad r=|x|,$$

等式右端的极限是指按 $S'(\mathbf{R}^n)$ 弱拓扑的极限.

证 我们有

$$\begin{aligned}F^{-1}[u(\xi)]&=\lim_{R\to\infty}\frac{1}{(2\pi)^n}\int_{|\xi|\leqslant R}\mathrm{e}^{\mathrm{i}x\xi}f(|\xi|)\mathrm{d}\xi\\&=\lim_{R\to\infty}\frac{1}{(2\pi)^n}\int_0^R f(\rho)\rho^{n-1}\mathrm{d}\rho\int_{\mathbf{S}^{n-1}}\mathrm{e}^{\mathrm{i}x\rho\omega}\mathrm{d}\omega\\&=\lim_{R\to\infty}\frac{1}{(2\pi)^n}\int_0^R G_n(r\rho)f(\rho)\rho^{n-1}\mathrm{d}\rho.\end{aligned}$$

---

① 根据文献 [41] 第一卷 292 页的公式, $G_n(r)=c_n\sqrt{\pi}\Gamma\Big(\dfrac{n-1}{2}\Big)\Big(\dfrac{r}{2}\Big)^{-\frac{n-2}{2}}J_{\frac{n-2}{2}}(r)$, 其中 $J_{\frac{n-2}{2}}(r)$ 是 $\dfrac{n-2}{2}$ 阶的 Bessel 函数. 对任意实数 m, m 阶的 Bessel 函数定义为 $J_m(z)=\Big(\dfrac{z}{2}\Big)^m\displaystyle\sum_{k=0}^{\infty}\frac{(-1)^k}{k!\Gamma(m+k+1)}\Big(\frac{z}{2}\Big)^{2k}$, $z\in\mathbf{C}$, 它是二阶常微分方程 $z^2J_m''(z)+zJ_m'(z)+(z^2-m^2)J_m(z)=0$ 的解. 关于 Bessel 函数的讨论见文献 [125] 第七章. 上述公式也可见该文献 344 页公式 (6).

证毕. □

根据以上引理即得 $E_n^0(x)$ 的如下计算公式:

$$E_n^0(x) = \lim_{R\to\infty} \frac{1}{(2\pi)^n}\int_0^R G_n(r\rho)\rho^{n-2}\sin\rho \mathrm{d}\rho. \tag{4.11.16}$$

自然. 这里的极限是指按 $S'(\mathbf{R}^n)$ 弱拓扑的极限.

对 $\mathbf{R}^n\backslash\{0\}$ 上的广义函数 $u\in D'(\mathbf{R}^n\backslash\{0\})$, 其**径向导数**定义为

$$\frac{\mathrm{d}u}{\mathrm{d}r}(x) = \sum_{i=1}^n \frac{x_i}{r}\partial_i u(x), \quad x\in\mathbf{R}^n\backslash\{0\}.$$

由于 $\frac{x_i}{r}\in C^\infty(\mathbf{R}^n\backslash\{0\})$, $i=1,2,\cdots,n$, 所以这个定义合理且 $\frac{\mathrm{d}u}{\mathrm{d}r}\in D'(\mathbf{R}^n\backslash\{0\})$. 对于 $u\in D'(\mathbf{R}^n)$, 其径向导数 $\frac{\mathrm{d}u}{\mathrm{d}r}$ 是把 u 看作 $\mathbf{R}^n\backslash\{0\}$ 上的广义函数后按以上关系式定义的 $\mathbf{R}^n\backslash\{0\}$ 上的广义函数, 即既使 $u\in D'(\mathbf{R}^n)$, 一般也只能有 $\frac{\mathrm{d}u}{\mathrm{d}r}\in D'(\mathbf{R}^n\backslash\{0\})$, 而一般不成立 $\frac{\mathrm{d}u}{\mathrm{d}r}\in D'(\mathbf{R}^n)$, 除非 u 满足一些特殊的条件, 如 $0\notin \mathrm{supp}u$ 等①.

引理 4.11.3 *对所有 $n\geqslant 2$, 在 $\mathbf{R}^n\backslash\{0\}$ 上成立关系式:*

$$\frac{\mathrm{d}}{\mathrm{d}r}E_n^0(x) = -2\pi r E_{n+2}^0(x). \tag{4.11.17}$$

证 对任意 $\varphi\in C_0^\infty(\mathbf{R}^n\backslash\{0\})$, 应用引理 4.11.2 和递推公式 (4.11.15) 得

$$\begin{aligned}
\left\langle\frac{\mathrm{d}}{\mathrm{d}r}E_n^0,\varphi\right\rangle &= -\left\langle E_n^0, \frac{\mathrm{d}}{\mathrm{d}r}\varphi\right\rangle = -\frac{1}{(2\pi)^n}\lim_{R\to\infty}\int_0^R\left(\int_{\mathbf{R}^n} G_n(r\rho)\frac{\mathrm{d}}{\mathrm{d}r}\varphi(x)\mathrm{d}x\right)\rho^{n-2}\sin\rho \mathrm{d}\rho\\
&= \frac{1}{(2\pi)^n}\lim_{R\to\infty}\int_0^R\left(\int_{\mathbf{R}^n} G_n'(r\rho)\varphi(x)\mathrm{d}x\right)\rho^{n-1}\sin\rho \mathrm{d}\rho\\
&= -\frac{1}{(2\pi)^{n+1}}\lim_{R\to\infty}\int_0^R\left(\int_{\mathbf{R}^n} rG_{n+2}(r\rho)\varphi(x)\mathrm{d}x\right)\rho^{n}\sin\rho \mathrm{d}\rho\\
&= -\lim_{R\to\infty}\int_{\mathbf{R}^n}\left(\frac{1}{(2\pi)^{n+2}}\int_0^R G_{n+2}(r\rho)\rho^n\sin\rho \mathrm{d}\rho\right)2\pi r\varphi(x)\mathrm{d}x\\
&= -\left\langle E_{n+2}^0, 2\pi r\varphi\right\rangle,
\end{aligned}$$

---

① 由于对任意 $1\leqslant p<\frac{n}{n-1}$ 都有 $\frac{x_i}{r}\in W^{n-1,p}(B(0,\delta))$ $(i=1,2,\cdots,n)$, $\forall\delta>0$, 所以为使径向导数 $\frac{\mathrm{d}u}{\mathrm{d}r}$ 在原点有意义, 只需存在 $\delta>0$ 和 $q>n$ 使得 $u\in W^{-n+2,q}(B(0,\delta))$. 当这个条件满足时, 有 $\frac{\mathrm{d}u}{\mathrm{d}r}\in D'(\mathbf{R}^n)$.

所以 (4.11.17) 成立. 证毕. □

引理 4.11.4 当 $n=3$ 时, $E_3^0(x)=\dfrac{1}{4\pi}\delta(r-1)$, 其中 $\delta(r-1)$ 表示 $\mathbf{R}^3$ 上的下述广义函数:

$$\langle\delta(r-1),\varphi\rangle=\int_{\mathbf{S}^{n-1}}\varphi(\omega)\mathrm{d}\omega,\quad \forall\varphi\in S(\mathbf{R}^n).$$

特别有 $\mathrm{supp}E_3^0=\mathbf{S}^{n-1}$.

证 根据定义有 (注意所有的极限都是指按 $S'(\mathbf{R}^3)$ 弱拓扑的极限)

$$\begin{aligned}
E_3^0(x)&=\lim_{R\to\infty}\frac{1}{(2\pi)^3}\int_0^R G_3(r\rho)\rho\sin\rho\mathrm{d}\rho\\
&=\lim_{R\to\infty}\frac{1}{(2\pi)^2}\int_0^R\int_0^\pi \mathrm{e}^{\mathrm{i}r\rho\cos\theta}\rho\sin\theta\sin\rho\mathrm{d}\theta\mathrm{d}\rho\\
&=\lim_{R\to\infty}\frac{1}{4\pi^2\mathrm{i}r}\int_0^R[\mathrm{e}^{\mathrm{i}r\rho}-\mathrm{e}^{-\mathrm{i}r\rho}]\sin\rho\mathrm{d}\rho\\
&=\lim_{R\to\infty}\frac{1}{2\pi^2r}\int_0^R\sin r\rho\sin\rho\mathrm{d}\rho\\
&=\lim_{R\to\infty}\frac{1}{4\pi^2r}\int_0^R[\cos(r-1)\rho-\cos(r+1)\rho]\mathrm{d}\rho\\
&=\lim_{R\to\infty}\frac{1}{4\pi^2}\left[\frac{\sin(r-1)R}{r(r-1)}-\frac{\sin(r+1)R}{r(r+1)}\right]\\
&=\lim_{R\to\infty}\frac{1}{4\pi^2}\frac{\sin(r-1)R}{r(r-1)}.
\end{aligned}$$

最后这个等式成立是因为根据 Riemann 引理, 显然有

$$\lim_{R\to\infty}\frac{1}{4\pi^2}\frac{\sin(r+1)R}{r(r+1)}=0\quad(\text{按 } S'(\mathbf{R}^3)\text{ 弱拓扑}).$$

同样应用 Riemann 引理和 Dirichlet 积分 $\displaystyle\int_0^\infty\frac{\sin r}{r}\mathrm{d}r=\frac{\pi}{2}$ (参见文献 [31] 中册引理 13.2.4) 不难证明,

$$\lim_{R\to\infty}\int_{\mathbf{R}^3}\varphi(x)\frac{\sin(r-1)R}{r(r-1)}\mathrm{d}x=\pi\int_{\mathbf{S}^2}\varphi(\omega)\mathrm{d}\omega,\quad\forall\varphi\in S(\mathbf{R}^3).$$

所以 $E_3^0(x)=\dfrac{1}{4\pi}\delta(r-1)$. 证毕. □

引理 4.11.5 当 $n\geqslant3$ 且为奇数时, 有 $\mathrm{supp}E_n^0\subseteq\mathbf{S}^{n-1}$, 并且关系式 (4.11.17) 对所有 $n\geqslant3$ 的奇数都在整个 $\mathbf{R}^n$ 上成立.

证 应用引理 4.11.3, 引理 4.11.4 和归纳法不难知道, 当 $n\geqslant3$ 且为奇数时, E_n^0 是支集包含于单位球面的广义函数与支集在原点的广义函数之和. 由于 E_n^0 是

径向广义函数, 所以这两个广义函数也都是径向广义函数, 因此 E_n^0 是支集包含于单位球面的广义函数与形如 $\sum\limits_{k=0}^{l} a_k\delta^{(k)}(r)$ 的广义函数之和, 其中 a_k $(k=1,2,\cdots,l)$ 都是常数. 但是由于 $E_n(t,x)=\dfrac{1}{t^{n-1}}E_n^0\Big(\dfrac{x}{t}\Big)$ 是波动方程初值问题的基本解, 从而在 $\mathbf{R}_+\times\mathbf{R}^n$ 上满足无外力项的波动方程. 据此作简单的计算即知, 必有 $a_k=0$, $k=1,2,\cdots,l$ (见本节习题 4). 所以 E_n^0 的支集包含于单位球面, 这就证明了前一部分结论. 为证明后一部分结论, 首先注意由前一部分结论知 E_n^0 的径向导数 $\dfrac{\mathrm{d}E_n^0}{\mathrm{d}r}$ 在整个 $\mathbf{R}^n$ 上有意义. 其次, 取 $\varphi\in C_0^\infty[0,\infty)$ 使当 $3/4\leqslant r\leqslant 3/2$ 时 $\varphi(r)=1$, 而当 $0\leqslant r\leqslant 1/2$ 和 $r\geqslant 2$ 时 $\varphi(r)=0$. 则根据前一部分结论, 我们有

$$
\begin{aligned}
\frac{\mathrm{d}}{\mathrm{d}r}E_n^0(x)=\varphi(r)\frac{\mathrm{d}}{\mathrm{d}r}E_n^0(x)&=\lim_{R\to\infty}\frac{\varphi(r)}{(2\pi)^n}\int_0^R G_n'(r\rho)\rho^{n-1}\sin\rho\mathrm{d}\rho\\
&=-\lim_{R\to\infty}\frac{r\varphi(r)}{(2\pi)^{n+1}}\int_0^R G_{n+2}(r\rho)\rho^n\sin\rho\mathrm{d}\rho\\
&=-\lim_{R\to\infty}2\pi r\varphi(r)\cdot\frac{1}{(2\pi)^{n+2}}\int_0^R G_{n+2}(r\rho)\rho^n\sin\rho\mathrm{d}\rho\\
&=-2\pi r\varphi(r)E_{n+2}^0(x)=-2\pi rE_{n+2}^0(x).
\end{aligned}
$$

证毕. □

通过对 $\mathrm{e}^{\mathrm{i}r\cos\theta}$ 关于 $\mathrm{i}r\cos\theta$ 作幂级数展开, 不难知道 $G_n(r)$ 是 r^2 的整解析函数, 所以 $E_n^0(x)$ 也是 r^2 的广义函数, 即存在径向广义函数 $\mathcal{E}_n(r)$ 使成立 $E_n^0(x)=\mathcal{E}_n(r^2)$. 应用引理 4.11.3 可知在 $\mathbf{R}^n\backslash\{0\}$ 上成立

$$\mathcal{E}_n(r)=-\frac{1}{\pi}\mathcal{E}_{n-2}'(r),\quad n=4,5,\cdots.$$

据此和引理 4.11.5 即知特别当 $n=2m+1$ 时在整个 $\mathbf{R}^n$ 上成立

$$\mathcal{E}_{2m+1}(r)=\Big(-\frac{1}{\pi}\Big)^{m-1}\mathcal{E}_3^{(m-1)}(r),\quad m=1,2,\cdots.$$

再应用引理 4.11.4, 便得 $n\geqslant 3$ 且为奇数时 E_n^0 的下述计算公式:

$$E_{2m+1}^0(x)=\frac{(-1)^{m-1}}{2\pi^m}\delta^{(m-1)}(r^2-1),\quad m=1,2,\cdots.$$

进而

$$E_{2m+1}(t,x)=\frac{1}{t^{2m}}E_{2m+1}^0\Big(\frac{x}{t}\Big)=\frac{(-1)^{m-1}}{2\pi^m t^{2m}}\delta^{(m-1)}\Big(\frac{r^2}{t^2}-1\Big),\ m=1,2,\cdots.\quad(4.11.18)$$

应用这个关系式和 Hadamard 降维法, 便可证明以下结果:

定理 4.11.6 波动方程初值问题 (4.11.1) 的解算子 $S(t)$ 有如下表达式: 当 $n=2m+1$ 时,

$$S(t)\psi(x)=\sum_{k=0}^{m-1}a_{mk}t^{k+1}\frac{\partial^k}{\partial t^k}\Big(\int_{\mathbf{S}^{n-1}}\psi(x+t\omega)\mathrm{d}\omega\Big), \tag{4.11.19}$$

其中 a_{mk} $(k=0,1,\cdots,m-1)$ 都是实常数; 当 $n=2m$ 时,

$$S(t)\psi(x)=\sum_{k=0}^{m-1}a_{mk}t^{k+1}\frac{\partial^k}{\partial t^k}\Big(\frac{1}{t^{n-1}}\int_0^t\int_{\mathbf{S}^{n-1}}\frac{\psi(x+r\omega)}{\sqrt{t^2-r^2}}r^{n-1}\mathrm{d}\omega\mathrm{d}r\Big), \tag{4.11.20}$$

其中 a_{mk} $(k=0,1,\cdots,m-1)$ 同前.

证 先设 $n=2m+1$. 则

$$\begin{aligned}S(t)\psi(x)&=E_n(t,x)*\psi(x)=\frac{(-1)^{m-1}}{2\pi^m t^{2m}}\int_{\mathbf{R}^n}\delta^{(m-1)}\Big(\frac{|y|^2}{t^2}-1\Big)\psi(x-y)\mathrm{d}y\\&=\frac{(-1)^{m-1}}{2\pi^m t^{2m}}\int_0^\infty\int_{\mathbf{S}^{n-1}}\delta^{(m-1)}\Big(\frac{r^2}{t^2}-1\Big)\psi(x-r\omega)r^{n-1}\mathrm{d}\omega\mathrm{d}r\\&=(-1)^{m-1}\frac{t}{4\pi^m}\int_0^\infty\int_{\mathbf{S}^{n-1}}\delta^{(m-1)}(\rho-1)\psi(x-t\sqrt{\rho}\omega)\rho^{m-\frac12}\mathrm{d}\omega\mathrm{d}\rho\\&=\frac{t}{4\pi^m}\int_0^\infty\int_{\mathbf{S}^{n-1}}\delta(\rho-1)\frac{\partial^{m-1}}{\partial\rho^{m-1}}[\psi(x-t\sqrt{\rho}\omega)\rho^{m-\frac12}]\mathrm{d}\omega\mathrm{d}\rho\\&=\sum_{k=0}^{m-1}(-1)^k a_{mk}t^{k+1}\int_0^\infty\int_{\mathbf{S}^{n-1}}\delta(\rho-1)(\omega\cdot\nabla_x)^k\psi(x-t\sqrt{\rho}\omega)\rho^{\frac{k+1}{2}}\mathrm{d}\omega\mathrm{d}\rho,\end{aligned}$$

其中 a_{mk} $(k=0,1,\cdots,m-1)$ 都是实常数. 在以上计算中, 我们采用积分符号来表示广义函数对检验函数的对偶作用, 是为了作变元变换的方便. 因此

$$\begin{aligned}S(t)\psi(x)&=\sum_{k=0}^{m-1}(-1)^k a_{mk}t^{k+1}\int_{\mathbf{S}^{n-1}}(\omega\cdot\nabla_x)^k\psi(x-t\omega)\mathrm{d}\omega\\&=\sum_{k=0}^{m-1}a_{mk}t^{k+1}\frac{\partial^k}{\partial t^k}\Big(\int_{\mathbf{S}^{n-1}}\psi(x+t\omega)\mathrm{d}\omega\Big).\end{aligned}$$

这就证明了 (4.11.19).

其次设 $n=2m$. 这时我们采用 Hadamard 降维法, 即把 n 维波动方程的解看作 $n+1$ 维波动方程的解不依赖于第 $n+1$ 个变元的特殊情况. 因此令 $\hat\psi(x,x_{n+1})=\psi(x)$, 其中 $x\in\mathbf{R}^n$, $x_{n+1}\in\mathbf{R}$, 则应用上面所得结论得

$$S(t)\psi(x)=\sum_{k=0}^{m-1}a_{mk}t^{k+1}\frac{\partial^k}{\partial t^k}\Big(\int_{\mathbf{S}^n}\hat\psi(\hat x+t\hat\omega)\mathrm{d}\hat\omega\Big),\quad 其中\ \hat x=(x,x_{n+1}).$$

由于 $\hat{\psi}(x,x_{n+1}) = \psi(x)$ 不依赖于 x_{n+1}, 借助于球坐标系 (参见文献 [31] 下册 218~221 页) 不难知道

$$\int_{\mathbf{S}^n}\hat{\psi}(\hat{x}+t\hat{\omega})\mathrm{d}\hat{\omega} = \int_0^1\int_{\mathbf{S}^{n-1}}\frac{\psi(x+t\rho\omega)}{\sqrt{1-\rho^2}}\rho^{n-1}\mathrm{d}\omega\mathrm{d}\rho = \frac{1}{t^{n-1}}\int_0^t\int_{\mathbf{S}^{n-1}}\frac{\psi(x+r\omega)}{\sqrt{t^2-r^2}}r^{n-1}\mathrm{d}\omega\mathrm{d}r.$$

把这个表达式代入上式即得 (4.11.20). 证毕. □

公式 (4.11.19) 和 (4.11.20) 揭示了波动方程初值问题解的一些独特现象. 考察无外力项的波动方程初值问题

$$\begin{cases} \partial_t^2u(t,x) - \Delta u(t,x) = 0, \quad x \in \mathbf{R}^n, \ t > 0, \\ u(0,x) = \varphi(x), \quad \partial_t u(0,x) = \psi(x), \quad x \in \mathbf{R}^n. \end{cases} \tag{4.11.21}$$

它的解为

$$u(t,x) = \partial_t E_n(t,x) * \varphi(x) + E_n(t,x) * \psi(x), \quad x \in \mathbf{R}^n, \ t > 0. \tag{4.11.22}$$

应用 (4.11.19) 和 (4.11.20) 可以看出, 当初值函数 φ 和 ψ 的正则性一定时, 解 u 的正则性随维数的增加而递降, 即维数越大, u 的奇性越高. 其次, 从 (4.11.19) 和 (4.11.20) 还可看出, 当空间维数 n 是奇数时, 解 u 在 t 时刻在点 x 的值只依赖于初始函数 φ 和 ψ 及其一定阶数的导数在以 x 为心、以 t 为半径的球面上的值, 而与 φ 和 ψ 在此球面之外的值无关. 这个结论也可反过来表述成: 初始函数 φ 和 ψ 在一点 x 的值在 t 时刻只影响解 u 在以 x 为心、以 t 为半径的球面上的值, 而对 u 在此球面之外的值没有作用. 这就是**Huygens 原理**. 当空间维数 n 为偶数时, u 在 t 时刻在点 x 的值只依赖于初始函数 φ 和 ψ 及其一定阶数的导数在以 x 为心、以 t 为半径的球体上的值, 而与 φ 和 ψ 在此球体之外的值无关. 这个结论也可反过来表述成: 初始函数 φ 和 ψ 在一点 x 的值在 t 时刻只影响解 u 在以 x 为心、以 t 为半径的球体上的值, 而对 u 在此球体之外的值没有作用. 由此可见, 波动方程在奇数维与偶数维时的表现既有区别, 又有一定的共性: 区别在于根据 Huygens 原理, 奇数维波的传播具有**无后效性**, 一旦波从一点传过, 该点的状态便立刻恢复到波传过之前时的状态, 传播过的波不在该点留有任何痕迹; 而偶数维波的传播则具有后效性, 当波从一点传过之后, 该点的状态不会立刻恢复到波传过之前时的状态, 传播过的波在该点的影响一直持续到无穷时刻 (不过, 从下面的定理 4.11.7 可知这种影响将随着时间趋于无穷而逐渐衰减最终趋于零). 共性在于无论是奇数维还是偶数维, 初始函数 φ 和 ψ 在每点的值在任何有限的时间范围内都只对波动方程的解 u 在一个有限范围内的值产生影响, 即波的传播具有有限的速度, 而与热的传导有本质的区别, 因为从热传导方程初值问题的解的表达式不难知道, 如果初值

函数 $\varphi \geqslant 0$ 且在某点 x_0 处 $\varphi(x_0) > 0$, 那么即使 φ 具有紧支集, 则热传导方程初值问题的解 $u(t,x) > 0$, $\forall t > 0$, $\forall x \in \mathbf{R}^n$.

下面应用式 (4.11.19) 和 (4.11.20) 建立无外力项波动方程初值问题 (4.11.21) 解的衰减估计:

定理 4.11.7 (L^1–L^∞ 估计) 设 $n \geqslant 2$. 则初值问题 (4.11.21) 的解算子 $S(t)$ 满足下列不等式:

$$\|S(t)\psi\|_{L^\infty(\mathbf{R}^n)} \leqslant C(1+t)^{-\frac{n-1}{2}}\|\psi\|_{W^{n-1,1}(\mathbf{R}^n)}, \quad \forall t \geqslant 0. \tag{4.11.23}$$

证 由于 $C_0^\infty(\mathbf{R}^n)$ 在 $W^{n-1,1}(\mathbf{R}^n)$ 中稠密, 所以只需就 $\psi \in C_0^\infty(\mathbf{R}^n)$ 的情形给出证明. 因此以下总设 $\psi \in C_0^\infty(\mathbf{R}^n)$.

先考虑 $n = 2m+1$ 的情况. 这时由 (4.11.19) 得

$$\begin{aligned}
S(t)\psi(x) &= \sum_{k=0}^{m-1} a_{mk} t^{k+1} \int_{\mathbf{S}^{n-1}} \frac{\partial^k}{\partial t^k}\psi(x+t\omega)\mathrm{d}\omega \\
&= -\sum_{k=0}^{m-1} a_{mk} t^{k+1} \int_t^\infty \int_{\mathbf{S}^{n-1}} \frac{\partial^{k+1}}{\partial r^{k+1}}\psi(x+r\omega)\mathrm{d}\omega\mathrm{d}r \\
&= \sum_{k=0}^{m-1} a_{mk} t^{k+1} \int_t^\infty \int_{\mathbf{S}^{n-1}} (r-t)\frac{\partial^{k+2}}{\partial r^{k+2}}\psi(x+r\omega)\mathrm{d}\omega\mathrm{d}r,
\end{aligned}$$

最后一个等式是通过作分部积分得到的. 继续作分部积分, 经过 $m-k-1$ 次之后就得到

$$S(t)\psi(x) = \sum_{k=0}^{m-1}(-1)^{m-k} a'_{mk} t^{k+1} \int_t^\infty \int_{\mathbf{S}^{n-1}} (r-t)^{m-k-1}\frac{\partial^m}{\partial r^m}\psi(x+r\omega)\mathrm{d}\omega\mathrm{d}r.$$

不难知道对任意 $r \geqslant t \geqslant 0$ 成立

$$t^{k+1}(r-t)^{m-k-1} \leqslant t^{-m} r^{2m}, \quad k = 0, 1, \cdots, m-1.$$

所以得到

$$\begin{aligned}
\|S(t)\psi\|_{L^\infty(\mathbf{R}^n)} &\leqslant Ct^{-m}\sup_{x\in\mathbf{R}^n}\int_t^\infty\int_{\mathbf{S}^{n-1}}\left|\frac{\partial^m}{\partial r^m}\psi(x+r\omega)\right| r^{2m}\mathrm{d}\omega\mathrm{d}r \\
&\leqslant Ct^{-m}\sum_{|\alpha|=m}\|\partial^\alpha\psi\|_{L^1(\mathbf{R}^n)}, \quad \forall t > 0.
\end{aligned} \tag{4.11.24}$$

而通过继续作分部积分还可得到

$$S(t)\psi(x) = (-1)^{2m-k}\sum_{k=0}^{m-1} a''_k t^{k+1}\int_t^\infty\int_{\mathbf{S}^{n-1}}(r-t)^{2m-k-1}\frac{\partial^{2m}}{\partial r^{2m}}\psi(x+r\omega)\mathrm{d}\omega\mathrm{d}r.$$

由于对任意 $r \geqslant t \geqslant 0$ 成立

$$t^{k+1}(r-t)^{2m-k-1} \leqslant r^{2m}, \quad k=0,1,\cdots,m-1,$$

所以又得到

$$\begin{aligned}\|S(t)\psi\|_{L^\infty(\mathbf{R}^n)} &\leqslant C\sup_{x\in\mathbf{R}^n}\int_t^\infty\int_{\mathbf{S}^{n-1}}\Big|\frac{\partial^{2m}}{\partial r^{2m}}\psi(x+r\omega)\Big|r^{2m}\mathrm{d}\omega\mathrm{d}r \\ &\leqslant C\sum_{|\alpha|=n-1}\|\partial^\alpha\psi\|_{L^1(\mathbf{R}^n)}, \quad \forall t>0. \end{aligned} \tag{4.11.25}$$

把 (4.11.24) 和 (4.11.25) 结合起来, 就证明了 $n=2m+1$ 时的 (4.11.23).

再考虑 $n=2m$ 的情况. 此时由 (4.11.20) 得

$$\begin{aligned} S(t)\psi(x) \ &= \ \sum_{k=0}^{m-2}a_{mk}t^{k+1}\frac{\partial^k}{\partial t^k}\Big(\frac{1}{t^{n-1}}\int_0^t\int_{\mathbf{S}^{n-1}}\frac{\psi(x+r\omega)}{\sqrt{t^2-r^2}}r^{n-1}\mathrm{d}\omega\mathrm{d}r\Big) \\ &\quad +a_{mm-1}t^m\frac{\partial^{m-1}}{\partial t^{m-1}}\Big(\frac{1}{t^{n-1}}\int_0^t\int_{\mathbf{S}^{n-1}}\frac{\psi(x+r\omega)}{\sqrt{t^2-r^2}}r^{n-1}\mathrm{d}\omega\mathrm{d}r\Big) \\ &=: \ S_1(t)\psi(x)+S_2(t)\psi(x). \end{aligned}$$

对 $S_1(t)$, 我们有

$$\begin{aligned} &S_1(t)\psi(x) \\ =&\sum_{k=0}^{m-2}a_{mk}t^{k+1}\frac{\partial^k}{\partial t^k}\Big(\int_0^1\int_{\mathbf{S}^{n-1}}\frac{\psi(x+tr\omega)}{\sqrt{1-r^2}}r^{n-1}\mathrm{d}\omega\mathrm{d}r\Big) \\ =&-\sum_{k=0}^{m-2}a_kt^{k+1}\int_t^\infty\int_0^1\int_{\mathbf{S}^{n-1}}\frac{\partial^{k+1}}{\partial s^{k+1}}\Big(\frac{\psi(x+sr\omega)}{\sqrt{1-r^2}}\Big)r^{n-1}\mathrm{d}\omega\mathrm{d}r\mathrm{d}s \\ =&\sum_{k=0}^{m-2}(-1)^{m-k}a_k't^{k+1}\int_t^\infty\int_0^1\int_{\mathbf{S}^{n-1}}(s-t)^{m-k-2}\frac{\partial^{m-1}}{\partial s^{m-1}}\Big(\frac{\psi(x+sr\omega)}{\sqrt{1-r^2}}\Big)r^{n-1}\mathrm{d}\omega\mathrm{d}r\mathrm{d}s \\ =&\sum_{k=0}^{m-2}(-1)^{m-k}a_k't^{k+1}\int_t^\infty\int_0^1\int_{\mathbf{S}^{n-1}}(s-t)^{m-k-2}\frac{(\omega\cdot\nabla_x)^{m-1}\psi(x+sr\omega)}{\sqrt{1-r^2}}r^{m+n-1}\mathrm{d}\omega\mathrm{d}r\mathrm{d}s \\ =&\sum_{k=0}^{m-2}(-1)^{m-k}a_k't^{k+1}\int_0^1\int_{rt}^\infty\int_{\mathbf{S}^{n-1}}(\tau-rt)^{m-k-2}\frac{(\omega\cdot\nabla_x)^{m-1}\psi(x+\tau\omega)}{\sqrt{1-r^2}}r^{k+n}\mathrm{d}\omega\mathrm{d}\tau\mathrm{d}r. \end{aligned}$$

由于对任意 $\tau \geqslant rt \geqslant 0$ 成立

$$(rt)^{k+1}(\tau-rt)^{m-k-2} \leqslant (rt)^{-m}\tau^{2m-1}, \quad k=0,1,\cdots,m-2,$$

从而

$$t^{k+1}(\tau-rt)^{m-k-2}\leqslant t^{-m}r^{-m-k-1}\tau^{2m-1},\quad k=0,1,\cdots,m-2,$$

所以得到 (注意 $n=2m$)

$$\begin{aligned}\|S_1(t)\psi\|_{L^\infty(\mathbf{R}^n)}&\leqslant Ct^{-m}\sup_{x\in\mathbf{R}^n}\int_0^1\int_0^\infty\int_{\mathbf{S}^{n-1}}\left|\frac{(\omega\cdot\nabla_x)^{m-1}\psi(x+\tau\omega)}{\sqrt{1-r^2}}\right|r^{m-1}\tau^{n-1}\mathrm{d}\omega\mathrm{d}\tau\mathrm{d}r\\&\leqslant Ct^{-m}\sup_{x\in\mathbf{R}^n}\int_0^\infty\int_{\mathbf{S}^{n-1}}|(\omega\cdot\nabla_x)^{m-1}\psi(x+\tau\omega)|\tau^{n-1}\mathrm{d}\omega\mathrm{d}\tau\\&\leqslant Ct^{-m}\sum_{|\alpha|=m-1}\|\partial^\alpha\psi\|_{L^1(\mathbf{R}^n)},\quad\forall t>0.\end{aligned}$$

而如果再多作一次分部积分, 则又得到

$$\begin{aligned}&S_1(t)\psi(x)\\&=\sum_{k=0}^{m-2}a_{mk}t^{k+1}\frac{\partial^k}{\partial t^k}\Big(\int_0^1\int_{\mathbf{S}^{n-1}}\frac{\psi(x+tr\omega)}{\sqrt{1-r^2}}r^{n-1}\mathrm{d}\omega\mathrm{d}r\Big)\\&=-\sum_{k=0}^{m-2}a_kt^{k+1}\int_t^\infty\int_0^1\int_{\mathbf{S}^{n-1}}\frac{\partial^{k+1}}{\partial s^{k+1}}\Big(\frac{\psi(x+sr\omega)}{\sqrt{1-r^2}}\Big)r^{n-1}\mathrm{d}\omega\mathrm{d}r\mathrm{d}s\\&=\sum_{k=0}^{m-2}(-1)^{m-k}a_k''t^{k+1}\int_t^\infty\int_0^1\int_{\mathbf{S}^{n-1}}(s-t)^{m-k-1}\frac{\partial^m}{\partial s^m}\Big(\frac{\psi(x+sr\omega)}{\sqrt{1-r^2}}\Big)r^{n-1}\mathrm{d}\omega\mathrm{d}r\mathrm{d}s\\&=\sum_{k=0}^{m-2}(-1)^{m-k}a_k''t^{k+1}\int_t^\infty\int_0^1\int_{\mathbf{S}^{n-1}}(s-t)^{m-k-1}\frac{(\omega\cdot\nabla_x)^m\psi(x+sr\omega)}{\sqrt{1-r^2}}r^{m+n-1}\mathrm{d}\omega\mathrm{d}r\mathrm{d}s\\&=\sum_{k=0}^{m-2}(-1)^{m-k}a_k''t^{k+1}\int_0^1\int_{rt}^\infty\int_{\mathbf{S}^{n-1}}(\tau-rt)^{m-k-1}\frac{(\omega\cdot\nabla_x)^m\psi(x+\tau\omega)}{\sqrt{1-r^2}}r^{k+n-1}\mathrm{d}\omega\mathrm{d}\tau\mathrm{d}r.\end{aligned}$$

由于对任意 $\tau\geqslant rt\geqslant 0$ 成立

$$(rt)^k(\tau-rt)^{m-k-1}\leqslant(rt)^{-m}\tau^{2m-1},\quad k=0,1,\cdots,m-2,$$

从而

$$t^{k+1}(\tau-rt)^{m-k-1}\leqslant t^{-m+1}r^{-k-m}\tau^{2m-1},\quad k=0,1,\cdots,m-2,$$

所以又得到

$$\begin{aligned}\|S_1(t)\psi\|_{L^\infty(\mathbf{R}^n)} &\leqslant Ct^{-m+1}\sup_{x\in\mathbf{R}^n}\int_0^1\int_0^\infty\int_{\mathbf{S}^{n-1}}\Big|\frac{(\omega\cdot\nabla_x)^m\psi(x+\tau\omega)}{\sqrt{1-r^2}}\Big|r^{m-1}\tau^{n-1}\mathrm{d}\omega\mathrm{d}\tau\mathrm{d}r\\ &\leqslant Ct^{-m+1}\sup_{x\in\mathbf{R}^n}\int_0^\infty\int_{\mathbf{S}^{n-1}}|(\omega\cdot\nabla_x)^m\psi(x+\tau\omega)|\tau^{n-1}\mathrm{d}\omega\mathrm{d}\tau\\ &\leqslant Ct^{-m+1}\sum_{|\alpha|=m}\|\partial^\alpha\psi\|_{L^1(\mathbf{R}^n)},\quad \forall t>0.\end{aligned}$$

对以上所得两个估计式作几何平均, 就得到

$$\|S_1(t)\psi\|_{L^\infty(\mathbf{R}^n)} \leqslant Ct^{-m+\frac12}\sum_{m-1\leqslant|\alpha|\leqslant m}\|\partial^\alpha\psi\|_{L^1(\mathbf{R}^n)},\quad \forall t>0. \tag{4.11.26}$$

对 $S_2(t)$, 与对 $S_1(t)$ 类似地可以得到

$$\|S_2(t)\psi\|_{L^\infty(\mathbf{R}^n)} \leqslant Ct^{-m+1}\sum_{|\alpha|=m}\|\partial^\alpha\psi\|_{L^1(\mathbf{R}^n)},\quad \forall t>0.$$

把这个估计式应用于 $0<t<1$ 的情况, 就得到

$$\|S_2(t)\psi\|_{L^\infty(\mathbf{R}^n)} \leqslant Ct^{-m+\frac12}\sum_{|\alpha|=m}\|\partial^\alpha\psi\|_{L^1(\mathbf{R}^n)},\quad \forall t\in(0,1). \tag{4.11.27}$$

当 $t\geqslant 1$ 时, 我们有 (为记号简单起见以下总略去系数 a_{mm-1})

$$\begin{aligned}S_2(t)\psi(x) &= t^m\frac{\partial^{m-1}}{\partial t^{m-1}}\Big(\frac{1}{t^{n-1}}\int_0^t\int_{\mathbf{S}^{n-1}}\frac{\psi(x+r\omega)}{\sqrt{t^2-r^2}}r^{n-1}\mathrm{d}\omega\mathrm{d}r\Big)\\ &= t^m\frac{\partial^{m-1}}{\partial t^{m-1}}\Big(\int_0^1\int_{\mathbf{S}^{n-1}}\frac{\psi(x+t\rho\omega)}{\sqrt{1-\rho^2}}\rho^{n-1}\mathrm{d}\omega\mathrm{d}\rho\Big)\\ &= t^m\Big(\int_0^1\int_{\mathbf{S}^{n-1}}\frac{(\omega\cdot\nabla_x)^{m-1}\psi(x+t\rho\omega)}{\sqrt{1-\rho^2}}\rho^{m+n-2}\mathrm{d}\omega\mathrm{d}\rho\Big)\\ &= t^{-n+2}\int_0^t\int_{\mathbf{S}^{n-1}}\frac{(\omega\cdot\nabla_x)^{m-1}\psi(x+r\omega)}{\sqrt{t^2-r^2}}r^{m+n-2}\mathrm{d}\omega\mathrm{d}r,\end{aligned}$$

进而

$$\begin{aligned}S_2(t)\psi(x) &= t^{-n+2}\int_0^{t-\frac12}\int_{\mathbf{S}^{n-1}}\frac{(\omega\cdot\nabla_x)^{m-1}\psi(x+r\omega)}{\sqrt{t^2-r^2}}r^{m+n-2}\mathrm{d}\omega\mathrm{d}r\\ &\quad+t^{-n+2}\int_{t-\frac12}^t\int_{\mathbf{S}^{n-1}}\frac{(\omega\cdot\nabla_x)^{m-1}\psi(x+r\omega)}{\sqrt{t^2-r^2}}r^{m+n-2}\mathrm{d}\omega\mathrm{d}r =: A+B.\end{aligned}$$

对 A, 我们有

$$|A| \leqslant t^{-n+2}\cdot\sqrt{\frac{2}{t}}\cdot t^{m-1}\int_0^{t-\frac{1}{2}}\int_{\mathbf{S}^{n-1}}|(\omega\cdot\nabla_x)^{m-1}\psi(x+r\omega)|r^{n-1}\mathrm{d}\omega\mathrm{d}r$$
$$\leqslant Ct^{-m+\frac{1}{2}}\sum_{|\alpha|=m-1}\|\partial^\alpha\psi\|_{L^1(\mathbf{R}^n)},\quad \forall x\in\mathbf{R}^n,\ \forall t\geqslant 1.$$

对 B, 我们有

$$|B|\leqslant t^{-n+2}\cdot\sup_{r\geqslant 0}\Big|\int_{\mathbf{S}^{n-1}}(\omega\cdot\nabla_x)^{m-1}\psi(x+r\omega)r^{n-1}\mathrm{d}\omega\Big|\cdot\int_{t-\frac{1}{2}}^t\frac{r^{m-1}}{\sqrt{t^2-r^2}}\mathrm{d}r$$
$$\leqslant t^{-n+2}\cdot\sup_{r\geqslant 0}\Big|\int_r^\infty\int_{\mathbf{S}^{n-1}}\frac{\partial}{\partial\rho}[(\omega\cdot\nabla_x)^{m-1}\psi(x+\rho\omega)]r^{n-1}\mathrm{d}\omega\mathrm{d}\rho\Big|\cdot\frac{t^{m-1}}{\sqrt{t}}\int_{t-\frac{1}{2}}^t\frac{\mathrm{d}r}{\sqrt{t-r}}$$
$$\leqslant t^{-n+2}\cdot\sup_{r\geqslant 0}\int_r^\infty\int_{\mathbf{S}^{n-1}}|(\omega\cdot\nabla_x)^m\psi(x+\rho\omega)|\rho^{n-1}\mathrm{d}\omega\mathrm{d}\rho\cdot\sqrt{2}t^{m-\frac{3}{2}}$$
$$\leqslant Ct^{-m+\frac{1}{2}}\sum_{|\alpha|=m}\|\partial^\alpha\psi\|_{L^1(\mathbf{R}^n)},\quad\forall x\in\mathbf{R}^n,\ \forall t\geqslant 1.$$

因此

$$\|S_2(t)\psi\|_{L^\infty(\mathbf{R}^n)}\leqslant Ct^{-m+\frac{1}{2}}\sum_{m-1\leqslant|\alpha|\leqslant m}\|\partial^\alpha\psi\|_{L^1(\mathbf{R}^n)},\quad\forall t\geqslant 1.\tag{4.11.28}$$

把 (4.11.27) 和 (4.11.28) 结合起来, 便得到

$$\|S_2(t)\psi\|_{L^\infty(\mathbf{R}^n)}\leqslant Ct^{-m+\frac{1}{2}}\sum_{m-1\leqslant|\alpha|\leqslant m}\|\partial^\alpha\psi\|_{L^1(\mathbf{R}^n)},\quad\forall t>0.\tag{4.11.29}$$

把 (4.11.26) 和 (4.11.29) 相加即得

$$\|S(t)\psi\|_{L^\infty(\mathbf{R}^n)}\leqslant Ct^{-m+\frac{1}{2}}\sum_{m-1\leqslant|\alpha|\leqslant m}\|\partial^\alpha\psi\|_{L^1(\mathbf{R}^n)},\quad\forall t>0.\tag{4.11.30}$$

又与 $n=2m+1$ 情况类似的推导还可得到

$$|S(t)\psi(x)|$$
$$\leqslant C\sum_{k=0}^{m-1}t^{k+1}\Big|\int_t^\infty\int_0^1\int_{\mathbf{S}^{n-1}}(s-t)^{2m-k-2}\frac{\partial^{2m-1}}{\partial s^{2m-1}}\Big(\frac{\psi(x+sr\omega)}{\sqrt{1-r^2}}\Big)r^{n-1}\mathrm{d}\omega\mathrm{d}r\mathrm{d}s\Big|$$
$$=\sum_{k=0}^{m-1}t^{k+1}\Big|\int_0^1\int_{rt}^\infty\int_{\mathbf{S}^{n-1}}(\tau-rt)^{2m-k-2}\frac{(\omega\cdot\nabla_x)^{2m-1}\psi(x+\tau\omega)}{\sqrt{1-r^2}}r^{k+n-1}\mathrm{d}\omega\mathrm{d}\tau\mathrm{d}r\Big|.$$

由于对任意 $\tau \geqslant rt \geqslant 0$ 成立

$$(rt)^{k+1}(\tau - rt)^{2m-k-2} \leqslant \tau^{2m-1}, \quad k = 0, 1, \cdots, m-1,$$

从而

$$t^{k+1}(\tau - rt)^{2m-k-2} \leqslant r^{-k-1}\tau^{2m-1}, \quad k = 0, 1, \cdots, m-1,$$

所以得到

$$\begin{aligned}
\|S(t)\psi\|_{L^\infty(\mathbf{R}^n)} &\leqslant C \sup_{x\in\mathbf{R}^n} \int_0^1\int_0^\infty\int_{\mathbf{S}^{n-1}} \left|\frac{(\omega\cdot\nabla_x)^{2m-1}\psi(x+\tau\omega)}{\sqrt{1-r^2}}\right| r^{n-2}\tau^{2m-1}\mathrm{d}\omega\mathrm{d}\tau\mathrm{d}r \\
&= C \sup_{x\in\mathbf{R}^n} \int_0^\infty\int_{\mathbf{S}^{n-1}} |(\omega\cdot\nabla_x)^{n-1}\psi(x+\tau\omega)|\tau^{n-1}\mathrm{d}\omega\mathrm{d}\tau \\
&\leqslant C \sum_{|\alpha|=n-1} \|\partial^\alpha\psi\|_{L^1(\mathbf{R}^n)}, \quad \forall t > 0.
\end{aligned} \tag{4.11.31}$$

把 (4.11.30) 和 (4.11.31) 结合起来, 便得到了 $n = 2m$ 时的 (4.11.23). 证毕. □

从不等式 (4.11.23) 立刻得到

$$\sum_{i=1}^n \|\partial_i S(t)\varphi\|_{L^\infty(\mathbf{R}^n)} \leqslant C(1+t)^{-\frac{n-1}{2}}\|\varphi\|_{W^{n,1}(\mathbf{R}^n)}, \quad \forall t \geqslant 0.$$

另外, 仿照不等式 (4.11.23) 的证明还可证明以下不等式:

$$\|\partial_t S(t)\varphi\|_{L^\infty(\mathbf{R}^n)} \leqslant C(1+t)^{-\frac{n-1}{2}}\|\varphi\|_{W^{n,1}(\mathbf{R}^n)}, \quad \forall t \geqslant 0$$

(见本节习题 7). 这些不等式表明, 对于充分光滑的初值, 问题 (4.11.21) 的解及其一阶导数的 L^∞ 范数当时间 t 趋于无穷时趋于零. 但另一方面, 对方程 (4.11.21) 左端乘以 $\partial_t v$ 再关于变元 x 在 $\mathbf{R}^n$ 上积分、关于变元 t 在 $[0,t]$ 上积分, 则得到下述**能量守恒律**:

$$\|\partial_t v(t,\cdot)\|^2_{L^2(\mathbf{R}^n)} + \sum_{i=1}^n \|\partial_i v(t,\cdot)\|^2_{L^2(\mathbf{R}^n)} = \|\psi\|^2_{L^2(\mathbf{R}^n)} + \sum_{i=1}^n \|\partial_i\varphi\|^2_{L^2(\mathbf{R}^n)}, \quad \forall t \geqslant 0. \tag{4.11.32}$$

从这个关系式可知, 问题 (4.11.21) 解的一阶导数的 L^2 范数不随时间 t 变化. 这是波动方程与热传导方程的一个重要区别.

定理 4.11.8 (L^p-$L^{p'}$ 估计)　设 $n \geqslant 2$, $\dfrac{2(n+1)}{n+3} \leqslant p \leqslant 2$. 则算子 $S(t)$ 满足下列估计式:

$$\|S(t)u\|_{L^{p'}(\mathbf{R}^n)} \leqslant Ct^{1-n(\frac{2}{p}-1)}\|u\|_{L^p(\mathbf{R}^n)}, \quad \forall u \in L^p(\mathbf{R}^n), \ \forall t > 0. \tag{4.11.33}$$

证 作非齐次 Littlewood–Paley 分解, 即取定非负单调递减函数 $\phi \in C^\infty[0,\infty)$ 使 $0 \leqslant \phi \leqslant 1$, 且当 $0 \leqslant t \leqslant 1/2$ 时 $\phi(t)=1$, 当 $t \geqslant 1$ 时 $\phi(t)=0$, 然后令 $\varphi(\xi)=\phi(|\xi|)$, $\psi_j(\xi)=\phi(|\xi|/2^{j+1})-\phi(|\xi|/2^j)$, $j=0,1,\cdots$. 则成立

$$\varphi(\xi)+\sum_{j=0}^{\infty}\psi_j(\xi)=1,\quad \forall\xi\in\mathbf{R}^n,\quad 且\quad \psi_j(\xi)=\psi_0\Big(\frac{\xi}{2^j}\Big),\ j=0,1,\cdots.$$

令 $S_0, \Delta_j (j=0,1,\cdots)$ 分别表示以下算子: $S_0u=F^{-1}[\varphi(\xi)\tilde{u}(\xi)]$, $\Delta_j u=F^{-1}[\psi_j(\xi)\tilde{u}(\xi)]$, $\forall u\in S(\mathbf{R}^n)$, $j=0,1,\cdots$. 则对任意 $u\in S(\mathbf{R}^n)$, 按 $S(\mathbf{R}^n)$ 强拓扑成立

$$u=S_0u+\sum_{j=0}^{\infty}\Delta_j u. \tag{4.11.34}$$

我们来证明:

$$\|S(1)S_0u\|_{L^\infty(\mathbf{R}^n)} \leqslant C\|u\|_{L^1(\mathbf{R}^n)},\quad \forall u\in L^1(\mathbf{R}^n), \tag{4.11.35}$$

$$\|S(1)\Delta_j u\|_{L^\infty(\mathbf{R}^n)} \leqslant C2^{\frac{(n-1)j}{2}}\|u\|_{L^1(\mathbf{R}^n)},\quad \forall u\in L^1(\mathbf{R}^n),\ j=0,1,2,\cdots. \tag{4.11.36}$$

由于 $S(1)S_0u=F^{-1}\Big[\dfrac{\sin|\xi|}{|\xi|}\varphi(\xi)\Big]*u$, 而显然 $F^{-1}\Big[\dfrac{\sin|\xi|}{|\xi|}\varphi(\xi)\Big]\in S(\mathbf{R}^n)\subseteq L^\infty(\mathbf{R}^n)$, 所以 (4.11.35) 是 Young 不等式的直接推论. 其次, 令 $h_j(x)=F^{-1}\Big[\dfrac{\sin|\xi|}{|\xi|}\psi_j(\xi)\Big]=F^{-1}\Big[\dfrac{\sin|\xi|}{|\xi|}\psi_0\Big(\dfrac{\xi}{2^j}\Big)\Big]$, $j=0,1,\cdots$. 则简单的计算表明 $h_j(x)=2^{(n-1)j}[S(2^j)\check{\psi}_0](2^jx)$, $j=0,1,\cdots$, 因此应用不等式 (4.11.23) 得

$$\begin{aligned}\|h_j\|_{L^\infty(\mathbf{R}^n)}&=2^{(n-1)j}\|S(2^j)\check{\psi}_0\|_{L^\infty(\mathbf{R}^n)}\\&\leqslant 2^{(n-1)j}\cdot C(1+2^j)^{-\frac{(n-1)}{2}}\|\check{\psi}_0\|_{W^{n-1,1}(\mathbf{R}^n)}\leqslant C2^{\frac{(n-1)j}{2}},\quad j=0,1,\cdots.\end{aligned}$$

由于 $S(1)\Delta_j u=F^{-1}\Big[\dfrac{\sin|\xi|}{|\xi|}\psi_j(\xi)\Big]*u=h_j*u$, $j=0,1,\cdots$, 所以应用以上估计和 Young 不等式即得 (4.11.36). 我们再来证明:

$$\|S(1)S_0u\|_{L^2(\mathbf{R}^n)} \leqslant C\|u\|_{L^2(\mathbf{R}^n)},\quad \forall u\in L^2(\mathbf{R}^n), \tag{4.11.37}$$

$$\|S(1)\Delta_j u\|_{L^2(\mathbf{R}^n)} \leqslant C2^{-j}\|u\|_{L^2(\mathbf{R}^n)},\quad \forall u\in L^2(\mathbf{R}^n),\ j=0,1,2,\cdots. \tag{4.11.38}$$

由于 $\dfrac{\sin|\xi|}{|\xi|}\varphi(\xi)\in L^\infty(\mathbf{R}^n)$, 所以 (4.11.37) 是 Plancherel 恒等式的直接推论. 其次, 由于

$$\sup_{\xi\in\mathbf{R}^n}|\sin|\xi|\cdot\psi_j(\xi)|\leqslant \sup_{\xi\in\mathbf{R}^n}|\psi_0(\xi)|=1,\quad j=0,1,\cdots,$$

而在 $\mathrm{supp}\psi_j$ 上 $|\xi|\sim 2^j, j=0,1,\cdots$, 所以再次应用 Plancherel 恒等式便得 (4.11.38). 这样一来, 对任意 $1\leqslant p\leqslant 2$, 应用 Riesz–Thorn 插值定理, 从 (4.11.35) 和 (4.11.37) 以及 (4.11.36) 和 (4.11.38) 分别得到:

$$\|S(1)S_0u\|_{L^{p'}(\mathbf{R}^n)}\leqslant C\|u\|_{L^p(\mathbf{R}^n)},\quad \forall u\in L^p(\mathbf{R}^n), \tag{4.11.39}$$

$$\|S(1)\Delta_ju\|_{L^{p'}(\mathbf{R}^n)}\leqslant C2^{(\frac{n+1}{2}\theta-1)j}\|u\|_{L^p(\mathbf{R}^n)},\quad \forall u\in L^p(\mathbf{R}^n),\ \ j=0,1,2,\cdots, \tag{4.11.40}$$

其中 $\theta=\dfrac{2}{p}-1$. 特别取 $p=p_0:=\dfrac{2(n+1)}{n+3}$, 并把 (4.11.39) 应用于 $S_0u+\Delta_0u$, 而把 (4.11.40) 应用于 $\Delta_{j-1}u+\Delta_ju+\Delta_{j+1}u$, 由于 $S_0(S_0u+\Delta_0u)=S_0u$, $\Delta_j(\Delta_{j-1}u+\Delta_ju+\Delta_{j+1}u)=\Delta_ju$, 便得

$$\|S(1)S_0u\|_{L^{p_0'}(\mathbf{R}^n)}\leqslant C\|u\|_{L^{p_0}(\mathbf{R}^n)}+C\|\Delta_0u\|_{L^{p_0}(\mathbf{R}^n)}, \tag{4.11.41}$$

$$\|S(1)\Delta_0u\|_{L^{p_0'}(\mathbf{R}^n)}\leqslant C\|u\|_{L^{p_0}(\mathbf{R}^n)}+C\|\Delta_0u\|_{L^{p_0}(\mathbf{R}^n)}+C\|\Delta_1u\|_{L^{p_0}(\mathbf{R}^n)}, \tag{4.11.42}$$

$$\|S(1)\Delta_ju\|_{L^{p_0'}(\mathbf{R}^n)}\leqslant C\sum_{k=j-1}^{j+1}\|\Delta_ku\|_{L^{p_0}(\mathbf{R}^n)},\quad j=1,2,\cdots \tag{4.11.43}$$

(其中 $u\in S(\mathbf{R}^n)$). 现在注意从 (4.11.34) 可知

$$S(1)u=S(1)S_0u+\sum_{j=0}^{\infty}S(1)\Delta_ju,$$

注意到 $2\leqslant p_0'<\infty$, $1<p_0\leqslant 2$, 所以应用定理 2.9.10 和估计式 (4.11.41)~(4.11.43), 得

$$\begin{aligned}
&\|S(1)u\|_{L^{p_0'}(\mathbf{R}^n)}\\
\leqslant{}&\|S(1)S_0u\|_{L^{p_0'}(\mathbf{R}^n)}+\Big\|\sum_{j=0}^{\infty}S(1)\Delta_ju\Big\|_{L^{p_0'}(\mathbf{R}^n)}\\
\leqslant{}&C\|u\|_{L^{p_0}(\mathbf{R}^n)}+C\|\Delta_0u\|_{L^{p_0}(\mathbf{R}^n)}+C\Big\|\Big[\sum_{j=0}^{\infty}|S(1)\Delta_ju|^2\Big]^{\frac12}\Big\|_{L^{p_0'}(\mathbf{R}^n)}\\
\leqslant{}&C\|u\|_{L^{p_0}(\mathbf{R}^n)}+C\|\Delta_0u\|_{L^{p_0}(\mathbf{R}^n)}+C\Big[\sum_{j=0}^{\infty}\|S(1)\Delta_ju\|^2_{L^{p_0'}(\mathbf{R}^n)}\Big]^{\frac12}\quad\Big(\text{因 }\frac{p_0'}{2}\geqslant 1\Big)\\
\leqslant{}&3\Big\{C\|u\|_{L^{p_0}(\mathbf{R}^n)}+C\Big[\sum_{j=0}^{\infty}\|\Delta_ju\|^2_{L^{p_0}(\mathbf{R}^n)}\Big]^{\frac12}\Big\}\\
\leqslant{}&3\Big\{C\|u\|_{L^{p_0}(\mathbf{R}^n)}+C\Big\|\Big[\sum_{j=0}^{\infty}|\Delta_ju|^2\Big]^{\frac12}\Big\|_{L^{p_0}(\mathbf{R}^n)}\quad\Big(\text{因 }\frac{2}{p_0}\geqslant 1\Big)\\
\leqslant{}&C'\|u\|_{L^{p_0}(\mathbf{R}^n)}.
\end{aligned}$$

现在对任意 $u \in L^{p_0}(\mathbf{R}^n)$, 把以上所得不等式应用于函数 $u_t(x) = u(tx)$ $(t>0)$, 因 $S(t)u(x) = t[S(1)u_t]\left(\dfrac{x}{t}\right)$, $\forall t>0$, 便得到

$$\|S(t)u\|_{L^{p_0'}(\mathbf{R}^n)} = t\left(\int_{\mathbf{R}^n}\left|[S(1)u_t]\left(\frac{x}{t}\right)\right|^{p_0'}\mathrm{d}x\right)^{\frac{1}{p_0'}} = t^{1+\frac{n}{p_0'}}\|S(1)u_t\|_{L^{p_0'}(\mathbf{R}^n)}$$

$$\leqslant Ct^{1+\frac{n}{p_0'}}\|u_t\|_{L^{p_0}(\mathbf{R}^n)} = Ct^{1+\frac{n}{p_0'}-\frac{n}{p_0}}\|u\|_{L^{p_0}(\mathbf{R}^n)}, \quad \forall t>0.$$

把这个不等式与不等式

$$\|S(t)u\|_{L^2(\mathbf{R}^n)} \leqslant Ct\|u\|_{L^2(\mathbf{R}^n)}, \quad \forall t>0$$

作内插 (即应用 Riesz–Thorn 引理), 便得到了 (4.11.33). 证毕. □

以上证明属于 P. Brenner[8].

作为本节的结束我们再介绍关于波动方程解算子 $S(t)$ 的一个重要估计式——**Strichartz估计**, 它揭示了 $S(t)\psi$ 的 $L^q([0,\infty), L^p(\mathbf{R}^n))$ 范数与 ψ 的 $H^s(\mathbf{R}^n)$ 范数的联系.

定理 4.11.9 (齐次 Strichartz 估计) 设 $n \geqslant 2$, $s \in \mathbf{R}$, $2 \leqslant p, q \leqslant \infty$ 并满足以下条件:

$$\frac{1}{q}+\frac{n}{p} = \frac{n-2}{2}-s, \quad \frac{2}{q}+\frac{n-1}{p} \leqslant \frac{n-1}{2}, \quad 且当\ n=3\ 时,\ (p,q) \neq (\infty, 2).$$

则算子 $S(t)$ 满足下述估计式:

$$\|S(t)\psi\|_{L_t^q L_x^p} \leqslant C\|\psi\|_{\dot{H}^s(\mathbf{R}^n)}, \quad \forall \psi \in H^s(\mathbf{R}^n);$$

$$\|\partial_t S(t)\psi\|_{L_t^q L_x^p} + \sum_{i=1}^n \|\partial_i S(t)\psi\|_{L_t^q L_x^p} \leqslant C\|\psi\|_{\dot{H}^{s+1}(\mathbf{R}^n)}, \quad \forall \psi \in H^{s+1}(\mathbf{R}^n).$$

定理 4.11.10 (非齐次 Strichartz 估计) 设 $n \geqslant 2$, $2 \leqslant p < \infty$, $2 \leqslant q \leqslant \infty$, $1 < \gamma \leqslant 2$, $1 \leqslant \delta \leqslant 2$, 并且它们满足以下条件:

$$\frac{2}{q}+\frac{n-1}{p} \leqslant \frac{n-1}{2}, \quad \frac{2}{\delta}+\frac{n-1}{\gamma} \geqslant \frac{n+3}{2} \quad 且 \quad \frac{1}{q}+\frac{n}{p} = \frac{1}{\delta}+\frac{n}{\gamma}-2,$$

则算子 $S(t)$ 满足下述估计式:

$$\left\|\int_0^t S(t-\tau)f(\tau)\mathrm{d}\tau\right\|_{L_t^q L_x^p} \leqslant C\|f\|_{L_t^\delta L_x^\gamma}, \quad \forall f \in L^\delta([0,\infty), L^\gamma(\mathbf{R}^n)).$$

要证明这两个定理, 必须再作许多预备性的讨论; 限于篇幅, 这里从略. 读者如需掌握这两个定理的证明, 可参看文献 [70], [108] 等.

本节所介绍的一系列不等式, 在研究与波动方程有关的非线性偏微分方程问题时具有重要的作用, 例如见 [80], [99], [108] 等.

习 题 4.11

1. 证明递推公式 (4.11.17) 和 (4.11.18) 在 $n=1$ 时都成立.
2. 证明 $E_2^0(r)=\dfrac{1}{2\pi}\dfrac{H(1-r)}{\sqrt{1-r^2}}$, 即证明当 $n=2$时, $F\Big[\dfrac{H(1-r)}{\sqrt{1-r^2}}\Big]=2\pi\dfrac{\sin|\xi|}{|\xi|}$. 必要时可利用指数函数的 Taylor 级数以及积分公式 $\displaystyle\int_0^\pi \sin^k\theta\mathrm{d}\theta=\frac{\sqrt{\pi}\Gamma\left(\frac{k+1}{2}\right)}{\Gamma\left(\frac{k+2}{2}\right)}$ (参见文献 [31] 下册 219~220 页).
3. 证明引理 4.11.5.
4. 证明: 如果 $u(t,r)=\dfrac{a}{t^{n-1}}\delta\Big(\dfrac{r}{t}\Big)+\dfrac{b}{t^{n-1}}\delta'\Big(\dfrac{r}{t}\Big)$ 满足波动方程 $\partial_t^2u=\dfrac{\partial^2u}{\partial r^2}+\dfrac{n-1}{r}\dfrac{\partial u}{\partial r}$, 其中 a,b 是常数, 则 $a=b=0$.
5. 应用降维法 (即根据公式 $\displaystyle\int_{-\infty}^\infty\delta(x_1,\cdots,x_n,x_{n+1})\mathrm{d}x_{n+1}=\delta(x_1,\cdots,x_n)$) 和奇数维波动方程初值问题基本解的表示式求偶数维时这个问题基本解的表示式.
6. 证明: 对 $k=0,1,\cdots,\Big[\dfrac{n-1}{2}\Big]$ 成立不等式:
$$\|S(t)\psi\|_{L^\infty(\mathbf{R}^n)}\leqslant Ct^{-k}\sum_{|\alpha|=n-1-k}\|\partial^\alpha\psi\|_{L^1(\mathbf{R}^n)},\quad \forall t>0.$$
7. 证明不等式: $\|\partial_tS(t)\varphi\|_{L^\infty(\mathbf{R}^n)}\leqslant C(1+t)^{-\frac{n-1}{2}}\|\varphi\|_{W^{n,1}(\mathbf{R}^n)}$, $\forall t\geqslant 0$.

4.12 Schrödinger 方程的初值问题

本节讨论无位势 Schrödinger 方程的初值问题
$$\begin{cases} \mathrm{i}\partial_tu(t,x)+\Delta u(t,x)=f(t,x), & x\in\mathbf{R}^n,\ t\in\mathbf{R},\\ u(0,x)=\varphi(x), & x\in\mathbf{R}^n,\end{cases}\tag{4.12.1}$$
其中 f 和 φ 分别是 $\mathbf{R}_+\times\mathbf{R}^n$ 和 $\mathbf{R}^n$ 上的给定函数. 我们注意对于更一般的无位势 Schrödinger 方程
$$\mathrm{i}\partial_tu(t,x)+a\Delta u(t,x)=f(t,x),\quad x\in\mathbf{R}^n,\ t\in\mathbf{R},$$
其中 a 为任意非零实常数, 通过 rescaling 的坐标变换 $u(t,x)=\hat{u}(at,x)$, $f(t,x)=a\hat{f}(at,x)$, 即化为方程 (4.12.1).

设 $\varphi\in S'(\mathbf{R}^n)$, $f\in C([0,\infty),S'(\mathbf{R}^n))$, 我们来求上述问题的广函解 $u\in C([0,\infty),S'(\mathbf{R}^n))\cap C^1((0,\infty),S'(\mathbf{R}^n))$. 作关于变元 x 的 Fourier 变换, 得
$$\begin{cases} \mathrm{i}\partial_t\tilde{u}(t,\xi)-|\xi|^2\tilde{u}(t,\xi)=\tilde{f}(t,\xi), & t\in\mathbf{R},\\ \tilde{u}(0,\xi)=\tilde{\varphi}(\xi),\end{cases}\tag{4.12.2}$$

其解为

$$\tilde{u}(t,\xi)=\tilde{\varphi}(\xi)\mathrm{e}^{-\mathrm{i}t|\xi|^2}+\int_0^t\tilde{f}(\tau,\xi)\mathrm{e}^{-\mathrm{i}(t-\tau)|\xi|^2}\mathrm{d}\tau,\quad \forall t\geqslant 0. \tag{4.12.3}$$

容易看出, $\mathrm{e}^{-\mathrm{i}t|\xi|^2}\in O_M(\mathbf{R}^n)$, $\forall t\in\mathbf{R}$, 所以对任意 $t\in\mathbf{R}$, 映射 $\varphi\mapsto F^{-1}[\tilde{\varphi}(\xi)\mathrm{e}^{-\mathrm{i}t|\xi|^2}]$ 都是 $S'(\mathbf{R}^n)$ 到 $S'(\mathbf{R}^n)$ 的连续线性映射. 用 $\mathrm{e}^{\mathrm{i}t\Delta}$ $(t\in\mathbf{R})$ 表示这个连续线性映射, 即

$$\mathrm{e}^{\mathrm{i}t\Delta}\varphi=F^{-1}(\tilde{\varphi}(\xi)\mathrm{e}^{-\mathrm{i}t|\xi|^2}),\quad \forall\varphi\in S'(\mathbf{R}^n),\ \forall t\in\mathbf{R}.$$

不难看出, 对任意 $\varphi\in S'(\mathbf{R}^n)$, 映射 $t\mapsto\mathrm{e}^{\mathrm{i}t\Delta}\varphi$ 是 $\mathbf{R}$ 到 $S'(\mathbf{R}^n)$ 的连续映射, 且满足单参数算子群性质:

$$\mathrm{e}^{\mathrm{i}0\Delta}\varphi=\varphi,\quad \mathrm{e}^{\mathrm{i}(t+s)\Delta}\varphi=\mathrm{e}^{\mathrm{i}t\Delta}\mathrm{e}^{\mathrm{i}s\Delta}\varphi,\quad \forall\varphi\in S'(\mathbf{R}^n),\ \forall t\in\mathbf{R}.$$

因此 $\{\mathrm{e}^{\mathrm{i}t\Delta}\}_{t\in\mathbf{R}}$ 是拓扑线性空间 $S'(\mathbf{R}^n)$ 上的单参数连续线性算子群. 对 (4.12.3) 作反 Fourier 变换, 得初值问题 (4.12.1) 的解如下:

$$u(t)=\mathrm{e}^{\mathrm{i}t\Delta}\varphi+\int_0^t\mathrm{e}^{\mathrm{i}(t-s)\Delta}f(s)\mathrm{d}s,\quad x\in\mathbf{R}^n,\ t\in\mathbf{R}. \tag{4.12.4}$$

因 $F^{-1}(\mathrm{e}^{-\mathrm{i}t|\xi|^2})=(2\sqrt{\pi t})^{-n}\mathrm{e}^{\frac{\mathrm{i}|x|^2}{4t}}$, $\forall t\in\mathbf{R}\backslash\{0\}$ (见习题 2.4 第 5 题), 所以有

$$\mathrm{e}^{\mathrm{i}t\Delta}\varphi(x)=\begin{cases}\dfrac{1}{(2\sqrt{\pi t})^n}\displaystyle\int_{\mathbf{R}^n}\varphi(y)\mathrm{e}^{\frac{\mathrm{i}|x-y|^2}{4t}}\mathrm{d}y, & t\neq 0,\\ \varphi(x), & t=0.\end{cases}$$

把这个表达式代入 (4.12.4), 可知当 $\varphi\in L^1(\mathbf{R}^n)$ 且 $f\in L^1_{\mathrm{loc}}([0,\infty),L^1(\mathbf{R}^n))$ 时, 初值问题 (4.12.1) 的解如下:

$$u(t,x)=\begin{cases}\dfrac{1}{(2\sqrt{\pi t})^n}\displaystyle\int_{\mathbf{R}^n}\varphi(y)\mathrm{e}^{\frac{\mathrm{i}|x-y|^2}{4t}}\mathrm{d}y+\dfrac{1}{(2\sqrt{\pi})^n}\int_0^t\int_{\mathbf{R}^n}\dfrac{f(s,y)}{\sqrt{(t-s)^n}}\mathrm{e}^{\frac{\mathrm{i}|x-y|^2}{4(t-s)}}\mathrm{d}y\mathrm{d}s, & t\neq 0,\\ \varphi(x), & t=0.\end{cases} \tag{4.12.5}$$

从算子 $\mathrm{e}^{\mathrm{i}t\Delta}(t\in\mathbf{R})$ 的定义显然有:

定理 4.12.1 对任意 $s\in\mathbf{R}$, 算子族 $\{\mathrm{e}^{\mathrm{i}t\Delta}\}_{t\in\mathbf{R}}$ 构成 $H^s(\mathbf{R}^n)$ 上的强连续单参数酉算子群. □

算子 $\mathrm{e}^{\mathrm{i}t\Delta}(t\in\mathbf{R})$ 的 L^p-$L^{p'}$ 估计要比波动方程初值问题解算子的相应估计容易证明很多:

定理 4.12.2 (L^p-$L^{p'}$ 估计) 对任意维数 n 和任意 $1\leqslant p\leqslant 2$, 成立下列估计式:

$$\|\mathrm{e}^{\mathrm{i}t\Delta}\varphi\|_{L^{p'}(\mathbf{R}^n)}\leqslant(4\pi t)^{-\frac{n}{2}(\frac{2}{p}-1)}\|\varphi\|_{L^p(\mathbf{R}^n)},\quad \forall\varphi\in L^p(\mathbf{R}^n),\ \forall t\in\mathbf{R}\backslash\{0\}. \tag{4.12.6}$$

证 由于每个 $\{\mathrm{e}^{\mathrm{i}t\Delta}\}$ $(t\in\mathbf{R})$ 都是 $L^2(\mathbf{R}^n)$ 上的酉算子, 所以有

$$\|\mathrm{e}^{\mathrm{i}t\Delta}\varphi\|_{L^2(\mathbf{R}^n)}\leqslant\|\varphi\|_{L^2(\mathbf{R}^n)},\quad\forall\varphi\in L^2(\mathbf{R}^n),\ \forall t\in\mathbf{R}.$$

又显然 $\sup\limits_{x\in\mathbf{R}^n}|\mathrm{e}^{\frac{\mathrm{i}|x|^2}{4t}}|=1,\forall t\in\mathbf{R}\backslash\{0\}$, 所以由 Young 不等式得

$$\|\mathrm{e}^{\mathrm{i}t\Delta}\varphi\|_{L^\infty(\mathbf{R}^n)}\leqslant(4\pi t)^{-\frac{n}{2}}\|\varphi\|_{L^1(\mathbf{R}^n)},\quad\forall\varphi\in L^1(\mathbf{R}^n),\ \forall t\in\mathbf{R}\backslash\{0\}.$$

把以上两个不等式作内插 (即应用 Riesz–Thorn 插值定理), 就得到了 (4.12.6). □

同样地, 算子 $\mathrm{e}^{\mathrm{i}t\Delta}(t\in\mathbf{R})$ 的 Strichartz 估计也要比波动方程初值问题解算子的相应估计容易证明很多. 下面出现的符号 $\|f\|_{L_t^qL_x^p}$ 总表示函数 $t\mapsto f(t,\cdot)$ 按空间 $L^q(\mathbf{R},L^p(\mathbf{R}^n))$ 的范数.

定理 4.12.3 (齐次 Strichartz 估计) *设 p,q 满足以下条件:*

$$\frac{2}{q}+\frac{n}{p}=\frac{n}{2}\quad\text{且}\quad 2\leqslant p\begin{cases}\leqslant\infty, & n=1,\\ <\infty, & n=2,\\ \leqslant\dfrac{2n}{n-2}, & n\geqslant3.\end{cases}\tag{4.12.7}$$

则算子 $\mathrm{e}^{\mathrm{i}t\Delta}$ 满足下述估计式:

$$\|\mathrm{e}^{\mathrm{i}t\Delta}\psi\|_{L_t^qL_x^p}\leqslant C\|\psi\|_{L^2(\mathbf{R}^n)},\quad\forall\psi\in L^2(\mathbf{R}^n).\tag{4.12.8}$$

证 当 $p=2$ 时必有 $q=\infty$, 这时所欲证明的不等式是 $\mathrm{e}^{\mathrm{i}t\Delta}$ $(t\in\mathbf{R})$ 都是 $L^2(\mathbf{R}^n)$ 上的酉算子这一事实的直接推论. 因此以下只考虑 $p>2$ 的情况. 这时显然 $q<\infty$. 由于在对 p,q 所限定的条件下都成立 $L^q(\mathbf{R},L^p(\mathbf{R}^n))=[L^{q'}(\mathbf{R},L^{p'}(\mathbf{R}^n))]'$, 所以成立关系式

$$\|\mathrm{e}^{\mathrm{i}t\Delta}\psi\|_{L_t^qL_x^p}=\sup_{\|f\|_{L_t^{q'}L_x^{p'}}=1}\left|\int_{-\infty}^{\infty}\int_{\mathbf{R}^n}\mathrm{e}^{\mathrm{i}t\Delta}\psi(x)\overline{f(t,x)}\mathrm{d}x\mathrm{d}t\right|.$$

因此只需证明对任意 $\psi\in L^2(\mathbf{R}^n)$ 和 $f\in L^{q'}(\mathbf{R},L^{p'}(\mathbf{R}^n))$ 都成立

$$\left|\int_{-\infty}^{\infty}\int_{\mathbf{R}^n}\mathrm{e}^{\mathrm{i}t\Delta}\psi(x)\cdot\overline{f(t,x)}\mathrm{d}x\mathrm{d}t\right|\leqslant C\|\psi\|_{L^2(\mathbf{R}^n)}\|f\|_{L_t^{q'}L_x^{p'}}.\tag{4.12.9}$$

由于

$$\begin{aligned}\text{上式左端}&=\frac{1}{(2\pi)^n}\left|\int_{-\infty}^{\infty}\int_{\mathbf{R}^n}\mathrm{e}^{-\mathrm{i}t|\xi|^2}\tilde{\psi}(\xi)\cdot\overline{\tilde{f}(t,\xi)}\mathrm{d}\xi\mathrm{d}t\right|\\&=\frac{1}{(2\pi)^n}\left|\int_{-\infty}^{\infty}\int_{\mathbf{R}^n}\tilde{\psi}(\xi)\cdot\overline{\mathrm{e}^{\mathrm{i}t|\xi|^2}\tilde{f}(t,\xi)}\mathrm{d}\xi\mathrm{d}t\right|\\&=\left|\int_{\mathbf{R}^n}\psi(x)\cdot\overline{\left(\int_{-\infty}^{\infty}\mathrm{e}^{-\mathrm{i}t\Delta}f(t,x)\mathrm{d}t\right)}\mathrm{d}x\right|,\end{aligned}$$

所以若记 $Af(x)=\int_{-\infty}^{\infty}\mathrm{e}^{-\mathrm{i}t\Delta}f(t,x)\mathrm{d}t$, 则为证 (4.12.9) 只需证明:

$$\|Af\|_{L^2(\mathbf{R}^n)}\leqslant C\|f\|_{L_t^{q'}L_x^{p'}}. \tag{4.12.10}$$

而这个不等式的确是成立的. 事实上, 我们有

$$\begin{aligned}\|Af\|_{L^2(\mathbf{R}^n)}^2&=\int_{\mathbf{R}^n}\Big(\int_{-\infty}^{\infty}\mathrm{e}^{-\mathrm{i}t\Delta}f(t,x)\mathrm{d}t\Big)\overline{\Big(\int_{-\infty}^{\infty}\mathrm{e}^{-\mathrm{i}t\Delta}f(t,x)\mathrm{d}t\Big)}\mathrm{d}x\\&=\int_{\mathbf{R}^n}\Big(\int_{-\infty}^{\infty}\mathrm{e}^{-\mathrm{i}s\Delta}f(s,x)\mathrm{d}s\Big)\Big(\int_{-\infty}^{\infty}\mathrm{e}^{\mathrm{i}t\Delta}\overline{f(t,x)}\mathrm{d}t\Big)\mathrm{d}x\\&=\int_{-\infty}^{\infty}\int_{-\infty}^{\infty}\int_{\mathbf{R}^n}\mathrm{e}^{\mathrm{i}(t-s)\Delta}f(s,x)\cdot\overline{f(t,x)}\mathrm{d}x\mathrm{d}s\mathrm{d}t.\end{aligned}$$

对最后这个等号右端关于变元 x 的积分先应用 Hölder 不等式、再应用 L^p–$L^{p'}$ 估计, 得

$$\begin{aligned}\|Af\|_{L^2(\mathbf{R}^n)}^2&\leqslant\int_{-\infty}^{\infty}\int_{-\infty}^{\infty}\|\mathrm{e}^{\mathrm{i}(t-s)\Delta}f(s,\cdot)\|_{L^p(\mathbf{R}^n)}\|f(t,\cdot)\|_{L^{p'}(\mathbf{R}^n)}\mathrm{d}s\mathrm{d}t\\&\leqslant C\int_{-\infty}^{\infty}\int_{-\infty}^{\infty}|t-s|^{-\frac{n}{2}(1-\frac{2}{p})}\|f(s,\cdot)\|_{L^{p'}(\mathbf{R}^n)}\|f(t,\cdot)\|_{L^{p'}(\mathbf{R}^n)}\mathrm{d}s\mathrm{d}t\\&\leqslant C\Big[\int_{-\infty}^{\infty}\Big(\int_{-\infty}^{\infty}|t-s|^{-\frac{n}{2}(1-\frac{2}{p})}\|f(s,\cdot)\|_{L^{p'}(\mathbf{R}^n)}\mathrm{d}s\Big)^q\mathrm{d}t\Big]^{\frac{1}{q}}\|f\|_{L_t^{q'}L_x^{p'}}.\end{aligned}$$

设当 $n\geqslant 3$ 时 $p<\dfrac{2n}{n-2}$. 则 $0<\dfrac{n}{2}\Big(1-\dfrac{2}{p}\Big)<1$. 由于 $1+\dfrac{1}{q}=\dfrac{1}{q'}+\dfrac{n}{2}\Big(1-\dfrac{2}{p}\Big)$, 所以应用 Hardy–Littlewood–Sobolev 不等式得

$$\Big[\int_{-\infty}^{\infty}\Big(\int_{-\infty}^{\infty}|t-s|^{-\frac{n}{2}(1-\frac{2}{p})}\|f(s,\cdot)\|_{L^{p'}(\mathbf{R}^n)}\mathrm{d}s\Big)^q\mathrm{d}t\Big]^{\frac{1}{q}}\leqslant C\|f\|_{L_t^{q'}L_x^{p'}}.$$

这样就在 $p<\dfrac{2n}{n-2}$(当 $n\geqslant 3$) 的额外假定下证明了 (4.12.10), 从而也就证明了 (4.12.8).

当 $n\geqslant 3$ 且 $p=\dfrac{2n}{n-2}$ 时, 有 $q=2$. 这种情况下不等式 (4.12.8) 的证明需要一些特殊的技巧, 证明过程因而比较冗长, 这里从略. 需要掌握这一特殊情况下不等式 (4.12.8) 的证明的读者, 请参看文献 [70]. □

在以上证明中, 把证明不等式 (4.12.8) 转化为证明不等式 (4.12.10) 的技巧叫做**对偶方法** (duality method), 而上述证明不等式 (4.12.10) 的方法是由 P. Tomas 在论文 [116] 中首创的, 因此叫做**Tomas 方法** (Tomas argument), 有些文献中也称之为**TT^* 方法**(TT^* method). 这些方法在建立偏微分方程基本解的积分估计时十分常用.

为了建立非齐次 Strichartz 估计, 需要用到 Riesz–Thorn 插值定理的以下推广:

定理 4.12.4 (插值定理) 设 I 是区间, Ω 是测度空间, $p_0, q_0, p_1, q_1, \gamma_0, \delta_0, \gamma_1, \delta_1 \in [1, \infty]$, A 是 $L^{q_0}(I, L^{p_0}(\Omega)) + L^{q_1}(I, L^{p_1}(\Omega))$ 到 $L^{\delta_0}(I, L^{\gamma_0}(\Omega)) + L^{\delta_1}(I, L^{\gamma_1}(\Omega))$ 的线性算子, 满足以下条件:

$$\|Au\|_{L^{\delta_0}(I,L^{\gamma_0}(\Omega))} \leqslant M_0 \|u\|_{L^{q_0}(I,L^{p_0}(\Omega))}, \quad \forall u \in L^{q_0}(I, L^{p_0}(\Omega)),$$

$$\|Au\|_{L^{\delta_1}(I,L^{\gamma_1}(\Omega))} \leqslant M_1 \|u\|_{L^{q_1}(I,L^{p_1}(\Omega))}, \quad \forall u \in L^{q_1}(I, L^{p_1}(\Omega)).$$

则对任意 $0 \leqslant \theta \leqslant 1$, A 是 $L^{q_\theta}(I, L^{p_\theta}(\Omega))$ 到 $L^{\delta_\theta}(I, L^{\gamma_\theta}(\Omega))$ 的有界线性算子, 其中

$$\frac{1}{a_\theta} = \frac{1-\theta}{a_0} + \frac{\theta}{a_1}, \quad a = p, q, \gamma, \delta,$$

且成立不等式

$$\|Au\|_{L^{\delta_\theta}(I,L^{\gamma_\theta}(\Omega))} \leqslant M_0^{1-\theta} M_1^{\theta} \|Au\|_{L^{q_\theta}(I,L^{p_\theta}(\Omega))}, \quad \forall u \in L^{q_\theta}(I, L^{p_\theta}(\Omega)).$$

这个定理是一般 Banach 空间插值理论对形如 $L^q(I, L^p(\Omega))$ 的特殊 Banach 空间的应用, 见 [6]107 页定理 5.1.2 和 106 页定理 5.1.1. 当然也可采用 Riesz–Thorn 插值定理的证明方法直接证明. 我们把它留给读者作习题.

在下一个定理中, 对任意 (有限或无限的) 区间 I, 符号 $\|f\|_{L_I^q L_x^p}$ 总表示定义于区间 I 而取值于空间 $L^p(\mathbf{R}^n)$ 函数 $t \mapsto f(t, \cdot)$ 按空间 $L^q(I, L^p(\mathbf{R}^n))$ 的范数.

定理 4.12.5 (非齐次 Strichartz 估计) 设 p, q 和 p_1, q_1 都满足条件 (4.12.7). 则对任意包含原点的 (有限或无限) 闭区间 I, 算子 $S(t)$ 都满足下述估计式:

$$\left\| \int_0^t \mathrm{e}^{\mathrm{i}(t-\tau)\Delta} f(\tau, \cdot) \mathrm{d}\tau \right\|_{L_I^q L_x^p} \leqslant C \|f\|_{L_I^{q_1'} L_x^{p_1'}}, \quad \forall f \in L^{q_1'}(I, L^{p_1'}(\mathbf{R}^n)), \qquad (4.12.11)$$

其中常数 C 不依赖于区间 I.

证 首先, 应用 L^p–$L^{p'}$ 估计和 Hardy–Littlewood–Sobolev 不等式①易知对满足条件 (4.12.7) 的任意指标对 p, q 都成立

$$\left\| \int_0^t \mathrm{e}^{\mathrm{i}(t-\tau)\Delta} f(\tau, \cdot) \mathrm{d}\tau \right\|_{L_I^q L_x^p} \leqslant C \|f\|_{L_I^{q'} L_x^{p'}}, \quad \forall f \in L^{q'}(I, L^{p'}(\mathbf{R}^n)). \qquad (4.12.12)$$

---

① 一维的 Hardy–Littlewood–Sobolev 不等式限制在任意区间上显然也成立: 只要把被卷积的函数做零延拓使之成为在整个 $\mathbf{R}$ 上都有定义的函数, 然后应用 Hardy–Littlewood–Sobolev 不等式, 最后再把所得结果限制在原区间上使用.

其次, 与前一定理的证明类似地有

$$\begin{aligned}
&\Big\|\int_0^t \mathrm{e}^{\mathrm{i}(t-\tau)\Delta}f(\tau,\cdot)\mathrm{d}\tau\Big\|_{L^2(\mathbf{R}^n)}^2\\
&=\int_{\mathbf{R}^n}\Big(\int_0^t \mathrm{e}^{\mathrm{i}(t-\tau)\Delta}f(\tau,x)\mathrm{d}\tau\Big)\overline{\Big(\int_0^t \mathrm{e}^{\mathrm{i}(t-s)\Delta}f(s,x)\mathrm{d}s\Big)}\mathrm{d}x\\
&=\int_0^t\int_0^t\Big(\int_{\mathbf{R}^n}\mathrm{e}^{\mathrm{i}(t-\tau)\Delta}f(\tau,x)\cdot \mathrm{e}^{-\mathrm{i}(t-s)\Delta}\overline{f(s,x)}\mathrm{d}x\Big)\mathrm{d}s\mathrm{d}\tau\\
&=\int_0^t\Big[\int_{\mathbf{R}^n}\Big(\int_0^t \mathrm{e}^{\mathrm{i}(s-\tau)\Delta}f(\tau,x)\mathrm{d}\tau\Big)\overline{f(s,x)}\mathrm{d}x\Big]\mathrm{d}s\\
&\leqslant\Big[\int_I\Big\|\int_0^t \mathrm{e}^{\mathrm{i}(s-\tau)\Delta}f(\tau,\cdot)\mathrm{d}\tau\Big\|_{L^p(\mathbf{R}^n)}^q\mathrm{d}s\Big]^{\frac{1}{q}}\|f\|_{L_s^{q'}L_x^{p'}},\quad \forall t\in I,
\end{aligned}$$

其中 p,q 是任意满足条件 (4.12.7) 的指标对. 类似于前一定理的证明, 有

$$\begin{aligned}
&\Big[\int_I\Big\|\int_0^t \mathrm{e}^{\mathrm{i}(s-\tau)\Delta}f(\tau,\cdot)\mathrm{d}\tau\Big\|_{L^p(\mathbf{R}^n)}^q\mathrm{d}s\Big]^{\frac{1}{q}}\\
&\leqslant C\Big[\int_I\Big|\int_0^t |s-\tau|^{-\frac{n}{2}(1-\frac{2}{p})}\|f(\tau,\cdot)\|_{L^{p'}(\mathbf{R}^n)}\mathrm{d}\tau\Big|^q\mathrm{d}s\Big]^{\frac{1}{q}}\\
&\leqslant C\Big[\int_I\Big(\int_I |s-\tau|^{-\frac{n}{2}(1-\frac{2}{p})}\|f(\tau,\cdot)\|_{L^{p'}(\mathbf{R}^n)}\mathrm{d}\tau\Big)^q\mathrm{d}s\Big]^{\frac{1}{q}}\\
&\leqslant C\|f\|_{L_I^{q'}L_x^{p'}},\quad \forall t\in I.
\end{aligned}$$

所以得到

$$\Big\|\int_0^t \mathrm{e}^{\mathrm{i}(t-\tau)\Delta}f(\tau,\cdot)\mathrm{d}\tau\Big\|_{L_I^\infty L_x^2}\leqslant C\|f\|_{L_I^{q'}L_x^{p'}},\quad \forall f\in L^{q'}(I,L^{p'}(\mathbf{R}^n)),\tag{4.12.13}$$

其中 p,q 是任意满足条件 (4.12.7) 的指标对. 类似地可得到

$$\sup_{\tau\in I}\Big\|(\operatorname{sgn}\tau)\int_{I_\tau}\mathrm{e}^{\mathrm{i}(\tau-t)\Delta}f(t,\cdot)\mathrm{d}t\Big\|_{L^2(\mathbf{R}^n)}\leqslant C\|f\|_{L_I^{q'}L_x^{p'}},\quad \forall f\in L^{q'}(I,L^{p'}(\mathbf{R}^n)),$$

其中 $I_\tau=\{t\in I:\ t\geqslant\tau\}$ (当 $\tau>0$) 或 $I_\tau=\{t\in I:\ t\leqslant\tau\}$ (当 $\tau<0$). 作对偶便得

$$\Big\|\int_0^t \mathrm{e}^{\mathrm{i}(t-\tau)\Delta}f(\tau,\cdot)\mathrm{d}\tau\Big\|_{L_I^q L_x^p}\leqslant C\|f\|_{L_I^1L_x^2},\quad \forall f\in L^1(I,L^2(\mathbf{R}^n)),\tag{4.12.14}$$

其中 p,q 是任意满足条件 (4.12.7) 的指标对.

现在对满足条件 (4.12.7) 的任意两对指标 p,q 和 p_1,q_1, 如果 $2\leqslant p\leqslant p_1$, 则必 $q_1\leqslant q\leqslant\infty$, 且存在 $0\leqslant\theta\leqslant 1$ 使成立

$$\frac{1}{p}=\frac{\theta}{p_1}+\frac{1-\theta}{2},\quad \frac{1}{q}=\frac{\theta}{q_1}+\frac{1-\theta}{\infty}.$$

于是应用 Hölder 不等式以及 (4.12.12) 和 (4.12.13), 得

$$\begin{aligned}&\Big\|\int_0^t \mathrm{e}^{\mathrm{i}(t-\tau)\Delta}f(\tau,\cdot)\mathrm{d}\tau\Big\|_{L_I^qL_x^p}\\ \leqslant&\Big\|\int_0^t \mathrm{e}^{\mathrm{i}(t-\tau)\Delta}f(\tau,\cdot)\mathrm{d}\tau\Big\|_{L_I^{q_1}L_x^{p_1}}^{\theta}\Big\|\int_0^t \mathrm{e}^{\mathrm{i}(t-\tau)\Delta}f(\tau,\cdot)\mathrm{d}\tau\Big\|_{L_I^\infty L_x^2}^{1-\theta}\\ \leqslant&C\|f\|_{L_I^{q_1'}L_x^{p_1'}}^{\theta}\cdot C\|f\|_{L_I^{q_1'}L_x^{p_1'}}^{1-\theta}=C\|f\|_{L_I^{q_1'}L_x^{p_1'}}.\end{aligned}$$

而如果 $p>p_1$, 则必 $1\leqslant q<q_1$, 且存在 $0\leqslant\theta\leqslant1$ 使成立

$$\frac{1}{p_1}=\frac{\theta}{p}+\frac{1-\theta}{2},\quad \frac{1}{q_1}=\frac{\theta}{q}+\frac{1-\theta}{\infty}.$$

这两个等式分别等价于

$$\frac{1}{p_1'}=\frac{\theta}{p'}+\frac{1-\theta}{2},\quad \frac{1}{q_1'}=\frac{\theta}{q'}+\frac{1-\theta}{1}.$$

根据 (4.12.12) 和 (4.12.14), 有

$$\Big\|\int_0^t \mathrm{e}^{\mathrm{i}(t-\tau)\Delta}f(\tau,\cdot)\mathrm{d}\tau\Big\|_{L_I^qL_x^p}\leqslant C\|f\|_{L_I^{q'}L_x^{p'}},\quad \forall f\in L^{q'}(I,L^{p'}(\mathbf{R}^n)),$$

$$\Big\|\int_0^t \mathrm{e}^{\mathrm{i}(t-\tau)\Delta}f(\tau,\cdot)\mathrm{d}\tau\Big\|_{L_I^qL_x^p}\leqslant C\|f\|_{L_I^1L_x^2},\quad \forall f\in L^1(I,L^2(\mathbf{R}^n)).$$

于是应用插值定理 (即定理 4.12.4) 便得到了 (4.12.11). 证毕. □

必须说明的是, p,q 和 p_1,q_1 都满足关系式 (4.12.7) 只是使不等式 (4.12.11) 成立的一个充分条件, 远非必要条件. 与引理 4.10.4 类似地可以证明, 不等式 (4.12.11) 成立的必要条件是: $p\geqslant p_1'$, $q\geqslant q_1'$, 且

$$\frac{2}{q}+\frac{n}{p}+\frac{2}{q_1}+\frac{n}{p_1}=n$$

(注意当 p,q 和 p_1,q_1 都满足 (4.12.7) 时这些条件显然都满足). 然而这些条件是否为使不等式 (4.12.11) 成立的充分条件, 目前还不确定; 除定理 4.12.5 所考虑的特殊情况外, 一些其他的特殊情况也被证明能够使 (4.12.11) 成立, 如见本节习题第 4 题以及 M. C. Vilela 的论文 [121]. 也有一些情况被证明不能使 (4.12.11) 成立, 这方面的讨论也见 [121].

本节所建立的一系列不等式, 在研究与 Schrödinger 方程有关的非线性偏微分方程问题时具有重要的作用, 例如见 [7], [13] 等.

习 题 4.12

1. 对每个正整数 $1 \leqslant j \leqslant n$, 定义一阶线性偏微分算子 $L_j = 2\mathrm{i}t\partial_j + x_j$, 并对任意 n 重指标 $\alpha = (\alpha_1, \alpha_2, \cdots, \alpha_n) \in \mathbf{Z}_+^n$, 定义 $L^\alpha = L_1^{\alpha_1} L_2^{\alpha_2} \cdots L_n^{\alpha_n}$. 证明:

(1) $L_j u(t,x) = 2\mathrm{i}t\mathrm{e}^{\frac{\mathrm{i}|x|^2}{4t}} \partial_j [\mathrm{e}^{-\frac{\mathrm{i}|x|^2}{4t}} u(t,x)]$, $j = 1, 2, \cdots, n$, 并进而证明对任意 $\alpha \in \mathbf{Z}_+^n$ 有

$$L^\alpha u(t,x) = (2\mathrm{i}t)^{|\alpha|} \mathrm{e}^{\frac{\mathrm{i}|x|^2}{4t}} \partial^\alpha [\mathrm{e}^{-\frac{\mathrm{i}|x|^2}{4t}} u(t,x)], \quad \forall u \in D'(\mathbf{R}^{n+1}).$$

(2) 对任意 $\alpha \in \mathbf{Z}_+^n$ 有 $[L^\alpha, \mathrm{i}\partial_t + \Delta] = 0$, 即

$$L^\alpha (\mathrm{i}\partial_t + \Delta) u(t,x) - (\mathrm{i}\partial_t + \Delta) L^\alpha u(t,x) = 0, \quad \forall u \in D'(\mathbf{R}^{n+1}).$$

(3) 对任意 $\alpha \in \mathbf{Z}_+^n$ 和 $\varphi \in S'(\mathbf{R}^n)$ 有: $L^\alpha [\mathrm{e}^{\mathrm{i}t\Delta}\varphi] = \mathrm{e}^{\mathrm{i}t\Delta}(x^\alpha \varphi)$, $\forall t \in \mathbf{R}$.

(4) 对任意正整数 m, 如果 $(1+|x|)^m \varphi \in L^2(\mathbf{R}^n)$, 则 $\mathrm{e}^{\frac{\mathrm{i}|x|^2}{4t}} \mathrm{e}^{\mathrm{i}t\Delta}\varphi \in C(\mathbf{R}\backslash\{0\}, H^m(\mathbf{R}^n))$, 且对任意满足 $|\alpha| \leqslant m$ 的 $\alpha \in \mathbf{Z}_+^n$ 成立等式

$$(2|t|)^{|\alpha|} \|\partial^\alpha [\mathrm{e}^{\frac{\mathrm{i}|x|^2}{4t}} \mathrm{e}^{\mathrm{i}t\Delta}\varphi]\|_{L^2(\mathbf{R}^n)} = \|x^\alpha \varphi\|_{L^2(\mathbf{R}^n)}, \quad \forall t \in \mathbf{R}\backslash\{0\}.$$

2. 设 $n \geqslant 3$, 指标 p, q 满足以下条件:

$$\frac{2}{q} + \frac{n}{p} = \frac{n}{2} - 1 \quad 且 \quad \begin{cases} 6 \leqslant p \leqslant \infty, & n = 3, \\ 4 \leqslant p < \infty, & n = 4, \\ \dfrac{2n}{n-2} \leqslant p \leqslant \dfrac{2n}{n-4}, & n \geqslant 5. \end{cases}$$

证明: 算子 $\mathrm{e}^{\mathrm{i}t\Delta}$ 满足下述估计式:

$$\|\mathrm{e}^{\mathrm{i}t\Delta}\varphi\|_{L_t^q L_x^p} \leqslant C \sum_{j=1}^n \|\partial_j \varphi\|_{L^2(\mathbf{R}^n)}, \quad \forall \varphi \in \dot{H}^1(\mathbf{R}^n).$$

3. 建立相应于上题中齐次 Strichartz 不等式的非齐次 Strichartz 不等式.

4. 设 $2 < p < 2n/(n-2)$ (当 $n = 1$ 时 $2 < p \leqslant \infty$). 又设 $q, r \in (1, \infty)$ 使等式 $\dfrac{1}{q} + \dfrac{1}{r} + \dfrac{n}{p} = \dfrac{n}{2}$ 成立. 证明: 对任意包含原点的 (有限或无限) 闭区间 I, 算子 $S(t)$ 都满足下述估计式:

$$\left\| \int_0^t \mathrm{e}^{\mathrm{i}(t-\tau)\Delta} f(\tau, \cdot) \mathrm{d}\tau \right\|_{L_I^q L_x^p} \leqslant C \|f\|_{L_I^{r'} L_x^{p'}}, \quad \forall f \in L^{r'}(I, L^{p'}(\mathbf{R}^n)),$$

其中常数 C 不依赖于区间 I.

第 5 章　线性偏微分方程的一般理论

本章介绍线性偏微分方程的一般理论, 目的在于使读者通过学习本章, 对线性偏微分方程的一般理论有一个宏观的了解.

线性偏微分方程一般理论是对一阶线性偏微分方程 (指实系数的一阶线性偏微分方程) 和三类经典的二阶线性偏微分方程 (即位势方程、热传导方程和波动方程) 定性理论的推广和拓展, 内容包括解的存在性、解的正则性、解的构造、各类定解问题解的存在性和唯一性以及解的正则性等. 对任意形式的一般线性偏微分方程作全面深入的研究, 无疑是偏微分方程研究的必经之途. 自 1950~1951 年间法国数学家 L. Schwartz 建立起广义函数理论以后 [105], 线性偏微分方程一般理论的研究在 20 世纪 50 年代至 70 年代间掀起了一阵热潮, 并在偏微分方程研究领域占据了核心地位, 也成为当时国际数学研究的主流课题之一. 三十年的努力使人们获得了丰硕的成果. 然而也正是通过这三十年的研究, 人们认识到在短期内不可能建立一个能够囊括全部偏微分方程即令是线性偏微分方程的一般理论, 所以自 20 世纪 80 年代起人们更多地把研究的目光专注到了各种各样从几何学和物理学、生物学、化学、经济学等实际应用领域提出的有具体应用背景的偏微分方程问题. 但是线性偏微分方程一般理论的研究成果和方法却一直对近三十年来非线性偏微分方程和应用偏微分方程的研究发挥着深刻的影响, 如在线性偏微分方程一般理论研究中发展起来的频谱分析方法, 对非线性波动方程、非线性 Schrödinger 方程、KdV 方程、Navier-Stokes 方程、Boltzman 方程等来源于应用领域的非线性偏微分方程的研究起到了重要的作用.

5.1　无解的线性偏微分方程

一般地研究偏微分方程, 必须考虑的第一个问题, 无疑是**解的存在性**问题, 即当给定了一个偏微分方程之后, 要问这个方程是否有解. 这里必须区分**局部地**有解和**全局地**有解两种不同的概念. 设有线性偏微分方程

$$P(x,\partial)u(x)=f(x), \tag{5.1.1}$$

其中偏微分算子$P(x,\partial)=\sum\limits_{|\alpha|\leqslant m}a_\alpha(x)\partial^\alpha$ 的所有系数 a_α ($|\alpha|\leqslant m$) 和函数 f 都是定义在开集 $\Omega\subseteq\mathbf{R}^n$ 上的给定函数. 假如对给定的点 $x_0\in\Omega$, 存在 x_0 的相应邻域

$U\subseteq\Omega$ 使上述方程在 U 中有解, 则称这个方程在 x_0 点**局部可解**; 如果上述方程在整个 Ω 上有解, 则称它在 Ω 上**整体可解**. 研究偏微分方程解的存在性问题, 自然要从解的局部存在性即方程的局部可解性开始做起.

从数学物理方程课程我们已经看到, 常见的偏微分方程都是局部可解的, 而且如果不对解附加一定的条件, 则都有无穷多个解. 由于满足一定正则性条件的任何一个常微分方程都是局部可解的, 所以长久以来人们一直认为, 每个满足一定正则性条件的偏微分方程也都是局部可解的, 问题只在于找出对这一预期结论的证明. 从 Weierstrass 的时代起人们就开始朝着这个目标努力; 著名的 Cauchy-Kawalevskaya 定理 (见 [17] 第一章第 5 节) 就是这种努力的第一个成功结果. G. Monge 关于一阶偏微分方程特征理论的工作则使一般的一阶实偏微分方程的局部可解性问题得到了解决 (见 [17] 第一章). 20 世纪 50 年代初期, 随着 L. Schwartz 的广义函数理论的问世, L. Ehrenpreis 和 B. Malgrange 于 1954 年和 1955 年先后各自独立地证明了任何一个常系数线性偏微分算子都有基本解, 从而在 $\mathbf{R}^n$ 中的任何一点是局部可解的且在任何具有充分光滑边界的有界集上整体可解 (见 [36], [85] 和下一节的讨论). 1955 年 L. Hörmander 在其著名论文 [57] 中证明了实主型线性偏微分算子的局部可解性 (见下一节的定理 5.2.20 和定理 5.2.21). 这使当时的人们对彻底解决线性偏微分方程的局部可解性问题充满了信心. 然而 1957 年, H. Lewy 却意外地发现了一个复系数一阶线性偏微分算子的例子 L, 这个算子的所有系数都是线性函数, 但却存在无穷可微的函数 f 使方程 $Lu=f$ 在 $\mathbf{R}^n$ 中任何一点的任意邻域中都没有 C^1 类的解 (见 [66] 附录或 [79]). 1960 年 L. Hörmander 在论文 [59] 中更证明了对于包括 Lewy 所发现的这个算子在内的一大类线性偏微分算子 P, 方程 $Pu=f$ 对相当多的无穷可微函数 f 在广义函数类中没有局部解, 特别地 Lewy 方程在 $\mathbf{R}^n$ 中任何一点的任意邻域中都没有广义函数解. Lewy 的这一发现因而彻底改变了人们长久以来的错误认识.

由于 Hörmander 在论文 [59] 中所得到的不可解性定理的证明较难, 这里不仔细讨论这个定理, 而只在本节末给出其陈述; 想了解其证明的读者可阅读原文或文献 [61], pp.206 ~214 或 [16] 第 3.5 节. 本节介绍一个比较容易证明的定理, 从这个定理可以推出包括 Lewy 算子在内的一系列线性偏微分算子的不可解性. 这个结果取自作者的论文 [29]. 先给出以下定义:

定义 5.1.1 设 $P=P(x,\partial)$ 是定义在开集 $\Omega\subseteq\mathbf{R}^n$ 上的线性偏微分算子, 系数都属于 $C^\infty(\Omega)$. 又设 $x_0\in\Omega$. 如果存在 x_0 的邻域 $U\subseteq\Omega$, 使方程 (5.1.1) 对任意 $f\in C_0^\infty(U)$ 都在 U 上有解 $u\in D'(U)$, 则称 P 在 x_0 点**局部可解**.

按照以上定义, 给定在开集 $\Omega\subseteq\mathbf{R}^n$ 上的一个线性偏微分算子 P 如果在某点 $x_0\in\Omega$ 点不局部可解, 则对 x_0 的任意邻域 $U\subseteq\Omega$, 都存在相应的函数 $f\in C_0^\infty(U)$, 使方程 $Pu=f$ 在 U 上不存在解 $u\in D'(U)$.

我们知道, $\mathbf{R}^n$ 上的一个伸缩群$\{\delta_\lambda\}_{\lambda>0}$是指 $\mathbf{R}^n$ 上的一族坐标变换, 使得对每个 $\lambda>0$, 坐标变换 δ_λ 都具有以下形式:

$$\delta_\lambda(x_1,x_2,\cdots,x_n)=(\lambda^{\sigma_1}x_1,\lambda^{\sigma_2}x_2,\cdots,\lambda^{\sigma_n}x_n),\quad \forall(x_1,x_2,\cdots,x_n)\in\mathbf{R}^n,\ \forall\lambda>0,$$

其中 $(\sigma_1,\sigma_2,\cdots,\sigma_n)$ 是一组给定的正数, 且 $\min\limits_{1\leqslant j\leqslant n}\sigma_j=1$.

定义 5.1.2　定义在 $\mathbf{R}^n$ 上的线性偏微分算子 $P=P(x,\partial)$ 叫做是**拟齐次**的, 如果存在 $\mathbf{R}^n$ 上的伸缩群 $\{\delta_\lambda\}_{\lambda>0}$ 和实数 m, 使对任意 $\varphi\in C^\infty(\mathbf{R}^n)$ 和 $\lambda>0$ 都成立

$$P(\varphi\circ\delta_\lambda)=\lambda^m(P\varphi)\circ\delta_\lambda.$$

当这个条件满足时, 称算子 P 是关于伸缩群 $\{\delta_\lambda\}_{\lambda>0}$ 的m **阶拟齐次算子**.

写得更显明一些, 偏微分算子 $P(x,\partial)=\sum\limits_{|\alpha|\leqslant m}a_\alpha(x)\partial^\alpha$ 关于伸缩群 $\{\delta_\lambda\}_{\lambda>0}$ 是 m 阶拟齐次的意即对任意 $\varphi\in C^\infty(\mathbf{R}^n)$ 和 $\lambda>0$ 都成立关系式

$$\sum_{|\alpha|\leqslant m}a_\alpha(x)\partial^\alpha[\varphi(\delta_\lambda(x))]=\lambda^m\sum_{|\alpha|\leqslant m}a_\alpha(\delta_\lambda(x))(\partial^\alpha\varphi)(\delta_\lambda(x)),\quad \forall x\in\mathbf{R}^n.$$

显然这个条件等价于对每个 $|\alpha|\leqslant m$ 都成立

$$a_\alpha(\delta_\lambda(x))=\lambda^{\alpha_1\sigma_1+\alpha_2\sigma_2+\cdots+\alpha_n\sigma_n-m}a_\alpha(x),\quad \forall x\in\mathbf{R}^n.$$

我们知道, $\mathbf{R}^n$ 上偏微分算子 $P=P(x,\partial)=\sum\limits_{|\alpha|\leqslant m}a_\alpha(x)\partial^\alpha$ 的**转置算子**$P^{\mathrm{T}}=P^{\mathrm{T}}(x,\partial)$定义为 $\mathbf{R}^n$ 上的下述线性偏微分算子:

$$P^{\mathrm{T}}(x,\partial)\varphi(x)=\sum_{|\alpha|\leqslant m}(-1)^{|\alpha|}\partial^\alpha[a_\alpha(x)\varphi(x)],\quad \forall\varphi\in C^\infty(\mathbf{R}^n),$$

即

$$P^{\mathrm{T}}(x,\partial)=\sum_{|\beta|\leqslant m}\bigg(\sum_{\substack{\alpha\geqslant\beta\\|\alpha|\leqslant m}}(-1)^{|\alpha|}\binom{\alpha}{\beta}\partial^{\alpha-\beta}a_\alpha(x)\bigg)\partial^\beta.$$

其意义在于成立下列分部积分公式:

$$\int_{\mathbf{R}^n}P(x,\partial)\varphi(x)\psi(x)\mathrm{d}x=\int_{\mathbf{R}^n}\varphi(x)P^{\mathrm{T}}(x,\partial)\psi(x)\mathrm{d}x,\quad \forall\varphi,\psi\in C^\infty(\mathbf{R}^n).$$

本节的主要结果为:

定理 5.1.3　设 $P=P(x,\partial)$ 是 $\mathbf{R}^n$ 上关于某伸缩群为拟齐次且具有 C^∞ 系数的线性偏微分算子. 如果 $\mathrm{Ker}P^{\mathrm{T}}\cap S(\mathbf{R}^n)$ 非平凡, 即其中含有非零函数, 这里 $\mathrm{Ker}P^{\mathrm{T}}=\{\varphi\in C^\infty(\mathbf{R}^n):\ P^{\mathrm{T}}\varphi=0\}$, 则 $P=P(x,\partial)$ 在原点不局部可解.

我们将采用 Hörmander[59] 的方法证明这个定理. 在证明这个定理之前, 先看它的一些应用.

例 1 考虑 $\mathbf{R}^3$ 上的下述复系数一阶线性偏微分算子 (称之为**Lewy 算子**):

$$L=\frac{\partial}{\partial x}+\mathrm{i}\frac{\partial}{\partial y}-2\mathrm{i}(x+\mathrm{i}y)\frac{\partial}{\partial t}.$$

容易验证这个偏微分算子关于 $\mathbf{R}^3$ 上的下述伸缩群是一阶拟齐次的:

$$\delta_\lambda(x,y,t)=(\lambda x,\lambda y,\lambda^2 t),\quad \forall(x,y,t)\in\mathbf{R}^3,\ \ \forall\lambda>0. \tag{5.1.2}$$

任意取定一个非零的 C^∞ 函数 $\psi:(0,\infty)\mapsto[0,\infty)$ 使 $\mathrm{supp}\psi$ 为 $(0,\infty)$ 的紧子集, 然后令

$$\varphi(x,y,t)=\int_0^\infty\psi(s)\mathrm{e}^{s[\mathrm{i}t-(x^2+y^2)]}\mathrm{d}s,\quad \forall(x,y,t)\in\mathbf{R}^3. \tag{5.1.3}$$

则易见 $\varphi\in S(\mathbf{R}^3)$, 而且简单的计算表明 $L^{\mathrm{T}}\varphi=-L\varphi=0$, 即 $\varphi\in\mathrm{Ker}L^{\mathrm{T}}\cap S(\boldsymbol{R}^n)$. 因此根据定理 5.1.3, 算子 L 在坐标原点不局部可解. 再注意算子 L 在以下坐标变换下不变:

$$x'=x+a,\quad y'=y+b,\quad t'=t+c+2(bx-ay) \tag{5.1.4}$$

(其中 a,b,c 为任意实常数), 而这个坐标变换把 $\mathbf{R}^3$ 中的坐标原点变成任意点 (a,b,c), 所以算子 L 在 $\mathbf{R}^3$ 中的任意点都不局部可解.

附带说明, $\mathbf{R}^3$ 上全体形如 (5.1.4) 的坐标变换构成一个 Lie 群, 称为**Heisenberg 群**. 上例是 Heisenberg 群上最简单的平移不变偏微分算子. 关于 Heisenberg 群以及更一般幂零 Lie 群上平移不变偏微分算子的分析理论见文献 [30] 及其所引参考文献.

Lewy 算子是复系数的. 第一个不局部可解的实系数偏微分算子的例子由 F. Trèves 在论文 [117] 中给出, 这个例子构作如下:

例 2 考虑 $\mathbf{R}^3$ 上的下述四阶线性偏微分算子 (称之为**Trèves 算子**):

$$T=L\bar{L}\bar{L}L,$$

其中 $\bar{L}$ 表示由 Lewy 算子 L 把系数取共轭所得到的偏微分算子. 由于方程 $Tu=f$ 有解 u 蕴涵着 Lewy 方程 $Lv=f$ 有解 $v=\bar{L}\bar{L}Lu$, 而已知 Lewy 算子 L 在 $\mathbf{R}^3$ 中的任意点都不局部可解, 所以算子 T 也在 $\mathbf{R}^3$ 中的任意点都不局部可解.

为了说明 T 是实系数的偏微分算子, 下面来证明

$$T=L\bar{L}\bar{L}L=\bar{L}LL\bar{L}=\overline{T}. \tag{5.1.5}$$

为此记 $z=x+\mathrm{i}y$, 则按复变函数的记号, 有

$$\frac{\partial}{\partial\bar{z}}=\frac{1}{2}\left(\frac{\partial}{\partial x}+\mathrm{i}\frac{\partial}{\partial y}\right),\qquad \frac{\partial}{\partial z}=\frac{1}{2}\left(\frac{\partial}{\partial x}-\mathrm{i}\frac{\partial}{\partial y}\right),$$

而 Lewy 算子 L 可写成

$$L=2\left(\frac{\partial}{\partial\bar z}-\mathrm{i}z\frac{\partial}{\partial t}\right),\quad \text{进而}\quad \bar L=2\left(\frac{\partial}{\partial z}+\mathrm{i}\bar z\frac{\partial}{\partial t}\right).$$

简单的计算表明,

$$L\bar L=4\left[\frac{\partial^2}{\partial\bar z\partial z}+|z|^2\frac{\partial^2}{\partial t^2}+\mathrm{i}\left(\bar z\frac{\partial}{\partial\bar z}-z\frac{\partial}{\partial z}\right)\frac{\partial}{\partial t}+\mathrm{i}\frac{\partial}{\partial t}\right],$$

$$\bar LL=4\left[\frac{\partial^2}{\partial\bar z\partial z}+|z|^2\frac{\partial^2}{\partial t^2}-\mathrm{i}\left(z\frac{\partial}{\partial z}-\bar z\frac{\partial}{\partial\bar z}\right)\frac{\partial}{\partial t}-\mathrm{i}\frac{\partial}{\partial t}\right],$$

进而

$$\bar LL-L\bar L=-8\mathrm{i}\frac{\partial}{\partial t},\quad L\bar L-\bar LL=8\mathrm{i}\frac{\partial}{\partial t}.$$

从这些关系式可以看出, 算子 $L\bar L$ 与 $\bar LL-L\bar L$ 和 $L\bar L-\bar LL$ 都可交换, 从而有

$$L\bar L\bar LL-\bar LLL\bar L=L\bar L(\bar LL-L\bar L)+(L\bar L-\bar LL)L\bar L=0.$$

这就证明了关系式 (5.1.5), 从而也就证明了 T 是实系数的偏微分算子.

上例中不局部可解的实系数偏微分算子稍微复杂了一些, 一个比较简单的这种例子如下:

例 3 考虑 $\mathbf{R}^3$ 上的下述实系数二阶线性偏微分算子:

$$P=\frac{\partial^2}{\partial x^2}-\frac{\partial^2}{\partial y^2}+4(x^2-y^2)\frac{\partial^2}{\partial t^2}.$$

容易验证这个偏微分算子关于 $\mathbf{R}^3$ 上由 (5.1.2) 给出的伸缩群是二阶拟齐次的, 且对由 (5.1.3) 给出的 Schwartz 类函数 φ 成立 $P^{\mathrm{T}}\varphi=P\varphi=0$. 所以根据定理 5.1.3, 算子 P 在坐标原点不局部可解.

例 4 考虑 $\mathbf{R}^2$ 上的下述复系数一阶线性偏微分算子 (称为**Mizohata 算子**):

$$M_k=\frac{\partial}{\partial x}+\mathrm{i}x^k\frac{\partial}{\partial y},$$

其中 k 为任意正奇数. 容易验证这个偏微分算子关于 $\mathbf{R}^2$ 上的下述伸缩群是一阶拟齐次的:

$$\delta_\lambda(x,y)=(\lambda x,\lambda^{k+1}y),\quad \forall(x,y)\in\mathbf{R}^2,\ \forall\lambda>0.$$

任意取定一个非零的 C^∞ 函数 $\psi:(0,\infty)\mapsto[0,\infty)$ 使 $\mathrm{supp}\psi$ 为 $(0,\infty)$ 的紧子集, 然后令

$$\varphi(x,y)=\int_0^\infty\psi(s)\mathrm{e}^{-s(\mathrm{i}y+\frac{1}{k+1}x^{k+1})}\mathrm{d}s,\quad \forall(x,y)\in\mathbf{R}^2.$$

则易见 $\varphi \in S(\mathbf{R}^2)$, 而且简单的计算表明 $M_k^{\mathrm{T}}\varphi = -M_k\varphi = 0$, 即 $\varphi \in \mathrm{Ker}M_k^{\mathrm{T}} \cap S(\mathbf{R}^n)$. 因此根据定理 5.1.3, 算子 M_k 在坐标原点不局部可解.

下面给出定理 5.1.3 的证明. 我们需要应用拓扑线性空间理论中的以下重要定理:

定理 5.1.4 (Bourbaki) 设 X 是 Fréchet 空间, Y 是可度量化的拓扑线性空间, B 是乘积空间 $X \times Y$ 上的双线性泛函, 它关于两个变元都单独连续, 即对每个固定的 $y \in Y$, 映射 $x \mapsto B(x,y)$ 是 X 上的连续线性泛函, 同样对每个固定的 $x \in X$, 映射 $y \mapsto B(x,y)$ 是 Y 上的连续线性泛函, 则 B 是 $X \times Y$ 上的连续双线性泛函.

这个定理及其证明见文献 [129] 第四章 §5 定理 1 和推论 1, pp.263 ~ 264 或 [16] 附录 3.6 定理 9, pp.190~192. 相关定理也可见 [73] 之 §15 第 14 段, pp.171~173.

对定义在开集 $\Omega \subseteq \mathbf{R}^n$ 上的偏微分算子 P 和 Ω 的闭子集 B, 记

$$N(P,B) = \{u \in C^\infty(B) : Pu = 0\}.$$

引理 5.1.5 设 Ω 是 $\mathbf{R}^n$ 中包含原点的开集, P 是定义在 Ω 上具有无穷可微系数的偏微分算子, 并设 P 在原点是局部可解的. 则存在正常数 C, M, ε 和非负整数 k, l, 它们满足 $\varepsilon < M$ 及 $B_M(0) \subset\subset \Omega$, 使下述不等式成立:

$$\left|\int_{|x|\leqslant M} f(x)v(x)\mathrm{d}x\right| \leqslant C \sum_{|\alpha|\leqslant k} \sup_{|x|\leqslant\varepsilon} |\partial^\alpha f(x)| \cdot \sum_{|\beta|\leqslant l} \sup_{\varepsilon\leqslant|x|\leqslant M} |\partial^\beta v(x)|,$$
$$\forall f \in C_0^\infty(\overline{B_\varepsilon(0)}), \quad \forall v \in N(P^{\mathrm{T}}, \overline{B_M(0)}). \tag{5.1.6}$$

证 由于 P 在原点局部可解, 所以存在原点的邻域 $U \subseteq \Omega$ 使方程 $Pu = f$ 对任意 $f \in C_0^\infty(U)$ 都有解 $u \in D'(U)$. 据此我们首先断定方程 $P^{\mathrm{T}}v = 0$ 在 $C_0^\infty(U)$ 中没有非零解. 因为如果 $v \in C_0^\infty(U)$ 是方程 $P^{\mathrm{T}}v = 0$ 的解, 则对任意 $f \in C_0^\infty(U)$, 取 $u \in D'(U)$ 使在 U 上成立 $Pu = f$, 便有

$$\langle f, v\rangle = \langle Pu, v\rangle = \langle u, P^{\mathrm{T}}v\rangle = 0,$$

从而 $v = 0$. 现在任意取定正数 M, ε 使得 $\varepsilon < M$ 且 $B_M(0) \subset\subset U$. 考虑定义在 $C_0^\infty(\overline{B_\varepsilon(0)}) \times N(P^{\mathrm{T}}, \overline{B_M(0)})$ 上的下述双线性泛函 B:

$$B(f,v) = \int_{|x|\leqslant M} f(x)v(x)\mathrm{d}x, \quad \forall f \in C_0^\infty(\overline{B_\varepsilon(0)}), \quad \forall v \in N(P^{\mathrm{T}}, \overline{B_M(0)}).$$

把 $C_0^\infty(\overline{B_\varepsilon(0)})$ 看作是由半范族 $\left\{\sup_{|x|\leqslant\varepsilon} |\partial^\alpha f(x)| : \alpha \in \mathbf{Z}_+^n\right\}$ 所确定的 Fréchet 空间, $N(P^{\mathrm{T}}, \overline{B_M(0)})$ 看作是由半范族 $\left\{\sup_{\varepsilon\leqslant|x|\leqslant M} |\partial^\beta v(x)| : \beta \in \mathbf{Z}_+^n\right\}$ 所确定的可度量化

的拓扑线性空间. 注意后一空间的 Hausdorff 性由方程 $P^{\mathrm{T}}v=0$ 在 $C_0^\infty(U)$ 中没有非零解这一事实保证. 显然对每个固定的 $v\in N(P^{\mathrm{T}},\overline{B_M(0)})$, 泛函 $f\mapsto B(f,v)$ 是 $C_0^\infty(\overline{B_\varepsilon(0)})$ 上的连续线性泛函. 下面证明对每个固定的 $f\in C_0^\infty(\overline{B_\varepsilon(0)})$, 泛函 $v\mapsto B(f,v)$ 是 $N(P^{\mathrm{T}},\overline{B_M(0)})$ 上的连续线性泛函. 为此对给定的 $f\in C_0^\infty(\overline{B_\varepsilon(0)})$, 把它看作 $C_0^\infty(U)$ 中的函数, 则由假设知存在 $u\in D'(U)$ 使在 U 上成立 $Pu=f$. 取 $\varphi\in C_0^\infty(U)$ 使 $\mathrm{supp}\varphi\subseteq B_M(0)$, 且在 $\overline{B_\varepsilon(0)}$ 的某个邻域上恒取 1 值, 然后令 $h=P(\varphi u)-f$. 则 $h\in E'(U)$, 且 $\mathrm{supp}h\subseteq\{x\in U:\varepsilon<|x|<M\}$. 由于 $f=P(\varphi u)-h$, 所以

$$\begin{aligned}B(f,v)&=\langle f,v\rangle=\langle P(\varphi u),v\rangle-\langle h,v\rangle\\&=\langle\varphi u,P^{\mathrm{T}}v\rangle-\langle h,v\rangle=-\langle h,v\rangle,\quad\forall v\in N(P^{\mathrm{T}},\overline{B_M(0)}).\end{aligned}$$

因 $\mathrm{supp}h\subseteq\{x\in U:\varepsilon<|x|<M\}$, 所以根据紧支广函的结构理论 (定理 2.2.6) 容易知道, 存在常数 $C>0$ 和非负整数 m 使成立

$$|\langle h,v\rangle|\leqslant C\sum_{|\beta|\leqslant m}\sup_{\varepsilon\leqslant|x|\leqslant M}|\partial^\beta v(x)|,\quad\forall v\in C^\infty(U).$$

上式自然特别对所有 $v\in N(P^{\mathrm{T}},\overline{B_M(0)})$ 也成立, 因而得到

$$|B(f,v)|\leqslant C\sum_{|\beta|\leqslant m}\sup_{\varepsilon\leqslant|x|\leqslant M}|\partial^\beta v(x)|,\quad\forall v\in N(P^{\mathrm{T}},\overline{B_M(0)}).$$

这就证明了, 对每个固定的 $f\in C_0^\infty(\overline{B_\varepsilon(0)})$, 泛函 $v\mapsto B(f,v)$ 是 $N(P^{\mathrm{T}},\overline{B_M(0)})$ 上的连续线性泛函. 因此, 应用 Bourbaki 定理可知 B 是 $C_0^\infty(\overline{B_\varepsilon(0)})\times N(P^{\mathrm{T}},\overline{B_M(0)})$ 上的连续双线性泛函, 从而存在常数 $C>0$ 和非负整数 k,l 使 (5.1.6) 成立. 证毕. □

引理 5.1.6　*设 $P=P(x,\partial)$ 是 $\mathbf{R}^n$ 上关于某伸缩群为拟齐次且具有 C^∞ 系数的线性偏微分算子, 并设 P 在原点局部可解, 则存在非负整数 m 和 N, 使得对任意 $\varphi\in\mathrm{Ker}P^{\mathrm{T}}=\{\varphi\in C^\infty(\mathbf{R}^n):\ P^{\mathrm{T}}\varphi=0\}$, 只要它满足*

$$|\partial^\alpha\varphi(x)|\leqslant C(1+|x|)^{-N},\quad\forall x\in\mathbf{R}^n,\ \forall|\alpha|\leqslant m\tag{5.1.7}$$

(C 为依赖于 φ 的正常数), 则 $\varphi=0$.

证　由于 P 在原点局部可解, 所以根据引理 5.1.5 知存在正常数 C,M,ε 和非负整数 k,l, 其中 $\varepsilon<M$, 使不等式 (5.1.6) 成立. 令 $m=l$, $N=\mu(k+l)+\nu+1$, 这里 $\mu=\max\limits_{1\leqslant j\leqslant n}\sigma_j$, $\nu=\sum\limits_{j=1}^n\sigma_j$. 我们断言对这样选择的 m 和 N, 引理的结论成立.

反证, 设断言不真, 即存在非零的 $\varphi \in \mathrm{Ker}P^{\mathrm{T}}$ 满足 (5.1.7). 取定一函数 $g \in C_0^\infty(\mathbf{R}^n)$ 使得 $\int_{\mathbf{R}^n} g(x)\varphi(x)\mathrm{d}x \neq 0$, 然后对任意 $\lambda > 0$ 令

$$f_\lambda(x) = \lambda^\nu g(\delta_\lambda(x)), \quad v_\lambda(x) = \varphi(\delta_\lambda(x)).$$

从 δ_λ 的定义易知成立

$$\lambda|x| \leqslant |\delta_\lambda(x)| \leqslant \lambda^\mu |x|, \quad \forall x \in \mathbf{R}^n, \ \forall \lambda \geqslant 1. \tag{5.1.8}$$

由于 $x \in \mathrm{supp} f_\lambda$ 当且仅当 $\delta_\lambda(x) \in \mathrm{supp} g$, 应用以上关系式中的第一个和 g 具有紧支集的事实即知存在 $\lambda_0 \geqslant 1$ 使当 $\lambda \geqslant \lambda_0$ 时便有 $\mathrm{supp} f_\lambda \subseteq \overline{B_\varepsilon(0)}$. 另外, P 拟齐次显然蕴涵着 P^{T} 也拟齐次, 所以由 $P^{\mathrm{T}}\varphi = 0$ 知 $P^{\mathrm{T}} v_\lambda = 0, \forall \lambda > 0$. 这样应用 (5.1.6) 于 $f = f_\lambda$ 和 $v = v_\lambda$, 得

$$\left|\int_{|x|\leqslant M} f_\lambda(x) v_\lambda(x)\mathrm{d}x\right| \leqslant C \sum_{|\alpha|\leqslant k} \sup_{|x|\leqslant\varepsilon} |\partial^\alpha f_\lambda(x)| \cdot \sum_{|\beta|\leqslant l} \sup_{\varepsilon\leqslant|x|\leqslant M} |\partial^\beta v_\lambda(x)|, \quad \forall \lambda \geqslant \lambda_0. \tag{5.1.9}$$

由于 $\mathrm{supp} f_\lambda \subseteq \overline{B_\varepsilon(0)} \subseteq B_M(0)$, 所以上式左端的积分可换为 $\mathbf{R}^n$ 上的积分, 从而通过作积分变元变换易知

$$\left|\int_{|x|\leqslant M} f_\lambda(x) v_\lambda(x)\mathrm{d}x\right| = \left|\int_{\mathbf{R}^n} g(x)\varphi(x)\mathrm{d}x\right| > 0, \quad \forall \lambda \geqslant \lambda_0. \tag{5.1.10}$$

另一方面, 有

$$\begin{aligned} &\sum_{|\alpha|\leqslant k} \sup_{|x|\leqslant\varepsilon} |\partial^\alpha f_\lambda(x)| \cdot \sum_{|\beta|\leqslant l} \sup_{\varepsilon\leqslant|x|\leqslant M} |\partial^\beta v_\lambda(x)| \\ &\leqslant \lambda^{\mu(k+l)+\nu} \sum_{|\alpha|\leqslant k} \sup_{x\in\mathbf{R}^n} |\partial^\alpha g(x)| \cdot \sum_{|\beta|\leqslant l} \sup_{\varepsilon\leqslant|x|\leqslant M} |(\partial^\beta\varphi)(\delta_\lambda(x))| \\ &\leqslant C\lambda^{\mu(k+l)+\nu} \sup_{|x|\geqslant\varepsilon} (1 + |\delta_\lambda(x)|)^{-N} \quad (\text{应用 } (5.1.7)) \\ &\leqslant C\lambda^{\mu(k+l)+\nu} (1 + \varepsilon\lambda)^{-N} \quad (\text{应用 } (5.1.8)). \end{aligned} \tag{5.1.11}$$

由于 $\mu(k+l) + \nu - N = -1$, 所以 $\lim\limits_{\lambda\to\infty} \lambda^{\mu(k+l)+\nu}(1 + \varepsilon\lambda)^{-N} = 0$. 这样 (5.1.10), (5.1.11) 便和 (5.1.9) 相矛盾. 因此假设是错误的, 从而证明了引理的结论. 证毕. □

定理 5.1.3 的证明 假若拟齐次的偏微分算子 P 在原点局部可解, 则由引理 5.1.6 知 $\mathrm{Ker}P^{\mathrm{T}} \cap S(\mathbf{R}^n) = \{0\}$. 因此, 对于拟齐次的偏微分算子 P, 如果 $\mathrm{Ker}P^{\mathrm{T}} \cap S(\mathbf{R}^n)$ 非平凡, 那么它必在原点不局部可解. 定理 5.1.3 证毕. □

下面对 Hörmander 在论文 [59] 中证明的不可解偏微分算子定理作一介绍. 先介绍一些记号.

对于定义在开集 $\Omega \subseteq \mathbf{R}^n$ 上的线性偏微分算子 $P(x,\partial) = \sum\limits_{|\alpha|\leqslant m} a_\alpha(x)\partial^\alpha$, 由于对任意缓增广函 u 和任意 n 重指标 α 有 $F(\partial^\alpha u) = (\mathrm{i}\xi)^\alpha \tilde{u}(\xi)$, 所以 $P(x,\partial)$ 的**符征**定义为 $\Omega \times \mathbf{R}^n$ 上的函数

$$P(x,\mathrm{i}\xi) = \sum_{|\alpha|\leqslant m} a_\alpha(x)(\mathrm{i}\xi)^\alpha, \quad (x,\xi) \in \Omega \times \mathbf{R}^n.$$

由于以后我们将多次用到 $P(x,\mathrm{i}\xi)$ 关于 ξ 的各种偏导数, 为使记号简单起见, 从现在起我们将不再把一般的线性偏微分算子表示成 $P(x,\partial) = \sum\limits_{|\alpha|\leqslant m} a_\alpha(x)\partial^\alpha$ 的形式, 而是引进一个新的记号①

$$D = (D_1, D_2, \cdots, D_n),$$

其中

$$D_j = -\mathrm{i}\partial_j = \frac{1}{\mathrm{i}}\frac{\partial}{\partial x_j}, \quad j = 1, 2, \cdots, n,$$

再对任意 n 重指标 $\alpha = (\alpha_1, \alpha_2, \cdots, \alpha_n) \in \mathbf{Z}_+^n$, 记

$$D^\alpha = D_1^{\alpha_1} D_2^{\alpha_2} \cdots D_n^{\alpha_n} = \left(\frac{1}{\mathrm{i}}\frac{\partial}{\partial x_1}\right)^{\alpha_1} \left(\frac{1}{\mathrm{i}}\frac{\partial}{\partial x_2}\right)^{\alpha_2} \cdots \left(\frac{1}{\mathrm{i}}\frac{\partial}{\partial x_n}\right)^{\alpha_n},$$

进而把一般的线性偏微分算子表示成

$$P(x,D) = \sum_{|\alpha|\leqslant m} a_\alpha(x) D^\alpha.$$

这时, 该算子的符征便是

$$P(x,\xi) = \sum_{|\alpha|\leqslant m} a_\alpha(x)\xi^\alpha, \quad (x,\xi) \in \Omega \times \mathbf{R}^n.$$

$P(x,D)$ 的**主符征** $P_m(x,\xi)$ 定义为

$$P_m(x,\xi) = \sum_{|\alpha|= m} a_\alpha(x)\xi^\alpha, \quad (x,\xi) \in \Omega \times \mathbf{R}^n.$$

再令

$$P_m^{(j)}(x,\xi) = \frac{\partial P_m(x,\xi)}{\partial \xi_j}, \quad P_{mj}(x,\xi) = \frac{\partial P_m(x,\xi)}{\partial x_j}, \quad j = 1, 2, \cdots, n.$$

---

① 注意这里采用了与第 2 章引进的绝对导数相同的记号, 但是由于在本章中不会出现绝对导数, 所以这样做不会引起混淆.

然后定义

$$C_{2m-1}(x,\xi)=2\mathrm{Im}\sum_{j=1}^{n}P_{mj}(x,\xi)\overline{P_m^{(j)}(x,\xi)}$$
$$=\mathrm{i}\sum_{j=1}^{n}[P_m^{(j)}(x,\xi)\overline{P_{mj}(x,\xi)}-P_{mj}(x,\xi)\overline{P_m^{(j)}(x,\xi)}].$$

注意这是 ξ 的 $2m-1$ 次齐次多项式, 它实际上是 $P^*(x,D)$ 与 $P(x,D)$ 的换位子 $[P^*(x,D),P(x,D)]$ 的 $2m-1$ 阶项的符征. 这里 $P^*(x,D)$表示 $P(x,D)$ 的**共轭算子**, 即使关系式

$$(P(x,D)u,v)_{L^2(\Omega)}=(u,P^*(x,D)v)_{L^2(\Omega)},\quad \forall u,v\in C_0^\infty(\Omega)$$

成立的偏微分算子. 显然当 $P(x,D)=\sum_{|\alpha|\leqslant m}a_\alpha(x)D^\alpha$ 时,

$$P^*(x,D)u=\sum_{|\alpha|\leqslant m}D^\alpha[\overline{a_\alpha(x)}u].$$

特别有 $D^{\alpha*}=D^\alpha$, $\forall\alpha\in\mathbf{R}^n$. 注意 $C_{2m-1}(x,\xi)$ 也是换位子 $[P_m^*(x,D),P_m(x,D)]$ 的 $2m-1$ 阶项的符征, 另外如果用 $\bar{P}_m(x,D)$ 表示对 $P_m(x,D)$ 的系数取复共轭所得到的偏微分算子 ($\bar{P}_m(x,D)$ 正是 $P^*(x,D)$ 的主部), 则 $C_{2m-1}(x,\xi)$ 也是换位子 $[\bar{P}_m(x,D),P_m(x,D)]$ 的 $2m-1$ 阶项的符征.

Hörmander 的著名工作 [59] 所获得的主要结果为:

定理 5.1.7 (Hörmander) *设 $P(x,D)$ 是定义在开集 $\Omega\subseteq\mathbf{R}^n$ 上具有 C^∞ 系数的线性偏微分算子. 如果对任意 $f\in C_0^\infty(\Omega)$ 方程 $P(x,D)u=f$ 都有解 $u\in D'(\Omega)$, 则在 $\Omega\times\mathbf{R}^n$ 上成立*

$$P_m(x,\xi)=0\quad\Rightarrow\quad C_{2m-1}(x,\xi)=0.\tag{5.1.12}$$

定理 5.1.8(Hörmander) *设 $P(x,D)$ 是定义在开集 $\Omega\subseteq\mathbf{R}^n$ 上具有 C^∞ 系数的线性偏微分算子. 用 $S(\Omega)$ 表示 $C_0^\infty(\Omega)$ 在 $S(\mathbf{R}^n)$ 中的闭包. 如果对任意开集 $U\subseteq\Omega$, 当把 x 限定在 U 上时条件 (5.1.12) 都不成立, 则存在 $f\in S(\Omega)$ 使方程 $P(x,D)u=f$ 对任意开集 $U\subseteq\Omega$ 都无解 $u\in D'(U)$, 而且全体这样的函数 f 组成的集合是第二纲的*①.

因此, 如果开集 $\Omega\subseteq\mathbf{R}^n$ 上的一个偏微分算子 $P(x,D)$ 在某点 $x_0\in\Omega$ 具有这样的性质: 存在 $\xi\in\mathbf{R}^n$ 使 $P_m(x_0,\xi)=0$ 但 $C_{2m-1}(x_0,\xi)\neq0$, 则该算子在 x_0

① 拓扑空间 X 的非空子集 S 如果不在 X 的任何非空开子集中稠密 (即 $\overline{S}$ 中没有内点), 则称 S 为**疏朗集**. 如果 X 的一个非空子集能够表示成可数多个疏朗集的并, 则称这个子集为**第一纲集**. 不是第一纲集的非空子集叫做**第二纲集**.

点不局部可解. 前面已经证明 Lewy 算子 L 在 $\mathbf{R}^n$ 中任意点都不局部可解. 应用 Hörmander 定理可以得到更强的结论: 很易验证, Lewy 算子 L 在 $\mathbf{R}^n$ 中的每点都不满足条件 (5.1.12), 因此根据定理 5.1.8, 使 Lewy 方程 $Lu=f$ 在 $\mathbf{R}^n$ 中任何一点的任意邻域里都没有广函解的 Schwartz 类函数 $f\in S(\mathbf{R}^n)$ 相当多, 它们的全体组成第二纲集.

上述定理的证明可参看文献 [61], pp.206 ~ 215 和 [16] 第 3.5 节.

习　题　5.1

1. 证明下列线性偏微分算子都在坐标原点不局部可解:

(1) $P_1=\dfrac{\partial^2}{\partial x\partial y}+4xy\dfrac{\partial^2}{\partial t^2}$;

(2) $P_2=\dfrac{\partial^2}{\partial x^2}-\dfrac{\partial^2}{\partial y^2}+c\dfrac{\partial^2}{\partial x\partial y}+4(x^2-y^2+cxy)\dfrac{\partial^2}{\partial t^2}$, c 为任意复数;

(3) $P_3=\dfrac{\partial^2}{\partial x^2}-\dfrac{\partial^2}{\partial y^2}-4(2c-1)(x^2-y^2)\dfrac{\partial^2}{\partial t^2}-4\mathrm{i}c\left(x\dfrac{\partial^2}{\partial x\partial t}-y\dfrac{\partial^2}{\partial y\partial t}\right)$, c 为任意复数;

(4) $P_4=\dfrac{\partial^2}{\partial x\partial y}-2axy\dfrac{\partial^2}{\partial t^2}+\mathrm{i}\left(by\dfrac{\partial^2}{\partial x\partial t}+cx\dfrac{\partial^2}{\partial y\partial t}\right)$, 其中 a,b,c 为任意使关系式 $a+b+c=-2$ 成立的复数.

2. 证明下述线性偏微分算子在坐标原点不局部可解:

$$P=\frac{\partial^2}{\partial x^2}+ax^{2k}\frac{\partial^2}{\partial y^2}+\mathrm{i}bx^k\frac{\partial^2}{\partial x\partial y}+\mathrm{i}kx^{k-1}\frac{\partial}{\partial y},$$

其中 k 为任意正奇数, a,b 是任意满足条件 $a+b=1$ 的复常数.

3. 证明下列线性偏微分算子在坐标原点不局部可解:

$$L_k=\frac{\partial}{\partial\bar{z}}-\mathrm{i}kz^k\bar{z}^{k-1}\frac{\partial}{\partial t},$$

其中 k 为任意正整数.

4. 证明下列实系数线性偏微分算子在坐标原点不局部可解:

(1) $P_1=\dfrac{\partial^4}{\partial x^4}+x^4\dfrac{\partial^4}{\partial y^4}+2x^2\dfrac{\partial^4}{\partial x^2\partial y^2}+4x\dfrac{\partial^3}{\partial x\partial y^2}+3\dfrac{\partial^2}{\partial y^2}$;

(2) $P_2=\dfrac{\partial^4}{\partial x^4}-x^4\dfrac{\partial^4}{\partial y^4}+6x\dfrac{\partial^3}{\partial x\partial y^2}+3\dfrac{\partial^2}{\partial y^2}$.

5. 设 P 是 $\mathbf{R}^n$ 上的线性偏微分算子, 具有如下形式:

$$P=P_1+P_2+\cdots+P_m,$$

其中 $P_1,P_2,\cdots,P_m$ 是 $\mathbf{R}^n$ 上关于同一伸缩群拟齐次的线性偏微分算子 (齐次阶数可以不同). 又设 $\mathrm{Ker}P_1^{\mathrm{T}}\cap\mathrm{Ker}P_2^{\mathrm{T}}\cap\cdots\cap\mathrm{Ker}P_m^{\mathrm{T}}\cap S(\mathbf{R}^n)$ 非平凡. 证明 P 在原点不局部可解.

6. 证明下列线性偏微分算子在坐标原点不局部可解:

(1) $P_1 = \dfrac{\partial^2}{\partial x^2} - \dfrac{\partial^2}{\partial y^2} + 4(x^2 - y^2)\dfrac{\partial^2}{\partial t^2} + c\dfrac{\partial}{\partial x} \pm \mathrm{i}c\dfrac{\partial}{\partial y} \mp 2\mathrm{i}c(x \pm \mathrm{i}y)\dfrac{\partial}{\partial t}$, c 为任意复数;

(2) $P_2 = \dfrac{\partial^2}{\partial x \partial y} + 4xy\dfrac{\partial^2}{\partial t^2} + a\dfrac{\partial^2}{\partial x \partial t} + b\dfrac{\partial^2}{\partial y \partial t} - 2\mathrm{i}(ax + by)\dfrac{\partial^2}{\partial t^2}$, 其中 a, b 为任意复数;

(3) $P_3 = T + \dfrac{\partial^2}{\partial x^2} - \dfrac{\partial^2}{\partial y^2} + 4(x^2 - y^2)\dfrac{\partial^2}{\partial t^2}$, 其中 T 是Trèves算子.

5.2 可解的线性偏微分算子

5.1 节介绍了关于线性偏微分方程局部可解性问题的一些负面结果. 本节则给出关于这个问题的一些正面结果, 即建立线性偏微分算子局部可解的一些充分条件. 先证明 5.1 节提到的 L. Ehrenpreis 和 B. Malgrange 的定理, 即证明任何一个常系数线性偏微分算子都有基本解. 从基本解的存在性便可得到常系数线性偏微分算子在任意点的局部可解性以及在具有充分光滑边界的有界开集上的整体可解性. 在此基础上介绍常系数偏微分算子强弱比较的概念进而给出变系数定强偏微分算子的定义, 并证明这类算子的局部可解性, 然后介绍 Hörmander 关于 H主型线性偏微分算子局部可解性的定理. 本节最后将对由 L. Nirenberg 和 F. Trèves、Yu. V. Egorov、R. Beals 和 C. Fefferman 等学者于 1970~1973 年证明的关于一般主型线性偏微分算子局部可解性充要条件的著名定理 (本书称之为 NTEBF 定理) 作一简要介绍.

5.2.1 常系数偏微分算子的基本解

先给出基本解的确切定义.

定义 5.2.1 $\mathbf{R}^n$ 上常系数线性偏微分算子 $P(D)$ 的**基本解**是指使等式 $P(D)E(x) = \delta(x)$ 成立的广义函数 $E \in D'(\mathbf{R}^n)$.

如果常系数线性偏微分算子 $P(D)$ 有基本解 $E \in D'(\mathbf{R}^n)$, 则对任意具有紧支集的广义函数 $f \in E'(\mathbf{R}^n)$, 方程 $P(D)u = f$ 都有解 $u = E * f \in D'(\mathbf{R}^n)$:

$$P(D)u = P(D)(E * f) = P(D)E * f = \delta * f = f,$$

而且当 $f \in C_0^\infty(\mathbf{R}^n)$ 时 $u = E * f \in C^\infty(\mathbf{R}^n)$. 据此易见 $P(D)$ 不仅在 $\mathbf{R}^n$ 中的每一点都是局部可解的, 而且对 $\mathbf{R}^n$ 中任意边界无穷可微的有界开集 Ω, $P(D)$ 都在 Ω 上整体可解, 因为对任意 $f \in C^\infty(\overline{\Omega})$, 可先把 f 延拓成 $C_0^\infty(\mathbf{R}^n)$ 中的函数, 记延拓后的函数为 $\hat{f}$, 则 $u = E * \hat{f}$ 在 Ω 上的限制便是方程 $P(D)u = f$ 在 Ω 上的一个整体解. 进一步, 如果用 $D'(\overline{\Omega})$ 表示由 $D'(\mathbf{R}^n)$ 中所有广义函数在 Ω 上的限制所形成的 Ω 上广义函数的集合, 则显然对任意 $f \in D'(\overline{\Omega})$, 方程 $P(D)u = f$ 在 Ω 上有

解 $u \in D'(\overline{\Omega})$: 先取函数 $\varphi \in C_0^\infty(\mathbf{R}^n)$ 使在 $\overline{\Omega}$ 的某个邻域上恒取 1 值, 然后令 u 等于 $E * \varphi\hat{f}$ 在 Ω 上的限制, 其中 $\hat{f} \in D'(\mathbf{R}^n)$ 是 f 的任意一个延拓, 则 u 便是方程 $P(D)u = f$ 在 Ω 上的解.

此外, 由于显然地非齐次方程 $P(D)u = f$ 的通解等于它的任意一个特解与齐次方程 $P(D)u = 0$ 通解的和, 所以一旦知道了算子 $P(D)$ 的基本解 E, 那么对方程 $P(D)u = f$ 任意解的性质的研究便可转化为对基本解 E 的性质和齐次方程 $P(D)u = 0$ 任意解的性质的研究.

因此, 基本解在常系数线性偏微分算子的研究中具有头等的重要性.

本节的第一个主要结果为:

定理 5.2.2 (Ehrenpreis–Malgrange) *$\mathbf{R}^n$ 上的每个常系数线性偏微分算子都有基本解.*

我们将采用**台阶积分法**来证明这个定理. 为了使读者清楚地理解这个方法的思想而不被其稍显复杂的技巧性细节所困惑, 先来简单地看一下这个方法对一维情况的应用. 首先注意对于任意维数的情况, 在 Fourier 变换下方程 $P(D)E(x) = \delta(x)$ 等价于下述代数方程:

$$P(\xi)\tilde{E}(\xi) = 1, \quad \xi \in \mathbf{R}^n. \tag{5.2.1}$$

如果多项式 $P(\xi)$ 没有实零点, 则这个代数方程的解为 $1/P(\xi)$. 由于这是一个缓增函数, 从而其反 Fourier 变换有意义, 所以只要令 $E(x) = F^{-1}[1/P(\xi)]$, 就得到了 $P(D)$ 的基本解:

$$P(D)E(x) = P(D)F^{-1}\left(\frac{1}{P(\xi)}\right) = F^{-1}\left(P(\xi)\cdot\frac{1}{P(\xi)}\right) = F^{-1}(1) = \delta(x).$$

当 $P(\xi)$ 有实零点时, 在一维情况下复变元的多项式 $P(\zeta)$ 只有有限个零点, 所以必存在实数 η 使沿复平面中的直线 $\mathrm{Re}\zeta = \eta$ 这个多项式没有零点, 于是似乎可考虑令 $E(x) = F^{-1}[1/P(\xi+\mathrm{i}\eta)]$. 但是这样构作的广义函数 E 并不是方程 $P(D)E(x) = \delta(x)$ 的解:

$$P(D)E(x) = F^{-1}\left(\frac{P(\xi)}{P(\xi+\mathrm{i}\eta)}\right) \neq F^{-1}(1) = \delta(x).$$

为了得到这种情况下基本解的正确表达式, 我们先推导 $P(\xi)$ 没有实零点时基本解 $E(x) = F^{-1}[1/P(\xi)]$ 的另一表达式: 对任意 $\varphi \in C_0^\infty(\mathbf{R})$ 有

$$\begin{aligned}\langle E, \varphi\rangle &= \langle E, \tilde{\check{\varphi}}\rangle = \langle \tilde{E}, \check{\varphi}\rangle = \frac{1}{2\pi}\langle \tilde{E}(\xi), \tilde{\varphi}(-\xi)\rangle \\ &= \frac{1}{2\pi}\int_{-\infty}^{\infty}\frac{\tilde{\varphi}(-\xi)}{P(\xi)}\mathrm{d}\xi = \frac{1}{2\pi}\int_{-\infty}^{\infty}\frac{\tilde{\varphi}(-\xi-\mathrm{i}\eta)}{P(\xi+\mathrm{i}\eta)}\mathrm{d}\xi,\end{aligned}$$

最后一步用到了 Cauchy 围道积分定理, 其中 η 是使得在复平面上的带型区域 $|\mathrm{Im}\zeta| \leqslant |\eta|$ 中多项式 $P(\zeta)$ 没有零点的任意实数. 但是最后这个表达式对任意使

得沿直线 $\mathrm{Re}\zeta=\eta$ 多项式 $P(\zeta)$ 没有零点的实数 η 都是有意义的, 而不必要求 $P(\zeta)$ 在带型区域 $|\mathrm{Im}\zeta|\leqslant|\eta|$ 中没有零点, 特别是不必要求 $P(\xi)$ 没有实零点. 因此对任意的一维常系数算子 $P(D)$, 只要选取实数 η 使得对任意 $\xi\in\mathbf{R}$ 都有 $P(\xi+\mathrm{i}\eta)\neq 0$ (这样的 η 显然有无穷多种选择), 便可定义广义函数 $E\in D'(\mathbf{R})$ 如下:

$$\langle E,\varphi\rangle=\frac{1}{2\pi}\int_{-\infty}^{\infty}\frac{\tilde{\varphi}(-\xi-\mathrm{i}\eta)}{P(\xi+\mathrm{i}\eta)}\mathrm{d}\xi,\quad \forall\varphi\in C_0^\infty(\mathbf{R}),\tag{5.2.2}$$

而且容易验证这样定义的 E 确是算子 $P(D)$ 的基本解 (注意 $P^{\mathrm{T}}(\xi)=P(-\xi)$):

$$\begin{aligned}\langle P(D)E,\varphi\rangle=\langle E,P^{\mathrm{T}}(D)\varphi\rangle&=\frac{1}{2\pi}\int_{-\infty}^{\infty}\frac{P(\xi+\mathrm{i}\eta)\tilde{\varphi}(-\xi-\mathrm{i}\eta)}{P(\xi+\mathrm{i}\eta)}\mathrm{d}\xi\\&=\frac{1}{2\pi}\int_{-\infty}^{\infty}\tilde{\varphi}(-\xi-\mathrm{i}\eta)\mathrm{d}\xi=\frac{1}{2\pi}\int_{-\infty}^{\infty}\tilde{\varphi}(-\xi)\mathrm{d}\xi\\&=\int_{-\infty}^{\infty}\check{\varphi}(\xi)\mathrm{d}\xi=\varphi(0)=\langle\delta,\varphi\rangle,\quad\forall\varphi\in C_0^\infty(\mathbf{R}).\end{aligned}$$

台阶积分法的思想是把一维基本解的定义式 (5.2.2) 推广到多维情形, 即在作适当的坐标变换使得算子 $P(D)$ 的符征多项式 $P(\xi)$ 具有某种标准形式之后, 选取 $n+1$ 维空间 $\mathbf{C}\times\mathbf{R}^{n-1}$ 中的一个 (有间断的) n 维超曲面 H, 它由若干个平行于 $\mathbf{R}^n=\mathrm{Re}(\mathbf{C})\times\mathbf{R}^{n-1}$ 的超平面块组成, 使得这些超平面块在 $\mathbf{R}^n$ 上的投影互不重叠且并成 $\mathbf{R}^n$, 而且使得沿 H 多项式 $P(\xi_1+\mathrm{i}\eta_1,\xi')$ (其中 $\xi'=(\xi_2,\cdots,\xi_n)$) 没有零点, 然后定义算子 $P(D)$ 的基本解 E 如下:

$$\langle E,\varphi\rangle=\frac{1}{(2\pi)^n}\int_H\frac{\tilde{\varphi}(-\xi_1-\mathrm{i}\eta_1,-\xi')}{P(\xi_1+\mathrm{i}\eta_1,\xi')}\mathrm{d}\xi,\quad\forall\varphi\in C_0^\infty(\mathbf{R}^n).\tag{5.2.3}$$

超曲面 H 叫做**Hörmander 台阶**. 所以台阶积分法的关键在于证明这种台阶的存在性.

定理 5.2.2 的证明 分三步证明这个定理.

第一步: 设 $P(D)$ 是 m 阶偏微分算子. 作线性的坐标变换并在必要时用 $cP(D)$ 作替代, 其中 c 为非零复常数, 可设 $P(D)$ 具有以下标准形式:

$$P(D)=D_1^m+\sum_{k=0}^{m-1}P_k(D_2,\cdots,D_n)D_1^k,\tag{5.2.4}$$

其中 $P_k(D_2,\cdots,D_n)$ 是变元 $(x_2,\cdots,x_n)$ 的阶数不超过 $m-k$ 的偏微分算子, $k=0,1,\cdots,m-1$. 事实上, 设有相空间中的线性坐标变换 $(\xi_1,\xi_2,\cdots,\xi_n)\to(\hat{\xi}_1,\hat{\xi}_2,\cdots,\hat{\xi}_n)$: $\xi_j=\sum\limits_{k=1}^{n}c_{jk}\hat{\xi}_k$, $j=1,2,\cdots,n$, 又设多项式 $P(\xi)$ 的主部即齐 m 次部分为

$$P_m(\xi)=\sum_{|\alpha|=m}a_\alpha\xi^\alpha,$$

则 $P(\xi)$ 经此坐标变换后所得新多项式中 $\hat{\xi}_1^m$ 的系数为 $a=\sum\limits_{|\alpha|=m} a_\alpha \boldsymbol{c}_1^\alpha$, 其中 $\boldsymbol{c}_1=(c_{11},c_{21},\cdots,c_{n1})$ 是该坐标变换的系数矩阵第一列的列向量. 由于 $\hat{\xi}_1^m$ 的这个系数只与变换矩阵的第一列有关而与其他各列无关, 所以只要任意选定变换矩阵的第一列使 $a\neq 0$, 然后再适当选取其他各列使得 $\det(c_{jk})\neq 0$, 那么经与此相空间 (即变元 ξ 所在的空间) 中的线性坐标变换相对应的物理空间 (即变元 x 所在的空间) 中的线性坐标变换, 算子 $P(D)$ 便与 (5.2.4) 的形式最多相差一个非零系数 a, 于是必要时再对 $P(D)$ 乘以 $c=a^{-1}$, 就得到了 (5.2.4) 的形式.

因此, 以下就设算子 $P(D)$ 具有 (5.2.4) 的标准形式. 这样 $P(D)$ 的符征 $P(\xi)$ 就具有形式

$$P(\xi)=\xi_1^m+\sum_{k=0}^{m-1} P_k(\xi')\xi_1^k,$$

其中 $\xi'=(\xi_2,\cdots,\xi_n)$. 应用代数基本定理, 对每个固定的 $\xi'\in\mathbf{R}^{n-1}$, $P(\xi)$ 作为单变元 ξ_1 的多项式有 m 个复根 $z_1(\xi')$, $z_2(\xi')$, $\cdots$, $z_m(\xi')$, 因而有因式分解

$$P(\xi)=[\xi_1-z_1(\xi')][\xi_1-z_2(\xi')]\cdots[\xi_1-z_m(\xi')], \tag{5.2.5}$$

而且由于代数方程的每个根都是其系数的连续函数 (见 [65] 第一章定理 10, p.39), 所以 $z_1(\xi')$, $z_2(\xi')$, $\cdots$, $z_m(\xi')$ 都是 ξ' 的连续函数.

第二步: 把 $\zeta_1=\xi_1+\mathrm{i}\eta_1$ 复平面上宽为 $4(m+1)$ 的带形区域 $|\eta_1|\leqslant 2(m+1)$ 等分为 $m+1$ 个子带, 则每个子带的宽都是 4. 对每个 $\xi'\in\mathbf{R}^{n-1}$, $P(\xi)$ 作为单变元 ξ_1 的多项式的上述 m 个根 $z_1(\xi')$, $z_2(\xi')$, $\cdots$, $z_m(\xi')$ 不可能遍及这 $m+1$ 个子带, 因而至少有一个子带, 其内域中不含这 m 个根中的任何一个. 设这个子带的中线的虚坐标为 $b(\xi')$, 则有

$$|\xi_1+\mathrm{i}b(\xi')-z_k(\xi')|\geqslant 2,\quad \forall\xi'\in\mathbf{R}^{n-1},\quad \forall\xi_1\in\mathbf{R},\quad k=1,2,\cdots,m.$$

由于 $z_1(\xi')$, $z_2(\xi')$, $\cdots$, $z_m(\xi')$ 都连续地随 ξ' 变化, 所以对每个 $\xi_0'\in\mathbf{R}^{n-1}$ 都存在相应的 $\varepsilon(\xi_0')>0$, 使当 $|\xi'-\xi_0'|<\varepsilon(\xi_0')$ 时 $|z_k(\xi')-z_k(\xi_0')|<1$, $k=1,2,\cdots,m$. 这样由上式知

$$|\xi_1+\mathrm{i}b(\xi_0')-z_k(\xi')|>1,\quad \forall\xi_1\in\mathbf{R},\quad \forall\xi'\in B(\xi_0',\varepsilon(\xi_0')),\quad k=1,2,\cdots,m,$$

进而由 (5.2.5) 知

$$|P(\xi_1+\mathrm{i}b(\xi_0'),\xi')|>1,\quad \forall\xi_1\in\mathbf{R},\quad \forall\xi'\in B(\xi_0',\varepsilon(\xi_0')) \tag{5.2.6}$$

考虑开球族 $\{B(\xi_0',\varepsilon(\xi_0')):\xi_0'\in\mathbf{R}^{n-1}\}$. 显然这个开球族覆盖了 $\mathbf{R}^{n-1}$, 所以其中必有可数多个开球已经完全覆盖了 $\mathbf{R}^{n-1}$. 这可数多个覆盖 $\mathbf{R}^{n-1}$ 的开球可

如下得到: 首先考虑这些开球的子族 $\{B(\xi_0',\varepsilon(\xi_0')):\xi_0'\in\bar{B}(0,1)\}$, 这个子族构成闭球 $\bar{B}(0,1)$ 的一个开覆盖, 根据有限覆盖定理知这个子族有覆盖闭球 $\bar{B}(0,1)$ 的有限子覆盖, 设为 $B(\xi_1',\varepsilon(\xi_1'))$, $B(\xi_2',\varepsilon(\xi_2'))$, $\cdots$, $B(\xi_{N_1}',\varepsilon(\xi_{N_1}'))$, 其中 N_1 是正整数. 然后再考虑这些开球的第二个子族 $\{B(\xi_0',\varepsilon(\xi_0')):\xi_0'\in\bar{B}(0,2)\backslash B(0,1)\}$, 这个子族构成闭的环形区域 $\bar{B}(0,2)\backslash B(0,1)$ 的一个开覆盖, 同样根据有限覆盖定理知这个子族也有覆盖该环形区域 $\bar{B}(0,2)\backslash B(0,1)$ 的有限子覆盖, 设为 $B(\xi_{N_1+1}',\varepsilon(\xi_{N_1+1}'))$, $B(\xi_{N_1+2}',\varepsilon(\xi_{N_1+2}'))$, $\cdots$, $B(\xi_{N_2}',\varepsilon(\xi_{N_2}'))$, 其中 N_2 是正整数, $N_2>N_1$. 依此类推, 应用归纳法便最终得到了可数多个开球组成的开球族 $\{B(\xi_j',\varepsilon(\xi_j'))\}_{j=1}^{\infty}$ 覆盖了 $\mathbf{R}^{n-1}$.

现在令

$$\Delta_1=B(\xi_1',\varepsilon(\xi_1')),\quad \Delta_2=B(\xi_2',\varepsilon(\xi_2'))\backslash B(\xi_1',\varepsilon(\xi_1')),\quad\cdots,$$

$$\Delta_j=B(\xi_j',\varepsilon(\xi_j'))\Big\backslash\Big(\bigcup_{i=1}^{j-1}B(\xi_i',\varepsilon(\xi_i'))\Big),\quad\cdots.$$

则 $\bigcup\limits_{j=1}^{\infty}\Delta_j=\mathbf{R}^{n-1}$, 且 $\Delta_i\cap\Delta_j=\varnothing$ (当 $i\neq j$). 对每个 j 记 $b_j=b(\xi_j')$, 然后令

$$H=\bigcup_{j=1}^{\infty}\Big\{(\xi_1+\mathrm{i}b_j,\xi')\in\mathbf{C}\times\mathbf{R}^{n-1}:\ -\infty<\xi_1<\infty,\ \xi'\in\Delta_j\Big\}.$$

H 便是我们寻求的 Hörmander 台阶. 由 (5.2.6) 可知当 $(\xi_1+\mathrm{i}\eta_1,\xi')\in H$ 时, 有

$$|P(\xi_1+\mathrm{i}\eta_1,\xi')|>1,\tag{5.2.7}$$

而且由 b_j $(j=1,2,\cdots)$ 的定义知当 $(\xi_1+\mathrm{i}\eta_1,\xi')\in H$ 时还有

$$|\eta_1|\leqslant 2(m+1).\tag{5.2.8}$$

第三步: 现在按 (5.2.3) 定义 $D(\mathbf{R}^n)$ 上的线性泛函 E. 应用 (5.2.7), (5.2.8) 和 Paley–Wiener–Schwartz 定理①不难证明, E 是 $D(\mathbf{R}^n)$ 上的连续线性泛函, 因而 $E\in D'(\mathbf{R}^n)$(留给读者作习题). 简单的计算表明, 这样构作的广义函数 E 是 $P(D)$ 的基本解. 定理 5.2.2 于是得证. □

注意按上述证明所构作的基本解 E 属于 $W_{\mathrm{loc}}^{-n-1,\infty}(\mathbf{R}^n)$, 即限制在每个球域 $B(0,a)$ 上都属于 $W^{-n-1,\infty}(B(0,a))$. 事实上, 从 Paley–Wiener–Schwartz 定理证明

①确切地说, 这里不仅需要应用 Paley–Wiener–Schwartz 定理, 还要用到这个定理隐含的以下事实: 当 u 在 $C_0^{\infty}(\mathbf{R}^n)$ 中趋于零时, 出现于 (2.6.4) 式右端的常数 C_m 也随之趋于零. 这一点可从该定理证明中第 (2) 步的推理明显地看出.

中第 (2) 步的推理可以看出, 关于试验函数 $\varphi \in D(\mathbf{R}^n)$ 的 Fourier–Laplace 变换成立下述不等式:

$$|\tilde{\varphi}(\zeta)| \leqslant C\|\varphi\|_{W^{n+1,1}(\mathbf{R}^n)}(1+|\zeta|)^{-n-1}\mathrm{e}^{a|\mathrm{Im}\zeta|}, \quad \forall \zeta \in \mathbf{C}^n,$$

其中 a 是使关系式 $\mathrm{supp}\varphi \subseteq \bar{\mathrm{B}}(0,\mathrm{a})$ 成立的任意正数. 据此和 (5.2.7) 与 (5.2.8) 即得

$$\begin{aligned}|\langle E,\varphi\rangle| &\leqslant \frac{1}{(2\pi)^n}\int_H \frac{|\tilde{\varphi}(-\xi_1-\mathrm{i}\eta_1,-\xi')|}{|P(\xi_1+\mathrm{i}\eta_1,\xi')|}\mathrm{d}\xi \\ &\leqslant C\|\varphi\|_{W^{n+1,1}(\mathbf{R}^n)}\mathrm{e}^{2a(m+1)}\int_{\mathbf{R}^n}[1+|\xi|+2(m+1)]^{-n-1}\mathrm{d}\xi \\ &\leqslant C_a\|\varphi\|_{W^{n+1,1}(\mathbf{R}^n)}, \quad \forall \varphi \in C_0^\infty(B(0,a)).\end{aligned}$$

关于基本解正则性的更细致讨论见文献 [61] 第三章和 [62] 第二卷第十章.

5.2.2 常系数偏微分算子的强弱比较

对 $\mathbf{R}^n$ 上常系数线性偏微分算子 $P(D)$ 和任意 n 重指标 α, 用 $P^{(\alpha)}(D)$ 表示以多项式 $P^{(\alpha)}(\xi)=\partial^\alpha P(\xi)$ 为符征的常系数线性偏微分算子. 根据习题 1.1 第 3 题, 按照这样的记号成立下述多元 Leibniz 公式的推广: 对任意 m 阶偏微分算子 $P(D)$ 和任意有 m 阶偏导数的函数 u 和 v 成立

$$P(D)(uv) = \sum_{|\alpha|\leqslant m}\frac{1}{\alpha!}D^\alpha u P^{(\alpha)}(D)v. \tag{5.2.9}$$

再记

$$\tilde{P}(\xi) = \Big[\sum_{|\alpha|\leqslant m}|P^{(\alpha)}(\xi)|^2\Big]^{\frac{1}{2}}, \quad \xi \in \mathbf{R}^n,$$

其中 m 是 $P(D)$ 的阶. $\tilde{P}(\xi)$叫做 $P(D)$ 的**全符征**.

定义 5.2.3 对 $\mathbf{R}^n$ 上的常系数线性偏微分算子 $P(D)$ 和 $Q(D)$, 如果存在常数 $C>0$ 使成立

$$\tilde{P}(\xi) \geqslant C\tilde{Q}(\xi), \forall \xi \in \mathbf{R}^n,$$

则称 $P(D)$ **强于** $Q(D)$或 $Q(D)$ **弱于** $P(D)$, 记作 $P(D) \succeq Q(D)$或 $Q(D) \preceq P(D)$. 如果存在常数 $C_1, C_2 > 0$ 使成立

$$C_1\tilde{Q}(\xi) \leqslant \tilde{P}(\xi) \leqslant C_2\tilde{Q}(\xi), \quad \forall \xi \in \mathbf{R}^n,$$

则称 $P(D)$ 与 $Q(D)$ **等强**, 记作 $P(D) \simeq Q(D)$.

注意按以上定义, 对 $\mathbf{R}^n$ 上的任意常系数线性偏微分算子 $P(D)$ 和任意 n 重指标 α, $P(D)$ 都强于 $P^{(\alpha)}(D)$, 或等价地, $P^{(\alpha)}(D)$ 都弱于 $P(D)$. 另外由以上定义知, $P(D)$ 与 $Q(D)$ 等强的充要条件是 $P(D)$ 既强于 $Q(D)$ 又弱于 $Q(D)$.

为了说明偏微分算子强弱比较的意义, 先证明以下重要的不等式:

定理 5.2.4 (Hörmander) 设 Ω 是 $\mathbf{R}^n$ 中的有界开集, 则对 $\mathbf{R}^n$ 上的任意常系数线性偏微分算子 $P(D)$ 和任意 n 重指标 α, 成立下述不等式:

$$\|P^{(\alpha)}(D)u\|_{L^2(\Omega)} \leqslant C\|P(D)u\|_{L^2(\Omega)}, \quad \forall u \in C_0^\infty(\Omega), \tag{5.2.10}$$

其中常数 $C = C(\Omega) > 0$ 只依赖于指标 α、$P(D)$ 的阶和 $\mathrm{diam}(\Omega)$, 且是 Ω 的单增函数, 即当 $\Omega_1 \subseteq \Omega_2$ 时, $C(\Omega_1) \leqslant C(\Omega_2)$.

证 显然只需证明对每个 $1 \leqslant j \leqslant n$ 都成立

$$\|P^{(j)}(D)u\|_{L^2(\Omega)} \leqslant C\|P(D)u\|_{L^2(\Omega)}, \quad \forall u \in C_0^\infty(\Omega). \tag{5.2.11}$$

因为一旦证明了这个不等式, 那么通过递推便可对任意 n 重指标 α 得到 (5.2.10). 因此以下证明不等式 (5.2.11).

令 $d = \dfrac{1}{2}\mathrm{diam}(\Omega)$. 必要时做适当平移, 可不妨设 $\Omega \subseteq B(0,d)$, 从而当 $x \in \Omega$ 时 $|x| \leqslant d$. 根据 (5.2.9) 知, 对每个 $1 \leqslant j \leqslant n$ 都成立恒等式

$$P(D)(\mathrm{i}x_j u) = \mathrm{i}x_j P(D)u + P^{(j)}(D)u.$$

记 $P^*(D) = \overline{P^{\mathrm{T}}(D)}$. 则应用以上恒等式知对任意 $u \in C_0^\infty(\Omega)$ 和每个 $1 \leqslant j \leqslant n$ 都有

$$\begin{aligned}
&\|P^{(j)}(D)u\|_{L^2(\Omega)}^2 \\
&= \langle P(D)(\mathrm{i}x_j u) - \mathrm{i}x_j P(D)u, \overline{P^{(j)}(D)u}\rangle \\
&= \langle P^{*(j)}(D)(\mathrm{i}x_j u), \overline{P^*(D)u}\rangle - \langle \mathrm{i}x_j P(D)u, \overline{P^{(j)}(D)u}\rangle \\
&= \langle \mathrm{i}x_j P^{*(j)}(D)u, \overline{P^*(D)u}\rangle + \langle P^{*(jj)}(D)u, \overline{P^*(D)u}\rangle - \langle \mathrm{i}x_j P(D)u, \overline{P^{(j)}(D)u}\rangle \\
&\leqslant d\|P^{*(j)}(D)u\|_{L^2(\Omega)}\|P^*(D)u\|_{L^2(\Omega)} + \|P^{*(jj)}(D)u\|_{L^2(\Omega)}\|P^*(D)u\|_{L^2(\Omega)} \\
&\quad + d\|P(D)u\|_{L^2(\Omega)}\|P^{(j)}(D)u\|_{L^2(\Omega)},
\end{aligned}$$

容易知道 $\|P^*(D)u\|_{L^2(\Omega)} = \|P(D)u\|_{L^2(\Omega)}$, $P^{*(j)}(D) = P^{(j)*}(D)$ 进而 $\|P^{*(j)}(D)u\|_{L^2(\Omega)} = \|P^{(j)}(D)u\|_{L^2(\Omega)}$, 以及 $P^{*(jj)}(D) = P^{(jj)*}(D)$ 进而 $\|P^{*(jj)}(D)u\|_{L^2(\Omega)} = \|P^{(jj)}(D)u\|_{L^2(\Omega)}$. 因此由以上不等式得

$$\|P^{(j)}(D)u\|_{L^2(\Omega)}^2 \leqslant \|P(D)u\|_{L^2(\Omega)}(\|P^{(jj)}(D)u\|_{L^2(\Omega)} + 2d\|P^{(j)}(D)u\|_{L^2(\Omega)}). \tag{5.2.12}$$

据此用归纳法便可得到 (5.2.11). 事实上, 令 m 为 $P(D)$ 的阶, 则当 $m=1$ 时 $P^{(jj)}(D)=0$, 从而由上式即得 (5.2.11). 假设已知 (5.2.11) 对所有阶 $\leqslant m-1$ 的算子成立, 则对 m 阶算子 $P(D)$, 由于 $P^{(j)}(D)$ 是 $m-1$ 阶算子, 所以有

$$\|P^{(jj)}(D)u\|_{L^2(\Omega)} \leqslant C\|P^{(j)}(D)u\|_{L^2(\Omega)}.$$

把这个不等式代入 (5.2.12) 右端即得

$$\|P^{(j)}(D)u\|_{L^2(\Omega)}^2 \leqslant C\|P(D)u\|_{L^2(\Omega)}\|P^{(j)}(D)u\|_{L^2(\Omega)},$$

从而得 (5.2.11). 因此, 根据数学归纳法即知 (5.2.11) 对任意阶的偏微分算子 $P(D)$ 都成立. 证毕. □

推论 5.2.5 设 $P(D)$ 是 $\mathbf{R}^n$ 上的常系数线性偏微分算子. 则对任意有界开集 $\Omega\subseteq\mathbf{R}^n$ 和任意 $f\in L^2(\Omega)$, 方程 $P(D)u=f$ 都存在解 $u\in L^2(\Omega)$.

证 设 $P(D)$ 的阶为 m, 则必存在长度等于 m 的 n 重指标 α 使得 $P^{(\alpha)}(D)$ 是一非零常数. 这个结论自然也适用于 $P(D)$ 的转置算子, 即 $P^{\mathrm{T}(\alpha)}(D)$ 也是非零常数. 于是应用不等式 (5.2.11) 于 $P^{\mathrm{T}}(D)$ 和此 α, 便对任意有界开集 $\Omega\subseteq\mathbf{R}^n$ 得到不等式

$$\|\varphi\|_{L^2(\Omega)} \leqslant C\|P^{\mathrm{T}}(D)\varphi\|_{L^2(\Omega)}, \quad \forall\varphi\in C_0^\infty(\Omega). \tag{5.2.13}$$

这个不等式特别意味着, 当 $\varphi\in C_0^\infty(\Omega)$ 使得 $P^{\mathrm{T}}(D)\varphi=0$ 时必有 $\varphi=0$, 因而 φ 由 $P^{\mathrm{T}}(D)\varphi$ 唯一确定. 因此对任意给定的 $f\in L^2(\Omega)$, 可定义泛函 $u: P^{\mathrm{T}}(D)C_0^\infty(\Omega)\to\mathbf{R}$ 如下:

$$\langle u, P^{\mathrm{T}}(D)\varphi\rangle = \int_{\mathbf{R}^n} f(x)\varphi(x)\mathrm{d}x, \quad \forall\varphi\in C_0^\infty(\Omega).$$

显然这是一个线性泛函. 由 (5.2.13) 知这个泛函按 $L^2(\Omega)$ 范数连续. 因此可把它延拓成映 $L^2(\Omega)$ 上的连续线性泛函, 再应用 Riesz 表示定理即知 $u\in L^2(\Omega)$. 由以上定义有

$$\langle P(D)u,\varphi\rangle = \langle u, P^{\mathrm{T}}(D)\varphi\rangle = \langle f,\varphi\rangle, \quad \forall\varphi\in C_0^\infty(\Omega).$$

这说明在 Ω 上成立 $P(D)u=f$, 即 u 是该方程在 Ω 上的解. 证毕. □

以上推论的证明方法叫做**泛函延拓法**, 是研究线性偏微分方程解的存在性问题的一种基本方法.

定理 5.2.6 设 $P(D)$ 和 $Q(D)$ 是 $\mathbf{R}^n$ 上的两个常系数线性偏微分算子. 如果 $P(D)$ 强于 $Q(D)$, 则对任意有界开集 $\Omega\subseteq\mathbf{R}^n$ 都成立不等式:

$$\|Q(D)u\|_{L^2(\Omega)} \leqslant C\|P(D)u\|_{L^2(\Omega)}, \quad \forall u\in C_0^\infty(\Omega). \tag{5.2.14}$$

其中常数 $C=C(\Omega)>0$ 只依赖于维数 n、$P(D)$ 的阶和 $\mathrm{diam}(\Omega)$, 且是 Ω 的单增函数. 反过来如果存在有界开集 $\Omega\subseteq\mathbf{R}^n$ 使以上不等式成立, 则 $P(D)$ 强于 $Q(D)$.

证 先设 $P(D)$ 强于 $Q(D)$. 则存在常数 $C>0$ 使成立

$$\sum_{|\alpha|\leqslant m}|Q^{(\alpha)}(\xi)|^2\leqslant C\sum_{|\alpha|\leqslant m}|P^{(\alpha)}(\xi)|^2,\quad \forall\xi\in\mathbf{R}^n.$$

对任意 $u\in C_0^\infty(\Omega)$, 在上式两端同乘以 $|\tilde{u}(\xi)|^2$ 再关于 ξ 在 $\mathbf{R}^n$ 上积分, 并应用 Plancherel 恒等式和不等式 (5.2.10), 便得到

$$\begin{aligned}\|Q(D)u\|_{L^2(\Omega)}^2&\leqslant\sum_{|\alpha|\leqslant m}\|Q^{(\alpha)}(\partial)u\|_{L^2(\Omega)}^2\\&\leqslant C\sum_{|\alpha|\leqslant m}\|P^{(\alpha)}(D)u\|_{L^2(\Omega)}^2\leqslant C\|P(D)u\|_{L^2(\Omega)}^2.\end{aligned}$$

这就证明了 (5.2.14).

反过来设 (5.2.14) 对某个有界开集 $\Omega\subseteq\mathbf{R}^n$ 成立. 令 m 为 $P(D)$ 的阶和 $Q(D)$ 的阶中的较大者. 任意取定一个非零函数 $\varphi\in C_0^\infty(\Omega)$, 然后对任意 $\xi\in\mathbf{R}^n$ 对函数 $u(x)=\varphi(x)\mathrm{e}^{\mathrm{i}\xi x}$ 应用不等式 (5.2.14). 由于从 (5.2.9) 知

$$P(D)(\varphi\mathrm{e}^{\mathrm{i}\xi x})=\mathrm{e}^{\mathrm{i}\xi x}\sum_{|\alpha|\leqslant m}P^{(\alpha)}(\xi)\frac{\partial^\alpha\varphi}{\alpha!},\quad Q(D)(\varphi\mathrm{e}^{\mathrm{i}\xi x})=\mathrm{e}^{\mathrm{i}\xi x}\sum_{|\alpha|\leqslant m}Q^{(\alpha)}(\xi)\frac{\partial^\alpha\varphi}{\alpha!},$$

所以得到

$$\sum_{|\alpha|,|\beta|\leqslant m}c_{\alpha\beta}Q^{(\alpha)}(\xi)\overline{Q^{(\beta)}(\xi)}\leqslant C\sum_{|\alpha|,|\beta|\leqslant m}c_{\alpha\beta}P^{(\alpha)}(\xi)\overline{P^{(\beta)}(\xi)},\quad\forall\xi\in\mathbf{R}^n,\tag{5.2.15}$$

其中

$$c_{\alpha\beta}=\frac{1}{\alpha!\beta!}\int_{\mathbf{R}^n}\partial^\alpha\varphi(x)\overline{\partial^\beta\varphi(x)}\mathrm{d}x,\quad\forall|\alpha|,|\beta|\leqslant m.$$

用 N 表示所有满足 $|\alpha|\leqslant m$ 的 n 重指标 $\alpha\in\mathbf{Z}_+^n$ 的个数. 很易证明 $\sum\limits_{|\alpha|,|\beta|\leqslant m}c_{\alpha\beta}t_\alpha\bar{t}_\beta$ (其中 $(t_\alpha)_{|\alpha|\leqslant m}\in\mathbf{C}^N$) 是 $\mathbf{C}^N$ 上的正定 Hermite 二次型. 所以存在正常数 $C_1,C_2>0$ 使成立

$$C_1\sum_{|\alpha|\leqslant m}|t_\alpha|^2\leqslant\sum_{|\alpha|,|\beta|\leqslant m}c_{\alpha\beta}t_\alpha\bar{t}_\beta\leqslant C_2\sum_{|\alpha|\leqslant m}|t_\alpha|^2,\quad\forall(t_\alpha)_{|\alpha|\leqslant m}\in\mathbf{C}^N.$$

这样 (5.2.15) 的左端 $\geqslant C_1\sum\limits_{|\alpha|\leqslant m}|Q^{(\alpha)}(\xi)|^2=C_1\tilde{Q}^2(\xi)$, 右端 $\leqslant CC_2\sum\limits_{|\alpha|\leqslant m}|P^{(\alpha)}(\xi)|^2=CC_2\tilde{P}^2(\xi)$. 所以得到 $\tilde{Q}(\xi)\leqslant C\tilde{P}(\xi)$, $\forall\xi\in\mathbf{R}^n$. 因此 $P(D)$ 强于 $Q(D)$. 证毕. □

不等式 (5.2.14) 中的 $L^2(\Omega)$ 范数可以换为任意的 $H^s(\Omega)$ 范数, 其中 s 为任意实数. 为了做到这一点, 必须克服一定的困难, 这需要借助于以下引理. 这个引理明显地有独立的理论价值:

引理 5.2.7 设 $\varphi \in C_0^\infty(\mathbf{R}^n)$ 满足 $\int_{\mathbf{R}^n} \varphi(x)\mathrm{d}x = 1$, 而 $\varphi_\varepsilon(x) = \frac{1}{\varepsilon^n}\varphi\left(\frac{x}{\varepsilon}\right)$, $x \in \mathbf{R}^n$, $\varepsilon > 0$. 则对任意 $s < 0$ 和 $a > 0$, 存在相应的常数 $C_1, C_2 > 0$ 使成立下列不等式:

$$\begin{aligned} C_1\|u\|_{H^s(\mathbf{R}^n)}^2 &\leqslant \int_0^a \|\varphi_\varepsilon * u\|_{L^2(\mathbf{R}^n)}^2 \varepsilon^{-2s-1}\mathrm{d}\varepsilon \\ &\leqslant C_2\|u\|_{H^s(\mathbf{R}^n)}^2, \quad \forall u \in H^s(\mathbf{R}^n). \end{aligned} \tag{5.2.16}$$

证 由 Plancherel 恒等式知

$$\|\varphi_\varepsilon * u\|_{L^2(\mathbf{R}^n)}^2 = \frac{1}{(2\pi)^n}\int_{\mathbf{R}^n} |\tilde{\varphi}_\varepsilon(\xi)\tilde{u}(\xi)|^2\mathrm{d}\xi = \frac{1}{(2\pi)^n}\int_{\mathbf{R}^n} |\tilde{\varphi}(\varepsilon\xi)|^2|\tilde{u}(\xi)|^2\mathrm{d}\xi.$$

因此

$$\int_0^a \|\varphi_\varepsilon * u\|_{L^2(\mathbf{R}^n)}^2 \varepsilon^{-2s-1}\mathrm{d}\varepsilon = \frac{1}{(2\pi)^n}\int_{\mathbf{R}^n} g(\xi)|\tilde{u}(\xi)|^2\mathrm{d}\xi,$$

其中

$$g(\xi) = \int_0^a |\tilde{\varphi}(\varepsilon\xi)|^2\varepsilon^{-2s-1}\mathrm{d}\varepsilon.$$

因此 (5.2.16) 等价于

$$C_1(1+|\xi|^2)^s \leqslant g(\xi) \leqslant C_2(1+|\xi|^2)^s, \quad \forall \xi \in \mathbf{R}^n. \tag{5.2.17}$$

对任意 $\xi \in \mathbf{R}^n$, 对定义 $g(\xi)$ 的积分作积分变元变换 $\varepsilon = t/(1+|\xi|)$, 则得

$$g(\xi) = (1+|\xi|)^{2s}\int_0^{a(1+|\xi|)} |\tilde{\varphi}(t\xi/(1+|\xi|))|^2 t^{-2s-1}\mathrm{d}t.$$

由于 $\varphi \in C_0^\infty(\mathbf{R}^n)$, 所以 $\tilde{\varphi} \in S(\mathbf{R}^n)$, 故对任意充分大的 $N > 0$ 都存在相应的 $C_N > 0$ 使成立 $|\tilde{\varphi}(\xi)| \leqslant C_N(1+|\xi|)^{-N}$, $\forall \xi \in \mathbf{R}^n$. 取 $N > 0$ 充分大以使 $-2s-2N < 0$, 则当 $|\xi| \geqslant 1$ 时有

$$\begin{aligned} g(\xi) &\leqslant C_N(1+|\xi|)^{2s}\int_0^\infty \left(1+\frac{t|\xi|}{1+|\xi|}\right)^{-2N} t^{-2s-1}\mathrm{d}t \\ &\leqslant C_N(1+|\xi|)^{2s}\int_0^\infty \left(1+\frac{t}{2}\right)^{-2N} t^{-2s-1}\mathrm{d}t = C_N'(1+|\xi|)^{2s}; \end{aligned}$$

而当 $|\xi| < 1$ 时直接应用 $|\tilde{\varphi}(\xi)|$ 在球体 $|\xi| \leqslant 2a$ 上的有界性, 得

$$g(\xi) \leqslant C(1+|\xi|)^{2s}\int_0^{2a} t^{-2s-1}\mathrm{d}t = C'(1+|\xi|)^{2s}.$$

这就证明了 (5.2.17) 中的后一不等式. 其次, 由于 $\tilde{\varphi}(0)=\int_{\mathbf{R}^n}\varphi(x)\mathrm{d}x=1$, 所以存在 $\delta>0$ 使当 $|\xi|\leqslant\delta$ 时, $|\tilde{\varphi}(\xi)|\geqslant 1/2$. 于是当 $|\xi|\leqslant\delta/a$ 时,

$$g(\xi)=\int_0^a|\tilde{\varphi}(\varepsilon\xi)|^2\varepsilon^{-2s-1}\mathrm{d}\varepsilon\geqslant\frac{1}{4}\int_0^a\varepsilon^{-2s-1}\mathrm{d}\varepsilon=\text{const.}>0;$$

而当 $|\xi|>\delta/a$ 时,

$$g(\xi)\geqslant\int_0^{\delta/|\xi|}|\tilde{\varphi}(\varepsilon\xi)|^2\varepsilon^{-2s-1}\mathrm{d}\varepsilon\geqslant\frac{1}{4}\int_0^{\delta/|\xi|}\varepsilon^{-2s-1}\mathrm{d}\varepsilon=C|\xi|^{2s},$$

其中的常数 $C>0$. 这就证明了 (5.2.17) 中的前一不等式. 证毕. □

定理 5.2.8 设 $P(D)$ 和 $Q(D)$ 是 $\mathbf{R}^n$ 上的两个常系数线性偏微分算子, 且 $P(D)$ 强于 $Q(D)$, 则对任意 $s\in\mathbf{R}$ 和任意有界开集 $\Omega\subseteq\mathbf{R}^n$ 都成立不等式:

$$\|Q(D)u\|_{H^s(\Omega)}\leqslant C\|P(D)u\|_{H^s(\Omega)},\quad\forall u\in C_0^\infty(\Omega).\tag{5.2.18}$$

其中常数 $C=C(n,m,s,\Omega)>0$ (m 为 $P(D)$ 的阶), 且是 Ω 的单增函数.

证 先设 $s<0$. 这时直接应用定理 5.2.6 和引理 5.2.7 得

$$\begin{aligned}\|Q(D)u\|_{H^s(\Omega)}^2&=\|Q(D)u\|_{H^s(\mathbf{R}^n)}^2\leqslant C\int_0^1\|\varphi_\varepsilon*Q(D)u\|_{L^2(\mathbf{R}^n)}^2\varepsilon^{-2s-1}\mathrm{d}\varepsilon\\&=C\int_0^1\|\varphi_\varepsilon*Q(D)u\|_{L^2(\Omega_1)}^2\varepsilon^{-2s-1}\mathrm{d}\varepsilon\\&=C\int_0^1\|Q(D)(\varphi_\varepsilon*u)\|_{L^2(\Omega_1)}^2\varepsilon^{-2s-1}\mathrm{d}\varepsilon\\&\leqslant C\int_0^1\|P(D)(\varphi_\varepsilon*u)\|_{L^2(\Omega_1)}^2\varepsilon^{-2s-1}\mathrm{d}\varepsilon\\&=C\int_0^1\|\varphi_\varepsilon*P(D)u\|_{L^2(\mathbf{R}^n)}^2\varepsilon^{-2s-1}\mathrm{d}\varepsilon\\&\leqslant C\|P(D)u\|_{H^s(\mathbf{R}^n)}^2=C\|P(D)u\|_{H^s(\Omega)}^2,\quad\forall u\in C_0^\infty(\Omega),\end{aligned}$$

其中 Ω_1 是 Ω 的 1 邻域 (这里假定磨光核 φ 的支集含于单位球). 当 $s>0$ 时, 取正整数 k 充分大使 $s-2k<0$. 由 $P(D)$ 强于 $Q(D)$ 易知 $(I-\Delta)^kP(D)$ 强于 $(I-\Delta)^kQ(D)$(见本节习题第 4 题). 因此应用已证明的结论得

$$\begin{aligned}\|Q(D)u\|_{H^s(\Omega)}&=\|(I-\Delta)^kQ(D)u\|_{H^{s-2k}(\Omega)}\leqslant C\|(I-\Delta)^kP(D)u\|_{H^{s-2k}(\Omega)}\\&=C\|P(D)u\|_{H^s(\Omega)},\quad\forall u\in C_0^\infty(\Omega).\end{aligned}$$

证毕. □

定义 5.2.9 $\mathbf{R}^n$ 上的常系数线性偏微分算子 $P(D)$ 叫做是**椭圆型**的, 如果它的主符征 $P_m(\xi)$ 满足以下条件:

$$P_m(\xi) \neq 0, \quad \forall \xi \in \mathbf{R}^n \backslash \{0\}. \tag{5.2.19}$$

开集 $\Omega \subseteq \mathbf{R}^n$ 上的 m 阶线性偏微分算子 $P(x, D)$ 称为在 $x_0 \in \Omega$ 点是**椭圆型**的, 如果把它的系数都 "凝固" 在 x_0 点所得到的常系数线性偏微分算子 $P(x_0, D)$ 是 m 阶椭圆型算子. 如果 $P(x, D)$ 在 Ω 中每点都是椭圆型的, 则称它是 Ω 上的**椭圆型偏微分算子**.

由于主符征 $P_m(\xi)$ 是 m 阶齐次函数, 所以成立

$$P_m(\xi) = |\xi|^m P_m(\omega), \quad \forall \xi \in \mathbf{R}^n \backslash \{0\},$$

其中 $\omega = \xi/|\xi|$. 当 $P(D)$ 是常系数椭圆型算子时, $P_m(\omega) \neq 0$, $\forall \omega \in \mathbf{S}^{n-1}$. 由于 $\mathbf{S}^{n-1}$ 是紧集且显然 $\omega \mapsto P_m(\omega)$ 是 $\mathbf{S}^{n-1}$ 上的连续函数, 所以由这个条件可知函数 $\omega \mapsto |P_m(\omega)|$ 在 $\mathbf{S}^{n-1}$ 上有正的下界. 这样结合上面的关系式即知当 $P(D)$ 是常系数椭圆型算子时必存在常数 $C > 0$ 使成立

$$|P_m(\xi)| \geqslant C|\xi|^m, \quad \forall \xi \in \mathbf{R}^n. \tag{5.2.20}$$

反过来当这个条件满足时, 显然 (5.2.19) 成立从而 $P(D)$ 是椭圆型算子. 这就是说, 常系数椭圆型算子也可等价地定义为满足条件 (5.2.20) 的常系数线性偏微分算子. 而从这个等价定义立知 m 阶常系数椭圆型算子必强于阶不超过 m 的所有其他常系数线性偏微分算子, 即常系数椭圆型算子是同阶以及更低阶线性偏微分算子中的最强者. 这个结论的逆命题也成立, 即有以下定理:

定理 5.2.10 设 $P(D)$ 是 $\mathbf{R}^n$ 上的 m 阶常系数线性偏微分算子, 则 $P(D)$ 是椭圆型算子的充要条件是对任意阶不超过 m 的常系数线性偏微分算子 $Q(D)$ 都成立 $P(D) \succeq Q(D)$.

这个定理的简单证明留给读者. □

附带指出, 若令 $P_m(x, D)$ 为 m 阶线性偏微分算子 $P(x, D)$ 的主部, 即 $P(x, D)$ 中所有 m 阶导数项的和, 则由定义知 $P(x, D)$ 在 Ω 上是椭圆型的当且仅当存在 Ω 上处处取正值的函数 c 使成立

$$|P_m(x, \xi)| = |P_m(x, \xi)| \geqslant c(x)|\xi|^m, \quad \forall \xi \in \mathbf{R}^n, \ \forall x \in \Omega.$$

如果函数 c 有正的下界, 即存在常数 $c_0 > 0$ 使成立

$$|P_m(x, \xi)| = |P_m(x, \xi)| \geqslant c_0|\xi|^m, \quad \forall \xi \in \mathbf{R}^n, \ \forall x \in \Omega,$$

则称 $P(x, D)$ 在 Ω 上是**一致椭圆型**的.

5.2.3 定强偏微分算子的局部可解性

定理 5.2.2 说明, 任意常系数线性偏微分算子都是局部可解的. 另一方面, 从上一节的讨论我们看到, 有许多变系数线性偏微分算子不具有局部可解性. 因此, 给出变系数线性偏微分算子局部可解的一些易于检验的判定准则, 无疑是十分重要的研究课题. 这也是一个非常困难的研究课题; 无论是局部可解的必要条件还是充分条件, 都是很难获得的. 下面借助于偏微分算子强弱比较的概念引出一类变系数线性偏微分算子, 这类算子可以看作是常系数线性偏微分算子的小摄动, 因而其局部可解性可应用定理 5.2.2 结合凝固系数法很容易地得到.

定义 5.2.11 定义在开集 $\Omega\subseteq\mathbf{R}^n$ 上的变系数线性偏微分算子 $P(x,D)$ 称为在 Ω 是定强的, 如果对任意 $x_0,y_0\in\Omega$, 两个常系数线性偏微分算子 $P(x_0,D)$ 和 $P(y_0,D)$ 都是等强的, 即存在常数 $C_1,C_2>0$ 使成立

$$C_1\tilde{P}(x_0,\xi)\leqslant\tilde{P}(y_0,\xi)\leqslant\tilde{P}(x_0,\xi),\quad\forall\xi\in\mathbf{R}^n.$$

显然, 第 3 章讨论的二阶线性椭圆型偏微分算子和第 4 章讨论的二阶线性抛物型偏微分算子都是所论区域上的定强偏微分算子. 由于所有同阶椭圆型常系数线性偏微分算子都互相等强, 所以变系数椭圆型线性偏微分算子都是定强偏微分算子. 除了这些常见的定强偏微分算子外, 还可举出其他许多这类偏微分算子的例子. 所以, 定强偏微分算子虽然条件很强, 但却是除常系数线性偏微分算子外最常见的一类线性偏微分算子.

引理 5.2.12 设 $P(x,D)$ 是开集 $\Omega\subseteq\mathbf{R}^n$ 上的定强偏微分算子, 则对任意 $x_0\in\Omega$, 存在有限个弱于 $P_0(D)=P(x_0,D)$ 的常系数线性偏微分算子 $P_1(D)$, $P_2(D),\cdots,P_N(D)$ 使下述关系式成立:

$$P(x,D)=c_0(x)P_0(D)+\sum_{j=1}^{N}c_j(x)P_j(D),\quad\forall x\in\Omega,\tag{5.2.21}$$

其中 $c_0,c_1,\cdots,c_N$ 是定义在 Ω 上由 $P(x,D)$ 的系数和点 x_0 唯一确定的函数, 它们与 $P(x,D)$ 的系数有相同的连续性与可微性, 且 $c_0(x_0)=1$, 而对每个 $1\leqslant j\leqslant N$ 有 $c_j(x_0)=0$.

证 首先注意所有弱于 $P_0(D)$ 的常系数线性偏微分算子显然形成一个线性空间 X. 我们断言 X 是有限维的. 事实上, 设 $P(x,D)$ 的阶等于 m, 则 $P_0(D)$ 的阶自然也是 m. 由于所有阶 $\leqslant m$ 的常系数线性偏微分算子形成一个有限维线性空间 (都在由 $\{D^\alpha:\alpha\in\mathbf{Z}_+^n,|\alpha|\leqslant m\}$ 张成的线性空间中, 其中 $D^0=1$), 所以所有弱于 $P_0(D)$ 的常系数线性偏微分算子形成的线性空间 X 作为这个线性空间的子空间, 自然也是有限维的. 令 $P_0(D),P_1(D),\cdots,P_N(D)$ 为 X 的基底. 则因对每个 $x\in\Omega$,

$P(x, D)$ 都在 X 中, 所以存在唯一一组数 $c_0(x), c_1(x), \cdots, c_N(x)$ 使关系式 (5.2.21) 成立. 由于 $P(x_0, D) = P_0(D)$, 所以 $c_0(x_0) = 1$, $c_j(x_0) = 0$, $j = 1, 2, \cdots, N$. 不难知道 $c_0, c_1, \cdots, c_N$ 是 $P(x, D)$ 的系数的线性组合, 且组合系数都是常数, 因此这些函数与 $P(x, D)$ 的系数有相同的连续性与可微性. 证毕. □

定理 5.2.13 (Peetre) 设 $P(x, D)$ 是开集 $\Omega \subseteq \mathbf{R}^n$ 上的 m 阶定强偏微分算子, 系数都属于 $C^m(\Omega)$, 则对任意 $x_0 \in \Omega$ 存在相应的邻域 $U \subseteq \Omega$, 使对任意 $f \in L^2(U)$, 方程 $P(x, D)u = f$ 在 U 上有解 $u \in L^2(U)$.

注 解 $u \in L^2(U)$ 意味着其偏导数都是 U 上的广义函数, 因此要与算子 $P(x, D)$ 的系数作乘积, 这些系数必须满足一定的条件. 上述定理所设的条件保证了作这种乘积是可行的. 事实上, 由 $u \in L^2(U)$ 知 $\partial^\alpha u \in H^{-m}(U)$, $\forall |\alpha| \leqslant m$. 由于 $P(x, D)$ 的系数都属于 $C^m(\Omega) \subseteq C^m(U)$, 而 $C^m(U)$ 是 $H^{-m}(U)$ 的乘子空间即其中函数与 $H^{-m}(U)$ 中广义函数的乘积都有意义且积属于 $H^{-m}(U)$, 所以 $P(x, D)$ 的各个系数都与 u 的这些偏导数的乘积有意义.

定理 5.2.13 的证明 由 $P(x, D)$ 是 Ω 上的定强算子不难知道其转置算子 $P^{\mathrm{T}}(x, D)$ 也是 Ω 上的定强算子, 且由 $P(x, D)$ 的系数都属于 $C^m(\Omega)$ 知 $P^{\mathrm{T}}(x, D)$ 的系数都是 Ω 上的连续函数. 所以根据引理 5.2.12 知 $P^{\mathrm{T}}(x, D)$ 可表示成以下形式:

$$P^{\mathrm{T}}(x, D) = c_0(x)Q_0(D) + \sum_{j=1}^{N} c_j(x)Q_j(D), \quad \forall x \in \Omega, \tag{5.2.22}$$

其中 $Q_0(D) = P^{\mathrm{T}}(x_0, D)$, 而 $Q_1(D), Q_2(D), \cdots, Q_N(D)$ 都是弱于 $Q_0(D)$ 的常系数线性偏微分算子, 系数 $c_0, c_1, \cdots, c_N$ 都是 Ω 上的连续函数, 且 $c_0(x_0) = 1$, $c_j(x_0) = 0, j = 1, 2, \cdots, N$. 由于我们考虑的是解的局部存在性问题, 所以不妨设 Ω 是有界开集, 且在 Ω 上 $c_0(x) = 1$, 而 $c_1, \cdots, c_N$ 都在 Ω 上有界. 现在注意由于每个 $Q_j(D)$ $(1 \leqslant j \leqslant N)$ 都弱于 $Q_0(\partial)$, 所以存在常数 $C > 0$ 使对任意开集 $U \subseteq \Omega$ 都成立

$$\|Q_j(D)\varphi\|_{L^2(U)} \leqslant C\|Q_0(D)\varphi\|_{L^2(U)}, \quad \forall \varphi \in C_0^\infty(U), \quad j = 1, 2, \cdots, N. \tag{5.2.23}$$

据此特别推知, 当 $\varphi \in C_0^\infty(U)$ 使得 $Q_0(D)\varphi = 0$ 时必有 $Q_j(D)\varphi = 0$, $j = 1, 2, \cdots, N$. 因此对 x_0 的待定邻域 $U \subseteq \Omega$ 定义映射 $L_j : Q_0(D)C_0^\infty(U) \to L^2(U)$ 如下:

$$L_j Q_0(D)\varphi = Q_j(D)\varphi, \quad \forall \varphi \in C_0^\infty(U), \quad j = 1, 2, \cdots, N. \tag{5.2.24}$$

显然 L_j $(1 \leqslant j \leqslant N)$ 都是线性算子. 由 (5.2.23) 知这些算子都按 $L^2(U)$ 范数连续 (且算子范数都不超过 (5.2.23) 右端的常数 C). 因此可把它们延拓成映 $L^2(U)$ 到 $L^2(U)$ 的有界线性算子. 具体地说可如下延拓: 令 X_0 为 $Q_0(D)C_0^\infty(U)$ 在 $L^2(\Omega)$ 中

的闭包. 则 (5.2.23) 决定了, L_j 都可唯一地延拓成 X_0 到 $L^2(U)$ 的有界线性算子. 再令每个 L_j 都把 X_0 在 $L^2(U)$ 中的正交补 $X_0^\perp$ 映到零. 这样便把 L_j $(1 \leqslant j \leqslant N)$ 都连续地延拓成映整个 $L^2(U)$ 到 $L^2(U)$ 的有界线性算子. 把 (5.2.24) 代入 (5.2.22) 得

$$P^{\mathrm{T}}(x,D)\varphi = \left(I + \sum_{j=1}^{N} c_j L_j\right) Q_0(D)\varphi, \quad \forall \varphi \in C_0^\infty(U).$$

(回忆在 Ω 上 $c_0(x) = 1$). 从这个等式即可得到

$$P(x,D)u = Q_0^{\mathrm{T}}(D)\left(u + \sum_{j=1}^{N} L_j^{\mathrm{T}}(c_j u)\right), \quad \forall u \in L^2(U),$$

其中 L_j^{T} 为 L_j 的转置算子, 因而是 $L^2(U)$ 上的有界线性算子且算子范数都不超过 (5.2.23) 右端的常数 C, $j = 1, 2, \cdots, N$. 应用这个事实有

$$\left\| \sum_{j=1}^{N} L_j^{\mathrm{T}}(c_j u) \right\|_{L^2(U)} \leqslant C \left(\sum_{j=1}^{N} \sup_{x\in U} |c_j(x)| \right) \|u\|_{L^2(U)}, \quad \forall u \in L^2(U).$$

由于 c_j 都是 Ω 上的连续函数且 $c_j(x_0) = 0$, $j = 1, 2, \cdots, N$, 所以可以选取 x_0 的邻域 $U \subseteq \Omega$ 充分小使得 $C \left(\sum_{j=1}^{N} \sup_{x\in U} |c_j(x)| \right) \leqslant \frac{1}{2}$. 这样选定邻域 U 之后, 映射 $u \mapsto u + \sum_{j=1}^{N} L_j^{\mathrm{T}}(c_j u)$ 便是 $L^2(U)$ 上的可逆线性算子, 从而有有界的逆算子, 记之为 K. 现在对任意给定的 $f \in L^2(U)$, 先令 $g \in L^2(U)$ 为方程 $Q_0^{\mathrm{T}}(D)g = f$ 在 $L^2(U)$ 中的解, 然后令 $u = Kg$, 则 $u \in L^2(U)$, 且易见它是方程 $P(x,D)u = f$ 在 U 上的解. 定理 5.2.13 于是得证. □

定理 5.2.13 是应用定理 5.2.6 得到的. 如果应用定理 5.2.8, 则得以下定理:

定理 5.2.14 (Peetre) 设 $P(x,D)$ 是开集 $\Omega \subseteq \mathbf{R}^n$ 上的 m 阶定强偏微分算子, 系数都属于 $C^{m+k}(\Omega)$, k 为非负整数. 则对任意 $x_0 \in \Omega$ 和任意 $0 \leqslant s \leqslant k$, 存在 x_0 的相应的邻域 $U \subseteq \Omega$ 使对任意 $f \in H^s(U)$, 方程 $P(x,D)u = f$ 在 U 上有解 $u \in H^s(U)$.

上述定理的证明留给读者作习题. □

需要说明, 定理 5.2.13 中关于算子 $P(x,D)$ 的系数都是 m 阶连续可微函数的假定不是本质的; 这个假定可以减弱为只要求 $P(x,D)$ 的系数都是连续函数. 同样定理 5.2.14 中关于算子 $P(x,D)$ 的系数的可微性假设也可减弱. 但是在这些减弱了的条件下这些定理的证明需要用到常系数线性偏微分算子基本解的一些我们

没有涉及的性质, 需要了解的读者请参看文献 [61] 第七章 7.2 节和 [62] 第二卷第十三章 13.2 节. 关于定强偏微分算子整体可解性的研究见 [62] 第二卷第十三章 13.5 节.

5.2.4 H 主型算子的局部可解性

除了定强偏微分算子外, 关于可解性问题人们已研究得比较透彻的另一类变系数线性偏微分算子是所谓**主型算子**. 这类偏微分算子的定义如下:

定义 5.2.15 设 $P(x,D)$ 是开集 $\Omega\subseteq\mathbf{R}^n$ 上的线性偏微分算子, 主符征是 $P_m(x,\xi)$. 对于 $x_0\in\Omega$, 如果成立

$$|\nabla_\xi P_m(x_0,\xi)|^2=\sum_{j=1}^n\left|\frac{\partial P_m(x_0,\xi)}{\partial\xi_j}\right|^2\neq 0,\quad \forall\xi\in\mathbf{R}^n\backslash\{0\},$$

则称 $P(x,D)$ 在 x_0 点是**主型的**. 如果 $P(x,D)$ 在 Ω 中的每一点都是主型的, 则称 $P(x,D)$ 是 Ω 上的**主型算子**.

"主型" 的英文是 principal type, 其数学含义是这类偏微分算子的性质主要由其主部决定. 事实的确如此, 因为可以证明, 常系数线性偏微分算子是主型算子的充要条件是它与所有与它有相同主部的常系数线性偏微分算子都等强 (见本节习题 7), 从而改变其低阶导数项不会改变算子的强弱. 下面将会看到, 变系数的主型线性偏微分算子也有类似的性质.

由于主符征 $P_m(x,\xi)$ 是变元 ξ 的 m 次齐次多项式, 所有由 Euler 定理知成立等式

$$\sum_{j=1}^n\xi_j\frac{\partial P_m(x,\xi)}{\partial\xi_j}=mP_m(x,\xi),\quad \forall x\in\Omega,\ \forall\xi\in\mathbf{R}^n\backslash\{0\},$$

据此可知当 $P_m(x,\xi)\neq 0$ 时必有 $\nabla_\xi P_m(x,\xi)\neq 0$. 因此, 椭圆型算子必是主型算子.

附带指出, 对给定的点 $x\in\Omega$, 方程

$$P_m(x,\zeta)=0$$

的非零解 $\zeta\in\mathbf{C}^n\backslash\{0\}$ 叫做偏微分算子 $P(x,D)$ 在 x 点的**特征方向**, 并且如果 $\zeta\in\mathbf{R}^n\backslash\{0\}$ 则称 ζ 为**实特征方向**, 否则称 ζ 为**虚特征方向或复特征方向**. 如果一个特征方向 $\zeta\in\mathbf{C}^n\backslash\{0\}$ 是特征方程 $P_m(x,\zeta)=0$ 的单根, 则称 ζ 为 $P(x,D)$ 在 x 点的**单重特征**, 否则叫做它的**多重特征**, 而且是几重根就叫做几重特征. 因此主型算子就是实特征 (如果存在) 都是单重特征的偏微分算子. 椭圆型算子是没有实特征因而只有虚特征的偏微分算子. 这是一种极端情况. 另一种相对的极端情况是只有实特征而没有虚特征, 这种偏微分算子叫做**双曲型算子**. 所有的特征方向都是单

重实特征的双曲型算子叫做**严格双曲型算子**. 显然严格双曲型算子都是主型算子. 自然, 非严格的双曲型算子以及抛物型算子都是非主型算子.

另外, 对于主符征是 $P_m(x,\xi)$ 的偏微分算子 $P=P(x,D)$, 称点集

$$\mathrm{Char}P=\{(x,\xi)\in\Omega\times\mathbf{R}^n\backslash\{0\}:\ P_m(x,\xi)=0\} \tag{5.2.25}$$

为它的**特征点集**. 特征点集的概念是偏微分算子的最重要概念之一, 它在偏微分算子各类性质的研究中起着十分重要的作用.

一般主型线性偏微分算子的局部可解性问题已在 20 世纪 70 年代初彻底解决, 人们已得到了这类算子局部可解的充要条件, 即前面提到的 NTEBF 定理. 该定理的证明是很困难的, 所以这里不仔细讨论这个定理, 而只在本节最后对它作一简要的介绍. 下面对一类特殊的主型算子证明其局部可解性. 先给出以下定义:

定义 5.2.16 设 $P(x,D)$ 是开集 $\Omega\subseteq\mathbf{R}^n$ 上的主型线性偏微分算子. 如果成立

$$C_{2m-1}(x,\xi)=0,\quad \forall(x,\xi)\in\Omega\times\mathbf{R}^n\backslash\{0\}$$

(关于 $C_{2m-1}(x,\xi)$ 的定义见 5.1 节), 则称 $P(x,D)$ 是 Ω 上的**H主型算子**.

由于 $C_{2m-1}(x,\xi)$ 是 $P^*(x,D)$ 与 $P(x,D)$ 的换位子 $[P^*(x,D),P(x,D)]$ 以及 $P_m^*(x,D)$ 与 $P_m(x,D)$ 的换位子 $[P_m^*(x,D),P_m(x,D)]$ 的公共主部, 而对于一般的 m 阶变系数偏微分算子而言这些换位子都是 $2m-1$ 阶算子, 所以 $C_{2m-1}(x,\xi)$ 一般是 $2m-1$ 阶齐次多项式. H主型算子所满足的条件意味着, 换位子 $[P^*(x,D),P(x,D)]$ 和 $[P_m^*(x,D),P_m(x,D)]$ 的通常主部消失, 因而变为 $2m-2$ 阶或更低阶的算子. 不难看出, 如果主型算子 $P(x,D)$ 的主符征 $P_m(x,\xi)$ 是实值函数或不依赖于 x 即主部是常系数算子, 则 $P(x,D)$ 是 H主型算子. 特别地, 具有实主部的变系数椭圆型算子和严格双曲型算子都是 H主型算子. 但是注意主部为复的变系数椭圆型算子虽然是主型算子, 却一般不是 H主型算子, 它们属于定强偏微分算子的范畴.

引理 5.2.17 设 P 和 Q 分别是 m 和 $m-1$ 阶线性偏微分算子, 系数属于 $C^1(\Omega)$, 则有

$$(Pu,Qv)_{L^2(\Omega)}=(\bar{Q}u,\bar{P}v)_{L^2(\Omega)}+\sum_{\substack{|\alpha|=m-1\\|\beta|=m-1}}(c_{\alpha\beta}D^\alpha u,D^\beta v)_{L^2(\Omega)},\quad \forall u,v\in C_0^\infty(\Omega), \tag{5.2.26}$$

其中 $c_{\alpha\beta}=c_{\alpha\beta}(x)$ 是 P 和 Q 系数的一阶偏导数的线性组合.

证 设 $P=\sum\limits_{|\alpha|=m}a_\alpha(x)D^\alpha$, $Q=\sum\limits_{|\beta|=m-1}b_\beta(x)D^\beta$. 则

$$(Pu,Qv)_{L^2(\Omega)}=\sum_{\substack{|\alpha|=m\\|\beta|=m-1}}(a_\alpha D^\alpha u,b_\beta D^\beta v)_{L^2(\Omega)}. \tag{5.2.27}$$

对和式中的每个单项 $(a_\alpha D^\alpha u, b_\beta D^\beta v)_{L^2(\Omega)}$ 作如下处理: 设 $\alpha=\gamma+\mu, \beta=\gamma+\nu$, 其中 γ 为 α 和 β 的最大公共部分, 而 μ 和 ν 是没有重叠的部分即 $\mu\nu=0$. 作分部积分把对 u 的偏导数 $D^\alpha=D^\gamma D^\mu$ 中的 D^μ 部分全部转移到 v 上, 同时把对 v 的偏导数 $D^\beta=D^\gamma D^\nu$ 中的 D^ν 部分全部转移到 u 上, 但是需注意在这个过程中, 必须把对 u 的偏导数往 v 上转移和把对 v 的偏导数往 u 上转移交替地进行, 即先把对 u 的偏导数往 v 上转移一次, 然后把对 v 的偏导数往 u 上转移一次, 再把对 u 的偏导数往 v 上转移一次, 然后再把对 v 的偏导数往 u 上转移一次, 如此一直进行下去, 直到把全部的 D^μ 都转移到 v 上、全部的 D^ν 都转移到 u 上为止. 由于 $|\alpha|=|\beta|+1$ 进而 $|\mu|=|\nu|+1$, 所以这样的做法是可行的. 注意在这一过程中, 每当对系数求偏导数时, 所得到的带有对系数的偏导数 (只有一阶) 的项都具有 (5.2.26) 式右端第二项的形式, 我们把它们称之为余项, 而得到的主要部分不出现对系数的偏导数. 所有的余项不用再做处理直接归并入 (5.2.26) 式右端第二项, 每次需要继续处理的都是没有对系数求偏导数的那些主要部分. 这样经过 $|\mu|+|\nu|$ 次分部积分之后, 便最终得到

$$(a_\alpha D^\alpha u, b_\beta D^\beta v)_{L^2(\Omega)}=(\bar b_\beta D^\beta u, \bar a_\alpha D^\alpha v)_{L^2(\Omega)}+\sum_{\substack{|\delta|=m-1\\|\sigma|=m-1}}(d_{\delta\sigma}D^\delta u, D^\sigma v)_{L^2(\Omega)},$$

其中 $d_{\delta\sigma}$ 是 $a_\alpha, \bar a_\alpha$ 和 $b_\beta, \bar b_\beta$ 的一些一阶偏导数的线性组合. 对式 (5.2.27) 右端每个单项都这样处理之后, 便得到了 (5.2.26). 证毕. □

引理 5.2.18 设 P 是 Ω 上的齐 m 阶主型算子, 系数属于 $C^1(\Omega)$, 则对任意 $x_0\in\Omega$ 存在相应的常数 $\varepsilon_0>0$ 和 $C>0$, 使对任意 $0<\varepsilon<\varepsilon_0$ 都成立不等式:

$$\sum_{|\alpha|\leqslant m-1}\varepsilon^{-(m-|\alpha|)}\|\partial^\alpha u\|^2_{L^2(\Omega)}$$
$$\leqslant C(\|Pu\|^2_{L^2(\Omega)}+\|P^*u\|^2_{L^2(\Omega)}),\quad \forall u\in C_0^\infty(B_\varepsilon(x_0)\cap\Omega). \tag{5.2.28}$$

证 通过平移, 可不妨设 $x_0=0$. 对任意 $u\in C_0^\infty(\Omega)$, 由于 $P(\mathrm{i}x_ju)=\mathrm{i}x_jPu+P^{(j)}u$, 所以

$$(P^{(j)}u, P^{(j)}u)_{L^2(\Omega)}=(P(\mathrm{i}x_ju), P^{(j)}u)_{L^2(\Omega)}-(\mathrm{i}x_jPu, P^{(j)}u)_{L^2(\Omega)}.$$

对于等式右端的第一项, 根据引理 5.2.17, 有

$$\begin{aligned}(P(\mathrm{i}x_ju), P^{(j)}u)_{L^2(\Omega)}&=(\bar P^{(j)}(\mathrm{i}x_ju), \bar Pu)_{L^2(\Omega)}+\sum_{\substack{|\alpha|=m-1\\|\beta|=m-1}}(c_{\alpha\beta}D^\alpha(\mathrm{i}x_ju), D^\beta u)_{L^2(\Omega)}\\&=(\mathrm{i}x_j\bar P^{(j)}u, \bar Pu)_{L^2(\Omega)}+(\bar P^{(jj)}u, \bar Pu)_{L^2(\Omega)}\end{aligned}$$

$$+\sum_{\substack{|\alpha|=m-1\\|\beta|=m-1}}(\mathrm{i}x_j c_{\alpha\beta}D^\alpha u, D^\beta u)_{L^2(\Omega)}$$
$$+\sum_{\substack{|\alpha|=m-2\\|\beta|=m-1}}(d_{\alpha\beta}D^\alpha u, D^\beta u)_{L^2(\Omega)}.$$

所以

$$\begin{aligned}\|P^{(j)}u\|^2_{L^2(\Omega)}=&(\mathrm{i}x_j\bar{P}^{(j)}u,\bar{P}u)_{L^2(\Omega)}-(\mathrm{i}x_jPu,P^{(j)}u)_{L^2(\Omega)}+(\bar{P}^{(jj)}u,\bar{P}u)_{L^2(\Omega)}\\&+\sum_{\substack{|\alpha|=m-1\\|\beta|=m-1}}(\mathrm{i}x_jc_{\alpha\beta}D^\alpha u,D^\beta u)_{L^2(\Omega)}+\sum_{\substack{|\alpha|=m-2\\|\beta|=m-1}}(d_{\alpha\beta}D^\alpha u,D^\beta u)_{L^2(\Omega)}.\end{aligned}$$

特别当 $u\in C_0^\infty(B_\varepsilon(x_0)\cap\Omega)$ 时, 有

$$\begin{aligned}\|P^{(j)}u\|^2_{L^2(\Omega)}\leqslant&\ \varepsilon[\|\bar{P}^{(j)}u\|_{L^2(\Omega)}\|\bar{P}u\|_{L^2(\Omega)}+\|Pu\|_{L^2(\Omega)}\|P^{(j)}u\|_{L^2(\Omega)}]\\&+\|\bar{P}^{(jj)}u\|_{L^2(\Omega)}\|\bar{P}u\|_{L^2(\Omega)}+C\varepsilon\|u\|^2_{\dot{H}^{m-1}(\Omega)}\\&+C\|u\|_{\dot{H}^{m-2}(\Omega)}\|u\|_{\dot{H}^{m-1}(\Omega)}\\\leqslant&\ \varepsilon[\|\bar{P}u\|^2_{L^2(\Omega)}+\|Pu\|^2_{L^2(\Omega)}]+C\|u\|_{\dot{H}^{m-2}(\Omega)}\|\bar{P}u\|_{L^2(\Omega)}\\&+C\varepsilon\|u\|^2_{\dot{H}^{m-1}(\Omega)}+C\|u\|_{\dot{H}^{m-2}(\Omega)}\|u\|_{\dot{H}^{m-1}(\Omega)}.\end{aligned}$$

由于 u 的支集含于 $B_\varepsilon(x_0)$, 所以成立不等式 (见 (1.8.1))

$$\|u\|_{\dot{H}^{m-2}(\Omega)}\leqslant C\varepsilon\|u\|_{\dot{H}^{m-1}(\Omega)},\quad \forall u\in C_0^\infty(B_\varepsilon(x_0)).$$

这样从上面的不等式得

$$\|P^{(j)}u\|^2_{L^2(\Omega)}\leqslant C\varepsilon[\|\bar{P}u\|^2_{L^2(\Omega)}+\|Pu\|^2_{L^2(\Omega)}]+C\varepsilon\|u\|^2_{\dot{H}^{m-1}(\Omega)}.$$

把这个不等式关于 j 求和, 就得到

$$\begin{aligned}&\sum_{j=1}^n\|P^{(j)}u\|^2_{L^2(\Omega)}\\\leqslant&\ C\varepsilon[\|\bar{P}u\|^2_{L^2(\Omega)}+\|Pu\|^2_{L^2(\Omega)}]+C\varepsilon\|u\|^2_{\dot{H}^{m-1}(\Omega)},\quad \forall u\in C_0^\infty(B_\varepsilon(x_0)\cap\Omega).\end{aligned}$$

如果能够证明存在 $\varepsilon_0>0$ 充分小使当 $0<\varepsilon<\varepsilon_0$ 时成立不等式

$$\|u\|^2_{\dot{H}^{m-1}(\Omega)}\leqslant C\sum_{j=1}^n\|P^{(j)}u\|^2_{L^2(\Omega)},\quad \forall u\in C_0^\infty(B_\varepsilon(x_0)\cap\Omega),\tag{5.2.29}$$

那么从以上两个不等式便得

$$\|u\|^2_{\dot{H}^{m-1}(\Omega)}\leqslant C\varepsilon[\|\bar{P}u\|^2_{L^2(\Omega)}+\|Pu\|^2_{L^2(\Omega)}]+C\varepsilon\|u\|^2_{\dot{H}^{m-1}(\Omega)},\quad \forall u\in C_0^\infty(B_\varepsilon(x_0)\cap\Omega).$$

因此只要适当缩小 ε_0 使得成立 $C\varepsilon_0 < \dfrac{1}{2}$, 则对任意 $0 < \varepsilon < \varepsilon_0$ 便得到

$$\|u\|^2_{\dot{H}^{m-1}(\Omega)} \leqslant C\varepsilon[\|\bar{P}u\|^2_{L^2(\Omega)} + \|Pu\|^2_{L^2(\Omega)}], \quad \forall u \in C_0^\infty(B_\varepsilon(x_0) \cap \Omega).$$

据此结合不等式 $\|u\|_{\dot{H}^{k-1}(\Omega)} \leqslant C\varepsilon\|u\|_{\dot{H}^k(\Omega)}$, $\forall u \in C_0^\infty(B_\varepsilon(x_0))$, $k = 1, 2, \cdots, m-1$, 便得 (5.2.28). 因此剩下只需证明 (5.2.29).

由于 P 是齐 m 阶主型算子, 所以存在常数 $C > 0$ 使成立

$$|\xi|^{2(m-1)} \leqslant C\sum_{j=1}^n |P^{(j)}(0,\xi)|^2, \quad \forall \xi \in \mathbf{R}^n.$$

对此式两端乘以 $|\tilde{u}(\xi)|^2$ 之后关于 ξ 积分, 得

$$\|u\|^2_{\dot{H}^{m-1}(\Omega)} \leqslant C\sum_{j=1}^n \|P^{(j)}(0,D)u\|^2_{L^2(\Omega)}, \quad \forall u \in C_0^\infty(B_\varepsilon(x_0) \cap \Omega),$$

进而

$$\begin{aligned}
\|u\|^2_{\dot{H}^{m-1}(\Omega)} &\leqslant C\sum_{j=1}^n \|P^{(j)}(x,D)u - [P^{(j)}(x,D) - P^{(j)}(0,D)]u\|^2_{L^2(\Omega)} \\
&\leqslant C\sum_{j=1}^n \|P^{(j)}(x,D)u\|^2_{L^2(\Omega)} + C\sum_{j=1}^n \|[P^{(j)}(x,D) - P^{(j)}(0,D)]u\|^2_{L^2(\Omega)} \\
&\leqslant C\sum_{j=1}^n \|P^{(j)}(x,D)u\|^2_{L^2(\Omega)} + C\varepsilon^2\|u\|^2_{\dot{H}^{m-1}(\Omega)}.
\end{aligned}$$

可见只要取 $\varepsilon_0 > 0$ 充分小使 $C\varepsilon_0^2 < \dfrac{1}{2}$, 则对任意 $0 < \varepsilon < \varepsilon_0$ 便成立 (5.2.29). 证毕. □

引理 5.2.19 设 P 是 Ω 上的齐 m 阶 H主型算子, 主部的系数属于 $C^m(\Omega)$, 则对任意 $x_0 \in \Omega$ 存在相应的常数 $\varepsilon_0 > 0$ 和 $C_1, C_2 > 0$, 使对任意 $0 < \varepsilon < \varepsilon_0$ 都成立不等式:

$$C_1\|Pu\|_{L^2(\Omega)} \leqslant \|P^*u\|_{L^2(\Omega)} \leqslant C_2\|Pu\|_{L^2(\Omega)}, \quad \forall u \in C_0^\infty(B_\varepsilon(x_0) \cap \Omega). \tag{5.2.30}$$

证 由于 $C_{2m-1}(x,\xi)$ 是换位子 $[P^*, P]$ 的 $2m-1$ 阶项的符征, 而由 P 是 H 主型算子知 $C_{2m-1}(x,\xi) \equiv 0$, 所以 $[P^*, P]$ 是阶数不超过 $2m-2$ 的偏微分算子. 因此

$$\begin{aligned}
&\|P^*u\|^2_{L^2(\Omega)} - \|Pu\|^2_{L^2(\Omega)} = (P^*u, P^*u)_{L^2(\Omega)} - (Pu, Pu)_{L^2(\Omega)} \\
&= (PP^*u, u)_{L^2(\Omega)} - (P^*Pu, u)_{L^2(\Omega)} = -([P^*, P]u, u)_{L^2(\Omega)} \\
&\leqslant C\|[P^*, P]u\|_{H^{-(m-1)}(\Omega)}\|u\|_{H^{m-1}(\Omega)} \leqslant C\|u\|^2_{H^{m-1}(\Omega)} \\
&\leqslant C\varepsilon(\|P^*u\|^2_{L^2(\Omega)} + \|Pu\|^2_{L^2(\Omega)}), \quad \forall u \in C_0^\infty(B_\varepsilon(x_0) \cap \Omega).
\end{aligned}$$

最后一步用到了引理 5.2.18. 因此只要 $\varepsilon>0$ 充分小使得 $C\varepsilon<\dfrac{1}{2}$, 便得 (5.2.30) 中后一不等式. 前一不等式的证明类似. 证毕. □

定理 5.2.20 (Hörmander) *设 P 是 Ω 上的 m 阶 H主型算子, 系数属于 $C^m(\Omega)$. 则对任意 $x_0\in\Omega$ 存在相应的开集 $U\subseteq\Omega$, 使对任意 $f\in L^2(U)$, 方程 $Pu=f$ 都在 U 上存在解 $u\in H^{m-1}(U)$.*

证 令 P_m 为 P 的主部即齐 m 阶部分, Q 为 P 的所有阶不超过 $m-1$ 的部分之和. 对 P_m^* 应用引理 5.2.18 和引理 5.2.19, 可知对任意 $x_0\in\Omega$ 存在相应的 $\varepsilon_0>0$ 和 $C>0$ 使当 $0<\varepsilon<\varepsilon_0$ 时成立不等式:

$$\|u\|_{H^{m-1}(\Omega)}\leqslant C\varepsilon\|P_m^*u\|_{L^2(\Omega)},\quad \forall u\in C_0^\infty(B_\varepsilon(x_0)\cap\Omega).$$

因 $P_m^*=P^*-Q^*$, 所以得到

$$\begin{aligned}\|u\|_{H^{m-1}(\Omega)}&\leqslant C\varepsilon\|P^*u-Q^*u\|_{L^2(\Omega)}\leqslant C\varepsilon\|P^*u\|_{L^2(\Omega)}+C\varepsilon\|Q^*u\|_{L^2(\Omega)}\\&\leqslant C\varepsilon\|P^*u\|_{L^2(\Omega)}+C\varepsilon\|u\|_{H^{m-1}(\Omega)},\quad \forall u\in C_0^\infty(B_\varepsilon(x_0)\cap\Omega).\end{aligned}$$

因此只要取 $0<\varepsilon<\varepsilon_0$ 充分小使得 $C\varepsilon<\dfrac{1}{2}$, 便得到

$$\|u\|_{H^{m-1}(\Omega)}\leqslant C\varepsilon\|P^*u\|_{L^2(\Omega)},\quad \forall u\in C_0^\infty(B_\varepsilon(x_0)\cap\Omega).$$

令 $U=B_\varepsilon(x_0)\cap\Omega$. 应用以上不等式和推论 5.2.5 的证明相同的方法便可证明对任意 $f\in L^2(U)$, 方程 $Pu=f$ 都在 U 上存在解 $u\in H^{m-1}(U)$. 证毕. □

通过更加仔细的分析还可证明以下定理:

定理 5.2.21 (Hörmander) *设 P 是 Ω 上的 m 阶 H主型算子, 系数属于 $C^\infty(\Omega)$. 则对任意非负整数 k 和任意 $x_0\in\Omega$, 存在相应的开集 $U\subseteq\Omega$, 使对任意 $f\in H^k(U)$, 方程 $Pu=f$ 都在 U 上存在解 $u\in H^{m+k-1}(U)$.*

这个定理的证明留给有兴趣的读者自己完成, 或可参看文献 [16] 第三章 3.4 节, pp.163 ~ 170. 注意该文献讨论了更广泛的所谓主规范型算子 (principally normal type) 的局部可解性问题. 关于包括 H主型算子在内的主规范型算子的整体可解性问题的研究见 [61] 第八章 8.5 ~ 8.7 节, pp.262 ~ 284.

5.2.5 NTEBF 定理简介

本节最后对关于一般主型线性偏微分算子局部可解性问题的 NTEBF 定理做一简单介绍. 为此需要先介绍一些概念和记号.

设 Ω 是 $\mathbf{R}^n$ 中的开集, f 是定义在 $\Omega\times\mathbf{R}^n$ 上的 $C^{1,1}$ 类实值函数. 这时称 Hamilton–Jacobi 方程组

$$\begin{cases} \dfrac{\mathrm{d}x_j(t)}{\mathrm{d}t} = \dfrac{\partial f}{\partial \xi_j}(x(t),\xi(t)), \\ \dfrac{\mathrm{d}\xi_j(t)}{\mathrm{d}t} = -\dfrac{\partial f}{\partial x_j}(x(t),\xi(t)), \end{cases} \quad j=1,2,\cdots,n$$

的解 $x=x(t)$, $\xi=\xi(t)$ 为函数 f 的**双特征线** (bicharacteristic curve). 由于 $f(x,\xi)=\text{const.}$ 是这个方程组的一个首次积分, 所以 f 沿它的任何一条双特征线都取常值:

$$\frac{\mathrm{d}}{\mathrm{d}t}f(x(t),\xi(t)) = \sum_{j=1}^{n}\left[\frac{\partial f}{\partial x_j}(x(t),\xi(t))\frac{\mathrm{d}x_j(t)}{\mathrm{d}t} + \frac{\partial f}{\partial \xi_j}(x(t),\xi(t))\frac{\mathrm{d}\xi_j(t)}{\mathrm{d}t}\right] = 0.$$

如果 f 沿它的某条双特征线恒等于零, 则称这条双特征线为 f 的**双特征**(bicharacteristic)①.

设 $P(x,D)$ 是开集 $\Omega\subseteq\mathbf{R}^n$ 上的线性偏微分算子, 系数属于 $C^\infty(\Omega)$. 令 $P_m(x,\xi)$ 为 $P(x,D)$ 的主符征. 又设 $x_0\in\Omega$. 称算子 $P(x,D)$ 在 x_0 点满足**条件** (P), 如果存在 x_0 的邻域 $U\subseteq\Omega$, 使对任意非零复数 z, $\mathrm{Im}zP_m$ 沿 $\mathrm{Re}zP_m$ 的任意双特征即使 $\mathrm{Re}zP_m$ 恒取零值的双特征线都不变号.

注意如果 x_0 是 $P(x,D)$ 的椭圆点, 则或者 $\mathrm{Re}zP_m$ 在 x_0 点附近没有双特征, 或者 $\mathrm{Im}zP_m$ 沿 $\mathrm{Re}zP_m$ 在 x_0 点附近的双特征恒不为零, 所以这时 $P(x,D)$ 在 x_0 点必然满足条件 (P). 因此条件 (P) 只是刻画了偏微分算子在其非椭圆的点即具有实特征方向的点处的性质.

定理 5.2.22 (Nirenberg–Trèves–Egorov–Beals–Fefferman) 设 $P(x,D)$ 是 Ω 上具 C^∞ 系数的主型算子. 则 $P(x,D)$ 在 $x_0\in\Omega$ 点局部可解的充要条件是它在 x_0 点满足条件 (P).

以上定理的必要性部分由 L. Nirenberg 和 F. Trèves 合作、并与 Yu. V. Egorov 于 1970 年各自独立地给予证明 (见 [34] 和 [92]), 证明中用到的关键技术是由 Egorov 在 1969 年所发表的论文 [33] 中提出的典则变换概念, 应用这种变换可以微局部地把任何一个主型线性偏微分算子化简成类似于 Mizohata 算子 M_k 的标准形式. 充分性部分由 L. Nirenberg 和 F. Trèves 于 1970 年在主部系数为解析函数的条件下给出证明 (见 [92]), 之后由 R. Beals 和 C. Fefferman 于 1973 年去掉系数解析的额外假设 (见 [5]). 必须说明的是, 上一节以及本节前面所介绍的 Hörmander 的工作、1962 年 Mizohata 关于 Mizohata 算子 M_k 局部可解性的工作 (见 [88]) 和由此引出的 L. Nirenberg 和 F. Trèves 于 1963 年所做关于具解析系数的一阶线性偏微分算子局部可解性的工作 (见 [91]), 都对上述定理的获得起到了重要的作用. 主型

① 国内一些文献也把双特征线 (bicharacteristic curve) 翻译成 “次特征线” 或 “副特征带” 等, 而把双特征 (bicharacteristic) 翻译成 “零次特征线” 或 “零副特征带” 等. 这里我们把使 f 恒等于零的双特征线叫做 f 的双特征 (bicharacteristic), 是采用 Hörmander 的定义, 见 [62] 第四卷 96 页第 9 和 10 行.

算子的整体可解性问题也已由 Hörmander 于 1978 年解决 (见 [60]). 关于主型算子可解性问题系统的讨论参见 [62] 第四卷第 26 章.

例 1 考虑 $\mathbf{R}^2$ 上的 Mizohata 算子 M_k:

$$M_k = \frac{\partial}{\partial x_1} + \mathrm{i}x_1^k \frac{\partial}{\partial x_2},$$

其中 k 为任意正整数. M_k 的主符征为 $M_k(x,\xi) = \mathrm{i}\xi_1 - x_1^k\xi_2$. 对任意非零复数 $z = a + b\mathrm{i}$, 记 $f(x,\xi) = \mathrm{Re}zM_k(x,\xi) = -(ax_1^k\xi_2 + b\xi_1)$, $g(x,\xi) = \mathrm{Im}zM_k(x,\xi) = a\xi_1 - bx_1^k\xi_2$. 由于所有使得 $x_1 \neq 0$ 的点都是 M_k 的椭圆点, 所以为检验 M_k 是否满足条件 (P), 只需考虑 f 通过形如 $(0, x_2^0, \xi_1^0, \xi_2^0)$ (其中 $(\xi_1^0, \xi_2^0) \neq (0,0)$) 的点的双特征. 如果 $b \neq 0$, 则 f 通过 $(0, x_2^0, \xi_1^0, \xi_2^0)$ 点的双特征线为

$$x_1 = bt, \quad x_2 = x_2^0 + \frac{ab^k}{k+1}t^{k+1}, \quad \xi_1 = \xi_1^0 - ab^{k-1}\xi_2^0 t^k, \quad \xi_2 = \xi_2^0$$

$(-\infty < t < \infty)$. 沿此双特征线有 $f = b\xi_1^0$. 故 f 的双特征只有使 $\xi_1^0 = 0$ 的双特征线. 沿 f 的这种双特征线有 $g = -(a^2+b^2)b^{k-1}\xi_2^0 t^k$. 当 k 是奇数时 g 通过 $t = 0$ 点时符号发生变化, 而当 k 是偶数时 g 不变号. 如果 $b = 0$, 则 f 通过 $(0, x_2^0, \xi_1^0, \xi_2^0)$ 点的双特征线蜕化为一个点, 即 $(0, x_2^0, \xi_1^0, \xi_2^0)$ 点本身. 这时 g 的值自然不会发生变化, 所以 $b = 0$ 的情况不对问题的性质有影响.

综上分析可知, 当 k 是奇数时 M_k 在每个形如 $(x_1, x_2) = (0, x_2)$ 的点处都不满足条件 (P), 从而根据 NTEBF 定理, M_k 在这些点都不局部可解; 而当 k 是偶数时 M_k 在这些点都满足条件 (P), 从而根据 NTEBF 定理, M_k 在这些点都局部可解.

本题的结论也可不用 NTEBF 定理而直接得到. 由于任意形如 $(0, x_2)$ 的点都可通过使方程不变的坐标平移变换化为坐标原点, 所以只需考虑 M_k 在原点的局部可解性. 当 k 是奇数时 M_k 在原点的非局部可解性已在上一节给出证明. 另一不用定理 5.1.3 的证明方法在 $k = 1$ 时由 V. V. Grushin 给出, 见 [90] 第一章第一节, 或 V. V. Grushin 的原文 [49]. 当 k 为偶数时 M_k 在原点的局部可解性可直接证明如下: 设 $f(x_1, x_2)$ 是 $\mathbf{R}^2$ 上的连续函数. 我们来求方程

$$\frac{\partial u}{\partial x_1} + \mathrm{i}x_1^k \frac{\partial u}{\partial x_2} = f(x_1, x_2) \tag{5.2.31}$$

的解. 由于我们只考虑该方程在原点附近的局部可解性问题, 所以不妨设 $f(x_1, x_2)$ 具有紧支集. 这时不难直接验证由表达式

$$u(x_1, x_2) = \frac{1}{2\pi} \int_{-\infty}^{\infty} \int_{-\infty}^{\infty} \frac{f(\xi_1, \xi_2)\mathrm{d}\xi_1 \mathrm{d}\xi_2}{\frac{1}{k+1}(x_1^{k+1} - \xi_1^{k+1}) + \mathrm{i}(x_2 - \xi_2)} \tag{5.2.32}$$

给出的函数 $u(x_1, x_2)$ 就是方程 (5.2.31) 的解. 这个解是这样求出的: 作变元变换

$$y_1 = \frac{1}{k+1}x_1^{k+1}, \quad y_2 = x_2.$$

则方程 (5.2.31) 变为以下非齐次 Cauchy–Riemann 方程:

$$\frac{\partial v}{\partial y_1} + \mathrm{i}\frac{\partial v}{\partial y_2} = g(y_1, y_2), \tag{5.2.33}$$

其中 $v(y_1, y_2) = u(x_1, x_2)$, $g(y_1, y_2) = x_1^{-k} f(x_1, x_2)$. 不难知道 Cauchy–Riemann 算子 $\partial_{y_1} + \mathrm{i}\partial_{y_2}$ 的基本解为 (见本节习题 1 或 [17] 第二章第 7 节)

$$E(y_1, y_2) = \frac{1}{2\pi}\frac{1}{y_1 + \mathrm{i}y_2} \tag{5.2.34}$$

$\left(\text{即算子 } \dfrac{\partial}{\partial \bar{z}} \text{ 的基本解为 } \dfrac{1}{\pi z}\right)$, 所以方程 (5.2.33) 的解为

$$v(y_1, y_2) = \frac{1}{2\pi}\int_{-\infty}^{\infty}\int_{-\infty}^{\infty}\frac{g(\eta_1, \eta_2)\mathrm{d}\eta_1\mathrm{d}\eta_2}{y_1 - \eta_1 + \mathrm{i}(y_2 - \eta_2)}.$$

变换回原来的变元, 就得到了表达式 (5.2.32).

习 题 5.2

1. 证明由 (5.2.34) 给出的函数 $E(y_1, y_2)$ 是 Cauchy–Riemann 算子 $\dfrac{\partial}{\partial y_1} + \mathrm{i}\dfrac{\partial}{\partial y_2}$ 的基本解.
2. 详细写出定理 5.2.2 证明的第三步.
3. 设 $\mathbb{P}(D)$ 是由 $\mathbf{R}^n$ 上 $n \times n$ 个常系数线性偏微分算子组成的 $n \times n$ 矩阵, 其右侧和左侧基本解分别定义为使等式 $\mathbb{P}(D)\mathbb{E}_1 = \delta\mathbb{I}$ 和 $\mathbb{E}_2 * \mathbb{P}(D)\delta\mathbb{I} = \delta\mathbb{I}$ 成立的 $n \times n$ 矩阵值广义函数 $\mathbb{E}_1$ 和 $\mathbb{E}_2$, 即 $\mathbb{E}_1$ 和 $\mathbb{E}_2$ 都是由 $\mathbf{R}^n$ 上 $n \times n$ 个广义函数组成的 $n \times n$ 矩阵, $\mathbb{I}$ 表示 $n \times n$ 单位矩阵. 设 $\det \mathbb{P}(\xi) \neq 0$. 证明: $\mathbb{P}(D)$ 有双侧基本解 $\mathbb{E} = \mathbb{P}(D)^c(E_0\mathbb{I})$, 其中 $\mathbb{P}(D)^c$ 表示由矩阵 $\mathbb{P}(D)$ 中的余因式构成的 $n \times n$ 矩阵, E_0 为 $\det \mathbb{P}(D)$ 的基本解.
4. 证明下列命题:
   (1) 如果 $Q(D) \preceq P(D)$ 且 $R(D) \preceq P(D)$, 则对任意复数 a, b 有 $aQ(D) + bR(D) \preceq P(D)$;
   (2) 如果 $Q_1(D) \preceq P_1(D)$ 且 $Q_2(D) \preceq P_2(D)$, 则 $Q_1(D)Q_2(D) \preceq P_1(D)P_2(D)$;
   (3) 如果 $Q_1(D)Q_2(D) \preceq P_1(D)P_2(D)$ 且 $Q_1(D) \succeq P_1(D)$, 则 $Q_2(D) \preceq P_2(D)$.
5. 证明: 如果 $Q(D) \preceq P(D)$, 则对任意 $t \geqslant 1$ 成立

$$\sum_{|\alpha| \leqslant m} t^{|\alpha|}|Q^{(\alpha)}(\xi)| \leqslant C \sum_{|\alpha| \leqslant m} t^{|\alpha|}|P^{(\alpha)}(\xi)|, \quad \forall \xi \in \mathbf{R}^n.$$

6. 证明: $Q(D) \preceq P(D)$ 的充要条件是存在常数 $C > 0$ 使成立 $|Q(\xi)| \leqslant C\tilde{P}(\xi)$, $\forall \xi \in \mathbf{R}^n$. 特别, 如果 $|Q(\xi)| \leqslant C|P(\xi)|$, $\forall \xi \in \mathbf{R}^n$, 则 $Q(D) \preceq P(D)$. 问后一命题的逆命题是否成立?

7. 证明: 常系数线性偏微分算子 $P(D)$ 是主型算子的充要条件是它与所有与它有相同主部的常系数线性偏微分算子都等强, 即若 $P(D)$ 是 m 阶算子, 则对任意阶不超过 $m-1$ 的常系数线性偏微分算子 $Q(D)$ 都成立 $P(D) \simeq P(D)+Q(D)$, 或等价地, 对任意阶 $\leqslant m-1$ 的常系数线性偏微分算子 $Q(D)$ 和任意有界开集 $\Omega \subseteq \mathbf{R}^n$ 都成立不等式:

$$C_1\|P(D)u\|_{L^2(\Omega)} \leqslant \|[P(D)+Q(D)]u\|_{L^2(\Omega)} \leqslant C_2\|P(D)u\|_{L^2(\Omega)}, \quad \forall u \in C_0^\infty(\Omega),$$

其中 C_1, C_2 都是只与 $P(D), Q(D)$ 和 Ω 有关的正常数.

8. 设 $P(x,D)$ 是开集 $\Omega \subseteq \mathbf{R}^n$ 上的 m 阶定强偏微分算子, 系数都属于 $C^m(\Omega)$. 证明: $P^{\mathrm{T}}(x,D)$ 也是 Ω 上的定强算子, 而且对任意 $x_0 \in \Omega$, $P^{\mathrm{T}}(x_0,D)$ 与 $P(x_0,-\partial)$ 等强.

9. 设 $P(x,D)$ 和 $Q(x,D)$ 都是开集 $\Omega \subseteq \mathbf{R}^n$ 上的定强偏微分算子, 而且 $P(x,D)$ 的系数属于 $C^m(\Omega)$, 这里 m 为 $Q(x,D)$ 的阶. 证明: $R(x,D)=Q(x,D)P(x,D)$ 也是 Ω 上的定强算子.

5.3 亚椭圆型偏微分算子

我们知道, Laplace 方程 $\Delta u=0$ 的所有经典解都是解析函数 (见定理 3.8.2 后的注记). 更一般地还可证明, 当 f 是开集 Ω 上的解析函数时, 位势方程 $\Delta u=f$ 在 Ω 上的所有经典解也都是解析函数. 1939 年 I. G. Petrovsky 证明了: 为使常系数的线性偏微分方程 $P(D)u=f$ 具有类似的性质, 即由 f 在某个开集 Ω 上解析推出这个方程在 Ω 上的所有经典解也都在 Ω 上解析的充要条件是 $P(D)$ 是椭圆型算子, 而且他还进一步证明了任何解析的 (即所有已知函数都是解析函数的) 椭圆型偏微分方程和偏微分方程组 (不必是线性方程即可以是非线性方程) 的所有经典解也都是解析函数. 这一结果自然引致人们考虑这样的问题: 怎样类型的具有无穷可微已知函数的偏微分方程其解都是无穷可微函数? 这个问题叫做**亚椭圆性** (hypoellipticity)问题; 所有具有这种性质的偏微分方程通称为**亚椭圆型方程** (hypoelliptic equation). 特别地, 有以下定义:

定义 5.3.1 定义在开集 $\Omega \subseteq \mathbf{R}^n$ 上具有无穷可微系数的线性偏微分算子 $P(x,D)$ 称为 Ω 上的**亚椭圆算子** (hypoelliptic operator), 如果对任意开集 $U \subseteq \Omega$, 由 $f \in C^\infty(U)$ 可以推出方程 $P(x,D)u=f$ 在 U 上的所有广函解也都属于 $C^\infty(U)$. $\mathbf{R}^n$ 上的常系数线性偏微分算子 $P(D)$ 称为**亚椭圆算子**, 是指它是 $\mathbf{R}^n$ 上的亚椭圆算子.

热算子 $\partial_t-\Delta$ 是一个典型的亚椭圆算子, 因为人们早已发现, 当 f 是无穷可微函数时热传导方程 $\partial_t u-\Delta u=f$ 的所有解也都是无穷可微函数. 常系数亚椭圆算子的代数刻画由 L. Hörmander 在其 1955 年发表的著名论文 [57] 中给出. 本节的目的是介绍 Hörmander 的这一重要结果.

先证明以下预备性的定理:

定理 5.3.2 设 $P(D)$ 是 $\mathbf{R}^n$ 上的常系数线性偏微分算子, 则以下四个条件互相等价:

(1) $P(D)$ 是亚椭圆算子;

(2) 对任意开集 $\Omega \subseteq \mathbf{R}^n$, 如果 $u \in D'(\Omega)$ 是齐次方程 $P(D)u = 0$ 在 Ω 上的解, 则 $u \in C^\infty(\Omega)$;

(3) $P(D)$ 的所有基本解都在原点之外无穷可微;

(4) $P(D)$ 存在基本解 E 在原点之外无穷可微.

证 (1) $\Rightarrow$ (2) 和 (3) $\Rightarrow$ (4) 是显然的. (2) $\Rightarrow$ (3) 也是显然的: $P(D)$ 的基本解 E 在 $\mathbf{R}^n$ 上满足方程 $P(D)E = \delta$, 从而在 $\mathbf{R}^n \backslash \{0\}$ 上满足方程 $P(D)E = 0$, 所以根据 (2) 应有 $E \in C^\infty(\mathbf{R}^n \backslash \{0\})$. 现在证明 (4) $\Rightarrow$ (1). 为此设 Ω 是 $\mathbf{R}^n$ 中的任意开集, 并设 $u \in D'(\Omega)$ 使得 $f = P(D)u \in C^\infty(\Omega)$, 我们来证明 $u \in C^\infty(\Omega)$. 设 x_0 是 Ω 中任意一点. 取 $\varepsilon > 0$ 充分小使 $B(x_0, \varepsilon) \subset\subset \Omega$, 再取 $\varphi \in C_0^\infty(\Omega)$ 使在 $B(x_0, \varepsilon)$ 上恒取 1 值. 根据 (5.2.9) 我们有

$$P(D)(\varphi u) = \varphi P(D)u + \sum_{1 \leqslant |\alpha| \leqslant m} \frac{1}{\alpha!} D^\alpha \varphi P^{(\alpha)}(D)u = \varphi f + h,$$

其中 $h = \sum\limits_{1 \leqslant |\alpha| \leqslant m} \frac{1}{\alpha!} D^\alpha \varphi P^{(\alpha)}(D)u \in E'(\mathbf{R}^n)$ 且在 $B(x_0, \varepsilon)$ 上 $h = 0$. 由以上等式得

$$\varphi u = \delta * \varphi u = P(D)E * \varphi u = E * P(D)(\varphi u) = E * \varphi f + E * h.$$

由于 $\varphi f \in C_0^\infty(\mathbf{R}^n)$, 所以 $E * \varphi f \in C^\infty(\mathbf{R}^n)$. 而在 $B(x_0, \varepsilon)$ 上 $h = 0$ 意味着 $h \in C^\infty(B(x_0, \varepsilon))$, 据此和 E 在原点之外无穷可微易知 $E * h \in C^\infty(B(x_0, \varepsilon))$. 由于在 $B(x_0, \varepsilon)$ 上 $\varphi u = u$, 所以从上述关系式即知 $u \in C^\infty(B(x_0, \varepsilon))$. 再由 x_0 是 Ω 中任意一点, 便得到 $u \in C^\infty(\Omega)$. 这就证明了 (4) $\Rightarrow$ (1). 定理 5.3.2 证毕. □

下述定理由 Hörmander 在 1955 年的论文 [57] 中得到, 它给出了常系数亚椭圆算子的代数刻画:

定理 5.3.3 (Hörmander) $\mathbf{R}^n$ 上的 m 阶常系数线性偏微分算子 $P(D)$ 是亚椭圆算子的充要条件是其符征 $P(\xi)$ 满足以下条件: 存在常数 $0 < q \leqslant 1$ 和 $C, M > 0$ 使成立

$$\left| \frac{P^{(\alpha)}(\xi)}{P(\xi)} \right| \leqslant C|\xi|^{-q|\alpha|}, \quad \forall |\xi| \geqslant M, \ \forall |\alpha| \leqslant m. \tag{5.3.1}$$

当条件 (5.3.1) 满足时, 称 $P(D)$ 为 q 型亚椭圆算子. 显然 1 型亚椭圆算子正是椭圆型算子, 即椭圆型算子是亚椭圆算子的特例, 或亚椭圆算子是椭圆型算子的推广. 当 $0 < q < 1$ 时, 也称 $P(D)$ 为 q 型的**次椭圆算子**. 不难验证, 热算子 $\partial_t - \Delta$ 是 $\mathbf{R}^{n+1}$ 上 1/2 型亚椭圆算子. 类似地, 对任意正整数 m, 算子 $\partial_t + \mathrm{i}^m \partial_x^m$ 是 $\mathbf{R}^2$ 上的

$1/m$ 型亚椭圆算子. 注意当 $m=1$ 时, 这是 Cauchy–Riemann 算子 $\partial_t+\mathrm{i}\partial_x$, 它是椭圆型算子; 当 $m=2$ 时, 这是一维热算子 $\partial_t-\partial_x^2$.

为了证明定理 5.3.3, 先要作一系列的预备性讨论.

引理 5.3.4　*设 $P(D)$ 是 $\mathbf{R}^n$ 上的常系数线性偏微分算子, E 为其基本解. 又设 U 是 $\mathbf{R}^n$ 中原点的一个邻域, V,W 是 $\mathbf{R}^n$ 中的两个开集, 使得 $V-U\subseteq W$ $(\Rightarrow V\subseteq W$, 因 $0\in U)$. 再设 $\varphi\in C_0^\infty(U)$. 则对方程 $P(D)u=0$ 在 W 中的任意解 $u\in D'(W)$, 它在 V 中有如下的表示:*

$$u=P(D)[(1-\varphi)E]*u. \tag{5.3.2}$$

证　首先注意由 E 是 $P(D)$ 的基本解知在 $\mathbf{R}^n$ 上成立 $P(D)E=\delta$, 所以对任意 $u\in D'(W)$ 在 W 上成立

$$u=\delta*u=P(D)E*u. \tag{5.3.3}$$

其次, 对任意 $\psi\in C_0^\infty(V)$, 因 $\mathrm{supp}[(\varphi E)(-\cdot)*\psi]\subseteq(-U)+V=V-U\subseteq W$, 所以对任意 $u\in D'(W)$, u 对 $(\varphi E)(-\cdot)*\psi$ 的作用有意义, 从而卷积 $\varphi E*u$ 有意义, 为 V 上的广函, 且按定义 (见 (2.7.5)) 有

$$\langle\varphi E*u,\psi\rangle=\langle u,(\varphi E)(-\cdot)*\psi\rangle,\quad \forall\psi\in C_0^\infty(V).$$

进而当 $u\in D'(W)$ 是方程 $P(D)u=0$ 在 W 中的解时, 卷积 $P(D)(\varphi E)*u$ 也在 V 上有意义, 且在 V 上成立

$$P(D)(\varphi E)*u=\varphi E*P(D)u=0. \tag{5.3.4}$$

把 (5.3.3) 和 (5.3.4) 相减, 就得到了 (5.3.2). 证毕.　□

引理 5.3.5 (Harnack 不等式)　*设 $P(D)$ 是 $\mathbf{R}^n$ 上的常系数亚椭圆算子, V,W 是 $\mathbf{R}^n$ 中的两个有界开集, 使得 $V\subset\subset W$. 又设 $u\in L^\infty(W)$ 是方程 $P(D)u=0$ 在 W 中的解. 则成立以下不等式:*

$$\sup_{x\in V}|\nabla u(x)|\leqslant C\sup_{x\in W}|u(x)|, \tag{5.3.5}$$

其中 $C>0$ 是依赖于 $P(D)$ 和开集 V,W 而与解 u 无关的常数.

证　取原点的邻域 U 使得 $V-U\subseteq W$. 再取 $\varphi\in C_0^\infty(U)$ 使在原点附近恒取 1 值. 令 E 为 $P(D)$ 的基本解. 则因 E 在原点之外无穷可微而 $1-\varphi$ 在原点附近等于零, 所以 $(1-\varphi)E\in C^\infty(\mathbf{R}^n)$. 于是应用引理 5.3.4 得

$$\partial_j u(x)=\int_W\{\partial_jP(D)[(1-\varphi)E]\}(x-y)u(y)\mathrm{d}y,\quad \forall x\in V,\quad j=1,2,\cdots,n.$$

进而

$$\sup_{x\in V}|\partial_j u(x)|\leqslant\int_{V-W}|\partial_j P(D)[(1-\varphi(x))E(x)]|\mathrm{d}x\cdot\sup_{x\in W}|u(x)|,\quad j=1,2,\cdots,n.$$

因 $(1-\varphi)E\in C^\infty(\mathbf{R}^n)$ 而 $V-W$ 是有界集, 所以上式右端的积分具有有限值. 这就证明了 (5.3.5). 证毕. □

引理 5.3.6 设 $P(D)$ 是 $\mathbf{R}^n$ 上的常系数亚椭圆算子. 令 $N(P)$ 为 $P(\xi)$ 的复零点集, 即

$$N(P)=\{\zeta\in\mathbf{C}^n:\ P(\zeta)=0\},\tag{5.3.6}$$

则成立以下关系式:

$$\lim_{\substack{|\mathrm{Re}\zeta|\to\infty\\ \zeta\in N(P)}}|\mathrm{Im}\zeta|=\infty,\tag{5.3.7}$$

即对任意 $M>0$, 存在相应的 $N>0$, 使对任意 $\zeta\in N(P)$, 只要 $|\mathrm{Re}\zeta|\geqslant N$, 就有 $|\mathrm{Im}\zeta|\geqslant M$.

证 设 $\zeta\in N(P)$. 则 $u(x)=\mathrm{e}^{\mathrm{i}x\zeta}$ 是方程 $P(D)u=0$ 在 $\mathbf{R}^n$ 上的解. 对此解在 $V=B(0,1)$ 和 $W=B(0,2)$ 上应用 Harnack 不等式 (5.3.5), 即得不等式

$$|\zeta|\mathrm{e}^{|\mathrm{Im}\zeta|}\leqslant C\mathrm{e}^{2|\mathrm{Im}\zeta|},$$

其中 C 是与 ζ 无关的正常数. 这就证明了

$$|\zeta|\leqslant C\mathrm{e}^{|\mathrm{Im}\zeta|},\quad \forall\zeta\in N(P).$$

据此立得 (5.3.7). 证毕. □

我们将证明 (5.3.7) 与 (5.3.1) 等价. 为此需要应用以下代数引理:

引理 5.3.7 (Seidenberg) 设 $Q(\xi,r)$, $R(\xi,r)$ 和 $S(\xi,r)$ 是 $n+1$ 个实变元 $\xi\in\mathbf{R}^n$ 和 $r\in\mathbf{R}$ 的实系数多项式. 假设当 r 充分大时集合

$$M(r)=\{\xi\in\mathbf{R}^n:\ R(\xi,r)=0,\ S(\xi,r)\leqslant 0\}$$

非空. 记

$$\mu(r)=\sup_{\xi\in M(r)}Q(\xi,r)\quad(\text{对充分大的 } r),$$

则或者对所有充分大的 r 都有 $\mu(r)=\infty$, 或者存在有理数 p 和实数 a 使成立

$$\mu(r)=ar^p[1+o(1)],\quad \text{当} r\to\infty.$$

这个引理的证明由于涉及过多代数学知识, 这里从略. 需要了解其证明的读者请见文献 [16] 第四章 4.4 节附录 (pp.224 ~244) 或文献 [61] 附录 (pp.359~364) 中的引理 2.1. □

引理 5.3.8 对多项式 $P(\xi)$, 以下三个条件互相等价:

(1) 对零点集 $N(P)$ 成立关系式 (5.3.7);

(2) 对 $\xi\in\mathbf{R}^n$, 令 $d(\xi)$ 为 ξ 到 $N(P)$ 的距离, 则存在常数 $0<q\leqslant 1$ 和 $C,M>0$ 使成立

$$d(\xi)\geqslant C|\xi|^q,\quad \forall|\xi|\geqslant M\ (\xi\in\mathbf{R}^n);\tag{5.3.8}$$

(3) 存在常数 $0<q\leqslant 1$ 和 $C,M>0$ 使 (5.3.1) 成立.

证 先证明 (1) ⇒ (2). 为此考虑函数

$$\nu(r)=\inf_{\substack{|\xi|=r\\ \xi\in\mathbf{R}^n}} d(\xi),\quad \forall r>0.$$

对 $\xi\in\mathbf{R}^n$, $\zeta\in\mathbf{C}^n$ 和 $r\in\mathbf{R}$, 记

$$Q(\xi,\zeta,r)=-|\xi-\zeta|^2,\quad R(\xi,\zeta,r)=|\xi|^2-r^2,\quad S(\xi,\zeta,r)=|P(\zeta)|^2.$$

则有

$$-\nu^2(r)=\sup_{\xi\in M(r)} Q(\xi,\zeta,r),$$

其中 $M(r)=\{(\xi,\zeta)\in\mathbf{R}^n\times\mathbf{C}^n: R(\xi,\zeta,r)=0, S(\xi,\zeta,r)\leqslant 0\}$. 把 $\mathbf{C}^n$ 等同于 $\mathbf{R}^{2n}$, 则应用引理 5.3.7 知存在有理数 p 和实数 a 使成立

$$-\nu^2(r)=ar^p[1+o(1)],\quad 当r\to\infty.$$

因 $\nu(r)\geqslant 0$ 且由条件 (1) 知当 $r\to\infty$ 时 $\nu(r)\to\infty$, 所以必有 $a<0$ 且 $p>0$. 于是令 $C=\sqrt{-a}$, $q=p/2$, 便得到

$$\nu(r)=Cr^q[1+o(1)],\quad 当r\to\infty.$$

据此即得 (5.3.8). $q\leqslant 1$ 是显然的 (见下一引理). 这就证明了 (1) ⇒ (2).

(2) ⇒ (1) 是显然的.

(2) ⇔ (3) 是下一引理的直接推论. □

引理 5.3.9 存在常数 $C_1,C_2>0$ 使对所有阶 $\leqslant m$ 的多项式 $P(\xi)$ 都成立

$$C_1\leqslant d(\xi)\sum_{1\leqslant|\alpha|\leqslant m}\left|\frac{P^{(\alpha)}(\xi)}{P(\xi)}\right|^{\frac{1}{|\alpha|}}\leqslant C_2,\quad \forall\xi\in\mathbf{R}^n, P(\xi)\neq 0.\tag{5.3.9}$$

其中 $d(\xi)$ 为引理 5.3.8 中定义的函数.

证 对使得 $P(\xi)\neq 0$ 的 $\xi\in\mathbf{R}^n$, 记 (5.3.9) 中的和式为 A. 则对每个 $|\alpha|\leqslant m$ 都有 $|P^{(\alpha)}(\xi)|\leqslant A^{|\alpha|}|P(\xi)|$. 从而由 Taylor 公式得

$$|P(\xi+\zeta)-P(\xi)|\leqslant\left(\sum_{1\leqslant|\alpha|\leqslant m}\frac{(A|\zeta|)^{|\alpha|}}{\alpha!}\right)|P(\xi)|,\quad \forall\zeta\in\mathbf{C}^n.$$

取充分小正数 C_1 使得 $\displaystyle\sum_{1\leqslant|\alpha|\leqslant m}\frac{C_1^{|\alpha|}}{\alpha!}\leqslant 1$. 则由上式知当 $A|\zeta|<C_1$ 时 $P(\xi+\zeta)\neq 0$. 故 $Ad(\xi)\geqslant C_1$. 这就证明了 (5.3.9) 中的前一个不等式.

为证明 (5.3.9) 中的后一个不等式, 先证明

$$|P(\xi+\zeta)|\leqslant 2^m|P(\xi)|,\quad 当|\zeta|\leqslant d(\xi). \tag{5.3.10}$$

为此对任意 $\xi\in\mathbf{R}^n$ 和使得 $|\zeta|\leqslant d(\xi)$ 的任意 $\zeta\in\mathbf{C}^n$, 令 $g(t)=P(\xi+t\zeta)$. 则 $g(t)$ 是阶 $\leqslant m$ 的多项式. 设其阶为 k, 并设其全部零点为 $t_1,t_2,\cdots,t_k$ (重零点按重数计). 则对每个 $1\leqslant j\leqslant k$ 都有 $|t_j||\zeta|\geqslant d(\xi)\geqslant|\zeta|$, 从而 $|t_j|\geqslant 1$, $j=1,2,\cdots,k$. 这样就有

$$\left|\frac{P(\xi+\zeta)}{P(\xi)}\right|=\left|\frac{g(1)}{g(0)}\right|=\left|\prod_{j=1}^{k}\frac{(1-t_j)}{t_j}\right|=\prod_{j=1}^{k}\left|\frac{1}{t_j}-1\right|\leqslant 2^k\leqslant 2^m,$$

说明 (5.3.10) 成立. 这样一来, 对解析函数 $\zeta\mapsto P(\xi+\zeta)$ 应用 Cauchy 公式, 得

$$|P^{(\alpha)}(\xi)|=\left|\frac{\alpha!}{(2\pi\mathrm{i})^n}\int_{|\zeta|=d(\xi)}\frac{P(\xi+\zeta)}{\zeta^{\alpha+\mathbf{1}}}\mathrm{d}\zeta\right|\leqslant\alpha!2^m|P(\xi)|[d(\xi)]^{-|\alpha|},$$

其中 $\mathbf{1}=(1,1,\cdots,1)$. 这就证明了 (5.3.9) 中的后一个不等式. 证毕. □

定理 5.3.3 的证明　必要性是引理 5.3.6 和引理 5.3.8 的推论, 所以只需证明充分性. 由定理 5.3.2 知只需证明当 (5.3.1) 成立时 $P(D)$ 有基本解 E 在原点之外无穷可微. 为此按以下方式构作 $P(D)$ 的基本解 E: 首先注意由 (5.3.1) 知 $|P(\xi)|$ 对 $\xi\in\mathbf{R}^n$ 在 $|\xi|\geqslant M$ 上有正的下界:

$$|P(\xi)|\geqslant C>0,\quad\forall\xi\in\mathbf{R}^n,\quad|\xi|\geqslant M. \tag{5.3.11}$$

其次, 作适当的线性坐标变换使 $P(\xi)$ 具有如下形式:

$$P(\xi)=a_0\xi_1^m+\sum_{k=0}^{m-1}P_k(\xi')\xi_1^k,\quad\xi'=(\xi_2,\cdots,\xi_n),$$

其中 a_0 是非零常数. 然后取 $N\geqslant M$ 足够大使对任意 $\xi'\in\mathbf{R}^{n-1}$, $|\xi'|\leqslant M$, 在复的 ζ_1 平面上以原点为心、半径等于 N 的圆周 $|\zeta_1|=N$ 上, ζ_1 的多项式 $P(\zeta_1,\xi')$ 的绝对值有正的下界:

$$|P(\zeta_1,\xi')|\geqslant C>0,\quad\forall|\xi'|\leqslant M\ (\xi'\in\mathbf{R}^{n-1}),\quad\forall|\zeta_1|=N\ (\zeta_1\in\mathbf{C}). \tag{5.3.12}$$

这显然是可行的, 原因在于多项式的根都是系数的连续函数, 从而 $P(\zeta_1,\xi')$ 作为 ζ_1 的多项式, 其根都是 ξ' 的连续函数, 因而当 ξ' 在有界集 $|\xi'|\leqslant M$ 上变化时, 这些根

的绝对值有正的上界, 设为 K, 则借助于因式分解, 即知只要取 $N \geqslant \max(M, K+1)$, 那么上式便对 $C=|a_0|$ 成立. 取定常数 N 之后, 令

$$H_1=\{(\xi_1,\xi')\in\mathbf{R}\times\mathbf{R}^{n-1}: |\xi'|>M,\ \xi_1\text{任意, 或 }|\xi'|\leqslant M,\ |\xi_1|>N\},$$

$$H_2=\{(\zeta_1,\xi')\in\mathbf{C}\times\mathbf{R}^{n-1}: |\zeta_1|=N,\ \mathrm{Im}\zeta_1\geqslant 0,\ |\xi'|\leqslant M\},$$

然后定义 $C_0^\infty(\mathbf{R}^n)$ 上的泛函 E 如下:

$$\langle E,\varphi\rangle=\frac{1}{(2\pi)^n}\int_{H_1\cup H_2}\frac{\tilde\varphi(-\zeta)}{P(\zeta)}\mathrm{d}\zeta,\quad \forall\varphi\in C_0^\infty(\mathbf{R}^n). \tag{5.3.13}$$

由于 (5.3.11) 和 (5.3.12) 保证了在 $H_1\cup H_2$ 上 $|P(\zeta)|$ 有正的下界, 所以上述定义是合理的且易知 E 是 $C_0^\infty(\mathbf{R}^n)$ 上的连续线性泛函, 即 $E\in D'(\mathbf{R}^n)$, 而且容易验证 E 是 $P(D)$ 的基本解即在 $\mathbf{R}^n$ 上成立 $P(D)E=\delta$. 下面证明 E 在原点之外无穷可微.

显然 $E=E_1+E_2$, 其中

$$\langle E_j,\varphi\rangle=\frac{1}{(2\pi)^n}\int_{H_j}\frac{\tilde\varphi(-\zeta)}{P(\zeta)}\mathrm{d}\zeta,\quad \forall\varphi\in C_0^\infty(\mathbf{R}^n),\quad j=1,2.$$

由于 H_2 是有界集, 所以易知 E_2 是 $\mathbf{R}^n$ 上的解析函数, 事实上它可延拓成 $\mathbf{C}^n$ 上的整解析函数:

$$E_2(z)=\frac{1}{(2\pi)^n}\int_{H_2}\frac{\mathrm{e}^{\mathrm{i}z\zeta}}{P(\zeta)}\mathrm{d}\zeta,\quad \forall z\in\mathbf{C}^n.$$

为证明 E_1 在 $\mathbf{R}^n\backslash\{0\}$ 上的无穷可微, 对任意 n 重指标 $\alpha\in\mathbf{Z}_+^n$ 令

$$F_\alpha(x)=|x|^{2l}D^\alpha E_1(x),\quad \text{其中 } 2l=\left[\frac{|\alpha|+n}{q}\right]+1.$$

我们将证明 F_α 是 $\mathbf{R}^n$ 上的连续函数. 如果这个预期的结论得到了证明, 则意味着 E_1 的 α 阶偏导数在 $\mathbf{R}^n\backslash\{0\}$ 上是连续函数. 于是由 $\alpha\in\mathbf{Z}_+^n$ 的任意性即知 E_1 在 $\mathbf{R}^n\backslash\{0\}$ 上无穷可微. 为了证明 F_α 是 $\mathbf{R}^n$ 上的连续函数, 先计算它的具体表达式: 对任意 $\varphi\in C_0^\infty(\mathbf{R}^n)$, 有

$$\langle F_\alpha,\varphi\rangle=\langle |x|^{2l}D^\alpha E_1,\varphi\rangle=(-1)^{|\alpha|}\langle E_1,D^\alpha(|x|^{2l}\varphi)\rangle=\frac{(-1)^l}{(2\pi)^n}\int_{H_1}\frac{\xi^\alpha}{P(\xi)}\Delta^l\tilde\varphi(-\xi)\mathrm{d}\xi.$$

由于 $\tilde\varphi$ 及其各阶偏导数都在无穷远处急降, 所以通过分部积分可知

$$\begin{aligned}\langle F_\alpha,\varphi\rangle=&\frac{(-1)^l}{(2\pi)^n}\int_{H_1}\Delta^l\left[\frac{\xi^\alpha}{P(\xi)}\right]\tilde\varphi(-\xi)\mathrm{d}\xi\\&+\sum_{|\beta|+|\gamma|=2l-1}c_{\alpha\beta\gamma}\int_{\partial H_1}\partial^\beta\left[\frac{\xi^\alpha}{P(\xi)}\right]\partial^\gamma[\tilde\varphi(-\xi)]\mathrm{d}S_\xi\\=:&\langle F_{\alpha1},\varphi\rangle+\langle F_{\alpha2},\varphi\rangle,\quad \forall\varphi\in C_0^\infty(\mathbf{R}^n),\end{aligned}$$

其中 $c_{\alpha\beta\gamma}$ 是一些常数, $\mathrm{d}S_\xi$ 表示 H_1 的边界 ∂H_1 上的面积微元. 由于 ∂H_1 是有界集, 所以类似于 E_2 可知 $F_{\alpha 2}$ 是 $\mathbf{R}^n$ 上的解析函数 (事实上 $F_{\alpha 2}$ 也可延拓成 $\mathbf{C}^n$ 上的整解析函数). 对于 $F_{\alpha 1}$, 由它的表达式易知其 Fourier 变换为

$$\tilde{F}_{\alpha 1}(\xi) = (-1)^l \chi_{H_1}(\xi)\Delta^l \left[\frac{\xi^\alpha}{P(\xi)}\right], \quad \xi \in \mathbf{R}^n,$$

其中 χ_{H_1} 表示区域 H_1 的特征函数. 由于 $P(\xi)$ 在 H_1 上无零点, 所以 $\tilde{F}_{\alpha 1}$ 是 $\mathbf{R}^n$ 上的局部可积函数 (事实上在 $\mathbf{R}^n \backslash \partial H_1$ 上无穷可微, 在 ∂H_1 上有第一类间断). 应用 Leibniz 求导公式可知

$$|\tilde{F}_{\alpha 1}(\xi)| \leqslant C \sum_{\substack{|\beta|+|\gamma|=2l \\ \beta \leqslant \alpha}} |\partial^\beta(\xi^\alpha)| \cdot \left|\partial^\gamma\Big(\frac{1}{P(\xi)}\Big)\right|, \quad \xi \in H_1. \tag{5.3.14}$$

通过作简单的数学归纳即知成立下述公式:

$$\partial^\gamma\left(\frac{1}{P(\xi)}\right) = \sum_{\delta_1+\delta_2+\cdots+\delta_k=\gamma} c^\gamma_{\delta_1\delta_2\cdots\delta_k} \frac{\partial^{\delta_1}P(\xi)\partial^{\delta_2}P(\xi)\cdots\partial^{\delta_k}P(\xi)}{[P(\xi)]^{k+1}}$$

(当 $\xi \in H_1$), 其中 $k = |\gamma|$, 而 $c^\gamma_{\delta_1\delta_2\cdots\delta_k}$ 为常数. 于是应用条件 (5.3.1) 可得如下估计:

$$\left|\partial^\gamma\left(\frac{1}{P(\xi)}\right)\right| \leqslant C \sum_{\delta_1+\delta_2+\cdots+\delta_k=\gamma} |\xi|^{-q|\delta_1|}|\xi|^{-q|\delta_2|}\cdots|\xi|^{-q|\delta_k|}|\xi|^{-qm} = C|\xi|^{-q|\gamma|-qm}$$

(当 $\xi \in H_1$). 把这个估计式代入 (5.3.14) 便得到

$$\begin{aligned}|\tilde{F}_{\alpha 1}(\xi)| &\leqslant C \sum_{\substack{|\beta|+|\gamma|=2l \\ \beta \leqslant \alpha}} |\xi|^{|\alpha|-|\beta|}|\xi|^{-q|\gamma|-qm} \\ &\leqslant C \sum_{\beta \leqslant \alpha} |\xi|^{|\alpha|-|\beta|-2ql+q|\beta|-qm} \leqslant C|\xi|^{-n-qm}\end{aligned}$$

(当 $\xi \in H_1$; 注意在 H_1 上 $|\xi| \geqslant M$). 由于 $\tilde{F}_{\alpha 1}$ 在 $\mathbf{R}^n \backslash H_1$ 上等于零, 所以从以上估计式即知 $\tilde{F}_{\alpha 1} \in L^1(\mathbf{R}^n)$, 从而 $F_{\alpha 1}$ 是 $\mathbf{R}^n$ 上的连续函数. 这样 F_α 作为连续函数与解析函数的和, 也是 $\mathbf{R}^n$ 上的连续函数. 这就完成了定理 5.3.3 的证明. □

定理 5.3.10 (次椭圆估计)　设 $P(D)$ 是 $\mathbf{R}^n$ 上的 m 阶 q 型常系数亚椭圆算子. 则对任意长度 $\leqslant m$ 的 n 重指标 α、任意实数 s 和 $N > 0$, 存在相应的常数 $C > 0$ 使成立不等式

$$\|P^{(\alpha)}(D)u\|_{H^s(\mathbf{R}^n)} \leqslant C(\|P(D)u\|_{H^{s-q|\alpha|}(\mathbf{R}^n)} + \|u\|_{H^{s-N}(\mathbf{R}^n)}), \quad \forall \varphi \in C_0^\infty(\mathbf{R}^n). \tag{5.3.15}$$

特别, 对任意实数 s 和 $N>0$, 存在相应的常数 $C>0$ 使成立不等式

$$\|u\|_{H^s(\mathbf{R}^n)}\leqslant C(\|P(D)u\|_{H^{s-qm}(\mathbf{R}^n)}+\|u\|_{H^{s-N}(\mathbf{R}^n)}),\quad \forall\varphi\in C_0^\infty(\mathbf{R}^n).\tag{5.3.16}$$

证 因为 $P(D)$ 是 q 型亚椭圆算子, 所以存在常数 $C,M>0$ 使不等式 (5.3.1) 成立, 即对任意长度 $\leqslant m$ 的 n 重指标 α, 当 $|\xi|\geqslant M$ 时 $|P^{(\alpha)}(\xi)|\leqslant C|P(\xi)||\xi|^{-q|\alpha|}$, 进而 $|P^{(\alpha)}(\xi)|^2(1+|\xi|^2)^s\leqslant C|P(\xi)|^2(1+|\xi|^2)^{s-q|\alpha|}$, $\forall|\xi|\geqslant M$. 又显然对任意实数 s 和 $N>0$, 总存在相应的常数 $C>0$ 使成立 $|P^{(\alpha)}(\xi)|^2(1+|\xi|^2)^s\leqslant C(1+|\xi|^2)^{s-N}$, $\forall|\xi|\leqslant M$. 结合起来即得下述不等式:

$$|P^{(\alpha)}(\xi)|^2(1+|\xi|^2)^s\leqslant C[|P(\xi)|^2(1+|\xi|^2)^{s-q|\alpha|}+(1+|\xi|^2)^{s-N}],\quad \forall\xi\in\mathbf{R}^n.$$

对任意 $\varphi\in C_0^\infty(\mathbf{R}^n)$, 对以上不等式两端同乘以 $|\tilde{\varphi}(\xi)|^2$ 之后再在 $\mathbf{R}^n$ 上积分并应用 Plancherel 恒等式, 就得到了 (5.3.15). 其次, 取 $\alpha\in\mathbf{Z}_+^n$ 使 $|\alpha|=m$ 且 $P^{(\alpha)}(\xi)$ 是一非零常数, 然后应用不等式 (5.3.15) 于此 α, 就得到了 (5.3.16). 证毕. □

把定理 5.3.3 推广到变系数偏微分算子是非常困难的. 一种比较容易的情况是定强亚椭圆算子, 其定义如下:

定义 5.3.11 设 $P(x,D)$ 是开集 $\Omega\subseteq\mathbf{R}^n$ 上的定强偏微分算子. 如果对任意 $x_0\in\Omega$, $P(x_0,D)$ 都是常系数亚椭圆算子, 则称 $P(x,D)$ 是 Ω 上的**定强亚椭圆算子**.

不难证明, 如果一个常系数线性偏微分算子是 q 型亚椭圆算子 $(0<q\leqslant1)$, 则与之等强的所有常系数线性偏微分算子也都是 q 型亚椭圆算子 (见本节习题第 5 题). 因此, 当 $P(x,D)$ 是 Ω 上的定强亚椭圆算子时, 如果它在一点 $x_0\in\Omega$ 是 q 型的, 则它在 Ω 中任何点也都是 q 型的, 这时称 $P(x,D)$ 是 Ω 上的**q 型定强亚椭圆算子**.

下述定理是定理 5.3.3 向变系数偏微分算子情形的最直接推广:

定理 5.3.12 (Malgrange–Hörmander) 设 $P(x,D)$ 是开集 $\Omega\subseteq\mathbf{R}^n$ 上具有 C^∞ 系数的定强亚椭圆算子, 则 $P(x,D)$ 是 Ω 上的亚椭圆算子, 即对任意开集 $U\subseteq\Omega$ 和任意 $f\in C^\infty(U)$, 如果 $u\in D'(U)$ 是方程 $P(x,D)u=f$ 在 U 上的广函解, 则 $u\in C^\infty(U)$.

这个定理可采用定理 5.2.13 的证明方法直接证明. 但是由于这种直接的证明方法需要用到关于截断、磨光以及它们的换位运算的一些比较繁琐的讨论, 我们将不采用这种方法, 而是留在 5.5 节作为拟微分算子理论的一个简单应用来证明. 需要了解直接证明以上定理的读者可参阅文献 [61] 第七章 7.4 节, [62] 第二卷第十三章 13.4 节和 [104] 第三章.

q 型定强亚椭圆算子的指标 q 对于确定方程 $P(x,D)u=f$ 解的光滑程度具有重要的作用. 我们知道, 引进 Hölder 空间 $C^\mu(\overline{\Omega})$ $(0<\mu\leqslant1)$ 的目的是对 $\overline{\Omega}$ 上连续

函数的 "连续性程度" 进行区分, 指标 μ 越大则函数的 "连续性程度" 就越高, 或连续性越好. 与此类似, 对 Ω 上的无穷可微函数也可加以区分. 为此引进以下概念:

定义 5.3.13 对给定的指标 $0<q\leqslant 1$, 用 $G^q(\Omega)$ 表示由 Ω 上全体满足以下条件的无穷可微函数 u 组成的集合: 对任意紧集 $K\subset\subset\Omega$, 存在相应的常数 $C,M>0$ 使成立

$$\sup_{x\in K}|\partial^\alpha u(x)|\leqslant CM^{|\alpha|}|\alpha|^{\frac{|\alpha|}{q}},\quad \forall\alpha\in\mathbf{Z}_+^n,$$

或等价地, 存在相应的常数 $C,M>0$ 使成立

$$\sup_{x\in K}|\partial^\alpha u(x)|\leqslant CM^{|\alpha|}\Gamma\left(\frac{|\alpha|}{q}\right),\quad \forall\alpha\in\mathbf{Z}_+^n,$$

其中 Γ 表示 Euler-Γ 函数. $G^q(\Omega)$叫做 Ω 上的**Gevrey 空间**, 其中的函数叫做指标为 q 的**Gevrey 类函数**或**G^q 类函数**.

注意 $q=1$ 对应于解析函数, 即 $u\in G^1(\Omega)$ 当且仅当 u 是 Ω 上的解析函数.

定理 5.3.14 (推广的 Petrowsky 定理) 设 $P(x,D)$ 是开集 $\Omega\subseteq\mathbf{R}^n$ 上具有 G^q 类无穷可微系数的 q 型定强亚椭圆算子, 这里 $0<q\leqslant 1$. 则对任意 $f\in G^q(\Omega)$, 方程 $P(x,D)u=f$ 在 Ω 上的所有广函解 u 都属于 $G^q(\Omega)$. 特别如果 $P(x,D)$ 是 Ω 上具解析系数的椭圆型算子, 则对 Ω 上的任意解析函数 f, 方程 $P(x,D)u=f$ 在 Ω 上的所有广函解 u 也都是 Ω 上的解析函数.

这个定理的证明见文献 [101]. $q=1$ 时上述定理的结论便是经典的 Petrowsky 定理, 其证明见 [61] 第七章 7.5 节. 常系数情形的证明也可见 [61] 第四章 4.4 节.

习 题 5.3

1. 设 $P(D)$ 和 $Q(D)$ 是 $\mathbf{R}^n$ 上两个亚椭圆算子. 证明: $P(D)Q(D)$ 也是亚椭圆算子.
2. 证明: 对 $\mathbf{R}^n$ 上的多项式 $P(\xi)$ 下列条件互相等价:

   (1) 存在 $0<q\leqslant 1$ 使 (5.3.1) 成立;

   (2) 对任意非零的 n 重指标 α 都成立 $\lim\limits_{\substack{|\xi|\to\infty\\ \xi\in\mathbf{R}^n}}\left|\dfrac{P^{(\alpha)}(\xi)}{P(\xi)}\right|=0$;

   (3) 对任意 $\eta\in\mathbf{R}^n$ 都成立 $\lim\limits_{\substack{|\xi|\to\infty\\ \xi\in\mathbf{R}^n}}\dfrac{P(\xi+\eta)}{P(\xi)}=1$.
3. 设 $P(D)$ 是 $\mathbf{R}^n$ 上的常系数线性偏微分算子, 其符征 $P(\xi)$ 具有如下表达式:

$$P(\xi)=P_1(\xi)+P_1(\xi)+\cdots+P_N(\xi),$$

   其中 $P_1(\xi),P_2(\xi),\cdots,P_N(\xi)$ 都是 $\mathbf{R}^n$ 上关于某伸缩群 $\{\delta_\lambda\}_{\lambda>0}$ 拟齐次的多项式, $P_j(\xi)$ 的拟齐次阶为 s_j, $j=1,2,\cdots,N$, 且 $s_1>s_2>\cdots>s_N$. 又设 $P_1(\xi)\neq 0,\forall\xi\in\mathbf{R}^n\backslash\{0\}$. 证明: $P(D)$ 是亚椭圆算子.

4. 证明以下列多项式为符征的常系数线性偏微分算子都是亚椭圆算子:

(1) $\xi_1^{2m_1}+\xi_2^{2m_2}+\cdots+\xi_n^{2m_n}$, 其中 $m_1,m_2,\cdots,m_n$ 都是正整数;

(2) $\xi_1^{2m_1}+\xi_2^{2m_2}+\cdots+\xi_n^{2m_n}+\mathrm{i}\xi_{n+1}^k$, 其中 $m_1,m_2,\cdots,m_n,k$ 都是正整数;

(3) $\xi_1^{2m_1}+\xi_2^{2m_2}+a\xi_1^{m_1}\xi_2^{m_2}$, 其中 m_1,m_2 是正整数, a 是满足条件 $|\mathrm{Re}a|<2$ 的复常数;

(4) $\xi_1^{2m_1}+\xi_2^{2m_2}+a\xi_1^{m_1}+b\xi_2^{m_2}$, 其中 m_1,m_2 是正整数, a,b 是任意复常数.

5. 设 $P(D)$ 和 $Q(D)$ 是 $\mathbf{R}^n$ 上两个等强的常系数线性偏微分算子, 且已知 $P(D)$ 是 q 型亚椭圆算子, 这里 $0<q\leqslant 1$. 证明: $Q(D)$ 也是 q 型亚椭圆算子, 而且对 $\xi\in\mathbf{R}^n$ 到零点集 $N(P)$ 和 $N(Q)$ 的距离函数 $d_1(\xi)$ 和 $d_2(\xi)$, 存在常数 $C_1,C_2,M>0$ 使成立

$$C_1d_1(\xi)\leqslant d_2(\xi)\leqslant C_2d_2(\xi),\quad \forall\xi\in\mathbf{R}^n,\quad |\xi|\geqslant M.$$

6. 设 $\mathbb{P}(D)$ 是由 $\mathbf{R}^n$ 上 $n\times n$ 个常系数线性偏微分算子组成的 $n\times n$ 矩阵. $\mathbb{P}(D)$ 称作**亚椭圆算子矩阵**, 如果对任意开集 $\Omega\subseteq\mathbf{R}^n$ 和任意 n 维向量值函数 $f\in[C^\infty(\Omega)]^n$, 方程组 $\mathbb{P}(D)u=f$ 在 Ω 上的任意解 $u\in[D'(\Omega)]^n$ 都属于 $[C^\infty(\Omega)]^n$. 证明: $\mathbb{P}(D)$ 是亚椭圆算子矩阵的充要条件是: $\det\mathbb{P}(\xi)$ 满足条件 (5.3.1).

7. 证明: 条件 (5.3.1) 等价于以下条件:

$$\left|\frac{\nabla P(\xi)}{P(\xi)}\right|\leqslant C|\xi|^{-q},\quad \forall|\xi|\leqslant M.$$

5.4 拟微分算子的基本概念

从前面两节的讨论我们看到, Fourier 变换在线性偏微分方程尤其是常系数线性偏微分方程的研究中起着十分重要的作用. 但是, 如果要更深入地研究线性偏微分方程尤其是变系数线性偏微分方程, 仅仅以 Fourier 变换为工具就不够了. 事实上, 正如对常系数线性偏微分方程的研究是以 Fourier 变换作为主要工具来进行的一样, 对变系数线性偏微分方程的研究, 则以拟微分算子和 Fourier 积分算子作为主要工具. 因此, 为了学习线性偏微分方程更进一步的理论, 有必要先对拟微分算子理论作比较系统的学习. 关于拟微分算子理论我们分两节介绍. 本节介绍拟微分算子的一些基本概念和基本性质. 拟微分算子的运算和进一步性质以及一些简单的应用将在下一节讨论.

5.4.1 拟微分算子的定义

引进拟微分算子概念的最初动因是为了求偏微分算子某种意义下的逆算子. 虽然从这个动因出发建立起拟微分算子理论之后, 人们才发现可以在这类算子中求"逆算子"的偏微分算子其实是非常有限的, 但与此同时人们也发现, 用拟微分算子以及由它出发更进一步发展起来的 Fourier 积分算子理论作为工具, 却可以很有效地对偏微分算子根据需要进行化简, 进而不仅使一些人们原来一直束手无策的偏

微分方程问题得到了解决, 而且使另外一些已经解决的问题有了新的更简捷的处理方法.

我们知道, 求常系数线性偏微分算子 $P(D)$ 的逆算子等价于求它的基本解, 因为知道了 $P(D)$ 的基本解 E 之后, 由 E 所确定的卷积算子 $P^{-1}(D)u = E * u$, $\forall u \in E'(\mathbf{R}^n)$, 便是它的逆算子. 而求基本解 E 的基本思想是对方程 $P(D)E = \delta$ 作 Fourier 变换把它转化为下述乘积方程:

$$P(\xi)\tilde{E}(\xi) = 1, \quad \xi \in \mathbf{R}^n.$$

粗略地看, 这个方程的解为 $\tilde{E}(\xi) = a(\xi) := 1/P(\xi)$, 因此 $P(D)$ 的逆算子 $P^{-1}(D)$ 有形式:

$$\begin{aligned}P^{-1}(D)u = E * u &= F^{-1}[\tilde{E}(\xi)\tilde{u}(\xi)] = F^{-1}[a(\xi)\tilde{u}(\xi)]\\ &= \frac{1}{(2\pi)^n}\int_{\mathbf{R}^n} \mathrm{e}^{\mathrm{i}x\xi} a(\xi)\tilde{u}(\xi)\mathrm{d}\xi, \quad \forall u \in C_0^\infty(\mathbf{R}^n).\end{aligned}$$

这启发我们, 定义在开集 $\Omega \subseteq \mathbf{R}^n$ 上的变系数线性偏微分算子 $P(x, D)$ 的逆算子应当在具有下述形式的算子类中来考虑:

$$Au(x) = \frac{1}{(2\pi)^n}\int_{\mathbf{R}^n} \mathrm{e}^{\mathrm{i}x\xi} a(x,\xi)\tilde{u}(\xi)\mathrm{d}\xi, \quad \forall u \in C_0^\infty(\Omega), \tag{5.4.1}$$

其中 $a(x,\xi)$ 是定义在集合 $\Omega \times \mathbf{R}^n$ 上的给定函数. 当 $a(x,\xi)$ 是 $\Omega \times \mathbf{R}^n$ 上的局部可积函数时, 由上式显然定义了一个连续线性映射 $A : C_0^\infty(\Omega) \to L_{\mathrm{loc}}^1(\Omega)$. 这个映射及其在比 $C_0^\infty(\Omega)$ 更大的各类函数空间 (包括广函空间) 上的所有可能的延拓都叫做以 $a(x,\xi)$ 为**符征** (symbol) 的**拟微分算子**(pseudo-differential operator). 因此, 拟微分算子是奇异积分算子概念的拓展.

但是, 如果仅仅要求 $a(x,\xi)$ 是 $\Omega \times \mathbf{R}^n$ 上的局部可积函数而不附加其他条件, 那么对这类算子的研究将十分复杂而无法形成一个能够方便地应用的理论体系. 出于构作定强亚椭圆算子的 "拟逆" 的需要, 我们对拟微分算子的符征 $a(x,\xi)$ 作如下的限制:

定义 5.4.1　设 Ω 是 $\mathbf{R}^n$ 中的开集, m, ρ, δ 为给定的实数, 其中 $0 \leqslant \delta < 1$, $0 < \rho \leqslant 1$, 且 $\delta \leqslant \rho$. 用符号 $S_{\rho\delta}^m(\Omega \times \mathbf{R}^n)$ 表示由定义在 $\Omega \times \mathbf{R}^n$ 上满足以下条件的复值函数 $a(x,\xi) \in C^\infty(\Omega \times \mathbf{R}^n)$ 组成的集合: 对任意 $\alpha, \beta \in \mathbf{Z}_+^n$, 存在相应的常数 $C_{\alpha\beta} > 0$ 使成立

$$|\partial_\xi^\alpha \partial_x^\beta a(x,\xi)| \leqslant C_{\alpha\beta}(1 + |\xi|)^{m-\rho|\alpha|+\delta|\beta|}, \quad \forall (x,\xi) \in \Omega \times \mathbf{R}^n. \tag{5.4.2}$$

不难知道, 当 $a(x,\xi) \in S_{\rho\delta}^m(\Omega \times \mathbf{R}^n)$ 时, 由 (5.4.1) 定义了一个连续线性映射 $A : C_0^\infty(\Omega) \to C^\infty(\Omega)$, 而且这个映射可唯一地延拓成映 $E'(\Omega)$ 到 $D'(\Omega)$ 的连续线

性映射. 延拓后的映射仍记作 A. 不难知道, 算子 $A: E'(\Omega) \to D'(\Omega)$ 有如下表达式

$$Au(x) = \frac{1}{(2\pi)^n} \lim_{M\to\infty} \int_{|\xi|\leqslant M} \mathrm{e}^{\mathrm{i}x\xi} a(x,\xi)\tilde{u}(\xi)\mathrm{d}\xi, \quad \forall u \in E'(\Omega),$$

这里的极限表示按 $D'(\Omega)$ 弱拓扑意义的极限.

定义 5.4.2 当 $a(x,\xi) \in S^m_{\rho,\delta}(\Omega \times \mathbf{R}^n)$ 时, 由 (5.4.1) 定义的连续线性映射 $A: C_0^\infty(\Omega) \to C^\infty(\Omega)$ 及其到 $E'(\Omega)$ 的连续延拓叫做 Ω 上以 $a(x,\xi)$ 为符征的 $\Psi^m_{\rho\delta}$ **类拟微分算子**, 记作 $a(x,D)$, 也叫做 m**阶** (ρ,δ) **型拟微分算子**, 其全体组成的集合记作 $\Psi^m_{\rho\delta}(\Omega)$.

我们将只讨论 $\Psi^m_{\rho\delta}$ 类拟微分算子. 因此, 以后所说的拟微分算子都是指 $\Psi^m_{\rho\delta}$ 类拟微分算子. 注意以零次齐次函数 $p \in C^\infty(\mathbf{R}^n\backslash\{0\})$ 为符征的奇异积分算子 $p(D)$ 不属于上述定义所涉及的拟微分算子; 但是只要任取截断函数 $\varphi \in C_0^\infty(\mathbf{R}^n)$ 使其在原点附近等于 1, 然后令

$$p_s(D)u = F^{-1}[\varphi(\xi)p(\xi)\tilde{u}(\xi)], \quad p_0(D)u = F^{-1}\{[1-\varphi(\xi)]p(\xi)\tilde{u}(\xi)\}, \quad \forall u \in C_0^\infty(\Omega),$$

则显见 $p_0(D) \in \Psi^0_{1,0}(\mathbf{R}^n)$, 即 $p_0(D)$ 是零阶 $(1,0)$ 型拟微分算子, 而 $p_s(D)$ 是光滑化算子, 即映 $E'(\mathbf{R}^n)$ 到 $C^\infty(\mathbf{R}^n)$ 的映射, 并且成立

$$p(D) = p_0(D) + p_s(D),$$

所以奇异积分算子都可以表示成零阶 $(1,0)$ 型拟微分算子与光滑化算子的和. 要求拟微分算子的符征都是无穷可微函数, 是为了使拟微分算子理论的展开避免因纠缠于处理符征的不光滑性所引致的技术性细节而过于繁冗. 虽然符征的光滑性对拟微分算子的性质有一定影响, 但决定其主要性质的是其符征 $a(x,\xi)$ 当 $\xi \to \infty$ 时的性态.

容易看出, 以 C^∞ 函数为系数的 m 阶偏微分算子是 Ψ^m_{10} 类拟微分算子. 事实上, 对偏微分算子 $P(x,D) = \sum\limits_{|\alpha|\leqslant m} a_\alpha(x)D^\alpha$, 由于 $D^\alpha u = F^{-1}[\xi^\alpha \tilde{u}(\xi)], \forall u \in C_0^\infty(\Omega)$, 所以有

$$\begin{aligned} P(x,D)u &= \sum_{|\alpha|\leqslant m} a_\alpha(x) \cdot \frac{1}{(2\pi)^n} \int_{\mathbf{R}^n} \mathrm{e}^{\mathrm{i}x\xi} \xi^\alpha \tilde{u}(\xi)\mathrm{d}\xi \\ &= \frac{1}{(2\pi)^n} \int_{\mathbf{R}^n} \mathrm{e}^{\mathrm{i}x\xi} P(x,\xi)\tilde{u}(\xi)\mathrm{d}\xi, \quad \forall u \in C_0^\infty(\Omega). \end{aligned}$$

可见 $P(x,D)$ 是以 $P(x,\xi)$ 为符征的拟微分算子. 因此拟微分算子是偏微分算子的推广.

定义式 (5.4.1) 可改写成以下形式:

$$Au(x)=\frac{1}{(2\pi)^n}\int_{\mathbf{R}^n}\int_{\Omega}\mathrm{e}^{\mathrm{i}(x-y)\xi}a(x,\xi)u(y)\mathrm{d}y\mathrm{d}\xi,\quad \forall u\in C_0^\infty(\Omega),$$

这里的双积分符号表示累次积分. 以上表达式启发我们考虑具有以下更广泛表达式的算子:

$$Au(x)=\frac{1}{(2\pi)^n}\int_{\mathbf{R}^n}\int_{\Omega}\mathrm{e}^{\mathrm{i}(x-y)\xi}a(x,y,\xi)u(y)\mathrm{d}y\mathrm{d}\xi,\quad \forall u\in C_0^\infty(\Omega),\tag{5.4.3}$$

其中 $a(x,y,\xi)$ 是定义在 $\Omega\times\Omega\times\mathbf{R}^n$ 上满足一定条件的无穷可微函数. 这样的算子 A 仍然叫做拟微分算子, 函数 $a(x,y,\xi)$ 叫做 A 的**振幅**(amplitude). 对拟微分算子做这样的扩充是很有必要的, 因为 $a(x,D)$ 的**转置算子**$a^{\mathrm{T}}(x,D)$按定义是使以下等式成立的 $C_0^\infty(\Omega)$ 到 $C^\infty(\Omega)$ 的映射:

$$\langle a^{\mathrm{T}}(x,D)u,v\rangle=\langle u,a(x,D)v\rangle,\quad \forall u,v\in C_0^\infty(\Omega).$$

不难知道, $a^{\mathrm{T}}(x,D)$ 具有以下表达式:

$$a^{\mathrm{T}}(x,D)u=\frac{1}{(2\pi)^n}\int_{\mathbf{R}^n}\int_{\Omega}\mathrm{e}^{\mathrm{i}(x-y)\xi}a(y,-\xi)u(y)\mathrm{d}y\mathrm{d}\xi,\quad \forall u\in C_0^\infty(\Omega).$$

这个表达式不是 (5.4.1) 的形式, 但却是 (5.4.3) 的形式. 因此把定义 5.4.1 和定义 5.4.2 扩充如下:

定义 5.4.3 设 Ω 和 m,ρ,δ 如定义 5.4.1. 用符号 $S^m_{\rho,\delta}(\Omega\times\Omega\times\mathbf{R}^n)$表示由定义在 $\Omega\times\Omega\times\mathbf{R}^n$ 上满足以下条件的复值函数 $a(x,y,\xi)\in C^\infty(\Omega\times\Omega\times\mathbf{R}^n)$ 组成的集合: 对任意 $\alpha\in\mathbf{Z}^n_+$ 和 $\beta\in\mathbf{Z}^{2n}_+$, 存在相应的常数 $C_{\alpha\beta}>0$ 使成立

$$|\partial_\xi^\alpha\partial_{x,y}^\beta a(x,y,\xi)|\leqslant C_{\alpha\beta}(1+|\xi|)^{m-\rho|\alpha|+\delta|\beta|},\quad \forall(x,y,\xi)\in\Omega\times\Omega\times\mathbf{R}^n.\tag{5.4.4}$$

当 $a(x,y,\xi)$ 满足以上条件时, 由 (5.4.3) 定义了一个连续线性映射 $A:C_0^\infty(\Omega)\to C^\infty(\Omega)$, 这个映射也可唯一地延拓成 $E'(\Omega)$ 到 $D'(\Omega)$ 的连续线性映射. 映射 $A: C_0^\infty(\Omega)\to C^\infty(\Omega)$ 及其在 $E'(\Omega)$ 上的连续延拓叫做 Ω 上以 $a(x,y,\xi)$ 为振幅的$\Psi^m_{\rho,\delta}$**类拟微分算子**或m **阶** (ρ,δ) **型拟微分算子**, 其全体组成的集合仍然用符号 $\Psi^m_{\rho,\delta}(\Omega)$ 来表示.

不难知道, 当 $a(x,y,\xi)\in S^m_{\rho,\delta}(\Omega\times\Omega\times\mathbf{R}^n)$ 时, 以 $a(x,y,\xi)$ 为振幅的拟微分算子 A 作为 $E'(\Omega)$ 到 $D'(\Omega)$ 的连续线性映射的表达式如下

$$Au(x)=\frac{1}{(2\pi)^n}\lim_{M\to\infty}\int_{|\xi|\leqslant M}\mathrm{e}^{\mathrm{i}x\xi}\langle\mathrm{e}^{-\mathrm{i}y\xi}a(x,y,\xi),u(y)\rangle_y\mathrm{d}\xi,\quad \forall u\in E'(\Omega),$$

这里的极限仍然表示按 $D'(\Omega)$ 弱拓扑意义的极限, 而符号 $\langle \mathrm{e}^{-\mathrm{i}y\xi}a(x,y,\xi),u(y)\rangle_y$ 则表示广义函数 $u\in E'(\Omega)$ 对无穷可微函数 $y\mapsto \mathrm{e}^{-\mathrm{i}y\xi}a(x,y,\xi)$ 的对偶作用 (视 x,ξ 为参数).

一种重要的特殊情况是 $\Omega=\mathbf{R}^n$. 这时, 显然无论是定义式 (5.4.1) 还是 (5.4.3), 都对任意 $u\in S(\mathbf{R}^n)$ 有意义, 而且由它们定义了映 $S(\mathbf{R}^n)$ 到 $S(\mathbf{R}^n)$ 的连续线性映射. 这就是说当 $\Omega=\mathbf{R}^n$ 时, 拟微分算子都是映 $S(\mathbf{R}^n)$ 到 $S(\mathbf{R}^n)$ 的连续线性映射.

需要说明, 对拟微分算子的定义, 这里所采用的表述方式与其他一些书籍略有差异: 这里要求不等式 (5.4.2) 在整个 $\Omega\times\mathbf{R}^n$ 上成立, 其他一些书籍上一般只要求对任意紧集 $K\subset\subset\Omega$ 在 $K\times\mathbf{R}^n$ 上成立. 类似地, 关于不等式 (5.4.4), 这里要求它在整个 $\Omega\times\Omega\times\mathbf{R}^n$ 上成立, 其他一些书籍则只要求对任意紧集 $K_1,K_2\subset\subset\Omega$ 在 $K_1\times K_2\times\mathbf{R}^n$ 上成立. 这些细微的差异导致一些结论也可能有一定的差异. 这一点请读者务必注意.

5.4.2 核函数

对于由式 (5.4.3) 定义的拟微分算子 A, 利用其振幅 $a(x,y,\xi)$ 可定义 $\Omega\times\Omega$ 上的一个广义函数 $K_A\in D'(\Omega\times\Omega)$ 如下:

$$\langle K_A,\varphi\rangle=\frac{1}{(2\pi)^n}\int_{\mathbf{R}^n}\int_{\Omega}\int_{\Omega}\mathrm{e}^{\mathrm{i}(x-y)\xi}a(x,y,\xi)\varphi(x,y)\mathrm{d}x\mathrm{d}y\mathrm{d}\xi,\quad \forall\varphi\in C_0^\infty(\Omega\times\Omega). \tag{5.4.5}$$

这里的三层积分符号表示先关于变元 (x,y) 作重积分, 再关于变元 ξ 积分. 由于 $\delta<1$, 所以不难验证对任意 $\varphi\in C_0^\infty(\Omega\times\Omega)$, 上式关于变元 (x,y) 的重积分结果是 ξ 的各阶导数都在无穷远处急降的无穷可微函数即 Schwartz 函数, 所以再关于变元 ξ 的积分有意义, 而且易知按上式的确定义了 $\Omega\times\Omega$ 上的一个广义函数, 即以上定义合理.

定义 5.4.4 称由式 (5.4.5) 定义的广义函数 K_A 为拟微分算子 A 的**核函数**.

核函数的意义在于成立以下等式:

$$\langle Au,v\rangle=\langle K_A(x,y),v(x)u(y)\rangle,\quad \forall u,v\in C_0^\infty(\Omega).$$

从定义式 (5.4.5) 容易看出成立关系式:

$$K_A(x,y)=\frac{1}{(2\pi)^n}\lim_{M\to\infty}\int_{|\xi|\leqslant M}\mathrm{e}^{\mathrm{i}(x-y)\xi}a(x,y,\xi)\mathrm{d}\xi=\check{a}(x,y,x-y), \tag{5.4.6}$$

这里的极限表示按 $D'(\Omega\times\Omega)$ 弱拓扑意义的极限, 而 $\check{a}(x,y,\cdot)$ 表示 $a(x,y,\xi)$ 关于变元 ξ 的反 Fourier 变换. 注意如果 $m<-n$, 则 $a(x,y,\xi)$ 关于 ξ 在 $\mathbf{R}^n$ 上可积, 因而上式中的极限运算可以省掉:

$$K_A(x,y)=\frac{1}{(2\pi)^n}\int_{\mathbf{R}^n}\mathrm{e}^{\mathrm{i}(x-y)\xi}a(x,y,\xi)\mathrm{d}\xi,$$

而且显然这时 $K_A \in C(\Omega\times\Omega)$. 进一步如果对某正整数 k 有 $m < -n-\delta k$, 则 $K_A \in C^k(\Omega\times\Omega)$.

用 $\Psi^{-\infty}(\Omega)$表示由 Ω 上全体核函数属于 $C^\infty(\Omega\times\Omega)$ 的积分算子组成的集合, 即 $A\in\Psi^{-\infty}(\Omega)$ 当且仅当存在函数 $K\in C^\infty(\Omega\times\Omega)$ 使成立

$$Au(x)=\int_\Omega K(x,y)u(y)\mathrm{d}y,\quad x\in\Omega,\quad \forall u\in C_0^\infty(\Omega).$$

显然当 $A\in\Psi^{-\infty}(\Omega)$ 时, A 可延拓成映 $E'(\Omega)$ 到 $C^\infty(\Omega)$ 的连续线性映射, 延拓的方式是对任意 $u\in E'(\Omega)$, 把上式中的积分理解为 $E'(\Omega)$ 中广函对 $C^\infty(\Omega)$ 中函数的对偶作用. 因此, $\Psi^{-\infty}(\Omega)$ 中的算子叫做**光滑化算子**. 容易看出对任意 $0\leqslant\delta<\rho\leqslant 1$ 都有 $\bigcap\limits_{m=-\infty}^{\infty}\Psi^m_{\rho,\delta}(\Omega)\subseteq\Psi^{-\infty}(\Omega)$.

例 1　应用关系式 (5.4.6) 易见偏微分算子 $P(x,D)=\sum\limits_{|\alpha|\leqslant m}a_\alpha(x)D^\alpha$ 的核函数为

$$K_P(x,y)=\sum_{|\alpha|\leqslant m}a_\alpha(x)D^\alpha\delta(x-y).$$

注意 $K_P(x,y)$ 在 $\Omega\times\Omega$ 的对角线 $\Delta=\{(x,x):x\in\Omega\}$ 之外为 C^∞ 函数.

例 2　对任意实数 m 和任意 $0<\rho\leqslant 1$, 用 $S^m_\rho(\mathbf{R}^n)$ 表示由所有满足以下条件的函数 $p\in C^\infty(\mathbf{R}^n)$ 组成的集合: 对任意 $\alpha\in\mathbf{Z}^n_+$ 存在相应的常数 $C_\alpha>0$ 使成立

$$|\partial^\alpha p(\xi)|\leqslant C_\alpha(1+|\xi|)^{m-\rho|\alpha|},\quad \forall\xi\in\mathbf{R}^n.$$

以 $p(\xi)$ 为符征的拟微分算子记作 $p(D)$. 由于显然有 $S^m_\rho(\mathbf{R}^n)\subseteq O_M(\mathbf{R}^n)\subseteq S'(\mathbf{R}^n)$, 所以对 $p\in S^m_\rho(\mathbf{R}^n)$, 其反 Fourier 变换 $\check{p}$ 有意义且 $\check{p}\in S'(\mathbf{R}^n)$. 应用关系式 (5.4.6) 易见拟微分算子 $p(D)$ 的核函数为

$$K_p(x,y)=\check{p}(x-y).$$

根据习题 2.4 第 7 题知 $\check{p}$ 在原点之外无穷可微. 所以 $K_p(x,y)$ 在 $\mathbf{R}^n\times\mathbf{R}^n$ 的对角线 $\Delta=\{(x,x):x\in\mathbf{R}^n\}$ 之外是 C^∞ 函数.

例 3　设 $P(x,D)=\sum\limits_{j=1}^{m}a_j(x)p_j(D)$, 其中 $p_j\in S^{m_j}_\rho(\mathbf{R}^n)$, $j=1,2,\cdots,N$, m_j $(j=1,2,\cdots,N)$ 是一组实数, $m_1\geqslant m_2\geqslant\cdots\geqslant m_N$, 而 $a_j\in C^\infty(\Omega)$, $j=1,2,\cdots,N$. 应用例 2 知拟微分算子 $P(x,D)$ 的核函数为

$$K_P(x,y)=\sum_{j=1}^{m}a_j(x)\check{p}_j(x-y).$$

同样应用例 2 知 $K_P(x,y)$ 在 $\Omega\times\Omega$ 的对角线 Δ 之外为 C^∞ 函数.

上述三例中每个算子的核函数都在对角线 Δ 之外无穷可微. 这个现象不是孤立的, 而是对所有拟微分算子都成立的普遍现象. 在证明这个结论之前先引进以下概念:

定义 5.4.5 定义在开集 $\Omega\subseteq\mathbf{R}^n$ 上的广义函数 u 的**奇支集**是指使 $u\in C^\infty(U)$ 的最大开集 $U\subset\Omega$ 在 Ω 中的余集, 并用符号 singsupp$u$ 表示. $\Omega\times\Omega$ 上广义函数的奇支集类似定义并有相同的记号.

前面提到的拟微分算子的重要性质由以下定理给出:

定理 5.4.6 对于开集 $\Omega\subseteq\mathbf{R}^n$ 上的任意拟微分算子 A, 其核函数 K_A 在 $\Omega\times\Omega$ 的对角线 $\Delta=\{(x,x):x\in\Omega\}$ 之外为 C^∞ 函数, 因此 singsupp$K_A\subseteq\Delta$, 而且对任意 $\alpha,\beta\in\mathbf{Z}_+^n$ 和 $N>0$, 成立下列估计式:

$$|\partial_x^\alpha\partial_y^\beta K_A(x,y)|\leqslant C_{\alpha\beta N}|x-y|^{-l}(1+|x-y|)^{-N},\quad \forall x,y\in\Omega,\ x\neq y,\tag{5.4.7}$$

这里 l 是大于 $(m+|\alpha|+|\beta|+n)/\rho$ 的最小非负整数.

证 对任意 $\alpha\in\mathbf{Z}_+^n$ 和 $\varphi\in C_0^\infty(\Omega\times\Omega)$, 有

$$\begin{aligned}\langle(x-y)^\alpha K_A,\varphi\rangle&=\frac{1}{(2\pi)^n}\int_{\mathbf{R}^n}\int_\Omega\int_\Omega \mathrm{e}^{\mathrm{i}(x-y)\xi}a(x,y,\xi)(x-y)^\alpha\varphi(x,y)\mathrm{d}x\mathrm{d}y\mathrm{d}\xi\\&=\frac{1}{(2\pi)^n}\int_{\mathbf{R}^n}\int_\Omega\int_\Omega D_\xi^\alpha(\mathrm{e}^{\mathrm{i}(x-y)\xi})a(x,y,\xi)\varphi(x,y)\mathrm{d}x\mathrm{d}y\mathrm{d}\xi\\&=\frac{(-\mathrm{i})^{|\alpha|}}{(2\pi)^n}\int_{\mathbf{R}^n}\int_\Omega\int_\Omega \mathrm{e}^{\mathrm{i}(x-y)\xi}\partial_\xi^\alpha a(x,y,\xi)\varphi(x,y)\mathrm{d}x\mathrm{d}y\mathrm{d}\xi.\end{aligned}\tag{5.4.8}$$

最后这个等式可采用逼近的方法证明, 即取 $\psi\in C_0^\infty(\mathbf{R})$ 使 supp$\psi\subseteq\{|\xi|\leqslant 2\}$, 且当 $|\xi|\leqslant 1$ 时 $\psi(\xi)=1$, 然后对被积函数乘以 $\psi\left(\dfrac{\xi}{R}\right)$ 之后令 $R\to\infty$. 由 (5.4.4) 知成立以下估计:

$$|\partial_\xi^\alpha a(x,y,\xi)|\leqslant C_\alpha(1+|\xi|)^{m-\rho|\alpha|},\quad \forall(x,y,\xi)\in\Omega\times\Omega\times\mathbf{R}^n.\tag{5.4.9}$$

取长度充分大的 $\alpha\in\mathbf{Z}_+^n$ 使 $m-\rho|\alpha|\leqslant -n-1$. 则由上式知 (5.4.8) 最后一个等号右端的三重积分存在, 而且各种累次积分也都存在, 从而可任意交换次序. 这特别意味着成立关系式

$$(x-y)^\alpha K_A(x,y)=\frac{(-\mathrm{i})^{|\alpha|}}{(2\pi)^n}\int_{\mathbf{R}^n}\mathrm{e}^{\mathrm{i}(x-y)\xi}\partial_\xi^\alpha a(x,y,\xi)\mathrm{d}\xi.\tag{5.4.10}$$

从这个表达式和估计式 (5.4.9) 易见 $(x-y)^\alpha K_A(x,y)\in C(\Omega\times\Omega)$, 进而 $K_A\in$

$C((\Omega\times\Omega)\backslash\Delta)$. 其次, 简单的计算表明, 对任意 $\alpha,\beta\in\mathbf{Z}_+^n$ 有

$$\langle\partial_x^\alpha\partial_y^\beta K_A,\varphi\rangle=\sum_{\substack{\mu\leqslant\alpha\\ \nu\leqslant\beta}}\frac{1}{(2\pi)^n}\binom{\alpha}{\mu}\binom{\beta}{\nu}\int_{\mathbf{R}^n}\int_\Omega\int_\Omega \mathrm{e}^{\mathrm{i}(x-y)\xi}(\mathrm{i}\xi)^{\alpha-\mu}(-\mathrm{i}\xi)^{\beta-\nu}$$
$$\times\partial_x^\mu\partial_y^\nu a(x,y,\xi)\varphi(x,y)\mathrm{d}x\mathrm{d}y\mathrm{d}\xi,\quad \forall\varphi\in C_0^\infty(\Omega\times\Omega),\tag{5.4.11}$$

即 $\partial_x^\alpha\partial_y^\beta K_A$ 是一些类似于 K_A 的广义函数的线性组合. 由上面已证明的结论知, 这些广义函数都在 $(\Omega\times\Omega)\backslash\Delta$ 上是连续函数, 所以 $\partial_x^\alpha\partial_y^\beta K_A$ 也在 $(\Omega\times\Omega)\backslash\Delta$ 上是连续函数. 由 $\alpha,\beta\in\mathbf{Z}_+^n$ 的任意性, 便证明了 $K_A\in C^\infty((\Omega\times\Omega)\backslash\Delta)$.

现在设 l 是大于 $(m+n)/\rho$ 的最小非负整数, 并设 N 是任意给定的正整数. 对任意满足 $|\beta|=l$ 和 $0\leqslant|\gamma|\leqslant N$ 的 $\beta,\gamma\in\mathbf{Z}_+^n$, 对 $\alpha=\beta+\gamma$ 应用 (5.4.9) 和 (5.4.10), 可知 $(x-y)^\gamma(x-y)^\beta K_A\in C(\Omega\times\Omega)$ 并且有界. 因此

$$\begin{aligned}|x-y|^l|K_A(x,y)|&\leqslant C\sum_{|\beta|=l}|(x-y)^\beta K_A(x,y)|\\&\leqslant C_N(1+|x-y|)^{-N},\quad\forall x,y\in\Omega,x\neq y,\end{aligned}$$

这就证明了 $\alpha=\beta=0$ 时的 (5.4.7). 对于一般的 $\alpha,\beta\in\mathbf{Z}_+^n$, 估计式 (5.4.7) 由 (5.4.11) 和已证明的 $\alpha=\beta=0$ 时的估计式结合起来得到. 证毕. □

推论 5.4.7　(1) 设 $A\in\Psi_{\rho\delta}^m(\Omega)$ 而 $m<-n$. 则 A 是映 $L^\infty(\Omega)$ 到 $L^\infty(\Omega)$ 的有界线性算子.

(2) 设 $A\in\Psi_{\rho\delta}^m(\Omega)$ 而 $m<-n-k$, 其中 k 是正整数. 则 A 是映 $L^\infty(\Omega)$ 到 $W^{k,\infty}(\Omega)$ 的有界线性算子, 并且是映 $W_0^{-k,\infty}(\Omega)$ 到 $L^\infty(\Omega)$ 的有界线性算子, 其中 $W_0^{-k,\infty}(\Omega)$ 表示 $C_0^\infty(\Omega)$ 在 $W^{-k,\infty}(\Omega)$ 中的闭包.

(3) 设 $A\in\Psi_{\rho\delta}^m(\Omega)$ 而 $m<-n+2(1-\delta)k$, 其中 k 是正整数, 而 $0\leqslant\delta<1$. 则 A 是映 $L^\infty(\Omega)$ 到 $W^{-2k,\infty}(\Omega)$ 的有界线性算子, 并且是映 $C_0^{2k}(\overline{\Omega})$ 到 $L^\infty(\Omega)$ 的有界线性算子.

(4) 如果 $A\in\Psi^{-\infty}(\Omega)$, 则其核函数 $K_A(x,y)$ 及其各阶偏导数都是 $\Omega\times\Omega$ 上的有界函数, 并且当 Ω 是无界集时 $K_A(x,y)$ 及其各阶偏导数当 $|x-y|\to\infty$ 时急降.

证　当 $A\in\Psi_{\rho\delta}^m(\Omega)$ 且 $m<-n$ 时, 由估计式 (5.4.7) 知对任意 $N>0$ 成立

$$|K_A(x,y)|\leqslant C_N(1+|x-y|)^{-N},\quad\forall x,y\in\Omega.$$

因此对任意 $u\in L^\infty(\Omega)$ 有

$$\begin{aligned}\sup_{x\in\Omega}|Au(x)|&=\sup_{x\in\Omega}\left|\int_\Omega K_A(x,y)u(y)\mathrm{d}y\right|\\&\leqslant\sup_{y\in\Omega}|u(y)|\cdot C\sup_{x\in\Omega}\int_\Omega(1+|x-y|)^{-n-1}\mathrm{d}y,\end{aligned}$$

可见 $\|Au\|_{L^\infty(\Omega)} \leqslant C\|u\|_{L^\infty(\Omega)}$, 所以 A 是映 $L^\infty(\Omega)$ 到 $L^\infty(\Omega)$ 的有界线性算子. 这就证明了结论 (1). 当 $A \in \Psi^m_{\rho\delta}(\Omega)$ 且 $m < -n-k$ 时, 由估计式 (5.4.7) 知对任意 $|\alpha| \leqslant k$ 和任意 $N > 0$ 成立

$$|\partial_x^\alpha K_A(x,y)| \leqslant C_N(1+|x-y|)^{-N}, \quad |\partial_y^\alpha K_A(x,y)| \leqslant C_N(1+|x-y|)^{-N}, \quad \forall x,y \in \Omega.$$

从前一个不等式立知 A 是映 $L^\infty(\Omega)$ 到 $W^{k,\infty}(\Omega)$ 的有界线性算子, 而从后一个不等式也不难推出 A 是映 $W_0^{-k,\infty}(\Omega)$ 到 $L^\infty(\Omega)$ 的有界线性算子. 这就证明了结论 (2). 当 $A \in \Psi^m_{\rho\delta}(\Omega)$ 而 $m < -n+2(1-\delta)k$ 时, 由 (5.4.6) 有

$$\begin{aligned}
K_A(x,y) &= \frac{1}{(2\pi)^n}\lim_{M\to\infty}\int_{|\xi|\leqslant M} \mathrm{e}^{\mathrm{i}(x-y)\xi} a(x,y,\xi)\mathrm{d}\xi \\
&= \frac{1}{(2\pi)^n}\lim_{M\to\infty}\int_{|\xi|\leqslant M} (1-\Delta_x)^k \mathrm{e}^{\mathrm{i}(x-y)\xi}(1+|\xi|^2)^{-k} a(x,y,\xi)\mathrm{d}\xi \\
&= \frac{1}{(2\pi)^n}\lim_{M\to\infty}\sum_{|\alpha|\leqslant 2k} C_\alpha \int_{|\xi|\leqslant M} \partial_x^\alpha \mathrm{e}^{\mathrm{i}(x-y)\xi}(1+|\xi|^2)^{-k} a(x,y,\xi)\mathrm{d}\xi \\
&= \frac{1}{(2\pi)^n}\lim_{M\to\infty}\sum_{|\alpha|\leqslant 2k}\sum_{\beta\leqslant\alpha} C_\alpha (-1)^{|\beta|}\binom{\alpha}{\beta} \\
&\quad \cdot \int_{|\xi|\leqslant M} \partial_x^\beta [\mathrm{e}^{\mathrm{i}(x-y)\xi}(1+|\xi|^2)^{-k}\partial_x^{\alpha-\beta} a(x,y,\xi)]\mathrm{d}\xi \\
&= \sum_{|\beta|\leqslant 2k} \partial_x^\beta K_{A_\beta}(x,y),
\end{aligned} \tag{5.4.12}$$

其中

$$K_{A_\beta}(x,y) = \frac{1}{(2\pi)^n}\lim_{M\to\infty}\int_{|\xi|\leqslant M} \mathrm{e}^{\mathrm{i}(x-y)\xi} a_\beta(x,y,\xi)\mathrm{d}\xi,$$

它是以

$$a_\beta(x,y,\xi) = (-1)^{|\beta|}\sum_{\substack{\alpha\geqslant\beta \\ |\alpha|\leqslant 2k}} C_\alpha \binom{\alpha}{\beta}(1+|\xi|^2)^{-k}\partial_x^{\alpha-\beta} a(x,y,\xi)$$

为振幅的拟微分算子 A_β 的核函数. 显然 $A_\beta \in \Psi^{m-2(1-\delta)k}_{\rho\delta}(\Omega)$. 由于 $m-2(1-\delta)k < -n$, 所以由结论 (1) 知 A_β 是映 $L^\infty(\Omega)$ 到 $L^\infty(\Omega)$ 的有界线性算子. 这样由表达式 (5.4.12) 即知 A 是映 $L^\infty(\Omega)$ 到 $W^{-2k,\infty}(\Omega)$ 的有界线性算子. 类似的推导表明还可把 $K_A(x,y)$ 表示成

$$K_A(x,y) = \sum_{|\gamma|\leqslant 2k} \partial_y^\gamma K_{B_\gamma}(x,y),$$

其中 $B_\gamma \in \Psi^{m-2(1-\delta)k}_{\rho\delta}(\Omega)$. 因此 A 也是映 $C_0^{2k}(\overline{\Omega})$ 到 $L^\infty(\Omega)$ 的有界线性算子. 这就证明了结论 (3). 最后, 结论 (4) 是估计式 (5.4.7) 的直接推论, 因为当 $A \in \Psi^{-\infty}(\Omega)$ 时, (5.4.7) 对任意 $\alpha, \beta \in \mathbf{Z}_+^n$ 和 $l = 0$ 都成立. 证毕. □

应用定理 5.4.6 便可证明:

定理 5.4.8 对于任意拟微分算子 A 和任意广义函数 $u \in E'(\Omega)$ 都成立以下关系式:

$$\text{singsupp}Au \subseteq \text{singsupp}u. \tag{5.4.13}$$

证 只需证明对任意 $x_0 \in \Omega$, 当 $x_0 \notin \text{singsupp}u$ 时亦有 $x_0 \notin \text{singsupp}Au$. 由 $x_0 \notin \text{singsupp}u$ 知存在 x_0 的邻域 $U \subseteq \Omega$ 使 $u \in C^\infty(U)$. 取 x_0 的邻域 V 使 $V \subset\subset U$. 再取 $\varphi \in C_0^\infty(U)$ 使在 $\overline{V}$ 的某邻域上 $\varphi = 1$. 写

$$Au = A(\varphi u) + A[(1-\varphi)u]. \tag{5.4.14}$$

由于 $\varphi u \in C_0^\infty(U) \subseteq C_0^\infty(\Omega)$, 所以 $A(\varphi u) \in C^\infty(\Omega)$. 我们再证明 $A[(1-\varphi)u] \in C^\infty(V)$. 为此注意对任意 $\psi \in C_0^\infty(V)$ 和 $v \in C_0^\infty(\Omega)$ 有

$$\begin{aligned}\langle \psi A[(1-\varphi)u], v\rangle &= \langle K_A(x,y), \psi(x)v(x)[1-\varphi(y)]u(y)\rangle \\ &= \langle \psi(x)[1-\varphi(y)]K_A(x,y), v(x)u(y)\rangle.\end{aligned}$$

由于 $\text{supp}\psi(x)[1-\varphi(y)] \subseteq V \times (\Omega\backslash\overline{V}) \subseteq (\Omega\times\Omega)\backslash\Delta$ 而 $\text{singsupp}K_A \subseteq \Delta$, 所以 $\psi(x)[1-\varphi(y)]K_A(x,y) \in C^\infty(\Omega\times\Omega)$. 这样由上式即知

$$\psi(x)A[(1-\varphi)u](x) = \langle \psi(x)[1-\varphi(y)]K_A(x,\cdot), u\rangle \in C^\infty(\Omega).$$

由于 $\psi \in C_0^\infty(V)$ 任意, 所以就证明了 $A[(1-\varphi)u] \in C^\infty(V)$. 这样一来, 应用 (5.4.14) 即知 $Au \in C^\infty(V)$, 从而 $x_0 \notin \text{singsupp}Au$. 因此关系式 (5.4.13) 成立. 证毕. □

再来考察在拟微分算子作用下, 函数的支集是如何变化的. 为此引进以下记号: 对任意集合 $S \subseteq \Omega\times\Omega$ 和 $E \subseteq \Omega$, 记

$$S \circ E = \{x \in \Omega:\ \text{存在}\ y \in E\ \text{使得}\ (x,y) \in S\}.$$

定理 5.4.9 对任意拟微分算子 A 和任意广义函数 $u \in E'(\Omega)$ 都成立以下关系式:

$$\text{supp}Au \subseteq \text{supp}K_A \circ \text{supp}u. \tag{5.4.15}$$

证 事实上, 对任意 $v \in C_0^\infty(\Omega)$, 当 $\text{supp}v \cap [\text{supp}K_A \circ \text{supp}u] = \varnothing$ 时, 有 $\text{supp}K_A \cap \text{supp}[v(x)u(y)] = \varnothing$, 从而 $\langle Au, v\rangle = \langle K_A(x,y), v(x)u(y)\rangle = 0$. 所以 (5.4.15) 成立. 证毕. □

5.4.3 恰当支拟微分算子

一般地, 对乘积空间 $\Omega\times\Omega$ 中的集合 S, 如果它具有以下性质: 对于任意紧集 $E\subseteq\Omega$, 集合 $\{y\in\Omega:\ (x,y)\in S, x\in E\}$ 与 $\{x\in\Omega:\ (x,y)\in S, y\in E\}$ 都是 Ω 的紧子集, 则称 S 是 $\Omega\times\Omega$ 中的**恰当子集**(proper subset). 因此引进以下概念:

定义 5.4.10 开集 $\Omega\subseteq\mathbf{R}^n$ 上的拟微分算子 A 叫做是**恰当支拟微分算子**(properly supported pseudo-differential operator), 如果 $\mathrm{supp}K_A$ 是 $\Omega\times\Omega$ 中的恰当子集.

例 4 由例 1 可知, 偏微分算子作为拟微分算子都是恰当支拟微分算子. 其次, 设 $P(x,D)$ 是例 3 中的拟微分算子, 其中 $\Omega=\mathbf{R}^n$. 假设每个 p_j 都可延拓成 $\mathbf{C}^n$ 上的整解析函数并具如下性质: 存在常数 $A_j, C_j>0$ 使成立

$$|p_j(\zeta)|\leqslant C_j(1+|\zeta|)^{m_j}\mathrm{e}^{A_j|\mathrm{Im}\zeta|},\quad \forall\zeta\in\mathbf{C}^n$$

$(j=1,2,\cdots,N)$, 则由 Paley–Wiener–Schwartz 定理知 $\check{p}_j$ 的支集包含于闭球 $|x|\leqslant A_j$, 从而由例 3 知 K_P 的支集是 $\mathbf{R}^n\times\mathbf{R}^n$ 中的恰当子集, 所以 $P(x,D)$ 是 $\mathbf{R}^n$ 上的恰当支拟微分算子.

定理 5.4.11 设 A 是开集 $\Omega\subseteq\mathbf{R}^n$ 上的恰当支拟微分算子. 则有下列结论:

(1) A 是映 $C_0^\infty(\Omega)$ 到 $C_0^\infty(\Omega)$ 的连续线性算子;

(2) A 可延拓成映 $C^\infty(\Omega)$ 到 $C^\infty(\Omega)$ 的连续线性算子;

(3) A 可延拓成映 $E'(\Omega)$ 到 $E'(\Omega)$ 的连续线性算子;

(4) A 可延拓成映 $D'(\Omega)$ 到 $D'(\Omega)$ 的连续线性算子.

证 结论 (1) 和 (3) 是定理 5.4.9 的直接推论. 为证明结论 (2), 只需注意 A 可按以下方式延拓成映 $C^\infty(\Omega)$ 到 $C^\infty(\Omega)$ 的连续线性算子:

$$Au(x)=\langle K_A(x,y),u(y)\rangle_y,\quad \forall u\in C^\infty(\Omega).$$

上式右端对任意 $x\in\Omega$ 都是有意义的, 因为对每个给定的 $x\in\Omega$, 因集合 $\{y\in\Omega:(x,y)\in\mathrm{supp}K_A\}$ 都是 Ω 的紧子集, 说明对每个给定的 $x\in\Omega$ 都有 $K_A(x,\cdot)\in E'(\Omega)$, 所以它对 $C^\infty(\Omega)$ 中函数的作用有意义. 至于函数 $x\mapsto\langle K_A(x,y),u(y)\rangle_y$ 的无穷可微性, 则是定理 5.4.8 的直接推论. 最后, A 可按以下方式延拓成映 $D'(\Omega)$ 到 $D'(\Omega)$ 的连续线性算子:

$$\langle Au,v\rangle=\langle\langle K_A(x,y),v(x)\rangle_x,u(y)\rangle_y,\quad \forall u\in D'(\Omega),\ \forall v\in C_0^\infty(\Omega).$$

因为由于 $\mathrm{supp}K_A$ 是 $\Omega\times\Omega$ 中的恰当子集, 所以对任意 $v\in C_0^\infty(\Omega)$, 函数 $x\mapsto\langle K_A(x,y),v(x)\rangle_x$ 都具有紧支集从而属于 $C_0^\infty(\Omega)$, 所以任意广函 $u\in D'(\Omega)$ 对它的对偶作用都有意义. 证毕. □

根据以上定理, 当 A 是恰当支拟微分算子时, $A(\mathrm{e}^{\mathrm{i}x\xi})$ (视 ξ 为参数) 有意义. 不难验证 $(x,\xi)\mapsto A(\mathrm{e}^{\mathrm{i}x\xi})$ 是 $\Omega\times\mathbf{R}^n$ 上的无穷可微函数.

定义 5.4.12 设 A 是开集 $\Omega\subseteq\mathbf{R}^n$ 上的恰当支拟微分算子. 则称函数 $(x,\xi)\mapsto \mathrm{e}^{-\mathrm{i}x\xi}A(\mathrm{e}^{\mathrm{i}x\xi})$ 为 A 的**符征**, 记作 $\sigma_A(x,\xi)$, 即

$$\sigma_A(x,\xi)=\mathrm{e}^{-\mathrm{i}x\xi}A(\mathrm{e}^{\mathrm{i}x\xi}),\quad \forall(x,\xi)\in\Omega\times\mathbf{R}^n. \tag{5.4.16}$$

注意由于 $A(\mathrm{e}^{\mathrm{i}x\xi})$ 是 $\Omega\times\mathbf{R}^n$ 上的无穷可微函数, 所以 $\sigma_A(x,\xi)\in C^\infty(\Omega\times\mathbf{R}^n)$.

定理 5.4.13 设 A 是开集 $\Omega\subseteq\mathbf{R}^n$ 上的恰当支拟微分算子, 符征为 $\sigma_A(x,\xi)$, 则有

$$Au(x)=\frac{1}{(2\pi)^n}\int_{\mathbf{R}^n}\mathrm{e}^{\mathrm{i}x\xi}\sigma_A(x,\xi)\tilde{u}(\xi)\mathrm{d}\xi,\quad \forall u\in C_0^\infty(\Omega). \tag{5.4.17}$$

证 对任意 $u\in C_0^\infty(\Omega)$, 有

$$u(x)=F^{-1}[\tilde{u}(\xi)]=\frac{1}{(2\pi)^n}\int_{\mathbf{R}^n}\mathrm{e}^{\mathrm{i}x\xi}\tilde{u}(\xi)\mathrm{d}\xi.$$

把上式中的积分表示成简单函数积分的极限, 则这些简单函数的积分作为变元 x 的函数是有限个 $C^\infty(\Omega)$ 中函数的和. 易知这种极限运算按 $C^\infty(\Omega)$ 拓扑收敛 (即对任意紧集 $K\subset\subset\Omega$ 和任意 $\alpha\in\mathbf{Z}_+^n$, 这些简单函数的积分作为有限个变元 x 的函数的和, 其关于 x 的 α 阶偏导数在取极限的过程中在 K 上一致收敛). 由于 A 是映 $C^\infty(\Omega)$ 到 $C^\infty(\Omega)$ 的连续线性算子, 且由于 $A(\mathrm{e}^{\mathrm{i}x\xi})=\mathrm{e}^{\mathrm{i}x\xi}\sigma_A(x,\xi)$, 所以通过这样取极限的方法便得到

$$Au(x)=\frac{1}{(2\pi)^n}\int_{\mathbf{R}^n}(A\mathrm{e}^{\mathrm{i}x\xi})\tilde{u}(\xi)\mathrm{d}\xi=\frac{1}{(2\pi)^n}\int_{\mathbf{R}^n}\mathrm{e}^{\mathrm{i}x\xi}\sigma_A(x,\xi)\tilde{u}(\xi)\mathrm{d}\xi.$$

这就证明了 (5.4.17). 证毕. □

以上定理说明, 恰当支拟微分算子都可表示成 (5.4.1) 的形式. 前面已经指出, $\sigma_A(x,\xi)\in C^\infty(\Omega\times\mathbf{R}^n)$. 自然要问: 当 $A\in\Psi^m_{\rho,\delta}(\Omega)$ 时, 是否 $\sigma_A(x,\xi)\in S^m_{\rho,\delta}(\Omega\times\mathbf{R}^n)$? 这个问题后面将会给出肯定的回答.

对于定义在 $\Omega\times\Omega\times\mathbf{R}^n$ 上的函数 $a(x,y,\xi)$, 如果把它看作 (x,y) 的以 ξ 为参数的函数时, 其支集包含在 $\Omega\times\Omega$ 的一个与 ξ 无关的恰当子集中, 则称 $a(x,y,\xi)$ 具有关于 ξ**一致恰当的支集**. 显然, 如果拟微分算子 A 具有表达式 (5.4.3), 其中的振幅函数 $a(x,y,\xi)$ 具有关于 ξ 一致恰当的支集, 则 A 是恰当支拟微分算子. 反过来的结论也正确, 即有下述定理:

定理 5.4.14 设 A 是开集 $\Omega\subseteq\mathbf{R}^n$ 上的 $\Psi^m_{\rho,\delta}$ 类恰当支拟微分算子, 具有表达式 (5.4.3). 则存在一个具有关于 ξ 一致恰当的支集的振幅函数 $a_1(x,y,\xi)\in S^m_{\rho,\delta}(\Omega\times\Omega\times\mathbf{R}^n)$, 它对每个固定的 $\xi\in\mathbf{R}^n$ 在 $\Omega\times\Omega$ 的对角线 Δ 的某个邻域上

与 $a(x,y,\xi)$ 相等, 使得把 (5.4.3) 中的 $a(x,y,\xi)$ 换为 $a_1(x,y,\xi)$ 时这个表达式仍然成立.

证 设 K_A 的支集为 G, 它是 $\Omega\times\Omega$ 的恰当子集. 不难作一个函数 $\varphi\in C^\infty(\Omega\times\Omega)$, 它在 G 上等于 1, 且支集也是 $\Omega\times\Omega$ 的恰当子集 (见本节习题第 5 题). 令 $a_1(x,y,\xi)=a(x,y,\xi)\varphi(x,y)$. 由于 $K_A(x,y)=K_A(x,y)\varphi(x,y)$, 所以对任意 $u,v\in C_0^\infty(\Omega)$ 有

$$\begin{aligned}\langle Au,v\rangle &=\langle K_A(x,y),v(x)u(y)\rangle=\langle\varphi(x,y)K_A(x,y),v(x)u(y)\rangle\\&=\langle K_A(x,y),\varphi(x,y)v(x)u(y)\rangle\\&=\frac{1}{(2\pi)^n}\int_{\mathbf{R}^n}\int_\Omega\int_\Omega \mathrm{e}^{\mathrm{i}(x-y)\xi}a(x,y,\xi)\varphi(x,y)v(x)u(y)\mathrm{d}x\mathrm{d}y\mathrm{d}\xi\\&=\frac{1}{(2\pi)^n}\int_{\mathbf{R}^n}\int_\Omega\int_\Omega \mathrm{e}^{\mathrm{i}(x-y)\xi}a_1(x,y,\xi)v(x)u(y)\mathrm{d}x\mathrm{d}y\mathrm{d}\xi\\&=\int_\Omega\left(\frac{1}{(2\pi)^n}\int_{\mathbf{R}^n}\int_\Omega \mathrm{e}^{\mathrm{i}(x-y)\xi}a_1(x,y,\xi)u(y)\mathrm{d}y\mathrm{d}\xi\right)v(x)\mathrm{d}x.\end{aligned}$$

所以

$$Au(x)=\frac{1}{(2\pi)^n}\int_{\mathbf{R}^n}\int_\Omega \mathrm{e}^{\mathrm{i}(x-y)\xi}a_1(x,y,\xi)u(y)\mathrm{d}y\mathrm{d}\xi,\quad \forall u\in C_0^\infty(\Omega).$$

证毕. □

因此, 以后讲到恰当支拟微分算子时, 我们总假定它具有表达式 (5.4.3), 其中的振幅函数 $a(x,y,\xi)$ 具有关于 ξ 一致恰当的支集.

定理 5.4.15 任意拟微分算子都可写成同阶同型的恰当支拟微分算子与光滑化算子的和.

证 设 A 是开集 $\Omega\subseteq\mathbf{R}^n$ 上的 $\Psi^m_{\rho,\delta}$ 类拟微分算子, 具有表达式 (5.4.3), 振幅为 $a(x,y,\xi)$. 作一个函数 $\varphi\in C^\infty(\Omega\times\Omega)$, 它在 $\Omega\times\Omega$ 的对角线 Δ 的一个邻域中等于 1, 且具有恰当的支集, 然后令

$$a_1(x,y,\xi)=\varphi(x,y)a(x,y,\xi),\quad a_0(x,y,\xi)=[1-\varphi(x,y)]a(x,y,\xi).$$

再令 A_1 和 A_0 为分别以 $a_1(x,y,\xi)$ 和 $a_0(x,y,\xi)$ 为振幅的拟微分算子. 则显然 $A=A_1+A_0$. 不难看出, A_1 是 $\Psi^m_{\rho,\delta}$ 类恰当支拟微分算子, A_0 是光滑化算子. 这就证明了定理 5.4.15. □

5.4.4 符征的渐近展开

把偏微分算子扩展成拟微分算子, 在一定程度上类似于把多项式扩展成幂级数即把多项式函数扩展成解析函数. 如同一般的偏微分算子都可分解成一些不同阶的齐次偏微分算子的和一样, 拟微分算子也往往可以分解成一些不同阶的具有某种

齐次性的拟微分算子的和, 只不过把拟微分算子做这样的分解时, 一般都要涉及无穷和. 下面讨论如何对拟微分算子作这样的分解.

定义 5.4.16 设 $a_j(x,\xi)\in S^{m_j}_{\rho\delta}(\Omega\times\mathbf{R}^n)$, $j=1,2,\cdots$, 其中 $\{m_j\}_{j=1}^{\infty}$ 是一个严格单调递减且趋于 $-\infty$ 的实数列 (记作 $m_j\downarrow-\infty$), ρ,δ 满足定义 5.4.1 的条件. 又设 $a(x,\xi)\in C^\infty(\Omega\times\mathbf{R}^n)$ 满足以下条件: 对任意正整数 k 都成立

$$a(x,\xi)-\sum_{j=1}^{k}a_j(x,\xi)\in S^{m_{k+1}}_{\rho\delta}(\Omega\times\mathbf{R}^n),$$

则称 $a(x,\xi)$**具有渐近展开** $\sum\limits_{j=1}^{\infty}a_j(x,\xi)$, 记作

$$a(x,\xi)\sim\sum_{j=1}^{\infty}a_j(x,\xi).$$

容易看出 $a(x,\xi)\in S^{m_1}_{\rho\delta}(\Omega\times\mathbf{R}^n)$. 一个重要的特殊情形是 $a_j(x,\xi)$ 对大的 $|\xi|$ 是 $m-j+1$ 次齐次的, 即存在常数 $M>0$ 使成立

$$a_j(x,\xi)=|\xi|^{m-j+1}a_j(x,\omega),\quad \forall x\in\Omega,\quad \forall|\xi|\geqslant M,\quad j=1,2,\cdots,$$

其中 $\omega=\xi/|\xi|$. 这时显然 $a(x,\xi)\in S^{m}_{\rho\delta}(\Omega\times\mathbf{R}^n)$. 当一个拟微分算子 A 的符征具有这样的渐近展开时, 称 A 是**经典型拟微分算子**(classical pseudo-differential operator). 这时为叙述简洁起见, 一般不再对 $a_j(x,\xi)$ $(j=1,2,\cdots)$ 在 $\xi=0$ 处的光滑性作限制, 而是直接假设 $a_j(x,\xi)$ 关于 $\xi\in\mathbf{R}^n\backslash\{0\}$ 是 $m-j+1$ 次齐次的, $j=1,2,\cdots$. 另外, 这时称 $a_1(x,\xi)$ 为 A 的**主符征**.

必须注意, 当 $a(x,\xi)$ 具有渐近展开 $\sum\limits_{j=1}^{\infty}a_j(x,\xi)$ 时, 并不意味着级数 $\sum\limits_{j=1}^{\infty}a_j(x,\xi)$ 收敛. 另外, 不同的符征可以有相同的渐近展开. 不难证明, 两个不同的符征 $a(x,\xi)$ 和 $b(x,\xi)$ 具有相同的渐近展开的充要条件是它们相差一个 $S^{-\infty}(\Omega\times\mathbf{R}^n)$ 类函数, 即 $a(x,\xi)-b(x,\xi)=c(x,\xi)$, 其中 $c(x,\xi)\in S^{-\infty}(\Omega\times\mathbf{R}^n)$. 这里 $S^{-\infty}(\Omega\times\mathbf{R}^n)$ 表示由全体在 $\Omega\times\mathbf{R}^n$ 上无穷可微且各阶偏导数作为 ξ 的函数在无穷远处关于 x 一致地急降的函数组成的集合, 即 $a(x,\xi)\in S^{-\infty}(\Omega\times\mathbf{R}^n)$ 的充要条件是对任意 $\alpha,\beta\in\mathbf{Z}^n_+$ 和任意 $N>0$ 都存在相应的常数 $C>0$ 使成立

$$|\partial^\alpha_\xi\partial^\beta_x a(x,\xi)|\leqslant C(1+|\xi|)^{-N},\quad \forall x\in\Omega,\quad \forall\xi\in\mathbf{R}^n.$$

定理 5.4.17 设 $a_j(x,\xi)\in S^{m_j}_{\rho\delta}(\Omega\times\mathbf{R}^n)$, $j=1,2,\cdots$, 其中 $m_j\downarrow-\infty$, 而 ρ,δ 满足定义 5.4.1 的条件, 则存在 $a(x,\xi)\in S^{m_1}_{\rho\delta}(\Omega\times\mathbf{R}^n)$ 使成立 $a(x,\xi)\sim\sum\limits_{j=1}^{\infty}a_j(x,\xi)$.

证 先选取一个截断函数 $\varphi \in C^\infty(\mathbf{R}^n)$ 使在 $|\xi| \leqslant 1/2$ 时 $\varphi(\xi) = 0$, 而在 $|\xi| \geqslant 1$ 时 $\varphi(\xi) = 1$. 再取一列趋于无穷大的正数 $\{t_j\}_{j=1}^\infty$ 使 $t_1 = 1$, 而对每个 $j \geqslant 2$ 以下条件得到满足: 对所有满足条件 $|\alpha| + |\beta| \leqslant j$ 的 $\alpha, \beta \in \mathbf{Z}_+^n$ 都成立

$$\left|\partial_\xi^\alpha \partial_x^\beta \left[\varphi\left(\frac{\xi}{t_j}\right) a_j(x,\xi)\right]\right| \leqslant \frac{1}{2^j}(1+|\xi|)^{m_{j-1}-\rho|\alpha|+\delta|\beta|}, \quad \forall x \in \Omega, \quad \forall \xi \in \mathbf{R}^n. \tag{5.4.18}$$

然后令

$$a(x,\xi) = \sum_{j=1}^\infty \varphi\left(\frac{\xi}{t_j}\right) a_j(x,\xi), \quad \forall x \in \Omega, \quad \forall \xi \in \mathbf{R}^n. \tag{5.4.19}$$

则 $a(x,\xi)$ 便是满足所需条件的符征.

先来说明使 (5.4.18) 成立的正数列 $\{t_j\}_{j=1}^\infty$ 是存在的. 为此注意

$$\begin{aligned}
&\left|\partial_\xi^\alpha \partial_x^\beta \left[\varphi\left(\frac{\xi}{t_j}\right) a_j(x,\xi)\right]\right| \\
&\leqslant \sum_{\gamma\leqslant\alpha} \binom{\alpha}{\gamma} \left|\partial_\xi^\gamma \left[\varphi\left(\frac{\xi}{t_j}\right)\right]\right| \left|\partial_\xi^{\alpha-\gamma}\partial_x^\beta a_j(x,\xi)\right| \\
&\leqslant C_{\alpha\beta} \sum_{\gamma\leqslant\alpha} t_j^{-|\gamma|} \left|\partial^\gamma \varphi\left(\frac{\xi}{t_j}\right)\right| (1+|\xi|)^{m_j-\rho|\alpha-\gamma|+\delta|\beta|} \\
&= C_{\alpha\beta}\left[\sum_{\gamma\leqslant\alpha} t_j^{-|\gamma|}(1+|\xi|)^{m_j-m_{j-1}+\rho|\gamma|}\left|\partial^\gamma\varphi\left(\frac{\xi}{t_j}\right)\right|\right](1+|\xi|)^{m_{j-1}-\rho|\alpha|+\delta|\beta|}.
\end{aligned}$$

由于对所有的 $\gamma \in \mathbf{Z}_+^n$ 都有当 $|\xi| \leqslant t_j/2$ 时 $\partial^\gamma\varphi\left(\dfrac{\xi}{t_j}\right) = 0$, 且对 $|\gamma| \geqslant 1$ 的 $\gamma \in \mathbf{Z}_+^n$ 还有当 $|\xi| \geqslant t_j$ 时 $\partial^\gamma\varphi\left(\dfrac{\xi}{t_j}\right) = 0$, 所以

$$\begin{aligned}
&\sum_{\gamma\leqslant\alpha} t_j^{-|\gamma|}(1+|\xi|)^{m_j-m_{j-1}+\rho|\gamma|}\left|\partial^\gamma\varphi\left(\frac{\xi}{t_j}\right)\right| \\
&\leqslant C_\alpha \sum_{\gamma\leqslant\alpha}(1+|\xi|)^{m_j-m_{j-1}}\left|\partial^\gamma\varphi\left(\frac{\xi}{t_j}\right)\right| \\
&\leqslant C_\alpha\left(1+\frac{t_j}{2}\right)^{m_j-m_{j-1}}.
\end{aligned}$$

因此, 只要归纳地选取趋于无穷大的正数列 $\{t_j\}_{j=2}^\infty$ 使对每个 $j \geqslant 2$ 都成立

$$C_\alpha C_{\alpha\beta}\left(1+\frac{t_j}{2}\right)^{m_j-m_{j-1}} \leqslant \frac{1}{2^j}, \quad \forall |\alpha|+|\beta| \leqslant j,$$

则 (5.4.18) 便得到了满足. 注意由于对每个 $j \geqslant 2$ 满足条件 $|\alpha|+|\beta| \leqslant j$ 的 $\alpha, \beta \in \mathbf{Z}_+^n$ 只有有限多个, 所以这样的正数列 $\{t_j\}_{j=1}^{\infty}$ 是存在的.

再来说明 (5.4.19) 中的级数收敛且由这个级数定义的函数$a(x,\xi)$ 在 $\Omega \times \mathbf{R}^n$ 上无穷可微. 事实上, 由于对任意 $M > 0$, 当 $|\xi| < M$ 时使得 $\varphi\left(\dfrac{\xi}{t_j}\right) \neq 0$ 的 j 只有有限多个, 所以 (5.4.19) 中的级数在每个形如 $\Omega \times \{|\xi| < M\}$ 的集合上都是有限和, 所以这个级数收敛且 $a(x,\xi) \in C^\infty(\Omega \times \mathbf{R}^n)$.

最后, 关于验证关系式 $a(x,\xi) \sim \sum\limits_{j=1}^{\infty} a_j(x,\xi)$ 成立的工作留给读者自己完成. □

按照定义 5.4.16 和定义 5.4.1, 为了证明 $a(x,\xi) \sim \sum\limits_{j=1}^{\infty} a_j(x,\xi)$, 就必须对所有的 $\alpha, \beta \in \mathbf{Z}_+^n$ 和任意正整数 k 都对 $\left|\partial_\xi^\alpha \partial_x^\beta \left[a(x,\xi) - \sum\limits_{j=1}^{k} a_j(x,\xi)\right]\right|$ 进行估计. 这是非常繁琐的工作. 下一个定理表明, 如果已知 $a(x,\xi)$ 及其各阶偏导数都关于 ξ 是至多缓增的, 则无需对导数做估计, 而只需对每个 k 估计 $\left|a(x,\xi) - \sum\limits_{j=1}^{k} a_j(x,\xi)\right|$ 即可.

定理 5.4.18　设 $a_j(x,\xi) \in S_{\rho\delta}^{m_j}(\Omega \times \mathbf{R}^n)$, $j = 1, 2, \cdots$, 其中 $m_j \downarrow -\infty$, 而 ρ, δ 满足定义 5.4.1 的条件. 又设 $a(x,\xi) \in C^\infty(\Omega \times \mathbf{R}^n)$, 且满足以下两个条件:

(1) 对任意 $\alpha, \beta \in \mathbf{Z}_+^n$ 都存在相应的常数 $\mu_{\alpha\beta} \in \mathbf{R}$ 和 $C_{\alpha\beta} > 0$ 使成立

$$|\partial_\xi^\alpha \partial_x^\beta a(x,\xi)| \leqslant C_{\alpha\beta}(1+|\xi|)^{\mu_{\alpha\beta}}, \quad \forall x \in \Omega, \quad \forall \xi \in \mathbf{R}^n.$$

(2) 存在数列 $\{\mu_k\}_{k=1}^{\infty}$, $\lim\limits_{k\to\infty} \mu_k = -\infty$, 使对每个 $k \in \mathbf{N}$ 都存在相应的常数 $C_k > 0$ 使成立

$$\left|a(x,\xi) - \sum_{j=1}^{k} a_j(x,\xi)\right| \leqslant C_k(1+|\xi|)^{\mu_k}, \quad \forall x \in \Omega, \quad \forall \xi \in \mathbf{R}^n.$$

则 $a(x,\xi) \sim \sum\limits_{j=1}^{\infty} a_j(x,\xi)$.

证　根据定理 5.4.17, 存在 $b(x,\xi) \in S_{\rho\delta}^{m_1}(\Omega \times \mathbf{R}^n)$ 使 $b(x,\xi) \sim \sum\limits_{j=1}^{\infty} a_j(x,\xi)$. 令 $c(x,\xi) = a(x,\xi) - b(x,\xi)$. 只需证明 $c(x,\xi) \in S^{-\infty}(\Omega \times \mathbf{R}^n)$.

首先注意, 应用条件 (2) 可知对每个 $k\in\mathbf{N}$ 都有

$$
\begin{aligned}
|c(x,\xi)| &\leqslant \left|a(x,\xi)-\sum_{j=1}^{k}a_j(x,\xi)\right|+\left|b(x,\xi)-\sum_{j=1}^{k}a_j(x,\xi)\right| \\
&\leqslant C_k(1+|\xi|)^{\nu_k}, \quad \forall x\in\Omega,\ \forall\xi\in\mathbf{R}^n,
\end{aligned}
$$

其中 $\nu_k=\max\{m_{k-1},\mu_k\}$, $k=2,3,\cdots$. 显然 $\lim\limits_{k\to\infty}\nu_k=-\infty$. 这就证明了, $c(x,\xi)$ 本身关于变元 ξ 在无穷远处急降, 且这种急降关于变元 x 是一致的. 另一方面, 由条件 (1) 知对任意 $\alpha,\beta\in\mathbf{Z}_+^n$ 都成立

$$
\begin{aligned}
|\partial_\xi^\alpha\partial_x^\beta c(x,\xi)| &\leqslant |\partial_\xi^\alpha\partial_x^\beta a(x,\xi)|+|\partial_\xi^\alpha\partial_x^\beta b(x,\xi)| \\
&\leqslant C_{\alpha\beta}(1+|\xi|)^{\nu_{\alpha\beta}}, \quad \forall x\in\Omega,\forall\xi\in\mathbf{R}^n,
\end{aligned}
$$

其中 $\nu_{\alpha\beta}=\max\{m_1-\rho|\alpha|+\delta|\beta|,\mu_{\alpha\beta}\}$. 这意味着, $c(x,\xi)$ 的各阶偏导数关于变元 ξ 在无穷远处最差是幂增的, 且这种幂增性关于变元 x 是一致的. 据此应用插值不等式

$$
\sum_{|\alpha|=k}\|\partial^\alpha u\|_{L^\infty(\Omega\times\mathbf{R}^n)}\leqslant C_{mk}\|u\|_{L^\infty(\Omega\times\mathbf{R}^n)}^{1-\frac{k}{m}}\left(\sum_{|\beta|\leqslant k}\|\partial^\beta u\|_{L^\infty(\Omega\times\mathbf{R}^n)}\right)^{\frac{k}{m}}, \quad 0\leqslant k\leqslant m
$$

(见定理 1.11.2) 便可证明 $c(x,\xi)$ 的各阶偏导数实际上关于变元 ξ 在无穷远处急降, 且这种急降关于变元 x 是一致的, 从而就证明了 $c(x,\xi)\in S^{-\infty}(\Omega\times\mathbf{R}^n)$. 证毕. □

定理 5.4.19 设 A 是开集 $\Omega\subseteq\mathbf{R}^n$ 上的恰当支拟微分算子, 具有表达式 (5.4.3), 振幅为 $a(x,y,\xi)$. 则其符征 $\sigma_A(x,\xi)$ 有如下的渐近展开式:

$$
\sigma_A(x,\xi)\sim\sum_{\alpha\in\mathbf{Z}_+^n}\frac{1}{\alpha!}\partial_\xi^\alpha D_y^\alpha a(x,y,\xi)\Big|_{y=x}. \tag{5.4.20}
$$

这里, 当 Ω 有界或虽然 Ω 无界但 K_A 的支集对某个正数 M 包含于 $|x-y|\leqslant M$ 时上式按定义 5.4.16 的意义理解, 对一般无界的 Ω 上式应理解为对任意开子集 $\Omega_1\subset\subset\Omega$ 在 Ω_1 上按定义 5.4.15 的意义成立.

证 根据定理 5.4.14, 可不妨设 $a(x,y,\xi)$ 有关于 ξ 一致恰当的支集. 这时有

$$
\begin{aligned}
\sigma_A(x,\xi)&=\mathrm{e}^{-\mathrm{i}x\xi}A(\mathrm{e}^{\mathrm{i}x\xi})=\frac{\mathrm{e}^{-\mathrm{i}x\xi}}{(2\pi)^n}\int_{\mathbf{R}^n}\int_\Omega \mathrm{e}^{\mathrm{i}(x-y)\eta}a(x,y,\eta)\mathrm{e}^{\mathrm{i}y\xi}\mathrm{d}y\mathrm{d}\eta \\
&=\frac{1}{(2\pi)^n}\int_{\mathbf{R}^n}\mathrm{e}^{\mathrm{i}x(\eta-\xi)}\tilde{a}(x,\eta-\xi,\eta)\mathrm{d}\eta=\frac{1}{(2\pi)^n}\int_{\mathbf{R}^n}\mathrm{e}^{\mathrm{i}x\eta}\tilde{a}(x,\eta,\eta+\xi)\mathrm{d}\eta,
\end{aligned}
$$

其中 $\tilde{a}$ 表示 $a(x,y,\xi)$ 关于变元 y 的 Fourier 变换. 注意由于对固定的 ξ, $a(x,y,\xi)$ 作为变元 (x,y) 的函数有恰当支集从而对给定的 (x,ξ) 关于变元 y 有紧支集, 所以

$a(x,y,\xi)$ 关于变元 y 的 Fourier 变换有意义且 $\tilde{a}\in C^\infty(\Omega\times\mathbf{R}^n\times\mathbf{R}^n)$, 并可按下式计算:

$$\tilde{a}(x,\eta,\xi)=\int_\Omega \mathrm{e}^{-\mathrm{i}y\eta}a(x,y,\xi)\mathrm{d}y.$$

据此可知, 对任意 $\alpha,\beta,\gamma\in\mathbf{Z}_+^n$ 有

$$\eta^\gamma\partial_x^\beta\partial_\xi^\alpha\tilde{a}(x,\eta,\xi)=\int_\Omega \mathrm{e}^{-\mathrm{i}y\eta}D_y^\gamma\partial_x^\beta\partial_\xi^\alpha a(x,y,\xi)\mathrm{d}y,$$

进而对任意 $\alpha,\beta\in\mathbf{Z}_+^n$ 和任意正整数 N 成立

$$|\partial_x^\beta\partial_\xi^\alpha\tilde{a}(x,\eta,\xi)|\leqslant C_{\alpha\beta N}(1+|\xi|)^{m-\rho|\alpha|+\delta|\beta|+\delta N}(1+|\eta|)^{-N},\quad \forall\xi\in\mathbf{R}^n,\forall\eta\in\mathbf{R}^n,\tag{5.4.21}$$

上式关于变元 x 的适用范围是: 当 Ω 有界或虽然 Ω 无界但 K_A 的支集对某个正数 M 包含于 $|x-y|\leqslant M$ 时对任意 $x\in\Omega$ 都成立 (即 $C_{\alpha\beta N}$ 不依赖于 x), 而对一般无界的 Ω 则对任意紧集 $K\subset\subset\Omega$, 关于 $x\in K$ 成立 (即 $C_{\alpha\beta N}$ 依赖于紧集 K). 现在对任意给定的正整数 k, 对 $\tilde{a}(x,\eta,\eta+\xi)$ 关于 $\eta+\xi$ 中的变元 η 在原点作 k 阶 Taylor 展开, 得

$$\tilde{a}(x,\eta,\eta+\xi)=\sum_{|\alpha|\leqslant k}\frac{1}{\alpha!}\partial_\xi^\alpha\tilde{a}(x,\eta,\xi)\eta^\alpha+r_k(x,\eta,\xi),$$

其中

$$r_k(x,\eta,\xi)=(k+1)\sum_{|\alpha|=k+1}\frac{\eta^\alpha}{\alpha!}\int_0^1(1-t)^k\partial_\xi^\alpha\tilde{a}(x,\eta,\xi+t\eta)\mathrm{d}t.$$

因此

$$\begin{aligned}\sigma_A(x,\xi)&=\sum_{|\alpha|\leqslant k}\frac{1}{\alpha!}\cdot\frac{1}{(2\pi)^n}\int_{\mathbf{R}^n}\mathrm{e}^{\mathrm{i}x\eta}\partial_\xi^\alpha\tilde{a}(x,\eta,\xi)\eta^\alpha\mathrm{d}\eta\\&\quad+\frac{1}{(2\pi)^n}\int_{\mathbf{R}^n}\mathrm{e}^{\mathrm{i}x\eta}r_k(x,\eta,\xi)\mathrm{d}\eta\\&=\sum_{|\alpha|\leqslant k}\frac{1}{\alpha!}\partial_\xi^\alpha D_y^\alpha a(x,y,\xi)\Big|_{y=x}\\&\quad+\frac{1}{(2\pi)^n}\int_{\mathbf{R}^n}\mathrm{e}^{\mathrm{i}x\eta}r_k(x,\eta,\xi)\mathrm{d}\eta.\end{aligned}$$

我们看到, 上式最后一个等号右端当 $k\to\infty$ 时即为 (5.4.20) 的右端. 这就是展开式 (5.4.20) 的由来. 至于对 (5.4.20) 的严格证明, 可应用最后这个等式、式 (5.4.21) 以及定理 5.4.18 来进行. 细节留给读者作习题. 证毕. □

注意当 A 是恰当支拟微分算子时, 虽然上述证明假定了 A 的振幅 $a(x,y,\xi)$ 具有恰当支集, 但 (5.4.20) 对使 (5.4.3) 成立的 A 的任意振幅 $a(x,y,\xi)$ 都成立, 而不必

要求 $a(x,y,\xi)$ 一定具有恰当支集. 原因是对不具有恰当支集的振幅 $a(x,y,\xi)$, 根据定理 5.4.14 知存在具有恰当支集且在 $\Omega\times\Omega$ 的对角线的一个邻域中等于 1 的截断函数 $\varphi(x,y)$ 使 $a_1(x,y,\xi)=\varphi(x,y)a(x,y,\xi)$ 仍然是 A 的振幅. 于是通过对 $a_1(x,y,\xi)$ 应用 (5.4.20), 再应用 $a_1(x,y,\xi)$ 与 $a(x,y,\xi)$ 在 $\Omega\times\Omega$ 的对角线的一个邻域中相等的事实, 即知 (5.4.20) 对 $a(x,y,\xi)$ 也成立.

习 题 5.4

1. (1) 给出定义 5.4.1 之后所陈述结论的证明, 即证明: 如果 $a(x,\xi)\in S^m_{\rho,\delta}(\Omega\times\mathbf{R}^n)$, 则由 (5.4.1) 定义了一个连续线性映射 $A: C_0^\infty(\Omega)\to C^\infty(\Omega)$, 并且这个映射可唯一地延拓成映 $E'(\Omega)$ 到 $D'(\Omega)$ 的连续线性映射.
   (2) 给出定义 5.4.3 中所陈述结论的证明, 即证明: 如果 $a(x,y,\xi)\in S^m_{\rho,\delta}(\Omega\times\Omega\times\mathbf{R}^n)$, 则由 (5.4.3) 定义了一个连续线性映射 $A: C_0^\infty(\Omega)\to C^\infty(\Omega)$, 并且这个映射可唯一地延拓成映 $E'(\Omega)$ 到 $D'(\Omega)$ 的连续线性映射.
2. 设 ρ,δ 满足定义 5.4.1 的条件. 证明:
   (1) 如果 $a(x,\xi)\in S^m_{\rho,\delta}(\Omega\times\mathbf{R}^n)$, 则对 $\alpha,\beta\in\mathbf{Z}^n_+$ 有 $\partial_\xi^\alpha\partial_x^\beta a(x,\xi)\in S^{m-\rho|\alpha|+\delta|\beta|}_{\rho,\delta}(\Omega\times\mathbf{R}^n)$;
   (2) 如果 $a(x,\xi)\in S^{m_1}_{\rho,\delta}(\Omega\times\mathbf{R}^n)$, $b(x,\xi)\in S^{m_2}_{\rho,\delta}(\Omega\times\mathbf{R}^n)$, 则
   $$a(x,\xi)b(x,\xi)\in S^{m_1+m_2}_{\rho,\delta}(\Omega\times\mathbf{R}^n).$$
3. 设 Ω_1, Ω_2 是 $\mathbf{R}^n$ 中的两个开集, $K\in D'(\Omega_1\times\Omega_2)$. 证明: 由等式
   $$\langle Au,v\rangle=\langle K(x,y),v(x)u(y)\rangle_{x,y},\quad \forall u\in C_0^\infty(\Omega_2),\quad \forall v\in C_0^\infty(\Omega_1)$$
   定义了一个连续线性映射 $A: C_0^\infty(\Omega_2)\to D'(\Omega_1)$. 反过来, 对任意连续线性映射 $A: C_0^\infty(\Omega_2)\to D'(\Omega_1)$ 都存在唯一的广义函数 $K\in D'(\Omega_1\times\Omega_2)$ 使上式成立.
4. 设 A 是开集 $\Omega\subseteq\mathbf{R}^n$ 上的拟微分算子, 具有表达式 (5.4.3), 振幅为 $a(x,y,\xi)$.
   (1) 求 A 的转置 A^{T} 和共轭转置 A^* 的表达式.
   (2) 用 A 的核函数 K_A 来表示 A^{T} 和 A^* 的核函数, 并证明: 如果 A 是恰当支拟微分算子, 则 A^{T} 和 A^* 也都是恰当支拟微分算子.
5. 设 Ω 是 $\mathbf{R}^n$ 中的开集, S 是 $\Omega\times\Omega$ 的恰当子集. 证明: 存在函数 $\varphi\in C^\infty(\Omega\times\Omega)$, 其支集 $\mathrm{supp}\varphi$ 是 $\Omega\times\Omega$ 的恰当子集, 且在 S 上等于 1.
6. 把定理 5.4.17 的证明补充完整.
7. 把定理 5.4.19 的证明补充完整.

5.5 拟微分算子的运算和性质

本节讨论拟微分算子的运算, 并在此基础上给出定强亚椭圆偏微分算子亚椭圆性 (定理 5.3.12) 的证明, 然后给出拟微分算子的 H^s 有界性、Garding 不等式等一些重要定理.

5.5.1 转置、共轭和复合

我们知道, 对连续线性算子 $A: C_0^\infty(\Omega) \to D'(\Omega)$, 其**转置**$A^{\mathrm{T}}$和**共轭** A^*也都是 $C_0^\infty(\Omega)$ 到 $D'(\Omega)$ 的连续线性算子, 分别按以下二式定义:

$$\langle A^{\mathrm{T}}u, v\rangle = \langle u, Av\rangle, \quad \forall u, v \in C_0^\infty(\Omega),$$

$$(A^*u, v) = (u, Av), \quad \forall u, v \in C_0^\infty(\Omega),$$

这里 $\langle\cdot,\cdot\rangle$ 表示对偶作用, 因此当 $u, v \in C^\infty(\Omega)$ 且至少有一个具有紧支集时 $\langle u, v\rangle = \int_{\mathbf{R}^n} u(x)v(x)\mathrm{d}x$, 而 $(\cdot,\cdot)$ 则表示共轭对偶作用, 因此当 $u, v \in C^\infty(\Omega)$ 且至少有一个具有紧支集时 $(u, v) = \int_{\mathbf{R}^n} u(x)\overline{v(x)}\mathrm{d}x$.

定理 5.5.1 (1) 设 $A \in \Psi_{\rho\delta}^m(\Omega)$, 则也有 $A^{\mathrm{T}}, A^* \in \Psi_{\rho\delta}^m(\Omega)$, 并且当 A 的振幅为 $a(x, y, \xi)$ 时, A^{T}, A^* 的振幅分别为 $a(y, x, -\xi)$ 和 $\overline{a(y, x, \xi)}$, 它们的核函数分别为 $K_A(y, x)$ 和 $\overline{K_A(y, x)}$.

(2) 进一步如果 A 是恰当支的, 符征为 $\sigma_A(x, \xi)$, 则其转置 A^{T} 和共轭 A^* 也都是恰当支的, 且当 $0 \leqslant \delta < \rho \leqslant 1$ 时, 符征分别有以下渐近展开式:

$$\sigma_{A^{\mathrm{T}}}(x, \xi) \sim \sum_{\alpha\in\mathbf{Z}_+^n} \frac{(-1)^{|\alpha|}}{\alpha!}\partial_\eta^\alpha D_x^\alpha \sigma_A(x, \eta)\Big|_{\eta=-\xi}, \tag{5.5.1}$$

$$\sigma_{A^*}(x, \xi) \sim \sum_{\alpha\in\mathbf{Z}_+^n} \frac{1}{\alpha!}\partial_\xi^\alpha D_x^\alpha \overline{\sigma_A(x, \xi)}. \tag{5.5.2}$$

证 (1) 当 A 是以 $a(x, y, \xi)$ 为振幅的拟微分算子时, 易知 A^{T} 有如下表达式:

$$A^{\mathrm{T}}u(x) = \frac{1}{(2\pi)^n}\int_{\mathbf{R}^n}\int_\Omega \mathrm{e}^{\mathrm{i}(x-y)\xi} a(y, x, -\xi)u(y)\mathrm{d}y\mathrm{d}\xi, \quad \forall u \in C_0^\infty(\Omega).$$

由 $a(x, y, \xi) \in S_{\rho\delta}^m(\Omega\times\Omega\times\mathbf{R}^n)$ 易见亦有 $a(y, x, -\xi) \in S_{\rho\delta}^m(\Omega\times\Omega\times\mathbf{R}^n)$. 所以当 $A \in \Psi_{\rho\delta}^m(\Omega)$ 时, 则也有 $A^{\mathrm{T}} \in \Psi_{\rho\delta}^m(\Omega)$. 关于核函数的结论是显然的. 同理可证关于 A^* 的结论.

(2) 如果 A 是恰当支的, 则由定理 5.4.14 知存在具有关于 ξ 一致的恰当支集的振幅函数 $a(x, y, \xi)$ 使 A 具有表达式 (5.4.3). 这时易见 $a(y, x, -\xi)$ 也具有关于 ξ 一致的恰当支集. 因此 A^{T} 也是恰当支拟微分算子. 为了得到 (5.5.1), 我们把 A 表示成如下的形式:

$$Au(x) = \frac{1}{(2\pi)^n}\int_{\mathbf{R}^n}\int_\Omega \mathrm{e}^{\mathrm{i}(x-y)\xi}\sigma_A(x, \xi)u(y)\mathrm{d}y\mathrm{d}\xi, \quad \forall u \in C_0^\infty(\Omega).$$

从而

$$A^{\mathrm{T}}u(x)=\frac{1}{(2\pi)^n}\int_{\mathbf{R}^n}\int_{\Omega}\mathrm{e}^{\mathrm{i}(x-y)\xi}\sigma_A(y,-\xi)u(y)\mathrm{d}y\mathrm{d}\xi,\quad \forall u\in C_0^\infty(\Omega).$$

于是根据定理 5.4.19 有

$$\sigma_{A^{\mathrm{T}}}(x,\xi)\sim\sum_{\alpha\in\mathbf{Z}_+^n}\frac{1}{\alpha!}\partial_\xi^\alpha D_y^\alpha[\sigma_A(y,-\xi)]|_{y=x}=\sum_{\alpha\in\mathbf{Z}_+^n}\frac{(-1)^{|\alpha|}}{\alpha!}\partial_\eta^\alpha D_x^\alpha\sigma_A(x,\eta)\Big|_{\eta=-\xi}.$$

这就得到了 (5.5.1). 关于 A^* 的证明类似, 留给读者作习题. 证毕. □

由推论 5.4.7 结论 (3) 知, 当 $0\leqslant\delta<1$ 时, 任意两个拟微分算子都可以作复合. 下面讨论拟微分算子的复合是怎样的算子.

定理 5.5.2 设 $A\in\Psi_{\rho\delta}^m(\Omega)$, $B\in\Psi_{\rho\delta}^k(\Omega)$, 其中 $0\leqslant\delta<\rho\leqslant1$, 则 $AB\in\Psi_{\rho\delta}^{m+k}(\Omega)$. 进一步如果 A,B 都是恰当支的, 则它们的复合 AB 也是恰当支的, 而且符征 $\sigma_{AB}(x,\xi)$ 有以下渐近展开式:

$$\sigma_{AB}(x,\xi)\sim\sum_{\alpha\in\mathbf{Z}_+^n}\frac{1}{\alpha!}\partial_\xi^\alpha\sigma_A(x,\xi)D_x^\alpha\sigma_B(x,\xi).\tag{5.5.3}$$

证 只需对恰当支拟微分算子证明本定理, 因为一旦证明了恰当支拟微分算子的结论, 那么应用定理 5.4.15 便立得关于任意拟微分算子的相应结论. 因此以下设 A,B 都是恰当支拟微分算子.

设 A,B 和 AB 的核函数分别为 $K_A(x,y)$, $K_B(x,y)$ 和 $K_{AB}(x,y)$. 简单的计算表明, 成立下述关系式:

$$\begin{aligned}&\mathrm{supp}K_{AB}\subseteq\mathrm{supp}K_A\circ\mathrm{supp}K_B\\&\qquad:=\{(x,y)\in\Omega\times\Omega:\ \text{存在 } z\in\Omega \text{ 使 } (x,z)\in\mathrm{supp}K_A \text{ 且 } (z,y)\in\mathrm{supp}K_B\}.\end{aligned}$$

而由 $\mathrm{supp}K_A$ 和 $\mathrm{supp}K_B$ 都是 $\Omega\times\Omega$ 的恰当子集易见 $\mathrm{supp}K_A\circ\mathrm{supp}K_B$ 也是 $\Omega\times\Omega$ 的恰当子集, 从而由以上关系式知 $\mathrm{supp}K_{AB}$ 是 $\Omega\times\Omega$ 的恰当子集, 所以 AB 是 Ω 上的恰当支拟微分算子. 为了证明 (5.5.3) 我们写

$$ABu=\frac{1}{(2\pi)^n}\int_{\mathbf{R}^n}\mathrm{e}^{\mathrm{i}x\xi}\sigma_A(x,\xi)\widetilde{Bu}(\xi)\mathrm{d}\xi,\quad\forall u\in C_0^\infty(\Omega).\tag{5.5.4}$$

由于

$$Bu=(B^{\mathrm{T}})^{\mathrm{T}}u=\frac{1}{(2\pi)^n}\int_{\mathbf{R}^n}\int_{\Omega}\mathrm{e}^{\mathrm{i}(x-y)\xi}\sigma_{B^{\mathrm{T}}}(y,-\xi)u(y)\mathrm{d}y\mathrm{d}\xi,\quad\forall u\in C_0^\infty(\Omega),$$

所以

$$\widetilde{Bu}(\xi)=\int_{\Omega}\mathrm{e}^{-\mathrm{i}y\xi}\sigma_{B^{\mathrm{T}}}(y,-\xi)u(y)\mathrm{d}y,\quad\forall u\in C_0^\infty(\Omega).$$

把此式代入 (5.5.4), 得

$$ABu = \frac{1}{(2\pi)^n}\int_{\mathbf{R}^n}\int_{\Omega} \mathrm{e}^{\mathrm{i}(x-y)\xi}\sigma_A(x,\xi)\sigma_{B^{\mathrm{T}}}(y,-\xi)u(y)\mathrm{d}y\mathrm{d}\xi, \quad \forall u \in C_0^\infty(\Omega).$$

因此根据定理 5.4.19 有

$$\begin{aligned}\sigma_{AB}(x,\xi) &\sim \sum_{\alpha\in\mathbf{Z}_+^n}\frac{1}{\alpha!}\partial_\xi^\alpha D_y^\alpha[\sigma_A(x,\xi)\sigma_{B^{\mathrm{T}}}(y,-\xi)]\Big|_{y=x}\\ &= \sum_{\alpha\in\mathbf{Z}_+^n}\frac{1}{\alpha!}\partial_\xi^\alpha[\sigma_A(x,\xi)D_x^\alpha\sigma_{B^{\mathrm{T}}}(x,-\xi)].\end{aligned}$$

而由定理 5.5.1 知

$$D_x^\alpha\sigma_{B^{\mathrm{T}}}(x,-\xi) \sim \sum_{\beta\in\mathbf{Z}_+^n}\frac{(-1)^{|\beta|}}{\beta!}\partial_\xi^\beta D_x^{\alpha+\beta}\sigma_B(x,\xi).$$

所以

$$\begin{aligned}\sigma_{AB}(x,\xi) &\sim \sum_{\alpha,\beta\in\mathbf{Z}_+^n}\frac{(-1)^{|\beta|}}{\alpha!\beta!}\partial_\xi^\alpha[\sigma_A(x,\xi)\partial_\xi^\beta D_x^{\alpha+\beta}\sigma_B(x,\xi)]\\ &= \sum_{\gamma\in\mathbf{Z}_+^n}\frac{1}{\gamma!}\left\{\sum_{\alpha+\beta=\gamma}\frac{(-1)^{|\beta|}\gamma!}{\alpha!\beta!}\partial_\xi^\alpha[\sigma_A(x,\xi)\partial_\xi^\beta D_x^\gamma\sigma_B(x,\xi)]\right\}\\ &= \sum_{\gamma\in\mathbf{Z}_+^n}\frac{1}{\gamma!}\partial_\xi^\gamma\sigma_A(x,\xi)D_x^\gamma\sigma_B(x,\xi).\end{aligned}$$

最后一个等式用到了多元逆 Leibniz 公式 (见 (1.1.4)). 这就证明了 (5.5.3). 证毕. □

5.5.2　亚椭圆型算子的拟逆

由于任何两个拟微分算子都可以作复合, 所以自然地会使我们考虑这样的问题: 满足什么条件的拟微分算子有逆? 这个问题的考虑是十分自然的; 上一节一开始已经提到, 正是出于考虑偏微分算子的拟算子的需要, 才导致了拟微分算子概念的引入. 由于在研究拟微分算子时一般不计较光滑化算子所引起的误差, 所以引进以下概念:

定义 5.5.3　对开集 $\Omega\subseteq\mathbf{R}^n$ 上的拟微分算子 A, 如果存在 Ω 上的拟微分算子 B 使成立

$$AB = I + R_1, \quad BA = I + R_2, \tag{5.5.5}$$

其中 $R_1, R_2 \in S^{-\infty}(\Omega)$ (即 R_1, R_2 都是 Ω 上的光滑化算子), 则称 B 为 A 的**拟逆**(parametrix).

借助于定理 5.5.2 给出的复合算子的符征计算公式, 对于包括定强亚椭圆型偏微分算子 (特别是, 包括椭圆型偏微分算子) 在内的一大类恰当支拟微分算子, 我们可以构作出它们的拟逆. 先给出以下定义:

定义 5.5.4 设 m, m_0, ρ, δ 都是实数且 $m_0 \leqslant m$, $0 \leqslant \delta < \rho \leqslant 1$. 称 $a(x,\xi) \in C^\infty(\Omega \times \mathbf{R}^n)$ 为$(m, m_0; \rho, \delta)$ **型亚椭圆符征**, 如果存在常数 $M > 0$ 使它满足以下两个条件:

(1) 存在常数 $C_1, C_2 > 0$ 使成立

$$C_1|\xi|^{m_0} \leqslant |a(x,\xi)| \leqslant C_1|\xi|^m, \quad \forall x \in \Omega, \quad \forall |\xi| \geqslant M; \tag{5.5.6}$$

(2) 对任意 $\alpha, \beta \in \mathbf{Z}_+^n$ 存在相应的常数 $C_{\alpha\beta} > 0$ 使成立

$$\left|\frac{\partial_\xi^\alpha \partial_x^\beta a(x,\xi)}{a(x,\xi)}\right| \leqslant C_{\alpha\beta}|\xi|^{-\rho|\alpha|+\delta|\beta|}, \quad \forall x \in \Omega, \quad \forall |\xi| \geqslant M. \tag{5.5.7}$$

如果 Ω 上的拟微分算子 A 的符征 $\sigma_A(x,\xi)$ 是 $(m, m_0; \rho, \delta)$ 型亚椭圆符征, 则称 A 为$(m, m_0; \rho, \delta)$ **型亚椭圆拟微分算子**. 特别地, 如果 $m = m_0$, 则称 $a(x,\xi)$ 为m 阶 (ρ, δ) **型椭圆符征**, 而称 A 为m 阶 (ρ, δ) **型椭圆拟微分算子**.

显然具有无穷可微系数的 m 阶椭圆型偏微分算子作为拟微分算子是 m 阶 $(1, 0)$ 型椭圆拟微分算子, 而具有无穷可微系数的 m 阶 q 型定强亚椭圆型偏微分算子作为拟微分算子是 $(m, qm; q, 0)$ 型亚椭圆拟微分算子, 这里 $0 < q \leqslant 1$.

定理 5.5.5 设 A 是开集 $\Omega \subseteq \mathbf{R}^n$ 上的 $(m, m_0; \rho, \delta)$ 型亚椭圆拟微分算子, 其中 $0 \leqslant \delta < \rho \leqslant 1$. 则 A 有拟逆 $B \in \Psi_{\rho\delta}^{-m_0}(\Omega)$, 且 B 是 $(-m_0, -m; \rho, \delta)$ 型亚椭圆拟微分算子.

证 显然可不妨设 A 是恰当支的. 分三步证明这个定理.

第一步: 证明存在恰当支拟微分算子 $B_0 \in \Psi_{\rho\delta}^{-m_0}(\Omega)$ 使成立

$$B_0 A = I - S_1 \quad 且 \quad AB_0 = I - S_2, \tag{5.5.8}$$

其中 $S_1, S_2 \in \Psi_{\rho\delta}^{-(\rho-\delta)}(\Omega)$. 为此取截断函数 $\psi \in C^\infty(\mathbf{R}^n)$ 使当 $|\xi| \leqslant M$ 时 $\psi(\xi) = 0$, 而当 $|\xi| \geqslant M + 1$ 时 $\psi(\xi) = 1$, 这里 $M > 0$ 是使得对 $a(x,\xi) = \sigma_A(x,\xi)$ 而言使定义 5.5.4 中的两个条件都得到满足的常数. 令 $b_0(x,\xi) = \psi(\xi)/\sigma_A(x,\xi)$. 由截断函数 ψ 的选取知 $b_0(x,\xi)$ 的定义合理, 且 $b_0(x,\xi) \in C^\infty(\Omega \times \mathbf{R}^n)$. 然后令 B_0 是以 $b_0(x,\xi)$ 为符征的恰当支拟微分算子. 我们来证明 $B_0 \in \Psi_{\rho\delta}^{-m_0}(\Omega)$ 且使 $I - B_0 A$ 和 $I - AB_0$ 都属于 $\Psi_{\rho\delta}^{-(\rho-\delta)}(\Omega)$.

首先注意由于当 $|\xi| \geqslant M + 1$ 时 $b_0(x,\xi) = 1/\sigma_A(x,\xi)$, 所以对任意 $\alpha, \beta \in \mathbf{Z}_+^n$, 当 $|\xi| \geqslant M + 1$ 时有

$$\partial_\xi^\alpha \partial_x^\beta b_0(x,\xi) = \sum_{\mu,\nu} c_{\mu\nu} \frac{\partial_\xi^{\mu_1}\partial_x^{\nu_1}\sigma_A(x,\xi)\partial_\xi^{\mu_2}\partial_x^{\nu_2}\sigma_A(x,\xi)\cdots\partial_\xi^{\mu_k}\partial_x^{\nu_k}\sigma_A(x,\xi)}{\big(\sigma_A(x,\xi)\big)^{k+1}}, \tag{5.5.9}$$

其中 $k=|\alpha|+|\beta|$, $c_{\mu\nu}$ 为常数, 和号 $\sum\limits_{\mu,\nu}$ 表示关于所有满足条件 $\mu_1+\mu_2+\cdots+\mu_k=\alpha$ 和 $\nu_1+\nu_2+\cdots+\nu_k=\beta$ 且长度不小于 1 的 n 重指标 μ_j,ν_j $(j=1,2,\cdots,k)$ 求和. 因此, 根据定义 5.5.4 中的两个条件即知

$$
\begin{aligned}
&|\partial_\xi^\alpha\partial_x^\beta b_0(x,\xi)|\\
&\leqslant C\sum_{\mu,\nu}\left|\frac{\partial_\xi^{\mu_1}\partial_x^{\nu_1}\sigma_A(x,\xi)}{\sigma_A(x,\xi)}\right|\left|\frac{\partial_\xi^{\mu_2}\partial_x^{\nu_2}\sigma_A(x,\xi)}{\sigma_A(x,\xi)}\right|\cdots\left|\frac{\partial_\xi^{\mu_k}\partial_x^{\nu_k}\sigma_A(x,\xi)}{\sigma_A(x,\xi)}\right|\left|\frac{1}{\sigma_A(x,\xi)}\right|\\
&\leqslant C\sum_{\mu,\nu}|\xi|^{-\rho|\mu_1|+\delta|\nu_1|}|\xi|^{-\rho|\mu_2|+\delta|\nu_2|}\cdots|\xi|^{-\rho|\mu_k|+\delta|\nu_k|}|\xi|^{-m_0}\\
&=C|\xi|^{-m_0-\rho|\alpha|+\delta|\beta|},\quad \forall x\in\Omega,\forall|\xi|\geqslant M+1.
\end{aligned}
$$

这就证明了 $b_0(x,\xi)\in S_{\rho\delta}^{-m_0}(\Omega\times\mathbf{R}^n)$, 从而 $B_0\in\Psi_{\rho\delta}^{-m_0}(\Omega)$.

其次, 根据定理 5.5.2 有

$$
\begin{aligned}
\sigma_{I-B_0A}&=1-\sigma_{B_0A}\sim 1-\sum_{\alpha\in\mathbf{Z}_+^n}\frac{1}{\alpha!}\partial_\xi^\alpha\sigma_{B_0}(x,\xi)D_x^\alpha\sigma_A(x,\xi)\\
&=1-\sum_{\alpha\in\mathbf{Z}_+^n}\frac{1}{\alpha!}\partial_\xi^\alpha b_0(x,\xi)D_x^\alpha\sigma_A(x,\xi)\sim\sum_{|\alpha|\geqslant 1}\frac{1}{\alpha!}\partial_\xi^\alpha b_0(x,\xi)D_x^\alpha\sigma_A(x,\xi).
\end{aligned}
$$

应用 (5.5.9) 和与上面类似的推导可知最后这个和式中的第 α 项属于 $S_{\rho\delta}^{-\rho|\alpha|+\delta|\alpha|}(\Omega\times\mathbf{R}^n)$, 从而因 $|\alpha|\geqslant 1$, 即知 $I-B_0A\in\Psi_{\rho\delta}^{-(\rho-\delta)}(\Omega)$. 类似地可证明 $I-AB_0\in\Psi_{\rho\delta}^{-(\rho-\delta)}(\Omega)$. 这就完成了定理证明的第一步.

第二步: 证明存在恰当支拟微分算子 $T_1,T_2\in\Psi_{\rho\delta}^0(\Omega)$ 使分别成立

$$
T_1(I-S_1)=I-R_1,\quad (I-S_2)T_2=I-R_2,\tag{5.5.10}
$$

其中 $R_1,R_2\in\Psi^{-\infty}(\Omega)$. 为此注意由于 $S_1,S_2\in\Psi_{\rho\delta}^{-(\rho-\delta)}(\Omega)$, 所以由定理 5.5.2 知 $S_1^j,S_2^j\in\Psi_{\rho\delta}^{-j(\rho-\delta)}(\Omega)$, $j=0,1,2,\cdots$. 又由于 $\rho-\delta>0$, 所以 $\lim\limits_{j\to\infty}-j(\rho-\delta)=-\infty$. 因此根据定理 5.4.17 知存在恰当支拟微分算子 $T_1,T_2\in\Psi_{\rho\delta}^0(\Omega)$ 使分别成立

$$
\sigma_{T_1}(x,\xi)\sim\sum_{j=0}^{\infty}\sigma_{S_1^j}(x,\xi),\quad \sigma_{T_2}(x,\xi)\sim\sum_{j=0}^{\infty}\sigma_{S_2^j}(x,\xi).
$$

由这些关系式知对任意正整数 k 都有 $T_i-\sum\limits_{j=0}^k S_i^j\in\Psi_{\rho\delta}^{-(k+1)(\rho-\delta)}(\Omega)$, 即 $T_i=\sum\limits_{j=0}^k S_i^j+W_i$, 其中 $W_i\in\Psi_{\rho\delta}^{-(k+1)(\rho-\delta)}(\Omega)$, $i=1,2$. 于是

$$
T_1(I-S_1)=\sum_{j=0}^k S_1^j(I-S_1)+W_1(I-S_1)=I-S_1^{k+1}+W_1(I-S_1),
$$

由此推知 $T_1(I-S_1)-I\in\Psi_{\rho\delta}^{-(k+1)(\rho-\delta)}(\Omega)$. 由于 k 是任意的正整数而 $\rho-\delta>0$, 所以便证明了 $T_1(I-S_1)-I\in\Psi_{\rho\delta}^{-\infty}(\Omega)$. 同理可证 $(I-S_2)T_2-I\in\Psi_{\rho\delta}^{-\infty}(\Omega)$. 这就完成了定理证明的第二步.

现在令 $B_1=T_1B_0$, $B_2=B_0T_2$. 则显然 B_1, B_2 都是恰当支拟微分算子且都属于 $\Psi_{\rho\delta}^{-m_0}(\Omega)$, 而且由 (5.5.8) 和 (5.5.10) 知成立

$$B_1A=I-R_1,\quad AB_2=I-R_2, \tag{5.5.11}$$

其中 $R_1, R_2\in\Psi^{-\infty}(\Omega)$.

第三步: 证明 B_1 与 B_2 只相差一个光滑化算子, 即 $B_1-B_2\in\Psi_{\rho\delta}^{-\infty}(\Omega)$. 事实上, 由 (5.5.11) 的两个关系式我们有 $B_1(I-R_2)=B_1AB_2=(I-R_1)B_2$, 从而 $B_1-B_2=B_1R_2-R_1B_2\in\Psi_{\rho\delta}^{-\infty}(\Omega)$. 所以第三步十分简单.

现在只要令 B 等于 B_1 与 B_2 中的任何一个, 则 (5.5.11) 表明 B 是 A 的拟逆. 至于 B 是 $(-m_0,-m;\rho,\delta)$ 型亚椭圆拟微分算子这一结论, 则是很容易验证的, 留给读者自己完成. 证毕. □

作为定理 5.5.5 的直接应用, 下面给出定理 5.3.12 的证明:

定理 5.3.12 的证明 设 $P(x,D)$ 是开集 $\Omega\subseteq\mathbf{R}^n$ 上具有 C^∞ 系数的定强亚椭圆算子. 对任意开集 $U\subset\subset\Omega$, 把 $P(x,D)$ 看作 U 上的亚椭圆拟微分算子, 应用定理 5.5.5 知存在 U 上的恰当支拟微分算子 $Q(x,D)$ 使 $Q(x,D)P(x,D)=I+R(x,D)$, 其中 $R(x,D)\in\Psi_{\rho\delta}^{-\infty}(U)$. 设 $f\in C^\infty(U)$, 而 $u\in D'(U)$ 是方程 $P(x,D)u=f$ 在 U 上的解. 则有 $Q(x,D)f=Q(x,D)P(x,D)u=[I+R(x,D)]u=u+R(x,D)u$, 从而 $u=Q(x,D)f-R(x,D)u$. 因为 $f\in C^\infty(U)$, 所以 $Q(x,D)f\in C^\infty(U)$. 而由 $R(x,D)\in\Psi_{\rho\delta}^{-\infty}(U)$ 知也有 $R(x,D)u\in C^\infty(U)$. 所以 $u=Q(x,D)f-R(x,D)u\in C^\infty(U)$. 这就证明了 $P(x,D)$ 是 Ω 上的亚椭圆算子. 证毕. □

从上述证明可以看到, 应用拟微分算子作为工具, 便把方程 $P(x,D)u=f$ 解的正则性这样一个分析学问题转化为计算 $P(x,D)$ 的逆算子的代数学问题, 进而通过一系列代数计算得到了解决. 这是拟微分算子理论的优点之一.

5.5.3 拟微分算子的 H^s 有界性

我们已经知道, 拟微分算子是 $C_0^\infty(\Omega)$ 到 $C^\infty(\Omega)$ 的连续线性映射, 并可延拓成 $E'(\Omega)$ 到 $D'(\Omega)$ 的连续线性映射. 下面讨论当把拟微分算子延拓到 Sobolev 空间 $H_0^s(\Omega)$ 时是怎样的映射. 容易看出, 如果 $P(x,D)$ 是 Ω 上具有 C^∞ 系数的 m 阶偏微分算子, 并且所有系数及其各阶偏导数都是 Ω 上的有界函数, 则对任意 $s\in\mathbf{R}$, $P(x,D)$ 都是 $H_0^s(\Omega)$ 到 $H^{s-m}(\Omega)$ 的有界线性算子. 这个结论推广到拟微分算子也是成立的. 下面先建立 $\Psi_{\rho\delta}^0$ 类拟微分算子的 L^2 有界性, 然后再对任意实数 m 建立 $\Psi_{\rho\delta}^m$ 类拟微分算子的 $H_0^s\to H^{s-m}$ 有界性.

为了建立 $\Psi^0_{\rho\delta}$ 类拟微分算子的 L^2 有界性, 需要应用以下著名引理:

引理 5.5.6 (Schur) 设 $K(x,y)$ 是 $\Omega_1\times\Omega_2$ 上的可测函数, 且存在常数 $M>0$ 使成立

$$\sup_{x\in\Omega_1}\int_{\Omega_2}|K(x,y)|\mathrm{d}y\leqslant M,\quad \sup_{y\in\Omega_2}\int_{\Omega_1}|K(x,y)|\mathrm{d}x\leqslant M,$$

则以 $K(x,y)$ 为核的积分算子是 $L^2(\Omega_2)$ 到 $L^2(\Omega_1)$ 的有界线性算子, 而且范数不超过 M.

证 令 A 为引理所指的积分算子, 即 $Au(x)=\displaystyle\int_{\Omega_2}K(x,y)u(y)\mathrm{d}y$. 则有

$$\begin{aligned}
\|Au\|^2_{L^2(\Omega_1)}&=\int_{\Omega_1}\left|\int_{\Omega_2}K(x,y)u(y)\mathrm{d}y\right|^2\mathrm{d}x\\
&\leqslant\int_{\Omega_1}\Big(\int_{\Omega_2}|K(x,y)|^{\frac12}|u(y)|\cdot|K(x,y)|^{\frac12}\mathrm{d}y\Big)^2\mathrm{d}x\\
&\leqslant\int_{\Omega_1}\Big(\int_{\Omega_2}|K(x,y)||u(y)|^2\mathrm{d}y\Big)\Big(\int_{\Omega_2}|K(x,y)|\mathrm{d}y\Big)\mathrm{d}x\\
&\leqslant\Big(\int_{\Omega_1}\int_{\Omega_2}|K(x,y)||u(y)|^2\mathrm{d}y\mathrm{d}x\Big)\Big(\sup_{x\in\Omega_1}\int_{\Omega_2}|K(x,y)|\mathrm{d}y\Big)\\
&\leqslant\Big(\sup_{y\in\Omega_2}\int_{\Omega_1}|K(x,y)|\mathrm{d}x\cdot\int_{\Omega_2}|u(y)|^2\mathrm{d}y\Big)\Big(\sup_{x\in\Omega_1}\int_{\Omega_2}|K(x,y)|\mathrm{d}y\Big)\\
&\leqslant M^2\|u\|^2_{L^2(\Omega_2)},\quad\forall u\in L^2(\Omega_2).
\end{aligned}$$

证毕. □

定理 5.5.7 设 $0\leqslant\delta<\rho\leqslant1$, 而 $A\in\Psi^0_{\rho\delta}(\Omega)$, 则 A 是映 $L^2(\Omega)$ 到 $L^2(\Omega)$ 的有界线性算子.

证 分四步来证明这个定理.

第一步: 证明 $\Psi^{-n-1}_{\rho\delta}(\Omega)$ 类拟微分算子是映 $L^2(\Omega)$ 到 $L^2(\Omega)$ 的有界线性算子. 为此设 $A\in\Psi^{-n-1}_{\rho\delta}(\Omega)$, 并令 $K_A(x,y)$ 为 A 的核函数. 这时由定理 5.4.6 知 $K_A\in C(\Omega\times\Omega)$, 且对任意正整数 N 存在常数 $C_N>0$ 使成立

$$|K_A(x,y)|\leqslant C_N(1+|x-y|)^{-N},\quad\forall(x,y)\in\Omega\times\Omega.$$

特别取 $N=n+1$, 即知 $K_A(x,y)$ 满足 Schur 引理的条件, 从而便证明了 A 是映 $L^2(\Omega)$ 到 $L^2(\Omega)$ 的有界线性算子.

第二步: 证明对任意 $r>0$, $\Psi^{-r}_{\rho\delta}(\Omega)$ 类恰当支拟微分算子是映 $L^2(\Omega)$ 到 $L^2(\Omega)$ 的有界线性算子. 为此设 $A\in\Psi^{-r}_{\rho\delta}(\Omega)$ 且是恰当支的, 则有

$$\|Au\|^2_{L^2(\Omega)}=(Au,Au)=(A^*Au,u)=(Bu,u)\leqslant\|Bu\|_{L^2(\Omega)}\|u\|_{L^2(\Omega)},\quad\forall u\in C_0^\infty(\Omega),$$

其中 $B=A^*A$. 因此, 如果 B 是 $L^2(\Omega)$ 上的有界线性算子则 A 亦然. 根据定理 5.5.1 和定理 5.5.2, 由 $A\in\Psi^{-r}_{\rho\delta}(\Omega)$ 可推知 $B\in\Psi^{-2r}_{\rho\delta}(\Omega)$. 这说明当 $\Psi^{-2r}_{\rho\delta}(\Omega)$ 类恰当支拟微分算子都是 $L^2(\Omega)$ 上的有界线性算子时, $\Psi^{-r}_{\rho\delta}(\Omega)$ 类恰当支拟微分算子也都是 $L^2(\Omega)$ 上的有界线性算子. 由于前面已证明了 $\Psi^{-n-1}_{\rho\delta}(\Omega)$ 类恰当支拟微分算子都是 $L^2(\Omega)$ 上的有界线性算子, 所以应用归纳法即知对任意正整数 k, $\Psi^{-\frac{n+1}{2^k}}_{\rho\delta}(\Omega)$ 类恰当支拟微分算子也都是 $L^2(\Omega)$ 上的有界线性算子. 由于 $\lim\limits_{k\to\infty}\dfrac{n+1}{2^k}=0$, 所以对任意 $r>0$ 必存在相应的正整数 k 使得 $\dfrac{n+1}{2^k}<r$, 这时 $\Psi^{-r}_{\rho\delta}(\Omega)\subseteq\Psi^{-\frac{n+1}{2^k}}_{\rho\delta}(\Omega)$. 这样便证明了对任意 $r>0$, $\Psi^{-r}_{\rho\delta}(\Omega)$ 类恰当支拟微分算子是映 $L^2(\Omega)$ 到 $L^2(\Omega)$ 的有界线性算子.

第三步: 证明 $\Psi^0_{\rho\delta}(\Omega)$ 类恰当支拟微分算子是映 $L^2(\Omega)$ 到 $L^2(\Omega)$ 的有界线性算子. 设 $A\in\Psi^0_{\rho\delta}(\Omega)$ 且是恰当支的. 令 $\sigma_A(x,\xi)$ 为 A 的符征. 则 $\sigma_A(x,\xi)\in S^0_{\rho\delta}(\Omega\times\mathbf{R}^n)$. 取正数 M 充分大使 $M>2\sup|\sigma_A(x,\xi)|$, 然后令 $s(x,\xi)=\sqrt{M^2-|\sigma_A(x,\xi)|^2}$. 易知 $s(x,\xi)\in S^0_{\rho\delta}(\Omega\times\mathbf{R}^n)$. 再令 S 是以 $s(x,\xi)$ 为符征的恰当支拟微分算子. 则 $S\in\Psi^0_{\rho\delta}(\Omega)$. 现在考虑算子 $R=A^*A+S^*S-M^2$. 应用定理 5.5.1 和定理 5.5.2 可知 $R\in\Psi^{-(\rho-\delta)}_{\rho\delta}(\Omega)$, 从而由第二步所得结论知 R 是 $L^2(\Omega)$ 上的有界线性算子, 因此存在常数 $C>0$ 使成立

$$(Ru,u)\leqslant C\|u\|^2_{L^2(\Omega)},\quad \forall u\in C_0^\infty(\Omega).\tag{5.5.12}$$

现在注意

$$\begin{aligned}(Ru,u)&=\|Au\|^2_{L^2(\Omega)}+\|Su\|^2_{L^2(\Omega)}-M^2\|u\|^2_{L^2(\Omega)}\\&\geqslant\|Au\|^2_{L^2(\Omega)}-M^2\|u\|^2_{L^2(\Omega)},\quad \forall u\in C_0^\infty(\Omega),\end{aligned}$$

所以应用不等式 (5.5.12) 便证明了算子 A 的 $L^2(\Omega)$ 有界性.

第四步: 设 $A\in\Psi^0_{\rho\delta}(\Omega)$ 但不是恰当支的. 根据定理 5.4.15 知存在恰当支拟微分算子 $\tilde A\in\Psi^0_{\rho\delta}(\Omega)$ 和 $R\in\Psi^{-\infty}(\Omega)$ 使 $A=\tilde A+R$. 由第三步所得结论知 $\tilde A$ 是 $L^2(\Omega)$ 到 $L^2(\Omega)$ 的有界线性算子, 又由第一步所得结论知 R 也是 $L^2(\Omega)$ 到 $L^2(\Omega)$ 的有界线性算子, 所以 A 是 $L^2(\Omega)$ 到 $L^2(\Omega)$ 的有界线性算子. 这样就完成了定理的证明. □

定理 5.5.8 设 $A\in\Psi^m_{\rho\delta}(\Omega)$, 其中 m 是任意实数而 $0\leqslant\delta<\rho\leqslant1$. 再设 Ω 的边界充分光滑. 则对任意实数 s, A 是映 $H^s_0(\Omega)$ 到 $H^{s-m}(\Omega)$ 的有界线性算子.

证 由于 $H^s_0(\Omega)\subseteq H^s(\mathbf{R}^n)$, 而 $H^{s-m}(\Omega)$ 是 $H^{s-m}(\mathbf{R}^n)$ 在 Ω 上的限制, 且当 Ω 的边界充分光滑时 $S^m_{\rho\delta}(\Omega\times\Omega\times\mathbf{R}^n)$ 中的函数都可延拓成 $S^m_{\rho\delta}(\mathbf{R}^n\times\mathbf{R}^n\times\mathbf{R}^n)$ 中

的函数, 所以只需就 $\Omega=\mathbf{R}^n$ 的情况证明本定理. 故设 $\Omega=\mathbf{R}^n$. 对任意 $s\in\mathbf{R}$, 令 Λ^s 为以 $(1+|\xi|^2)^{\frac{s}{2}}$ 为符征的拟微分算子, 即

$$\Lambda^s u=\frac{1}{(2\pi)^n}\int_{\mathbf{R}^n}\mathrm{e}^{\mathrm{i}x\xi}(1+|\xi|^2)^{\frac{s}{2}}\tilde{u}(\xi)\mathrm{d}\xi,\quad \forall u\in C_0^\infty(\mathbf{R}^n).$$

再令 $B=\Lambda^{s-m}A\Lambda^{-s}$. 则 $B\in\Psi^0_{\rho\delta}(\mathbf{R}^n)$, 从而由定理 5.5.7 知 B 是 $L^2(\mathbf{R}^n)$ 到 $L^2(\mathbf{R}^n)$ 的有界线性算子. 由于显然 Λ^s 是 $H^s(\mathbf{R}^n)$ 到 $L^2(\mathbf{R}^n)$ 的有界线性算子, 所以有

$$\begin{aligned}\|Au\|_{H^{s-m}(\mathbf{R}^n)}&=\|\Lambda^{s-m}Au\|_{L^2(\mathbf{R}^n)}=\|B\Lambda^s u\|_{L^2(\mathbf{R}^n)}\\&\leqslant C\|\Lambda^s u\|_{L^2(\mathbf{R}^n)}=C\|u\|_{H^s(\mathbf{R}^n)},\quad \forall u\in H^s(\mathbf{R}^n).\end{aligned}$$

证毕. □

推论 5.5.9 *在定理 5.5.8 的条件下, A 是映 $L^2(\Omega)$ 到 $H^{-m}(\Omega)$ 的有界线性算子.* □

除了以上定理与推论之外, 还可证明, 零阶拟微分算子 $A\in\Psi^0_{\rho\delta}(\Omega)$ (其中 $0\leqslant\delta<\rho\leqslant 1$) 对任意 $1<p<\infty$ 是映 $L^p(\Omega)$ 到 $L^p(\Omega)$ 的有界线性算子, 并且对任意 $0<\mu<1$ 也是映 $C^\mu(\overline{\Omega})$ 到 $C^\mu(\overline{\Omega})$ 的有界线性算子. 据此采用与定理 5.5.8 的证明类似的方法即可得到对 m 阶拟微分算子的相应结果. 限于篇幅, 这里不再做这方面的讨论, 建议有意向了解这方面结果的读者参阅文献 [19], [62] (第三卷第十八章) 和 [111] 等.

5.5.4 Gårding 不等式

由于 $\mathrm{Re}\langle Au,u\rangle\leqslant\|Au\|_{H^{-\frac{m}{2}}(\Omega)}\|u\|_{H^{\frac{m}{2}}(\Omega)}$, 所以定理 5.5.7 给出了二次型 $\mathrm{Re}\langle Au,u\rangle$ 的上方估计. 自然也希望得到这个二次型的下方估计. 从下方估计二次型 $\mathrm{Re}\langle Au,u\rangle$ 的不等式叫做**Gårding 不等式**. 在第 3 章我们已经看到, 二阶椭圆型方程的这类不等式 (见 (3.2.9)) 在二阶椭圆型方程的研究中起到了重要的作用. 下面对一般的拟微分算子建立 Gårding 不等式. 先证明一个引理.

引理 5.5.10 *设 $A\in\Psi^0_{\rho\delta}(\Omega)$ 且是恰当支的, 其中 $0\leqslant\delta<\rho\leqslant 1$. 又设存在常数 $C,M>0$ 使得*

$$\mathrm{Re}\sigma_A(x,\xi)\geqslant C,\quad \forall x\in\Omega,\quad \forall|\xi|\geqslant M, \tag{5.5.13}$$

则存在恰当支拟微分算子 $B\in\Psi^0_{\rho\delta}(\Omega)$ 使成立

$$\mathrm{Re}A-B^*B\in\Psi^{-\infty}(\Omega), \tag{5.5.14}$$

这里 $\mathrm{Re}A=\frac{1}{2}(A+A^*)$.

证　取 $\varphi \in C_0^\infty(\mathbf{R}^n)$ 使 $\varphi \geqslant 0$, 且当 $|\xi| \leqslant M+1$ 时 $\varphi(\xi)=1$. 以 $A+N\varphi(D)$ 代替 A, 其中 N 是充分大的正数, 可不妨设 $\mathrm{Re}\sigma_A(x,\xi) \geqslant C$ 对所有 $(x,\xi) \in \Omega \times \mathbf{R}^n$ 都成立. 我们用归纳法来构作 B 的渐近展开式

$$\sigma_B(x,\xi) \sim \sum_{j=0}^{\infty} b_j(x,\xi)$$

中的各项 $b_j(x,\xi) \in S_{\rho\delta}^{-j(\rho-\delta)}(\Omega\times\mathbf{R}^n)$ $(j=0,1,2,\cdots)$. 首先令 $b_0(x,\xi)=\sqrt{\mathrm{Re}\sigma_A(x,\xi)}$. 由于 $\mathrm{Re}\sigma_A(x,\xi)$ 有正的下界, 所以 $b_0(x,\xi)$ 是 C^∞ 函数, 且容易验证 $b_0(x,\xi) \in S_{\rho\delta}^0(\Omega \times \mathbf{R}^n)$. 令 B_0 为以 $b_0(x,\xi)$ 为符征的恰当支拟微分算子. 应用定理 5.5.1 和定理 5.5.2 易知

$$\mathrm{Re}A - B_0^* B_0 =: R_1 \in \Psi_{\rho\delta}^{-(\rho-\delta)}(\Omega).$$

假设对非负整数 k 已构作出 $b_0, b_1, \cdots, b_k$, 使得当令 B_j 为以 $b_j(x,\xi)$ $(j=0,1,\cdots,k)$ 为符征的恰当支拟微分算子时, 成立

$$\mathrm{Re}A-(B_0+B_1+\cdots+B_k)^*(B_0+B_1+\cdots+B_k)=: R_{k+1} \in \Psi_{\rho\delta}^{-(k+1)(\rho-\delta)}(\Omega),$$

则令 $b_{k+1}(x,\xi)=\sigma_{R_{k+1}}(x,\xi)/2b_0(x,\xi)$. 那么易见 $b_{k+1}(x,\xi) \in S_{\rho\delta}^{-(k+1)(\rho-\delta)}(\Omega\times\mathbf{R}^n)$, 且容易验证

$$\mathrm{Re}A-(B_0+B_1+\cdots+B_{k+1})^*(B_0+B_1+\cdots+B_{k+1})=: R_{k+2} \in \Psi_{\rho\delta}^{-(k+2)(\rho-\delta)}(\Omega).$$

事实上, 显然有

$$R_{k+2}=R_{k+1}-(B_{k+1}^*B_0+B_0^*B_{k+1})-(B_{k+1}^*S_k+S_k^*B_{k+1})-B_{k+1}^*B_{k+1},$$

其中 $S_k=B_1+B_2+\cdots+B_k \in \Psi_{\rho\delta}^{-(\rho-\delta)}(\Omega)$, 而且易知

$$b_{k+1}(x,\xi)-\mathrm{Re}b_{k+1}(x,\xi) \in S_{\rho\delta}^{-(k+2)(\rho-\delta)}(\Omega \times \mathbf{R}^n).$$

由最后这个关系式可知 $R_{k+1}-(B_{k+1}^*B_0+B_0^*B_{k+1}) \in \Psi_{\rho\delta}^{-(k+2)(\rho-\delta)}(\Omega)$, 因此不难看出 $R_{k+2} \in \Psi_{\rho\delta}^{-(k+2)(\rho-\delta)}(\Omega)$. 这样根据归纳法原理, 便得到了符合要求的 $b_j(x,\xi)$, $j=0,1,2,\cdots$, 从而也就得到了满足所需条件的算子 B. 证毕. □

定理 5.5.11 (Gårding 不等式)　设 $A \in \Psi_{\rho\delta}^m(\Omega)$, 其中 $0 \leqslant \delta < \rho \leqslant 1$. 又设存在常数 $a, M>0$ 使成立

$$\mathrm{Re}\sigma_A(x,\xi) \geqslant a|\xi|^m, \quad \forall x \in \Omega, \quad \forall |\xi| \geqslant M. \tag{5.5.15}$$

则对任意 $\varepsilon>0$ 和 $s<\dfrac{m}{2}$, 存在相应的常数 $C(\varepsilon,s)>0$ 使成立

$$\mathrm{Re}\langle Au,u\rangle \geqslant (a-\varepsilon)\|u\|_{H^{\frac{m}{2}}(\Omega)}^2 - C(\varepsilon,s)\|u\|_{H^s(\Omega)}^2, \quad \forall u \in H_0^{\frac{m}{2}}(\Omega). \tag{5.5.16}$$

证 显然可不妨设 A 是恰当支的. 先考虑 $m=0$ 的情况. 这时 $\sigma_A(x,\xi)\in S^0_{\rho\delta}(\Omega)$ 且 (5.5.15) 对 $m=0$ 成立. 对任意给定的 $\varepsilon>0$, 令 $a_1(x,\xi)=\sigma_A(x,\xi)-a+\varepsilon$, 并令 A_1 为以 $a_1(x,\xi)$ 为符征的恰当支拟微分算子. 则 $A_1\in\Psi^0_{\rho\delta}(\Omega)$, 且对 $C=\varepsilon$ 满足条件 (5.5.13). 因此根据引理 5.5.10 知存在恰当支的 $B\in\Psi^0_{\rho\delta}(\Omega)$ 使成立

$$\mathrm{Re}A_1-B^*B=:R\in\Psi^{-\infty}(\Omega).$$

由于 $A=A_1+(a-\varepsilon)I$, 所以得到

$$\begin{aligned}\mathrm{Re}(Au,u)_{L^2(\Omega)}&=\mathrm{Re}(A_1u,u)_{L^2(\Omega)}+(a-\varepsilon)\|u\|^2_{L^2(\Omega)}\\&=(\mathrm{Re}A_1u,u)_{L^2(\Omega)}+(a-\varepsilon)\|u\|^2_{L^2(\Omega)}\\&=\|Bu\|^2_{L^2(\Omega)}+(Ru,u)_{L^2(\Omega)}+(a-\varepsilon)\|u\|^2_{L^2(\Omega)}\\&\geqslant-\|Ru\|_{H^{-s}(\Omega)}\|u\|_{H^s(\Omega)}+(a-\varepsilon)\|u\|^2_{L^2(\Omega)}\\&\geqslant-C\|u\|^2_{H^s(\Omega)}+(a-\varepsilon)\|u\|^2_{L^2(\Omega)}.\end{aligned}$$

最后一个不等式成立是因为, 由 $R\in\Psi^{-\infty}(\Omega)$ 且是恰当支的可知对任意实数 r,s 都成立

$$\|Ru\|_{H^r(\Omega)}\leqslant C\|u\|_{H^s(\Omega)},\quad\forall u\in H^s(\Omega).$$

这就证明了 $m=0$ 时定理的结论. 对一般的 m, 只要考虑算子 $\Lambda^{-\frac{m}{2}}A\Lambda^{-\frac{m}{2}}$, 便化为 $m=0$ 的情况. 证毕. □

需要说明, 通过更加仔细的分析, 可以证明对于 $\dfrac{m-1}{2}\leqslant s<\dfrac{m}{2}$ 范围的 s, 不等式 (5.5.17) 中的 ε 可以取为零. 这就是**强 Gårding 不等式** (Sharp Gårding inequality). 需要了解的读者可参阅文献 [19], [62] (第三卷第十八章), [114], [118], 等.

习 题 5.5

1. 证明渐近展开式 (5.5.2).
2. 设 $a(x,D)$ 是 Ω 上以 $a(x,\xi)\in S^m_{\rho\delta}(\Omega\times\mathbf{R}^n)$ 为符征的恰当支拟微分算子. 对 $1\leqslant j\leqslant n$, 用 $a^{(j)}(x,D)$ 表示以 $a^{(j)}(x,\xi)=\partial_{\xi_j}a(x,\xi)$ 为符征的恰当支拟微分算子, 又以 $a_{(j)}(x,D)$ 表示以 $a_{(j)}(x,\xi)=\partial_{x_j}a(x,\xi)$ 为符征的恰当支拟微分算子. 证明:

$$[a(x,D),D_j]=\mathrm{i}a_{(j)}(x,D),\quad[a(x,D),x_j]=-\mathrm{i}a^{(j)}(x,D),\quad j=1,2,\cdots,n.$$

3. 设 $A\in\Psi^m_{10}(\Omega)$, $\psi\in C^\infty_0(\Omega)$. 证明: 对任意实数 s 都成立不等式:

$$\|[\psi\cdot,A]u\|_{H^s(\Omega)}\leqslant C_s\|u\|_{H^{s+m-1}(\Omega)},\quad\forall u\in H^{s+m-1}(\Omega).$$

4. 设 $A \in \Psi_{10}^{m}(\Omega)$ 且是恰当支的, 而 $\varphi \in C_0^{\infty}(\mathbf{R}^n)$. 对任意 $\varepsilon > 0$, 令 $\varphi_\varepsilon(x) = \dfrac{1}{\varepsilon^n}\varphi\Big(\dfrac{1}{\varepsilon}\Big)$. 证明:

(1) 对任意实数 s 都存在相应的常数 $C_s > 0$ 使成立不等式:

$$\|[\varphi_\varepsilon *, A]u\|_{H^s(\Omega)} \leqslant C_s\|u\|_{H^{s+m-1}(\Omega)}, \quad \forall u \in C_0^{\infty}(\Omega),\ \forall \varepsilon > 0;$$

(2) 对任意实数 s 和正整数 k 都存在相应的常数 $C_{sk} > 0$ 使成立不等式:

$$\|[\varphi_\varepsilon *, A]u\|_{H^s(\Omega)} \leqslant C_{sk}\varepsilon^{1-k}\|u\|_{H^{s+m-k}(\Omega)}, \quad \forall u \in C_0^{\infty}(\Omega),\ \forall \varepsilon > 0;$$

(3) 对任意实数 s 和任意 $\psi \in C_0^{\infty}(\Omega)$, 存在相应的常数 $C_s > 0$ 使成立不等式:

$$\|[\varphi_\varepsilon *, \psi\,\cdot]u\|_{H^s(\Omega)} \leqslant C_s\|u\|_{H^{s-1}(\Omega)}, \quad \forall u \in C_0^{\infty}(\Omega),\ \forall \varepsilon > 0.$$

5. 设 Ω_1, Ω_2 是 $\mathbf{R}^n$ 中的两个开集, $\Psi: \Omega_1 \to \Omega_2$ 是 Ω_1 到 Ω_2 的 C^∞ 微分同胚. 又设 $A \in \Psi_{\rho\delta}^{m}(\Omega_1)$ $(0 \leqslant \delta < \rho \leqslant 1)$ 且是恰当支的. 定义 $A_1u = A(u \circ \Psi) \circ \Psi^{-1}$, $\forall u \in C_0^{\infty}(\Omega_2)$. 证明: $A_1 \in \Psi_{\rho\delta}^{m}(\Omega_2)$ 且是恰当支的, 并且符征有渐近展开:

$$\sigma_{A_1}(y,\eta) \sim \sum_{\alpha \in \mathbf{Z}_+^n} \frac{1}{\alpha!}\varphi_\alpha(x,\eta)\partial_\xi^\alpha \sigma_A(x,\xi)\Big|_{\substack{x=\Psi^{-1}(y)\\ \xi={}^{\mathrm{T}}D\Psi(x)\eta}},$$

其中 $D\Psi$ 表示 Ψ 的 Jacobi 矩阵, 符号 ^{T} 表示矩阵的转置, 而

$$\varphi_\alpha(x,\eta) = D_z^\alpha \exp\{\mathrm{i}\langle \Psi(z) - \Psi(x) - D\Psi(x)(z-x), \eta\rangle\}|_{z=x},$$

它是 η 的阶不超过 $\dfrac{1}{2}|\alpha|$ 的多项式.

5.6 微局部分析和奇性传播定理

本节的主要目的是介绍线性偏微分方程理论中的一个重要定理: 实主型线性偏微分方程解的奇性传播定理. 这个定理在微局部的观点下研究了偏微分方程解的奇性的变化规律, 用到了微局部分析理论中的一个基本概念: 函数的**波前集**(wave front set). 因此, 在介绍这个定理之前, 必须先对波前集这个概念作比较仔细的讨论. 所以本节的内容分为两部分, 一部分是关于函数的波前集概念的讨论, 另一部分是介绍并证明实主型线性偏微分方程解的奇性传播定理.

5.6.1 问题的提出

在给出波前集概念的明确定义之前, 先通过三个例子对为什么要引进这个概念作简要的说明.

例 1 关于对偶作用的定义. 我们知道, 广义函数 $u \in D'(\Omega)$ 对检验函数 $v \in C_0^{\infty}(\Omega)$ 的对偶作用 $\langle u, v\rangle$ 是 u 作为拓扑线性空间 $C_0^{\infty}(\Omega)$ 上的连续线性泛函在

$C_0^\infty(\Omega)$ 中元素 v 处的值: $\langle u,v\rangle = u(v)$. 从前面三章我们已经多次看到, 在许多偏微分方程问题的研究中需要把对偶作用 $\langle u,v\rangle$ 作为两个 (广义) 函数 u 与 v 之间的运算加以拓展. 这在许多情况下是可行的, 例如当 $u\in W^{-m,p}(\Omega)$ 而 $v\in W_0^{m,p'}(\Omega)$ 或者倒过来 $v\in W^{-m,p}(\Omega)$ 而 $u\in W_0^{m,p'}(\Omega)$ 时. 特别地, 当 $u\in L^p(\Omega)$ 而 $v\in L_0^{p'}(\Omega)$ 时对偶作用 $\langle u,v\rangle$ 便是最常使用的对偶运算:

$$\langle u,v\rangle = \int_\Omega u(x)v(x)\mathrm{d}x. \tag{5.6.1}$$

这些情况之所以可行, 是由于 u 和 v 的正则性以及它们在无穷远处 (当 $\Omega=\mathbf{R}^n$ 时) 的增降性可以 "互补" 的缘故. 下面三个例子便很好地说明了这一原理:

(1) Ω 为 $\mathbf{R}^n$ 中的单位球域, $u=|x|^{-\mu}$ $(\mu>0)$, $v=|x|^\nu$ $(\nu>0)$, 则当 $\nu-\mu>-n$ 时, 对偶作用 $\langle u,v\rangle$ 有意义并按 (5.6.1) 定义. 注意当 $\mu\geqslant n$ 时 $u=|x|^{-\mu}$ 不是局部可积函数, 这时把它理解为在一定意义下的正规化 (见文献 [41] 第一卷).

(2) $\Omega=\mathbf{R}^n$, $u=(1+|x|)^{-\mu}$ $(\mu>0)$, $v=(1+|x|)^\nu$ $(\nu>0)$, 则当 $\nu-\mu<-n$ 时, 对偶作用 $\langle u,v\rangle$ 有意义并按 (5.6.1) 定义.

(3) $\Omega=\mathbf{R}^n$, $u=\Delta f$, $f=|x|^{-\mu}$ $(0<\mu<n)$, $v=|x|^\nu(1+|x|^2)^{-\kappa}$ $(\nu\geqslant 2, \kappa>0)$, 则只要 $\nu-\mu-2>-n$ 且 $\nu-2\kappa-\mu-2<-n$, 对偶作用 $\langle u,v\rangle$ 便有意义并按下式定义:

$$\langle u,v\rangle = \langle f,\Delta v\rangle = \int_{\mathbf{R}^n} f(x)\Delta v(x)\mathrm{d}x.$$

以上三个例子中的函数 u 和 v 因为都是径向函数, 所以在不同方向的变化情况没有差异. 如果 u 和 v 不是这种各向同性的函数, 而在不同方向的变化不一致, 但是它们的正则性以及在无穷远处的增降性仍然可以互补, 那么即使它们不满足 $u\in L^p(\Omega)$ 且 $v\in L_0^{p'}(\Omega)$ 或更一般的 $u\in W^{-m,p}(\Omega)$ 且 $v\in W_0^{m,p'}(\Omega)$ 的条件, 对偶作用 $\langle u,v\rangle$ 仍然可以定义. 比如对 Ω 是 $\mathbf{R}^2$ 中的单位圆域而

$$u(x_1,x_2)=|x_1|^{-\mu_1}|x_2|^{\mu_2},\quad v(x_1,x_2)=|x_1|^{\nu_1}|x_2|^{-\nu_2}$$

$(0<\mu_1<1, 0<\nu_2<1, \mu_2,\nu_1>0)$ 的情况, 显然只要 $\nu_1-\mu_1>-1$ 且 $\mu_2-\nu_2>-1$, 则对偶作用 $\langle u,v\rangle$ 有意义并按 (5.6.1) 定义. 类似地可以举出在无穷远处的增降性各向不同性的函数 u 和 v 的例子, 使得对偶作用 $\langle u,v\rangle$ 也有意义. □

例 2 关于 (广义) 函数乘积的定义. 前面几节讨论偏微分方程的可解性和解的正则性等问题时, 往往需要对偏微分算子系数的正则性做一定的限制. 而之所以要作这样的限制, 是因为并非任意两个广义函数都可作乘积运算; 一般地只有对偏微分算子系数的正则性作一定的限制, 才能使它们与解函数 u 及其一定阶的偏导数的乘积有意义. 由此可见两个 (广义) 函数之间能否作乘积是一个很重要的问题. 在研究非线性偏微分方程时这个问题会更加显得重要. 我们知道, 虽然一般的广义

函数 $u\in D'(\Omega)$ 只能和无穷可微函数 $v\in C^\infty(\Omega)$ 作乘积, 但这并不排除对每个具体的广义函数 $u\in D'(\Omega)$ 而言, 它与某些不无穷可微的函数甚至广义函数 $v\in D'(\Omega)$ 也可以作乘积. 例如 Diracδ 函数 δ 便可以和任意的连续函数作乘积: 对任意连续函数 $v\in C(\mathbf{R}^n)$ 可定义

$$\langle v\delta,\varphi\rangle=\langle\delta,v\varphi\rangle=v(0)\varphi(0),$$

即 $v\delta=v(0)\delta$. 与上例类似, 如果对函数 u 和 v 在各个不同方向的变化加以仔细的考虑, 则有可能得到乘积 uv 的广泛定义. 例如, 虽然 δ 函数 δ 与其自己的乘积 δ^2 是无法定义的, 类似地作为 $\mathbf{R}^2$ 上的广义函数, $\delta(x_1)$ 与其自己的乘积 $\delta^2(x_1)$ 也无法定义, 但是 $\delta(x_1)$ 与 $\delta(x_2)$ 的乘积 $\delta(x_1)\delta(x_2)$ 却是有意义的, 事实上 $\delta(x_1)\delta(x_2)=\delta(x)$ $(x=(x_1,x_2))$. □

以上这些例子充分说明, 在讨论涉及广义函数的正则性的有关问题时, 很有必要对其在不同方向的变化加以仔细的考虑. 如果采用 Fourier 分析的观点, 这相当于对广义函数在每个点处的频谱加以仔细的分析. 比如关于对偶作用的问题, 为了搞清两个紧支广函 $u,v\in E'(\Omega)$ 能否作对偶运算, 应用 Parseval 恒等式

$$\langle u,v\rangle=\frac{1}{(2\pi)^n}\int_{\mathbf{R}^n}\tilde{u}(\xi)\tilde{v}(-\xi)\mathrm{d}\xi \tag{5.6.2}$$

可知, 如果在 $\tilde{u}(\xi)$ 增长或降得不够快的方向 $\tilde{v}(-\xi)$ 降得足够快, 且在 $\tilde{v}(-\xi)$ 增长或降得不够快的方向 $\tilde{u}(\xi)$ 降得足够快, 以使得它们的乘积 $\tilde{u}(\xi)\tilde{v}(-\xi)$ 在 $\mathbf{R}^n$ 上可积, 则对偶积 $\langle u,v\rangle$ 便有意义. 类似地对两个紧支广函 $u,v\in E'(\Omega)$, 应用等式

$$u(x)v(x)=\frac{1}{(2\pi)^n}F^{-1}[\tilde{u}(\xi)*\tilde{v}(\xi)]=\frac{1}{(2\pi)^n}F^{-1}\left(\int_{\mathbf{R}^n}\tilde{u}(\xi-\eta)\tilde{v}(\eta)\mathrm{d}\eta\right) \tag{5.6.3}$$

可知, 如果在 $\tilde{u}(\xi-\eta)$ 增长或降得不够快的 η 方向 $\tilde{v}(\eta)$ 降得足够快, 且在 $\tilde{v}(\eta)$ 增长或降得不够快的方向 $\tilde{u}(\xi-\eta)$ 作为 η 的函数降得足够快, 以使得它们的乘积 $\tilde{u}(\xi-\eta)\tilde{v}(\eta)$ 在 $\mathbf{R}^n$ 上可积, 而且积分得到的是 ξ 的缓增函数, 则乘积 uv 便可按以上等式给出定义.

以上分析还不够仔细. 这是因为上面把 u,v 的 Fourier 变换在无穷远处的增降情况作了笼统的处理, 而没有考虑这两个函数在每一点处的正则性情况. 完全有可能这两个函数整体的 Fourier 变换在无穷远处的增降情况不能互补因而不能按 (5.6.2) 或 (5.6.3) 来定义它们的对偶积或乘积, 但在每个点处它们的正则方向和奇异方向却能形成互补的关系因而使得它们的对偶积或乘积实际上是能够被定义的. 例如对 $\mathbf{R}^2$ 上的广义函数

$$u(x)=\partial_{x_1}\partial_{x_2}[H(1-|x_1|)H(1-|x_2|)] \quad 和 \quad v(x)=\partial_{x_1}\partial_{x_2}[H(1-|x_1-3|)H(1-|x_2|)]$$

由于它们的支集不相交, 所以它们的对偶积和乘积都应被定义为零. 然而由于

$$\tilde{u}(\xi)=-4\sin\xi_1\sin\xi_2,\quad \tilde{u}(\xi)=-2\mathrm{i}(\mathrm{e}^{-4\mathrm{i}\xi_1}-\mathrm{e}^{-2\mathrm{i}\xi_1})\sin\xi_2,$$

显然无法按等式 (5.6.2) 来定义它们的对偶积, 也无法按等式 (5.6.3) 来定义它们的乘积. 解决这个问题的方法是把 (5.6.2) 和 (5.6.3) 局部化到物理空间中的每个点的小邻域里来应用, 即借助于**单位平方分解**

$$\sum_{j=1}^{\infty}\varphi_j^2(x)=1,\quad \forall x\in\Omega,$$

其中 $\varphi_j\in C_0^\infty(\Omega)$ 且支集包含在一些很小的集合上, $j=1,2,\cdots$, 代替等式 (5.6.2) 和 (5.6.3) 分别考虑关系式

$$\langle u,v\rangle=\frac{1}{(2\pi)^n}\sum_{j=1}^{\infty}\int_{\mathbf{R}^n}\widetilde{\varphi_j u}(\xi)\widetilde{\varphi_j v}(-\xi)\mathrm{d}\xi,$$

$$u(x)v(x)=\frac{1}{(2\pi)^n}\sum_{j=1}^{\infty}F^{-1}\left(\int_{\mathbf{R}^n}\widetilde{\varphi_j u}(\xi-\eta)\widetilde{\varphi_j v}(\eta)\mathrm{d}\eta\right),$$

只要以上二式右端和式中的每项积分都有意义并且使得和式在广函空间 $D'(\Omega)$ 中收敛, 便可分别按这两个等式定义对偶积 $\langle u,v\rangle$ 和乘积 uv.

对函数的频谱按其在相空间中不同位置和不同方向的变化情况进行细致的分析, 叫做**微局部分析**(microlocal analysis), 是现代分析学的一个重要研究方法, 自然也是现代偏微分方程理论的一个重要研究方法. 下一个例子说明, 对偏微分方程在微局部的层面上进行分析是非常必要的.

例 3 考虑二维波动方程的初值问题:

$$\begin{cases}\partial_t^2u(x,t)=\Delta u(x,t), & x\in\mathbf{R}^2,\ t>0,\\ u(x,0)=\varphi(x), \quad \partial_t u(x,0)=0, & x\in\mathbf{R}^2.\end{cases}\tag{5.6.4}$$

对初值 $\varphi(x)=\delta(x)$, 其解为

$$u(x,t)=\begin{cases}\dfrac{1}{2\pi}\dfrac{\partial}{\partial t}\left(\dfrac{1}{\sqrt{t^2-|x|^2}}\right), & |x|<t,\ t>0,\\ 0, & |x|>t,\ t>0.\end{cases}$$

显然解 u 的奇性全部集中在曲面 $|x|=t$ 上. 由于上述方程是一个无源的方程 (即非齐次项 $f=0$), 所以解 u 的这些奇性只可能来源于初值, 即 $t>0$ 时刻的奇性由 $t=0$ 时刻的奇性在空间中传播而来. 问题在于: 解的奇性是依什么规律传播的?

由于 $|x|=t$ 恰是波动方程 $\partial_t^2 u=\Delta u$ 的特征面, 所以自然会让人联想到, 解的奇性是沿方程的特征面传播的, 而且以上例子还容易使人误以为, 奇性沿整个特征面传播. 但实际上并非如此. 例如对初值 $\varphi(x)=\delta(x_1)$, 其解为

$$u(x,t)=\frac{1}{2}[\delta(x_1-t)+\delta(x_1+t)],\quad \forall x=(x_1,x_2)\in\mathbf{R}^2,\ \forall t\geqslant 0.$$

由于初值 $\varphi(x)=\delta(x_1)$ 的奇异支集是 $x_1=0$ 即整个 x_2 轴, 所以如果奇性是沿整个特征面传播的话, 则解 u 的奇异支集将是整个锥形区域 $\{(x_1,x_2,t):\ |x_1|\leqslant t,\ -\infty<x_2<\infty,\ t\geqslant 0\}$. 但实际上 u 的奇性只集中在曲面 $|x_1|=t$ 上. 因此可以断定, 偏微分方程解的奇性不会是沿整个特征面传播的. 这样前面的问题就显得非常难以回答了. 事实上, 如果我们把眼光仅仅局限在物理空间, 那么上述问题的答案的确是很难得到的. 1956 年 R. Courant 和 P. D. Lax[28] 在研究波动方程时发现, 如果在物理空间和频谱空间联合起来所形成的 $T^*(\Omega)=\Omega\times\mathbf{R}^n$ 中考虑上述问题, 则能获得对这个问题的完满解答: 波动方程解的奇性沿该方程的双特征传播. 1978 年前后 L. Hörmander 通过引进广义函数波前集的概念, 运用当时已经发展比较成熟的拟微分算子理论, 把 R. Courant 和 P. D. Lax 的这一发现拓展, 对包括具有实主部的一般主型线性偏微分算子在内的实主型拟微分算子证明了奇性传播定理.

本节的目的便是介绍并证明 Hörmander 的奇性传播定理. 下面先给出波前集的定义并讨论其性质.

5.6.2 波前集的定义与性质

基于以上讨论, 我们引进以下概念:

定义 5.6.1 设 Ω 是 $\mathbf{R}^n$ 中的开集, 并设 $u\in D'(\Omega)$.

(1) 对 $x_0\in\Omega$ 和 $\xi_0\in\mathbf{R}^n\backslash\{0\}$, 如果存在 x_0 的邻域 $U\subseteq\Omega$, ξ_0 的锥形邻域

$$V=\left\{\xi\in\mathbf{R}^n\backslash\{0\}:\left|\frac{\xi}{|\xi|}-\frac{\xi_0}{|\xi_0|}\right|<\delta\right\}\quad(\delta>0)\tag{5.6.5}$$

和截断函数 $\varphi\in C_0^\infty(U)$, $\varphi\geqslant 0$ 且在 x_0 附近等于 1, 使 φu 的 Fourier 变换在 V 中急降, 即对任意给定的 $N>0$ 都存在相应的常数 $C_N>0$ 使成立

$$|\widetilde{\varphi u}(\xi)|\leqslant C_N(1+|\xi|)^{-N},\quad \forall\xi\in V,\tag{5.6.6}$$

则称 ξ_0 为 u 在 x_0 点的**正则频谱**(regular frequency), 其全体组成的集合记作 $\mathrm{RF}_{x_0}(u)$. 不是正则频谱的 $\xi\in\mathbf{R}^n\backslash\{0\}$ 叫做 u 在 x_0 点的**奇异频谱**(singular frequency), 其全体组成的集合记作 $\mathrm{SF}_{x_0}(u)$, 即 $\mathrm{SF}_{x_0}(u)=(\mathbf{R}^n\backslash\{0\})\backslash\mathrm{RF}_{x_0}(u)$.

(2) 令

$$\mathrm{WF}(u)=\{(x,\xi)\in\Omega\times(\mathbf{R}^n\backslash\{0\}):\ \xi\in\mathrm{SF}_x(u)\}.\tag{5.6.7}$$

集合 $\mathrm{WF}(u)$ 叫做 u 的**波前集** (wave front set) 或**奇谱**(singular spectrum).

由定义可知, 对任意 $x_0\in\Omega$, $\mathrm{RF}_{x_0}(u)$ 是 $\mathbf{R}^n\backslash\{0\}$ 中的开集, $\mathrm{SF}_{x_0}(u)$ 则是 $\mathbf{R}^n\backslash\{0\}$ 中的闭集. 不难知道, $\mathrm{WF}(u)$ 是 $\Omega\times(\mathbf{R}^n\backslash\{0\})$ 中的闭集. 上述定义中的 (2) 也可改述如下: 对 $(x_0,\xi_0)\in\Omega\times(\mathbf{R}^n\backslash\{0\})$, $(x_0,\xi_0)\notin\mathrm{WF}(u)$ 当且仅当存在 x_0 的邻域 $U\subseteq\Omega$、ξ_0 的锥形邻域 V 和截断函数 $\varphi\in C_0^\infty(U)$, φ 在 x_0 附近等于 1, 使 φu 的 Fourier 变换在 V 中急降, 即对任意给定的 $N>0$ 都存在相应的常数 $C_N>0$ 使 (5.6.5) 成立. 注意 "φ 在 x_0 附近等于 1" 的条件可以减弱成 $\varphi(x_0)\neq 0$ (见本节习题 1).

以后为叙述方便起见, 我们把形如定义 5.6.1 中出现的开集 U 和 V 的乘积 $U\times V$ 叫做 (x_0,ξ_0) 的**锥形邻域**.

例 4 Diracδ 函数 $\delta_{x_0}(x)=\delta(x-x_0)$ 的波前集 $\mathrm{WF}(\delta_{x_0})=\{(x_0,\xi):\ \xi\in\mathbf{R}^n\backslash\{0\}\}$.

证 对任意 $y\in\mathbf{R}^n\backslash\{x_0\}$, 必存在 y 的邻域 U 使 $x_0\notin U$. 这时任取 $\varphi\in C_0^\infty(U)$ 使 φ 在 y 附近等于 1, 则因 $\varphi\delta_{x_0}=0$, 所以 $\mathbf{R}^n\backslash\{0\}\subseteq\mathrm{RF}_y(\delta_{x_0})$, 即 $(y,\xi)\notin\mathrm{WF}(\delta_{x_0})$, $\forall y\in\mathbf{R}^n\backslash\{x_0\}$, $\forall\xi\in\mathbf{R}^n\backslash\{0\}$. 而对 x_0, 无论其邻域 U 取得多么小, 对任意在 x_0 附近等于 1 的截断函数 $\varphi\in C_0^\infty(U)$, 因总有 $\varphi\delta_{x_0}=\varphi(x_0)\delta_{x_0}=\delta_{x_0}$, 其变换 $\widetilde{\varphi\delta}_{x_0}=\tilde{\delta}_{x_0}=1$, 所以 $\xi\in SF_{x_0}(\delta_{x_0})$, $\forall\xi\in\mathbf{R}^n\backslash\{0\}$, 说明 $(x_0,\xi)\in\mathrm{WF}(\delta_{x_0})$, $\forall\xi\in\mathbf{R}^n\backslash\{0\}$, 所以 $\mathrm{WF}(\delta_{x_0})=\{(x_0,\xi):\ \xi\in\mathbf{R}^n\backslash\{0\}\}$. □

例 5 对于 $\mathbf{R}^2$ 上的广义函数 $u(x_1,x_2)=\delta(x_1)$, 有

$$\mathrm{WF}(u)=\{(0,x_2,\xi_1,0):\ x_2\in\mathbf{R},\ \xi_2\in\mathbf{R}\backslash\{0\}\}.$$

证 对任意 $x_0=(x_1^0,x_2^0)\in\mathbf{R}^2$, 如果 $x_1^0\neq 0$, 则可取 x_0 的邻域 U 充分小使之不与 x_2 轴相交. 这时对任意截断函数 $\varphi\in C_0^\infty(U)$ 都有 $\varphi u=0$, 所以 $\xi\in\mathrm{RF}_{x_0}(u)$, $\forall\xi\in\mathbf{R}^2\backslash\{(0,0)\}$, 从而 $(x_0,\xi)\notin\mathrm{WF}(\delta_{x_0})$, $\forall\xi\in\mathbf{R}^2\backslash\{(0,0)\}$. 现设 $x_1^0=0$. 这时设 U 是 x_0 的任意邻域. 对任意在 x_0 附近等于 1 的截断函数 $\varphi\in C_0^\infty(U)$, 有 $(\varphi u)(x_1,x_2)=\varphi(0,x_2)\delta(x_1)$, 其 Fourier 变换

$$\widetilde{\varphi u}(\xi_1,\xi_2)=\hat{\varphi}(0,\xi_2),\quad\forall(\xi_1,\xi_2)\in\mathbf{R}^2.$$

这里 $\hat{\varphi}$ 表示 φ 关于第二个变元的 Fourier 变换. 对任意 $(\xi_1^0,\xi_2^0)\in\mathbf{R}^2\backslash\{(0,0)\}$, 如果 $\xi_2^0\neq 0$, 令

$$\theta_0=\arcsin\frac{\xi_2^0}{\sqrt{\xi_1^{02}+\xi_2^{02}}},$$

并考虑 (ξ_1^0,ξ_2^0) 的如下锥形邻域

$$V=\left\{\xi=(\xi_1,\xi_2)\in\mathbf{R}^2\backslash\{(0,0)\}:\ |\theta-\theta_0|<\frac{|\theta_0|}{2}\right\}\quad\left(\theta=\arcsin\frac{\xi_2}{|\xi|}\right).$$

显然当 $\xi \in V$ 时成立 $|\xi_2| \geqslant |\sin(\theta_0/2)||\xi|$, 而 $\hat{\varphi}(0,\xi_2)$ 是 ξ_2 的 Schwartz 函数, 所以对任意给定的 $N>0$ 都存在相应的常数 $C_N>0$ 使成立

$$|\widehat{\varphi u}(\xi)| = |\hat{\varphi}(0,\xi_2)| \leqslant C_N(1+|\xi_2|)^{-N} \leqslant C_N'(1+|\xi|)^{-N}, \quad \forall \xi \in V,$$

因此 $(\xi_1^0,\xi_2^0) \in RF_{x_0}(u)$, 即 $(0,x_2^0,\xi_1^0,\xi_2^0) \notin \mathrm{WF}(u)$ (当 $\xi_2^0 \neq 0$). 如果 $\xi_2^0 = 0$, 则因

$$\widehat{\varphi u}(\xi_1,0) = \hat{\varphi}(0,0) = \int_{-\infty}^{\infty} \varphi(0,x_2)\mathrm{d}x_2 > 0, \quad \forall \xi_1 \in \mathbf{R}\backslash\{0\},$$

说明 $\widehat{\varphi u}(\xi)$ 沿 $(\xi_1^0,0)$ 所在的 $(\xi_1,0)$ 方向不可能急降, 所以 $(\xi_1^0,0) \in SF_{x_0}(u)$, 因此 $(0,x_2^0,\xi_1^0,0) \in \mathrm{WF}(u)$.

综上分析即知 $\mathrm{WF}(u) = \{(0,x_2,\xi_1,0)\colon x_2 \in \mathbf{R},\ \xi_1 \in \mathbf{R}\backslash\{0\}\}$. □

下面讨论波前集的性质. 以下, $\mathbf{R}^n\backslash\{0\}$ 中的开锥是指其中形如 (5.6.5) 的开集. 称一个函数在 $\mathbf{R}^n$ 上急降或缓增, 是指这个函数在 $\mathbf{R}^n$ 上的无穷远处急降或缓增; 同样称一个函数在一个开锥 V 上急降或缓增, 也是指这个函数在 V 上的无穷远处急降或缓增. 先证明一个引理.

引理 5.6.2 *设 f 和 g 都是 $\mathbf{R}^n$ 上的局部可积函数, 其中 f 在 $\mathbf{R}^n$ 上急降, g 在 $\mathbf{R}^n$ 上缓增并在开锥 V 上急降. 又设 V_1 是 $\mathbf{R}^n\backslash\{0\}$ 中的另一个开锥, $V_1 \subseteq V$ 且 $V_1 \cap \mathbf{S}^{n-1}$ 与 $\partial V \cap \mathbf{S}^{n-1}$ 有正的距离 (这时记为 $V_1 \subset\subset V$). 则 $f*g$ 在 V_1 上急降.*

证 我们有

$$(f*g)(\xi) = \left(\int_V + \int_{\mathbf{R}^n\backslash V}\right) f(\xi-\eta)g(\eta)\mathrm{d}\eta, \quad \forall \eta \in \mathbf{R}^n.$$

对于等式右端的第一个积分, 显然对任意 $N>0$ 都成立

$$\begin{aligned}\left|\int_V f(\xi-\eta)g(\eta)\mathrm{d}\eta\right| &\leqslant C_N \int_V (1+|\xi-\eta|)^{-N}(1+|\eta|)^{-N-n-1}\mathrm{d}\eta \\ &\leqslant C_N \int_{\mathbf{R}^n} (1+|\xi|)^{-N}(1+|\eta|)^{-n-1}\mathrm{d}\eta \\ &\leqslant C_N(1+|\xi|)^{-N}, \quad \forall \xi \in \mathbf{R}^n.\end{aligned}$$

为估计等式右端的第二个积分, 令 θ 为 $V_1 \cap \mathbf{S}^{n-1}$ 与 $\partial V \cap \mathbf{S}^{n-1}$ 之间的正距离, 则由余弦定理知当 $\xi \in V_1$ 而 $\eta \in \mathbf{R}^n\backslash V$ 时, 有

$$|\xi-\eta|^2 \geqslant |\xi|^2 + |\eta|^2 - 2|\xi||\eta|\cos\theta \geqslant (1-\cos\theta)(|\xi|^2+|\eta|^2),$$

说明存在常数 $c>0$ 使成立

$$|\xi-\eta| \geqslant c|\xi| \quad 且 \quad |\xi-\eta| \geqslant c|\eta|, \quad \forall \xi \in V_1,\ \forall \eta \in \mathbf{R}^n\backslash V.$$

设 $|g(\eta)| \leqslant C(1+|\eta|)^M$, $\forall \eta \in \mathbf{R}^n$. 则对任意 $N>0$ 都成立

$$\begin{aligned}\left|\int_{\mathbf{R}^n\backslash V} f(\xi-\eta)g(\eta)\mathrm{d}\eta\right| &\leqslant C_N\int_{\mathbf{R}^n\backslash V}(1+|\xi-\eta|)^{-N-M-n-1}(1+|\eta|)^M\mathrm{d}\eta\\ &\leqslant C_N\int_{\mathbf{R}^n\backslash V}(1+c|\xi|)^{-N}(1+c|\eta|)^{-M-n-1}(1+|\eta|)^M\mathrm{d}\eta\\ &\leqslant C_N(1+|\xi|)^{-N},\quad \forall \xi\in V_1.\end{aligned}$$

因此

$$|(f*g)(\xi)| \leqslant C_N(1+|\xi|)^{-N},\quad \forall \xi \in V_1.$$

证毕. □

用记号 Π 表示 $\Omega\times\mathbf{R}^n$ 到物理空间的投影, 即 $\Pi:\Omega\times\mathbf{R}^n\to\Omega$,

$$\Pi(x,\xi)=x,\quad \forall (x,\xi)\in\Omega\times\mathbf{R}^n.$$

定理 5.6.3　设 $u\in D'(\Omega)$, 则

$$\Pi\mathrm{WF}(u)=\mathrm{singsupp}u. \tag{5.6.8}$$

证　先设 $x_0\notin \mathrm{singsupp}u$. 则存在 x_0 的邻域 $U\subseteq\Omega$ 使得 $u\in C^\infty(U)$, 从而对任意 $\varphi\in C_0^\infty(U)$ 都有 $\varphi u\in C_0^\infty(U)$, 进而 $\widetilde{\varphi u}\in S(\mathbf{R}^n)$. 这意味着对任意 $\xi\in\mathbf{R}^n\backslash\{0\}$ 都有 $\xi\in RF_{x_0}(u)$, 即 $(x_0,\xi)\notin\mathrm{WF}(u)$, 所以 $x_0\notin\Pi\mathrm{WF}(u)$. 这就证明了 $\Pi\mathrm{WF}(u)\subseteq\mathrm{singsupp}u$.

再设 $x_0\notin\Pi\mathrm{WF}(u)$. 则对任意 $\xi_0\in\mathbf{R}^n\backslash\{0\}$ 都有 $(x_0,\xi_0)\notin\mathrm{WF}(u)$, 所以存在 x_0 的邻域 U_{ξ_0}、ξ_0 的锥形邻域 V_{ξ_0} 和在 x_0 点附近等于 1 的截断函数 $\varphi_{\xi_0}\in C_0^\infty(U_{\xi_0})$, 使 $\widetilde{\varphi_{\xi_0}u}(\xi)$ 在 V_{ξ_0} 中急降. 令 $\frac{1}{2}V_{\xi_0}$ 为把 V_{ξ_0} 的张角缩小一半所得与 V_{ξ_0} 具有相同中心轴的开锥. 通过考虑单位球面 $\mathbf{S}^{n-1}$ 的开覆盖 $\left\{\frac{1}{2}V_{\xi_0}\cap\mathbf{S}^{n-1}:\xi_0\in\mathbf{S}^{n-1}\right\}$ 并应用有限覆盖定理, 可得 $\mathbf{R}^n\backslash\{0\}$ 的有限开锥覆盖 $\frac{1}{2}V_{\xi_1}$, $\frac{1}{2}V_{\xi_2}$, $\cdots$, $\frac{1}{2}V_{\xi_N}$. 对每个 $1\leqslant j\leqslant N$, $\widetilde{\varphi_{\xi_j}u}(\xi)$ 在 V_{ξ_j} 中急降. 令 $\varphi=\varphi_{\xi_1}\varphi_{\xi_2}\cdots\varphi_{\xi_N}$. 则易见 $\varphi\in C_0^\infty(\Omega)$ 且在 x_0 点附近等于 1, 而且应用等式

$$\widetilde{\varphi u}=\frac{1}{(2\pi)^n}\widetilde{\psi}_j*\widetilde{\varphi_{\xi_j}u}\quad (\text{其中 } \psi_j=\varphi_{\xi_1}\cdots\varphi_{\xi_{j-1}}\varphi_{\xi_{j+1}}\cdots\varphi_{\xi_N})$$

和引理 5.6.2 知 $\widetilde{\varphi u}(\xi)$ 在每个开锥 $\frac{1}{2}V_{\xi_j}$ 上急降. 因此由 $\mathbf{R}^n\backslash\{0\}\subseteq\bigcup_{j=1}^N\frac{1}{2}V_{\xi_j}$ 即知 $\widetilde{\varphi u}(\xi)$ 在整个 $\mathbf{R}^n\backslash\{0\}$ 上急降, 故 $\varphi u\in C^\infty(\Omega)$. 这说明 $x_0\notin\mathrm{singsupp}u$. 这就证明了 $\mathrm{singsupp}u\subseteq\Pi\mathrm{WF}(u)$.

综上两步, 便证明了 (5.6.8). 证毕. □

为了进一步研究波前集, 需要一些作微局部运算的工具. 下一个引理便是为此目的服务的. 需要说明的是, 这个引理除了在讨论波前集时有用, 也是对偏微分算子做微局部分析的一个基本工具.

引理 5.6.4 设 $A\in\Psi^m_{\rho\delta}(\Omega)$ 是 m 阶恰当支拟微分算子, 其中 $0\leqslant\delta<\rho\leqslant 1$. 又设 $(x_0,\xi_0)\in\Omega\times(\mathbf{R}^n\backslash\{0\})$, 而 A 的符征 $\sigma_A(x,\xi)$ 具有性质: 存在 (x_0,ξ_0) 的锥形邻域 $U\times V\subset\subset\Omega\times(\mathbf{R}^n\backslash\{0\})$ (即 $U\subset\subset\Omega$ 且 $V\subset\subset\mathbf{R}^n\backslash\{0\}$) 以及常数 $C,M>0$ 使成立

$$|\sigma_A(x,\xi)|\geqslant C|\xi|^m,\quad \forall(x,\xi)\in U\times V,\ |\xi|\geqslant M \tag{5.6.9}$$

(这时称 A 在 (x_0,ξ_0) 点是椭圆型的). 则存在恰当支拟微分算子 $B_1,B_2\in\Psi^{-m}_{\rho\delta}(\Omega)$ 使成立

$$AB_1=J_1+R_1,\quad B_2A=J_2+R_2, \tag{5.6.10}$$

其中 $J_1,J_2\in\Psi^0_{\rho\delta}(\Omega)$ 且都是恰当支的, 符征都在 $U\times V$ 上等于 1, 而 $R_1,R_2\in\Psi^{-\infty}(\Omega)$.

证 显然可适当扩大 U 和 V 使 (5.6.9) 在扩大了的集合上仍然成立, 即存在开集 $U_1\subset\subset\Omega$ 和开锥 $V_1\subseteq\mathbf{R}^n\backslash\{0\}$, 使 $U\subset\subset U_1$, $V\subset\subset V_1$, 并使 (5.6.9) 在换 $U\times V$ 为 $U_1\times V_1$ 时仍然成立 (必要时可能需换 C 为较小的正常数, 而 M 则可能要取得更大一些, 不过这样的修正并不影响对问题的讨论). 取函数 $\chi\in C^\infty(\Omega\times\mathbf{R}^n)$ 使当 $|\xi|\geqslant M+1$ 时是零次齐次的, $\mathrm{supp}\chi\subseteq(U_1\times V_1)\cap\{|\xi|\geqslant M\}$, 且在 $U\times V$ 上 $|\xi|\geqslant M+1$ 的部分 $\chi(x,\xi)=1$. 令 B_0 为以 $\dfrac{\chi(x,\xi)}{\sigma_A(x,\xi)}$ 作符征的恰当支拟微分算子. 则易见成立

$$AB_0=J_1^0-S_1,\quad B_0A=J_2^0-S_2,$$

其中 $J_1^0,J_2^0\in\Psi^0_{\rho\delta}(\Omega)$ 且都是恰当支的, 符征都在 $U\times V$ 上等于 1, 而 $S_1,S_2\in\Psi^{-(\rho-\delta)}_{\rho\delta}(\Omega)$. 由于 $S_1,S_2\in\Psi^{-(\rho-\delta)}_{\rho\delta}(\Omega)$ 而 $\rho-\delta>0$, 所以从定理 5.5.5 的证明知存在恰当支拟微分算子 $T_1,T_2\in\Psi^0_{\rho\delta}(\Omega)$ 使成立

$$(I-S_1)T_1=I+R_1,\quad T_2(I-S_2)=I+R_2,$$

其中 $R_1,R_2\in\Psi^{-\infty}(\Omega)$. 令 $B_1=B_0T_1$, $B_2=T_2B_0$, 则易见 B_1,B_2 满足引理所要求的各项条件. 证毕. □

定理 5.6.5 设 $u\in D'(\Omega)$, 而 $(x_0,\xi_0)\in\Omega\times(\mathbf{R}^n\backslash\{0\})$. 则下列三个条件互相等价:

(1) $(x_0,\xi_0)\notin\mathrm{WF}(u)$.

(2) 存在在 (x_0,ξ_0) 点是椭圆型的恰当支拟微分算子 A 使得 $Au\in C^\infty(\Omega)$.

(3) 存在符征在 (x_0,ξ_0) 的一个锥形邻域上等于 1 的恰当支拟微分算子 $J\in\Psi^0_{10}(\Omega)$ 使 $Ju\in C^\infty(\Omega)$.

证 (1)⇒(2): 设 $(x_0,\xi_0)\notin \mathrm{WF}(u)$. 则存在 x_0 的邻域 $U\subseteq\Omega$、ξ_0 的锥形邻域 V 和截断函数 $\varphi\in C_0^\infty(U)$, φ 在 x_0 附近等于 1, 使 φu 的 Fourier 变换在 V 中急降. 取 $\chi\in C^\infty(\mathbf{R}^n)$ 使当 $|\xi|\geqslant 1$ 时 $\chi(\xi)$ 是零次齐次的, 支集含于 V 且在 ξ_0 的另一锥形邻域 $V_1\subset\subset V$ 中 $|\xi|\geqslant 1$ 的部分上等于 1. 令 A 为以 $a(x,y,\xi)=\varphi(y)\chi(\xi)$ 为振幅的恰当支拟微分算子. 易知 A 在 (x_0,ξ_0) 点是椭圆型的. 事实上应用定理 5.4.19 知

$$\sigma_A(x,\xi)-\varphi(x)\chi(\xi)\in S^{-1}_{10}(\Omega\times\mathbf{R}^n).$$

据此易知存在常数 $M>0$ 使成立

$$|\sigma_A(x,\xi)|\geqslant\frac{1}{2},\quad \forall(x,\xi)\in U_1\times V_1,\ \ |\xi|\geqslant M,$$

其中 U_1 是 x_0 的邻域, 在其上 φ 等于 1. 因 $A\in\Psi^0_{10}(\Omega)$, 所以上式便意味着 A 在 (x_0,ξ_0) 点是椭圆型的. 注意到 $Au=F^{-1}[\chi(\xi)\widetilde{\varphi u}(\xi)]$, 显然有 $Au\in C^\infty(\Omega)$. 这就证明了 (1) ⇒ (2).

(2) ⇒ (3): 是引理 5.6.4 的直接推论 (只用到 (5.6.10) 中的第二个关系式).

(3) ⇒ (1): 设 $\sigma_J(x,\xi)$ 在 (x_0,ξ_0) 的锥形邻域 $U\times V$ 上等于 1. 取 $\varphi,\psi\in C_0^\infty(U)$, 使 φ 在 $\mathrm{supp}\psi$ 的一个邻域上等于 1, 且 ψ 在 x_0 附近等于 1. 再取 $\chi\in C^\infty(\mathbf{R}^n)$ 使当 $|\xi|\geqslant 1$ 时 $\chi(\xi)$ 是零次齐次的, 支集含于 V 且在 ξ_0 的另一锥形邻域 $V_1\subset\subset V$ 中 $|\xi|\geqslant 1$ 的部分上等于 1. 于是

$$\begin{aligned}\varphi\chi(D)(\psi u)&=\varphi J\chi(D)(\psi u)+\varphi(I-J)\chi(D)(\psi u)\\&=\varphi\chi(D)J(\psi u)+\varphi[J,\chi(D)](\psi u)+\varphi(I-J)\chi(D)(\psi u)\\&=\varphi\chi(D)(\psi Ju)+\varphi\chi(D)[J,\psi]u+\varphi[J,\chi(D)](\psi u)+\varphi(I-J)\chi(D)(\psi u).\end{aligned}$$

这里 $\chi(D)$ 表示以 $\chi(\xi)$ 为符征的恰当支拟微分算子. 应用定理 5.5.2 计算 $(I-J)\chi(D)$ 的符征, 即知 $(I-J)\chi(D)\in S^{-\infty}(\Omega)$, 从而 $\varphi(I-J)\chi(D)(\psi u)\in C^\infty(\mathbf{R}^n)$. 类似地, 应用定理 5.5.2 计算 $\varphi[J,\chi(D)]=\varphi[J\chi(D)-\chi(D)J]$ 和 $\chi(D)[J,\psi]=\chi(D)[J(\psi\cdot)-\psi J]$ 的符征, 即知 $\varphi[J,\chi(D)],\chi(D)[J,\psi]\in S^{-\infty}(\Omega)$, 从而 $\varphi[J,\chi(D)](\psi u)$, $\varphi\chi(D)[J,\psi]u\in C^\infty(\mathbf{R}^n)$. 又已知 $Ju\in C^\infty(\Omega)$ 所以 $\varphi\chi(D)(\psi Ju)\in C^\infty(\mathbf{R}^n)$. 这就证明了 $\varphi\chi(D)(\psi u)\in C^\infty(\mathbf{R}^n)$. 现在注意由于 $\mathrm{supp}(1-\varphi)\cap\mathrm{supp}\psi=\varnothing$, 所以根据定理 5.4.8 知 $(1-\varphi)\chi(D)(\psi u)\in C^\infty(\mathbf{R}^n)$. 因此

$$\chi(D)(\psi u)=\varphi\chi(D)(\psi u)+(1-\varphi)\chi(D)(\psi u)\in C^\infty(\mathbf{R}^n).$$

由于 $\chi(D)$ 是恰当支拟微分算子且 ψu 有紧支集, 所以这意味着 $\chi(D)(\psi u)\in C_0^\infty(\mathbf{R}^n)$. 因此 $\chi(\xi)\widetilde{\psi u}(\xi)$ 在 $\mathbf{R}^n$ 上急降, 从而 $\widetilde{\psi u}(\xi)$ 在 V 上急降. 证毕. □

定理 5.6.6 设 $u \in D'(\Omega)$. 则对 Ω 上的任意恰当支拟微分算子 A 都成立

$$\mathrm{WF}(Au) \subseteq \mathrm{WF}(u). \tag{5.6.11}$$

证 设 $(x_0, \xi_0) \notin \mathrm{WF}(u)$. 则由定理 5.6.5 知存在符征在 (x_0, ξ_0) 的一个锥形邻域 $U \times V$ 上等于 1 的恰当支拟微分算子 $J \in \Psi^0_{10}(\Omega)$ 使 $Ju \in C^\infty(\Omega)$. 取另一恰当支拟微分算子 $J_1 \in \Psi^0_{10}(\Omega)$, 使其符征的支集包含于 $U \times V$, 且在 (x_0, ξ_0) 的一个更小的锥形邻域 $U_1 \times V_1 \subset\subset U \times V$ 上等于 1. 我们有

$$J_1 Au = J_1 AJu + J_1 A(I - J)u.$$

应用定理 5.5.2 计算 $J_1 A(I - J)$ 的符征, 即知 $J_1 A(I - J) \in S^{-\infty}(\Omega)$, 从而 $J_1 A(I - J)u \in C^\infty(\Omega)$. 又由 $Ju \in C^\infty(\Omega)$ 知 $J_1 AJu \in C^\infty(\Omega)$. 所以 $J_1 Au \in C^\infty(\Omega)$, 从而再次应用定理 5.6.5 即知 $(x_0, \xi_0) \notin \mathrm{WF}(Au)$. 所以 (5.6.11) 成立. 证毕. □

注意把 (5.6.11) 投影到物理空间, 就得到了 (5.4.13). 因此定理 5.6.6 是定理 5.4.8 在微局部意义下的精细化.

定理 5.6.7 设 $P = P(x, D)$ 是开集 $\Omega \subseteq \mathbf{R}^n$ 上具 C^∞ 系数的偏微分算子, 则成立关系式

$$\mathrm{WF}(u) \subseteq \mathrm{WF}(Pu) \cup \mathrm{Char}P, \quad \forall u \in D'(\Omega). \tag{5.6.12}$$

特别, 如果 P 是 Ω 上具有 C^∞ 系数的椭圆型算子, 则

$$\mathrm{WF}(u) = \mathrm{WF}(Pu), \quad \forall u \in D'(\Omega). \tag{5.6.13}$$

证 设 $(x_0, \xi_0) \notin \mathrm{WF}(Pu)$ 且 $(x_0, \xi_0) \notin \mathrm{Char}P$. 由 $(x_0, \xi_0) \notin \mathrm{WF}(Pu)$ 知存在符征在 (x_0, ξ_0) 的一个锥形邻域上等于 1 的恰当支拟微分算子 $A \in \Psi^0_{10}(\Omega)$ 使 $APu \in C^\infty(\Omega)$. 又由 $(x_0, \xi_0) \notin \mathrm{Char}P$ 知 P 的主符征 $P_m(x, \xi)$ 在 (x_0, ξ_0) 点不等于零: $P_m(x_0, \xi_0) \neq 0$. 于是由引理 5.6.4 知存在恰当支拟微分算子 $B \in \Psi^{-m}_{10}(\Omega)$ 使 $BP = J + R$, 其中 J 是符征在 (x_0, ξ_0) 的一个锥形邻域上等于 1 的恰当支拟微分算子, 而 $R \in \Psi^{-\infty}(\Omega)$. 不妨设 B 的符征的支集含于使 A 的符征等于 1 的开集中 (否则用具有这种性质的算子替代 B). 这时 $B(I - A) \in \Psi^{-\infty}(\Omega)$. 于是有

$$Ju = BPu - Ru = BAPu + B(I - A)Pu - Ru \in C^\infty(\Omega).$$

由于 J 的符征在 (x_0, ξ_0) 的一个锥形邻域上等于 1, 所以据此得到 $(x_0, \xi_0) \notin \mathrm{WF}(u)$. 因此 (5.6.12) 成立.

当 P 是具 C^∞ 系数的椭圆型算子时, $\mathrm{Char}P = \varnothing$, 所以由 (5.6.12) 知 $\mathrm{WF}(u) \subseteq \mathrm{WF}(Pu)$. 又由定理 5.6.6 知 $\mathrm{WF}(Pu) \subseteq \mathrm{WF}(u)$, 所以 $\mathrm{WF}(u) = \mathrm{WF}(Pu)$. 证毕. □

5.6.3 奇性传播定理

下面讨论偏微分方程解的奇性传播问题. 先作一些准备. 设 $A(t,x,D)$ 是 $\mathbf{R}^n$ 上以 t 为参数的一阶恰当支拟微分算子, 符征 $a(t,x,\xi)\in C^\infty(\mathbf{R}\times\mathbf{R}^n\times\mathbf{R}^n)$, 对每个 $t\in\mathbf{R}$ 都有 $a(t,x,\xi)\in S^1_{10}(\mathbf{R}^n\times\mathbf{R}^n)$ 和 $a(t,x,\xi)-\mathrm{Re}a(t,x,\xi)\in S^0_{10}(\mathbf{R}^n\times\mathbf{R}^n)$, 且对任意有限区间 $I\subset\subset\mathbf{R}$、任意 $k\in\mathbf{Z}_+$ 和任意 $\alpha,\beta\in\mathbf{Z}^n_+$ 存在相应的常数 $C_{Ik\alpha\beta}>0$ 使成立

$$|\partial_t^k\partial_\xi^\alpha\partial_x^\beta a(t,x,\xi)|\leqslant C_{Ik\alpha\beta}(1+|\xi|)^{1-|\alpha|},\quad \forall(t,x,\xi)\in I\times\mathbf{R}^n\times\mathbf{R}^n,$$

$$|\partial_t^k\partial_\xi^\alpha\partial_x^\beta[a(t,x,\xi)-\mathrm{Re}a(t,x,\xi)]|\leqslant C_{Ik\alpha\beta}(1+|\xi|)^{-|\alpha|},\quad \forall(t,x,\xi)\in I\times\mathbf{R}^n\times\mathbf{R}^n.$$

考虑初值问题

$$\begin{cases}D_tu=A(t,x,D)u+f(t,x), & x\in\mathbf{R}^n,\ t\in\mathbf{R},\\ u(0,x)=u_0(x), & x\in\mathbf{R}^n.\end{cases}\tag{5.6.14}$$

引理 5.6.8 (能量不等式) 设 $u_0\in H^s(\mathbf{R}^n)$, $f\in C((a,b),H^s(\mathbf{R}^n))\cap L^2((a,b),H^s(\mathbf{R}^n))$, 其中 a,b,s 为给定的实数且 $a<0<b$. 又设 $u\in C((a,b),H^{s+1}(\mathbf{R}^n))\cap C^1((a,b),H^s(\mathbf{R}^n))$ 是问题 (5.6.14) 的解. 则成立能量不等式:

$$\max_{0\leqslant t\leqslant b}\|u(t,\cdot)\|^2_{H^s(\mathbf{R}^n)}\leqslant C(\|u_0\|^2_{H^s(\mathbf{R}^n)}+\int_0^b\|f(t,\cdot)\|^2_{H^s(\mathbf{R}^n)}\mathrm{d}t),\tag{5.6.15}$$

$$\max_{a\leqslant t\leqslant 0}\|u(t,\cdot)\|^2_{H^s(\mathbf{R}^n)}\leqslant C(\|u_0\|^2_{H^s(\mathbf{R}^n)}+\int_a^0\|f(t,\cdot)\|^2_{H^s(\mathbf{R}^n)}\mathrm{d}t).\tag{5.6.16}$$

证 令 Λ^s 为以 $(1+|\xi|^2)^{\frac{s}{2}}$ 为符征的拟微分算子. 则有

$$\begin{cases}\partial_t\Lambda^su=\mathrm{i}\Lambda^sA(t,x,D)u+\mathrm{i}\Lambda^sf(t,x), & x\in\mathbf{R}^n,\ t\in(a,b),\\ \Lambda^su(0,x)=\Lambda^su_0(x), & x\in\mathbf{R}^n.\end{cases}$$

因此

$$\begin{aligned}\frac{\mathrm{d}}{\mathrm{d}t}\|u(t,\cdot)\|^2_{H^s(\mathbf{R}^n)}&=(\partial_t\Lambda^su,\Lambda^su)_{L^2(\mathbf{R}^n)}+(\Lambda^su,\partial_t\Lambda^su)_{L^2(\mathbf{R}^n)}\\&=\mathrm{i}((\Lambda^sA-A^*\Lambda^s)u,\Lambda^su)_{L^2(\mathbf{R}^n)}-\mathrm{i}(\Lambda^su,[\Lambda^s,A]u)_{L^2(\mathbf{R}^n)}\\&\quad+2\mathrm{Im}(\Lambda^sf,\Lambda^su)_{L^2(\mathbf{R}^n)}\\&\leqslant\|(\Lambda^sA-A^*\Lambda^s)u\|_{L^2(\mathbf{R}^n)}\|\Lambda^su\|_{L^2(\mathbf{R}^n)}\\&\quad+\|\Lambda^su\|_{L^2(\mathbf{R}^n)}\|[\Lambda^s,A]u\|_{L^2(\mathbf{R}^n)}\\&\quad+2\|\Lambda^sf\|_{L^2(\mathbf{R}^n)}\|\Lambda^su\|_{L^2(\mathbf{R}^n)},\quad\forall t\in(a,b).\end{aligned}$$

由所设条件并应用定理 5.5.1 和定理 5.5.2 作计算可知关于 $t\in(a,b)$ 一致地成立 $\Lambda^s A - A^*\Lambda^s \in \Psi^s_{10}(\mathbf{R}^n)$ 和 $[\Lambda^s, A]\in \Psi^s_{10}(\mathbf{R}^n)$. 所以从上式得

$$\frac{\mathrm{d}}{\mathrm{d}t}\|u(t,\cdot)\|^2_{H^s(\mathbf{R}^n)} \leqslant C\|u(t,\cdot)\|^2_{H^s(\mathbf{R}^n)} + \|f(t,\cdot)\|^2_{H^s(\mathbf{R}^n)}, \quad \forall t\in(a,b).$$

这样应用 Gronwall 引理即得不等式 (5.6.15) 和 (5.6.16). 证毕. □

引理 5.6.9 (解的存在唯一性) 对任意给定的实数 s 和 $a<0<b$, 以及任意给定的 $u_0\in H^s(\mathbf{R}^n)$ 和 $f\in C([a,b], H^s(\mathbf{R}^n))$, 问题 (5.6.14) 存在唯一的解 $u\in C([a,b], H^s(\mathbf{R}^n))\cap C^1([a,b], H^{s-1}(\mathbf{R}^n))$.

证 唯一性是能量不等式 (5.6.15) 和 (5.6.16) 的直接推论: 设 $u_1, u_2\in C([a,b], H^s(\mathbf{R}^n))\cap C^1([a,b], H^{s-1}(\mathbf{R}^n))$ 是问题 (5.6.14) 的两个解. 则 u_1-u_2 是相应齐次方程对应于零初值条件的解, 所以由能量不等式知 $\sup\limits_{a<t<b}\|u_1(t,\cdot)-u_2(t,\cdot)\|_{H^{s-1}}=0$, 从而 $u_1(t,\cdot)=u_2(t,\cdot)$, $\forall t\in(a,b)$, 即 $u_1(t,\cdot)=u_2(t,\cdot)$, $\forall t\in(a,b)$. 这就证明了唯一性.

下面证明存在性. 令 $P=D_t-A(t,x,D)$, $P^{\mathrm{T}}=D_t+A^{\mathrm{T}}(t,x,D)$, 这里 $A^{\mathrm{T}}(t,x,D)$ 表示 $A(t,x,D)$ 的转置. 显然 $-A^{\mathrm{T}}(t,x,D)$ 满足与 $A(t,x,D)$ 所满足相同的条件, 所以对 P^{T} 也成立能量不等式, 从而存在常数 $C>0$ 使成立

$$\max_{0\leqslant t\leqslant b}\|\varphi(t,\cdot)\|^2_{H^{-s}(\mathbf{R}^n)} \leqslant C\int_0^b \|P^{\mathrm{T}}\varphi(t,\cdot)\|^2_{H^{-s}(\mathbf{R}^n)}\mathrm{d}t, \quad \forall\varphi\in X_0, \tag{5.6.17}$$

其中 $X_0=\{\varphi\in C^1([0,b], H^{1-s}(\mathbf{R}^n)) : \varphi(b,\cdot)=0\}$. 显然 X_0 和 $P^{\mathrm{T}}X_0$ 都是 $X=L^2([0,b], H^{-s}(\mathbf{R}^n))$ 的线性子空间. 对给定的 $u_0\in H^s(\mathbf{R}^n)$ 和 $f\in C([a,b], H^s(\mathbf{R}^n))$, 在 $P^{\mathrm{T}}X_0$ 上定义泛函 F 如下:

$$F(P^{\mathrm{T}}\varphi) = -\int_0^b \langle f(t,\cdot), \varphi(t,\cdot)\rangle \mathrm{d}t + \mathrm{i}\langle u_0, \varphi(0,\cdot)\rangle, \quad \forall\varphi\in X_0,$$

其中 $\langle\cdot,\cdot\rangle$ 表示 $H^s(\mathbf{R}^n)$ 与 $H^{-s}(\mathbf{R}^n)$ 之间的对偶作用. 根据不等式 (5.6.17) 有

$$\begin{aligned}
|F(P^{\mathrm{T}}\varphi)| &\leqslant \int_0^b \|f(t,\cdot)\|_{H^s(\mathbf{R}^n)}\|\varphi(t,\cdot)\|_{H^{-s}(\mathbf{R}^n)}\mathrm{d}t \\
&\quad + \|u_0\|_{H^s(\mathbf{R}^n)}\|\varphi(0,\cdot)\|_{H^{-s}(\mathbf{R}^n)} \\
&\leqslant C\max_{0\leqslant t\leqslant b}\|\varphi(t,\cdot)\|_{H^{-s}(\mathbf{R}^n)} \\
&\leqslant C\left[\int_0^b \|P^{\mathrm{T}}\varphi(t,\cdot)\|^2_{H^{-s}(\mathbf{R}^n)}\mathrm{d}t\right]^{\frac{1}{2}}, \quad \forall\varphi\in X_0.
\end{aligned}$$

因此按 $X=L^2([0,b], H^{-s}(\mathbf{R}^n))$ 范数, F 是 $P^{\mathrm{T}}X_0$ 上的连续线性泛函, 从而由 Hahn–Banach 定理知它可延拓成 X 上的连续线性泛函. 这样再应用 Riesz 表示定理知存

在 $u \in X' = L^2([0,b], H^s(\mathbf{R}^n))$ 使成立 $F(P^{\mathrm{T}}\varphi) = \int_0^b \langle u(t,\cdot), P^{\mathrm{T}}\varphi(t,\cdot)\rangle \mathrm{d}t$, $\forall \varphi \in X_0$, 即

$$\int_0^b \langle u(t,\cdot), P^{\mathrm{T}}\varphi(t,\cdot)\rangle \mathrm{d}t = -\int_0^b \langle f(t,\cdot), \varphi(t,\cdot)\rangle \mathrm{d}t + \mathrm{i}\langle u_0, \varphi(0,\cdot)\rangle, \quad \forall \varphi \in X_0. \quad (5.6.18)$$

特别取 $\varphi \in C_0^\infty((0,b)\times\mathbf{R}^n)$, 便得到 u 在 $(0,b)\times\mathbf{R}^n$ 上满足方程 $Pu=f$. 据此进一步得到

$$D_t u = A(t,x,D)u + f \in L^2([0,b], H^{s-1}(\mathbf{R}^n)).$$

把这个结论与 $u \in L^2([0,b], H^s(\mathbf{R}^n))$ 相结合, 即知 $u \in C([0,b], H^{s-1}(\mathbf{R}^n))$. 这样由 (5.6.18) 并应用方程 $Pu=f$ 即知 u 也满足初值条件 $u(0,\cdot)=u_0$. 再来证明 $u \in C([0,b], H^s(\mathbf{R}^n))$. 为此取 $u_{0j} \in H^{s+1}(\mathbf{R}^n)$ $(j=1,2,\cdots)$ 使 $\lim\limits_{j\to\infty} \|u_{0j}-u_0\|_{H^s(\mathbf{R}^n)} = 0$, 并取 $f_j \in C([a,b], H^{s+1}(\mathbf{R}^n))$ $(j=1,2,\cdots)$ 使 $\lim\limits_{j\to\infty} \|f_j - f\|_{L^2([0,b],H^s(\mathbf{R}^n))} = 0$, 则按已证明的结论, 可知存在 $u_j \in C([0,b], H^s(\mathbf{R}^n))$ 在 $(0,b)\times\mathbf{R}^n$ 上满足方程 $Pu_j = f_j$, 并满足初值条件 $u_j|_{t=0} = u_{0j}$, $j=1,2,\cdots$. 对 $u_j - u_k$ 应用能量不等式 (5.6.15), 即知 $\{u_j\}_{j=1}^\infty$ 是 $C([0,b], H^s(\mathbf{R}^n))$ 中的基本列, 因而在其中有极限. 由于显然地 $\{u_j\}_{j=1}^\infty$ 在 $C([0,b], H^{s-1}(\mathbf{R}^n))$ 中收敛于 u, 所以 $u \in C([0,b], H^s(\mathbf{R}^n))$. 据此再结合 $Pu=f$ 即知还有 $u \in C^1([0,b], H^{s-1}(\mathbf{R}^n))$. 这就证明了, 初值问题 (5.6.14) 在 $0 \leqslant t \leqslant b$ 的部分存在解 $u \in C([0,b], H^s(\mathbf{R}^n)) \cap C^1([0,b], H^{s-1}(\mathbf{R}^n))$. 完全类似地可证明该问题也在 $a \leqslant t \leqslant 0$ 的部分存在解 $u \in C([a,0], H^s(\mathbf{R}^n)) \cap C^1([a,0], H^{s-1}(\mathbf{R}^n))$, 合起来便证明了它在 $a \leqslant t \leqslant b$ 上存在解 $u \in C([a,b], H^s(\mathbf{R}^n)) \cap C^1([a,b], H^{s-1}(\mathbf{R}^n))$. 证毕. □

推论 5.6.10 *设 $u_0 \in S(\mathbf{R}^n)$, $f \in C^\infty((a,b), S(\mathbf{R}^n)))$, 其中 a,b 为给定的实数且 $a<0<b$. 又设 u 是问题 (5.6.14) 的广义函数解, 使得对某个实数 s 有 $u \in C((a,b), H^s(\mathbf{R}^n)) \cap C^1((a,b), H^{s-1}(\mathbf{R}^n))$. 则 $u \in C^\infty((a,b), C^\infty(\mathbf{R}^n))$.* □

回忆对定义在 $\Omega\times\mathbf{R}^n$ 上的 $C^{1,1}$ 类实值函数 f, 其中 Ω 是 $\mathbf{R}^n$ 中的开集, f 的**双特征线**是指下述 Hamilton–Jacobi 方程组

$$\begin{cases} \dfrac{\mathrm{d}x_j(t)}{\mathrm{d}t} = \dfrac{\partial f}{\partial \xi_j}(x(t),\xi(t)), \\ \dfrac{\mathrm{d}\xi_j(t)}{\mathrm{d}t} = -\dfrac{\partial f}{\partial x_j}(x(t),\xi(t)), \end{cases} \qquad j=1,2,\cdots,n$$

的解曲线 $x=x(t)$, $\xi=\xi(t)$. 我们知道 f 沿它的任何一条双特征线都取常值:

$$\frac{\mathrm{d}}{\mathrm{d}t} f(x(t),\xi(t)) = \sum_{j=1}^n \left[\frac{\partial f}{\partial x_j}(x(t),\xi(t))\frac{\mathrm{d}x_j(t)}{\mathrm{d}t} + \frac{\partial f}{\partial \xi_j}(x(t),\xi(t))\frac{\mathrm{d}\xi_j(t)}{\mathrm{d}t}\right] = 0.$$

如果 f 沿它的某条双特征线恒等于零, 则称这条双特征线为 f 的**双特征**. 函数 f 的**Hamilton 向量场** (也叫**Hamilton 算子**)H_f 定义为

$$H_f=\sum_{j=1}^{n}\left(\frac{\partial f}{\partial\xi_j}\frac{\partial}{\partial x_j}-\frac{\partial f}{\partial x_j}\frac{\partial}{\partial\xi_j}\right).$$

由定义知 f 的双特征线是 f 的 Hamilton 向量场 H_f 的积分曲线, 因而对定义在 $\Omega\times\mathbf{R}^n$ 上的任意 C^1 类实值函数 g 有

$$\frac{\mathrm{d}}{\mathrm{d}t}g(x(t),\xi(t))=\sum_{j=1}^{n}\left(\frac{\partial f}{\partial\xi_j}\frac{\partial g}{\partial x_j}-\frac{\partial f}{\partial x_j}\frac{\partial g}{\partial\xi_j}\right)\bigg|_{\substack{x=x(t)\\ \xi=\xi(t)}}=H_fg\bigg|_{\substack{x=x(t)\\ \xi=\xi(t)}}.$$

上面第一个等号右端的和式也叫做函数 f 和 g 的**Poisson 括号**, 记作 $\{f,g\}$, 即

$$\{f,g\}=\sum_{j=1}^{n}\left(\frac{\partial g}{\partial x_j}\frac{\partial f}{\partial\xi_j}-\frac{\partial g}{\partial\xi_j}\frac{\partial f}{\partial x_j}\right)=H_fg=-H_gf=-\{g,f\}.$$

下面便是著名的**Hörmander 奇性传播定理**:

定理 5.6.11 (Hörmander) 设 $P=P(x,D)$ 是 Ω 上具 C^∞ 系数的主型线性偏微分算子, 其主符征 $P_m(x,\xi)$ 是实值函数. 又设 $f\in C^\infty(\Omega)$, 而 $u\in D'(\Omega)$ 是方程 $Pu=f$ 在 Ω 上的解 (根据定理 5.6.7, 这时 $\mathrm{WF}(u)\subseteq\mathrm{Char}P$). 假设 $(x_0,\xi_0)\in\mathrm{WF}(u)$, 则 P_m 过 (x_0,ξ_0) 点的双特征线 $\varGamma$ 整条全在 $\mathrm{WF}(u)$ 中.

证 只需证明, 对于 P_m 位于 $\mathrm{Char}P$ 中的任意双特征线 $\varGamma$, 如果其上有一点 $(x_0,\xi_0)\notin\mathrm{WF}(u)$, 则 $\varGamma$ 上的所有点都不属于 $\mathrm{WF}(u)$. 分三步进行论证.

第一步: 对偏微分算子 $P=P(x,D)$ 作微局部处理, 把问题约化为对形如 $P=D_n-\Lambda(x,D_{x'})$ 的拟微分算子的相应问题, 其中 $\Lambda(x,D_{x'})$ 是一阶恰当支拟微分算子, $x'=(x_1,\cdots,x_{n-1})$, 符征为 (x,ξ') 的 C^∞ 函数, 其中 $\xi'=(\xi_1,\cdots,\xi_{n-1})$, 且满足 $\Lambda(x,D_{x'})-\mathrm{Re}\Lambda(x,D_{x'})\in\Psi^0_{10}(\Omega)$. 为此注意由于 $\nabla_\xi P_m(x_0,\xi_0)\neq0$, 所以必要时调整坐标编号, 可设 $\partial_{\xi_n}P_m(x_0,\xi_0)\neq0$. 由于 $P_m(x_0,\xi_0)=0$ 且 $P_m(x,\xi)$ 是 ξ 的齐次函数, 所以应用隐函数定理知存在 (x_0,ξ_0) 的楔形邻域 $U\times V$, 即 U 是 x_0 的通常邻域, 而 V 则是 $\xi_0=(\xi_0',\xi_{n0})$ 的下列形式的邻域:

$$V=\left\{(\xi',\xi_n)\in\mathbf{R}^{n-1}\times\mathbf{R}:\left|\frac{\xi'}{|\xi'|}-\frac{\xi_0'}{|\xi_0'|}\right|<\delta,\ -\infty<\xi_n<\infty\right\}\quad(\delta>0),$$

使得在此邻域中从方程 $P_m(x,\xi)=0$ 可解出 ξ_n 为 (x,ξ') 的函数: $\xi_n=\lambda(x,\xi')$, 且 $\xi_{n0}=\lambda(x_0,\xi_0')$, 而且 $\lambda(x,\xi')$ 是 ξ' 的一次齐次函数. 又因为 $P_m(x,\xi)$ 是 ξ_n 的多项式 (系数是 (x,ξ') 的函数), 而 $\lambda(x,\xi')$ 的定义表明它是该多项式的一个根, 所以在 $U\times V$ 上 $P_m(x,\xi)$ 有因式分解:

$$P_m(x,\xi)=[\xi_n-\lambda(x,\xi')]Q_{m-1}(x,\xi),$$

其中 $Q_{m-1}(x,\xi)$ 是定义在 $U\times V$ 上的函数, 关于 ξ 是 $m-1$ 次齐次的, 且是 ξ_n 的多项式. 注意条件 $\partial_{\xi_n}P_m(x_0,\xi_0)\neq 0$ 蕴涵着 $Q_{m-1}(x_0,\xi_0)\neq 0$, 所以必要时缩小 $U\times V$, 可设 $Q_{m-1}(x,\xi)\neq 0, \forall(x,\xi)\in U\times V$. 另外还需注意, 由于 $P_m(x,\xi)$ 是实值的 C^∞ 函数, 所以 $\lambda(x,\xi')$ 和 $Q_{m-1}(x,\xi)$ 都是 $U\times V$ 上的实值 C^∞ 函数. 现在取 (x_0,ξ_0) 的一个较小的楔形邻域 $U_0\times V_0$ 使得 $U_0\subset\subset U$ 且 $V_0\subset\subset V$ (这时记作 $U_0\times V_0\subset\subset U\times V$), 并取截断函数 $\varphi\in C^\infty(\Omega\times(\mathbf{R}^n\backslash\{0\}))$, 使 $\text{supp}\varphi\subset\subset U\times V$, 且在 $U_0\times V_0$ 上 $\varphi=1$. 把 $\lambda(x,\xi')$ 在 $\text{supp}\varphi$ 到 $\Omega\times(\mathbf{R}^{n-1}\backslash\{0\})$ 的投影上的限制向 $\Omega\times(\mathbf{R}^{n-1}\backslash\{0\})$ 作光滑延拓, 使得 $\lambda(x,\xi')$ 成为在整个 $\Omega\times(\mathbf{R}^{n-1}\backslash\{0\})$ 上有定义且关于 ξ' 为一次齐次的函数, 并把 $Q_{m-1}(x,\xi)\varphi(x,\xi)$ 仍记作 $Q_{m-1}(x,\xi)$ (这时 $Q_{m-1}(x,\xi)$ 便成为在整个 $\Omega\times(\mathbf{R}^n\backslash\{0\})$ 上有定义的 C^∞ 函数, 在 $U\times V$ 之外 $Q_{m-1}(x,\xi)=0$), 然后再令 $r(x,\xi)=[1-\varphi(x,\xi)]P_m(x,\xi)$, 就得到

$$P_m(x,\xi)=[\xi_n-\lambda(x,\xi')]Q_{m-1}(x,\xi)+r(x,\xi),\quad \forall(x,\xi)\in\Omega\times(\mathbf{R}^n\backslash\{0\}). \tag{5.6.19}$$

以此分解式为基础, 便可采用定理 5.5.5 和引理 5.6.4 所使用的迭代方法构作出一个经典型一阶恰当支拟微分算子 $\Lambda(x,D_{x'})$ 和一个经典型 $m-1$ 阶恰当支拟微分算子 $Q(x,D)$, 它们分别以 $\lambda(x,\xi')$ 和 $Q_{m-1}(x,\xi)$ 为主符征, 使成立

$$P(x,D)=[D_n-\Lambda(x,D_{x'})]Q(x,D)+R, \tag{5.6.20}$$

其中 R 是一个符征在 $U_0\times V_0$ 上等于零的 m 阶恰当支拟微分算子. $\Lambda(x,D_{x'})$ 和 $Q(x,D)$ 的构作留给读者作习题.

注意上面所作的约化在任意一点 $(x_0,\xi_0)\in\text{Char}P$ 都成立, 而不需要假定 $(x_0,\xi_0)\notin\text{WF}(u)$ 或 $(x_0,\xi_0)\in\text{WF}(u)$. 因此, 对 $\varGamma$ 上任意给定的两点 (x_0,ξ_0) 和 $(\bar{x},\bar{\xi})$, 应用有限覆盖定理可知存在 $\varGamma$ 上有限个点的锥形邻域 $U_0\times V_0$ 覆盖 $\varGamma$ 上 (x_0,ξ_0) 与 $(\bar{x},\bar{\xi})$ 之间的那一段, 使得关于每个锥形邻域 $U_0\times V_0$, $P(x,D)$ 都有形如 (5.6.20) 的分解式. 下面将证明, 对于 $\varGamma$, 位于每个这样的锥形邻域 $U_0\times V_0$ 中的部分即 $\varGamma\cap(U_0\times V_0)$, 只要其上有一点不属于 $WF(u)$, 则 $\varGamma$ 上这一部分的所有点便都不属于 $\text{WF}(u)$, 即 $\varGamma\cap(U_0\times V_0)\cap\text{WF}(u)=\varnothing$. 于是, 如果 $(x_0,\xi_0)\notin\text{WF}(u)$, 则通过从 (x_0,ξ_0) 点出发逐次在每个覆盖 $\varGamma$ 的锥形邻域 $U_0\times V_0$ 上应用上述结论, 便可知亦有 $(\bar{x},\bar{\xi})\notin\text{WF}(u)$, 从而得到了所期望的结论.

第二步: 设 $U_0\times V_0$ 和 $U\times V$ 是如上所述的锥形开集, 而 $(x_0,\xi_0)\in\varGamma\cap(U_0\times V_0)$, 且 $(x_0,\xi_0)\notin\text{WF}(u)$. 据此构作恰当支拟微分算子 $B\in\Psi^0_{10}(\Omega)$, 使成立 $[P,B]\in\Psi^{-\infty}(\Omega)$, 且使 B 在 $\varGamma$ 的一个邻域上是椭圆型的. 为何要构作这样的拟微分算子 B, 其原因将在下一步看到, 读者暂时不要考虑这个问题. 我们采用递推的方式来确定 B 的符征 σ_B 的渐近展开式 $\sigma_B\sim\sum\limits_{j=0}^{\infty}b_j(x,\xi)$ 中的每一项, 使得 $b_j(x,\xi)$ 关

于 ξ 是 $-j$ 次齐次的, $j=0,1,2,\cdots$, 且使前面要求的条件都得到满足. 为此设 $P(x,D)=P_m(x,D)+P_{m-1}(x,D)+\cdots+P_0(x,D)$, 则由 σ_B 的前述渐近展开式可得 $[P,B]$ 的符征有如下渐近展开:

$$\sigma_{[P,B]}(x,\xi)\sim\sum_{l=1}^{\infty}\sum_{|\alpha|+k+j=l}\frac{(-\mathrm{i})^{|\alpha|}}{\alpha!}\Big(\partial_\xi^\alpha P_{m-k}(x,\xi)\partial_x^\alpha b_j(x,\xi)-\partial_\xi^\alpha b_j(x,\xi)\partial_x^\alpha P_{m-k}(x,\xi)\Big).$$

令第一个和号后面的每一项都等于零, 便得如下形式的一列递推的一阶线性偏微分方程:

$$H_{P_m}b_0=0, \tag{5.6.21}$$

$$H_{P_m}b_j=L_j(b_0,b_1,\cdots,b_{j-1}),\quad j=1,2,\cdots, \tag{5.6.22}$$

其中

$$L_j(b_0,b_1,\cdots,b_{j-1})=\sum_{\substack{|\alpha|+k+i=j+1\\|\alpha|\geqslant1,\ 0\leqslant i\leqslant j-1}}\frac{(-\mathrm{i})^{|\alpha|+1}}{\alpha!}\Big(\partial_\xi^\alpha P_{m-k}(x,\xi)\partial_x^\alpha b_i(x,\xi)-\partial_\xi^\alpha b_i(x,\xi)\partial_x^\alpha P_{m-k}(x,\xi)\Big) \tag{5.6.23}$$

$(j=1,2,\cdots)$. 上述每个方程左端的算子都是 Hamilton 算子 H_{P_m}. 由于 $P_m(x,\xi)$ 是实值无穷可微函数且 $\nabla_\xi P_m(x,\xi)\neq0$, $\forall(x,\xi)\in\Omega\times\mathbf{R}^n\backslash\{0\}$, 所以 H_{P_m} 是 $\Omega\times(\mathbf{R}^n\backslash\{0\})$ 上系数都是实值无穷可微函数的一阶线性偏微分算子, 并且系数在 $\Omega\times(\mathbf{R}^n\backslash\{0\})$ 上每点都不全为零, 因此上述每个方程都是可解方程. 事实上如果不附加其他条件, 那么在已知右端项之后, 每个方程都有无穷多个解. 为了获得唯一的解, 必须附加一定的定解条件. 为此首先注意由于 $(x_0,\xi_0)\notin\mathrm{WF}(u)$, 所以存在 (x_0,ξ_0) 的锥形邻域 $U_1\times V_1\subseteq U_0\times V_0$ 和符征在 $U_1\times V_1$ 上等于 1 的恰当支拟微分算子 $A\in\Psi^0_{10}(\Omega)$ 使成立 $Au\in C^\infty(\Omega)$. 其次注意从分解式 (5.6.19) 易知, 只要取 (x_0,ξ_0) 的锥形邻域 $U_1\times V_1\subseteq U_0\times V_0$ 充分小, 则 $\mathbf{R}^n\times\mathbf{R}^n$ 中的超平面 $x_n=x_{n0}$ (其中 x_{n0} 是 x_0 的第 n 个坐标) 位于 $U_1\times V_1$ 中的部分便与方程 (5.6.21)–(5.6.22) 的特征线即 P_m 的双特征线横截 (即不相切). 根据实系数一阶线性偏微分方程的 Monge 理论可知, 只要选定 $\Omega\times(\mathbf{R}^n\backslash\{0\})$ 中处处与方程 (5.6.21)–(5.6.22) 的特征线横截的光滑超曲面 S 并在其上给定 $b_0(x,\xi)$ 和 $b_j(x,\xi)$ $(j=1,2,\cdots)$ 的值, 那么方程 (5.6.21) 和 (5.6.22) 便存在唯一在超曲面 S 上等于给定值的解, 且解的存在范围是由从超曲面 S 出发的所有具有最大长度的连通特征线织成的开集. 选取定义于 $\Omega\times(\mathbf{R}^n\backslash\{0\})$ 上关于变元 ξ 为零次齐次的 C^∞ 函数 $h_0(x,\xi)$, 使其支集含于 $U_1\times V_1$, 且在 (x_0,ξ_0) 的一个更小的锥形邻域 $U_2\times V_2\subset\subset U_1\times V_1$ 上等于 1. 现在给方程 (5.6.21) 和

(5.6.22) 分别附加以下定解条件:

$$b_0(x,\xi)=h_0(x,\xi),\quad x_n=x_{n0},\quad (x,\xi)\in U_1\times V_1,\tag{5.6.24}$$

$$b_j(x,\xi)=0,\quad x_n=x_{n0},\quad (x,\xi)\in U_1\times V_1, j=1,2,\cdots,\tag{5.6.25}$$

则方程 (5.6.21) 和 (5.6.22) 在以上定解条件下存在唯一的解, 且解的存在范围是 $\Omega\times(\mathbf{R}^n\backslash\{0\})$ 中从超平面 $x_n=x_{n0}$ 上位于 $U_1\times V_1$ 中的部分各点延伸出来的 P_m 的所有具有最大长度的连通双特征线织成的开集. 由于 Γ 是 P_m 过 (x_0,ξ_0) 点的双特征线, 所以必要时取 U_1 和 V_1 足够小, 则根据常微分方程解对初值的连续依赖性, P_m 过 $(U_1\times V_1)\cap\{x_n=x_{n0}\}$ 上所有点的双特征线织成 Γ 的一个管状的锥形邻域①. 用 Σ 表示 Γ 的这个管状的锥形邻域. 则每个 $b_j(x,\xi)$ 都在 Σ 上有定义, $j=0,1,2,\cdots$. 在 Σ 以外, 显然 $b_0(x,\xi)=0$ 和 $b_j(x,\xi)=0$ $(j=1,2,\cdots)$ 是方程 (5.6.21) 和 (5.6.22) 的解. 这样只要把前面得到的解 $b_0(x,\xi)$ 和 $b_j(x,\xi)$ $(j=1,2,\cdots)$ 在 Σ 之外作零延拓, 就唯一地得到了方程 (5.6.21) 和 (5.6.22) 在整个 $\Omega\times\mathbf{R}^n\backslash\{0\}$ 上都有定义的解 $b_j(x,\xi)$, $j=0,1,2,\cdots$, 且每个 $b_j(x,\xi)$ 的支集都含于 Σ, 并在 Γ 的一个更小的管状锥形邻域上 $b_0(x,\xi)=1$. 我们来证明对每个 $j=0,1,2,\cdots$, $b_j(x,\xi)$ 关于 ξ 是 $-j$ 次齐次的. 事实上, 如果对 $\Omega\times(\mathbf{R}^n\backslash\{0\})$ 上给定的函数 $v=v(x,\xi)$ 令 $v_\lambda(x,\xi)=v(x,\lambda\xi)$, $\lambda>0$, 则简单的计算表明, 成立关系式:

$$H_{P_m}v_\lambda(x,\xi)=\lambda^{1-m}(H_{P_m}v)(x,\lambda\xi),\quad \forall(x,\xi)\in\Omega\times(\mathbf{R}^n\backslash\{0\},\forall\lambda>0.\tag{5.6.26}$$

应用这个关系式和 $h_0(x,\xi)$ 关于变元 ξ 的零次齐次性即可验证如果 $b_0=b_0(x,\xi)$ 是方程 (5.6.21) 满足定解条件 (5.6.24) 的解, 则 $b_{0\lambda}=b_0(x,\lambda\xi)$ 仍然是该方程满足该定解条件的解. 因此由解的唯一性即知成立 $b_{0\lambda}=b_0$, 即

$$b_0(x,\lambda\xi)=b_0(x,\xi),\quad \forall(x,\xi)\in\Omega\times(\mathbf{R}^n\backslash\{0\}),\forall\lambda>0.$$

所以 $b_0=b_0(x,\xi)$ 关于变元 ξ 为零次齐次的. 其次, 根据定义式 (5.6.23) 容易知道, 如果 $b_i(x,\xi)$ 关于 ξ 是 $-i$ 次齐次的, $i=0,1,\cdots,j-1$, 则 $L_j(b_0,b_1,\cdots,b_{j-1})$ 关于 ξ 是 $m-j-1$ 次齐次的. 这样再应用关系式 (5.6.26) 即知如果 $b_j=b_j(x,\xi)$ 是方程 (5.6.22) 满足定解条件 (5.6.25) 的解, 则 $b_{j\lambda}=\lambda^j b_j(x,\lambda\xi)$ 仍然是该方程满足该定解条件的解, 从而类似地得到

$$b_j(x,\lambda\xi)=\lambda^{-j}b_j(x,\xi),\quad \forall(x,\xi)\in\Omega\times(\mathbf{R}^n\backslash\{0\}),\forall\lambda>0, j=1,2,\cdots.$$

所以 $b_j=b_j(x,\xi)$ 关于变元 ξ 是 $-j$ 次齐次的, $j=1,2,\cdots$. 这样就完成了算子 $B\in\Psi^0_{10}(\Omega)$ 的构作. 注意由于在 Γ 的一个管状锥形邻域上 $b_0(x,\xi)=1$, 所以在 Γ 的这个锥形邻域上 B 是椭圆型的.

① 即 Γ 的这个邻域在 $\Omega\times\mathbf{S}^{n-1}$ 中的部分是 $\Gamma\cap(\Omega\times\mathbf{S}^{n-1})$ 的一个管状邻域.

第三步: 证明 $QBu \in C^\infty$. 首先注意由于 $[P,B] \in \Psi^{-\infty}(\Omega)$ (这是因为 $\sigma_{[P,B]} \sim 0$), 所以 $[P,B]u \in C^\infty(\Omega)$. 又由于 $BPu = Bf \in C^\infty(\Omega)$, 所以

$$PBu = BPu + [P,B]u \in C^\infty(\Omega) \tag{5.6.27}$$

(这正是要求 B 满足条件 $[P,B] \in \Psi^{-\infty}(\Omega)$ 的原因). 其次, 由于在 $U_1 \times V_1$ 上 A 的符征等于 1, 而当 x_n 很接近 x_{n0} 时, B 的符征的支集含于 $U_1 \times V_1$ 进而 $B(I-A)$ 的符征为零, 所以对很接近 x_{n0} 的 x_n, 有 $Bu = B(I-A)u + BAu \in C^\infty$, 进而对这样的 x_n 亦有 $QBu \in C^\infty$.

现在注意从算子 B 的构造知其符征的支集包含在使 (5.6.20) 右端的算子 R 的符征为零的集合上, 所以 $RB \in \Psi^{-\infty}(\Omega)$, 进而 $RBu \in C^\infty(\Omega)$. 这样由 (5.6.20) 和 (5.6.27) 可知成立

$$[D_n - \Lambda(x, D_{x'})]QBu \in C^\infty(\Omega).$$

又已证明当 x_n 很接近 x_{n0} 时 $QBu \in C^\infty$, 所以应用推论 5.6.10[①]即知对距离 x_{n0} 远的 x_n 亦有 $QBu \in C^\infty$, 即 $QBu \in C^\infty(\Omega)$.

这样一来, 由于 Q 在 $U \times V$ 上是椭圆型的, 且 B 在 Γ 的一个邻域上也是椭圆型的, 所以根据定理 5.6.5 知 Γ 位于 $U \times V$ 中的部分不属于 WF(u). 这就完成了定理的证明. □

以上证明采用的是文献 [90] 的方法 (也见 [19]). 与此不同的证明方法见文献 [62] 第四卷第二十六章定理 26.1.1, 那里采用了典则变换的方法, 以及 [16] 第二章 2.6 节.

推论 5.6.12 在定理 5.6.11 的条件下, 如果 $(x_0, \xi_0) \in \mathrm{WF}(u)$, 则 P_m 过 (x_0, ξ_0) 点的双特征线 Γ 在 Ω 中的投影整条全在 singsupp(u) 中. □

例 6 对于波动算子 $P(D_x, D_t) = \Delta_x - \partial_t^2$, 其符征也即主符征等于 $P(\xi, \tau) = \tau^2 - |\xi|^2$, 特征点集为 $\mathrm{Char}P = \{(x,t;\xi,\tau):\ \tau = \pm|\xi|,\ \xi \neq 0\}$. 过 $(x_0, t_0; \xi_0, \tau_0) \in \mathrm{Char}P$ 点的双特征线由以下初值问题确定:

$$\begin{cases} \dfrac{\mathrm{d}x}{\mathrm{d}s} = -2\xi, \dfrac{\mathrm{d}t}{\mathrm{d}s} = 2\tau, -\infty < s < \infty, \dfrac{\mathrm{d}\xi}{\mathrm{d}s} = 0, \dfrac{\mathrm{d}\tau}{\mathrm{d}s} = 0, \\ (x,t;\xi,\tau)|_{s=0} = (x_0, t_0; \xi_0, \tau_0). \end{cases}$$

其解为

$$x = x_0 - 2\xi_0 s, t = t_0 \pm 2|\xi_0|s, \xi = \xi_0, \tau = \pm|\xi_0|, \quad -\infty < s < \infty.$$

① 由于推论 5.6.10 要求 $A(t,x,\xi)$ 定义在 $\mathbf{R} \times \mathbf{R}^n \times \mathbf{R}^n$ 上, 所以这里看似不能应用这个推论. 但实际上只要作适当的技术处理, 这一困难是可以克服的.

对于波动方程 $\partial_t^2 u = \Delta_x u$ 满足初值条件 $u(x,0) = \delta(x)$ 的解 $u(x,t)$, 根据例 4 和 (5.6.12) 知它在 $t = 0$ 时的波前集为

$$\mathrm{WF}(u)|_{t=0} = \{(0,0;\xi,\pm|\xi|):\ \xi \in \mathbf{R}^n\backslash\{0\}\},$$

所以应用推论 5.6.12 知它在任意时刻 $t > 0$ 的奇异支集为

$$\mathrm{singsupp}(u) = \{(x,t):\ |x| = t\}.$$

而对二维情形下波动方程满足初值条件 $u(x,0) = \delta(x_1)$ 的解 $u(x,t)$, 根据例 5 和 (5.6.12) 知它在 $t = 0$ 时的波前集为

$$\mathrm{WF}(u)|_{t=0} = \{(0,x_2,0;\xi_1,0,\pm\xi_1):\ x_2 \in \mathbf{R},\ \xi_1 \in \mathbf{R}\backslash\{0\}\},$$

所以应用推论 5.6.12 知它在任意时刻 $t > 0$ 的奇异支集为

$$\mathrm{singsupp}(u) = \{(x_1,x_2,t):\ |x_1| = t,\ -\infty < x_2 < \infty\}.$$

这和例 3 计算的结果一致. □

最后指出下面几点:

(1) 定理 5.6.11 中的条件 $f \in C^\infty(\Omega)$ 可以去掉, 即可设 $f \in D'(\Omega)$, 这时该定理的结论应当修改成: 如果 $(x_0,\xi_0) \in \mathrm{WF}(u)\backslash\mathrm{WF}(f)$, 则 P_m 过 (x_0,ξ_0) 点的双特征线 $\varGamma$ 如果不与 $\mathrm{WF}(f)$ 相交便整条全在 $\mathrm{WF}(u)\backslash\mathrm{WF}(f)$ 中. 见本节习题 6. 推论 5.6.12 也应做相应的修改.

(2) 本节讨论的奇性是相对于无穷可微意义而言的奇性. 自然也可考虑较弱可微意义如 H^s 意义下的奇性. 本节的讨论均可在一定条件下推广到这种情况. 例如, 关于 H^s 意义下的奇性传播定理见文献 [62] 第四卷第二十六章定理 26.1.4.

(3) 定理 5.6.11 已被 J. D. Duistermaat 和 L. Hörmander 在一定条件下推广到算子 P 的主符征 $P_m(x,\xi)$ 可以取复值的情况, 这些条件是: ① $\nabla_\xi \mathrm{Re}P_m(x,\xi)$ 与 $\nabla_\xi \mathrm{Im}P_m(x,\xi)$ 线性无关; ② $H_{P_m}\bar{P}_m = 0$. 见文献 [32].

(4) 除了这里讨论的解的奇性传播问题之外, 还可考虑奇性在传播过程中遇到求解区域的边界时在边界处的反射问题. 这方面的研究也已有许多优美的定理, 例如文献 [19], [90] 等.

习 题 5.6

1. 设 $u,v \in D'(\Omega)$, $\varphi \in C_0^\infty(\Omega)$. 证明:
   (1) $\mathrm{WF}(u+v) \subseteq \mathrm{WF}(u) \cup \mathrm{WF}(v)$;
   (2) $\mathrm{WF}(\varphi u) \subseteq \mathrm{WF}(u)$;
   (3) $\mathrm{WF}(\partial^\alpha u) \subseteq \mathrm{WF}(u)$.

2. 求 $\mathbf{R}^2$ 上下列广义函数的波前集:

(1) $H(x,y)=\begin{cases}1, & y\geqslant 0,\\ 0, & y<0;\end{cases}$ (2) $F(x,y)=\begin{cases}1, & x^2+y^2\leqslant 1,\\ 0, & x^2+y^2>1.\end{cases}$

3. 设 Ω_1,Ω_2 是 $\mathbf{R}^n$ 中的两个开集, $\Psi:\Omega_1\to\Omega_2$ 是 Ω_1 到 Ω_2 的 C^∞ 微分同胚. 对 $u\in D'(\Omega_2)$, 定义其**后拉** $\Phi^*u\in D'(\Omega_1)$ 如下:

$$\langle\Phi^*u,\varphi\rangle=\langle u,|\det D\Phi^{-1}|\varphi\circ\Phi^{-1}\rangle,\quad \forall\varphi\in C_0^\infty(\Omega_1)$$

(注意当 u 是 Ω_2 上的局部可积函数时, $\Phi^*u=u\circ\Phi$). 证明:

$$WF(\Phi^*u)=\{(x,\xi):\ (\Phi(x),(D\Phi(x)^{\mathrm{T}})^{-1}\xi)\in \mathrm{WF}(u)\},$$

其中 $D\Phi$ 表示 Φ 的 Jacobi 矩阵, 符号 ^{T} 表示矩阵的转置.

4. 证明: 对开集 $\Omega\subseteq\mathbf{R}^n$ 上的拟微分算子 A 成立: $\mathrm{WF}(K_A)\subseteq\{(x,x;\xi,-\xi):\ x\in\Omega,\ \xi\in\mathbf{R}^n\}$.

5. 设 $A(t,x,D)$ 是 $\Omega\subseteq\mathbf{R}^n$ 上以 $t\in I$ 为参数的一阶恰当支拟微分算子, 其中 I 为一开区间, 符征 $a(t,x,\xi)\in C^\infty(I\times\Omega\times(\mathbf{R}^n\backslash\{0\}))$ 且是实值函数, 并关于变元 ξ 是一阶齐次的. 又设对任意 $k\in\mathbf{Z}_+$ 和任意 $\alpha,\beta\in\mathbf{Z}_+^n$ 存在相应的常数 $C_{k\alpha\beta}>0$ 使成立

$$|\partial_t^k\partial_\xi^\alpha\partial_x^\beta a(t,x,\xi)|\leqslant C_{k\alpha\beta}|\xi|^{1-|\alpha|},\quad \forall (t,x,\xi)\in I\times\Omega\times(\mathbf{R}^n\backslash\{0\})$$

(因此对每个 $t\in I$ 都有 $a(t,x,\xi)\in S^1_{10}(\Omega\times\mathbf{R}^n)$). 再设 $u=u(t,x)\in D'(I\times\Omega)$ 为方程 $D_tu=A(t,x,D)u+f$ 的解, 其中 $f\in D'(I\times\Omega)$. 令 $\varGamma$ 为函数 $\tau-A(t,x,\xi)$ 的一条双特征线. 假设 $\varGamma\cap\mathrm{WF}(f)=\varnothing$. 证明: 如果 $\varGamma$ 上有一点 $(t_0,x_0;\tau_0,\xi_0)\notin\mathrm{WF}(u)$, 则 $\varGamma\cap\mathrm{WF}(u)=\varnothing$, 即整条 $\varGamma$ 上的点全都不属于 $\mathrm{WF}(u)$. (提示: 尝试用定理 5.6.11 证明中第二步的方法.)

6. 设 $P=P(x,D)$ 是 Ω 上具 C^∞ 系数的主型线性偏微分算子, 其主符征 $P_m(x,\xi)$ 是实值函数. 又设 $f\in D'(\Omega)$, 而 $u\in D'(\Omega)$ 是方程 $Pu=f$ 在 Ω 上的解. 令 $\varGamma$ 为 P_m 的一条双特征线. 假设 $\varGamma\cap\mathrm{WF}(f)=\varnothing$. 证明: 如果 $\varGamma$ 上有一点 (x_0,ξ_0) 不在 $\mathrm{WF}(u)$ 中, 则整条 $\varGamma$ 全都不在 $\mathrm{WF}(u)$ 中.

5.7 高阶双曲型方程的初值问题

本节讨论高阶双曲型方程的初值问题, 采用化单个高阶偏微分方程为一阶拟微分方程组的方法, 证明严格双曲型线性偏微分方程初值问题解的存在唯一性.

确切地说, 本节讨论以下初值问题:

$$\begin{cases}D_t^mu+\displaystyle\sum_{k=1}^mQ_k(x,t,D_x)D_t^{m-k}u=f(x,t),\quad x\in\mathbf{R}^n,\ t\in\mathbf{R},\\ u|_{t=0}=g_0(x),\ \ \partial_tu|_{t=0}=g_1(x),\cdots,\partial_t^{m-1}u|_{t=0}=g_{m-1}(x),\quad x\in\mathbf{R}^n,\end{cases}\tag{5.7.1}$$

其中 $Q_k(x,t,D_x)$ $(k=1,2,\cdots,m)$ 是变元 $x\in\mathbf{R}^n$ 的 k 阶线性偏微分算子, 系数都是 $(x,t)\in\mathbf{R}^n\times\mathbf{R}$ 的无穷可微函数, $f(x,t)$ 和 $g_0(x), g_1(x),\cdots, g_{m-1}(x)$ 分别是 $\mathbf{R}^n\times\mathbf{R}$ 和 $\mathbf{R}^n$ 上给定的无穷可微函数. 记

$$P(x,t,D_x,D_t)=D_t^m+\sum_{k=1}^m Q_k(x,t,D_x)D_t^{m-k}. \tag{5.7.2}$$

我们假定偏微分算子 $P(x,t,D_x,D_t)$ 具有实的主符征且在 $\mathbf{R}^n\times\mathbf{R}$ 上每点都是**严格双曲型**的, 即若令 $P_m(x,t,\xi,\tau)$ 为 $P(x,t,D_x,D_t)$ 的主符征:

$$P_m(x,t,\xi,\tau)=\tau^m+\sum_{k=1}^m Q_k^0(x,t,\xi)\tau^{m-k},$$

其中 $Q_k^0(x,t,\xi)$ 是 $Q_k(x,t,D_x)$ 的主符征即符征 $Q_k(x,t,\xi)$ 关于 ξ 的齐 k 阶部分, 则 $P_m(x,t,\xi,\tau)$ 是 $\mathbf{R}^n\times\mathbf{R}\times\mathbf{R}^n\times\mathbf{R}$ 上的实值函数且对任意 $(x,t)\in\mathbf{R}^n\times\mathbf{R}$, 方程 $P_m(x,t,\xi,\tau)=0$ 在 $\mathbf{R}^n\times\mathbf{R}\backslash\{(0,0)\}$ 上的根全是单重的实根.

为简单起见, 我们将在比以上所述更严格的条件下进行讨论. 这些更严格条件中的第一个是:

条件 $(\mathbf{H_1})$　算子 $Q_k(x,t,D_x)$ $(k=1,2,\cdots,m)$ 的系数都是 $\mathbf{R}^n\times\mathbf{R}$ 上的无穷可微函数, 且所有系数以及它们的各阶偏导数都是 $\mathbf{R}^n\times\mathbf{R}$ 上的有界函数.

显然, 条件 "算子 $P(x,t,D_x,D_t)$ 具有实的主符征" 即是说 $Q_k^0(x,t,\xi)$ $(k=1,2,\cdots,m)$ 都是 $\mathbf{R}^n\times\mathbf{R}\times\mathbf{R}^n$ 上的实值函数, 而条件 "对任意 $(x,t)\in\mathbf{R}^n\times\mathbf{R}$, 方程 $P_m(x,t,\xi,\tau)=0$ 在 $\mathbf{R}^n\times\mathbf{R}\backslash\{(0,0)\}$ 上的根全是单重的实根" 则等价于对任意 $(x,t,\xi)\in\mathbf{R}^n\times\mathbf{R}\times(\mathbf{R}^n\backslash\{0\})$, 关于变元 τ 的 m 阶代数方程

$$\tau^m+\sum_{k=1}^m Q_k^0(x,t,\xi)\tau^{m-k}=0 \tag{5.7.3}$$

有 m 个单重实根. 设这些根从小到大依顺序排列为

$$\lambda_1(x,t,\xi)<\lambda_2(x,t,\xi)<\cdots<\lambda_m(x,t,\xi).$$

由于 $Q_k^0(x,t,\xi)$ 关于 ξ 是齐 k 次多项式, 所以每个 $\lambda_j(x,t,\xi)$ 都是 ξ 的一次齐次函数. 我们的第二个更严格条件是:

条件 $(\mathbf{H_2})$　存在常数 $\delta>0$ 使方程 (5.7.3) 的 m 个实根 $\lambda_1(x,t,\xi), \lambda_2(x,t,\xi),\cdots, \lambda_m(x,t,\xi)$ 满足以下条件: 当 $j\neq k$ 时成立:

$$|\lambda_j(x,t,\xi)-\lambda_k(x,t,\xi)|\geqslant\delta|\xi|,\quad \forall(x,t,\xi)\in\mathbf{R}^n\times\mathbf{R}\times(\mathbf{R}^n\backslash\{0\}). \tag{5.7.4}$$

引理 5.7.1 在条件 (H_1) 和 (H_2) 下, 对每个 $1 \leqslant j \leqslant m$ 成立 $\lambda_j(x,t,\xi) \in \dot{S}^1_{10}(\mathbf{R}^n \times \mathbf{R} \times (\mathbf{R}^n \backslash \{0\}))$, 即对任意 $\alpha, \beta \in \mathbf{Z}^n_+$ 和 $l \in \mathbf{Z}_+$, 存在相应的常数 $C = C_{\alpha\beta l} > 0$ 使成立:

$$|\partial_\xi^\alpha \partial_x^\beta \partial_t^l \lambda_j(x,t,\xi)| \leqslant C|\xi|^{1-|\alpha|}, \quad \forall (x,t,\xi) \in \mathbf{R}^n \times \mathbf{R} \times (\mathbf{R}^n \backslash \{0\}). \tag{5.7.5}$$

证 由条件 (H_1) 知当 (x,t,ω) 在 $\mathbf{R}^n \times \mathbf{R} \times \mathbf{S}^{n-1}$ 上变化时, $Q^0_k(x,t,\omega)$ $(k = 1,2,\cdots,m)$ 在一个有界集上变化. 由于代数方程的根是其系数的连续函数, 从而当系数在有界集上变化时根也随之在有界集上变化, 所以当 (x,t,ω) 在 $\mathbf{R}^n \times \mathbf{R} \times \mathbf{S}^{n-1}$ 上变化时 $\lambda_j(x,t,\omega)$ $(j = 1,2,\cdots,m)$ 在有界集上变化, 这样再应用 $\lambda_j(x,t,\xi)$ 关于 ξ 的一次齐次性就证明了 $\alpha = \beta = 0$ 和 $l = 0$ 时的 (5.7.5). 其次, 对 $\lambda_j(x,t,\xi)$ 的偏导数应用隐函数的偏导数公式, 再通过对偏导数的阶数做归纳并应用 (5.7.4), 便得对任意 $\alpha, \beta \in \mathbf{Z}^n_+$ 和 $l \in \mathbf{Z}_+$ 都成立的 (5.7.5). 证毕. □

下面采用 A. P. Calderón 的方法把初值问题 (5.7.1) 化为一个一阶拟微分方程组的初值问题. 为此对任意实数 s, 用 Λ^s 表示以 $(1+|\xi|^2)^{\frac{s}{2}}$ 为符征的拟微分算子, 并把 Λ^1 简记为 Λ. 当 u 是问题 (5.7.1) 中的未知函数时, 引进一组新的未知函数

$$u_1 = \Lambda^{m-1}u, \quad u_2 = D_t\Lambda^{m-2}u, \quad \cdots, \quad u_m = D_t^{m-1}u,$$

并令 $B_k(x,t,D_x) = Q_{m-k+1}(x,t,D_x)\Lambda^{k-m}$, $k = 1,2,\cdots,m$. 显然 $B_k(x,t,D_x)$ 是变元 x 的 (以 t 为参数的) 经典型一阶拟微分算子, 主符征为

$$b^0_k(x,t,\xi) = Q^0_{m-k+1}(x,t,\xi)|\xi|^{k-m}, \quad k = 1,2,\cdots,m.$$

注意根据条件 (H_1) 知 $b_k(x,t,\xi) \in \dot{S}^1_{10}(\mathbf{R}^n \times \mathbf{R} \times (\mathbf{R}^n \backslash \{0\}))$ 且是 ξ 的一次齐次函数, $k = 1,2,\cdots,m$. 再记

$$A = \begin{pmatrix} 0 & -\Lambda & 0 & \cdots & 0 \\ 0 & 0 & -\Lambda & \cdots & 0 \\ \vdots & \vdots & \vdots & & \vdots \\ 0 & 0 & 0 & \cdots & -\Lambda \\ B_1 & B_2 & B_3 & \cdots & B_m \end{pmatrix}, \quad U = \begin{pmatrix} u_1 \\ u_2 \\ \vdots \\ u_{m-1} \\ u_m \end{pmatrix},$$

$$F = \begin{pmatrix} 0 \\ 0 \\ \vdots \\ 0 \\ f \end{pmatrix}, \quad G = \begin{pmatrix} \Lambda^{m-1}g_0 \\ \Lambda^{m-2}g_1 \\ \vdots \\ \Lambda g_{m-2} \\ g_{m-1} \end{pmatrix},$$

则不难验证, 高阶双曲型方程的初值问题 (5.7.1) 约化为以下等价的一阶拟微分方程组的初值问题:

$$\begin{cases} D_tU + AU = F, & \text{在 } \mathbf{R}^n \times \mathbf{R} \text{ 上}, \\ U|_{t=0} = G, & \text{在 } \mathbf{R}^n \text{ 上}, \end{cases} \tag{5.7.6}$$

其中 $A = A(x,t,D_x)$ 是一个经典型的一阶矩阵拟微分算子, 即它是一个由经典型的一阶拟微分算子为元素构成的 $m \times m$ 矩阵. 关于矩阵拟微分算子, 不难知道前面 5.4 节和 5.5 节所证明的对拟微分算子成立的所有结果作适当修改都仍然实用. 下面我们将直接应用这样的结果而不再重复它们的证明. 另外, 以下我们用相同的符号 $L^2(\mathbf{R}^n)$, $H^s(\mathbf{R}^n)$ 既分别表示数量值的 Lebesgue 空间和 Sobolev 空间, 也分别表示相应的 m 维向量值的 Lebesgue 空间和 Sobolev 空间, 即我们把 $[L^2(\mathbf{R}^n)]^m$ 和 $[H^s(\mathbf{R}^n)]^m$ 分别简记为 $L^2(\mathbf{R}^n)$ 和 $H^s(\mathbf{R}^n)$ 以使记号简单.

下面先不具体地考虑由初值问题 (5.7.1) 约化而来的问题 (5.7.6), 而是对一般的经典型一阶矩阵拟微分算子 $A = A(x,t,D_x)$ 来考虑如何建立初值问题 (5.7.6) 解的存在唯一性. 类似于引理 5.6.9 的证明, 我们也尝试采用泛函延拓法解决这个问题. 为此必须先作先验积分估计. 假如 $A = A(x,t,D_x)$ 的主部是**实对称算子**, 即其主符征 $A_1(x,t,\xi)$ 满足条件:

$$\overline{A_1(x,t,\xi)} = A_1(x,t,\xi) \quad \text{且} \quad A_1^{\mathrm{T}}(x,t,\xi) = A_1(x,t,\xi),$$

其中 $A_1^{\mathrm{T}}(x,t,\xi)$ 表示矩阵 $A_1(x,t,\xi)$ 的转置, 则对任意实数 s 都有 $\Lambda^s A - A^*\Lambda^s \in \Psi_{10}^s(\mathbf{R}^n)$. 这种情况下所需要的积分估计可完全类似于引理 5.6.8 的证明得到: 设 $U \in C([-T,T], H^s(\mathbf{R}^n)) \cap C^1([-T,T], H^{s-1}(\mathbf{R}^n))$ 是问题 (5.7.6) 在时间区间 $[-T,T]$ 上的解. 我们把方程组 (5.7.6) 改写成

$$\partial_t U = -\mathrm{i}AU + \mathrm{i}F,$$

于是有

$$\begin{aligned} \frac{\mathrm{d}}{\mathrm{d}t}\|U(t)\|^2_{H^s(\mathbf{R}^n)} &= (\Lambda^s\partial_t U, \Lambda^s U)_{L^2(\mathbf{R}^n)} + (\Lambda^s U, \Lambda^s \partial_t U)_{L^2(\mathbf{R}^n)} \\ &= [-\mathrm{i}(\Lambda^s AU, \Lambda^s U)_{L^2(\mathbf{R}^n)} + \mathrm{i}(\Lambda^s F, \Lambda^s U)_{L^2(\mathbf{R}^n)}] \\ &\quad + [\mathrm{i}(\Lambda^s U, \Lambda^s AU)_{L^2(\mathbf{R}^n)} - \mathrm{i}(\Lambda^s U, \Lambda^s F)_{L^2(\mathbf{R}^n)}] \\ &= -\mathrm{i}((\Lambda^s A - A^*\Lambda^s)U, \Lambda^s U)_{L^2(\mathbf{R}^n)} + \mathrm{i}(\Lambda^s U, [\Lambda^s, A]U)_{L^2(\mathbf{R}^n)} \\ &\quad + 2\mathrm{Im}(\Lambda^s F, \Lambda^s U)_{L^2(\mathbf{R}^n)} \\ &\leqslant C\|U(t)\|^2_{H^s(\mathbf{R}^n)} + \|F(t)\|^2_{H^s(\mathbf{R}^n)}, \quad \forall t \in [-T,T]. \end{aligned}$$

从而应用 Gronwall 引理即得所需要的积分估计:

$$\sup_{0\leqslant t\leqslant T} \|U(t)\|^2_{H^s(\mathbf{R}^n)} \leqslant C(T)\Big(\|G\|^2_{H^s(\mathbf{R}^n)} + \int_0^T \|F(t)\|^2_{H^s(\mathbf{R}^n)}\mathrm{d}t\Big), \tag{5.7.7}$$

$$\sup_{-T\leqslant t\leqslant 0}\|U(t)\|^2_{H^s(\mathbf{R}^n)}\leqslant C(T)\Big(\|G\|^2_{H^s(\mathbf{R}^n)}+\int_{-T}^{0}\|F(t)\|^2_{H^s(\mathbf{R}^n)}\mathrm{d}t\Big). \tag{5.7.8}$$

然而当 (5.7.6) 是从 (5.7.1) 约化来的时, $A=A(x,t,D_x)$ 的主部显然不是实对称算子. 所以上述推导对于我们需要解决的问题并不可用.

仔细分析上述推导便会发现, 如果 $A=A(x,t,D_x)$ 的主部虽然不是实对称算子, 但却是实的并能够 "对称化", 则仍然可以得到积分估计 (5.7.7) 和 (5.7.8). "对称化" 的定义如下:

定义 5.7.2 设矩阵拟微分算子 $A(x,t,D_x)$ 的主符征 $A_1(x,t,\xi)$ 是实值的矩阵函数. 如果存在关于参数 $t\in\mathbf{R}$ 连续可导的单参数矩阵拟微分算子族 $\{R(t)\}_{t\in\mathbf{R}}$ (即 $R(t)$ 的符征关于参数 $t\in\mathbf{R}$ 连续可导) 满足以下三个条件:

(1) 对任意 $t\in\mathbf{R}$ 都有 $R(t),R'(t)\in\Psi^0_{10}(\mathbf{R}^n)$, 而且符征 $\sigma_{R(t)}(x,\xi)$, $\sigma_{R'(t)}(x,\xi)$ 所满足的估计式 (5.4.2) 对任意 $T>0$ 关于 $t\in[-T,T]$ 是一致的;

(2) 对每个 $t\in\mathbf{R}$, $R(t)$ 都是经典型的, 其主符征 $R_0(t,x,\xi)$ 是实的正定矩阵, 且存在常数 $c>0$ 使成立

$$R_0(t,x,\xi)\geqslant c_0I,\quad \forall(t,x,\xi)\in\mathbf{R}\times\mathbf{R}^n\times(\mathbf{R}^n\backslash\{0\}); \tag{5.7.9}$$

(3) $R_0(t,x,\xi)A_1(x,t,\xi)-A_1^{\mathrm{T}}(x,t,\xi)R_0(t,x,\xi)=0, \forall(t,x,\xi)\in\mathbf{R}\times\mathbf{R}^n\times(\mathbf{R}^n\backslash\{0\})$,

则称 $A(x,t,D_x)$ 是**可对称化的**①, 并称 $R(t)$ $(t\in\mathbf{R})$ 为 $A(x,t,D_x)$ 的**对称化子**.

引理 5.7.3 如果矩阵拟微分算子 $A(x,t,D_x)$ 是可对称化的, 则对任意 $s\in\mathbf{R}$ 和任意 $T>0$, 对问题 (5.7.6) 在时间区间 $[-T,T]$ 上的任意解 $U\in C([-T,T],H^s(\mathbf{R}^n))\cap C^1([-T,T],H^{s-1}(\mathbf{R}^n))$ 成立估计式 (5.7.7) 和 (5.7.8).

证 由条件 (2) 和 Gårding 不等式知必要时对 $R(t)$ 的低阶项作适当调整, 可设它满足条件:

$$(R(t)U,U)_{L^2(\mathbf{R}^n)}\geqslant\frac{c_0}{2}\|U(t)\|^2_{L^2(\mathbf{R}^n)},\quad \forall U\in L^2(\mathbf{R}^n),\forall t\in\mathbf{R}. \tag{5.7.10}$$

显然改变 $R(t)$ 的低阶项并不影响条件 (1) ~ (3). 当 $U=U(t)$ 是问题 (5.7.6) 的解时有

$$\begin{aligned}\frac{\mathrm{d}}{\mathrm{d}t}(RU,U)_{L^2(\mathbf{R}^n)}&=(R\partial_tU,U)_{L^2(\mathbf{R}^n)}+(RU,\partial_tU)_{L^2(\mathbf{R}^n)}+(R'U,U)_{L^2(\mathbf{R}^n)}\\&=[-\mathrm{i}(RAU,U)_{L^2(\mathbf{R}^n)}+\mathrm{i}(RF,U)_{L^2(\mathbf{R}^n)}]\\&\quad+[\mathrm{i}(RU,AU)_{L^2(\mathbf{R}^n)}-\mathrm{i}(RU,F)_{L^2(\mathbf{R}^n)}]+(R'U,U)_{L^2(\mathbf{R}^n)}\\&=-\mathrm{i}((RA-A^*R)U,U)_{L^2(\mathbf{R}^n)}+\mathrm{i}(RF,U)_{L^2(\mathbf{R}^n)}\end{aligned}$$

① 设 A 是实可逆矩阵. 则易见以下三个条件互相等价: (1) 存在正定矩阵 R 使成立 $RA=A^{\mathrm{T}}R$; (2) 存在实可逆矩阵 T 使矩阵 TAT^{-1} 是对称矩阵; (3) A 的特征值全是实数且 A 可对角化.

$$-\mathrm{i}(RU,F)_{L^2(\mathbf{R}^n)}+(R'U,U)_{L^2(\mathbf{R}^n)}$$
$$\leqslant C(T)\|U(t)\|^2_{L^2(\mathbf{R}^n)}+\|F(t)\|^2_{L^2(\mathbf{R}^n)},\quad \forall t\in[-T,T].$$

对最后一个不等号右端第一项应用不等式 (5.7.10), 得

$$\frac{\mathrm{d}}{\mathrm{d}t}(RU,U)_{L^2(\mathbf{R}^n)}\leqslant 2c_0^{-1}C(T)(RU,U)_{L^2(\mathbf{R}^n)}+\|F(t)\|^2_{L^2(\mathbf{R}^n)},\quad \forall t\in[-T,T].$$

这样再应用 Gronwall 引理并再次应用不等式 (5.7.10), 即得

$$\begin{aligned}\sup_{0\leqslant t\leqslant T}\|U(t)\|^2_{L^2(\mathbf{R}^n)}&\leqslant 2c_0^{-1}\sup_{0\leqslant t\leqslant T}(R(t)U(t),U(t))_{L^2(\mathbf{R}^n)}\\&\leqslant C(T)\Big(\|G\|^2_{L^2(\mathbf{R}^n)}+\int_0^T\|F(t)\|^2_{L^2(\mathbf{R}^n)}\mathrm{d}t\Big),\end{aligned}$$

$$\begin{aligned}\sup_{-T\leqslant t\leqslant 0}\|U(t)\|^2_{L^2(\mathbf{R}^n)}&\leqslant 2c_0^{-1}\sup_{-T\leqslant t\leqslant 0}(R(t)U(t),U(t))_{L^2(\mathbf{R}^n)}\\&\leqslant C(T)\Big(\|G\|^2_{L^2(\mathbf{R}^n)}+\int_{-T}^0\|F(t)\|^2_{L^2(\mathbf{R}^n)}\mathrm{d}t\Big).\end{aligned}$$

现在对任意 $s\in\mathbf{R}$, 令 $V=\Lambda^sU$. 则当 U 是问题 (5.7.6) 的解时 V 是下述问题的解:

$$\begin{cases}D_tV+AV=F_1, & \text{在 } \mathbf{R}^n\times\mathbf{R} \text{ 上},\\ V|_{t=0}=G_1, & \text{在 } \mathbf{R}^n \text{ 上},\end{cases}$$

其中 $F_1=\Lambda^sF-[\Lambda^s,A]U$, $G_1=\Lambda^sG$. 因此应用前面所得估计式即知对任意 $t\in[0,T]$ 成立

$$\begin{aligned}\|U(t)\|^2_{H^s(\mathbf{R}^n)}=\|V(t)\|^2_{L^2(\mathbf{R}^n)}&\leqslant C(T)\Big(\|G_1\|^2_{L^2(\mathbf{R}^n)}+\int_0^t\|F_1(\tau)\|^2_{L^2(\mathbf{R}^n)}\mathrm{d}\tau\Big)\\&\leqslant C(T)\Big(\|G\|^2_{H^s(\mathbf{R}^n)}+\int_0^t\|F(\tau)\|^2_{H^s(\mathbf{R}^n)}\mathrm{d}\tau+\int_0^t\|U(\tau)\|^2_{H^s(\mathbf{R}^n)}\mathrm{d}\tau\Big).\end{aligned}$$

从而应用 Gronwall 引理便得估计式 (5.7.7). 同理可证估计式 (5.7.8). 证毕. □

显然当 $A(x,t,D_x)$ 是可对称化的矩阵拟微分算子时, 其转置 $A^{\mathrm{T}}(x,t,D_x)$ 满足与 $A(x,t,D_x)$ 相同的条件, 从而也是可对称化的, 所以估计式 (5.7.7) 和 (5.7.8) 对该算子也成立. 这样应用引理 5.6.9 的证明方法便得到以下结果:

引理 5.7.4　如果矩阵拟微分算子 $A(x,t,D_x)$ 是可对称化的, 则对任意给定的实数 s 和 $T>0$, 以及任意给定的 $G\in H^s(\mathbf{R}^n)$ 和 $F\in L^2([-T,T],H^s(\mathbf{R}^n))$, 初值问题 (5.7.6) 存在唯一的解 $U\in C([-T,T],H^s(\mathbf{R}^n))\cap C^1([-T,T],H^{s-1}(\mathbf{R}^n))$. □

下面回到从 (5.7.1) 约化而来的初值问题 (5.7.6). 我们将证明当条件 (H_1) 和 (H_2) 满足时, 从双曲型偏微分算子 (5.7.2) 约化而来的矩阵拟微分算子 $A(x,t,D_x)$ 是可对称化的, 从而应用以上引理便得到了初值问题 (5.7.1) 解的存在唯一性.

引理 5.7.5 设由 (5.7.2) 给定的偏微分算子 $P(x,t,D_x,D_t)$ 满足条件 (H_1) 和 (H_2). 则由它约化而来的矩阵拟微分算子 $A(x,t,D_x)$ 是可对称化的.

证 先计算 $A(x,t,D_x)$ 的主符征 $A_1(x,t,\xi)$ 的特征值. 由于

$$\det[\lambda I-A_1(x,t,\xi)]=\begin{vmatrix}\lambda & |\xi| & 0 & \cdots & 0\\ 0 & \lambda & |\xi| & \cdots & 0\\ \vdots & \vdots & \vdots & & \vdots\\ 0 & 0 & 0 & \cdots & |\xi|\\ -b_1^0 & -b_2^0 & -b_3^0 & \cdots & \lambda-b_m^0\end{vmatrix}$$
$$=(-1)^m P_m(x,t,\xi,-\lambda),$$

所以 $A_1(x,t,\xi)$ 有 m 个单重实特征根 $-\lambda_1(x,t,\xi),-\lambda_2(x,t,\xi),\cdots,-\lambda_m(x,t,\xi)$, 从而是可对角化的, 即存在实可逆矩阵 $S(x,t,\xi)$ 使成立

$$A_1(x,t,\xi)=S(x,t,\xi)\mathrm{diag}(-\lambda_1(x,t,\xi),-\lambda_2(x,t,\xi),\cdots,-\lambda_m(x,t,\xi))S^{-1}(x,t,\xi).$$

由于 $A_1(x,t,\xi)$ 关于 ξ 是一次齐次的, $\lambda_j(x,t,\xi)$ $(j=1,2,\cdots,m)$ 也都关于 ξ 是一次齐次的, 所以 $S(x,t,\xi)$ 关于 ξ 是零次齐次的. 据此即可证明存在关于 ξ 是零次齐次的正定矩阵 $R_0(x,t,\xi)$ 使条件 (3) 得到满足: 易见

$$S^{\mathrm{T}-1}(x,t,\xi)S^{-1}(x,t,\xi)A_1(x,t,\xi)S(x,t,\xi)S^{\mathrm{T}}(x,t,\xi)=A_1^{\mathrm{T}}(x,t,\xi).$$

所以只要令 $R_0(x,t,\xi)=S^{\mathrm{T}-1}(x,t,\xi)S^{-1}(x,t,\xi)$ 即可. 但是 $R_0(x,t,\xi)$ 的这一构造不能保证它的每个元素都是 C^∞ 函数, 从而不能保证以它为 "主符征" 的矩阵 "拟微分算子" $R(x,t,D_x)$ 确为拟微分算子 (即有光滑符征) 且满足条件 (1). 所以下面给出 $R_0(x,t,\xi)$ 的另一构造方法.

令 δ 为出现于 (5.7.4) 中的正数. 对每个 $1\leqslant j\leqslant m$ 令

$$E_j(x,t,\omega)=\frac{1}{2\pi\mathrm{i}}\oint_{|z+\lambda_j(x,t,\omega)|=\frac{\delta}{2}}[zI-A_1(x,t,\omega)]^{-1}\mathrm{d}z,\quad \forall(x,t,\omega)\in\mathbf{R}^n\times\mathbf{R}\times\mathbf{S}^{n-1}.$$

由于在复 z 平面上 $-\lambda_k(x,t,\xi)$ $(k\neq j)$ 都落在圆周 $|z+\lambda_j(x,t,\omega)|=\delta/2$ 之外, 所以 $E_j(x,t,\omega)$ 是从 $\mathbf{R}^n$ 到矩阵 $A_1(x,t,\xi)$ 的对应于特征值 $\lambda_j(x,t,\xi)$ 的特征子空间的投影矩阵. 易知 $E_j(x,t,\omega)\in C^\infty(\mathbf{R}^n\times\mathbf{R}\times\mathbf{S}^{n-1})$, 且其所有偏导数都是 $\mathbf{R}^n\times\mathbf{R}\times\mathbf{S}^{n-1}$ 上的有界函数. 为看明白这一点对任意固定的点 $M_0=(x_0,t_0,\omega_0)\in\mathbf{R}^n\times\mathbf{R}\times\mathbf{S}^{n-1}$, 取 $\varepsilon>0$ 充分小使对任意点 $M=(x,t,\omega)\in\mathbf{R}^n\times\mathbf{R}\times\mathbf{S}^{n-1}$, 当 $|M-M_0|<\varepsilon$ 时成立

$$|\lambda_i(x,t,\omega)-\lambda_i(x_0,t_0,\omega_0)|<\frac{\delta}{4},\quad i=1,2,\cdots,m.$$

然后任意取定复 z 平面上环形区域 $\delta/4 < |z + \lambda_j(x_0, t_0, \omega_0)| < 3\delta/4$ 中的一条环绕 $-\lambda_j(x_0, t_0, \omega_0)$ 的简单封闭路径 γ. 则由 Cauchy 围道积分定理知对任意满足 $|M - M_0| < \varepsilon$ 的点 $M = (x, t, \omega) \in \mathbf{R}^n \times \mathbf{R} \times \mathbf{S}^{n-1}$ 都成立

$$E_j(x,t,\omega) = \frac{1}{2\pi \mathrm{i}} \oint_\gamma [zI - A_1(x,t,\omega)]^{-1} \mathrm{d}z.$$

这样对 $E_j(x,t,\omega)$ 的所有偏导数 (关于 ω 的偏导数指沿单位球面的切向导数) 都可与积分交换因而拿进积分号内, 然后再换回原来的积分路径. 此即在对 $E_j(x,t,\omega)$ 求偏导数时可以直接把偏导数拿进积分号内, 从而易见这些偏导数都是 $\mathbf{R}^n \times \mathbf{R} \times \mathbf{S}^{n-1}$ 上的有界函数. 现在令

$$E_j(x,t,\xi) = E_j\left(x, t, \frac{\xi}{|\xi|}\right), \quad \forall (x,t,\xi) \in \mathbf{R}^n \times \mathbf{R} \times (\mathbf{R}^n \backslash \{0\}),$$

则显然 $E_j(x,t,\xi)$ 关于 ξ 是零次齐次的且属于 $S^0_{10}(\mathbf{R}^n \times \mathbf{R} \times (\mathbf{R}^n \backslash \{0\}))$. 再令

$$R_0(x,t,\xi) = \sum_{j=1}^m E_j^{\mathrm{T}}(x,t,\xi) E_j(x,t,\xi)$$

(注意由 $\lambda_j(x,t,\xi)$ $(j = 1, 2, \cdots, m)$ 都是实值函数易知 $E_j(x,t,\xi)$ 是实矩阵). 那么不难验证以 $R_0(x,t,\xi)$ 为主符征的矩阵拟微分算子满足定义 5.7.2 中的三个条件: 条件 (1) 已经证明. 条件 (2) 的证明如下: 在复 z 平面上取半径 $R > 0$ 充分大的圆周 $|z| = R$ 使之包围矩阵 $A_1(x,t,\xi)$ 的全部特征值. 则由 Cauchy 围道积分定理得

$$\begin{aligned}\sum_{j=1}^m E_j(x,t,\xi) &= \frac{1}{2\pi \mathrm{i}} \sum_{j=1}^m \oint_{|z+\lambda_j(x,t,\xi)| = \frac{\delta}{2}|\xi|} [zI - A_1(x,t,\xi)]^{-1} \mathrm{d}z \\ &= \frac{1}{2\pi \mathrm{i}} \oint_{|z| = R} [zI - A_1(x,t,\xi)]^{-1} \mathrm{d}z = I.\end{aligned}$$

所以对任意 $\eta \in \mathbf{R}^m$ 有

$$\eta^{\mathrm{T}} R_0(x,t,\xi) \eta = \sum_{j=1}^m |E_j(x,t,\xi)\eta|^2 \geqslant \frac{1}{m} \left| \sum_{j=1}^m E_j(x,t,\xi)\eta \right|^2 = \frac{1}{m} |\eta|^2.$$

因此 $R_0(x,t,\xi) \geqslant (1/\sqrt{m}) I$. 条件 (3) 的证明如下: 由于

$$E_j(x,t,\omega) A_1(x,t,\xi) = \lambda_j(x,t,\xi) E_j(x,t,\omega), \quad j = 1, 2, \cdots, m,$$

所以

$$R_0(x,t,\xi) A_1(x,t,\xi) = \sum_{j=1}^m \lambda_j(x,t,\xi) E_j^{\mathrm{T}}(x,t,\omega) E_j(x,t,\omega) = A_1^{\mathrm{T}}(x,t,\xi) R_0(x,t,\xi).$$

证毕. □

由引理 5.7.3 和引理 5.7.5 我们得

定理 5.7.6 设由 (5.7.2) 给定的偏微分算子 $P(x,t,D_x,D_t)$ 满足条件 (H_1) 和 (H_2). 则对任意 $s\in\mathbf{R}$ 和任意 $T>0$, 对问题 (5.7.1) 在时间区间 $[-T,T]$ 上的任意解 $u\in C([-T,T],H^s(\mathbf{R}^n))\cap C^1([-T,T],H^{s-1}(\mathbf{R}^n))$ 成立估计式:

$$\sup_{0\leqslant t\leqslant T}\sum_{k=0}^{m-1}\|\partial_t^k u(t)\|^2_{H^{s+m-k-1}(\mathbf{R}^n)}$$
$$\leqslant C(T)\Big(\sum_{k=1}^{m}\|g_k\|^2_{H^{s+m-k}(\mathbf{R}^n)}+\int_0^T\|f(t)\|^2_{H^s(\mathbf{R}^n)}\mathrm{d}t\Big),$$

$$\sup_{-T\leqslant t\leqslant 0}\sum_{k=0}^{m-1}\|\partial_t^k u(t)\|^2_{H^{s+m-k-1}(\mathbf{R}^n)}$$
$$\leqslant C(T)\Big(\sum_{k=1}^{m}\|g_k\|^2_{H^{s+m-k}(\mathbf{R}^n)}+\int_{-T}^0\|f(t)\|^2_{H^s(\mathbf{R}^n)}\mathrm{d}t\Big).\qquad\square$$

而由引理 5.7.4 和引理 5.7.5 我们得

定理 5.7.7 设由 (5.7.2) 给定的偏微分算子 $P(x,t,D_x,D_t)$ 满足条件 (H_1) 和 (H_2), 则对任意给定的实数 s 和 $T>0$, 以及任意给定的一组函数 $g_k\in H^{s+m-k}(\mathbf{R}^n)$ $(k=1,2,\cdots,m)$ 和 $f\in L^2([-T,T],H^s(\mathbf{R}^n))$, 初值问题 (5.7.1) 存在唯一的解 $u\in\bigcap_{k=0}^{m-1}C^k([-T,T],H^{s+m-k-1}(\mathbf{R}^n))$. □

以上采用 A. P. Calderón 的方法把初值问题 (5.7.1) 约化为一个可对称化的一阶拟微分方程组的初值问题. 实际上也可以直接把 (5.7.1) 约化为一个主部实对称的一阶拟微分方程组的初值问题. 这个方法属于 F. Trèves (见文献 [118] 第一卷第二章第 3 节). 下面对这一方法做一简单介绍.

首先注意 $P(x,t,D_x,D_t)$ 的主符征 $P_m(x,t,\xi,\tau)$ 有以下分解式:

$$P_m(x,t,\xi,\tau)=\prod_{j=1}^{m}[\tau-\lambda_j(x,t,\xi)],\quad\forall(x,t,\xi)\in\mathbf{R}^n\times\mathbf{R}\times(\mathbf{R}^n\backslash\{0\}),\ \forall\tau\in\mathbf{R}.\tag{5.7.11}$$

这个分解式只需 $\lambda_j(x,t,\xi)$ $(j=1,2,\cdots,m)$ 都是 $P_m(x,t,\xi,\tau)$ 的根即可, 而无需假定这些根是实的以及互不相同. 但是如果 $\lambda_j(x,t,\xi)$ $(j=1,2,\cdots,m)$ 互不相同, 则利用这个分解式可以得到偏微分算子 $P(x,t,D_x,D_t)$ 的一个相应分解式. 这就是下面的引理:

引理 5.7.8 (Trèves)　设 $P_m(x,t,\xi,\tau)$ 的 m 个根对任意 $(x,t,\xi)\in\mathbf{R}^n\times\mathbf{R}\times(\mathbf{R}^n\backslash\{0\})$ 都两两互不相同，则 $P(x,t,D_x,D_t)$ 有以下分解式:

$$
\begin{aligned}
P(x,t,D_x,D_t)=&[D_t-A_1(x,t,D_x)][D_t-A_2(x,t,D_x)]\cdots[D_t-A_m(x,t,D_x)]\\
&+R(x,t,D_x,D_t),
\end{aligned}\tag{5.7.12}
$$

其中 $A_j(x,t,D_x)$ 是以 $\lambda_j(x,t,\xi)$ 为主符征的经典型一阶拟微分算子，符征是 $(x,t,\xi)\in\mathbf{R}^n\times\mathbf{R}\times(\mathbf{R}^n\backslash\{0\})$ 的 C^∞ 函数，$j=1,2,\cdots,m$，而 $R(x,t,D_x,D_t)\in\Psi^{-\infty}(\mathbf{R}^n\times\mathbf{R})$.

证　我们将归纳地构作 $A_j(x,t,D_x)$ $(j=1,2,\cdots,m)$ 的符征的渐近展开式

$$
A_j(x,t,\xi)\sim\sum_{k=0}^{\infty}a_{jk}(x,t,\xi)
$$

中各项，使它们满足以下条件:

(a) $a_{j0}(x,t,\xi)=\lambda_j(x,t,\xi)$，$j=1,2,\cdots,m$;

(b) $a_{jk}(x,t,\xi)$ 是 ξ 的 $1-k$ 次齐次函数，$j=1,2,\cdots,m$，$k=0,1,2,\cdots$;

(c) 如果用 $A_{jk}(x,t,D_x)$ 表示以 $\displaystyle\sum_{l=0}^{k}a_{jl}(x,t,\xi)$ 为符征的拟微分算子，$j=1,2,\cdots,m$，$k=0,1,2,\cdots$，则成立

$$
\begin{aligned}
P(x,t,D_x,D_t)=&[D_t-A_{1k}(x,t,D_x)][D_t-A_{2k}(x,t,D_x)]\cdots[D_t-A_{mk}(x,t,D_x)]\\
&+R_k(x,t,D_x,D_t),
\end{aligned}
$$

其中 $R_k(x,t,D_x,D_t)\in\Psi^{m-k-1}(\mathbf{R}^n\times\mathbf{R})$. a_{j0} $(j=1,2,\cdots,m)$ 已由条件 (a) 给定，无需再另外构作. 显然对按 (a) 取定的 a_{j0} $(j=1,2,\cdots,m)$，条件 (b) 和 (c) 对 $k=0$ 都成立. 假设对某个 $k\in\mathbf{N}$ 已经构作出合乎要求的 a_{j0}, a_{j1}, $\cdots$, a_{jk-1}, $j=1,2,\cdots,m$，令 r_{k-1} 为 R_{k-1} 的主符征，则只需构作 a_{jk} $(j=1,2,\cdots,m)$ 使成立

$$
\begin{aligned}
-r_{k-1}=&a_{1k}(\tau-\lambda_2)(\tau-\lambda_3)\cdots(\tau-\lambda_m)+a_{2k}(\tau-\lambda_1)(\tau-\lambda_3)\cdots(\tau-\lambda_m)+\cdots\\
&+a_{mk}(\tau-\lambda_1)(\tau-\lambda_3)\cdots(\tau-\lambda_{m-1})
\end{aligned}
$$

即可. 这只需令

$$
a_{jk}(x,t,\xi)=-\frac{1}{m}\frac{r_{k-1}(x,t,\xi,\tau)}{\partial_\tau P_m(x,t,\xi,\tau)}\Big|_{\tau=\lambda_j(x,t,\xi)},\quad j=1,2,\cdots,m,
$$

由假设条件知上式右端的分母在 $\mathbf{R}^n\times\mathbf{R}\times(\mathbf{R}^n\backslash\{0\})$ 上无零点，因此以上定义合理. 不难验证，这样作出的 a_{jk} $(j=1,2,\cdots,m)$ 满足条件 (b) 和 (c). 所以根据归纳

法原理, 我们便对所有 $k \in \mathbf{Z}_+$ 构作出了满足条件 (a)~(c) 的 $a_{jk}(j=1,2,\cdots,m)$. 证毕. □

现在只需令

$$u_1 = u, \quad u_2 = [D_t - A_m(x,t,D_x)]u_1, \quad \cdots, \quad u_m = [D_t - A_2(x,t,D_x)]u_{m-1},$$

并令

$$A = -\begin{pmatrix} A_m & 1 & 0 & \cdots & 0 \\ 0 & A_{m-1} & 1 & \cdots & 0 \\ \vdots & \vdots & \vdots & & \vdots \\ 0 & 0 & 0 & \cdots & 1 \\ -R & 0 & 0 & \cdots & A_1 \end{pmatrix}, \quad U = \begin{pmatrix} u_1 \\ u_2 \\ \vdots \\ u_m \end{pmatrix}, \quad F = \begin{pmatrix} 0 \\ 0 \\ \vdots \\ f \end{pmatrix}$$

(G 的计算留给读者自己做), 则初值问题 (5.7.1) 便化为 (5.7.6) 的形式, 但与前面不同的是, 现在只要 A 的主符征是实值函数且 $\lambda_j(x,t,\xi)$ $(j=1,2,\cdots,m)$ 都是实的, 则 A 的主部便是实对称算子.

限于篇幅, 对于双曲型方程我们只能讨论这些内容. 关于双曲型方程的初边值问题以及其他一些深入的理论, 如 A. P. Calderón 关于初值问题解的唯一性定理、特征初值问题 (即以特征面为初值曲面的初值问题) 解的不唯一性等, 我们推荐读者阅读参考文献如 [11], [12], [19], [61], [62] 等.

习 题 5.7

1. 设 $A(t,x,D_x)$ $(t \geqslant 0)$ 是 $\mathbf{R}^n$ 上 (即 $x \in \mathbf{R}^n$) 由一阶经典型拟微分算子组成的 $m \times m$ 矩阵, 其主符征为 $A_1(t,x,\xi)$. 假设 $A_1(t,x,\xi)$ 的 m 个特征值 $\lambda_j(t,x,\xi)$ $(j=1,2,\cdots,m)$ 满足以下条件:

$$\mathrm{Re}\lambda_j(t,x,\xi) \leqslant -c_0|\xi|, \quad \forall (x,\xi) \in \mathbf{R}^n \times (\mathbf{R}^n \backslash \{0\}), \ \forall t \geqslant 0, \tag{5.7.13}$$

其中 c_0 为正常数. 考虑初值问题:

$$\begin{cases} \partial_t u = A(t,x,D_x)u + f(t,x), & x \in \mathbf{R}^n, \ t > 0, \\ u(0,x) = g(x), & x \in \mathbf{R}^n, \end{cases} \tag{5.7.14}$$

其中 f 和 g 是给定的函数.

(1) 证明: 对上述问题的解成立以下估计式:

$$\int_0^T \|u(t,\cdot)\|^2_{H^{s+1}(\mathbf{R}^n)} \mathrm{d}t \leqslant C\left(\|g\|^2_{H^{s+\frac{1}{2}}(\mathbf{R}^n)} + \int_0^T \|f(t,\cdot)\|^2_{H^s(\mathbf{R}^n)} \mathrm{d}t\right), \quad \forall T > 0.$$

(2) 证明: 对任意 $T>0$、任意给定的 $f\in L^2((0,T),H^s(\mathbf{R}^n))$ 和 $g\in H^{s+\frac{1}{2}}(\mathbf{R}^n))$, 上述问题存在唯一的解 $u\in C([0,T],H^{s+\frac{1}{2}}(\mathbf{R}^n))\cap L^2((0,T),H^{s+1}(\mathbf{R}^n))$.

(3) 如果把 $t\geqslant 0$ 改换为 $t\leqslant 0$, 而保持条件 (5.7.13) 不变 (但需把其中的条件 $t\geqslant 0$ 相应地改为 $t\leqslant 0$), 问以上两个结论是否还成立? 如果不成立, 条件 (5.7.13) 应如何修正?

5.8 高阶椭圆型方程的边值问题

本节讨论有界区域 Ω 上高阶椭圆型方程的 Dirichlet 边值问题, 把第 3 章的结果在 $H^s(\Omega)$ 空间的框架下推广到一般的高阶椭圆型方程. 虽然解的存在性可通过应用定理 5.5.5、定理 5.5.8 和定理 5.5.11 得到, 但是先验积分估计由于涉及边界估计, 所以无法应用拟微分算子理论简单地获得. 由于先验积分估计有独立的理论意义, 所以本节我们将对 L^2 型先验积分估计做仔细的推导.

内估计可从定理 5.5.5 和定理 5.5.8 直接得到 (当 s 是非负整数时也可应用 Plancherel 恒等式和凝固系数法直接证明). 所以本节需要解决的主要问题是边界估计. 我们将采用 3.9 节所用方法来解决这个问题, 即先在半空间上求解常系数椭圆型方程的边值问题, 然后对具有一般光滑边界的有界区域 Ω, 采用局部地把边界拉直的方法结合凝固系数法在边界的每点的小邻域建立局部边界估计. 因此, 下面我们从半空间上常系数椭圆型方程的 Dirichlet 边值问题入手进行讨论.

5.8.1 半空间上的 Dirichlet 边值问题

设有 $2m$ 阶常系数椭圆型偏微分算子 $P(D)$:

$$P(D)=\sum_{|\alpha|\leqslant 2m}a_\alpha D^\alpha,$$

其中 a_α $(|\alpha|\leqslant 2m)$ 都是常数. 我们知道, $P(D)$ 是椭圆型算子意味着其主符征 $P_{2m}(\xi)=\sum\limits_{|\alpha|=2m}a_\alpha\xi^\alpha$ 在 $\mathbf{R}^n\backslash\{0\}$ 上没有零点, 或等价地, 存在常数 $c_0>0$ 使成立

$$|P_{2m}(\xi)|\geqslant c_0|\xi|^{2m},\quad \forall\xi\in\mathbf{R}^n\backslash\{0\}.$$

我们还假定 $P(D)$ 的主符征 $P_{2m}(\xi)$ 是 $\mathbf{R}^n\backslash\{0\}$ 上的实值函数. 如前所述, 为了后面研究一般有界区域 Ω 上椭圆型方程 Dirichlet 边值问题的需要, 我们考虑如下的半空间上的 Dirichlet 边值问题:

$$\begin{cases}P(D)u(x)=f(x), & x\in\mathbf{R}^n_+,\\ u|_{x_n=0}=g_0(x'),\ \ \partial_n u|_{x_n=0}=g_1(x'),\cdots,\partial_n^{m-1}u|_{x_n=0}=g_{m-1}(x'), & x'\in\mathbf{R}^{n-1},\end{cases}\tag{5.8.1}$$

其中 $\mathbf{R}_+^n=\{(x',x_n)\in\mathbf{R}^{n-1}\times\mathbf{R}:\ x_n>0\}$, $\partial_n=\dfrac{\partial}{\partial x_n}$, f 和 $g_0, g_1, \cdots, g_{m-1}$ 分别是定义于 $\mathbf{R}_+^n$ 和 $\mathbf{R}^{n-1}$ 上的给定函数.

注意问题 (5.8.1) 虽然叫做边值问题, 但形式却与初值问题类似, 即半空间上的边值问题也可以看作初值问题, 所以椭圆型方程在半空间上的边值问题也经常被叫做 “椭圆初值问题”. 但是注意这种椭圆初值问题与上一节讨论的双曲型方程的初值问题在初值条件的个数上有很大的差别: 对于 m 阶的双曲型方程, 初值条件的个数等于方程的阶数也是 m; 但对 $2m$ 阶椭圆型方程, 初值条件的个数却只有方程阶数的一半, 是 m 而非 $2m$. 初值条件个数的这种差别是由方程的性质决定的. 对偏微分方程附加初值条件的目的是为了能够对方程的解加以限制以便得到唯一的解, 所以附加的初值条件的个数既不能多也不能少, 过多则可能破坏解的存在性, 而过少则不能确保解的唯一性. 至于为什么为了保证解既存在又唯一, 必须对双曲型方程附加与方程阶数相同个数的初值条件而对椭圆型方程则只能附加方程阶数一半个数的初值条件, 其原因我们将在下面给予解释.

为了符号简单起见, 以下我们改 n 为 n+1, 并改记 x_{n+1} 为 t, 而把 $(x_1,x_2,\cdots,x_n)$ 仍然记作 x. 相应地, x_{n+1} 即 t 的对偶变元记作 τ, 而 $x=(x_1,x_2,\cdots,x_n)$ 的对偶变元则仍然记作 $\xi=(\xi_1,\xi_2,\cdots,\xi_n)$. 再设

$$P(D)=P(D_x,D_t)=Q_0(D_x)D_t^{2m}+\sum_{k=1}^{2m}Q_k(D_x)D_t^{2m-k},$$

其中 $Q_k(D_x)$ 是变元 $x\in\mathbf{R}^n$ 的 k 阶线性偏微分算子, $k=1,2,\cdots,2m$. 特别地, $Q_0(D_x)$ 应为常数. 由于 $P(D_x,D_t)$ 是椭圆型算子, 所以其中所含关于每个变元的最高阶即 $2m$ 阶导数项的系数都不为零, 故 $Q_0(D_x)$ 应为非零常数. 通过在方程 $P(D)u=f$ 两端同除以这个非零常数, 可设

$$Q_0(D_x)=1.$$

这样问题 (5.8.1) 可改写为

$$\begin{cases} D_t^{2m}u+\displaystyle\sum_{k=1}^{2m}Q_k(D_x)D_t^{2m-k}u=f(x,t), \quad x\in\mathbf{R}^n, t>0, \\ u|_{t=0}=g_0(x), \partial_t u|_{t=0}=g_1(x), \cdots, \partial_t^{m-1}u|_{t=0}=g_{m-1}(x), \quad x\in\mathbf{R}^n, \end{cases} \tag{5.8.2}$$

其中 $f(x,t)$ 和 $g_0(x)$, $g_1(x)$, $\cdots$, $g_{m-1}(x)$ 分别是 $\mathbf{R}^n\times\mathbf{R}_+$ 和 $\mathbf{R}^n$ 上给定的无穷可微函数.

设 $Q_k(D_x)$ 的主符征即 $Q_k(\xi)$ 的齐 k 阶部分为 $Q_k^0(\xi)$, $k=1,2,\cdots,2m$. 则

$P(D_x, D_t)$ 的主符征为

$$P_{2m}(\xi,\tau) = \tau^{2m} + \sum_{k=1}^{2m} Q_k^0(\xi)\tau^{2m-k}.$$

由假设 $P_{2m}(\xi,\tau)$ 是 $\mathbf{R}^n \times \mathbf{R}$ 上的实值函数, 所以每个 $Q_k^0(\xi)$ 是 $\mathbf{R}^n$ 上的实系数 k 阶齐次多项式, $k = 1, 2, \cdots, 2m$. 由于 $P(D_x, D_t)$ 是椭圆型算子, 所以对任意 $\xi \in \mathbf{R}^n\backslash\{0\}$, 关于 τ 的代数方程

$$\tau^{2m} + \sum_{k=1}^{2m} Q_k^0(\xi)\tau^{2m-k} = 0$$

有 $2m$ 个虚部非零的复数根, 而且由于这个代数方程的系数 $Q_k^0(\xi)$ $(k = 1, 2, \cdots, 2m)$ 都是实数, 所以这 $2m$ 个复数根都成共轭对出现, 设为

$$\lambda_1^{\pm}(\xi) = \mu_1(\xi) \pm \mathrm{i}\nu_1(\xi), \quad \lambda_2^{\pm}(\xi) = \mu_2(\xi) \pm \mathrm{i}\nu_2(\xi), \quad \cdots, \quad \lambda_m^{\pm}(\xi) = \mu_m(\xi) \pm \mathrm{i}\nu_m(\xi),$$

其中

$$0 < \nu_1(\xi) \leqslant \nu_2(\xi) \leqslant \cdots \leqslant \nu_m(\xi), \quad \forall \xi \in \mathbf{R}^n\backslash\{0\}.$$

又由于 $Q_k^0(\xi)$ 是 k 阶齐次多项式, $k = 1, 2, \cdots, 2m$, 所以 $\mu_k(\xi)$, $\nu_k(\xi)$ $(k = 1, 2, \cdots, 2m)$ 都是 $\mathbf{R}^n/\{0\}$ 上的一阶齐次 C^∞ 函数, 从而存在常数 $c_0, C_0 > 0$ 使成立

$$0 < c_0|\xi| \leqslant \nu_k(\xi) \leqslant C_0|\xi|, \quad |\mu_k(\xi)| \leqslant C_0|\xi|, \quad \forall \xi \in \mathbf{R}^n\backslash\{0\}. \tag{5.8.3}$$

记

$$P_m^{\pm}(\xi,\tau) = [\tau - \lambda_1^{\pm}(\xi)][\tau - \lambda_2^{\pm}(\xi)]\cdots[\tau - \lambda_m^{\pm}(\xi)]. \tag{5.8.4}$$

则有

$$P_m(\xi,\tau) = P_m^+(\xi,\tau)P_m^-(\xi,\tau). \tag{5.8.5}$$

为了求解初值问题 (5.8.2), 用 $\tilde{u}(\xi,t)$, $\tilde{f}(\xi,t)$ 和 $\tilde{g}_k(\xi)$ $(k = 0, 1, \cdots, m-1)$ 分别表示 $u(x,t)$, $f(x,t)$ 和 $g_k(x)$ $(k = 0, 1, \cdots, m-1)$ 关于变元 x 的 Fourier 变换. 则对 (5.8.2) 中的方程和初值条件都关于变元 x 作 Fourier 变换, 便把这个问题变为

$$\begin{cases} D_t^{2m}\tilde{u}(\xi,t) + \displaystyle\sum_{k=1}^{2m} Q_k(\xi)D_t^{2m-k}\tilde{u}(\xi,t) = \tilde{f}(\xi,t), \quad \xi \in \mathbf{R}^n, t > 0, \\ \tilde{u}(\xi,0) = \tilde{g}_0(\xi), \ \ \partial_t\tilde{u}(\xi,0) = \tilde{g}_1(\xi), \cdots, \partial_t^{m-1}\tilde{u}(\xi,0) = \tilde{g}_{m-1}(\xi), \quad \xi \in \mathbf{R}^n. \end{cases} \tag{5.8.6}$$

对每个固定的 $\xi \in \mathbf{R}^n$, 上述初值问题中的方程是关于变元 t 的常系数线性常微分方程, 从而其解可通过先求该方程的通解、然后再代入初值条件确定出通解中的任

意常数的办法获得. 非齐次线性常微分方程的通解由相应齐次方程的通解加非齐次方程的特解得到; 齐次方程的通解是其基础解系的线性组合, 而非齐次方程的特解可从齐次方程的通解应用常数变易法得到. 所以关键在于确定齐次方程的基础解系. 在 $\lambda_k^{\pm}(\xi)$ $(k=1,2,\cdots,m)$ 都是单根的情况下, 齐次方程的基础解系为

$$\mathrm{e}^{\mathrm{i}t\lambda_1^{\pm}(\xi)},\quad \mathrm{e}^{\mathrm{i}t\lambda_2^{\pm}(\xi)},\quad \cdots,\mathrm{e}^{\mathrm{i}t\lambda_m^{\pm}(\xi)}.$$

因此初值问题 (5.8.6) 中常微分方程的通解为

$$\tilde{u}(\xi,t)=C_1^{\pm}(\xi)\mathrm{e}^{\mathrm{i}t\lambda_1^{\pm}(\xi)}+C_2^{\pm}(\xi)\mathrm{e}^{\mathrm{i}t\lambda_2^{\pm}(\xi)}+\cdots+C_m^{\pm}(\xi)\mathrm{e}^{\mathrm{i}t\lambda_m^{\pm}(\xi)}+h(\xi,t),$$

其中 $h(\xi,t)$ 为方程 (5.8.6) 满足条件 $h(\xi,0)=0$ 的特解, $C_k^{\pm}(\xi)$ $(k=1,2,\cdots,m)$ 为任意常数. 考虑到为了据此得到问题 (5.8.1) 的解, 必须关于变元 ξ 作反 Fourier 变换, 而每个 $\mathrm{e}^{\mathrm{i}t\lambda_1^{-}(\xi)}$ $(k=1,2,\cdots,m)$ 对 $t>0$ 都在 $|\xi|\to\infty$ 时指数增长从而对它们不可能作反 Fourier 变换, 除非 $C_k^{\pm}(\xi)$ $(k=1,2,\cdots,m)$ 中出现形如 $\mathrm{e}^{-c|\xi|}$ (c 为正常数) 的因子来抵消它们, 但是由于当只在 $t=0$ 处给定定解条件即所考虑的问题是初值问题时, 确定 $C_k^{\pm}(\xi)$ $(k=1,2,\cdots,m)$ 的定解条件具有形式

$$\tilde{u}(\xi,0)=C_1^{\pm}(\xi)+C_2^{\pm}(\xi)+\cdots+C_m^{\pm}(\xi),$$

所以除非初值函数 $u(x,0)$ 非常特殊, $C_k^{\pm}(\xi)$ $(k=1,2,\cdots,m)$ 中不可能出现形如 $\mathrm{e}^{-c|\xi|}$ 的因子, 所以必须令

$$C_1^{-}(\xi)=C_2^{-}(\xi)=\cdots=C_m^{-}(\xi)=0.$$

这样所求的解便具有形式

$$\tilde{u}(\xi,t)=C_1^{+}(\xi)\mathrm{e}^{\mathrm{i}t\lambda_1^{+}(\xi)}+C_2^{+}(\xi)\mathrm{e}^{\mathrm{i}t\lambda_2^{+}(\xi)}+\cdots+C_m^{+}(\xi)\mathrm{e}^{\mathrm{i}t\lambda_m^{+}(\xi)}+h(\xi,t).$$

现在只有 m 个常数待定而初值条件的个数恰好也是 m, 便可期望通过代入初值条件确定出这 m 个常数进而获得问题 (5.8.6) 的解.

如果 $\lambda_k^{\pm}(\xi)$ $(k=1,2,\cdots,m)$ 中有重根, 则由于基础解系中每个重根 $\lambda_k^{\pm}(\xi)$ 对应着一些形如

$$\mathrm{e}^{\mathrm{i}t\lambda_1^{\pm}(\xi)},\quad t\mathrm{e}^{\mathrm{i}t\lambda_1^{\pm}(\xi)},\quad \cdots,\quad t^l\mathrm{e}^{\mathrm{i}t\lambda_1^{\pm}(\xi)}$$

的解, 而其中 t 的幂次项对 $|\xi|\to\infty$ 时的渐近性态没有影响, 所以上述分析仍然适用于这种情况.

总之, 对于 $2m$ 阶主符征为实值函数的椭圆型方程, 为了保证初值问题有解存在, 只能附加 m 个初值条件而不能更多, 否则便会导致无解的情况发生, 除非函数

$f(x,t)$ 和 $g_k(x)$ $(k=0,1,\cdots,m-1)$ 满足一些相当苛刻的条件, 而那些条件对我们的问题没有意义. 这就解释了为什么对 $2m$ 阶的椭圆型方程, 其初值问题中初值条件的个数是 m 而非 $2m$ 的原因.

必须说明, 由于椭圆初值问题的初值条件个数少于方程关于 t 变元最高阶偏导数的阶数, 所以这种问题的解是不唯一的. 例如初值问题

$$\begin{cases} \dfrac{\partial^2 u}{\partial t^2}+\dfrac{\partial^2 u}{\partial x^2}=0, & -\infty<x<\infty, t>0,\\ u(x,0)=0, & -\infty<x<\infty \end{cases}$$

便有无穷多个解 $u(x,t)=ct$, 其中 c 为任意常数 (实际上远不止这些解). 如果需要确定出唯一的解, 就必须另外附加其他的定解条件. 由于前面已经分析过, 这些额外的定解条件不能再在 $t=0$ 处给出, 所以只能在时间 t 的其他点或终端处给出. 比如对上述初值问题, 如果只在有限区间 $[0,T]$ 上求解, 则应在 $t=T$ 处给定另外一个定解条件; 而如果在整个半直线 $[0,\infty)$ 上求解, 则应对解在 $t\to\infty$ 时的渐近性态作一定的限制. 这样一来, 所求解的问题便变成了边值问题而非初值问题了. 这正是为什么对椭圆型方程人们只考虑其边值问题而不考虑其初值问题的原因: 椭圆初值问题不是适定的定解问题; 对于椭圆初值问题而言, 解的存在性总是与解的唯一性相冲突, 保证了解的存在性便不能保证解的唯一性, 而保证了解的唯一性便不能保证解的存在性, 无法做到二者兼顾.

附带提到, 关于常系数线性偏微分方程的初值问题如何给定初值条件才能保证解的存在唯一性, 文献 [41] 第三卷有系统深入的讨论. 关于初值问题、边值问题以及初边值问题这类问题的讨论, 推荐读者参看文献 [16] 第 6 章.

关于问题 (5.8.1), 我们将寻求 $u(x)$ 及其关于变元 x_n 的直至 $m-1$ 阶的偏导数在 $x_n\to\infty$ 时收敛于零的解. 因此, 问题 (5.8.1) 不再是一个初值问题, 而是一个边值问题, 称之为**半空间的 Dirichlet 问题**. 相应地, 对问题 (5.8.2) 我们也将寻求本身及关于变元 t 的直至 $m-1$ 阶的偏导数在 $t\to\infty$ 时收敛于零的解. 因此, 问题 (5.8.2) 也是一个边值问题.

由于我们已经借助于 Fourier 变换, 把问题 (5.8.2) 转化为常微分方程问题 (5.8.6), 所以下面先对一般常微分方程的类似问题进行研究.

设 $P(z)$ 是单变元 z 的 m 阶多项式, 首项系数为 1. 假设 $P(z)$ 没有实根, 即所有 m 个根 (重根按重数计算) 的虚部都非零, 并设有 r 个根的虚部大于零, 其余 $m-r$ 个根的虚部小于零, 它们分别是 $z_1,z_2,\cdots,z_r$ 和 $z_{r+1},z_{r+2},\cdots,z_m$. 记

$$P_+(z)=(z-z_1)(z-z_2)\cdots(z-z_r),\quad P_-(z)=(z-z_{r+1})(z-z_{r+2})\cdots(z-z_m),$$

则有

$$P(z)=P_+(z)P_-(z).$$

再对任意非负整数 k, 记

$$\|u\|_{H_+^k}=\left(\int_0^\infty\sum_{j=0}^k|D_t^ju(t)|^2\mathrm{d}t\right)^{\frac{1}{2}}.$$

我们将证明, 常微分方程的初值问题

$$\begin{cases}P(D_t)u(t)=f(t), & t>0,\\ u(0)=a_0,u'(0)=a_1,\cdots,u^{(r-1)}(0)=a_{r-1}\end{cases}\tag{5.8.7}$$

对任意给定的 $f\in H^k(0,\infty)$ 和任意给定的 r 个常数 $a_0,a_1,\cdots,a_{r-1}$ 在空间 $H^{m+k}(0,\infty)$ 中存在唯一的解, 而且对算子 $P(D_t)$ 成立估计式

$$\|u\|_{H_+^{m+k}}\leqslant C\left(\|P(D_t)u\|_{H_+^k}+\sum_{j=0}^{r-1}|D_t^ju(0)|\right),\quad\forall u\in H^{m+k}(0,\infty),\tag{5.8.8}$$

其中常数 C 只与 $\min\limits_{1\leqslant j\leqslant r}\mathrm{Im}z_j$ 有关.

引理 5.8.1　*设 $P(z)$ 是没有实根且首项系数为 1 的 m 阶多项式, k 是任意给定的非负整数. 则存在只与 k 和 $P(z)$ 的根的界以及它们到实轴的距离有关的常数 C, 使对任意给定的 $f\in H^k(0,\infty)$, 方程 $P(D_t)u=f$ 存在解 $u\in H^{m+k}(0,\infty)$ 满足以下估计式:*

$$\|u\|_{H_+^{m+k}}\leqslant C\|f\|_{H_+^k}.\tag{5.8.9}$$

证　首先考虑 $m=1$ 的情形, 即在 $[0,\infty)$ 上考虑方程 $D_tu-\lambda u=f$, 其中 λ 是虚部非零的复数. 令

$$u(t)=\begin{cases}\mathrm{i}\displaystyle\int_0^t\mathrm{e}^{\mathrm{i}\lambda(t-s)}f(s)\mathrm{d}s, & \mathrm{Im}\lambda>0,\\ -\mathrm{i}\displaystyle\int_t^\infty\mathrm{e}^{\mathrm{i}\lambda(t-s)}f(s)\mathrm{d}s, & \mathrm{Im}\lambda<0,\end{cases}$$

则易见 u 是方程 $D_tu-\lambda u=f$ 在 $[0,\infty)$ 上的解, 且易知成立不等式

$$\int_0^\infty|u(t)|^2\mathrm{d}t\leqslant\frac{1}{|\mathrm{Im}\lambda|^2}\int_0^\infty|f(t)|^2\mathrm{d}t,$$

进而应用方程 $D_tu-\lambda u=f$ 可知还成立

$$\int_0^\infty|D_tu(t)|^2\mathrm{d}t\leqslant\frac{4|\lambda|^2}{|\mathrm{Im}\lambda|^2}\int_0^\infty|f(t)|^2\mathrm{d}t.$$

现在注意对任意 $0 \leqslant j \leqslant k$ 有 $D_t^{j+1}u = \lambda D_t^j u + D_t^j f$, 所以应用归纳法便可得估计式 (5.8.9).

对于一般 $m > 1$ 的情形, 可通过归纳法得到所需证明的结论. 事实上只要任取 $P(z)$ 的一个根记为 λ, 再令 $P_1(z) = P(z)/(z-\lambda)$, 则 $P_1(z)$ 是 $m-1$ 阶多项式, 从而根据归纳假设知方程 $P_1(D_t)v = f$ 存在解 $v \in H^{m-1+k}(0,\infty)$ 满足估计式

$$\|v\|_{H_+^{m-1+k}} \leqslant C\|f\|_{H_+^k}.$$

再对方程 $D_t u - \lambda u = v$ 应用上面已证明的结论, 即知存在解 $u \in H^{m+k}(0,\infty)$ 满足估计式

$$\|u\|_{H_+^{m+k}} \leqslant C\|v\|_{H_+^{m-1+k}}.$$

显然 $P(D_t)u = f$, 而且把以上两个估计式结合起来便是 (5.8.9). 证毕. □

引理 5.8.2 *设多项式 $P(z)$ 没有实根且恰有 r 个根的虚部大于零 (重根按重数计算), 则方程 $P(D_t)u = 0$ 属于 $W_{\text{loc}}^{m,1}(0,\infty) \cap L^2(0,\infty)$ 的全体解构成一个 r 维线性子空间, 这个子空间中的函数都属于 $S[0,\infty) := \{u \in C^\infty[0,\infty) : \exists v \in S(\mathbf{R})$ 使 $v|_{[0,\infty)} = u\}$, 而且正好与方程 $P_+(D_t)u = 0$ 在 $[0,\infty)$ 上的解空间重合.*

证 设 $P(z)$ 的互不相同的全部根为 $\lambda_1, \lambda_2, \cdots, \lambda_k$, 重数分别为 $r_1, r_2, \cdots, r_k$, 其中前 l 个根具有正的虚部, 后 $k-l$ 个根具有负的虚部, 因而 $r_1 + r_2 + \cdots + r_l = r$. 则方程 $P(D_t)u = 0$ 的基础解系为

$$\mathrm{e}^{\mathrm{i}t\lambda_1}, t\mathrm{e}^{\mathrm{i}t\lambda_1}, \cdots, t^{r_1-1}\mathrm{e}^{\mathrm{i}t\lambda_1}, \mathrm{e}^{\mathrm{i}t\lambda_2}, t\mathrm{e}^{\mathrm{i}t\lambda_2}, \cdots, t^{r_2-1}\mathrm{e}^{\mathrm{i}t\lambda_2},$$

$$\cdots, \mathrm{e}^{\mathrm{i}t\lambda_k}, t\mathrm{e}^{\mathrm{i}t\lambda_k}, \cdots, t^{r_k-1}\mathrm{e}^{\mathrm{i}t\lambda_k}.$$

这个基础解系中, 前 r 个解当 $t \to \infty$ 时指数衰减趋于零, 从而都属于 $S[0,\infty) \subseteq W_{\text{loc}}^{m,1}(0,\infty) \cap L^2(0,\infty)$, 而后面的解当 $t \to \infty$ 时都指数增长趋于无穷大, 从而都不属于 $L^2(0,\infty)$. 因此方程 $P(D_t)u = 0$ 属于 $W_{\text{loc}}^{m,1}(0,\infty) \cap L^2(0,\infty)$ 的全体解构成一个 r 维线性子空间, 这个子空间中的函数都属于 $S[0,\infty)$, 而且显然这个线性子空间正好是方程 $P_+(D_t)u = 0$ 的解空间. 证毕. □

引理 5.8.3 *设 $P(z)$ 是没有实根且首项系数为 1 的 m 阶多项式, k 是任意给定的非负整数. 又设 $P(z)$ 恰有 r 个根的虚部大于零 (重根按重数计算). 则有下列结论:*

(1) 对任意给定的 $f \in H^k(0,\infty)$ 和任意给定的 r 个常数 $a_0, a_1, \cdots, a_{r-1}$, 初值问题 (5.8.7) 存在唯一的解 $u \in H^{m+k}(0,\infty)$;

(2) 对算子 $P(D_t)$ 成立估计式 (5.8.8), 其中常数 C 只与 $P(z)$ 的根的界和它的根到实轴的距离有关.

证 结论 (1) 是引理 5.8.1 和引理 5.8.2 的直接推论, 这里仅证明结论 (2). 对 r 作归纳. 当 $r=0$ 时, 根据引理 5.8.2 知方程 $P(D_t)u=0$ 没有属于 $W_{\mathrm{loc}}^{m,1}(0,\infty)\cap L^2(0,\infty)$ 的非零解, 因此对任意 $u\in H^{m+k}(0,\infty)$, 当令 $f=P(D_t)u$ 时, u 是方程 $P(D_t)u=f$ 在 $H^{m+k}(0,\infty)$ 中的唯一解, 从而与引理 5.8.1 的证明中构作的解相等. 因此由引理 5.8.1 得

$$\|u\|_{H_+^{m+k}}\leqslant C\|f\|_{H_+^k}=C\|P(D_t)u\|_{H_+^k},$$

即 (5.8.8) 在 $r=0$ 时成立. 假设对 $r>0$, (5.8.8) 在 $r-1$ 时成立, 令 λ 为 $P(z)$ 的一个具有正虚部的根, 再令 $P_1(z)=P(z)/(z-\lambda)$, 则 $P_1(z)$ 有 $r-1$ 个具有正虚部的根且是 $m-1$ 阶多项式, 从而由归纳假设知对算子 $P_1(D_t)$ 成立不等式

$$\|v\|_{H_+^{m-1+k}}\leqslant C\left(\|P_1(D_t)v\|_{H_+^k}+\sum_{j=0}^{r-2}|D_t^jv(0)|\right),\quad \forall v\in H^{m-1+k}(0,\infty)$$

(当 $r=1$ 时上式意味着没有圆括号中的第二项). 对任意 $u\in H^{m+k}(0,\infty)$, 令 $v=D_tu-\lambda u$, 则有

$$u(t)=u(0)\mathrm{e}^{\mathrm{i}\lambda t}+\mathrm{i}\int_0^t\mathrm{e}^{\mathrm{i}\lambda(t-s)}v(s)\mathrm{d}s.$$

从而

$$\|u\|_{L_+^2}\leqslant\left(\frac{1}{2\mathrm{Im}\lambda}\right)^{\frac{1}{2}}|u(0)|+\frac{1}{\mathrm{Im}\lambda}\|v\|_{L_+^2}.$$

由于对任意 $0\leqslant j\leqslant m-1+k$ 有 $D_t^{j+1}u=\lambda D_t^ju+D_t^jv$, 所以应用上式得

$$\|u\|_{H_+^{m+k}}\leqslant C|u(0)|+C\|v\|_{H_+^{m-1+k}}.$$

再应用归纳假设, 便得到

$$\begin{aligned}\|u\|_{H_+^{m+k}}&\leqslant C|u(0)|+C\left(\|P_1(D_t)v\|_{H_+^k}+\sum_{j=0}^{r-2}|D_t^jv(0)|\right)\\&\leqslant C\left(\|P(D_t)u\|_{H_+^k}+\sum_{j=0}^{r-1}|D_t^ju(0)|\right).\end{aligned}$$

这说明 (5.8.8) 也在 r 时成立. 所以 (5.8.8) 对任意非负整数 r 都成立. 证毕. □

把以上引理应用于初值问题 (5.8.6), 便得到

引理 5.8.4 设 $P(\xi,\tau)=\tau^{2m}+\sum_{k=1}^{2m}Q_k(\xi)\tau^{2m-k}$ 是 (ξ,τ) 的 $2m$ 阶多项式, 其

主部 $P_{2m}(\xi,\tau)$ 是 (ξ,τ) 的实系数多项式, 且对任意 $\xi\in\mathbf{R}^n\backslash\{0\}$ 作为 τ 的多项式没有实根, 并且所有根都满足 (5.8.3). 又设 k 是任意给定的非负整数, 则有下列结论:

(1) 对任意 $\xi\in\mathbf{R}^n\backslash\{0\}$ 和任意给定的 $\tilde{f}(\xi,\cdot)\in H^k(0,\infty)$ 与 $\tilde{g}_0(\xi),\tilde{g}_0(\xi),\cdots,\tilde{g}_{r-1}(\xi)$, 初值问题 (5.8.6) 存在解 $\tilde{u}(\xi,\cdot)\in H^{2m+k}(0,\infty)$, 且当 $|\xi|$ 充分大时这样的解是唯一的;

(2) 对算子 $P(\xi,D_t)$ 成立以下估计式:

$$\sum_{j=0}^{2m+k}|\xi|^{2(2m-j)}\int_0^\infty|D_t^jv(\xi,t)|^2\mathrm{d}t\leqslant C\Big(\sum_{j=0}^{k}|\xi|^{-2j}\int_0^\infty|D_t^jP(\xi,D_t)v(\xi,t)|^2\mathrm{d}t+\sum_{j=0}^{m-1}|\xi|^{2(2m-j)-1}|D_t^jv(\xi,0)|^2+|\xi|^{-2k}\int_0^\infty|v(\xi,t)|^2\mathrm{d}t\Big),\tag{5.8.10}$$

其中常数 C 只与 (5.8.3) 中的常数 c_0,C_0 以及多项式 $P(\xi,\tau)$ 低阶项系数的界有关.

证　先设 $P(\xi,\tau)$ 是 (ξ,τ) 的 $2m$ 阶齐次多项式, 即 $P(\xi,\tau)=P_{2m}(\xi,\tau)$. 这时对任意 $\xi\in\mathbf{R}^n\backslash\{0\}$, $\lambda_1^\pm(\xi)$, $\lambda_2^\pm(\xi)$, $\cdots$, $\lambda_m^\pm(\xi)$ 是关于 τ 的多项式 $P(\xi,\tau)$ 的全部根, 所以直接应用引理 5.8.3 就得到了结论 (1), 并且这时对任意 $\xi\in\mathbf{R}^n\backslash\{0\}$ 解都是唯一的. 为证明 (5.8.10), 先对每个 $|\xi|=1$ 应用估计式 (5.8.8), 即得 $|\xi|=1$ 时的 (5.8.10) (这时不出现不等式右端最后一项). 对任意使 $|\xi|\neq1$ 的 $\xi\in\mathbf{R}^n\backslash\{0\}$, 令 $\omega=\xi/|\xi|$, 则 $|\omega|=1$ 且 $\xi=|\xi|\omega$. 对任意 $v(\xi,\cdot)\in H^{2m+k}(0,\infty)$, 先对每个 ω 对 $v_1(\omega,t)=v(|\xi|\omega,t/|\xi|)$ 和算子 $P(\omega,D_t)$ 应用已得结果, 然后作积分变元变换 $t=t'|\xi|$ 并对所得不等式两端同乘以 $|\xi|^{4m-1}$, 利用 $P(\xi,\tau)$ 的齐次性便得 (5.8.10) (这时仍然不出现不等式右端最后一项). 对于 $P(\xi,\tau)$ 不是齐次多项式的情形, 存在阶数不超过 $2m-1$ 的多项式 $Q(\xi,\tau)$ 使成立

$$P(\xi,\tau)=P_{2m}(\xi,\tau)+Q(\xi,\tau).$$

关于这种情况下的结论 (1), 对有界集中的 ξ 应用引理 5.8.1 即可; 对 $|\xi|$ 充分大的 ξ, 由于 $P(\xi,\tau)$ 是 $P_{2m}(\xi,\tau)$ 的低阶摄动, 所以其根也是 $P_{2m}(\xi,\tau)$ 的根的低阶摄动, 故当 $|\xi|$ 充分大时 $P(\xi,\tau)$ 没有实根, 且当把 (5.8.3) 中的 $\mu_k(\xi)$ 和 $\nu_k(\xi)$ 分别换做 $P(\xi,\tau)$ 的根的实部与虚部、相应地把 c_0 和 C_0 分别换作 $c_0/2$ 和 $2C_0$ 时仍然成立, 从而由引理 5.8.2 知当 $|\xi|$ 充分大时, 初值问题 (5.8.6) 满足 $\tilde{u}(\xi,\cdot)\in H^{2m+k}(0,\infty)$ 的解唯一. 为证明不等式 (5.8.10), 先对算子 $P_{2m}(\xi,D_t)$ 应用前面已得结果, 再把 $P_{2m}(\xi,D_t)$ 换为 $P(\xi,D_t)-Q(\xi,D_t)$, 得

$$\sum_{j=0}^{2m+k}|\xi|^{2(2m-j)}\int_0^\infty|D_t^jv(\xi,t)|^2\mathrm{d}t$$

$$
\leqslant C\Big(\sum_{j=0}^{k}|\xi|^{-2j}\int_0^\infty |D_t^j P(\xi,D_t)v(\xi,t)|^2\mathrm{d}t+\sum_{j=0}^{r-1}|\xi|^{2(2m-j)-1}|D_t^j v(\xi,0)|^2
$$

$$
+\sum_{j=0}^{k}|\xi|^{-2j}\int_0^\infty |D_t^j Q(\xi,D_t)v(\xi,t)|^2\mathrm{d}t\Big)
$$

$$
\leqslant C\Big(\sum_{j=0}^{k}|\xi|^{-2j}\int_0^\infty |D_t^j P(\xi,D_t)v(\xi,t)|^2\mathrm{d}t+\sum_{j=0}^{r-1}|\xi|^{2(2m-j)-1}|D_t^j v(\xi,0)|^2
$$

$$
+\sum_{j=0}^{k}\sum_{l=0}^{2m-1}(1+|\xi|)^{2(2m-1-l)}|\xi|^{-2j}\int_0^\infty |D_t^j D_t^l v(\xi,t)|^2\mathrm{d}t\Big).
$$

对最后一项应用插值不等式, 便得到 (5.8.10). 证毕. □

现在回到问题 (5.8.2). 对任意实数 s 和非负整数 k, 记

$$
\|u\|_{s,k}^2=\sum_{j=0}^{k}\int_0^\infty \|D_x^{k-j}D_t^j u(\cdot,t)\|_{H^s(\mathbf{R}^n)}^2\mathrm{d}t,
$$

其中 $\|D_x^{k-j}D_t^j u(\cdot,t)\|_{H^s(\mathbf{R}^n)}^2=\sum_{|\alpha|=k-j}\|D_x^\alpha D_t^j u(\cdot,t)\|_{H^s(\mathbf{R}^n)}^2$.

定理 5.8.5 设 $P(\xi,\tau)$ 满足引理 5.8.4 的条件, 则对任意实数 s 和非负整数 k 成立以下估计式:

$$
\|u\|_{s,2m+k}\leqslant C(\|P(D)u\|_{s,k}+\sum_{j=0}^{m-1}\|D_x^{k-j}D_t^j u(\cdot,0)\|_{H^{s+2m-\frac{1}{2}}(\mathbf{R}^n)}+\|u\|_{s,0}). \quad (5.8.11)
$$

其中常数 C 只与 (5.8.3) 中的常数 c_0, C_0 以及多项式 $P(\xi,\tau)$ 低阶项系数的界有关.

证 只需对 $S(\mathbf{R}_+^{n+1}):=\{u\in C^\infty(\overline{\mathbf{R}_+^{n+1}}):\ \exists v\in S(\mathbf{R}^{n+1})$ 使 $v|_{\mathbf{R}_+^{n+1}}=u\}$ 中的函数建立估计式 (5.8.11) 即可. 对任意 $u\in S(\mathbf{R}_+^{n+1})$, 把不等式 (5.8.10) 应用于 $\tilde{u}(\xi,t)$, 然后在不等式两端同乘以 $(1+|\xi|^2)^s|\xi|^{2k}$ 之后关于 ξ 在 $\mathbf{R}^n$ 上积分, 便得估计式 (5.8.11). 证毕. □

为了建立问题 (5.8.2) 解的存在性, 需要以下代数引理:

引理 5.8.6 设 $P(\xi,\tau)$ 满足引理 5.8.4 的条件. 则存在常数 $R_0>0$ 使当 $R\geqslant R_0$ 时, 对任意 $\xi\in\mathbf{R}^n$, τ 的多项式 $P(\xi,\tau)+R$ 的所有根的虚部到实轴的距离 $\geqslant c_0'(1+|\xi|)$, 其中 c_0' 为正常数.

证 因 $P_{2m}(\xi,\tau)$ 是 (ξ,τ) 的齐 $2m$ 次实系数多项式、在 $\mathbf{R}^n\times\mathbf{R}\backslash\{(0,0)\}$ 上无实零点且 $P_{2m}(0,1)=1$, 所以存在常数 $A>0$ 使成立

$$
P_{2m}(\xi,\tau)\geqslant A(|\xi|^2+|\tau|^2)^m\geqslant A(|\xi|^{2m}+|\tau|^{2m}),\quad \forall(\xi,\tau)\in\mathbf{R}^n\times\mathbf{R}.
$$

由中值定理有

$$P_{2m}(\xi,\tau+\mathrm{i}\sigma)=P_{2m}(\xi,\tau)+\frac{\partial P_{2m}}{\partial\tau}(\xi,\tau+\mathrm{i}\theta\sigma)\mathrm{i}\sigma,\quad \xi\in\mathbf{R}^n,\tau,\sigma\in\mathbf{R},\ 0<\theta<1.$$

由于 $\dfrac{\partial P_{2m}}{\partial\tau}(\xi,\tau)$是 (ξ,τ) 的齐 $2m-1$ 次实系数多项式而 $0<\theta<1$, 所以存在常数 $B>0$ 使成立

$$\left|\frac{\partial P_{2m}}{\partial\tau}(\xi,\tau+\mathrm{i}\theta\sigma)\right|\leqslant B(|\xi|^{2m-1}+|\tau|^{2m-1}+|\sigma|^{2m-1}).$$

又由于 $P(\xi,\tau)-P_{2m}(\xi,\tau)$ 是阶数不超过 $2m-1$ 的多项式, 所以存在常数 $C_1,C_2>0$ 使成立

$$|P(\xi,\tau+\mathrm{i}\sigma)-P_{2m}(\xi,\tau+\mathrm{i}\sigma)|\leqslant C_1(|\xi|^{2m-1}+|\tau|^{2m-1}+|\sigma|^{2m-1})+C_2.$$

所以

$$\begin{aligned}
&|P(\xi,\tau+\mathrm{i}\sigma)+R|\\
\geqslant&|P_{2m}(\xi,\tau)+R|-\left|\frac{\partial P_{2m}}{\partial\tau}(\xi,\tau+\mathrm{i}\theta\sigma)\right||\sigma|-|P(\xi,\tau+\mathrm{i}\sigma)-P_{2m}(\xi,\tau+\mathrm{i}\sigma)|\\
\geqslant&A(|\xi|^{2m}+|\tau|^{2m})+R-B(|\xi|^{2m-1}+|\tau|^{2m-1}+|\sigma|^{2m-1})|\sigma|\\
&-C_1(|\xi|^{2m-1}+|\tau|^{2m-1}+|\sigma|^{2m-1})-C_2\\
\geqslant&A'(|\xi|^{2m}+|\tau|^{2m})+R-B'|\sigma|^{2m}-M\\
\geqslant&A'|\xi|^{2m}+(R-M)-B'|\sigma|^{2m},
\end{aligned}$$

其中 A' 是任意满足 $0<A'<A$ 的常数, B' 是由 A,A',B,C_1 和 m 所确定的正常数, 而 M 则是由 A,A',B,C_1,C_2 和 m 所确定的正常数. 现在只要取 $R_0=M+A'$, $c_0'=\left(\dfrac{A'}{B'}\right)^{\frac{1}{2m}}$, 则由以上不等式可知当 $R\geqslant R_0$ 时, 对任意 $\xi\in\mathbf{R}^n$, 只要 $|\sigma|<c_0'(1+|\xi|)$, 则对任意 $\tau\in\mathbf{R}$ 都有 $P_m(\xi,\tau+\mathrm{i}\sigma)+R\neq 0$. 所以 $P(\xi,\tau)$ 关于 τ 的复根到实轴的距离 $\geqslant c_0'(1+|\xi|)$. 证毕. □

定理 5.8.7 设 $P(\xi,\tau)$ 满足引理 5.8.4 的条件. 则有下列结论:

(1) 如果 $P(\xi,\tau)$ 是齐次多项式, 则对任意实数 s、非负整数 k 和满足条件

$$D_x^{k-j}D_t^jf\in L^2((0,\infty),H^s(\mathbf{R}^n)),\quad j=0,1,\cdots,k,$$

$$D_x^{k-j}g_j\in H^{s+2m-\frac12}(\mathbf{R}^n),\quad j=0,1,\cdots,m-1$$

的给定函数 f 和 $g_0,g_1,\cdots,g_{m-1}$, 初值问题 (5.8.2) 存在唯一的解满足以下条件:

$$D_x^{2m+k-j}D_t^ju\in L^2((0,\infty),H^s(\mathbf{R}^n)),\quad j=0,1,\cdots,2m+k. \tag{5.8.12}$$

(2) 对于 $P(\xi,\tau)$ 不是齐次多项式的情况, 存在常数 $R_0\geqslant 0$ 使当 $R\geqslant R_0$ 时, 对初值问题

$$\begin{cases} D_t^{2m}u+\displaystyle\sum_{k=1}^{2m}Q_k(D_x)D_t^{2m-k}u+Ru=f(x,t), & x\in\mathbf{R}^n, t>0,\\ u|_{t=0}=g_0(x),\ \partial_t u|_{t=0}=g_1(x),\cdots,\partial_t^{m-1}u|_{t=0}=g_{m-1}(x), & x\in\mathbf{R}^n \end{cases}$$

成立与上面相同的结论.

证 在结论 (1) 的条件下, 对任意 $\xi\in\mathbf{R}^n$, τ 的多项式 $P(\xi,\tau)$ 的所有根都满足 (5.8.3), 所以由引理 5.8.3 结论 (1) 知对任意 $\xi\in\mathbf{R}^n\backslash\{0\}$ 和任意给定的 $\tilde{f}(\xi,\cdot)\in H^k(0,\infty)$ 与 $\tilde{g}_0(\xi),\tilde{g}_0(\xi),\cdots,\tilde{g}_{r-1}(\xi)$, 初值问题 (5.8.6) 存在唯一的解 $\tilde{u}(\xi,\cdot)\in H^{2m+k}(0,\infty)$, 而且这个解可按引理 5.8.1 的证明方法具体构作, 从而易见由此关于 ξ 作反 Fourier 变换所得到的 u 是问题 (5.8.2) 的解且满足 (5.8.12). 唯一性也由初值问题 (5.8.6) 满足 $\tilde{u}(\xi,\cdot)\in H^{2m+k}(0,\infty)$ 的解的唯一性保证. 结论 (2) 由引理 5.8.6 并应用类似的推导得到. 证毕. □

关于半空间上椭圆型方程的边值问题我们就讨论到此. 对这类问题比较详尽的讨论, 推荐读者参阅文献 [104] 第六和第七章.

5.8.2 有界区域上的 Dirichlet 边值问题

设 Ω 是 $\mathbf{R}^n$ 中具光滑 (即 C^∞) 边界的有界区域. 又设 $P(x,D)$ 是 Ω 上的 $2m$ 阶一致椭圆型偏微分算子, 系数属于 $C^\infty(\overline{\Omega})$. 假设 $P(x,D)$ 的主符征 $P_{2m}(x,\xi)$ 是 $\overline{\Omega}\times\mathbf{R}^n$ 上的实值函数. $P(x,D)$ 是 Ω 上的 $2m$ 阶一致椭圆型算子意味着存在常数 $c_0>0$ 使成立

$$|P_{2m}(x,\xi)|\geqslant c_0|\xi|^{2m},\quad \forall(x,\xi)\in\Omega\times\mathbf{R}^n.$$

考虑下述定解问题:

$$\begin{cases} P(x,D)u(x)=f(x), & x\in\Omega,\\ u|_{\partial\Omega}=g_0,\partial_n u|_{\partial\Omega}=g_1,\cdots,\partial_n^{m-1}u|_{\partial\Omega}=g_m, \end{cases}\tag{5.8.13}$$

其中 f 是 Ω 上的给定函数, $n=n(x)$ 是 $\partial\Omega$ 的单位外法向量, $\partial_n=\dfrac{\partial}{\partial n}$, $g_0,g_1,\cdots,g_{m-1}$ 是 $\partial\Omega$ 上的给定函数.

上述问题是高阶椭圆型方程的**Dirichlet 边值问题**. 对于这个问题, 第 3 章所建立的关于二阶椭圆型方程 Dirichlet 边值问题的一系列理论, 除了极值原理及其推论之外都可以推广, 得到类似的理论. 首先建立上述问题的 L^2 估计.

定理 5.8.8 (H^s 内估计) 设 $P=P(x,D)$ 是 Ω 上的 $2m$ 阶一致椭圆型偏微分算子, 系数属于 $C^\infty(\overline{\Omega})$, 则对任意实数 s, 存在相应的常数 $C>0$ 使成立不等式:

$$\|u\|_{H^{s+2m}(\Omega)}\leqslant C(\|Pu\|_{H^s(\Omega)}+\|u\|_{H^s(\Omega)}),\quad \forall u\in C_0^\infty(\Omega).\tag{5.8.14}$$

证　显然 $P=P(x,D)$ 可以看作 Ω 上的 $(2m,2m;1,0)$ 型亚椭圆型拟微分算子, 所以根据定理 5.5.5 知存在拟微分算子 $Q\in\Psi_{10}^{-2m}(\Omega)$ 和 $R_1,R_2\in\Psi^{-\infty}(\Omega)$ 使成立

$$PQ=I+R_1,\quad QP=I+R_2.$$

由于 $Q\in\Psi_{10}^{-2m}(\Omega)$, 所以由定理 5.5.8 知 Q 是映 $H_0^s(\Omega)$ 到 $H^{s+2m}(\Omega)$ 的有界线性算子. 又由 $R_2\in\Psi^{-\infty}(\Omega)$ 知对任意实数 s 和 r, R_2 是映 $H_0^s(\Omega)$ 到 $H^r(\Omega)$ 的有界线性算子. 故有

$$\begin{aligned}\|u\|_{H^{s+2m}(\Omega)}=&\|(QP-R_2)u\|_{H^{s+2m}(\Omega)}\leqslant\|QPu\|_{H^{s+2m}(\Omega)}+\|R_2u\|_{H^{s+2m}(\Omega)}\\ \leqslant& C\|Pu\|_{H^s(\Omega)}+C\|u\|_{H^s(\Omega)},\quad\forall u\in C_0^\infty(\Omega).\end{aligned}$$

证毕. □

定理 5.8.9 (L^2 **边界估计**)　设 $P=P(x,D)$ 是 Ω 上的 $2m$ 阶一致椭圆型偏微分算子, 系数属于 $C^\infty(\overline{\Omega})$ 且主部系数都是实值函数. 则对任意 $x_0\in\partial\Omega$, 存在 x_0 的相应邻域 U 使成立不等式:

$$\|\varphi u\|_{H^{2m}(U\cap\Omega)}\leqslant C(\|P(\varphi u)\|_{L^2(\Omega)}+\|\varphi u\|_{L^2(\Omega)}),\quad\forall u\in H^{2m}(\Omega)\cap H_0^m(\Omega),\quad(5.8.15)$$

其中 φ 是 $C_0^\infty(U)$ 中的任意函数.

证　由于 $\partial\Omega\in C^\infty$, 所以存在 x_0 的邻域 V 和 C^∞ 同胚映射 $\Phi:V\to B(0,1)$ 使成立

$$\Phi(V\cap\Omega)=B^+(0,1),\quad\Phi(V\cap\partial\Omega)=B(0,1)\cap\partial\mathbf{R}_+^n,\quad\Phi(x_0)=0.$$

对 $u\in H^{2m}(\Omega)\cap H_0^m(\Omega)$, 记 $\tilde u(y)=(u\circ\Phi^{-1})(y)$, $\forall y\in B^+(0,1)$, 并令 $\tilde P(y,D)$ 为 $B^+(0,1)$ 上的如下偏微分算子:

$$\tilde P(y,D)v(y)=P(x,D)(v(\Phi(x)))\Big|_{x=\Phi^{-1}(y)},\quad\forall v\in C^\infty(B^+(0,1)).$$

由于 $P=P(x,D)$ 是 Ω 上的 $2m$ 阶一致椭圆型偏微分算子, 不难知道 $\tilde P=\tilde P(y,D)$ 是 $B^+(0,1)$ 上的 $2m$ 阶一致椭圆型偏微分算子, 并且由于 P 的系数属于 $C^\infty(\overline{\Omega})$ 且主部系数都是实值函数, 所以 $\tilde P$ 的系数属于 $C^\infty(\overline{B^+(0,1)})$ 且主部系数都是实值函数. 特别地, $\tilde P(0,\xi)$ 满足引理 5.8.4 的条件 (分别视 ξ_n 和 $\xi'=(\xi_1,\cdots,\xi_{n-1})$ 为 τ 和 ξ). 于是根据定理 5.8.5 (取 $s=k=0$) 知存在常数 $C>0$ 使成立不等式:

$$\begin{aligned}\|\psi v\|_{H^{2m}(B^+(0,1))}\leqslant& C(\|\tilde P(0,D)(\psi v)\|_{L^2(B^+(0,1))}+\|\psi v\|_{L^2(B^+(0,1))}),\\ &\forall v\in H^{2m}(\mathbf{R}_+^n)\cap H_0^m(\mathbf{R}_+^n),\end{aligned}$$

其中 ψ 是 $C_0^\infty(B(0,1))$ 中的任意函数. 由于 $\tilde{P}(y,D)$ 的系数是无穷可微函数, 所以存在常数 $C>0$ 使当 $\delta>0$ 充分小而 $\mathrm{supp}\psi\subseteq \mathrm{B}(0,\delta)$ 时,

$$\|\tilde{P}(y,D)(\psi v)-\tilde{P}(0,D)(\psi v)\|_{L^2(B^+(0,\delta))}\leqslant C\delta\|\psi v\|_{H^{2m}(B^+(0,\delta))},$$
$$\forall v\in H^{2m}(\mathbf{R}_+^n)\cap H_0^m(\mathbf{R}_+^n).$$

从以上两个不等式可知存在 $0<\delta_0<1$ 使当 $0<\delta<\delta_0$ 而 $\psi\in C_0^\infty(B(0,\delta))$ 时,

$$\|\psi v\|_{H^{2m}(B^+(0,\delta))}\leqslant C(\|\tilde{P}(y,D)(\psi v)\|_{L^2(B^+(0,\delta))}+\|\psi v\|_{L^2(B^+(0,\delta))}),$$
$$\forall v\in H^{2m}(\mathbf{R}_+^n)\cap H_0^m(\mathbf{R}_+^n).$$

现在选定一个 $0<\delta<\delta_0$, 然后令 $U=\Phi^{-1}(B^+(0,\delta))$. 把上式变换回原来的变元, 就得到了 (5.8.15). 证毕. □

定理 5.8.10 (整体 L^2 估计) 设 $P=P(x,D)$ 是 Ω 上的 $2m$ 阶一致椭圆型偏微分算子, 系数属于 $C^\infty(\overline{\Omega})$ 且主部系数都是实值函数. 则存在常数 $C>0$ 使成立不等式:

$$\|u\|_{H^{2m}(\Omega)}\leqslant C(\|Pu\|_{L^2(\Omega)}+\|u\|_{L^2(\Omega)}),\quad \forall u\in H^{2m}(\Omega)\cap H_0^m(\Omega). \tag{5.8.16}$$

证 对每个 $x_0\in\partial\Omega$, 改记使不等式 (5.8.15) 成立的 x_0 的邻域 U 为 U_{x_0}. 开集族 $\{U_{x_0}:\ x_0\in\partial\Omega\}$ 覆盖了 $\partial\Omega$, 而 $\partial\Omega$ 是紧集, 所以存在 $\partial\Omega$ 上有限个点 x_1, $x_2,\cdots,x_N$ 使得 $U_{x_1},U_{x_2},\cdots,U_{x_N}$ 覆盖了 $\partial\Omega$. 改记 U_{x_j} 为 U_j, $j=1,2,\cdots,N$. 再取开集 $U_0\subset\subset\Omega$ 使

$$\overline{\Omega}\subseteq\bigcup_{j=0}^N U_j.$$

作 $\overline{\Omega}$ 的从属于有限开覆盖 $\{U_{x_j}\}_{j=0}^N$ 的单位分解:

$$\sum_{j=0}^N\varphi_j(x)=1,\quad \forall x\in\overline{\Omega},\quad 其中\quad \varphi_j\in C_0^\infty(U_j),\quad j=0,1,\cdots,N.$$

则由定理 5.8.8 和定理 5.8.9 得

$$\|u\|_{H^{2m}(\Omega)}\leqslant\sum_{j=0}^N\|\varphi_j u\|_{H^{2m}(\Omega)}\leqslant\sum_{j=0}^N C(\|P(\varphi_j u)\|_{L^2(\Omega)}+\|\varphi_j u\|_{L^2(\Omega)})$$
$$\leqslant C(\|Pu\|_{L^2(\Omega)}+\|u\|_{H^{2m-1}(\Omega)}).$$

再应用插值不等式便得 (5.8.16). 证毕. □

为了建立非零边界条件下的 L^2 全局估计, 需要用到迹定理的以下形式:

定理 5.8.11 (迹定理) 设 Ω 是 $\mathbf{R}^n$ 中具 C^∞ 边界的有界区域, m 是正整数. 令 $J: C^\infty(\overline{\Omega}) \to [C^\infty(\partial\Omega)]^m$ 为 m 阶迹算子, 即对任意 $u \in C^\infty(\overline{\Omega})$ 有

$$Ju = (u|_{\partial\Omega}, \partial_n u|_{\partial\Omega}, \cdots, \partial_n^{m-1} u|_{\partial\Omega}), \quad \forall u \in C^\infty(\overline{\Omega}),$$

其中 $n = n(x)$ $(x \in \partial\Omega)$ 为 $\partial\Omega$ 上的单位外法向量. 则有下列结论:

(1) J 可唯一地延拓为 $H^m(\Omega)$ 到 $T^{m-1}(\partial\Omega) := H^{m-\frac{1}{2}}(\partial\Omega) \times H^{m-\frac{3}{2}}(\partial\Omega) \times \cdots \times H^{\frac{1}{2}}(\partial\Omega)$ 的有界线性算子, 即存在常数 $C > 0$ 使成立不等式:

$$\|Ju\|_{T^{m-1}(\partial\Omega)} = \sum_{j=0}^{m-1} \|\partial_n^j u\|_{H^{m-j-\frac{1}{2}}(\partial\Omega)} \leqslant C\|u\|_{H^m(\Omega)}, \quad \forall u \in C^\infty(\overline{\Omega}). \tag{5.8.17}$$

(2) 延拓后的 $J: H^m(\Omega) \to T^{m-1}(\partial\Omega)$ 是满射, 即存在有界线性算子 $E: T^{m-1}(\partial\Omega) \to H^m(\Omega)$, 使对任意 $g = (g_0, g_1, \cdots, g_{m-1}) \in T^{m-1}(\partial\Omega)$ 都有

$$\partial_n^j u|_{\partial\Omega} = g_j, \quad j = 0, 1, \cdots, m-1, \quad \text{其中} \quad u = Eg. \tag{5.8.18}$$

(3) 延拓后的 J 的核为 $H_0^m(\Omega)$, 即对 $u \in H^m(\Omega)$, $Ju = 0$ 的充要条件是 $u \in H_0^m(\Omega)$.

证 根据定义 1.12.12 和定理 2.8.3 以及习题 2.8 第 2 题知 $B_{22}^s(\mathbf{R}^n) = H^s(\mathbf{R}^n)$, $\forall s > 0$, 进而 $B_{22}^s(\partial\Omega) = H^s(\partial\Omega), \forall s > 0$. 所以结论 (1) 和 (2) 是定理 1.12.14 的推论. 结论 (1) 也可从定理 2.8.8 和习题 2.8 第 6 题推出. 结论 (3) 则是定理 1.12.11 的推论. □

推论 5.8.12 (非零边界条件的整体 L^2 估计) 在定理 5.8.10 和定理 5.8.11 的条件下, 存在常数 $C > 0$ 使成立不等式:

$$\|u\|_{H^{2m}(\Omega)} \leqslant C(\|Pu\|_{L^2(\Omega)} + \sum_{j=0}^{m-1} \|\partial_n^j u\|_{H^{2m-j-\frac{1}{2}}(\partial\Omega)} + \|u\|_{L^2(\Omega)}), \quad \forall u \in H^{2m}(\Omega). \tag{5.8.19}$$

证 令 $X = H^{2m-\frac{1}{2}}(\partial\Omega) \times H^{2m-\frac{3}{2}}(\partial\Omega) \times \cdots \times H^{m+\frac{1}{2}}(\partial\Omega)$, 并令 $J: H^{2m}(\Omega) \to X$ 为迹算子, 即对任意 $u \in H^{2m}(\Omega)$ 有

$$Ju = (u|_{\partial\Omega}, \partial_n u|_{\partial\Omega}, \cdots, \partial_n^{m-1} u|_{\partial\Omega}).$$

根据迹定理, 映射 $J: H^{2m}(\Omega) \to X$ 不仅是有界线性算子, 而且是满射, 即存在有界线性算子 $E: X \to H^{2m}(\Omega)$, 使对任意 $g = (g_0, g_1, \cdots, g_{m-1}) \in X$ 都有

$$\partial_n^j v|_{\partial\Omega} = g_j, \quad j = 0, 1, \cdots, m-1, \quad \text{其中} \quad v = Eg.$$

另外, $Ju=0$ 当且仅当 $u\in H^{2m}(\Omega)\cap H_0^m(\Omega)$. 于是 $I-EJ$ 是 $H^{2m}(\Omega)$ 到 $H^{2m}(\Omega)\cap H_0^m(\Omega)$ 的有界线性算子. 于是对任意 $u\in H^{2m}(\Omega)$ 有

$$\begin{aligned}\|u\|_{H^{2m}(\Omega)}&\leqslant\|u-EJu\|_{H^{2m}(\Omega)}+\|EJu\|_{H^{2m}(\Omega)}\\&\leqslant C(\|Pu-PEJu\|_{L^2(\Omega)}+\|u-EJu\|_{L^2(\Omega)})+\|EJu\|_{H^{2m}(\Omega)}\\&\leqslant C(\|Pu\|_{L^2(\Omega)}+\|PEJu\|_{L^2(\Omega)}+\|u\|_{L^2(\Omega)})+C\|EJu\|_{H^{2m}(\Omega)}\\&\leqslant C(\|Pu\|_{L^2(\Omega)}+\|u\|_{L^2(\Omega)})+C\|EJu\|_{H^{2m}(\Omega)}.\end{aligned}$$

注意到

$$\|EJu\|_{H^{2m}(\Omega)}\leqslant C\sum_{j=0}^{m-1}\|\partial_n^j u\|_{H^{2m-j-\frac12}(\partial\Omega)},\quad\forall u\in H^{2m}(\Omega),$$

所以即得 (5.8.18). 证毕. □

上面建立了 Dirichlet 边值问题 (5.8.13) 的先验估计. 下面讨论这个问题解的存在性. 为此需要以下定理:

定理 5.8.13 (Gårding 不等式) 设 $P=P(x,D)$ 是 Ω 上的 $2m$ 阶一致椭圆型偏微分算子, 系数属于 $C^\infty(\overline{\Omega})$ 且主符征是非负实值函数. 则存在常数 $c_0,C>0$ 使成立不等式:

$$\mathrm{Re}(Pu,u)_{L^2(\Omega)}\geqslant c_0\|u\|_{H^m(\Omega)}^2-C\|u\|_{L^2(\Omega)}^2,\quad\forall u\in C_0^\infty(\Omega).\tag{5.8.20}$$

证 这是定理 5.5.11 的直接推论. □

从定理 5.8.13 可以立刻得到以下存在性定理:

定理 5.8.14 (弱解的存在性) 设 $P(x,D)$ 是 Ω 上的 $2m$ 阶一致椭圆型偏微分算子, 系数属于 $C^\infty(\overline{\Omega})$ 且主符征是非负实值函数. 则存在常数 $\lambda_0>0$ 使对任意 $\lambda>\lambda_0$, 边值问题

$$\begin{cases}[P(x,D)+\lambda]u(x)=f(x),\quad x\in\Omega,\\ u|_{\partial\Omega}=0,\ \partial_n u|_{\partial\Omega}=0,\ \cdots,\partial_n^{m-1}u|_{\partial\Omega}=0\end{cases}\tag{5.8.21}$$

对任意给定的 $f\in H^{-m}(\Omega)$ 存在唯一的弱解 $u\in H_0^m(\Omega)$, 而且解映射 $f\mapsto u$ 是 $H^{-m}(\Omega)$ 到 $H_0^m(\Omega)$ 的有界线性映射.

证 由 Gårding 不等式易见只要 $\lambda>C$, 其中 C 是 (5.8.20) 右端的常数, 则成立不等式:

$$\|(P+\lambda)u\|_{H^{-m}(\Omega)}\geqslant c_0\|u\|_{H^m(\Omega)},\quad\forall u\in C_0^\infty(\Omega).\tag{5.8.22}$$

显然 $P(x,D)$ 的转置算子 $P^{\mathrm T}(x,D)$ 满足与 $P(x,D)$ 相同的条件, 所以对 $P^{\mathrm T}(x,D)$ 应用以上结论, 可知存在常数 $\lambda_0>0$ 使对任意 $\lambda>\lambda_0$ 成立不等式:

$$\|(P^{\mathrm T}+\lambda)\varphi\|_{H^{-m}(\Omega)}\geqslant c_0\|\varphi\|_{H^m(\Omega)},\quad\forall\varphi\in C_0^\infty(\Omega).\tag{5.8.23}$$

令 $X=(P^{\mathrm{T}}+\lambda)C_0^\infty(\Omega)$, 并把它看作 $H^{-m}(\Omega)$ 的线性子空间. 从以上不等式可知, 当 $\varphi\in C_0^\infty(\Omega)$ 且 $(P^{\mathrm{T}}+\lambda)\varphi=0$ 时必有 $\varphi=0$, 所以对任意给定的 $f\in H^{-m}(\Omega)$, 可定义泛函 $F:X\to\mathbf{C}$ 如下:

$$F[(P^{\mathrm{T}}+\lambda)\varphi]=\langle f,\varphi\rangle,\quad \forall\varphi\in C_0^\infty(\Omega).$$

显然这是一个线性泛函. 应用不等式 (5.8.23) 得

$$\begin{aligned}|F[(P^{\mathrm{T}}+\lambda)\varphi]|&\leqslant\|f\|_{H^{-m}(\Omega)}\|\varphi\|_{H^m(\Omega)}\\&\leqslant c_0^{-1}\|f\|_{H^{-m}(\Omega)}\|(P^{\mathrm{T}}+\lambda)\varphi\|_{H^{-m}(\Omega)},\quad \forall\varphi\in C_0^\infty(\Omega),\end{aligned}$$

即

$$|F(v)|\leqslant c_0^{-1}\|f\|_{H^{-m}(\Omega)}\|v\|_{H^{-m}(\Omega)},\quad \forall v\in X.$$

这说明 F 关于 $H^{-m}(\Omega)$ 的范数有界, 且范数不超过 $c_0^{-1}\|f\|_{H^{-m}(\Omega)}$. 因此 F 可延拓成 $H^{-m}(\Omega)$ 上的连续线性泛函, 且延拓后的泛函保持范数不超过 $c_0^{-1}\|f\|_{H^{-m}(\Omega)}$. 仍以符号 F 表示延拓后的泛函, 则 $F\in[H^{-m}(\Omega)]'$. 由于 $[H_0^m(\Omega)]'=H^{-m}(\Omega)$ 而 $H_0^m(\Omega)$ 是 Hilbert 空间从而是自反空间, 所以 $[H^{-m}(\Omega)]'=H_0^m(\Omega)$. 这说明存在 $u\in H_0^m(\Omega)$ 使成立

$$\int_\Omega u(x)(P^{\mathrm{T}}+\lambda)\varphi(x)\mathrm{d}x=F[(P^{\mathrm{T}}+\lambda)\varphi]=\langle f,\varphi\rangle,\quad \forall\varphi\in C_0^\infty(\Omega).$$

此式蕴涵着 $(P+\lambda)u=f$, 据此和 $u\in H_0^m(\Omega)$ 可知 u 是边值问题 (5.8.21) 的弱解, 而且还有

$$\|u\|_{H_0^m(\Omega)}=\|F\|_{[H^{-m}(\Omega)]'}\leqslant c_0^{-1}\|f\|_{H^{-m}(\Omega)},\quad \forall f\in H^{-m}(\Omega),$$

这说明解映射 $f\mapsto u$ 是 $H^{-m}(\Omega)$ 到 $H_0^m(\Omega)$ 的有界线性映射. 唯一性很易从不等式 (5.8.22) 推出. 证毕. □

定理 5.8.15 (强解的存在性) 在定理 5.8.14 的条件下, 对任意 $\lambda>\lambda_0$ 和 $f\in L^2(\Omega)$, 边值问题 (5.8.21) 存在唯一的强解 $u\in H^{2m}(\Omega)\cap H_0^m(\Omega)$, 而且解映射 $f\mapsto u$ 是 $L^2(\Omega)$ 到 $H^{2m}(\Omega)\cap H_0^m(\Omega)$ 的有界线性映射.

证 根据定理 5.5.5 知存在拟微分算子 $Q\in\Psi_{10}^{-2m}(\Omega)$ 和 $R_1,R_2\in\Psi^{-\infty}(\Omega)$ 使成立

$$PQ=I+R_1,\quad QP=I+R_2.$$

由于 $Q\in\Psi_{10}^{-2m}(\Omega)$, 根据推论 5.5.9 知 Q 是映 $L^2(\Omega)$ 到 $H^{2m}(\Omega)$ 的有界线性算子. 又由 $R_1,R_2\in\Psi^{-\infty}(\Omega)$ 知对任意 $r,s\in\mathbf{R}$, R_1,R_2 是映 $H^r(\Omega)$ 到 $H^s(\Omega)$ 的有界线

性算子. 特别, R_1, R_2 是映 $H^m(\Omega)$ 到 $H^{2m}(\Omega)$ 的有界线性算子. 现在对 $f\in L^2(\Omega)$, 令 $u\in H_0^m(\Omega)$ 为边值问题 (5.8.21) 的弱解. 则由上面第二个等式得

$$u=QPu-R_2u=Qf-R_2u\in H^{2m}(\Omega),$$

并且还有

$$\begin{aligned}\|u\|_{H^{2m}(\Omega)}&\leqslant\|Qf\|_{H^{2m}(\Omega)}+\|R_2u\|_{H^{2m}(\Omega)}\\&\leqslant C\|f\|_{L^2(\Omega)}+C\|u\|_{H^m(\Omega)}\leqslant C\|f\|_{L^2(\Omega)}.\end{aligned}$$

据此再结合定理 5.8.14 的结论即知解映射 $f\mapsto u$ 是 $L^2(\Omega)$ 到 $H^{2m}(\Omega)\cap H_0^m(\Omega)$ 的有界线性映射. 证毕. □

由于对有界区域 Ω, 嵌入算子 $H_0^m(\Omega)\hookrightarrow H^{-m}(\Omega)$、$H^{2m}(\Omega)\cap H_0^m(\Omega)\to L^2(\Omega)$ 等都是紧算子, 所以应用定理 5.8.14、定理 5.8.15 和关于 Hilbert 空间上紧线性算子的 Riesz–Fredholm 理论, 即得以下定理:

定理 5.8.16 (Fredholm 二择一定理) 设 $P=P(x,D)$ 是 Ω 上的 $2m$ 阶一致椭圆型偏微分算子, 系数属于 $C^\infty(\overline{\Omega})$ 且主部系数都是实值函数. 记

$$N=\{u\in H_0^m(\Omega):\ Pu=0\},\qquad N'=\{u\in H_0^m(\Omega):\ P^{\mathrm{T}}u=0\}.$$

则有以下结论:

(1) N 和 N' 都是有限维空间, 且 $\dim N=\dim N'$.

(2) 边值问题 (5.8.21) 当 $\lambda=0$ 时对任意 $f\in H^{-m}(\Omega)$ 存在弱解 $u\in H_0^m(\Omega)$ 的充要条件是 $\dim N=0$, 这也是问题 (5.8.21) 当 $\lambda=0$ 时对任意 $f\in L^2(\Omega)$ 存在强解 $u\in H^{2m}(\Omega)\cap H_0^m(\Omega)$ 的充要条件.

(3) 当 $\dim N>0$ 时, 对任意 $f\in H^{-m}(\Omega)$, 边值问题 (5.8.21) 当 $\lambda=0$ 时存在弱解 $u\in H_0^m(\Omega)$ 的充要条件是 $f\perp N'$, 即 $\langle f,\varphi\rangle=0, \forall\varphi\in N'$. 当 $f\in L^2(\Omega)$ 时, 问题 (5.8.21) 当 $\lambda=0$ 时存在强解 $u\in H^{2m}(\Omega)\cap H_0^m(\Omega)$ 的充要条件也是 $f\perp N'$, 即 $(f,\varphi)_{L^2(\Omega)}=0, \forall\varphi\in N'$.

这个定理的证明方法与定理 3.2.6 的证明方法类似, 留给读者作习题. □

还需考虑解的正则性. 由于我们假定了方程的系数都是无穷可微函数, 所以解的内部正则性可从关于拟微分算子的定理 5.5.5 和定理 5.5.8 直接推出. 不能应用拟微分算子理论因而需要另外考虑的是解的边界正则性. 对此可采用与定理 5.8.9 的证明类似的方法来做, 即在每一点的局部把问题转化为半空间上常系数方程的相应问题, 然后对常系数方程再用本节第一段的方法进行讨论. 限于篇幅, 这些工作留给读者自己完成.

最后说明, 这里只讨论了椭圆型方程的 Dirichlet 边值问题, 而对椭圆型方程其他类型的边值问题没有涉及. 关于高阶椭圆边值问题 L^2 理论比较详尽的讨论推荐

读者参阅文献 [104] (第六至第十章)、[82] (第四至第七章)、[61] (第十章)、[62] (第三卷第二十章)、[19] (第五章) 等. 关于高阶椭圆边值问题的 L^p 理论和 C^μ 理论, 见文献 [2], [89] 等.

习　题　5.8

1. 设 $P(z)$ 是 m 阶多项式, 它的所有根都具有负虚部, 而 k 是一个非负整数. 证明: 存在仅依赖于 $P(z)$ 的系数和 k 的常数 $C>0$ 使对任意 $u\in H^{m+k}(0,\infty)$ 成立以下估计式:

$$\|u\|_{H_+^{m+k}}\leqslant C\|P(D_t)u\|_{H_+^k}.$$

2. 设 $P(z)$ 是没有实根且首项系数为 1 的 m 阶多项式, 它恰有 r 个根 (重根按重数计算) 的虚部大于零, 这里 $0\leqslant r\leqslant m$. 又设 $Q_1(z), Q_2(z), \cdots, Q_r(z)$ 是 r 个阶 $<m$ 的多项式, 并设

$$Q_j(z)=S_j(z)P_+(z)+R_j(z),\quad j=1,2,\cdots,r,$$

其中 $S_j(z)$ 和 $R_j(z)$ 都是多项式且后者的阶 $<r$, $j=1,2,\cdots,r$. 称 $Q_1(z), Q_2(z), \cdots, Q_r(z)$ 是模 $P_+(z)$ **线性无关的**, 如果 $R_1(z), R_2(z), \cdots, R_r(z)$ 线性无关. 证明:

(1) 如果 $Q_1(z), Q_2(z), \cdots, Q_r(z)$ 模 $P_+(z)$ 线性无关, 则 $R_1(z), R_2(z), \cdots, R_r(z)$ 与 $1, z, \cdots, z^{r-1}$ 可互相线性表出.

(2) 如果 $Q_1(z), Q_2(z), \cdots, Q_r(z)$ 模 $P_+(z)$ 线性无关, 则对任意 $u\in H^{m+k}(0,\infty)$ 成立以下估计式:

$$\|u\|_{H_+^{m+k}}\leqslant C\Big(\|P(D_t)u\|_{H_+^k}+\sum_{j=1}^r|Q_j(D_t)u(0)|\Big).$$

(3) 如果 $Q_1(z), Q_2(z), \cdots, Q_r(z)$ 模 $P_+(z)$ 线性无关, 则对任意给定的 $f\in H^k(0,\infty)$ 和任意给定的 r 个常数 $a_1, a_2, \cdots, a_r$, 初值问题

$$\begin{cases}P(D_t)u(t)=f(t), & t>0\\ Q_j(D_t)u(0)=a_j, & j=1,2,\cdots,r\end{cases}$$

存在唯一的解 $u\in H^{m+k}(0,\infty)$.

3. 试不用拟微分算子理论而直接证明 s 为正整数时的定理 5.8.8.
4. 试不用拟微分算子理论而直接证明 Gårding 不等式 (5.8.20).
5. 写出定理 5.8.16 的详细证明.

参考文献

[1] Adams R, Fournier J. Sobolev Spaces. 2nd edition. Amsterdam: Academic Press, 2003.

[2] Agmon S, Douglis A, Nirenberg L. Estimates near the boundary for solutions of elliptic partial differential equations satisfying general boundary conditions. I. Comm. Pure Appl. Math., 1959, 12: 623~727. II. 1964, 17: 35~92.

[3] Bahouri H, Chemin J.-Y., Danchin R. Fourier Analysis and Nonlinear Partial Differential Equations. New York: Springer–Verlag, 2011.

[4] 巴罗斯 - 尼托. 广义函数引论. 欧阳光中, 朱学炎译. 上海: 上海科学技术出版社, 1981.

[5] Beals R, Fefferman C. On local solvability of linear partial differential operators. Ann. of Math., 1973, 97: 482~498.

[6] Bergh J, Löfström J. Interpolation Spaces: An Introduction. New York: Springer–Verlag, 1976.

[7] Bourgain J. Global Solutions of Nonlinear Schrödinger Equations. Rhode Island: Amer. Math. Soc., Providence, 1999.

[8] Brenner P. On L_p–$L_{p'}$ estimates for the wave-equation. Math. Z., 1975, 145: 251~254.

[9] Brenner P, Thomée V, Wahlbin L B. Besov Spaces and Applications to Difference Methods for Initial Value Problems. Berlin–Heidelberg–New York: Springer-Verlag, 1975.

[10] Browder F E. Apriori estimates for solutions of elliptic boundary value problems I, II, III. Neder. Akad. Wetensch. Indag. Math., 1960, 22: 149~159, 160~169, 1961, 23: 404~410.

[11] 卡尔德隆 A P. 奇异积分算子及其在双曲微分方程上的应用. 伍卓群译. 上海: 上海科学技术出版社, 1964.

[12] Calderón A P. Uniqueness in the Cauchy problem for partial differential equations. Amer. J. Math., 1958, 80: 16~36.

[13] Cazenave T. Semilinear Schrödinger Equations. Rhode Island: Amer. Math. Soc., Providence, 1992.

[14] Chazarain J, Piriou A. Introduction to the Theory of Linear Partial Differential Equations. Amsterdam: North-Holland Publ. Company, 1982.

[15] 陈庆益. 数学物理方程. 北京: 人民教育出版社, 1979.

[16] 陈庆益. 一般线性偏微分方程. 北京: 高等教育出版社, 1987.

[17] 陈恕行. 偏微分方程概论. 北京: 人民教育出版社, 1981.

[18] 陈恕行. 偏微分方程的奇性分析. 上海: 上海科学技术出版社, 1998.

[19] 陈恕行. 拟微分算子. 第二版. 北京: 高等教育出版社, 2006.

[20] 陈恕行. 现代偏微分方程导论. 北京: 科学出版社, 2005.

[21] 陈恕行, 仇庆久, 李成章. 仿微分算子引论. 北京: 科学出版社, 2005.

[22] 陈亚浙. 二阶抛物型偏微分方程. 北京: 北京大学出版社, 2003.

[23] 陈亚浙, 吴兰成. 二阶椭圆型方程与椭圆型方程组. 北京: 科学出版社, 1991.

[24] Chicco M. Principip di massimo forte per sottosoluzioni di equazioni ellittiche di tipo variazionale. Boll. Un. Mat. Ital., 1967, 22: 368~372.

[25] Chicco M. Solvability of the Dirichlet problem in $H^{2,p}(\Omega)$ for a class of linear second order elliptic partial differential equations. Boll. Un. Mat. Ital., 1971, 4: 374~387.

[26] Chicco M. Sulle equazioni ellittiche del secondo ordine a coefficienti continui. Ann. Mat. Pura Appl., 1971, 88: 123~133.

[27] 柯朗 R, 希尔伯特 D. 数学物理方法 I, II. 钱敏等译. 北京: 科学出版社, 1958, 1977.

[28] Courant R, Lax P D. The propagation of discontinuities in wave motion. Proc. Nat. Acad. Sci. U. S. A., 1956, 42: 872~876.
[29] Cui S B. Some necessary conditions for local solvability of linear partial differential operators. J. Diff. Equa., 1993, 106: 1~8.
[30] 崔尚斌. 幂零 Lie 群上的 Fourier 分析和不变偏微分算子. 兰州: 兰州大学出版社, 1993.
[31] 崔尚斌. 数学分析教程 (上、中、下册). 北京: 科学出版社, 2013.
[32] Duistermaat J D, Hörmander L. Fourier integral operators II. Acta Math., 1972, 128: 183~269.
[33] Egorov Yu V. On canonical transformations of pseudo-differential operators. Usp. Mat. Nauk, 1969, 24(5): 235~236.
[34] Egorov Yu V. On necessary conditions of solvability of pseudo-differential equations of principal type. Tr. Mosk. Mat. Ova., 1971, 24: 29~41.
[35] Egorov Yu V. Linear Differential Equations of Principal Type. New York: Consultants Bureau, 1986.
[36] Ehrenpreis L. Solutions of some problems of division I. Amer. J. Math., 1954, 76: 883~903.
[37] Engel K J, Nagel R. One-Parameter Semigroups for Linear Evolution Equations. New Yok: Springer–Verlag, 2000.
[38] Evans L C. Partial Differential Equations. Rhode Island: Amer. Math. Soc., Providence, 2003.
[39] Fabes E B, Rivière N M. Singular integrals with mixed homogeneity. Studia Math., 1966, 27: 19~38.
[40] 弗里德曼 A. 抛物型偏微分方程. 夏宗伟译. 北京: 科学出版社, 1984.
[41] 盖尔方特 I M, 希洛夫 G E. 广义函数 I–III. 林坚冰等译. 北京: 科学出版社, 1965, 1983, 1985.
[42] Gilbarg D, Trudinger N S. Elliptic Partial Differential Equations of Second Order. 2nd edition. Springer–Verlag, 1983.
[43] Giraud G. Sur le problème de Dirichlet génèralisè (deuxième mèmoire). Ann. Sci. École Norm. Sup., 1929, 46: 131~245.
[44] Giraud G. Généralisation des problèmes sur les opérations du type elliptiques. Bull. Sci. Math., 1932, 56: 248~272, 281~312, 316~352.
[45] 谷超豪, 李大潜, 陈恕行等. 数学物理方程. 北京: 人民教育出版社, 1979.
[46] Grafakos L. Classical and Modern Fourier Analysis. Pearson Edu. Inc., 2004.
[47] Grafakos L. Modern Fourier Analysis. 2nd edition. Berlin–Heidelberg–New York: Springer–Verlag, 2009.
[48] Greco D. Nuove formole integrali di maggiorazione per le soluzioni di un'equazione lineare di tipo ellittico ed applicazioni all teoria del potenziale. Ricerche Mat., 1956, 5: 126~149.
[49] Grushin V V. An example of a differential equation without solution. Mat. Zametki, 1971, 10: 125~128; Math. Notes, 1971, 10: 499~501.
[50] Halmos P R. Measure Theory. New Yok: Springer–Verlag, 1974.
[51] 韩永生. 近代调和分析方法及其应用. 北京: 科学出版社, 1988.
[52] Hardy G. H, Littlewood J E. Some properties of fractional integrals. Math. Z., 1928, 27: 565~606.
[53] Hardy G H, Littlewood J E, Pólya G. Inequalities. 2nd edition. Cambridge: Cambridge Univ. Press, 1952 (1999 reprinted version).
[54] Hellwig G. Partial Differential Equations: An Introduction. 2nd edition. B. G. Teubner

Stuttgart, 1977.
[55] Henry D. 半线性抛物型方程的几何理论. 叶其孝, 李正元, 林源渠译. 北京: 高等教育出版社, 1998.
[56] Hilbert D. Über das Dirichletsche prinzip. Jber. Deutsch. Math.-Verein, 1900, 8: 184~188.
[57] Hörmander L. On the theory of general partial differential operators. Acta Math., 1955, 94: 161~248.
[58] Hörmander L. Differential operators of principal type. Math. Ann., 1960, 140: 124~146.
[59] Hörmander L. Differential equation without solutions. Math. Ann., 1960, 140: 169~173.
[60] Hörmander L. Propagation of singularities and semiglobal existence theorems for (pseudo-) differential operators of principal type. Ann. of Math., 1978, 108: 569~609.
[61] 霍曼德尔 L. 线性偏微分算子. 陈庆益译. 北京: 科学出版社, 1980.
[62] Hörmander L. The Analysis of Linear Partial Differential Operators I~IV. Berlin: Springer–Verlag, 1983, 1985.
[63] Hörmander L. Lectures on Nonlinear Hypybolic Differential Operators I~IV. Berlin: Springer–Verlag, 1997.
[64] 黄婉云. 傅里叶光学教程. 北京: 北京师范大学出版社, 1985.
[65] 蒋尔雄, 高坤敏, 吴景琨. 线性代数. 北京: 人民教育出版社, 1978.
[66] 姜礼尚, 陈亚浙. 数学物理方程讲义. 北京: 高等教育出版社, 1986.
[67] John F. Partial Differential Equations. 4th edition. New York: Springer–Verlag, 1982.
[68] Jones B F. On a class of singular integrals. Amer. J. Math., 1964, 86: 441~462.
[69] 卡姆克 E. 一阶偏微分方程手册. 李鸿祥译. 北京: 科学出版社, 1983.
[70] Keel M, Tao T. Endpoint Strichartz estimates. Amer. J. Math., 1998, 120: 955~980.
[71] Koševlev A E. On boundedness in L^p of derivatives of solutions of elliptic differential equations. Mat. Sb., 1956, 38: 357~372 (in Russian).
[72] Korn A. Zwei Anwendungen der Methode sukzessiven Annäherungen. Berlin: Schwarz-Festschrift, 1914: 215~229.
[73] Köthe G. Topological Vector Spaces I. Berlin: Springer–Verlag, 1983.
[74] Ladyzhenskaya O A. The Boundary Value Problems of Mathematical Physics: New York: Springer–Verlag, 1985.
[75] Ladyzhenskaya O A, Solonnikov V A, Ural'ceva N N. Linear and Quasi-linear Equations of Parabolic Type. Moskow: Izdat. Nauka, 1967.
[76] Ladyzhenskaya O A, Ural'ceva N N. Linear and Quasi-linear Equations of Elliptic Type, 2nd edition, Izdat. Nauka, Moskow, 1973.
[77] Lebesgue H. Sur le problème de Dirichlet. Rend. Circ. Mat. Palermo, 1907, 24: 371~402.
[78] Lemarié-Rieusset P G. Recent Developments in the Navier-Stokes Problem. New York: Chapman & Hall, 2002.
[79] Lewy H. An example of a smooth linear partial differential equation without solution. Ann. of. Math., 1957, 66: 155~158.
[80] 李大潜, 陈韵梅. 非线性发展方程. 北京: 科学出版社, 1997.
[81] 梁昆淼. 数学物理方法. 北京: 人民教育出版社, 1978.
[82] 里翁斯 J L. 偏微分方程的边值问题. 李大潜译. 上海: 上海科学技术出版社, 1980.
[83] 陆善镇. H^p 实变理论及其应用. 上海: 上海科学技术出版社, 1992.
[84] Lunardi A. Analytic Semigroups and Optimal Regularity in Parabolic Problems. Basel: Birkhäuser, 1995.

[85] Malgrange B. Existence et approximation des solutions équations aux dérivées partielles et des équations de convolution. Ann. Inst. Fourier (Grenoble), 1955–56, 6: 271～355.
[86] 苗长兴, 张波. 偏微分方程的调和分析方法. 北京: 科学出版社, 2008.
[87] Mihlin S G, Prössdorff S. Singular Integral Operators. Berlin: Springer-Verlag, 1980.
[88] Mizohata S. Solutions nulles et solutions non analytique. J. Math. Kyoto Univ, 1962, 1: 271～302.
[89] Nirenberg L. On elliptic partial differential equations. Annali della Scuola Norm. Sup. Pisa, 1959, 13: 115～162.
[90] 尼伦伯格 L. 线性偏微分方程讲义. 陆柱家译. 上海: 上海科学技术出版社, 1980.
[91] Nirenberg L, Trèves F. Solvability of a first order linear partial differential equation. Comm. Pure Appl. Math., 1963, 16: 331～351.
[92] Nirenberg L, Trèves F. On local solvability of linear partial differential equations. I: Necessary conditions. II: Sufficient conditions. Corrections. Comm. Pure Appl. Math., 1970, 23: 1～38 and 459～509; 1971, 24: 279～288.
[93] Pazy A. Semigroups of Linear Operators and Applications to Partial Differential Equations. New York: Springer–Verlag, 1983.
[94] 彼得罗夫斯基 I G. 偏微分方程讲义. 段虞荣译. 北京: 人民教育出版社, 1965.
[95] Protter M H, Weinberg H F. 微分方程的最大值原理. 叶其孝等译. 北京: 科学出版社, 1985.
[96] 齐民友. 线性偏微分算子引论 (上册). 北京: 科学出版社, 1986.
[97] 齐民友, 徐超江. 线性偏微分算子引论 (下册). 北京: 科学出版社, 1992.
[98] 仇庆久, 陈恕行, 是嘉鸿等. 傅里叶积分算子理论及其应用. 北京: 科学出版社, 1985.
[99] Racke R. Lectures on Nonlinear Evolution Equations: Initial Value Problems. Friedr. Vieweg & Sohn Verlag., Braunschweig/Wiesbaden, 1992.
[100] Rauch J. Partial Differential Equations. New York: Springer–Verlag, 1991.
[101] Rodino L. Linear Partial Differential Operators in Gevrey Spaces. River Edge, New York: World Scientific Publ. Co., 1993.
[102] Schauder J. Über lineare elliptische Differentialgleichungen zweiter Ordnung. Math. Z., 1934, 38: 257～282.
[103] Schauder J. Numerische Abschätzungen in elliptischen linearen Differentialgleichungen. Studia Math., 1935, 5: 34～42.
[104] 谢克特 M. 偏微分方程的现代理论. 叶其孝译. 北京: 科学出版社, 1983.
[105] Schwartz L. Théorie des Distribtions I–II, Paris, 1950, 1951.
[106] Sobolev S L. On some estimates relating to families of functions having derivatives that are square integrable. Dokl. Acad. Nauk SSSR, 1936, 1: 267～270.
[107] Sobolev S L. On a theorem of functional analysis. Mat. Sb., 1938, 46: 471～497.
[108] Sogge C D. Lectures on Nonlinear Wave Equations. Cambridge, MA: Inter. Press, 1995.
[109] Sogge C D. Fourier Integrals in Classical Analysis. Cambridge: Cambridge Univ. Press, 1993.
[110] Stein E M. Singular Integrals and Differentiability properties of functions. Princeton, New Jersey: Princeton University Press, 1971.
[111] Stein E M. Harmonic Analysis: Real-Variable Methods, Orthogonality, and Oscillatory Integrals. Princeton University Press, 1993.
[112] Stein E M, Weiss G W. Introduction to Fourier Analysis on Euclidean Spaces. Princeton, New Jersey: Princeton University Press, 1971.

[113] Strichartz R S. Restgrictions of Fourier transforms to quadratic surfaces and decay of solutions of wave equations. Duke Math. J., 1977, 44: 705~714.

[114] Taylor M E. Pseudodifferential Operators. Princeton, New Jersey: Princeton University Press, 1981.

[115] Taylor M E. Partial Differential Equations I~IV. New York: Springer–Verlag, 1996.

[116] Tomas P. A restriction theorem for the Fourier transform. Bull. Amer. Math. Soc., 1975, 81: 477~478.

[117] Trèves F. The equation $\left[\frac{1}{4}\left(\frac{\partial^2}{\partial x^2}+\frac{\partial^2}{\partial y^2}\right)+(x^2+y^2)\frac{\partial^2}{\partial t^2}+\left(x\frac{\partial}{\partial y}-y\frac{\partial}{\partial x}\right)\frac{\partial}{\partial t}\right]^2 u+\frac{\partial^2 u}{\partial t^2}=f$ with real coefficients is "without solution". Bull. Amer. Math. Soc., 1962, 68: 332.

[118] Trèves F. Introduction to Pseudodifferential and Fourier Integral Operators. Vol. I: Pseudodifferential Operators. Vol. II: Fourier Integral Operators. New York and London: Plenum Press, 1980.

[119] Triebel H. Theory of Function Spaces II. Birkhäuser Verlag, 1992.

[120] Troianiello G M. Elliptic Differential Equations and Obstacle Problems. New York: Plenum Press, 1987.

[121] Vilela M C. Inhomogeneous Strichartz estimates for the Schrödinger equation. Trans. Amer. Math. Soc., 2007, 359: 2123~2136.

[122] Wang B. Huo Z, et al. Harmonic Analysis Methods for Nonlinear Evolution Equations. World Scientific, 2011.

[123] 王明新. 算子半群与发展方程. 北京: 科学出版社, 2010.

[124] 王术. Sobolev 空间与偏微分方程引论. 北京: 科学出版社, 2009.

[125] 王竹溪, 郭敦仁. 特殊函数概论. 北京: 北京大学出版社, 2000.

[126] 伍卓群, 尹景学, 王春朋. 椭圆与抛物型方程引论. 北京: 科学出版社, 2003.

[127] 夏道行, 吴卓人, 严绍宗等. 实变函数与泛函分析 (上、下册). 北京: 人民教育出版社, 1978.

[128] 夏道行, 严绍宗, 舒五昌等. 泛函分析第二教程. 第二版. 北京: 高等教育出版社, 2009.

[129] 夏道行, 杨亚立. 线性拓扑空间引论. 上海: 上海科学技术出版社, 1986.

[130] 徐利治, 王兴华. 数学分析的方法及例题选讲. 修订版. 北京: 高等教育出版社, 1983.

[131] 叶其孝, 李正元. 反应扩散方程引论. 北京: 科学出版社, 1999.

[132] Yosida K. Functional Analysis. New Yok: Springer–Verlag, 1965.

[133] 张恭庆, 林源渠. 泛函分析讲义 (上册). 北京: 北京大学出版社, 1987.

[134] 郑权. 强连续线性算子半群. 武汉: 华中理工大学出版社, 1994.

[135] 周鸿兴. 线性算子半群理论及应用. 济南: 山东科技出版社, 1994.

[136] 周民强. 实变函数论. 北京: 北京大学出版社, 2001.

[137] Ziemer W P. Weakly Differentiable Functions: New York: Springer–Verlag, 1989.

索 引

其他

《现代数学基础丛书》已出版书目

（按出版时间排序）

1 数理逻辑基础(上册) 1981.1 胡世华 陆钟万 著
2 紧黎曼曲面引论 1981.3 伍鸿熙 吕以辇 陈志华 著
3 组合论(上册) 1981.10 柯 召 魏万迪 著
4 数理统计引论 1981.11 陈希孺 著
5 多元统计分析引论 1982.6 张尧庭 方开泰 著
6 概率论基础 1982.8 严士健 王隽骧 刘秀芳 著
7 数理逻辑基础(下册) 1982.8 胡世华 陆钟万 著
8 有限群构造(上册) 1982.11 张远达 著
9 有限群构造(下册) 1982.12 张远达 著
10 环与代数 1983.3 刘绍学 著
11 测度论基础 1983.9 朱成熹 著
12 分析概率论 1984.4 胡迪鹤 著
13 巴拿赫空间引论 1984.8 定光桂 著
14 微分方程定性理论 1985.5 张芷芬 丁同仁 黄文灶 董镇喜 著
15 傅里叶积分算子理论及其应用 1985.9 仇庆久等 编
16 辛几何引论 1986.3 J.柯歇尔 邹异明 著
17 概率论基础和随机过程 1986.6 王寿仁 著
18 算子代数 1986.6 李炳仁 著
19 线性偏微分算子引论(上册) 1986.8 齐民友 著
20 实用微分几何引论 1986.11 苏步青等 著
21 微分动力系统原理 1987.2 张筑生 著
22 线性代数群表示导论(上册) 1987.2 曹锡华等 著
23 模型论基础 1987.8 王世强 著
24 递归论 1987.11 莫绍揆 著
25 有限群导引(上册) 1987.12 徐明曜 著
26 组合论(下册) 1987.12 柯 召 魏万迪 著
27 拟共形映射及其在黎曼曲面论中的应用 1988.1 李 忠 著
28 代数体函数与常微分方程 1988.2 何育赞 著
29 同调代数 1988.2 周伯壎 著

30 近代调和分析方法及其应用 1988.6 韩永生 著
31 带有时滞的动力系统的稳定性 1989.10 秦元勋等 编著
32 代数拓扑与示性类 1989.11 马德森著 吴英青 段海鲍译
33 非线性发展方程 1989.12 李大潜 陈韵梅 著
34 反应扩散方程引论 1990.2 叶其孝等 著
35 仿微分算子引论 1990.2 陈恕行等 编
36 公理集合论导引 1991.1 张锦文 著
37 解析数论基础 1991.2 潘承洞等 著
38 拓扑群引论 1991.3 黎景辉 冯绪宁 著
39 二阶椭圆型方程与椭圆型方程组 1991.4 陈亚浙 吴兰成 著
40 黎曼曲面 1991.4 吕以辇 张学莲 著
41 线性偏微分算子引论(下册) 1992.1 齐民友 许超江 编著
42 复变函数逼近论 1992.3 沈燮昌 著
43 Banach 代数 1992.11 李炳仁 著
44 随机点过程及其应用 1992.12 邓永录等 著
45 丢番图逼近引论 1993.4 朱尧辰等 著
46 线性微分方程的非线性扰动 1994.2 徐登洲 马如云 著
47 广义哈密顿系统理论及其应用 1994.12 李继彬 赵晓华 刘正荣 著
48 线性整数规划的数学基础 1995.2 马仲蕃 著
49 单复变函数论中的几个论题 1995.8 庄圻泰 著
50 复解析动力系统 1995.10 吕以辇 著
51 组合矩阵论 1996.3 柳柏濂 著
52 Banach 空间中的非线性逼近理论 1997.5 徐士英 李 冲 杨文善 著
53 有限典型群子空间轨道生成的格 1997.6 万哲先 霍元极 著
54 实分析导论 1998.2 丁传松等 著
55 对称性分岔理论基础 1998.3 唐 云 著
56 Gel'fond-Baker 方法在丢番图方程中的应用 1998.10 乐茂华 著
57 半群的 S-系理论 1999.2 刘仲奎 著
58 有限群导引(下册) 1999.5 徐明曜等 著
59 随机模型的密度演化方法 1999.6 史定华 著
60 非线性偏微分复方程 1999.6 闻国椿 著
61 复合算子理论 1999.8 徐宪民 著
62 离散鞅及其应用 1999.9 史及民 编著
63 调和分析及其在偏微分方程中的应用 1999.10 苗长兴 著

64 惯性流形与近似惯性流形 2000.1 戴正德 郭柏灵 著
65 数学规划导论 2000.6 徐增堃 著
66 拓扑空间中的反例 2000.6 汪 林 杨富春 编著
67 拓扑空间论 2000.7 高国士 著
68 非经典数理逻辑与近似推理 2000.9 王国俊 著
69 序半群引论 2001.1 谢祥云 著
70 动力系统的定性与分支理论 2001.2 罗定军 张 祥 董梅芳 编著
71 随机分析学基础(第二版) 2001.3 黄志远 著
72 非线性动力系统分析引论 2001.9 盛昭瀚 马军海 著
73 高斯过程的样本轨道性质 2001.11 林正炎 陆传荣 张立新 著
74 数组合地图论 2001.11 刘彦佩 著
75 光滑映射的奇点理论 2002.1 李养成 著
76 动力系统的周期解与分支理论 2002.4 韩茂安 著
77 神经动力学模型方法和应用 2002.4 阮炯 顾凡及 蔡志杰 编著
78 同调论——代数拓扑之一 2002.7 沈信耀 著
79 金兹堡-朗道方程 2002.8 郭柏灵等 著
80 排队论基础 2002.10 孙荣恒 李建平 著
81 算子代数上线性映射引论 2002.12 侯晋川 崔建莲 著
82 微分方法中的变分方法 2003.2 陆文端 著
83 周期小波及其应用 2003.3 彭思龙 李登峰 谌秋辉 著
84 集值分析 2003.8 李 雷 吴从炘 著
85 数理逻辑引论与归结原理 2003.8 王国俊 著
86 强偏差定理与分析方法 2003.8 刘 文 著
87 椭圆与抛物型方程引论 2003.9 伍卓群 尹景学 王春朋 著
88 有限典型群子空间轨道生成的格(第二版) 2003.10 万哲先 霍元极 著
89 调和分析及其在偏微分方程中的应用(第二版) 2004.3 苗长兴 著
90 稳定性和单纯性理论 2004.6 史念东 著
91 发展方程数值计算方法 2004.6 黄明游 编著
92 传染病动力学的数学建模与研究 2004.8 马知恩 周义仓 王稳地 靳 祯 著
93 模李超代数 2004.9 张永正 刘文德 著
94 巴拿赫空间中算子广义逆理论及其应用 2005.1 王玉文 著
95 巴拿赫空间结构和算子理想 2005.3 钟怀杰 著
96 脉冲微分系统引论 2005.3 傅希林 闫宝强 刘衍胜 著
97 代数学中的 Frobenius 结构 2005.7 汪明义 著

98 生存数据统计分析 2005.12 王启华 著
99 数理逻辑引论与归结原理(第二版) 2006.3 王国俊 著
100 数据包络分析 2006.3 魏权龄 著
101 代数群引论 2006.9 黎景辉 陈志杰 赵春来 著
102 矩阵结合方案 2006.9 王仰贤 霍元极 麻常利 著
103 椭圆曲线公钥密码导引 2006.10 祝跃飞 张亚娟 著
104 椭圆与超椭圆曲线公钥密码的理论与实现 2006.12 王学理 裴定一 著
105 散乱数据拟合的模型方法和理论 2007.1 吴宗敏 著
106 非线性演化方程的稳定性与分歧 2007.4 马 天 汪守宏 著
107 正规族理论及其应用 2007.4 顾永兴 庞学诚 方明亮 著
108 组合网络理论 2007.5 徐俊明 著
109 矩阵的半张量积:理论与应用 2007.5 程代展 齐洪胜 著
110 鞅与 Banach 空间几何学 2007.5 刘培德 著
111 非线性常微分方程边值问题 2007.6 葛渭高 著
112 戴维-斯特瓦尔松方程 2007.5 戴正德 蒋慕蓉 李栋龙 著
113 广义哈密顿系统理论及其应用 2007.7 李继彬 赵晓华 刘正荣 著
114 Adams 谱序列和球面稳定同伦群 2007.7 林金坤 著
115 矩阵理论及其应用 2007.8 陈公宁 著
116 集值随机过程引论 2007.8 张文修 李寿梅 汪振鹏 高 勇 著
117 偏微分方程的调和分析方法 2008.1 苗长兴 张 波 著
118 拓扑动力系统概论 2008.1 叶向东 黄 文 邵 松 著
119 线性微分方程的非线性扰动(第二版) 2008.3 徐登洲 马如云 著
120 数组合地图论(第二版) 2008.3 刘彦佩 著
121 半群的 S-系理论(第二版) 2008.3 刘仲奎 乔虎生 著
122 巴拿赫空间引论(第二版) 2008.4 定光桂 著
123 拓扑空间论(第二版) 2008.4 高国士 著
124 非经典数理逻辑与近似推理(第二版) 2008.5 王国俊 著
125 非参数蒙特卡罗检验及其应用 2008.8 朱力行 许王莉 著
126 Camassa-Holm 方程 2008.8 郭柏灵 田立新 杨灵娥 殷朝阳 著
127 环与代数(第二版) 2009.1 刘绍学 郭晋云 朱 彬 韩 阳 著
128 泛函微分方程的相空间理论及应用 2009.4 王 克 范 猛 著
129 概率论基础(第二版) 2009.8 严士健 王隽骧 刘秀芳 著
130 自相似集的结构 2010.1 周作领 瞿成勤 朱智伟 著
131 现代统计研究基础 2010.3 王启华 史宁中 耿 直 主编

132 图的可嵌入性理论(第二版) 2010.3 刘彦佩 著
133 非线性波动方程的现代方法(第二版) 2010.4 苗长兴 著
134 算子代数与非交换 L_p 空间引论 2010.5 许全华 吐尔德别克 陈泽乾 著
135 非线性椭圆型方程 2010.7 王明新 著
136 流形拓扑学 2010.8 马 天 著
137 局部域上的调和分析与分形分析及其应用 2011.6 苏维宜 著
138 Zakharov 方程及其孤立波解 2011.6 郭柏灵 甘在会 张景军 著
139 反应扩散方程引论(第二版) 2011.9 叶其孝 李正元 王明新 吴雅萍 著
140 代数模型论引论 2011.10 史念东 著
141 拓扑动力系统——从拓扑方法到遍历理论方法 2011.12 周作领 尹建东 许绍元 著
142 Littlewood-Paley 理论及其在流体动力学方程中的应用 2012.3 苗长兴 吴家宏 章志飞 著
143 有约束条件的统计推断及其应用 2012.3 王金德 著
144 混沌、Mel'nikov 方法及新发展 2012.6 李继彬 陈凤娟 著
145 现代统计模型 2012.6 薛留根 著
146 金融数学引论 2012.7 严加安 著
147 零过多数据的统计分析及其应用 2013.1 解锋昌 韦博成 林金官 编著
148 分形分析引论 2013.6 胡家信 著
149 索伯列夫空间导论 2013.8 陈国旺 编著
150 广义估计方程估计方法 2013.8 周 勇 著
151 统计质量控制图理论与方法 2013.8 王兆军 邹长亮 李忠华 著
152 有限群初步 2014.1 徐明曜 著
153 拓扑群引论(第二版) 2014.3 黎景辉 冯绪宁 著
154 现代非参数统计 2015.1 薛留根 著
155 三角范畴与导出范畴 2015.5 章 璞 著
156 线性算子的谱分析(第二版) 2015.6 孙 炯 王 忠 王万义 编著
157 双周期弹性断裂理论 2015.6 李 星 路见可 著
158 电磁流体动力学方程与奇异摄动理论 2015.8 王 术 冯跃红 著
159 算法数论(第二版) 2015.9 裴定一 祝跃飞 编著
160 偏微分方程现代理论引论 2016.1 崔尚斌 著